2022 개정
교육과정

등업을 위한
강력한 한 권!

수매씽 개념

MATHING

저자 | 이창희 민경도

대수

동아출판

등업을 위한
강력한 한 권!

- 수학 기본기와 성적을 한번에 잡는 개념서
- 정확하고 상세한 백과사전식 개념 설명
- 1+3 단계별 • 수준별 수학 학습 시스템
- 최근 출제 경향이 반영된 단원 마무리

수매씽 개념 대수

집필진	이창희, 민경도
발행일	2024년 9월 10일
인쇄일	2024년 8월 30일
펴낸곳	동아출판(주)
펴낸이	이욱상
등록번호	제300-1951-4호(1951. 9. 19.)
개발총괄	김영지
개발책임	이상민
개발	김인영, 권혜진, 윤찬미, 이현아, 김다은, 양지은, 이은주
디자인책임	목진성
디자인	이소연, 강민영
대표번호	1644-0600
주소	서울시 영등포구 은행로 30 (우 07242)

이 책의 개발에 참여해 주신 선생님들께 감사드립니다.

검토진

강서은 창덕영수학원
강시현 CL학숙
길기홍 수학의길입시학원
김단비 올바른수학국어학원
김대순 셀럽영수학원
김동욱 마스터수학과학학원
김민수 대치원수학
김방래 더프라임
김보라 뿌리깊은수학
김소희 소정학원
김시은 수학의신
김여옥 매쓰홀릭학원
김연경 MTM수학
김연진 마중물1관학원
김영란 가람보습학원
김영숙 수플러스학원
김영진 더퍼스트김진학원
김윤정 GMT학원
김정민 선수학원
김진선 피지에이엠디
김창영 하이포스학원
김학수 케이투학원
김현호 수1807
남은혜 수학원
노진효 복대해법수풀림학원
문해기 열정수학영어학원
박기태 포항동지여자고등학교
박소이 다빈치창의수학
박순찬 찬스수학
박시연 노마드학원
박종태 김샘학원
박진철 에듀스터디
박효숙 히파티아수학
배재준 연세영어고려수학
백효경 퍼펙트영수학원
서경도 서경도수학교습소
손전모 THE다원수학송파관
안승주 엠티엠영수클리닉
우진연 지니스영수학원
유가영 탑솔루션수학교습소
윤관수 김형학원
윤세현 두드림학원
윤현도 SKY수학학원
이강화 강승학원
이동형 L수학
이문수 하이포스학원
이미리 대상학원
이상일 수학불패학원
이상철 G1230옥길
이서현 한양공부방한양과외방
이석호 한샘학원
이수민 본수학학원
이순화 이든학원
이영재 세종학원
이지혜 지수학
이하영 하이클래스수학과학학원
임성환 로엔스쿨학원
임정아 창의력학원
장시맥 삼계영수학원
장연진 막강수학
전정현 YB일등급수학학원
정귀영 G1230수학
정유경 장현진수학
조문완 매쓰홀릭루체테
조민아 러닝트리학원
조윤주 와이제이수학학원
조윤호 조윤호수학학원
조충현 로하스학원
진윤지 첨단더매쓰수학
진주형 G1230화정
차경나 쌤통수학전문학원
최연우 뼈대수학학원
최원재 엠케이영수학원
최지영 매쓰플랜죽전
한민희 목동한수학
한원석 다수인개별지도관
홍준희 상무유일수학
권기환
김우성
김정현
오광석
윤혜미
이주은

수매씽 개념으로 실력 UP!

학습 계획을 세우고 매일 실천해 보세요.

SUN	MON	TUE	WED	THU	FRI	SAT
Date / Page ~	Date / Page ~	Date / Page ~	Date / Page ~	Date / Page ~	Date / Page ~	Date / Page ~
Date / Page ~	Date / Page ~	Date / Page ~	Date / Page ~	Date / Page ~	Date / Page ~	Date / Page ~
Date / Page ~	Date / Page ~	Date / Page ~	Date / Page ~	Date / Page ~	Date / Page ~	Date / Page ~
Date / Page ~	Date / Page ~	Date / Page ~	Date / Page ~	Date / Page ~	Date / Page ~	Date / Page ~
Date / Page ~	Date / Page ~	Date / Page ~	Date / Page ~	Date / Page ~	Date / Page ~	Date / Page ~
Date / Page ~	Date / Page ~	Date / Page ~	Date / Page ~	Date / Page ~	Date / Page ~	Date / Page ~

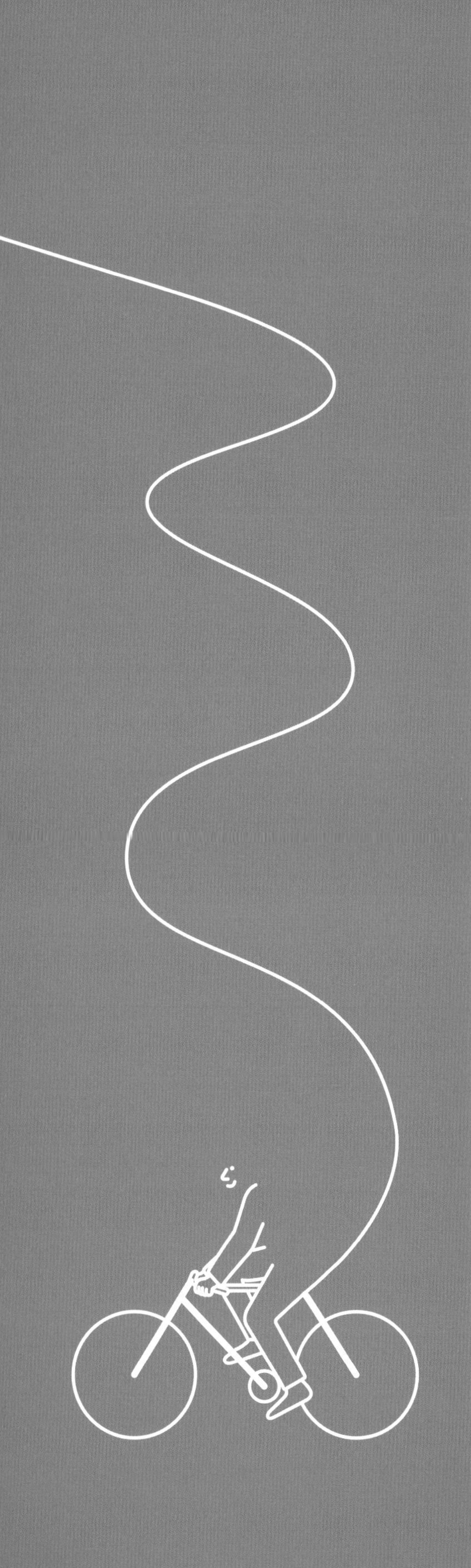

단원		Date	복습이 필요한 문제
01. 지수	1. 거듭제곱근	/	
	2. 지수의 확장	/	
02. 로그	1. 로그의 뜻과 성질	/	
	2. 상용로그	/	
03. 지수함수	1. 지수함수의 뜻과 그래프	/	
	2. 지수방정식과 지수부등식	/	
04. 로그함수	1. 로그함수의 뜻과 그래프	/	
05. 로그방정식과 로그부등식	1. 로그방정식	/	
	2. 로그부등식	/	
06. 삼각함수	1. 일반각과 호도법	/	
	2. 삼각함수	/	
	3. 삼각함수의 성질	/	
07. 삼각함수의 그래프	1. 삼각함수의 그래프	/	
	2. 삼각함수를 포함한 방정식과 부등식	/	
08. 삼각함수의 활용	1. 사인법칙과 코사인법칙	/	
	2. 삼각형의 넓이	/	
09. 등차수열	1. 등차수열	/	
	2. 등차수열의 합	/	
10. 등비수열	1. 등비수열	/	
	2. 등비수열의 합	/	
11. 합의 기호 $\sum$와 여러 가지 수열	1. 합의 기호 $\sum$	/	
	2. 여러 가지 수열	/	
12. 수학적 귀납법	1. 수열의 귀납적 정의	/	
	2. 수학적 귀납법	/	

수매씽 개념

MATHING

대수

이 책을 펴내면서

이창희

서울대 수학교육과 졸업

現 대치/목동/송파 THE다원수학 대표원장

前 강남 대성학원 강사

前 EBS / 대성마이맥 수학영역 강사

前 서울예술고등학교 교사

新 수학의 바이블 / 新 수학의 바이블 BOB / Pre 수학의 바이블 / 자이스토리 수리영역 / 올찬수학 / 셀파 시리즈 / 그 외 다수 집필

대치동 1타 강사가 쓴 수매씽 개념!

수매씽 개념은 그동안 집필한 교재들 중 학생들에게 큰 호응을 얻었던 新 수학의 바이블의 **장점을 더욱 개선**하고, 지난 10여 년 동안 대치동에서 고등학생을 직접 가르치면서 얻은 **저만의 수업 노하우를 총 집약**하여 만든 교재입니다.

학생들에게 가장 최적화된 수학 학습 시스템이라 자부하는 **〈1+3 시스템〉**을 중심으로 2022 개정 교육과정에서 요구하는 바를 정확히 담았습니다. 또한 학교 내신에 완벽히 대비하고 수능 준비의 밑거름이 되는 교재가 되도록 오랜 시간 공들여 집필한 끝에 그동안 출시되었던 교재 중 단연 최고의 교재라 자부하는 **수매씽 개념**을 론칭하게 되었습니다.

유튜브를 통한 저자 직강, 수매씽 개념을 기반으로 한 내신과 수능 자료 업로드, 수매씽 개념 연습 문제에 대한 손풀이 자료 등을 순차적으로 제공하여 기존의 교재와는 **확연히 다른 서비스**와 **차별화된 교재**로 여러분을 만나 뵙겠습니다.

민경도

서울대 수학교육과 졸업

現 강남 종로학원 강사

前 EBS / 대성마이맥 수학영역 강사
前 숙명여자고등학교 교사

新 수학의 바이블 / 新 수학의 바이블 BOB / Pre 수학의 바이블 / 자이스토리 수리영역 / 올찬수학 / 셀파 시리즈 / 그 외 다수 집필

차별화된 노하우를 담은 수매씽 개념!

저는 일선에서 수많은 고등학생과 만나고 있습니다. 학생들이 왜 수학을 어려워하는지, 어떻게 해결해야 하는지 누구보다 잘 알고 있다고 자부합니다. 이번에 집필한 수매씽 개념에 이러한 학생들의 어려움을 해결해 줄 수 있는 **해결책과 수업 경험, 노하우**를 빠짐없이 담아 집필하였습니다.

수매씽 개념에 담은 수학 실력 향상 시스템은 각 단원별로 개념에 해당하는 내용 설명을 충실히 하고, 중요한 예제로 구분하여 개념과 실력을 더욱 탄탄히 쌓을 수 있는 **학습 시스템(숫자 바꾸기 / 표현 바꾸기 / 개념 넓히기)**을 활용해 문제의 핵심을 정확히 파악하도록 돕고, 변형된 문제가 출제되어도 당황하지 않고 문제를 쉽게 해결할 수 있도록 **반복적이며 체계적으로 구성**하였습니다.

수매씽 개념 전 페이지에 걸쳐 담겨 있는 수학 학습 팁과 노하우를 빠짐없이 살펴보고, 반복적으로 공부한다면 어느샌가 여러분도 수학의 최강자가 되어 있을 것이라 확신합니다.

등업을 위한 강력한 한 권!

개념 기본서의 최강자!

1 체계적인 개념 설명!

교과서보다 쉽고 친절합니다.
개념 흐름이 한눈에 보입니다.
정확하고 상세한 백과사전식 설명으로
이해가 쏙쏙 됩니다.

2 1+3 수학 학습 시스템!

3단계 수준별 개념 유형 학습으로
유형 적응력이 높아집니다.
3단계 해설 학습으로
문제 분석력이 높아집니다.
3단계 수준별 마무리 연습 문제로
문제 해결력이 높아집니다.

3 최신 기출 트렌드 반영!

확실한 개념 학습에 더하여
최신 기출 트렌드를 입혀
내신과 수능 대비가 가능합니다.

1 독보적이고 체계적인 **개념 설명**으로 수학 원리를 더 쉽고 더 완벽하게!

수학 개념에 대한 설명이 교과서보다 이해하기 쉽고 자세하고 친절하여 수학 원리와 공식을 더 잘 이해할 수 있습니다.

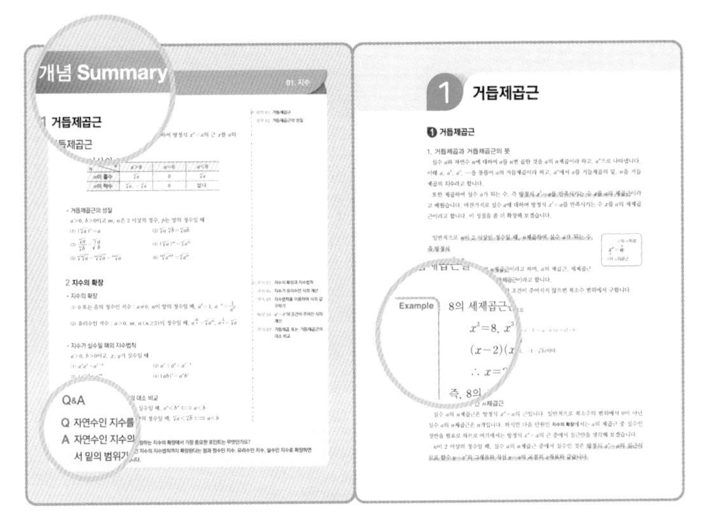

❶ 개념 Summary
중단원의 주요 내용과 알아 두어야 할 공식을 한눈에 확인할 수 있도록 정리하였습니다. 또한 Q&A를 통해 개념에 대한 궁금증을 해소시킬 수 있도록 하였습니다.

❷ 개념 설명
새로운 개념에 대한 정확한 용어 정의와 자세하고 친절한 설명, 충분한 Example과 Proof를 통해 수학 원리 및 공식을 쉽게 이해할 수 있습니다.

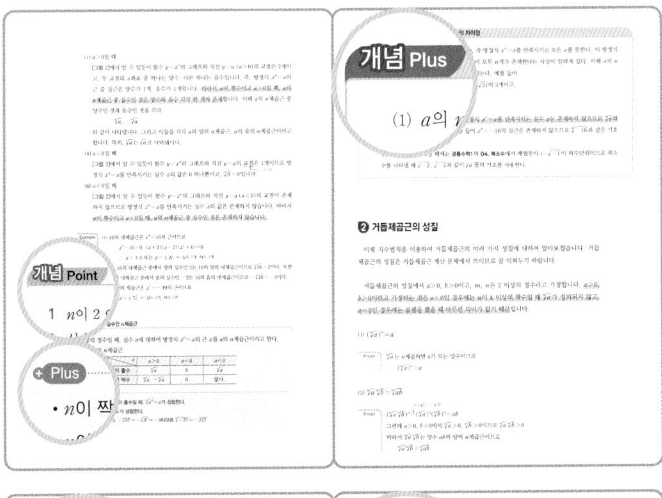

❸ 개념 Point
주요 개념 설명의 핵심만을 한눈에 알아보기 쉽게 정리하였습니다. 또한 개념 Point 의 내용 중에서 부연 설명이 필요하거나 알아 두면 좋은 내용을 Plus로 제시하였습니다.

❹ 개념 Plus
학습한 주요 개념 외에 혼동하기 쉬운 개념이나 새로운 개념을 이해하는 데 필요한 학습 내용을 제시하여 향후 학습에 결손이 없도록 하였습니다.

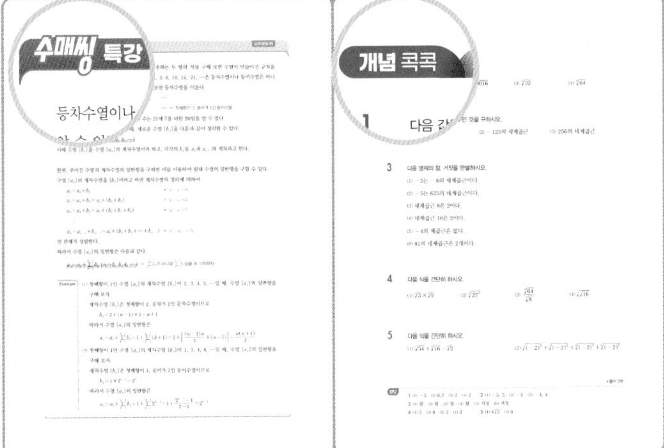

❺ 수매씽 특강
교육과정에서 다루고 있지 않지만 개념 이해나 문제 해결에 유용한 내용을 제시하여 수학적 원리의 이해도를 높일 수 있도록 하였습니다.

❻ 개념 콕콕
소단원의 개념 학습 내용을 확인할 수 있는 문제로 구성하여 개념을 정확하게 이해하였는지 점검할 수 있습니다.

2 단계별 예제와 유제, 단계별 해설로 더 확실하게!

하나의 예제를 숫자 바꾸기 ➜ 표현 바꾸기 ➜ 개념 넓히기 의 3단계 유제로 학습하여 유형에 대한 적응력을 확실히 향상시킬 수 있습니다.

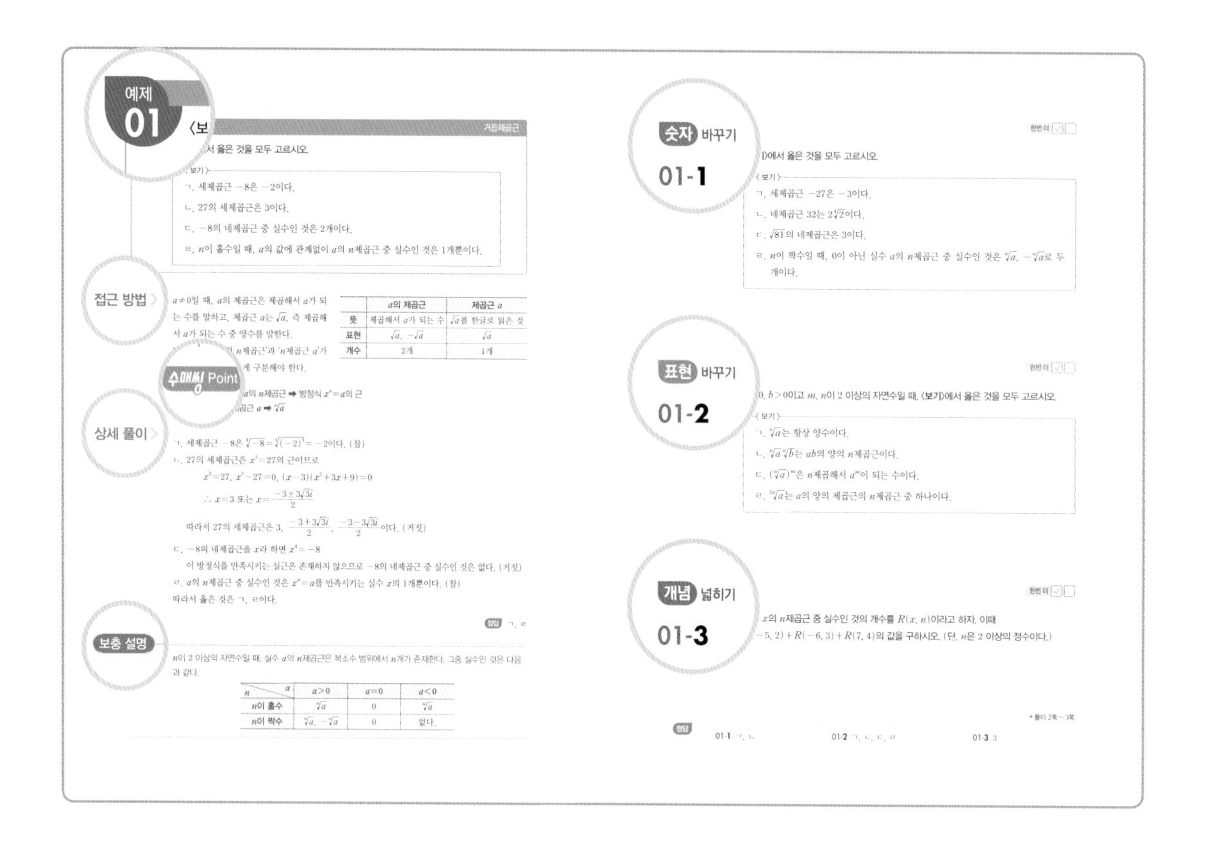

❶ 예제

개념을 적용할 수 있는 핵심 유형 문제를 예제로 제시하고, 출제 가능성이 높은 유형에는 별도 표기하였습니다.
예제에 대한 해설은 접근 방법 〉 – 상세 풀이 〉 – 보충 설명 의 3단계로 제시하여 문제에 대한 접근 방법과 해결 방법을 쉽고 확실하게 이해할 수 있도록 하였습니다.

❷ 수매씽 Point

예제를 해결하기 위한 핵심 개념을 다시 한번 정리할 수 있도록 하였습니다.

❸ 숫자 바꾸기

예제에서 숫자가 바뀐 문제로, 예제를 통해 익힌 풀이 과정을 반복 연습하면서 스스로 문제를 해결할 수 있는 능력을 기를 수 있도록 하였습니다.

❹ 표현 바꾸기

예제에서 표현이 바뀐 문제로, 다양한 수학적 표현에 혼동하지 않고 동일한 해결 과정을 적용시킬 수 있는 능력을 기를 수 있도록 하였습니다.

❺ 개념 넓히기

예제에 다른 개념을 추가한 응용 문제로, 예제로부터 파생되는 문제 유형을 완벽하게 이해하고 풀이 과정을 응용할 수 있는 능력을 기를 수 있도록 하였습니다.

3 수준별 **마무리** 문제로 실력 UP!

의 3단계 수준별 연습 문제를 통해 기본에서 고난도까지 문제 해결력을 기를 수 있습니다.

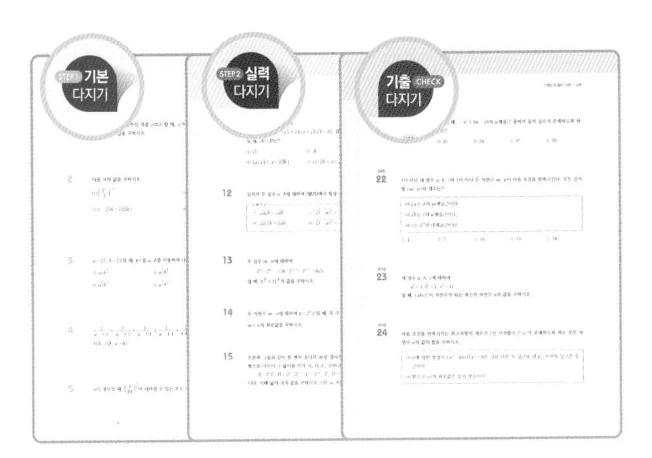

❶ 기본 다지기
내신 기출 문제를 분석하고 학교 시험에 꼭 나오는 내신 필수 유형의 문제들로 구성하여 학교 시험 대비를 확실히 할 수 있습니다.

❷ 실력 다지기
상위권 및 교육 특구의 내신 기출 문제를 분석하여 학교 시험 고득점 대비를 할 수 있습니다.

❸ 기출 다지기
교육청·평가원·수능 기출 문제를 분석하여 내신 및 수능 대비를 위한 필수 문항을 선별하였습니다.

정답 및 풀이

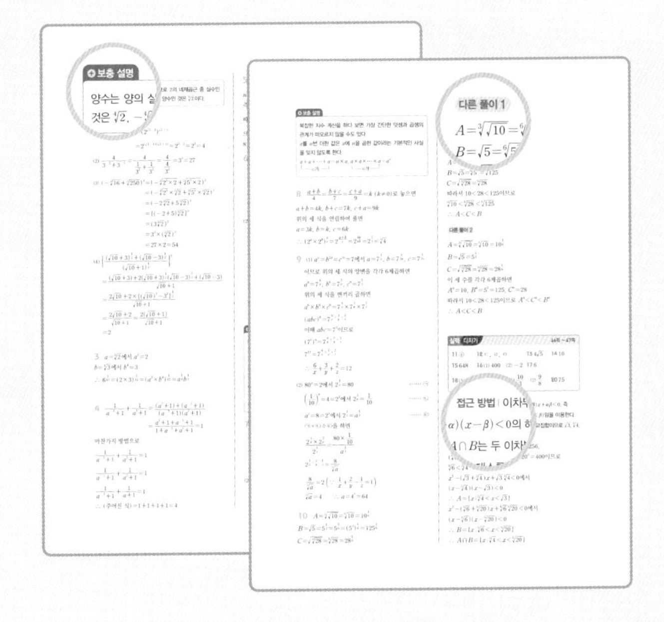

자세하고 친절한 풀이

- 문제 해결 과정을 스스로 확인할 수 있도록 자세한 풀이로 구성하였습니다.
- 다른 풀이가 있는 경우 다른 풀이 를 추가하여 다양한 풀이 방법을 확인할 수 있도록 하였습니다.
- 유제(숫자 바꾸기, 표현 바꾸기, 개념 넓히기)에서 문제나 풀이에 대한 추가 설명이 필요한 경우에는 보충 설명 을 추가하여 문제와 풀이에 대한 이해에 도움이 되도록 하였습니다.
- 실력 다지기 와 기출 다지기 는 문제 해결의 포인트를 잡을 수 있도록 해결 tip 또는 아이디어를 접근 방법으로 별도 제시하였습니다.

Contents

I 지수함수와 로그함수

II 삼각함수

01

Ⅰ. 지수함수와 로그함수

지수

개념 Summary

1 거듭제곱근

• 거듭제곱근

(1) n이 2 이상의 정수일 때, 실수 a에 대하여 방정식 $x^n=a$의 근 x를 a의 n제곱근이라고 한다.

(2) 실수 a의 실수인 n제곱근

n \ a	$a>0$	$a=0$	$a<0$
n이 홀수	$\sqrt[n]{a}$	0	$\sqrt[n]{a}$
n이 짝수	$\sqrt[n]{a}$, $-\sqrt[n]{a}$	0	없다.

• 거듭제곱근의 성질

$a>0$, $b>0$이고 m, n은 2 이상의 정수, p는 양의 정수일 때

(1) $(\sqrt[n]{a})^n=a$

(2) $\sqrt[n]{a}\sqrt[n]{b}=\sqrt[n]{ab}$

(3) $\dfrac{\sqrt[n]{a}}{\sqrt[n]{b}}=\sqrt[n]{\dfrac{a}{b}}$

(4) $(\sqrt[n]{a})^m=\sqrt[n]{a^m}$

(5) $\sqrt[n]{\sqrt[m]{a}}=\sqrt[m]{\sqrt[n]{a}}=\sqrt[mn]{a}$

(6) $\sqrt[np]{a^{mp}}=\sqrt[n]{a^m}$

2 지수의 확장

• 지수의 확장

(1) 0 또는 음의 정수인 지수 : $a\neq0$, n이 양의 정수일 때, $a^0=1$, $a^{-n}=\dfrac{1}{a^n}$

(2) 유리수인 지수 : $a>0$, m, $n\,(n\geq2)$이 정수일 때, $a^{\frac{m}{n}}=\sqrt[n]{a^m}$, $a^{\frac{1}{n}}=\sqrt[n]{a}$

• 지수가 실수일 때의 지수법칙

$a>0$, $b>0$이고, x, y가 실수일 때

(1) $a^xa^y=a^{x+y}$

(2) $a^x\div a^y=a^{x-y}$

(3) $(a^x)^y=a^{xy}$

(4) $(ab)^x=a^xb^x$

• 거듭제곱 또는 거듭제곱근의 대소 비교

(1) $a>0$, $b>0$이고 n이 양의 실수일 때, $a^n<b^n \Longleftrightarrow a<b$

(2) $a>0$, $b>0$이고 n이 2 이상의 정수일 때, $\sqrt[n]{a}<\sqrt[n]{b} \Longleftrightarrow a<b$

Q&A

Q 자연수인 지수를 실수인 지수까지 확장하는 지수의 확장에서 가장 중요한 포인트는 무엇인가요?

A 자연수인 지수의 지수법칙이 실수인 지수의 지수법칙까지 확장된다는 점과 정수인 지수, 유리수인 지수, 실수인 지수로 확장하면서 밑의 범위가 제한된다는 점입니다.

1 거듭제곱근

1 거듭제곱근

1. 거듭제곱과 거듭제곱근의 뜻

실수 a와 자연수 n에 대하여 a를 n번 곱한 것을 a의 n제곱이라 하고, a^n으로 나타냅니다. 이때 a, a^2, a^3, …을 통틀어 a의 거듭제곱이라 하고, a^n에서 a를 거듭제곱의 밑, n을 거듭제곱의 지수라고 합니다.

또한 제곱하여 실수 a가 되는 수, 즉 방정식 $x^2=a$를 만족시키는 수 x를 a의 제곱근이라고 배웠습니다. 마찬가지로 실수 a에 대하여 방정식 $x^3=a$를 만족시키는 수 x를 a의 세제곱근이라고 합니다. 이 성질을 좀 더 확장해 보겠습니다.

일반적으로 n이 2 이상인 정수일 때, n제곱하여 실수 a가 되는 수, 즉 방정식

$$x^n=a$$

를 만족시키는 수 x를 a의 n제곱근이라고 하며, a의 제곱근, 세제곱근, 네제곱근, …을 통틀어 a의 **거듭제곱근**이라고 합니다.

x의 n제곱
$x^n=a$
a의 n제곱근

거듭제곱근을 구할 때에는 특별한 조건이 주어지지 않으면 복소수 범위에서 구합니다.

Example 8의 세제곱근은 $x^3=8$의 근이므로

$x^3=8$, $x^3-8=0$

$(x-2)(x^2+2x+4)=0$ ← $a^3-b^3=(a-b)(a^2+ab+b^2)$

$\therefore x=2$ 또는 $x=-1\pm\sqrt{3}i$

즉, 8의 세제곱근은 2, $-1+\sqrt{3}i$, $-1-\sqrt{3}i$이다.

2. 실수 a의 실수인 n제곱근

실수 a의 n제곱근은 방정식 $x^n=a$의 근입니다. 일반적으로 복소수의 범위에서 0이 아닌 실수 a의 n제곱근은 n개입니다. 하지만 다음 단원인 **지수의 확장**에서는 a의 제곱근 중 실수인 것만을 필요로 하므로 여기에서는 방정식 $x^n=a$의 근 중에서 실근만을 생각해 보겠습니다.

n이 2 이상의 정수일 때, 실수 a의 n제곱근 중에서 실수인 것은 방정식 $x^n=a$의 실근이므로 함수 $y=x^n$의 그래프와 직선 $y=a$의 교점의 x좌표와 같습니다.

이때 함수 $y=x^n$의 그래프는 n이 홀수이냐 짝수이냐에 따라 다음 그림과 같이 모양이 크게 바뀝니다.

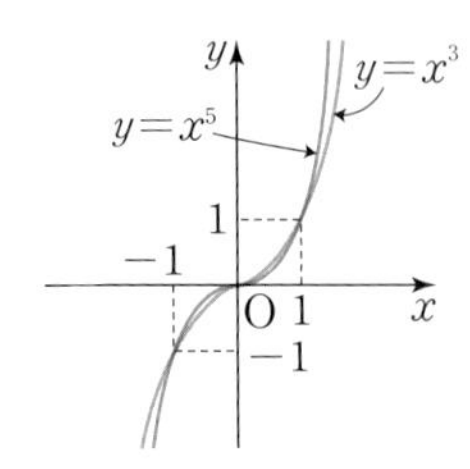

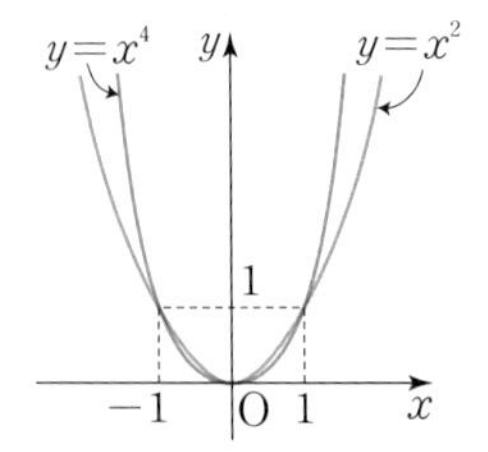

따라서 방정식 $x^n=a$에서 n이 홀수인 경우와 짝수인 경우로 나누어서 생각해 봅시다.

(1) $x^n=a$에서 n이 홀수일 때

임의의 실수 x에 대하여

$$(-x)^n=-x^n$$ ← $f(-x)=-f(x)$이면 함수 $y=f(x)$의 그래프는 원점에 대하여 대칭 (기함수)

이므로 $y=x$, $y=x^3$, $y=x^5$, …과 같이 n이 홀수인 함수 $y=x^n$의 그래프는 [그림 1]과 같이 원점에 대하여 대칭입니다. [그림 1]에서 알 수 있듯이 임의의 실수 a에 대하여 함수 $y=x^n$의 그래프와 직선 $y=a$의 교점은 항상 1개입니다. 따라서 n이 홀수일 때, 임의의 실수 a에 대하여 a의 n제곱근 중 실수인 것은 1개뿐이고, 이것을

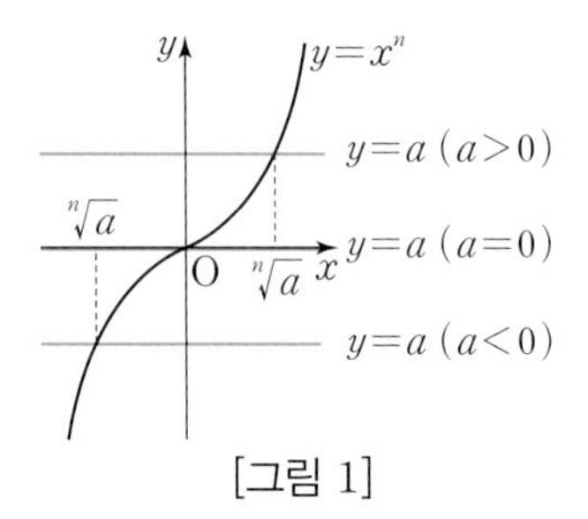

[그림 1]

$$\sqrt[n]{a}$$ ← 'n제곱근 a'로 읽는다.

와 같이 나타냅니다.

즉, $a>0$일 때 $\sqrt[n]{a}>0$이고, $a<0$일 때 $\sqrt[n]{a}<0$이므로 a와 $\sqrt[n]{a}$의 부호는 같습니다.

Example -27의 세제곱근은 $x^3=-27$의 근이므로

$$x^3+27=0,\ (x+3)(x^2-3x+9)=0$$

$$\therefore\ x=-3 \text{ 또는 } x=\frac{3\pm3\sqrt{3}i}{2}$$ ← 실수 1개, 허수 2개

즉, -27의 세제곱근 중에서 실수인 것은 -3이므로 $\sqrt[3]{-27}=-3$이다.

(2) $x^n=a$에서 n이 짝수일 때

임의의 실수 x에 대하여

$$(-x)^n=x^n$$ ← $f(-x)=f(x)$이면 함수 $y=f(x)$의 그래프는 y축에 대하여 대칭 (우함수)

이므로 $y=x^2$, $y=x^4$, $y=x^6$, …과 같이 n이 짝수인 함수 $y=x^n$의 그래프는 [그림 2]와 같이 y축에 대하여 대칭입니다. 따라서 함수 $y=x^n$의 그래프와 직선 $y=a$의 교점은 a의 값에 따라 다음과 같습니다.

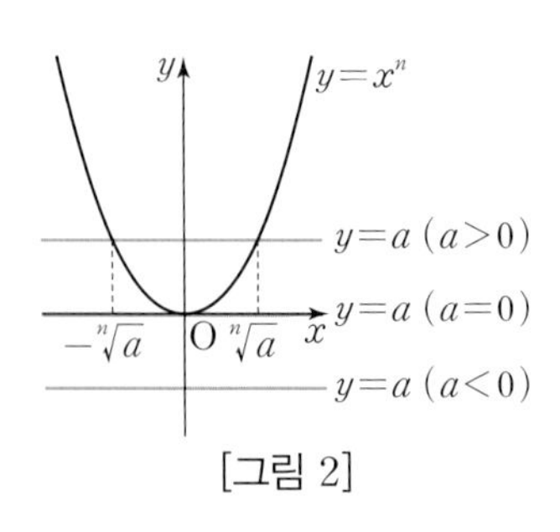

[그림 2]

(i) $a>0$일 때

[그림 2]에서 알 수 있듯이 함수 $y=x^n$의 그래프와 직선 $y=a$ $(a>0)$의 교점은 2개이고, 두 교점의 x좌표 중 하나는 양수, 다른 하나는 음수입니다. 즉, 방정식 $x^n=a$의 근 중 실근은 양수가 1개, 음수가 1개입니다. 따라서 n이 짝수이고 $a>0$일 때, a의 n제곱근 중 실수인 것은 양수와 음수 각각 한 개씩 존재합니다. 이때 a의 n제곱근 중 양수인 것과 음수인 것을 각각

$$\sqrt[n]{a},\ -\sqrt[n]{a}$$

와 같이 나타냅니다. 그리고 이들을 각각 a의 양의 n제곱근, a의 음의 n제곱근이라고 합니다. 특히, $\sqrt[2]{a}$는 $\sqrt{a}$로 나타냅니다.

(ii) $a=0$일 때

[그림 2]에서 알 수 있듯이 함수 $y=x^n$의 그래프와 직선 $y=a$의 교점은 1개이므로 방정식 $x^n=a$를 만족시키는 실수 x의 값은 0 하나뿐이고, $\sqrt[n]{0}=0$입니다. (교점 ← (0, 0))

(iii) $a<0$일 때

[그림 2]에서 알 수 있듯이 함수 $y=x^n$의 그래프와 직선 $y=a$ $(a<0)$의 교점이 존재하지 않으므로 방정식 $x^n=a$를 만족시키는 실수 x의 값은 존재하지 않습니다. 따라서 n이 짝수이고 $a<0$일 때, a의 n제곱근 중 실수인 것은 존재하지 않습니다.

Example

(1) 16의 네제곱근은 $x^4=16$의 근이므로

$$x^4-16=0,\ (x+2)(x-2)(x^2+4)=0$$

$\therefore\ x=\pm2$ 또는 $x=\pm2i$ ← 실수 2개, 허수 2개

즉, 16의 네제곱근 중에서 양의 실수인 2는 16의 양의 네제곱근이므로 $\sqrt[4]{16}=2$이다. 또한 16의 네제곱근 중에서 음의 실수인 -2는 16의 음의 네제곱근이므로 $-\sqrt[4]{16}=-2$이다.

(2) -49의 제곱근은 $x^2=-49$의 근이므로

$x=\pm7i$ ← 실수 0개, 허수 2개

개념 Point　실수 a의 실수인 n제곱근

1 n이 2 이상의 정수일 때, 실수 a에 대하여 방정식 $x^n=a$의 근 x를 a의 n제곱근이라고 한다.

2 실수 a의 실수인 n제곱근

n \ a	$a>0$	$a=0$	$a<0$
n이 홀수	$\sqrt[n]{a}$	0	$\sqrt[n]{a}$
n이 짝수	$\sqrt[n]{a},\ -\sqrt[n]{a}$	0	없다.

Plus

- n이 짝수일 때, $\sqrt[n]{a^n}=|a|$, n이 홀수일 때, $\sqrt[n]{a^n}=a$가 성립한다.
- n이 홀수일 때, $\sqrt[n]{-a}=-\sqrt[n]{a}$가 성립한다.

예) $\sqrt[3]{-27}=\sqrt[3]{(-3)^3}=-3$, $-\sqrt[3]{27}=-\sqrt[3]{3^3}=-3$이므로 $\sqrt[3]{-27}=-\sqrt[3]{27}$

개념 Plus **a의 n제곱근과 n제곱근 a의 차이점**

(1) a의 n제곱근은 n제곱하여 a가 되는 수, 즉 방정식 $x^n=a$를 만족시키는 모든 x를 뜻한다. 이 방정식의 근은 복소수 범위에서 중근을 포함하여 모두 n개가 존재한다는 사실이 알려져 있다. 이때 a의 n제곱근 중 실수인 $\sqrt[n]{a}$를 n제곱근 a라고 읽는다. 예를 들어

8의 세제곱근은 2, $-1+\sqrt{3}i$, $-1-\sqrt{3}i$의 3개이고,

세제곱근 8은 이 중에서 $\sqrt[3]{8}=2$

이다.

(2) n이 4 이상의 짝수이고 $a<0$이면 방정식 $x^n=a$를 만족시키는 실수 x는 존재하지 않으므로 $\sqrt[n]{a}$와 같은 기호는 사용하지 않는다. 예를 들어 $x^4=-16$의 실근은 존재하지 않으므로 $\sqrt[4]{-16}$과 같은 기호는 사용하지 않는다.

단, $n=2$이고 $a<0$일 때에는 **공통수학1**의 **04. 복소수**에서 배웠듯이 $i=\sqrt{-1}$이 허수단위이므로 복소수를 나타낼 때 $\sqrt{-2}$, $\sqrt{-3}$과 같이 $\sqrt{a}$ 꼴의 기호를 사용한다.

2 거듭제곱근의 성질

이제 지수법칙을 이용하여 거듭제곱근의 여러 가지 성질에 대하여 알아보겠습니다. 거듭제곱근의 성질은 거듭제곱근 계산 문제에서 쓰이므로 잘 익혀두기 바랍니다.

거듭제곱근의 성질에서 $a>0$, $b>0$이고, m, n은 2 이상의 정수라고 가정합니다. $a>0$, $b>0$이라고 가정하는 것은 $a<0$인 경우에는 n이 4 이상의 짝수일 때 $\sqrt[n]{a}$가 정의되지 않고, $a=0$인 경우에는 곱셈을 했을 때 아무런 의미가 없기 때문입니다.

(1) $(\sqrt[n]{a})^n=a$

Proof $\sqrt[n]{a}$는 n제곱하면 a가 되는 양수이므로

$$(\sqrt[n]{a})^n=a$$

(2) $\sqrt[n]{a}\sqrt[n]{b}=\sqrt[n]{ab}$

Proof $(\sqrt[n]{a}\sqrt[n]{b})^n=(\sqrt[n]{a})^n(\sqrt[n]{b})^n=ab$ ← $(ab)^n=a^nb^n$

그런데 $a>0$, $b>0$에서 $\sqrt[n]{a}>0$, $\sqrt[n]{b}>0$이므로 $\sqrt[n]{a}\sqrt[n]{b}>0$

따라서 $\sqrt[n]{a}\sqrt[n]{b}$는 양수 ab의 양의 n제곱근이므로

$$\sqrt[n]{a}\sqrt[n]{b}=\sqrt[n]{ab}$$

(3) $\dfrac{\sqrt[n]{a}}{\sqrt[n]{b}}=\sqrt[n]{\dfrac{a}{b}}$

Proof

$\left(\dfrac{\sqrt[n]{a}}{\sqrt[n]{b}}\right)^n=\dfrac{(\sqrt[n]{a})^n}{(\sqrt[n]{b})^n}=\dfrac{a}{b}$ ← $\left(\dfrac{a}{b}\right)^n=\dfrac{a^n}{b^n}$

그런데 $a>0$, $b>0$에서 $\sqrt[n]{a}>0$, $\sqrt[n]{b}>0$이므로 $\dfrac{\sqrt[n]{a}}{\sqrt[n]{b}}>0$

따라서 $\dfrac{\sqrt[n]{a}}{\sqrt[n]{b}}$는 양수 $\dfrac{a}{b}$의 양의 n제곱근이므로

$$\dfrac{\sqrt[n]{a}}{\sqrt[n]{b}}=\sqrt[n]{\dfrac{a}{b}}$$

(4) $(\sqrt[n]{a})^m=\sqrt[n]{a^m}$

Proof

$\{(\sqrt[n]{a})^m\}^n=(\sqrt[n]{a})^{mn}=\{(\sqrt[n]{a})^n\}^m=a^m$ ← $a^{mn}=(a^m)^n$

그런데 $a>0$에서 $\sqrt[n]{a}>0$이므로 $(\sqrt[n]{a})^m>0$

따라서 $(\sqrt[n]{a})^m$은 양수 a^m의 양의 n제곱근이므로

$$(\sqrt[n]{a})^m=\sqrt[n]{a^m}$$

(5) $\sqrt[m]{\sqrt[n]{a}}=\sqrt[mn]{a}=\sqrt[n]{\sqrt[m]{a}}$

Proof

$(\sqrt[m]{\sqrt[n]{a}})^{mn}=\{(\sqrt[m]{\sqrt[n]{a}})^m\}^n=(\sqrt[n]{a})^n=a$ ← $a^{mn}=(a^m)^n$

$(\sqrt[n]{\sqrt[m]{a}})^{mn}=\{(\sqrt[n]{\sqrt[m]{a}})^n\}^m=(\sqrt[m]{a})^m=a$

그런데 $a>0$이므로 $\sqrt[m]{\sqrt[n]{a}}>0$, $\sqrt[mn]{a}>0$, $\sqrt[n]{\sqrt[m]{a}}>0$

따라서 $\sqrt[m]{\sqrt[n]{a}}$와 $\sqrt[n]{\sqrt[m]{a}}$는 양수 a의 양의 mn제곱근이므로

$$\sqrt[m]{\sqrt[n]{a}}=\sqrt[mn]{a}=\sqrt[n]{\sqrt[m]{a}}$$

(6) $\sqrt[np]{a^{mp}}=\sqrt[n]{a^m}$ (단, p는 양의 정수)

Proof

$(\sqrt[n]{a^m})^{np}=\{(\sqrt[n]{a^m})^n\}^p=(a^m)^p=a^{mp}$ ← $a^{mn}=(a^m)^n$

그런데 $a>0$이므로 $\sqrt[n]{a^m}>0$

따라서 $\sqrt[n]{a^m}$은 양수 a^{mp}의 양의 np제곱근이므로

$$\sqrt[np]{a^{mp}}=\sqrt[n]{a^m}$$

Example

(1) $\sqrt[3]{2}\times\sqrt[3]{4}=\sqrt[3]{2\times4}=\sqrt[3]{2^3}=2$

(2) $\dfrac{\sqrt[4]{32}}{\sqrt[4]{2}}=\sqrt[4]{\dfrac{32}{2}}=\sqrt[4]{2^4}=2$

(3) $(-\sqrt[6]{4})^3=-\sqrt[6]{4^3}=-\sqrt[6]{2^6}=-2$

(4) $\sqrt[3]{\sqrt{64}}=\sqrt[3\times2]{64}=\sqrt[6]{2^6}=2$

개념 Point 거듭제곱근의 성질

$a>0$, $b>0$이고, m, n이 2 이상의 정수일 때

1 $(\sqrt[n]{a})^n=a$

2 $\sqrt[n]{a}\sqrt[n]{b}=\sqrt[n]{ab}$

3 $\dfrac{\sqrt[n]{a}}{\sqrt[n]{b}}=\sqrt[n]{\dfrac{a}{b}}$

4 $(\sqrt[n]{a})^m=\sqrt[n]{a^m}$

5 $\sqrt[m]{\sqrt[n]{a}}=\sqrt[mn]{a}=\sqrt[n]{\sqrt[m]{a}}$

6 $\sqrt[np]{a^{mp}}=\sqrt[n]{a^m}$ (단, p는 양의 정수)

Plus

$a>0$, $b>0$인 조건이 없으면 위의 성질이 성립하지 않는다.

예) $\sqrt{-3}\times\sqrt{-3}\neq\sqrt{(-3)\times(-3)}$, $\dfrac{\sqrt{3}}{\sqrt{-3}}\neq\sqrt{\dfrac{3}{-3}}$

개념 Plus $\sqrt[3]{a}\sqrt[3]{b}=\sqrt[3]{ab}$는 a, b의 부호에 상관없이 성립

2 이상의 정수 n에 대하여 위의 거듭제곱근의 성질 $\sqrt[n]{a}\sqrt[n]{b}=\sqrt[n]{ab}$가 성립하려면 근호 안의 두 수 a, b는 $a>0$, $b>0$이어야 한다.

하지만 n이 홀수일 때에는 a, b의 부호에 관계없이 $\sqrt[n]{a}\sqrt[n]{b}=\sqrt[n]{ab}$가 항상 성립한다.

n이 홀수일 때, $a<0$, $b>0$이면 $m=-a$인 양수 m이 존재하여 $\sqrt[n]{-m}=-\sqrt[n]{m}$이므로 위의 거듭제곱근의 성질에 의하여

$$\sqrt[n]{a}\sqrt[n]{b}=\sqrt[n]{-m}\sqrt[n]{b}=-\sqrt[n]{m}\sqrt[n]{b}=-\sqrt[n]{mb}=\sqrt[n]{-mb}=\sqrt[n]{ab}$$

가 성립한다.

$a>0$, $b<0$일 때와 $a<0$, $b<0$일 때에도 마찬가지 방법으로 보일 수 있다.

따라서 n이 홀수일 때, $\sqrt[n]{a}\sqrt[n]{b}=\sqrt[n]{ab}$는 근호 안의 두 수 a, b의 부호에 관계없이 항상 성립한다. 예를 들어

$$\sqrt[3]{-2}\times\sqrt[3]{-4}=-\sqrt[3]{2}\times(-\sqrt[3]{4})=\sqrt[3]{2}\times\sqrt[3]{4}=\sqrt[3]{8}=2$$

$$\sqrt[3]{(-2)\times(-4)}=\sqrt[3]{8}=2$$

└ n이 홀수일 때, $\sqrt[n]{-a}=-\sqrt[n]{a}$

이다.

개념 콕콕

1 다음 값을 구하시오.

(1) $\sqrt[3]{-125}$ (2) $\sqrt[4]{0.0016}$ (3) $\sqrt[5]{32}$ (4) $\sqrt[6]{64}$

2 다음 거듭제곱근 중 실수인 것을 구하시오.

(1) 25의 제곱근 (2) -125의 세제곱근 (3) 256의 네제곱근

3 다음 명제의 참, 거짓을 판별하시오.

(1) -2는 -8의 세제곱근이다.

(2) -5는 625의 네제곱근이다.

(3) 세제곱근 8은 2이다.

(4) 네제곱근 16은 2이다.

(5) -4의 제곱근은 없다.

(6) 81의 네제곱근은 2개이다.

4 다음 식을 간단히 하시오.

(1) $\sqrt[3]{3}\times\sqrt[3]{9}$ (2) $\sqrt[3]{27^2}$ (3) $\dfrac{\sqrt[3]{64}}{\sqrt[3]{8}}$ (4) $\sqrt{\sqrt{16}}$

5 다음 식을 간단히 하시오.

(1) $\sqrt[3]{54}+\sqrt[3]{16}-\sqrt[3]{2}$ (2) $\sqrt{(-2)^2}+\sqrt[3]{(-2)^3}+\sqrt[4]{(-2)^4}+\sqrt[5]{(-2)^5}$

• 풀이 2쪽

정답

1 (1) -5 (2) 0.2 (3) 2 (4) 2 **2** (1) -5, 5 (2) -5 (3) -4, 4
3 (1) 참 (2) 참 (3) 참 (4) 참 (5) 거짓 (6) 거짓
4 (1) 3 (2) 9 (3) 2 (4) 2 **5** (1) $4\sqrt[3]{2}$ (2) 0

예제 01 거듭제곱근

〈보기〉에서 옳은 것을 모두 고르시오.

〈 보기 〉

ㄱ. 세제곱근 -8은 -2이다.

ㄴ. 27의 세제곱근은 3이다.

ㄷ. -8의 네제곱근 중 실수인 것은 2개이다.

ㄹ. n이 홀수일 때, a의 값에 관계없이 a의 n제곱근 중 실수인 것은 1개뿐이다.

접근 방법〉 $a\neq0$일 때, a의 제곱근은 제곱해서 a가 되는 수를 말하고, 제곱근 a는 $\sqrt{a}$, 즉 제곱해서 a가 되는 수 중 양수를 말한다.
다음과 같이 'a의 n제곱근'과 'n제곱근 a'가 다름을 알고 정확하게 구분해야 한다.

	a의 제곱근	제곱근 a
뜻	제곱해서 a가 되는 수	$\sqrt{a}$를 한글로 읽은 것
표현	$\sqrt{a}$, $-\sqrt{a}$	$\sqrt{a}$
개수	2개	1개

수매씽 Point 실수 a의 n제곱근 ➡ 방정식 $x^n=a$의 근
n제곱근 a ➡ $\sqrt[n]{a}$

상세 풀이〉 ㄱ. 세제곱근 -8은 $\sqrt[3]{-8}=\sqrt[3]{(-2)^3}=-2$이다. (참)

ㄴ. 27의 세제곱근은 $x^3=27$의 근이므로

$$x^3=27,\ x^3-27=0,\ (x-3)(x^2+3x+9)=0$$

$$\therefore\ x=3 \text{ 또는 } x=\frac{-3\pm3\sqrt{3}i}{2}$$

따라서 27의 세제곱근은 3, $\frac{-3+3\sqrt{3}i}{2}$, $\frac{-3-3\sqrt{3}i}{2}$이다. (거짓)

ㄷ. -8의 네제곱근을 x라 하면 $x^4=-8$

이 방정식을 만족시키는 실근은 존재하지 않으므로 -8의 네제곱근 중 실수인 것은 없다. (거짓)

ㄹ. a의 n제곱근 중 실수인 것은 $x^n=a$를 만족시키는 실수 x의 1개뿐이다. (참)

따라서 옳은 것은 ㄱ, ㄹ이다.

정답 ㄱ, ㄹ

보충 설명

n이 2 이상의 자연수일 때, 실수 a의 n제곱근은 복소수 범위에서 n개가 존재한다. 그중 실수인 것은 다음과 같다.

n \ a	$a>0$	$a=0$	$a<0$
n이 홀수	$\sqrt[n]{a}$	0	$\sqrt[n]{a}$
n이 짝수	$\sqrt[n]{a}$, $-\sqrt[n]{a}$	0	없다.

숫자 바꾸기

한번 더 ☑ ☐

01-1

⟨**보기**⟩에서 옳은 것을 모두 고르시오.

⟨ 보기 ⟩

ㄱ. 세제곱근 -27은 -3이다.

ㄴ. 네제곱근 32는 $2\sqrt[4]{2}$이다.

ㄷ. $\sqrt{81}$의 네제곱근은 3이다.

ㄹ. n이 짝수일 때, 0이 아닌 실수 a의 n제곱근 중 실수인 것은 $\sqrt[n]{a}$, $-\sqrt[n]{a}$로 두 개이다.

표현 바꾸기

한번 더 ☑ ☐

01-2

$a>0$, $b>0$이고 m, n이 2 이상의 자연수일 때, ⟨**보기**⟩에서 옳은 것을 모두 고르시오.

⟨ 보기 ⟩

ㄱ. $\sqrt[n]{a}$는 항상 양수이다.

ㄴ. $\sqrt[n]{a}\sqrt[n]{b}$는 ab의 양의 n제곱근이다.

ㄷ. $(\sqrt[n]{a})^m$은 n제곱해서 a^m이 되는 수이다.

ㄹ. $\sqrt[2n]{a}$는 a의 양의 제곱근의 n제곱근 중 하나이다.

개념 넓히기

한번 더 ☑ ☐

01-3

실수 x의 n제곱근 중 실수인 것의 개수를 $R(x, n)$이라고 하자. 이때 $R(-5, 2)+R(-6, 3)+R(7, 4)$의 값을 구하시오. (단, n은 2 이상의 정수이다.)

• 풀이 2쪽~3쪽

정답 **01-1** ㄱ, ㄴ **01-2** ㄱ, ㄴ, ㄷ, ㄹ **01-3** 3

예제 02 거듭제곱근의 성질

다음 식을 간단히 하시오. (단, $a>0$)

(1) $\sqrt{\dfrac{\sqrt[3]{a}}{\sqrt[6]{a}}}\times\sqrt[3]{\dfrac{\sqrt[4]{a}}{\sqrt{a}}}$ (2) $\sqrt[3]{a\sqrt{a\sqrt{a}}}$

(3) $\sqrt[4]{\dfrac{27^{10}+9^{10}}{27^4+9^{11}}}$ (4) $\sqrt{\sqrt{81}}\times\sqrt[3]{\sqrt{256}}\div\sqrt[3]{\sqrt{4}}$

접근 방법 근호 안의 수를 소인수분해 한 후 다음 거듭제곱근의 성질을 이용한다.

수매씽 Point m, n, p가 2 이상의 정수이고 $a>0$, $b>0$일 때

① $(\sqrt[n]{a})^n=a$ ② $\sqrt[n]{a}\times\sqrt[n]{b}=\sqrt[n]{ab}$ ③ $\dfrac{\sqrt[n]{a}}{\sqrt[n]{b}}=\sqrt[n]{\dfrac{a}{b}}$

④ $(\sqrt[n]{a})^m=\sqrt[n]{a^m}$ ⑤ $\sqrt[m]{\sqrt[n]{a}}=\sqrt[nm]{a}=\sqrt[n]{\sqrt[m]{a}}$ ⑥ $\sqrt[np]{a^{mp}}=\sqrt[n]{a^m}$

상세 풀이 (1) $\sqrt{\dfrac{\sqrt[3]{a}}{\sqrt[6]{a}}}\times\sqrt[3]{\dfrac{\sqrt[4]{a}}{\sqrt{a}}}=\dfrac{\sqrt{\sqrt[3]{a}}}{\sqrt{\sqrt[6]{a}}}\times\dfrac{\sqrt[3]{\sqrt[4]{a}}}{\sqrt[3]{\sqrt{a}}}=\dfrac{\sqrt[6]{a}}{\sqrt[12]{a}}\times\dfrac{\sqrt[12]{a}}{\sqrt[6]{a}}=1$

(2) $\sqrt[3]{a\sqrt{a\sqrt{a}}}=\sqrt[3]{a}\times\sqrt[3]{\sqrt{a\sqrt{a}}}=\sqrt[3]{a}\times\sqrt[6]{a\sqrt{a}}$

$=\sqrt[3]{a}\times\sqrt[6]{a}\times\sqrt[6]{\sqrt{a}}=\sqrt[3]{a}\times\sqrt[6]{a}\times\sqrt[12]{a}$

$=\sqrt[3\times4]{a^4}\times\sqrt[6\times2]{a^2}\times\sqrt[12]{a}$

$=\sqrt[12]{a^4}\times\sqrt[12]{a^2}\times\sqrt[12]{a}$ ← 3, 6, 12의 최소공배수가 12이므로 $\sqrt[12]{■}$ 꼴로 통일

$=\sqrt[12]{a^4\times a^2\times a}$

$=\sqrt[12]{a^7}$

(3) $9=3^2$, $27=3^3$이므로 분모와 분자를 3의 거듭제곱꼴로 고쳐서 약분하면

$\sqrt[4]{\dfrac{27^{10}+9^{10}}{27^4+9^{11}}}=\sqrt[4]{\dfrac{3^{30}+3^{20}}{3^{12}+3^{22}}}=\sqrt[4]{\dfrac{3^{20}\times(3^{10}+1)}{3^{12}\times(1+3^{10})}}=\sqrt[4]{3^8}=\sqrt[4]{9^4}=9$

(4) $\sqrt{\sqrt{81}}\times\sqrt[3]{\sqrt{256}}\div\sqrt[3]{\sqrt{4}}=\sqrt[4]{81}\times\sqrt[6]{256}\div\sqrt[6]{4}=\sqrt[4]{3^4}\times\sqrt[6]{2^8}\div\sqrt[6]{2^2}$

$=3\times\sqrt[6]{\dfrac{2^8}{2^2}}=3\times\sqrt[6]{2^6}=3\times2=6$

정답 (1) 1 (2) $\sqrt[12]{a^7}$ (3) 9 (4) 6

보충 설명

(2)에서 다음과 같이 풀 수도 있다.

$\sqrt[3]{a\sqrt{a\sqrt{a}}}=\sqrt[3]{a\sqrt{\sqrt{a^2a}}}=\sqrt[3]{a\sqrt[4]{a^3}}=\sqrt[3]{\sqrt[4]{a^4a^3}}=\sqrt[3]{\sqrt[4]{a^7}}=\sqrt[12]{a^7}$

숫자 바꾸기 　　　　한번 더

02-1

다음 식을 간단히 하시오. (단, $a>0$)

(1) $\sqrt[5]{\dfrac{\sqrt[4]{a}}{\sqrt[3]{a}}}\times\sqrt[3]{\dfrac{\sqrt[5]{a}}{\sqrt{a}}}\times\sqrt{\dfrac{\sqrt[3]{a}}{\sqrt[10]{a}}}$

(2) $\sqrt[4]{a\sqrt[4]{a\sqrt[4]{a}}}$

(3) $\sqrt[6]{\dfrac{8^9+4^9}{8^7+4^6}}$

(4) $\dfrac{\sqrt{6\sqrt{2}}}{\sqrt[3]{2\sqrt{3}}\times\sqrt[12]{2^5}}$

(5) $\sqrt[5]{\dfrac{\sqrt[3]{3}}{\sqrt{3}}}\times\sqrt[3]{\dfrac{\sqrt{3}}{\sqrt[5]{3}}}\times\sqrt{\dfrac{\sqrt[5]{3}}{\sqrt[3]{3}}}$

(6) $\sqrt{\sqrt[3]{128}}\times\sqrt[6]{32}+\dfrac{\sqrt[3]{250}}{\sqrt[3]{2}}$

표현 바꾸기 　　　　한번 더

02-2

다음 물음에 답하시오.

(1) $(\sqrt{\sqrt[6]{4}\sqrt[3]{16}})^3$보다 작은 자연수 중 가장 큰 것을 구하시오.

(2) $(\sqrt{2\sqrt[3]{4}})^3$보다 큰 자연수 중 가장 작은 것을 구하시오.

개념 넓히기 　　　　한번 더

02-3

$\sqrt[20]{2}\times\dfrac{\sqrt[12]{4}}{\sqrt[15]{4}}=\sqrt[m]{\sqrt[n]{2}}$를 만족시키는 2 이상의 두 자연수 m, n에 대하여 $m+n$의 최댓값을 구하시오.

• 풀이 3쪽～4쪽

정답

02-1 (1) 1 (2) $\sqrt[64]{a^{21}}$ (3) 2 (4) $\sqrt[3]{3}$ (5) 1 (6) 9 　**02-2** (1) 5 (2) 6 　**02-3** 8

2 지수의 확장

1 정수인 지수와 지수법칙

1. 지수가 자연수일 때의 지수법칙

밑이 실수이고 지수가 자연수일 때, 거듭제곱으로 나타낸 수에 대하여 중학교에서 지수법칙이 성립한다는 사실을 이미 배웠습니다.

Example

(1) $a^2b\times ab^4=a^{2+1}b^{1+4}=a^3b^5$

(2) $(a^2b^3)^2=a^{2\times2}b^{3\times2}=a^4b^6$

(3) $a^4b^3\div\frac{b}{a^5}=a^4b^3\times\frac{a^5}{b}=a^{4+5}b^{3-1}=a^9b^2$

개념 Point 지수가 자연수일 때의 지수법칙

a, b는 실수이고, m, n이 자연수일 때

1 $a^ma^n=a^{m+n}$

2 $a^m\div a^n=\begin{cases} a^{m-n} & (m>n) \\ 1 & (m=n) \\ \frac{1}{a^{n-m}} & (m<n) \end{cases}$ (단, $a\neq0$)

3 $(a^m)^n=a^{mn}$

4 $(ab)^n=a^nb^n$

5 $\left(\frac{a}{b}\right)^n=\frac{a^n}{b^n}$ (단, $b\neq0$)

Plus

다음과 같이 계산하지 않도록 주의한다.

① $a^m+a^n\neq a^{m+n}$ ② $a^m\times a^n\neq a^{mn}$ ③ $(a^m)^n\neq a^{m^n}$ ④ $a^m\div a^m\neq0$ (단, $a\neq0$)

이제 위와 같이 정의된 a의 거듭제곱 a^n을 지수 n이 자연수인 경우에서 정수, 유리수, 실수인 경우까지 확장해 보려고 합니다. 지수의 원래 의미를 생각했을 때 '실수 a를 -2번 곱한다.'와 같은 것은 있을 수 없는 말이지만 지수법칙이 성립하도록 지수를 자연수에서 정수로, 정수에서 유리수로, 마지막으로 유리수에서 실수까지 확장할 수 있습니다. 또한 이렇게 확장한 지수에서도 지수법칙이 성립한다는 것을 확인해 봅시다.

2. 0 또는 음의 정수인 지수

n이 자연수일 때 a^n을 정의할 수 있으므로 n이 정수인 경우에도 a^n을 정의하려면 지수 n이 0이거나 음의 정수일 때의 a^n을 정의해야 합니다.

(1) $a^0=1$

$a\neq0$이고 m, n이 자연수일 때, 지수법칙

$$a^m a^n=a^{m+n} \quad \cdots\cdots \text{㉠}$$

이 성립합니다. ㉠이 $m=0$일 때에도 성립한다고 가정하면

$$a^0 a^n=a^{0+n}=a^n$$

$$\therefore a^0=\frac{a^n}{a^n}=1$$

따라서 $a\neq0$일 때, $a^0=1$로 정의합니다. 이는 자연수인 지수의 지수법칙 ㉠을 그대로 유지한 채 a^0을 정의할 수 있다는 것을 의미합니다. ← $a^0=1$로 정의하면 다른 지수법칙도 성립한다. 이에 대해서는 지수법칙을 다루면서 설명한다.

(2) $a^{-n}=\frac{1}{a^n}$

㉠이 $m=-n$일 때에도 성립한다고 가정하면

$$a^{-n}a^n=a^{-n+n}=a^0=1$$

$$\therefore a^{-n}=\frac{1}{a^n}$$

따라서 $a\neq0$이고 n이 자연수일 때, $a^{-n}=\frac{1}{a^n}$로 정의합니다. 이는 자연수인 지수의 지수법칙 ㉠을 그대로 유지한 채 a^{-n}을 정의할 수 있다는 것을 의미합니다.

Example

(1) $3^0=1$

(2) $(-5)^0=1$

(3) $2^{-5}=\frac{1}{2^5}=\frac{1}{32}$

(4) $\left(-\frac{1}{3}\right)^{-2}=\frac{1}{\left(-\frac{1}{3}\right)^2}=\frac{1}{\frac{1}{9}}=9$

개념 Point 0 또는 음의 정수인 지수

$a\neq0$이고 n이 양의 정수일 때

1 $a^0=1$

2 $a^{-n}=\frac{1}{a^n}$

+ Plus

정수인 지수의 밑 a에 대하여 $a\neq0$이라는 사실에 주의해야 한다. 일반적으로 양의 정수 n에 대하여 $0^n=0$이지만 $0^2\div0^2=0^0$, $0^{-3}=\frac{1}{0^3}$과 같은 것은 의미가 없기 때문에 0^0과 0^{-n}은 정의하지 않는다.

3. 지수가 정수일 때의 지수법칙

앞에서 지수가 0 또는 음의 정수인 경우에 대하여 a^n을 정의할 수 있다는 것을 알아보았습니다. 즉, 지수가 0 또는 음의 정수인 경우를 앞에서와 같이 정의하면, 지수가 자연수일 때의 지수법칙

$$a^m \div a^n = \begin{cases} a^{m-n} & (m>n) \\ 1 & (m=n) \\ \dfrac{1}{a^{n-m}} & (m<n) \end{cases} \quad (\text{단, } a \neq 0)$$

을 다음과 같이 간단히 나타낼 수 있습니다.

(i) $m=n$이면 $a^m \div a^n = 1 = a^0 = a^{m-n}$ ← $a^0=1$

(ii) $m<n$이면 $a^m \div a^n = \dfrac{1}{a^{n-m}} = a^{-(n-m)} = a^{m-n}$ ← $a^{-n}=\dfrac{1}{a^n}$

따라서 $a \neq 0$일 때, m, n의 대소에 관계없이 임의의 두 양의 정수 m, n에 대하여

$$a^m \div a^n = a^{m-n}$$

입니다.

이제 정수인 지수 a^n을 정의하면 지수가 자연수일 때의 지수법칙 역시 지수가 정수일 때에도 그대로 성립함을 확인해 봅시다.

$a \neq 0$, $b \neq 0$이라 하고, m, n을 정수라고 가정하겠습니다.

(1) $a^m a^n = a^{m+n}$

Proof

(i) $m>0$, $n<0$일 때

$n=-q$ (q는 양의 정수)로 놓으면

$$a^m a^n = a^m a^{-q} = a^m \times \frac{1}{a^q} = a^m \div a^q = a^{m-q} = a^{m+n}$$

(ii) $m<0$, $n>0$일 때

(i)과 마찬가지 방법으로 증명할 수 있다.

(iii) $m<0$, $n<0$일 때

$m=-p$, $n=-q$ (p, q는 양의 정수)로 놓으면

$$a^m a^n = a^{-p} a^{-q} = \frac{1}{a^p} \times \frac{1}{a^q} = \frac{1}{a^{p+q}} = a^{-(p+q)} = a^{(-p)+(-q)} = a^{m+n}$$

(2) $a^m \div a^n = a^{m-n}$

Proof

(i) $m>0$, $n<0$일 때

$n=-q$ (q는 양의 정수)로 놓으면

$$a^m \div a^n = a^m \div a^{-q} = a^m \div \frac{1}{a^q} = a^m \times a^q = a^{m+q} = a^{m-n}$$

(ii) $m<0$, $n>0$일 때

$m=-p$ (p는 양의 정수)로 놓으면

$$a^m \div a^n = a^{-p} \div a^n = \frac{1}{a^p} \times \frac{1}{a^n} = \frac{1}{a^{p+n}} = a^{-(p+n)} = a^{-p-n} = a^{m-n}$$

(iii) $m<0$, $n<0$일 때

$m=-p$, $n=-q$ (p, q는 양의 정수)로 놓으면

$$a^m \div a^n = a^{-p} \div a^{-q} = \frac{1}{a^p} \div \frac{1}{a^q} = \frac{a^q}{a^p} = a^{q-p} = a^{(-p)-(-q)} = a^{m-n}$$

(3) $(a^m)^n = a^{mn}$

Proof

(i) $m>0$, $n<0$일 때

$n=-q$ (q는 양의 정수)로 놓으면

$$(a^m)^n = (a^m)^{-q} = \frac{1}{(a^m)^q} = \frac{1}{a^{mq}} = a^{-mq} = a^{m(-q)} = a^{mn}$$

(ii) $m<0$, $n>0$일 때

$m=-p$ (p는 양의 정수)로 놓으면

$$(a^m)^n = (a^{-p})^n = \left(\frac{1}{a^p}\right)^n = \frac{1}{a^{pn}} = a^{-pn} = a^{(-p)n} = a^{mn}$$

(iii) $m<0$, $n<0$일 때

$m=-p$, $n=-q$ (p, q는 양의 정수)로 놓으면

$$(a^m)^n = (a^{-p})^{-q} = \frac{1}{(a^{-p})^q} = \frac{1}{\left(\frac{1}{a^p}\right)^q} = \frac{1}{\frac{1}{a^{pq}}} = a^{pq} = a^{(-p)(-q)} = a^{mn}$$

(4) $(ab)^n = a^n b^n$

Proof

$n<0$일 때, $n=-p$ (p는 양의 정수)로 놓으면

$$(ab)^n = (ab)^{-p} = \frac{1}{(ab)^p} = \frac{1}{a^p b^p} = \frac{1}{a^p} \times \frac{1}{b^p} = a^{-p} b^{-p} = a^n b^n$$

Example

(1) $2^3 \times 2^{-4} = 2^{3+(-4)} = 2^{-1} = \frac{1}{2}$

(2) $6^{-3} \div 6^{-5} = 6^{-3-(-5)} = 6^2 = 36$

(3) $(2^{-2})^3 = 2^{-2\times3} = 2^{-6} = \frac{1}{64}$

(4) $(3^{-1})^{-1} = 3^{-1\times(-1)} = 3$

(5) $(2\times3)^{-2} = 2^{-2} \times 3^{-2} = \frac{1}{2^2} \times \frac{1}{3^2} = \frac{1}{36}$

개념 Point 지수가 정수일 때의 지수법칙

$a\neq0$, $b\neq0$이고, m, n이 정수일 때

1 $a^m a^n = a^{m+n}$

2 $a^m \div a^n = a^{m-n}$

3 $(a^m)^n = a^{mn}$

4 $(ab)^n = a^n b^n$

2 유리수인 지수와 지수법칙

$2^{\frac{2}{3}}$과 같이 지수가 유리수인 경우에도 지수법칙 $(a^m)^n=a^{mn}$이 성립한다고 가정하면 $(2^{\frac{2}{3}})^3=2^{\frac{2}{3}\times 3}=2^2$이고 거듭제곱근의 정의에 의하여 $2^{\frac{2}{3}}$은 2^2의 세제곱근 중 하나입니다. 즉, $2^{\frac{2}{3}}$을 2^2의 양의 실수인 세제곱근으로 정하면

$$2^{\frac{2}{3}}=\sqrt[3]{2^2}$$

입니다. 이와 같이 거듭제곱근을 이용하여 지수가 유리수인 경우에도 지수법칙이 성립하도록 지수의 범위를 확장해 보겠습니다.

1. 유리수인 지수

유리수는 분자, 분모가 모두 정수인 분수로 나타낼 수 있는 수이므로 유리수 r에 대하여

$$r=\frac{m}{n}$$

인 두 정수 m, $n\ (n>0)$을 선택할 수 있습니다. 분모 n의 부호를 양으로 고정하면 r의 부호는 분자 m의 부호에 따라 정해지므로 분모 n의 부호를 양으로 고정할 수 있습니다.

$a>0$이고 p, q가 정수일 때, 지수법칙

$$(a^p)^q=a^{pq} \quad \cdots\cdots ㉠$$

이 성립함을 알고 있습니다. ㉠이 $p=\frac{m}{n}$, $q=n$ (m, n은 정수, $n\geq 2$)일 때에도 성립한다고 가정하면

$$(a^{\frac{m}{n}})^n=a^{\frac{m}{n}\times n}=a^m$$

입니다. $a>0$이므로 $a^m>0$이고, 거듭제곱근의 정의에 의하여 $a^{\frac{m}{n}}$은 양수 a^m의 n제곱근 중 하나이므로 $a^{\frac{m}{n}}$을 양수 a^m의 양의 n제곱근으로 정하면

$$a^{\frac{m}{n}}=\sqrt[n]{a^m}$$

입니다. 따라서 $r=\frac{m}{n}$ (m, n은 정수, $n\geq 2$)일 때, $a^r=a^{\frac{m}{n}}=\sqrt[n]{a^m}$으로 정의합니다.

이때 $a^r=a^{\frac{m}{n}}$에서 n의 부호를 $n>0$으로 고정하여 $a^r=a^{\frac{m}{n}}$을 a^m의 양의 n제곱근으로 정의하였으므로 다음과 같은 사실에 주의하기 바랍니다.

$$3^{-\frac{3}{5}}=\sqrt[-5]{3^3}\ (\times), \qquad 3^{-\frac{3}{5}}=\sqrt[5]{3^{-3}}\ (\bigcirc)$$

이와 같이 유리수 r에 대하여 a^r을 어떤 수의 양의 실수인 거듭제곱근으로 정의하여 지수를 유리수로 확장할 수 있습니다.

Example

(1) $8^{\frac{2}{3}}=\sqrt[3]{8^2}=\sqrt[3]{2^6}=2^{\frac{6}{3}}=4$

(2) $9^{-\frac{3}{2}}=\frac{1}{9^{\frac{3}{2}}}=\frac{1}{\sqrt{9^3}}=\frac{1}{\sqrt{3^6}}=\frac{1}{3^{\frac{6}{2}}}=\frac{1}{27}$

유리수인 지수의 계산은 거듭제곱근으로 바꾸어 계산할 수도 있지만, 뒤에서 배울 지수가 유리수일 때의 지수법칙을 이용하면 더 편리하게 계산할 수 있습니다.

2. 지수가 유리수일 때의 지수법칙

앞에서 임의의 유리수 r에 대하여 a^r을 정의할 수 있다는 것을 알아보았습니다. 이제 유리수인 지수 a^r을 정의하면 정수까지 확장된 기존의 지수법칙 역시 유리수인 지수에서도 그대로 성립함을 확인해 봅시다.

$a>0$, $b>0$일 때, 두 유리수 r, s를 $r=\frac{m}{n}$, $s=\frac{p}{q}$ (m, n, p, q는 정수, $n\ge2$, $q\ge2$)로 놓습니다.

(1) $a^r a^s=a^{r+s}$

Proof

$$\begin{aligned} a^r a^s &= a^{\frac{m}{n}} a^{\frac{p}{q}} = a^{\frac{mq}{nq}} a^{\frac{np}{nq}} \\ &= \sqrt[nq]{a^{mq}}\sqrt[nq]{a^{np}} = \sqrt[nq]{a^{mq}a^{np}} = \sqrt[nq]{a^{mq+np}} \\ &= a^{\frac{mq+np}{nq}} = a^{\frac{m}{n}+\frac{p}{q}} = a^{r+s} \end{aligned}$$

(2) $a^r \div a^s=a^{r-s}$

Proof

$$\begin{aligned} a^r \div a^s &= a^{\frac{m}{n}} \div a^{\frac{p}{q}} \\ &= \frac{a^{\frac{mq}{nq}}}{a^{\frac{np}{nq}}} = \frac{\sqrt[nq]{a^{mq}}}{\sqrt[nq]{a^{np}}} = \sqrt[nq]{\frac{a^{mq}}{a^{np}}} = \sqrt[nq]{a^{mq-np}} \\ &= a^{\frac{mq-np}{nq}} = a^{\frac{m}{n}-\frac{p}{q}} = a^{r-s} \end{aligned}$$

(3) $(a^r)^s=a^{rs}$

Proof

$$\begin{aligned} (a^r)^s &= (a^{\frac{m}{n}})^{\frac{p}{q}} = \sqrt[q]{(a^{\frac{m}{n}})^p} \\ &= \sqrt[q]{(\sqrt[n]{a^m})^p} = \sqrt[q]{\sqrt[n]{a^{mp}}} = \sqrt[nq]{a^{mp}} \\ &= a^{\frac{mp}{nq}} = a^{\frac{m}{n}\times\frac{p}{q}} = a^{rs} \end{aligned}$$

(4) $(ab)^r=a^r b^r$

Proof

$$\begin{aligned} (ab)^r &= (ab)^{\frac{m}{n}} = \sqrt[n]{(ab)^m} \\ &= \sqrt[n]{a^m b^m} = \sqrt[n]{a^m}\sqrt[n]{b^m} \\ &= a^{\frac{m}{n}} b^{\frac{m}{n}} = a^r b^r \end{aligned}$$

Example
(1) $3^{\frac{3}{2}} \times 3^{-\frac{1}{3}} = 3^{\frac{3}{2}+\left(-\frac{1}{3}\right)} = 3^{\frac{7}{6}}$

(2) $3^{\frac{4}{5}} \div 3^{-\frac{2}{5}} = 3^{\frac{4}{5}-\left(-\frac{2}{5}\right)} = 3^{\frac{6}{5}}$

(3) $(2^{\frac{1}{3}} \times 3^{\frac{1}{2}})^6 = (2^{\frac{1}{3}})^6 \times (3^{\frac{1}{2}})^6 = 2^{\frac{1}{3}\times 6} \times 3^{\frac{1}{2}\times 6} = 2^2 \times 3^3 = 4 \times 27 = 108$

이상에서 배운 내용을

지수의 확장에서 밑의 범위는 제한되고, 지수법칙은 보존된다.

라고 기억하면 편리합니다.

개념 Point 유리수인 지수와 지수가 유리수일 때의 지수법칙

1 유리수인 지수 : $a>0$이고 m, n $(n \geq 2)$이 정수일 때

$a^{\frac{m}{n}} = \sqrt[n]{a^m}$, $a^{\frac{1}{n}} = \sqrt[n]{a}$

2 지수가 유리수일 때의 지수법칙 : $a>0$, $b>0$이고 r, s가 유리수일 때

(1) $a^r a^s = a^{r+s}$

(2) $a^r \div a^s = a^{r-s}$

(3) $(a^r)^s = a^{rs}$

(4) $(ab)^r = a^r b^r$

Plus

유리수인 지수의 밑 a에 대하여 $a>0$이라는 사실에 주의해야 한다.

$\{(-3)^2\}^{\frac{1}{2}} = (-3)^{2\times\frac{1}{2}} = (-3)^1 = -3$ (×), $\{(-3)^2\}^{\frac{1}{2}} = (3^2)^{\frac{1}{2}} = 3$ (○)

개념 Plus 유리수인 지수의 밑의 조건

① $\{(-1)^2\}^{\frac{1}{2}} = (-1)^{2\times\frac{1}{2}} = (-1)^1 = -1$

② $\{(-1)^2\}^{\frac{1}{2}} = 1^{\frac{1}{2}} = 1$

위의 두 계산을 살펴보면 틀린 곳은 없는 것 같은데 왜 답이 서로 다를까?

이는 지수가 유리수인 경우 지수법칙은 밑이 양수일 때만 성립하기 때문이다. 즉, ①에서처럼 밑이 -1인 경우는 밑이 음수이므로 지수법칙이 성립하지 않는다. 이럴 때는 ②와 같이 순서대로 계산할 수밖에 없다.

자연수인 지수에서 정수인 지수로 확장을 할 때에도 밑 a에 대하여 $a \neq 0$이라는 조건이 붙은 것처럼 정수인 지수에서 유리수인 지수로 확장을 할 때에도 $a>0$이라는 조건이 더 추가된다는 사실에 주의한다. 예를 들면 유리수인 지수의 확장에서 $\sqrt{2} = 2^{\frac{1}{2}}$이지만, $\sqrt{-2} = (-2)^{\frac{1}{2}}$은 틀린 표현이다. 허수 단위 i를 사용하여 복소수 $\sqrt{-2} = \sqrt{2}i$는 정의되어 있지만, 유리수인 지수의 확장에서 밑은 양수이어야 하므로 $(-2)^{\frac{1}{2}}$과 같은 것은 생각하지 않기 때문이다.

3 실수인 지수와 지수법칙

앞에서 지수를 유리수까지 확장하여 지수법칙이 유리수에서도 성립함을 보였으므로 이제 무리수인 지수를 정의하고 무리수인 지수에서도 지수법칙이 성립한다는 것을 보이면 지수가 실수일 때의 지수법칙이 성립한다고 할 수 있습니다.

그런데 무리수인 지수에서도 지수법칙이 성립한다는 것을 엄밀하게 보이는 것은 고교 과정을 넘는 수준이므로 여기서는 직관적인 방법으로 이해하고 넘어가도록 하겠습니다.

지수가 무리수일 때, 예를 들어 $2^{\sqrt{2}}$을 어떻게 정의할 수 있을지 생각해 봅시다.

무리수 $\sqrt{2}=1.41421356\cdots$에 한없이 가까워지는 유리수

$$1,\ 1.4,\ 1.41,\ 1.414,\ 1.4142,\ 1.41421,\ \cdots$$

에 대하여 이 유리수들을 지수로 하는 2의 거듭제곱

$$2^1,\ 2^{1.4},\ 2^{1.41},\ 2^{1.414},\ 2^{1.4142},\ 2^{1.41421},\ \cdots$$

의 값은 오른쪽 표와 같이 일정한 수에 한없이 가까워진다는 것이 알려져 있습니다. 이때 이 일정한 수를 $2^{\sqrt{2}}$으로 정의합니다. 이와 같은 방법으로 임의의 무리수 x에 대하여 2^x을 정의할 수 있습니다.

x	2^x
1	2
1.4	2.639015…
1.41	2.657371…
1.414	2.664749…
1.4142	2.665119…
1.41421	2.665137…
⋮	⋮
$\sqrt{2}$	$2^{\sqrt{2}}$

이와 같은 방법으로 지수의 범위를 실수까지 확장할 수 있고, 지수가 실수인 경우에도 다음과 같이 기존의 지수법칙이 성립한다는 사실이 알려져 있습니다.

개념 Point 지수가 실수일 때의 지수법칙

$a>0$, $b>0$이고 x, y가 실수일 때

1 $a^xa^y=a^{x+y}$

2 $a^x\div a^y=a^{x-y}$

3 $(a^x)^y=a^{xy}$

4 $(ab)^x=a^xb^x$

Example

(1) $2^{\sqrt{3}}\times 2^{2\sqrt{3}}=2^{\sqrt{3}+2\sqrt{3}}=2^{3\sqrt{3}}$

(2) $2^{\sqrt{3}}\div 2=2^{\sqrt{3}-1}$

(3) $(3^{\sqrt{2}})^{\sqrt{2}}=3^{\sqrt{2}\times\sqrt{2}}=3^2=9$

(4) $(2\times 3)^{\sqrt{2}}=2^{\sqrt{2}}\times 3^{\sqrt{2}}$

다음 표는 지수의 범위가 확장되면서 추가되는 밑의 조건을 정리한 것입니다. 이를 통해 유리수에서부터 밑의 조건에 $a>0$이 붙는다는 것을 알 수 있습니다.

지수를 유리수로 확장할 때 거듭제곱근의 정의를 이용하기 때문이다.

지수	자연수 n	정수 m	유리수 r	실수 x
거듭제곱	a^n	a^m	a^r	a^x
밑 a의 조건	모든 실수	$a\neq 0$	$a>0$	$a>0$

4 거듭제곱 또는 거듭제곱근의 대소 비교

두 실수 a, b의 대소를 비교하는 가장 기본적인 방법은 $a-b$의 부호를 조사하는 것입니다. 그러나 거듭제곱 또는 거듭제곱근의 형태로 이루어진 두 수의 경우 뺄셈이 쉽지 않으므로 밑이나 지수를 같게 만들어 대소를 비교하는 방법을 이용합니다.

따라서 거듭제곱 또는 거듭제곱근의 대소 비교는 $a>0$, $b>0$, $n>0$일 때

(1) $a^n<b^n \Longleftrightarrow a<b$

(2) $\sqrt[n]{a}<\sqrt[n]{b} \Longleftrightarrow a<b$ ($n\geq 2$인 정수)

임을 이용하고, 특히 거듭제곱근 꼴로 주어진 수들은 지수를 유리수에서 정수로 고칠 수 있도록 똑같이 거듭제곱하여 비교하면 편리합니다. ← Example 방법 3

또한 거듭제곱 또는 거듭제곱근의 대소 비교는 **03. 지수함수**에서 배우는 지수함수의 그래프를 이용하면 보다 쉽게 이해할 수 있습니다.

Example 두 수 $\sqrt[3]{3}$, $\sqrt[4]{4}$의 대소를 비교해 보자.

[방법 1] 두 수 $\sqrt[3]{3}$, $\sqrt[4]{4}$를 유리수인 지수로 나타낸 후 지수의 분모를 통분하면

$$\sqrt[3]{3}=3^{\frac{1}{3}}=3^{\frac{4}{12}}=(3^4)^{\frac{1}{12}}=81^{\frac{1}{12}}$$

$$\sqrt[4]{4}=4^{\frac{1}{4}}=4^{\frac{3}{12}}=(4^3)^{\frac{1}{12}}=64^{\frac{1}{12}}$$

$64<81$이므로 $64^{\frac{1}{12}}<81^{\frac{1}{12}}$ $\quad\therefore \sqrt[4]{4}<\sqrt[3]{3}$

[방법 2] 3, 4의 최소공배수가 12이므로 두 수 $\sqrt[3]{3}$, $\sqrt[4]{4}$를 $\sqrt[12]{■}$ 꼴로 변형하면

$$\sqrt[3]{3}=\sqrt[12]{3^4}=\sqrt[12]{81}$$

$$\sqrt[4]{4}=\sqrt[12]{4^3}=\sqrt[12]{64}$$

$64<81$이므로 $\sqrt[12]{64}<\sqrt[12]{81}$ $\quad\therefore \sqrt[4]{4}<\sqrt[3]{3}$

[방법 3] 두 수 $\sqrt[3]{3}$, $\sqrt[4]{4}$를 각각 12제곱하면

$$(\sqrt[3]{3})^{12}=(3^{\frac{1}{3}})^{12}=3^4=81$$

$$(\sqrt[4]{4})^{12}=(4^{\frac{1}{4}})^{12}=4^3=64$$

$64<81$이므로 $\sqrt[4]{4}<\sqrt[3]{3}$

개념 Point 거듭제곱 또는 거듭제곱근의 대소 비교

1 $a>0$, $b>0$이고 n이 양의 실수일 때

$a^n<b^n \Longleftrightarrow a<b$

2 $a>0$, $b>0$이고 n이 2 이상의 정수일 때

$\sqrt[n]{a}<\sqrt[n]{b} \Longleftrightarrow a<b$

개념 콕콕

1 다음 값을 구하시오.

(1) $\left(-\frac{1}{2}\right)^0$　(2) 4^{-2}　(3) $(-3)^{-2}$　(4) $\left(\frac{1}{5}\right)^{-3}$

2 다음을 간단히 하시오.

(1) $3^3\times(3^2)^{-2}$　(2) $9^{-4}\div(6^{-2})^3$

(3) $(2^{-2})^3\times4^2$　(4) $8^{-3}\div(6^2)^{-2}$

3 다음을 $a^{\frac{m}{n}}$의 꼴로 나타내시오. (단, m, n은 정수, $a>0$)

(1) $\sqrt[4]{a}$　(2) $\sqrt[3]{a^5}$　(3) $\sqrt{a^{-5}}$　(4) $\frac{1}{\sqrt[3]{a^2}}$

4 다음을 간단히 하시오.

(1) $3^{\frac{1}{3}}\times3^{\frac{1}{6}}$　(2) $\sqrt[4]{2}\div2^{-\frac{3}{4}}$

(3) $\left(\frac{4}{9}\right)^{-\frac{1}{2}}$　(4) $(2^{\frac{1}{2}}\times\sqrt[4]{3^3})^4$

5 다음을 간단히 하시오.

(1) $2^{\sqrt{2}}\times2^{\sqrt{8}}$　(2) $5^{\sqrt{243}}\div5^{\sqrt{27}}$

(3) $(2^{\sqrt{2}})^{3\sqrt{2}}$　(4) $(3^{\sqrt{8}}\times3^{\sqrt{2}})^{\frac{1}{\sqrt{2}}}$

6 다음을 $a^{\frac{m}{n}}$의 꼴로 나타내시오. (단, m, n은 정수, $a>0$)

(1) $\sqrt{\sqrt{\sqrt{a}}}$　(2) $(a^{\frac{1}{4}}\times a^{\frac{2}{3}})^2\div a^{\frac{1}{3}}$

• 풀이 4쪽

정답

1 (1) 1　(2) $\frac{1}{16}$　(3) $\frac{1}{9}$　(4) 125

2 (1) $\frac{1}{3}$　(2) $\frac{64}{9}$　(3) $\frac{1}{4}$　(4) $\frac{81}{32}$

3 (1) $a^{\frac{1}{4}}$　(2) $a^{\frac{5}{3}}$　(3) $a^{-\frac{5}{2}}$　(4) $a^{-\frac{2}{3}}$

4 (1) $\sqrt{3}$　(2) 2　(3) $\frac{3}{2}$　(4) 108

5 (1) $2^{3\sqrt{2}}$　(2) $5^{6\sqrt{3}}$　(3) 64　(4) 27

6 (1) $a^{\frac{1}{8}}$　(2) $a^{\frac{3}{2}}$

예제 03 지수의 확장과 지수법칙

다음 식을 간단히 하시오. (단, $a>0$, $b>0$, $x>0$)

(1) $\left\{\left(\frac{16}{81}\right)^{\frac{3}{4}}\right\}^{-\frac{1}{3}}$

(2) $8^5\times\left(\frac{1}{16}\right)^2\div 64$

(3) $\sqrt[6]{a^2b^3}\times\sqrt{ab}\div\sqrt[3]{a^2b^3}$

(4) $\sqrt[3]{\frac{\sqrt{x}}{\sqrt[4]{x}}}\times\sqrt{\frac{\sqrt[6]{x}}{\sqrt[3]{x}}}$

접근 방법 거듭제곱근의 계산은 거듭제곱근의 성질을 이용하여 식을 간단히 할 수도 있지만 식이 복잡하면 거듭제곱근을 유리수인 지수로 바꾼 후 지수법칙을 이용하는 것이 좋다.

수매씽 Point 거듭제곱근의 계산은 $a>0$, m, n $(n\geq 2)$이 정수일 때 $\sqrt[n]{a^m}=a^{\frac{m}{n}}$, $\sqrt[n]{a}=a^{\frac{1}{n}}$임을 이용하여 유리수인 지수로 나타낸 후 지수법칙을 이용한다.

상세 풀이 (1) $\left\{\left(\frac{16}{81}\right)^{\frac{3}{4}}\right\}^{-\frac{1}{3}}=\left(\frac{16}{81}\right)^{\frac{3}{4}\times\left(-\frac{1}{3}\right)}=\left(\frac{16}{81}\right)^{-\frac{1}{4}}=\left\{\left(\frac{2}{3}\right)^4\right\}^{-\frac{1}{4}}=\left(\frac{2}{3}\right)^{-1}=\frac{3}{2}$

(2) $8^5\times\left(\frac{1}{16}\right)^2\div 64=(2^3)^5\times\left(\frac{1}{2^4}\right)^2\div 2^6=2^{15}\times\frac{1}{2^8}\times\frac{1}{2^6}=2$

(3) $\sqrt[6]{a^2b^3}\times\sqrt{ab}\div\sqrt[3]{a^2b^3}=(a^2b^3)^{\frac{1}{6}}\times(ab)^{\frac{1}{2}}\div(a^2b^3)^{\frac{1}{3}}=a^{\frac{1}{3}}b^{\frac{1}{2}}\times a^{\frac{1}{2}}b^{\frac{1}{2}}\div a^{\frac{2}{3}}b$

$=a^{\frac{1}{3}+\frac{1}{2}-\frac{2}{3}}\times b^{\frac{1}{2}+\frac{1}{2}-1}=a^{\frac{1}{6}}b^0=a^{\frac{1}{6}}$

(4) $\sqrt[3]{\frac{\sqrt{x}}{\sqrt[4]{x}}}\times\sqrt{\frac{\sqrt[6]{x}}{\sqrt[3]{x}}}=(x^{\frac{1}{2}}\div x^{\frac{1}{4}})^{\frac{1}{3}}\times(x^{\frac{1}{6}}\div x^{\frac{1}{3}})^{\frac{1}{2}}$

$=(x^{\frac{1}{2}-\frac{1}{4}})^{\frac{1}{3}}\times(x^{\frac{1}{6}-\frac{1}{3}})^{\frac{1}{2}}=(x^{\frac{1}{4}})^{\frac{1}{3}}\times(x^{-\frac{1}{6}})^{\frac{1}{2}}$

$=x^{\frac{1}{12}}\times x^{-\frac{1}{12}}=x^{\frac{1}{12}+\left(-\frac{1}{12}\right)}=x^0=1$

다른 풀이 (4) 거듭제곱근의 성질 $\sqrt[m]{\sqrt[n]{a}}=\sqrt[mn]{a}$를 이용하면

$$\sqrt[3]{\frac{\sqrt{x}}{\sqrt[4]{x}}}\times\sqrt{\frac{\sqrt[6]{x}}{\sqrt[3]{x}}}=\frac{\sqrt[3]{\sqrt{x}}}{\sqrt[3]{\sqrt[4]{x}}}\times\frac{\sqrt{\sqrt[6]{x}}}{\sqrt{\sqrt[3]{x}}}=\frac{\sqrt[6]{x}}{\sqrt[12]{x}}\times\frac{\sqrt[12]{x}}{\sqrt[6]{x}}=1$$

정답 (1) $\frac{3}{2}$ (2) 2 (3) $a^{\frac{1}{6}}$ (4) 1

보충 설명

거듭제곱근의 성질 (단, $a>0$, m, n은 2 이상의 정수, p는 양의 정수)

$\sqrt[n]{a^m}=\sqrt[np]{a^{mp}}$, $\sqrt[n]{\sqrt[m]{a}}=\sqrt[m]{\sqrt[n]{a}}=\sqrt[mn]{a}$, $(\sqrt[n]{a})^n=a$

숫자 바꾸기

한번 더

03-1

다음 식을 간단히 하시오. (단, $a>0$)

(1) $\left\{\left(\frac{25}{9}\right)^{-\frac{3}{4}}\right\}^{\frac{2}{3}}$

(2) $\left(\frac{125}{64}\right)^{\frac{1}{4}}\times\left(\frac{64}{125}\right)^{-\frac{1}{12}}$

(3) $\sqrt{\frac{\sqrt[3]{a}}{\sqrt[4]{a}}}\times\sqrt[3]{\frac{\sqrt[4]{a}}{\sqrt{a}}}\times\sqrt[4]{\frac{\sqrt{a}}{\sqrt[3]{a}}}$

(4) $\sqrt[3]{4^2}\div\sqrt[3]{24}\times\sqrt[3]{18^2}$

표현 바꾸기

한번 더

03-2

다음 물음에 답하시오.

(1) $\sqrt{2\sqrt[3]{4\sqrt[4]{8}}}=2^p$일 때, 유리수 p의 값을 구하시오.

(2) $\sqrt{\sqrt{\sqrt{3}}}\times\sqrt[4]{\sqrt[4]{\sqrt[4]{3}}}=3^p$일 때, 유리수 p의 값을 구하시오.

개념 넓히기

풀이 5쪽 보충 설명 한번 더

03-3

〈보기〉에서 옳은 것을 모두 고른 것은?

〈 보기 〉

ㄱ. $(\sqrt{2})^{2\sqrt{2}}=(2\sqrt{2})^{\sqrt{2}}$ ㄴ. $(\sqrt{3})^{3\sqrt{3}}=(3\sqrt{3})^{\sqrt{3}}$ ㄷ. $(\sqrt{5})^{5\sqrt{5}}=(5\sqrt{5})^{\sqrt{5}}$

① ㄱ ② ㄴ ③ ㄱ, ㄴ

④ ㄴ, ㄷ ⑤ ㄱ, ㄴ, ㄷ

• 풀이 4쪽~5쪽

정답

03-1 (1) $\frac{3}{5}$ (2) $\frac{5}{4}$ (3) 1 (4) 6 **03-2** (1) $\frac{23}{24}$ (2) $\frac{5}{64}$ **03-3** ②

출제 가능성

예제 04 지수가 유리수인 식의 계산

다음 식을 간단히 하시오. (단, $a>0$, $b>0$, $a\neq b$)

(1) $(a^{\frac{1}{4}}-b^{\frac{1}{4}})(a^{\frac{1}{4}}+b^{\frac{1}{4}})(a^{\frac{1}{2}}+b^{\frac{1}{2}})$ (2) $(a-b)\div(a^{\frac{1}{3}}-b^{\frac{1}{3}})$

접근 방법 공통부분을 치환하여 다음과 같은 공식을 이용한다.

(1) $(A-B)(A+B)=A^2-B^2$

(2) $A^3-B^3=(A-B)(A^2+AB+B^2)$

수매씽 Point 공통부분이 있는 식은 치환하여 계산한다.

상세 풀이 (1) $a^{\frac{1}{4}}=x$, $b^{\frac{1}{4}}=y$로 놓으면 $a^{\frac{1}{2}}=x^2$, $b^{\frac{1}{2}}=y^2$이므로

$$\begin{aligned}(a^{\frac{1}{4}}-b^{\frac{1}{4}})(a^{\frac{1}{4}}+b^{\frac{1}{4}})(a^{\frac{1}{2}}+b^{\frac{1}{2}})&=(x-y)(x+y)(x^2+y^2)\\&=(x^2-y^2)(x^2+y^2)\\&=x^4-y^4\\&=(a^{\frac{1}{4}})^4-(b^{\frac{1}{4}})^4\\&=a-b\end{aligned}$$

(2) $a^{\frac{1}{3}}=x$, $b^{\frac{1}{3}}=y$로 놓으면 $a=x^3$, $b=y^3$이므로

$$\begin{aligned}(a-b)\div(a^{\frac{1}{3}}-b^{\frac{1}{3}})&=(x^3-y^3)\div(x-y)\\&=(x-y)(x^2+xy+y^2)\div(x-y)\\&=x^2+xy+y^2\\&=(a^{\frac{1}{3}})^2+a^{\frac{1}{3}}b^{\frac{1}{3}}+(b^{\frac{1}{3}})^2\\&=a^{\frac{2}{3}}+a^{\frac{1}{3}}b^{\frac{1}{3}}+b^{\frac{2}{3}}\end{aligned}$$

← $a\neq b$이므로 $x\neq y$

정답 (1) $a-b$ (2) $a^{\frac{2}{3}}+a^{\frac{1}{3}}b^{\frac{1}{3}}+b^{\frac{2}{3}}$

보충 설명

다음은 **공통수학1**에서 배운 곱셈 공식이다. 자주 이용되므로 꼭 기억해 둔다.

(1) $(a+b)^2=a^2+2ab+b^2$, $(a-b)^2=a^2-2ab+b^2$

(2) $(a+b)(a-b)=a^2-b^2$

(3) $(a+b)^3=a^3+3a^2b+3ab^2+b^3$, $(a-b)^3=a^3-3a^2b+3ab^2-b^3$

(4) $(a+b)(a^2-ab+b^2)=a^3+b^3$, $(a-b)(a^2+ab+b^2)=a^3-b^3$

숫자 바꾸기 한번 더 ☑ ☐

04-1

다음 식을 간단히 하시오. (단, $a>0$, $b>0$, $a\neq b$)

(1) $(a^{\frac{1}{2}}+b^{\frac{1}{2}})(a^{\frac{1}{2}}-b^{\frac{1}{2}})$

(2) $(a^{\frac{1}{3}}-b^{\frac{1}{3}})(a^{\frac{2}{3}}+a^{\frac{1}{3}}b^{\frac{1}{3}}+b^{\frac{2}{3}})$

(3) $(a+b^{-1})\div(a^{\frac{1}{3}}+b^{-\frac{1}{3}})$

(4) $\dfrac{a^{\frac{3}{2}}-ab^{\frac{1}{2}}+a^{\frac{1}{2}}b-b^{\frac{3}{2}}}{a^{\frac{1}{2}}-b^{\frac{1}{2}}}$

표현 바꾸기 한번 더 ☑ ☐

04-2

$a>1$일 때, $\dfrac{2}{1-a^{\frac{1}{8}}}+\dfrac{2}{1+a^{\frac{1}{8}}}+\dfrac{4}{1+a^{\frac{1}{4}}}+\dfrac{8}{1+a^{\frac{1}{2}}}+\dfrac{16}{1+a}$을 간단히 하시오.

개념 넓히기 한번 더 ☑ ☐

04-3

다음 물음에 답하시오. (단, $x>0$)

(1) $x^{\frac{1}{2}}+x^{-\frac{1}{2}}=4$일 때, $x^{\frac{3}{2}}+x^{-\frac{3}{2}}$의 값을 구하시오.

(2) $x+x^{-1}=7$일 때, $x^{\frac{1}{2}}+x^{-\frac{1}{2}}$의 값을 구하시오.

• 풀이 5쪽~6쪽

정답

04-1 (1) $a-b$ (2) $a-b$ (3) $a^{\frac{2}{3}}-a^{\frac{1}{3}}b^{-\frac{1}{3}}+b^{-\frac{2}{3}}$ (4) $a+b$ **04-2** $\dfrac{32}{1-a^2}$ **04-3** (1) 52 (2) 3

예제 05 지수법칙을 이용하여 식의 값 구하기

$a^{2x}=\sqrt{2}-1$일 때, 다음 식의 값을 구하시오. (단, $a>0$)

(1) $\dfrac{a^x-a^{-x}}{a^x+a^{-x}}$ (2) $\dfrac{a^{3x}-a^{-x}}{a^x+a^{-3x}}$

접근 방법 a^{2x}의 값이 주어져 있으므로 (1), (2)의 식을 a^{2x}만을 포함한 식으로 변형한다.
즉, 주어진 식의 분모, 분자에 a^x을 각각 곱하면 a^{2x}을 포함하는 식으로 바꿀 수 있다.

수매씽 Point 조건식이 주어진 경우, 값을 구하려는 식을 조건식의 꼴로 변형한다.

상세 풀이 (1) 주어진 식의 분모, 분자에 a^x을 각각 곱하면

$$\frac{a^x-a^{-x}}{a^x+a^{-x}}=\frac{a^x(a^x-a^{-x})}{a^x(a^x+a^{-x})}=\frac{a^{2x}-1}{a^{2x}+1}$$ ← $a^{2x}=\sqrt{2}-1$을 대입

$$=\frac{(\sqrt{2}-1)-1}{(\sqrt{2}-1)+1}=\frac{\sqrt{2}-2}{\sqrt{2}}$$

$$=\frac{2-2\sqrt{2}}{2}=1-\sqrt{2}$$

(2) 주어진 식의 분모, 분자에 a^x을 각각 곱하면

$$\frac{a^{3x}-a^{-x}}{a^x+a^{-3x}}=\frac{a^x(a^{3x}-a^{-x})}{a^x(a^x+a^{-3x})}=\frac{a^{4x}-1}{a^{2x}+a^{-2x}}=\frac{(a^{2x})^2-1}{a^{2x}+\frac{1}{a^{2x}}}$$ ← $a^{2x}=\sqrt{2}-1$을 대입

$$=\frac{(\sqrt{2}-1)^2-1}{(\sqrt{2}-1)+\frac{1}{\sqrt{2}-1}}=\frac{2-2\sqrt{2}+1-1}{\sqrt{2}-1+\sqrt{2}+1}$$

$$=\frac{2-2\sqrt{2}}{2\sqrt{2}}=\frac{1-\sqrt{2}}{\sqrt{2}}=\frac{\sqrt{2}-2}{2}$$

정답 (1) $1-\sqrt{2}$ (2) $\dfrac{\sqrt{2}-2}{2}$

보충 설명

(1) $a^x=t$이면 $a^{2x}=t^2$, $a^{-2x}=\dfrac{1}{t^2}$, $a^{3x}=t^3$, $a^{-3x}=\dfrac{1}{t^3}$

(2) $a^{2x}+a^{-2x}=(a^x+a^{-x})^2-2=(a^x-a^{-x})^2+2$

$a^{3x}+a^{-3x}=(a^x+a^{-x})^3-3(a^x+a^{-x})$, $a^{3x}-a^{-3x}=(a^x-a^{-x})^3+3(a^x-a^{-x})$

숫자 바꾸기

한번 더

05-1

$2^{2x}=3$일 때, 다음 식의 값을 구하시오.

(1) $\dfrac{2^{3x}+2^{-3x}}{2^{x}+2^{-x}}$ (2) $\dfrac{2^{3x}-2^{-3x}}{2^{x}-2^{-x}}$

표현 바꾸기

한번 더

05-2

$a^{2x}+a^{-2x}=6$일 때, $a^{3x}+a^{-3x}$의 값은? (단, $a>0$)

① $2\sqrt{2}$ ② $4\sqrt{2}$ ③ $8\sqrt{2}$
④ $10\sqrt{2}$ ⑤ $14\sqrt{2}$

개념 넓히기

한번 더

05-3

1이 아닌 양수 a에 대하여

$$f(x)=\frac{1}{2}(a^{x}-a^{-x})$$

이면 $f(p)=2$일 때, $f(2p)$의 값을 구하시오.

• 풀이 6쪽~7쪽

정답

05-1 (1) $\dfrac{7}{3}$ (2) $\dfrac{13}{3}$ 05-2 ④ 05-3 $4\sqrt{5}$

예제 06

$a^x=b^y$의 조건이 주어진 식의 계산

다음 물음에 답하시오.

(1) 세 양수 a, b, c가 $abc=4$, $a^x=b^y=c^z=16$을 만족시킬 때, $\frac{1}{x}+\frac{1}{y}+\frac{1}{z}$의 값을 구하시오.

(2) $\frac{1}{x}+\frac{1}{y}=1$을 만족시키는 두 실수 x, y에 대하여 $8^x=4^y=k$가 성립할 때, 상수 k의 값을 구하시오.

접근 방법 (1)에서 $a^x=b^y=c^z=16$이므로 $a=16^{\frac{1}{x}}$, $b=16^{\frac{1}{y}}$, $c=16^{\frac{1}{z}}$임을 이용한다.

수매씽 Point a, b가 양수일 때, $a^x=b \iff a=b^{\frac{1}{x}}$

상세 풀이 (1) $a^x=b^y=c^z=16$에서

$a=16^{\frac{1}{x}}$, $b=16^{\frac{1}{y}}$, $c=16^{\frac{1}{z}}$

위의 세 식을 변끼리 곱하면

$abc=16^{\frac{1}{x}}\times16^{\frac{1}{y}}\times16^{\frac{1}{z}}=16^{\frac{1}{x}+\frac{1}{y}+\frac{1}{z}}=2^{4\left(\frac{1}{x}+\frac{1}{y}+\frac{1}{z}\right)}$

따라서 $2^{4\left(\frac{1}{x}+\frac{1}{y}+\frac{1}{z}\right)}=4=2^2$ ($\because$ $abc=4$)이므로

$4\left(\frac{1}{x}+\frac{1}{y}+\frac{1}{z}\right)=2$ $\quad\therefore$ $\frac{1}{x}+\frac{1}{y}+\frac{1}{z}=\frac{1}{2}$

(2) $8^x=4^y=k$에서

$8=k^{\frac{1}{x}}$, $4=k^{\frac{1}{y}}$ ($\because$ $k>0$)

위의 두 식을 변끼리 곱하면

$8\times4=k^{\frac{1}{x}}\times k^{\frac{1}{y}}$, $32=k^{\frac{1}{x}+\frac{1}{y}}=k^1$ $\left(\because \frac{1}{x}+\frac{1}{y}=1\right)$

$\therefore$ $k=32$

정답 (1) $\frac{1}{2}$ (2) 32

보충 설명

지수를 계산하기 위해서 밑을 통일해야 한다. 따라서 위의 예제에서

(1) $a^x=b^y=c^z=16$ ➡ $a=16^{\frac{1}{x}}$, $b=16^{\frac{1}{y}}$, $c=16^{\frac{1}{z}}$ ← 밑을 16으로 통일

(2) $8^x=4^y=k$ ➡ $8=k^{\frac{1}{x}}$, $4=k^{\frac{1}{y}}$ ← 밑을 k로 통일

과 같이 식을 변형하여 지수의 밑을 통일하였다.

숫자 바꾸기

한번 더

06-1

다음 물음에 답하시오.

(1) 세 양수 a, b, c가 $abc=9$, $a^x=b^y=c^z=81$을 만족시킬 때, $\frac{1}{x}+\frac{1}{y}+\frac{1}{z}$의 값을 구하시오.

(2) $\frac{1}{x}+\frac{1}{y}=2$를 만족시키는 두 실수 x, y에 대하여 $81^x=9^y=k$가 성립할 때, 상수 k의 값을 구하시오.

표현 바꾸기

한번 더

06-2

다음 물음에 답하시오.

(1) $a^x=2^y=3^z$이고, $\frac{1}{x}+\frac{2}{y}+\frac{3}{z}=0$일 때, $\frac{1}{a}$의 값을 구하시오. (단, $a>0$, $xyz\neq0$)

(2) $\frac{3}{a}+\frac{4}{b}=\frac{6}{c}$이고 $16^a=27^b=x^c$일 때, x의 값을 구하시오. (단, $x>0$, $abc\neq0$)

개념 넓히기

한번 더

06-3

다음 물음에 답하시오.

(1) 1이 아닌 두 양수 a, b에 대하여 $a^x=b^y$, $a^2b=1$일 때, $\frac{2}{x}+\frac{1}{y}$의 값을 구하시오. (단, $xy\neq0$)

(2) 세 양수 a, b, c가 $\frac{2}{a}+\frac{3}{b}=\frac{6}{c}$, $27^a=x^b=6^c$을 만족시킬 때, x의 값을 구하시오. (단, $x>0$)

• 풀이 7쪽~8쪽

정답

06-1 (1) $\frac{1}{2}$ (2) 27　**06-2** (1) 108 (2) 36　**06-3** (1) 0 (2) 4

예제 07 거듭제곱 또는 거듭제곱근의 대소 비교

다음 중 가장 큰 수는?

① $\sqrt{5\sqrt[3]{6}}$　② $\sqrt{6\sqrt[3]{5}}$　③ $\sqrt{\sqrt[3]{5\times6}}$

④ $\sqrt[3]{5\sqrt{6}}$　⑤ $\sqrt[3]{6\sqrt{5}}$

접근 방법 $a>0$, $b>0$일 때, $a>b \Longleftrightarrow a^6>b^6$이므로 주어진 수들을 모두 여섯제곱한다.
또는 거듭제곱근의 성질 $\sqrt[n]{\sqrt[m]{a}}=\sqrt[mn]{a}$를 이용하여 주어진 수들을 모두 $\sqrt[6]{\square}$ 꼴로 변형한다.

수매씽 Point 거듭제곱근의 대소를 비교할 때에는 밑을 통일하거나 똑같이 거듭제곱하여 비교한다.

상세 풀이 주어진 수를 각각 여섯제곱하면

① $(\sqrt{5\sqrt[3]{6}})^6=(5^{\frac{1}{2}}\times6^{\frac{1}{6}})^6=5^3\times6=750$

② $(\sqrt{6\sqrt[3]{5}})^6=(6^{\frac{1}{2}}\times5^{\frac{1}{6}})^6=6^3\times5=1080$

③ $(\sqrt{\sqrt[3]{5\times6}})^6=\{(5\times6)^{\frac{1}{6}}\}^6=5\times6=30$

④ $(\sqrt[3]{5\sqrt{6}})^6=(5^{\frac{1}{3}}\times6^{\frac{1}{6}})^6=5^2\times6=150$

⑤ $(\sqrt[3]{6\sqrt{5}})^6=(6^{\frac{1}{3}}\times5^{\frac{1}{6}})^6=6^2\times5=180$

따라서 가장 큰 수는 ② $\sqrt{6\sqrt[3]{5}}$ 이다.

다른 풀이 거듭제곱근의 성질에 의하여

① $\sqrt{5\sqrt[3]{6}}=\sqrt{\sqrt[3]{5^3\times6}}=\sqrt[6]{5^3\times6}$

② $\sqrt{6\sqrt[3]{5}}=\sqrt{\sqrt[3]{6^3\times5}}=\sqrt[6]{6^3\times5}$

③ $\sqrt{\sqrt[3]{5\times6}}=\sqrt[6]{5\times6}$

④ $\sqrt[3]{5\sqrt{6}}=\sqrt[3]{\sqrt{5^2\times6}}=\sqrt[6]{5^2\times6}$

⑤ $\sqrt[3]{6\sqrt{5}}=\sqrt[3]{\sqrt{6^2\times5}}=\sqrt[6]{6^2\times5}$

정답 ②

보충 설명

두 실수 a, b의 대소를 비교할 때에는 $a-b$의 부호를 조사하는 것이 기본이지만 거듭제곱근이나 거듭제곱 꼴의 수의 뺄셈은 계산이 쉽지 않으므로 밑이나 지수를 일치시키는 방법을 이용한다.
따라서 거듭제곱근이나 거듭제곱 꼴의 수의 대소를 비교할 때에는 세 양의 실수 a, b, n에 대하여
① $a^n>b^n \Longleftrightarrow a>b$　② $\sqrt[n]{a}>\sqrt[n]{b} \Longleftrightarrow a>b$ (단, $n\geq2$인 정수)
가 성립함을 이용한다. 특히, 거듭제곱근 꼴로 주어진 수들은 지수를 유리수에서 정수로 고칠 수 있도록 똑같이 거듭제곱하여 비교하면 편리하다.

숫자 바꾸기

한번 더

07-1

다음 중 가장 큰 수는?

① $\sqrt[4]{4\sqrt[3]{5}}$ ② $\sqrt[4]{5\sqrt[3]{4}}$ ③ $\sqrt[4]{\sqrt[3]{4\times5}}$
④ $\sqrt[3]{4\sqrt[4]{5}}$ ⑤ $\sqrt[3]{5\sqrt[4]{4}}$

표현 바꾸기

한번 더

07-2

〈보기〉의 네 수 중 가장 작은 수와 가장 큰 수를 차례대로 나열하면?

〈 보기 〉

$\sqrt{2}$, $\sqrt[3]{4}$, $\sqrt[4]{6}$, $\sqrt[6]{12}$

① $\sqrt{2}$, $\sqrt[6]{12}$ ② $\sqrt{2}$, $\sqrt[4]{6}$ ③ $\sqrt{2}$, $\sqrt[3]{4}$
④ $\sqrt[6]{12}$, $\sqrt[4]{6}$ ⑤ $\sqrt[6]{12}$, $\sqrt[3]{4}$

개념 넓히기

풀이 8쪽 보충 설명 한번 더

07-3

세 수 3^{55}, 4^{44}, 5^{33}의 대소 관계를 바르게 나타낸 것은?

① $3^{55}<4^{44}<5^{33}$ ② $3^{55}<5^{33}<4^{44}$ ③ $4^{44}<3^{55}<5^{33}$
④ $5^{33}<4^{44}<3^{55}$ ⑤ $5^{33}<3^{55}<4^{44}$

• 풀이 8쪽

정답 07-1 ⑤ 07-2 ③ 07-3 ⑤

1 2의 네제곱근 중 양수인 것을 x라고 할 때, x^n이 세 자리의 자연수가 되도록 하는 모든 자연수 n의 값의 합을 구하시오.

2 다음 식의 값을 구하시오.

(1) $\left(\dfrac{2^{\sqrt{3}}}{2}\right)^{\sqrt{3}+1}$

(2) $\dfrac{4}{3^{-2}+3^{-3}}$

(3) $(-\sqrt[3]{16}+\sqrt[3]{250})^3$

(4) $\left\{\dfrac{(\sqrt{10}+3)^{\frac{1}{2}}+(\sqrt{10}-3)^{\frac{1}{2}}}{(\sqrt{10}+1)^{\frac{1}{2}}}\right\}^2$

3 $a=\sqrt[3]{2}$, $b=\sqrt[4]{3}$일 때, $6^{\frac{1}{12}}$을 a, b를 이용하여 나타내면?

① $a^{\frac{1}{4}}b^{\frac{1}{3}}$ ② $a^{\frac{1}{4}}b^{\frac{1}{2}}$ ③ $a^{\frac{1}{3}}b^{\frac{1}{4}}$
④ $a^{\frac{1}{3}}b^{\frac{1}{2}}$ ⑤ $a^{\frac{1}{2}}b^{\frac{1}{3}}$

4 $\dfrac{1}{a^{-7}+1}+\dfrac{1}{a^{-5}+1}+\dfrac{1}{a^{-3}+1}+\dfrac{1}{a^{-1}+1}+\dfrac{1}{a+1}+\dfrac{1}{a^3+1}+\dfrac{1}{a^5+1}+\dfrac{1}{a^7+1}$을 간단히 하시오. (단, $a>0$)

5 n이 정수일 때, $\left(\dfrac{1}{81}\right)^{\frac{1}{n}}$이 나타낼 수 있는 모든 자연수의 합을 구하시오.

6 다음 물음에 답하시오.

(1) 집합 $A=\{\sqrt[n]{2^{n-1}}\,|\,n=2,\ 4,\ 6,\ 12\}$의 모든 원소의 곱을 구하시오.

(2) 집합 $B=\left\{x\,\middle|\,x=\sqrt[2n]{\dfrac{2^{11}(3^4+3^2+1)}{3^6-1}},\ n\text{과 } x\text{는 자연수}\right\}$의 모든 원소의 합을 구하시오.

7 다음 물음에 답하시오.

(1) $2^n+2^n+2^n+2^n=8^4$을 만족시키는 정수 n의 값을 구하시오.

(2) $\dfrac{3^{20}}{3^{10}-3^8}=2^m\times3^n$을 만족시키는 정수 m, n에 대하여 $m+n$의 값을 구하시오.

8 0이 아닌 세 실수 a, b, c가 $\dfrac{a+b}{4}=\dfrac{b+c}{7}=\dfrac{c+a}{9}$를 만족시킬 때, $(2^a\times2^b)^{\frac{1}{c}}$의 값은?

① $\sqrt[4]{2}$　② $\sqrt[3]{2}$　③ $\sqrt[3]{4}$

④ $2\sqrt{2}$　⑤ 4

9 다음 물음에 답하시오.

(1) 세 양수 a, b, c가 $a^x=b^{2y}=c^{3z}=7$, $abc=49$를 만족시킬 때, $\dfrac{6}{x}+\dfrac{3}{y}+\dfrac{2}{z}$의 값을 구하시오.

(2) $80^x=2$, $\left(\dfrac{1}{10}\right)^y=4$, $a^z=8$을 만족시키는 세 실수 x, y, z에 대하여 $\dfrac{1}{x}+\dfrac{2}{y}-\dfrac{1}{z}=1$이 성립할 때, 양수 a의 값을 구하시오.

10 다음 세 수 A, B, C의 대소를 비교하시오.

$A=\sqrt[3]{\sqrt{10}}$, $B=\sqrt{5}$, $C=\sqrt{\sqrt[3]{28}}$

11

두 집합 A, B에 대하여

$$A=\{x\,|\,x^2-(\sqrt{3}+\sqrt[3]{4})x+\sqrt{3}\sqrt[3]{4}<0\},\ B=\{x\,|\,x^2-(\sqrt[4]{6}+\sqrt[6]{20})x+\sqrt[4]{6}\sqrt[6]{20}<0\}$$

일 때, $A\cap B$는?

① $\varnothing$　　② A　　③ B

④ $\{x\,|\,\sqrt[3]{4}<x<\sqrt[6]{20}\}$　　⑤ $\{x\,|\,\sqrt[4]{6}<x<\sqrt{3}\}$

12

임의의 두 실수 a, b에 대하여 〈**보기**〉에서 항상 성립하는 것을 모두 고르시오.

〈 보기 〉

ㄱ. $\sqrt{a}\sqrt{b}=\sqrt{ab}$　　ㄴ. $\sqrt{(-a)^2}=-a$　　ㄷ. $(\sqrt{-a})^2=-a$

ㄹ. $\sqrt[3]{a}\sqrt[3]{b}=\sqrt[3]{ab}$　　ㅁ. $\sqrt[3]{(-a)^3}=-a$

13

두 실수 m, n에 대하여

$$3^m-3^{m-1}=30,\ 3^{n+2}-3^{n+1}=6\sqrt{5}$$

일 때, $9^{\frac{m}{4}}+27^{\frac{n}{3}}$의 값을 구하시오.

14

두 자연수 m, n에 대하여 $p=2^m3^n$일 때, 두 수 $\sqrt[3]{\dfrac{p}{3}}$, $\sqrt[4]{\dfrac{p}{4}}$가 모두 자연수가 되도록 하는 $m+n$의 최솟값을 구하시오.

15

오른쪽 그림과 같이 한 변의 길이가 90인 정사각형을 네 개의 직사각형으로 나누어 그 넓이를 각각 A, B, C, D라고 할 때,

$$A=2^a3^b,\ B=2^{a-1}3^{b+1},\ C=2^{2a-1}3^b,\ D=2^{a+1}3^{b+1}$$

이다. 이때 넓이 A의 값을 구하시오. (단, a, b는 정수이다.)

90
A B
90 C D

16

다음 물음에 답하시오.

(1) $x=\sqrt[3]{16}+\sqrt[3]{4}$일 때, $(x^3-12x)^2$의 값을 구하시오.

(2) $0<x<1$, $x+x^{-1}=2\sqrt{2}$일 때, $(x^{\frac{1}{4}}-x^{-\frac{1}{4}})(x^{\frac{1}{4}}+x^{-\frac{1}{4}})(x^{\frac{1}{2}}+x^{-\frac{1}{2}})$의 값을 구하시오.

17

$3^{2x}-3^{x+1}=-1$일 때, $\dfrac{3^{4x}+3^{-4x}+1}{3^{2x}+3^{-2x}+1}$의 값을 구하시오.

18

두 집합 $A=\{3, 4\}$, $B=\{-9, -3, 3, 9\}$에 대하여 집합 X를

$X=\{x \mid x^a=b,\ a\in A,\ b\in B,\ x\text{는 실수}\}$

라고 할 때, 다음 물음에 답하시오.

(1) 집합 X의 원소의 개수를 구하시오.

(2) 집합 X의 원소 중 양수인 모든 원소의 곱을 구하시오.

19

다음 물음에 답하시오.

(1) 실수 a가 $\dfrac{2^a+2^{-a}}{2^a-2^{-a}}=-2$를 만족시킬 때, 4^a+4^{-a}의 값을 구하시오.

(2) 함수 $f(x)=2^{-x}$에 대하여 $f(2a)f(b)=4$, $f(a-b)=2$일 때, $2^{3a}+2^{3b}$의 값을 구하시오.

20

$(2^x+2^{-x})(2^y+2^{-y})=20$, $(2^x-2^{-x})(2^y-2^{-y})=10$을 만족시키는 실수 x, y에 대하여 $(2^{x+y}+2^{-x-y})(2^{x-y}+2^{-x+y})$의 값을 구하시오.

• 정답 및 풀이 13쪽～14쪽

평가원
21

자연수 n이 $2 \le n \le 11$일 때, $-n^2+9n-18$의 n제곱근 중에서 음의 실수가 존재하도록 하는 모든 n의 값의 합은?

① 31 ② 33 ③ 35 ④ 37 ⑤ 39

교육청
22

1이 아닌 세 양수 a, b, c와 1이 아닌 두 자연수 m, n이 다음 조건을 만족시킨다. 모든 순서쌍 (m, n)의 개수는?

(가) $\sqrt[3]{a}$는 b의 m제곱근이다.
(나) $\sqrt{b}$는 c의 n제곱근이다.
(다) c는 a^{12}의 네제곱근이다.

① 4 ② 7 ③ 10 ④ 13 ⑤ 16

평가원
23

세 양수 a, b, c에 대하여

$a^6=3$, $b^5=7$, $c^2=11$

일 때, $(abc)^n$이 자연수가 되는 최소의 자연수 n의 값을 구하시오.

평가원
24

다음 조건을 만족시키는 최고차항의 계수가 1인 이차함수 $f(x)$가 존재하도록 하는 모든 자연수 n의 값의 합을 구하시오.

(가) x에 대한 방정식 $(x^n-64)f(x)=0$은 서로 다른 두 실근을 갖고, 각각의 실근은 중근이다.
(나) 함수 $f(x)$의 최솟값은 음의 정수이다.

02

Ⅰ. 지수함수와 로그함수

로그

1 로그의 뜻과 성질

- **로그의 정의**

$a>0$, $a\neq1$일 때, 양수 N에 대하여 $a^x=N$을 만족시키는 실수 x를 a를 밑으로 하는 N의 로그라 하고, 기호로 $\log_a N$과 같이 나타낸다. 이때 N을 $\log_a N$의 진수라고 한다.

$$a^x=N \Longleftrightarrow x=\log_a N$$

- **로그의 밑과 진수의 조건**

$\log_a N$을 정의하기 위해서는 $a>0$, $a\neq1$, $N>0$이어야 한다.

- **로그의 성질**

$a>0$, $a\neq1$, $M>0$, $N>0$일 때

(1) $\log_a 1=0$, $\log_a a=1$

(2) $\log_a MN=\log_a M+\log_a N$

(3) $\log_a \dfrac{M}{N}=\log_a M-\log_a N$

(4) $\log_a M^k=k\log_a M$ (단, k는 실수)

- **로그의 밑의 변환 공식**

$a>0$, $a\neq1$, $b>0$, $c>0$, $c\neq1$일 때, $\log_a b=\dfrac{\log_c b}{\log_c a}$

- **로그의 여러 가지 공식**

$a>0$, $a\neq1$, $b>0$일 때

(1) $\log_{a^m} b^n=\dfrac{n}{m}\log_a b$ (단, $m\neq0$)

(2) $\log_a b=\dfrac{1}{\log_b a}$ (단, $b\neq1$)

(3) $\log_a b\times\log_b c\times\log_c a=1$ (단, $b\neq1$, $c>0$, $c\neq1$)

(4) $a^{\log_a b}=b$

(5) $a^{\log_c b}=b^{\log_c a}$ (단, $c>0$, $c\neq1$)

2 상용로그

- **상용로그의 뜻**

10을 밑으로 하는 로그를 상용로그라 하고, 상용로그 $\log_{10} N$은 보통 밑을 생략하여 $\log N$과 같이 나타낸다.

- **상용로그의 정수 부분과 소수 부분**

$$\log N=n+\alpha \text{ (단, } n\text{은 정수, } 0\le\alpha<1)$$

n: $\log N$의 정수 부분, α: $\log N$의 소수 부분

Q&A

Q 로그의 역사가 궁금해요.

A 계산기가 없던 시절 큰 수의 곱셈과 나눗셈을 어떻게 할 수 있을지 고민하던 차에 영국의 수학자 존 네이피어가 1614년 '로그'를 만들어서 이 문제를 해결한 것이 로그의 시작입니다.

1 로그의 뜻과 성질

1 로그의 정의

2를 세제곱하면 8, 네제곱하면 16이 됩니다. 그러면 2를 몇 번 거듭제곱하면 12가 될까요? $2^x=12$를 만족시키는 x의 값을 정확히 구하는 것은 쉽지 않습니다. 그러므로 이러한 x의 값을 나타내는 새로운 방법이 필요합니다.

등식 $2^x=12$에서 x를 표현하기 위하여 이 단원에서 배울 로그를 정의해 보겠습니다.

a가 1이 아닌 양수일 때, 임의의 양수 N에 대하여 등식 $a^x=N$을 만족시키는 실수 x는 오직 하나 존재합니다. 이 실수 x를 a를 밑으로 하는 N의 로그라 하고, 이것을 기호로

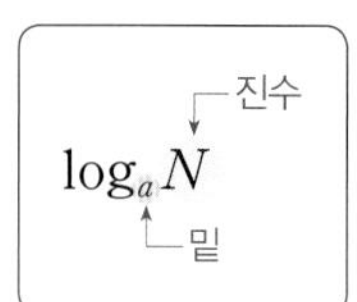

$$\log_a N$$

과 같이 나타냅니다. 이때 N을 $\log_a N$의 진수라고 합니다.

예를 들어 $2^3=8$에서 3은 2를 밑으로 하는 8의 로그라 하고, $3=\log_2 8$과 같이 나타낼 수 있습니다.

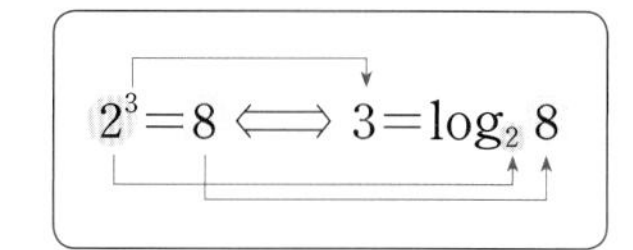

또한 등식 $2^x=12$에서

$$2^x=12 \Longleftrightarrow x=\log_2 12$$

가 성립하고, 로그의 정의에 의하여 $2^{\log_2 12}=12$입니다.

Example

(1) $2^4=16 \Longleftrightarrow 4=\log_2 16$

(2) $3^{-4}=\frac{1}{81} \Longleftrightarrow -4=\log_3 \frac{1}{81}$

(3) $3=\log_3 27 \Longleftrightarrow 3^3=27$

(4) $2=\log_{10} 100 \Longleftrightarrow 10^2=100$

Example 다음 로그의 값을 구해 보자.

(1) $\log_4 32$

$\log_4 32=x$라고 하면 로그의 정의에 의하여 $4^x=32$이고

$4^x=(2^2)^x=2^{2x}$, $32=2^5$이므로 $2^{2x}=2^5$

따라서 $2x=5$에서 $x=\frac{5}{2}$이므로 $\log_4 32=\frac{5}{2}$

(2) $\log_{\frac{1}{5}} 25$

$\log_{\frac{1}{5}} 25=x$라고 하면 로그의 정의에 의하여 $\left(\frac{1}{5}\right)^x=25$이고

$25=5^2=\left(\frac{1}{5}\right)^{-2}$이므로 $\left(\frac{1}{5}\right)^x=\left(\frac{1}{5}\right)^{-2}$

따라서 $x=-2$이므로 $\log_{\frac{1}{5}} 25=-2$

Example

다음 등식을 만족시키는 N의 값을 구해 보자.

(1) $\log_7 N=2$

로그의 정의에 의하여 $\log_7 N=2 \Longleftrightarrow 7^2=N$ $\quad\therefore N=49$

(2) $\log_{\frac{1}{3}} N=3$

로그의 정의에 의하여 $\log_{\frac{1}{3}} N=3 \Longleftrightarrow \left(\frac{1}{3}\right)^3=N$ $\quad\therefore N=\frac{1}{27}$

개념 Point 로그의 정의

$a>0$, $a\neq1$일 때, 양수 N에 대하여 $a^x=N$을 만족시키는 실수 x를 a를 밑으로 하는 N의 로그라 하고, 기호로

$\log_a N$

과 같이 나타낸다. 이때 N을 $\log_a N$의 진수라고 한다.

$a^x=N \Longleftrightarrow x=\log_a N$ (진수, 밑)

Plus

- 기호 log는 logarithm의 약자이고 로그라고 읽는다.
- $\log_a N$은 $a>0$, $a\neq1$, $N>0$일 때에만 정의되므로 앞으로 특별한 언급 없이 $\log_a N$으로 쓸 때에는 밑 a와 진수 N이 이 조건을 모두 만족시키는 것으로 본다.

2 로그의 밑과 진수의 조건

$\log_a N$을 정의할 때 밑 a의 범위는 $a>0$, $a\neq1$이고, 진수 N의 범위는 $N>0$이라는 조건이 필요한 이유를 알아보도록 하겠습니다.

1. 밑의 조건 : $a>0$, $a\neq1$ ← 1이 아닌 양수이다.

(i) $a=0$일 때

$x=\log_0 2$라고 하면

$$x=\log_0 2 \Longleftrightarrow 0^x=2$$

이므로 이를 만족시키는 실수 x는 존재하지 않습니다.

(ii) $a<0$일 때

$x=\log_{-3} 3$이라고 하면

$$x=\log_{-3} 3 \Longleftrightarrow (-3)^x=3$$

이므로 이를 만족시키는 실수 x는 존재하지 않습니다.

(iii) $a=1$일 때

$x=\log_1 2$라고 하면

$$x=\log_1 2 \Longleftrightarrow 1^x=2$$

이므로 이를 만족시키는 실수 x는 존재하지 않습니다.

(i)~(iii)에 의하여 $\log_a N$은 밑 a가 1이 아닌 양수일 때, 즉 $a>0$이고 $a\neq1$일 때에만 정의합니다.

2. 진수의 조건 : $N>0$ ← 양수이다.

(i) $N=0$일 때

$x=\log_2 0$이라고 하면

$$x=\log_2 0 \Longleftrightarrow 2^x=0$$

이므로 이를 만족시키는 실수 x는 존재하지 않습니다.

(ii) $N<0$일 때

$x=\log_2(-4)$라고 하면

$$x=\log_2(-4) \Longleftrightarrow 2^x=-4$$

이므로 이를 만족시키는 실수 x는 존재하지 않습니다.

(i), (ii)에 의하여 $\log_a N$은 진수 N이 $N>0$일 때에만 정의합니다.

Example $\log_{x-1}(3-x)$의 값이 존재하기 위한 실수 x의 값의 범위는

밑의 조건에서 $x-1>0$, $x-1\neq1$이므로 $1<x<2$ 또는 $x>2$ …… ㉠

진수의 조건에서 $3-x>0$이므로 $x<3$ …… ㉡

㉠, ㉡의 공통 범위를 구하면 $1<x<2$ 또는 $2<x<3$

개념 Point 로그의 밑과 진수의 조건

$\log_a N$을 정의하기 위해서 밑 a와 진수 N은 다음과 같은 조건을 만족시켜야 한다.

1 밑의 조건 : $a>0$, $a\neq1$

2 진수의 조건 : $N>0$

Plus

01. **지수**에서 다룬 바와 같이 등식 $a^x=b$에서 지수 x를 유리수, 실수로 확장할 때, 지수법칙을 만족시키도록 밑 a를 양수로 제한하였다. 그러나 밑이 1인 지수는 정의할 수 있지만 밑이 1인 로그는 정의할 수 없다. 또한 양수 a의 거듭제곱인 b는 0이나 음수가 될 수 없다.

$$a^x=b \Longleftrightarrow x=\log_a b \text{ (단, } a>0,\ a\neq1,\ b>0)$$

3 로그의 성질

로그의 정의가 지수에서 비롯되었다는 점에서 지수법칙과 유사한 성질들이 로그에서도 존재할 것이라고 생각할 수 있습니다.

$a>0$, $a\neq1$, $M>0$, $N>0$일 때, 이 성질들은 모두 로그의 정의와 지수법칙을 이용하면 다음과 같이 증명할 수 있습니다. 증명 방법뿐만 아니라 성질 전체를 기억하고 활용하는 능력도 길러 두도록 합니다.

(1) $\log_a 1=0$, $\log_a a=1$

Proof

$a^0=1$, $a^1=a$이므로 로그의 정의에 의하여

$$a^0=1 \Longleftrightarrow 0=\log_a 1$$

$$a^1=a \Longleftrightarrow 1=\log_a a$$

(2) $\log_a MN=\log_a M+\log_a N$

Proof

$\log_a M=x$, $\log_a N=y$라고 하면 로그의 정의에 의하여

$$\log_a M=x \Longleftrightarrow M=a^x,\ \log_a N=y \Longleftrightarrow N=a^y$$

따라서 $MN=a^xa^y=a^{x+y}$이므로 로그의 정의에 의하여

$$\log_a MN=x+y=\log_a M+\log_a N$$

(3) $\log_a \dfrac{M}{N}=\log_a M-\log_a N$

Proof

$\log_a M=x$, $\log_a N=y$라고 하면 로그의 정의에 의하여

$$\log_a M=x \Longleftrightarrow M=a^x,\ \log_a N=y \Longleftrightarrow N=a^y$$

따라서 $\dfrac{M}{N}=\dfrac{a^x}{a^y}=a^{x-y}$이므로 로그의 정의에 의하여

$$\log_a \frac{M}{N}=x-y=\log_a M-\log_a N$$

(4) $\log_a M^k=k\log_a M$ (단, k는 실수)

Proof

$\log_a M=x$라고 하면 로그의 정의에 의하여

$$\log_a M=x \Longleftrightarrow M=a^x$$

따라서 $M^k=(a^x)^k=a^{kx}$이므로 로그의 정의에 의하여

$$\log_a M^k=kx=k\log_a M$$

Example
(1) $\log_3 1=0,\ \log_3 3=1$

(2) $\log_2 6=\log_2(2\times 3)=\log_2 2+\log_2 3=1+\log_2 3$

(3) $\log_2 \frac{3}{2}=\log_2 3-\log_2 2=\log_2 3-1$

(4) $\log_2 8=\log_2 2^3=3\log_2 2=3$

그런데 실제 문제를 다루다 보면 로그의 성질을 착각하는 경우가 많습니다. 다음과 같은 실수를 하지 않도록 주의합시다.

(1) $\log_1 1=1$ (×)
$\log_1 1=0$ (×)
← 밑이 1인 로그는 정의하지 않는다.

(2) $\log_a(M+N)=\log_a M+\log_a N$ (×)
$\log_a M\times\log_a N=\log_a M+\log_a N$ (×)
← $\log_a MN=\log_a M+\log_a N$ (○)

(3) $\log_a(M-N)=\log_a M-\log_a N$ (×)
$\frac{\log_a M}{\log_a N}=\log_a M-\log_a N$ (×)
← $\log_a \frac{M}{N}=\log_a M-\log_a N$ (○)

(4) $(\log_a M)^k=k\log_a M$ (×) ← $\log_a M^k=k\log_a M$ (○)

이제 로그의 성질을 이용하여 다음과 같이 식을 간단히 할 수 있습니다.

Example
(1) $2\log_{10}5+4\log_{10}\sqrt{2}=\log_{10}5^2+\log_{10}(\sqrt{2})^4$
$=\log_{10}(5^2\times 2^2)=\log_{10}10^2=2\log_{10}10=2$

(2) $\frac{1}{2}\log_3 45-\log_3\sqrt{5}=\log_3 45^{\frac{1}{2}}-\log_3\sqrt{5}$
$=\log_3\frac{\sqrt{45}}{\sqrt{5}}=\log_3\sqrt{9}=\log_3 3=1$

(3) $\log_3 12-\log_3\frac{8}{3}+\log_3 6=\log_3\left(12\div\frac{8}{3}\times 6\right)=\log_3\left(12\times\frac{3}{8}\times 6\right)$
$=\log_3 27=\log_3 3^3=3\log_3 3=3$

개념 Point 로그의 성질

$a>0,\ a\neq 1,\ M>0,\ N>0$일 때

1 $\log_a 1=0,\ \log_a a=1$

2 $\log_a MN=\log_a M+\log_a N$

3 $\log_a \frac{M}{N}=\log_a M-\log_a N$

4 $\log_a M^k=k\log_a M$ (단, k는 실수)

4 로그의 밑의 변환 공식

지수법칙을 이용하여 $4^x=2^{2x}$과 같이 지수의 밑을 바꿀 수 있는 것처럼 로그도 밑을 바꿀 수 있습니다. $\log_a b$를 양수 $c\,(c\neq1)$를 밑으로 하는 로그로 바꾸는 방법에 대하여 알아봅시다.

a, b, c가 양수이고, $a\neq1$, $c\neq1$일 때, $\log_a b=\dfrac{\log_c b}{\log_c a}$입니다.

Proof

$\log_a b=x$, $\log_c a=y$라고 하면 로그의 정의에 의하여

$a^x=b$, $c^y=a$

지수의 성질에 의하여 $b=a^x=(c^y)^x=c^{xy}$이므로 로그의 정의에 의하여

$xy=\log_c b$

$\therefore \log_a b\times\log_c a=\log_c b$ …… ㉠

그런데 $a\neq1$일 때 $\log_c a\neq0$이므로 ㉠의 양변을 $\log_c a$로 나누면

$$\log_a b=\frac{\log_c b}{\log_c a}$$

이제 로그의 밑의 변환 공식을 이용하여 다음과 같이 식을 간단히 할 수 있습니다.

Example

(1) $\log_4 8=\dfrac{\log_2 8}{\log_2 4}=\dfrac{\log_2 2^3}{\log_2 2^2}=\dfrac{3\log_2 2}{2\log_2 2}=\dfrac{3}{2}$

(2) $\log_3 10=\dfrac{\log_{10}10}{\log_{10}3}=\dfrac{1}{\log_{10}3}$

(3) $\log_2 5\times\log_5 2=\log_2 5\times\dfrac{\log_2 2}{\log_2 5}=\log_2 2=1$

(4) $\log_4 6\times\log_7 4\times\log_6 7=\dfrac{\log_{10}6}{\log_{10}4}\times\dfrac{\log_{10}4}{\log_{10}7}\times\dfrac{\log_{10}7}{\log_{10}6}=1$

개념 Point 로그의 밑의 변환 공식

$a>0$, $a\neq1$, $b>0$, $c>0$, $c\neq1$일 때

$$\log_a b=\frac{\log_c b}{\log_c a}$$

로그의 밑의 변환 공식은 원래의 로그의 밑을 변형하여 밑이 같은 두 개의 로그의 나눗셈으로 표시할 수 있다는 것을 뜻한다.

$\log_2 3=\dfrac{\log_4 3}{\log_4 2}$, $\log_5 7=\dfrac{\log_{10}7}{\log_{10}5}$

5 로그의 여러 가지 공식

앞에서 배운 로그의 성질과 로그의 밑의 변환 공식을 이용하면 다음과 같이 로그의 여러 가지 유용한 공식을 유도할 수 있습니다. 로그의 계산을 빠르고 정확하게 하려면 다음 공식들의 증명 과정을 완벽하게 이해하고 공식을 활용할 수 있어야 합니다.

$a>0$, $a\neq1$, $b>0$일 때, 로그의 밑의 변환 공식을 이용하여 다음 공식들을 증명해 봅시다.

(1) $\log_{a^m} b^n = \dfrac{n}{m}\log_a b$ (단, $m\neq0$)

Proof $\log_{a^m} b^n$을 밑이 a인 로그로 변환하면

$$\log_{a^m} b^n = \frac{\log_a b^n}{\log_a a^m} = \frac{n\log_a b}{m\log_a a} = \frac{n}{m}\log_a b$$

(2) $\log_a b = \dfrac{1}{\log_b a}$ (단, $b\neq1$)

Proof $\log_a b$를 밑이 b인 로그로 변환하면

$$\log_a b = \frac{\log_b b}{\log_b a} = \frac{1}{\log_b a}$$

(3) $\log_a b\times\log_b c\times\log_c a=1$ (단, $b\neq1$, $c>0$, $c\neq1$)

Proof $\log_b c$, $\log_c a$를 각각 밑이 a인 로그로 변환하면

$$\log_b c = \frac{\log_a c}{\log_a b},\ \log_c a = \frac{\log_a a}{\log_a c} = \frac{1}{\log_a c}$$

$$\therefore \log_a b\times\log_b c\times\log_c a = \log_a b\times\frac{\log_a c}{\log_a b}\times\frac{1}{\log_a c} = 1$$

(4) $a^{\log_a b}=b$

Proof $x=\log_a b$라고 하면 로그의 정의에 의하여 $a^x=b$이므로

$$a^{\log_a b}=b$$

(5) $a^{\log_c b}=b^{\log_c a}$ (단, $c>0$, $c\neq1$)

Proof 공식 (4)에 의하여 $a=c^{\log_c a}$, $b=c^{\log_c b}$이므로

$$\begin{aligned} a^{\log_c b} &= (c^{\log_c a})^{\log_c b} = c^{\log_c a\times\log_c b} \\ &= c^{\log_c b\times\log_c a} = (c^{\log_c b})^{\log_c a} \\ &= b^{\log_c a} \end{aligned}$$

Example

(1) $\log_4 27=\log_{2^2} 3^3=\frac{3}{2}\log_2 3$

(2) $\log_2 3\times\log_3 2=\log_2 3\times\frac{1}{\log_2 3}=1$

(3) $\log_2 3\times\log_9 125\times\log_5 16=\log_2 3\times\log_{3^2} 5^3\times\log_5 2^4=\log_2 3\times\frac{3}{2}\log_3 5\times 4\log_5 2$

$=6\times\log_2 3\times\log_3 5\times\log_5 2=6\times 1=6$

(4) $2^{\log_2 15}=15$

(5) $4^{\log_2 5}=5^{\log_2 4}=5^{\log_2 2^2}=5^2=25$

Example

$\log_{10} 2=a$, $\log_{10} 3=b$라고 할 때, 다음을 a, b로 나타내어 보자.

(1) $\log_{10}\frac{9}{8}=\log_{10} 9-\log_{10} 8=\log_{10} 3^2-\log_{10} 2^3=2\log_{10} 3-3\log_{10} 2=2b-3a$

(2) $\log_{10}\sqrt{24}=\frac{1}{2}\log_{10} 24=\frac{1}{2}\log_{10}(2^3\times 3)=\frac{1}{2}(\log_{10} 2^3+\log_{10} 3)$

$=\frac{1}{2}(3\log_{10} 2+\log_{10} 3)=\frac{1}{2}(3a+b)$

개념 Point 로그의 여러 가지 공식

$a>0$, $a\neq 1$, $b>0$일 때

1 $\log_{a^m} b^n=\frac{n}{m}\log_a b$ (단, $m\neq 0$)

2 $\log_a b=\frac{1}{\log_b a}$ (단, $b\neq 1$)

3 $\log_a b\times\log_b c\times\log_c a=1$ (단, $b\neq 1$, $c>0$, $c\neq 1$)

4 $a^{\log_a b}=b$

5 $a^{\log_c b}=b^{\log_c a}$ (단, $c>0$, $c\neq 1$)

Plus

- $\log_a b$, $\log_b a$는 서로 역수 관계이다. ← 로그의 밑과 진수의 자리를 바꾸면 역수라고 기억하자.
- 공식 $a^{\log_a b}=b$를 이해할 때에는 다음과 같이 기억하면 편리하다.

$a^{\log_a b}$
자리 바꾸기

즉, '밑'과 지수에 있는 로그의 '진수'의 자리를 바꾸는 것으로 기억하면

$a^{\log_a b}=b^{\log_a a}=b^1=b$

같은 방법으로 자리 바꾸기는 지수에 있는 로그의 '밑'이 a가 아니더라도

$a^{\log_c b}=b^{\log_c a}$

와 같이 적용할 수 있다.

개념 콕콕

1 다음 값이 존재하기 위한 실수 x의 값의 범위를 구하시오.

(1) $\log_2(-x^2+4x)$　　(2) $\log_{x-3}4$

(3) $\log_{x+4}(x-2)^2$　　(4) $\log_{x-4}(-x^2+10x-16)$

2 다음 등식을 만족시키는 실수 x의 값을 구하시오.

(1) $\log_3 x=1.5$　　(2) $\log_{1000} x=\frac{2}{3}$

(3) $\log_x 27=\frac{3}{2}$　　(4) $\log_x 4=-2$

3 다음 식을 간단히 하시오.

(1) $\log_5 \frac{5}{4}+2\log_5\sqrt{20}$　　(2) $\log_3\sqrt{3}-\log_3 3\sqrt{3}$

(3) $\log_2 1+\log_3 1+\log_4 1$　　(4) $\log_2\sqrt{2}+\frac{1}{2}\log_2 6-\frac{1}{4}\log_2 9$

4 다음 등식을 만족시키는 실수 x의 값을 구하시오.

(1) $\log_3 5\times\log_5 7\times\log_7 9=x$　　(2) $\log_{27} 2^x=2\log_3 2$

(3) $10^{2\log_{10} x}=25$　　(4) $3^{\log_{10} 2}=2^{\log_{10} x}$

5 $\log_{10} 2=a$, $\log_{10} 3=b$일 때, 다음을 a, b로 나타내시오.

(1) $\log_{10} 600$　　(2) $\log_{10} 144$

(3) $\log_{10} \frac{64}{243}$　　(4) $\log_{10} 15$

• 풀이 14쪽~15쪽

정답

1 (1) $0<x<4$　(2) $3<x<4$ 또는 $x>4$　(3) $-4<x<-3$ 또는 $-3<x<2$ 또는 $x>2$
(4) $4<x<5$ 또는 $5<x<8$

2 (1) $3\sqrt{3}$　(2) 100　(3) 9　(4) $\frac{1}{2}$

3 (1) 2　(2) -1　(3) 0　(4) 1　　**4** (1) 2　(2) 6　(3) 5　(4) 3

5 (1) $a+b+2$　(2) $4a+2b$　(3) $6a-5b$　(4) $b+1-a$

출제 가능성 

예제 01

로그의 밑과 진수의 조건

$\log_{x-4}(-x^2+12x-20)$이 정의되기 위한 실수 x의 값의 범위를 구하시오.

접근 방법 $a>0$, $a\neq1$, $b>0$일 때, $a^x=b \Longleftrightarrow x=\log_a b$

이때 a를 로그의 밑, b를 진수라고 한다. $\log_a b$가 정의되기 위해서는 밑은 1이 아닌 양수이어야 하고, 진수는 양수이어야 한다. 즉,

밑의 조건 : $a>0$, $a\neq1$, 진수의 조건 : $b>0$

을 모두 만족시켜야 한다. 따라서 로그의 밑이나 진수에 미지수가 포함된 경우에는 밑의 조건과 진수의 조건을 각각 따져서 미지수의 값의 범위를 구한다.

수매씽 Point

$\log_a N$이 정의되기 위한 조건
- 밑 : 1이 아닌 양수 ➡ $a>0$, $a\neq1$
- 진수 : 양수 ➡ $N>0$

상세 풀이 밑의 조건에서

$x-4>0$, $x-4\neq1$이므로 $x>4$, $x\neq5$

$\therefore 4<x<5$ 또는 $x>5$ …… ㉠

진수의 조건에서

$-x^2+12x-20>0$이므로 $x^2-12x+20<0$

$(x-2)(x-10)<0$

$\therefore 2<x<10$ …… ㉡

㉠, ㉡에서 x의 값의 범위는

$4<x<5$ 또는 $5<x<10$ ← 밑의 조건과 진수의 조건을 모두 만족시켜야 하므로 ㉠, ㉡의 공통 범위를 구한다.

정답 $4<x<5$ 또는 $5<x<10$

보충 설명

모든 실수 x에 대하여 부등식 $ax^2+bx+c>0$이 항상 성립할 조건을 구할 때에는 $a=0$인 경우와 $a\neq0$인 경우로 나누어서 생각한다. 즉,

(1) $a\neq0$일 때

이차부등식 $ax^2+bx+c>0$이 항상 성립할 조건은 $a>0$, $D=b^2-4ac<0$

(2) $a=0$일 때

부등식 $bx+c>0$이 항상 성립할 조건은 $b=0$, $c>0$

숫자 바꾸기

한번 더 ☑ ☐

01-1

$\log_{x-2}(-x^2+4x-3)$이 정의되기 위한 실수 x의 값의 범위를 구하시오.

02

표현 바꾸기

한번 더 ☑ ☐

01-2

다음 물음에 답하시오.

(1) $\log_{x^2-x+1}(-x^2+2x+15)$가 정의되기 위한 모든 정수 x의 값의 합을 구하시오.

(2) $\log_{10-x}|1-x|$가 정의되기 위한 모든 자연수 x의 값의 합을 구하시오.

개념 넓히기

한번 더 ☑ ☐

01-3

모든 실수 x에 대하여 $\log_{a-4}(x^2+ax+3a)$가 정의되기 위한 정수 a의 개수는?

① 4 ② 5 ③ 6

④ 7 ⑤ 8

• 풀이 15쪽～16쪽

정답

01-1 $2<x<3$ **01-2** (1) 6 (2) 35 **01-3** ③

예제 02 로그의 계산

다음 식을 간단히 하시오.

(1) $\frac{1}{2}\log_3\frac{9}{7}+\log_3\sqrt{7}$ (2) $\log_3 4\times\log_4\sqrt{3}$

(3) $\frac{1}{3}\log_2\frac{5}{4}-\log_2\frac{\sqrt[3]{10}}{8}$ (4) $\left(\log_2 5+\log_4\frac{1}{5}\right)\left(\log_5 2+\log_{25}\frac{1}{2}\right)$

접근 방법 로그의 성질을 이용하여 계산한다. 이때 (2), (4)와 같이 로그의 밑이 다른 경우에는 밑의 변환 공식을 이용하여 밑을 같게 만든다.

수매씽 Point $a>0$, $a\neq1$, $M>0$, $N>0$일 때

(1) $\log_a MN=\log_a M+\log_a N$ (2) $\log_a\frac{M}{N}=\log_a M-\log_a N$

(3) $\log_a M^k=k\log_a M$ (단, k는 실수) (4) $\log_a M=\frac{\log_c M}{\log_c a}$ (단, $c>0$, $c\neq1$)

상세 풀이 (1) $\frac{1}{2}\log_3\frac{9}{7}+\log_3\sqrt{7}=\log_3\left(\frac{9}{7}\right)^{\frac{1}{2}}+\log_3\sqrt{7}=\log_3\left\{\left(\frac{9}{7}\right)^{\frac{1}{2}}\times\sqrt{7}\right\}$

$=\log_3\left(\frac{\sqrt{9}}{\sqrt{7}}\times\sqrt{7}\right)=\log_3 3=1$

(2) $\log_3 4\times\log_4\sqrt{3}=\log_3 4\times\frac{\log_3\sqrt{3}}{\log_3 4}=\log_3\sqrt{3}=\log_3 3^{\frac{1}{2}}=\frac{1}{2}$

(3) $\frac{1}{3}\log_2\frac{5}{4}-\log_2\frac{\sqrt[3]{10}}{8}=\frac{1}{3}(\log_2 5-\log_2 2^2)-\left(\frac{1}{3}\log_2 10-\log_2 2^3\right)$

└ $\log_2 10=\log_2(2\times5)=\log_2 2+\log_2 5$

$=\frac{1}{3}\log_2 5-\frac{2}{3}-\frac{1}{3}(\log_2 2+\log_2 5)+3=-\frac{2}{3}-\frac{1}{3}+3=2$

(4) $\left(\log_2 5+\log_4\frac{1}{5}\right)\left(\log_5 2+\log_{25}\frac{1}{2}\right)=(\log_2 5+\log_{2^2}5^{-1})(\log_5 2+\log_{5^2}2^{-1})$

$=\left(\log_2 5-\frac{1}{2}\log_2 5\right)\left(\log_5 2-\frac{1}{2}\log_5 2\right)$

$=\frac{1}{2}\log_2 5\times\frac{1}{2}\log_5 2=\frac{1}{4}\log_2 5\times\frac{1}{\log_2 5}=\frac{1}{4}$

정답 (1) 1 (2) $\frac{1}{2}$ (3) 2 (4) $\frac{1}{4}$

보충 설명

로그의 성질 $\log_a M^k=k\log_a M$에서 $\log_2 3^{\log_2 3}=\log_2 3\times\log_2 3=(\log_2 3)^2$이므로 $\log_2 3^{\log_2 3}$과 $(\log_2 3)^{\log_2 3}$은 서로 다르다는 것에 주의한다.

숫자 바꾸기

한번 더 ☑ ☐

02-1

다음 식을 간단히 하시오.

(1) $3\log_5 3 - 2\log_5 75$ (2) $\log_2 9 + \log_2\left(\frac{8}{3}\right)^3$

(3) $\log_3 5 \times \log_5 7 \times \log_7 9$ (4) $(\log_2 3 + \log_4 9)(\log_3 4 + \log_9 2)$

표현 바꾸기

한번 더 ☑ ☐

02-2

다음 식을 간단히 하시오.

(1) $2^{\log_2 1 + \log_2 2 + \log_2 3 + \log_2 4 + \log_2 5}$

(2) $\log_{\sqrt{3}} 16^{3\log_2 9}$

(3) $\log_2 3 \times \log_3 4 \times \log_4 5 \times \cdots \times \log_{1023} 1024$

(4) $(\log_{10} 2)^3 + (\log_{10} 5)^3 + \log_{10} 2 \times \log_{10} 125$

개념 넓히기

한번 더 ☑ ☐

02-3

$f(x) = 1 + \frac{1}{x}$이라고 할 때,

$$\log_a f(1) + \log_a f(2) + \log_a f(3) + \cdots + \log_a f(100) = 1$$

을 만족시키는 실수 a의 값을 구하시오. (단, $a>0$, $a \neq 1$)

• 풀이 16쪽

정답

02-1 (1) $\log_5 3 - 4$ (2) $9 - \log_2 3$ (3) 2 (4) 5 **02-2** (1) 120 (2) 48 (3) 10 (4) 1 **02-3** 101

예제 03 로그의 밑의 변환 공식의 활용

1이 아닌 양수 x에 대하여 등식

$$\frac{1}{\log_2 x}+\frac{1}{\log_4 x}+\frac{1}{\log_8 x}=\frac{1}{\log_a x}$$

이 성립할 때, 양수 a의 값을 구하시오. (단, $a\neq1$)

접근 방법 로그의 밑이 다른 경우에는 로그의 밑의 변환 공식을 이용하여 밑을 모두 같게 만든 다음 간단히 한다.

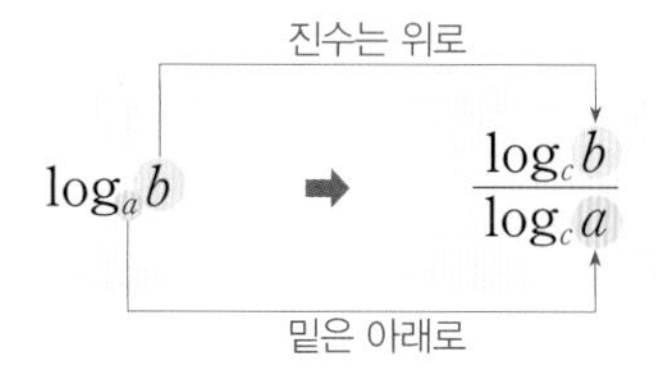

수매씽 Point $a>0$, $a\neq1$이고 $b>0$일 때

(1) $\log_a b=\frac{\log_c b}{\log_c a}$ (단, $c>0$, $c\neq1$)

(2) $\log_a b=\frac{1}{\log_b a}$ (단, $b\neq1$)

상세 풀이 $\frac{1}{\log_2 x}+\frac{1}{\log_4 x}+\frac{1}{\log_8 x}=\frac{1}{\log_a x}$에서 $x\neq1$, $x>0$이므로

$\log_x 2+\log_x 4+\log_x 8=\log_x a$

$\log_x (2\times4\times8)=\log_x a$

$\log_x 64=\log_x a$

$\therefore a=64$

정답 64

보충 설명

주어진 거듭제곱 또는 로그에서 밑을 같게 할 때에는 $\log_a b=\frac{\log_c b}{\log_c a}$임을 이용한다.

숫자 바꾸기 　　한번 더

03-1

1이 아닌 양수 x에 대하여 등식

$$\frac{1}{\log_3 x}+\frac{1}{\log_9 x}+\frac{1}{\log_{27} x}=\frac{1}{\log_a x}$$

이 성립할 때, $\log_3 a$의 값을 구하시오. (단, $a>0$, $a\neq1$)

표현 바꾸기 　　한번 더

03-2

다음 물음에 답하시오.

(1) 1이 아닌 양수 x에 대하여 등식 $\dfrac{1}{\log_4 x}+\dfrac{1}{\log_6 x}+\dfrac{1}{\log_9 x}=\dfrac{3}{\log_a x}$이 성립할 때, 양수 a의 값을 구하시오. (단, $a\neq1$)

(2) 등식 $\dfrac{1}{\log_3 2}+\dfrac{1}{\log_5 2}+\dfrac{1}{\log_6 2}=\dfrac{1}{\log_k 2}$이 성립할 때, 양수 k의 값을 구하시오. (단, $k\neq1$)

개념 넓히기 　　한번 더

03-3

다음 물음에 답하시오.

(1) $x=\log_2 5\times\log_5 3$일 때, $4^{-x}+2^x$의 값을 구하시오.

(2) $a=\dfrac{\log_3 25}{\log_3 4}$일 때, 2^a+2^{-a}의 값을 구하시오.

• 풀이 17쪽

정답

03-1 6　　03-2 (1) 6 (2) 90　　03-3 (1) $\frac{28}{9}$ (2) $\frac{26}{5}$

예제 04 로그의 성질의 활용

$\log_5 2=a$, $\log_5 3=b$일 때, 다음을 a, b로 나타내시오.

(1) $\log_5 \frac{16}{27}$ (2) $\log_5 \frac{2}{\sqrt{6}}$

접근 방법 $\log_5 2$와 $\log_5 3$의 값이 주어져 있으므로 로그의 성질을 이용하여 로그의 진수를 소인수분해 하여 2와 3으로 나타낸다.

수매씽 Point 조건에 있는 로그의 값을 이용할 수 있도록 주어진 로그의 식을 변형한다.

상세 풀이 (1) $\log_5 \frac{16}{27}=\log_5 16-\log_5 27$

$=\log_5 2^4-\log_5 3^3$

$=4\log_5 2-3\log_5 3$ ← $\log_5 2=a$, $\log_5 3=b$

$=4a-3b$

(2) $\log_5 \frac{2}{\sqrt{6}}=\log_5 2-\log_5 \sqrt{6}$ ← $\sqrt{6}=(2\times3)^{\frac{1}{2}}$

$=\log_5 2-\frac{1}{2}\log_5 (2\times3)$

$=\log_5 2-\frac{1}{2}(\log_5 2+\log_5 3)=\log_5 2-\frac{1}{2}\log_5 2-\frac{1}{2}\log_5 3$

$=\frac{1}{2}\left(\log_5 2-\log_5 3\right)$ ← $\log_5 2=a$, $\log_5 3=b$

$=\frac{1}{2}(a-b)$

정답 (1) $4a-3b$ (2) $\frac{1}{2}(a-b)$

보충 설명

$a>0$, $a\neq1$, $M>0$, $N>0$일 때

(1) $\log_a M^k=k\log_a M$ (단, k는 실수) ← 진수가 거듭제곱 꼴이면 (진수의 지수)×(로그)

(2) $\log_a MN=\log_a M+\log_a N$ ← 진수가 곱의 꼴이면 (로그)+(로그)

(3) $\log_a \frac{M}{N}=\log_a M-\log_a N$ ← 진수가 나눗셈의 꼴이면 (로그)−(로그)

숫자 바꾸기 　　　　한번 더 ☑ ☐

04-1

$\log_{10}5=a$, $\log_{10}7=b$일 때, 다음을 a, b로 나타내시오.

(1) $\log_{10}3.5$ 　　　　(2) $\log_{10}\sqrt{14}$

표현 바꾸기 　　　　한번 더 ☑ ☐

04-2

$3^a=2$, $5^b=3$일 때, $\log_{120}150$을 a, b로 나타내면?

① $\dfrac{3ab+b+2}{ab+a+1}$ 　② $\dfrac{3ab+b+1}{ab+a+2}$ 　③ $\dfrac{ab+b+2}{ab+a+1}$

④ $\dfrac{ab+b+2}{3ab+b+1}$ 　⑤ $\dfrac{ab+b+1}{3ab+a+2}$

개념 넓히기 　　　　한번 더 ☑ ☐

04-3

$\log_2 45=a$, $\log_2 75=b$일 때, $\log_2 \dfrac{5}{3}$를 a, b로 나타내면?

① $a-b$ 　② $a+b$ 　③ $b-a$

④ $2a$ 　⑤ $2b$

• 풀이 17쪽

정답

04-1 (1) $a+b-1$ 　(2) $\dfrac{1}{2}(1-a+b)$ 　**04-2** ④ 　**04-3** ③

예제 **05** 이차방정식과 로그의 계산

이차방정식 $x^2-5x+5=0$의 두 근을 α, $\beta\,(\alpha>\beta)$라 하고 $m=\alpha-\beta$일 때, $\log_m \alpha+\log_m \beta$의 값을 구하시오.

접근 방법 이차방정식의 근과 계수의 관계에서 두 근의 합 $\alpha+\beta$와 두 근의 곱 $\alpha\beta$의 값을 알 수 있고, 이것들로부터 두 근의 차 $\alpha-\beta$의 값을 구할 수 있다.

수매씽 Point 이차방정식 $ax^2+bx+c=0$의 두 근을 α, β라고 하면

$$\alpha+\beta=-\frac{b}{a},\ \alpha\beta=\frac{c}{a}$$

상세 풀이 이차방정식 $x^2-5x+5=0$의 근과 계수의 관계에 의하여

$$\alpha+\beta=5,\ \alpha\beta=5$$

$m=\alpha-\beta$이므로

$$m^2=(\alpha-\beta)^2=(\alpha+\beta)^2-4\alpha\beta=5^2-4\times5=5$$

$\therefore\ m=\sqrt{5}$ ($\because\ \alpha>\beta$이므로 $m=\alpha-\beta>0$)

$$\begin{aligned}\therefore\ \log_m \alpha+\log_m \beta &= \log_{\sqrt{5}} \alpha+\log_{\sqrt{5}} \beta\\ &= \log_{\sqrt{5}} \alpha\beta\\ &= \log_{5^{\frac{1}{2}}} 5\\ &= 2\log_5 5 \quad \leftarrow \log_{a^n} x=\frac{1}{n}\log_a x\\ &= 2\end{aligned}$$

정답 2

보충 설명

이차방정식 $ax^2+bx+c=0$의 두 근을 α, β라고 하면 이차방정식의 근과 계수의 관계에 의하여

$\alpha+\beta=-\frac{b}{a}$, $\alpha\beta=\frac{c}{a}$이므로 두 근의 합과 곱을 구할 수 있다. 따라서 곱셈 공식의 변형 공식

$$(\alpha-\beta)^2=(\alpha+\beta)^2-4\alpha\beta,$$

$$\alpha^2+\beta^2=(\alpha+\beta)^2-2\alpha\beta,$$

$$\alpha^3+\beta^3=(\alpha+\beta)^3-3\alpha\beta(\alpha+\beta)$$

를 이용하면 이차방정식의 두 근 α, β에 대하여 $\alpha-\beta$, $\alpha^2+\beta^2$, $\alpha^3+\beta^3$ 등 여러 가지 식의 값을 구할 수 있다.

숫자 바꾸기

한번 더

05-1

이차방정식 $x^2+ax+6=0$의 두 근을 α, $\beta\,(\alpha<\beta)$라 하고 $b=\beta-\alpha$일 때, $\log_b \alpha^{\frac{1}{3}}+\log_b \beta^{\frac{1}{3}}=\frac{2}{3}$이다. 상수 a, b에 대하여 a^2+b^2의 값을 구하시오.

표현 바꾸기

한번 더

05-2

이차방정식 $x^2-5x+3=0$의 두 근을 α, β라고 할 때, 다음 식의 값을 구하시오.

(1) $3^{\alpha}\times 3^{\beta}+\log_3 \alpha+\log_3 \beta$

(2) $\log_3\left(2\alpha+\frac{3}{\beta}\right)+\log_3\left(2\beta+\frac{3}{\alpha}\right)$

개념 넓히기

한번 더

05-3

이차방정식 $2x^2-mx+8=0$의 두 근을 α, β라 하고 $\log_{\alpha} 2+\log_{\beta} 2=-\frac{2}{3}$일 때, 상수 m의 값을 구하시오.

• 풀이 18쪽

정답

05-1 36 **05-2** (1) 244 (2) 3 **05-3** 17

2 상용로그

❶ 상용로그의 뜻

양수 N에 대하여 $\log_{10}N$과 같이 10을 밑으로 하는 로그를 상용로그라고 합니다. 상용로그는 보통 밑을 생략하여

$$\log N$$

과 같이 나타냅니다. 따라서 앞으로 로그의 밑이 생략되어 있으면 상용로그라고 생각하면 됩니다. 예를 들어 2의 상용로그는 $\log 2$이고, $\log 2=\log_{10} 2$입니다.

일반적으로 실수 n에 대하여

$$\log 10^n=\log_{10} 10^n=n$$

이므로 10의 거듭제곱 꼴의 수에 대한 상용로그의 값은 로그의 성질을 이용하여 쉽게 구할 수 있습니다.

Example (1) $\log 10=\log_{10} 10=1$ (2) $\log 1000=\log_{10} 10^3=3$

(3) $\log 0.01=\log_{10} 10^{-2}=-2$ (4) $\log \sqrt{10}=\log_{10} 10^{\frac{1}{2}}=\frac{1}{2}$

상용로그는 자주 이용되고, 10의 거듭제곱 꼴이 아닌 양수 N에 대한 상용로그의 값은 쉽게 구할 수 없으므로 그 어림값을 미리 구하여 상용로그표를 만들었습니다.

이 책의 부록에 있는 상용로그표에는 0.01 간격으로 1.00에서 9.99까지의 수의 상용로그의 값을 소수점 아래 넷째 자리까지 반올림하여 구한 어림값이 나열되어 있습니다.

예를 들어 상용로그표에서 $\log 3.21$의 값은 오른쪽 그림과 같이 화살표를 따라 3.2가 적혀 있는 행과 1이 적혀 있는 열이 만나는 곳의 수 .5065를 찾으면 됩니다. 즉, $\log 3.21=0.5065$입니다. 이때 상용로그표에 있는 값은 어림값이지만 보통 등호를 사용하여 나타냅니다.

수	0	1	2
1.0	.0000	.0043	.0086
1.1	.0414	.0453	.0492
⋮	⋮	⋮	⋮
3.1	.4914	.4928	.4942
3.2	.5051	.5065	.5079

.5065는 0.5065를 의미한다.

Example (1) $\log 4.69$의 값은 상용로그표에서 4.6이 적힌 행과 9가 적힌 열이 만나는 곳의 수이므로

$\log 4.69=0.6712$

(2) $\log 9.62$의 값은 상용로그표에서 9.6이 적힌 행과 2가 적힌 열이 만나는 곳의 수이므로

$\log 9.62=0.9832$

그런데 $\log 321$, $\log 0.321$과 같이 진수가 10보다 크거나 1보다 작아서 상용로그표에 없는 경우에는 상용로그의 값을 어떻게 구할 수 있을까요?

상용로그 역시 로그이므로 로그의 성질을 이용하여 구할 수 있습니다. 예를 들어 상용로그표에서 $\log 3.21=0.5065$이므로

$$\begin{aligned}\log 321&=\log(3.21\times 10^2)=\log 3.21+\log 10^2\\&=\log 3.21+2=2.5065\end{aligned}$$

$$\begin{aligned}\log 32100&=\log(3.21\times 10^4)=\log 3.21+\log 10^4\\&=\log 3.21+4=4.5065\end{aligned}$$

$$\begin{aligned}\log 0.321&=\log(3.21\times 10^{-1})=\log 3.21+\log 10^{-1}\\&=\log 3.21-1=0.5065-1=-0.4935\end{aligned}$$

$$\begin{aligned}\log 0.00321&=\log(3.21\times 10^{-3})=\log 3.21+\log 10^{-3}\\&=\log 3.21-3=0.5065-3=-2.4935\end{aligned}$$

이와 같이 상용로그표에 나와 있지 않은 양수의 상용로그의 값은 로그의 성질을 이용하여 진수의 범위를 1.00 이상 9.99 이하로 바꾸어 주면 상용로그표를 이용하여 그 값을 구할 수 있습니다.

Example 상용로그표를 이용하여 다음 값을 구해 보자.

(1) $\log 50.1$

상용로그표에서 $\log 5.01=0.6998$이므로

$$\begin{aligned}\log 50.1&=\log(5.01\times 10)=\log 5.01+\log 10\\&=\log 5.01+1=0.6998+1=1.6998\end{aligned}$$

(2) $\log 0.0172$

상용로그표에서 $\log 1.72=0.2355$이므로

$$\begin{aligned}\log 0.0172&=\log(1.72\times 10^{-2})=\log 1.72+\log 10^{-2}\\&=\log 1.72-2=0.2355-2=-1.7645\end{aligned}$$

(3) $\log 73500$

상용로그표에서 $\log 7.35=0.8663$이므로

$$\begin{aligned}\log 73500&=\log(7.35\times 10^4)=\log 7.35+\log 10^4\\&=\log 7.35+4=0.8663+4=4.8663\end{aligned}$$

(4) $\log\sqrt{6.52}$

상용로그표에서 $\log 6.52=0.8142$이므로

$$\begin{aligned}\log\sqrt{6.52}&=\log(6.52)^{\frac{1}{2}}=\frac{1}{2}\log 6.52\\&=\frac{1}{2}\times 0.8142=0.4071\end{aligned}$$

Example 상용로그표를 이용하여 다음 등식을 만족시키는 x의 값을 구해 보자.

(1) $\log x = 1.0492$

상용로그표에서 $\log 1.12 = 0.0492$이므로

$$\log x = 1.0492 = 1 + 0.0492 = \log 10 + \log 1.12$$
$$= \log (10 \times 1.12) = \log 11.2$$
$$\therefore\ x = 11.2$$

(2) $\log x = 3.5051$

상용로그표에서 $\log 3.20 = 0.5051$이므로

$$\log x = 3.5051 = 3 + 0.5051 = \log 10^3 + \log 3.20$$
$$= \log (10^3 \times 3.20) = \log 3200$$
$$\therefore\ x = 3200$$

참고로 상용로그의 값은 공학용 계산기를 이용하면 쉽게 구할 수 있습니다. 다음은 공학용 계산기를 이용하여 $\log 3.21$의 값을 구하는 과정입니다.

공학용 계산기에서 [log] [3] [·] [2] [1]의 버튼을 순서대로 누른 후 [=]의 버튼을 누르면 다음과 같은 결과가 나온다.

log3.21
0.506505032

그러나 시험에서는 보통 계산기를 사용할 수 없으므로 상용로그의 정의와 로그의 성질을 이용하여 상용로그의 값을 구하는 과정을 꼭 알아두어야 합니다.

개념 Point 상용로그의 뜻

1. 10을 밑으로 하는 로그를 상용로그라 하고, 상용로그 $\log_{10} N$은 보통 밑을 생략하여 $\log N$과 같이 나타낸다.
2. 1.00에서 9.99까지의 수의 상용로그의 값을 소수점 아래 넷째 자리까지 반올림하여 구한 값은 상용로그표에서 찾을 수 있다.
3. 상용로그표에 나와 있지 않은 양수의 상용로그의 값은 로그의 성질을 이용하여 진수의 범위를 1.00 이상 9.99 이하로 바꾸어 주면 상용로그표를 이용하여 그 값을 구할 수 있다.

2 상용로그의 정수 부분과 소수 부분

앞에서 $\log 321$, $\log 0.321$의 값을 구할 때,

$$321=3.21\times 10^2,\ 0.321=3.21\times 10^{-1}$$

으로 나타냈듯이 일반적으로 임의의 양수 N은

$$N=a\times 10^n\ (1\le a<10,\ n\text{은 정수})$$

과 같이 1 이상 10 미만의 수와 지수가 정수인 10의 거듭제곱의 곱으로 나타낼 수 있습니다.

이때 이 식의 양변에 상용로그를 취하면

$$\log N=\log(a\times 10^n)=\log a+\log 10^n=n+\log a$$

가 됩니다.

여기서 정수 n을 $\log N$의 정수 부분, $\log a$를 $\log N$의 소수 부분이라고 합니다.

$1\le a<10$이므로 $\log N$의 소수 부분 $\log a$의 값의 범위는

$$0\le \log a<1$$

입니다.

Example

(1) $\log 321=\log(3.21\times 10^2)$

$=\log 3.21+2=2+0.5065$ ← $\log 321=2.5065$

이므로 $\log 321$의 정수 부분은 2, 소수 부분은 0.5065이다.

(2) $\log 32100=\log(3.21\times 10^4)$

$=\log 3.21+4=4+0.5065$ ← $\log 32100=4.5065$

이므로 $\log 32100$의 정수 부분은 4, 소수 부분은 0.5065이다.

한편, 위의 Example과 같이 상용로그의 값이 양수인 경우에는 상용로그의 정수 부분과 소수 부분을 쉽게 구할 수 있지만 상용로그의 값이 음수인 경우에는 주의가 필요합니다.

참고 상용로그의 값이 음수인 경우에도 소수 부분의 범위는 항상 $0\le$(소수 부분)<1이어야 한다.

다음의 예를 통하여 상용로그의 값이 음수인 경우를 살펴봅시다.

Example

(1) $\log N=-3.0762$

① $\log N=-3.0762=-4+1-0.0762=-4+0.9238$

정수 부분 : -4, 소수 부분 : 0.9238 (○)

② $\log N=-3.0762=-3-0.0762$

정수 부분 : -3, 소수 부분 : -0.0762 (×)

②에서 -0.0762는 상용로그의 소수 부분의 정의인 0 이상 1 미만의 범위를 만족시키지 않으므로 ②와 같은 방법으로 상용로그의 정수 부분과 소수 부분을 구하면 안 된다.

상용로그의 값이 음수인 경우에는 ①과 같이 소수 부분이 0 이상 1 미만의 수가 되도록 식을 변형해야 한다. 즉,

$$\log N=-3.0762=-3-0.0762=(-3-1)+(1-0.0762)$$
$$=-4+0.9238$$

따라서 $\log N=-3.0762$의 정수 부분은 -4, 소수 부분은 0.9238이다.

(2) $\log 0.321=-0.4935=-1+0.5065$에서

$\log 0.321$의 정수 부분은 -1, 소수 부분은 0.5065이다.

(3) $\log 0.00321=-2.4935=-3+0.5065$에서

$\log 0.00321$의 정수 부분은 -3, 소수 부분은 0.5065이다.

Example $\log 5.67=0.7536$임을 이용하여 다음 상용로그의 정수 부분과 소수 부분을 구해 보자.

(1) $\log 56700=\log(5.67\times10^4)=\log 5.67+\log 10^4=4+0.7536$이므로

$\log 56700$의 정수 부분은 4, 소수 부분은 0.7536이다.

(2) $\log 0.00567=\log(5.67\times10^{-3})=\log 5.67+\log 10^{-3}=-3+0.7536$이므로

$\log 0.00567$의 정수 부분은 -3, 소수 부분은 0.7536이다.

(3) $\log\sqrt{567}=\log 567^{\frac{1}{2}}=\frac{1}{2}\log 567=\frac{1}{2}\log(5.67\times10^2)=\frac{1}{2}(\log 5.67+\log 10^2)$

$=\frac{1}{2}\times(2+0.7536)=1+0.3768$

이므로 $\log\sqrt{567}$의 정수 부분은 1, 소수 부분은 0.3768이다.

(4) $\log\frac{1}{5.67}=\log(5.67)^{-1}=-\log 5.67=-0.7536=-1+0.2464$이므로

$\log\frac{1}{5.67}$의 정수 부분은 -1, 소수 부분은 0.2464이다.

개념 Point 상용로그의 정수 부분과 소수 부분

임의의 양수 N에 대하여 상용로그는

$$\log N=n+\alpha \quad (n\text{은 정수, } 0\le\alpha<1)$$

(n: $\log N$의 정수 부분, α: $\log N$의 소수 부분)

와 같이 나타낼 수 있다.

Plus

상용로그의 소수 부분은 1 이상 10 미만의 수를 진수로 하는 상용로그 꼴로 나타낼 수 있다. 예를 들어 $180=1.8\times10^2$에서 $\log 180=\log(1.8\times10^2)=2+\log 1.8$이므로 $\log 180$의 소수 부분은 $\log 1.8$이고, $\frac{1}{20}=0.05=5\times10^{-2}$에서 $\log\frac{1}{20}=\log(5\times10^{-2})=-2+\log 5$이므로 $\log\frac{1}{20}$의 소수 부분은 $\log 5$이다.

개념 Plus 상용로그를 이용한 큰 수와 작은 수의 어림값의 계산

상용로그의 정수 부분과 소수 부분, 로그의 값의 대소 관계를 이용하면 큰 수 또는 작은 수의 대략적인 범위를 어림할 수 있다.
두 수 3.1×10^{50}, 2^{100}은 직접 계산하기에는 큰 수이다. 3.1×10^{50}은 51자리 수이고 최고 자리 숫자가 3이라는 것을 알 수 있지만 2^{100}은 그냥 봐서는 몇 자리 수인지, 최고 자리 숫자가 몇인지 알 수 없다.
상용로그의 정수 부분과 소수 부분을 이용하여 2^{100}이 몇 자리 수인지, 최고 자리 숫자는 무엇인지 구해보자. (단, $\log 2=0.3010$으로 계산한다.)

Example

$x=2^{100}$이라 하고 양변에 상용로그를 취하면

$$\log x=\log 2^{100}=100\log 2=100\times0.3010=30.1 \quad \cdots\cdots ★$$

이므로 $\log x$의 정수 부분은 30, 소수 부분은 0.1이다.
이때 상용로그표에서

$$\log 1.25=0.0969,\ \log 1.26=0.1004$$

이고

$$\log1.25<0.1<\log1.26$$

이므로 $\log x$의 소수 부분 0.1을 상용로그 꼴로 나타내면

$$0.1=\log 1.25\cdots$$

즉, ★에서

$$\log x=30.1=30+0.1=\log 10^{30}+\log 1.25\cdots=\log(10^{30}\times1.25\cdots)$$

이므로

$$x=1.25\cdots\times10^{30}$$

따라서 $2^{100}=1.25\cdots\times10^{30}$이므로 2^{100}은 31자리 수이고, 최고 자리 숫자는 1이다.

마찬가지 방법으로 $\left(\frac{1}{2}\right)^{100}$은 소수점 아래 31번째 자리에서 처음으로 0이 아닌 숫자 7이 나온다는 것을 알 수 있다. 이에 대해서는 **예제 08**, **예제 09**에서 자세히 알아보자.
이와 같이 상용로그를 이용하면 직접 계산하기 어려운 큰 수나 작은 수의 곱셈, 나눗셈, 거듭제곱, 거듭제곱근 등의 어림값을 구할 수 있다.

3 상용로그의 정수 부분과 소수 부분의 성질

← 이 부분은 상용로그의 정수 부분과 소수 부분의 응용 부분으로 처음 공부하는 학생은 건너뛰어도 된다. ^^

이번에는 상용로그의 정수 부분과 소수 부분의 성질에 대하여 알아보겠습니다.

상용로그의 정수 부분과 소수 부분의 성질을 알아보기 위하여 숫자의 배열이 같고 소수점의 위치만 다른 수들의 상용로그의 값에 대하여 생각해 봅시다.
3.21×10^n (n은 정수) 꼴의 상용로그의 값을 예로 들어 살펴봅시다.

(ⅰ) 진수가 1보다 큰 경우

① $\log 3.21 = \log(3.21 \times 10^0) = 0 + 0.5065$

② $\log 32.1 = \log(3.21 \times 10^1) = 1 + \log 3.21 = 1 + 0.5065$

③ $\log 321 = \log(3.21 \times 10^2) = 2 + \log 3.21 = 2 + 0.5065$

(ⅱ) 진수가 0보다 크고 1보다 작은 경우

④ $\log 0.321 = \log(3.21 \times 10^{-1}) = -1 + \log 3.21 = -1 + 0.5065$

⑤ $\log 0.0321 = \log(3.21 \times 10^{-2}) = -2 + \log 3.21 = -2 + 0.5065$

⑥ $\log 0.00321 = \log(3.21 \times 10^{-3}) = -3 + \log 3.21 = -3 + 0.5065$

1. 상용로그의 정수 부분의 성질

위의 상용로그의 값에서 상용로그의 정수 부분을 진수가 1보다 큰 경우와 진수가 0보다 크고 1보다 작은 경우로 나누어 살펴보면 다음과 같습니다.

(ⅰ) 진수가 1보다 큰 경우의 상용로그의 정수 부분 (①~③)

상용로그	상용로그의 진수	진수의 정수 부분의 자릿수	상용로그의 정수 부분
$\log 3.21$	3.21	한 자리 수	0
$\log 32.1$	32.1	두 자리 수	1
$\log 321$	321	세 자리 수	2

이와 같이 상용로그의 진수가 1보다 클 때, 진수의 정수 부분이 몇 자리 수이냐에 따라 상용로그의 정수 부분이 결정된다는 것을 알 수 있습니다.

이를 일반화하면 다음과 같은 결론을 얻을 수 있습니다.

$\log N\,(N>1)$에서 진수 N의 정수 부분이 n자리인 수이다.

$\Longleftrightarrow$ $\log N$의 정수 부분이 $n-1$이다.

즉, 정수 부분이 n자리인 수의 상용로그의 정수 부분은 $n-1$입니다.

(ⅱ) 진수가 0보다 크고 1보다 작은 경우의 상용로그의 정수 부분 (④~⑥)

상용로그	상용로그의 진수	진수에서 처음으로 0이 아닌 숫자가 나오는 소수점 아래의 자리	상용로그의 정수 부분
$\log 0.321$	0.321	소수점 아래 첫째 자리	-1
$\log 0.0321$	0.0321	소수점 아래 둘째 자리	-2
$\log 0.00321$	0.00321	소수점 아래 셋째 자리	-3

이와 같이 상용로그의 진수가 0보다 크고 1보다 작을 때, 진수의 소수점 아래 몇째 자리에서 처음으로 0이 아닌 숫자가 나타나느냐에 따라 상용로그의 정수 부분이 결정된다는 것을 알 수 있습니다.

이를 일반화하면 다음과 같은 결론을 얻을 수 있습니다.

$\log N\,(0<N<1)$에서 진수 N의 소수점 아래 n째 자리에서 처음으로 0이 아닌 숫자가 나타난다. $\Longleftrightarrow$ $\log N$의 정수 부분이 $-n$이다.

즉, 소수점 아래 n째 자리에서 처음으로 0이 아닌 숫자가 나타나는 수의 상용로그의 정수 부분은 $-n$입니다.

(i), (ii)에서 $\log(3.21\times10^n)$ (n은 정수)을 예로 들어 상용로그의 정수 부분에 대한 내용을 정리하면 다음과 같습니다.

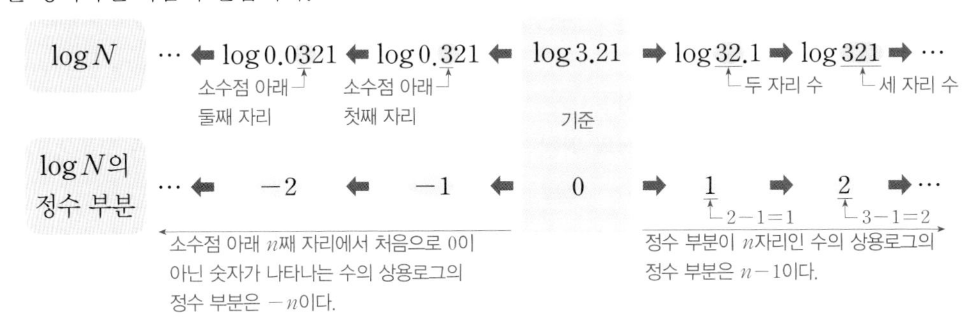

2. 상용로그의 소수 부분의 성질

앞의 ①~⑥에서 $\log(3.21\times10^n)$ (n은 정수)의 소수 부분은 모두 0.5065로 같다는 것을 알 수 있습니다. 따라서 상용로그의 진수의 숫자의 배열이 같고 소수점의 위치만 다를 때, 상용로그의 소수 부분은 모두 같음을 알 수 있습니다.

이를 일반화하면 다음과 같은 결론을 얻을 수 있습니다.

상용로그의 진수의 숫자 배열이 같다. $\Longleftrightarrow$ 상용로그의 소수 부분은 같다.

즉, 숫자의 배열이 같고 소수점의 위치만 다른 수들의 상용로그의 소수 부분은 모두 같습니다.

Example

(1) 2850은 네 자리 수이므로 $\log 2850$의 정수 부분은 3이다. ← $4-1=3$

또한 $\log 2.85=0.4548$이므로 $\log 2580$의 소수 부분은 0.4548이다.

$\therefore\ \log 2850=3.4548$

(2) 0.00285는 소수점 아래 셋째 자리에서 처음으로 0이 아닌 숫자가 나타나므로 $\log 0.00285$의 정수 부분은 -3이다.

또한 $\log 2.85=0.4548$이므로 $\log 0.00285$의 소수 부분은 0.4548이다.

$\therefore\ \log 0.00285=(-3)+0.4548=-2.5452$

(1), (2)에서 2850과 0.00285는 숫자의 배열이 같고 소수점의 위치만 다르므로 $\log 2850$과 $\log 0.00285$의 소수 부분은 모두 0.4548로 같음을 알 수 있다.

개념 Point 상용로그의 정수 부분과 소수 부분의 성질

1 상용로그의 정수 부뷰의 성질

(1) 정수 부분이 n자리인 수의 상용로그의 정수 부분은 $n-1$이다.

n자리

$$\log(\square\square\cdots\square.\square\square)=(n-1)+0.\times\times\times$$

(2) 소수점 아래 n째 자리에서 처음으로 0이 아닌 숫자가 나타나는 수의 상용로그의 정수 부분은 $-n$이다.

소수점 아래 n째 자리

$$\log(0.\underbrace{00\cdots0}_{(n-1)\text{개}}\square\square\square)=(-n)+0.\times\times\times$$

2 상용로그의 소수 부분의 성질

숫자의 배열이 같고 소수점의 위치만 다른 수들의 상용로그의 소수 부분은 모두 같다.

Plus

상용로그의 소수 부분의 성질에서 두 양수 M, N의 숫자의 배열이 같고 소수점의 위치만 다르면 적당한 정수 n에 대하여 $N=10^nM$으로 나타낼 수 있다. 이때 $\log N=n+\log M$이고 n이 정수이므로 $\log M$의 정수 부분과 $\log N$의 정수 부분의 차는 $|n|$이고, $\log M$과 $\log N$의 소수 부분은 같다.

개념 Plus 일정한 비율로 증가(감소)하는 수의 계산

일정한 비율로 증가하거나 감소할 때의 총량은 다음과 같으므로 이와 관련된 문제를 상용로그를 이용하여 풀 수 있다. 이러한 활용 문제는 **10. 등비수열**에서 더 자세히 배울 수 있다.

(1) 초기량 A가 매년 $r\%$씩 증가할 때 n년 후의 총량 : $A\left(1+\frac{r}{100}\right)^n$

(1년 후) ➡ $A+A\times\frac{r}{100}=A\left(1+\frac{r}{100}\right)$

(2년 후) ➡ $A\left(1+\frac{r}{100}\right)+A\left(1+\frac{r}{100}\right)\times\frac{r}{100}=A\left(1+\frac{r}{100}\right)^2$

공통인수 $A\left(1+\frac{r}{100}\right)$로 묶으면 $A\left(1+\frac{r}{100}\right)\left(1+\frac{r}{100}\right)$이 된다.

⋮ ⋮

(n년 후) ➡ $A\left(1+\frac{r}{100}\right)^n$

(2) 초기량 A가 매년 $r\%$씩 감소할 때 n년 후의 총량 : $A\left(1-\frac{r}{100}\right)^n$

Example

2024년 수매씽 개념의 판매량 S가 매년 20%씩 증가한다고 하면, n년 후에 수매씽 개념의 판매량은

1년 후 : $1.2S$, 2년 후 : 1.2^2S, $\cdots$, n년 후 : 1.2^nS

즉, 매년 20%씩 증가한다는 것은 1.2배 증가하는 것이다.

같은 원리로 매년 20%씩 감소한다는 것은 0.8배 증가하는 것이다.

$1-\frac{20}{100}=1-0.2=0.8$

개념 콕콕

1 다음 값을 구하시오.

(1) $\log 100$ (2) $\log \sqrt[3]{100}$

(3) $\log \frac{1}{\sqrt[5]{1000}}$ (4) $\log \frac{1}{50}+\log \frac{1}{20}$

2 $\log 3.14=0.4969$일 때, 다음 값을 구하시오.

(1) $\log 31.4$ (2) $\log 31400$

(3) $\log 0.0314$ (4) $\log 0.314$

3 $\log 2=0.3010$, $\log 3=0.4771$일 때, 다음 값을 구하시오.

(1) $\log 4$ (2) $\log 5$ (3) $\log 6$

(4) $\log 8$ (5) $\log 9$

4 $\log 31=1.4914$일 때, 다음을 만족시키는 x의 값을 구하시오.

(1) $\log x=3.4914$ (2) $\log x=-1.5086$

5 오른쪽 상용로그표를 이용하여 다음 식을 만족시키는 x의 값을 구하시오.

(1) $\log 8.08=x$

(2) $\log x=0.9175$

수	…	5	6	7	8	9
⋮	⋮	⋮	⋮	⋮	⋮	⋮
8.0	…	.9058	.9063	.9069	.9074	.9079
8.1	…	.9112	.9117	.9122	.9128	.9133
8.2	…	.9165	.9170	.9175	.9180	.9186
⋮	⋮	⋮	⋮	⋮	⋮	⋮

• 풀이 18쪽~19쪽

정답

1 (1) 2 (2) $\frac{2}{3}$ (3) $-\frac{3}{5}$ (4) -3 **2** (1) 1.4969 (2) 4.4969 (3) -1.5031 (4) -0.5031

3 (1) 0.6020 (2) 0.6990 (3) 0.7781 (4) 0.9030 (5) 0.9542

4 (1) 3100 (2) 0.031 **5** (1) 0.9074 (2) 8.27

예제 06 상용로그의 정수 부분과 소수 부분

다음 물음에 답하시오.

(1) $\log 2x$의 정수 부분이 3이 되도록 하는 자연수 x의 개수를 구하시오.

(2) $\log x$의 정수 부분이 5이고, $\log \sqrt{x}$의 소수 부분이 0.7이다. 이때 $\log \frac{1}{x}$의 소수 부분을 구하시오.

접근 방법 임의의 양수 N에 대하여 상용로그는 다음과 같이 나타낼 수 있다.

$$\log N = n + \alpha \ (\text{단, } n\text{은 정수, } 0 \le \alpha < 1)$$

n: $\log N$의 정수 부분, α: $\log N$의 소수 부분

수매씽 Point $\log N$의 정수 부분이 n이다. $\Longleftrightarrow n \le \log N < n+1$

$\Longleftrightarrow 10^n \le N < 10^{n+1}$

상세 풀이 (1) $\log 2x$의 정수 부분이 3이므로

$3 \le \log 2x < 4$, $10^3 \le 2x < 10^4$, $1000 \le 2x < 10000$

$\therefore 500 \le x < 5000$

따라서 구하는 자연수 x는 500, ⋯, 4999이므로 자연수 x의 개수는

$4999 - 500 + 1 = 4500$

(2) $\log x$의 소수 부분을 α $(0 \le \alpha < 1)$라고 하면

$\log x = 5 + \alpha$

$\therefore \log \sqrt{x} = \frac{1}{2}\log x = \frac{1}{2} \times (5+\alpha) = 2.5 + \frac{\alpha}{2} = 2 + 0.5 + \frac{\alpha}{2}$

이때 $\log \sqrt{x}$의 소수 부분이 0.7이므로

$0.5 + \frac{\alpha}{2} = 0.7 \quad \therefore \alpha = 0.4$

$\therefore \log \frac{1}{x} = -\log x = -(5+0.4) = -5 - 0.4 = -6 + (1 - 0.4) = -6 + 0.6$

따라서 $\log \frac{1}{x}$의 소수 부분은 0.6이다.

정답 (1) 4500 (2) 0.6

보충 설명

양수 x에 대하여 $\log x = n + \alpha$ (n은 정수, $0 \le \alpha < 1$)로 나타낼 때, n은 $\log x$의 정수 부분, α는 $\log x$의 소수 부분이므로 가우스 기호 [ ]로 나타내면 다음과 같다. (단, $[x]$는 x보다 크지 않은 최대의 정수이다.)

(1) $\log x$의 정수 부분 : $[\log x]$

(2) $\log x$의 소수 부분 : $\log x - [\log x]$

숫자 바꾸기 　　　　한번 더 ✓ ☐

06-1

다음 물음에 답하시오.

(1) $\log 4x$의 정수 부분이 2가 되도록 하는 자연수 x의 개수를 구하시오.

(2) $\log x$의 정수 부분이 3이고, $\log \sqrt{x}$의 소수 부분이 0.6이다. 이때 $\log \frac{1}{x}$의 소수 부분을 구하시오.

02

표현 바꾸기 　　　　한번 더 ✓ ☐

06-2

$[\log N]=2$를 만족시키는 정수 N의 개수를 a, $\left[\log \frac{1}{M}\right]=-2$를 만족시키는 정수 M의 개수를 b라고 할 때, $a+b$의 값을 구하시오. (단, $[x]$는 x보다 크지 않은 최대의 정수이다.)

개념 넓히기 　　　　한번 더 ✓ ☐

06-3

$\log A$의 정수 부분과 소수 부분이 이차방정식

$$2x^2-33x+k=0$$

의 두 근일 때, 상수 k의 값을 구하시오.

• 풀이 19쪽~20쪽

정답

06-1 (1) 225 　(2) 0.8 　　06-2 990 　　06-3 16

예제 07 상용로그의 소수 부분

양수 x에 대하여 $\log x$의 소수 부분을 $f(x)$라고 할 때, $f(20)+f(200)+f(4000)$의 값을 구하시오.

접근 방법 $\log 20$, $\log 200$, $\log 4000$을 (정수 부분)+(소수 부분) 꼴로 나타낸다.

이때 $\log x=n+\alpha$ (n은 정수, $0\leq\alpha<1$)에서

$\log 1\leq\alpha<\log 10$

이므로 상용로그의 소수 부분은 정수 부분이 한 자리인 수의 상용로그로 나타낼 수 있다.

수매씽 Point $\log x$의 정수 부분을 n, 소수 부분을 α라고 할 때, α는 0 이상 1 미만의 수이다.

상세 풀이 $\log 20=\log(2\times10)=\log 10+\log 2=\underset{\text{정수 부분}}{1}+\underset{\text{소수 부분}}{\log 2}$이므로

$f(20)=\log 2$

$\log 200=\log(2\times10^2)=\log 10^2+\log 2=\underset{\text{정수 부분}}{2}+\underset{\text{소수 부분}}{\log 2}$이므로

$f(200)=\log 2$

$\log 4000=\log(4\times10^3)=\log 10^3+\log 4=\underset{\text{정수 부분}}{3}+\underset{\text{소수 부분}}{\log 4}$이므로

$f(4000)=\log 4$

$$\begin{aligned}\therefore f(20)+f(200)+f(4000)&=\log 2+\log 2+\log 4\\&=\log(2\times2\times4)=\log 16\end{aligned}$$

정답 $\log 16$

보충 설명

양수 x에 대하여 상용로그 $\log x=n+\alpha$ (n은 정수, $0\leq\alpha<1$)일 때, $\log x$의 정수 부분 n을 보면 x $(x>1)$의 정수 부분이 몇 자리 수인지 또는 소수 x $(0<x<1)$의 소수점 아래 몇째 자리에서 0이 아닌 숫자가 처음으로 나타나는지를 알 수 있다.

따라서 $\log 20$에서 20은 두 자리 수이므로 $\log 20$의 정수 부분은 1이고

$f(20)=\log 20-1=\log 2$

임을 알 수 있다. $\sqrt{5}$의 정수 부분이 2이므로 $\sqrt{5}$의 소수 부분은 $\sqrt{5}-2$가 되는 것과 비슷한 원리이다. 이와 마찬가지 방법으로

$f(200)=\log 200-2=\log 2$,

$f(4000)=\log 4000-3=\log 4$

도 성립함을 알 수 있다.

또한 $f(20)=f(200)=\log 2$에서 알 수 있듯이 $N=M\times10^n$ (n은 정수) 꼴이면 $\log N$과 $\log M$의 소수 부분은 같다.

그리고 $20=2\times10$, $200=2\times10^2$, $4000=4\times10^3$에서 알 수 있듯이 양수 x를 $x=a\times10^n$ (n은 정수, $1\leq a<10$) 꼴로 나타내면 $f(x)=\log a$이다.

숫자 바꾸기

한번 더 ☑ ☐

07-1

양수 x에 대하여 $\log x$의 소수 부분을 $f(x)$라고 할 때, $f(2^2)+f(30^2)+f(500^2)$의 값을 구하시오.

표현 바꾸기

한번 더 ☑ ☐

07-2

양수 x에 대하여 $\log x$의 소수 부분을 $f(x)$라고 할 때, 다음 **〈보기〉** 중에서 옳은 것을 모두 고르시오.

〈 보기 〉

ㄱ. $f(4)=2f(2)$　　ㄴ. $f\left(\frac{1}{2}\right)=2f\left(\frac{1}{4}\right)$　　ㄷ. $2f\left(\frac{1}{3}\right)=f\left(\frac{1}{9}\right)$

개념 넓히기

한번 더 ☑ ☐

07-3

양의 실수 x에 대하여 함수 $f(x)$가

$$f(x)=\log x-[\log x]$$

라고 할 때, 다음 중 $f(x)$의 값이 가장 큰 것은?

(단, $[x]$는 x보다 크지 않은 최대의 정수이다.)

① 6230　② 476　③ 0.71

④ 0.082　⑤ 0.00024

• 풀이 20쪽

정답

07-1 $\log 90$　**07-2** ㄱ　**07-3** ④

예제 08 상용로그의 정수 부분과 소수 부분의 성질

3^{30}은 n자리인 자연수이고 최고 자리의 숫자가 a이다. $n+a$의 값을 구하시오.

(단, $\log 2=0.3010$, $\log 3=0.4771$로 계산한다.)

접근 방법 3^{30}에 상용로그를 취하여 (정수 부분)+(소수 부분) 꼴로 나타낸 다음, 상용로그의 정수 부분을 이용하여 몇 자리 자연수인지 알아낸다. 또한 양수 A에 대하여

$$\log 2=0.3010<\log A<0.4771=\log 3$$

이면 $A=2.\times\times\times$이므로 상용로그의 소수 부분을 이용하여 최고 자리의 숫자를 알아낼 수 있다.

수매씽 Point 자릿수는 정수 부분으로, 최고 자리의 숫자는 소수 부분으로 알아낸다.

상세 풀이 3^{30}에 상용로그를 취하면

$$\log 3^{30}=30\log 3=30\times 0.4771=14.313$$

$\log 3^{30}$의 정수 부분이 14이므로 3^{30}은 15자리 수이다.

$$\therefore n=15$$

이제 최고 자리의 숫자를 알아보기 위하여 $\log 3^{30}$의 소수 부분 0.313을 살펴보면

$$\log 2=0.3010<0.313<0.4771=\log 3$$

즉, 0.313은 $\log 2$와 $\log 3$ 사이의 값이므로

$$14+\log 2<14+0.313<14+\log 3$$

$$\log(2\times 10^{14})<\log 3^{30}<\log(3\times 10^{14})$$

$$\therefore 2\times 10^{14}<3^{30}<3\times 10^{14}$$

따라서 3^{30}의 최고 자리의 숫자는 2이므로 $a=2$

$$\therefore n+a=15+2=17$$

정답 17

보충 설명

$\log 2<0.313<\log 3$, 즉 0.313은 $\log 2$와 $\log 3$ 사이의 값이므로 $0.313=\log 2.\square$로 놓을 수 있다.

이때 $\log 3^{30}=14+0.313=\log 10^{14}+\log 2.\square=\log(2.\square\times 10^{14})$이므로 $3^{30}=2.\square\times 10^{14}$이다.

이제 $3^{30}=2.\square\times 10^{14}$을 자세히 살펴보자.

① $\log 3^{30}$의 정수 부분이 14라는 것은 3^{30}을 10의 거듭제곱 꼴로 나타내었을 때 $a\times 10^{14}$ $(1\le a<10)$ 꼴이 된다는 의미이다. 따라서 $a=2.\square$의 정수 부분이 한 자리이므로 3^{30}은 15자리 수라는 것을 알 수 있다.

② $\log 3^{30}$의 소수 부분이 $\log 2.\square=0.313$이라는 것은 3^{30}을 10의 거듭제곱 꼴로 나타내었을 때 $2.\square\times 10^{n}$ (n은 자연수) 꼴이 된다는 의미이다. 따라서 상용로그의 값이 좀 더 자세히 주어지면 최고 자리 다음 자리의 숫자도 알 수 있다.

같은 원리로 $\log\left(\frac{1}{3}\right)^{30}$의 정수 부분과 소수 부분을 조사하면, 소수점 아래 몇째 자리에서 처음으로 0이 아닌 숫자 a가 나타나는지를 알 수 있다.

숫자 바꾸기

한번 더 ☑ ☐

08-1

7^{40}은 n자리인 자연수이고 최고 자리의 숫자가 a, 일의 자리의 숫자가 b이다. $n+a+b$의 값을 구하시오. (단, $\log 2=0.3010$, $\log 3=0.4771$, $\log 7=0.8451$로 계산한다.)

표현 바꾸기

한번 더 ☑ ☐

08-2

3^n이 10자리 정수가 되도록 하는 모든 정수 n의 값의 합은?

(단, $\log 3=0.4771$로 계산한다.)

① 37 ② 39 ③ 41

④ 57 ⑤ 60

개념 넓히기

한번 더 ☑ ☐

08-3

$\left(\frac{1}{3}\right)^{30}$은 소수점 아래 n째 자리에서 처음으로 0이 아닌 숫자 a가 나타난다. $n+a$의 값을 구하시오. (단, $\log 2=0.3010$, $\log 3=0.4771$로 계산한다.)

● 풀이 20쪽～21쪽

정답

08-1 41 08-2 ② 08-3 19

예제 09 　상용로그의 소수 부분의 성질

$10 \le x < 100$일 때, $\log x^2$과 $\log \frac{1}{x}$의 소수 부분이 같도록 하는 모든 실수 x의 값의 곱을 구하시오.

접근 방법 $\log A$, $\log B$의 소수 부분이 같으면 $\log A = m + \alpha$, $\log B = n + \alpha$ (m, n은 정수, $0 \le \alpha < 1$)에서 $\log A - \log B = (m+\alpha) - (n+\alpha) = m - n$으로 정수가 된다. 이때 $\log A > \log B$이면 $\log A - \log B$는 자연수가 되므로 $\log A$와 $\log B$ 중 큰 수에서 작은 수를 빼면 계산이 더 간단하다.

수매씽 Point $\log A$와 $\log B$의 소수 부분이 같다. $\Longleftrightarrow$ $\log A - \log B$는 정수이다.

상세 풀이 $\log x^2$과 $\log \frac{1}{x}$의 소수 부분이 같으면

$\log x^2 - \log \frac{1}{x} =$(자연수) $\left(\because\ 10 \le x < 100\text{이므로 } x^2 > \frac{1}{x}\right)$이므로

$2\log x + \log x =$(자연수) 　 $\therefore\ 3\log x =$(자연수) 　 …… ㉠

이때 $10 \le x < 100$에서 $1 \le \log x < 2$이므로 $3 \le 3\log x < 6$ 　 …… ㉡

㉠, ㉡에서 $3\log x = 3, 4, 5$이므로 $\log x = 1, \frac{4}{3}, \frac{5}{3}$ 　 $\therefore\ x = 10, 10^{\frac{4}{3}}, 10^{\frac{5}{3}}$

따라서 구하는 모든 실수 x의 값의 곱은 $10 \times 10^{\frac{4}{3}} \times 10^{\frac{5}{3}} = 10^{1+\frac{4}{3}+\frac{5}{3}} = 10^4$

정답 10^4

보충 설명

위의 예제를 다음과 같이 상용로그의 소수 부분 α의 범위를 나누어 풀 수도 있다.

$10 \le x < 100$에서 $1 \le \log x < 2$이므로 $\log x = 1 + \alpha$ $(0 \le \alpha < 1)$로 놓으면

(i) $\log x^2 = 2\log x = 2(1+\alpha) = 2 + 2\alpha = \begin{cases} 2 + 2\alpha & \left(0 \le \alpha < \frac{1}{2}\right) \\ 3 + (2\alpha - 1) & \left(\frac{1}{2} \le \alpha < 1\right) \end{cases}$에서

$\log x^2$의 소수 부분은 2α $\left(0 \le \alpha < \frac{1}{2}\right)$ 또는 $2\alpha - 1$ $\left(\frac{1}{2} \le \alpha < 1\right)$

(ii) $\log \frac{1}{x} = -\log x = -1 - \alpha = \begin{cases} -1 & (\alpha = 0) \\ (-2) + (1 - \alpha) & (0 < \alpha < 1) \end{cases}$에서

$\log \frac{1}{x}$의 소수 부분은 0 $(\alpha = 0)$ 또는 $1 - \alpha$ $(0 < \alpha < 1)$

(i), (ii)에서 $\log x^2$과 $\log \frac{1}{x}$의 소수 부분이 서로 같으므로 $2\alpha = 0$ 또는 $2\alpha = 1 - \alpha$ 또는 $2\alpha - 1 = 1 - \alpha$

$\therefore\ \alpha = 0$ 또는 $\alpha = \frac{1}{3}$ 또는 $\alpha = \frac{2}{3}$

따라서 $\log x = 1$ 또는 $\log x = \frac{4}{3}$ 또는 $\log x = \frac{5}{3}$이므로 위와 같은 답을 얻을 수 있다.

숫자 바꾸기 한번 더 ☑ ☐

09-1 $10 \le x < 100$일 때, $\log x^4$과 $\log \frac{1}{x}$의 소수 부분이 같도록 하는 모든 실수 x의 값의 곱을 구하시오.

02

표현 바꾸기 한번 더 ☑ ☐

09-2 $\log x$의 정수 부분이 1일 때, $\log x^3$과 $\log \sqrt{x}$의 소수 부분이 같도록 하는 모든 실수 x의 값의 곱을 구하시오.

개념 넓히기 한번 더 ☑ ☐

09-3 $\log x$의 정수 부분이 3이고, $\log x$의 소수 부분과 $\log \sqrt[3]{x}$의 소수 부분의 합이 1일 때, $\log \sqrt[3]{x}$의 소수 부분을 구하시오.

• 풀이 21쪽

정답

09-1 10^7 **09-2** $10^{\frac{14}{5}}$ **09-3** $\frac{1}{4}$

1 다음 **〈보기〉**에서 옳은 것을 모두 고르시오.

〈보기〉

ㄱ. $2^{\log_2 1+\log_2 2+\log_2 3+\cdots+\log_2 10}=10!$

ㄴ. $\log_2(2\times2^2\times2^3\times\cdots\times2^{10})^2=55^2$

ㄷ. $\log_2 2\times\log_2 2^2\times\log_2 2^3\times\cdots\times\log_2 2^{10}=55$

2 1이 아닌 두 양수 x, y에 대하여 $\log_{\sqrt{x}}3=\log_y 27$이 성립할 때, $\log_x\sqrt{y}+\log_{xy}\sqrt[3]{x^2y^2}$의 값은? (단, $xy\neq1$)

① $\frac{11}{6}$ ② $\frac{17}{12}$ ③ $\frac{17}{15}$

④ $\frac{31}{20}$ ⑤ $\frac{37}{24}$

3 x, y, z는 모두 1보다 크고 w는 양수이다. $\log_x w=24$, $\log_y w=40$, $\log_{xyz}w=12$일 때, $\log_z w$의 값을 구하시오.

4 세 양수 a, b, c가

$$a^x=b^{2y}=c^{3z}=7,\ abc=49$$

를 만족시킬 때, $\frac{6}{x}+\frac{3}{y}+\frac{2}{z}$의 값을 구하시오.

5 연속하는 세 양의 정수

$$\log_2 a,\ \log_2 b,\ \log_2 c$$

의 합이 12일 때, $a+b+c$의 값을 구하시오.

6 다음 물음에 답하시오.

(1) $5^{\log_n 4}$이 정수가 되도록 하는 자연수 n의 최댓값을 구하시오.

(2) $x=\log_2 \sqrt{1+\sqrt{2}}$일 때, $(2^x+2^{-x})(2^x-2^{-x})$의 값을 구하시오.

7 $(365)^a=(0.365)^b=10$일 때, $\frac{1}{a}-\frac{1}{b}$의 값은?

① $\frac{1}{3}$　② $\frac{1}{2}$　③ 1　④ 2　⑤ 3

8 세 양수 A, B, C에 대하여 다음 물음에 답하시오.

(1) $\log A=\log 3\times\log 6$, $\log B=\log 6\times\log 30$일 때, $\frac{B}{A}$의 값을 구하시오.

(2) $A:B:C=4:5:2$일 때, $3^{2\log_3 A+\log_3 B-3\log_3 C}$의 값을 구하시오.

9 오른쪽은 상용로그표의 일부이다. 이 표를 이용하여 $\log\sqrt{419}$의 값을 구하시오.

수	…	7	8	9
⋮	⋮	⋮	⋮	⋮
4.0	…	0.6096	0.6107	0.6117
4.1	…	0.6201	0.6212	0.6222
4.2	…	0.6304	0.6314	0.6325
⋮	⋮	⋮	⋮	⋮

10 $\log_3 12$의 정수 부분을 a, 소수 부분을 b라고 할 때, $\frac{3^a+3^b}{3^{-a}+3^{-b}}$의 값을 구하시오.

11 $\log_{25}(a-b)=\log_9 a=\log_{15} b$를 만족시키는 두 실수 a, b에 대하여 $\frac{b}{a}$의 값은? (단, $a>b>0$)

① $\frac{\sqrt{5}-1}{3}$ ② $\frac{\sqrt{5}-1}{2}$ ③ $\frac{\sqrt{2}+\sqrt{5}}{5}$

④ $\frac{\sqrt{2}+1}{4}$ ⑤ $\frac{\sqrt{2}+1}{3}$

12 $0<a<1$인 a에 대하여 10^a을 3으로 나누었을 때, 몫이 정수이고 나머지가 2가 되는 모든 실수 a의 값의 합은?

① $3\log 2$ ② $6\log 2$ ③ $1+3\log 2$

④ $1+6\log 2$ ⑤ $2+3\log 2$

13 $A=\log_{\frac{1}{4}} 5$, $B=2\log_{\frac{1}{2}}\sqrt{5}$, $2^{AC}=5$일 때, 세 수 A, B, C의 대소 관계를 바르게 나타낸 것은?

① $A<B<C$ ② $B<A<C$ ③ $B<C<A$

④ $C<A<B$ ⑤ $C<B<A$

14 $1<a<b$인 두 실수 a, b에 대하여

$$\frac{3a}{\log_a b}=\frac{b}{2\log_b a}=\frac{3a+b}{3}$$

가 성립할 때, $10\log_a b$의 값을 구하시오.

15 최대공약수가 3인 세 자연수 a, b, c에 대하여

$$a\log_{400} 2+b\log_{400} 5=c$$

가 성립할 때, $a+b+c$의 값을 구하시오.

16

2 이상의 자연수 n에 대하여 $\log_n 4 \times \log_2 9$의 값이 자연수가 되도록 하는 모든 n의 값의 합을 구하시오.

17

$1 < a < b < a^2 < 100$을 만족시키는 두 정수 a, b에 대하여 $\log_a b$가 유리수가 되도록 하는 모든 b의 값의 합을 구하시오.

18

$\log_2(-x^2+ax+4)$의 값이 자연수가 되도록 하는 실수 x의 개수가 6일 때, 모든 자연수 a의 값의 곱을 구하시오.

19

실수 x에 대하여 $[x]$는 x보다 크지 않은 최대의 정수를 나타낼 때, 다음 상용로그표를 이용하여 $[5^{20} \div 2^{40}]$의 값을 구하시오. (단, $\log 2 = 0.3010$으로 계산한다.)

x	8.5	8.6	8.7	8.8	8.9	9.0	9.1	9.2	9.3	9.4
$\log x$	0.9294	0.9345	0.9395	0.9445	0.9494	0.9542	0.9590	0.9638	0.9685	0.9731

20

어느 작업장에 먼지의 양이 $1\,\text{m}^3$당 $200\,\mu\text{g}$($1\,\mu\text{g} = 10^{-6}\,\text{g}$)이 되면 자동으로 가동되기 시작하는 먼지 제거 장치가 있다. 이 장치가 가동되기 시작하고 t초 후 $1\,\text{m}^3$당 먼지의 양 $x(t)$는

$$x(t) = 20 + 180 \times 3^{-\frac{t}{256}}\ (\mu\text{g/m}^3)$$

이라고 한다. 먼지 제거 장치가 가동되기 시작하고 n초 후 이 작업장의 $1\,\text{m}^3$당 먼지의 양이 $50\,\mu\text{g}$이 되었다고 할 때, n의 값을 구하시오. (단, $\log 2 = 0.30$, $\log 3 = 0.48$로 계산한다.)

• 정답 및 풀이 26쪽~27쪽

평가원
21

1보다 큰 세 실수 a, b, c가 $\log_a b = \frac{\log_b c}{2} = \frac{\log_c a}{4}$를 만족시킬 때,

$\log_a b + \log_b c + \log_c a$의 값은?

① $\frac{7}{2}$ ② 4 ③ $\frac{9}{2}$

④ 5 ⑤ $\frac{11}{2}$

수능
22

2 이상의 자연수 n에 대하여 $5\log_n 2$의 값이 자연수가 되도록 하는 모든 n의 값의 합은?

① 34 ② 38 ③ 42

④ 46 ⑤ 50

수능
23

$\log_4 2n^2 - \frac{1}{2}\log_2 \sqrt{n}$의 값이 40 이하의 자연수가 되도록 하는 자연수 n의 개수를 구하시오.

평가원
24

100 이하의 자연수 전체의 집합을 S라고 할 때, $n \in S$에 대하여 집합

$\{k \mid k \in S$이고 $\log_2 n - \log_2 k$는 정수$\}$

의 원소의 개수를 $f(n)$이라 하자. 예를 들어 $f(10)=5$이고 $f(99)=1$이다. 이때 $f(n)=1$인 n의 개수를 구하시오.

03

Ⅰ. 지수함수와 로그함수

지수함수

개념 Summary

1 지수함수의 뜻과 그래프

• **지수함수의 뜻**

$a>0$, $a\neq1$일 때, $y=a^x$을 a를 밑으로 하는 지수함수라고 한다.

• **지수함수 $y=a^x\,(a>0, a\neq1)$의 그래프**

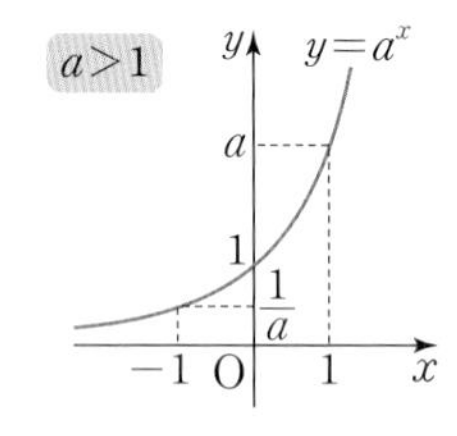

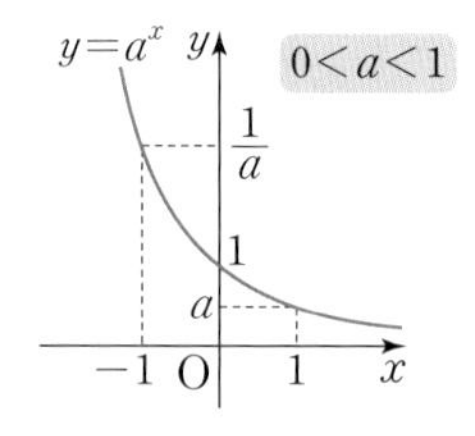

(1) 정의역은 실수 전체의 집합이고, 치역은 양의 실수 전체의 집합이다.

(2) a의 값에 관계없이 항상 점 $(0, 1)$을 지나고, x축을 점근선으로 가진다.

(3) $a>1$일 때, x의 값이 증가하면 y의 값도 증가한다.
$0<a<1$일 때, x의 값이 증가하면 y의 값은 감소한다.

(4) $y=a^x$의 그래프와 $y=\left(\frac{1}{a}\right)^x$의 그래프는 y축에 대하여 대칭이다.

2 지수방정식과 지수부등식

• **지수방정식**

(1) 밑을 같게 할 수 있는 경우 : 밑을 같게 한 다음 지수를 비교한다.

$$a^{f(x)}=a^{g(x)} \Longleftrightarrow f(x)=g(x)\ (\text{단, } a>0,\ a\neq1)$$

(2) 지수를 같게 할 수 있는 경우 : 지수를 같게 한 다음 밑을 비교하거나 지수가 0임을 이용한다.

$$a^{f(x)}=b^{f(x)} \Longleftrightarrow a=b \text{ 또는 } f(x)=0\ (\text{단, } a>0,\ b>0)$$

(3) a^x 꼴이 반복되는 경우 : $a^x=t\ (t>0)$로 치환하여 t에 대한 방정식을 푼다.

• **지수부등식**

(1) 밑을 같게 할 수 있는 경우 : 밑을 같게 한 다음 지수를 비교한다.

① $a>1$일 때, $a^{f(x)}<a^{g(x)} \Longleftrightarrow f(x)<g(x)$

② $0<a<1$일 때, $a^{f(x)}<a^{g(x)} \Longleftrightarrow f(x)>g(x)$

(2) a^x 꼴이 반복되는 경우 : $a^x=t\ (t>0)$로 치환하여 t에 대한 부등식을 푼다.

Q&A

Q 함수 $y=a^x$이 지수함수가 되려면 밑 a의 값의 범위를 어떻게 제한해야 할까요?

A $a=1$이면 함수 $y=1^x=1$은 상수함수가 되고, 유리수인 지수부터 지수의 밑이 양수이어야 하므로, 정의역이 실수 전체의 집합인 지수함수 $y=a^x$에서 $a>0$, $a\neq1$입니다.

지수함수의 뜻과 그래프

1 지수함수의 뜻

1. 지수함수의 뜻

실수 x의 여러 가지 값에 대응하는 2^x의 값을 표로 나타내면 다음과 같습니다.

x	$\cdots$	-3	-2	-1	0	1	2	3	$\cdots$
2^x	$\cdots$	$\frac{1}{8}$	$\frac{1}{4}$	$\frac{1}{2}$	1	2	4	8	$\cdots$

앞에서 배운 지수의 확장을 생각하면 모든 실수 x에 대하여 2^x의 값이 존재하고, 또 그 값이 단 하나로 정해집니다. 따라서 $y=2^x$으로 놓으면 모든 실수 x에 대하여 y의 값이 오직 하나씩 대응하므로 $y=2^x$은 실수 전체의 집합을 정의역으로 하는 함수임을 알 수 있습니다.

일반적으로 a가 1이 아닌 양수, 즉 $a>0$이고 $a\neq1$일 때, 임의의 실수 x에 대하여 a^x의 값은 단 하나로 정해지므로 $y=a^x$은 x의 함수입니다. 이와 같이 실수 전체의 집합을 정의역으로 하는 함수

$$y=a^x\ (a>0,\ a\neq1)$$

을 a를 밑으로 하는 **지수함수**라고 합니다.

Example $y=3^x$, $y=(\sqrt{5})^x$, $y=\left(\frac{1}{6}\right)^x$은 각각 3, $\sqrt{5}$, $\frac{1}{6}$을 밑으로 하는 지수함수이다.

이제 지수함수 $y=2^x$의 그래프를 그려 봅시다.

위의 표에서 얻은 순서쌍 $(x,\ y)$를 좌표로 하는 점을 좌표평면 위에 나타내고 매끄러운 곡선으로 연결하면 오른쪽 그림과 같고, 이 곡선이 지수함수 $y=2^x$의 그래프입니다.

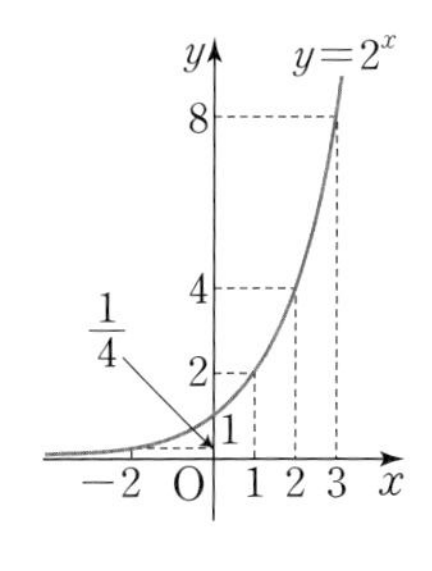

오른쪽 그래프에서 알 수 있듯이 지수함수 $y=2^x$의 정의역은 실수 전체의 집합이고, 치역은 양의 실수 전체의 집합입니다. 또한 $y=2^x$에서 x의 값이 증가하면 y의 값도 증가합니다.

지수함수 $y=2^x$의 그래프는 점 $(0,\ 1)$을 지나고, x의 값이 한없이 작아지면 y의 값은 0에 한없이 가까워지므로 지수함수 $y=2^x$의 그래프의 점근선은 x축입니다.

어떤 그래프 위의 점이 일정한 직선에 한없이 가까워질 때, 이 직선을 그 그래프의 점근선이라고 한다.

2. 지수함수의 밑

앞에서 지수함수 $y=a^x$을 정의할 때, $y=a^x$의 밑 a는 $a>0$이고 $a\neq1$이라고 하였습니다. 지수함수의 밑이 $a>0$이고 $a\neq1$이어야 하는 이유에 대하여 알아봅시다.

(i) $a=1$인 경우

$a=1$이면 $y=a^x=1$이므로 y의 값은 x의 값에 관계없이 항상 1이 됩니다. 즉, $y=a^x$이 상수함수가 되므로 지수함수에서는 밑이 1인 경우를 생각하지 않습니다.

(ii) $a\leq0$인 경우

$a\leq0$이면 a^x의 값을 정의할 수 없는 실수 x가 존재합니다. 왜냐하면 지수의 확장에서 배운 것처럼 유리수 지수를 정의할 때부터 지수의 밑은 양수이어야 하기 때문입니다. 즉, 실수 지수의 밑은 양수이어야 하므로 $a\leq0$인 경우도 지수함수에서 제외합니다.

(i), (ii)에 의하여 지수함수 $y=a^x$은 밑 a가 1이 아닌 양수인 경우만 생각합니다. 이때 모든 실수 x에 대하여 $a^x>0$이므로 지수함수 $y=a^x$의 치역은 $\{y\,|\,y>0$인 실수$\}$입니다.

개념 Point 지수함수의 뜻

$a>0$, $a\neq1$일 때, $y=a^x$을 a를 밑으로 하는 지수함수라고 한다.
이때 정의역은 실수 전체의 집합이고, 치역은 양의 실수 전체의 집합이다.

2 지수함수 $y=a^x$ $(a>0, a\neq1)$의 그래프

지수함수 $y=a^x$ $(a>0, a\neq1)$의 그래프에 대하여 알아봅시다.

지수함수 $y=a^x$에서 $x=0$일 때 $y=a^0=1$이므로 지수함수 $y=a^x$의 그래프는 a의 값에 관계없이 항상 점 $(0, 1)$을 지납니다.

한편, 지수함수 $y=a^x$은 밑 a의 값에 따라 그래프의 개형이 달라집니다. 이제부터 $a>1$인 경우와 $0<a<1$인 경우로 나누어 지수함수 $y=a^x$의 그래프에 대하여 알아봅시다.

1. $a>1$일 때, 지수함수 $y=a^x$의 그래프

먼저 지수함수 $y=2^x$의 그래프를 그려 봅시다.

앞의 표와 같이 $y=2^x$에서 x의 여러 가지 값에 대응하는 y의 값을 구하여 그들의 값의 순서쌍 (x, y)를 좌표평면 위에 점으로 나타내고, 이 점들을 매끄러운 곡선으로 연결하면 **[그림 1]**과 같은 지수함수 $y=2^x$의 그래프를 얻을 수 있습니다.

마찬가지 방법으로 두 지수함수 $y=3^x$, $y=4^x$의 그래프를 그려 보면 **[그림 2]**와 같은 그래프를 얻을 수 있습니다.

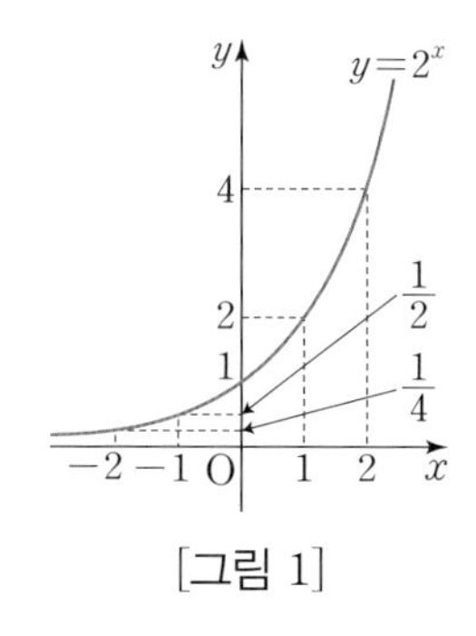

[그림 1]

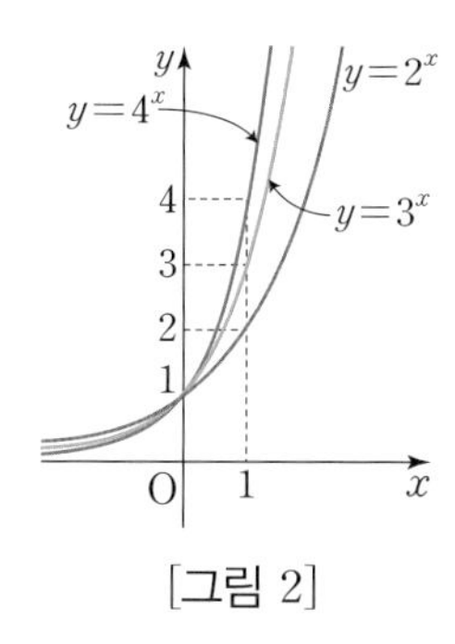

[그림 2]

이때 지수함수 $y=a^x$ $(a>1)$의 그래프가 다음과 같은 성질을 가짐을 알 수 있습니다.

① 지수함수 $y=a^x$ $(a>1)$의 그래프는 x의 값이 증가하면 y의 값도 증가하므로 오른쪽 위로 올라가는 곡선입니다.
└ 증가함수

② **[그림 2]**에서 세 지수함수 $y=2^x$, $y=3^x$, $y=4^x$의 그래프를 비교해 보면 지수함수 $y=a^x$ $(a>1)$의 그래프는

$x>0$일 때 a의 값이 커질수록 y축에 더 가까워지고,

$x<0$일 때 a의 값이 커질수록 x축에 더 가까워집니다.

③ 임의의 실수 x에 대하여 $a^x>0$이고, x의 값이 작아질수록 a^x의 값은 한없이 0에 가까워지므로 지수함수 $y=a^x$의 그래프는 x축 아래로는 내려가지 않으면서 x축과 점점 더 가까워집니다. 따라서 지수함수 $y=a^x$ $(a>1)$의 그래프의 점근선은 x축입니다.

2. $0<a<1$일 때, 지수함수 $y=a^x$의 그래프

이번에는 지수함수 $y=\left(\frac{1}{2}\right)^x$의 그래프를 그려 봅시다. 여기에서는 지수에 특정한 값을 직접 대입하여 그래프를 그리지 않고 그래프의 대칭이동을 이용하여 그려 봅시다.

먼저 함수 $y=f(x)$의 그래프와 함수 $y=f(-x)$의 그래프는 y축에 대하여 대칭임을 알고 있습니다.

Example $y=\left(\frac{1}{5}\right)^x=(5^{-1})^x=5^{-x}$이므로 지수함수 $y=\left(\frac{1}{5}\right)^x$의 그래프는 지수함수 $y=5^x$의 그래프를 y축에 대하여 대칭이동한 것이다.
따라서 지수함수 $y=\left(\frac{1}{5}\right)^x$의 그래프는 오른쪽 그림과 같다.

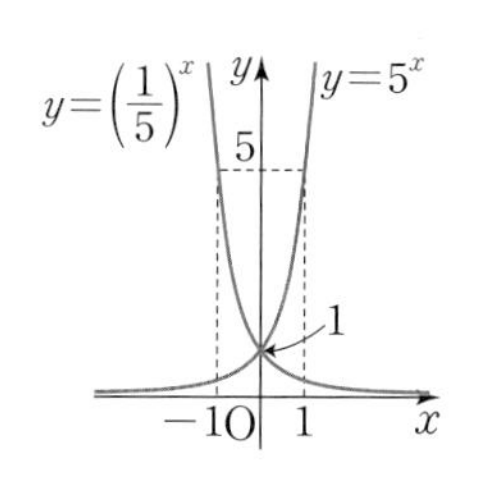

이제 $y=\left(\frac{1}{2}\right)^x=(2^{-1})^x=2^{-x}$이므로 지수함수 $y=\left(\frac{1}{2}\right)^x$의 그래프는 지수함수 $y=2^x$의 그래프를 y축에 대하여 대칭이동한 것임을 알 수 있습니다. 그러므로 [**그림** 3]과 같이 지수함수 $y=2^x$의 그래프를 y축에 대하여 대칭이동하여 지수함수 $y=\left(\frac{1}{2}\right)^x$의 그래프를 그릴 수 있습니다.

마찬가지 방법으로 [**그림** 4]와 같이 두 지수함수 $y=3^x$, $y=4^x$의 그래프를 각각 y축에 대하여 대칭이동하여 두 지수함수 $y=\left(\frac{1}{3}\right)^x$, $y=\left(\frac{1}{4}\right)^x$의 그래프를 그릴 수 있습니다.

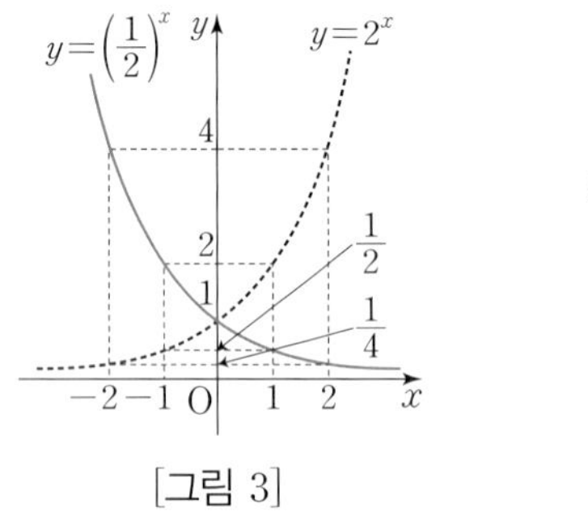

[그림 3]

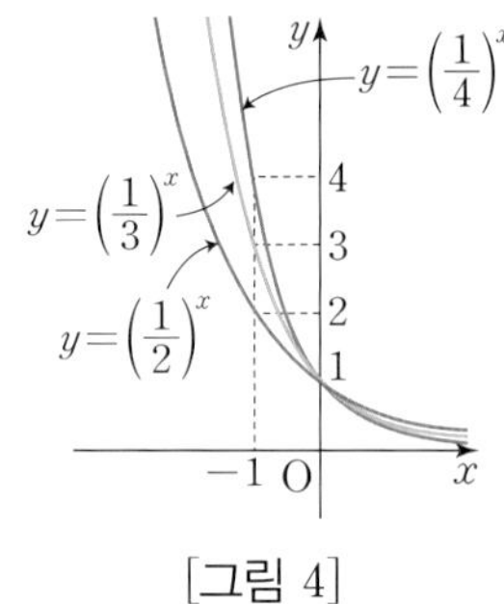

[그림 4]

이때 지수함수 $y=a^x$ $(0<a<1)$의 그래프가 다음과 같은 성질을 가짐을 알 수 있습니다.

① 지수함수 $y=a^x$ $(0<a<1)$의 그래프는 x의 값이 증가하면 y의 값은 감소하므로 오른쪽 아래로 내려가는 곡선입니다.
감소함수

② [**그림** 4]에서 세 지수함수 $y=\left(\frac{1}{2}\right)^x$, $y=\left(\frac{1}{3}\right)^x$, $y=\left(\frac{1}{4}\right)^x$의 그래프를 비교해 보면 지수함수 $y=a^x$ $(0<a<1)$의 그래프는

$\left(\frac{1}{2}\right)^x>\left(\frac{1}{3}\right)^x>\left(\frac{1}{4}\right)^x$이므로

$x>0$일 때 a의 값이 작을수록 그래프가 x축에 더 가까워지고,

$x<0$일 때 a의 값이 작을수록 그래프가 y축에 더 가까워집니다.

$\left(\frac{1}{2}\right)^x<\left(\frac{1}{3}\right)^x<\left(\frac{1}{4}\right)^x$이므로

③ 임의의 실수 x에 대하여 $a^x>0$이고 x의 값이 커질수록 a^x의 값은 한없이 0에 가까워지므로 지수함수 $y=a^x$의 그래프는 x축 아래로는 내려가지 않으면서 x축과 점점 더 가까워집니다. 따라서 지수함수 $y=a^x$ $(0<a<1)$의 그래프의 점근선은 $a>1$일 때와 마찬가지로 x축입니다.

Example 네 함수 $y=a^x$, $y=b^x$, $y=c^x$, $y=d^x$의 그래프가 오른쪽 그림과 같을 때, 네 상수 a, b, c, d의 대소를 비교해 보자.

먼저 두 함수 $y=a^x$, $y=b^x$의 그래프는 오른쪽 위로 올라가는 모양이므로

$a>1$, $b>1$

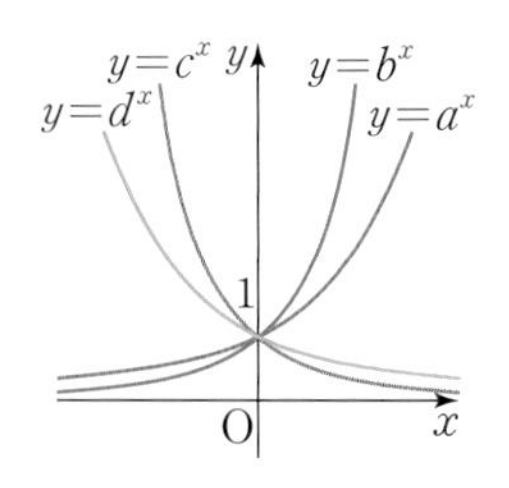

그런데 $y=b^x$의 그래프가 $y=a^x$의 그래프보다 $x>0$일 때 y축에 더 가깝고, $x<0$일 때 x축에 더 가까우므로

$1<a<b$ ...... ㉠

한편, 두 함수 $y=c^x$, $y=d^x$의 그래프는 오른쪽 아래로 내려가는 모양이므로

$0<c<1$, $0<d<1$

그런데 $y=c^x$의 그래프가 $y=d^x$의 그래프보다 $x>0$일 때 x축에 더 가깝고, $x<0$일 때 y축에 더 가까우므로

$0<c<d<1$ ...... ㉡

㉠, ㉡에서 $c<d<a<b$임을 알 수 있다.

개념 Point 지수함수 $y=a^x$ $(a>0, a\neq1)$의 그래프

지수함수 $y=a^x$ $(a>0, a\neq1)$의 그래프는 밑 a의 값의 범위에 따라 다음과 같다.

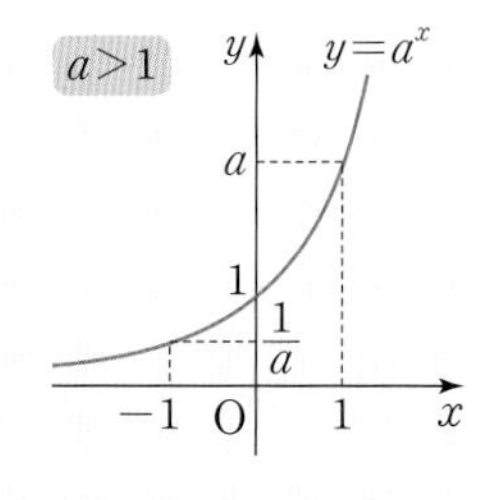

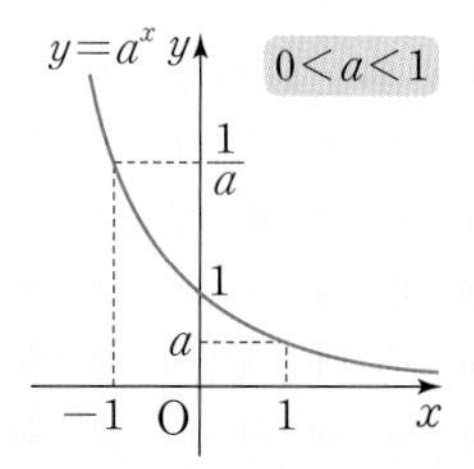

이때 지수함수 $y=a^x$ $(a>0, a\neq1)$의 성질은 다음과 같다.

1 그래프는 a의 값에 관계없이 항상 점 $(0, 1)$을 지나고, x축을 점근선으로 갖는다.

2 $a>1$일 때, 지수함수 $y=a^x$의 그래프

(1) x의 값이 증가하면 y의 값도 증가한다. ← 증가함수

(2) $x>0$에서는 a의 값이 클수록 y축에 가깝고, $x<0$에서는 a의 값이 클수록 x축에 가깝다.

3 $0<a<1$일 때, 지수함수 $y=a^x$의 그래프

(1) x의 값이 증가하면 y의 값은 감소한다. ← 감소함수

(2) $x>0$에서는 a의 값이 작을수록 x축에 가깝고, $x<0$에서는 a의 값이 작을수록 y축에 가깝다.

4 $y=a^x$의 그래프와 $y=\left(\frac{1}{a}\right)^x$의 그래프는 y축에 대하여 대칭이다.

$y=\left(\frac{1}{a}\right)^x=a^{-x}$

Plus

① 곡선 위의 점이 어떤 직선에 한없이 가까워질 때, 이 직선을 그 곡선의 점근선이라고 한다.

② 2의 (1)과 3의 (1)은 각각 다음과 같이 나타낼 수 있다.

㉠ $a>1$일 때, $x_1<x_2$이면 $a^{x_1}<a^{x_2}$

㉡ $0<a<1$일 때, $x_1<x_2$이면 $a^{x_1}>a^{x_2}$

개념 Plus **지수함수 $y=a^x\,(a>0,\,a\neq 1)$의 그래프를 쉽게 그리는 방법**

다음 그림과 같이 지수함수 $y=a^x$의 그래프를 그릴 때, 점근선인 직선 $y=0$ (x축)과 그래프가 항상 지나는 점 $(0,\ 1)$을 기준으로 영역을 구분한 후,

(i) $a>1$일 때에는 지수함수 $y=a^x$이 증가하는 함수이므로 [그림 1]의 색칠한 부분을 지나고,

(ii) $0<a<1$일 때에는 지수함수 $y=a^x$이 감소하는 함수이므로 [그림 2]의 색칠한 부분을 지난다

는 사실을 이용하면 조금 더 쉽게 그래프를 그릴 수 있다.

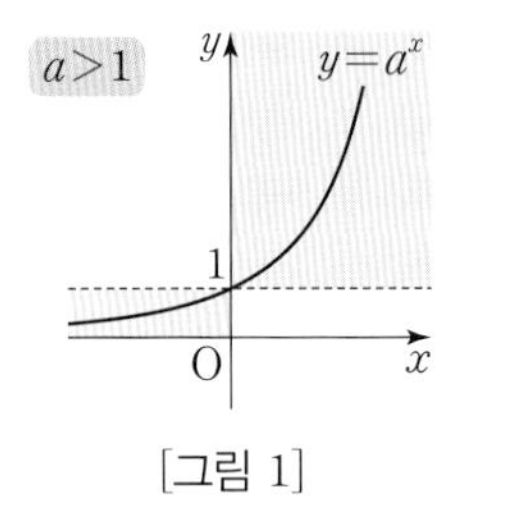

[그림 1]

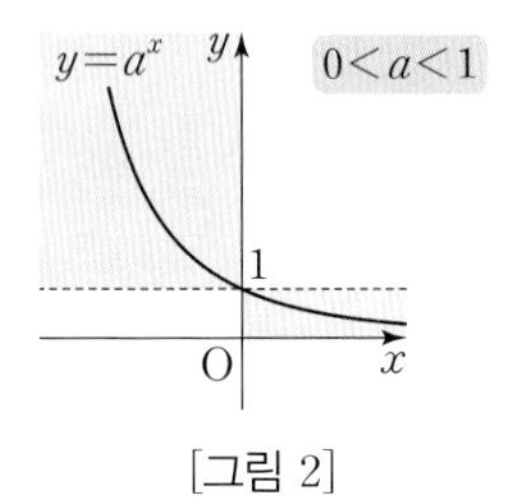

[그림 2]

3 지수함수의 그래프의 평행이동과 대칭이동

함수 $y=4\times 2^x+1$과 같은 복잡한 형태의 지수함수의 그래프를 그리는 방법에 대하여 알아봅시다.

이차함수 $y=a(x-m)^2+n$의 그래프는 이차함수 $y=ax^2$의 그래프를 x축의 방향으로 m만큼, y축의 방향으로 n만큼 평행이동한 것입니다.

그러므로 이차함수 $y=ax^2+bx+c$의 그래프는 $y=a(x-m)^2+n$ 꼴로 변형하여 그렸습니다.

또한 유리함수 $y=\dfrac{cx+d}{ax+b}$와 무리함수 $y=\sqrt{ax+b}+c$의 그래프도 각각

$$y=\frac{k}{x-m}+n,\ y=\sqrt{a(x-m)}+n$$

꼴로 변형하여 $y=\dfrac{k}{x}$, $y=\sqrt{ax}$의 그래프를 각각 x축의 방향으로 m만큼, y축의 방향으로 n만큼 평행이동하였음을 이용하여 그렸습니다.

마찬가지 방법으로 함수 $y=a^{x-m}+n$의 그래프는 지수함수 $y=a^x$의 그래프를

x축의 방향으로 m만큼, y축의 방향으로 n만큼

평행이동한 것이므로 이를 이용하여 함수 $y=4\times 2^x+1$의 그래프를 그릴 수 있습니다.

함수 $y=4\times 2^x+1$을 $y=a^{x-m}+n$ 꼴로 변형하면

$$y=4\times 2^x+1=2^2\times 2^x+1=2^{x+2}+1$$

이므로 함수 $y=4\times 2^x+1$의 그래프는 지수함수 $y=2^x$의 그래프를

x축의 방향으로 -2만큼, y축의 방향으로 1만큼

평행이동한 것으로 그래프는 오른쪽 그림과 같습니다.

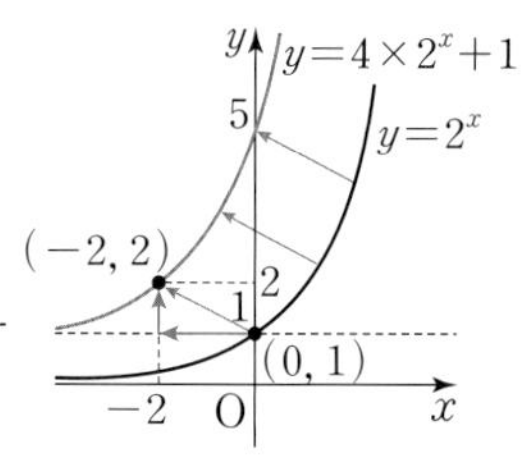

이때 함수 $y=4\times 2^x+1$의 정의역은 지수함수 $y=2^x$의 정의역과 마찬가지로

$\{x|x$는 모든 실수$\}$

이지만 그래프가 y축의 방향으로 1만큼 평행이동하였으므로 치역은 양의 실수 전체의 집합에서 집합

$\{y|y>1$인 실수$\}$

로 바뀐다는 것을 알 수 있습니다.

또한 같은 이유로 점근선은 직선 $y=0$(x축)에서 직선 $y=1$로 바뀐다는 것도 알 수 있습니다.

그리고 두 함수 $y=2^x$, $y=4\times 2^x+1$의 그래프에서 서로 대응하는 두 점

$y=2^x$ ➡ $\cdots$, 점 $(0, 1)$, 점 $(1, 2)$, 점 $(2, 4)$, $\cdots$

$y=4\times 2^x+1$ ➡ $\cdots$, 점 $(-2, 2)$, 점 $(-1, 3)$, 점 $(0, 5)$, $\cdots$

를 이은 선분의 길이는 항상 $\sqrt{2^2+1^2}=\sqrt{5}$이고, 그 기울기는 $-\frac{1}{2}$입니다.

이상에서 살펴본 지수함수 $y=a^{x-m}+n$의 그래프는 직선 $y=n$을 점근선으로 갖습니다. 또한 a의 값에 관계없이 항상 점 $(m, n+1)$을 지납니다.

Example 함수 $y=2^{x-1}-1$의 그래프는 지수함수 $y=2^x$의 그래프를

x축의 방향으로 1만큼, y축의 방향으로 -1만큼

평행이동한 것이다.

$x=1$일 때, $y=2^0-1=0$이므로 주어진 함수의 그래프는 점 $(1, 0)$을 지난다.

또한 주어진 함수의 그래프의 점근선은 직선 $y=-1$이다.

따라서 함수 $y=2^{x-1}-1$의 그래프는 다음 그림과 같다.

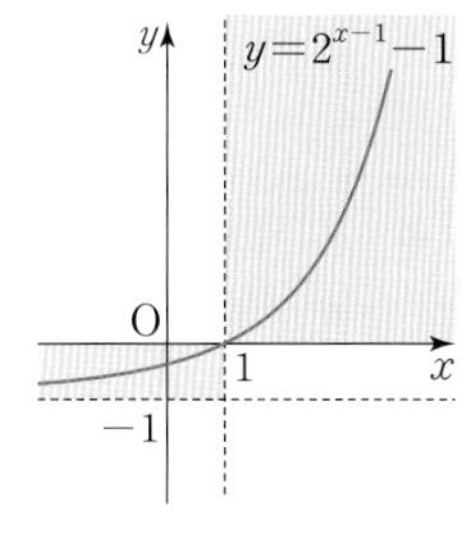

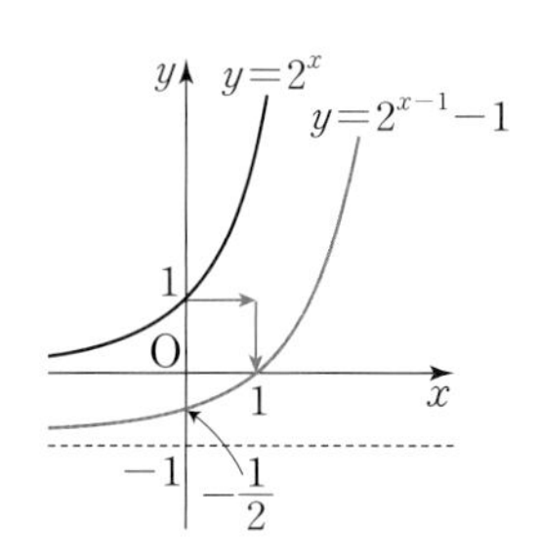

참고로 지수함수의 그래프에 따라 x축과 만나는 점의 x좌표나 y축과 만나는 점의 y좌표를 구해야 할 때도 있습니다. 앞에서 그려 본 것처럼 함수 $y=4\times 2^x+1$의 그래프가 x축과 만나는 점은 없지만 y축과 만나는 점의 y좌표가 5이고, 함수 $y=2^{x-1}-1$의 그래프가 x축과

만나는 점의 x좌표는 1이고 y축과 만나는 점의 y좌표는 $-\frac{1}{2}$입니다.

이번에는 대칭이동을 이용하여 지수함수 $y=-2^x$의 그래프를 그려봅시다.

지수함수 $y=-2^x$의 식을 변형하면

$$-y=2^x$$

입니다. 이것은 $y=2^x$에서 y 대신 $-y$를 대입한 것이므로 지수함수 $y=-2^x$의 그래프는 지수함수 $y=2^x$의 그래프를

x축에 대하여 대칭이동 ← 함수 $y=-f(x)$의 그래프는 함수 $y=f(x)$의 그래프를 x축에 대하여 대칭이동한 것이다.

한 것으로 오른쪽 그림과 같습니다.

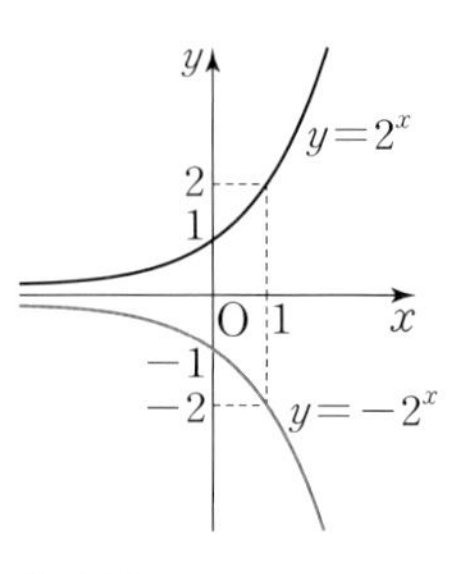

이때 지수함수 $y=-2^x$의 정의역은 지수함수 $y=2^x$의 정의역과 마찬가지로

$$\{x \mid x\text{는 모든 실수}\}$$

이지만 그래프가 x축에 대하여 대칭이동하였으므로 치역은 양의 실수 전체의 집합에서 집합

$$\{y \mid y<0\text{인 실수}\}$$

로 바뀐다는 것을 알 수 있습니다.

또한 점근선은 직선 $y=0$(x축)입니다.

Example 함수 $y=-3^x+1$의 그래프는 지수함수 $y=3^x$의 그래프를

x축에 대하여 대칭이동한 후 ← $y=-3^x$

y축의 방향으로 1만큼 평행이동

한 것이다.

$x=0$일 때, $y=-3^0+1=0$이므로 주어진 함수의 그래프는 점 (0, 0)을 지난다.

따라서 함수 $y=-3^x+1$의 그래프는 오른쪽 그림과 같다.

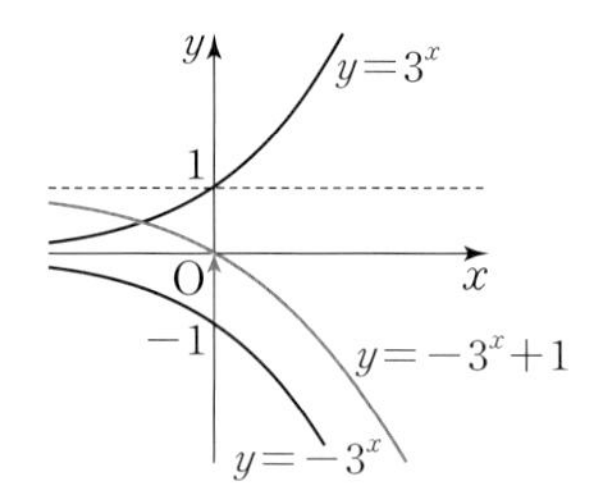

이와 같이 지수함수 $y=a^x$ ($a>0$, $a\neq1$)의 그래프를 평행이동하거나 대칭이동한 그래프의 식 중 대표적인 것을 정리해 보면 다음과 같습니다.

x축의 방향으로 m만큼, y축의 방향으로 n만큼 평행이동	x 대신 $x-m$ 대입 y 대신 $y-n$ 대입	$y=a^x$에서 $y-n=a^{x-m}$ $\therefore\ y=a^{x-m}+n$
x축에 대하여 대칭이동	y 대신 $-y$ 대입	$y=a^x$에서 $-y=a^x$ $\therefore\ y=-a^x$
y축에 대하여 대칭이동	x 대신 $-x$ 대입	$y=a^x$에서 $y=a^{-x}$ $\therefore\ y=\left(\frac{1}{a}\right)^x$
원점에 대하여 대칭이동	x 대신 $-x$ 대입 y 대신 $-y$ 대입	$y=a^x$에서 $-y=a^{-x}$ $\therefore\ y=-\left(\frac{1}{a}\right)^x$

Example 지수함수 $y=2^x$의 그래프를 이용하여 다음 함수의 그래프를 그리고 점근선의 방정식을 구해 보자.

(1) $y=2^{x-1}+1$

함수 $y=2^{x-1}+1$의 그래프는 지수함수 $y=2^x$의 그래프를 x축의 방향으로 1만큼, y축의 방향으로 1만큼 평행이동한 것이므로 오른쪽 그림과 같다.

이때 점근선의 방정식은 $y=1$이다.

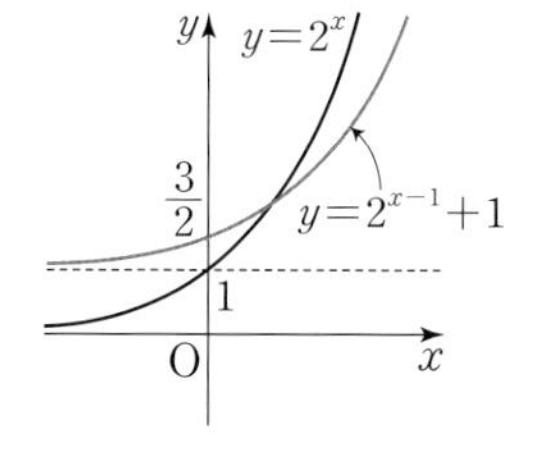

(2) $y=-4\times2^x-1$

$y=-4\times2^x-1=-2^{x+2}-1$이므로 함수 $y=-4\times2^x-1$의 그래프는 지수함수 $y=2^x$의 그래프를 x축에 대하여 대칭이동한 후 x축의 방향으로 -2만큼, y축의 방향으로 -1만큼 평행이동한 것으로 오른쪽 그림과 같다.

이때 점근선의 방정식은 $y=-1$이다.

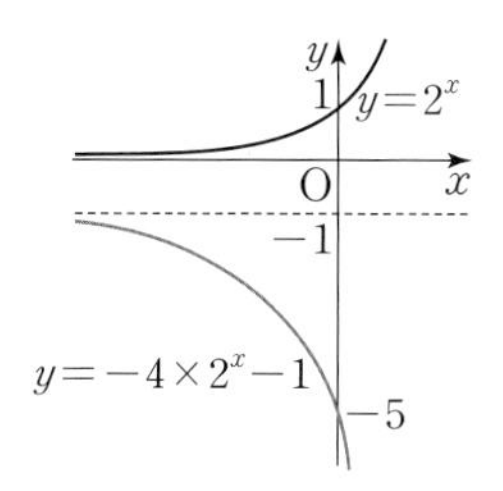

이상에서 살펴본 지수함수 $y=a^x$의 그래프를 x축의 방향으로 m만큼, y축의 방향으로 n만큼 평행이동하여 얻은 함수 $y=a^{x-m}+n$의 그래프의 정의역, 치역, 점근선의 변화를 비교해 보면 다음과 같습니다.

개념 Point　지수함수 $y=a^{x-m}+n$ $(a>0, a\neq1)$의 그래프

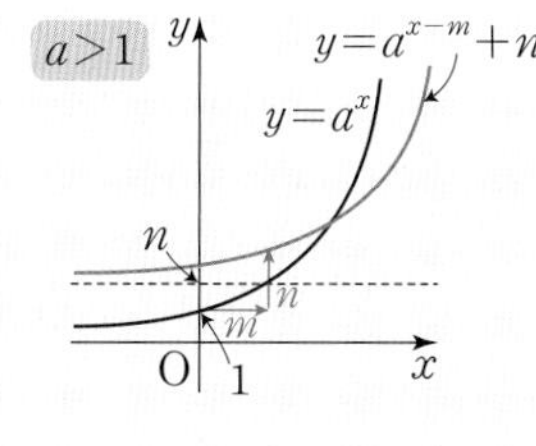

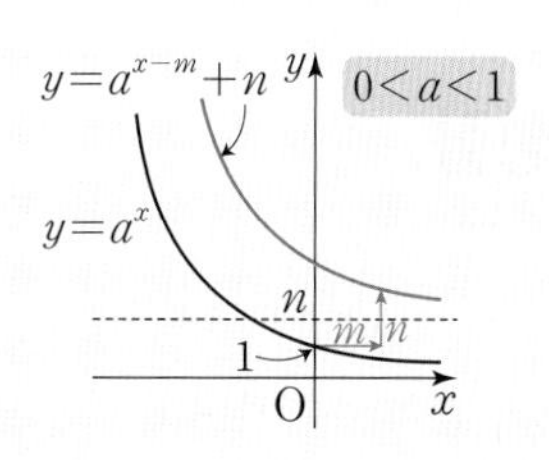

	$y=a^x$	$y=a^{x-m}+n$
정의역	$\{x\mid x$는 모든 실수$\}$	$\{x\mid x$는 모든 실수$\}$
치역	$\{y\mid y>0$인 실수$\}$	$\{y\mid y>n$인 실수$\}$
점근선	x축$(y=0)$	직선 $y=n$

Plus

- 임의의 양수 a에 대하여 $a^0=1$이므로 함수 $y=a^{x-m}+n$ $(a>0, a\neq1)$의 그래프는 a의 값에 관계없이 항상 점 $(m, n+1)$을 지난다.
- 지수함수의 그래프의 점근선은 x축 방향의 평행이동에 영향을 받지 않고, y축 방향의 평행이동에 영향을 받는다.

개념 Plus 지수함수의 그래프의 평행이동과 다른 함수들의 그래프의 평행이동의 차이점

두 이차함수 $y=x^2$, $y=2x^2$의 그래프는 평행이동이나 대칭이동에 의하여 포개어질 수 없다. 또한 두 유리함수 $y=\frac{1}{x}$, $y=\frac{2}{x}$의 그래프와 두 무리함수 $y=\sqrt{x}$, $y=2\sqrt{x}$의 그래프 역시 평행이동이나 대칭이동에 의하여 포개어질 수 없다. 이와 같이 이차함수, 유리함수, 무리함수는 주어진 함수에 실수 k를 곱하면 원래의 함수와는 평행이동이나 대칭이동에 의하여 포개어질 수 없다.
하지만 앞에서 배운 것처럼 지수함수에서는 상황이 달라진다.

Example 지수함수 $y=2^x$에 대하여 $y=k\times2^x$ (k는 실수)의 그래프를 살펴보자.

(1) 함수 $y=4\times2^x=2^{x+2}$의 그래프는 지수함수 $y=2^x$의 그래프를 x축의 방향으로 -2만큼 평행이동한 것이다.

(2) 함수 $y=3\times2^x=3^{\log_2 2}\times2^x=2^{\log_2 3}\times2^x=2^{x+\log_2 3}$의 그래프는 지수함수 $y=2^x$의 그래프를 x축의 방향으로 $-\log_2 3$만큼 평행이동한 것이다.

(3) 함수 $y=\frac{1}{4}\times2^x=2^{x-2}$의 그래프는 지수함수 $y=2^x$의 그래프를 x축의 방향으로 2만큼 평행이동한 것이다.

(4) 함수 $y=-4\times2^x=-2^{x+2}$의 그래프는 지수함수 $y=2^x$의 그래프를 x축에 대하여 대칭이동한 후 x축의 방향으로 -2만큼 평행이동한 것이다.

이와 같이 지수함수 $y=a^x$에 대하여 실수 k $(k\neq0)$를 곱한 함수 $y=ka^x$의 그래프는 원래의 함수와 평행이동이나 대칭이동에 의하여 포개어질 수 있다.

4 지수함수의 성질

지수함수 $y=a^x$ $(a>0,\ a\neq1)$의 그래프는 $a>1$일 때 x의 값이 증가하면 y의 값도 증가하고, $0<a<1$일 때 x의 값이 증가하면 y의 값은 감소합니다. 즉,

(i) $a>1$일 때, $x_1<x_2$이면 $a^{x_1}<a^{x_2}$

(ii) $0<a<1$일 때, $x_1<x_2$이면 $a^{x_1}>a^{x_2}$

입니다.

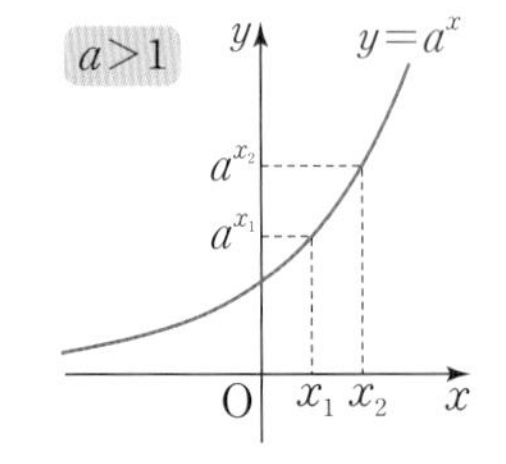

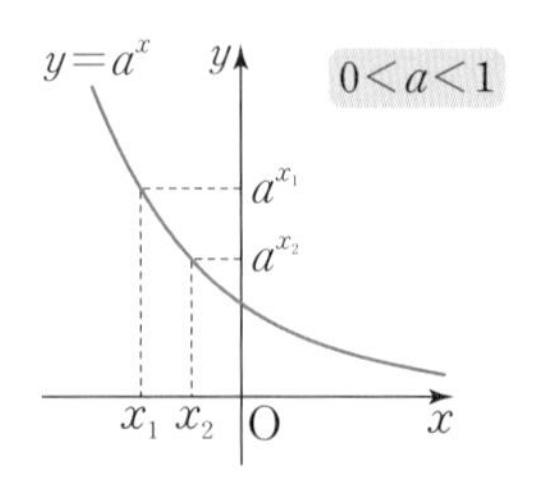

(i), (ii)에 의하여 지수함수 $y=a^x$ $(a>0,\ a\neq1)$은 임의의 두 실수 x_1, x_2에 대하여

$x_1\neq x_2$이면 $a^{x_1}\neq a^{x_2}$

이고, 그 대우도 성립하므로

$a^{x_1}=a^{x_2}$이면 $x_1=x_2$

가 성립합니다. 그러므로 지수함수 $y=a^x$은 일대일함수임을 알 수 있습니다.

따라서 지수함수 $y=a^x$ $(a>0,\ a\neq1)$은 실수 전체의 집합에서 양의 실수 전체의 집합으로의 일대일대응입니다.

Example 지수함수의 성질을 이용하여 세 수 $\sqrt{8}$, $\sqrt[3]{16}$, $\sqrt[5]{64}$의 대소를 비교해 보자.

주어진 세 수를 밑이 2인 거듭제곱 꼴로 나타내면 ← (밑) > 1이므로 지수가 클수록 더 큰 수이다.

$\sqrt{8}=\sqrt{2^3}=2^{\frac{3}{2}}$, $\sqrt[3]{16}=\sqrt[3]{2^4}=2^{\frac{4}{3}}$, $\sqrt[5]{64}=\sqrt[5]{2^6}=2^{\frac{6}{5}}$

이때 $\frac{6}{5}<\frac{4}{3}<\frac{3}{2}$이고 지수함수 $y=2^x$은 x의 값이 증가하면 y의 값도 증가하므로

$2^{\frac{6}{5}}<2^{\frac{4}{3}}<2^{\frac{3}{2}}$

$\therefore \sqrt[5]{64}<\sqrt[3]{16}<\sqrt{8}$

한편, 지수함수 $f(x)=a^x$ $(a>0,\ a\neq1)$은 다음 성질을 만족시킵니다. (단, p, q는 실수이다.)

(1) $f(0)=1$, $f(1)=a$

Proof $f(0)=a^0=1$, $f(1)=a^1=a$

(2) $f(p+q)=f(p)f(q)$

Proof $f(p+q)=a^{p+q}=a^pa^q=f(p)f(q)$

(3) $f(p-q)=\dfrac{f(p)}{f(q)}$

Proof $f(p-q)=a^{p-q}=a^pa^{-q}=\dfrac{a^p}{a^q}=\dfrac{f(p)}{f(q)}$

(4) $f(np)=\{f(p)\}^n$ (단, n은 실수)

Proof $f(np)=a^{np}=(a^p)^n=\{f(p)\}^n$

개념 Point 지수함수의 성질

1 지수함수 $y=a^x$ $(a>0,\ a\neq1)$에서

(1) $a>1$일 때, $x_1<x_2$이면 $a^{x_1}<a^{x_2}$ ← 증가함수

(2) $0<a<1$일 때, $x_1<x_2$이면 $a^{x_1}>a^{x_2}$ ← 감소함수

(3) $x_1\neq x_2$이면 $a^{x_1}\neq a^{x_2}$ ← 일대일함수

2 지수함수 $f(x)=a^x$ $(a>0,\ a\neq1)$에 대하여 다음이 성립한다. (단, p, q는 실수이다.)

(1) $f(0)=1$, $f(1)=a$

(2) $f(p+q)=f(p)f(q)$

(3) $f(p-q)=\dfrac{f(p)}{f(q)}$

(4) $f(np)=\{f(p)\}^n$ (단, n은 실수)

5 지수함수의 최대, 최소

1. $y=a^{f(x)}$ $(a>0,\ a\neq1)$ 꼴의 최대, 최소

앞에서 지수함수는 밑의 범위에 따라 증가하는 함수이거나 감소하는 함수임을 배웠습니다. 이 성질을 이용하면 지수함수 $y=a^{f(x)}$의 최댓값과 최솟값을 다음과 같이 구할 수 있습니다.

(i) $a>1$인 경우

지수함수 $y=a^{f(x)}$에서 $f(x)$의 값이 증가하면 y의 값도 증가하므로 $f(x)$가 최대일 때 y도 최대이고, $f(x)$가 최소일 때 y도 최소입니다.

(ii) $0<a<1$인 경우

지수함수 $y=a^{f(x)}$에서 $f(x)$의 값이 증가하면 y의 값은 감소하므로 $f(x)$가 최대일 때 y는 최소이고, $f(x)$가 최소일 때 y는 최대입니다.

Example

(1) $0\leq x\leq2$일 때, 함수 $y=3^{-x+2}$의 최댓값과 최솟값을 각각 구해 보자.

밑이 3이고 $3>1$이므로 $-x+2$가 최대일 때 y도 최대이고, $-x+2$가 최소일 때 y도 최소이다.

따라서 $0\leq x\leq2$일 때 함수 $y=3^{-x+2}$은

$x=0$일 때 최대이고, 최댓값은 $3^2=9$

$x=2$일 때 최소이고, 최솟값은 $3^0=1$

(2) $0\leq x\leq2$일 때, 함수 $y=\left(\dfrac{1}{3}\right)^{-x+2}$의 최댓값과 최솟값을 각각 구해 보자.

밑이 $\dfrac{1}{3}$이고 $0<\dfrac{1}{3}<1$이므로 $-x+2$가 최대일 때 y는 최소이고, $-x+2$가 최소일 때 y는 최대이다.

따라서 $0\leq x\leq2$일 때 함수 $y=\left(\dfrac{1}{3}\right)^{-x+2}$은

$x=2$일 때 최대이고, 최댓값은 $\left(\frac{1}{3}\right)^0=1$

$x=0$일 때 최소이고, 최솟값은 $\left(\frac{1}{3}\right)^2=\frac{1}{9}$

2. a^x 꼴이 반복되는 함수의 최대, 최소

함수 $y=a^{2x}+pa^x+q$에서 $a^{2x}=(a^x)^2$이므로 $a^x=t$로 치환하면 주어진 함수는 t에 대한 이차함수가 되므로 완전제곱식으로 고쳐서 최댓값 또는 최솟값을 구할 수 있습니다.

이때 지수함수 $y=a^x$의 치역이 $\{y\,|\,y>0\}$이므로 $a^x=t$로 치환하는 경우에 t의 값의 범위가 양수로 제한되는 것에 주의해야 합니다.

Example

(1) 함수 $y=4^x-2^{x+2}+1$에서 $y=4^x-2^{x+2}+1=(2^x)^2-4\times2^x+1$

이때 $2^x=t\ (t>0)$로 놓으면

$y=t^2-4t+1=(t-2)^2-3$

따라서 주어진 함수는 $t=2$, 즉 $x=1$일 때 최소이고 최솟값은 -3이다.

(2) 함수 $y=-\left(\frac{1}{4}\right)^x+\left(\frac{1}{2}\right)^{x-2}+1$에서 $y=-\left(\frac{1}{4}\right)^x+\left(\frac{1}{2}\right)^{x-2}+1=-\left\{\left(\frac{1}{2}\right)^x\right\}^2+4\left(\frac{1}{2}\right)^x+1$

이때 $\left(\frac{1}{2}\right)^x=t\ (t>0)$로 놓으면

$y=-t^2+4t+1=-(t-2)^2+5$

따라서 주어진 함수는 $t=2$, 즉 $x=-1$일 때 최대이고 최댓값은 5이다.

한편, 주어진 지수함수의 식이 a^x+a^{-x} 꼴을 공통으로 가지고 있으면 $a^x+a^{-x}=t$로 치환합니다. 이때 $a^x>0$, $a^{-x}>0$이므로 산술평균과 기하평균의 관계에 의하여

$$a^x+a^{-x}\geq2\sqrt{a^xa^{-x}}=2\ (\text{등호는 } a^x=a^{-x} \text{ 즉, } x=0\text{일 때 성립})$$

이므로 $t\geq2$가 됨에 주의해야 합니다.

따라서 지수함수의 최대, 최소에서 치환을 하는 경우에는 반드시 범위가 제한되는지 확인하도록 합니다.

개념 Point 지수함수의 최대, 최소

1 $y=a^{f(x)}\ (a>0,\ a\neq1)$ 꼴의 최대, 최소

(1) $a>1$이면 $f(x)$가 최대일 때 y도 최대, $f(x)$가 최소일 때 y도 최소이다.

(2) $0<a<1$이면 $f(x)$가 최대일 때 y는 최소, $f(x)$가 최소일 때 y는 최대이다.

2 a^x 꼴이 반복되는 함수의 최대, 최소

$a^x=t\ (t>0)$로 치환하여 t의 값의 범위 내에서 최대, 최소를 구한다.

개념 Plus 지수함수의 그래프를 이용한 대소 비교

이차함수와 이차부등식에서 배운 것처럼 함수의 그래프를 이용하여 부등식을 풀면 편리할 때가 많다. 지수의 대소 비교 역시 지수함수의 그래프를 이용할 수 있다.

(1) $a>b>0$, $n>0$일 때, $a^n>b^n$

지수함수는 밑의 범위에 따라 그래프의 개형이 달라지므로

$$a>b>1,\ a>1>b,\ 1>a>b$$

로 경우를 나누어 생각해야 한다.

(i) $a>b>1$

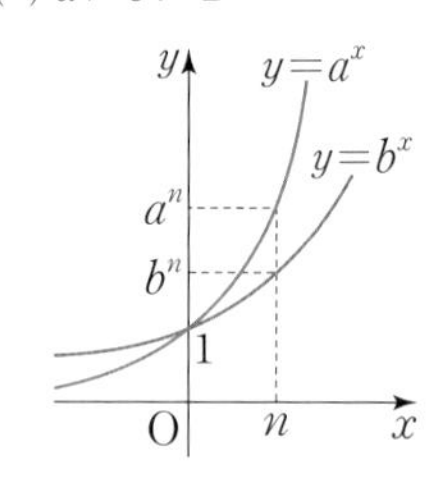

(ii) $a>1>b$

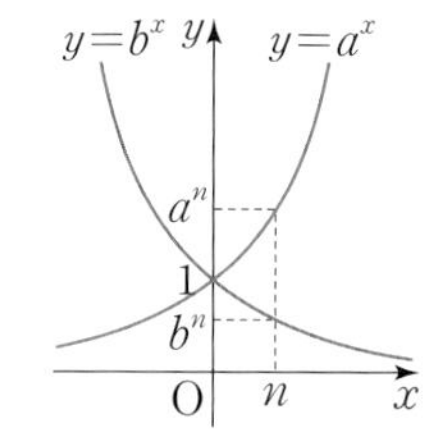

(iii) $1>a>b$

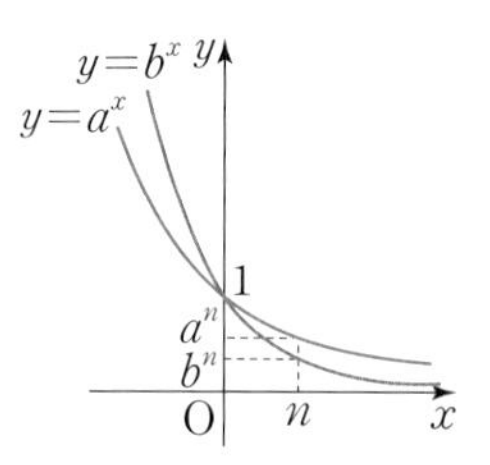

위의 그래프에서 알 수 있는 것처럼 $a>b>0$인 두 양수 a, b에 대하여 양의 실수 n만큼 거듭제곱하더라도 a^n과 b^n의 대소 관계는 변하지 않는다.

한편, 위의 그래프에서 $a>b>0$, $n<0$일 때, $a^n<b^n$임을 알 수 있다.

Example 두 수 $\left(\frac{1}{3}\right)^{\frac{1}{4}}$, $\left(\frac{1}{4}\right)^{\frac{1}{6}}$의 대소를 비교하기 위해 두 수를 똑같이 12제곱해 보자.

$$\left\{\left(\frac{1}{3}\right)^{\frac{1}{4}}\right\}^{12}=\left(\frac{1}{3}\right)^3=\frac{1}{27},\ \left\{\left(\frac{1}{4}\right)^{\frac{1}{6}}\right\}^{12}=\left(\frac{1}{4}\right)^2=\frac{1}{16}$$

이고 $\frac{1}{27}<\frac{1}{16}$이므로, 대소 비교의 성질에 의하여

$$\left(\frac{1}{3}\right)^{\frac{1}{4}}<\left(\frac{1}{4}\right)^{\frac{1}{6}}$$

(2) $a>0$, $b>0$일 때, $2^a=3^b$이면 $a>b$

오른쪽 그림과 같은 두 지수함수 $y=2^x$, $y=3^x$의 그래프에서

$$a>0,\ b>0\text{일 때 } 2^a=3^b\text{이면 } a>b$$

임을 알 수 있다. 또한

$$c<0,\ d<0\text{일 때, } 2^c=3^d\text{이면 } c<d$$

임을 알 수 있다.

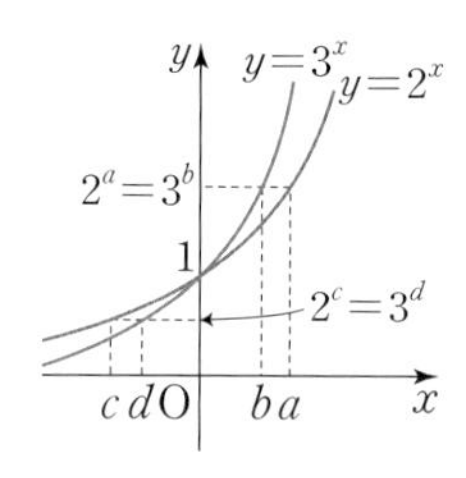

Example $2^a=3$, $7^b=27$에서 두 수 a, b의 대소를 비교하기 위해 $2^a=3$의 양변을 세제곱해 보자.

$(2^a)^3=2^{3a}=(2^3)^a=8^a=27$에서 $8^a=7^b=27$이므로

$a<b$ ← 밑이 작은 7을 더 많이 거듭제곱을 해야 8^a, 7^b의 값이 같아질 수 있다.

한편, $8^c=7^d=\frac{1}{27}$에서는 $c>d$가 성립한다는 것에 주의한다.

└ 점 (0, 1)을 기준으로 $y=8^x$, $y=7^x$의 그래프의 위치 관계가 바뀌는 것에 주목한다.

개념 콕콕

1 다음 지수함수의 그래프를 그리고, 치역을 구하시오.

(1) $y=\left(\frac{1}{2}\right)^{x-2}-1$

(2) $y=-\left(\frac{1}{2}\right)^{x+1}+2$

2 〈**보기**〉의 함수의 그래프 중 함수 $y=2^x$의 그래프를 평행이동 또는 대칭이동하여 겹쳐질 수 있는 것을 모두 고르시오.

〈 보기 〉

ㄱ. $y=2^x+1$　　ㄴ. $y=-3\times2^x$　　ㄷ. $y=\frac{1}{2^x}-3$　　ㄹ. $y=2^{2x}$

3 함수 $f(x)=a^{x-1}-2$의 그래프에 대한 설명 중 옳은 것을 모두 고르면? (단, $a>0$, $a\neq1$)

(정답 2개)

① 일대일함수이다.

② 함수 $f(x)$의 최솟값은 -2이다.

③ 함수 $y=f(x)$의 그래프는 a의 값에 관계없이 항상 점 $(1,\ -1)$을 지난다.

④ x의 값이 증가하면 y의 값도 증가한다.

⑤ 함수의 그래프는 제3사분면을 지난다.

4 함수 $y=a^{x-2}+1$의 그래프가 a의 값에 관계없이 항상 일정한 점 (α, β)를 지날 때, $\alpha+\beta$의 값을 구하시오. (단, $a>0$, $a\neq1$)

• 풀이 27쪽～28쪽

정답

1 (1) 그래프는 풀이 참조, 치역 : $\{y|y>-1$인 실수$\}$ (2) 그래프는 풀이 참조, 치역 : $\{y|y<2$인 실수$\}$

2 ㄱ, ㄴ, ㄷ　　**3** ①, ③　　**4** 4

예제 01 지수함수의 그래프의 평행이동과 대칭이동

다음 지수함수의 그래프를 그리고, 치역을 구하시오.

(1) $y=2^{x-2}-3$　　　　(2) $y=3^{-x+1}$

접근 방법 함수 $y=a^x$의 그래프를 기준으로 주어진 함수의 그래프를 생각해야 한다. 즉, 평행이동이나 대칭이동을 이용하여 지수함수의 그래프를 그려 본다.

- $y=a^x$ —(x축에 대하여 대칭이동)→ $y=-a^x$
- $y=a^x$ —(y축에 대하여 대칭이동)→ $y=a^{-x}=\left(\frac{1}{a}\right)^x$
- $y=a^x$ —(x축, y축의 방향으로 각각 m, n만큼 평행이동)→ $y=a^{x-m}+n$
- $y=a^x$ —(원점에 대하여 대칭이동)→ $y=-a^{-x}=-\left(\frac{1}{a}\right)^x$

수매씽 Point $y=a^x \xrightarrow[m,\ n\text{만큼 평행이동}]{x\text{축, }y\text{축의 방향으로 각각}} y=a^{x-m}+n$

상세 풀이 (1) 함수 $y=2^{x-2}-3$의 그래프는 함수 $y=2^x$의 그래프를 x축의 방향으로 2만큼, y축의 방향으로 -3만큼 평행이동한 것이므로 오른쪽 그림과 같다.

이때 치역은 $\{y|y>-3$인 실수$\}$이다.

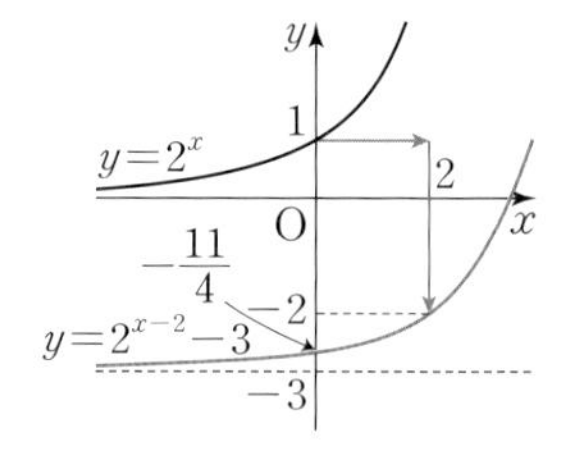

(2) 함수 $y=3^{-x+1}=3^{-(x-1)}=\left(\frac{1}{3}\right)^{x-1}$의 그래프는 함수 $y=\left(\frac{1}{3}\right)^x$의 그래프를 x축의 방향으로 1만큼 평행이동한 것이므로 오른쪽 그림과 같다.

이때 치역은 $\{y|y>0$인 실수$\}$이다.

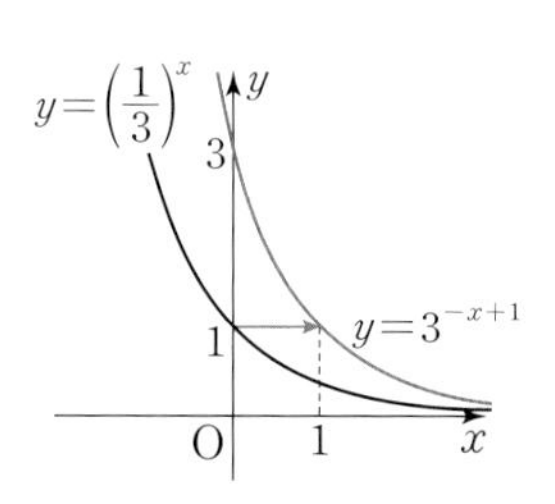

정답 (1) 그래프는 풀이 참조, 치역 : $\{y|y>-3$인 실수$\}$
(2) 그래프는 풀이 참조, 치역 : $\{y|y>0$인 실수$\}$

보충 설명
지수함수의 그래프를 그릴 때, 점근선을 먼저 그리는 것이 조금 더 편리하다.

숫자 바꾸기 　　　　한번 더 ☑ ☐

01-1

다음 지수함수의 그래프를 그리고, 치역을 구하시오.

(1) $y=2^{x+3}+1$　　　　(2) $y=4^{-x-2}-2$

(3) $y=-2^{x+2}-1$　　　　(4) $y=-\left(\frac{1}{3}\right)^{x-1}+2$

표현 바꾸기 　　　　풀이 29쪽 ⊕보충 설명 한번 더 ☑ ☐

01-2

다음 물음에 답하시오.

(1) 함수 $y=3^{2x}$의 그래프를 x축의 방향으로 m만큼, y축의 방향으로 n만큼 평행이동하였더니 함수 $y=27\times3^{2x}-12$의 그래프와 겹쳐졌다. 이때 mn의 값을 구하시오.

(2) 함수 $y=2^x$의 그래프를 x축의 방향으로 m만큼, y축의 방향으로 n만큼 평행이동한 그래프가 두 점 $(-1, 1)$, $(0, 5)$를 지날 때, m^2+n^2의 값을 구하시오.

개념 넓히기 　　　　한번 더 ☑ ☐

01-3

오른쪽 그림과 같이 함수 $y=2^x$의 그래프 위의 점 $\mathrm{A}(0, 1)$을 지나고 x축에 평행한 직선이 함수 $y=2^{x-2}$의 그래프와 만나는 점을 B, 점 B를 지나고 y축에 평행한 직선이 함수 $y=2^x$의 그래프와 만나는 점을 C, 점 C를 지나고 x축에 평행한 직선이 함수 $y=2^{x-2}$의 그래프와 만나는 점을 D라고 하자. 두 함수 $y=2^x$, $y=2^{x-2}$의 그래프와 두 선분 AB, CD로 둘러싸인 부분의 넓이를 구하시오.

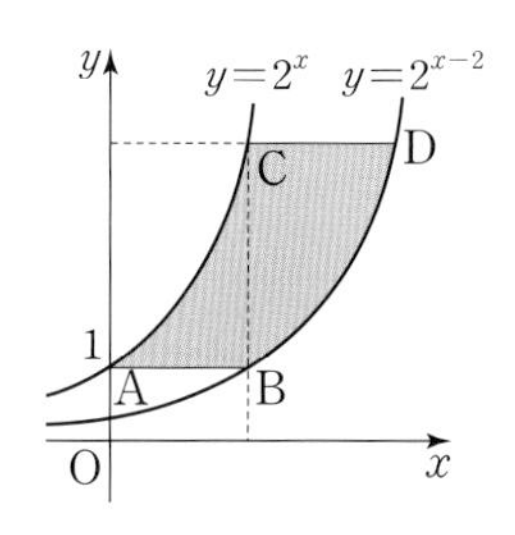

● 풀이 28쪽～29쪽

정답

01-1 (1) 그래프는 풀이 참조, 치역 : $\{y|y>1$인 실수$\}$　(2) 그래프는 풀이 참조, 치역 : $\{y|y>-2$인 실수$\}$
(3) 그래프는 풀이 참조, 치역 : $\{y|y<-1$인 실수$\}$　(4) 그래프는 풀이 참조, 치역 : $\{y|y<2$인 실수$\}$

01-2 (1) 18　(2) 18　　**01-3** 6

예제 02 절댓값 기호를 포함한 지수함수의 그래프

함수 $y=2^x$의 그래프를 이용하여 다음 함수의 그래프를 그리시오.

(1) $y=2^{|x|}$　　　　(2) $y=2^{-|x|}$

접근 방법 절댓값 기호 안의 식의 값이 0보다 크거나 같은 경우와 0보다 작은 경우로 나누어, 각 범위별로 그래프를 그린다.

또는 두 함수 $y=f(x)$, $y=-f(x)$의 그래프는 x축에 대하여 대칭이고, 두 함수 $y=f(x)$, $y=f(-x)$의 그래프는 y축에 대하여 대칭임을 이용하여 다음과 같이 풀 수도 있다.

수매씽 Point 절댓값 기호를 포함한 함수의 그래프는 절댓값 기호 안의 식의 값이 0이 되는 x의 값을 경계로 범위를 나누어 그래프를 그린다.

상세 풀이 (1) $y=2^{|x|}=\begin{cases} 2^x & (x\ge 0) \\ 2^{-x} & (x<0) \end{cases}$

따라서 함수 $y=2^{|x|}$의 그래프는 오른쪽 그림과 같다.

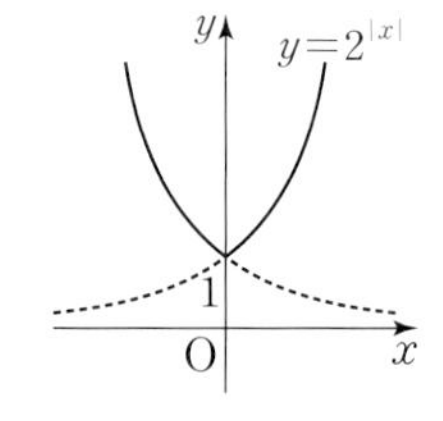

(2) $y=2^{-|x|}=\begin{cases} \left(\frac{1}{2}\right)^x & (x\ge 0) \\ \left(\frac{1}{2}\right)^{-x} & (x<0) \end{cases}$

따라서 함수 $y=2^{-|x|}$의 그래프는 오른쪽 그림과 같다.

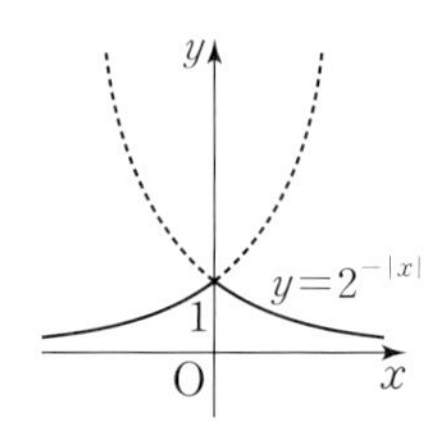

정답 풀이 참조

보충 설명

공통수학2에서 배운 것처럼 함수 $y=f(|x|)$의 그래프는 다음과 같은 방법으로 그릴 수 있다.

❶ 절댓값 기호를 없앤 함수 $y=f(x)$의 그래프를 $x\ge 0$인 부분만 그린다.

❷ 절댓값 기호 안의 식을 0으로 하는, 즉 직선 $x=0$ (y축)을 기준으로 $x\ge 0$인 부분은 그대로 두고 $x<0$인 부분은 $x\ge 0$인 부분을 y축에 대하여 대칭이동한다.

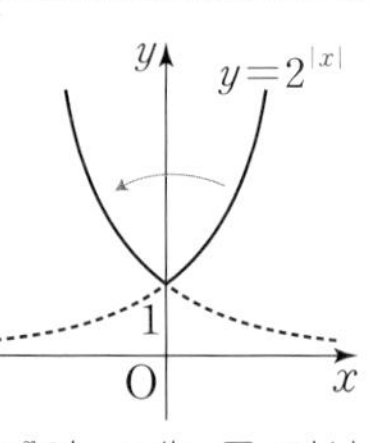

따라서 위의 예제 (1)에서 함수 $y=2^{|x|}$의 그래프는 $x\ge 0$인 부분에 그린 함수 $y=2^x$의 그래프를 직선 $x=0$ (y축)에 대하여 대칭이동하면 된다.

숫자 바꾸기 　　풀이 30쪽 ✚ 보충 설명 　 한번 더 ☑ ☐

02-1

함수 $y=3^x$의 그래프를 이용하여 다음 함수의 그래프를 그리시오.

(1) $y=3^{|x|}$ 　　　　(2) $y=3^{-|x|}$

(3) $y=|3^x-1|$ 　　　　(4) $y=\left|\left(\frac{1}{3}\right)^{x+1}-3\right|$

표현 바꾸기 　　풀이 30쪽 ✚ 보충 설명 　 한번 더 ☑ ☐

02-2

오른쪽 그림과 같이 함수 $y=\left|\left(\frac{1}{2}\right)^{x-a}-b\right|$의 그래프가 점 $(3, 1)$을 지난다. $x>3$인 곡선 위의 점의 x좌표가 한없이 커질 때, 함수의 그래프는 직선 $y=3$에 한없이 가까워진다. 이때 상수 a, b에 대하여 $a+b$의 값을 구하시오.

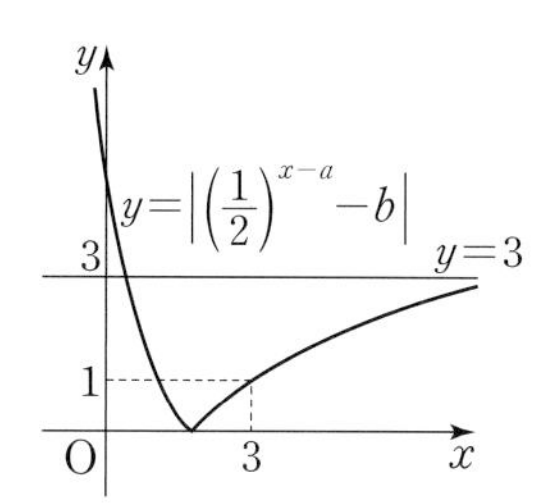

개념 넓히기 　　한번 더 ☑ ☐

02-3

함수 $f(x)=\left(\frac{1}{2}\right)^{x-5}-64$에 대하여 함수 $y=|f(x)|$의 그래프와 직선 $y=k$가 제1사분면에서 만나도록 하는 자연수 k의 개수를 구하시오.

(단, 좌표축은 어느 사분면에도 속하지 않는다.)

• 풀이 29쪽～30쪽

정답

02-1 풀이 참조 　　**02-2** 7 　　**02-3** 31

출제 가능성 

예제 03 지수함수의 그래프와 선분의 길이

두 곡선 $y=4^x$과 $y=2^x$이 직선 $y=7$과 만나는 점을 각각 P, Q라 고 할 때, 선분 PQ의 길이를 구하시오.

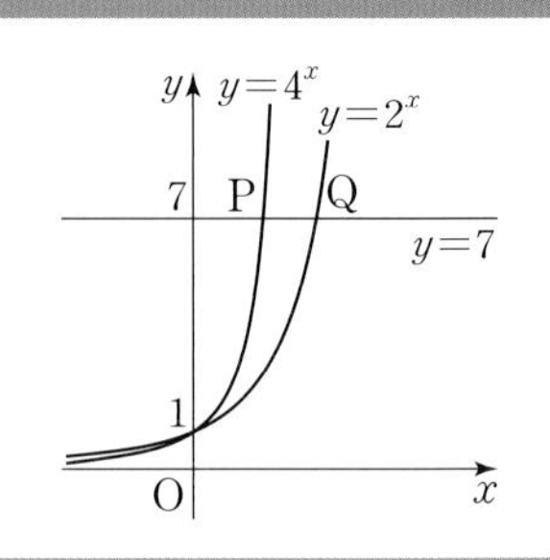

접근 방법 선분 PQ가 x축과 평행하므로, 선분 PQ의 길이는

(점 Q의 x좌표)$-$(점 P의 x좌표)

로 구하면 된다.

수매씽 Point (1) x축에 평행한 직선 위의 두 점 $A(x_1, y_1)$, $B(x_2, y_1)$ 사이의 거리는

$\overline{AB}=|x_2-x_1|$

(2) y축에 평행한 직선 위의 두 점 $C(x_1, y_1)$, $D(x_1, y_2)$ 사이의 거리는

$\overline{CD}=|y_2-y_1|$

상세 풀이 두 점 P, Q의 x좌표를 각각 α, β $(\alpha<\beta)$라고 하면

y좌표가 모두 7이므로

$4^\alpha=7$, $2^\beta=7$

로그의 정의에 의하여

$\alpha=\log_4 7=\frac{1}{2}\log_2 7$

$\beta=\log_2 7$

따라서 선분 PQ의 길이는

$\beta-\alpha=\log_2 7-\frac{1}{2}\log_2 7=\frac{1}{2}\log_2 7$

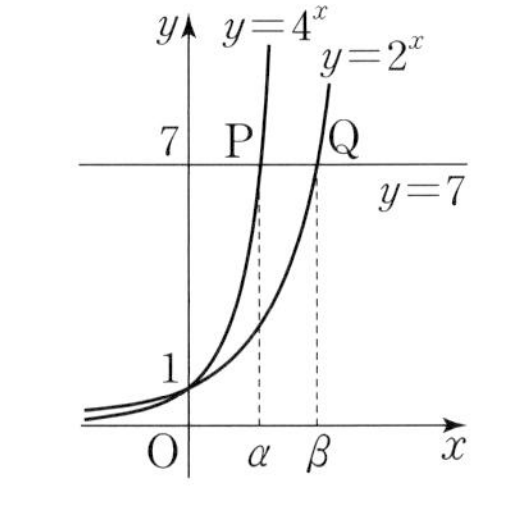

정답 $\frac{1}{2}\log_2 7$

보충 설명

그래프에 관한 문제를 해결할 때 많이 쓰는 전략은

(1) 함수 $y=f(x)$의 그래프가 점 (a, b)를 지날 때

$b=f(a)$ ← $y=f(x)$에 $x=a$, $y=b$를 대입한 것이다.

(2) x축에 평행한 직선과 두 함수 $y=f(x)$, $y=g(x)$의 그래프가 만나는 두 점의 y좌표는 같다.

숫자 바꾸기

한번 더 ☑ ☐

03-1

오른쪽 그림과 같이 두 곡선 $y=9^x$과 $y=3^x$이 직선 $y=8$과 만나는 점을 각각 P, Q라고 할 때, 선분 PQ의 길이를 구하시오.

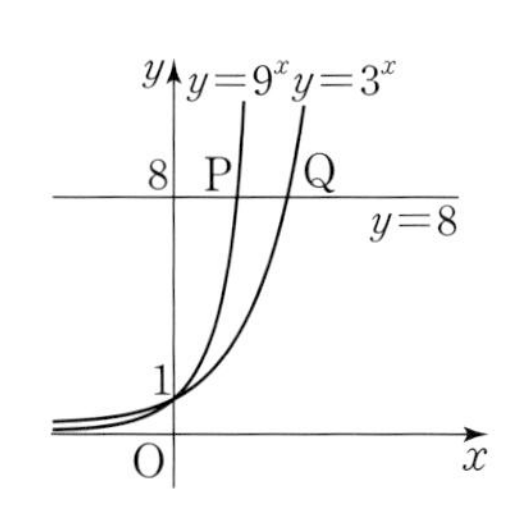

표현 바꾸기

한번 더 ☑ ☐

03-2

오른쪽 그림과 같이 함수 $y=2^{-x}$의 그래프 위의 한 점 A를 지나고 x축에 평행한 직선이 함수 $y=4^x$의 그래프와 만나는 점을 B, 점 B를 지나고 y축에 평행한 직선이 함수 $y=2^{-x}$의 그래프와 만나는 점을 C라고 하자. 선분 AB의 길이가 2이고, 선분 BC의 길이를 l이라고 할 때, $4l^3$의 값을 구하시오.

(단, 점 A는 제2사분면 위의 점이다.)

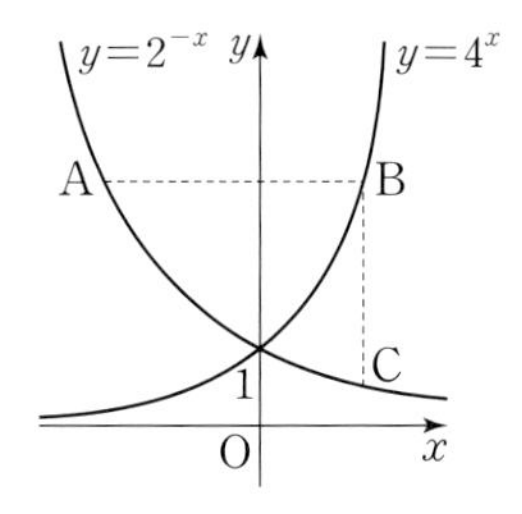

개념 넓히기

한번 더 ☑ ☐

03-3

오른쪽 그림과 같이 두 곡선 $y=a^x$, $y=b^x$ $(1<a<b)$가 직선 $y=t$ $(t>1)$와 만나는 점의 x좌표를 각각 $f(t)$, $g(t)$라고 할 때, $2f(a)=3g(a)$가 성립한다. 이때 $f(c)=g(27)$을 만족시키는 실수 c의 값은?

① 6 ② 9 ③ 12

④ 15 ⑤ 18

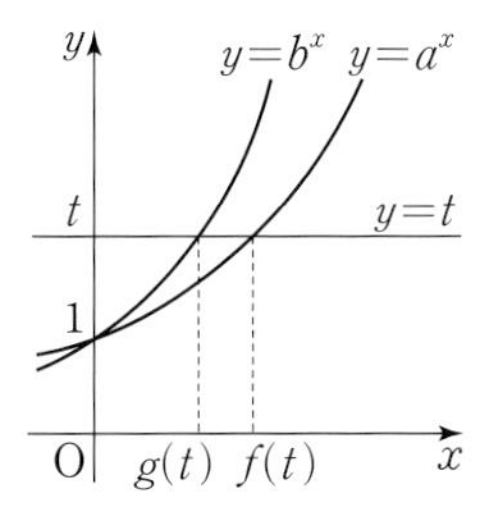

● 풀이 30쪽~31쪽

정답

03-1 $\frac{3}{2}\log_3 2$ 03-2 27 03-3 ②

예제 04 지수함수의 그래프와 도형

오른쪽 그림과 같이 함수 $y=2^x$의 그래프 위의 두 점 $A(a, 2^a)$, $B(a+1, 2^{a+1})$에서 x축에 내린 수선의 발을 각각 C, D, y축에 내린 수선의 발을 각각 E, F라고 하자. 사각형 ACDB와 사각형 ABFE의 넓이의 비가 2 : 5일 때, 양수 a의 값을 구하시오.

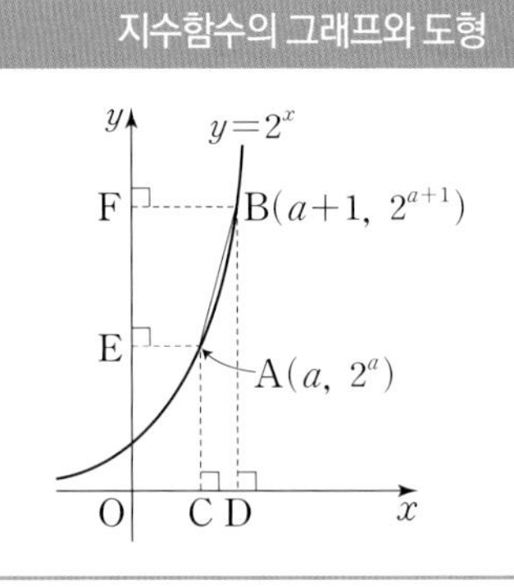

접근 방법 일반적으로 x축에 평행한 직선 위의 두 점 $P(x_1, y_1)$, $Q(x_2, y_1)$ 사이의 거리는

$$\overline{PQ}=\sqrt{(x_2-x_1)^2+(y_1-y_1)^2}=|x_2-x_1|$$

이다. 즉, x좌표의 차가 두 점 사이의 거리가 된다. 마찬가지로 y축에 평행한 직선 위의 두 점 $R(x_1, y_1)$, $S(x_1, y_2)$ 사이의 거리는 y좌표의 차, 즉

$$\overline{RS}=|y_2-y_1|$$

이다.

수매씽 Point x축 (또는 y축)에 평행한 선분의 길이는 x좌표 (또는 y좌표)의 차를 이용한다.

상세 풀이 $\square ACDB=\frac{1}{2}\times(2^a+2^{a+1})\times1=\frac{2^a+2^{a+1}}{2}$ ← $\frac{1}{2}\times(\overline{AC}+\overline{BD})\times\overline{CD}$

$=2^a\times\frac{1+2}{2}=3\times2^{a-1}$

$\square ABFE=\frac{1}{2}\times\{a+(a+1)\}\times(2^{a+1}-2^a)$ ← $\frac{1}{2}\times(\overline{AE}+\overline{BF})\times\overline{FE}$

$=\frac{2a+1}{2}\times2^a=(2a+1)2^{a-1}$

이때 $\square ACDB:\square ABFE=2:5$이므로

$3\times2^{a-1}:(2a+1)2^{a-1}=2:5$

$3:(2a+1)=2:5$, $4a+2=15$ $\quad\therefore a=\frac{13}{4}$

정답 $\frac{13}{4}$

보충 설명

오른쪽 그림과 같이 윗변의 길이가 a, 아랫변의 길이가 b, 높이가 h인 사다리꼴의 넓이 S는

$$S=\frac{a+b}{2}h$$

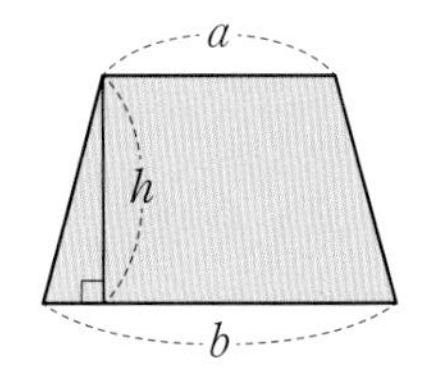

숫자 바꾸기 　　　　한번 더 ☑ ☐

04-1

오른쪽 그림과 같이 함수 $y=3^x$의 그래프 위의 두 점 $\mathrm{A}(a, 3^a)$, $\mathrm{B}(a+1, 3^{a+1})$에서 x축에 내린 수선의 발을 각각 C, D, y축에 내린 수선의 발을 각각 E, F라고 하자. 사각형 ACDB와 사각형 ABFE의 넓이의 비가 $4:5$일 때, 양수 a의 값을 구하시오.

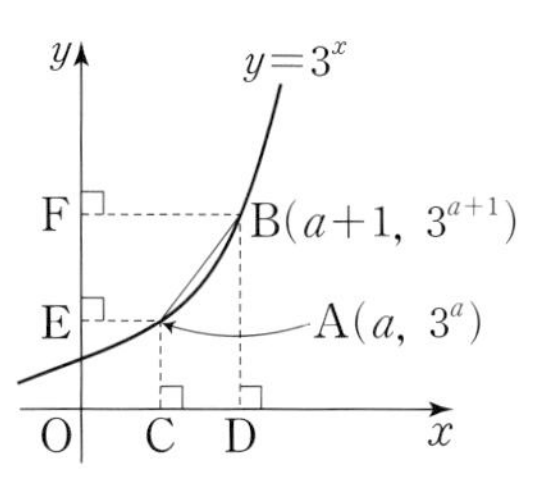

표현 바꾸기 　　　　한번 더 ☑ ☐

04-2

오른쪽 그림과 같이 직선 $y=k$ $(k>1)$가 y축과 만나는 점을 B, 점 $\mathrm{A}(0, 1)$을 지나는 두 함수 $y=2^x$, $y=a^x$의 그래프와 만나는 점을 각각 C, D라고 하자. 삼각형 ACB와 삼각형 ADC의 넓이의 비가 $2:1$일 때, 상수 a의 값은? (단, $1<a<2$)

① $\sqrt[4]{2}$　② $\sqrt[3]{2}$　③ $\sqrt[4]{3}$　④ $\sqrt[3]{4}$　⑤ $\sqrt[4]{8}$

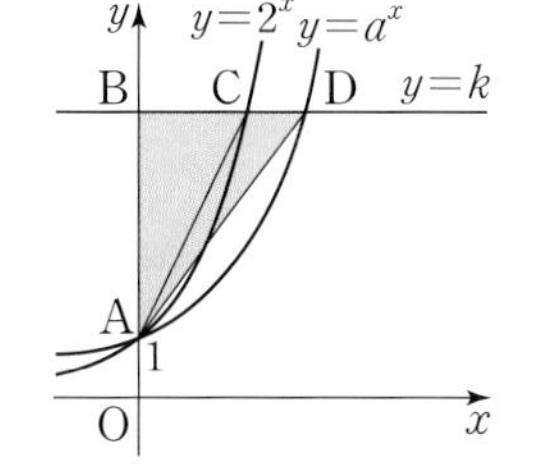

개념 넓히기 　　　　한번 더 ☑ ☐

04-3

오른쪽 그림과 같이 두 곡선 $y=2^x-1$, $y=2^{-x}+\frac{a}{9}$의 교점을 A라고 하자. 점 B의 좌표가 $(4, 0)$일 때, 삼각형 AOB의 넓이가 16이 되도록 하는 양수 a의 값을 구하시오.

(단, O는 원점이다.)

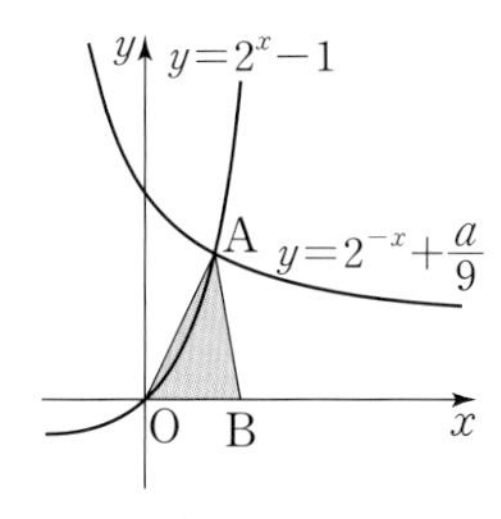

● 풀이 31쪽~32쪽

정답

04-1 $\frac{3}{4}$　04-2 ④　04-3 71

예제 05 지수함수의 성질

다음 물음에 답하시오.

(1) 함수 $f(x)=2^{x}+2^{-x}$에 대하여 $f(a)=5$일 때, $f(-2a)$의 값을 구하시오.

(2) 함수 $g(x)=2^{-x}$에 대하여 $g(2a)g(b)=4$, $g(a-b)=2$일 때, $2^{3a}+2^{3b}$의 값을 구하시오.

접근 방법 지수법칙을 이용하여 주어진 문제의 조건을 정리해 보자.

수매씽 Point 함수 $f(x)=a^{x}$ $(a>0,\ a\neq1)$과 임의의 두 실수 x, y에 대하여

(1) $f(x+y)=f(x)f(y)$

(2) $f(x-y)=\dfrac{f(x)}{f(y)}$

(3) $f(px)=\{f(x)\}^{p}$ (단, p는 실수)

상세 풀이 (1) $f(a)=2^{a}+2^{-a}=5$이므로

$$f(-2a)=2^{-2a}+2^{2a}$$
$$=(2^{a}+2^{-a})^{2}-2$$
$$=5^{2}-2=23$$

(2) $g(2a)g(b)=2^{-2a}\times2^{-b}=2^{-2a-b}=4$이므로

$-2a-b=2$ …… ㉠

$g(a-b)=2^{-a+b}=2$이므로

$-a+b=1$ …… ㉡

㉠, ㉡을 연립하여 풀면

$a=-1$, $b=0$

$\therefore\ 2^{3a}+2^{3b}=2^{-3}+2^{0}=\dfrac{1}{8}+1=\dfrac{9}{8}$

정답 (1) 23 (2) $\dfrac{9}{8}$

보충 설명

지수함수의 함숫값을 구할 때에도 지수법칙은 자주 이용된다.

즉, $a>0$, $b>0$이고, m, n이 실수일 때

(1) $a^{m}\times a^{n}=a^{m+n}$ (2) $a^{m}\div a^{n}=a^{m-n}$

(3) $(a^{m})^{n}=a^{mn}$ (4) $(ab)^{n}=a^{n}b^{n}$

숫자 바꾸기　　한번 더

05-1

다음 물음에 답하시오.

(1) 함수 $f(x)=\frac{1}{2}(3^x-3^{-x})$에 대하여 $f(p)=2$일 때, $f(3p)$의 값을 구하시오.

(2) 함수 $g(x)=3^{-x}$에 대하여 $g(2a)g(a)g(2b)=27$, $g(a-b)=3$일 때, $3^{2a}+3^{2b}$의 값을 구하시오.

표현 바꾸기　　풀이 32쪽 보충 설명　한번 더

05-2

지수함수 $f(x)=a^x$ $(a>0, a\neq1)$에 대한 설명 중 **〈보기〉**에서 옳은 것을 모두 고른 것은?

〈 보기 〉

ㄱ. $f(-x)=\frac{1}{f(x)}$　　ㄴ. $f(x)=\sqrt{f(2x)}$　　ㄷ. $f(x^3)=\{f(x)\}^3$

① ㄱ　　② ㄴ　　③ ㄱ, ㄴ

④ ㄴ, ㄷ　　⑤ ㄱ, ㄴ, ㄷ

개념 넓히기　　한번 더

05-3

두 함수 $f(x)=2^x+2^{-x}$, $g(x)=2^x-2^{-x}$에 대하여 $f(x)f(y)=6$, $g(x)g(y)=10$일 때, $f(x+y)$의 값을 구하시오.

• 풀이 32쪽

정답

05-1 (1) 38　(2) $\frac{10}{9}$　　**05-2** ③　　**05-3** 8

예제 06 지수함수를 이용한 대소 관계

다음 세 수의 대소를 비교하시오.

(1) $3^{0.5}$, $\sqrt[4]{27}$, $\sqrt[3]{9}$　　(2) $\sqrt{0.5}$, $\sqrt[3]{0.25}$, $\sqrt[5]{0.125}$

접근 방법 지수함수 $y=a^x$ $(a>0,\ a\neq1)$은 $a>1$일 때 x의 값이 증가하면 y의 값도 증가하고, $0<a<1$일 때 x의 값이 증가하면 y의 값은 감소한다.

따라서 거듭제곱근을 밑이 같은 거듭제곱 꼴로 나타낸 후 지수함수를 이용하여 대소를 비교한다.

수매씽 Point $a>1$일 때, $x_1<x_2$이면 $a^{x_1}<a^{x_2}$
$0<a<1$일 때, $x_1<x_2$이면 $a^{x_1}>a^{x_2}$

상세 풀이 (1) 밑이 3인 거듭제곱 꼴로 나타내면

$$3^{0.5}=3^{\frac{1}{2}},\ \sqrt[4]{27}=\sqrt[4]{3^3}=3^{\frac{3}{4}},\ \sqrt[3]{9}=\sqrt[3]{3^2}=3^{\frac{2}{3}}$$

이때 함수 $y=3^x$은 x의 값이 증가하면 y의 값도 증가하고 $\frac{1}{2}<\frac{2}{3}<\frac{3}{4}$이므로

$$3^{\frac{1}{2}}<3^{\frac{2}{3}}<3^{\frac{3}{4}}\qquad \therefore\ 3^{0.5}<\sqrt[3]{9}<\sqrt[4]{27}$$

(2) 밑이 0.5인 거듭제곱 꼴로 나타내면

$$\sqrt{0.5}=0.5^{\frac{1}{2}},\ \sqrt[3]{0.25}=\sqrt[3]{0.5^2}=0.5^{\frac{2}{3}},\ \sqrt[5]{0.125}=\sqrt[5]{0.5^3}=0.5^{\frac{3}{5}}$$

이때 함수 $y=0.5^x$은 x의 값이 증가하면 y의 값은 감소하고 $\frac{1}{2}<\frac{3}{5}<\frac{2}{3}$이므로

$$0.5^{\frac{2}{3}}<0.5^{\frac{3}{5}}<0.5^{\frac{1}{2}}\qquad \therefore\ \sqrt[3]{0.25}<\sqrt[5]{0.125}<\sqrt{0.5}$$

정답 (1) $3^{0.5}<\sqrt[3]{9}<\sqrt[4]{27}$　(2) $\sqrt[3]{0.25}<\sqrt[5]{0.125}<\sqrt{0.5}$

보충 설명

거듭제곱 꼴로 나타낸 수의 대소 비교는

밑을 통일하거나 똑같이 거듭제곱하는 방법, 지수를 통일하는 방법, 두 지수의 비를 조사하는 방법 등 여러 가지 방법이 있다.

따라서 주어진 수의 형태에 따라 어떤 방법을 써야 하는지 다양하게 접근해 본다.

숫자 바꾸기　　　　한번 더

06-1

다음 세 수의 대소를 비교하시오.

(1) $2^{0.5}$, $\sqrt[5]{4}$, $0.5^{-\frac{3}{4}}$　　(2) $\sqrt[3]{0.2}$, $\sqrt[4]{0.04}$, $\sqrt[15]{0.008}$

(3) 2^{444}, 3^{333}, 5^{222}　　(4) $\left(\frac{1}{2}\right)^{\frac{1}{3}}$, $\left(\frac{1}{3}\right)^{\frac{1}{4}}$, $\left(\frac{1}{5}\right)^{\frac{1}{6}}$

03

표현 바꾸기　　　　풀이 33쪽 ⊕ 보충 설명　한번 더

06-2

부등식 $a^m < a^n < b^n < b^m$을 만족시키는 두 양수 a, b와 두 자연수 m, n에 대하여 다음 중 옳은 것은?

① $a<1<b$, $m>n$　② $a<1<b$, $m<n$　③ $a<b<1$, $m<n$

④ $1<a<b$, $m>n$　⑤ $1<a<b$, $m<n$

개념 넓히기　　　　한번 더

06-3

다음 물음에 답하시오.

(1) 세 양수 a, b, c에 대하여 등식 $2^{5a}=3^{3b}=5^{2c}$이 성립할 때, a, b, c의 대소를 비교하시오.

(2) 세 양수 x, y, z에 대하여 등식 $2^x=3^y=5^z$이 성립할 때, $2x$, $3y$, $5z$의 대소를 비교하시오.

• 풀이 32쪽～33쪽

정답

06-1 (1) $\sqrt[5]{4}<2^{0.5}<0.5^{-\frac{3}{4}}$　(2) $\sqrt[4]{0.04}<\sqrt[3]{0.2}<\sqrt[15]{0.008}$　(3) $2^{444}<5^{222}<3^{333}$　(4) $\left(\frac{1}{3}\right)^{\frac{1}{4}}<\left(\frac{1}{5}\right)^{\frac{1}{6}}<\left(\frac{1}{2}\right)^{\frac{1}{3}}$

06-2 ①　　**06-3** (1) $a<b<c$　(2) $3y<2x<5z$

예제 07 지수함수의 최대, 최소

주어진 범위에서 다음 함수의 최댓값과 최솟값을 각각 구하시오.

(1) $y=2^{2x-4}+5\ (2\le x\le 4)$　　　(2) $y=2^{x}\times 3^{-x+1}\ (-1\le x\le 1)$

접근 방법 지수법칙을 이용하여 주어진 함수를 $y=a^{x-p}+q$ 꼴로 변형한 후 그래프를 그려 본다.

수매씽 Point 정의역이 $\{x|m\le x\le n\}$인 지수함수 $f(x)=a^{px+q}+r\ (p>0)$에 대하여

(1) $a>1$일 때 ➡ 최댓값 : $f(n)$, 최솟값 : $f(m)$

(2) $0<a<1$일 때 ➡ 최댓값 : $f(m)$, 최솟값 : $f(n)$

상세 풀이 (1) $y=2^{2x-4}+5=2^{2(x-2)}+5=4^{x-2}+5$

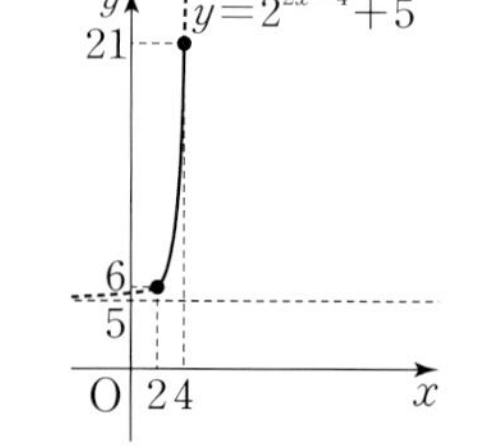

밑이 4이고 $4>1$이므로 증가하는 함수이고, 그래프는 오른쪽 그림과 같다.

따라서 $2\le x\le 4$에서 주어진 함수는

$x=4$일 때 최대이고, 최댓값은 $4^{4-2}+5=16+5=21$

$x=2$일 때 최소이고, 최솟값은 $4^{2-2}+5=1+5=6$

(2) $y=2^{x}\times 3^{-x+1}=2^{x}\times 3^{-x}\times 3=2^{x}\times\left(\frac{1}{3}\right)^{x}\times 3=3\left(\frac{2}{3}\right)^{x}$

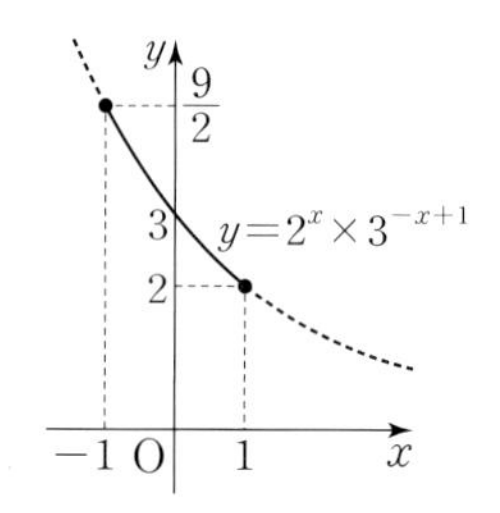

밑이 $\frac{2}{3}$이고 $0<\frac{2}{3}<1$이므로 감소하는 함수이고, 그래프는 오른쪽 그림과 같다.

따라서 $-1\le x\le 1$에서 주어진 함수는

$x=-1$일 때 최대이고, 최댓값은 $3\times\left(\frac{2}{3}\right)^{-1}=3\times\frac{3}{2}=\frac{9}{2}$

$x=1$일 때 최소이고, 최솟값은 $3\times\left(\frac{2}{3}\right)^{1}=2$

정답 (1) 최댓값 : 21, 최솟값 : 6　(2) 최댓값 : $\frac{9}{2}$, 최솟값 : 2

보충 설명

최대, 최소 문제는 그래프만 그릴 수 있으면 최댓값과 최솟값을 바로 확인할 수 있다.
그런데 사실 위와 같은 몇몇 함수는 굳이 그리지 않더라도 답을 쉽게 알 수 있다. 지수함수와 로그함수, 무리함수 등은 계속 증가하거나 계속 감소하므로 주어진 범위의 양 끝에 있는 값을 대입해서 큰 값을 최댓값, 작은 값을 최솟값으로 구하면 된다.

숫자 바꾸기

풀이 34쪽 ⊕ 보충 설명 　한번 더

07-1

주어진 범위에서 다음 함수의 최댓값과 최솟값을 각각 구하시오.

(1) $y=3^{3-2x}\ (0\leq x\leq 2)$ 　　(2) $y=\left(\frac{1}{2}\right)^{-x^2+2x+1}\ (-1\leq x\leq 2)$

표현 바꾸기

풀이 34쪽 ⊕ 보충 설명 　한번 더

07-2

$-1\leq x\leq 4$에서 정의된 함수 $f(x)=x^2-6x-1$에 대하여 $g(x)=2^{f(x)}$이라고 하면 함수 $g(x)$는 $x=a$일 때 최댓값 b를 갖는다. 이때 상수 a, b에 대하여 $a+b$의 값을 구하시오.

개념 넓히기

한번 더

07-3

두 함수 $f(x)=a^x$, $g(x)=x^2+2x+3$에 대하여 함수 $y=(f\circ g)(x)$가 최솟값 4를 가질 때, $(g\circ f)(1)$의 값은? (단, $a>1$)

① 7 　② 9 　③ 11
④ 13 　⑤ 15

• 풀이 33쪽～34쪽

정답

07-1 (1) 최댓값 : 27, 최솟값 : $\frac{1}{3}$ (2) 최댓값 : 4, 최솟값 : $\frac{1}{4}$ 　07-2 63 　07-3 ③

출제 가능성

예제 08 치환을 이용한 지수함수의 최대, 최소

$1 \le x \le 4$일 때, 함수 $y=4^x-2^{x+4}+30$의 최댓값과 최솟값을 각각 구하시오.

접근 방법 $4^x=(2^2)^x=(2^x)^2$이므로 $2^x=t$로 치환하여 t에 대한 이차함수의 최댓값과 최솟값을 구한다. 이때 변수 t의 값의 범위에 주의한다.

수매씽 Point a^x 꼴이 반복되는 함수의 최대, 최소 ➡ $a^x=t$로 치환한다.

상세 풀이 지수법칙을 이용하여 주어진 식을 변형하면

$$y=4^x-2^{x+4}+30=(2^2)^x-2^4\times 2^x+30$$
$$=(2^x)^2-16\times 2^x+30$$

$2^x=t$로 놓으면 $1 \le x \le 4$에서

$$2^1 \le 2^x \le 2^4 \qquad \therefore\ 2 \le t \le 16$$

이때 주어진 함수는

$$y=t^2-16t+30=(t-8)^2-34$$

따라서 $2 \le t \le 16$에서 함수 $y=(t-8)^2-34$는

$t=16$일 때 최대이고, 최댓값은 $(16-8)^2-34=30$

$t=8$일 때 최소이고, 최솟값은 $(8-8)^2-34=-34$

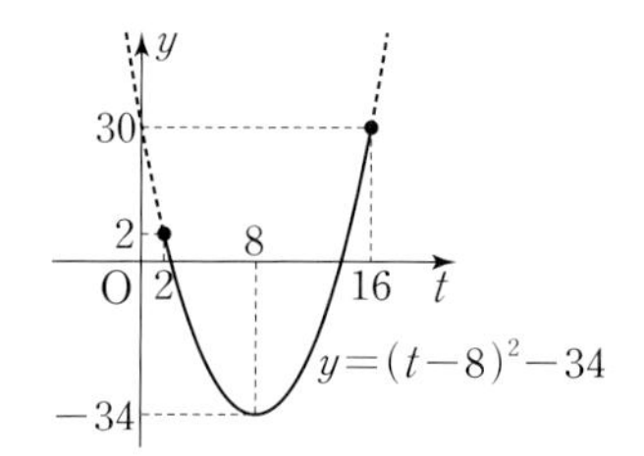

정답 최댓값 : 30, 최솟값 : -34

보충 설명

제한된 범위 $\alpha \le x \le \beta$에서 이차함수 $f(x)=a(x-p)^2+q\ (a>0)$의 최대, 최소는 p가 주어진 범위에 포함되는지 여부에 따라 나누어 생각할 수 있다.

(i) p가 범위 $\alpha \le x \le \beta$에 포함될 때

(ii) p가 범위 $\alpha \le x \le \beta$에 포함되지 않을 때

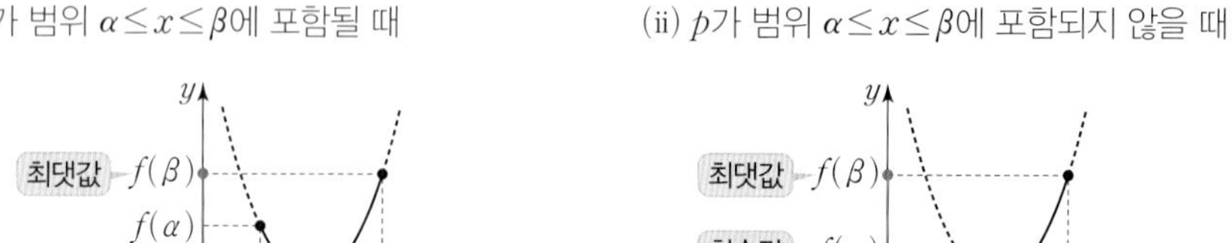

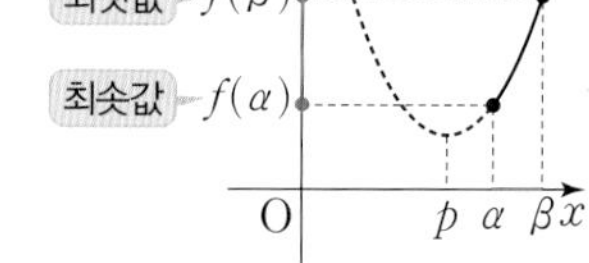

따라서 $a^x=t$로 치환하여 t에 대한 이차함수의 최대, 최소를 구할 때 반드시 t의 값의 범위에 p가 포함되는지, 포함되지 않는지 확인해야 한다.

숫자 바꾸기 한번 더

08-1

주어진 범위에서 다음 함수의 최댓값과 최솟값을 각각 구하시오.

(1) $y=4^{x+1}-2^{x+3}+1\ (-1\leq x\leq 2)$ (2) $y=4^{-x}+\left(\frac{1}{2}\right)^{x-1}\ (-2\leq x\leq 0)$

표현 바꾸기 한번 더

08-2

다음 물음에 답하시오.

(1) 함수 $y=4^{x}+4^{-x}-2^{x+2}-2^{-x+2}+2$의 최솟값을 구하시오.

(2) 함수 $y=6(3^{x}+3^{-x})-(9^{x}+9^{-x})+2$의 최댓값을 구하시오.

개념 넓히기 한번 더

08-3

함수 $f(x)=3^{a+x}+3^{a-x}+2$의 최솟값이 20일 때, 상수 a의 값은?

① -2 ② -1 ③ 0

④ 1 ⑤ 2

• 풀이 34쪽~35쪽

정답

08-1 (1) 최댓값 : 33, 최솟값 : -3 (2) 최댓값 : 24, 최솟값 : 3 **08-2** (1) -4 (2) 13 **08-3** ⑤

2 지수방정식과 지수부등식

1 지수방정식

$2^x=8$, $9^x-2\times3^x-3=0$과 같이 지수에 미지수를 포함하고 있는 방정식을 지수방정식이라고 합니다. 이제 지수함수의 성질을 이용하여 지수방정식의 해를 구하는 방법에 대하여 알아봅시다.

지수함수 $y=a^x$ $(a>0,\ a\neq1)$은 실수 전체의 집합에서 양의 실수 전체의 집합으로의 일대일대응이므로 임의의 양수 p에 대하여 지수방정식 $a^x=p$는 단 한 개의 해를 가집니다.

└ 오른쪽 그래프와 같이 $y=a^x$의 그래프와 직선 $y=p$는 한 점에서 만난다.

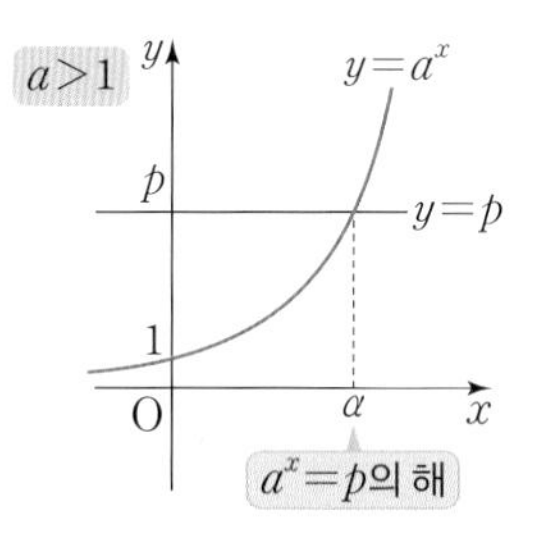

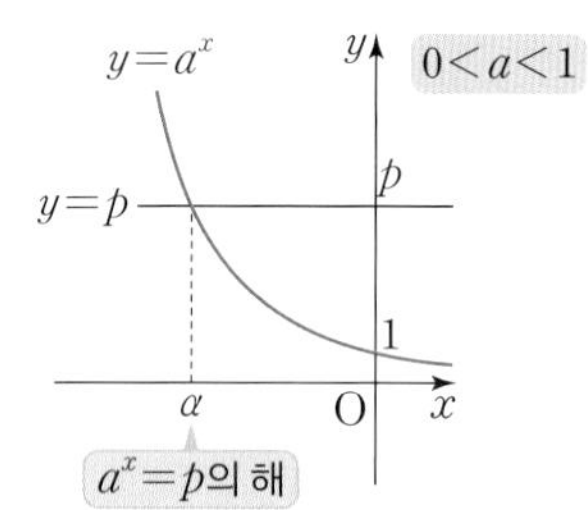

따라서 지수방정식을 풀 때에는 다음 성질을 이용합니다.

$$a>0,\ a\neq1\text{일 때, } a^{x_1}=a^{x_2} \Longleftrightarrow x_1=x_2$$

일반적으로 지수방정식은 밑 또는 지수를 같게 할 수 있는 경우와 a^x 꼴이 반복되는 경우로 나누어 생각할 수 있는데 지금부터 그 각각의 경우에 대하여 알아봅시다.

1. 밑을 같게 할 수 있는 경우

지수방정식 $2^x=8$은 지수의 정의와 지수함수가 일대일대응이라는 성질을 이용하여 풀 수 있습니다. 즉,

$$2^x=8,\ 2^x=2^3 \qquad \therefore x=3$$

이와 같이 밑을 같게 할 수 있는 지수방정식은 지수법칙을 이용하여 밑을 같게 한 다음 지수를 비교합니다. 즉, 주어진 방정식을 $a^{f(x)}=a^{g(x)}$ 꼴로 변형한 후

$$a^{f(x)}=a^{g(x)}\ (a>0,\ a\neq1) \Longleftrightarrow f(x)=g(x)$$

임을 이용합니다.

Example 방정식 $2^{3x+3}=4^{x-1}$을 풀어 보자.

$4^{x-1}=(2^2)^{x-1}=2^{2x-2}$이므로 주어진 방정식은

$$2^{3x+3}=2^{2x-2}$$

밑이 같으므로

$$3x+3=2x-2 \qquad \therefore x=-5$$

2. 지수를 같게 할 수 있는 경우

방정식 $(3x-2)^{x-4}=7^{x-4}\left(x>\frac{2}{3}\right)$은 지수가 같으므로 밑이 같으면 됩니다.

이때 임의의 양의 실수 a에 대하여 $a^0=1$이므로 지수가 0인 경우도 고려해야 합니다. 즉, $a^x=b^x$에서 $x=0$이면 $a^0=b^0=1$이므로 $x=0$도 방정식의 해가 됩니다.

따라서 $(3x-2)^{x-4}=7^{x-4}$에서

$$3x-2=7 \text{ 또는 } x-4=0 \qquad \therefore x=3 \text{ 또는 } x=4$$

이와 같이 지수를 같게 할 수 있는 지수방정식은 지수법칙을 이용하여 지수를 같게 한 다음 밑을 비교하거나 지수가 0임을 이용합니다. 즉, 주어진 방정식을 $a^{f(x)}=b^{f(x)}$ 꼴로 변형한 후

$$a^{f(x)}=b^{f(x)}\ (a>0,\ b>0) \Longleftrightarrow a=b \text{ 또는 } f(x)=0$$

└ 밑이 같거나 지수가 0이다.

임을 이용합니다.

3. a^x 꼴이 반복되는 경우

방정식 $9^x-2\times3^x-3=0$과 같이 3^x, 3^{2x}이 동시에 있는 꼴의 지수방정식은 $3^{2x}=(3^x)^2$이므로 $3^x=t$로 치환하여 t에 대한 방정식을 풉니다.

이때 $a^x>0$이므로 t의 값의 범위는 $t>0$임에 유의해야 합니다.

Example 방정식 $9^x-2\times3^x-3=0$을 풀어 보자.

$9^x=(3^2)^x=(3^x)^2$이므로 주어진 방정식은 $(3^x)^2-2\times3^x-3=0$

$3^x=t\ (t>0)$로 놓으면 $t^2-2t-3=0$

$(t+1)(t-3)=0 \qquad \therefore t=-1$ 또는 $t=3$

이때 모든 실수 x에 대하여 $t=3^x>0$이므로 $t=3^x=-1$이 되는 실수 x는 존재하지 않는다.

따라서 $t=3^x=3$을 만족시키는 x의 값, 즉 $x=1$이 이 방정식의 해이다.

개념 Point 지수방정식의 풀이

1 밑을 같게 할 수 있는 경우 : 밑을 같게 한 다음 지수를 비교한다.

$$a^{f(x)}=a^{g(x)} \Longleftrightarrow f(x)=g(x)\ (\text{단, } a>0,\ a\neq1)$$

2 지수를 같게 할 수 있는 경우 : 지수를 같게 한 다음 밑을 비교하거나 지수가 0임을 이용한다.

$$a^{f(x)}=b^{f(x)} \Longleftrightarrow a=b \text{ 또는 } f(x)=0\ (\text{단, } a>0,\ b>0)$$

3 a^x 꼴이 반복되는 경우 : $a^x=t\ (t>0)$로 치환하여 t에 대한 방정식을 푼다.

Plus

- $2^x=5$와 같이 밑을 같게 할 수 없는 지수방정식은 로그방정식에서 다루게 된다.
- **예제 08에서의 치환과 지수방정식에서의 치환의 차이점**

  지수함수의 최대, 최소에서는 y의 최댓값, 최솟값을 구하는 것이므로 a^x이나 a^x+a^{-x}을 t로 치환하더라도 다시 처음의 변수 x로 바꿀 필요가 없다. 그러나 지수방정식은 x의 값을 구해야 하므로 반드시 치환한 방정식에서 구한 t의 값을 다시 처음의 변수 x로 바꾸어 해를 구해야 한다.

2 지수부등식

$2^x>8$, $4^x+2^{x+1}-8\leq 0$과 같이 지수에 미지수를 포함하고 있는 부등식을 지수부등식이라고 합니다. 지수부등식은 지수방정식과 마찬가지로 지수함수의 성질을 이용하여 풀 수 있습니다.

이제 지수부등식의 해를 구하는 방법에 대하여 알아봅시다.

지수함수 $y=a^x$ $(a>0,\ a\neq 1)$의 그래프는 다음과 같이 $a>1$일 때 x의 값이 증가하면 y의 값도 증가하고, $0<a<1$일 때 x의 값이 증가하면 y의 값은 감소합니다.

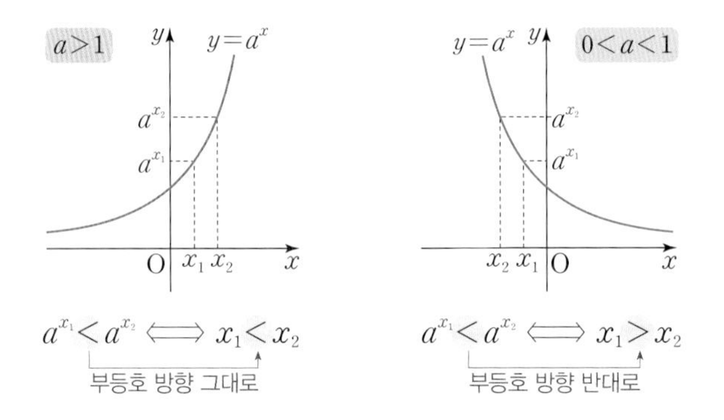

따라서 지수부등식을 풀 때에는 밑의 값에 따라 부등호의 방향이 달라짐에 주의해야 합니다.

즉, (밑)>1이면 지수의 부등호의 방향은 그대로이고, $0<$(밑)<1이면 지수의 부등호의 방향은 반대로 바뀝니다.

일반적으로 지수부등식은 밑을 같게 할 수 있는 경우와 a^x 꼴이 반복되는 경우로 나누어 생각할 수 있는데 지금부터 그 각각의 경우에 대하여 알아봅시다.

1. 밑을 같게 할 수 있는 경우

밑을 같게 할 수 있는 지수부등식은 지수법칙을 이용하여 밑을 같게 한 다음 지수를 비교합니다. 즉, 주어진 부등식을 $a^{f(x)}<a^{g(x)}$ 꼴로 변형한 후

(i) $a>1$일 때, $a^{f(x)}<a^{g(x)} \Longleftrightarrow f(x)<g(x)$

(ii) $0<a<1$일 때, $a^{f(x)}<a^{g(x)} \Longleftrightarrow f(x)>g(x)$

임을 이용합니다.

Example

(1) 부등식 $2^x > 8$을 풀어 보자.

주어진 부등식에서 $2^x > 2^3$

밑이 2이고 $2 > 1$이므로

$x > 3$ ← (밑) > 1이므로 부등호의 방향은 그대로이다.

(2) 부등식 $\left(\frac{1}{2}\right)^{2x} < \left(\frac{1}{8}\right)^{x-2}$을 풀어 보자.

주어진 부등식에서 $\left(\frac{1}{2}\right)^{2x} < \left\{\left(\frac{1}{2}\right)^3\right\}^{x-2}$, $\left(\frac{1}{2}\right)^{2x} < \left(\frac{1}{2}\right)^{3x-6}$

밑이 $\frac{1}{2}$이고 $0 < \frac{1}{2} < 1$이므로

$2x > 3x - 6$ ← 0 < (밑) < 1이므로 부등호의 방향은 반대로 바뀐다.

$\therefore x < 6$

2. a^x 꼴이 반복되는 경우

지수부등식 $4^x + 2^{x+1} - 8 \le 0$과 같이 2^x, 2^{2x}이 동시에 있는 꼴의 지수부등식은 지수방정식과 마찬가지로 $2^x = t$로 치환하여 t에 대한 부등식을 풉니다. 이때 항상 $t > 0$임에 유의하여야 합니다.

Example

부등식 $4^x + 2^{x+1} - 8 \le 0$에서 $(2^x)^2 + 2 \times 2^x - 8 \le 0$

$2^x = t$ $(t > 0)$로 놓으면 $t^2 + 2t - 8 \le 0$

$(t+4)(t-2) \le 0$ $\quad \therefore -4 \le t \le 2$

그런데 $t > 0$이므로 $0 < t \le 2$

따라서 $0 < 2^x \le 2$이고 밑이 2이므로 $x \le 1$ ← (밑) > 1이므로 부등호의 방향은 그대로이다.

이와 같이 a^x, a^{2x}이 동시에 있는 꼴의 지수부등식은 $a^x = t$로 치환하여 t에 대한 부등식을 풀면 됩니다. 이때 주의할 점은 반드시 치환한 부등식에서 구한 t의 값을 처음의 변수 x로 바꾸어 해를 구해야 한다는 것입니다.

개념 Point 지수부등식의 풀이

1 밑을 같게 할 수 있는 경우 : 밑을 같게 한 다음 지수를 비교한다.

(1) $a > 1$일 때, $a^{f(x)} < a^{g(x)} \Longleftrightarrow f(x) < g(x)$

(2) $0 < a < 1$일 때, $a^{f(x)} < a^{g(x)} \Longleftrightarrow f(x) > g(x)$

2 a^x 꼴이 반복되는 경우 : $a^x = t$ $(t > 0)$로 치환하여 t에 대한 부등식을 푼다.

+ Plus

$3^x > 8$처럼 밑을 같게 할 수 없는 지수부등식은 로그부등식에서 다루게 된다.

개념 Plus 밑에 미지수를 포함한 지수방정식과 지수부등식의 풀이

밑에 미지수를 포함한 지수방정식은 밑이 1일 때와 밑이 1이 아닐 때로 나누어 풀어야 한다.
예를 들어 $x^{x+3}=x^{2x+1}$ $(x>0)$을 풀 때에는 일반적인 지수방정식의 풀이와 같이 밑이 같으므로 지수가 같음을 이용하여 푼다. 즉,

$x+3=2x+1$

$\therefore x=2$

그런데 밑이 1인 경우, 즉 $x=1$인 경우를 생각해 보면 주어진 방정식은 $1^4=1^3$이므로 등식이 성립한다.
따라서 위의 방정식의 해는 $x=1$ 또는 $x=2$의 두 개라는 것을 알 수 있다.

이와 같이 밑에 미지수 x를 포함한 지수방정식 $a^{f(x)}=a^{g(x)}$ $(a>0)$은

(i) $f(x)=g(x)$　　(ii) $a=1$

의 두 가지 경우를 모두 고려하여 해를 구해야 한다.

Example 방정식 $x^{2x+6}=x^{x^2+x}$을 풀어 보자. (단, $x>0$)

(i) 밑이 x로 같으므로 지수를 같게 하면

$2x+6=x^2+x$, $x^2-x-6=0$

$(x+2)(x-3)=0$　　$\therefore x=3$ ($\because x>0$)

(ii) 밑이 1, 즉 $x=1$이면 $1^8=1^2$이므로 등식이 성립한다.

(i), (ii)에서 주어진 방정식의 해는 $x=1$ 또는 $x=2$

밑의 범위에 따라 부등호의 방향이 바뀌므로 밑의 범위를 나누어 생각한다.

마찬가지 원리로 밑에 미지수 x를 포함한 지수부등식 $a^{f(x)}\geq a^{g(x)}$ 또는 $a^{f(x)}\leq a^{g(x)}$ $(a>0)$은

(i) $a>1$ ← (밑)>1　　(ii) $a=1$ ← (밑)$=1$　　(iii) $0<a<1$ ← $0<$(밑)<1

의 세 가지 경우를 모두 고려하여 해를 구해야 한다.

Example 부등식 $x^{2x+3}<x^{2x^2-1}$을 풀어 보자. (단, $x>0$)

(i) $x>1$일 때,

$2x+3<2x^2-1$, $2x^2-2x-4>0$

$(x+1)(x-2)>0$　　$\therefore x<-1$ 또는 $x>2$

그런데 $x>1$이므로 $x>2$

(ii) $x=1$일 때,

$1^5<1^1$이므로 주어진 부등식이 성립하지 않는다.

(iii) $0<x<1$일 때,

$2x+3>2x^2-1$, $2x^2-2x-4<0$

$(x+1)(x-2)<0$　　$\therefore -1<x<2$

그런데 $0<x<1$이므로 $0<x<1$

(i)~(iii)에서 주어진 부등식의 해는 $0<x<1$ 또는 $x>2$

개념 콕콕

1 다음 방정식을 푸시오.

(1) $3^{2x+1}=81$ (2) $5^{2x+1}=125^{x}$

2 다음 방정식을 푸시오.

(1) $2^{2x}-2^{x}-2=0$ (2) $3^{x}+\left(\frac{1}{3}\right)^{x}=2$

3 다음 부등식을 푸시오.

(1) $5^{x}>\frac{1}{125}$ (2) $\left(\frac{3}{4}\right)^{3x}>\frac{3}{4}$ (3) $\left(\frac{1}{3}\right)^{x+1}<9^{x}$

4 다음은 방정식 $9^{x}-10\times 3^{x+1}+81=0$의 두 실근의 합을 구하는 과정이다. (가)~(라)에 알맞은 것을 써넣으시오.

> 방정식 $9^{x}-10\times 3^{x+1}+81=0$을 변형하면
>
> $(3^{x})^{2}-30\times 3^{x}+81=0$ …… ㉠
>
> 이때 $3^{x}=t$ $(t>0)$로 놓으면
>
> $t^{2}-30t+81=0$ …… ㉡
>
> 방정식 ㉠의 두 실근을 α, β라고 하면 t에 대한 이차방정식 ㉡의 두 실근은
>
> $3^{\boxed{(가)}}$, $3^{\boxed{(나)}}$
>
> 이 된다는 것을 알 수 있다.
>
> 이때 이차방정식 ㉡의 근과 계수의 관계에 의하여 두 근의 곱은 $3^{\alpha}\times 3^{\beta}=81$이므로
>
> $3^{\boxed{(다)}}=81$에서
>
> $\alpha+\beta=\boxed{(라)}$
>
> 가 성립한다.

• 풀이 35쪽

정답

1 (1) $x=\frac{3}{2}$ (2) $x=1$ **2** (1) $x=1$ (2) $x=0$ **3** (1) $x>-3$ (2) $x<\frac{1}{3}$ (3) $x>-\frac{1}{3}$

4 (가) α (나) β (다) $\alpha+\beta$ (라) 4

예제 09 지수방정식의 풀이

다음 방정식을 푸시오.

(1) $2^{x^2+4}=32^x$　　　(2) $(x-2)^{x-4}=3^{x-4}$ (단, $x>2$)

접근 방법 (1)과 같이 밑을 같게 할 수 있는 지수방정식은 지수법칙을 이용하여 $a^{f(x)}=a^{g(x)}$ 꼴로 변형한 후

$$a^{f(x)}=a^{g(x)}\ (a>0,\ a\neq1) \Longleftrightarrow f(x)=g(x)$$

임을 이용하여 푼다.

한편, (2)와 같이 지수를 같게 할 수 있는 지수방정식은 지수법칙을 이용하여 $a^{f(x)}=b^{f(x)}$ 꼴로 변형한 후

$$a^{f(x)}=b^{f(x)}\ (a>0,\ b>0) \Longleftrightarrow a=b \text{ 또는 } f(x)=0$$

└ 밑이 같거나 지수가 0이다.

임을 이용하여 푼다.

수매씽 Point $a^{f(x)}=a^{g(x)} \Rightarrow f(x)=g(x)$

상세 풀이 (1) $32^x=(2^5)^x=2^{5x}$이므로 주어진 방정식은 $2^{x^2+4}=2^{5x}$

밑이 같으므로 $x^2+4=5x$

$x^2-5x+4=0$, $(x-1)(x-4)=0$

$\therefore x=1$ 또는 $x=4$

(2) 다음과 같이 두 가지 경우로 나누어 풀면 된다.

(i) 지수가 $x-4$로 서로 같으므로 밑을 같게 하면

$x-2=3$　　$\therefore x=5$

(ii) 지수가 0, 즉 $x=4$이면 주어진 방정식은 $2^0=3^0$이므로 등식이 성립한다.

(i), (ii)에서 주어진 방정식의 해는 $x=4$ 또는 $x=5$

정답 (1) $x=1$ 또는 $x=4$　(2) $x=4$ 또는 $x=5$

보충 설명

표현 바꾸기 **09-2**와 같이 밑이 문자로 주어진 경우에는 밑이 1인지 아닌지를 반드시 조사해야 한다. 즉,

$$a^{f(x)}=a^{g(x)}\ (a>0) \Longleftrightarrow f(x)=g(x) \text{ 또는 } a=1$$

숫자 바꾸기 한번 더

09-1

다음 방정식을 푸시오.

(1) $3^{-x^2+4}=27^x$

(2) $(2\sqrt{2})^{x^2}=4^{x+1}$

(3) $2^{x^2-1}=3^{x+1}$

(4) $(x-1)^{x-4}=2^{x-4}$ (단, $x>1$)

표현 바꾸기 한번 더

09-2

다음 방정식을 푸시오.

(1) $x^{2x-1}=x^{x+2}$ (단, $x>0$)

(2) $(x+1)^{x^2}=(x+1)^{2x}$ (단, $x>-1$)

개념 넓히기 풀이 36쪽 보충 설명 한번 더

09-3

방정식 $2^{x+3}=49$의 근을 α라고 할 때, 다음 중 옳은 것은?

① $0<\alpha<1$ ② $1<\alpha<2$ ③ $2<\alpha<3$

④ $3<\alpha<4$ ⑤ $4<\alpha<5$

• 풀이 36쪽

정답

09-1 (1) $x=-4$ 또는 $x=1$ (2) $x=-\frac{2}{3}$ 또는 $x=2$ (3) $x=-1$ (4) $x=3$ 또는 $x=4$

09-2 (1) $x=1$ 또는 $x=3$ (2) $x=0$ 또는 $x=2$ **09-3** ③

예제 10 치환을 이용한 지수방정식의 풀이

방정식 $4^x-3\times2^{x+2}+32=0$을 푸시오.

접근 방법 a^x 꼴이 반복되는 지수방정식은 $a^x=t$로 치환하여 t에 대한 방정식을 푼다. 이때 a^x 꼴이 반복되는 지수함수의 최대, 최소의 풀이와 마찬가지로 치환하는 미지수 t의 값의 범위가 $t>0$임에 주의하여 해를 구한다.

수매씽 Point a^x 꼴이 반복되는 지수방정식 ➡ $a^x=t$로 치환한다.

상세 풀이 주어진 방정식을 변형하면

$$(2^2)^x-3\times2^2\times2^x+32=0,\ (2^x)^2-12\times2^x+32=0$$

이때 $2^x=t\ (t>0)$로 놓으면 $t^2-12t+32=0$

$$(t-4)(t-8)=0 \qquad \therefore\ t=4 \text{ 또는 } t=8$$

따라서 $2^x=4=2^2$ 또는 $2^x=8=2^3$이므로

$$x=2 \text{ 또는 } x=3$$

정답 $x=2$ 또는 $x=3$

보충 설명

위의 상세 풀이에서 방정식 $4^x-3\times2^{x+2}+32=0$의 두 실근은 $x=2$ 또는 $x=3$이고, 방정식 $t^2-12t+32=0$의 두 실근은 $t=4$ 또는 $t=8$이다. 따라서 $4^x-3\times2^{x+2}+32=0$의 두 실근을 α, β라고 하면 $t^2-12t+32=0$의 두 실근은 2^α, 2^β이 된다는 것을 알 수 있다. 이때 이차방정식의 근과 계수의 관계에 의하여 $2^\alpha\times2^\beta=32$이므로

$$2^{\alpha+\beta}=2^5$$

에서 $\alpha+\beta=5$가 성립한다.

일반적으로 $a^{2x}+pa^x+q=0$의 두 근을 α, β라고 하면 $a^x=t\ (t>0)$로 치환한 이차방정식 $t^2+pt+q=0$의 두 근은 a^α, a^β이 된다.

숫자 바꾸기 　　　　한번 더 ☑ ☐

10-1

다음 방정식을 푸시오.

(1) $4^x-2^{x+2}-2^5=0$ 　　(2) $2^x-6+2^{3-x}=0$

(3) $2^{\frac{x}{2}}(2^{\frac{x}{2}}-2)=8$ 　　(4) $8^x-3\times4^{x+1}+2^{x+5}=0$

표현 바꾸기 　　　　한번 더 ☑ ☐

10-2

다음 방정식을 푸시오.

(1) $2(4^x+4^{-x})-3(2^x+2^{-x})-1=0$ 　　(2) $(3+2\sqrt{2})^x+(3-2\sqrt{2})^x=6$

개념 넓히기 　　　　한번 더 ☑ ☐

10-3

다음 물음에 답하시오.

(1) 방정식 $4^x-7\times2^x+12=0$의 두 근을 α, β라고 할 때, $2^{2\alpha}+2^{2\beta}$의 값을 구하시오.

(2) 방정식 $16^x-12\times4^x+9=0$의 두 근을 α, β라고 할 때, $2^\alpha+2^\beta$의 값을 구하시오.

• 풀이 36쪽~38쪽

정답

10-1 (1) $x=3$ (2) $x=1$ 또는 $x=2$ (3) $x=4$ (4) $x=2$ 또는 $x=3$

10-2 (1) $x=-1$ 또는 $x=1$ (2) $x=-1$ 또는 $x=1$ 　　**10-3** (1) 25 (2) $3\sqrt{2}$

출제 가능성

예제 11 지수방정식을 치환하여 만든 이차방정식

x에 대한 방정식

$$4^x-k\times 2^{x+2}+k=0$$

이 서로 다른 두 실근을 가질 때, 실수 k의 값의 범위를 구하시오.

접근 방법 주어진 방정식에서 $2^x=t$로 치환한다. 이때 $2^x>0$에서 $t>0$이므로 x에 대한 방정식 $4^x-k\times 2^{x+2}+k=0$이 서로 다른 두 실근을 가진다는 것은 t에 대한 방정식 $t^2-4kt+k=0$이 서로 다른 두 양의 실근을 가진다는 뜻이 된다.

수매씽 Point $a^x=t$로 치환할 때에는 $t>0$이라는 것에 주의한다.

상세 풀이 주어진 방정식을 변형하면 $(2^x)^2-4k\times 2^x+k=0$

이때 $2^x=t\ (t>0)$로 놓으면 $t^2-4kt+k=0$ …… ㉠

주어진 방정식이 서로 다른 두 실근을 가지면 ㉠이 서로 다른 두 양의 실근을 갖는다.

(i) 이차방정식 ㉠의 판별식을 D라고 하면

$$\frac{D}{4}=(-2k)^2-1\times k>0,\ 4k^2-k>0$$

$$k(4k-1)>0 \qquad \therefore\ k<0 \text{ 또는 } k>\frac{1}{4}$$

(ii) (두 근의 합)$=4k>0$ $\qquad \therefore\ k>0$

(iii) (두 근의 곱)$=k>0$

(i)~(iii)에서 구하는 k의 값의 범위는 $k>\frac{1}{4}$

정답 $k>\frac{1}{4}$

보충 설명

공통수학1 09. 여러 가지 부등식에서 배운 것과 같이 계수가 실수인 이차방정식의 두 근이 실수이면 직접 두 근을 구하지 않고도 판별식, 근과 계수의 관계를 이용하여 두 실근의 부호를 판별할 수 있다.

계수가 실수인 이차방정식 $ax^2+bx+c=0$의 두 실근을 α, β라 하고, 판별식을 D라고 하면

① 두 근이 모두 양수일 조건 : $D\ge 0$, $\alpha+\beta>0$, $\alpha\beta>0$

② 두 근이 모두 음수일 조건 : $D\ge 0$, $\alpha+\beta<0$, $\alpha\beta>0$

③ 두 근이 서로 다른 부호일 조건 : $\alpha\beta<0$

숫자 바꾸기

한번 더

11-1

다음 물음에 답하시오.

(1) x에 대한 방정식 $9^x-2\times3^x+a=0$이 서로 다른 두 실근을 가질 때, 실수 a의 값의 범위를 구하시오.

(2) x에 대한 방정식 $4^x-2^{x+a}+2^{a+1}=0$이 실근을 가질 때, 실수 a의 값의 범위를 구하시오.

03

표현 바꾸기

풀이 38쪽 보충 설명 한번 더

11-2

다음 물음에 답하시오.

(1) x에 대한 방정식 $4^x-2(a-4)2^x+2a=0$의 두 근이 모두 1보다 클 때, 실수 a의 값의 범위를 구하시오.

(2) x에 대한 방정식 $4^x-a\times2^{x+2}+a^2=0$의 두 근 사이에 1이 존재할 때, 실수 a의 값의 범위를 구하시오.

개념 넓히기

한번 더

11-3

x에 대한 방정식 $4^x+4^{-x}-2(2^x+2^{-x})+a=0$이 적어도 하나의 실근을 갖도록 하는 실수 a의 값의 범위를 구하시오.

• 풀이 38쪽～39쪽

정답

11-1 (1) $0<a<1$ (2) $a\geq3$ **11-2** (1) $8\leq a<10$ (2) $4-2\sqrt{3}<a<4+2\sqrt{3}$ **11-3** $a\leq2$

예제 12 밑을 같게 할 수 있는 지수부등식의 풀이

다음 부등식을 푸시오.

(1) $4(\sqrt{2})^x > \sqrt{128}$

(2) $\frac{1}{81} < \left(\frac{1}{3}\right)^{2x} < \frac{1}{\sqrt{3}}$

접근 방법 밑을 같게 할 수 있는 지수부등식은 지수법칙을 이용하여 $a^{f(x)} < a^{g(x)}$ 꼴로 변형한 후 지수를 비교한다. 이때 (밑)>1이면 지수의 부등호의 방향은 그대로이고, $0<$(밑)<1이면 지수의 부등호의 방향은 반대로 바뀐다.

수매씽 Point $a>1$일 때, $a^{f(x)} < a^{g(x)} \Longleftrightarrow f(x) < g(x)$
$0<a<1$일 때, $a^{f(x)} < a^{g(x)} \Longleftrightarrow f(x) > g(x)$

상세 풀이 (1) $4(\sqrt{2})^x = 2^2 \times 2^{\frac{x}{2}} = 2^{2+\frac{x}{2}}$, $\sqrt{128} = \sqrt{2^7} = 2^{\frac{7}{2}}$이므로 주어진 부등식은

$$2^{2+\frac{x}{2}} > 2^{\frac{7}{2}}$$

이때 밑이 2이고 $2>1$이므로

$$2+\frac{x}{2} > \frac{7}{2},\ \frac{x}{2} > \frac{3}{2} \qquad \therefore x>3$$

(2) $\frac{1}{81} = \left(\frac{1}{3}\right)^4$, $\frac{1}{\sqrt{3}} = \sqrt{\frac{1}{3}} = \left(\frac{1}{3}\right)^{\frac{1}{2}}$이므로 주어진 부등식은

$$\left(\frac{1}{3}\right)^4 < \left(\frac{1}{3}\right)^{2x} < \left(\frac{1}{3}\right)^{\frac{1}{2}}$$

이때 밑이 $\frac{1}{3}$이고 $0<\frac{1}{3}<1$이므로

$$4 > 2x > \frac{1}{2} \qquad \therefore \frac{1}{4} < x < 2$$

정답 (1) $x>3$ (2) $\frac{1}{4}<x<2$

보충 설명

지수함수 $y=a^x$ $(a>0,\ a\neq 1)$은

(i) $a>1$일 때, x의 값이 증가하면 y의 값도 증가한다.

(ii) $0<a<1$일 때, x의 값이 증가하면 y의 값은 감소한다.

이 성질이 지수부등식에 적용되어 $a^{f(x)} < a^{g(x)}$에서 $a>1$이면 큰 쪽의 지수가 커야 하므로 $f(x)<g(x)$이고, $0<a<1$이면 큰 쪽의 지수가 작아야 하므로 $f(x)>g(x)$이다.

숫자 바꾸기 　　　　한번 더 ☑ ☐

12-1

다음 부등식을 푸시오.

(1) $\left(\frac{1}{4}\right)^{x-2}<32$　　　(2) $\frac{1}{25}<5^x<125$

(3) $\left(\frac{3}{2}\right)^{x^2}\le\left(\frac{2}{3}\right)^{2x-3}$　　　(4) $4^{x^2}<\left(\frac{1}{\sqrt{2}}\right)^{8x}$

표현 바꾸기 　　　　풀이 40쪽 ➕ 보충 설명　한번 더 ☑ ☐

12-2

다음 부등식을 푸시오.

(1) $x^{3x-2}>x^{x+4}$ (단, $x>0$)　　　(2) $(x^2-2x+1)^{x-1}<1$ (단, $x\neq1$)

개념 넓히기 　　　　한번 더 ☑ ☐

12-3

함수 $f(x)=x^2-x-4$에 대하여 부등식 $4^{f(x)}-2^{1+f(x)}<8$을 만족시키는 정수 x의 개수는?

① 1　　② 2　　③ 3

④ 4　　⑤ 5

• 풀이 39쪽~40쪽

정답

12-1 (1) $x>-\frac{1}{2}$ (2) $-2<x<3$ (3) $-3\le x\le1$ (4) $-2<x<0$

12-2 (1) $0<x<1$ 또는 $x>3$ (2) $x<0$ 또는 $1<x<2$　　**12-3** ④

출제 가능성

예제 13

지수부등식을 치환하여 만든 이차부등식

모든 실수 x에 대하여 부등식 $4^x-4\times2^x+k\ge0$이 성립하도록 하는 실수 k의 값의 범위를 구하시오.

접근 방법 $2^x=t\ (t>0)$로 치환하면 주어진 부등식은 이차부등식 $t^2-4t+k\ge0$이다. $f(t)=t^2-4t+k$라 하고 $f(t)$의 최솟값이 0보다 크거나 같음을 이용한다.

수매씽 Point 범위가 제한된 이차부등식 문제는 이차함수의 최솟값을 이용한다.

상세 풀이 주어진 방정식을 변형하면

$$(2^x)^2-4\times2^x+k\ge0$$

이므로 $2^x=t\ (t>0)$로 놓으면 $t^2-4t+k\ge0$

이때 $f(t)=t^2-4t+k=(t-2)^2+k-4$라 하자.

$t>0$인 모든 실수 t에 대하여 $f(t)\ge0$이 성립하려면 $f(t)$의 최솟값이 0보다 크거나 같으면 된다.

$t>0$에서 함수 $f(t)$의 최솟값은

$$f(2)=k-4$$

따라서 $k-4\ge0$에서 $k\ge4$

정답 $k\ge4$

보충 설명

부등식 $f(x)>g(x)$의 해는 함수 $y=f(x)$의 그래프가 함수 $y=g(x)$의 그래프보다 위쪽에 있는 부분의 x의 값의 범위이므로 두 함수의 그래프의 위치 관계를 이용하여 풀 수도 있다. 즉, $t^2-4t+k>0$에서 $t^2-4t>-k$이므로 $t>0$에서 함수 $y=t^2-4t=(t-2)^2-4$의 그래프가 직선 $y=-k$보다 위쪽에 있도록 하는 실수 k의 값의 범위를 구해도 결과는 같다.

숫자 바꾸기 　　　　한번 더

13-1

모든 실수 x에 대하여 부등식 $\left(\frac{1}{4}\right)^{x}+\left(\frac{1}{2}\right)^{x-2}+k>0$이 성립하도록 하는 실수 k의 값의 범위를 구하시오.

표현 바꾸기 　　　　풀이 41쪽 ➕보충 설명 한번 더

13-2

모든 실수 x에 대하여 다음 부등식이 성립하도록 하는 실수 a의 값의 범위를 구하시오.

(1) $2^{x+1}-2^{\frac{x+4}{2}}+a\geq 0$ 　　　　(2) $25^{x}-2a\times 5^{x}+9\geq 0$

개념 넓히기 　　　　한번 더

13-3

모든 실수 x에 대하여 부등식

$$2^{4x}+a\times 2^{2x-1}+10>\frac{3}{4}a$$

를 만족시키는 자연수 a의 최댓값은?

① 11 　　② 13 　　③ 15

④ 17 　　⑤ 19

• 풀이 40쪽～41쪽

정답

13-1 $k\geq 0$ 　　**13-2** (1) $a\geq 2$ (2) $a\leq 3$ 　　**13-3** ②

STEP 1 기본 다지기

1 함수 $f(x)=2^{x+p}+q$의 그래프의 점근선이 직선 $y=-4$이고 $f(0)=0$일 때, $f(4)$의 값을 구하시오. (단, p, q는 상수이다.)

2 점근선의 방정식이 $y=2$인 함수 $y=2^{2x+a}+b$의 그래프를 y축에 대하여 대칭이동한 함수 $y=f(x)$의 그래프가 오른쪽 그림과 같다. 함수 $y=f(x)$의 그래프가 점 $(-1,\ 10)$을 지날 때, 상수 a, b에 대하여 $a+b$의 값을 구하시오.

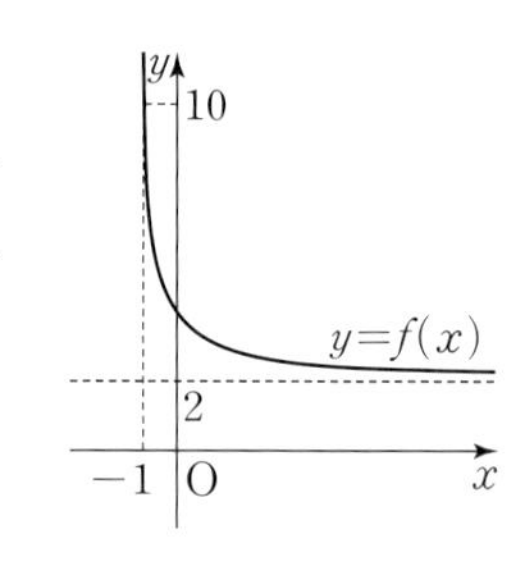

3 함수 $f(x)=\left(\frac{1}{2}\right)^{x-2}+3$에 대하여 집합 $A=\{[f(x)]\,|\,x>0$인 실수$\}$라고 할 때, 집합 A의 모든 원소의 합을 구하시오. (단, $[x]$는 x보다 크지 않은 최대의 정수이다.)

4 오른쪽 그림과 같이 세 직선 $y=5$, $y=6$, $y=7$이 두 함수 $y=3^x$, $y=3^{x-3}$의 그래프에 의하여 잘린 선분을 각각 $\overline{AB}$, $\overline{CD}$, $\overline{EF}$라고 하자. 세 선분 AB, CD, EF의 길이의 합을 구하시오.

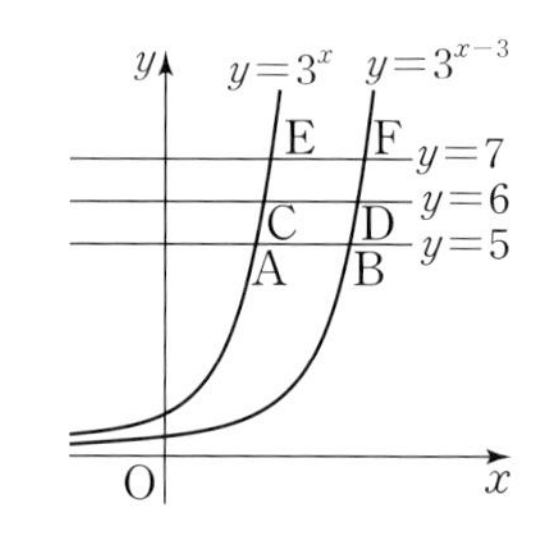

5 오른쪽 그림과 같이 함수 $y=3^{x+1}$의 그래프 위의 한 점 A와 함수 $y=3^{x-2}$의 그래프 위의 두 점 B, C에 대하여 선분 AB는 x축에 평행하고 선분 AC는 y축에 평행하다. $\overline{AB}=\overline{AC}$일 때, 점 A의 y좌표를 구하시오. (단, 점 A는 제1사분면 위에 있다.)

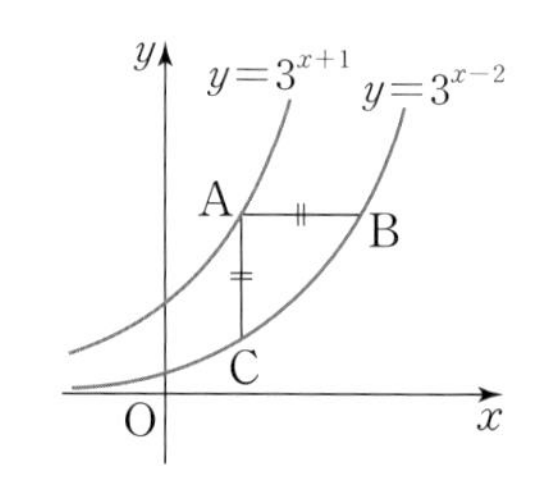

6 $-6\le x\le 2$일 때, 함수 $y=2^{|x|-1}$의 최댓값을 M, 최솟값을 m이라고 하자. Mm의 값을 구하시오.

7 두 함수 $f(x)=\left(\frac{1}{2}\right)^{x-a}$, $g(x)=(x-1)(x-3)$에 대하여 합성함수 $h(x)=(f\circ g)(x)$라고 하자. 함수 $h(x)$가 $0\le x\le 5$에서 최솟값 $\frac{1}{4}$, 최댓값 M을 갖을 때, M의 값을 구하시오.

(단, a는 상수이다.)

8 함수 $y=4^x-a\times 2^x+12$는 $x=2$에서 최솟값을 갖는다. 방정식 $4^x-a\times 2^x+12=0$의 두 근을 α, β라고 할 때, $2^{2\alpha}+2^{2\beta}$의 값을 구하시오.

9 함수 $f(x)=\frac{13}{3^x+3^{x+1}+3^{x+2}}$에 대하여 방정식 $6f(x)+f(-x)=5$의 서로 다른 두 실근을 α, β라고 할 때, $9^\alpha+9^\beta$의 값을 구하시오.

10 연립방정식 $\begin{cases}2^{x+2}-3^{y-1}=55\\2^{x-1}+3^{y+1}=89\end{cases}$의 해가 $x=\alpha$, $y=\beta$일 때, $\alpha+\beta$의 값을 구하시오.

11 세 양의 실수 r_1, r_2, r_3과 세 함수

$$f(x)=(1+r_1)^x,\ g(x)=\left(1+\frac{r_2}{2}\right)^{2x},\ h(x)=\left(1+\frac{r_3}{4}\right)^{4x}$$

에 대하여 $f(10)=g(10)=h(10)$일 때, r_1, r_2, r_3의 대소 관계를 바르게 나타낸 것은?

① $r_1<r_2<r_3$　② $r_1<r_3<r_2$　③ $r_2<r_1<r_3$
④ $r_2<r_3<r_1$　⑤ $r_3<r_2<r_1$

12 두 지수함수 $f(x)=a^{bx-1}$, $g(x)=a^{1-bx}$이 다음 조건을 만족시킨다.

> (가) 함수 $y=f(x)$의 그래프와 함수 $y=g(x)$의 그래프는 직선 $x=2$에 대하여 대칭이다.
>
> (나) $f(4)+g(4)=\frac{5}{2}$

상수 a, b에 대하여 $a+b$의 값을 구하시오. (단, $0<a<1$)

13 두 함수 $y=2^x$, $y=-\left(\frac{1}{2}\right)^x+k$의 그래프가 서로 다른 두 점 A, B에서 만난다. 선분 AB의 중점의 좌표가 $\left(0,\ \frac{5}{4}\right)$일 때, 상수 k의 값을 구하시오.

14 x에 대한 방정식 $|2^x-2|=k$가 서로 다른 두 실근을 갖도록 하는 실수 k의 값의 범위를 구하시오.

15 x에 대한 방정식 $4^x+4^{-x}+a(2^x-2^{-x})+7=0$이 실근을 갖기 위한 양수 a의 최솟값을 m이라고 할 때, m^2의 값을 구하시오.

16 실수 전체의 집합에서 정의된 함수 $f(x)$가 다음 조건을 만족시킬 때, $-10\le x\le 10$에서 함수 $y=f(x)$의 그래프와 함수 $y=\left(\frac{1}{2}\right)^x$의 그래프의 교점의 개수를 구하시오.

> (가) $-2\le x\le 0$일 때, $f(x)=|x+1|-1$
>
> (나) 모든 실수 x에 대하여 $f(x)+f(-x)=0$
>
> (다) 모든 실수 x에 대하여 $f(2-x)=f(2+x)$

17 오른쪽 그림에서 함수 $y=a^{x+3}+1$ $(a>0,\ a\ne 1)$의 그래프가 네 점 $(1,\ 3)$, $(1,\ 4)$, $(-1,\ 4)$, $(-1,\ 3)$을 꼭짓점으로 하는 직사각형과 만나도록 하는 상수 a의 값을 정할 때, a의 최댓값과 최솟값을 각각 α, β라고 하자. 이때 $\alpha^8-\beta^8$의 값을 구하시오.

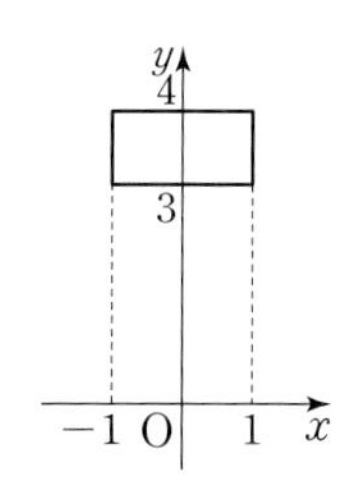

18 오른쪽 그림과 같이 함수 $y=k\times 3^x$ $(0<k<1)$의 그래프가 두 함수

$y=3^{-x}$, $y=-4\times 3^x+8$

의 그래프와 만나는 점을 각각 P, Q라고 하자. 두 점 P와 Q의 x좌표의 비가 $1:2$일 때, $35k$의 값을 구하시오.

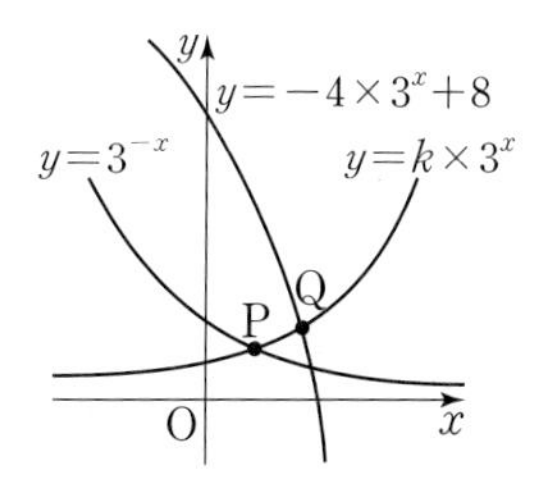

19 오른쪽 그림과 같이 세 함수

$y=a^x$, $y=b^x$, $y=c^x$

의 그래프 위의 네 점으로 이루어진 사각형 ABCD가 정사각형일 때, $a^{12}+b^{12}+c^{12}$의 값을 구하시오.

(단, 정사각형의 각 변은 x축 또는 y축에 평행하다.)

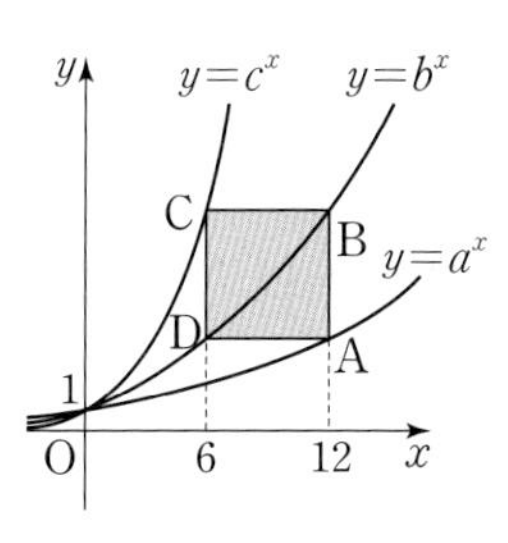

20 $A=x^x$, $B=(x^x)^2$, $C=x^{x^2}$에 대하여 다음 물음에 답하시오.

(1) $0<x<1$일 때, A, B, C의 대소를 비교하시오.

(2) $1<x<2$일 때, A, B, C의 대소를 비교하시오.

• 정답 및 풀이 46쪽~48쪽

교육청

21

x에 대한 부등식

$$2^{2x+1}-(2n+1)2^x+n\le 0$$

을 만족시키는 모든 정수 x의 개수가 7일 때, 자연수 n의 최댓값을 구하시오.

수능

22

어느 금융상품에 초기자산 W_0을 투자하고 t년이 지난 시점에서의 기대자산 W가 다음과 같이 주어진다고 한다.

$$W=\frac{W_0}{2}10^{at}(1+10^{at})$$ (단, $W_0>0$, $t\ge 0$이고, a는 상수이다.)

이 금융상품에 초기자산 w_0을 투자하고 15년이 지난 시점에서의 기대자산은 초기자산의 3배이다. 이 금융상품에 초기자산 w_0을 투자하고 30년이 지난 시점에서의 기대자산이 초기자산의 k배일 때, 실수 k의 값은? (단, $w_0>0$)

① 9 ② 10 ③ 11 ④ 12 ⑤ 13

평가원

23

두 곡선 $y=2^x$과 $y=-2x^2+2$가 만나는 두 점을 (x_1, y_1), (x_2, y_2)라 하자. $x_1<x_2$일 때, **〈보기〉**에서 옳은 것만을 있는 대로 고른 것은?

〈보기〉

ㄱ. $x_2>\frac{1}{2}$ ㄴ. $y_2-y_1<x_2-x_1$ ㄷ. $\frac{\sqrt{2}}{2}<y_1y_2<1$

① ㄱ ② ㄱ, ㄴ ③ ㄱ, ㄷ

④ ㄴ, ㄷ ⑤ ㄱ, ㄴ, ㄷ

수능

24

좌표평면에서 $a>1$인 자연수 a에 대하여 두 곡선 $y=4^x$, $y=a^{-x+4}$과 직선 $y=1$로 둘러싸인 도형의 내부 또는 그 경계에 포함되고 x좌표와 y좌표가 모두 정수인 점의 개수가 20 이상 40 이하가 되도록 하는 a의 개수를 구하시오.

04

Ⅰ. 지수함수와 로그함수

로그함수

1 로그함수의 뜻과 그래프

• 로그함수의 뜻

$a>0$, $a\neq1$일 때, $y=\log_a x$를 a를 밑으로 하는 로그함수라고 한다.

• 로그함수 $y=\log_a x\,(a>0, a\neq1)$의 그래프

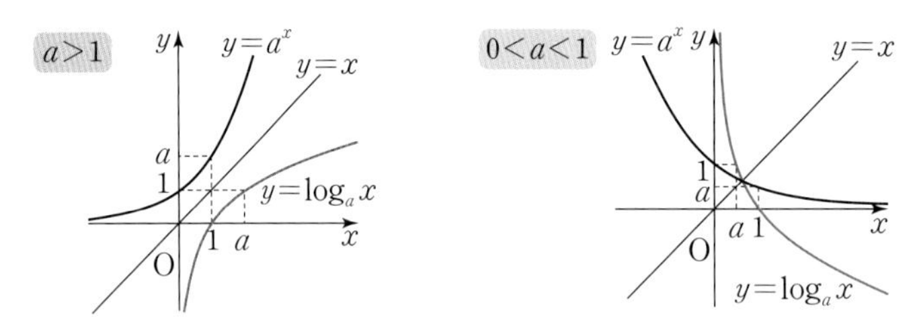

(1) 정의역은 양의 실수 전체의 집합이고, 치역은 실수 전체의 집합이다.

(2) $a>1$일 때, x의 값이 증가하면 y의 값도 증가한다. ← 증가함수

$0<a<1$일 때, x의 값이 증가하면 y의 값은 감소한다. ← 감소함수

(3) a의 값에 관계없이 항상 점 $(1, 0)$을 지나고, y축을 점근선으로 갖는다.

(4) 지수함수 $y=a^x\,(a>0, a\neq1)$의 그래프와 직선 $y=x$에 대하여 대칭이다.

• 로그함수의 성질

로그함수 $f(x)=\log_a x\,(a>0, a\neq1)$에서

(i) $a>1$일 때, $0<x_1<x_2 \Longrightarrow \log_a x_1<\log_a x_2$ ← 증가함수

(ii) $0<a<1$일 때, $0<x_1<x_2 \Longrightarrow \log_a x_1>\log_a x_2$ ← 감소함수

(iii) $x_1\neq x_2 \Longleftrightarrow \log_a x_1\neq\log_a x_2$ ← 일대일함수

• 로그함수의 최대, 최소

(1) $y=\log_a f(x)\ (a>0, a\neq1)$ 꼴의 최대, 최소

(i) $a>1$이면 $f(x)$가 최대일 때 y도 최대, $f(x)$가 최소일 때 y도 최소이다.

(ii) $0<a<1$이면 $f(x)$가 최대일 때 y는 최소, $f(x)$가 최소일 때 y는 최대이다.

(2) $\log_a x$ 꼴이 반복되는 함수의 최대, 최소

$\log_a x=t$로 치환하여 t의 값의 범위 내에서 최대, 최소를 구한다.

Q&A

Q 지수함수와 로그함수는 어떤 관계인가요?

A 지수함수 $y=a^{x-p}+q$와 로그함수 $y=\log_a(x-q)+p$는 역함수 관계이고, 두 함수의 그래프는 직선 $y=x$에 대하여 대칭입니다.

1 로그함수의 뜻과 그래프

1 로그함수의 뜻

지수함수 $y=a^x\,(a>0,\ a\neq1)$은 실수 전체의 집합에서 양의 실수 전체의 집합으로의 일대일대응이므로 그 역함수가 존재합니다. 지수함수의 역함수를 구해 봅시다.

04

로그의 정의에 의하여 1이 아닌 양수 a에 대하여

$$y=a^x \Longleftrightarrow x=\log_a y$$

가 성립하므로 $x=\log_a y$에서 x와 y를 서로 바꾸면 지수함수 $y=a^x$의 역함수

$$y=\log_a x\,(a>0,\ a\neq1)$$

를 얻을 수 있습니다. 이 함수를 a를 밑으로 하는 **로그함수**라고 합니다.

Example
(1) 함수 $y=3^x$의 역함수는 $y=\log_3 x$이고, 이는 3을 밑으로 하는 로그함수이다.
(2) 함수 $y=\left(\frac{1}{2}\right)^x$의 역함수는 $y=\log_{\frac{1}{2}} x$이고, 이는 $\frac{1}{2}$을 밑으로 하는 로그함수이다.

한편, 로그함수 $y=\log_a x$는 지수함수 $y=a^x$의 역함수이므로
(i) 로그함수의 밑의 조건은 지수함수의 밑의 조건과 같은 $a>0,\ a\neq1$입니다.
(ii) 로그함수의 정의역은 지수함수의 치역과 같은 양의 실수 전체의 집합입니다.
(iii) 로그함수의 치역은 지수함수의 정의역과 같은 실수 전체의 집합입니다.

Example
(1) 함수 $y=\log_2 x$, $y=\log_{\frac{1}{2}} x$, $y=-\log_2 x$, $y=-\log_{\frac{1}{2}} x$는 로그함수이다.
(2) 로그함수 $f(x)=\log_2 x$에 대하여

$$f(1)=\log_2 1=0,\ f(2)=\log_2 2=1,\ f\left(\frac{1}{2}\right)=\log_2 \frac{1}{2}=\log_2 2^{-1}=-1$$

로그함수 $f(x)=\log_2 x$는 $x>0$일 때에만 정의되므로 $f(-1)$, $f(-2)$, …의 값은 존재하지 않는다.

개념 Point 로그함수의 뜻

1 $a>0,\ a\neq1$일 때, $y=\log_a x$를 a를 밑으로 하는 로그함수라고 한다.
2 로그함수 $y=\log_a x$는 지수함수 $y=a^x$의 역함수이다.
로그함수 $y=\log_a x$ $\Longleftrightarrow$ 지수함수 $y=a^x$
정의역 : $\{x\,|\,x$는 양의 실수$\}$ $\Longleftrightarrow$ 치　역 : $\{y\,|\,y$는 양의 실수$\}$
치　역 : $\{y\,|\,y$는 모든 실수$\}$ $\Longleftrightarrow$ 정의역 : $\{x\,|\,x$는 모든 실수$\}$

2 로그함수 $y=\log_a x\ (a>0,\ a\neq1)$의 그래프

로그함수 $y=\log_a x\,(a>0,\ a\neq1)$의 그래프에 대하여 알아봅시다.

일반적으로 함수 $y=f(x)$의 그래프와 그 역함수 $y=f^{-1}(x)$의 그래프는 직선 $y=x$에 대하여 대칭입니다. 이를 이용하면 로그함수 $y=\log_a x$의 그래프는 역함수 관계인 지수함수 $y=a^x$의 그래프와 직선 $y=x$에 대하여 대칭임을 알 수 있습니다.

또한 지수함수 $y=a^x$은 밑 a의 값의 범위에 따라 그래프의 개형이 달라지므로 로그함수 $y=\log_a x$ 역시 밑 a의 값의 범위에 따라 그래프의 개형이 달라집니다. 이제 $a>1$인 경우와 $0<a<1$인 경우로 나누어 로그함수 $y=\log_a x$의 그래프에 대하여 알아봅시다.

1. $a>1$일 때, 로그함수 $y=\log_a x$의 그래프

$a>1$일 때, 로그함수 $y=\log_a x$의 그래프는 지수함수 $y=a^x\,(a>1)$의 그래프를 직선 $y=x$에 대하여 대칭이동하여 그릴 수 있으므로 [그림 1]과 같은 모양이 됩니다.

이때 [그림 1]에서 로그함수 $y=\log_a x\,(a>1)$의 그래프는 x의 값이 증가하면 y의 값도 증가하므로 오른쪽 위로 올라가는 곡선입니다.

└ 증가함수

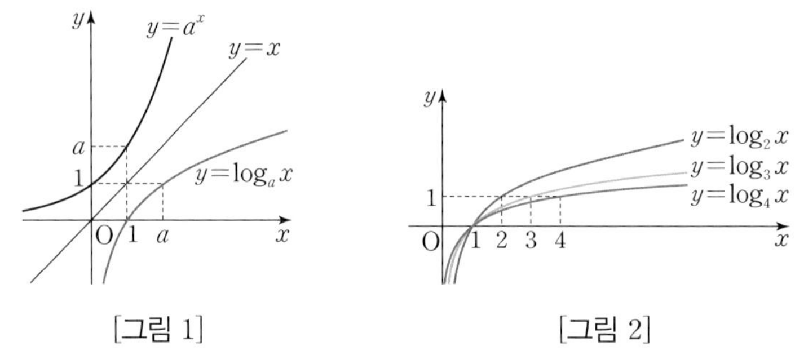

[그림 1] [그림 2]

그리고 세 로그함수 $y=\log_2 x$, $y=\log_3 x$, $y=\log_4 x$의 그래프를 그려 보면 [그림 2]와 같습니다. 즉, $a>1$일 때, 로그함수 $y=\log_a x$의 그래프는 $x>1$에서는 a의 값이 커질수록 x축에 더 가까워지고, $0<x<1$에서는 a의 값이 커질수록 y축에 더 가까워집니다.

이때 밑의 변환 공식을 이용하면 $\log_2 x=\dfrac{\log x}{\log 2}$, $\log_3 x=\dfrac{\log x}{\log 3}$, $\log_4 x=\dfrac{\log x}{\log 4}$이므로 분자는 $\log x$로 같지만 각 분모의 대소 관계는 $\log 2<\log 3<\log 4$이므로 a의 값이 커질 때의 그래프의 변화를 설명할 수도 있습니다.

2. $0<a<1$일 때, 로그함수 $y=\log_a x$의 그래프

$0<a<1$일 때, 로그함수 $y=\log_a x$의 그래프는 지수함수 $y=a^x\,(0<a<1)$의 그래프를 직선 $y=x$에 대하여 대칭이동하여 그릴 수 있으므로 [그림 3]과 같은 모양이 됩니다.

이때 [**그림** 3]에서 로그함수 $y=\log_a x\,(0<a<1)$의 그래프는 x의 값이 증가하면 y의 값은 감소하므로 오른쪽 아래로 내려가는 곡선입니다. ← 감소함수

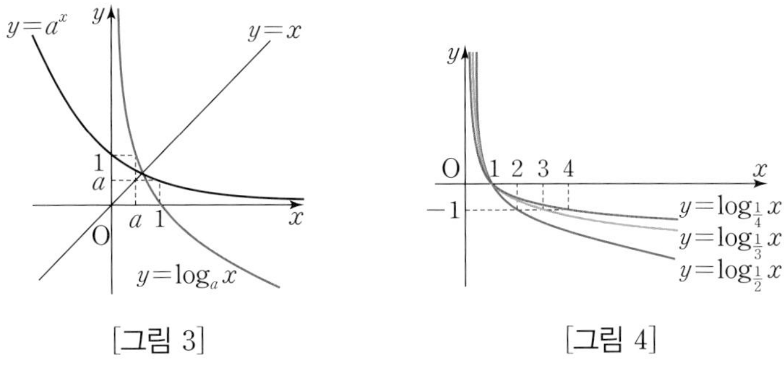

[그림 3] [그림 4]

그리고 세 로그함수 $y=\log_{\frac{1}{2}} x$, $y=\log_{\frac{1}{3}} x$, $y=\log_{\frac{1}{4}} x$의 그래프를 그려 보면 [**그림** 4]와 같습니다. 즉, $0<a<1$일 때, 로그함수 $y=\log_a x$의 그래프는 $x>1$에서는 a의 값이 작아질수록 x축에 더 가까워지고, $0<x<1$에서는 a의 값이 작아질수록 y축에 더 가까워집니다.

이때 로그의 성질을 이용하면 $\log_{\frac{1}{a}} x=-\log_a x$에서 $y=\log_{\frac{1}{a}} x$의 그래프는 $y=\log_a x$의 그래프와 x축에 대하여 대칭이므로 a의 값이 작아질 때의 그래프의 변화를 설명할 수도 있습니다.

한편, 지수함수 $y=a^x\,(a>0,\ a\neq 1)$의 그래프는 a의 값에 관계없이 항상 점 $(0,\ 1)$을 지나고 x축을 점근선으로 가지므로 로그함수 $y=\log_a x\,(a>0,\ a\neq 1)$의 그래프는 a의 값에 관계없이 항상 점 $(1,\ 0)$을 지나고 y축을 점근선으로 갖습니다. ← $a>0$, $a\neq 1$일 때, $\log_a 1=0$, $\log_a a=1$

또한 $y=\log_{\frac{1}{a}} x=-\log_a x$에서 $-y=\log_a x$이므로 $y=\log_{\frac{1}{a}} x$의 그래프는 $y=\log_a x$의 그래프를 x축에 대하여 대칭이동한 것임을 알 수 있습니다. ← $y=f(x)$의 그래프와 $y=-f(x)$의 그래프는 x축에 대하여 대칭이다.

Example 지수함수의 그래프를 이용하여 다음 로그함수의 그래프를 그려 보자.

(1) $y=\log_5 x$

로그함수 $y=\log_5 x$의 그래프는 지수함수 $y=5^x$의 그래프를 직선 $y=x$에 대하여 대칭이동한 것이다. 따라서 함수 $y=\log_5 x$의 그래프는 오른쪽 그림과 같다.

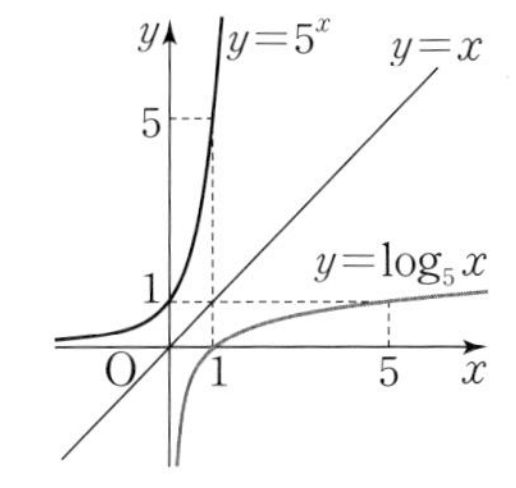

(2) $y=\log_{\frac{1}{5}} x$

로그함수 $y=\log_{\frac{1}{5}} x$의 그래프는 지수함수 $y=\left(\frac{1}{5}\right)^x$의 그래프를 직선 $y=x$에 대하여 대칭이동한 것이다. 따라서 함수 $y=\log_{\frac{1}{5}} x$의 그래프는 오른쪽 그림과 같다.

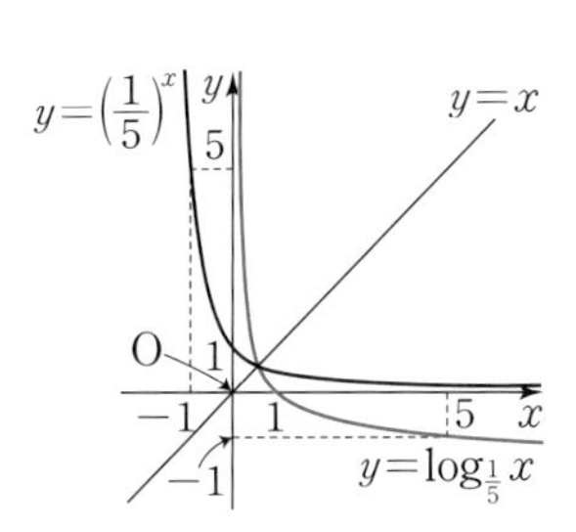

개념 Point 로그함수 $y=\log_a x\ (a>0,\ a\neq1)$의 그래프

로그함수 $y=\log_a x\ (a>0,\ a\neq1)$의 그래프는 밑 a의 값의 범위에 따라 다음과 같다.

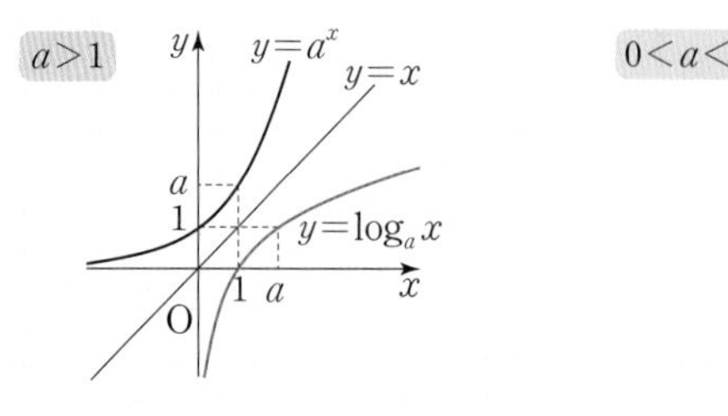

이때 로그함수 $y=\log_a x\,(a>0,\ a\neq1)$의 성질은 다음과 같다.

1 지수함수 $y=a^x\,(a>0,\ a\neq1)$의 그래프와 직선 $y=x$에 대하여 대칭이다.

2 그래프는 a의 값에 관계없이 항상 점 $(1,\ 0)$을 지나고, y축을 점근선으로 갖는다.

3 $a>1$일 때, 로그함수 $y=\log_a x$의 그래프는

(1) x의 값이 증가하면 y의 값도 증가한다. ← 증가함수

(2) $x>1$에서는 a의 값이 클수록 x축에 가까워진다. ← $0<x<1$에서는 a의 값이 클수록 y축에 가까워진다.

4 $0<a<1$일 때, 로그함수 $y=\log_a x$의 그래프는

(1) x의 값이 증가하면 y의 값은 감소한다. ← 감소함수

(2) $x>1$에서는 a의 값이 작을수록 x축에 가까워진다. ← $0<x<1$에서는 a의 값이 작을수록 y축에 가까워진다.

5 $y=\log_a x$의 그래프와 $y=\log_{\frac{1}{a}} x$의 그래프는 x축에 대하여 대칭이다.

+ Plus

3의 (1)과 4의 (1)은 각각 다음과 같이 나타낼 수 있다.

① $a>1$일 때, $0<x_1<x_2$이면 $\log_a x_1<\log_a x_2$ ② $0<a<1$일 때, $0<x_1<x_2$이면 $\log_a x_1>\log_a x_2$

3 로그함수의 평행이동과 대칭이동

03. 지수함수에서 함수 $y=4\times2^x+1$과 같이 복잡한 형태의 지수함수의 그래프는 $y=a^{x-m}+n$ 꼴로 변형하고 평행이동과 대칭이동을 이용하여 그린다는 것을 배웠습니다.

로그함수의 그래프의 평행이동, 대칭이동 역시 지수함수의 그래프의 평행이동과 대칭이동과 마찬가지 원리로 생각하면 됩니다. 로그함수 $y=\log_a x\,(a>0,\ a\neq1)$의 그래프를 평행이동하거나 대칭이동한 그래프의 식 중 대표적인 것을 정리해 보면 다음과 같습니다.

x축의 방향으로 m만큼, y축의 방향으로 n만큼 평행이동	x 대신 $x-m$ 대입 y 대신 $y-n$ 대입	$y=\log_a x$에서 $y-n=\log_a(x-m)$ $\therefore y=\log_a(x-m)+n$
x축에 대하여 대칭이동	y 대신 $-y$ 대입	$y=\log_a x$에서 $-y=\log_a x$ $\therefore y=-\log_a x$
y축에 대하여 대칭이동	x 대신 $-x$ 대입	$y=\log_a x$에서 $y=\log_a(-x)$
원점에 대하여 대칭이동	x 대신 $-x$ 대입 y 대신 $-y$ 대입	$y=\log_a x$에서 $-y=\log_a(-x)$ $\therefore y=-\log_a(-x)$

Example 로그함수 $y=\log_2 x$의 그래프를 이용하여 다음 함수의 그래프를 그리고, 점근선의 방정식을 구해 보자.

(1) $y=\log_2(-x)$

$y=\log_2(-x)$의 그래프는 $y=\log_2 x$의 그래프를 y축에 대하여 대칭이동한 것이므로 오른쪽 그림과 같다.
이때 점근선의 방정식은 $x=0$이다.

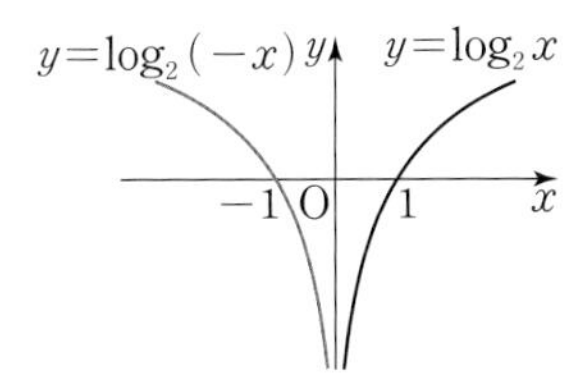

(2) $y=\log_2\dfrac{1}{x}$

$y=\log_2\dfrac{1}{x}=-\log_2 x$의 그래프는 $y=\log_2 x$의 그래프를 x축에 대하여 대칭이동한 것이므로 오른쪽 그림과 같다.
이때 점근선의 방정식은 $x=0$이다.

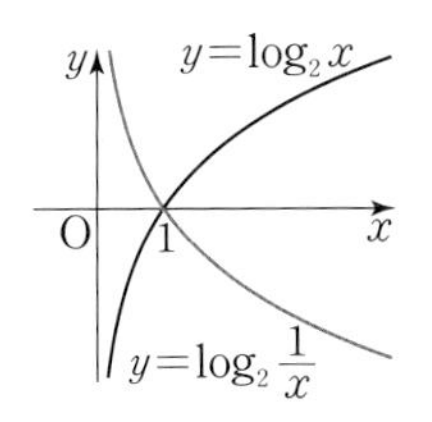

(3) $y=\log_2(x-1)$

$y=\log_2(x-1)$의 그래프는 $y=\log_2 x$의 그래프를 x축의 방향으로 1만큼 평행이동한 것이므로 오른쪽 그림과 같다.
이때 점근선의 방정식은 $x=1$이다.

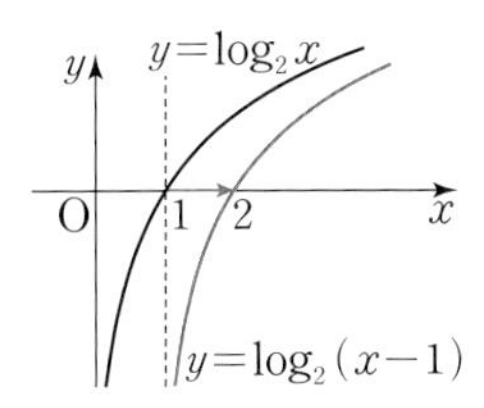

(4) $y=\log_2 2x$

$y=\log_2 2x=\log_2 x+1$의 그래프는 $y=\log_2 x$의 그래프를 y축의 방향으로 1만큼 평행이동한 것이므로 오른쪽 그림과 같다.
이때 점근선의 방정식은 $x=0$이다.

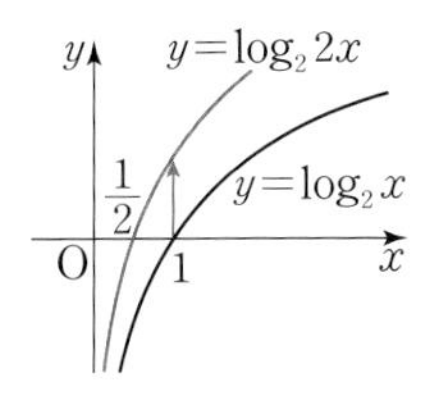

이제 함수 $y=\log_2 4(x-2)$와 같은 복잡한 형태의 로그함수의 그래프도 그려 봅시다.
먼저 함수 $y=\log_2 4(x-2)$의 식을 $y=\log_a(x-m)+n$ 꼴로 변형해야 합니다. 즉,

$$y=\log_2 4(x-2)=\log_2 4+\log_2(x-2)=\log_2(x-2)+2$$

$$\therefore\ y-2=\log_2(x-2)$$

따라서 함수 $y=\log_2 4(x-2)$의 그래프는 로그함수 $y=\log_2 x$의 그래프를 x축의 방향으로 2만큼, y축의 방향으로 2만큼 평행이동한 것이므로 오른쪽 그림과 같습니다.

이때 로그함수 $y=\log_2 x$의 그래프는 점 $(1, 0)$을 지나는 오른쪽 위를 향하는 곡선이므로 함수 $y=\log_2 4(x-2)$의 그래프도 오른쪽 그림과 같이 점 $(3, 2)$를 지나는 오른쪽 위를 향하는 곡선입니다.

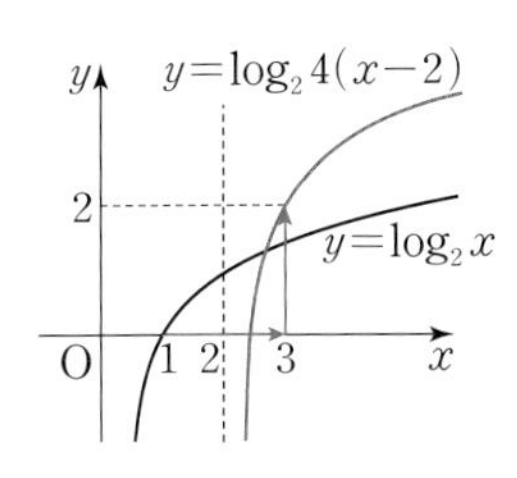

또한 함수 $y=\log_2 4(x-2)$의 치역은 로그함수 $y=\log_2 x$의 치역과 마찬가지로

$\{y|y$는 모든 실수$\}$

이지만 그래프가 x축의 방향으로 2만큼 평행이동하였으므로 정의역은 양의 실수 전체의 집합에서 집합

$\{x|x>2$인 실수$\}$

로 바뀐다는 것을 알 수 있습니다.

마찬가지 이유로 점근선은 직선 $x=0$(y축)이 x축의 방향으로 2만큼 평행이동하여 직선 $x=2$가 됩니다.

Example 함수 $y=\log_{\frac{1}{2}}(4x+16)$의 그래프를 그려 보자.

$$\begin{aligned} y&=\log_{\frac{1}{2}}(4x+16)=\log_{\frac{1}{2}}4(x+4) \\ &=\log_{\frac{1}{2}}4+\log_{\frac{1}{2}}(x+4) \\ &=\log_{\frac{1}{2}}(x+4)-2 \quad \leftarrow \log_{\frac{1}{2}}4=\log_{\frac{1}{2}}\left(\frac{1}{2}\right)^{-2}=-2 \end{aligned}$$

이므로 주어진 함수의 그래프는 로그함수 $y=\log_{\frac{1}{2}}x$의 그래프를 x축의 방향으로 -4만큼, y축의 방향으로 -2만큼 평행이동한 것이다.

$x=-3$일 때 $y=\log_{\frac{1}{2}}1-2=-2$이므로 주어진 함수의 그래프는 점 $(-3,\ -2)$를 지난다. 또한 주어진 함수의 그래프의 점근선은 직선 $x=-4$이다.

따라서 함수 $y=\log_{\frac{1}{2}}(4x+16)$의 그래프는 오른쪽 그림과 같다.

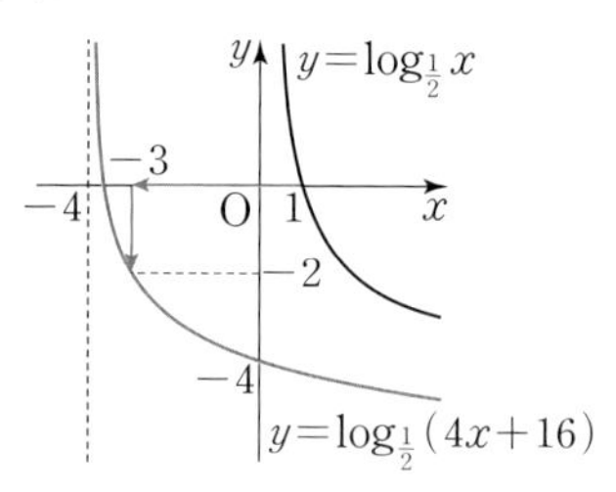

참고로 로그함수의 그래프에 따라 x축 또는 y축과 만나는 점의 좌표를 구해야 될 때도 있습니다. 앞에서 그려 본 것처럼 함수 $y=\log_2 4(x-2)$의 그래프가 x축과 만나는 점의 x좌표는

$$0=\log_2 4(x-2),\ 4(x-2)=1 \quad \leftarrow \log_a 1=0$$

$$\therefore\ x=\frac{9}{4}$$

에서 $\frac{9}{4}$임을 알 수 있습니다.

마찬가지 방법으로 Example에서 함수 $y=\log_{\frac{1}{2}}(4x+16)$의 그래프가 x축과 만나는 점의 x좌표는 $0=\log_{\frac{1}{2}}(4x+16)$에서 $x=-\frac{15}{4}$, y축과 만나는 점의 y좌표는 $x=0$일 때 $y=\log_{\frac{1}{2}}16=\log_{\frac{1}{2}}\left(\frac{1}{2}\right)^{-4}=-4$입니다.

한편, 로그함수의 점근선은 로그함수의 정의역과 밀접한 관계를 가지고 있으며 진수의 값이 0이 될 때를 생각하면 편리합니다.

Example 로그함수 $y=\log_2 x$의 그래프를 이용하여 다음 함수의 그래프를 그리고 점근선의 방정식을 구해 보자.

(1) $y=\log_2(2x-2)$

$y=\log_2(2x-2)=\log_2 2(x-1)=\log_2(x-1)+1$

이므로 함수 $y=\log_2(2x-2)$의 그래프는 로그함수 $y=\log_2 x$의 그래프를 x축의 방향으로 1만큼, y축의 방향으로 1만큼 평행이동한 것이므로 오른쪽 그림과 같다.

이때 점근선의 방정식은 $x=1$이다.

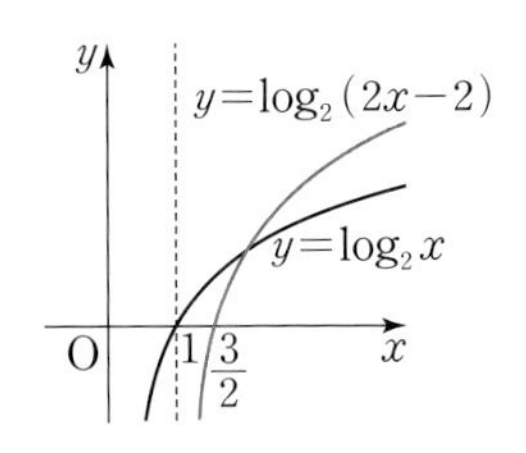

(2) $y=\log_2 \dfrac{x+2}{2}$

$y=\log_2 \dfrac{x+2}{2}=\log_2(x+2)-\log_2 2=\log_2(x+2)-1$

이므로 함수 $y=\log_2 \dfrac{x+2}{2}$의 그래프는 로그함수 $y=\log_2 x$의 그래프를 x축의 방향으로 -2만큼, y축의 방향으로 -1만큼 평행이동한 것이므로 오른쪽 그림과 같다.

이때 점근선의 방정식은 $x=-2$이다.

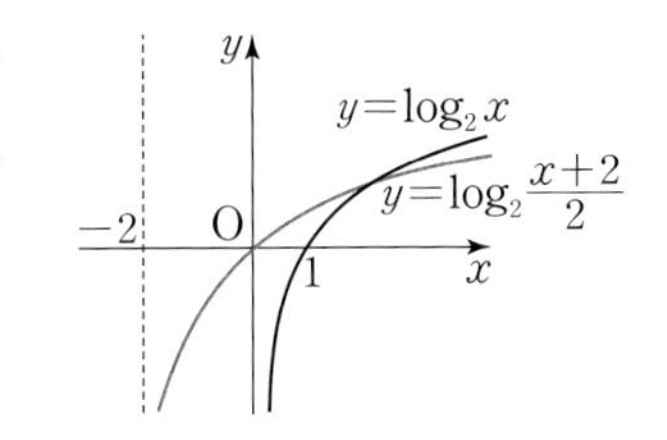

이상에서 살펴본 로그함수 $y=\log_a x$의 그래프를 x축의 방향으로 m만큼, y축의 방향으로 n만큼 평행이동하여 얻은 함수 $y=\log_a(x-m)+n$의 그래프의 정의역, 치역, 점근선의 변화를 비교해 보면 다음과 같습니다.

개념 Point 로그함수 $y=\log_a(x-m)+n$ $(a>0, a\neq 1)$의 그래프

	$y=\log_a x$	$y=\log_a(x-m)+n$
정의역	$\{x \mid x>0$인 실수$\}$	$\{x \mid x>m$인 실수$\}$
치역	$\{y \mid y$는 모든 실수$\}$	$\{y \mid y$는 모든 실수$\}$
점근선	y축 $(x=0)$	직선 $x=m$

Plus

① 1이 아닌 임의의 양수 a에 대하여 $\log_a 1=0$이므로 함수 $y=\log_a(x-m)+n$ $(a>0, a\neq 1)$의 그래프는 a의 값에 관계없이 항상 점 $(m+1, n)$을 지난다.

② 일반적으로 로그함수의 그래프는 다음과 같이 식을 변형한 후 대칭이동 또는 평행이동을 이용하여 그릴 수 있다.

$$y=\log_a(px+q) \Longrightarrow \begin{cases} y-n=\log_a(x-m) & (p>0) \quad \cdots\cdots ㉠ \\ y-n=\log_a\{-(x-m)\} & (p<0) \quad \cdots\cdots ㉡ \end{cases}$$

㉠의 그래프는 앞의 예처럼 $y=\log_a x$의 그래프를 x축의 방향으로 m만큼, y축의 방향으로 n만큼 평행이동하여 그릴 수 있고, ㉡의 그래프는 $y=\log_a x$의 그래프를 y축에 대하여 대칭이동한 후 x축의 방향으로 m만큼, y축의 방향으로 n만큼 평행이동하여 그릴 수 있다.

4 로그함수 $y=k\log_a x$ ($a>0$, $a\neq1$, k는 실수)의 그래프

먼저 **03. 지수함수**에서 배운 것처럼 두 지수함수 $y=2^x$, $y=\left(\frac{1}{2}\right)^x$에 대하여

(i) 함수 $y=4\times2^x=2^{x+2}$의 그래프는 함수 $y=2^x$의 그래프를 x축의 방향으로 -2만큼 평행이동한 것입니다.

(ii) 함수 $y=4\times\left(\frac{1}{2}\right)^x=\left(\frac{1}{2}\right)^{x-2}$의 그래프는 함수 $y=\left(\frac{1}{2}\right)^x$의 그래프를 x축의 방향으로 2만큼 평행이동한 것입니다.

이와 같이 지수함수 $y=a^x$에 실수 k $(k\neq0)$를 곱한 함수 $y=ka^x$의 그래프는 원래의 함수의 그래프와 평행이동이나 대칭이동에 의하여 포개어질 수 있음을 배웠습니다.

하지만 두 이차함수 $y=x^2$, $y=kx^2$ ($k\neq1$인 실수)의 그래프가 평행이동이나 대칭이동에 의하여 포개어질 수 없는 것처럼 로그함수 $y=\log_a x$에 실수 k $(k\neq0,\ k\neq1)$를 곱한 함수 $y=k\log_a x$의 그래프는 원래의 함수의 그래프와 평행이동이나 대칭이동에 의하여 포개어질 수 없습니다.

Example

(1) 로그함수 $y=\log_2 x$의 그래프에 대하여 두 함수 $y=2\log_2 x$, $y=3\log_2 x$의 그래프는 [그림 1]과 같다.

또한 로그함수 $y=-\log_2 x$의 그래프에 대하여 두 함수 $y=-2\log_2 x$, $y=-3\log_2 x$의 그래프는 [그림 2]와 같다.

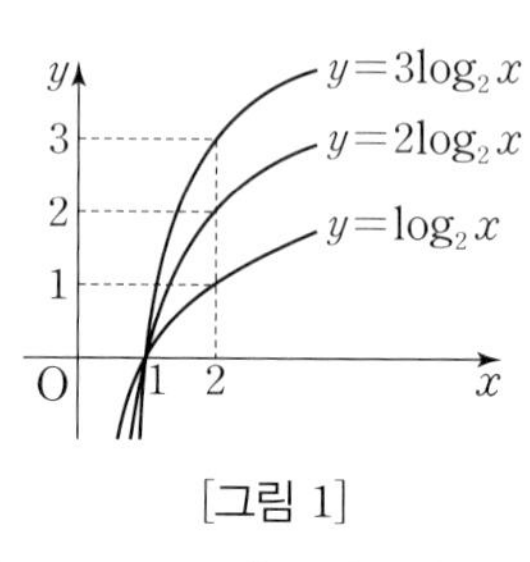

[그림 1]

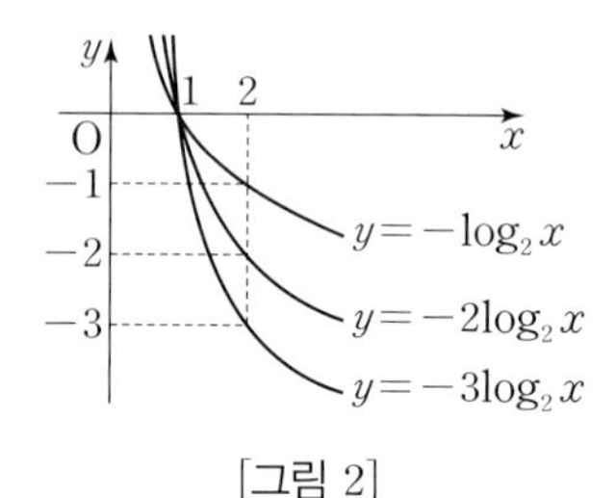

[그림 2]

(2) 로그함수 $y=\log_{\frac{1}{2}} x$의 그래프에 대하여 두 함수 $y=2\log_{\frac{1}{2}} x$, $y=3\log_{\frac{1}{2}} x$의 그래프는 [그림 3]과 같다.

또한 로그함수 $y=-\log_{\frac{1}{2}} x$의 그래프에 대하여 두 함수 $y=-2\log_{\frac{1}{2}} x$, $y=-3\log_{\frac{1}{2}} x$의 그래프는 [그림 4]와 같다.

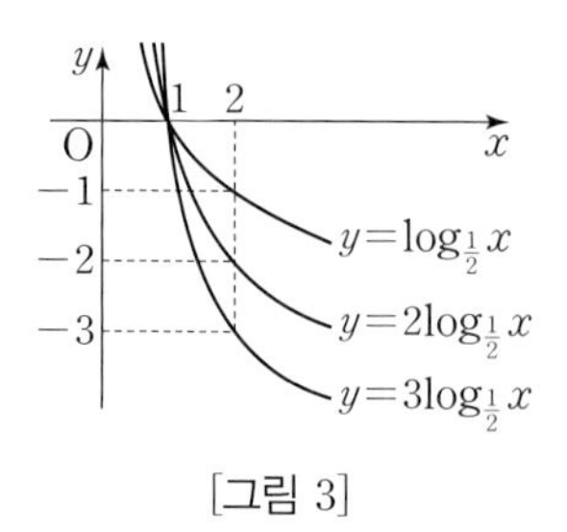

[그림 3]

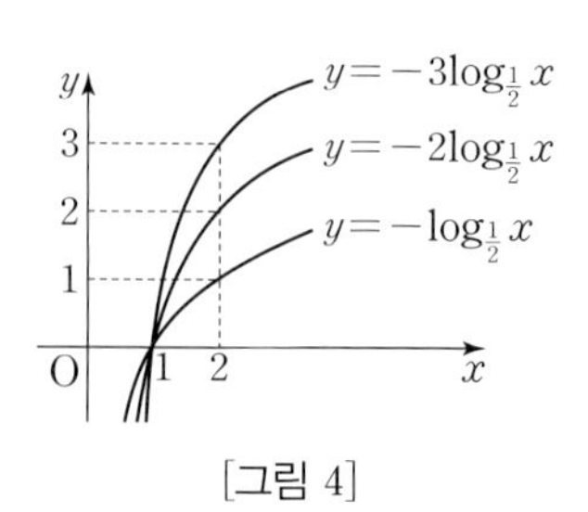

[그림 4]

개념 Plus **함수 $y=\log_2 x^2$과 $y=2\log_2 x$의 그래프**

02. 로그에서 배운 로그의 성질에 의하여 $x>0$일 때 $\log_2 x^2$의 값과 $2\log_2 x$의 값은 같다. 하지만 로그함수에서는 진수의 조건에 의하여 로그함수의 정의역이 결정되므로 두 함수 $y=\log_2 x^2$, $y=2\log_2 x$의 그래프는 같지 않다.

함수 $y=\log_2 x^2$의 정의역은 진수의 조건 $x^2>0$에서 $\{x|x\neq0$인 실수$\}$이므로

$$y=\log_2 x^2=2\log_2|x|=\begin{cases}2\log_2 x & (x>0)\\ 2\log_2(-x) & (x<0)\end{cases}$$

따라서 함수 $y=\log_2 x^2$의 그래프는 [그림 1]과 같다.

한편, 함수 $y=2\log_2 x$의 정의역은 진수의 조건 $x>0$에서 $\{x|x>0$인 실수$\}$이므로 함수 $y=2\log_2 x$의 그래프는 [그림 2]와 같다.

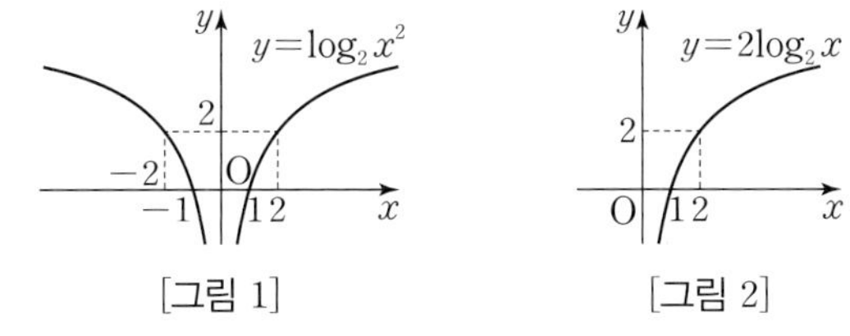

[그림 1]

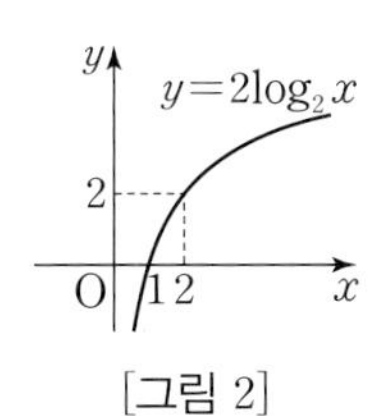

[그림 2]

이와 달리 두 함수 $y=\log_2 x^3$, $y=3\log_2 x$의 정의역은 모두 양의 실수 전체의 집합이므로 두 함수는 서로 같은 함수이다. 이상의 내용을 일반화하면 다음과 같다.

(i) n이 짝수일 때

$y=\log_a x^n$의 정의역은 $\{x|x\neq0$인 실수$\}$ ($\because$ 진수 $x^n>0$)

$y=n\log_a x$의 정의역은 $\{x|x>0$인 실수$\}$ ($\because$ 진수 $x>0$)

→ 다른 함수

(ii) n이 홀수일 때

$y=\log_a x^n$과 $y=n\log_a x$의 정의역은 모두 $\{x|x>0$인 실수$\}$이고, 그래프가 같다.

5 로그함수 $y=\log_a(x-m)+n$ $(a>0,\ a\neq1)$의 역함수

로그함수 $y=\log_a(x-m)+n$ $(a>0,\ a\neq1)$은 일대일대응이므로 역함수가 항상 존재합니다. 이제 **공통수학2**에서 배운 역함수를 구하는 방법을 이용하여 로그함수 $y=\log_a(x-m)+n$의 역함수를 구해 봅시다.

❶ $y=f(x)$를 x에 대하여 풀어 $x=f^{-1}(y)$ 꼴로 고친다.

$y=\log_a(x-m)+n$에서 x를 y에 대한 식으로 나타내면

$$y-n=\log_a(x-m),\ x-m=a^{y-n}$$

$$\therefore\ x=a^{y-n}+m$$

❷ x 대신 y, y 대신 x를 대입하여 $y=f^{-1}(x)$ 꼴로 나타낸다.

x와 y를 서로 바꾸면 구하는 역함수는

$$y=a^{x-n}+m$$

즉, 로그함수 $y=\log_a(x-m)+n(a>0,\ a\neq1)$의 역함수는 지수함수 $y=a^{x-n}+m$입니다. 이때 로그함수 $y=\log_a(x-m)+n$의 정의역과 치역은 각각 지수함수 $y=a^{x-n}+m$의 치역과 정의역이 됩니다.

Example 지수함수 $y=2^{x-1}+3$의
정의역은 $\{x|x$는 모든 실수$\}$, 치역은 $\{y|y>3$인 실수$\}$
이므로 그 역함수인 로그함수 $y=\log_2(x-3)+1$의
정의역은 $\{x|x>3$인 실수$\}$, 치역은 $\{y|y$는 모든 실수$\}$
이다.

개념 Point 로그함수 $y=\log_a(x-m)+n\ (a>0,\ a\neq1)$의 역함수

1 로그함수 $y=\log_a(x-m)+n(a>0,\ a\neq1)$의 역함수는 지수함수 $y=a^{x-n}+m$이다.

2 로그함수 $y=\log_a(x-m)+n \iff$ 지수함수 $y=a^{x-n}+m$
정의역 : $\{x|x>m$인 실수$\}$ $\iff$ 치 역 : $\{y|y>m$인 실수$\}$
치 역 : $\{y|y$는 모든 실수$\}$ $\iff$ 정의역 : $\{x|x$는 모든 실수$\}$

Plus
일반적으로 함수 $y=f(x)$와 그 역함수 $y=f^{-1}(x)$에 대하여 두 함수
$y=f(x-m)+n,\ y=f^{-1}(x-n)+m$
은 역함수 관계이다.

개념 Plus 지수함수와 로그함수의 그래프의 대칭성

지수함수 $y=a^x$의 그래프와 로그함수 $y=\log_a x$의 그래프는 직선 $y=x$에 대하여 대칭이다. 이때 두 함수
$y=\log_a(x-m)+n,\ y=a^{x-n}+m$
은 역함수 관계이므로 두 그래프는 직선 $y=x$에 대하여 대칭이다.
하지만 두 함수 $y=a^x,\ y=\log_a x$의 그래프를 x축의 방향으로 m만큼, y축의 방향으로 n만큼 평행이동한 두 함수
$y=a^{x-m}+n,\ y=\log_a(x-m)+n$
의 그래프는 직선 $y=x$를 x축의 방향으로 m만큼, y축의 방향으로 n만큼 평행이동한 직선인
$y=(x-m)+n$, 즉 $y=x-m+n$
에 대하여 대칭임에 주의한다.

Example 두 함수 $y=2^x,\ y=\log_2 x$의 그래프를 x축의 방향으로 3만큼, y축의 방향으로 -2만큼 평행이동한 두 함수
$y=2^{x-3}-2,\ y=\log_2(x-3)-2$
의 그래프는 직선 $y=(x-3)-2$, 즉 $y=x-5$에 대하여 대칭이다.

6 로그함수의 성질

로그함수 $y=\log_a x\,(a>0,\ a\neq 1)$의 그래프는 $a>1$일 때 x의 값이 증가하면 y의 값도 증가 하고, $0<a<1$일 때 x의 값이 증가하면 y의 값은 감소합니다. 즉,

(i) $a>1$일 때, $0<x_1<x_2 \Longrightarrow \log_a x_1<\log_a x_2$

(ii) $0<a<1$일 때, $0<x_1<x_2 \Longrightarrow \log_a x_1>\log_a x_2$

입니다. 이 성질을 이용하여 로그로 표현된 수들의 대소를 비교할 수 있습니다.

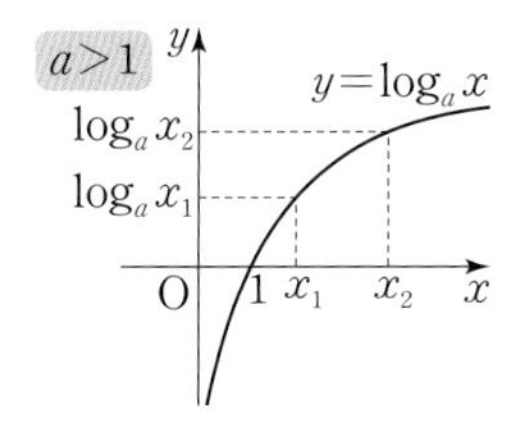

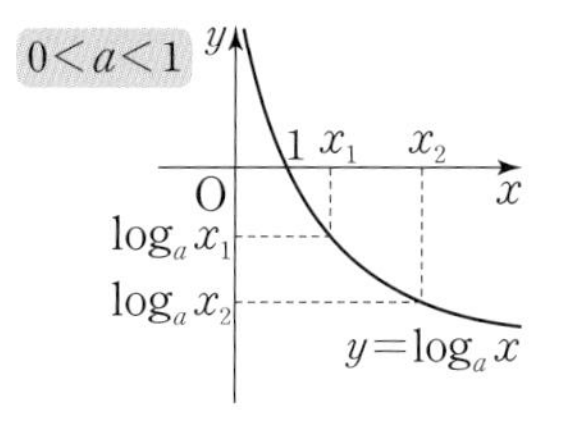

04

Example 로그함수의 그래프를 이용하여 다음 세 수의 대소를 비교해 보자.

(1) $\log_2\sqrt{2},\ \log_2\sqrt{3},\ \log_2 2$

$y=\log_2 x$의 그래프는 x의 값이 증가하면 y의 값도 증가하고, $\sqrt{2}<\sqrt{3}<2$이므로

$\log_2\sqrt{2}<\log_2\sqrt{3}<\log_2 2$

(2) $\log_{\frac{1}{2}}\sqrt{2},\ \log_{\frac{1}{2}}\sqrt{3},\ \log_{\frac{1}{2}} 2$

$y=\log_{\frac{1}{2}} x$의 그래프는 x의 값이 증가하면 y의 값은 감소하고, $\sqrt{2}<\sqrt{3}<2$이므로

$\log_{\frac{1}{2}} 2<\log_{\frac{1}{2}}\sqrt{3}<\log_{\frac{1}{2}}\sqrt{2}$

한편, 로그함수 $f(x)=\log_a x\,(a>0,\ a\neq 1)$는 다음 성질을 만족시킵니다. (단, $x>0,\ y>0$)

(1) $f(1)=0,\ f(a)=1$

Proof $f(1)=\log_a 1=0,\ f(a)=\log_a a=1$

(2) $f(xy)=f(x)+f(y)$

Proof $f(xy)=\log_a xy=\log_a x+\log_a y=f(x)+f(y)$

(3) $f\left(\frac{1}{x}\right)=-f(x)$

Proof $f\left(\frac{1}{x}\right)=\log_a \frac{1}{x}=\log_a x^{-1}=-\log_a x=-f(x)$

(4) $f\left(\frac{x}{y}\right)=f(x)-f(y)$

Proof $f\left(\frac{x}{y}\right)=\log_a \frac{x}{y}=\log_a x-\log_a y=f(x)-f(y)$

(5) $f(x^n)=nf(x)$ (단, n은 실수)

Proof $f(x^n)=\log_a x^n=n\log_a x=nf(x)$

개념 Point 로그함수의 성질

1 로그함수 $f(x)=\log_a x$ ($a>0$, $a\neq1$)에서

(i) $a>1$일 때, $0<x_1<x_2$이면 $\log_a x_1<\log_a x_2$ ← 증가함수

(ii) $0<a<1$일 때, $0<x_1<x_2$이면 $\log_a x_1>\log_a x_2$ ← 감소함수

(iii) $x_1\neq x_2 \Longleftrightarrow \log_a x_1\neq\log_a x_2$ ← 일대일함수

2 로그함수 $f(x)=\log_a x$ ($a>0$, $a\neq1$)에 대하여 다음이 성립한다. (단, $x>0$, $y>0$)

(1) $f(1)=0$, $f(a)=1$

(2) $f(xy)=f(x)+f(y)$

(3) $f\left(\frac{1}{x}\right)=-f(x)$

(4) $f\left(\frac{x}{y}\right)=f(x)-f(y)$

(5) $f(x^n)=nf(x)$ (단, n은 실수)

개념 Plus 로그함수의 그래프를 이용한 대소 비교

지수함수에서 배운 것처럼 로그의 대소 비교 역시 로그함수의 그래프를 이용하여 비교할 수 있다.

(1) $a>1$, $b>1$일 때, $\log_2 a=\log_3 b$이면 $a<b$

오른쪽 그림과 같은 두 로그함수 $y=\log_2 x$, $y=\log_3 x$의 그래프에서 $a>1$, $b>1$일 때, $\log_2 a=\log_3 b$이면 $a<b$임을 알 수 있다.

또한 $0<c<1$, $0<d<1$일 때, $\log_2 c=\log_3 d$이면 $c>d$임을 알 수 있다.

(2) $\log_2 1.5<\log_3 2.5$, $\log_2 2.5>\log_3 3.5$

오른쪽 그림과 같이 두 로그함수 $y=\log_2 x$, $y=\log_3(x+1)$의 그래프를 이용하면 위의 결과를 얻을 수 있다.

즉, $x=1.5$, $x=2.5$를 대입하면 된다.

7 로그함수의 최대, 최소

1. $y=\log_a f(x)$ $(a>0,\ a\neq 1)$ 꼴의 최대, 최소

앞에서 로그함수는 밑의 범위에 따라 증가하는 함수이거나 감소하는 함수임을 배웠습니다. 이 성질을 이용하면 로그함수 $y=\log_a f(x)$의 최댓값과 최솟값을 다음과 같이 구할 수 있습니다.

(i) $a>1$인 경우

로그함수 $y=\log_a f(x)$에서 $f(x)$의 값이 증가하면 y의 값도 증가하므로

진수 $f(x)$가 최대일 때 y도 최대이고, 진수 $f(x)$가 최소일 때 y도 최소

입니다.

(ii) $0<a<1$인 경우

로그함수 $y=\log_a f(x)$에서 $f(x)$의 값이 증가하면 y의 값은 감소하므로

진수 $f(x)$가 최대일 때 y는 최소이고, 진수 $f(x)$가 최소일 때 y는 최대

입니다.

Example

$0\leq x\leq 2$일 때, 다음 함수의 최댓값과 최솟값을 각각 구해 보자.

(1) $y=\log_2(x^2+4)$

밑은 2이고 $2>1$이므로

x^2+4가 최대일 때 y도 최대이고, x^2+4가 최소일 때 y도 최소

이다.

따라서 $0\leq x\leq 2$일 때 함수 $y=\log_2(x^2+4)$는

$x=2$일 때 최대이고, 최댓값은

$\log_2(4+4)=\log_2 8=3$

$x=0$일 때 최소이고, 최솟값은

$\log_2(0+4)=\log_2 4=2$

(2) $y=\log_{\frac{1}{2}}(x^2+4)$

밑은 $\frac{1}{2}$이고 $0<\frac{1}{2}<1$이므로

x^2+4가 최대일 때 y는 최소이고, x^2+4가 최소일 때 y는 최대

이다.

따라서 $0\leq x\leq 2$일 때 함수 $y=\log_{\frac{1}{2}}(x^2+4)$는

$x=0$일 때 최대이고, 최댓값은

$\log_{\frac{1}{2}}(0+4)=\log_{\frac{1}{2}}4=-2$

$x=2$일 때 최소이고, 최솟값은

$\log_{\frac{1}{2}}(4+4)=\log_{\frac{1}{2}}8=-3$

2. $\log_a x$ 꼴이 반복되는 함수의 최대, 최소

지수함수의 최대, 최소와 마찬가지로 함수 $y=(\log_a x)^2+p\log_a x+q$에서 $\log_a x=t$로 치환하면 t에 대한 이차함수가 되므로 완전제곱식 꼴로 고쳐서 최댓값 또는 최솟값을 구할 수 있습니다. 이와 같이 $\log_a x$ 꼴이 반복되는 함수의 최대, 최소는 로그의 성질을 이용하여 식을 변형한 후 $\log_a x=t$로 치환하여 t의 값의 범위 내에서 최대, 최소를 구합니다.

이때, $a^x=t$로 치환하는 경우에는 $t>0$이지만 $\log_a x=t$로 치환하는 경우에는 t의 값의 범위에 제한이 생기지 않습니다.

Example

(1) $1\le x\le 8$에서 함수 $y=(\log_2 x)^2-2\log_2 x$의 최댓값과 최솟값을 각각 구해 보자.

$\log_2 x=t$로 놓으면 $1\le x\le 8$에서

$\log_2 1\le \log_2 x\le \log_2 8 \quad \therefore\ 0\le t\le 3$

이때 주어진 함수는

$y=t^2-2t=(t-1)^2-1$

이고, $0\le t\le 3$에서 함수 $y=(t-1)^2-1$의 그래프는 오른쪽 그림과 같다.

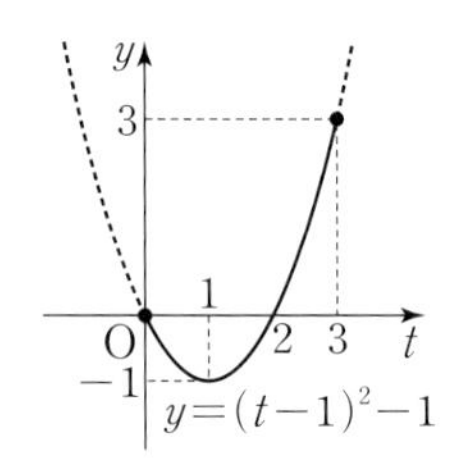

따라서 $t=3$일 때 최댓값은 3, $t=1$일 때 최솟값은 -1이다.

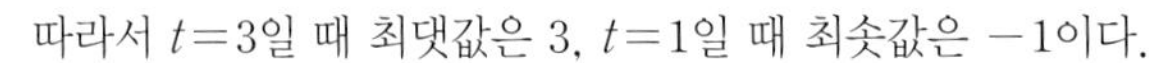

(2) $\frac{1}{3}\le x\le 9$에서 함수 $y=\log_3 x\times\log_3 \frac{x}{9}$의 최댓값과 최솟값을 각각 구해 보자.

$\log_3 x=t$로 놓으면 $\frac{1}{3}\le x\le 9$에서

$\log_3 \frac{1}{3}\le \log_3 x\le \log_3 9 \quad \therefore\ -1\le t\le 2$

이때 주어진 함수는

$y=\log_3 x\times\log_3 \frac{x}{9}=\log_3 x(\log_3 x-\log_3 9)$

$=\log_3 x(\log_3 x-2)$

이므로

$y=t(t-2)=t^2-2t=(t-1)^2-1$

이고, $-1\le t\le 2$에서 $t=-1$일 때 최댓값은 3, $t=1$일 때 최솟값은 -1이다.

개념 Point 로그함수의 최대, 최소

1 $y=\log_a f(x)\ (a>0,\ a\ne 1)$ 꼴의 최대, 최소

(i) $a>1$이면 $f(x)$가 최대일 때 y도 최대, $f(x)$가 최소일 때 y도 최소이다.

(ii) $0<a<1$이면 $f(x)$가 최대일 때 y는 최소, $f(x)$가 최소일 때 y는 최대이다.

2 $\log_a x$ 꼴이 반복되는 함수의 최대, 최소

$\log_a x=t$로 치환하여 t의 값의 범위 내에서 최대, 최소를 구한다.

개념 콕콕

1 다음 함수의 정의역을 구하시오.

(1) $y=\log_2(3-x)$　　(2) $y=\log_{\frac{1}{3}}2x$

2 다음 함수의 역함수를 구하시오.

(1) $y=10^x$　　(2) $y=2^{x-1}$

(3) $y=\log(x-1)$　　(4) $y=\log_{\frac{1}{2}}x+2$

3 로그함수 $y=\log_3 x$의 그래프를 이용하여 다음 로그함수의 그래프를 그리고 점근선의 방정식을 구하시오.

(1) $y=\log_3(-x)$　　(2) $y=\log_3 9x$

4 로그함수를 이용하여 다음 수의 대소를 비교하시오.

(1) $\log_2 7,\ 2\log_2 3$　　(2) $\log_{\frac{1}{3}}4,\ \frac{1}{2}\log_{\frac{1}{3}}9$

5 다음 함수의 최댓값과 최솟값을 각각 구하시오.

(1) $y=\log_2 x\ (1\le x\le 32)$　　(2) $y=\log_{\frac{1}{2}}(x+1)\ \left(-\frac{1}{2}\le x\le 3\right)$

• 풀이 48쪽～49쪽

정답

1 (1) $\{x|x<3\}$ (2) $\{x|x>0\}$

2 (1) $y=\log x$ (2) $y=\log_2 x+1$ (3) $y=10^x+1$ (4) $y=\left(\frac{1}{2}\right)^{x-2}$

3 (1) 그래프는 풀이 참조, 점근선의 방정식 : $x=0$ (2) 그래프는 풀이 참조, 점근선의 방정식 : $x=0$

4 (1) $\log_2 7<2\log_2 3$ (2) $\log_{\frac{1}{3}}4<\frac{1}{2}\log_{\frac{1}{3}}9$

5 (1) 최댓값 : 5, 최솟값 : 0 (2) 최댓값 : 1, 최솟값 : -2

예제 01 로그함수의 그래프의 평행이동과 대칭이동

다음 로그함수의 그래프를 그리시오.

(1) $y=\log_2(x+2)+1$ (2) $y=\log_{\frac{1}{3}}(x-1)-3$

접근 방법 함수 $y=\log_a x$ $(a>0,\ a\neq1)$의 그래프를 x축의 방향으로 m만큼, y축의 방향으로 n만큼 평행이동한 그래프의 식은 $y=\log_a(x-m)+n$이다.

수매씽 Point $y=\log_a x \xrightarrow[m,\ n\text{만큼 평행이동}]{x\text{축, }y\text{축의 방향으로 각각}} y=\log_a(x-m)+n$

상세 풀이 (1) 함수 $y=\log_2(x+2)+1$의 그래프는 함수 $y=\log_2 x$의 그래프를 x축의 방향으로 -2만큼, y축의 방향으로 1만큼 평행이동한 것이므로 오른쪽 그림과 같다.

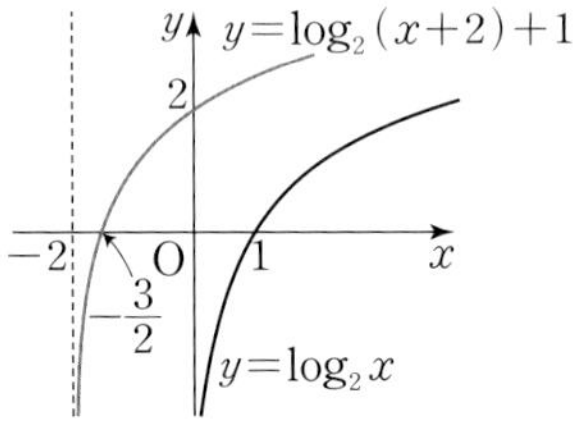

(2) 함수 $y=\log_{\frac{1}{3}}(x-1)-3$의 그래프는 함수 $y=\log_{\frac{1}{3}}x$의 그래프를 x축의 방향으로 1만큼, y축의 방향으로 -3만큼 평행이동한 것이므로 오른쪽 그림과 같다.

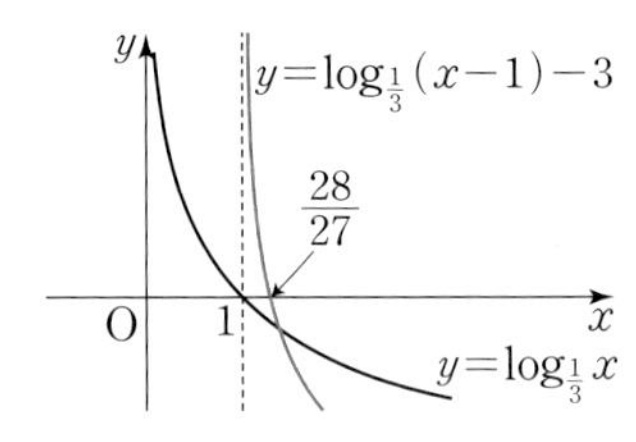

정답 풀이 참조

보충 설명

로그함수의 그래프를 그릴 때 점근선을 먼저 그리는 것이 좀 더 편리하다. 함수 $y=\log_a x$의 그래프의 점근선은 직선 $x=0$ (y축)이고, 이 그래프를 x축의 방향으로 평행이동하면 점근선도 평행이동하므로 함수 $y=\log_a(x-m)+n$의 그래프의 점근선은 직선 $x=m$이 된다.

숫자 바꾸기 한번 더 ☑ ☐

01-1

다음 로그함수의 그래프를 그리시오.

(1) $y=\log_{\frac{1}{2}}(x+2)-1$

(2) $y=\log_2(4x-12)$

(3) $y=\log_3(1-x)-2$

(4) $y=\log_{\frac{1}{3}}(-9x+18)+1$

04

표현 바꾸기 한번 더 ☑ ☐

01-2

함수 $y=-\log_2(3-x)+4$에 대한 다음 설명 중 옳지 않은 것은?

① 정의역은 $\{x|x<3\}$이다.

② 그래프의 점근선의 방정식은 $x=3$이다.

③ 그래프는 점 $(2,\ 4)$를 지난다.

④ x의 값이 증가할 때 y의 값은 감소한다.

⑤ 그래프는 함수 $y=-\log_2(-x)$의 그래프를 평행이동하면 겹쳐진다.

개념 넓히기 풀이 50쪽 ⊕ 보충 설명 한번 더 ☑ ☐

01-3

오른쪽 그림과 같이 함수 $y=k\log_{\frac{1}{2}}(a-x)+b$의 그래프의 점근선이 직선 $x=4$이고, 그래프가 x축과 만나는 점의 x좌표가 2, y축과 만나는 점의 y좌표가 -2일 때, $a+b+k$의 값을 구하시오. (단, a, b, k는 상수이다.)

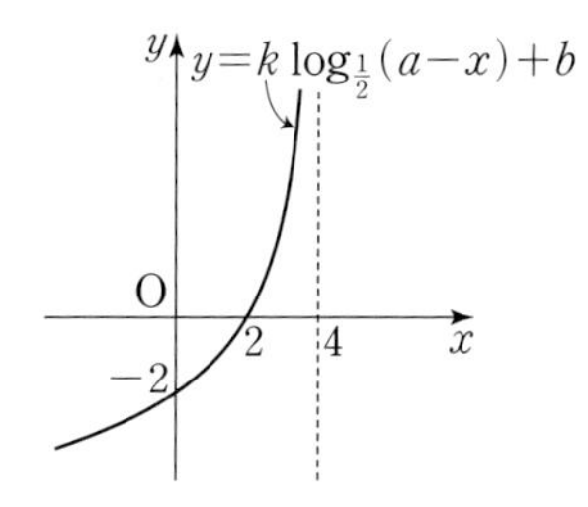

• 풀이 49쪽~50쪽

정답 **01-1** 풀이 참조 **01-2** ④ **01-3** 8

예제 02 절댓값 기호를 포함한 로그함수의 그래프

함수 $y=\log_2 x$의 그래프를 이용하여 다음 함수의 그래프를 그리시오.

(1) $y=\log_2 |x|$　　　　(2) $y=|\log_2 x|$

접근 방법 절댓값 기호 안의 식의 값이 0보다 크거나 같은 경우와 0보다 작은 경우로 나누어 각 범위별로 그래프를 그린다.

또는 두 함수 $y=f(x)$, $y=f(-x)$의 그래프는 y축에 대하여 대칭이고, 두 함수 $y=f(x)$, $y=-f(x)$의 그래프는 x축에 대하여 대칭임을 이용하여 그래프를 그릴 수 있다.

수매씽 Point 절댓값 기호를 포함한 함수의 그래프는 절댓값 기호 안의 식의 값이 0이 되는 x의 값을 경계로 범위를 나누어 그래프를 그린다.

상세 풀이 (1) $y=\log_2 |x|=\begin{cases} \log_2 x & (x>0) \\ \log_2(-x) & (x<0) \end{cases}$

따라서 함수 $y=\log_2 |x|$의 그래프는 오른쪽 그림과 같다.

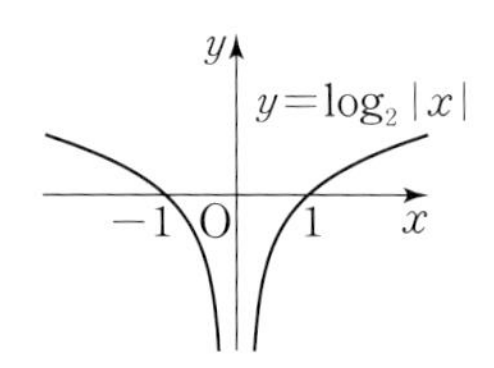

(2) $y=|\log_2 x|=\begin{cases} \log_2 x & (x\ge 1) \\ -\log_2 x & (0<x<1) \end{cases}$

따라서 함수 $y=|\log_2 x|$의 그래프는 오른쪽 그림과 같다.

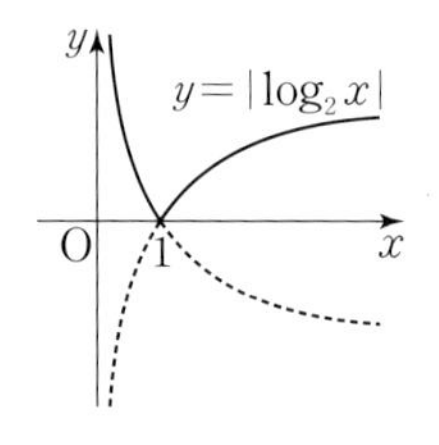

정답 풀이 참조

보충 설명

$y=\log_2 x^2=2\log_2 |x|$이므로 두 함수 $y=\log_2 x^2$, $y=2\log_2 x$의 그래프는 서로 다르다는 것에 주의한다.

$y=|\log_{\frac{1}{2}} x|=|-\log_2 x|=|\log_2 x|$이므로 함수 $y=|\log_{\frac{1}{2}} x|$의 그래프는 (2)와 같다.

숫자 바꾸기 한번 더

02-1

함수 $y=\log_3 x$의 그래프를 이용하여 다음 함수의 그래프를 그리시오.

(1) $y=\log_3|x|$　　(2) $y=|\log_3 x|$

(3) $y=|\log_{\frac{1}{3}}(-x)|$　　(4) $y=\log_{\frac{1}{3}}|x-1|$

표현 바꾸기 풀이 51쪽 ⊕보충 설명 한번 더

02-2

다음 식이 나타내는 그래프를 그리시오.

(1) $|y|=\log_2 x$　　(2) $|y|=\log_{\frac{1}{2}} x$

(3) $|y|=\log_2|x|$　　(4) $|y|=|\log_2 x|$

개념 넓히기 한번 더

02-3

함수 $y=|\log_2 x^2|$에 대하여 **〈보기〉**에서 옳은 것을 모두 고른 것은?

〈 보기 〉

ㄱ. 그래프는 x축에 대하여 대칭이다.

ㄴ. $y=0$인 x의 값은 2개이다.

ㄷ. 양수 k에 대하여 $k=|\log_2 x^2|$을 만족시키는 모든 x의 값의 합은 0이다.

① ㄱ　　② ㄱ, ㄴ　　③ ㄱ, ㄷ

④ ㄴ, ㄷ　　⑤ ㄱ, ㄴ, ㄷ

● 풀이 50쪽～51쪽

정답 **02-1** 풀이 참조　**02-2** 풀이 참조　**02-3** ④

예제 03 지수함수와 로그함수의 역함수 (1)

다음 함수의 역함수를 구하시오.

(1) $y=2\times3^{x-2}$ (2) $y=\log_3(x+1)+2$

접근 방법 일대일대응인 함수 $y=f(x)$의 역함수는 다음과 같은 순서로 구한다.

❶ $y=f(x)$를 x에 대하여 정리하여 $x=f^{-1}(y)$ 꼴로 변형한다.

❷ $x=f^{-1}(y)$에서 x와 y를 서로 바꾸어 $y=f^{-1}(x)$ 꼴로 나타낸다.

이때 f의 정의역은 f^{-1}의 치역이 되고, f의 치역은 f^{-1}의 정의역이 된다.

수매씽 Point 로그함수 $y=\log_a x$는 지수함수 $y=a^x$의 역함수이다.

상세 풀이 (1) $y=2\times3^{x-2}$에서 $\frac{y}{2}=3^{x-2}$이므로 로그의 정의에 의하여

$$x-2=\log_3\frac{y}{2} \qquad \therefore x=\log_3\frac{y}{2}+2$$

x와 y를 서로 바꾸면 구하는 역함수는

$$y=\log_3\frac{x}{2}+2$$

(2) $y=\log_3(x+1)+2$에서 $y-2=\log_3(x+1)$이므로 로그의 정의에 의하여

$$x+1=3^{y-2} \qquad \therefore x=3^{y-2}-1$$

x와 y를 서로 바꾸면 구하는 역함수는

$$y=3^{x-2}-1$$

정답 (1) $y=\log_3\frac{x}{2}+2$ (2) $y=3^{x-2}-1$

보충 설명

지수함수와 로그함수는 서로 역함수 관계이므로 지수함수 $y=a^x$의 치역과 로그함수 $y=\log_a x$의 정의역은 서로 같다. 마찬가지 원리로 지수함수 $y=a^{x-p}+q$의 치역과 로그함수 $y=\log_a(x-q)+p$의 정의역은 서로 같다.

숫자 바꾸기

풀이 52쪽 보충 설명 한번 더

03-1

다음 함수의 역함수를 구하시오.

(1) $y=10^{x-1}+2$ (2) $y=2^{-x+3}-1$

(3) $y=\log_4(x+1)-3$ (4) $y=\log_2\frac{1}{x+1}$

표현 바꾸기

한번 더

03-2

다음 물음에 답하시오.

(1) 함수 $y=10^{ax}$의 역함수가 $y=\frac{a}{100}\log x$일 때, 양수 a의 값을 구하시오.

(2) 함수 $y=\left(\frac{1}{2}\right)^{2x-1}$의 역함수가 $y=a\log_2 x+b$일 때, 상수 a, b에 대하여 $a+b$의 값을 구하시오.

개념 넓히기

한번 더

03-3

함수 $f(x)=\log_2 x-3$의 역함수를 $g(x)$라고 할 때, 다음 중 함수 $f(x-1)$의 역함수는?

① $g(x)-1$ ② $g(x)+1$ ③ $g(x-1)$

④ $g(x+1)$ ⑤ $g(x-1)-1$

• 풀이 51쪽~52쪽

정답

03-1 (1) $y=\log(x-2)+1$ (2) $y=\log_{\frac{1}{2}}(x+1)+3$ (3) $y=4^{x+3}-1$ (4) $y=2^{-x}-1$

03-2 (1) 10 (2) 0 **03-3** ②

예제 04 지수함수와 로그함수의 역함수 (2)

함수 $f(x)=\begin{cases} 19-\frac{5}{3}x & (x<12) \\ 1-\log_2(x-8) & (x\geq 12) \end{cases}$ 의 역함수를 $g(x)$라고 할 때,

$(g\circ g\circ g)(a)=-3$을 만족시키는 상수 a의 값을 구하시오.

접근 방법 주어진 함수 $f(x)$가 복잡하기 때문에 역함수 $g(x)$를 직접 구하는 것은 쉽지 않다.

따라서 **공통수학2**에서 배운 역함수의 성질

$$f(a)=b \Longleftrightarrow a=f^{-1}(b)$$

를 이용하는 것이 편리하다.

수매씽 Point 역함수에 관한 문제는 역함수의 성질을 이용한다.

상세 풀이 $(g\circ g\circ g)(a)=-3$에서

$$(g^{-1}\circ g^{-1}\circ g^{-1}\circ g\circ g\circ g)(a)=(g^{-1}\circ g^{-1}\circ g^{-1})(-3)$$

$$\therefore a=(g^{-1}\circ g^{-1}\circ g^{-1})(-3)$$

$$=(f\circ f\circ f)(-3)=f(f(f(-3)))$$

이때 $f(-3)=19-\frac{5}{3}\times(-3)=24$, $f(24)=1-\log_2(24-8)=1-4=-3$이므로

$$a=f(f(f(-3)))=f(f(24))=f(-3)=24$$

정답 24

보충 설명

다음은 **공통수학2**에서 배운 역함수에 대한 중요한 성질이므로 꼭 기억해 두어야 한다.

(1) 함수 $f: X \longrightarrow Y$가 일대일대응이고, 그 역함수가 f^{-1}일 때

① $(f^{-1})^{-1}=f$

② $(f^{-1}\circ f)(x)=f^{-1}(f(x))=f^{-1}(y)=x$ $(x\in X)$

$(f\circ f^{-1})(y)=f(f^{-1}(y))=f(x)=y$ $(y\in Y)$

(2) 두 함수 $f: X \longrightarrow Y$, $g: Y \longrightarrow X$에 대하여

$(f\circ g)(y)=y$이면 $g=f^{-1}$ (또는 $f=g^{-1}$)

$(g\circ f)(x)=x$이면 $g=f^{-1}$ (또는 $f=g^{-1}$)

(3) 두 함수 $f: X \longrightarrow Y$, $g: Y \longrightarrow Z$가 일대일대응이고, 그 역함수가 각각 f^{-1}, g^{-1}일 때

$(g\circ f)^{-1}=f^{-1}\circ g^{-1}$

숫자 바꾸기 한번 더 ☑ ☐

04-1

함수 $f(x)=\begin{cases} \frac{71}{5}-\frac{19}{15}x & (x<12) \\ 1-2\log_3(x-9) & (x\ge 12) \end{cases}$의 역함수를 $g(x)$라고 할 때, $(g\circ g\circ g\circ g\circ g)(a)=-3$을 만족시키는 상수 a의 값을 구하시오.

04

표현 바꾸기 한번 더 ☑ ☐

04-2

다음 물음에 답하시오.

(1) 함수 $f(x)=1+3\log_2 x$에 대하여 함수 $g(x)$가 $(g\circ f)(x)=x$를 만족시킬 때, $g(13)$의 값을 구하시오.

(2) 함수 $f(x)=5\times 2^x$의 역함수를 $g(x)$라고 할 때, $2^{g(3)+g\left(\frac{1}{3}\right)}$의 값을 구하시오.

개념 넓히기 한번 더 ☑ ☐

04-3

실수 전체의 집합에서 정의된 함수 $f(x)$가

$$f(x)=\begin{cases} -x+1 & (x<1) \\ -2^{x+1}+4 & (x\ge 1) \end{cases}$$

이고, 함수 $g(x)$가 $(g\circ f)(x)=x$를 만족시킨다. $g(k)+g(-12)=1$을 만족시키는 상수 k의 값을 구하시오.

• 풀이 52쪽 ~ 53쪽

정답

04-1 18 **04-2** (1) 16 (2) $\frac{1}{25}$ **04-3** 3

출제 가능성

예제 05 지수함수와 로그함수의 그래프

함수 $y=\log_a x$의 그래프가 오른쪽 그림과 같을 때, 함수 $y=a^{-x}-1$의 그래프의 개형을 그리시오.

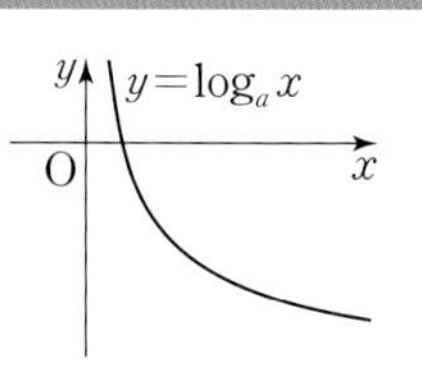

접근 방법 함수 $y=a^{-x}-1$의 그래프는 함수 $y=a^x$의 그래프를 y축에 대하여 대칭이동한 후, y축의 방향으로 -1만큼 평행이동한 것이다. 따라서 먼저 함수 $y=\log_a x$의 그래프를 직선 $y=x$에 대하여 대칭이동하여 함수 $y=a^x$의 그래프를 그리면 된다.

수매씽 Point 두 함수 $y=\log_a x$, $y=a^x$의 그래프는 직선 $y=x$에 대하여 대칭이다.

상세 풀이 (i) 함수 $y=\log_a x$의 그래프를 직선 $y=x$에 대하여 대칭이동하면 함수 $y=a^x$의 그래프를 얻을 수 있다.

(ii) 함수 $y=a^x$의 그래프를 y축에 대하여 대칭이동하면 함수 $y=a^{-x}$의 그래프를 얻을 수 있다.

(iii) 함수 $y=a^{-x}$의 그래프를 y축의 방향으로 -1만큼 평행이동하면 함수 $y=a^{-x}-1$의 그래프를 얻을 수 있다.

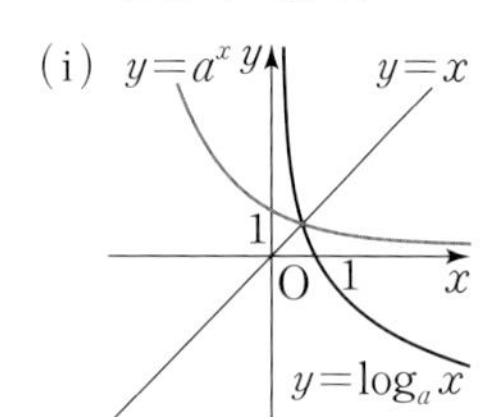

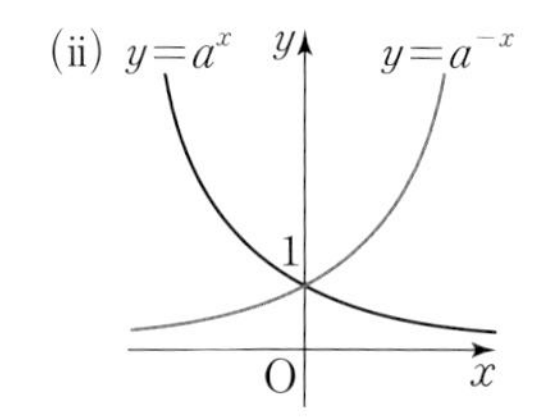

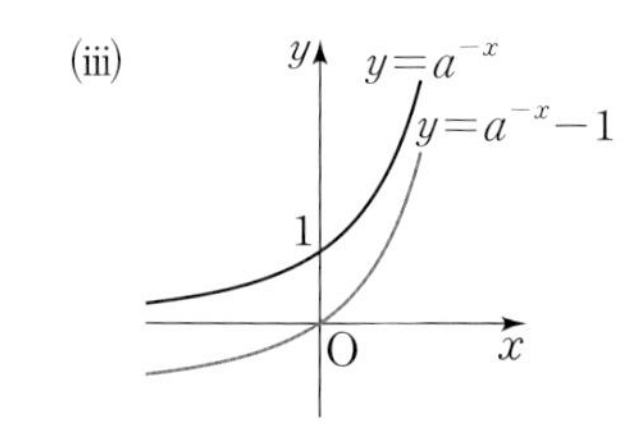

정답 풀이 참조

보충 설명

지수함수 $y=a^x$과 로그함수 $y=\log_a x$는 서로 역함수 관계이므로 두 함수 사이의 관계를 역함수의 성질과 관련지어 이해하고 있어야 한다.

$y=a^x$	$y=\log_a x$
그래프는 점 $(0, 1)$을 지난다.	그래프는 점 $(1, 0)$을 지난다.
정의역 : $\{x \mid x$는 모든 실수$\}$	정의역 : $\{x \mid x>0\}$
치역 : $\{y \mid y>0\}$	치역 : $\{y \mid y$는 모든 실수$\}$

숫자 바꾸기 　　　　한번 더

05-1

함수 $y=\log_a(x+b)$의 그래프가 오른쪽 그림과 같을 때, 다음 중 함수 $y=\left(\frac{1}{a}\right)^x+b$의 그래프의 개형은?

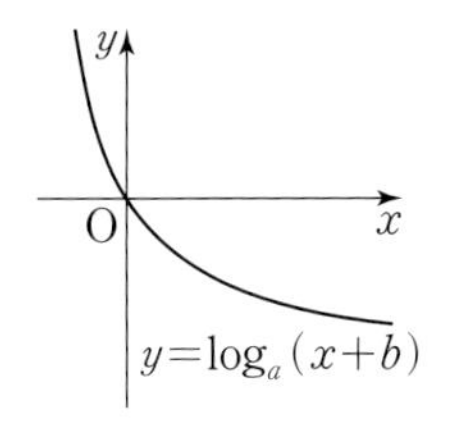

①
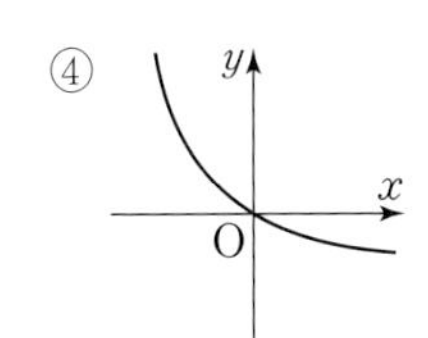

②
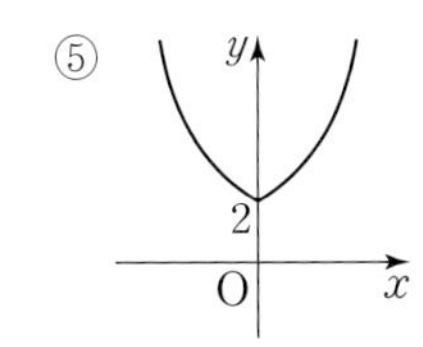

③

④

⑤

표현 바꾸기 　　　　한번 더

05-2

오른쪽 그림은 1이 아닌 세 양수 a, b, c에 대하여 세 함수 $y=\log_a x$, $y=\log_b x$, $y=c^x$의 그래프를 나타낸 것이다. 세 양수 a, b, c의 대소를 비교하시오.

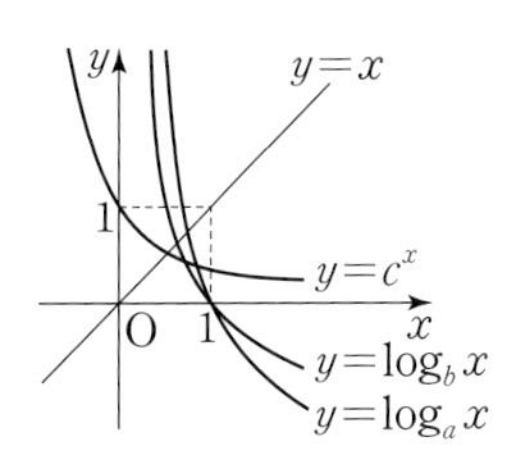

개념 넓히기 　　　　풀이 54쪽 ➕ 보충 설명 　한번 더

05-3

〈보기〉의 함수의 그래프 중 평행이동 또는 대칭이동에 의하여 함수 $y=3^x$의 그래프와 일치할 수 있는 것을 모두 고른 것은?

〈 보기 〉

ㄱ. $y=\frac{3^x}{2}$ 　　　　ㄴ. $y=9^x+1$

ㄷ. $y=\log_3 x-1$ 　　　　ㄹ. $y=\log_9 x^2$

① ㄱ, ㄴ 　　② ㄱ, ㄷ 　　③ ㄷ, ㄹ

④ ㄱ, ㄴ, ㄷ 　　⑤ ㄱ, ㄷ, ㄹ

• 풀이 53쪽 ~ 54쪽

정답 　**05-1** ① 　　**05-2** $a>b>c$ 　　**05-3** ②

출제 가능성

예제 06

로그함수의 그래프와 도형

오른쪽 그림과 같이 좌표평면에서 곡선 $y=\log_a x$ 위의 점 $A(2, \log_a 2)$를 지나고 x축에 평행한 직선이 곡선 $y=\log_b x$와 만나는 점을 B, 점 B를 지나고 y축에 평행한 직선이 곡선 $y=\log_a x$와 만나는 점을 C라고 하자. $\overline{AB}=\overline{BC}=2$일 때, a^2+b^2의 값을 구하시오.

(단, $1<a<b$)

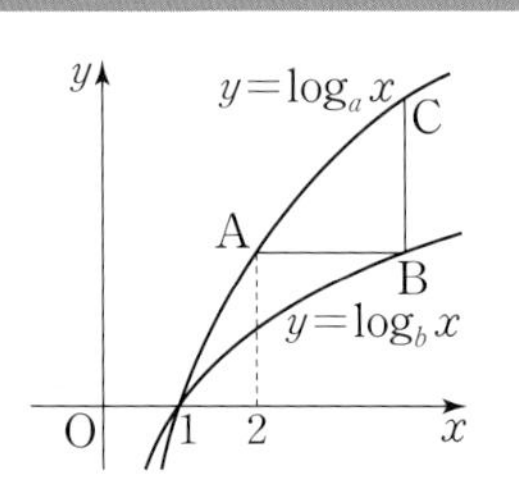

접근 방법 그래프와 관련된 문제를 풀 때에는 함수의 그래프가 지나는 점의 좌표를 대입하거나 x축에 평행한 선분의 길이는 두 점의 x좌표의 차이고 y축에 평행한 선분의 길이는 두 점의 y좌표의 차임을 이용한다. 즉, 이 문제에서 점 A의 x좌표가 2이고 x축에 평행한 선분 AB의 길이가 2이므로 점 B의 x좌표는 4임을 이용한다.

수매씽 Point x축에 평행한 직선 위의 점들의 y좌표는 모두 같다.

상세 풀이 $\overline{AB}=2$에서 두 점 B, C의 x좌표는 4이므로 $B(4, \log_b 4)$, $C(4, \log_a 4)$

$\overline{BC}=2$이므로

$\overline{BC}=\log_a 4-\log_b 4=2$ …… ㉠

두 점 A, B의 y좌표가 같으므로

$\log_a 2=\log_b 4$ …… ㉡

㉡을 ㉠에 대입하면

$\log_a 4-\log_a 2=\log_a 2=2$ $\therefore a^2=2$

$\log_a 2=2$이므로 ㉡에서 $\log_b 4=2$ $\therefore b^2=4$

$\therefore a^2+b^2=2+4=6$

정답 6

보충 설명

다음 그림과 같이 두 함수 $y=f(x)$, $y=f(x-m)$의 그래프와 만나도록 x축에 평행한 직선을 그으면 두 교점 A, B 사이의 거리는 m이다. 또한 두 함수 $y=f(x)$, $y=f(x)+n$의 그래프와 만나도록 y축에 평행한 직선을 그으면 두 교점 C, D 사이의 거리는 n이다.

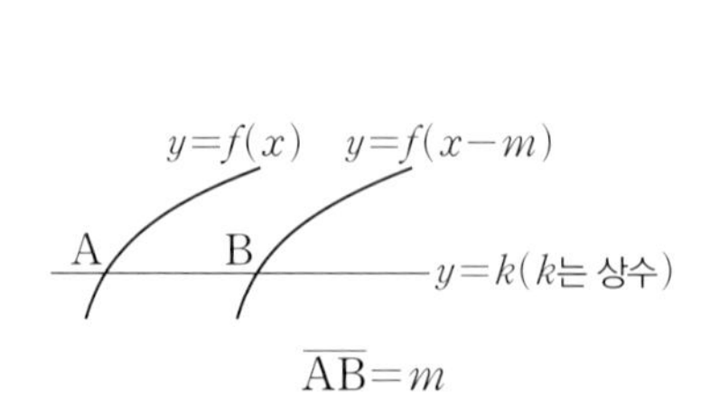

$\overline{AB}=m$

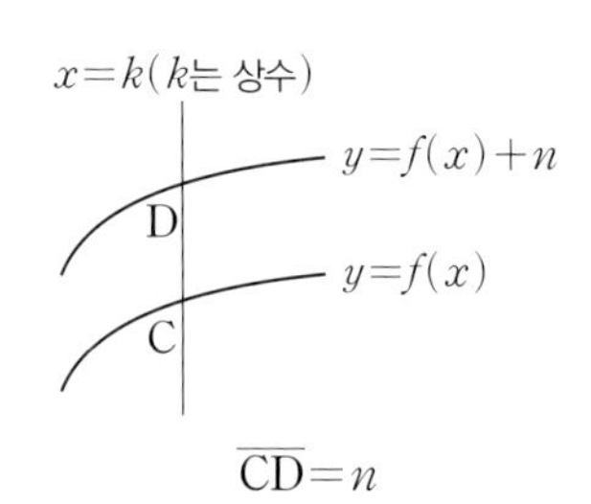

$\overline{CD}=n$

숫자 바꾸기 한번 더

06-1

오른쪽 그림과 같이 좌표평면에서 곡선 $y=\log_a x$ 위의 점 $A(3, \log_a 3)$을 지나고 x축에 평행한 직선이 곡선 $y=\log_b x$와 만나는 점을 B, 점 B를 지나고 y축에 평행한 직선이 곡선 $y=\log_a x$와 만나는 점을 C라고 하자. $\overline{AB}=\overline{BC}=6$일 때, a^6+b^6의 값을 구하시오. (단, $1<a<b$)

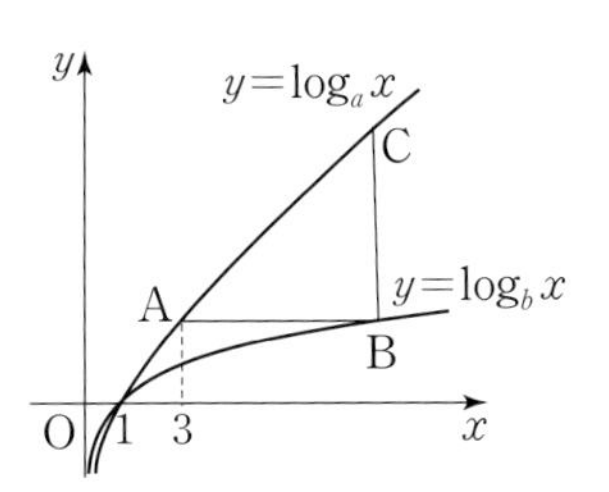

표현 바꾸기 한번 더

06-2

오른쪽 그림과 같이 함수 $y=\log_a x$의 그래프 위의 두 점 A, C를 이은 선분이 한 변의 길이가 2인 정사각형 ABCD의 대각선이다. 선분 AB는 x축에 평행하고, 함수 $y=\log_b x$의 그래프가 점 B를 지날 때, 상수 b의 값은?

(단, $1<a<b$이고 점 A의 y좌표는 2이다.)

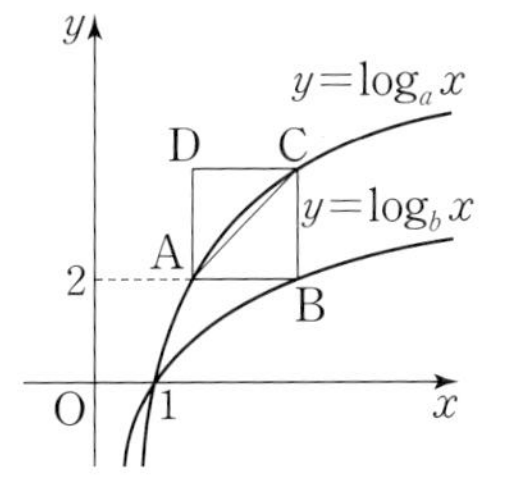

① $\sqrt[4]{2}$ ② $\sqrt{2}$ ③ 2

④ $2\sqrt{2}$ ⑤ 4

개념 넓히기 한번 더

06-3

오른쪽 그림과 같이 좌표평면에서 두 곡선

$y=\log_6(x+1)$,

$y=\log_6(x-1)-4$

와 두 직선 $y=-2x$, $y=-2x+8$로 둘러싸인 도형의 넓이를 구하시오.

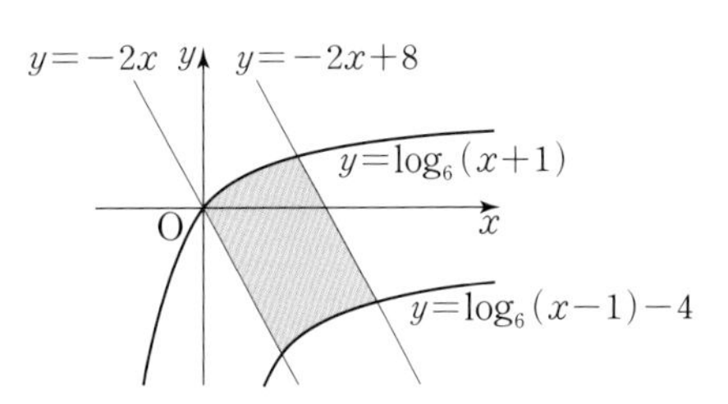

• 풀이 54쪽~55쪽

정답 **06-1** 12 **06-2** ③ **06-3** 16

예제 07

역함수 관계에 있는 로그함수와 지수함수의 그래프

오른쪽 그림과 같이 곡선 $y=2^x-1$ 위의 점 $A(2, 3)$을 지나고 기울기가 -1인 직선이 곡선 $y=\log_2(x+1)$과 만나는 점을 B라고 하자. 두 점 A, B에서 x축에 내린 수선의 발을 각각 C, D라고 할 때, 사각형 ACDB의 넓이를 구하시오.

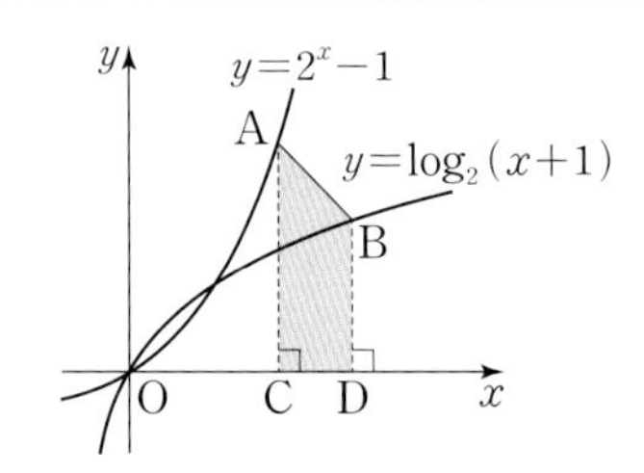

접근 방법 함수 $y=a^{x-m}+n$의 역함수가 $y=\log_a(x-n)+m$이므로 두 함수

$$y=a^{x-m}+n,\ y=\log_a(x-n)+m$$

의 그래프는 직선 $y=x$에 대하여 대칭이다.

수매씽 Point 두 함수 $y=a^{x-m}+n$, $y=\log_a(x-n)+m$은 서로 역함수 관계이다.

상세 풀이 두 함수 $y=2^x-1$과 $y=\log_2(x+1)$은 서로 역함수 관계이므로 두 함수의 그래프는 직선 $y=x$에 대하여 대칭이다.

점 $A(2, 3)$을 지나고 기울기가 -1인 직선이 곡선 $y=\log_2(x+1)$과 만나는 점 B는 점 $A(2, 3)$을 직선 $y=x$에 대하여 대칭이동한 점이다.

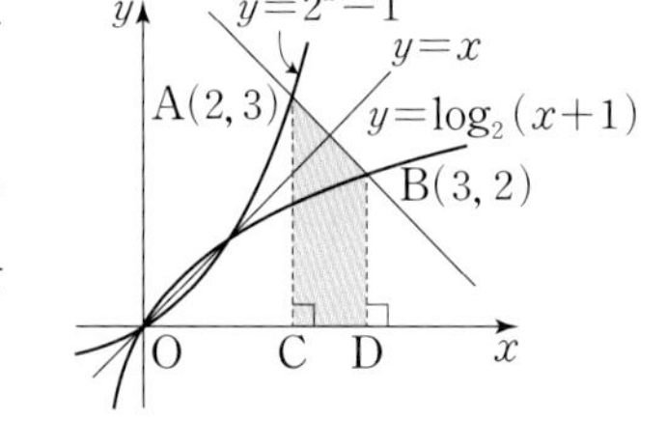

따라서 $B(3, 2)$이므로 사각형 ACDB의 넓이는

$$\frac{1}{2}\times(3+2)\times1=\frac{5}{2}$$

정답 $\frac{5}{2}$

보충 설명

직선 $y=x$에 대하여 대칭인 두 함수 $y=a^x$, $y=\log_a x$의 그래프를 x축의 방향으로 m만큼, y축의 방향으로 n만큼 평행이동한 두 함수

$$y=a^{x-m}+n,\ y=\log_a(x-m)+n$$

의 그래프는 직선

$$y-n=x-m,\ \text{즉 } y=x-m+n$$

에 대하여 대칭이다.

예를 들어 두 함수 $y=2^x-1$, $y=\log_2 x-1$의 그래프는 직선 $y=x-1$에 대하여 대칭이다.

숫자 바꾸기

한번 더 ☑ ☐

07-1

오른쪽 그림과 같이 곡선 $y=\log_3(x+3)$ 위의 점 $\mathrm{A}(6,\ 2)$를 지나고 기울기가 -1인 직선이 곡선 $y=3^x-3$과 만나는 점을 B라고 하자. 두 점 A, B에서 x축에 내린 수선의 발을 각각 C, D라고 할 때, 사각형 ABDC의 넓이를 구하시오.

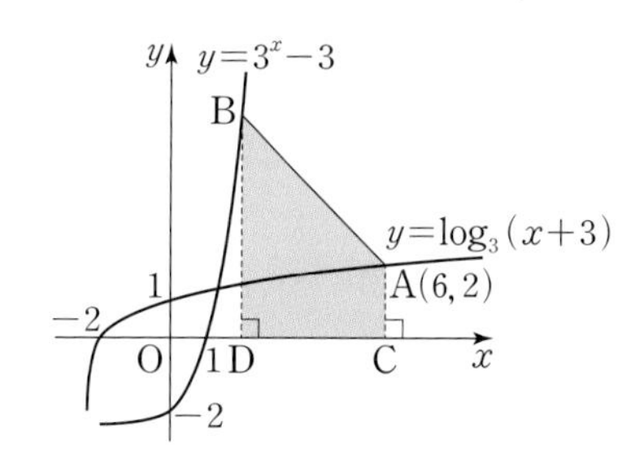

04

표현 바꾸기

한번 더 ☑ ☐

07-2

오른쪽 그림과 같이 곡선 $y=2^x$이 y축과 만나는 점을 A, 곡선 $y=\log_2 x$가 x축과 만나는 점을 B라고 하자. 또한 직선 $y=-x+k$가 두 곡선 $y=2^x$, $y=\log_2 x$와 만나는 점을 각각 C, D라고 하자. 사각형 ABDC가 정사각형일 때, 상수 k의 값을 구하시오.

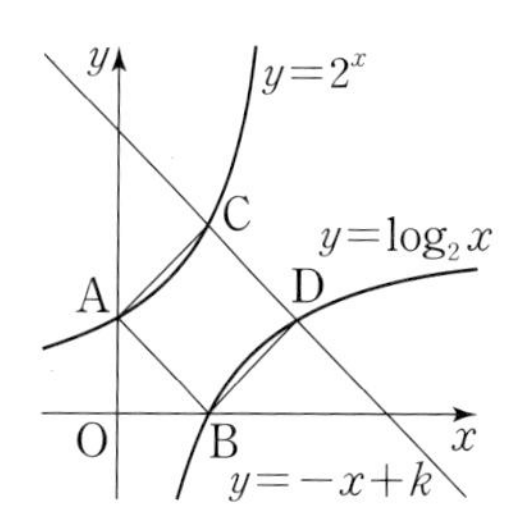

개념 넓히기

한번 더 ☑ ☐

07-3

오른쪽 그림과 같이 함수 $y=\log_2 x$의 그래프와 직선 $y=mx$의 두 교점을 A, B라 하고, 함수 $y=2^x$의 그래프와 직선 $y=nx$의 두 교점을 C, D라고 하자. 사각형 ABDC는 등변사다리꼴이고 삼각형 OBD의 넓이는 삼각형 OAC의 넓이의 4배일 때, $m+n$의 값을 구하시오.

(단, m, n은 상수이고, O는 원점이다.)

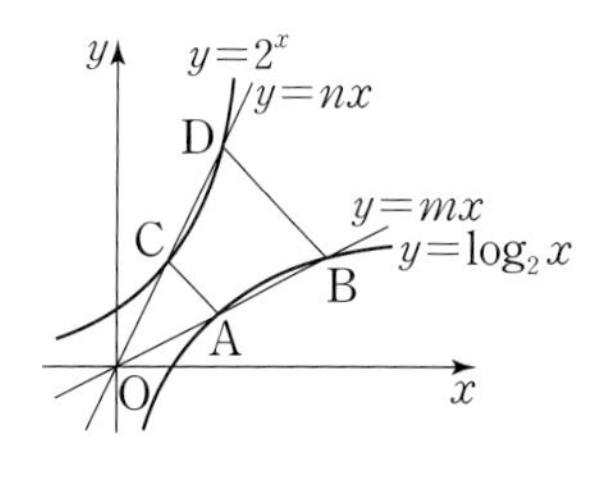

• 풀이 55쪽

정답

07-1 16 07-2 3 07-3 $\frac{5}{2}$

예제 08 로그함수의 성질을 이용한 대소 관계

다음 물음에 답하시오.

(1) 세 수 $3\log_3 2$, 2, $\frac{1}{2}\log_3 70$의 대소를 비교하시오.

(2) $0<a<b<1$일 때, $\log_a b$, $\log_b a$, $\log_a \frac{b}{a}$의 대소를 비교하시오.

접근 방법 로그함수 $y=\log_a x$ $(a>0,\ a\neq 1)$는 $a>1$일 때 x의 값이 증가하면 y의 값도 증가하고, $0<a<1$일 때 x의 값이 증가하면 y의 값은 감소한다. 따라서 밑을 통일한 후 로그함수의 성질을 이용하여 대소를 비교한다.

수매씽 Point $a>1$일 때, $0<x_1<x_2 \Longleftrightarrow \log_a x_1<\log_a x_2$
$0<a<1$일 때, $0<x_1<x_2 \Longleftrightarrow \log_a x_1>\log_a x_2$

상세 풀이 (1) 주어진 세 수를 밑이 3인 로그로 나타내면

$$3\log_3 2=\log_3 2^3=\log_3 8,\ 2=2\log_3 3=\log_3 3^2=\log_3 9,\ \frac{1}{2}\log_3 70=\log_3 70^{\frac{1}{2}}=\log_3\sqrt{70}$$

이때 함수 $y=\log_3 x$는 x의 값이 증가하면 y의 값도 증가하고, $8<\sqrt{70}<9$이므로

$$\log_3 8<\log_3\sqrt{70}<\log_3 9 \qquad \therefore\ 3\log_3 2<\frac{1}{2}\log_3 70<2$$

(2) $0<a<1$이므로 함수 $y=\log_a x$는 x의 값이 증가하면 y의 값은 감소한다.

이때 $0<a<b<1$이므로 $\log_a a>\log_a b>\log_a 1 \qquad \therefore\ 0<\log_a b<1$ …… ㉠

또한 $\log_a b-\log_a a<0$이므로 $\log_a \frac{b}{a}<0$ …… ㉡

$0<b<1$이므로 함수 $y=\log_b x$는 x의 값이 증가하면 y의 값은 감소한다.

이때 $0<a<b<1$이므로 $\log_b a>\log_b b>\log_b 1 \qquad \therefore\ 1<\log_b a$ …… ㉢

㉠, ㉡, ㉢에서 $\log_a \frac{b}{a}<\log_a b<\log_b a$

정답 (1) $3\log_3 2<\frac{1}{2}\log_3 70<2$ (2) $\log_a \frac{b}{a}<\log_a b<\log_b a$

보충 설명

로그는 지수와 달리 똑같이 거듭제곱하거나 진수를 통일하는 방법을 사용할 수가 없다. 그래서 밑을 통일하기가 곤란한 경우에는 대소 비교의 가장 기본적인 방법, 즉 두 수의 차를 조사하는 방법을 이용한다.
지수의 대소 비교와 마찬가지로 어떤 방법을 써야 하는지는 주어진 수의 형태에 따라 다양하게 접근해 본다.

숫자 바꾸기 한번 더 ☑ ☐

08-1

다음 물음에 답하시오.

(1) 세 수 -2, $\log_{\frac{1}{2}}3$, $\log_{\frac{1}{2}}\sqrt{10}$의 대소를 비교하시오.

(2) $0<a^2<b<a<1$일 때, $\frac{1}{2}$, $\log_a b$, $\log_b a$, $\log_a \frac{a}{b}$, $\log_b \frac{b}{a}$의 대소를 비교하시오.

표현 바꾸기 한번 더 ☑ ☐

08-2

$0<a<1<b$이고 $ab<1$인 두 실수 a, b에 대하여

$A=\log_a\sqrt{b}$, $B=\log_{\sqrt{b}}a$

일 때, **〈보기〉**에서 옳은 것을 모두 고른 것은?

〈 보기 〉

ㄱ. $A<0$　　ㄴ. $AB=1$　　ㄷ. $A>B$

① ㄱ　② ㄴ　③ ㄱ, ㄴ　④ ㄱ, ㄷ　⑤ ㄱ, ㄴ, ㄷ

개념 넓히기 한번 더 ☑ ☐

08-3

자연수 n에 대하여 **〈보기〉**의 부등식 중 항상 성립하는 것을 모두 고른 것은?

〈 보기 〉

ㄱ. $\log_2(n+3)>\log_2(n+2)$

ㄴ. $\log_2(n+2)>\log_3(n+2)$

ㄷ. $\log_2(n+2)>\log_3(n+3)$

① ㄱ　② ㄱ, ㄴ　③ ㄱ, ㄷ　④ ㄴ, ㄷ　⑤ ㄱ, ㄴ, ㄷ

• 풀이 55쪽~56쪽

정답

08-1 (1) $-2<\log_{\frac{1}{2}}\sqrt{10}<\log_{\frac{1}{2}}3$ (2) $\log_a \frac{a}{b}<\log_b \frac{b}{a}<\frac{1}{2}<\log_b a<\log_a b$

08-2 ⑤　**08-3** ⑤

예제 09 지수함수, 로그함수의 그래프를 이용한 참, 거짓 판별하기

두 함수 $y=x$와 $y=\log_2 x$의 그래프를 이용하여 다음 명제의 참, 거짓을 판별하시오.

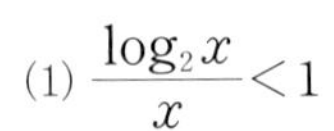

(1) $\dfrac{\log_2 x}{x}<1$ (2) $\dfrac{\log_2 x}{x-1}<1\ (x\neq 1)$

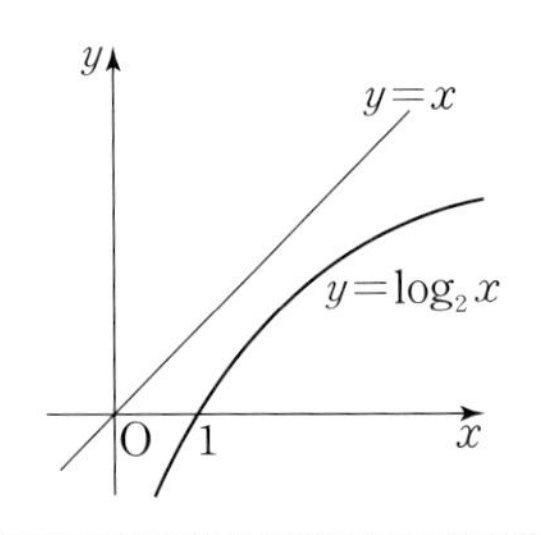

접근 방법 서로 다른 두 점 $(x_1,\ y_1)$, $(x_2,\ y_2)$를 지나는 직선의 기울기는 $\dfrac{y_2-y_1}{x_2-x_1}$임을 이용하여 명제의 참, 거짓을 판별한다. 특히 원점과 점 $(x_1,\ y_1)$을 지나는 직선의 기울기는 $\dfrac{y_1}{x_1}$이다.

수매씽 Point 서로 다른 두 점 $(x_1,\ y_1)$, $(x_2,\ y_2)$를 지나는 직선의 기울기 ➡ $\dfrac{y_2-y_1}{x_2-x_1}$

상세 풀이 (1) 원점 $(0,\ 0)$과 곡선 $y=\log_2 x$ 위의 임의의 점 $(x,\ \log_2 x)$를 지나는 직선의 기울기는 $\dfrac{\log_2 x-0}{x-0}=\dfrac{\log_2 x}{x}$

곡선 $y=\log_2 x$ 위의 임의의 점과 원점을 이은 직선의 기울기는 항상 직선 $y=x$의 기울기 1보다 작으므로

$\dfrac{\log_2 x}{x}<1$ (참)

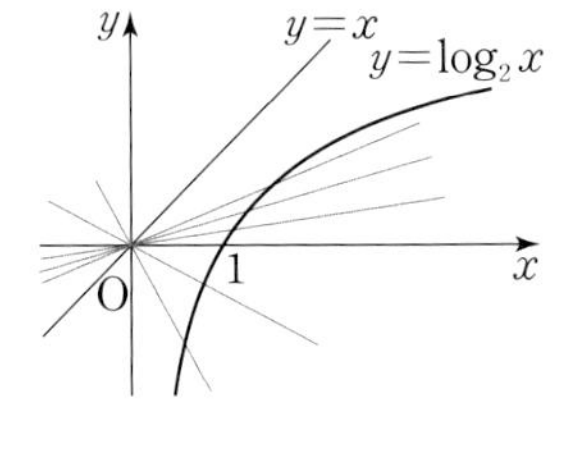

(2) 점 $(1,\ 0)$과 곡선 $y=\log_2 x$ 위의 임의의 점 $(x,\ \log_2 x)$를 지나는 직선의 기울기는 $\dfrac{\log_2 x-0}{x-1}=\dfrac{\log_2 x}{x-1}$

곡선 $y=\log_2 x$ 위의 임의의 점과 점 $(1,\ 0)$을 이은 직선의 기울기가 오른쪽 그림과 같이 직선 $y=x$의 기울기보다 클 때도 존재하므로

$\dfrac{\log_2 x}{x-1}<1$이 항상 성립하는 것은 아니다. (거짓)

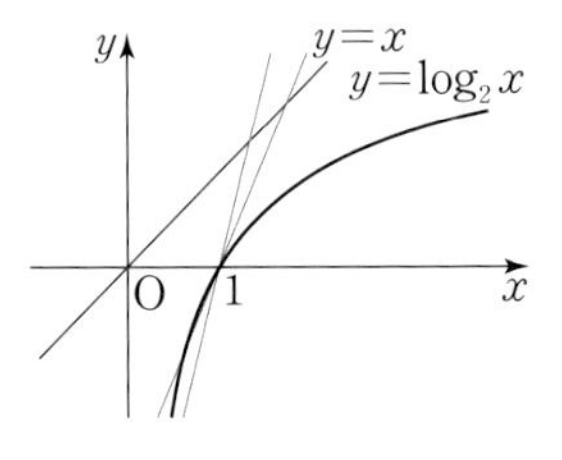

정답 (1) 참 (2) 거짓

보충 설명

기울기의 크기를 비교할 때에는 두 선분의 시작점 또는 끝점이 일치하거나 두 선분이 교차되는 점에 주목하면 된다. 즉, 다음 그림에서 (선분 AB의 기울기) > (선분 CD의 기울기)이다.

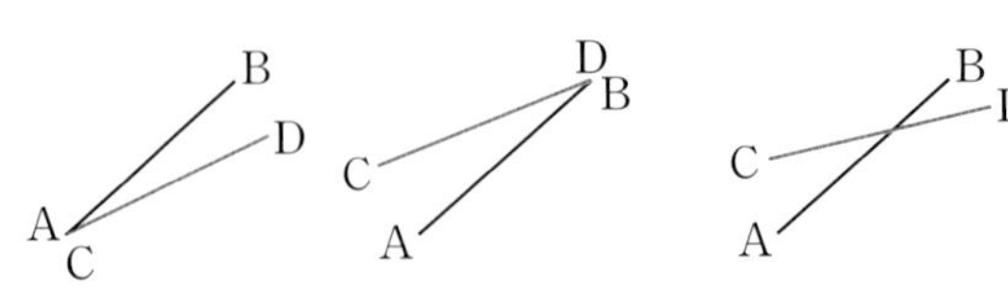

숫자 바꾸기

한번 더 ☑ ☐

09-1

두 함수 $y=x$와 $y=2^x$의 그래프를 이용하여 다음 명제의 참, 거짓을 판별하시오. (단, $x>0$)

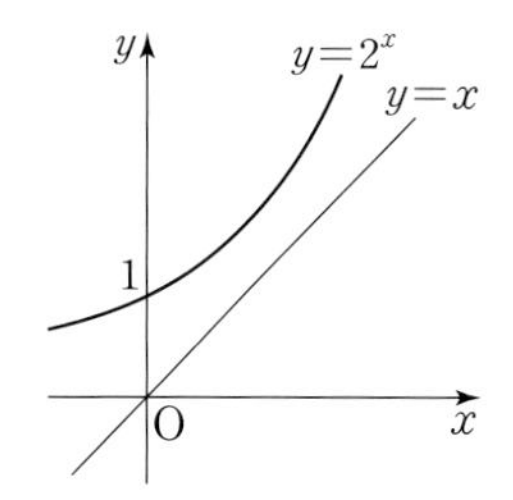

(1) $\frac{2^x}{x}>1$ (2) $\frac{2^x-1}{x}>1$

표현 바꾸기

한번 더 ☑ ☐

09-2

그림과 같이 함수 $y=\log_3 x$의 그래프 위의 두 점 $\mathrm{P}(p, \log_3 p)$, $\mathrm{Q}(q, \log_3 q)$에 대하여 세 수

$$A=p^{\frac{1}{p}},\ B=q^{\frac{1}{q}},\ C=\left(\frac{q}{p}\right)^{\frac{1}{q-p}}$$

의 대소를 비교하시오. (단, $1<p<q$)

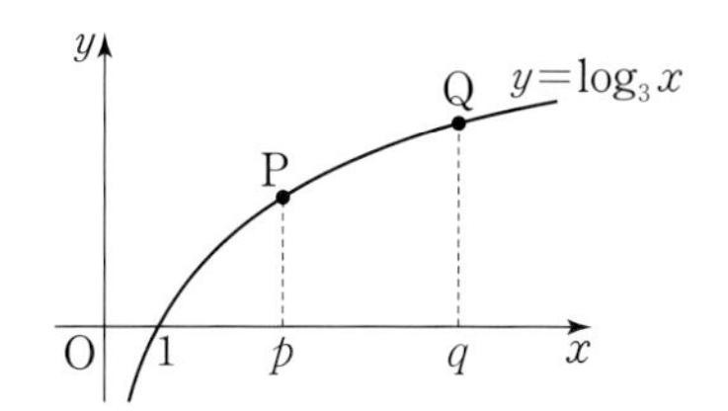

개념 넓히기

한번 더 ☑ ☐

09-3

$1<a<b$인 두 실수 a, b에 대하여 **〈보기〉**에서 옳은 것을 모두 고른 것은?

〈 보기 〉

ㄱ. $\frac{\log_2 a}{a}<\frac{\log_2 b}{b}$ ㄴ. $\frac{\log_2 a}{a-1}>\frac{\log_2 b}{b-1}$ ㄷ. $\frac{\log_2 b-\log_2 a}{b-a}<1$

① ㄱ ② ㄴ ③ ㄷ

④ ㄴ, ㄷ ⑤ ㄱ, ㄴ, ㄷ

• 풀이 56쪽~57쪽

정답

09-1 (1) 참 (2) 거짓 **09-2** $C<B<A$ **09-3** ②

예제 10 로그함수의 최대, 최소

다음 물음에 답하시오.

(1) 함수 $y=\log_2(3x-2)$의 최댓값과 최솟값을 각각 구하시오. (단, $2\le x\le 6$)

(2) 함수 $y=\log_{\frac{1}{3}}(x^2+4x+13)$의 최댓값을 구하시오.

접근 방법 로그함수 $y=\log_a f(x)$는 그래프를 그려 보지 않고도 최댓값과 최솟값을 구할 수 있다. 이런 꼴의 함수는 증가하는 함수 또는 감소하는 함수이기 때문에 진수의 최댓값 또는 최솟값을 조사하면 함수의 최댓값 또는 최솟값을 알 수 있다.

수매씽 Point 로그함수 $y=\log_a x$는
$a>1$일 때 x의 값이 증가하면 y의 값도 증가한다.
$0<a<1$일 때 x의 값이 증가하면 y의 값은 감소한다.

상세 풀이 (1) 함수 $y=\log_2(3x-2)$의 밑은 2이고, $2>1$이므로 $3x-2$가 최대일 때 y가 최대이고, $3x-2$가 최소일 때 y가 최소이다.
따라서 $2\le x\le 6$에서 함수 $y=\log_2(3x-2)$는
$x=6$일 때 최대이고, 최댓값은 $\log_2(3\times 6-2)=\log_2 16=4\log_2 2=4$
$x=2$일 때 최소이고, 최솟값은 $\log_2(3\times 2-2)=\log_2 4=2\log_2 2=2$

(2) 함수 $y=\log_{\frac{1}{3}}(x^2+4x+13)$의 밑은 $\frac{1}{3}$이고, $0<\frac{1}{3}<1$이므로 $x^2+4x+13$이 최소일 때 y가 최대이다.
이때 $x^2+4x+13=(x+2)^2+9$이므로 $x=-2$일 때 $x^2+4x+13$의 최솟값은 9이다.
따라서 함수 $y=\log_{\frac{1}{3}}(x^2+4x+13)$의 최댓값은

$$\log_{\frac{1}{3}} 9=2\log_{\frac{1}{3}} 3=-2$$

정답 (1) 최댓값 : 4, 최솟값 : 2 (2) -2

보충 설명

$\log_a x$와 $\log_x a$가 서로 역수임을 이용하여 최댓값과 최솟값을 구할 때 산술평균과 기하평균의 관계도 자주 쓰이는 편이다. 즉, $a>1$이고 $x>1$ (또는 $0<a<1$이고 $0<x<1$)일 때, $\log_a x>0$, $\log_x a>0$이므로 산술평균과 기하평균의 관계를 이용하면

$$\log_a x+\log_x a=\log_a x+\frac{1}{\log_a x}\ge 2\sqrt{\log_a x\times\frac{1}{\log_a x}}=2$$

(단, 등호는 $\log_a x=\frac{1}{\log_a x}$일 때 성립)

숫자 바꾸기

풀이 58쪽 ➕ 보충 설명 한번 더 ☑ ☐

10-1

다음 함수의 최댓값과 최솟값을 각각 구하시오.

(1) $y=\log_{\frac{1}{3}}(-2x+5)$ (단, $-2\le x\le 2$)

(2) $y=\log_5(x^2-6x+34)$

(3) $y=\log_2(x^2-2x+3)$ (단, $0\le x\le 3$)

(4) $y=\log_3(-x^2-4x+23)$ (단, $-3\le x\le 3$)

표현 바꾸기

한번 더 ☑ ☐

10-2

$x>0$, $y>0$이고 $x+y=32$일 때, $\log_4 2x+\log_4 2y$의 최댓값을 구하시오.

개념 넓히기

한번 더 ☑ ☐

10-3

다음 물음에 답하시오.

(1) $5\le x\le 8$에서 함수 $y=\log_{\frac{1}{2}}(x-a)$의 최솟값이 -2일 때, 상수 a의 값을 구하시오.

(2) 함수 $y=\log_a(x^2-2x+5)$의 최댓값이 -2일 때, 상수 a의 값을 구하시오.

• 풀이 57쪽~58쪽

정답

10-1 (1) 최댓값 : 0, 최솟값 : -2 (2) 최댓값 : 없다., 최솟값 : 2
(3) 최댓값 : $\log_2 6$, 최솟값 : 1 (4) 최댓값 : 3, 최솟값 : $\log_3 2$

10-2 5

10-3 (1) 4 (2) $\frac{1}{2}$

출제 가능성

예제 11

치환을 이용한 로그함수의 최대, 최소

$1\leq x\leq 8$일 때, 함수 $y=(\log_2 4x)^2-3\log_2(8x)^2+20$의 최댓값과 최솟값을 각각 구하시오.

접근 방법 함수 $y=(\log_a x)^2+p\log_a x+q$의 최대, 최소는 $\log_a x=t$로 치환하여 t에 대한 이차함수의 최댓값과 최솟값을 구한다.

수매씽 Point $\log_a x$ 꼴이 반복되는 함수의 최대, 최소 ➡ $\log_a x=t$로 치환한다.

상세 풀이 로그의 성질을 이용하여 주어진 식을 변형하면

$$\begin{aligned} y&=(\log_2 4x)^2-3\log_2(8x)^2+20\\ &=(\log_2 4x)^2-6\log_2 8x+20\\ &=(\log_2 4+\log_2 x)^2-6(\log_2 8+\log_2 x)+20\\ &=(2+\log_2 x)^2-6(3+\log_2 x)+20 \end{aligned}$$

$\log_2 x=t$로 놓으면 $1\leq x\leq 8$에서

$$\log_2 1\leq \log_2 x\leq \log_2 8 \qquad \therefore\ 0\leq t\leq 3$$

이때 주어진 함수는

$$\begin{aligned} y&=(2+t)^2-6(3+t)+20\\ &=t^2+4t+4-18-6t+20\\ &=t^2-2t+6\\ &=(t-1)^2+5 \end{aligned}$$

따라서 $0\leq t\leq 3$에서 함수 $y=(t-1)^2+5$는

$t=3$일 때 최대이고, 최댓값은 $(3-1)^2+5=9$

$t=1$일 때 최소이고, 최솟값은 $(1-1)^2+5=5$

정답 최댓값 : 9, 최솟값 : 5

보충 설명

치환을 하고 나서는 치환한 값의 범위를 정하는 과정이 중요하다. 문제에서 주어진 범위는 x에 대한 것이므로 t에 대한 범위로 바꾼 후, 그 구간 안에서 최댓값과 최솟값을 구한다.

숫자 바꾸기 · 한번 더

11-1

다음 함수의 최댓값과 최솟값을 각각 구하시오.

(1) $y=(\log_2 2x)^2-\log_2 x^2$

(2) $y=\log_3 x^4-(\log_3 x)^2+1$

(3) $y=(\log_3 x)^2+\log_3 \frac{27}{x^2}$ (단, $1\le x\le 81$)

(4) $y=(\log_2 2x)\left(\log_2 \frac{8}{x}\right)$ (단, $1\le x\le 16$)

표현 바꾸기 · 한번 더

11-2

함수 $y=-(\log_3 x)^2-a\log_3 \frac{1}{x^2}+b$가 $x=9$에서 최댓값 6을 가질 때, $a+b$의 값은?

(단, a, b는 상수이다.)

① 0　② 1　③ 2　④ 3　⑤ 4

개념 넓히기 · 한번 더

11-3

다음 함수의 최댓값과 최솟값을 각각 구하시오.

(1) $f(x)=1000x^4\div x^{\log x}$

(2) $g(x)=(8x)^{5-\log_2 x}$ $\left(단,\ \frac{1}{2}\le x\le 4\right)$

• 풀이 58쪽～59쪽

정답

11-1 (1) 최댓값 : 없다., 최솟값 : 1　(2) 최댓값 : 5, 최솟값 : 없다.
(3) 최댓값 : 11, 최솟값 : 2　(4) 최댓값 : 4, 최솟값 : -5

11-2 ⑤　**11-3** (1) 최댓값 : 10^7, 최솟값 : 없다.　(2) 최댓값 : 2^{16}, 최솟값 : 2^{12}

예제 12 지수함수, 로그함수의 그래프와 격자점의 개수

오른쪽 그림은 곡선 $y=\log_3 x$와 직선 $x=50$ 및 x축으로 둘러싸인 도형을 직선 $x=27$로 나눈 것이다. 경계선을 제외한 두 부분 A, B에 속해 있는 점 중에서 x좌표, y좌표가 모두 정수인 점의 개수를 각각 a, b라고 할 때, $b-a$의 값을 구하시오.

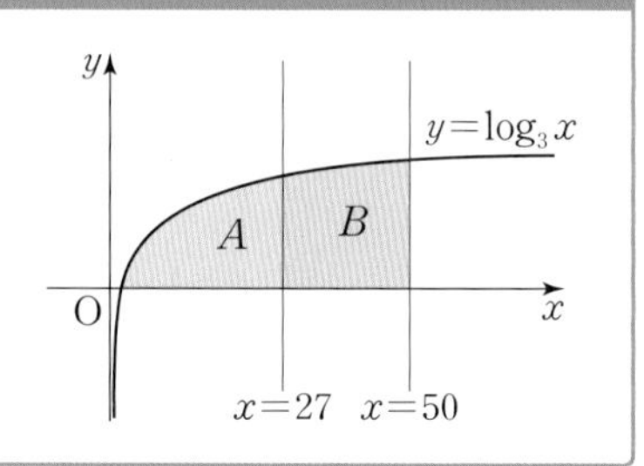

접근 방법 곡선 $y=\log_3 x$와 두 직선 $x=27$, $x=50$이 만나는 점의 좌표는 각각 $(27,\ 3)$, $(50,\ \log_3 50)$이고 $3=\log_3 27<\log_3 50<\log_3 81=4$이므로 두 부분 A, B에서 x좌표, y좌표가 모두 정수인 점을 찾기 위하여 $y=1,\ 2,\ 3$의 세 가지 경우로 나누어 정수가 되는 x좌표를 구한다.

로그함수의 그래프에서 격자점의 개수는 y좌표를 기준으로 생각하자!

상세 풀이 오른쪽 그림과 같이 $y=1$, $y=2$, $y=3$의 경우로 나누어 두 부분 A, B에서 x좌표, y좌표가 모두 정수인 점의 개수를 구하면 다음과 같다.

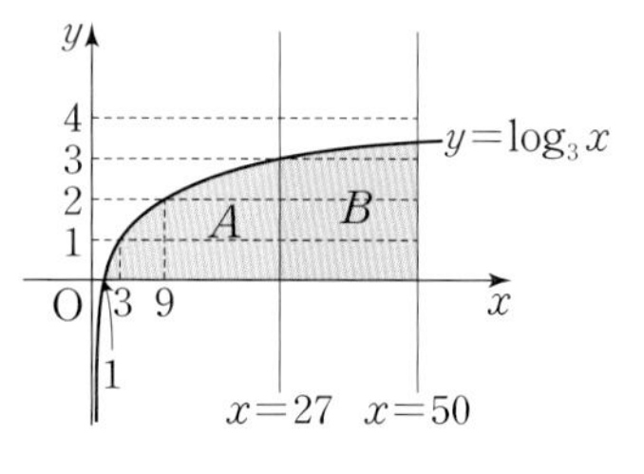

(i) $y=1$일 때, $\log_3 3=1$이므로

A : $(4,\ 1)$, $(5,\ 1)$, $\cdots$, $(26,\ 1)$의 $26-4+1=23$(개)

B : $(28,\ 1)$, $(29,\ 1)$, $\cdots$, $(49,\ 1)$의 $49-28+1=22$(개)

(ii) $y=2$일 때, $\log_3 9=2$이므로

A : $(10,\ 2)$, $(11,\ 2)$, $\cdots$, $(26,\ 2)$의 $26-10+1=17$(개)

B : $(28,\ 2)$, $(29,\ 2)$, $\cdots$, $(49,\ 2)$의 $49-28+1=22$(개)

(iii) $y=3$일 때, $\log_3 27=3$이므로

B : $(28,\ 3)$, $(29,\ 3)$, $\cdots$, $(49,\ 3)$의 $49-28+1=22$(개)

(i)~(iii)에서 $a=23+17=40$, $b=22+22+22=66$

$\therefore\ b-a=66-40=26$

정답 26

보충 설명

곡선 $y=\log_3 x$와 두 직선 $x=27$, $x=50$ 및 x축 $(y=0)$으로 둘러싸인 도형에서 x좌표, y좌표 모두 정수가 되는 점을 찾기 위해서 경우를 나누는데, x좌표가 정수일 때 y좌표가 정수가 되는 점을 찾는 방법과 y좌표가 정수일 때 x좌표가 정수가 되는 점을 찾는 방법을 생각해 볼 수 있다. 그런데 위의 문제에서는 x좌표가 정수인 경우를 먼저 생각해 보면 $1<x<50$으로 48개의 경우를 생각해야 한다. 반면, y좌표가 정수인 경우는 $0<y<\log_3 50<4$로 $y=1,\ 2,\ 3$의 세 가지 경우만 생각하면 되므로 위의 풀이에서와 같이 y좌표가 정수인 경우를 먼저 생각하여 계산한다.

실수하기 좋은 유형이므로 꼼꼼하게 세는 것이 중요하다.

숫자 바꾸기

한번 더

12-1

오른쪽 그림과 같이 두 곡선 $y=2^x$, $y=4^x$과 직선 $y=32$로 둘러싸인 도형의 내부 또는 그 경계에 포함되는 정사각형 중에서 네 꼭짓점의 x좌표, y좌표가 모두 자연수이고 한 변의 길이가 1인 정사각형의 개수를 구하시오.

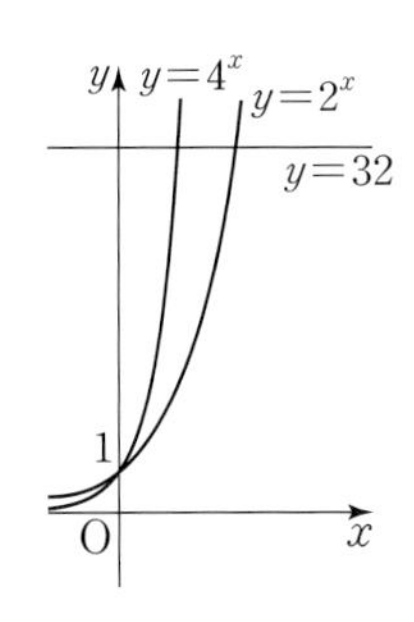

표현 바꾸기

한번 더

12-2

오른쪽 그림과 같이 곡선 $y=\log_2 x$와 직선 $x=30$ 및 x축으로 둘러싸인 도형에 한 변의 길이가 1인 정사각형을 서로 겹치지 않게 그리려고 한다. 그릴 수 있는 한 변의 길이가 1인 정사각형의 최대 개수를 구하시오. (단, 정사각형의 각 변은 x축, y축에 평행하다.)

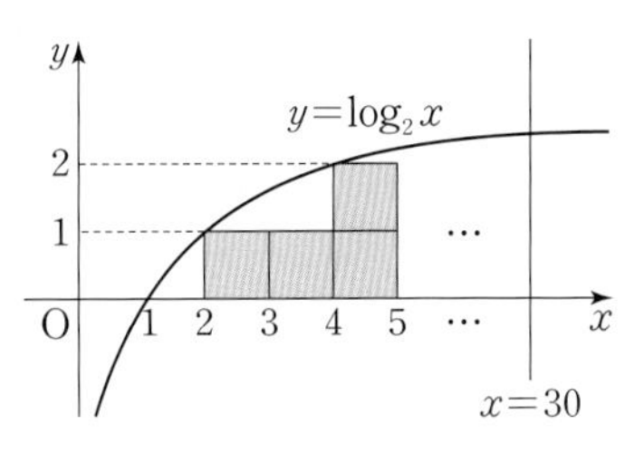

• 풀이 59쪽～60쪽

정답

12-1 24　　**12-2** 90

STEP 1 기본 다지기

1

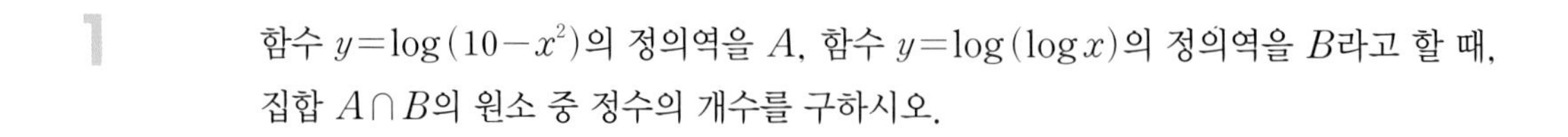
함수 $y=\log(10-x^2)$의 정의역을 A, 함수 $y=\log(\log x)$의 정의역을 B라고 할 때, 집합 $A\cap B$의 원소 중 정수의 개수를 구하시오.

2

정의역이 $\{x|-1<x<1\}$일 때, 함수 $y=\log\dfrac{2001+x}{1-x}$의 치역은?

① $\{y|y>1\}$　② $\{y|y>2\}$　③ $\{y|y>3\}$
④ $\{y|y>4\}$　⑤ $\{y|y$는 모든 실수$\}$

3

함수 $y=1+\log_2 x$의 그래프를 x축의 방향으로 1만큼 평행이동한 후 직선 $y=x$에 대하여 대칭이동하고 다시 y축의 방향으로 -1만큼 평행이동하면 함수 $y=g(x)$의 그래프와 일치한다. $g(5)$의 값을 구하시오.

4

오른쪽 그림은 세 함수 $y=2^x$, $y=x$, $y=\log_4 x$의 그래프이다. $p+q=12$일 때, pq의 값을 구하시오.

(단, 점선은 x축 또는 y축에 평행하다.)

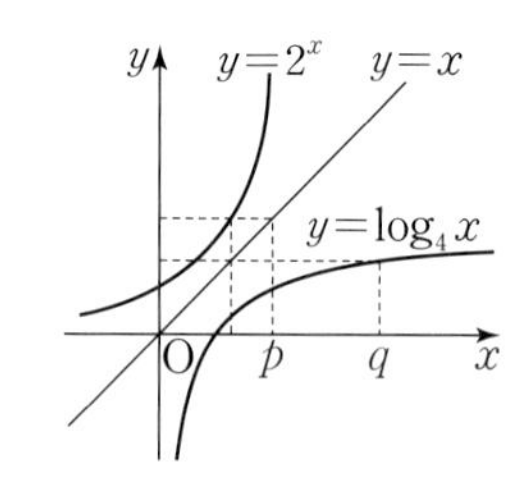

5

함수 $y=\log_b ax$의 그래프가 오른쪽 그림과 같을 때, 다음 중 함수 $y=\log_a bx$의 그래프의 개형은? (단, $a>0$, $a\neq1$, $b>0$, $b\neq1$)

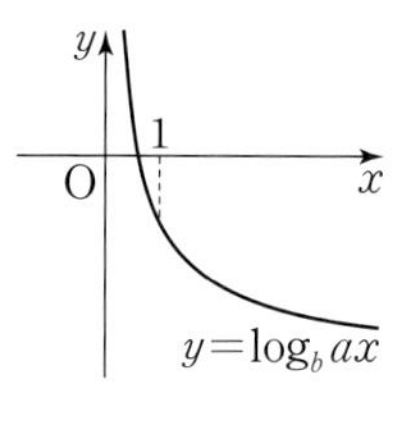

①
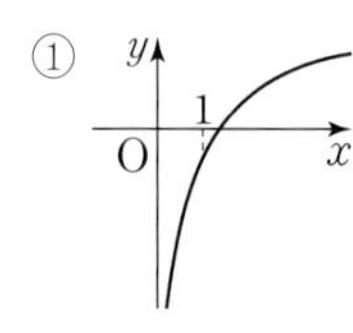

②
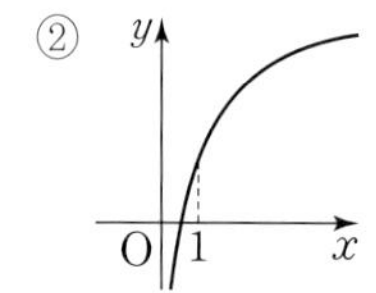

③
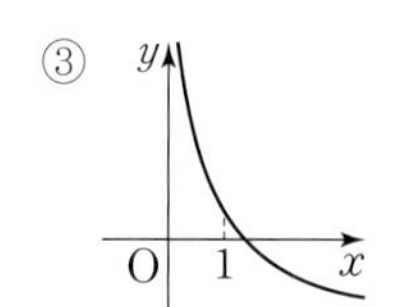

④
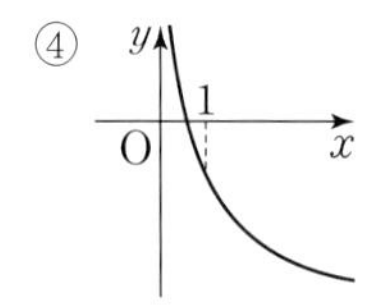

⑤
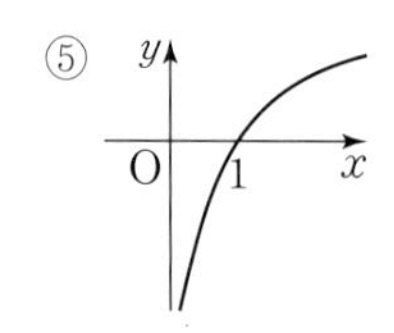

6 함수 $f(x)=\log_2 x$의 그래프 위의 두 점 $A(a, f(a))$, $B(b, f(b))$를 이은 선분 AB를 1 : 2로 내분하는 점이 x축 위에 있을 때, a^2b의 값을 구하시오.

7 함수 $y=\log_3 x$의 그래프와 직선 $y=x+k$가 서로 다른 두 점 $(\alpha, \log_3 \alpha)$, $(\beta, \log_3 \beta)$에서 만난다. $3^{\alpha-\beta}=\frac{1}{2}$일 때, $\frac{\alpha}{\beta}$의 값을 구하시오. (단, k는 상수이다.)

8 오른쪽 그림과 같이 점 A(1, 0)을 지나고, y축에 평행한 직선이 곡선 $y=2^x$과 만나는 점을 B, 점 B를 지나고 x축에 평행한 직선이 곡선 $y=\log_2 x$와 만나는 점을 C라고 할 때, 삼각형 ABC의 넓이를 구하시오.

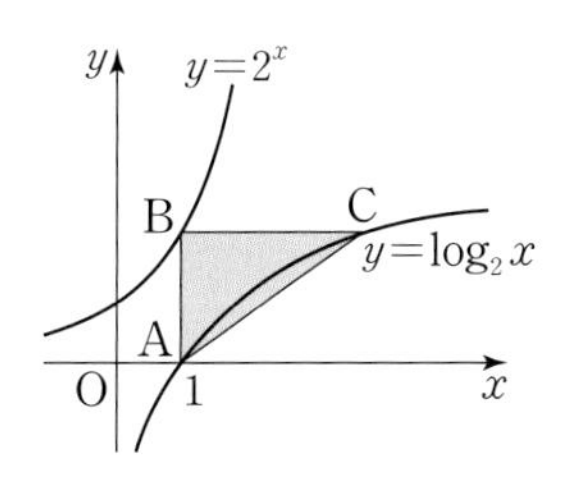

9 $1\le x\le 16$에서 함수 $y=(\log_{\frac{1}{2}} x)(\log_2 x)+2\log_2 x+a$의 최솟값이 1이고, 최댓값이 b일 때, 상수 a, b에 대하여 $a+b$의 값을 구하시오.

10 $0\le x\le 5$에서 함수 $f(x)=\log_3(x^2-6x+k)$의 최댓값과 최솟값의 합이 $2+\log_3 4$가 되도록 하는 상수 k의 값을 구하시오. (단, $k>9$)

11 함수 $f(x)$의 역함수를 $g(x)$라고 할 때, 다음 중 함수 $f(\log_2 x-1)$의 역함수는?

① $\log_2 g(x)-1$　② $\{g(x)+1\}^2$　③ $\{g(x)\}^2-1$
④ $2^{g(x)-1}$　⑤ $2^{g(x)+1}$

12 세 수 $A=\log_{0.2}0.3$, $B=\log_2 3$, $C=\log_{20}30$의 대소 관계로 옳은 것은?

① $A<B<C$　② $A<C<B$　③ $B<A<C$
④ $C<A<B$　⑤ $C<B<A$

13 함수 $f(x)=\left(\log\frac{x}{3}\right)\left(\log\frac{x}{2}\right)$의 최솟값은?

① $-\frac{1}{4}\left(\log\frac{3}{2}\right)^2$　② $-\frac{1}{2}\left(\log\frac{3}{2}\right)^2$　③ $-\left(\log\frac{3}{2}\right)^2$
④ $\frac{1}{2}\left(\log\frac{3}{2}\right)^2$　⑤ $\frac{1}{4}\left(\log\frac{3}{2}\right)^2$

14 두 함수 $y=\log_4(x+p)+q$, $y=\log_{\frac{1}{2}}(x+p)+q$의 역함수를 각각 $f(x)$, $g(x)$라고 하자. 두 함수 $y=f(x)$, $y=g(x)$의 그래프가 점 $(1, 4)$에서 만나도록 두 실수 p, q의 값을 정할 때, p^2+q^2의 값을 구하시오.

15 함수 $y=10^x$의 그래프를 x축의 방향으로 k만큼 평행이동하고 함수 $y=\log x$의 그래프를 y축의 방향으로 k만큼 평행이동하였더니 두 함수의 그래프가 서로 다른 두 점에서 만났다. 이 두 점 사이의 거리가 $\sqrt{2}$일 때, 상수 k의 값을 구하시오.

16 오른쪽 그림과 같이 함수 $y=\log_3 x$의 그래프가 x축과 만나는 점을 A라고 하자. 함수 $y=\log_3(x+a)$의 그래프가 선분 OA를 x축의 방향으로 3만큼, y축의 방향으로 2만큼 평행이동한 선분과 만날 때, 실수 a의 최댓값과 최솟값의 합을 구하시오. (단, O는 원점이다.)

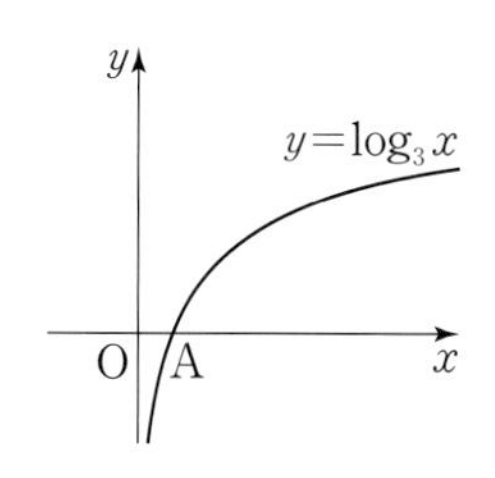

17 좌표평면 위에 네 점 A(3, −1), B(5, −1), C(5, 2), D(3, 2)를 연결하여 만든 직사각형 ABCD가 있다. 함수 $y=\log_a(x-1)-4$의 그래프가 직사각형 ABCD와 만나기 위한 실수 a의 최댓값을 M, 최솟값을 N이라고 할 때, $\left(\frac{M}{N}\right)^{12}$의 값을 구하시오.

18 오른쪽 그림과 같이 함수 $y=\log_2 x$의 그래프 위의 세 점 A, B, C에 대하여 삼각형 ABC의 무게중심이 G(7, 2)일 때, 선분 BC의 길이를 구하시오. (단, 점 A는 x축 위에 있고, 점 B의 x좌표가 점 C의 x좌표보다 작다.)

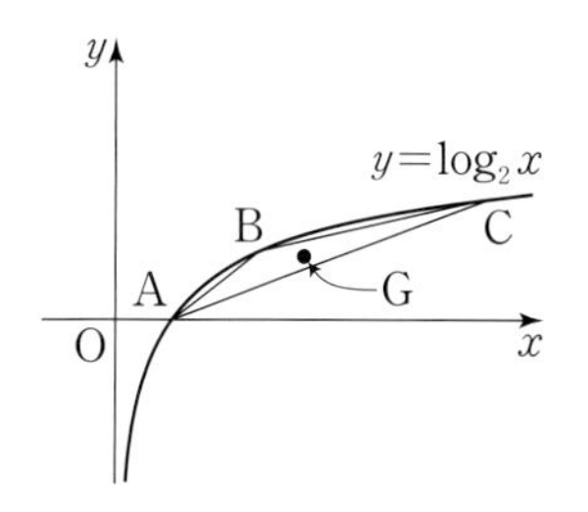

19 오른쪽 그림과 같이 함수 $y=\log_2 4x$의 그래프 위의 두 점 A, B와 함수 $y=\log_2 x$의 그래프 위의 점 C에 대하여 선분 AC가 y축에 평행하고 삼각형 ABC가 정삼각형일 때, 점 B의 좌표는 (p, q)이다. $p^2\times 2^q$의 값을 구하시오.

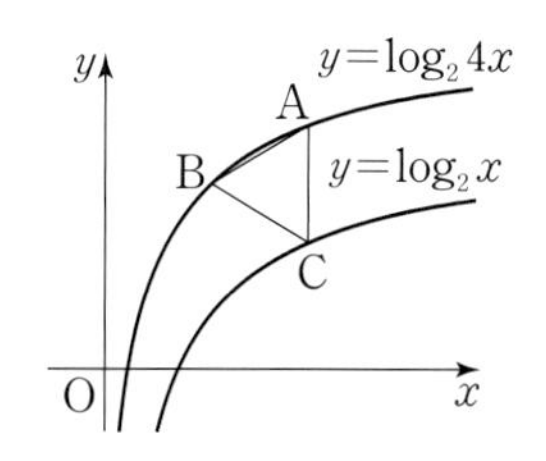

20 2보다 큰 상수 k에 대하여 두 곡선

$y=|\log_2(-x+k)|$, $y=|\log_2 x|$

가 만나는 세 점 P, Q, R의 x좌표를 각각 x_1, x_2, x_3이라고 하자. $x_3-x_1=2\sqrt{3}$일 때, x_1+x_3의 값을 구하시오.

(단, $x_1<x_2<x_3$)

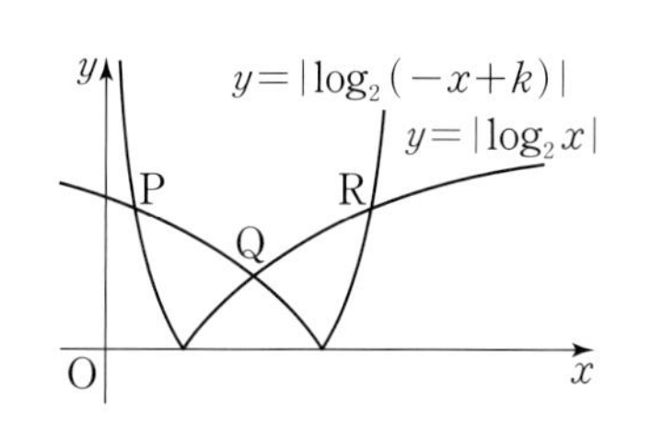

● 정답 및 풀이 65쪽~67쪽

평가원
21

함수 $f(x)=2\log_{\frac{1}{2}}(x+k)$가 $0\le x\le 12$에서 최댓값 -4, 최솟값 m을 갖는다. $k+m$의 값은? (단, k는 상수이다.)

① -1 ② -2 ③ -3
④ -4 ⑤ -5

평가원
22

그림과 같이 곡선 $y=2\log_2 x$ 위의 한 점 A를 지나고 x축에 평행한 직선이 곡선 $y=2^{x-3}$과 만나는 점을 B라 하자. 점 B를 지나고 y축에 평행한 직선이 곡선 $y=2\log_2 x$와 만나는 점을 D라 하자. 점 D를 지나고 x축에 평행한 직선이 곡선 $y=2^{x-3}$과 만나는 점을 C라 하자. $\overline{AB}=2$, $\overline{BD}=2$일 때, 사각형 ABCD의 넓이는?

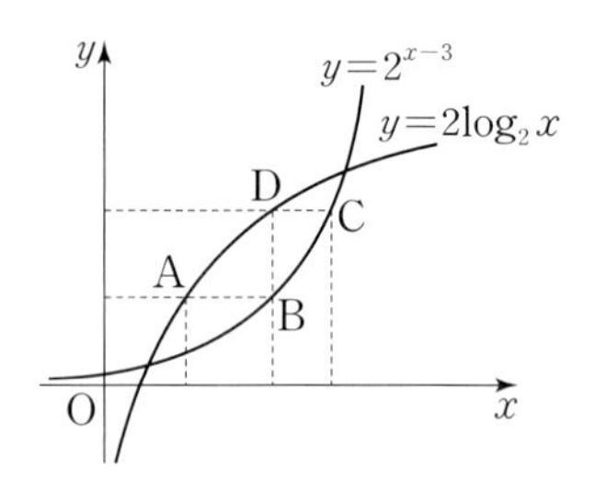

① 2 ② $1+\sqrt{2}$ ③ $\frac{5}{2}$
④ 3 ⑤ $2+\sqrt{2}$

수능
23

직선 $y=2-x$가 두 로그함수 $y=\log_2 x$, $y=\log_3 x$의 그래프와 만나는 점의 좌표를 각각 (x_1, y_1), (x_2, y_2)라 할 때, 〈**보기**〉에서 옳은 것만을 있는 대로 고른 것은?

〈보기〉
ㄱ. $x_1>y_2$ ㄴ. $x_2-x_1=y_1-y_2$ ㄷ. $x_1y_1>x_2y_2$

① ㄱ ② ㄷ ③ ㄱ, ㄴ
④ ㄴ, ㄷ ⑤ ㄱ, ㄴ, ㄷ

평가원
24

$a>1$인 실수 a에 대하여 직선 $y=-x+4$가 두 곡선

$y=a^{x-1}$, $y=\log_a(x-1)$

과 만나는 점을 각각 A, B라 하고, 곡선 $y=a^{x-1}$이 y축과 만나는 점을 C라 하자. $\overline{AB}=2\sqrt{2}$일 때, 삼각형 ABC의 넓이는 S이다. $50\times S$의 값을 구하시오.

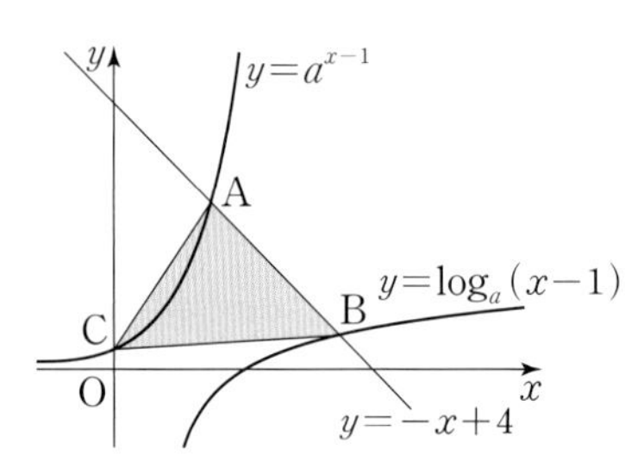

05

Ⅰ. 지수함수와 로그함수

로그방정식과 로그부등식

1 로그방정식

• 로그방정식

(1) 로그의 진수 또는 밑에 미지수를 포함하고 있는 방정식을 로그방정식이라고 한다.

(2) 로그방정식의 풀이

① 밑을 같게 할 수 있는 경우

➡ 밑을 같게 한 다음 진수를 비교한다.

$$\log_a f(x)=\log_a g(x) \Longleftrightarrow f(x)=g(x)$$

(단, $f(x)>0$, $g(x)>0$)

② $\log_a x$ 꼴이 반복되는 경우

➡ $\log_a x=t$로 치환하여 t에 대한 방정식을 푼다.

③ 지수에 로그가 있는 경우

➡ 양변에 로그를 취하여 푼다.

2 로그부등식

• 로그부등식

(1) 로그의 진수 또는 밑에 미지수를 포함하고 있는 부등식을 로그부등식이라고 한다.

(2) 로그부등식의 풀이

① 밑을 같게 할 수 있는 경우

➡ 밑을 같게 한 다음 진수를 비교한다.

㉠ $a>1$일 때, $\log_a f(x)<\log_a g(x) \Longleftrightarrow 0<f(x)<g(x)$

㉡ $0<a<1$일 때, $\log_a f(x)<\log_a g(x) \Longleftrightarrow f(x)>g(x)>0$

② $\log_a x$ 꼴이 반복되는 경우

➡ $\log_a x=t$로 치환하여 t에 대한 부등식을 푼다.

③ 지수에 로그가 있는 경우

➡ 양변에 로그를 취하여 푼다.

Q&A

Q 로그방정식과 로그부등식을 풀 때 주의해야 할 점은 무엇인가요?

A 진수의 조건과 밑의 조건을 고려해야 합니다. 특히, 부등식의 경우에는 범위를 구해야 하므로 문제를 풀 때 진수의 조건을 항상 먼저 확인해야 합니다.

1 로그방정식

이번 단원에서는 로그의 진수 또는 밑에 미지수를 포함한 방정식을 배우게 되는데 지수방정식의 풀이에서 지수의 성질 또는 치환을 이용하였던 것과 마찬가지로 주어진 유형에 따라 로그의 성질 또는 치환을 이용하여 식을 간단하게 합니다.

이론도 중요하지만 많은 연습을 통하여 유형을 익히는 것이 꼭 필요한 단원입니다.

05

1 로그방정식

$\log_2 x=8$, $(\log_a x)^2=3\log_a x+4$, $\log_5 x-\log_x 25=1$과 같이 로그의 진수 또는 밑에 미지수를 포함하고 있는 방정식을 로그방정식이라고 합니다.

이제 로그함수의 성질을 이용하여 로그방정식의 해를 구하는 방법에 대하여 알아봅시다.

로그함수 $y=\log_a x\,(a>0,\ a\neq1)$는

정의역 $\{x\,|\,x$는 양의 실수$\}$에서 치역 $\{y\,|\,y$는 모든 실수$\}$

로의 일대일대응이므로 임의의 양수 p에 대하여 로그방정식 $\log_a x=p$는 단 한 개의 해를 가집니다.

└ 다음 그래프와 같이 $y=\log_a x$의 그래프와 직선 $y=p$는 한 점에서 만난다.

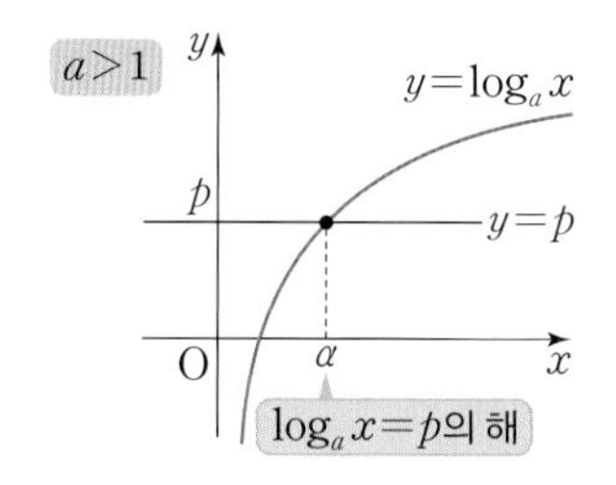

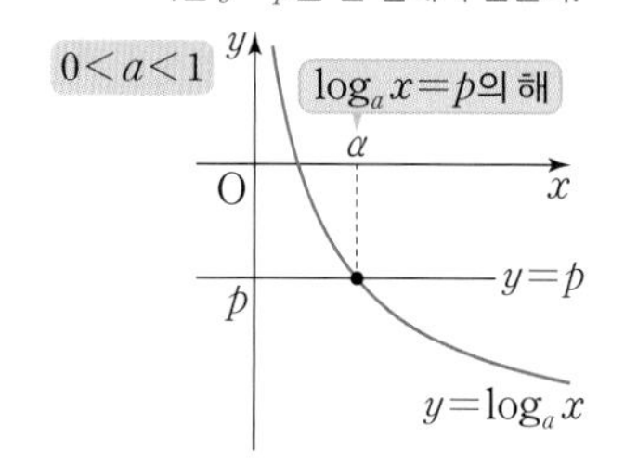

따라서 로그방정식을 풀 때에는 다음 성질을 이용합니다. 즉,

$a>0$, $a\neq1$, $x>0$, $b>0$일 때

① $\log_a x=p \iff x=a^p$

② $\log_a x=\log_a b \iff x=b$

Example $\log_2 x=3$에서 x의 값을 구해 보자.
로그의 정의에 의하여 $x=2^3$이므로 $x=8$
이때 $x=8$은 진수의 조건 $x>0$을 만족시키므로 구하는 해이다.

일반적으로 로그방정식은 주어진 식을 정리했을 때, 다음과 같이 크게 3가지 경우로 나누어 생각할 수 있습니다.

(i) 밑을 같게 할 수 있는 경우, 즉 로그의 밑이 같은 두 로그의 식으로 만들 수 있는 경우

(ii) $\log_a x$ 꼴이 반복되는 경우, 즉 치환할 수 있는 경우

(iii) 지수에 로그가 있는 경우

이제 위의 세 가지 경우에 대하여 로그방정식을 푸는 방법을 알아봅시다.

이때 지수방정식과 달리 로그방정식에서는 방정식을 풀어서 구한 해가

$$(\text{밑})>0,\ (\text{밑})\neq 1\text{과 }(\text{진수})>0$$

밑의 조건 / 진수의 조건

을 만족시키는지 반드시 확인해야 한다는 점에 주의합니다.

1. 밑을 같게 할 수 있는 경우

밑이 같은 로그에서 로그의 값이 같으면 진수가 같고 역으로 진수가 같으면 로그의 값이 같습니다. 따라서 밑을 같게 할 수 있는 로그방정식은 로그의 성질이나 밑의 변환 공식을 이용하여 밑을 같게 한 다음 진수를 비교합니다. 즉, 주어진 방정식을 $\log_a f(x)=\log_a g(x)$ 꼴로 변형한 후

$$\log_a f(x)=\log_a g(x) \Longleftrightarrow f(x)=g(x)\ (\text{단, } f(x)>0,\ g(x)>0)$$

임을 이용합니다. 이 성질을 이용하여 로그방정식을 풀어 봅시다.

Example

(1) 방정식 $\log_2 x=4$를 풀어 보자.

진수의 조건에서 $x>0$ …… ㉠

주어진 방정식에서 $\log_2 x=\log_2 2^4$이므로

$x=2^4=16$

이때 $x=16$은 ㉠을 만족시키므로 구하는 해이다.

(2) 방정식 $\log_2(x^2-3)=\log_2 2x$를 풀어 보자.

진수의 조건에서 $x^2-3>0$, $2x>0$이므로

$x>\sqrt{3}$ …… ㉠

주어진 방정식에서 $x^2-3=2x$

$x^2-2x-3=0$, $(x+1)(x-3)=0$

$\therefore x=-1$ 또는 $x=3$ …… ㉡

㉠, ㉡에서 구하는 해는 $x=3$이다.

참고 $x=-1$을 주어진 방정식에 대입하면

$\log_2(-2)=\log_2(-2)$

가 되어 진수의 조건을 만족시키지 않는다.

이와 같이 로그의 밑을 같게 만들 수 있는 경우는 로그의 성질이나 밑의 변환 공식을 이용하여 밑을 같게 한 후, 로그함수의 성질을 이용하여 풉니다. 그리고 구한 해 중에서 밑의 조건과 진수의 조건을 만족시키는 것만 방정식의 해가 됩니다.

2. $\log_a x$ 꼴이 반복되는 경우

방정식 $(\log_3 x)^2=3\log_3 x+4$는 $\log_3 x$의 이차항이 있어서 로그의 밑을 같게 만들어 풀 수 없습니다. 하지만 $\log_3 x$가 반복되므로 $\log_3 x=t$로 치환하여 t에 대한 이차방정식을 풀 수 있습니다. 이와 같이 $\log_a x$ 꼴이 반복되는 경우에는 $\log_a x=t$로 놓고 t에 대한 방정식을 풉니다.

05

Example 방정식 $(\log_3 x)^2=3\log_3 x+4$를 풀어 보자.

진수의 조건에서 $x>0$ …… ㉠

$\log_3 x=t$로 놓으면 주어진 방정식은 $t^2=3t+4$

$t^2-3t-4=0$, $(t+1)(t-4)=0$

$\therefore t=-1$ 또는 $t=4$

따라서 $\log_3 x=-1$ 또는 $\log_3 x=4$이므로

$x=3^{-1}=\frac{1}{3}$ 또는 $x=3^4=81$

이때 $x=\frac{1}{3}$과 $x=81$은 모두 ㉠을 만족시키므로 구하는 해이다.

일반적으로 치환을 이용하여 방정식을 풀 때에는 치환하는 미지수의 값의 범위에 주의해야 합니다. 그러므로 **03. 지수함수**의 지수방정식에서 치환을 이용하여 풀 때 $a^x=t$로 치환하면 t의 값의 범위가 항상 $t>0$이 된다는 사실에 주의하여 해를 구했습니다.

하지만 로그함수 $y=\log_a x\,(a>0,\ a\neq1)$의 치역은 실수 전체의 집합이므로 $\log_a x=t$로 치환하여도 t는 실수 전체의 값을 가집니다. 따라서 로그방정식을 치환을 이용하여 풀 때에는 치환하는 변수 t의 값의 범위를 신경 쓰지 않아도 됩니다.

3. 지수에 로그가 있는 경우

방정식 $x^{\log x}=100x$는 지수에 로그가 있기 때문에 밑을 같게 만들거나 치환하여 풀 수 없습니다. 하지만 지수에 밑이 10인 로그가 있으므로 양변에 상용로그를 취한 후, $\log x=t$로 치환하여 풀 수 있습니다.

Example 방정식 $x^{\log x}=100x$를 풀어 보자.

진수의 조건에서 $x>0$ ⋯⋯ ㉠

주어진 방정식의 양변에 상용로그를 취하면

$$\log x^{\log x}=\log 100x,\ \log x\times\log x=\log 100+\log x$$

$$\therefore\ (\log x)^2=2+\log x$$

$\log x=t$로 놓으면 $t^2=2+t$

$$t^2-t-2=0,\ (t+1)(t-2)=0$$

$$\therefore\ t=-1 \text{ 또는 } t=2$$

따라서 $\log x=-1$ 또는 $\log x=2$이므로

$$x=10^{-1}=\frac{1}{10} \text{ 또는 } x=10^2=100$$

이때 $x=\frac{1}{10}$과 $x=100$은 ㉠을 만족시키므로 구하는 해이다.

이와 같이 지수에 로그가 있는 로그방정식은 양변에 로그를 취하여 얻은 방정식을 풉니다.

한편, 밑이 다른 $a^{f(x)}=b^{g(x)}$ 꼴의 지수방정식도 양변에 상용로그를 취하여 풀 수 있습니다.
즉, $a^{f(x)}=b^{g(x)}$의 양변에 상용로그를 취하면

$$\log a^{f(x)}=\log b^{g(x)} \Longleftrightarrow f(x)\log a=g(x)\log b$$

입니다.

Example 방정식 $2^{2x}=5^{1-2x}$을 풀어 보자.

주어진 방정식의 양변에 상용로그를 취하면

$$\log 2^{2x}=\log 5^{1-2x},\ 2x\log 2=(1-2x)\log 5$$

$$x(2\log 2+2\log 5)=\log 5,\ x(\log 2^2+\log 5^2)=\log 5$$

$$x\log 100=\log 5,\ 2x=\log 5$$

$$\therefore\ x=\frac{1}{2}\log 5$$

개념 Point **로그방정식의 풀이**

1 밑을 같게 할 수 있는 경우 : 밑을 같게 한 다음 진수를 비교한다.

$$\log_a f(x)=\log_a g(x) \Longleftrightarrow f(x)=g(x)\ (\text{단, } f(x)>0,\ g(x)>0)$$

2 $\log_a x$ 꼴이 반복되는 경우 : $\log_a x=t$로 치환하여 t에 대한 방정식을 푼다.

3 지수에 로그가 있는 경우 : 양변에 로그를 취하여 푼다.

Plus

진수가 같은 로그방정식은 밑이 같거나 (진수)=1임을 이용하여 푼다. 즉,

$$\log_a f(x)=\log_b f(x) \Longleftrightarrow a=b \text{ 또는 } f(x)=1$$

개념 콕콕

1 다음 방정식을 푸시오.

(1) $\log_3 x=\frac{1}{2}$

(2) $\log_{\frac{1}{2}}(x-1)=-2$

(3) $\log_x 4=-\frac{1}{2}$

(4) $\log_{x-2} 25=2$

(5) $2\log(1+x)=\log(1-2x)$

(6) $\log_3(5x-1)=\log_3(2x+3)$

2 다음 로그방정식을 푸시오.

(1) $(\log_3 x)^2-\log_3 x-2=0$

(2) $(\log_{\frac{1}{2}} x)^2-2\log_{\frac{1}{2}} x-3=0$

3 다음은 방정식 $(\log_2 x)^2-\log_2 x^6+8=0$의 두 실근의 곱을 구하는 과정이다. (가)~(다)에 알맞은 것을 써넣으시오.

> 방정식 $(\log_2 x)^2-\log_2 x^6+8=0$을 변형하면
>
> $(\log_2 x)^2-6\log_2 x+8=0$ ······ ㉠
>
> $\log_2 x=t$로 놓으면
>
> $t^2-6t+8=0$ ······ ㉡
>
> 방정식 ㉠의 두 실근을 α, β라고 하면 t에 대한 이차방정식 ㉡의 두 실근은
>
> $\log_2$ (가), $\log_2$ (나)
>
> 가 된다는 것을 알 수 있다.
>
> 이때 이차방정식 ㉡의 근과 계수의 관계에 의하여 두 근의 합은
>
> $\log_2$ (가) $+\log_2$ (나) $=6$이므로
>
> $\alpha\beta=$ (다)
>
> 가 성립한다.

• 풀이 67쪽~68쪽

정답

1 (1) $x=\sqrt{3}$ (2) $x=5$ (3) $x=\frac{1}{16}$ (4) $x=7$ (5) $x=0$ (6) $x=\frac{4}{3}$

2 (1) $x=\frac{1}{3}$ 또는 $x=9$ (2) $x=2$ 또는 $x=\frac{1}{8}$

3 (가) α (나) β (다) 64

예제 01 밑을 같게 할 수 있는 로그방정식의 풀이

다음 방정식을 푸시오.

(1) $\log_3(3x-2)=\log_3 2+\log_3(x+2)$

(2) $\log 3x+\log(x-2)=\log(x^2-3x+9)$

접근 방법 밑을 같게 할 수 있는 로그방정식은 로그의 성질이나 밑의 변환 공식을 이용하여 $\log_a f(x)=\log_a g(x)$ 꼴로 변형한 후

$$\log_a f(x)=\log_a g(x) \Longleftrightarrow f(x)=g(x)\ (f(x)>0,\ g(x)>0)$$

임을 이용한다. 이때 진수의 조건에 의하여 $f(x)>0$, $g(x)>0$임을 주의한다.

수매씽 Point 로그방정식은 밑을 같게 하고, 진수의 조건을 반드시 고려한다.

상세 풀이 (1) 진수의 조건에서 $3x-2>0$, $x+2>0$이므로 $x>\frac{2}{3}$, $x>-2$

$\therefore x>\frac{2}{3}$ ...... ㉠

주어진 방정식을 변형하면 $\log_3(3x-2)=\log_3 2(x+2)$

로그의 밑이 같으므로 $3x-2=2(x+2)$, $3x-2=2x+4$

$\therefore x=6$

$x=6$은 ㉠을 만족시키므로 구하는 해이다.

(2) 진수의 조건에서 $3x>0$, $x-2>0$, $x^2-3x+9>0$이므로 $x>0$, $x>2$

($x^2-3x+9=\left(x-\frac{3}{2}\right)^2+\frac{27}{4}>0$)

$\therefore x>2$ ...... ㉠

주어진 방정식을 변형하면 $\log 3x(x-2)=\log(x^2-3x+9)$

로그의 밑이 같으므로 $3x(x-2)=x^2-3x+9$, $3x^2-6x=x^2-3x+9$

$2x^2-3x-9=0$, $(2x+3)(x-3)=0$

$\therefore x=-\frac{3}{2}$ 또는 $x=3$

㉠에 의하여 구하는 해는 $x=3$이다.

정답 (1) $x=6$ (2) $x=3$

보충 설명

주어진 로그방정식을 풀어서 구한 해가 진수의 조건을 만족시키는지 확인하는 것은 놓치기 쉽다. 그래서 위의 (2)와 같은 경우에도 답을 두 개로 적는 실수를 할 수 있는데, 밑의 조건이나 진수의 조건을 만족시키지 않으면 로그 자체가 정의되지 않음을 기억해야 한다. 따라서 로그방정식의 해를 구하는 문제에서는 항상 밑과 진수의 조건을 확인해야 한다.

숫자 바꾸기

풀이 69쪽 ➕ 보충 설명 한번 더 ☑ ☐

01-1

다음 방정식을 푸시오.

(1) $\log_2(x+2)+\log_2(x-4)=4$

(2) $\log_x(3x+4)=2$

(3) $\log_3(x^2+6x+5)-\log_3(x+3)=1$

(4) $\log\sqrt{5x+5}=1-\frac{1}{2}\log(2x-1)$

05

표현 바꾸기

한번 더 ☑ ☐

01-2

다음 방정식을 푸시오.

(1) $\log_2(x+3)=\log_4(x+3)+1$

(2) $\log_3(x+3)-\log_9(x+7)=1$

개념 넓히기

한번 더 ☑ ☐

01-3

연립방정식 $\begin{cases} \log_2(x-3)-\log_4(2y+5)=0 \\ x-y+12=0 \end{cases}$의 해를 $x=\alpha$, $y=\beta$라고 할 때, $\alpha+\beta$의 값은?

① 30 ② 32 ③ 34

④ 36 ⑤ 38

• 풀이 68쪽 ~ 69쪽

정답

01-1 (1) $x=6$ (2) $x=4$ (3) $x=1$ (4) $x=3$ **01-2** (1) $x=1$ (2) $x=9$ **01-3** ②

출제 가능성

예제 02 치환을 이용한 로그방정식의 풀이

다음 방정식을 푸시오.

(1) $2\log_2 x - 6\log_x 2 + 1 = 0$ (2) $(\log_3 x)^2 + 8 = \log_3 x^6$

접근 방법 $\log_a x$ 꼴이 반복되는 로그방정식은 $\log_a x = t$로 치환하여 t에 대한 방정식을 푼다.

수매씽 Point $\log_a x$ 꼴이 반복되는 로그방정식 ➡ $\log_a x = t$로 치환한다.

상세 풀이 (1) 밑과 진수의 조건에서 $x>0$, $x \neq 1$ ...... ㉠

주어진 방정식을 변형하면

$$2\log_2 x - \frac{6}{\log_2 x} + 1 = 0 \quad \leftarrow \log_x a = \frac{1}{\log_a x}$$

이때 $\log_2 x = t$로 놓으면 $2t - \frac{6}{t} + 1 = 0$

양변에 t를 곱하여 정리하면

$$2t^2 + t - 6 = 0,\ (t+2)(2t-3) = 0 \qquad \therefore t = -2 \text{ 또는 } t = \frac{3}{2}$$

따라서 $\log_2 x = -2$ 또는 $\log_2 x = \frac{3}{2}$이므로

$$x = 2^{-2} = \frac{1}{4} \text{ 또는 } x = 2^{\frac{3}{2}} = 2\sqrt{2}$$

이 값들은 ㉠을 만족시키므로 방정식의 해이다.

(2) 진수의 조건에서 $x>0$, $x^6>0$ $\quad \therefore x>0$ ...... ㉠

주어진 방정식을 변형하면 $(\log_3 x)^2 + 8 = 6\log_3 x$

이때 $\log_3 x = t$로 놓으면 $t^2 + 8 = 6t$

$$t^2 - 6t + 8 = 0,\ (t-2)(t-4) = 0 \qquad \therefore t = 2 \text{ 또는 } t = 4$$

따라서 $\log_3 x = 2$ 또는 $\log_3 x = 4$이므로

$$x = 3^2 = 9 \text{ 또는 } x = 3^4 = 81$$

이 값들은 ㉠을 만족시키므로 방정식의 해이다.

정답 (1) $x = \frac{1}{4}$ 또는 $x = 2\sqrt{2}$ (2) $x = 9$ 또는 $x = 81$

보충 설명

지수함수 $y = a^x\ (a>0,\ a \neq 1)$의 치역은 양의 실수 전체의 집합이므로 $a^x = t$로 치환하였을 때 $t>0$이지만 로그함수 $y = \log_a x\ (a>0,\ a \neq 1)$의 치역은 실수 전체의 집합이므로 $\log_a x = t$로 치환하였을 때 t의 값의 범위에 신경 쓸 필요가 없다.

숫자 바꾸기

풀이 70쪽 ➕ 보충 설명 한번 더

02-1

다음 방정식을 푸시오.

(1) $\log_5 x - \log_x 25 = 1$

(2) $\log_2 x^4 + \log_x 2 - 5 = 0$

(3) $(\log_2 x - 6)^2 + \log_2 x^2 - 11 = 0$

(4) $(\log_2 x)^3 + \log_2 x^4 = 4(\log_2 x)^2 + \log_2 x$

표현 바꾸기

한번 더

02-2

다음 방정식을 푸시오.

(1) $5^{\log x} \times x^{\log 5} - 3(5^{\log x} + x^{\log 5}) + 5 = 0$

(2) $2^{\log x} \times x^{\log 2} - 3x^{\log 2} - 2^{1+\log x} + 4 = 0$

개념 넓히기

한번 더

02-3

x에 대한 방정식 $\log_2 x \times \log_2 \frac{16}{x} = \frac{m}{16}$의 해가 존재하도록 실수 m의 값의 범위를 정할 때, m의 최댓값을 구하시오.

• 풀이 69쪽~71쪽

정답

02-1 (1) $x=\frac{1}{5}$ 또는 $x=25$ (2) $x=\sqrt[4]{2}$ 또는 $x=2$ (3) $x=32$ (4) $x=1$ 또는 $x=2$ 또는 $x=8$

02-2 (1) $x=1$ 또는 $x=10$ (2) $x=1$ 또는 $x=100$ **02-3** 64

예제 03 지수에 로그가 있는 방정식의 풀이

다음 방정식을 푸시오.

(1) $x^{\log_3 x}=81$ (2) $x^{\log_4 x}=16x$

접근 방법 지수에 로그가 있는 방정식은 양변에 로그를 취하여 푼다. 이때 지수에 있는 로그와 밑이 같은 로그를 취하면 계산이 편리하다.

수매씽 Point 지수에 로그가 있는 방정식은 양변에 로그를 취한다.

상세 풀이 (1) 진수의 조건에서 $x>0$ ······ ㉠

$x^{\log_3 x}=81$의 양변에 밑이 3인 로그를 취하면 $\log_3 x^{\log_3 x}=\log_3 81$

$\log_3 x\times\log_3 x=\log_3 3^4$, $(\log_3 x)^2=4$

$\therefore \log_3 x=-2$ 또는 $\log_3 x=2$

$\therefore x=3^{-2}=\frac{1}{9}$ 또는 $x=3^2=9$

이 값들은 ㉠을 만족시키므로 방정식의 해이다.

(2) 진수의 조건에서 $x>0$ ······ ㉠

$x^{\log_4 x}=16x$의 양변에 밑이 4인 로그를 취하면 $\log_4 x^{\log_4 x}=\log_4 16x$

$\log_4 x\times\log_4 x=\log_4 16+\log_4 x$

$\therefore (\log_4 x)^2-\log_4 x-2=0$

이때 $\log_4 x=t$로 놓으면 $t^2-t-2=0$

$(t+1)(t-2)=0$ $\therefore t=-1$ 또는 $t=2$

따라서 $\log_4 x=-1$ 또는 $\log_4 x=2$이므로

$x=4^{-1}=\frac{1}{4}$ 또는 $x=4^2=16$

이 값들은 ㉠을 만족시키므로 방정식의 해이다.

정답 (1) $x=\frac{1}{9}$ 또는 $x=9$ (2) $x=\frac{1}{4}$ 또는 $x=16$

보충 설명

위의 예제에서 (1)은 지수에 밑이 3인 로그가 있으므로 양변에 밑이 3인 로그를 취하고, (2)는 지수에 밑이 4인 로그가 있으므로 양변에 밑이 4인 로그를 취하는 것이 계산할 때 편리하다.

숫자 바꾸기 한번 더

03-1

다음 방정식을 푸시오.

(1) $x^{\log x}=10000x^3$

(2) $x^{\log_3 x}=\frac{x^3}{9}$

05

표현 바꾸기 한번 더

03-2

다음 방정식을 푸시오.

(1) $2^{\log 2x}=3^{\log 3x}$

(2) $\left(\frac{2}{x}\right)^{\log 2}=\left(\frac{3}{x}\right)^{\log 3}$ (단, $x>0$)

개념 넓히기 한번 더

03-3

방정식 $2^{x-1}=5^{x+1}$의 해를 α라고 할 때, $10^{\frac{1}{\alpha}}$의 값은?

① $\frac{2}{5}$ ② $\frac{4}{5}$ ③ 1

④ $\frac{5}{4}$ ⑤ $\frac{5}{2}$

• 풀이 71쪽~72쪽

정답

03-1 (1) $x=\frac{1}{10}$ 또는 $x=10000$ (2) $x=3$ 또는 $x=9$ **03-2** (1) $x=\frac{1}{6}$ (2) $x=6$ **03-3** ①

출제 가능성

예제 04 로그방정식과 이차방정식 사이의 관계

방정식 $(\log_2 x)^2+2\log_2 x-1=0$의 두 근을 α, β라고 할 때, 다음 식의 값을 구하시오.

(1) $\alpha\beta$ (2) $\log_\alpha \beta+\log_\beta \alpha$

접근 방법 $(\log_2 x)^2$이 있으므로 $\log_2 x=t$로 치환하여 t에 대한 이차방정식으로 변형한다.

이때 주어진 방정식 $(\log_2 x)^2+2\log_2 x-1=0$의 두 근이 α, β이면

$$(\log_2 \alpha)^2+2\log_2 \alpha-1=0,\ (\log_2 \beta)^2+2\log_2 \beta-1=0$$

이 성립한다. 이것은 t에 대한 이차방정식 $t^2+2t-1=0$이 $t=\log_2 \alpha$, $t=\log_2 \beta$일 때 성립한다는 것을 의미하므로 $t^2+2t-1=0$의 두 근은 $\log_2 \alpha$, $\log_2 \beta$가 된다.

수매씽 Point $(\log_a x)^2+p\log_a x+q=0$의 두 근이 α, β이면 $t^2+pt+q=0$의 두 근은 $\log_a \alpha$, $\log_a \beta$이다.

상세 풀이 $\log_2 x=t$로 놓으면 주어진 방정식은 $t^2+2t-1=0$이고, 이 방정식의 두 근은 $\log_2 \alpha$, $\log_2 \beta$이다.

이때 이차방정식의 근과 계수의 관계에 의하여

$$\log_2 \alpha+\log_2 \beta=-2,\ \log_2 \alpha\times\log_2 \beta=-1$$

(1) $\log_2 \alpha+\log_2 \beta=-2$에서

$$\log_2 \alpha\beta=-2=\log_2 2^{-2}=\log_2 \frac{1}{4} \qquad \therefore\ \alpha\beta=\frac{1}{4}$$

(2) $\log_\alpha \beta+\log_\beta \alpha=\dfrac{\log_2 \beta}{\log_2 \alpha}+\dfrac{\log_2 \alpha}{\log_2 \beta}$ ← $\log_a b=\dfrac{\log_c b}{\log_c a}$

$$=\frac{(\log_2 \alpha)^2+(\log_2 \beta)^2}{\log_2 \alpha\times\log_2 \beta}=\frac{(\log_2 \alpha+\log_2 \beta)^2-2\log_2 \alpha\times\log_2 \beta}{\log_2 \alpha\times\log_2 \beta}$$

$$=\frac{(-2)^2-2\times(-1)}{-1}=-6$$

정답 (1) $\frac{1}{4}$ (2) -6

보충 설명

지수방정식, 로그방정식과 이차방정식 사이의 관계는 서로 비교해서 그 차이를 꼭 알아 두어야 한다.

(1) $a^{2x}+pa^x+q=0$의 두 근이 α, β일 때

$a^x=t$로 치환하여 만든 이차방정식 $t^2+pt+q=0$의 두 근은 a^α, a^β이므로 $a^\alpha a^\beta=a^{\alpha+\beta}=q$

(2) $(\log_a x)^2+p\log_a x+q=0$의 두 근이 α, β일 때

$\log_a x=t$로 치환하여 만든 이차방정식 $t^2+pt+q=0$의 두 근은 $\log_a \alpha$, $\log_a \beta$이므로

$\log_a \alpha+\log_a \beta=\log_a \alpha\beta=-p$

숫자 바꾸기

한번 더 ☑ ☐

04-1

방정식 $(\log_3 x)^2 - 3\log_3 x - 1 = 0$의 두 근을 α, β라고 할 때, 다음 식의 값을 구하시오.

(1) $\alpha\beta$　　　　(2) $\log_\alpha \beta + \log_\beta \alpha$

05

표현 바꾸기

한번 더 ☑ ☐

04-2

다음 방정식의 두 근을 α, β라고 할 때, $\alpha\beta$의 값을 구하시오.

(1) $\log 2x \times \log 3x = 1$

(2) $\log_2 4x \times \log_2 x + \log_2 3 \times \log_2 x - 6 = 0$

개념 넓히기

한번 더 ☑ ☐

04-3

방정식 $2^{2x} - a \times 2^x + 8 = 0$과 방정식 $(\log_2 x)^2 - \log_2 x + b = 0$의 두 근이 같을 때, 상수 a, b에 대하여 $a+b$의 값은?

① 2　　② 4　　③ 6

④ 8　　⑤ 10

• 풀이 72쪽

정답

04-1 (1) 27　(2) -11　　**04-2** (1) $\frac{1}{6}$　(2) $\frac{1}{12}$　　**04-3** ③

2 로그부등식

1 로그부등식

$\log_2 x \geq 8$, $(\log_3 x)^2 < \log_3 x^3 + 4$, $x^{\log x} < 100x$와 같이 로그의 진수 또는 밑에 미지수를 포함하고 있는 부등식을 로그부등식이라고 합니다. 로그부등식은 로그방정식과 마찬가지로 로그함수의 성질을 이용하여 풀 수 있습니다.

이제 로그부등식의 해를 구하는 방법에 대하여 알아봅시다.

로그함수 $y=\log_a x$ $(a>0,\ a\neq 1)$의 그래프는 다음과 같이 $a>1$일 때 x의 값이 증가하면 y의 값도 증가하고, $0<a<1$일 때 x의 값이 증가하면 y의 값은 감소합니다.

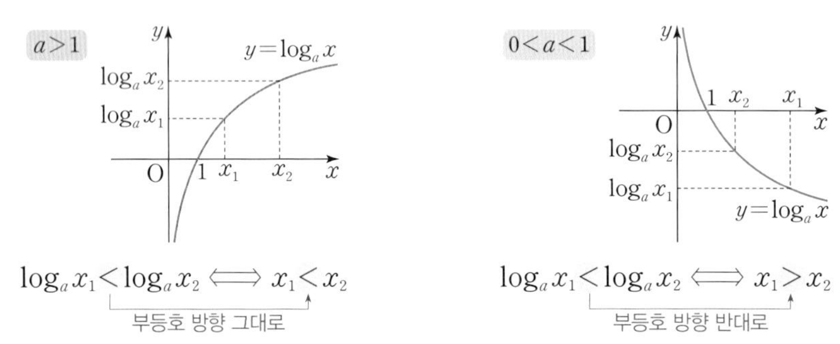

따라서 로그부등식을 풀 때에는 밑의 값에 따라 부등호의 방향이 달라짐에 주의해야 합니다. 즉, (밑)>1이면 진수의 부등호의 방향은 그대로이고, $0<$(밑)<1이면 진수의 부등호의 방향은 반대로 바뀝니다.

Example 부등식 $\log_2 x \geq \log_2 (3x-6)$을 풀어 보자.

진수의 조건에서 $x>0$, $3x-6>0$이므로 $x>2$ ⋯⋯ ㉠

밑이 1보다 크므로 $x \geq 3x-6$, $2x \leq 6$ $\quad \therefore x \leq 3$ ⋯⋯ ㉡

㉠, ㉡의 공통 범위를 구하면 $2<x\leq 3$

일반적으로 로그방정식과 마찬가지로 로그부등식 역시 주어진 식을 정리했을 때, 다음과 같이 크게 3가지 경우로 나누어 생각할 수 있습니다.

(i) 밑을 같게 할 수 있는 경우, 즉 로그의 밑이 같은 두 로그의 식으로 만들 수 있는 경우

(ii) $\log_a x$ 꼴이 반복되는 경우, 즉 치환할 수 있는 경우

(iii) 지수에 로그가 있는 경우

로그부등식을 풀 때에도 로그방정식을 풀 때와 마찬가지로 구한 미지수의 값이 밑의 조건 또는 진수의 조건을 만족시키는지 반드시 확인해야 합니다.

1. 밑을 같게 할 수 있는 경우

밑을 같게 할 수 있는 로그부등식은 로그의 성질이나 밑의 변환 공식을 이용하여 밑을 같게 한 다음 진수를 비교합니다. 즉, 주어진 부등식을 $\log_a f(x) < \log_a g(x)$ 꼴로 변형한 후

(1) $a > 1$일 때, $\log_a f(x) < \log_a g(x) \Longleftrightarrow 0 < f(x) < g(x)$

(2) $0 < a < 1$일 때, $\log_a f(x) < \log_a g(x) \Longleftrightarrow f(x) > g(x) > 0$

임을 이용합니다. 이 성질을 이용하여 로그부등식을 풀어 봅시다.

Example

(1) 부등식 $\log_2 x \geq 4$를 풀어 보자.

진수의 조건에서 $x > 0$

주어진 부등식에서 $\log_2 x \geq \log_2 2^4$이고, 밑이 1보다 크므로

$x \geq 16$ ← (밑) > 1이므로 부등호의 방향은 그대로이다.

따라서 구하는 해는 $x \geq 16$

(2) 부등식 $\log_{0.2} x \geq 2$를 풀어 보자.

진수의 조건에서 $x > 0$

주어진 부등식에서 $\log_{0.2} x \geq \log_{0.2} 0.2^2$이고, 밑이 1보다 작으므로

$x \leq 0.04$ ← 0 < (밑) < 1이므로 부등호의 방향은 반대로 바뀐다.

따라서 구하는 해는 $0 < x \leq 0.04$

2. $\log_a x$ 꼴이 반복되는 경우

부등식 $(\log_3 x)^2 < \log_3 x^3 + 4$는 $\log_3 x$가 반복되므로 로그방정식과 마찬가지로 $\log_3 x = t$로 치환하여 t에 대한 이차부등식을 풀 수 있습니다. 이와 같이 $\log_a x$ 꼴이 반복되는 경우에는 $\log_a x = t$로 놓고 t에 대한 부등식을 풉니다.

Example

부등식 $(\log_3 x)^2 < \log_3 x^3 + 4$를 풀어 보자.

진수의 조건에서 $x > 0$, $x^3 > 0$이므로 $x > 0$ …… ㉠

주어진 부등식을 변형하면 $(\log_3 x)^2 < 3\log_3 x + 4$

$\log_3 x = t$로 놓으면 $t^2 < 3t + 4$

$t^2 - 3t - 4 < 0$, $(t+1)(t-4) < 0$

$\therefore\ -1 < t < 4$

따라서 $-1 < \log_3 x < 4$이므로 $\frac{1}{3} < x < 81$ …… ㉡

㉠, ㉡의 공통 범위를 구하면 $\frac{1}{3} < x < 81$

그리고 로그방정식과 같은 원리로 로그부등식에서 $\log_a x = t$로 치환하여 풀 때에도 치환하는 변수 t의 값의 범위를 신경 쓰지 않아도 됩니다.

3. 지수에 로그가 있는 경우

부등식 $x^{\log x} < 100x$는 지수에 로그가 있기 때문에 밑을 같게 만들거나 치환하여 풀 수 없습니다. 하지만 지수에 밑이 10인 로그가 있으므로 양변에 상용로그를 취한 후, $\log x = t$로 치환하여 풀 수 있습니다. 이와 같이 지수에 로그가 있는 경우에는 양변에 로그를 취하여 풉니다. 이때 양변에 $0 <$(밑)< 1인 로그를 취하면 부등호의 방향이 반대로 바뀌는 것에 주의합니다.

Example

부등식 $x^{\log x} < 100x$를 풀어 보자.

진수의 조건에서 $x > 0$ …… ㉠

주어진 부등식의 양변에 상용로그를 취하면

$\log x^{\log x} < \log 100x$, $\log x \times \log x < \log 100 + \log x$

$\therefore (\log x)^2 < 2 + \log x$

$\log x = t$로 놓으면 $t^2 < 2 + t$

$t^2 - t - 2 < 0$, $(t+1)(t-2) < 0$

$\therefore -1 < t < 2$

따라서 $-1 < \log x < 2$이므로 $\frac{1}{10} < x < 100$ …… ㉡

㉠, ㉡의 공통 범위를 구하면 $\frac{1}{10} < x < 100$

이와 같이 지수에 로그가 있는 로그부등식은 양변에 로그를 취하여 얻은 부등식을 풉니다.

한편, 밑이 다른 $a^{f(x)} > b^{g(x)}$ 꼴의 지수부등식도 양변에 상용로그를 취하여 풉니다. 즉, $a^{f(x)} > b^{g(x)}$의 양변에 상용로그를 취하면

$$\log a^{f(x)} > \log b^{g(x)} \Longleftrightarrow f(x)\log a > g(x)\log b$$

입니다.

Example

부등식 $2^{2x} > 5^{1-2x}$을 풀어 보자.

주어진 부등식의 양변에 상용로그를 취하면

$\log 2^{2x} > \log 5^{1-2x}$, $2x\log 2 > (1-2x)\log 5$

$x(2\log 2 + 2\log 5) > \log 5$, $x(\log 2^2 + \log 5^2) > \log 5$

$x\log 100 > \log 5$, $2x > \log 5$

$\therefore x > \frac{1}{2}\log 5$

개념 Point 로그부등식의 풀이

1 밑을 같게 할 수 있는 경우 : 밑을 같게 한 다음 진수를 비교한다.

(1) $a>1$일 때, $\log_a f(x)<\log_a g(x) \iff 0<f(x)<g(x)$

(2) $0<a<1$일 때, $\log_a f(x)<\log_a g(x) \iff f(x)>g(x)>0$

2 $\log_a x$ 꼴이 반복되는 경우 : $\log_a x=t$로 치환하여 t에 대한 부등식을 푼다.

3 지수에 로그가 있는 경우 : 양변에 로그를 취하여 푼다.

05

개념 콕콕

1 다음 로그부등식을 푸시오.

(1) $\log_3 x>\frac{1}{2}$

(2) $\log_{\frac{1}{2}}(x-1)<-2$

(3) $\log_{\frac{1}{3}}(2x+1)\le\log_{\frac{1}{3}}(3x-2)$

(4) $1\le\log_{0.1}x\le2$

2 다음 로그부등식을 푸시오.

(1) $(\log_2 x)^2-4\log_2 x+3>0$

(2) $(\log_{\frac{1}{3}} x)^2+2\log_{\frac{1}{3}} x-3\ge0$

• 풀이 73쪽

정답

1 (1) $x>\sqrt{3}$ (2) $x>5$ (3) $\frac{2}{3}<x\le3$ (4) $0.01\le x\le0.1$

2 (1) $0<x<2$ 또는 $x>8$ (2) $0<x\le\frac{1}{3}$ 또는 $x\ge27$

출제 가능성

예제 05 밑을 같게 할 수 있는 로그부등식의 풀이

다음 부등식을 푸시오.

(1) $\log_{0.3}(5x-3)>\log_{0.3}3+\log_{0.3}(x+1)$

(2) $\log_6(x-2)+\log_6(x+3)<1$

접근 방법 밑을 같게 할 수 있는 로그부등식은 로그의 성질이나 밑의 변환 공식을 이용하여 $\log_a f(x)>\log_a g(x)$ 꼴로 변형한 후 진수를 비교한다. 이때 (밑)>1이면 진수의 부등호의 방향은 그대로이고, $0<$(밑)<1이면 진수의 부등호의 방향은 반대로 바뀐다.

수매씽 Point $a>1$일 때, $\log_a f(x)<\log_a g(x) \Longleftrightarrow 0<f(x)<g(x)$
$0<a<1$일 때, $\log_a f(x)<\log_a g(x) \Longleftrightarrow f(x)>g(x)>0$

상세 풀이 (1) 진수의 조건에서 $5x-3>0$, $x+1>0$이므로 $x>\frac{3}{5}$ ⋯⋯ ㉠

주어진 부등식을 변형하면 $\log_{0.3}(5x-3)>\log_{0.3}3(x+1)$

이때 밑이 0.3이고 $0<0.3<1$이므로

$5x-3<3(x+1)$, $2x<6$ $\quad\therefore x<3$ ⋯⋯ ㉡

㉠, ㉡의 공통 범위를 구하면 $\frac{3}{5}<x<3$

(2) 진수의 조건에서 $x-2>0$, $x+3>0$이므로 $x>2$ ⋯⋯ ㉠

주어진 부등식을 변형하면 $\log_6(x-2)(x+3)<\log_6 6$

이때 밑이 6이고 $6>1$이므로

$(x-2)(x+3)<6$, $x^2+x-12<0$

$(x+4)(x-3)<0$ $\quad\therefore -4<x<3$ ⋯⋯ ㉡

㉠, ㉡의 공통 범위를 구하면 $2<x<3$

정답 (1) $\frac{3}{5}<x<3$ (2) $2<x<3$

보충 설명

(1)과 (2)는 풀이 방법은 같지만 두 부등식의 가장 큰 차이는 로그의 밑의 범위이다.
(1)은 $0<$(밑)<1이므로 진수의 부등호의 방향이 반대로 바뀌었고, (2)는 (밑)>1이므로 부등호의 방향이 바뀌지 않았다. 지수부등식을 풀 때 거듭제곱의 밑이 중요했던 것처럼 로그부등식을 풀 때에도 로그의 밑이 중요하다.

숫자 바꾸기 한번 더

05-1

다음 부등식을 푸시오.

(1) $\log_{0.5}(2x-1)>-2$　　(2) $0\le\log_2(\log_3 x)<1$

(3) $\log_5 10-\log_5(x-4)<\log_5(x-1)$　　(4) $2\log_{\frac{1}{2}}(x-3)>\log_{\frac{1}{2}}(5-x)$

05

표현 바꾸기 한번 더

05-2

다음 부등식을 푸시오.

(1) $\log_2(x-4)<\log_4(x-2)$　　(2) $\log_{\frac{1}{3}}(x-5)>\log_{\frac{1}{9}}(2x+5)$

개념 넓히기 한번 더

05-3

다음 연립부등식을 푸시오.

(1) $\begin{cases}\log_3|x-3|<4\\ \log_2 x+\log_2(x-2)\ge3\end{cases}$　　(2) $\begin{cases}2^{x+3}>4\\ 2\log(x+3)<\log(5x+15)\end{cases}$

• 풀이 73쪽～74쪽

정답

05-1 (1) $\frac{1}{2}<x<\frac{5}{2}$　(2) $3\le x<9$　(3) $x>6$　(4) $3<x<4$　**05-2** (1) $4<x<6$　(2) $5<x<10$
05-3 (1) $4\le x<84$　(2) $-1<x<2$

예제 06 치환을 이용한 로그부등식의 풀이

다음 부등식을 푸시오.

(1) $(\log_3 x)^2+6\le\log_3 x^5$　　　　(2) $(\log_2 4x)(\log_2 16x)<3$

접근 방법 (1) $\log_3 x=t$로 치환하여 t에 대한 부등식을 푼다.

(2) 로그의 성질을 이용하여 주어진 식을 변형한 다음 $\log_2 x=t$로 치환하여 t에 대한 부등식을 푼다.

수매씽 Point $\log_a x$ 꼴이 반복되는 로그부등식 ➡ $\log_a x=t$로 치환한다.

상세 풀이 (1) 진수의 조건에서 $x>0$, $x^5>0$이므로 $x>0$ …… ㉠

주어진 부등식을 변형하면

$(\log_3 x)^2+6\le 5\log_3 x$

$\log_3 x=t$로 놓으면 $t^2+6\le 5t$

$t^2-5t+6\le 0$, $(t-2)(t-3)\le 0$　　$\therefore 2\le t\le 3$

따라서 $2\le\log_3 x\le 3$이므로 $\log_3 3^2\le\log_3 x\le\log_3 3^3$

이때 밑이 3이고 $3>1$이므로 $3^2\le x\le 3^3$　　$\therefore 9\le x\le 27$ …… ㉡

㉠, ㉡의 공통 범위를 구하면 $9\le x\le 27$

(2) 진수의 조건에서 $4x>0$, $16x>0$이므로 $x>0$ …… ㉠

주어진 부등식을 변형하면

$(\log_2 4+\log_2 x)(\log_2 16+\log_2 x)<3$

$(2+\log_2 x)(4+\log_2 x)<3$

$\log_2 x=t$로 놓으면 $(2+t)(4+t)<3$

$t^2+6t+5<0$, $(t+5)(t+1)<0$　　$\therefore -5<t<-1$

따라서 $-5<\log_2 x<-1$이므로 $\log_2 2^{-5}<\log_2 x<\log_2 2^{-1}$

이때 밑이 2이고 $2>1$이므로 $2^{-5}<x<2^{-1}$　　$\therefore \frac{1}{32}<x<\frac{1}{2}$ …… ㉡

㉠, ㉡의 공통 범위를 구하면 $\frac{1}{32}<x<\frac{1}{2}$

정답 (1) $9\le x\le 27$　(2) $\frac{1}{32}<x<\frac{1}{2}$

보충 설명

다시 한 번 강조하지만 로그에서의 치환은 지수에서의 치환과 달리 t의 값의 범위에 신경 쓰지 않아도 된다.

숫자 바꾸기 한번 더

06-1

다음 부등식을 푸시오.

(1) $(\log_2 x)^2 - \log_2 x^5 + 6 < 0$ (2) $(\log x)^2 < \log x^3$

(3) $\left(\log_3 \dfrac{x}{3}\right)(\log_3 9x) \le 4$ (4) $(\log_2 x)(3 + \log_{\frac{1}{2}} x) > -4$

05

표현 바꾸기 한번 더

06-2

다음 부등식을 푸시오.

(1) $\log_2 x + 3\log_x 4 - 7 < 0$ (2) $3\log_x 10 + \log x > 4$

개념 넓히기 한번 더

06-3

두 집합 $A = \{x \mid 2^{2x} - 2^{x+1} - 8 < 0\}$, $B = \{x \mid (\log_2 x)^2 - a\log_2 x + b \le 0\}$에 대하여

$$A \cap B = \varnothing,\ A \cup B = \{x \mid x \le 16\}$$

을 만족시킬 때, $a^2 + b^2$의 값을 구하시오. (단, a, b는 상수이다.)

• 풀이 75쪽～76쪽

정답

06-1 (1) $4 < x < 8$ (2) $1 < x < 1000$ (3) $\dfrac{1}{27} \le x \le 9$ (4) $\dfrac{1}{2} < x < 16$

06-2 (1) $0 < x < 1$ 또는 $2 < x < 64$ (2) $1 < x < 10$ 또는 $x > 1000$ **06-3** 41

예제 07 지수에 로그가 있는 부등식의 풀이

다음 부등식을 푸시오.

(1) $x^{\log_3 x} \le 3$　　　(2) $x^{\log x} > x^2$

접근 방법 예제 **03**과 마찬가지로 지수에 로그가 있는 부등식은 양변에 로그를 취하여 푼다. 이때 지수에 있는 로그와 밑이 같은 로그를 취하면 계산이 편리하다.

수매씽 Point 지수에 로그가 있는 부등식은 양변에 로그를 취한다.

상세 풀이 (1) 진수의 조건에서 $x>0$ …… ㉠

$x^{\log_3 x} \le 3$의 양변에 밑이 3인 로그를 취하면

$\log_3 x^{\log_3 x} \le \log_3 3$, $\log_3 x \times \log_3 x \le 1$　　$\therefore (\log_3 x)^2 - 1 \le 0$

$\log_3 x = t$로 놓으면 $t^2 - 1 \le 0$

$(t+1)(t-1) \le 0$　　$\therefore -1 \le t \le 1$

즉, $-1 \le \log_3 x \le 1$이므로

$\log_3 3^{-1} \le \log_3 x \le \log_3 3$

$\therefore \frac{1}{3} \le x \le 3$ …… ㉡

㉠, ㉡의 공통 범위를 구하면 $\frac{1}{3} \le x \le 3$

(2) 진수의 조건에서 $x>0$ …… ㉠

$x^{\log x} > x^2$의 양변에 상용로그를 취하면

$\log x^{\log x} > \log x^2$, $\log x \times \log x > 2\log x$　　$\therefore (\log x)^2 - 2\log x > 0$

$\log x = t$로 놓으면 $t^2 - 2t > 0$

$t(t-2) > 0$　　$\therefore t<0$ 또는 $t>2$

따라서 $\log x < 0$ 또는 $\log x > 2$이므로 $x<1$ 또는 $x>100$ …… ㉡

㉠, ㉡의 공통 범위를 구하면 $0<x<1$ 또는 $x>100$

정답 (1) $\frac{1}{3} \le x \le 3$　(2) $0<x<1$ 또는 $x>100$

보충 설명

표현 바꾸기 **07-2**처럼 밑을 같게 할 수 없는 지수부등식 역시 양변에 밑이 같은 로그를 취한다.

숫자 바꾸기 　　한번 더

07-1

다음 부등식을 푸시오.

(1) $x^{\log_2 x} < 4x$ 　　(2) $x^{\log_3 x} < 27x^2$

05

표현 바꾸기 　　한번 더

07-2

다음 부등식을 푸시오.

(1) $2^{2x} \geq 10^{2x-1}$ 　　(2) $2^x < 3^{-x+1}$

개념 넓히기 　　한번 더

07-3

다음 부등식이 모든 양의 실수 x에 대하여 항상 성립할 때, 양수 a의 최솟값을 구하시오.

(1) $x^{\log_3 x} \geq \dfrac{x^4}{a}$ 　　(2) $ax^{\log_4 x} \geq x^4$

• 풀이 76쪽～77쪽

정답

07-1 (1) $\frac{1}{2} < x < 4$ 　(2) $\frac{1}{3} < x < 27$ 　　**07-2** (1) $x \leq \log_{25} 10$ 　(2) $x < \log_6 3$

07-3 (1) 81 　(2) 256

예제 08 로그방정식의 실생활 활용

소리의 강도가 $P(\mathrm{W/m^2})$일 때 소리의 크기 $D(\mathrm{dB})$는 기준 음의 강도 I와 비교하여

$$D=10\log\frac{P}{I}$$

로 나타낸다. 기준 음의 강도 I는 일정하고, A 지역의 소리의 강도가 B 지역의 소리의 강도의 5000배일 때, A 지역과 B 지역의 소리의 크기의 차이는 몇 dB인지 구하시오.

(단, $\log 2=0.3$으로 계산한다.)

접근 방법 A 지역과 B 지역의 소리의 크기의 차이를 구하는 문제이므로 주어진 등식을 이용하여 A 지역과 B 지역의 소리의 크기를 구한다. 즉, 두 지역 A, B의 소리의 강도를 각각 P_a, P_b, 소리의 크기를 각각 D_a, D_b라고 하면

$$D_a=10\log\frac{P_a}{I},\ D_b=10\log\frac{P_b}{I}$$

따라서 두 지역의 소리의 크기의 차이는 $|D_a-D_b|$이므로 위의 두 식을 빼서 정리하면 답을 구할 수 있다.

수매씽 Point 등식이 주어진 실생활 문제는 주어진 조건을 등식에 잘 대입한다.

상세 풀이 두 지역 A, B의 소리의 강도를 각각 P_a, P_b, 소리의 크기를 각각 D_a, D_b라고 하자.

A 지역의 소리의 강도가 B 지역의 소리의 강도의 5000배이므로

$$P_a=5000P_b$$

$$\begin{aligned}\therefore D_a-D_b&=10\log\frac{P_a}{I}-10\log\frac{P_b}{I}\\&=10\log\left(\frac{P_a}{I}\times\frac{I}{P_b}\right)=10\log\frac{P_a}{P_b}\\&=10\log 5000=10\log\frac{10000}{2}\\&=10(4-\log 2)=10\times 3.7=37\end{aligned}$$

따라서 A 지역과 B 지역의 소리의 크기의 차이는 37 dB이다.

정답 37 dB

보충 설명

관계식이 주어진 로그의 실생활 문제에서는 구하려는 값이 등식에서 어떻게 표현되는지 알고, 주어진 조건을 대입해서 얻은 식을 잘 변형하는 것이 포인트이다.

숫자 바꾸기

한번 더 ☑ ☐

08-1

전파가 어떤 벽을 투과하여 전파의 세기가 A에서 B로 바뀔 때, 그 벽의 전파감쇄비 F를

$$F=10\log\frac{B}{A}\,(\mathrm{dB})$$

로 정의한다. 전파감쇄비가 $-7(\mathrm{dB})$인 벽을 투과한 전파의 세기는 벽을 투과하기 전 전파의 세기의 몇 배인가? (단, $10^{\frac{3}{10}}=2$로 계산한다.)

① $\frac{1}{10}$배　② $\frac{1}{5}$배　③ $\frac{3}{10}$배

④ $\frac{1}{2}$배　⑤ $\frac{7}{10}$배

05

표현 바꾸기

한번 더 ☑ ☐

08-2

단일 재료로 만들어진 벽면의 소음차단 성능을 표시하는 방법 중의 하나는 음향투과손실을 측정하는 것이다. 어느 주파수 영역에서 벽면의 음향투과손실 $L(\mathrm{dB})$은 벽의 단위면적당 질량 $m(\mathrm{kg/m^2})$과 음향의 주파수 $f(\mathrm{Hz})$에 대하여

$$L=20\log mf-48$$

이라고 한다. 음향의 주파수가 일정할 때, 벽의 단위면적당 질량이 5배가 되면 벽면의 음향투과손실은 $a(\mathrm{dB})$만큼 증가한다. a의 값을 구하시오. (단, $\log 2=0.3$으로 계산한다.)

개념 넓히기

한번 더 ☑ ☐

08-3

투수계수란 지층에 물이 통과하는 정도를 나타내는 계수이다. 이 투수계수 K를 구하는 식은 다음과 같다.

$$K=\frac{2.3Q}{2\pi LH}\times\log\frac{L}{r}\ (L\geq r)$$

(Q : 주입하는 물의 양, L : 시험 구간, r : 시험 공 반경, H : 총 수두)

어느 지층의 투수계수 K를 구하는 실험에서 시험 구간 L과 총 수두 H가 일정하고, 주입하는 물의 양 Q와 시험 공 반경 r을 각각 처음의 2배, 4배로 하면 투수계수가 처음의 $\frac{1}{2}$배가 된다. $\frac{L}{r}=10^n$일 때, $100n$의 값을 구하시오. (단, $\log 2=0.3$으로 계산한다.)

• 풀이 77쪽~78쪽

정답　08-1 ②　08-2 14　08-3 80

출제 가능성 

예제 09 로그부등식의 실생활 활용

현재 자동차에서 배출되는 오염물질의 연간 총배출량은 10만 톤이다. 환경부는 자동차 연료의 공해 물질 축소를 위하여 대기환경 보전법의 시행규칙을 개정하려고 한다. 이 시행규칙이 시행되면 매년 오염물질의 연간 총배출량의 4.5%를 줄일 수 있게 된다. 오염물질의 연간 총배출량이 처음으로 5만 톤 이하가 되는 것은 몇 년 후인지 구하시오.

(단, $\log 5 = 0.699$, $\log 9.55 = 0.980$으로 계산한다.)

접근 방법 매년 오염물질의 연간 총배출량의 4.5%가 줄어들면 오염물질의 연간 총배출량은 전년도의 95.5%가 된다. 즉,

1년 후의 오염물질의 연간 총배출량은 100000×0.955(톤)

2년 후의 오염물질의 연간 총배출량은 $(100000 \times 0.955) \times 0.955 = 100000 \times 0.955^2$(톤)

$\vdots$

n년 후의 오염물질의 연간 총배출량은 100000×0.955^n(톤)

임을 이용하여 부등식을 세운다.

수매씽 Point 감소한다는 표현이 있으면 남는 것을 생각한다.

상세 풀이 n년 후의 오염물질의 연간 총배출량은 100000×0.955^n(톤)

n년 후에 오염물질의 연간 총배출량이 5만 톤 이하가 된다고 하면

$$100000 \times 0.955^n \le 50000 \qquad \therefore\ 0.955^n \le 0.5$$

양변에 상용로그를 취하면

$$n \log 0.955 \le \log 0.5,\ n \log (9.55 \times 10^{-1}) \le \log (5 \times 10^{-1})$$

$$n(\log 9.55 + \log 10^{-1}) \le \log 5 + \log 10^{-1}$$

$$n(0.980 - 1) \le 0.699 - 1,\ -0.020n \le -0.301$$

$$\therefore\ n \ge \frac{0.301}{0.020} = 15.05$$

따라서 16년 후에 처음으로 오염물질의 연간 총배출량이 5만 톤 이하가 된다.

정답 16년

보충 설명

지문에 "처음으로 …"라는 표현이 등장하는데, 이것은 16년, 17년, 18년, … 후에 모두 오염물질의 연간 총배출량이 5만 톤 이하이기 때문이다.

한번 더

09-1

이산화탄소(CO_2)의 무분별한 배출로 인한 지구 온난화 현상을 막기 위하여 제정된 기후변화협약(UNFCCC)에 가입한 우리나라의 현재 이산화탄소 연간 총배출량은 1억 5000만 TC 정도이다. 매년 이산화탄소 연간 총배출량의 10%를 줄인다고 할 때, 이산화탄소 연간 총배출량이 처음으로 현재의 절반 이하가 되는 것은 몇 년 후인지 구하시오.

(단, TC는 가스배출량의 단위이고, $\log 2=0.301$, $\log 3=0.477$로 계산한다.)

05

표현 바꾸기

풀이 78쪽 ➕ 보충 설명 한번 더

09-2

기업의 매출 증가율은 $\frac{(\text{금년도 매출액})-(\text{전년도 매출액})}{(\text{전년도 매출액})}\times 100(\%)$로 계산한다. 한 기업의 매출 증가율이 매년 50%라고 할 때, 처음으로 매출액이 2020년 매출액의 10배가 넘는 해는 몇 년도로 예상되는가? (단, $\log 2=0.301$, $\log 3=0.477$로 계산한다.)

① 2025년　② 2026년　③ 2027년
④ 2028년　⑤ 2029년

개념 넓히기

한번 더

09-3

매년 조사하는 어느 도시의 통계자료에 의하면 현재 이 도시의 디지털 TV 보급대수는 1가구당 0.02대 꼴인데, 이 도시의 가구 수는 매년 20%씩 감소하고, 디지털 TV의 보급대수는 매년 20%씩 증가한다고 한다. 이 통계자료를 근거로 하여 몇 년 후에 처음으로 이 도시의 디지털 TV의 보급대수가 1가구당 0.5대 이상이 되는지 구하시오.

(단, $\log 2=0.30$, $\log 3=0.48$로 계산한다.)

• 풀이 78쪽

09-1 7년　**09-2** ②　**09-3** 8년

1 다음 방정식을 푸시오.

(1) $2^{2x-1}=3^{x+2}$

(2) $\log_2(\log_3 x)+3\log_8(\log_7 9)=2$

2 방정식 $(\log_2 x)^3+\log_2 x^3=4(\log_2 x)^2+\log_2 x$의 모든 해의 곱을 구하시오.

3 방정식 $\left(\frac{1}{2}\log_2 x\right)^2-\log_2 x^k+2=0$의 두 실근 α, β에 대하여 $\alpha\beta=256$일 때, 상수 k의 값은?

① $\frac{1}{4}$ ② $\frac{1}{2}$ ③ 1
④ 2 ⑤ 4

4 다음 연립방정식을 푸시오.

(1) $\begin{cases} \log x+2\log y=1 \\ x^3y=\sqrt[4]{10^7} \end{cases}$

(2) $\begin{cases} x^2y=2^{10} \\ x^{\log_2 y}=2^{12} \end{cases}$

(3) $\begin{cases} 2^x-2\times 4^{-y}=7 \\ \log_2(x-2)-\log_2 y=1 \end{cases}$

(4) $\begin{cases} \log_2 x+\log_3 y=5 \\ \log_3 x\times\log_2 y=6 \end{cases}$

5 다음 부등식을 푸시오.

(1) $\log_{\frac{1}{3}}(\log_2(\log_3 x))>0$

(2) $\log_{x-2}(2x^2-11x+14)>2$

(3) $(\log x)^2<\log x^2$

(4) $4\times 5^{2x+3}>5\times 2^{5-2x}$

6

다음 물음에 답하시오.

(1) 부등식 $\log_{16}(-2+\log_2 x)<\frac{1}{2}$의 해가 $\alpha<x<\beta$일 때, $\alpha+\beta$의 값을 구하시오.

(2) 부등식 $(1+\log_3 x)(a-\log_3 x)>0$의 해가 $\frac{1}{3}<x<9$일 때, 상수 a의 값을 구하시오.

7

다음 연립부등식을 푸시오.

(1) $\begin{cases} 2^{x+3}>4 \\ 2\log(x+3)<\log(5x+15) \end{cases}$

(2) $\begin{cases} 2\log_{\frac{1}{2}}(x-5)>\log_{\frac{1}{2}}(x+7) \\ \left(\log_2 \frac{x}{2}\right)^2-\log_2 x^2+2<0 \end{cases}$

(3) $\begin{cases} \log_{\frac{1}{3}}|x-3|>-2 \\ \left(\frac{1}{2}\right)^{2x+1}<\left(\frac{1}{2}\right)^{x+2} \end{cases}$

(4) $\begin{cases} \log_3|x-3|<4 \\ \log_2 x+\log_2(x-2)\geq 3 \end{cases}$

8

부등식 $|a-\log_2 x|\leq 1$을 만족시키는 x의 최댓값과 최솟값의 차가 24일 때, 2^a의 값을 구하시오. (단, a는 상수이다.)

9

x에 대한 이차방정식 $(3+\log a)x^2+2(1+\log a)x+1=0$이 허근을 갖도록 하는 실수 a의 값의 범위를 구하시오.

10

두 함수 $y=x+1$과 $y=3\log_2 x$의 그래프를 이용하여 부등식

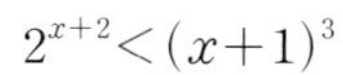
$$2^{x+2}<(x+1)^3$$

을 만족시키는 모든 정수 x의 값의 합을 구하시오.

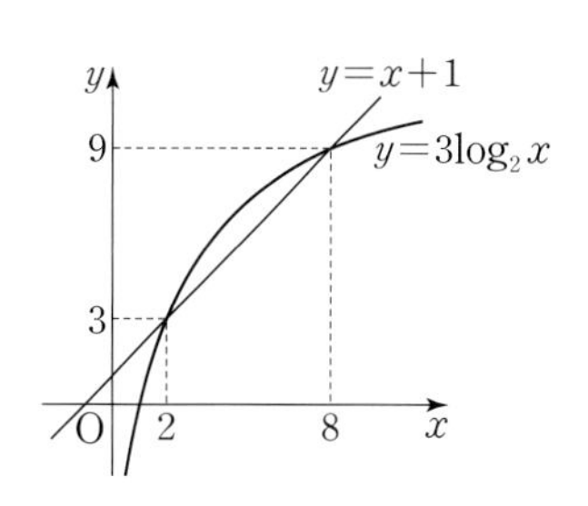

11 두 실수 x, y에 대하여 연립방정식 $\begin{cases} x^2+y^2=25 \\ \log_2 x+\log_2 y=(\log_2 xy)^2 \end{cases}$의 해의 개수는?

① 1　② 2　③ 3　④ 4　⑤ 5

12 x에 대한 방정식

$$2\log_x 2+4\log_x 2+6\log_x 2+8\log_x 2+10\log_x 2=n$$

이 정수인 해를 갖도록 하는 자연수 n의 개수는?

① 4　② 8　③ 12　④ 16　⑤ 20

13 두 양수 a, b에 대하여 등식

$$(\log_3 a)^2+(\log_3 b)^2=\log_9 a^2+\log_9 b^2$$

이 성립할 때, ab의 최댓값은 M, 최솟값은 m이다. $M+m$의 값을 구하시오.

14 x에 대한 방정식 $\{\log_2(x^2+2)\}^2-4\log_2(x^2+2)+a=0$이 서로 다른 세 실근을 가질 때, 상수 a의 값을 구하시오.

15 오른쪽 그림은 함수 $y=|\log x|$의 그래프이다. x에 대한 방정식

$$|\log x|=ax+b$$

의 세 실근의 비가 1 : 2 : 3일 때, 세 실근의 합을 구하시오.

(단, a, b는 상수이다.)

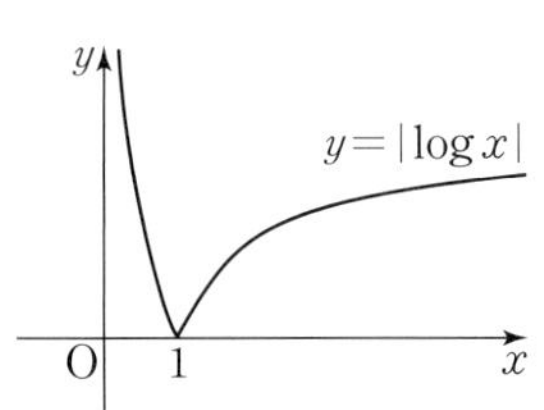

16 방정식 $\log_2 x^2+\log_2 y^2=\log_{\sqrt{2}}(x+y+3)$을 만족시키는 양의 정수 x, y에 대하여 x^2+2y^2의 최솟값을 구하시오.

17 두 집합 $A=\left\{x \,\middle|\, 1+\dfrac{1}{\log_3 x}-\dfrac{1}{\log_5 x}<0\right\}$, $B=\{x \mid 2^a>2^{x(x-a+1)}\}$에 대하여 $A\subset B$이기 위한 실수 a의 최솟값을 구하시오.

18 x에 대한 로그부등식

$$\left(\log_2 \frac{x}{a}\right)\left(\log_2 \frac{x^2}{a}\right)+2\geq 0$$

이 모든 양의 실수 x에 대하여 성립할 때, 양의 실수 a의 최댓값을 M, 최솟값을 m이라 하자. $M+16m$의 값을 구하시오.

19 부등식 $a^{x-1}<a^{2x+1}$의 해가 $x<-2$일 때, 부등식

$$\log_a(x-2)<\log_a(4-x)$$

의 해를 구하시오. (단, 상수 a는 1이 아닌 양수이다.)

20 어느 제과 회사에서는 다음과 같은 방법으로 과자의 가격을 실질적으로 인상한다.

과자 한 봉지당 가격은 그대로 유지하고, 무게를 그 당시 무게에서 10 % 줄인다.

이 방법을 n번 시행하면 과자 한 봉지의 단위 무게당 가격이 처음의 2배 이상이 된다고 할 때, 자연수 n의 최솟값을 구하시오.

(단, $\log 2=0.3010$, $\log 3=0.4771$로 계산하고, 과자 봉지의 무게는 무시한다.)

• 정답 및 풀이 86쪽~87쪽

교육청
21

방정식 $\left(\log_2 \dfrac{x}{2}\right)(\log_2 4x)=4$의 서로 다른 두 실근 α, β에 대하여 $64\alpha\beta$의 값을 구하시오.

교육청
22

정수 전체의 집합의 두 부분집합

$A=\{x\,|\,\log_2(x+1)\le k\}$, $B=\{x\,|\,\log_2(x-2)-\log_{\frac{1}{2}}(x+1)\ge 2\}$

에 대하여 $n(A\cap B)=5$를 만족시키는 자연수 k의 값은?

① 3　② 4　③ 5　④ 6　⑤ 7

평가원
23

이차함수 $y=f(x)$의 그래프와 직선 $y=x-1$이 그림과 같을 때, 부등식

$\log_3 f(x)+\log_{\frac{1}{3}}(x-1)\le 0$

을 만족시키는 모든 자연수 x의 값의 합을 구하시오.

(단, $f(0)=f(7)=0$, $f(4)=3$)

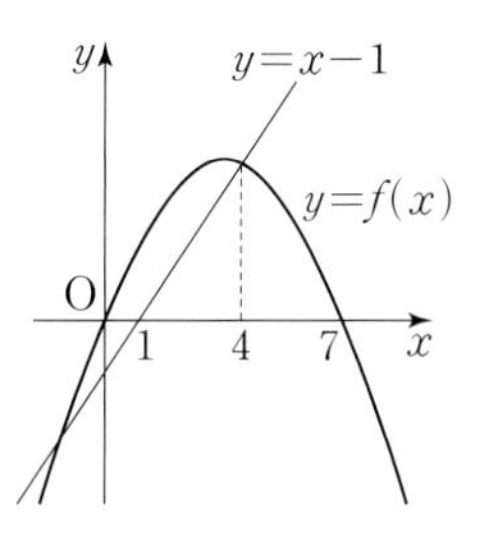

교육청
24

두 함수 $f(x)=x^2-6x+11$, $g(x)=\log_3 x$가 있다. 정수 k에 대하여

$k<(g\circ f)(n)<k+2$

를 만족시키는 자연수 n의 개수를 $h(k)$라 할 때, $h(0)+h(3)$의 값은?

① 11　② 13　③ 15　④ 17　⑤ 19

06

Ⅱ. 삼각함수

삼각함수

1 일반각과 호도법

- 예제 01 사분면의 일반각
- 예제 02 부채꼴의 호의 길이와 넓이

• **일반각**

시초선 OX에 대하여 동경 OP가 나타내는 한 각의 크기를 $\alpha°$라고 할 때,
동경 OP가 나타내는 각의 크기는 $360° \times n + \alpha°$ (n은 정수)

• **호도법**

1라디안$=\frac{180°}{\pi}$, $1°=\frac{\pi}{180}$라디안, π라디안$=180°$

• **부채꼴의 호의 길이와 넓이**

반지름의 길이가 r, 중심각의 크기가 θ(라디안)인
부채꼴의 호의 길이를 l, 넓이를 S라고 하면

$$l=r\theta,\ S=\frac{1}{2}r^2\theta=\frac{1}{2}rl$$

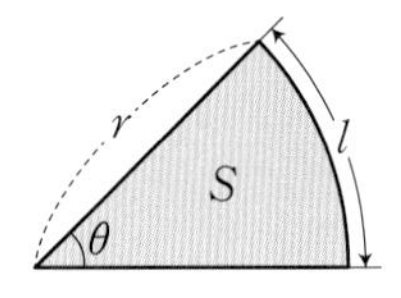

2 삼각함수

- 예제 03 삼각함수의 값
- 예제 04 삼각함수의 값의 부호
- 예제 05 삼각함수 사이의 관계 (1)
- 예제 06 삼각함수 사이의 관계 (2)

• **삼각함수의 뜻**

동경 OP가 나타내는 한 각의 크기를 θ라고 할 때,

$$\sin\theta=\frac{y}{r},\ \cos\theta=\frac{x}{r},\ \tan\theta=\frac{y}{x}\ (x\neq 0)$$

이고, 이 함수들을 θ에 대한 삼각함수라고 한다.

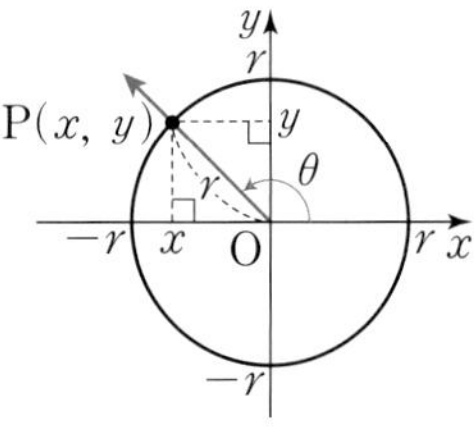
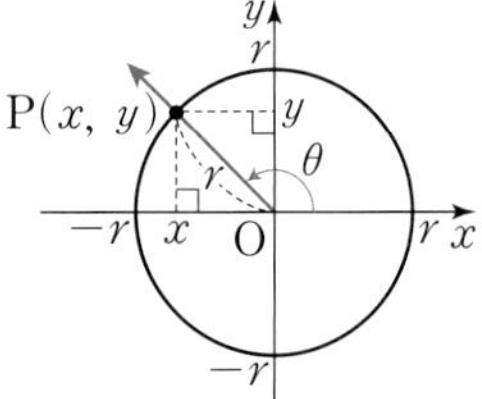

• **삼각함수 사이의 관계**

(1) $\tan\theta=\frac{\sin\theta}{\cos\theta}$

(2) $\sin^2\theta+\cos^2\theta=1$

3 삼각함수의 성질

- 예제 07 각 $n\pi\pm\theta$의 삼각함수
- 예제 08 각 $\frac{\pi}{2}\pm\theta$, $\frac{3}{2}\pi\pm\theta$의 삼각함수

• **$2n\pi+\theta$의 삼각함수 (단, n은 정수)**

$\sin(2n\pi+\theta)=\sin\theta$, $\cos(2n\pi+\theta)=\cos\theta$, $\tan(2n\pi+\theta)=\tan\theta$

• **$-\theta$의 삼각함수**

$\sin(-\theta)=-\sin\theta$, $\cos(-\theta)=\cos\theta$, $\tan(-\theta)=-\tan\theta$

• **$\pi\pm\theta$의 삼각함수 (복부호동순)**

$\sin(\pi\pm\theta)=\mp\sin\theta$, $\cos(\pi\pm\theta)=-\cos\theta$, $\tan(\pi\pm\theta)=\pm\tan\theta$

• **$\frac{\pi}{2}\pm\theta$의 삼각함수 (복부호동순)**

$\sin\left(\frac{\pi}{2}\pm\theta\right)=\cos\theta$, $\cos\left(\frac{\pi}{2}\pm\theta\right)=\mp\sin\theta$, $\tan\left(\frac{\pi}{2}\pm\theta\right)=\mp\frac{1}{\tan\theta}$

Q&A

Q 삼각함수는 중학교에서 배운 삼각비와 어떤 차이가 있나요?

A 삼각비는 직각삼각형에서 각이 예각일 때만 정의한 것이고, 삼각함수는 원에서 각이 실수 전체에서 변함에 따라 $\sin\theta$, $\cos\theta$, $\tan\theta$의 값을 정의한 것입니다.

1 일반각과 호도법

1 일반각

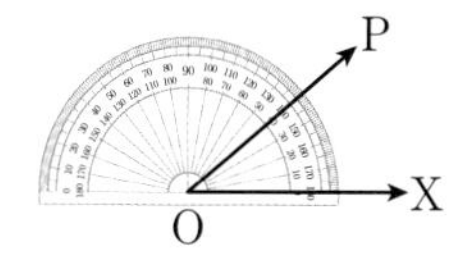

각 XOP는 두 반직선 OX, OP로 이루어진 도형을 말합니다. 각도기를 이용하여 각 XOP의 크기를 잴 때, 각도기의 중심을 점 O에, 각도기의 밑금을 반직선 OX에 맞추고 반직선 OP가 각도기와 만나는 곳의 눈금을 읽습니다. 각도기의 눈금을 읽을 때에는 반직선 OX의 방향에 따라 시계 반대 방향 또는 시계 방향으로 읽습니다.

이와 같은 원리를 이용하여 각의 크기를 생각할 수 있습니다.

지금까지는 크기가 0° 이상 360° 이하인 각만 다루었지만, 이제부터는 각의 크기에 대한 개념을 확장하여 −100°, 420°, 720° 등의 크기를 가지는 각에 대하여 생각해 봅시다.

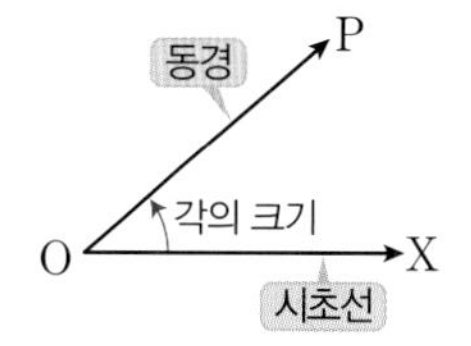

평면 위의 두 반직선 OX, OP에 의하여 ∠XOP가 정해질 때, ∠XOP의 크기는 반직선 OP가 고정된 반직선 OX의 위치에서 점 O를 중심으로 회전한 양으로 정의합니다. 이때 반직선 OX를 시초선, 반직선 OP를 동경이라고 합니다.

처음 시작하는 선 (시초선)
움직이는 선 (동경)

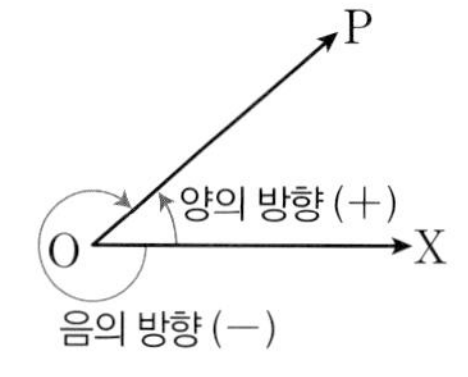

또한 동경 OP가 점 O를 중심으로 회전할 때, 시곗바늘이 도는 방향과 반대인 방향을 양의 방향, 시곗바늘이 도는 방향을 음의 방향이라고 합니다. 이때 음의 방향으로 회전하여 생기는 각의 크기는 음의 부호 −를 붙여서 나타냅니다. ← 일반적으로 양의 부호는 생략한다.

Example 시초선 OX에 대하여 크기가 60°, 220°, −300°인 각을 나타내는 동경 OP를 그림으로 나타내면 각각 다음과 같다.

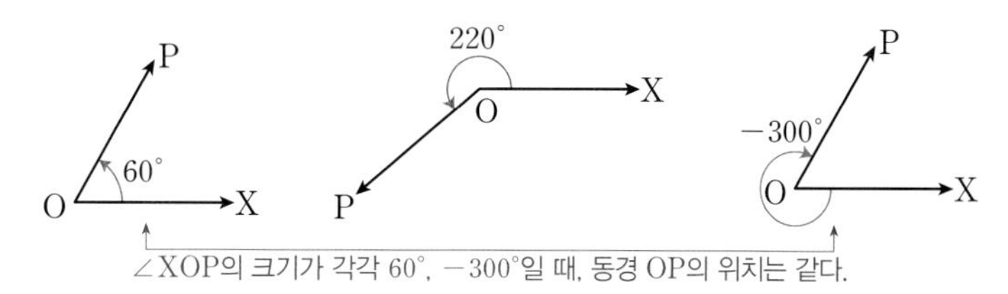

∠XOP의 크기가 각각 60°, −300°일 때, 동경 OP의 위치는 같다.

시초선 OX는 고정되어 있으므로 ∠XOP의 크기가 주어지면 동경 OP의 위치는 하나로 정해집니다. 그러나 동경 OP의 위치가 정해지더라도 ∠XOP의 크기는 하나로 정해지지 않습니다. 즉, 동경의 위치가 똑같더라도 동경이 나타내는 각의 크기는 회전한 방향과 회전수에 따라 여러 가지로 나타낼 수 있습니다.

예를 들어 시초선 OX와 40°의 위치에 있는 동경 OP가 나타내는 각의 크기는 다음과 같이 여러 가지로 나타낼 수 있습니다.

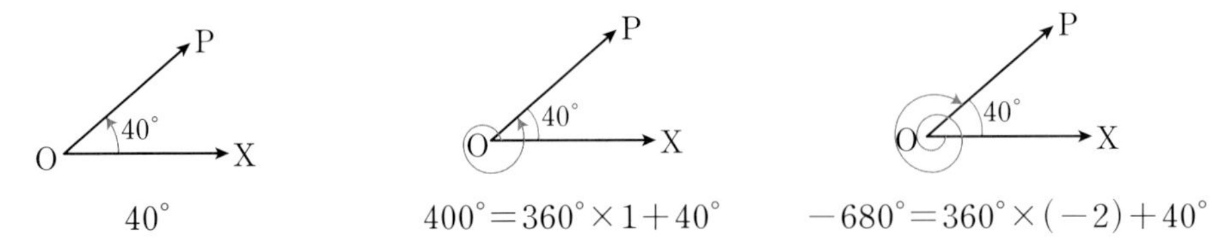

이때 한 바퀴는 360°이고, 위의 그림에서 시초선 OX에 대하여 동경 OP가 나타내는 한 각의 크기가 40°이므로 동경 OP가 나타내는 각의 크기는

$$360^\circ \times n + 40^\circ \ (n\text{은 정수})$$

와 같이 나타낼 수 있습니다.

이와 같이 일반적으로 시초선 OX에 대하여 동경 OP가 나타내는 한 각의 크기를 α°라고 할 때, 동경 OP가 나타내는 각의 크기는

$$360^\circ \times n + \alpha^\circ \ (n\text{은 정수})$$

와 같이 나타낼 수 있습니다. 이것을 동경 OP가 나타내는 **일반각**이라고 합니다.

이때 α°는 보통 $0^\circ \le \alpha^\circ < 360^\circ$인 것을 택합니다. 또한 $0^\circ \le \alpha^\circ < 360^\circ$일 때, 일반각에서 정수 n은 동경 OP의 회전 방향과 회전수를 나타냅니다.

Example 시초선 OX에 대하여 동경 OP가 나타내는 한 각의 크기가 410°일 때, $410^\circ = 360^\circ \times 1 + 50^\circ$이므로 동경 OP가 나타내는 일반각의 크기는 $360^\circ \times n + 50^\circ$ (n은 정수)이다.

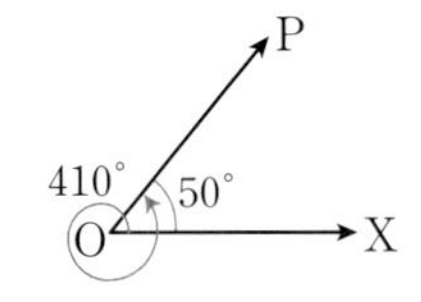

좌표평면에서 시초선은 보통 x축의 양의 방향으로 정한다.

오른쪽 그림과 같이 각의 꼭짓점을 좌표평면의 원점 O에 놓고 시초선 OX를 x축의 양의 방향으로 잡을 때, 동경 OP가 제1사분면, 제2사분면, 제3사분면, 제4사분면에 있으면 동경 OP가 나타내는 각을 각각 **제1사분면의 각, 제2사분면의 각, 제3사분면의 각, 제4사분면의 각**이라고 합니다.

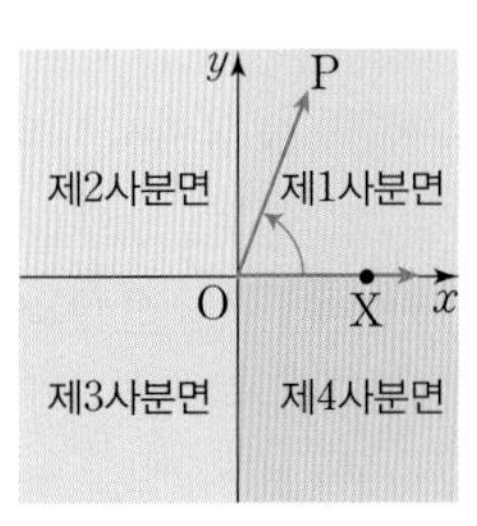

참고로 동경 OP가 좌표축 위에 놓여 있을 때에는 어느 사분면에도 속하지 않습니다.

Example (1) $490^\circ = 360^\circ \times 1 + 130^\circ$에서 130°는 제2사분면의 각이므로 490°는 제2사분면의 각이다.

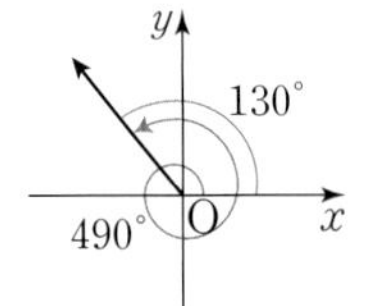

(2) $-500^\circ = 360^\circ \times (-2) + 220^\circ$에서 220°는 제3사분면의 각이므로 −500°는 제3사분면의 각이다.

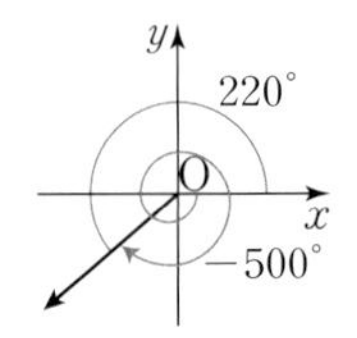

개념 Point 일반각

1 평면 위의 두 반직선 OX, OP에 의하여 정해진 $\angle$XOP의 크기는 반직선 OP가 고정된 반직선 OX의 위치에서 시작하여 점 O를 중심으로 회전한 양으로 정의한다. 이때 반직선 OX를 시초선, 반직선 OP를 동경이라고 한다.

2 시초선 OX에 대하여 동경 OP가 나타내는 한 각의 크기를 $\alpha°$라고 할 때, 동경 OP가 나타내는 각의 크기는

$360° \times n + \alpha°$ (n은 정수)

와 같이 나타낼 수 있다. 이것을 동경 OP가 나타내는 일반각이라고 한다.

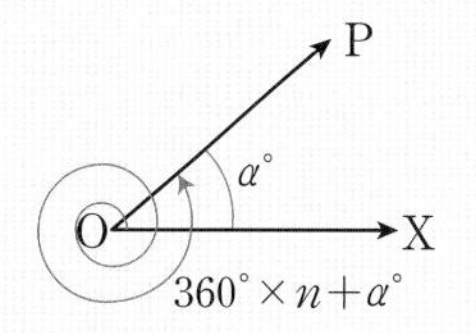

개념 Plus 두 동경의 위치 관계

좌표평면에서 두 동경 OP, OQ가 나타내는 각의 크기를 각각 α, β라고 할 때,
$\alpha = 360° \times n_1 + \alpha_1$, $\beta = 360° \times n_2 + \beta_1$ (n_1, n_2는 정수, $0° \le \alpha_1 < 360°$, $0° \le \beta_1 < 360°$)이라 하고 두 동경의 위치 관계를 살펴보자.

두 동경의 위치 관계	두 동경이 나타내는 각의 관계식 (단, n은 정수)	좌표평면에서 두 동경의 위치
① 두 동경이 일치한다.	$\alpha - \beta = 360° \times n$	
② 두 동경이 일직선 위에 있고 방향이 반대이다.	$\alpha - \beta = 360° \times n + 180°$	
③ 두 동경이 x축에 대하여 대칭이다.	$\alpha + \beta = 360° \times n$	
④ 두 동경이 y축에 대하여 대칭이다.	$\alpha + \beta = 360° \times n + 180°$	
⑤ 두 동경이 직선 $y=x$에 대하여 대칭이다.	$\alpha + \beta = 360° \times n + 90°$	

2 호도법

지금까지는 각의 크기를 나타낼 때 30°, 120°와 같이 °(도)를 단위로 사용하였습니다. 이와 같이 원의 둘레를 360등분 하여 각 호에 대한 중심각의 크기를 1°(도)로 정의하는 방법을 육십분법이라고 합니다. 이제부터는 각의 크기를 나타내는 새로운 방법에 대하여 알아봅시다.

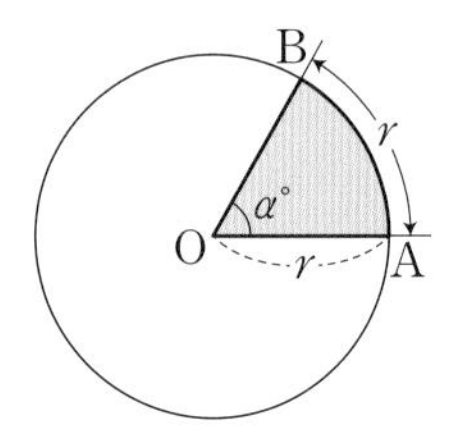

오른쪽 그림과 같이 반지름의 길이가 r인 원 O에서 호의 길이가 r인 부채꼴 AOB의 중심각의 크기를 $\alpha°$라고 하면 한 원에서 호의 길이와 중심각의 크기는 정비례하므로

$$r : 2\pi r = \alpha° : 360°$$

$$\therefore\ \alpha° = \frac{180°}{\pi}$$

입니다. 즉, 반지름의 길이와 호의 길이가 같은 부채꼴의 중심각의 크기 $\alpha°$는 반지름의 길이에 관계없이 항상 $\frac{180°}{\pi}$로 일정합니다. 이 일정한 각의 크기 $\frac{180°}{\pi}$를 **1라디안**(radian)이라 하고, 이것을 단위로 하여 각의 크기를 나타내는 방법을 **호도법**이라고 합니다.

└ 호의 길이를 이용하여 각의 크기를 나타내는 방법

이제 호도법과 육십분법의 관계를 알아봅시다.

한 원에서 부채꼴의 호의 길이는 중심각의 크기에 정비례하므로 원의 중심각의 크기를 호도법으로 나타내면

1라디안 : (원의 중심각의 크기) $= r : 2\pi r$

에서 (원의 중심각의 크기) $= 2\pi$라디안입니다.

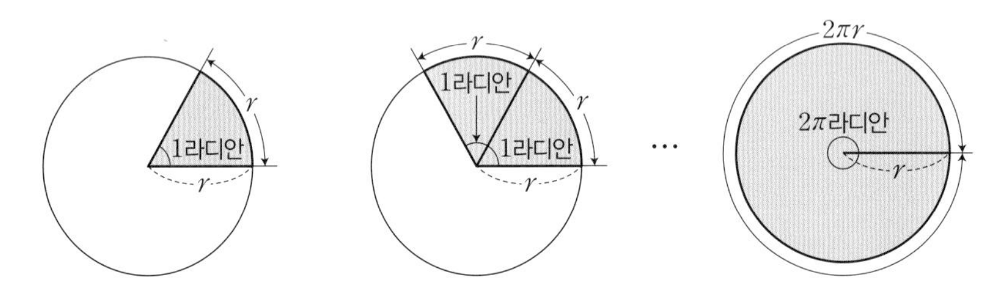

즉, $360° = 2\pi$라디안이므로 π라디안 $= 180°$이고, 일반적으로 호도법과 육십분법 사이에는 다음과 같은 관계가 성립합니다.

1라디안 $= \frac{180°}{\pi}$, $1° = \frac{\pi}{180}$라디안

또한 호도법으로 각의 크기를 나타낼 때에는 보통 단위인 라디안을 생략하여 각의 크기를 1, π, 2π와 같이 실수로 나타냅니다.

호도법과 육십분법의 관계를 이용하면 호도법의 각은 육십분법의 각으로, 육십분법의 각은 호도법의 각으로 나타낼 수 있습니다.

1라디안$=\frac{180°}{\pi}$이므로 이를 이용하여 호도법의 각을 육십분법의 각으로 나타내면

$$(\text{호도법의 각})\times\frac{180°}{\pi}=(\text{육십분법의 각})$$

$1°=\frac{\pi}{180}$라디안이므로 이를 이용하여 육십분법의 각을 호도법의 각으로 나타내면

$$(\text{육십분법의 각})\times\frac{\pi}{180}=(\text{호도법의 각})$$

입니다.

Example
(1) $60°=60\times\frac{\pi}{180}=\frac{\pi}{3}$(라디안)
(2) $\frac{3}{4}\pi=\frac{3}{4}\pi\times\frac{180°}{\pi}=135°$

앞에서 시초선 OX에 대하여 동경 OP가 나타내는 한 각의 크기를 $\alpha°$라고 할 때, 동경 OP가 나타내는 일반각의 크기는 $360°\times n+\alpha°$ (n은 정수) 꼴로 나타내었습니다.

따라서 호도법에서 시초선 OX에 대하여 동경 OP가 나타내는 한 각의 크기를 θ(라디안)라고 하면 동경 OP가 나타내는 일반각의 크기는

$$2n\pi+\theta \ (n\text{은 정수})$$

← $360°=2\pi$이므로 $360°\times n$ 대신 $2n\pi$
보통 θ는 $0\le\theta<2\pi$인 것을 택한다.

와 같이 나타냅니다.

Example
(1) $13\pi=2\pi\times6+\pi$이므로 13π의 동경이 나타내는 일반각의 크기는
$2n\pi+\pi$ (단, n은 정수)
(2) $-\frac{5}{3}\pi=2\pi\times(-1)+\frac{\pi}{3}$이므로 $-\frac{5}{3}\pi$의 동경이 나타내는 일반각의 크기는
$2n\pi+\frac{\pi}{3}$ (단, n은 정수)

개념 Point 호도법

1 1라디안(radian) : 반지름의 길이와 호의 길이가 같은 부채꼴의 중심각의 크기

2 1라디안$=\frac{180°}{\pi}$, $1°=\frac{\pi}{180}$라디안, π라디안$=180°$

3 시초선 OX에 대하여 동경 OP가 나타내는 한 각의 크기를 θ라고 하면 동경 OP가 나타내는 일반각의 크기는
$2n\pi+\theta$ (단, n은 정수)

Plus
- 라디안(radian)은 반지름(radius)과 각(angle)으로부터 만들어진 단어이고, 1라디안은 약 57°이다.

3 부채꼴의 호의 길이와 넓이

부채꼴의 호의 길이와 넓이를 호도법을 이용하여 간단히 구할 수 있습니다.

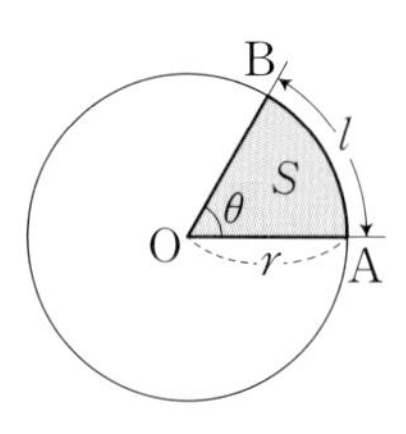

오른쪽 그림과 같이 반지름의 길이가 r이고, 중심각의 크기가 θ(라디안)인 부채꼴 OAB에서 호 AB의 길이를 l이라고 하면 호의 길이는 중심각의 크기에 정비례하므로

$$l : 2\pi r = \theta : 2\pi$$

$$\therefore\ l = r\theta \qquad \cdots\cdots ㉠$$

입니다. 또한 부채꼴 OAB의 넓이를 S라고 하면 부채꼴의 넓이도 중심각의 크기에 정비례하므로

$$S : \pi r^2 = \theta : 2\pi$$

$$\therefore\ S = \frac{1}{2}r^2\theta \qquad \cdots\cdots ㉡$$

입니다. ㉠을 ㉡에 대입하면

$$S = \frac{1}{2}r^2\theta = \frac{1}{2}r \times r\theta = \frac{1}{2}rl$$

입니다.

Example 오른쪽 그림과 같이 반지름의 길이가 6이고 중심각의 크기가 $\frac{\pi}{3}$인 부채꼴에서

(1) 호의 길이는 $6 \times \frac{\pi}{3} = 2\pi$

(2) 넓이는 $\frac{1}{2} \times 6^2 \times \frac{\pi}{3} = 6\pi$ ← 또는 $\frac{1}{2} \times 6 \times 2\pi = 6\pi$

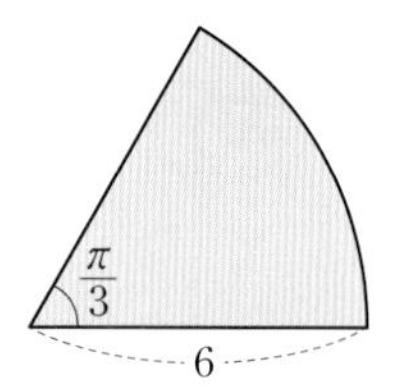

개념 Point 부채꼴의 호의 길이와 넓이

반지름의 길이가 r, 중심각의 크기가 θ(라디안)인 부채꼴의 호의 길이를 l, 넓이를 S라고 하면

$$l = r\theta$$

$$S = \frac{1}{2}r^2\theta = \frac{1}{2}rl$$

부채꼴의 중심각의 크기 θ는 호도법으로 나타낸 각임에 유의한다.

개념 콕콕

1 다음 각이 나타내는 동경을 그리고, 일반각을 $360^\circ \times n + \alpha^\circ$ 꼴로 나타내시오.
(단, n은 정수, $0^\circ \le \alpha^\circ < 360^\circ$)

(1) 420° (2) -330°

2 크기가 다음과 같은 각은 제몇 사분면의 각인지 구하시오.

(1) 500° (2) -440° (3) 1300° (4) -690°

3 다음 중 육십분법의 각은 호도법의 각으로, 호도법의 각은 육십분법의 각으로 나타내시오.

(1) 135° (2) -150° (3) $\frac{4}{3}\pi$ (4) $-\frac{5}{4}\pi$

4 다음 각이 나타내는 동경을 그리고, 일반각을 $2n\pi + \theta$ 꼴로 나타내시오. (단, n은 정수, $0 \le \theta < 2\pi$)

(1) $\frac{13}{3}\pi$ (2) $-\frac{7}{6}\pi$

5 반지름의 길이가 3, 중심각의 크기가 $\frac{\pi}{4}$인 부채꼴의 호의 길이와 넓이를 각각 구하시오.

• 풀이 87쪽 ~ 88쪽

정답

1 풀이 참조 **2** (1) 제2사분면 (2) 제4사분면 (3) 제3사분면 (4) 제1사분면

3 (1) $\frac{3}{4}\pi$ (2) $-\frac{5}{6}\pi$ (3) 240° (4) -225° **4** 풀이 참조

5 호의 길이 : $\frac{3}{4}\pi$, 넓이 : $\frac{9}{8}\pi$

출제 가능성

예제 01 사분면의 일반각

θ가 제1사분면의 각일 때, $\frac{\theta}{2}$는 제몇 사분면의 각인지 구하시오.

접근 방법 θ가 제1사분면의 각이므로 $\theta=360^\circ\times n+\alpha^\circ$ (n은 정수, $0^\circ<\alpha^\circ<90^\circ$)라 할 수 있고, $\frac{\theta}{2}$가 제몇 사분면의 각인지 생각할 수 있다.

수매씽 Point 동경 OP가 나타내는 한 각의 크기가 α°일 때, 동경 OP가 나타내는 일반각의 크기는 $360^\circ\times n+\alpha^\circ$ (단, n은 정수)

상세 풀이 θ가 제1사분면의 각이므로

$$\theta=360^\circ\times n+\alpha^\circ \ (n\text{은 정수, } 0^\circ<\alpha^\circ<90^\circ)$$

$$\therefore \frac{\theta}{2}=180^\circ\times n+\frac{\alpha^\circ}{2}\left(0^\circ<\frac{\alpha^\circ}{2}<45^\circ\right)$$

(i) $n=2k$ (k는 정수)일 때

$$\frac{\theta}{2}=180^\circ\times 2k+\frac{\alpha^\circ}{2}=360^\circ\times k+\frac{\alpha^\circ}{2}$$

따라서 $\frac{\theta}{2}$는 제1사분면의 각이다.

(ii) $n=2k+1$ (k는 정수)일 때

$$\frac{\theta}{2}=180^\circ\times(2k+1)+\frac{\alpha^\circ}{2}=360^\circ\times k+\left(180^\circ+\frac{\alpha^\circ}{2}\right)$$

따라서 $\frac{\theta}{2}$는 제3사분면의 각이다.

(i), (ii)에서 $\frac{\theta}{2}$는 제1사분면 또는 제3사분면의 각이다.

정답 제1사분면 또는 제3사분면

보충 설명

(1) θ가 제1사분면의 각이면 $\theta=360^\circ\times n+\alpha^\circ$ (단, n은 정수, $0^\circ<\alpha^\circ<90^\circ$)
(2) θ가 제2사분면의 각이면 $\theta=360^\circ\times n+\alpha^\circ$ (단, n은 정수, $90^\circ<\alpha^\circ<180^\circ$)
(3) θ가 제3사분면의 각이면 $\theta=360^\circ\times n+\alpha^\circ$ (단, n은 정수, $180^\circ<\alpha^\circ<270^\circ$)
(4) θ가 제4사분면의 각이면 $\theta=360^\circ\times n+\alpha^\circ$ (단, n은 정수, $270^\circ<\alpha^\circ<360^\circ$)
참고로 θ가 어느 사분면의 각도 아닐 때, 즉 좌표축 위의 각이면 $\theta=90^\circ\times n$ (단, n은 정수)이다.

숫자 바꾸기 한번 더 ☑ ☐

01-1

θ가 제2사분면의 각일 때, 다음 각은 제몇 사분면의 각인지 구하시오.

(1) $\frac{\theta}{2}$ (2) $\frac{\theta}{3}$

표현 바꾸기 풀이 88쪽 ⊕ 보충 설명 한번 더 ☑ ☐

01-2

다음 물음에 답하시오.

(1) 각 θ를 나타내는 동경과 각 4θ를 나타내는 동경이 일치할 때, θ의 값을 구하시오. (단, $90° < \theta < 180°$)

(2) 각 θ를 나타내는 동경과 각 4θ를 나타내는 동경이 x축에 대하여 대칭일 때, θ의 값을 구하시오. (단, $90° < \theta < 180°$)

개념 넓히기 한번 더 ☑ ☐

01-3

두 각 α, β에 대하여 〈보기〉에서 옳은 것을 모두 고르시오. (단, n은 정수이다.)

〈 보기 〉

ㄱ. 두 각 α, β를 나타내는 동경이 x축에 대하여 대칭이면 $\alpha+\beta=2n\pi$이다.

ㄴ. 두 각 α, β를 나타내는 동경이 y축에 대하여 대칭이면 $\alpha+\beta=2n\pi$이다.

ㄷ. 두 각 α, β를 나타내는 동경이 일직선 위에 있고 방향이 반대이면 $\alpha-\beta=(2n+1)\pi$이다.

• 풀이 88쪽～89쪽

정답

01-1 (1) 제1사분면 또는 제3사분면 (2) 제1사분면 또는 제2사분면 또는 제4사분면

01-2 (1) $120°$ (2) $144°$ **01-3** ㄱ, ㄷ

출제 가능성

예제 02 부채꼴의 호의 길이와 넓이

다음 물음에 답하시오.

(1) 중심각의 크기가 $\frac{\pi}{3}$, 호의 길이가 2π cm인 부채꼴의 반지름의 길이와 넓이를 각각 구하시오.

(2) 호의 길이가 2π cm, 넓이가 4π cm^{2}인 부채꼴의 반지름의 길이와 중심각의 크기를 각각 구하시오.

접근 방법 부채꼴의 반지름의 길이와 중심각의 크기가 주어지면 공식을 이용하여 부채꼴의 호의 길이와 넓이를 구할 수 있다.

수매씽 Point 반지름의 길이가 r, 중심각의 크기가 θ(라디안)인 부채꼴에서 호의 길이 l과 넓이 S는 다음과 같다.

$$l=r\theta,\ S=\frac{1}{2}r^2\theta=\frac{1}{2}rl$$

상세 풀이 (1) 부채꼴의 반지름의 길이를 r cm라고 하면 호의 길이가 2π cm이므로

$$2\pi=r\times\frac{\pi}{3} \qquad \therefore r=6$$

따라서 부채꼴의 넓이는

$$\frac{1}{2}\times6\times2\pi=6\pi(\text{cm}^2)$$

(2) 부채꼴의 반지름의 길이를 r cm, 중심각의 크기를 θ라고 하면 호의 길이가 2π cm이므로

$$2\pi=r\theta \qquad \cdots\cdots ㉠$$

또한 부채꼴의 넓이가 4π cm^{2}이므로

$$4\pi=\frac{1}{2}r\times2\pi=r\pi \qquad \therefore r=4$$

$r=4$를 ㉠에 대입하면 $2\pi=4\theta$ $\qquad \therefore \theta=\frac{\pi}{2}$

정답 (1) 반지름의 길이 : 6 cm, 넓이 : 6π cm^2
(2) 반지름의 길이 : 4 cm, 중심각의 크기 : $\frac{\pi}{2}$

보충 설명

위의 부채꼴의 호의 길이와 넓이 공식에서 부채꼴의 중심각의 크기 θ는 호도법으로 나타낸 각이다. 따라서 중심각의 크기가 육십분법으로 주어지면 호도법으로 고쳐야 공식을 이용하여 풀 수 있음에 유의한다.

숫자 바꾸기 한번 더

02-1

다음 물음에 답하시오.

(1) 중심각의 크기가 $\frac{2}{3}\pi$, 호의 길이가 π cm인 부채꼴의 반지름의 길이와 넓이를 각각 구하시오.

(2) 호의 길이가 3π cm, 넓이가 3π cm^{2}인 부채꼴의 반지름의 길이와 중심각의 크기를 각각 구하시오.

표현 바꾸기 한번 더

02-2

오른쪽 그림과 같이 반지름의 길이가 2인 부채꼴의 둘레의 길이와 넓이를 각각 구하시오.

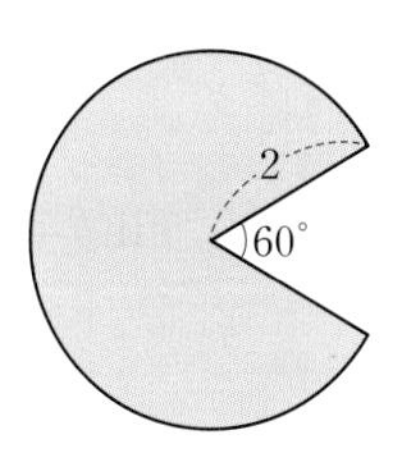

개념 넓히기 한번 더

02-3

부채꼴의 넓이가 S일 때, 부채꼴의 둘레의 길이의 최솟값과 그때의 중심각의 크기를 모두 구하시오.

• 풀이 89쪽~90쪽

정답

02-1 (1) 반지름의 길이 : $\frac{3}{2}$ cm, 넓이 : $\frac{3}{4}\pi$ cm^2 (2) 반지름의 길이 : 2 cm, 중심각의 크기 : $\frac{3}{2}\pi$

02-2 둘레의 길이 : $\frac{10}{3}\pi+4$, 넓이 : $\frac{10}{3}\pi$ **02-3** 둘레의 길이의 최솟값 : $4\sqrt{S}$, 중심각의 크기 : 2

2 삼각함수

1 삼각함수의 뜻

직각삼각형에서 직각이 아닌 한 각의 크기에 따라 정해지는 두 변의 길이의 비를 삼각비라고 합니다.

오른쪽 그림과 같이 $\angle B=90^\circ$인 직각삼각형 ABC에서 $\angle A=\theta$로 놓으면

$$\sin\theta=\frac{a}{b},\ \cos\theta=\frac{c}{b},\ \tan\theta=\frac{a}{c}$$

입니다.

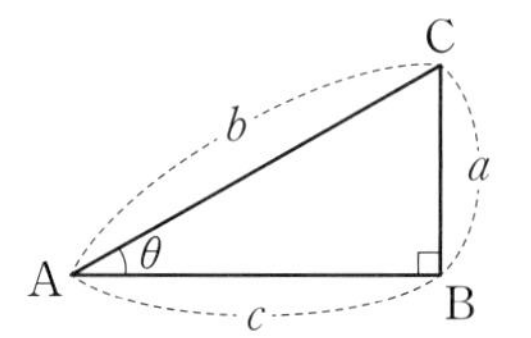

또한 오른쪽 그림에서 θ의 크기가 일정하면 직각삼각형의 크기에 관계없이 $\sin\theta$, $\cos\theta$, $\tan\theta$의 값도 항상 일정함을 알 수 있습니다.

$$\sin\theta=\frac{a}{b}=\frac{a'}{b'},\ \cos\theta=\frac{c}{b}=\frac{c'}{b'},\ \tan\theta=\frac{a}{c}=\frac{a'}{c'}$$

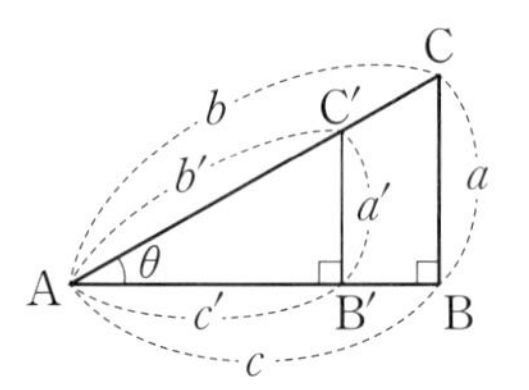

이와 같이 중학교에서 배운 삼각비는 직각삼각형에서 정의하기 때문에 $0^\circ<\theta<90^\circ$인 경우에 대해서만 $\sin\theta$, $\cos\theta$, $\tan\theta$의 값을 구할 수가 있습니다. 이제 삼각비의 정의를 좌표평면을 이용하여 일반각으로 확장하여 생각해 봅시다.

오른쪽 그림과 같이 원점 O를 중심으로 하고 반지름의 길이가 r인 원 위의 임의의 점 $\mathrm{P}(x,\ y)$에 대하여 x축의 양의 방향을 시초선으로 하고, 동경 OP가 나타내는 한 각의 크기가 θ일 때,

$r=\overline{\mathrm{OP}}=\sqrt{x^2+y^2}$

$$\frac{y}{r},\ \frac{x}{r},\ \frac{y}{x}\ (x\neq0)$$

의 값은 r의 값에 관계없이 θ의 값에 따라 각각 하나씩 결정됩니다. 따라서

$$\theta \longrightarrow \frac{y}{r},\ \theta \longrightarrow \frac{x}{r},\ \theta \longrightarrow \frac{y}{x}\ (x\neq0)$$

와 같은 대응은 각각 θ에 대한 함수입니다. 이와 같은 함수를 차례대로 θ에 대한 **사인함수**, **코사인함수**, **탄젠트함수**라 하고, 이것을 기호

$$\sin\theta=\frac{y}{r},\ \cos\theta=\frac{x}{r},\ \tan\theta=\frac{y}{x}\ (x\neq0)$$

와 같이 나타냅니다. 위와 같이 정의한 함수들을 θ에 대한 **삼각함수**라고 합니다.

Example

(1) 오른쪽 그림과 같이 크기가 θ인 각을 나타내는 동경과 원 O의 교점이 P(3, 4)일 때, $\overline{OP}=\sqrt{3^2+4^2}=5$이므로

$$\sin\theta=\frac{4}{5},\ \cos\theta=\frac{3}{5},\ \tan\theta=\frac{4}{3}$$

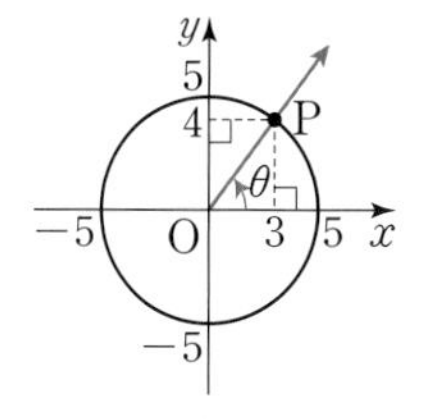

(2) 오른쪽 그림과 같이 크기가 θ인 각을 나타내는 동경과 원 O의 교점이 P(−15, −8)일 때,

$\overline{OP}=\sqrt{(-15)^2+(-8)^2}=17$이므로

$$\sin\theta=-\frac{8}{17},\ \cos\theta=-\frac{15}{17},\ \tan\theta=\frac{8}{15}$$

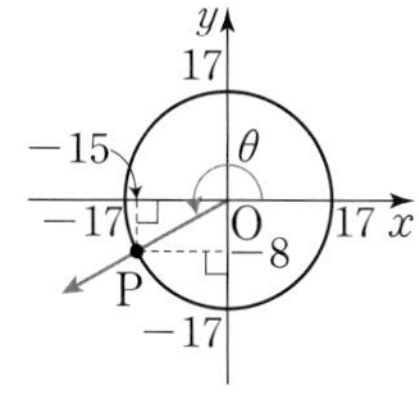

이와 같이 일반각 θ에 대하여 각의 크기 θ의 값은 알 수 없더라도 θ에 대한 삼각함수의 값은 모두 구할 수 있습니다.

06

Example

오른쪽 그림과 같이 각 $-\frac{5}{6}\pi$를 나타내는 동경과 반지름의 길이가 1인 원 O의 교점을 P라 하고, 점 P에서 x축에 내린 수선의 발을 H라고 하자.

삼각형 OPH에서 $\overline{OP}=1$, $\angle POH=\frac{\pi}{6}$이므로 점 P의 좌표는 $\left(-\frac{\sqrt{3}}{2},\ -\frac{1}{2}\right)$이다.

$$\therefore \sin\left(-\frac{5}{6}\pi\right)=-\frac{1}{2},\ \cos\left(-\frac{5}{6}\pi\right)=-\frac{\sqrt{3}}{2},\ \tan\left(-\frac{5}{6}\pi\right)=\frac{\sqrt{3}}{3}$$

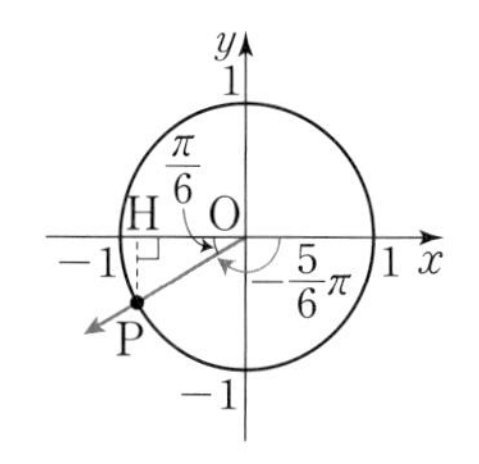

개념 Point 삼각함수의 뜻

오른쪽 그림과 같이 동경 OP가 나타내는 한 각의 크기를 θ라고 할 때

$$\sin\theta=\frac{y}{r}$$

$$\cos\theta=\frac{x}{r}$$

$$\tan\theta=\frac{y}{x}\ (x\neq0)$$

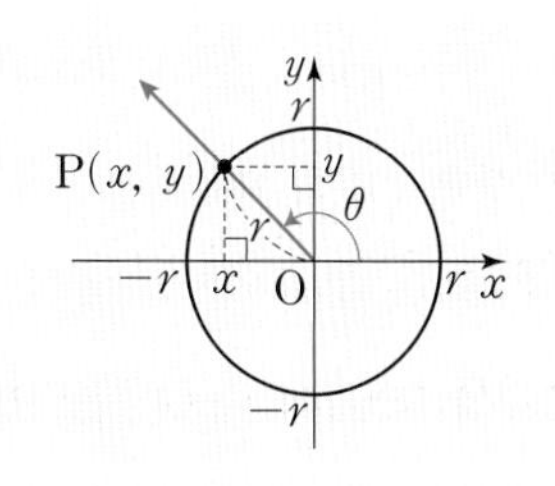

Plus

- 삼각함수에서 일반각 θ는 보통 호도법으로 나타낸다.
- 삼각함수를 정의할 때, 삼각형의 변의 길이가 아닌 좌표평면에서의 점의 좌표를 이용하여 함숫값을 정의했으므로 θ가 예각이 아닌 경우에도 함숫값을 정의할 수 있으며, 삼각함수의 값이 음수가 될 수도 있다.
- $\sin\theta=\frac{y}{r}$, $\cos\theta=\frac{x}{r}$는 모든 실수 θ에 대하여 정의되지만 $\tan\theta=\frac{y}{x}$는 $\theta=n\pi+\frac{\pi}{2}$ (n은 정수)인 경우에는 정의되지 않는다.

2 삼각함수의 값의 부호

각 θ에 대한 삼각함수는 각 θ를 나타내는 동경과 원점 O를 중심으로 하고 반지름의 길이가 r인 원의 교점 $\mathrm{P}(x, y)$를 이용하여 정의하므로 삼각함수의 값의 부호는 다음과 같이 동경 OP가 위치하는 사분면에 따라 정해집니다.

	제1사분면 $(x>0, y>0)$	제2사분면 $(x<0, y>0)$	제3사분면 $(x<0, y<0)$	제4사분면 $(x>0, y<0)$
동경 OP의 위치				

따라서 점 $\mathrm{P}(x, y)$에 대하여 각 θ의 동경, 즉 동경 OP가 위치한 사분면에 따라 삼각함수의 값의 부호를 구하면 다음과 같습니다.

(1) 동경 OP가 제1사분면에 위치하는 경우

$x>0$, $y>0$이므로

$$\sin\theta=\frac{y}{r}>0,\ \cos\theta=\frac{x}{r}>0,\ \tan\theta=\frac{y}{x}>0$$ ← $\sin\theta$, $\cos\theta$, $\tan\theta$의 값은 모두 양수

(2) 동경 OP가 제2사분면에 위치하는 경우

$x<0$, $y>0$이므로

$$\sin\theta=\frac{y}{r}>0,\ \cos\theta=\frac{x}{r}<0,\ \tan\theta=\frac{y}{x}<0$$ ← $\sin\theta$의 값만 양수

(3) 동경 OP가 제3사분면에 위치하는 경우

$x<0$, $y<0$이므로

$$\sin\theta=\frac{y}{r}<0,\ \cos\theta=\frac{x}{r}<0,\ \tan\theta=\frac{y}{x}>0$$ ← $\tan\theta$의 값만 양수

(4) 동경 OP가 제4사분면에 위치하는 경우

$x>0$, $y<0$이므로

$$\sin\theta=\frac{y}{r}<0,\ \cos\theta=\frac{x}{r}>0,\ \tan\theta=\frac{y}{x}<0$$ ← $\cos\theta$의 값만 양수

즉, 삼각함수의 값의 부호는 각 θ의 동경이 위치하는 사분면에 따라 다음과 같이 정해집니다.

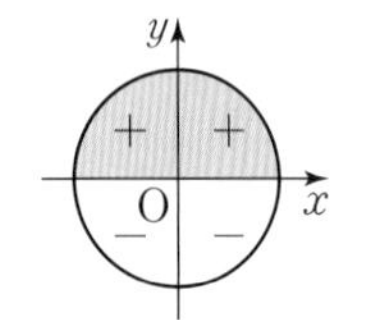

$\sin\theta$의 값의 부호

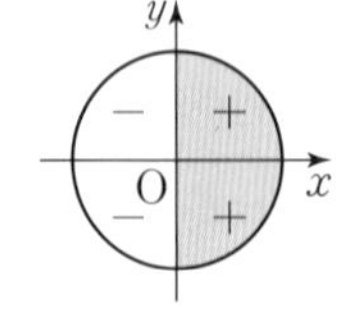

$\cos\theta$의 값의 부호

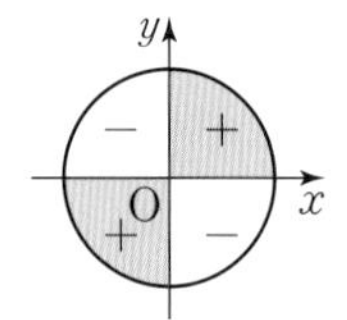

$\tan\theta$의 값의 부호

그림에서 확인할 수 있듯이 동경이 제1사분면에 위치하는 경우 모든 삼각함수의 값은 양수가 됩니다. 그러나 나머지 사분면에서는 특정 삼각함수만 양의 값을 갖고, 나머지는 음의 값을 갖는다는 것을 알 수 있습니다.

Example

(1) $200°$는 제3사분면의 각이므로

$$\sin 200° < 0,\ \cos 200° < 0,\ \tan 200° > 0$$

(2) $\frac{5}{6}\pi$는 제2사분면의 각이므로

$$\sin\frac{5}{6}\pi > 0,\ \cos\frac{5}{6}\pi < 0,\ \tan\frac{5}{6}\pi < 0$$

(3) $-\frac{\pi}{4}$는 제4사분면의 각이므로

$$\sin\left(-\frac{\pi}{4}\right) < 0,\ \cos\left(-\frac{\pi}{4}\right) > 0,\ \tan\left(-\frac{\pi}{4}\right) < 0$$

각이 라디안으로 주어졌을 때, 다음과 같이 특수한 각에 대한 삼각함수의 값을 쉽게 정할 수 있습니다.

$$\sin\frac{a}{6}\pi = \pm\frac{1}{2},\ \cos\frac{a}{6}\pi = \pm\frac{\sqrt{3}}{2},\ \tan\frac{a}{6}\pi = \pm\frac{\sqrt{3}}{3}\ (\text{단, } a\text{와 6은 서로소})$$

$$\sin\frac{b}{4}\pi = \pm\frac{\sqrt{2}}{2},\ \cos\frac{b}{4}\pi = \pm\frac{\sqrt{2}}{2},\ \tan\frac{b}{4}\pi = \pm 1\ (\text{단, } b\text{와 4는 서로소})$$

$$\sin\frac{c}{3}\pi = \pm\frac{\sqrt{3}}{2},\ \cos\frac{c}{3}\pi = \pm\frac{1}{2},\ \tan\frac{c}{3}\pi = \pm\sqrt{3}\ (\text{단, } c\text{와 3은 서로소})$$

이때 부호 $\pm$는 주어진 삼각함수와 주어진 각을 나타내는 동경이 놓인 사분면에 따라 $+$ 또는 $-$를 정하도록 합니다.

좌표평면에서 $\theta = \frac{\pi}{3}$인 경우는 원 $x^2 + y^2 = 1$과 직선 $y = \sqrt{3}x$의 교점을 구하면 $\left(\frac{1}{2}, \frac{\sqrt{3}}{2}\right)$이고, $\theta = \frac{2}{3}\pi, \frac{4}{3}\pi, \frac{5}{3}\pi$인 경우는 대칭을 이용하여 구할 수 있습니다.

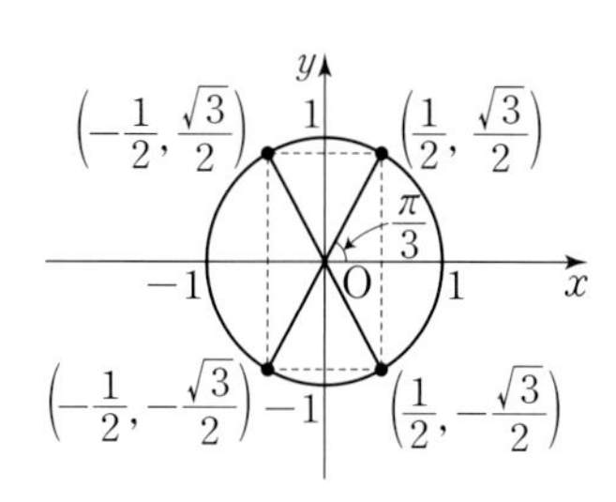

$$\sin\frac{\pi}{3} = \frac{\sqrt{3}}{2},\ \cos\frac{\pi}{3} = \frac{1}{2},\ \tan\frac{\pi}{3} = \sqrt{3}$$

$$\sin\frac{2}{3}\pi = \frac{\sqrt{3}}{2},\ \cos\frac{2}{3}\pi = -\frac{1}{2},\ \tan\frac{2}{3}\pi = -\sqrt{3}$$

$$\sin\frac{4}{3}\pi = -\frac{\sqrt{3}}{2},\ \cos\frac{4}{3}\pi = -\frac{1}{2},\ \tan\frac{4}{3}\pi = \sqrt{3}$$

$$\sin\frac{5}{3}\pi = -\frac{\sqrt{3}}{2},\ \cos\frac{5}{3}\pi = \frac{1}{2},\ \tan\frac{5}{3}\pi = -\sqrt{3}$$

개념 Point 각 사분면에서 삼각함수의 값의 부호

삼각함수의 값의 부호는 각 θ의 동경이 위치하는 사분면에 따라 다음과 같이 결정된다.

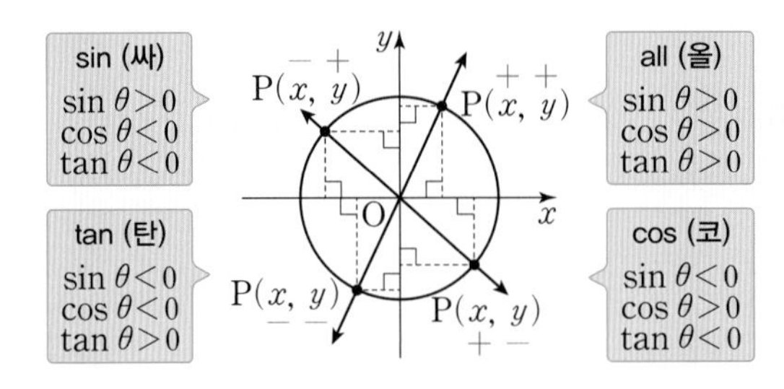

Plus

삼각함수의 값의 부호는 제1사분면, 제2사분면, 제3사분면, 제4사분면의 순서로 각 사분면에서 양수가 되는 삼각함수를 기억하면 쉽다. 즉, 올(all, 모두), 싸(sin), 탄(tan), 코(cos)로 기억하도록 한다.

3 삼각함수 사이의 관계

오른쪽 그림과 같이 각 θ를 나타내는 동경과 단위원의 교점을 $\mathrm{P}(x, y)$라고 하면 (단위원: 원점을 중심으로 하고 반지름의 길이가 1인 원)

$$\sin\theta=\frac{y}{1}=y,\ \cos\theta=\frac{x}{1}=x$$

이므로

$$\tan\theta=\frac{y}{x}=\frac{\sin\theta}{\cos\theta}$$

입니다. 또한 점 $\mathrm{P}(x, y)$는 단위원 위의 점이므로

$$x^2+y^2=1 \quad \cdots\cdots ㉠$$

이고, $x=\cos\theta$, $y=\sin\theta$이므로 이를 ㉠에 대입하면

$$(\cos\theta)^2+(\sin\theta)^2=1 \quad \cdots\cdots ㉡$$

이 성립합니다.

이때 $(\sin\theta)^2$, $(\cos\theta)^2$, $(\tan\theta)^2$을 각각 간단히 $\sin^2\theta$, $\cos^2\theta$, $\tan^2\theta$로 나타낼 수 있습니다. ← $\sin^2\theta\neq\sin\theta^2$, $\cos^2\theta\neq\cos\theta^2$, $\tan^2\theta\neq\tan\theta^2$임에 주의한다.

이상을 정리하면 다음과 같습니다.

개념 Point 삼각함수 사이의 관계

1 $\tan\theta=\dfrac{\sin\theta}{\cos\theta}$

2 $\sin^2\theta+\cos^2\theta=1$

개념 콕콕

1 각 θ를 나타내는 동경과 원점 O를 중심으로 하는 원의 교점이 $\mathrm{P}(-5,\ 12)$일 때, 다음 삼각함수의 값을 구하시오.

(1) $\sin\theta$　　(2) $\cos\theta$　　(3) $\tan\theta$

2 각 θ의 크기가 다음과 같을 때, $\sin\theta$, $\cos\theta$, $\tan\theta$의 값의 부호를 각각 구하시오.

(1) $-230°$　　(2) $\frac{7}{5}\pi$　　(3) $-\frac{2}{9}\pi$

06

3 각 θ의 크기가 다음과 같을 때, $\sin\theta$, $\cos\theta$, $\tan\theta$의 값을 각각 구하시오.

(1) $\frac{\pi}{6}$　　(2) $\frac{5}{6}\pi$　　(3) $\frac{7}{6}\pi$　　(4) $\frac{11}{6}\pi$

4 θ가 제3사분면의 각이고 $\sin\theta=-\frac{3}{5}$일 때, $\cos\theta$, $\tan\theta$의 값을 각각 구하시오.

• 풀이 90쪽

정답

1 (1) $\frac{12}{13}$ (2) $-\frac{5}{13}$ (3) $-\frac{12}{5}$

2 (1) $\sin(-230°)>0$, $\cos(-230°)<0$, $\tan(-230°)<0$ (2) $\sin\frac{7}{5}\pi<0$, $\cos\frac{7}{5}\pi<0$, $\tan\frac{7}{5}\pi>0$

(3) $\sin\left(-\frac{2}{9}\pi\right)<0$, $\cos\left(-\frac{2}{9}\pi\right)>0$, $\tan\left(-\frac{2}{9}\pi\right)<0$

3 (1) $\sin\frac{\pi}{6}=\frac{1}{2}$, $\cos\frac{\pi}{6}=\frac{\sqrt{3}}{2}$, $\tan\frac{\pi}{6}=\frac{\sqrt{3}}{3}$ (2) $\sin\frac{5}{6}\pi=\frac{1}{2}$, $\cos\frac{5}{6}\pi=-\frac{\sqrt{3}}{2}$, $\tan\frac{5}{6}\pi=-\frac{\sqrt{3}}{3}$

(3) $\sin\frac{7}{6}\pi=-\frac{1}{2}$, $\cos\frac{7}{6}\pi=-\frac{\sqrt{3}}{2}$, $\tan\frac{7}{6}\pi=\frac{\sqrt{3}}{3}$

(4) $\sin\frac{11}{6}\pi=-\frac{1}{2}$, $\cos\frac{11}{6}\pi=\frac{\sqrt{3}}{2}$, $\tan\frac{11}{6}\pi=-\frac{\sqrt{3}}{3}$

4 $\cos\theta=-\frac{4}{5}$, $\tan\theta=\frac{3}{4}$

예제 03 　　삼각함수의 값

좌표평면에서 원점 O와 점 P$(-4, 3)$을 지나는 동경 OP가 나타내는 각의 크기를 θ라고 할 때, 다음 값을 구하시오.

(1) $\sin\theta$　　　　(2) $\cos^2\theta+\sin\theta$　　　　(3) $\sin\theta\tan\theta$

접근 방법 삼각함수는 좌표평면에서 원으로 정의되므로 $\overline{\mathrm{OP}}$의 길이를 구하여 주어진 각에서의 삼각함수의 값을 정하여 구한다.

수매씽 Point 각 θ를 나타내는 동경과 중심이 원점이고 반지름의 길이가 r인 원의 교점을 P(x, y)라고 하면

$$\sin\theta=\frac{y}{r},\ \cos\theta=\frac{x}{r},\ \tan\theta=\frac{y}{x}\ (x\neq0)$$

상세 풀이 원점과 점 P$(-4, 3)$을 지나는 동경을 좌표평면 위에 나타내면 오른쪽 그림과 같다.

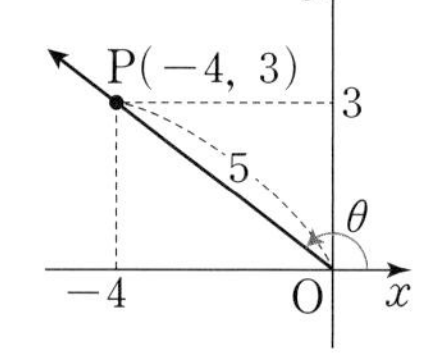

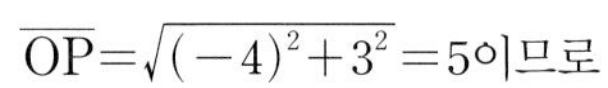

$\overline{\mathrm{OP}}=\sqrt{(-4)^2+3^2}=5$이므로

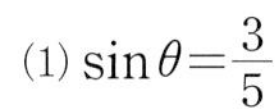

(1) $\sin\theta=\dfrac{3}{5}$

(2) (1)에서 $\sin\theta=\dfrac{3}{5}$이고, $\cos\theta=-\dfrac{4}{5}$이므로

$$\cos^2\theta+\sin\theta=\left(-\frac{4}{5}\right)^2+\frac{3}{5}=\frac{31}{25}$$

(3) $\sin\theta=\dfrac{3}{5}$이고, $\tan\theta=-\dfrac{3}{4}$이므로

$$\sin\theta\tan\theta=\frac{3}{5}\times\left(-\frac{3}{4}\right)=-\frac{9}{20}$$

정답 (1) $\dfrac{3}{5}$ (2) $\dfrac{31}{25}$ (3) $-\dfrac{9}{20}$

보충 설명

오른쪽 그림과 같이 동경 OP가 나타내는 한 각의 크기를 θ라고 할 때

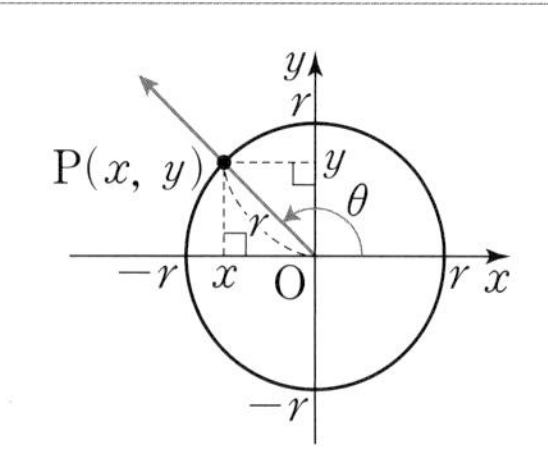

$\sin\theta=\dfrac{y}{r}$

$\cos\theta=\dfrac{x}{r}$

$\tan\theta=\dfrac{y}{x}\ (x\neq0)$

여기서 $\tan\theta=\dfrac{y}{x}$이므로 $x\neq0$일 때에만 정의된다.

숫자 바꾸기 　　　　한번 더 ☑ ☐

03-1

좌표평면에서 원점 O와 점 P$(12,\ -5)$를 지나는 동경 OP가 나타내는 각의 크기를 θ라고 할 때, 다음 값을 구하시오.

(1) $\cos\theta$　　(2) $\cos\theta+\sin^2\theta$　　(3) $\sin\theta\tan\theta$

표현 바꾸기 　　　　한번 더 ☑ ☐

03-2

좌표평면에서 직선 $y=-\frac{4}{3}x$ 위의 점 중 x좌표가 양수인 점 P에 대하여 동경 OP가 나타내는 각의 크기를 θ라고 할 때, $\frac{\cos\theta+\tan\theta}{\sin\theta}$의 값을 구하시오. (단, O는 원점이다.)

개념 넓히기 　　　　한번 더 ☑ ☐

03-3

좌표평면에서 직선 $y=\frac{\sqrt{3}}{3}x$에 수직이고 원점을 지나는 직선이 원 $x^2+y^2=1$과 만나는 서로 다른 두 점 중 x좌표가 작은 점을 P, x좌표가 큰 점을 Q라고 하자. 동경 OP가 나타내는 각의 크기를 α, 동경 OQ가 나타내는 각의 크기를 β라고 할 때, $\frac{\sin\alpha+\tan\alpha}{\sin\beta\times\cos\beta}$의 값을 구하시오. (단, O는 원점이다.)

• 풀이 91쪽

정답

03-1 (1) $\frac{12}{13}$ (2) $\frac{181}{169}$ (3) $\frac{25}{156}$　**03-2** $\frac{11}{12}$　**03-3** 2

예제 04 삼각함수의 값의 부호

다음 조건을 만족시키는 각 θ는 제몇 사분면의 각인지 구하시오.

(1) $\cos\theta<0$, $\tan\theta>0$ (2) $\sin\theta\cos\theta<0$, $\sin\theta\tan\theta>0$

접근 방법 삼각함수의 정의에 의하여 삼각함수의 부호는 각을 나타내는 동경이 위치한 사분면에 따라 결정된다. 이를 이용하여 주어진 조건에서 θ가 제몇 사분면의 각인지 구한다.

	$\sin\theta$	$\cos\theta$	$\tan\theta$
제1사분면	$+$	$+$	$+$
제2사분면	$+$	$-$	$-$
제3사분면	$-$	$-$	$+$
제4사분면	$-$	$+$	$-$

수매씽 Point

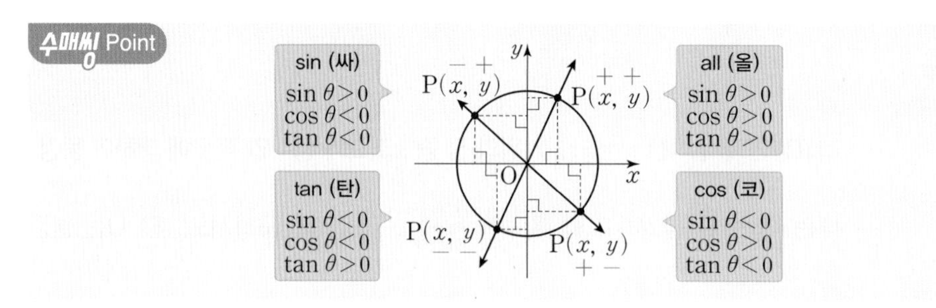

상세 풀이 (1) $\cos\theta<0$이므로 θ는 제2사분면 또는 제3사분면의 각이다.

$\tan\theta>0$이므로 θ는 제1사분면 또는 제3사분면의 각이다.

따라서 θ는 제3사분면의 각이다.

(2) $\sin\theta\cos\theta<0$에서 $\begin{cases}\sin\theta>0\\ \cos\theta<0\end{cases}$ 또는 $\begin{cases}\sin\theta<0\\ \cos\theta>0\end{cases}$ 이므로

θ는 제2사분면 또는 제4사분면의 각이다.

또한 $\sin\theta\tan\theta>0$에서 $\begin{cases}\sin\theta>0\\ \tan\theta>0\end{cases}$ 또는 $\begin{cases}\sin\theta<0\\ \tan\theta<0\end{cases}$ 이므로

θ는 제1사분면 또는 제4사분면의 각이다.

따라서 θ는 제4사분면의 각이다.

정답 (1) 제3사분면 (2) 제4사분면

보충 설명

주어진 조건을 만족시키는 θ가 각각 어느 사분면의 각인지 조사한 후, 모든 조건을 동시에 만족시키는 사분면을 찾는다.

숫자 바꾸기

한번 더 ☑ ☐

04-1

다음 조건을 만족시키는 각 θ는 제몇 사분면의 각인지 구하시오.

(1) $\sin\theta>0$, $\tan\theta<0$　　(2) $\sin\theta\cos\theta>0$, $\cos\theta\tan\theta<0$

표현 바꾸기

한번 더 ☑ ☐

04-2

θ가 제2사분면의 각일 때, **〈보기〉**에서 옳은 것을 모두 고르시오.

〈 보기 〉

ㄱ. $\sin\theta\cos\theta<0$　　ㄴ. $\frac{\tan\theta}{\cos\theta}>0$　　ㄷ. $\frac{\sin\theta}{\tan\theta}>0$

개념 넓히기

한번 더 ☑ ☐

04-3

등식 $\sqrt{\sin\theta}\sqrt{\cos\theta}=-\sqrt{\sin\theta\cos\theta}$를 만족시키는 각 θ에 대하여 **〈보기〉**에서 옳은 것을 모두 고르시오. (단, $\sin\theta\neq0$, $\cos\theta\neq0$)

〈 보기 〉

ㄱ. $\sin\theta+\cos\theta<0$　　ㄴ. $\frac{\cos\theta}{\sin\theta}>0$　　ㄷ. $\tan\theta\sin\theta<0$

• 풀이 91쪽~92쪽

정답　**04-1** (1) 제2사분면 (2) 제3사분면　**04-2** ㄱ, ㄴ　**04-3** ㄱ, ㄴ, ㄷ

예제 05

삼각함수 사이의 관계 (1)

$\sin\theta+\cos\theta=\frac{1}{2}$일 때, 다음 식의 값을 구하시오.

(1) $\sin\theta\cos\theta$ (2) $\sin\theta-\cos\theta$ (3) $\sin^3\theta+\cos^3\theta$

접근 방법 $\sin\theta+\cos\theta=\frac{1}{2}$에서 양변을 제곱한 후 $\sin^2\theta+\cos^2\theta=1$임을 이용하여 $\sin\theta\cos\theta$의 값을 구할 수 있다. 이때 (2), (3)은 곱셈 공식의 변형을 이용하여 구한다.

수매씽 Point $\sin^2\theta+\cos^2\theta=1$, $\tan\theta=\frac{\sin\theta}{\cos\theta}$

상세 풀이 (1) $\sin\theta+\cos\theta=\frac{1}{2}$의 양변을 제곱하면

$$\sin^2\theta+2\sin\theta\cos\theta+\cos^2\theta=\frac{1}{4}$$

$$1+2\sin\theta\cos\theta=\frac{1}{4}$$

$$\therefore \sin\theta\cos\theta=-\frac{3}{8}$$

(2) $(\sin\theta-\cos\theta)^2=\sin^2\theta-2\sin\theta\cos\theta+\cos^2\theta$

$$=1-2\sin\theta\cos\theta$$

$$=1-2\times\left(-\frac{3}{8}\right)=\frac{7}{4}$$

$\therefore \sin\theta-\cos\theta=\sqrt{\frac{7}{4}}=\frac{\sqrt{7}}{2}$ 또는 $\sin\theta-\cos\theta=-\sqrt{\frac{7}{4}}=-\frac{\sqrt{7}}{2}$

(3) $\sin^3\theta+\cos^3\theta=(\sin\theta+\cos\theta)^3-3\sin\theta\cos\theta(\sin\theta+\cos\theta)$

$$=\left(\frac{1}{2}\right)^3-3\times\left(-\frac{3}{8}\right)\times\frac{1}{2}=\frac{11}{16}$$

정답 (1) $-\frac{3}{8}$ (2) $\frac{\sqrt{7}}{2}$ 또는 $-\frac{\sqrt{7}}{2}$ (3) $\frac{11}{16}$

보충 설명

$\sin\theta+\cos\theta=\frac{1}{2}$이고, (1)에서 $\sin\theta\cos\theta=-\frac{3}{8}$이므로 $\sin\theta$, $\cos\theta$는 t에 대한 이차방정식 $t^2-\frac{1}{2}t-\frac{3}{8}=0$, 즉 $8t^2-4t-3=0$의 해이다. 따라서 이차방정식의 근의 공식에 의하여 $t=\frac{1\pm\sqrt{7}}{4}$이므로 $\sin\theta=\frac{1+\sqrt{7}}{4}$, $\cos\theta=\frac{1-\sqrt{7}}{4}$ 또는 $\sin\theta=\frac{1-\sqrt{7}}{4}$, $\cos\theta=\frac{1+\sqrt{7}}{4}$이 됨을 알 수 있다.

숫자 바꾸기 한번 더

05-1

$\sin\theta-\cos\theta=\frac{\sqrt{2}}{2}$일 때, 다음 식의 값을 구하시오.

(1) $\sin\theta\cos\theta$ (2) $\sin\theta+\cos\theta$ (3) $\sin^3\theta-\cos^3\theta$

표현 바꾸기 풀이 92쪽 보충 설명 한번 더

05-2

θ가 제1사분면의 각이고 $\sin\theta\cos\theta=\frac{1}{4}$일 때, 다음 식의 값을 구하시오.

(1) $\sin\theta+\cos\theta$ (2) $\sin\theta-\cos\theta$ (3) $\tan\theta+\frac{1}{\tan\theta}$

개념 넓히기 한번 더

05-3

$\frac{1}{\sin\theta}-\frac{1}{\cos\theta}=\sqrt{2}$일 때, $\sin^3\theta-\cos^3\theta$의 값을 구하시오.

• 풀이 92쪽 ~ 93쪽

정답

05-1 (1) $\frac{1}{4}$ (2) $\frac{\sqrt{6}}{2}$ 또는 $-\frac{\sqrt{6}}{2}$ (3) $\frac{5\sqrt{2}}{8}$ **05-2** (1) $\frac{\sqrt{6}}{2}$ (2) $\frac{\sqrt{2}}{2}$ 또는 $-\frac{\sqrt{2}}{2}$ (3) 4

05-3 $-\frac{\sqrt{2}}{2}$

예제 06 삼각함수 사이의 관계 (2)

다음 등식이 성립함을 보이시오.

(1) $\sin^4\theta-\cos^4\theta=1-2\cos^2\theta$ (2) $\dfrac{1+\sin\theta}{\cos\theta}+\dfrac{\cos\theta}{1+\sin\theta}=\dfrac{2}{\cos\theta}$

접근 방법 등식의 한 변을 인수분해 또는 통분을 이용하여 변형한 후 $\sin^2\theta+\cos^2\theta=1$, 즉 $\sin^2\theta=1-\cos^2\theta$ 또는 $\cos^2\theta=1-\sin^2\theta$임을 이용하여 등식이 성립함을 보인다.

수매씽 Point $\sin^2\theta+\cos^2\theta=1$ ➡ $\sin^2\theta=1-\cos^2\theta$, $\cos^2\theta=1-\sin^2\theta$

상세 풀이 (1) $\sin^4\theta-\cos^4\theta=(\sin^2\theta)^2-(\cos^2\theta)^2$

$=(\sin^2\theta+\cos^2\theta)(\sin^2\theta-\cos^2\theta)$

$=\sin^2\theta-\cos^2\theta$

$=(1-\cos^2\theta)-\cos^2\theta$

$=1-2\cos^2\theta$

(2) $\dfrac{1+\sin\theta}{\cos\theta}+\dfrac{\cos\theta}{1+\sin\theta}=\dfrac{(1+\sin\theta)^2+\cos^2\theta}{\cos\theta(1+\sin\theta)}$

$=\dfrac{1+2\sin\theta+\sin^2\theta+\cos^2\theta}{\cos\theta(1+\sin\theta)}$

$=\dfrac{2(1+\sin\theta)}{\cos\theta(1+\sin\theta)}$

$=\dfrac{2}{\cos\theta}$

정답 풀이 참조

보충 설명

오른쪽 그림에서 삼각함수의 정의에 의하여 $\sin\theta=\dfrac{y}{r}$, $\cos\theta=\dfrac{x}{r}$이고,

$\sin^2\theta+\cos^2\theta=1$이므로 $\dfrac{y^2}{r^2}+\dfrac{x^2}{r^2}=1$임을 알 수 있다.

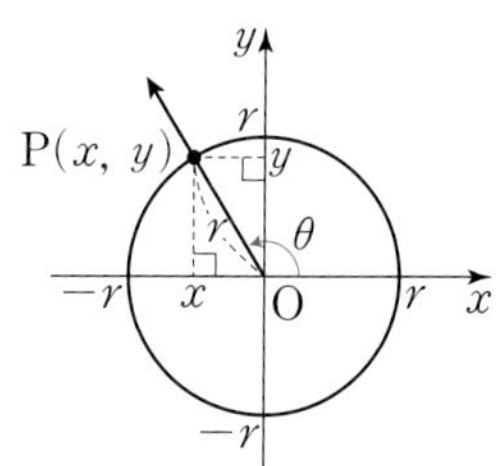

이때 $r=1$이면 점 P는 각 θ를 나타내는 동경과 단위원의 교점으로 점 $\mathrm{P}(x, y)$는 점 $\mathrm{P}(\cos\theta, \sin\theta)$이므로 $x^2+y^2=1$에서 $\sin^2\theta+\cos^2\theta=1$임을 알 수 있다.

또한 삼각함수의 정의에 의하여 $\tan\theta=\dfrac{y}{x}$이므로 $\dfrac{\sin\theta}{\cos\theta}=\dfrac{\frac{y}{r}}{\frac{x}{r}}=\dfrac{y}{x}=\tan\theta$임을 알 수 있다.

숫자 바꾸기 한번 더 ☑ ☐

06-1

다음 등식이 성립함을 보이시오.

(1) $\tan^2\theta-\sin^2\theta=\sin^2\theta\tan^2\theta$

(2) $\dfrac{1-\cos\theta}{\sin\theta}+\dfrac{\sin\theta}{1-\cos\theta}=\dfrac{2}{\sin\theta}$

표현 바꾸기 한번 더 ☑ ☐

06-2

$\dfrac{1-\tan\theta}{1+\tan\theta}=2-\sqrt{3}$일 때, $\dfrac{\tan\theta\sin\theta}{\tan\theta-\sin\theta}-\dfrac{1}{\sin\theta}$의 값은?

① $\dfrac{\sqrt{3}}{3}$ ② $\dfrac{1}{2}$ ③ $\dfrac{\sqrt{3}}{2}$

④ $\sqrt{3}$ ⑤ 2

개념 넓히기 한번 더 ☑ ☐

06-3

〈보기〉에서 옳은 것을 모두 고르시오.

〈 보기 〉

ㄱ. $\dfrac{\sin\theta}{1+\cos\theta}+\dfrac{1}{\tan\theta}=\dfrac{1}{\cos\theta}$

ㄴ. $\dfrac{1}{1+\sin\theta}+\dfrac{1}{1-\sin\theta}=2(1+\tan^2\theta)$

ㄷ. $\tan^2\theta+\cos^2\theta(1-\tan^4\theta)=1$

• 풀이 93쪽

정답 **06-1** 풀이 참조 **06-2** ④ **06-3** ㄴ, ㄷ

3 삼각함수의 성질

1 삼각함수의 성질

이제 n이 정수일 때, 각 θ에 대하여 크기가 $2n\pi+\theta$, $-\theta$, $\pi\pm\theta$, $\frac{\pi}{2}\pm\theta$인 각의 삼각함수의 값과 그 성질을 알아봅시다.

1. $2n\pi+\theta$의 삼각함수(단, n은 정수)

n이 정수일 때, 오른쪽 그림과 같이 각 θ와 각 $2n\pi+\theta$를 나타내는 동경이 일치하므로 삼각함수의 값이 같습니다. 따라서

$$\sin(2n\pi+\theta)=\sin\theta,$$
$$\cos(2n\pi+\theta)=\cos\theta,$$
$$\tan(2n\pi+\theta)=\tan\theta$$

가 성립합니다.

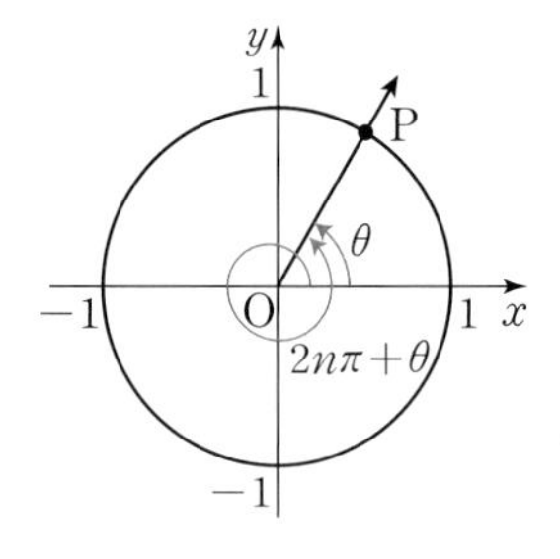

2. $-\theta$의 삼각함수

오른쪽 그림과 같이 각 θ를 나타내는 동경과 각 $-\theta$를 나타내는 동경이 단위원과 만나는 점을 각각 $\mathrm{P}(x, y)$, $\mathrm{P}'(x', y')$이라고 하면 점 P와 점 P′은 x축에 대하여 대칭이므로 $\mathrm{P}'(x, -y)$입니다. 즉,

$$x'=x,\ y'=-y$$

입니다. 이때 $x=\cos\theta$, $y=\sin\theta$이므로 삼각함수의 정의에 의하여

$$\sin(-\theta)=y'=-y=-\sin\theta,$$
$$\cos(-\theta)=x'=x=\cos\theta,$$
$$\tan(-\theta)=\frac{y'}{x'}=\frac{-y}{x}=-\tan\theta$$

가 성립합니다.

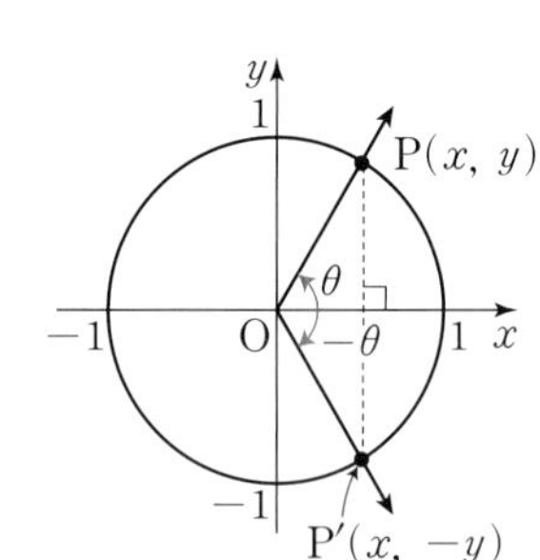

Example

(1) $\sin\left(-\frac{\pi}{3}\right)=-\sin\frac{\pi}{3}=-\frac{\sqrt{3}}{2}$

(2) $\cos\left(-\frac{\pi}{4}\right)=\cos\frac{\pi}{4}=\frac{\sqrt{2}}{2}$

(3) $\tan\left(-\frac{\pi}{4}\right)=-\tan\frac{\pi}{4}=-1$

3. $\pi \pm \theta$의 삼각함수

오른쪽 그림과 같이 각 θ를 나타내는 동경과 각 $\pi+\theta$를 나타내는 동경이 단위원과 만나는 점을 각각 $\mathrm{P}(x, y)$, $\mathrm{P}'(x', y')$이라고 하면 점 P와 점 P′은 원점에 대하여 대칭이므로 $\mathrm{P}'(-x, -y)$입니다. 즉,

$$x'=-x,\ y'=-y$$

입니다. 이때 $x=\cos\theta$, $y=\sin\theta$이므로 삼각함수의 정의에 의하여

$$\sin(\pi+\theta)=y'=-y=-\sin\theta,$$

$$\cos(\pi+\theta)=x'=-x=-\cos\theta,$$

$$\tan(\pi+\theta)=\frac{y'}{x'}=\frac{-y}{-x}=\frac{y}{x}=\tan\theta$$

가 성립합니다. 또한 위의 식에 θ 대신 $-\theta$를 대입하면

$$\sin(\pi-\theta)=-\sin(-\theta)=\sin\theta,$$

$$\cos(\pi-\theta)=-\cos(-\theta)=-\cos\theta,$$

$$\tan(\pi-\theta)=\tan(-\theta)=-\tan\theta$$

가 성립합니다.

Example

(1) $\sin\left(\pi+\frac{\pi}{6}\right)=-\sin\frac{\pi}{6}=-\frac{1}{2}$

(2) $\cos\left(\pi+\frac{\pi}{3}\right)=-\cos\frac{\pi}{3}=-\frac{1}{2}$

(3) $\tan\left(\pi+\frac{\pi}{4}\right)=\tan\frac{\pi}{4}=1$

(4) $\sin\left(\pi-\frac{\pi}{6}\right)=\sin\frac{\pi}{6}=\frac{1}{2}$

(5) $\cos\left(\pi-\frac{\pi}{3}\right)=-\cos\frac{\pi}{3}=-\frac{1}{2}$

(6) $\tan\left(\pi-\frac{\pi}{4}\right)=-\tan\frac{\pi}{4}=-1$

4. $\frac{\pi}{2}\pm\theta$의 삼각함수

오른쪽 그림과 같이 각 θ를 나타내는 동경과 각 $\frac{\pi}{2}+\theta$를 나타내는 동경이 단위원과 만나는 점을 각각 $\mathrm{P}(x, y)$, $\mathrm{P}'(x', y')$이라고 하면 $\mathrm{P}'(-y, x)$입니다. 즉,

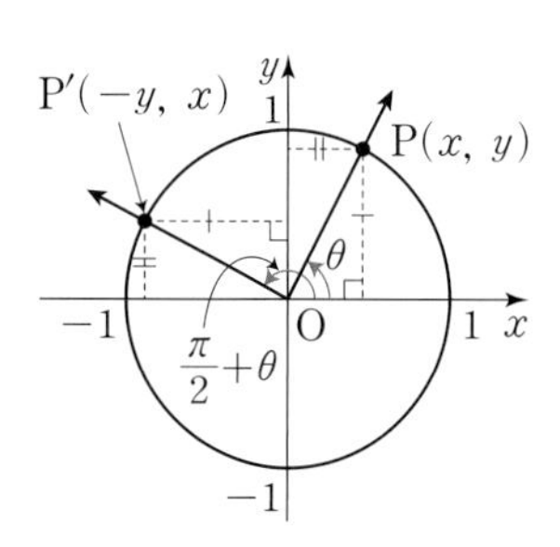

$$x'=-y,\ y'=x$$

입니다. 이때 $x=\cos\theta$, $y=\sin\theta$이므로 삼각함수의 정의에 의하여

$$\sin\left(\frac{\pi}{2}+\theta\right)=y'=x=\cos\theta,$$

$$\cos\left(\frac{\pi}{2}+\theta\right)=x'=-y=-\sin\theta,$$

$$\tan\left(\frac{\pi}{2}+\theta\right)=\frac{y'}{x'}=\frac{x}{-y}=-\frac{1}{\tan\theta}$$

이 성립합니다.

또한 앞의 식에 θ 대신 $-\theta$를 대입하면

$$\sin\left(\frac{\pi}{2}-\theta\right)=\cos(-\theta)=\cos\theta,$$

$$\cos\left(\frac{\pi}{2}-\theta\right)=-\sin(-\theta)=\sin\theta,$$

$$\tan\left(\frac{\pi}{2}-\theta\right)=-\frac{1}{\tan(-\theta)}=-\frac{1}{-\tan\theta}=\frac{1}{\tan\theta}$$

이 성립합니다.

Example

(1) $\sin\left(\frac{\pi}{2}+\frac{\pi}{3}\right)=\cos\frac{\pi}{3}=\frac{1}{2}$

(2) $\cos\left(\frac{\pi}{2}+\frac{\pi}{4}\right)=-\sin\frac{\pi}{4}=-\frac{\sqrt{2}}{2}$

(3) $\tan\left(\frac{\pi}{2}-\frac{\pi}{6}\right)=\frac{1}{\tan\frac{\pi}{6}}=\frac{1}{\frac{1}{\sqrt{3}}}=\sqrt{3}$

위와 같이 여러 가지 각에 대한 삼각함수를 간단히 나타낼 수 있습니다. 그러나 각이 변할 때마다 매번 그림을 그려 확인하는 것은 매우 번거로우므로 다음과 같이 일정한 규칙에 의하여 공식처럼 쉽게 기억할 수 있습니다.

(1) 각이 $n\pi\pm\theta$ (n은 정수) 꼴일 때, 먼저

$$\sin(n\pi\pm\theta) \Rightarrow \pm\sin\theta,\ \cos(n\pi\pm\theta) \Rightarrow \pm\cos\theta,\ \tan(n\pi\pm\theta) \Rightarrow \pm\tan\theta$$

와 같이 변형하고, θ를 항상 제1사분면의 각으로 생각하여 $n\pi\pm\theta$가 속한 사분면에서의 원래 삼각함수의 부호를 붙입니다.

└ θ가 다른 사분면의 각이더라도 이 공식을 적용할 때에는 항상 제1사분면의 각으로 생각한다.

예를 들어 $\sin(\pi+\theta)$에서 $\pi+\theta$는 $n\pi\pm\theta$ 꼴의 각이므로 먼저 $\sin(\pi+\theta)$를 $\pm\sin\theta$로 나타냅니다. 이때 $\pi+\theta$에서 θ를 제1사분면의 각으로 생각하면 $\pi+\theta$는 제3사분면의 각이고, 이때의 $\sin(\pi+\theta)$의 값은 음수이므로 음의 부호 $-$를 붙입니다.

└ 제3사분면에서 사인함수는 음의 값을 갖는다.

즉, $\sin(\pi+\theta)=-\sin\theta$입니다.

(2) 각이 $\frac{n}{2}\pi\pm\theta$ (n은 홀수) 꼴일 때, 먼저

$$\sin\left(\frac{n}{2}\pi\pm\theta\right) \Rightarrow \pm\cos\theta,\ \cos\left(\frac{n}{2}\pi\pm\theta\right) \Rightarrow \pm\sin\theta,\ \tan\left(\frac{n}{2}\pi\pm\theta\right) \Rightarrow \pm\frac{1}{\tan\theta}$$

과 같이 변형하고, θ를 항상 제1사분면의 각으로 생각하여 $\frac{n}{2}\pi\pm\theta$가 속한 사분면에서의 원래 삼각함수의 부호를 붙입니다.

예를 들어 $\cos\left(\frac{\pi}{2}+\theta\right)$에서 $\frac{\pi}{2}+\theta$는 $\frac{n}{2}\pi\pm\theta$ 꼴의 각이므로 먼저 $\cos\left(\frac{\pi}{2}+\theta\right)$를 $\pm\sin\theta$로 나타냅니다. 이때 $\frac{\pi}{2}+\theta$에서 θ를 제1사분면의 각으로 생각하면 $\frac{\pi}{2}+\theta$는 제2사분면의 각이고, 이때의 $\cos\left(\frac{\pi}{2}+\theta\right)$의 값은 음수이므로 음의 부호 $-$를 붙입니다.

└ 제2사분면에서 코사인함수는 음의 값을 갖는다.

즉, $\cos\left(\frac{\pi}{2}+\theta\right)=-\sin\theta$입니다.

개념 Point 삼각함수의 성질

1 $\sin(2n\pi+\theta)=\sin\theta$, $\cos(2n\pi+\theta)=\cos\theta$, $\tan(2n\pi+\theta)=\tan\theta$ (단, n은 정수)

2 $\sin(-\theta)=-\sin\theta$, $\cos(-\theta)=\cos\theta$, $\tan(-\theta)=-\tan\theta$

3 $\sin(\pi+\theta)=-\sin\theta$, $\cos(\pi+\theta)=-\cos\theta$, $\tan(\pi+\theta)=\tan\theta$

$\sin(\pi-\theta)=\sin\theta$, $\cos(\pi-\theta)=-\cos\theta$, $\tan(\pi-\theta)=-\tan\theta$

4 $\sin\left(\frac{\pi}{2}+\theta\right)=\cos\theta$, $\cos\left(\frac{\pi}{2}+\theta\right)=-\sin\theta$, $\tan\left(\frac{\pi}{2}+\theta\right)=-\frac{1}{\tan\theta}$

$\sin\left(\frac{\pi}{2}-\theta\right)=\cos\theta$, $\cos\left(\frac{\pi}{2}-\theta\right)=\sin\theta$, $\tan\left(\frac{\pi}{2}-\theta\right)=\frac{1}{\tan\theta}$

+ Plus

07. 삼각함수의 그래프에서 그래프의 평행이동을 이용하여 증명할 수도 있다.

06

개념 콕콕

1 다음 삼각함수의 값을 구하시오.

(1) $\sin\frac{7}{3}\pi$ (2) $\cos\frac{13}{6}\pi$ (3) $\tan\left(-\frac{7}{4}\pi\right)$

2 다음 삼각함수의 값을 $\sin\theta$ 또는 $\cos\theta$로 간단히 나타내시오.

(1) $\cos(\pi+\theta)$ (2) $\sin(-\pi+\theta)$ (3) $\sin\left(\frac{\pi}{2}-\theta\right)$

3 다음 삼각함수의 값을 구하시오.

(1) $\sin\frac{4}{3}\pi$ (2) $\cos\frac{5}{4}\pi$ (3) $\tan\left(-\frac{5}{6}\pi\right)$

• 풀이 93쪽~94쪽

정답

1 (1) $\frac{\sqrt{3}}{2}$ (2) $\frac{\sqrt{3}}{2}$ (3) 1

2 (1) $-\cos\theta$ (2) $-\sin\theta$ (3) $\cos\theta$

3 (1) $-\frac{\sqrt{3}}{2}$ (2) $-\frac{\sqrt{2}}{2}$ (3) $\frac{\sqrt{3}}{3}$

예제 07 각 $n\pi\pm\theta$의 삼각함수

θ가 제2사분면의 각이고 $\tan\theta=-\frac{3}{4}$일 때, 다음 식의 값을 구하시오.

(1) $\cos(\pi-\theta)+\sin(\pi+\theta)$

(2) $\tan(-\theta)+\frac{1}{\tan(\pi+\theta)}$

접근 방법 $\tan\theta$의 값이 주어져 있고, θ가 제2사분면의 각이므로 $\sin\theta$, $\cos\theta$의 값을 구할 수 있다. 또한 $n\pi\pm\theta$ (n은 정수) 꼴의 각의 삼각함수를 간단히 할 때에는 다음 성질을 이용한다. 이때 θ를 제1사분면의 각으로 취급하면 기억하기 쉽다.

수매씽 Point $\sin(\pi\pm\theta)=\mp\sin\theta$, $\cos(\pi\pm\theta)=-\cos\theta$, $\tan(\pi\pm\theta)=\pm\tan\theta$ (복부호동순)

상세 풀이 θ가 제2사분면의 각이고 $\tan\theta=-\frac{3}{4}$이므로 점 P의 좌표를 $(-4,\ 3)$이라 하고 동경 OP를 좌표평면 위에 나타내면 오른쪽 그림과 같다.

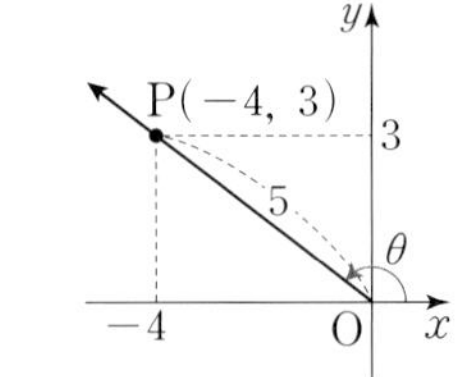

$\therefore\ \sin\theta=\frac{3}{5},\ \cos\theta=-\frac{4}{5}$

(1) $\cos(\pi-\theta)=-\cos\theta$, $\sin(\pi+\theta)=-\sin\theta$이므로

$$\cos(\pi-\theta)+\sin(\pi+\theta)=-\cos\theta+(-\sin\theta)$$
$$=-\left(-\frac{4}{5}\right)+\left(-\frac{3}{5}\right)=\frac{1}{5}$$

(2) $\tan(-\theta)=-\tan\theta$, $\tan(\pi+\theta)=\tan\theta$이므로

$$\tan(-\theta)+\frac{1}{\tan(\pi+\theta)}=-\tan\theta+\frac{1}{\tan\theta}$$
$$=-\left(-\frac{3}{4}\right)+\left(-\frac{4}{3}\right)=-\frac{7}{12}$$

정답 (1) $\frac{1}{5}$ (2) $-\frac{7}{12}$

보충 설명

삼각함수의 값을 정할 때, 주어진 각이 위치하는 사분면을 직접 찾아 $\cos(\pi-\theta)$, $\sin(\pi+\theta)$, $\tan(-\theta)$, $\tan(\pi+\theta)$의 값을 구할 수도 있지만 다음과 같이 쉽게 구할 수 있다.

□$=2\pi\pm\theta$, $-\theta$, $\pi\pm\theta$일 때,

sin(□) ➡ $\pm\sin\theta$, cos(□) ➡ $\pm\cos\theta$, tan(□) ➡ $\pm\tan\theta$

이때 □에서의 θ를 제1사분면의 각으로 취급하여 □가 제몇 사분면의 각인지에 따라 부호를 결정한다.

예를 들어 $\cos(\pi-\theta)$에서 θ를 제1사분면의 각으로 취급하면 $\pi-\theta$가 제2사분면의 각이고 $\cos(\pi-\theta)$는 음수이므로 $\cos(\pi-\theta)=-\cos\theta$로 간단히 할 수 있고, $\tan(-\theta)$에서 θ를 제1사분면의 각으로 취급하면 $-\theta$가 제4사분면의 각이고 $\tan(-\theta)$는 음수이므로 $\tan(-\theta)=-\tan\theta$로 간단히 할 수 있다.

숫자 바꾸기 한번 더 ☑ ☐

07-1

θ가 제3사분면의 각이고 $\tan\theta=\frac{1}{2}$일 때, 다음 식의 값을 구하시오.

(1) $\cos(\pi+\theta)+\sin(2\pi-\theta)$ (2) $\tan(\pi-\theta)+\frac{1}{\tan(3\pi+\theta)}$

표현 바꾸기 한번 더 ☑ ☐

07-2

다음 식을 간단히 하시오.

(1) $\cos(\pi-\theta)\sin(-\theta)+\cos(-\theta)\sin(\pi+\theta)$

(2) $\sin(3\pi-\theta)\sin(-\theta)+\cos(2\pi-\theta)\cos(\pi+\theta)$

개념 넓히기 한번 더 ☑ ☐

07-3

다음 식의 값을 구하시오.

(1) $\cos\frac{\pi}{12}+\cos\frac{2}{12}\pi+\cos\frac{3}{12}\pi+\cdots+\cos\frac{11}{12}\pi$

(2) $\sin 0+\sin\frac{\pi}{12}+\sin\frac{2}{12}\pi+\cdots+\sin\frac{23}{12}\pi$

• 풀이 94쪽~95쪽

정답

07-1 (1) $\frac{3\sqrt{5}}{5}$ (2) $\frac{3}{2}$ **07-2** (1) 0 (2) -1 **07-3** (1) 0 (2) 0

예제 08

각 $\frac{\pi}{2}\pm\theta$, $\frac{3}{2}\pi\pm\theta$의 삼각함수

θ가 제2사분면의 각이고 $\tan\theta=-\frac{1}{2}$일 때, 다음 식의 값을 구하시오.

(1) $\cos\left(\frac{\pi}{2}-\theta\right)+\sin\left(\frac{\pi}{2}+\theta\right)$

(2) $\tan\left(\frac{3}{2}\pi-\theta\right)+\frac{1}{\tan\left(\frac{\pi}{2}+\theta\right)}$

접근 방법 $\tan\theta$의 값이 주어져 있고, θ가 제2사분면의 각이므로 $\sin\theta$, $\cos\theta$의 값을 구할 수 있다. 또한 $\frac{n}{2}\pi\pm\theta$ (n은 홀수) 꼴의 각의 삼각함수를 간단히 할 때에는 다음 성질을 이용한다. 이때 θ를 제1사분면의 각으로 취급하면 기억하기 쉽다.

수매씽 Point

$\sin\left(\frac{\pi}{2}\pm\theta\right)=\cos\theta$, $\cos\left(\frac{\pi}{2}\pm\theta\right)=\mp\sin\theta$, $\tan\left(\frac{\pi}{2}\pm\theta\right)=\mp\frac{1}{\tan\theta}$ (복부호동순)

$\sin\left(\frac{3}{2}\pi\pm\theta\right)=-\cos\theta$, $\cos\left(\frac{3}{2}\pi\pm\theta\right)=\pm\sin\theta$, $\tan\left(\frac{3}{2}\pi\pm\theta\right)=\mp\frac{1}{\tan\theta}$ (복부호동순)

상세 풀이 θ가 제2사분면의 각이고 $\tan\theta=-\frac{1}{2}$이므로 점 P의 좌표를 $(-2,\ 1)$이라 하고 동경 OP를 좌표평면 위에 나타내면 오른쪽 그림과 같다.

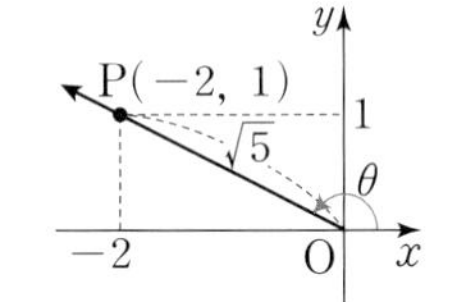

$$\therefore\ \sin\theta=\frac{1}{\sqrt{5}}=\frac{\sqrt{5}}{5},\ \cos\theta=-\frac{2}{\sqrt{5}}=-\frac{2\sqrt{5}}{5}$$

(1) $\cos\left(\frac{\pi}{2}-\theta\right)=\sin\theta$, $\sin\left(\frac{\pi}{2}+\theta\right)=\cos\theta$이므로

$$\cos\left(\frac{\pi}{2}-\theta\right)+\sin\left(\frac{\pi}{2}+\theta\right)=\sin\theta+\cos\theta$$
$$=\frac{\sqrt{5}}{5}+\left(-\frac{2\sqrt{5}}{5}\right)=-\frac{\sqrt{5}}{5}$$

(2) $\tan\left(\frac{3}{2}\pi-\theta\right)=\frac{1}{\tan\theta}$, $\tan\left(\frac{\pi}{2}+\theta\right)=-\frac{1}{\tan\theta}$이므로

$$\tan\left(\frac{3}{2}\pi-\theta\right)+\frac{1}{\tan\left(\frac{\pi}{2}+\theta\right)}=\frac{1}{\tan\theta}-\tan\theta$$
$$=-2-\left(-\frac{1}{2}\right)=-\frac{3}{2}$$

정답 (1) $-\frac{\sqrt{5}}{5}$ (2) $-\frac{3}{2}$

보충 설명

$\square=\frac{\pi}{2}\pm\theta$, $\frac{3}{2}\pi\pm\theta$일 때,

$\sin(\square)$ ➡ $\pm\cos\theta$, $\cos(\square)$ ➡ $\pm\sin\theta$, $\tan(\square)$ ➡ $\pm\frac{1}{\tan\theta}$

이때 □에서의 θ를 제1사분면의 각으로 취급하여 □가 제몇 사분면의 각인지에 따라 부호를 결정한다.

숫자 바꾸기 한번 더

08-1

θ가 제3사분면의 각이고 $\tan\theta=\frac{1}{\sqrt{2}}$일 때, 다음 식의 값을 구하시오.

(1) $\cos\left(\frac{3}{2}\pi+\theta\right)+\sin\left(\frac{\pi}{2}-\theta\right)$

(2) $\tan\left(\frac{\pi}{2}-\theta\right)+\frac{1}{\tan\left(\frac{\pi}{2}+\theta\right)}$

06

표현 바꾸기 한번 더

08-2

다음 식을 간단히 하시오.

(1) $\frac{\sin\left(\frac{\pi}{2}+\theta\right)}{1+\cos\left(\frac{\pi}{2}-\theta\right)}+\frac{1}{\tan\left(\frac{\pi}{2}-\theta\right)}$

(2) $\frac{\sin\left(\frac{3}{2}\pi-\theta\right)}{1+\cos\left(\frac{\pi}{2}+\theta\right)}+\frac{\sin\left(\frac{3}{2}\pi+\theta\right)}{1+\cos\left(\frac{\pi}{2}-\theta\right)}$

개념 넓히기 한번 더

08-3

직선 $x+2y=5$가 x축의 양의 방향과 이루는 각의 크기를 θ라고 할 때,

$\frac{\cos\left(\frac{3}{2}\pi+\theta\right)}{1+\sin\left(\frac{\pi}{2}+\theta\right)}+\frac{\cos\left(\frac{\pi}{2}+\theta\right)}{1+\cos(\pi+\theta)}$의 값을 구하시오. $\left(\text{단, } \frac{\pi}{2}<\theta<\pi\right)$

• 풀이 95쪽~96쪽

정답

08-1 (1) $\frac{-\sqrt{3}-\sqrt{6}}{3}$ (2) $\frac{\sqrt{2}}{2}$ **08-2** (1) $\frac{1}{\cos\theta}$ (2) $-\frac{2}{\cos\theta}$ **08-3** 4

1 다음 물음에 답하시오.

(1) 각 θ를 나타내는 동경과 각 7θ를 나타내는 동경이 일치할 때, θ의 값을 구하시오.

$\left(\text{단, } 0<\theta<\frac{\pi}{2}\right)$

(2) 각 θ를 나타내는 동경과 각 5θ를 나타내는 동경이 일직선 위에 있고 방향이 반대일 때, θ의 값을 구하시오. $\left(\text{단, } \frac{\pi}{2}<\theta<\pi\right)$

2 오른쪽 그림과 같이 반지름의 길이가 6, 중심각의 크기가 $\frac{2}{3}\pi$인 부채꼴 AOB에서 호 AB와 현 AB로 둘러싸인 활꼴의 넓이를 구하시오.

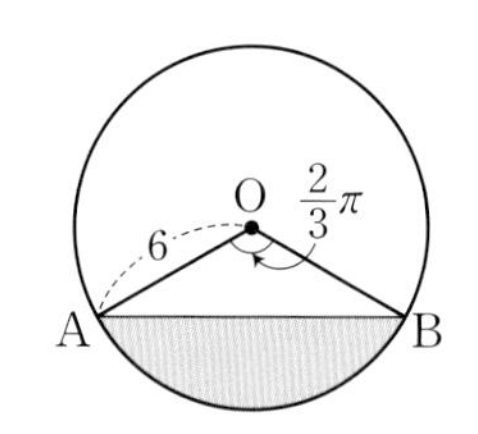

3 오른쪽 그림과 같은 원뿔의 전개도에서 $\overline{\mathrm{OA}}=12$, $\overline{\mathrm{AB}}=12\sqrt{3}$ 일 때, 원뿔의 밑면인 원 O′의 반지름의 길이를 구하시오.

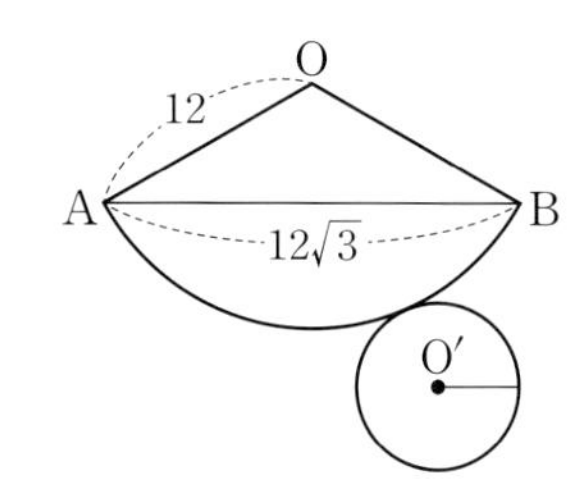

4 다음 물음에 답하시오.

(1) θ가 제3사분면의 각이고 $\sin\theta=-\frac{3}{5}$일 때, $5\cos\theta+8\tan\theta$의 값을 구하시오.

(2) θ가 제2사분면의 각이고 $\sin\theta\cos\theta=-\frac{1}{4}$일 때, $\sin^3\theta-\cos^3\theta$의 값을 구하시오.

5 θ가 제2사분면의 각이고 $\sin\theta+\cos\theta=a$일 때, $\sin\theta-\cos\theta$의 값을 a에 대한 식으로 나타내면?

① $-\sqrt{2-a^2}$ ② $-\sqrt{1+a^2}$ ③ $\sqrt{1+a^2}$

④ $\sqrt{1-a^2}$ ⑤ $\sqrt{2-a^2}$

6 $\sin\theta+\cos\theta=\frac{1}{3}$일 때, $\frac{1}{\cos\theta}\left(\tan\theta+\frac{1}{\tan^2\theta}\right)$의 값을 구하시오.

7 $\sin\theta$, $\cos\theta$는 이차방정식 $x^2+ax+b=0$의 두 근이고 $\sin\theta+\cos\theta=\frac{1}{2}$일 때, 상수 a, b에 대하여 $8(a+b)$의 값을 구하시오.

8 〈보기〉에서 $\cos(\pi-\theta)$의 값과 항상 같은 것을 모두 고르시오.

〈보기〉

ㄱ. $\sin\left(\frac{3}{2}\pi-\theta\right)$

ㄴ. $\cos(2\pi-\theta)$

ㄷ. $\cos\left(\frac{3}{2}\pi+\theta\right)$

ㄹ. $\cos(\pi+\theta)$

9 $\sin(\pi-\theta)=\frac{3}{5}$이고 $\tan\theta<0$일 때,

$$\left\{\sin(\pi+\theta)+\cos\left(\frac{\pi}{2}+\theta\right)\right\}\times\tan(\pi+\theta)$$

의 값을 구하시오.

10 다음 식을 간단히 하시오.

(1) $\dfrac{\cos\left(\frac{3}{2}\pi+\theta\right)}{1+\sin\left(\frac{\pi}{2}-\theta\right)}+\tan\left(\frac{3}{2}\pi-\theta\right)$

(2) $\cos^2\left(\frac{\pi}{2}+\theta\right)\tan\left(\frac{\pi}{2}-\theta\right)+\dfrac{\sin^2\left(\frac{3}{2}\pi+\theta\right)}{\tan\left(\frac{3}{2}\pi-\theta\right)}$

11 오른쪽 그림과 같이 점 O를 중심으로 하고 선분 AB를 지름으로 하는 반원의 호 위의 점 C에 대하여 삼각형 ABC의 넓이와 부채꼴 BOC의 넓이가 같다. $\angle BOC=\theta$라고 할 때, 다음 중 옳은 것은?

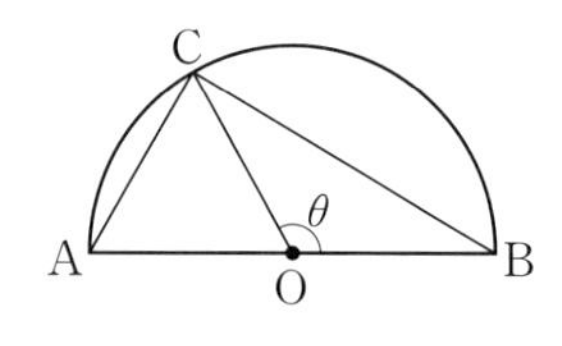

① $\theta=\frac{1}{2}\sin\theta$ ② $\theta=\frac{1}{2}\cos\theta$ ③ $\theta=\sin\theta$

④ $\theta=\cos\theta$ ⑤ $\theta=2\sin\theta$

12 오른쪽 그림과 같이 반지름의 길이가 1인 원 O에서 길이가 같은 두 현 AB, AC와 호 BC로 둘러싸인 도형의 넓이가 원 O의 넓이의 $\frac{1}{2}$이다. $\angle CAB=\theta$라고 할 때, 다음 중 $\sin\theta$와 같은 것은?

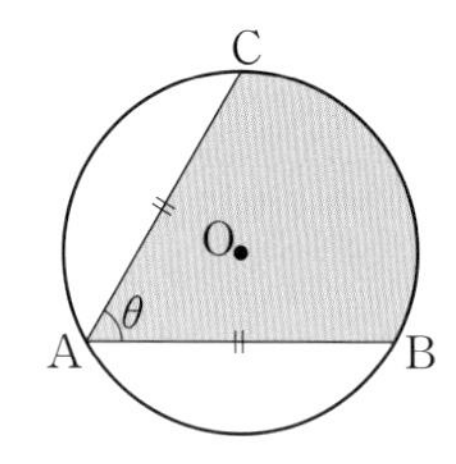

① $\frac{\theta}{2}$ ② θ ③ $\pi-2\theta$

④ $\frac{\pi-\theta}{2}$ ⑤ $\frac{\pi}{2}-\theta$

13 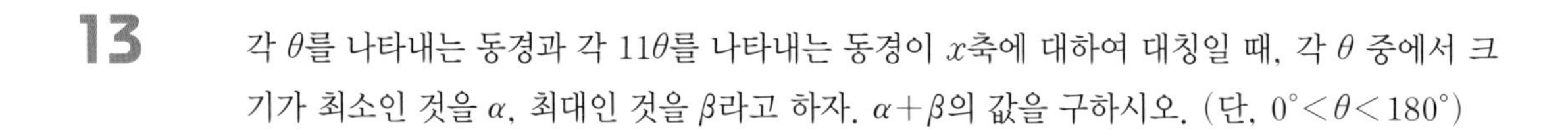
각 θ를 나타내는 동경과 각 11θ를 나타내는 동경이 x축에 대하여 대칭일 때, 각 θ 중에서 크기가 최소인 것을 α, 최대인 것을 β라고 하자. $\alpha+\beta$의 값을 구하시오. (단, $0°<\theta<180°$)

14 반지름의 길이가 r, 중심각의 크기가 θ인 부채꼴의 둘레의 길이는 $8r$이고 넓이는 27이다. 이때 $r+\theta$의 값을 구하시오.

15 반지름의 길이가 30인 구 위의 한 점 N에 길이가 5π인 실의 한 끝을 고정한다. 실을 팽팽하게 유지하면서 구의 표면을 따라 실의 나머지 한 끝을 움직일 때, 실 끝이 그리는 도형의 둘레의 길이를 구하시오.

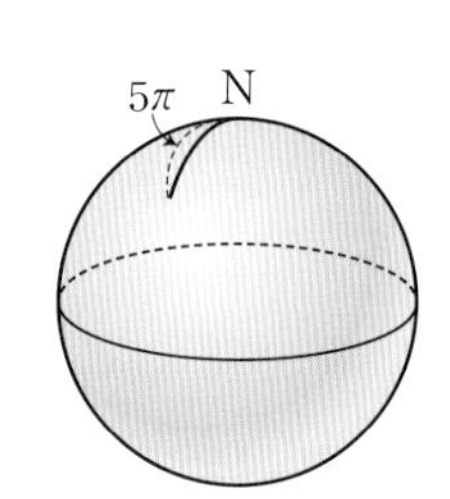

16 이차방정식 $x^2+x+k=0$의 두 근이 $\sin\theta+\cos\theta$, $\sin\theta-\cos\theta$일 때, 상수 k의 값을 구하시오.

17 이차방정식 $x^2-3x+1=0$의 한 근이 $\dfrac{\cos\theta}{1+\sin\theta}$일 때, $\sin\theta\times\tan\theta$의 값을 구하시오.

18 오른쪽 그림과 같이 좌표평면에서 원점 O를 중심으로 하는 단위원의 둘레를 10등분 한 점을 차례대로 P_0, P_1, $\cdots$, P_9라고 하자. $P_0(1,\ 0)$이고 $\angle P_0OP_1=\theta$라고 할 때, $\cos\theta+\cos2\theta+\cos3\theta+\cdots+\cos9\theta$의 값을 구하시오.

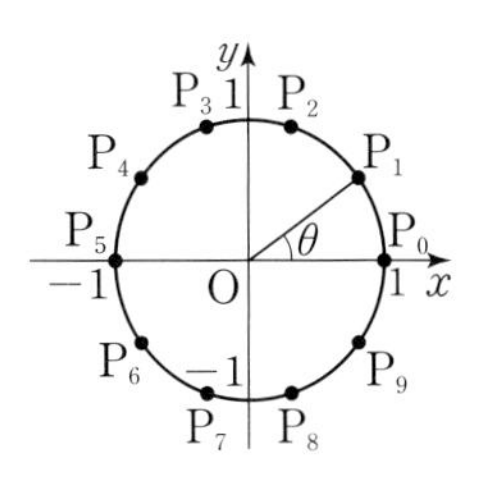

19 $0<\theta<2\pi$일 때, 다음 조건을 만족시키는 각 θ에 대하여 $\dfrac{\sin(\theta-\pi)+\cos\left(\frac{3}{2}\pi-\theta\right)}{\tan\left(\frac{\pi}{2}+\theta\right)}$의 값을 구하시오.

> (가) 좌표평면에서 각 θ를 나타내는 동경과 각 7θ를 나타내는 동경이 서로 일치한다.
>
> (나) $\sin\theta<0$, $\cos\theta>0$

20 다음 식의 값을 구하시오.

(1) $\cos^2\dfrac{\pi}{8}+\cos^2\dfrac{2}{8}\pi+\cos^2\dfrac{3}{8}\pi+\cdots+\cos^2\dfrac{7}{8}\pi$

(2) $\sin^2\dfrac{\pi}{16}+\sin^2\dfrac{2}{16}\pi+\sin^2\dfrac{3}{16}\pi+\cdots+\sin^2\dfrac{15}{16}\pi$

• 정답 및 풀이 102쪽～103쪽

교육청

21

좌표평면 위의 원점 O에서 x축의 양의 방향으로 시초선을 잡을 때, 원점 O와 점 P(5, 12)를 지나는 동경 OP가 나타내는 각의 크기를 θ라 하자. $\sin\left(\frac{3}{2}\pi+\theta\right)$의 값은?

① $-\frac{12}{13}$　② $-\frac{7}{13}$　③ $-\frac{5}{13}$　④ $\frac{5}{13}$　⑤ $\frac{7}{13}$

수능

22

$\pi<\theta<\frac{3}{2}\pi$인 θ에 대하여 $\tan\theta-\frac{6}{\tan\theta}=1$일 때, $\sin\theta+\cos\theta$의 값은?

① $-\frac{2\sqrt{10}}{5}$　② $-\frac{\sqrt{10}}{5}$　③ 0　④ $\frac{\sqrt{10}}{5}$　⑤ $\frac{2\sqrt{10}}{5}$

교육청

23

그림과 같이 두 점 O, O′을 각각 중심으로 하고 반지름의 길이가 3인 두 원 O, O'이 한 평면 위에 있다. 두 원 O, O'이 만나는 점을 각각 A, B라 할 때, $\angle\text{AOB}=\frac{5}{6}\pi$이다. 원 O의 외부와 원 O'의 내부의 공통부분의 넓이를 S_1, 마름모 AOBO′의 넓이를 S_2라 할 때, S_1-S_2의 값은?

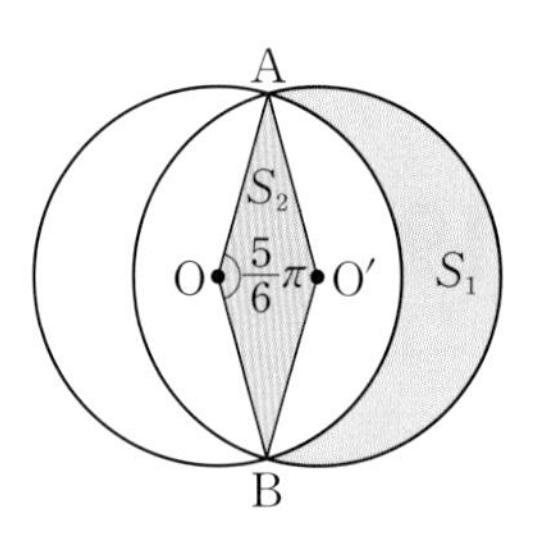

① $\frac{5}{4}\pi$　② $\frac{4}{3}\pi$　③ $\frac{17}{12}\pi$　④ $\frac{3}{2}\pi$　⑤ $\frac{19}{12}\pi$

교육청

24

좌표평면에서 제1사분면에 점 P가 있다. 점 P를 직선 $y=x$에 대하여 대칭이동한 점을 Q라 하고, 점 Q를 원점에 대하여 대칭이동한 점을 R라 할 때, 세 동경 OP, OQ, OR가 나타내는 각을 각각 α, β, γ라 하자. $\sin\alpha=\frac{1}{3}$일 때, $9(\sin^2\beta+\tan^2\gamma)$의 값을 구하시오.

(단, O는 원점이고, 시초선은 x축의 양의 방향이다.)

07

Ⅱ. 삼각함수

삼각함수의 그래프

1 삼각함수의 그래프

예제 01 삼각함수의 그래프
예제 02 삼각함수의 그래프의 평행이동
예제 03 미정계수의 결정
예제 04 두 삼각함수의 그래프의 교점
예제 05 삼각함수의 최대, 최소

• **사인함수 $y=\sin x$의 그래프**

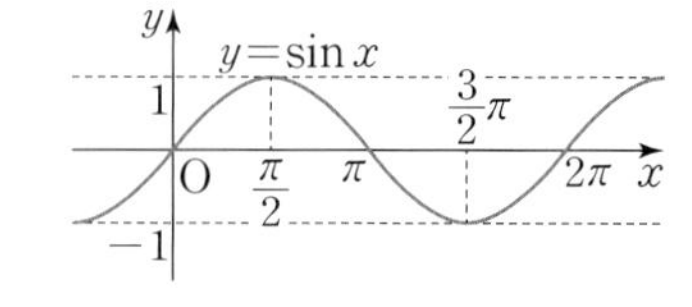

(1) 정의역은 실수 전체의 집합이고, 치역은 $\{y\mid -1\le y\le 1\}$이다.

(2) 주기가 2π인 주기함수이다.

(3) 그래프는 원점에 대하여 대칭이다. 즉,

$$\sin(-x)=-\sin x$$

• **코사인함수 $y=\cos x$의 그래프**

(1) 정의역은 실수 전체의 집합이고, 치역은 $\{y\mid -1\le y\le 1\}$이다.

(2) 주기가 2π인 주기함수이다.

(3) 그래프는 y축에 대하여 대칭이다. 즉,

$$\cos(-x)=\cos x$$

• **탄젠트함수 $y=\tan x$의 그래프**

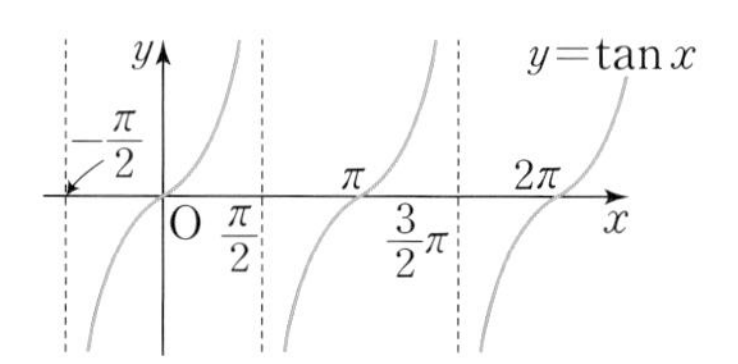

(1) 정의역은 $n\pi+\frac{\pi}{2}$ (n은 정수)를 제외한 실수 전체의 집합이고, 치역은 실수 전체의 집합이다.

(2) 주기가 π인 주기함수이다.

(3) 그래프는 원점에 대하여 대칭이다. 즉,

$$\tan(-x)=-\tan x$$

(4) 그래프의 점근선은 직선 $x=n\pi+\frac{\pi}{2}$ (n은 정수)이다.

2 삼각함수를 포함한 방정식과 부등식

예제 06 삼각방정식의 풀이
예제 07 삼각방정식의 실근의 개수
예제 08 삼각부등식의 풀이

• **삼각함수를 포함한 방정식**

삼각함수를 포함한 방정식의 해는 삼각함수의 그래프와 직선의 교점을 이용하여 구한다.

• **삼각함수를 포함한 부등식**

삼각함수를 포함한 부등식의 해는 삼각함수의 그래프와 직선의 교점을 이용하여 방정식을 푼 다음 부등식을 만족시키는 값의 범위를 구한다.

Q&A

Q 함수 $y=\sin x$의 그래프와 $y=\cos x$의 그래프는 평행이동하면 일치하나요?

A 네, $y=\cos x=\sin\left(x+\frac{\pi}{2}\right)$이므로 $y=\sin x$의 그래프를 x축의 방향으로 $-\frac{\pi}{2}$만큼 평행이동하면 $y=\cos x$의 그래프가 됩니다.

1 삼각함수의 그래프

1 사인함수의 그래프

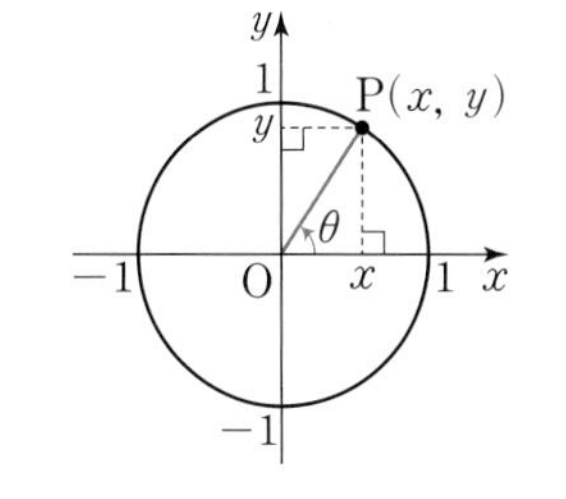

오른쪽 그림과 같이 크기가 θ인 각을 나타내는 동경과 원점을 중심으로 하는 단위원의 교점을 P$(x,\ y)$라고 하면

$$\sin\theta=\frac{y}{1}=y$$

이므로 θ의 값이 변할 때, 즉 점 P가 단위원 위를 움직일 때, $\sin\theta$의 값은 점 P의 y좌표로 정해집니다.

단위원에서의 θ의 값을 가로축에 나타내고, 이에 대응하는 점 P의 y좌표, 즉 $\sin\theta$의 값을 세로축에 나타내면 다음과 같은 사인함수 $y=\sin\theta$의 그래프를 얻을 수 있습니다.

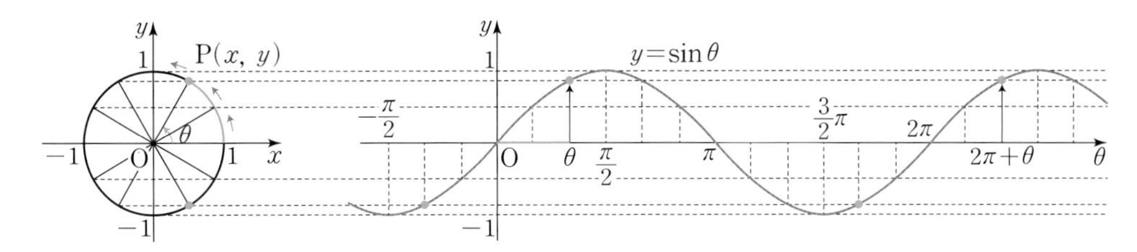

위의 함수 $y=\sin\theta$의 그래프를 살펴보면 이 함수의 정의역은 실수 전체의 집합이고, 치역은 $\{y\,|\,-1\le y\le 1\}$입니다. 또한 함수 $y=\sin\theta$의 그래프는 원점에 대하여 대칭이므로 임의의 θ에 대하여 $\sin(-\theta)=-\sin\theta$가 성립합니다. ← $y=\sin\theta$는 기함수이고, 삼각함수의 성질 중 $\sin(-\theta)=-\sin\theta$를 확인할 수 있다.

또한 일반적으로 함수에서 정의역의 원소를 x로 나타내므로 사인함수 $y=\sin\theta$를 $y=\sin x$로 나타내기도 합니다.

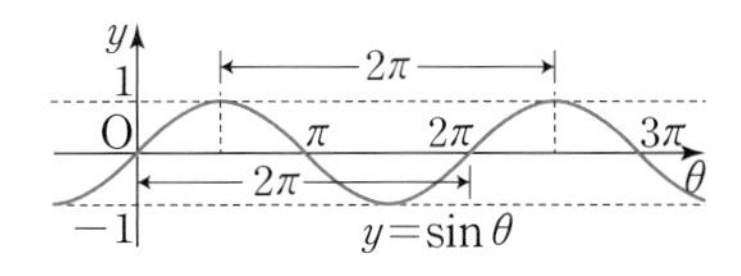

한편, 함수 $y=\sin\theta$의 그래프는 오른쪽 그림과 같이 2π의 일정한 간격으로 같은 모양이 반복되는 것을 알 수 있습니다. 즉, 임의의 θ에 대하여

$$\sin(\theta+2n\pi)=\sin\theta\ (n\text{은 정수})$$ ← 삼각함수의 성질 중 $\sin(\theta+2n\pi)=\sin\theta$를 확인할 수 있다.

가 성립합니다.

일반적으로 함수 $f(x)$에서 정의역에 속하는 모든 원소 x에 대하여

$$f(x+p)=f(x)$$

를 만족시키는 0이 아닌 상수 p가 존재할 때, 함수 $f(x)$를 **주기함수**라 하고, 상수 p 중에서 최소인 양수를 그 함수의 **주기**라고 합니다.

따라서 함수 $y=\sin\theta$는 주기가 2π인 주기함수입니다.

한편, 함수 $f(x)$가 주기가 2인 주기함수이면 $f(x-2)=f(x)$이므로

$$\cdots=f(-4)=f(-2)=f(0)=f(2)=f(4)=\cdots$$

$$\cdots=f(-3)=f(-1)=f(1)=f(3)=f(5)=\cdots$$

임을 알 수 있습니다.

Example 함수 $y=2\sin x$의 치역과 주기를 구하고, 그래프를 그려 보자.

$-1\leq\sin x\leq1$에서 $-2\leq2\sin x\leq2$이므로 치역은 $\{y\,|\,-2\leq y\leq2\}$이고,

$$2\sin x=2\sin(x+2\pi)$$

이므로 주기는 2π이다.

따라서 함수 $y=2\sin x$의 그래프는 다음과 같다.

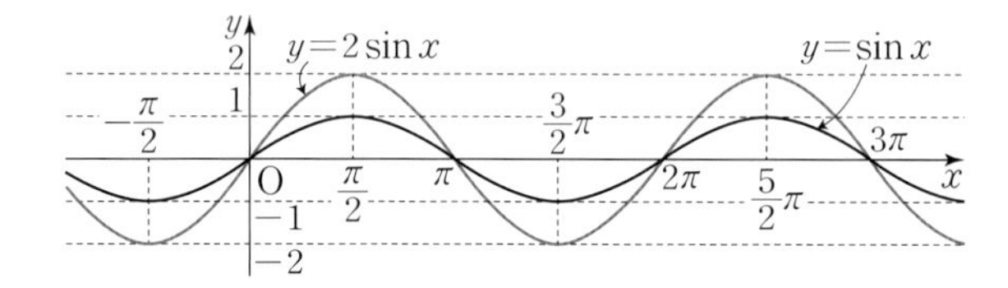

개념 Point 함수 $y=\sin x$의 그래프의 성질

1 정의역은 실수 전체의 집합이고, 치역은 $\{y\,|\,-1\leq y\leq1\}$이다.

2 주기가 2π인 주기함수이다. 즉,

$$\sin(x+2n\pi)=\sin x \text{ (단, } n\text{은 정수)}$$

3 그래프는 원점에 대하여 대칭이다. 즉,

$$\sin(-x)=-\sin x$$ ← $f(x)=\sin x$이면 $f(-x)=-f(x)$이므로 기함수이다.

2 코사인함수의 그래프

사인함수의 그래프를 그린 것과 마찬가지 방법으로 코사인함수의 그래프를 그려 봅시다.

오른쪽 그림과 같이 크기가 θ인 각을 나타내는 동경과 원점을 중심으로 하는 단위원의 교점을 $\mathrm{P}(x,\ y)$라고 하면

$$\cos\theta=\frac{x}{1}=x$$

이므로 θ의 값이 변할 때, 즉 점 P가 단위원 위를 움직일 때, $\cos\theta$의 값은 점 P의 x좌표로 정해집니다.

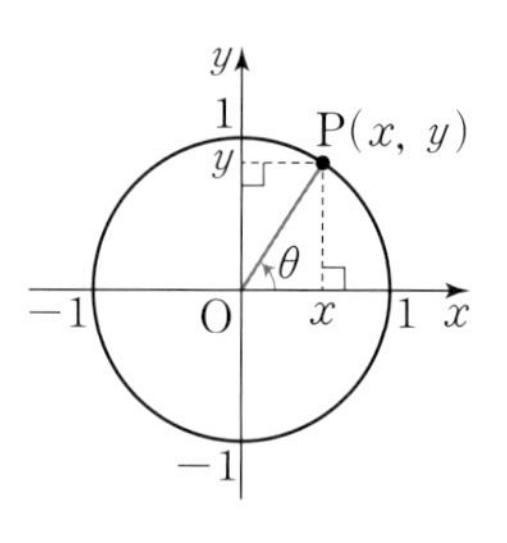

단위원에서의 θ의 값을 가로축에 나타내고, 이에 대응하는 점 P의 x좌표, 즉 $\cos\theta$의 값을 세로축에 나타내면 다음과 같은 코사인함수 $y=\cos\theta$의 그래프를 얻을 수 있습니다.

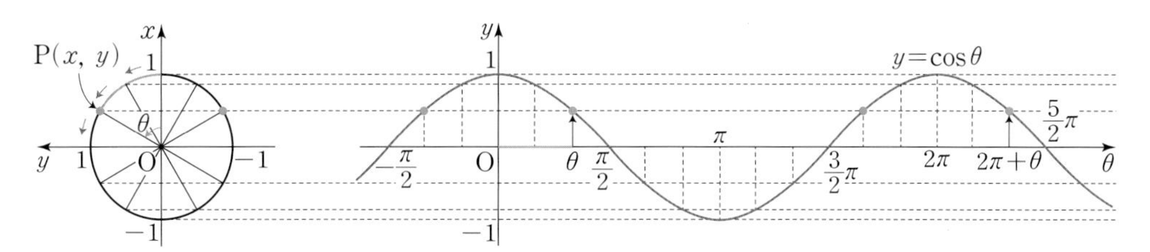

위의 함수 $y=\cos\theta$의 그래프를 살펴보면 이 함수의 정의역은 실수 전체의 집합이고, 치역은 $\{y \mid -1\leq y\leq 1\}$입니다. 또한 함수 $y=\cos\theta$의 그래프는 y축에 대하여 대칭이므로 임의의 θ에 대하여 $\cos(-\theta)=\cos\theta$가 성립합니다. ← $y=\cos\theta$는 우함수이고, 삼각함수의 성질 중 $\cos(-\theta)=\cos\theta$를 확인할 수 있다.

또한 코사인함수 $y=\cos\theta$에서도 θ를 x로 바꾸어 $y=\cos x$로 나타내기도 합니다.

한편, 함수 $y=\cos\theta$의 그래프는 2π의 일정한 간격으로 같은 모양이 반복되므로 임의의 θ에 대하여

$$\cos(\theta+2n\pi)=\cos\theta \ (n\text{은 정수})$$ ← 삼각함수의 성질 중 $\cos(\theta+2n\pi)=\cos\theta$를 확인할 수 있다.

가 성립합니다. 따라서 함수 $y=\cos\theta$는 주기가 2π인 주기함수입니다.

Example 함수 $y=\cos 2x$의 치역과 주기를 구하고, 그래프를 그려 보자.

$-1\leq\cos 2x\leq 1$이므로 치역은 $\{y \mid -1\leq y\leq 1\}$이고,

$$\cos 2x=\cos(2x+2\pi)=\cos 2(x+\pi)$$

이므로 주기는 π이다.

따라서 함수 $y=\cos 2x$의 그래프는 다음과 같다.

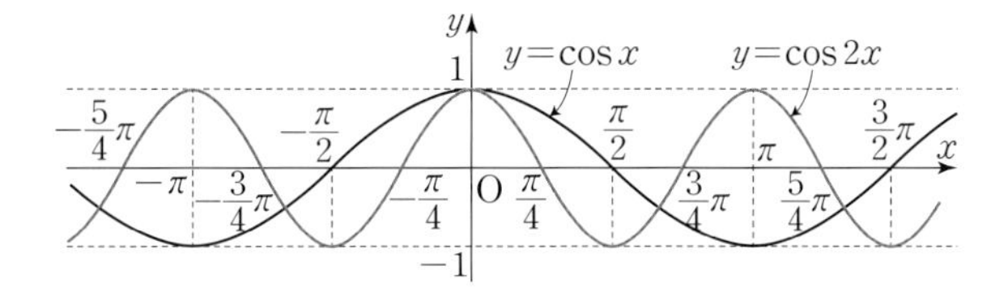

함수 $y=\cos\theta$의 그래프는 함수 $y=\sin\theta$의 그래프를 θ축의 방향으로 $-\frac{\pi}{2}$만큼 평행이동한 것과 같고, 이것으로 **06. 삼각함수**에서 공부한 삼각함수의 성질 중 $\sin\left(\theta+\frac{\pi}{2}\right)=\cos\theta$를 확인할 수 있습니다.

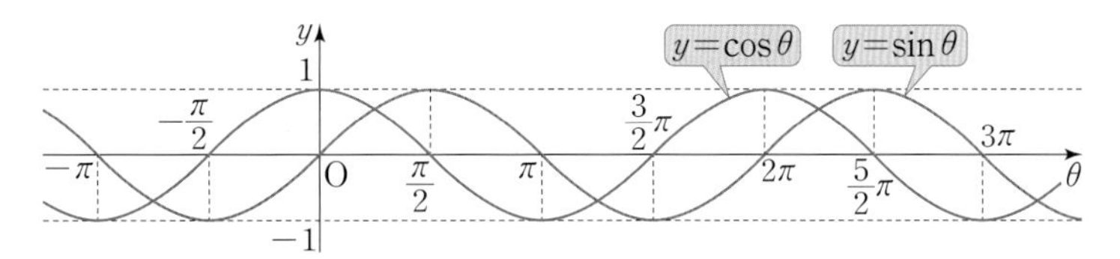

개념 Point 　함수 $y=\cos x$의 그래프의 성질

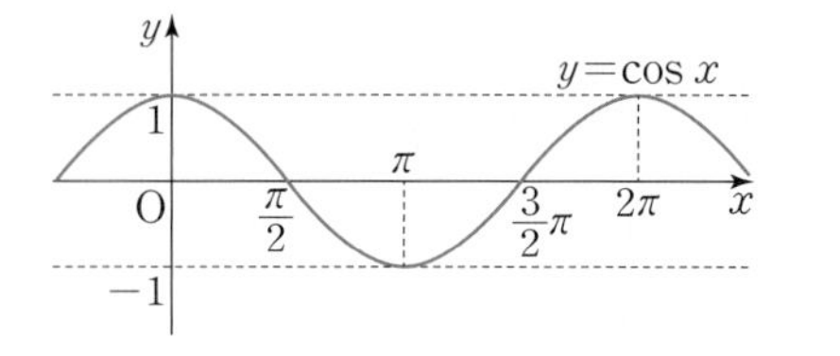

1 정의역은 실수 전체의 집합이고,
치역은 $\{y \mid -1 \leq y \leq 1\}$이다.

2 주기가 2π인 주기함수이다. 즉,

$$\cos(x+2n\pi)=\cos x \text{ (단, } n\text{은 정수)}$$

3 그래프는 y축에 대하여 대칭이다. 즉,

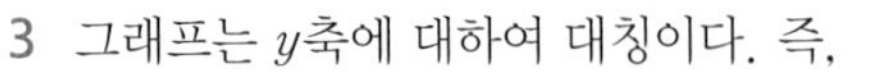

$$\cos(-x)=\cos x$$ ← $f(x)=\cos x$이면 $f(-x)=f(x)$이므로 우함수이다.

Plus

06. 삼각함수에서 공부한 삼각함수의 성질은 그래프를 통해서도 확인할 수 있다.

예를 들어 $\cos\left(x+\frac{\pi}{2}\right)=-\sin x$임을 다음 그래프를 통해서 확인할 수 있다.

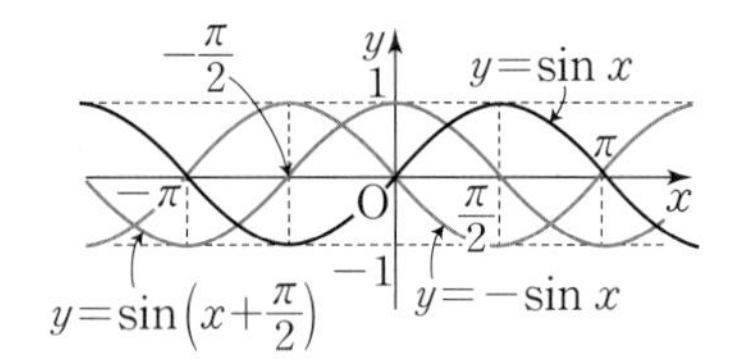

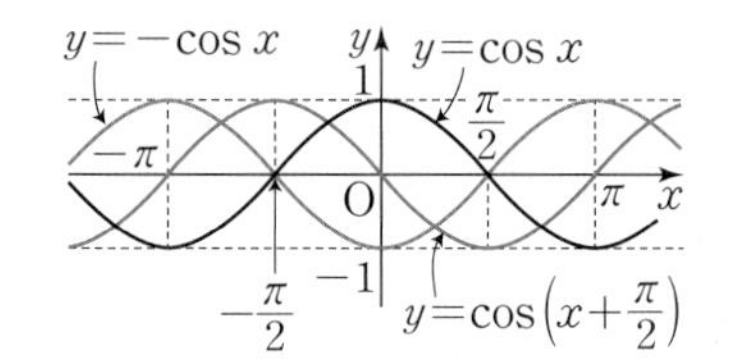

3 탄젠트함수의 그래프

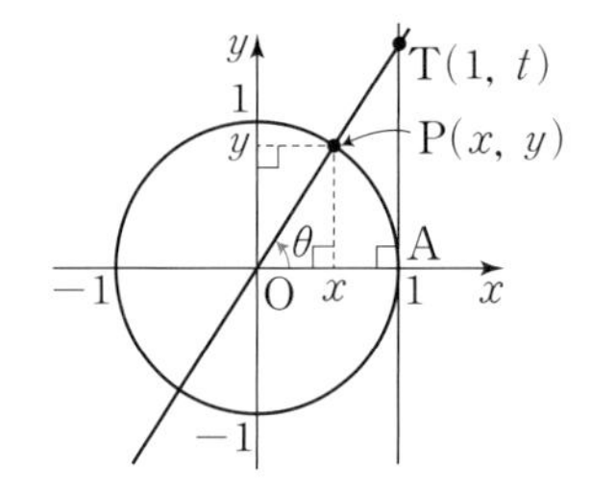

오른쪽 그림과 같이 각 θ를 나타내는 동경과 원점을 중심으로 하는 단위원의 교점을 $\mathrm{P}(x, y)$라 하고, 점 $\mathrm{A}(1, 0)$에서의 단위원의 접선과 직선 OP의 교점을 $\mathrm{T}(1, t)$라고 하면

$$\tan\theta=\frac{y}{x}=\frac{t}{1}=t \ (x \neq 0)$$

이므로 θ의 값이 변할 때, 즉 점 P가 단위원 위를 움직일 때, $\tan\theta$의 값은 점 T의 y좌표로 정해집니다.

단위원에서의 θ의 값을 가로축에 나타내고, 이에 대응하는 점 T의 y좌표, 즉 $\tan\theta$의 값을 세로축에 나타내면 다음과 같은 탄젠트함수 $y=\tan\theta$의 그래프를 얻을 수 있습니다.

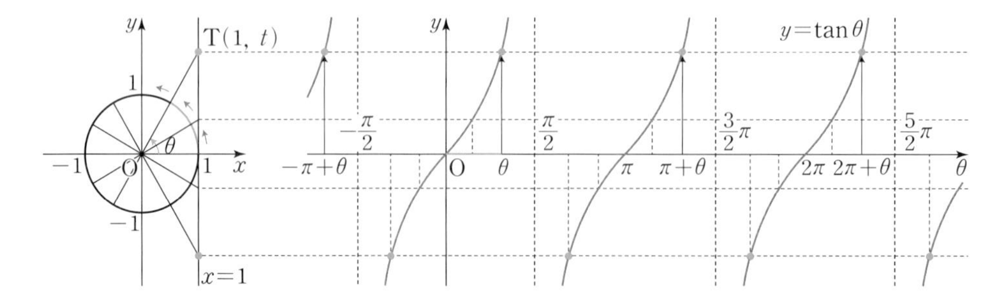

앞의 함수 $y=\tan\theta$의 그래프에서 알 수 있듯이 θ의 값이 $\frac{\pi}{2}$, $\frac{3}{2}\pi$, $\frac{5}{2}\pi$, …와 같이 $\theta=n\pi+\frac{\pi}{2}$ (n은 정수)일 때에는 각 θ를 나타내는 동경 OP가 y축 위에 있습니다. 즉, 점 P(x, y)의 x좌표가 0이므로 $\tan\theta$의 값이 정의되지 않습니다.

따라서 함수 $y=\tan\theta$의 정의역은 $n\pi+\frac{\pi}{2}$ (n은 정수)를 제외한 실수 전체의 집합이고, 치역은 실수 전체의 집합입니다. 이때 직선 $\theta=n\pi+\frac{\pi}{2}$ (n은 정수)는 모두 함수 $y=\tan\theta$의 그래프의 점근선이고, 함수 $y=\tan\theta$의 그래프는 원점에 대하여 대칭이므로 $\tan(-\theta)=-\tan\theta$가 성립합니다. ← $y=\tan\theta$는 기함수이고, 삼각함수의 성질 중 $\tan(-\theta)=-\tan\theta$를 확인할 수 있다.

또한 탄젠트함수 $y=\tan\theta$에서도 θ를 x로 바꾸어 $y=\tan x$로 나타내기도 합니다.

한편, 함수 $y=\tan\theta$의 그래프는 π의 일정한 간격으로 같은 모양이 반복되므로 임의의 θ에 대하여

$$\tan(\theta+n\pi)=\tan\theta \ (n\text{은 정수})$$ ← 삼각함수의 성질 중 $\tan(\theta+n\pi)=\tan\theta$를 확인할 수 있다.

가 성립합니다.

따라서 함수 $y=\tan\theta$는 주기가 π인 주기함수입니다.

Example 함수 $y=\tan\frac{x}{2}$의 주기를 구하고, 그래프를 그려 보자.

$\tan\frac{x}{2}=\tan\left(\frac{x}{2}+\pi\right)=\tan\frac{1}{2}(x+2\pi)$

이므로 주기는 2π이다.

따라서 함수 $y=\tan\frac{x}{2}$의 그래프는 오른쪽 그림과 같다.

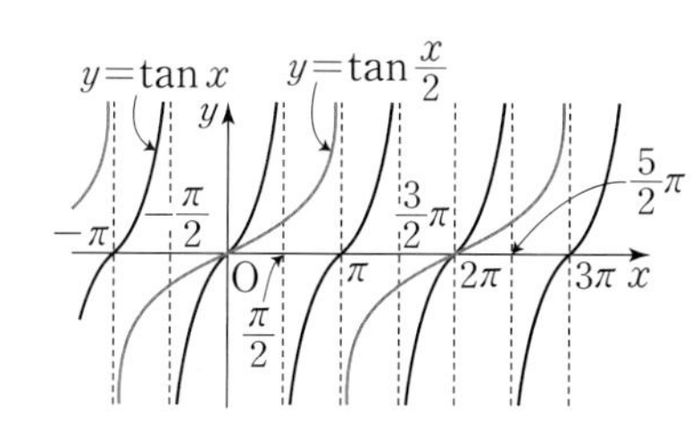

이때 점근선은 직선 $x=2n\pi+\pi$ (n은 정수)이다.

개념 Point 함수 $y=\tan x$의 그래프의 성질

1 정의역은 $n\pi+\frac{\pi}{2}$ (n은 정수)를 제외한 실수 전체의 집합이고, 치역은 실수 전체의 집합이다.

2 그래프의 점근선은 직선 $x=n\pi+\frac{\pi}{2}$ (n은 정수)이다.

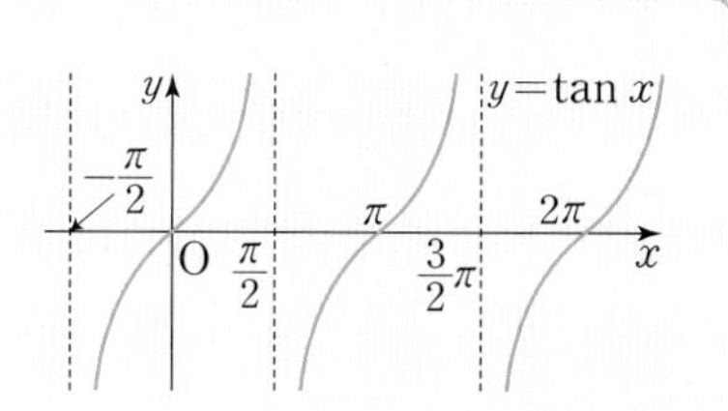

3 주기가 π인 주기함수이다. 즉,

$\tan(x+n\pi)=\tan x$ (단, n은 정수)

4 그래프는 원점에 대하여 대칭이다. 즉,

$\tan(-x)=-\tan x$ ← $f(x)=\tan x$이면 $f(-x)=-f(x)$이므로 기함수이다.

4 삼각함수의 그래프의 평행이동과 주기, 최대·최소

지금까지 삼각함수의 주기를 찾고 그 그래프를 그리는 방법을 배웠습니다.

이제 삼각함수의 그래프의 주기, 최댓값, 최솟값에 대하여 좀 더 자세히 알아봅시다. 삼각함수의 그래프의 평행이동을 이용하면 다양한 삼각함수의 그래프를 그릴 수 있습니다.

1. $y=a\sin x$, $y=a\cos x$, $y=a\tan x$의 그래프 (단, a는 상수)

세 함수 $y=\sin x$, $y=2\sin x$, $y=\frac{1}{2}\sin x$의 그래프를 한 좌표평면 위에 그리면 다음 그림과 같이 주기는 모두 2π로 같고, 위아래의 폭만 달라집니다. ← 주기는 변하지 않고, 치역만 변한다.

즉, 함수 $y=a\sin x$ (a는 상수)의 그래프는 함수 $y=\sin x$의 그래프를 x축을 기준으로 y축의 방향으로 a배 한 것입니다. ← 치역 : $\{y \mid -|a| \le y \le |a|\}$

이와 같은 내용을 바탕으로 세 함수 $y=\sin x$, $y=2\sin x$, $y=\frac{1}{2}\sin x$의 그래프를 다음 좌표평면 위에 한 번 더 직접 그려 봅시다.

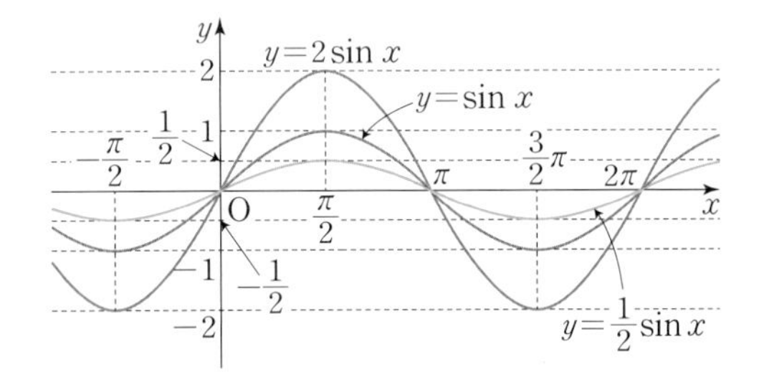

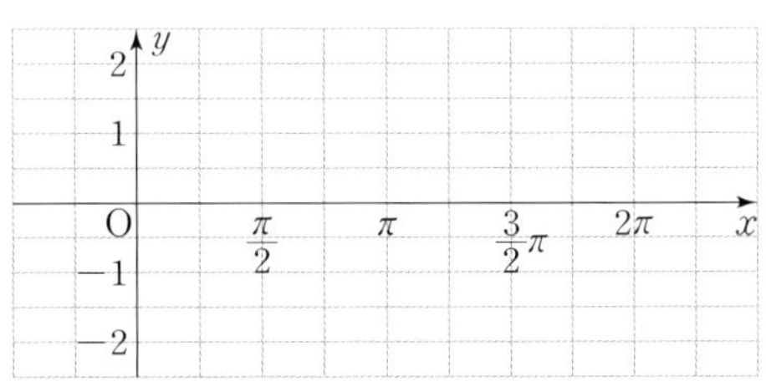

마찬가지로 세 함수 $y=\cos x$, $y=2\cos x$, $y=\frac{1}{2}\cos x$의 그래프를 한 좌표평면 위에 그리면 다음 그림과 같이 주기는 모두 2π로 같고, 위아래의 폭만 달라집니다. ← 주기는 변하지 않고, 치역만 변한다.

즉, 함수 $y=a\cos x$ (a는 상수)의 그래프는 함수 $y=\cos x$의 그래프를 x축을 기준으로 y축의 방향으로 a배 한 것입니다. ← 치역 : $\{y \mid -|a| \le y \le |a|\}$

이와 같은 내용을 바탕으로 세 함수 $y=\cos x$, $y=2\cos x$, $y=\frac{1}{2}\cos x$의 그래프를 다음 좌표평면 위에 한 번 더 직접 그려 봅시다.

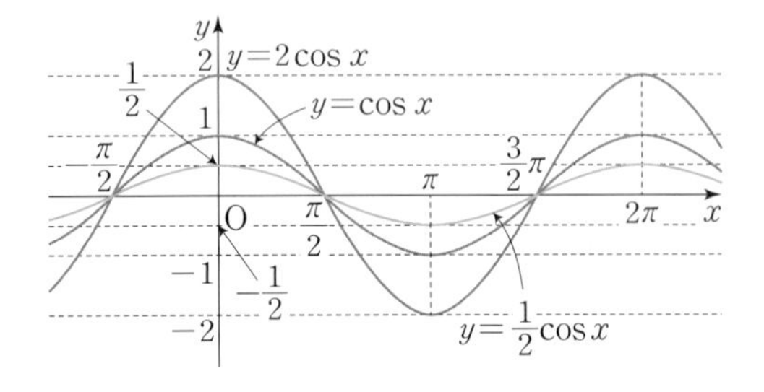

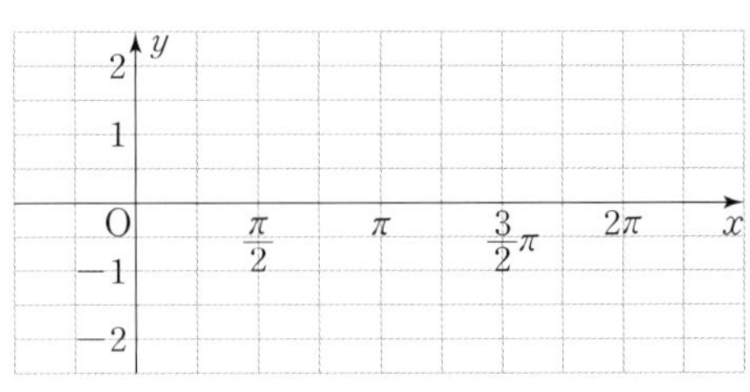

또한 세 함수 $y=\tan x$, $y=2\tan x$, $y=\frac{1}{2}\tan x$의 그래프를 한 좌표평면 위에 그리면 다음 그림과 같으므로 함수 $y=a\tan x$ (a는 상수)의 그래프는 함수 $y=\tan x$의 그래프를 x축을 기준으로 y축의 방향으로 a배 한 것입니다. ← 주기, 치역 모두 변하지 않는다.

이와 같은 내용을 바탕으로 세 함수 $y=\tan x$, $y=2\tan x$, $y=\frac{1}{2}\tan x$의 그래프를 다음 좌표평면 위에 한 번 더 직접 그려 봅시다.

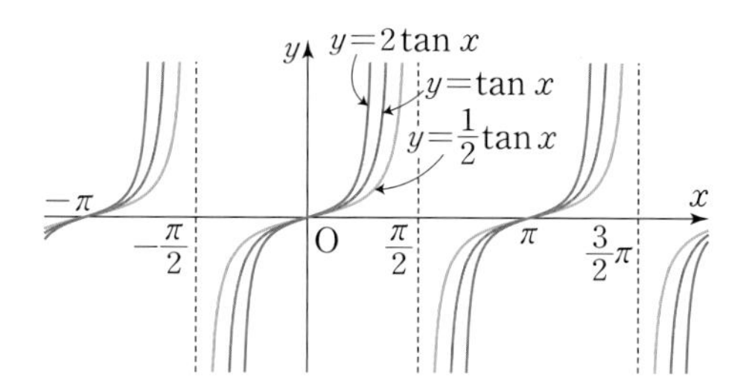

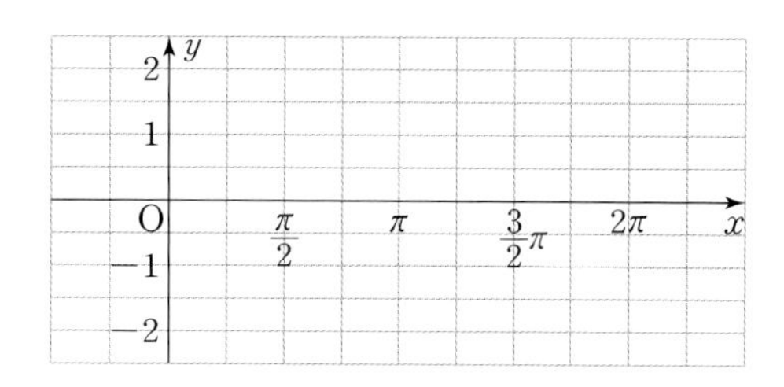

2. $y=\sin bx$, $y=\cos bx$, $y=\tan bx$의 그래프 (단, b는 상수)

세 함수 $y=\sin x$, $y=\sin 2x$, $y=\sin\frac{x}{2}$의 그래프를 한 좌표평면 위에 그리면 다음 그림과 같이 위아래의 폭은 같지만 그 주기는 각각 2π, π, 4π로 서로 다릅니다. ← 치역은 변하지 않고, 주기만 변한다.

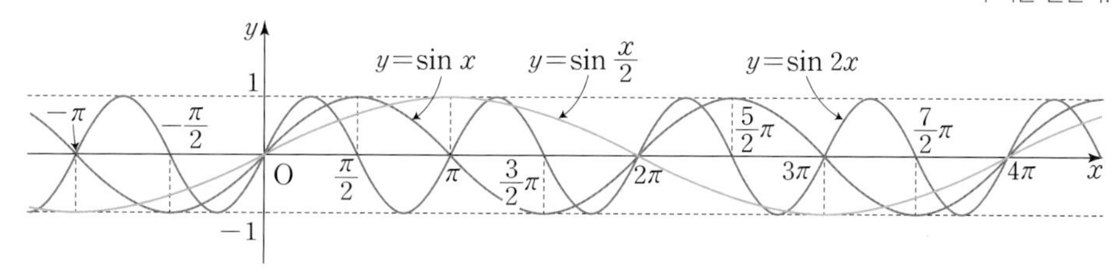

즉, 함수 $y=\sin bx$ $(b>0)$의 그래프는 함수 $y=\sin x$의 그래프를 y축을 기준으로 x축의 방향으로 $\frac{1}{b}$배 한 것입니다.

단, $b<0$이면 $y=\sin bx=-\sin(-bx)$이므로 함수 $y=\sin bx$ $(b<0)$의 그래프는 함수 $y=\sin x$의 그래프를 y축을 기준으로 x축의 방향으로 $-\frac{1}{b}$배 한 다음 x축에 대하여 대칭이동한 것입니다. ← 따라서 함수 $y=\sin bx$의 주기는 $\frac{2\pi}{|b|}$이다.

이와 같은 내용을 바탕으로 세 함수 $y=\sin x$, $y=\sin 2x$, $y=\sin\frac{x}{2}$의 그래프를 다음 좌표평면 위에 한 번 더 직접 그려 봅시다.

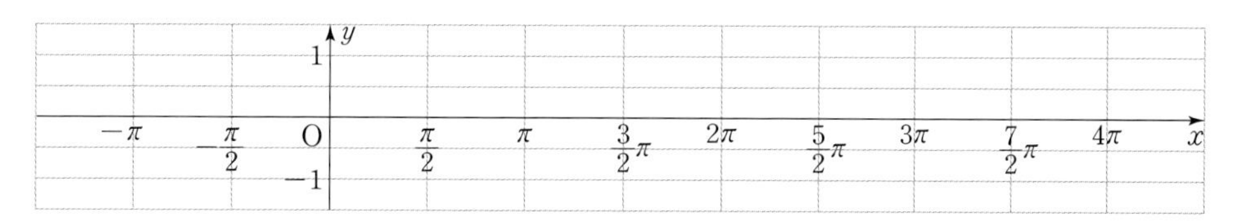

마찬가지로 세 함수 $y=\cos x$, $y=\cos 2x$, $y=\cos\frac{x}{2}$의 그래프를 한 좌표평면 위에 그리면 다음 그림과 같이 위아래의 폭은 같지만 그 주기는 각각 2π, π, 4π로 서로 다릅니다. ← 치역은 변하지 않고, 주기만 변한다.

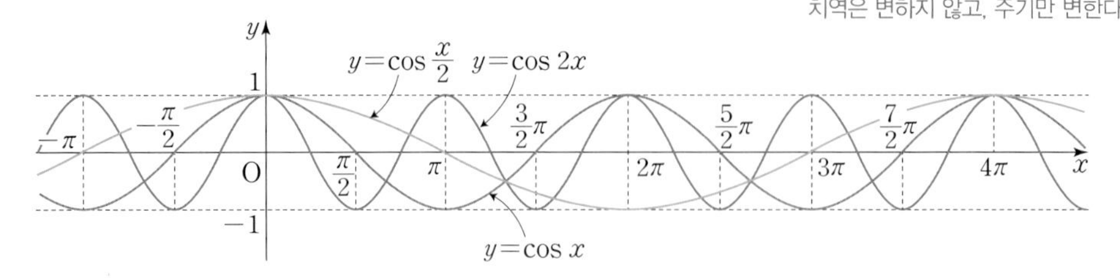

즉, 함수 $y=\cos bx$의 그래프는 함수 $y=\cos x$의 그래프를 y축을 기준으로 x축의 방향으로 $\frac{1}{|b|}$배 한 것입니다. ← 따라서 함수 $y=\cos bx$의 주기는 $\frac{2\pi}{|b|}$이다.

이와 같은 내용을 바탕으로 세 함수 $y=\cos x$, $y=\cos 2x$, $y=\cos\frac{x}{2}$의 그래프를 다음 좌표평면 위에 한 번 더 직접 그려 봅시다.

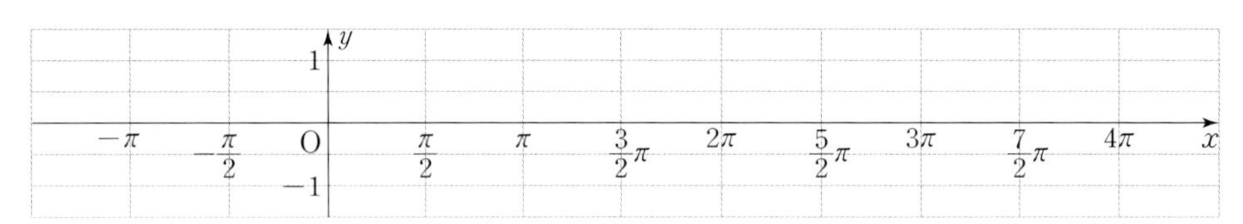

또한 세 함수 $y=\tan x$, $y=\tan 2x$, $y=\tan\frac{x}{2}$의 그래프를 한 좌표평면 위에 그리면 오른쪽 그림과 같으므로 함수 $y=\tan bx$ $(b>0)$의 그래프는 함수 $y=\tan x$의 그래프를 y축을 기준으로 x축의 방향으로 $\frac{1}{b}$배 한 것입니다.

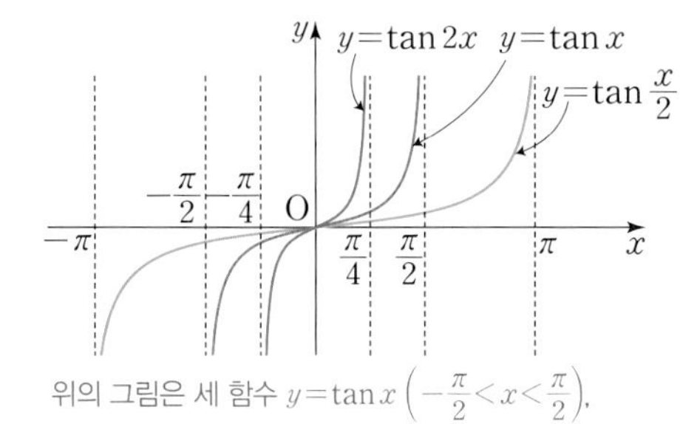

위의 그림은 세 함수 $y=\tan x\left(-\frac{\pi}{2}<x<\frac{\pi}{2}\right)$, $y=\tan 2x\left(-\frac{\pi}{4}<x<\frac{\pi}{4}\right)$, $y=\tan\frac{x}{2}\ (-\pi<x<\pi)$의 그래프를 나타내어 비교한 것이다.

단, $b<0$이면 $y=\tan bx=-\tan(-bx)$이므로 함수 $y=\tan bx$ $(b<0)$의 그래프는 함수 $y=\tan x$의 그래프를 y축을 기준으로 x축의 방향으로 $-\frac{1}{b}$배 한 다음 x축에 대하여 대칭이동한 것입니다. ← 따라서 함수 $y=\tan bx$의 주기는 $\frac{\pi}{|b|}$이다.

3. 삼각함수의 그래프의 평행이동과 최대·최소

(1) $y=a\sin(bx+c)+d$, $y=a\cos(bx+c)+d$의 그래프

예를 들어 함수 $y=2\cos\left(\frac{x}{2}-\frac{\pi}{3}\right)+1$에서

$$y=2\cos\left(\frac{x}{2}-\frac{\pi}{3}\right)+1=2\cos\frac{1}{2}\left(x-\frac{2}{3}\pi\right)+1$$

이므로 함수 $y=2\cos\left(\frac{x}{2}-\frac{\pi}{3}\right)+1$의 그래프는 함수 $y=2\cos\frac{x}{2}$의 그래프를 x축의 방향으로 $\frac{2}{3}\pi$만큼, y축의 방향으로 1만큼 평행이동한 것이고, 그래프는 오른쪽 그림과 같습니다.

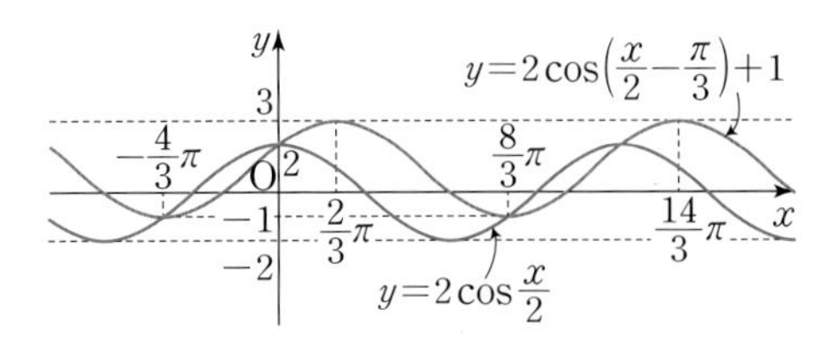

따라서 함수 $y=2\cos\left(\frac{x}{2}-\frac{\pi}{3}\right)+1$의 주기는 4π이고, 치역은 $\{y\,|\,-1\le y\le 3\}$이므로 최댓값은 3, 최솟값은 -1입니다.

일반적으로 함수 $y=a\cos(bx+c)+d$는

$$y=a\cos(bx+c)+d=a\cos b\left(x+\frac{c}{b}\right)+d$$

이므로 이 함수의 그래프는 함수 $y=a\cos bx$의 그래프를 x축의 방향으로 $-\frac{c}{b}$만큼, y축의 방향으로 d만큼 평행이동한 것입니다.

따라서 치역은 $\{y\,|\,-|a|+d\le y\le |a|+d\}$이므로

$$\text{최댓값은 } |a|+d,\ \text{최솟값은 } -|a|+d$$

이고, 주기는 $\frac{2\pi}{|b|}$입니다.

이는 함수 $y=a\sin(bx+c)+d$에서도 마찬가지로 적용됩니다. 즉,

$$y=a\sin(bx+c)+d=a\sin b\left(x+\frac{c}{b}\right)+d$$

이므로 이 함수의 그래프는 함수 $y=a\sin bx$의 그래프를 x축의 방향으로 $-\frac{c}{b}$만큼, y축의 방향으로 d만큼 평행이동한 것입니다.

따라서 치역은 $\{y\,|\,-|a|+d\le y\le |a|+d\}$이므로

$$\text{최댓값은 } |a|+d,\ \text{최솟값은 } -|a|+d$$

이고, 주기는 $\frac{2\pi}{|b|}$입니다.

Example

(1) 함수 $y=\frac{1}{2}\sin\left(x+\frac{\pi}{4}\right)+1$의 그래프는 함수 $y=\frac{1}{2}\sin x$의 그래프를 x축의 방향으로 $-\frac{\pi}{4}$만큼, y축의 방향으로 1만큼 평행이동한 것이다.

따라서 최댓값은 $\frac{1}{2}+1=\frac{3}{2}$, 최솟값은 $-\frac{1}{2}+1=\frac{1}{2}$이고, 주기는 $\frac{2\pi}{|1|}=2\pi$이다.

(2) 함수 $y=2\cos(3x-\pi)$, 즉 $y=2\cos 3\left(x-\frac{\pi}{3}\right)$의 그래프는 함수 $y=2\cos 3x$의 그래프를 x축의 방향으로 $\frac{\pi}{3}$만큼 평행이동한 것이다.

따라서 최댓값은 2, 최솟값은 -2이고, 주기는 $\frac{2\pi}{|3|}=\frac{2}{3}\pi$이다.

앞의 삼각함수의 그래프에서 다음 두 가지를 알 수 있습니다.

(i) 삼각함수의 그래프를 x축의 방향으로 확대하거나 축소하면 주기는 변하지만 치역은 변하지 않고, y축의 방향으로 확대하거나 축소하면 치역은 변하지만 주기는 변하지 않습니다.

(ii) 삼각함수의 그래프를 x축의 방향으로 평행이동하면 치역과 주기가 모두 변하지 않고, y축의 방향으로 평행이동하면 치역은 변하지만 주기는 변하지 않습니다.

(2) $y=a\tan(bx+c)+d$의 그래프

함수 $y=a\tan(bx+c)+d$는

$$y=a\tan(bx+c)+d=a\tan b\left(x+\frac{c}{b}\right)+d$$

이므로 이 함수의 그래프는 함수 $y=a\tan bx$의 그래프를 x축의 방향으로 $-\frac{c}{b}$만큼, y축의 방향으로 d만큼 평행이동한 것이고, 주기는 $\frac{\pi}{|b|}$입니다.

또한 치역은 실수 전체의 집합이므로 최댓값과 최솟값은 존재하지 않습니다.

Example 함수 $y=2\tan\left(\frac{x}{2}-\frac{\pi}{6}\right)-1$, 즉 $y=2\tan\frac{1}{2}\left(x-\frac{\pi}{3}\right)-1$의 그래프는 함수 $y=2\tan\frac{x}{2}$의 그래프를 x축의 방향으로 $\frac{\pi}{3}$만큼, y축의 방향으로 -1만큼 평행이동한 것이다.

따라서 최댓값과 최솟값은 없고, 주기는 $\frac{\pi}{\left|\frac{1}{2}\right|}=2\pi$이다.

이를 정리하면 사인함수, 코사인함수, 탄젠트함수의 주기, 치역, 최댓값, 최솟값은 다음과 같습니다.

개념 Point 삼각함수의 주기와 최대·최소

삼각함수의 주기, 치역, 최댓값, 최솟값은 다음과 같다.

삼각함수	주기	치역	최댓값	최솟값
$y=a\sin(bx+c)+d$	$\frac{2\pi}{\|b\|}$	$\{y\mid -\|a\|+d\le y\le \|a\|+d\}$	$\|a\|+d$	$-\|a\|+d$
$y=a\cos(bx+c)+d$	$\frac{2\pi}{\|b\|}$	$\{y\mid -\|a\|+d\le y\le \|a\|+d\}$	$\|a\|+d$	$-\|a\|+d$
$y=a\tan(bx+c)+d$	$\frac{\pi}{\|b\|}$	실수 전체의 집합	없다.	없다.

함수 $y=a\sin(bx+c)+d$에서 그래프의 개형은 다음과 같이 상수 a, b, c, d에 의하여 결정된다.

$y=a\sin(bx+c)+d$
- a: 최댓값, 최솟값 결정
- b: 주기 결정
- b, c: x축의 방향으로의 평행이동 결정
- d: y축의 방향으로의 평행이동, 최댓값, 최솟값 결정

개념 콕콕

1 다음 함수의 치역과 주기를 구하고, 그 그래프를 그리시오.

(1) $y=3\sin x$ (2) $y=-2\cos x+1$

(3) $y=2\sin\frac{x}{2}$ (4) $y=\cos\left(2x+\frac{\pi}{2}\right)$

2 다음 (가), (나)에 알맞은 것을 써넣으시오.

> 함수 $y=\sin\left(x-\frac{\pi}{2}\right)$의 그래프는 함수 $y=\sin x$의 그래프를 x축의 방향으로 (가) 만큼 평행이동한 것이고, 이 그래프는 함수 (나) 의 그래프와 일치한다.

3 세 함수 $y=3\sin 2x$, $y=\frac{1}{2}\cos 3x$, $y=2\tan\frac{1}{2}x$의 주기를 각각 a, b, c라고 할 때, a, b, c의 대소 관계를 바르게 나타내시오.

4 다음 함수의 최댓값, 최솟값, 주기를 구하시오.

(1) $y=\sin\left(2x+\frac{\pi}{3}\right)$ (2) $y=2\cos\left(4x+\frac{\pi}{3}\right)+1$ (3) $y=\tan 3x-1$

• 풀이 103쪽～104쪽

정답

1 (1) 치역 : $\{y|-3\le y\le 3\}$, 주기 : 2π, 그래프는 풀이 참조
(2) 치역 : $\{y|-1\le y\le 3\}$, 주기 : 2π, 그래프는 풀이 참조
(3) 치역 : $\{y|-2\le y\le 2\}$, 주기 : 4π, 그래프는 풀이 참조
(4) 치역 : $\{y|-1\le y\le 1\}$, 주기 : π, 그래프는 풀이 참조

2 (가) $\frac{\pi}{2}$ (나) $y=-\cos x$

3 $b<a<c$

4 (1) 최댓값 : 1, 최솟값 : -1, 주기 : π (2) 최댓값 : 3, 최솟값 : -1, 주기 : $\frac{\pi}{2}$
(3) 최댓값 : 없다., 최솟값 : 없다., 주기 : $\frac{\pi}{3}$

예제 01

다음 삼각함수의 그래프를 그리고, 최댓값, 최솟값, 주기를 구하시오.

(1) $y=\sin 2x$ (2) $y=-2\cos x$ (3) $y=-2\tan x$

접근 방법 (1) 함수 $y=\sin x$의 그래프를 y축을 기준으로 x축의 방향으로 $\frac{1}{2}$배 하여 그린다.

(2) 함수 $y=\cos x$의 그래프를 x축을 기준으로 y축의 방향으로 2배 한 후, x축에 대하여 대칭이동하여 그린다.

수매씽 Point $y=a\sin bx$, $y=a\cos bx$ $(a\neq 0,\ b\neq 0)$의

주기 : $\frac{2\pi}{|b|}$, 최댓값 : $|a|$, 최솟값 : $-|a|$

이다.

상세 풀이 (1) 함수 $y=\sin 2x$의 그래프는 함수 $y=\sin x$의 그래프를 y축을 기준으로 x축의 방향으로 $\frac{1}{2}$배 한 것이다.
따라서 그래프는 오른쪽 그림과 같고, 최댓값은 1, 최솟값은 -1, 주기는 $\frac{2\pi}{|2|}=\pi$이다.

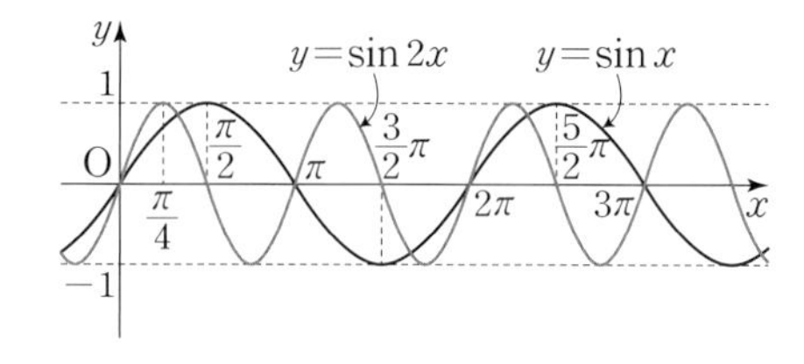

(2) 함수 $y=-2\cos x$의 그래프는 함수 $y=\cos x$의 그래프를 x축을 기준으로 y축의 방향으로 -2배 한 것이다. 즉, 함수 $y=2\cos x$의 그래프를 x축에 대하여 대칭이동한 것이다.
따라서 그래프는 오른쪽 그림과 같고, 최댓값은 2, 최솟값은 -2, 주기는 2π이다.

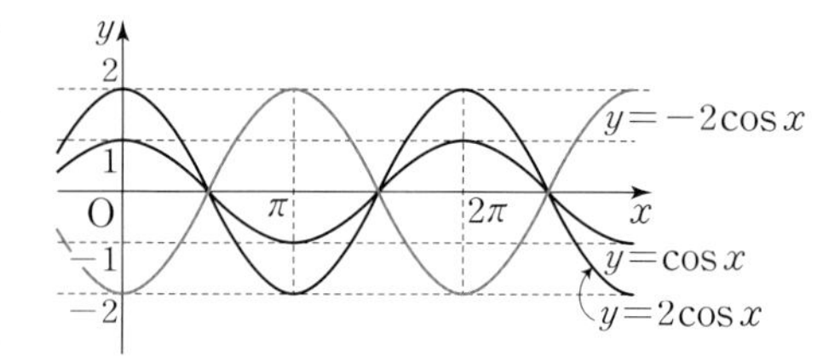

(3) 함수 $y=-2\tan x$의 그래프는 함수 $y=\tan x$의 그래프를 x축을 기준으로 y축의 방향으로 -2배 한 것이다. 즉, 함수 $y=2\tan x$의 그래프를 x축에 대하여 대칭이동한 것이다.
따라서 그래프는 오른쪽 그림과 같고, 최댓값과 최솟값은 없으며, 주기는 π이다.

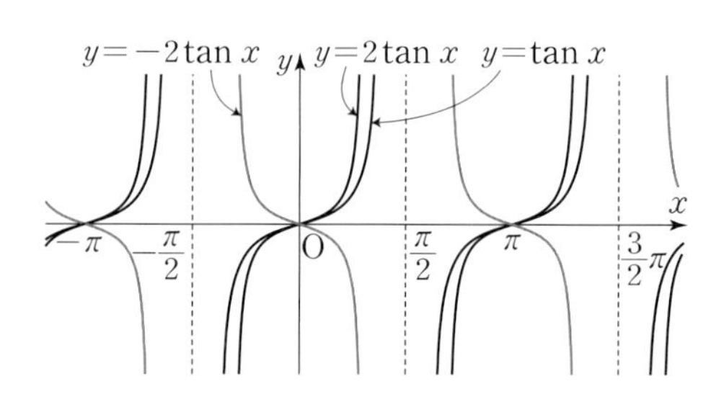

정답 풀이 참조

보충 설명

두 함수 $y=\sin x$, $y=\cos x$의 최댓값은 1, 최솟값은 -1이므로 두 함수 $y=a\sin bx$, $y=a\cos bx$ $(a\neq 0,\ b\neq 0)$의 최댓값은 $|a|$, 최솟값은 $-|a|$이다. 또한 두 함수 $y=\sin x$, $y=\cos x$의 주기는 2π이므로 두 함수 $y=a\sin bx$, $y=a\cos bx$의 주기는 $\frac{2\pi}{|b|}$가 됨을 이용하여 그래프를 그리도록 한다.

숫자 바꾸기

한번 더

01-1

다음 삼각함수의 그래프를 그리고, 최댓값, 최솟값, 주기를 구하시오.

(1) $y=\frac{1}{2}\sin x$　　(2) $y=\cos\frac{1}{3}x$　　(3) $y=\frac{1}{3}\tan 4x$

표현 바꾸기

한번 더

01-2

다음 물음에 답하시오.

(1) 함수 $y=a\cos bx$의 최댓값이 3, 주기가 π일 때, 상수 a, b의 값을 구하시오. (단, $a>0$, $b>0$)

(2) 함수 $y=a\sin bx$의 최솟값이 -5, 주기가 $\frac{\pi}{2}$일 때, 상수 a, b의 값을 구하시오. (단, $a<0$, $b>0$)

(3) 함수 $y=2\tan\left(\pi x+\frac{\pi}{4}\right)$의 주기가 a, 점근선의 방정식이 $x=n+b$일 때, $a+b$의 값을 구하시오. (단, b는 상수이고, n은 정수이다.)

개념 넓히기

한번 더

01-3

다음 함수의 그래프를 그리고, 최댓값, 최솟값, 주기를 구하시오.

(1) $y=|\sin x|$　　(2) $y=\cos|x|$　　(3) $y=|\tan 2x|$

● 풀이 104쪽～105쪽

정답

01-1 풀이 참조　**01-2** (1) $a=3$, $b=2$ (2) $a=-5$, $b=4$ (3) $\frac{5}{4}$　**01-3** 풀이 참조

예제 02

삼각함수의 그래프의 평행이동

다음 삼각함수의 그래프를 그리고, 최댓값, 최솟값, 주기를 구하시오.

(1) $y=2\sin\left(x-\frac{\pi}{2}\right)-1$ (2) $y=-2\cos(2x-\pi)+1$

접근 방법 (1)에서 함수 $y=2\sin\left(x-\frac{\pi}{2}\right)-1$의 그래프는 함수 $y=2\sin x$의 그래프를 x축의 방향으로 $\frac{\pi}{2}$만큼, y축의 방향으로 -1만큼 평행이동한 것이고, (2)에서 함수

$y=-2\cos(2x-\pi)+1=-2\cos 2\left(x-\frac{\pi}{2}\right)+1$의 그래프는 함수 $y=-2\cos 2x$의 그래프를 x축의 방향으로 $\frac{\pi}{2}$만큼, y축의 방향으로 1만큼 평행이동한 것이다.

수매씽 Point $y=a\sin(bx+c)+d$, $y=a\cos(bx+c)+d$의 그래프는 각각 $y=a\sin bx$, $y=a\cos bx$의 그래프를 x축의 방향으로 $-\frac{c}{b}$만큼, y축의 방향으로 d만큼 평행이동한 것이다.

상세 풀이 (1) 함수 $y=2\sin\left(x-\frac{\pi}{2}\right)-1$의 그래프는 함수 $y=2\sin x$의 그래프를 x축의 방향으로 $\frac{\pi}{2}$만큼, y축의 방향으로 -1만큼 평행이동한 것이다.

따라서 그래프는 오른쪽 그림과 같고, 최댓값은 1, 최솟값은 -3, 주기는 2π이다.

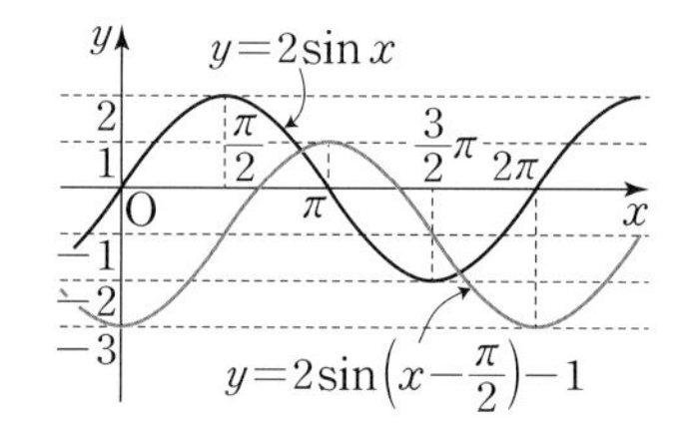

(2) $y=-2\cos(2x-\pi)+1=-2\cos 2\left(x-\frac{\pi}{2}\right)+1$

이므로 함수 $y=-2\cos(2x-\pi)+1$의 그래프는 함수 $y=-2\cos 2x$의 그래프를 x축의 방향으로 $\frac{\pi}{2}$만큼, y축의 방향으로 1만큼 평행이동한 것이다.

따라서 그래프는 오른쪽 그림과 같고, 최댓값은 3, 최솟값은 -1, 주기는 π이다.

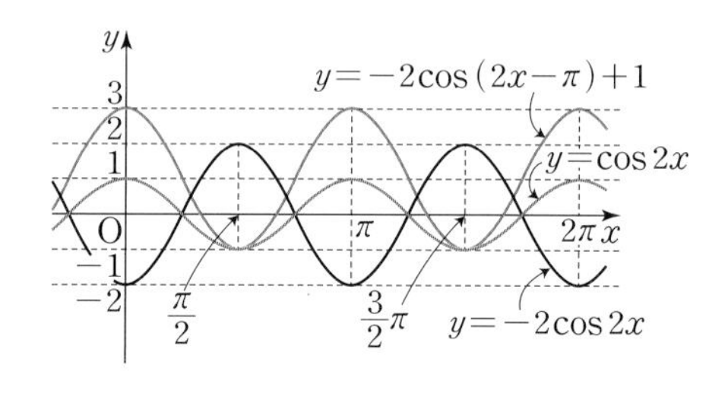

정답 풀이 참조

보충 설명

두 함수 $y=a\sin(bx+c)+d$, $y=a\cos(bx+c)+d$의 최댓값은 $|a|+d$, 최솟값은 $-|a|+d$, 주기는 $\frac{2\pi}{|b|}$이다.

숫자 바꾸기 　한번 더 ☑ ☐

02-1

다음 삼각함수의 그래프를 그리고, 최댓값, 최솟값, 주기를 구하시오.

(1) $y=2\cos\left(\frac{1}{2}x-\frac{\pi}{2}\right)-1$　　(2) $y=\tan\left(2x+\frac{\pi}{2}\right)$

표현 바꾸기 　한번 더 ☑ ☐

02-2

다음 ☐ 안에 알맞은 수 중에서 가장 작은 양수를 써넣으시오.

(1) 함수 $y=3\sin(2x-\pi)$의 그래프는 함수 $y=3\sin 2x$의 그래프를 x축의 방향으로 ☐만큼 평행이동한 것이고, 주기는 ☐이다.

(2) 함수 $y=2\cos\left(\frac{x}{2}-\frac{\pi}{4}\right)+1$의 그래프는 함수 $y=2\cos\frac{x}{2}$의 그래프를 x축의 방향으로 ☐만큼, y축의 방향으로 ☐만큼 평행이동한 것이고, 주기는 ☐이다.

개념 넓히기 　풀이 106쪽 ⊕ 보충 설명　한번 더 ☑ ☐

02-3

함수 $f(x)=3\cos\left(2x-\frac{\pi}{3}\right)+1$에 대하여 〈**보기**〉에서 옳은 것을 모두 고르시오.

〈 보기 〉

ㄱ. 임의의 실수 x에 대하여 $f(x+\pi)=f(x)$이다.

ㄴ. 함수 $f(x)$의 최댓값은 4, 최솟값은 -2이다.

ㄷ. 함수 $y=f(x)$의 그래프는 직선 $x=\frac{\pi}{6}$에 대하여 대칭이다.

• 풀이 105쪽~106쪽

정답　02-1 풀이 참조　02-2 (1) $\frac{\pi}{2}$, π　(2) $\frac{\pi}{2}$, 1, 4π　02-3 ㄱ, ㄴ, ㄷ

예제 03

미정계수의 결정

함수 $y=a\sin(bx-c)$의 그래프가 오른쪽 그림과 같을 때, 상수 a, b, c의 값을 각각 구하시오. (단, $a>0$, $b>0$, $0<c<\pi$)

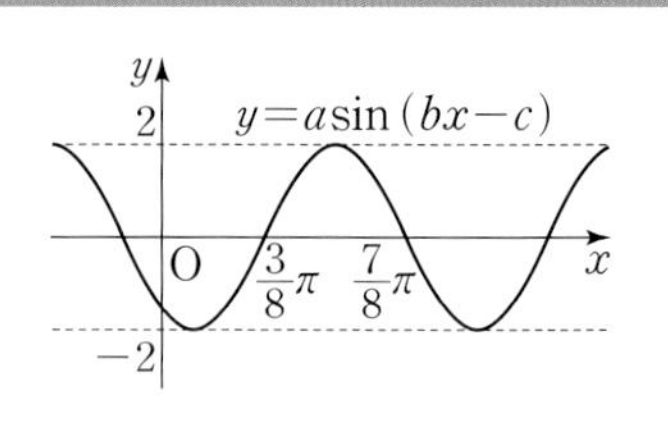

접근 방법 함수 $y=a\sin(bx-c)$의 그래프는 함수 $y=a\sin bx$의 그래프를 x축의 방향으로 $\frac{c}{b}$만큼 평행이동한 것이므로 함수 $y=a\sin bx$의 최댓값과 최솟값 및 주기를 이용하여 상수 a, b의 값을 각각 구하고, 주어진 그래프가 x축과 만나는 점을 찾아 상수 c의 값을 구한다.

수매씽 Point 삼각함수의 그래프가 주어졌을 때, 최댓값, 최솟값, 주기 및 평행이동을 이용하여 미정계수를 구한다.

상세 풀이 주어진 그래프에서 함수 $y=a\sin(bx-c)$의 최댓값이 2, 최솟값이 -2이므로

$|a|=2 \qquad \therefore a=2 \ (\because a>0)$

주기가 π이므로 ← 그래프에서 $\frac{7}{8}\pi-\frac{3}{8}\pi=\frac{\pi}{2}$가 주기의 절반이다.

$\frac{2\pi}{|b|}=\pi \qquad \therefore b=2 \ (\because b>0)$

따라서 주어진 함수의 식은 $y=2\sin(2x-c)$이고, 이 그래프는 점 $\left(\frac{3}{8}\pi,\ 0\right)$을 지나므로

$0=2\sin\left(\frac{3}{4}\pi-c\right)$, 즉 $\sin\left(\frac{3}{4}\pi-c\right)=0$

$\therefore c=\frac{3}{4}\pi \ (\because 0<c<\pi)$

정답 $a=2,\ b=2,\ c=\frac{3}{4}\pi$

보충 설명

(1) 주어진 그래프에서 $\frac{3}{8}\pi$부터 $\frac{7}{8}\pi$까지, 즉 $\frac{7}{8}\pi-\frac{3}{8}\pi=\frac{\pi}{2}$가 주기의 절반이므로 주기는 π이다.

(2) 주어진 삼각함수의 그래프에서 최댓값이 2, 최솟값이 -2이고, 주기가 π이므로 주어진 함수의 그래프는 함수 $y=2\sin 2x$의 그래프를 평행이동한 함수 $y=2\sin(2x-c)$의 그래프와 일치함을 알 수 있다.

(3) $x=\frac{3}{8}\pi$일 때 $y=0$이므로 $0=2\sin\left(2\times\frac{3}{8}\pi-c\right)$, 즉 $\sin\left(\frac{3}{4}\pi-c\right)=0$이다. 일반적으로 이 식을 만족시키는 c의 값은 여러 개가 있지만 문제에서 $0<c<\pi$이므로 $c=\frac{3}{4}\pi$뿐이다.

(4) 주어진 함수의 그래프는 함수 $y=2\sin 2x$의 그래프를 x축의 방향으로 $\frac{c}{2}$만큼 평행이동한 것인데, $0<c<\pi$이므로 x축의 방향으로 $\frac{3}{8}\pi$만큼 평행이동한 것으로 생각하여 $\frac{c}{2}=\frac{3}{8}\pi$임을 이용하여 풀 수도 있다.

숫자 바꾸기

한번 더 ☑ ☐

03-1

함수 $y=a\cos(bx+c)$의 그래프가 오른쪽 그림과 같을 때, 상수 a, b, c의 값을 각각 구하시오.

(단, $a>0$, $b>0$, $-\pi<c\le\pi$)

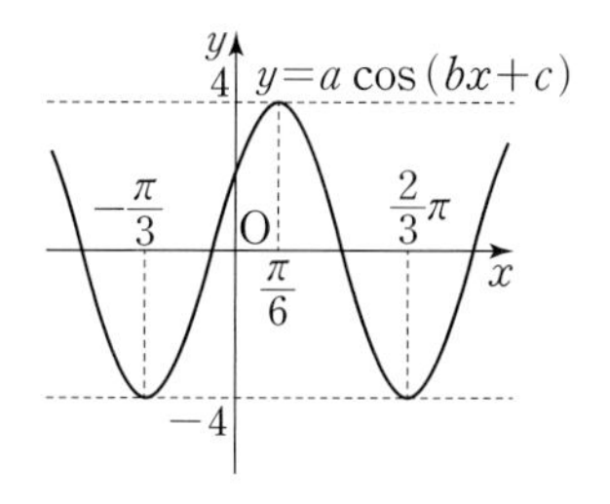

표현 바꾸기

한번 더 ☑ ☐

03-2

$a>0$, $b>0$일 때, 다음 물음에 답하시오.

(1) 함수 $f(x)=a\sin bx+c$의 주기가 π이고, 최댓값이 4, 최솟값이 -2일 때, 상수 a, b, c에 대하여 abc의 값을 구하시오.

(2) 함수 $f(x)=a\cos bx+c$의 주기가 $\frac{\pi}{2}$이고, 최댓값이 3, 최솟값이 -1일 때, 상수 a, b, c에 대하여 $a+b+c$의 값을 구하시오.

개념 넓히기

한번 더 ☑ ☐

03-3

함수 $y=a\cos(bx-c)+d$의 그래프가 오른쪽 그림과 같을 때, 상수 a, b, c, d에 대하여 $abcd$의 값을 구하시오.

(단, $a>0$, $b>0$, $0<c\le\pi$)

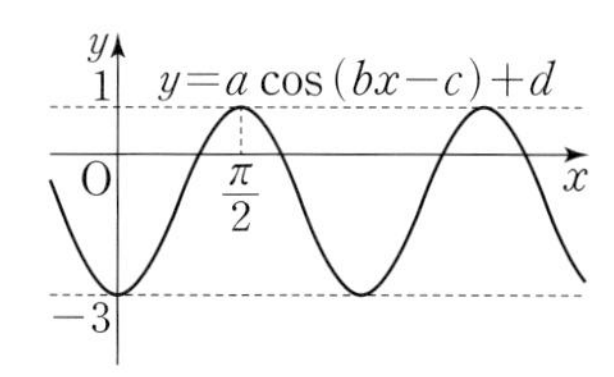

• 풀이 106쪽 ~ 107쪽

정답

03-1 $a=4$, $b=2$, $c=-\frac{\pi}{3}$　　**03-2** (1) 6　(2) 7　　**03-3** -4π

예제 04

$0<x<2\pi$에서 다음 물음에 답하시오.

(1) 두 함수 $y=\sin x$, $y=\sin 2x$의 그래프의 교점의 개수를 구하시오.

(2) 두 함수 $y=\cos x$, $y=\cos 3x$의 그래프의 교점의 개수를 구하시오.

접근 방법 삼각함수의 최댓값과 최솟값 및 주기를 생각하여 그래프를 그려서 교점의 개수를 세도록 한다.

수매씽 Point 삼각함수의 그래프에서 교점의 개수를 구한다.

상세 풀이 (1) 두 함수 $y=\sin x$, $y=\sin 2x$의 최댓값은 모두 1, 최솟값은 모두 -1이고, 주기는 각각 2π, π이므로 $0<x<2\pi$에서 두 함수 $y=\sin x$, $y=\sin 2x$의 그래프는 오른쪽 그림과 같다.
따라서 두 그래프의 교점의 개수는 3이다.

(2) 두 함수 $y=\cos x$, $y=\cos 3x$의 최댓값은 모두 1, 최솟값은 모두 -1이고, 주기는 각각 2π, $\frac{2}{3}\pi$이므로 $0<x<2\pi$에서 두 함수 $y=\cos x$, $y=\cos 3x$의 그래프는 오른쪽 그림과 같다.
따라서 두 그래프의 교점의 개수는 3이다.

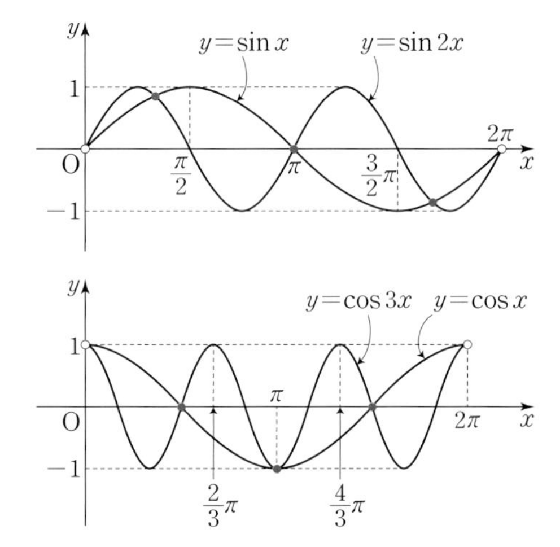

정답 (1) 3 (2) 3

보충 설명

두 함수 $y=\sin x$, $y=\sin 2x$의 그래프의 교점의 x좌표는 방정식 $\sin x=\sin 2x$의 해와 같으므로 뒤에서 배울 **2. 삼각함수를 포함한 방정식과 부등식**의 방법으로 풀어서 해의 개수를 구하여 교점의 개수를 구할 수도 있다.

숫자 바꾸기 한번 더

04-1

$0<x<2\pi$에서 다음 물음에 답하시오.

(1) 두 함수 $y=\sin 2x$, $y=\sin 3x$의 그래프의 교점의 개수를 구하시오.

(2) 두 함수 $y=\cos x$, $y=\cos 4x$의 그래프의 교점의 개수를 구하시오.

07

표현 바꾸기 한번 더

04-2

$0<x<6\pi$에서 두 함수 $y=\sin \frac{x}{3}$, $y=\cos \frac{x}{2}$의 그래프의 교점의 개수를 구하시오.

개념 넓히기 한번 더

04-3

$0<x<8$에서 두 함수 $y=2\sin \pi x$, $y=\sin \frac{\pi}{2}x$의 그래프의 교점의 개수는 m이고, 모든 교점의 x좌표의 합은 n이다. $m+n$의 값을 구하시오.

• 풀이 107쪽 ~ 108쪽

정답

04-1 (1) 5 (2) 6 **04-2** 3 **04-3** 35

출제 가능성

예제 05 삼각함수의 최대, 최소

다음 함수의 최댓값과 최솟값을 각각 구하시오.

(1) $y=\cos^2 x+\sin x$ (2) $y=4-\sin^2 x+\cos x$

접근 방법 $\sin^2 x+\cos^2 x=1$임을 이용하여 주어진 함수를 $\sin x$ 또는 $\cos x$에 대한 이차함수로 나타낸다. 이때 $\sin x=t$ (또는 $\cos x=t$)로 치환하면 $-1\le t\le 1$의 범위에서 t에 대한 이차함수의 최댓값과 최솟값을 구하는 것과 같다.

수매씽 Point $\sin x=t$ (또는 $\cos x=t$)로 치환하고 $-1\le t\le 1$의 범위에서 최댓값과 최솟값을 구한다.

상세 풀이 (1) $y=\cos^2 x+\sin x=(1-\sin^2 x)+\sin x=-\sin^2 x+\sin x+1$이므로

$\sin x=t$로 놓으면

$$y=-t^2+t+1=-\left(t-\frac{1}{2}\right)^2+\frac{5}{4} \quad \cdots\cdots \text{㉠}$$

이때 $-1\le \sin x\le 1$이므로 $-1\le t\le 1$의 범위에서 ㉠의 그래프는 오른쪽 그림과 같다.

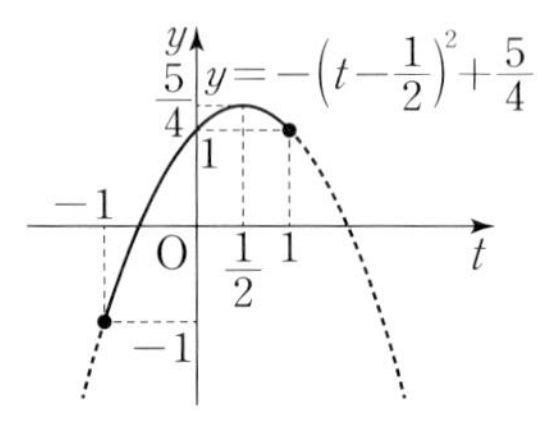

따라서 이 함수는 $t=\frac{1}{2}$일 때 최댓값 $\frac{5}{4}$, $t=-1$일 때 최솟값 -1을 갖는다.

(2) $y=4-\sin^2 x+\cos x=4-(1-\cos^2 x)+\cos x=\cos^2 x+\cos x+3$이므로

$\cos x=t$로 놓으면

$$y=t^2+t+3=\left(t+\frac{1}{2}\right)^2+\frac{11}{4} \quad \cdots\cdots \text{㉠}$$

이때 $-1\le \cos x\le 1$이므로 $-1\le t\le 1$의 범위에서 ㉠의 그래프는 오른쪽 그림과 같다.

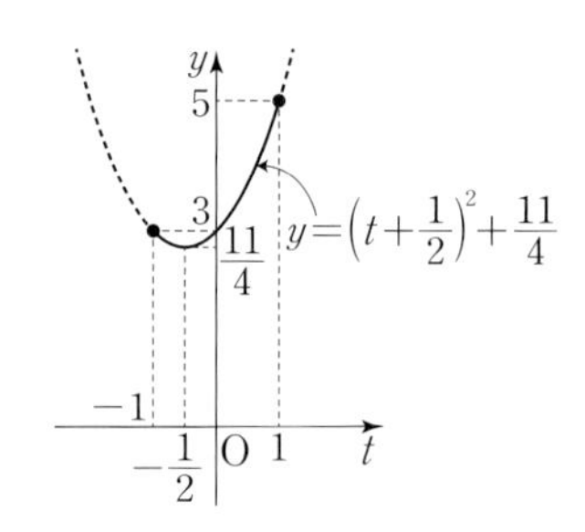

따라서 이 함수는 $t=1$일 때 최댓값 5, $t=-\frac{1}{2}$일 때 최솟값 $\frac{11}{4}$을 갖는다.

정답 (1) 최댓값 : $\frac{5}{4}$, 최솟값 : -1 (2) 최댓값 : 5, 최솟값 : $\frac{11}{4}$

보충 설명

(1)에서 함수 $y=-\sin^2 x+\sin x+1$은 두 함수 $f(x)=-x^2+x+1$, $g(x)=\sin x$의 합성함수 $y=(f\circ g)(x)=f(g(x))$이므로 $g(x)=t$로 놓고 $y=-t^2+t+1$ $(-1\le t\le 1)$의 최댓값, 최솟값을 구하는 문제와 같아짐을 알 수 있다.

숫자 바꾸기 　　　　한번 더 ☑ ☐

05-1

다음 함수의 최댓값과 최솟값을 각각 구하시오.

(1) $y=\sin^2 x+2\cos x-1$ 　　　　(2) $y=\sin^2 x-\cos^2 x+2\sin x$

표현 바꾸기 　　　　한번 더 ☑ ☐

05-2

함수 $y=a\sin^2 x-a\cos x+b$의 최댓값이 6, 최솟값이 -3일 때, 상수 a, b에 대하여 $a+b$의 값을 구하시오. (단, $a>0$)

개념 넓히기 　　　　한번 더 ☑ ☐

05-3

$0\le x<2\pi$에서 함수 $y=-\cos^2 x-2a\sin x+a+4$의 최솟값이 0이 되도록 하는 모든 실수 a의 값의 합을 구하시오.

• 풀이 108쪽～109쪽

정답

05-1 (1) 최댓값 : 1, 최솟값 : -3 (2) 최댓값 : 3, 최솟값 : $-\frac{3}{2}$ 　**05-2** 5 　**05-3** $\frac{8}{3}$

2 삼각함수를 포함한 방정식과 부등식

1 삼각함수를 포함한 방정식

$\sin x=\frac{1}{2}$, $\tan x=1$과 같이 삼각함수의 각의 크기를 미지수로 하는 방정식을 삼각방정식이라고 합니다. 삼각방정식은 삼각함수의 그래프를 이용하여 풀 수 있습니다.

일반적으로 방정식 $f(x)=a$의 실근은 함수 $y=f(x)$의 그래프와 직선 $y=a$의 교점의 x좌표이므로 삼각방정식 역시 삼각함수의 그래프와 직선의 교점을 이용하여 풉니다.

1. 방정식 $\sin x=a$ $(0\le x<2\pi)$의 해

방정식 $\sin x=a$ $(0\le x<2\pi)$의 해는 $0\le x<2\pi$에서 함수 $y=\sin x$의 그래프와 직선 $y=a$의 교점의 x좌표이므로 다음 그림에서 $x=\alpha$ 또는 $x=\beta$가 방정식 $\sin x=a$ $(0\le x<2\pi)$의 해입니다.

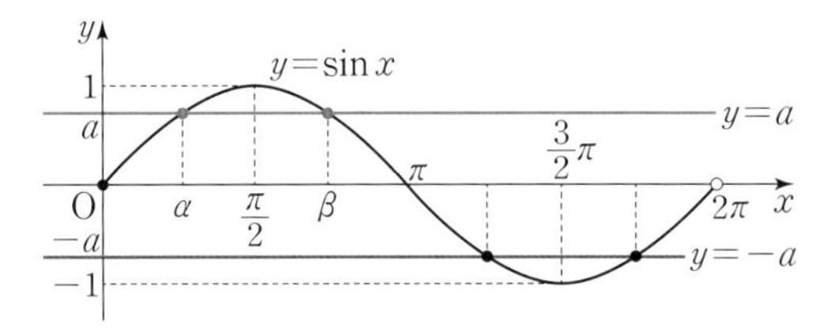

위의 그림에서 알 수 있듯이 a의 값에 따라 방정식의 해 α, β의 값이 변합니다. 또한 α, β가 서로 다른 실수일 때, α, β는 직선 $x=\frac{\pi}{2}$ 또는 $x=\frac{3}{2}\pi$에 대하여 서로 대칭임을 알 수 있습니다.

(1) $0\le a<1$일 때

α, β는 서로 다른 실수이고, α, β는 직선 $x=\frac{\pi}{2}$에 대하여 대칭이므로 $\frac{\alpha+\beta}{2}=\frac{\pi}{2}$, 즉 $\alpha+\beta=\pi$가 성립합니다.

따라서 방정식 $\sin x=a$ $(0\le a<1)$의 해를 구할 때, $0\le x<\frac{\pi}{2}$에서 한 근 $x=\alpha$를 구하면 함수 $y=\sin x$의 그래프의 대칭성에 의하여 $\beta=\pi-\alpha$이므로 다른 한 근 $x=\beta$를 쉽게 구할 수 있습니다.

(2) $-1<a<0$일 때

α, β는 서로 다른 실수이고, α, β는 직선 $x=\frac{3}{2}\pi$에 대하여 대칭이므로 $\frac{\alpha+\beta}{2}=\frac{3}{2}\pi$, 즉 $\alpha+\beta=3\pi$가 성립합니다.

따라서 방정식 $\sin x=a$ $(-1<a<0)$의 해를 구할 때, $\pi<x<\frac{3}{2}\pi$에서 한 근 $x=\alpha$를 구하면 함수 $y=\sin x$의 그래프의 대칭성에 의하여 $\beta=3\pi-\alpha$이므로 다른 한 근 $x=\beta$를 쉽게 구할 수 있습니다.

Example 방정식 $\sin x=\frac{1}{2}$ $(0\le x<2\pi)$의 해를 구해 보자.

구하는 방정식의 해는 $0\le x<2\pi$에서 함수 $y=\sin x$의 그래프와 직선 $y=\frac{1}{2}$의 교점의 x좌표이다.

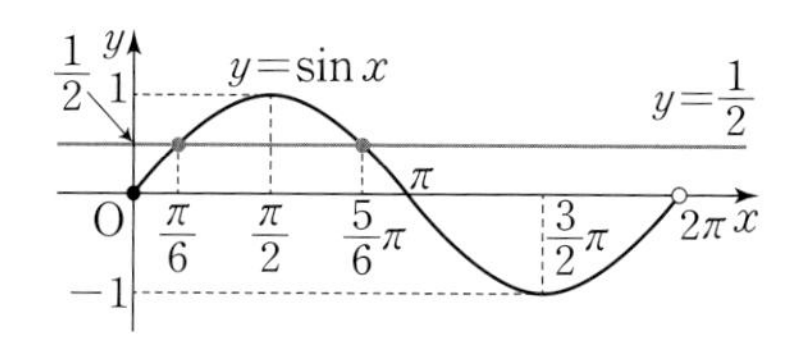

이때 $\sin\frac{\pi}{6}=\frac{1}{2}$이므로 두 교점 중 한 교점의 x좌표는 $\frac{\pi}{6}$이고, 다른 한 교점의 x좌표는 $\pi-\frac{\pi}{6}=\frac{5}{6}\pi$이므로 구하는 방정식의 해는

$x=\frac{\pi}{6}$ 또는 $x=\frac{5}{6}\pi$

2. 방정식 $\cos x=a$ $(0\le x<2\pi)$의 해

방정식 $\cos x=a$ $(0\le x<2\pi)$의 해는 $0\le x<2\pi$에서 함수 $y=\cos x$의 그래프와 직선 $y=a$의 교점의 x좌표이므로 다음 그림에서 $x=\alpha$ 또는 $x=\beta$가 방정식 $\cos x=a$ $(0\le x<2\pi)$의 해입니다.

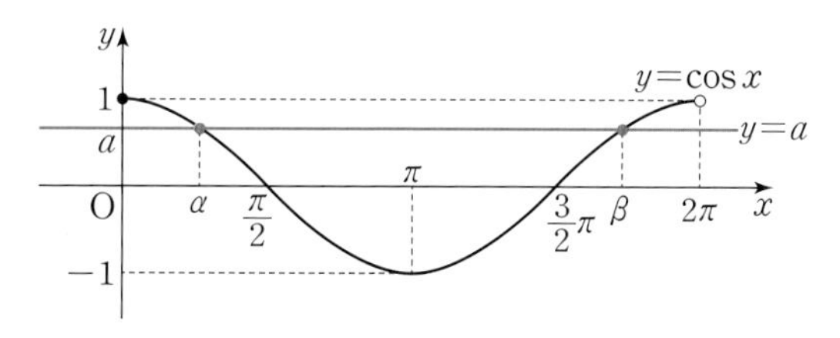

위의 그림에서 알 수 있듯이 a의 값에 따라 방정식의 해 α, β의 값이 변합니다. 또한 α, β가 서로 다른 실수일 때, α, β는 직선 $x=\pi$에 대하여 서로 대칭임을 알 수 있습니다.

즉, $-1<a<1$이면 α, β는 서로 다른 실수이고, α, β는 직선 $x=\pi$에 대하여 대칭이므로 $\frac{\alpha+\beta}{2}=\pi$, 즉 $\alpha+\beta=2\pi$가 성립합니다.

따라서 방정식 $\cos x=a$ $(-1<a<1)$의 해를 구할 때, $0<x<\pi$에서 한 근 $x=\alpha$를 구하면 함수 $y=\cos x$의 그래프의 대칭성에 의하여 $\beta=2\pi-\alpha$이므로 다른 한 근 $x=\beta$를 쉽게 구할 수 있습니다.

Example 방정식 $\cos x=\frac{1}{2}$ $(0\le x<2\pi)$의 해를 구해 보자.······★

구하는 방정식의 해는 $0\le x<2\pi$에서 함수 $y=\cos x$의 그래프와 직선 $y=\frac{1}{2}$의 교점의 x좌표이다. 이때 $\cos\frac{\pi}{3}=\frac{1}{2}$이므로 두 교점 중 한 교점의 x좌표는 $\frac{\pi}{3}$이고, 다른 한 교점의 x좌표는 $2\pi-\frac{\pi}{3}=\frac{5}{3}\pi$이므로 구하는 방정식의 해는

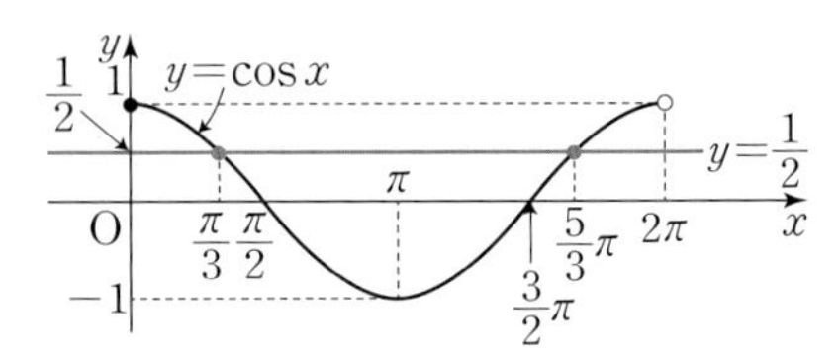

$x=\frac{\pi}{3}$ 또는 $x=\frac{5}{3}\pi$

3. 방정식 $\tan x=a$ $(0\le x<2\pi)$의 해

방정식 $\tan x=a$ $(0\le x<2\pi)$의 해는 $0\le x<2\pi$에서 함수 $y=\tan x$의 그래프와 직선 $y=a$의 교점의 x좌표이므로 오른쪽 그림에서 $x=\alpha$ 또는 $x=\beta$가 방정식 $\tan x=a$ $(0\le x<2\pi)$의 해입니다.

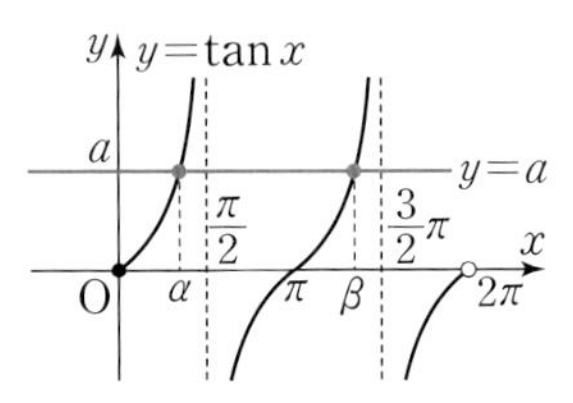

위의 그림에서 알 수 있듯이 a의 값에 따라 방정식의 해 α, β의 값이 변합니다. 또한 함수 $y=\tan x$의 주기는 π이므로 α, β에 대하여 $\beta=\pi+\alpha$임을 알 수 있습니다.

따라서 방정식 $\tan x=a$의 해를 구할 때, $0\le x<\pi$에서 한 근 $x=\alpha$를 구하면 $\beta=\pi+\alpha$이므로 다른 한 근 $x=\beta$를 쉽게 구할 수 있습니다.

Example 방정식 $\tan x=\sqrt{3}$ $(0\le x<2\pi)$의 해를 구해 보자.

구하는 방정식의 해는 $0\le x<2\pi$에서 함수 $y=\tan x$의 그래프와 직선 $y=\sqrt{3}$의 교점의 x좌표이다.

이때 $\tan\frac{\pi}{3}=\sqrt{3}$이므로 두 교점 중 한 교점의 x좌표는 $\frac{\pi}{3}$이고, 다른 한 교점의 x좌표는 $\pi+\frac{\pi}{3}=\frac{4}{3}\pi$이므로 구하는 방정식의 해는

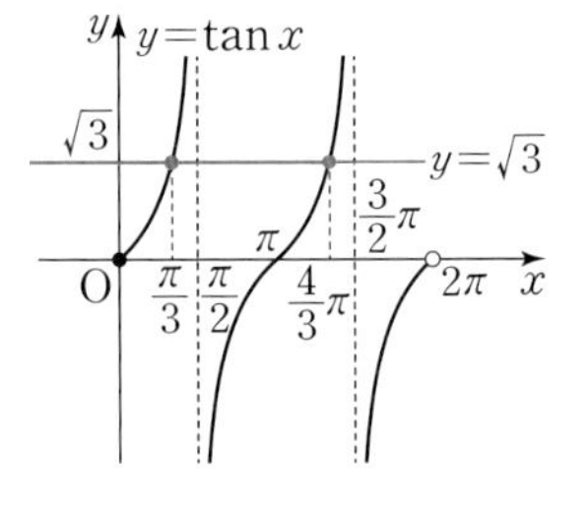

$x=\frac{\pi}{3}$ 또는 $x=\frac{4}{3}\pi$

개념 Point **삼각방정식의 해**

1 방정식 $\sin x=a$ $(0\le x<2\pi)$의 해 구하기
$0\le x<2\pi$에서 함수 $y=\sin x$의 그래프와 직선 $y=a$의 교점의 x좌표를 구한다.

2 방정식에 코사인함수, 탄젠트함수가 주어진 경우에도 같은 방법으로 푼다.

Plus

방정식 $\sin x=a$ 또는 $\cos x=a$의 해는 삼각함수의 그래프의 대칭성을 이용하여 구하고, 방정식 $\tan x=a$의 해는 주기를 이용하여 구한다.

❷ 삼각함수를 포함한 부등식

$\sin x > \frac{\sqrt{3}}{2}$, $\cos x < -\frac{1}{2}$과 같이 삼각함수의 각의 크기를 미지수로 하는 부등식을 삼각부등식이라고 합니다. 삼각부등식도 삼각함수의 그래프를 이용하여 풀 수 있습니다.

일반적으로 부등식 $f(x) > a$의 해는 함수 $y=f(x)$의 그래프가 직선 $y=a$보다 위쪽에 있는 x의 값의 범위이므로 삼각함수를 포함한 방정식의 해를 구할 때와 마찬가지로 삼각함수의 그래프와 직선의 교점을 이용하여 풉니다.

예를 들어 부등식 $\sin x < a$ $(0 \le x < 2\pi)$의 해는 함수 $y=\sin x$의 그래프와 직선 $y=a$의 교점의 x좌표를 구한 후, 주어진 부등식을 만족시키는 x의 값의 범위를 구합니다.

부등식에 코사인함수, 탄젠트함수가 주어진 경우에도 같은 방법으로 풉니다.

Example 부등식 $\cos x < \frac{1}{2}$ $(0 \le x < 2\pi)$의 해를 구해 보자.

함수 $y=\cos x$ $(0 \le x < 2\pi)$의 그래프와 직선 $y=\frac{1}{2}$의 교점의 x좌표는

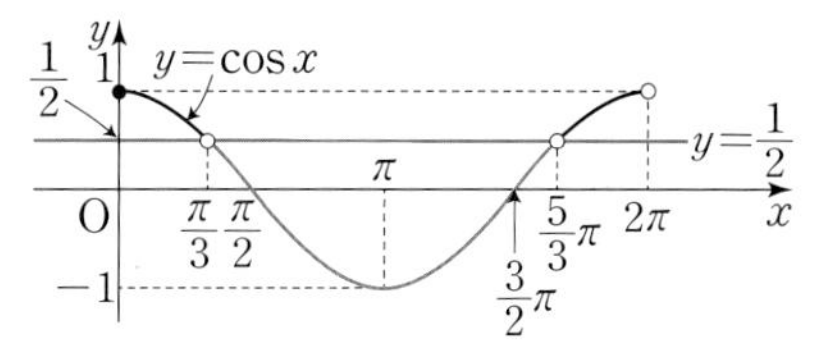

따라서 구하는 부등식의 해는 함수 $y=\cos x$의 그래프가 직선 $y=\frac{1}{2}$보다 아래쪽에 있는 x의 값의 범위이므로

$$\frac{\pi}{3} < x < \frac{5}{3}\pi$$

개념 Point 삼각부등식의 해

1 부등식 $\sin x < a$ $(0 \le x < 2\pi)$의 해는 다음과 같은 순서로 푼다.
   ❶ 방정식 $\sin x = a$ $(0 \le x < 2\pi)$의 해를 구한다.
   ❷ 부등식 $\sin x < a$ $(0 \le x < 2\pi)$를 만족시키는 x의 값의 범위를 구한다.
2 부등식에 코사인함수, 탄젠트함수가 주어진 경우에도 같은 방법으로 푼다.

개념 Plus 단위원을 이용한 삼각함수를 포함한 방정식과 부등식의 풀이

삼각함수의 각을 미지수로 하는 방정식과 부등식의 해는 앞에서 배웠듯이 삼각함수의 그래프와 직선의 교점을 이용하여 구할 수 있지만, 다음과 같이 단위원을 이용하여 구하는 방법도 있다.

1 단위원을 이용한 삼각방정식의 풀이

원점을 중심으로 하는 단위원 위의 점 $P(x, y)$에 대하여 동경 OP가 나타내는 각을 θ라고 하면 삼각함수의 정의에 의하여 $\sin\theta=\frac{y}{1}=y$이므로 방정식 $\sin\theta=k\ (0\le\theta<2\pi)$의 해는 단위원과 직선 $y=k$의 교점 P에 대하여 동경 OP가 나타내는 각의 크기 $\theta\ (0\le\theta<2\pi)$이다.

Example 방정식 $\sin\theta=-\frac{1}{2}\ (0\le\theta<2\pi)$의 해를 구해 보자.

원점을 중심으로 하는 단위원과 직선 $y=-\frac{1}{2}$의 두 교점 P, Q에 대하여 동경 OP가 나타내는 각의 크기는 $\frac{7}{6}\pi$, 동경 OQ가 나타내는 각의 크기는 $\frac{11}{6}\pi$이다.

따라서 구하는 방정식의 해는

$$\theta=\frac{7}{6}\pi \text{ 또는 } \theta=\frac{11}{6}\pi$$

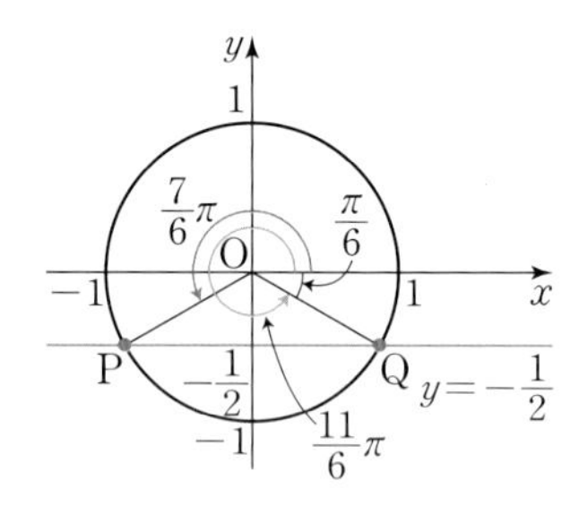

또한 원점을 중심으로 하는 단위원 위의 점 $P(x, y)$에 대하여 동경 OP가 나타내는 각을 θ라고 하면 삼각함수의 정의에 의하여 $\cos\theta=\frac{x}{1}=x$이므로 방정식 $\cos\theta=k\ (0\le\theta<2\pi)$의 해는 단위원과 직선 $x=k$의 교점 P에 대하여 동경 OP가 나타내는 각의 크기 $\theta\ (0\le\theta<2\pi)$이다.

2 단위원을 이용한 삼각부등식의 풀이

삼각함수를 포함한 부등식의 해는 위와 같이 삼각함수를 포함한 방정식의 해를 구한 후, 이를 경계의 값으로 하여 θ의 값의 범위를 구하면 된다.

Example 부등식 $\sin\theta>-\frac{1}{2}\ (0\le\theta<2\pi)$의 해를 구해 보자.

부등식 $\sin\theta>-\frac{1}{2}\ (0\le\theta<2\pi)$을 만족시키는 θ의 값의 범위는 오른쪽 그림과 같이 점 P의 y좌표가 $-\frac{1}{2}$보다 클 때의 동경 OP가 나타내는 각의 범위가 된다.

따라서 구하는 부등식의 해는

$$0\le\theta<\frac{7}{6}\pi \text{ 또는 } \frac{11}{6}\pi<\theta<2\pi$$

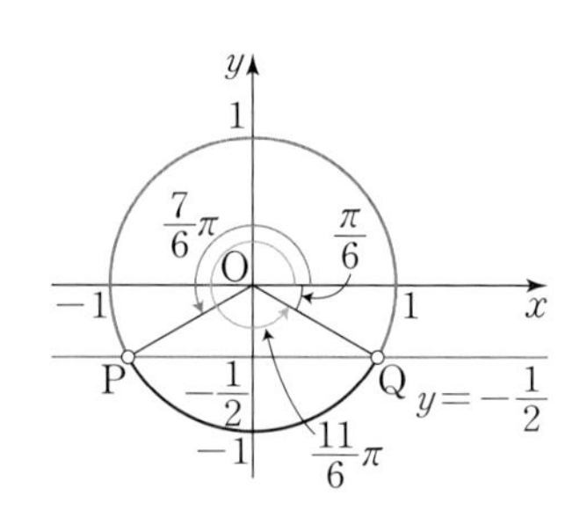

개념 콕콕

1 다음 방정식을 푸시오. (단, $0 \le x < 2\pi$)

(1) $\sin x = \frac{\sqrt{3}}{2}$ (2) $\cos x = \frac{\sqrt{3}}{2}$ (3) $\tan x = 1$

2 다음 방정식을 푸시오. (단, $0 \le x < \pi$)

(1) $\sin 2x = \frac{1}{2}$ (2) $\cos \frac{x}{2} = \frac{\sqrt{2}}{2}$ (3) $\tan \frac{3}{2}x = \sqrt{3}$

3 다음 방정식을 푸시오. (단, $0 \le x < 2\pi$)

(1) $\sin\left(x - \frac{\pi}{4}\right) = -\frac{1}{2}$ (2) $\cos\left(x + \frac{\pi}{3}\right) = \frac{\sqrt{3}}{2}$ (3) $\tan\left(x + \frac{\pi}{6}\right) = 1$

4 다음 부등식을 푸시오. (단, $0 \le x < 2\pi$)

(1) $\sin x < -\frac{\sqrt{2}}{2}$ (2) $2\cos x \ge 1$ (3) $\tan x > 1$

• 풀이 109쪽~111쪽

정답

1 (1) $x = \frac{\pi}{3}$ 또는 $x = \frac{2}{3}\pi$ (2) $x = \frac{\pi}{6}$ 또는 $x = \frac{11}{6}\pi$ (3) $x = \frac{\pi}{4}$ 또는 $x = \frac{5}{4}\pi$

2 (1) $x = \frac{\pi}{12}$ 또는 $x = \frac{5}{12}\pi$ (2) $x = \frac{\pi}{2}$ (3) $x = \frac{2}{9}\pi$ 또는 $x = \frac{8}{9}\pi$

3 (1) $x = \frac{\pi}{12}$ 또는 $x = \frac{17}{12}\pi$ (2) $x = \frac{3}{2}\pi$ 또는 $x = \frac{11}{6}\pi$ (3) $x = \frac{\pi}{12}$ 또는 $x = \frac{13}{12}\pi$

4 (1) $\frac{5}{4}\pi < x < \frac{7}{4}\pi$ (2) $0 \le x \le \frac{\pi}{3}$ 또는 $\frac{5}{3}\pi \le x < 2\pi$ (3) $\frac{\pi}{4} < x < \frac{\pi}{2}$ 또는 $\frac{5}{4}\pi < x < \frac{3}{2}\pi$

예제 06 삼각방정식의 풀이

다음 방정식을 푸시오. (단, $0 \le x < 2\pi$)

(1) $2\sin^2 x - 3\cos x = 0$　　　　(2) $2\cos^2 x + \sin x = 1$

접근 방법 $\sin^2 x + \cos^2 x = 1$임을 이용하여 주어진 삼각방정식을 $\cos x$ 또는 $\sin x$에 대한 이차방정식으로 만든다. 이 이차방정식을 풀어 $\cos x$ 또는 $\sin x$의 값을 구한 후 그래프를 이용하여 해를 구한다.

$\sin^2 x + \cos^2 x = 1$임을 이용하여 $\cos x$ 또는 $\sin x$에 대한 이차방정식을 만들어 푼다.

상세 풀이 (1) $2\sin^2 x - 3\cos x = 0$에서

$2(1-\cos^2 x) - 3\cos x = 0$, $2\cos^2 x + 3\cos x - 2 = 0$

$(2\cos x - 1)(\cos x + 2) = 0$

$\therefore \cos x = \frac{1}{2}$ ($\because -1 \le \cos x \le 1$)

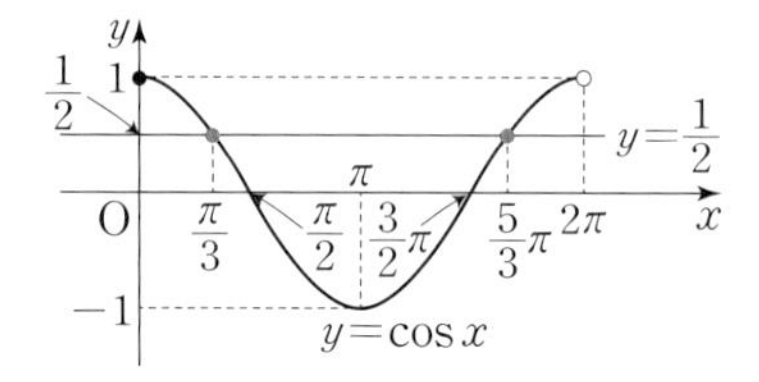

따라서 오른쪽 그림에서 구하는 방정식의 해는

$x = \frac{\pi}{3}$ 또는 $x = \frac{5}{3}\pi$

(2) $2\cos^2 x + \sin x = 1$에서

$2(1-\sin^2 x) + \sin x = 1$, $2\sin^2 x - \sin x - 1 = 0$

$(2\sin x + 1)(\sin x - 1) = 0$

$\therefore \sin x = -\frac{1}{2}$ 또는 $\sin x = 1$

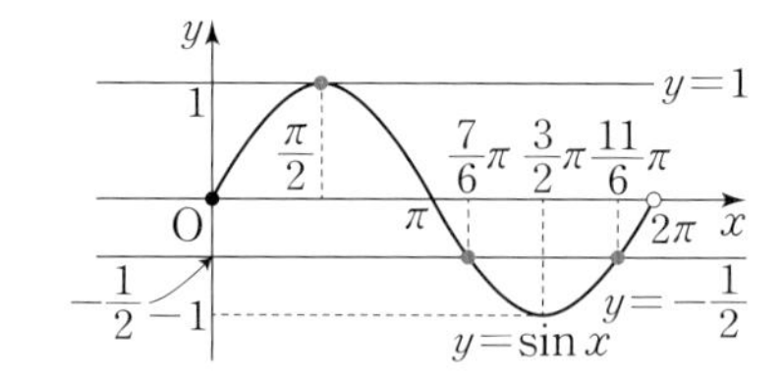

따라서 오른쪽 그림에서 구하는 방정식의 해는

$x = \frac{\pi}{2}$ 또는 $x = \frac{7}{6}\pi$ 또는 $x = \frac{11}{6}\pi$

정답 (1) $x = \frac{\pi}{3}$ 또는 $x = \frac{5}{3}\pi$　(2) $x = \frac{\pi}{2}$ 또는 $x = \frac{7}{6}\pi$ 또는 $x = \frac{11}{6}\pi$

보충 설명

(2)에서 방정식 $\sin\theta = -\frac{1}{2}$의 해를 삼각함수의 그래프를 이용하지 않고 단위원을 이용하여 구할 수도 있다. 단위원 O와 직선 $y = -\frac{1}{2}$의 두 교점을 각각 P, Q라 하고, 두 동경 OP, OQ가 나타내는 각의 크기 θ를 각각 구하면 $\theta = \frac{7}{6}\pi$ 또는 $\theta = \frac{11}{6}\pi$임을 알 수 있다.

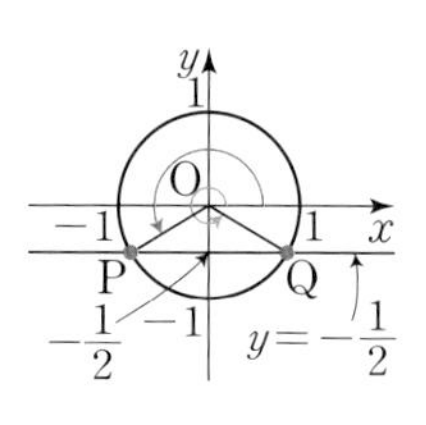

숫자 바꾸기

한번 더 ☑ ☐

06-1

다음 방정식을 푸시오. (단, $0\le x<2\pi$)

(1) $2\cos^2 x+3\sin x-3=0$　　(2) $2\sin^2 x=\cos x+1$

표현 바꾸기

한번 더 ☑ ☐

06-2

다음 방정식을 푸시오. (단, $0\le x<2\pi$)

(1) $\sin x=\tan x$　　(2) $\tan x+\dfrac{1}{\tan x}=\dfrac{4}{\sqrt{3}}$

개념 넓히기

한번 더 ☑ ☐

06-3

다음 그림은 함수 $y=\sin x$의 그래프와 직선 $y=\dfrac{3}{5}$을 나타낸 것이다.

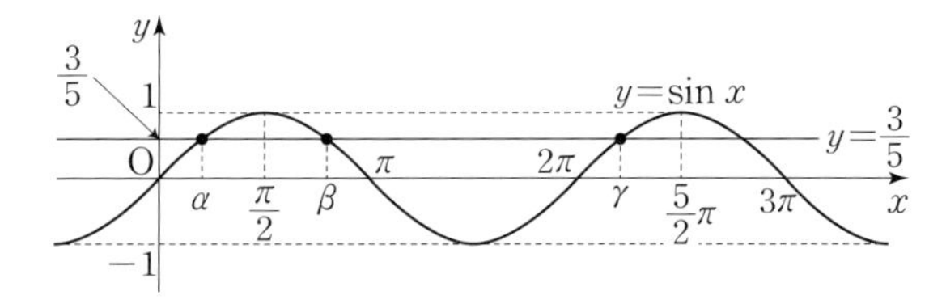

$0\le x<\dfrac{5}{2}\pi$에서 방정식 $\sin x=\dfrac{3}{5}$의 서로 다른 세 실근을 α, β, γ $(\alpha<\beta<\gamma)$라고 할 때, $\sin(\alpha+\beta+\gamma)$의 값을 구하시오.

• 풀이 111쪽

정답

06-1 (1) $x=\dfrac{\pi}{6}$ 또는 $x=\dfrac{\pi}{2}$ 또는 $x=\dfrac{5}{6}\pi$　(2) $x=\dfrac{\pi}{3}$ 또는 $x=\pi$ 또는 $x=\dfrac{5}{3}\pi$

06-2 (1) $x=0$ 또는 $x=\pi$　(2) $x=\dfrac{\pi}{6}$ 또는 $x=\dfrac{\pi}{3}$ 또는 $x=\dfrac{7}{6}\pi$ 또는 $x=\dfrac{4}{3}\pi$　　**06-3** $-\dfrac{3}{5}$

예제 07 삼각방정식의 실근의 개수

방정식 $\sin \pi x = \frac{1}{3}x$의 실근의 개수를 구하시오.

접근 방법 방정식 $\sin \pi x = \frac{1}{3}x$의 실근의 개수는 함수 $y = \sin \pi x$의 그래프와 직선 $y = \frac{1}{3}x$의 교점의 개수와 같음을 이용한다.

수매씽 Point 방정식 $f(x) = g(x)$의 실근의 개수
➡ 두 함수 $y = f(x)$, $y = g(x)$의 그래프의 교점의 개수

상세 풀이 함수 $y = \sin \pi x$의 주기는 $\frac{2\pi}{|\pi|} = 2$이고, 최댓값은 1, 최솟값은 -1이다.

이때 함수 $y = \sin \pi x$의 그래프와 직선 $y = \frac{1}{3}x$는 다음 그림과 같다.

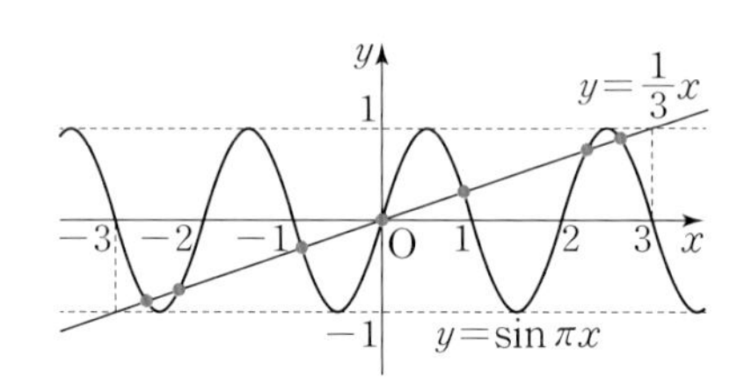

따라서 함수의 그래프와 직선의 교점이 7개이므로 구하는 실근의 개수는 7이다.

정답 7

보충 설명

(1) 방정식 $f(x) = g(x)$의 실근은 두 함수 $y = f(x)$, $y = g(x)$의 그래프의 교점의 x좌표이다.

(2) $|\sin \pi x| \le 1$이므로 $|y| > 1$인 범위에서는 함수 $y = \sin \pi x$의 그래프와 직선 $y = \frac{1}{3}x$의 교점이 존재하지 않는다.

숫자 바꾸기

풀이 112쪽 + 보충 설명 한번 더

07-1

방정식 $\cos 2x=\frac{1}{3\pi}x$의 실근의 개수를 구하시오.

표현 바꾸기

한번 더

07-2

다음 방정식의 실근의 개수를 구하시오.

(1) $3\cos \pi x=\sin \frac{\pi}{3}x$ $(0\leq x\leq 7)$

(2) $x\sin x=1$ $(-5\pi\leq x\leq 5\pi)$

개념 넓히기

한번 더

07-3

방정식 $\sin \frac{\pi}{2}x=\frac{1}{10}x$의 실근의 개수를 a, 모든 실근의 합을 b, 모든 실근의 곱을 c라고 할 때, $a+b+c$의 값을 구하시오.

• 풀이 112쪽~113쪽

정답

07-1 13 **07-2** (1) 7 (2) 12 **07-3** 11

예제 08

다음 부등식을 푸시오. (단, $0 \le x < 2\pi$)

(1) $\sin x > \cos x$ (2) $2\sin^2 x - 3\cos x \ge 0$

접근 방법 (1)에서는 $y_1 = \sin x$의 그래프와 $y_2 = \cos x$의 그래프를 그려서 $y_1 > y_2$를 만족시키는 x의 값의 범위를 구하고, (2)에서는 $\sin^2 x = 1 - \cos^2 x$임을 이용하여 $\cos x$에 대한 이차부등식을 푼 다음 삼각함수의 그래프를 이용하여 x의 값의 범위를 구한다.

수매씽 Point 삼각부등식은 삼각함수의 그래프를 이용하여 x의 값의 범위를 구한다.

상세 풀이 (1) 부등식 $\sin x > \cos x$의 해는 함수 $y = \sin x$의 그래프가 함수 $y = \cos x$의 그래프보다 위쪽에 있는 x의 값의 범위이므로

$$\frac{\pi}{4} < x < \frac{5}{4}\pi$$

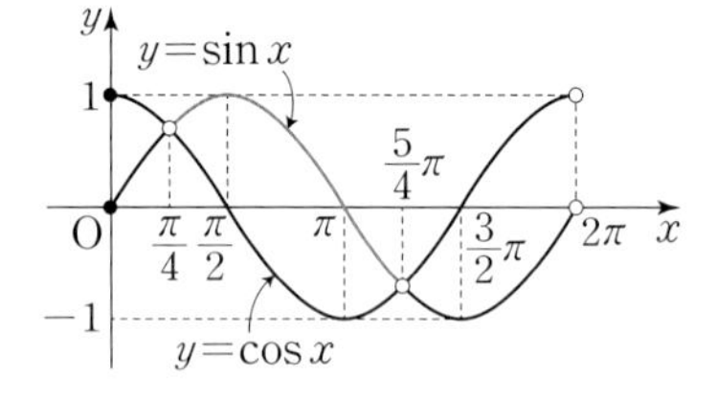

(2) $2\sin^2 x - 3\cos x \ge 0$에서

$$2(1-\cos^2 x) - 3\cos x \ge 0,\ 2\cos^2 x + 3\cos x - 2 \le 0$$

$$(\cos x + 2)(2\cos x - 1) \le 0$$

$$\therefore\ -2 \le \cos x \le \frac{1}{2}$$

그런데 $-1 \le \cos x \le 1$이므로 $-1 \le \cos x \le \frac{1}{2}$

따라서 오른쪽 그림에서 주어진 부등식의 해는

$$\frac{\pi}{3} \le x \le \frac{5}{3}\pi$$

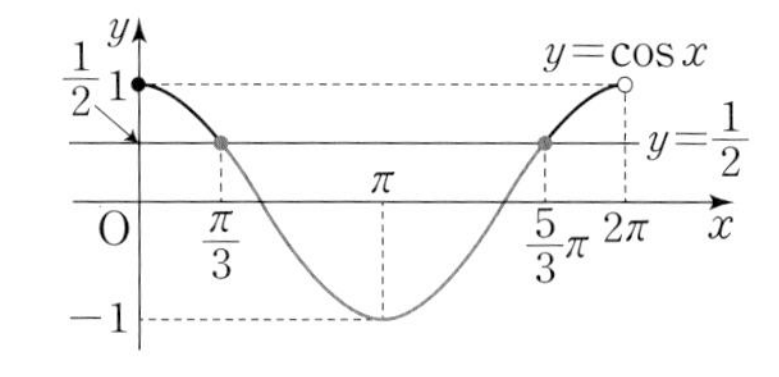

정답 (1) $\frac{\pi}{4} < x < \frac{5}{4}\pi$ (2) $\frac{\pi}{3} \le x \le \frac{5}{3}\pi$

보충 설명

방정식 $\sin x = \cos x$의 해가 $x = \frac{\pi}{4}$ 또는 $x = \frac{5}{4}\pi$이므로 이 값을 경계로 하여 삼각부등식의 해를 구할 수 있고, 방정식 $2\sin^2 x - 3\cos x = 0$의 해가 $x = \frac{\pi}{3}$ 또는 $x = \frac{5}{3}\pi$이므로 이 값을 경계로 하여 삼각부등식의 해를 구할 수 있다.

숫자 바꾸기

한번 더 ☑ ☐

08-1

다음 부등식을 푸시오. (단, $0 \le x < 2\pi$)

(1) $2\cos^2 x + 5\sin x - 4 > 0$ (2) $\sin^2 x + \cos x - 1 \ge 0$

표현 바꾸기

한번 더 ☑ ☐

08-2

$0 \le x < 2\pi$에서 부등식 $\sin x \le -\frac{1}{3}$의 해가 $\alpha \le x \le \beta$일 때, $\cos\frac{\alpha+\beta}{4}$의 값을 구하시오.

개념 넓히기

한번 더 ☑ ☐

08-3

모든 실수 x에 대하여 이차부등식 $x^2 - 2x\cos\theta + 2\cos\theta > 0$이 성립할 때, θ의 값의 범위를 구하시오. (단, $0 \le \theta < 2\pi$)

• 풀이 113쪽

정답

08-1 (1) $\frac{\pi}{6} < x < \frac{5}{6}\pi$ (2) $0 \le x \le \frac{\pi}{2}$ 또는 $\frac{3}{2}\pi \le x < 2\pi$

08-2 $-\frac{\sqrt{2}}{2}$

08-3 $0 \le \theta < \frac{\pi}{2}$ 또는 $\frac{3}{2}\pi < \theta < 2\pi$

1 함수 $y=\sin ax$의 그래프가 오른쪽 그림과 같을 때, 상수 a의 값은?

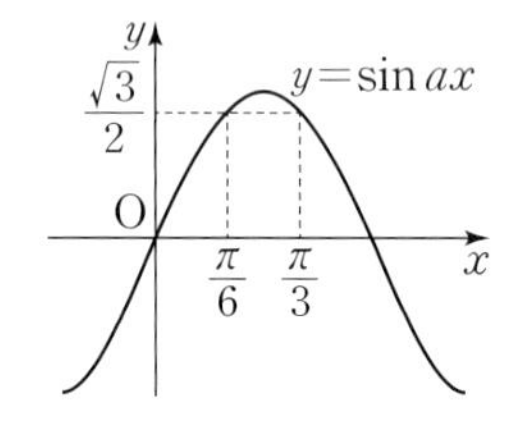

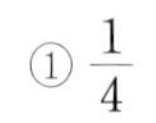  

① $\frac{1}{4}$ ② $\frac{1}{2}$ ③ 1

④ 2 ⑤ 4

2 다음 삼각함수의 그래프를 그리고, 최댓값, 최솟값 및 주기를 각각 구하시오.

(1) $y=\sin x+|\sin x|$ (2) $y=\cos x-|\cos x|$

3 다음 물음에 답하시오.

(1) 함수 $y=2\sin ax+a$의 주기가 4π일 때, 최댓값을 구하시오. (단, $a>0$)

(2) 함수 $y=3\cos ax+a$의 주기가 π일 때, 최솟값을 구하시오. (단, $a>0$)

(3) 함수 $y=\tan ax+b$의 주기가 4π이고 이 함수의 그래프가 점 $(\pi,\ 2)$를 지날 때, 상수 a, b의 값을 구하시오. (단, $a>0$)

4 함수 $y=\cos 2x+3$의 그래프와 함수 $y=\tan\left(x-\frac{\pi}{6}\right)$의 그래프의 점근선이 만나는 점의 y좌표를 구하시오.

5 함수 $f(x)=a\sin\frac{x}{2}+b$의 최댓값이 5이고, $f\left(\frac{\pi}{3}\right)=\frac{7}{2}$일 때, 양수 a, b에 대하여 ab의 값을 구하시오.

6 오른쪽 그림과 같이 함수 $y=8\sin\frac{\pi}{12}x$의 그래프와 x축 사이에 내접하는 직사각형 ABCD에 대하여 $\overline{BC}=8$일 때, 직사각형 ABCD의 넓이를 구하시오.

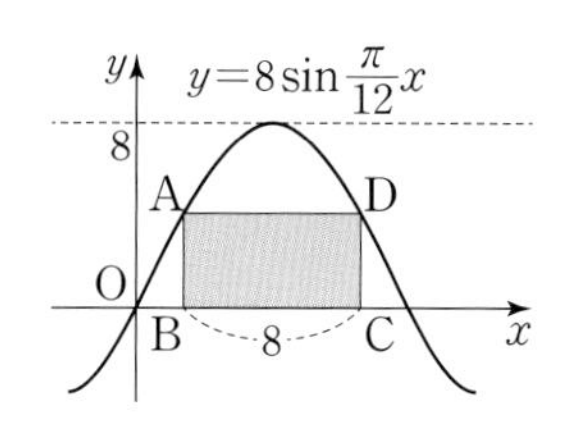

7 함수 $y=a\sin bx+c$의 그래프가 오른쪽 그림과 같을 때, 상수 a, b, c에 대하여 $a+b+c$의 값을 구하시오. (단, $a>0$, $b>0$)

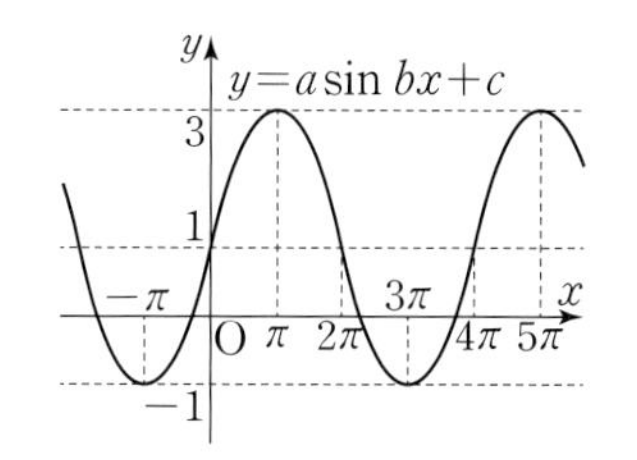

8 $0\le x<2\pi$에서 함수 $f(x)=\cos^2x-\sin^2x-2\cos x$의 최댓값과 최솟값의 합을 구하시오.

9 다음 물음에 답하시오.

(1) 방정식 $\sin x=\frac{\sqrt{3}}{3}$ $(0\le x<2\pi)$의 두 근을 α, β라고 할 때, $\cos(\alpha+\beta)$의 값을 구하시오.

(2) 방정식 $\cos x=\frac{1}{4}$ $(0\le x<2\pi)$을 만족시키는 모든 x의 값의 합을 θ라고 할 때, $\cos\frac{\theta}{6}$의 값을 구하시오.

10 다음 물음에 답하시오. (단, $0\le\theta\le2\pi$)

(1) x에 대한 이차방정식 $x^2-2\sqrt{2}x\sin\theta-3\cos\theta=0$이 중근을 가질 때, θ의 값을 구하시오.

(2) x에 대한 이차방정식 $x^2-2x\sin\theta-\frac{3}{2}\cos\theta=0$이 실근을 갖도록 하는 θ의 값의 범위를 구하시오.

07

11 두 함수 $y=a\sin x$와 $y=\frac{1}{3}\cos bx$의 그래프가 오른쪽 그림과 같다. 함수 $y=a\sin x$의 최댓값은 함수 $y=\frac{1}{3}\cos bx$의 최댓값의 3배일 때, 상수 a, b에 대하여 ab의 값은?
(단, $b>0$이고, 점선은 x축 또는 y축에 평행하다.)

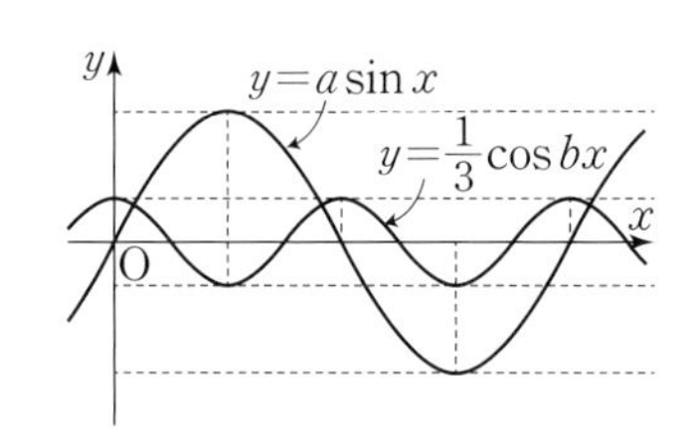

① $\frac{1}{3}$ ② $\frac{1}{2}$ ③ 1
④ 2 ⑤ 3

12 오른쪽 그림은 $0\le x\le\frac{5}{2}\pi$에서 함수 $y=\cos x$의 그래프와 직선 $y=k$를 나타낸 것이다. 두 그래프가 만나는 점의 x좌표를 작은 것부터 차례대로 a, $4b$, $5b$라고 할 때, 상수 a, b에 대하여 $a+b$의 값을 구하시오. (단, $0<k<1$)

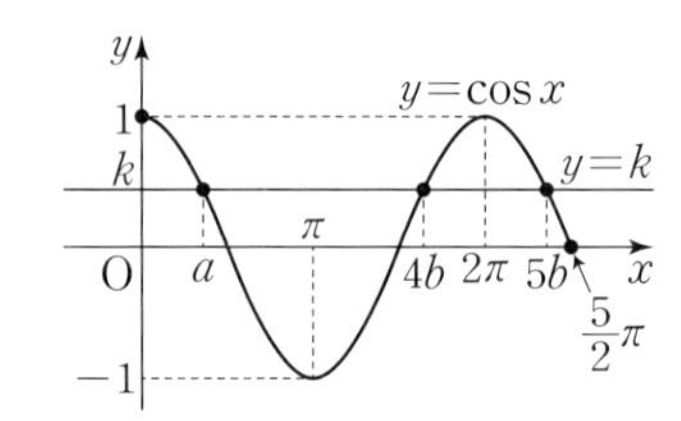

13 오른쪽 그림과 같이 좌표평면에서 중심이 원점 O인 단위원 위를 움직이는 점 P(x, y)에 대하여 선분 OP와 x축의 양의 방향이 이루는 각의 크기를 θ라고 하자. 함수 $f(\theta)$를 $f(\theta)=4x^2+4y$로 정의할 때, $f(\theta)$의 최댓값을 구하시오.

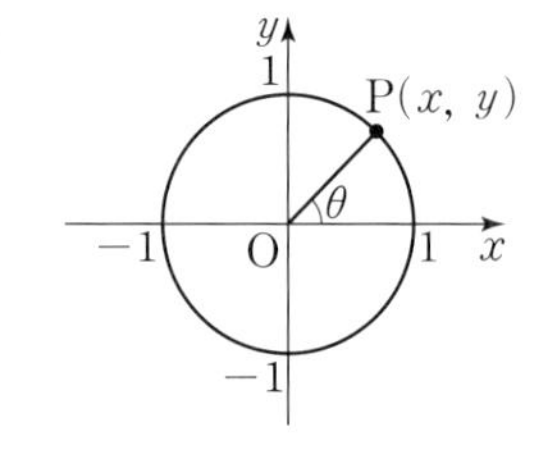

14 x에 대한 이차방정식 $x^2-x\sin\theta+\cos\theta-2=0$의 두 근을 α, β라고 할 때, $\alpha^2+\beta^2$의 최솟값을 구하시오. (단, θ는 실수이다.)

15 함수 $f(\theta)=\cos^2\left(\theta+\frac{\pi}{2}\right)-3\cos^2\theta+4\sin(\theta+\pi)$의 최댓값과 최솟값의 합을 구하시오.

16 세 양수 a, b, c에 대하여 정의역이 $\left\{x \middle| 0<x<\frac{2\pi}{b}\right\}$인 함수 $f(x)=a\cos bx+c$의 최댓값은 3이고 최솟값은 -1이다. 오른쪽 그림과 같이 함수 $y=f(x)$의 그래프는 x축과 두 점 A, B에서 만나고 직선 $y=-1$과 한 점 C에서 만난다. 삼각형 ABC의 넓이가 $\frac{\pi}{12}$일 때, abc의 값을 구하시오.

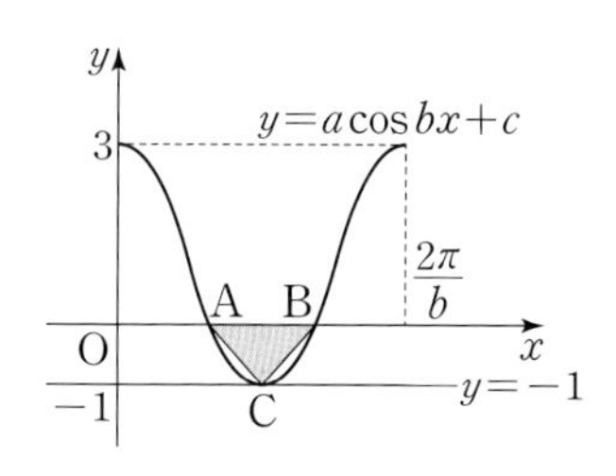

17 다음 물음에 답하시오.

(1) 방정식 $\sin 2x=-\frac{2}{3}$의 모든 실근의 합을 구하시오. (단, $0\le x<2\pi$)

(2) 방정식 $\cos \pi x=\cos a\pi$ $(0<a<1)$의 모든 실근의 합을 구하시오. (단, $0\le x\le 10$)

18 다음 물음에 답하시오. (단, $0\le x<2\pi$)

(1) 방정식 $\sin(\pi\cos x)=1$을 만족시키는 모든 x의 값의 합을 구하시오.

(2) 방정식 $\cos(2\pi\sin x)=0$을 만족시키는 모든 x의 값의 합을 구하시오.

19 다음 물음에 답하시오.

(1) 임의의 실수 x에 대하여 이차부등식 $x^2-2x\cos\theta+\sin\theta+1\ge 0$이 성립하도록 하는 θ의 값의 범위를 구하시오. (단, $0\le\theta<2\pi$)

(2) 모든 실수 x에 대하여 부등식 $\cos^2 x+(a+2)\sin x-(2a+1)>0$이 성립하도록 하는 실수 a의 값의 범위를 구하시오.

20 x에 대한 이차방정식 $x^2+2x\cos\theta+\sin^2\theta-\sin\theta+1=0$이 두 개의 양의 실근을 가질 때, θ의 값의 범위를 구하시오. (단, $0\le\theta\le\pi$)

• 정답 및 풀이 121쪽~122쪽

수능
21

함수 $f(x)=a-\sqrt{3}\tan 2x$가 닫힌구간 $\left[-\frac{\pi}{6},\ b\right]$에서 최댓값 7, 최솟값 3을 가질 때, $a\times b$의 값은? (단, a, b는 상수이다.)

① $\frac{\pi}{2}$ ② $\frac{5\pi}{12}$ ③ $\frac{\pi}{3}$ ④ $\frac{\pi}{4}$ ⑤ $\frac{\pi}{6}$

평가원
22

실수 k에 대하여 함수 $f(x)=\cos^2\left(x-\frac{3}{4}\pi\right)-\cos\left(x-\frac{\pi}{4}\right)+k$의 최댓값은 3, 최솟값은 m이다. $k+m$의 값은?

① 2 ② $\frac{9}{4}$ ③ $\frac{5}{2}$ ④ $\frac{11}{4}$ ⑤ 3

수능
23

양수 a에 대하여 집합 $\left\{x \,\middle|\, -\frac{a}{2}<x\le a,\ x\ne\frac{a}{2}\right\}$에서 정의된 함수 $f(x)=\tan\frac{\pi x}{a}$가 있다. 그림과 같이 함수 $y=f(x)$의 그래프 위의 세 점 O, A, B를 지나는 직선이 있다. 점 A를 지나고 x축에 평행한 직선이 함수 $y=f(x)$의 그래프와 만나는 점 중 A가 아닌 점을 C라 하자. 삼각형 ABC가 정삼각형일 때, 삼각형 ABC의 넓이는? (단, O는 원점이다.)

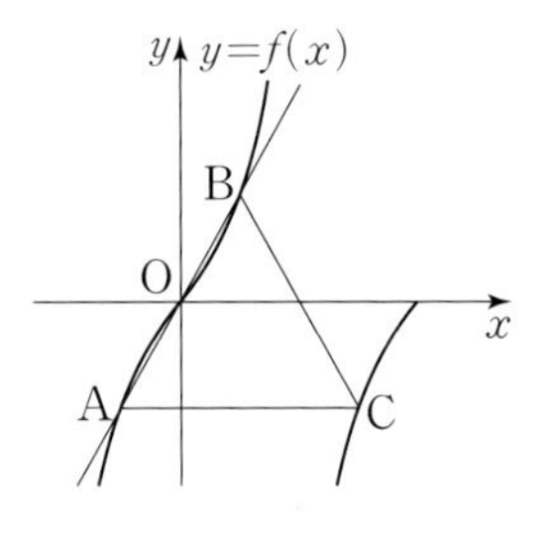

① $\frac{3\sqrt{3}}{2}$ ② $\frac{17\sqrt{3}}{12}$ ③ $\frac{4\sqrt{3}}{3}$ ④ $\frac{5\sqrt{3}}{4}$ ⑤ $\frac{7\sqrt{3}}{6}$

교육청
24

양수 a에 대하여 함수 $f(x)=\left|4\sin\left(ax-\frac{\pi}{3}\right)+2\right|\ \left(0\le x<\frac{4\pi}{a}\right)$의 그래프가 직선 $y=2$와 만나는 서로 다른 점의 개수는 n이다. 이 n개의 점의 x좌표의 합이 39일 때, $n\times a$의 값은?

① $\frac{\pi}{2}$ ② π ③ $\frac{3\pi}{2}$ ④ 2π ⑤ $\frac{5\pi}{2}$

08

Ⅱ. 삼각함수

삼각함수의 활용

1 사인법칙과 코사인법칙

- 예제 01 사인법칙 (1)
- 예제 02 사인법칙 (2)
- 예제 03 코사인법칙 (1)
- 예제 04 코사인법칙 (2)
- 예제 05 원에서의 사인법칙, 코사인법칙
- 예제 06 삼각형의 모양
- 예제 07 사인법칙의 활용
- 예제 08 코사인법칙의 활용 - 최단 거리

• 사인법칙

삼각형 ABC에서 외접원의 반지름의 길이를 R이라고 하면

$$\frac{a}{\sin A}=\frac{b}{\sin B}=\frac{c}{\sin C}=2R$$

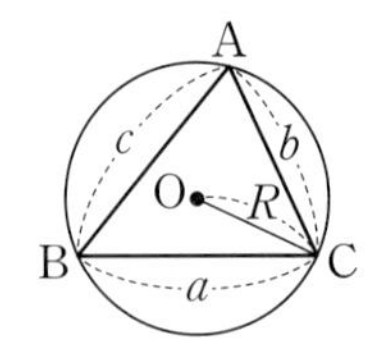

• 코사인법칙

삼각형 ABC에서 다음이 성립한다.

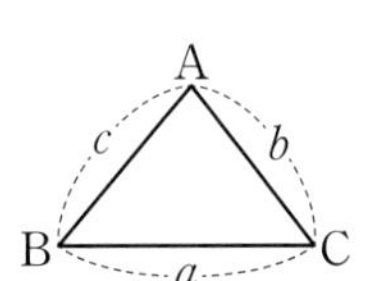

(1) 코사인법칙

$$a^2=b^2+c^2-2bc\cos A$$

$$b^2=c^2+a^2-2ca\cos B$$

$$c^2=a^2+b^2-2ab\cos C$$

(2) 코사인법칙의 변형

$$\cos A=\frac{b^2+c^2-a^2}{2bc},\ \cos B=\frac{c^2+a^2-b^2}{2ca},\ \cos C=\frac{a^2+b^2-c^2}{2ab}$$

2 삼각형의 넓이

- 예제 09 삼각형의 넓이
- 예제 10 삼각형의 내접원의 반지름의 길이와 넓이

• 삼각형의 넓이

삼각형 ABC의 넓이를 S라고 하면

$$S=\frac{1}{2}bc\sin A=\frac{1}{2}ca\sin B=\frac{1}{2}ab\sin C$$

• 삼각형의 넓이의 응용

(1) 내접원의 반지름의 길이 r이 주어질 때

$$\triangle\text{ABC}=\frac{1}{2}r(a+b+c)$$

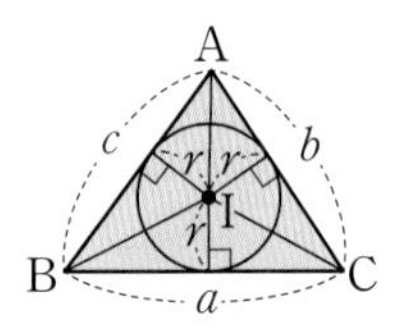

(2) 외접원의 반지름의 길이 R이 주어질 때

$$\triangle\text{ABC}=\frac{abc}{4R}=2R^2\sin A\sin B\sin C$$

(3) 평행사변형의 넓이

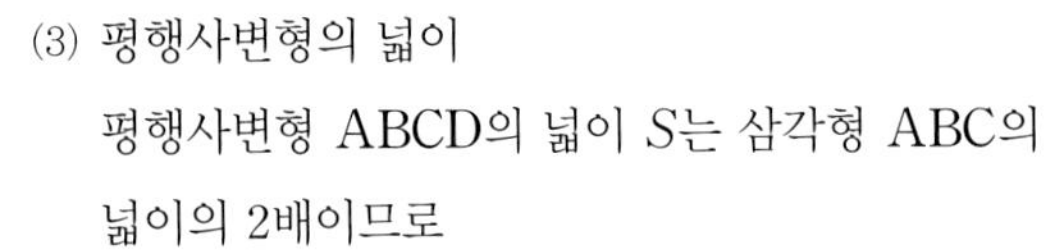

평행사변형 ABCD의 넓이 S는 삼각형 ABC의 넓이의 2배이므로

$$S=2\triangle\text{ABC}=2\times\frac{1}{2}xy\sin\theta=xy\sin\theta$$

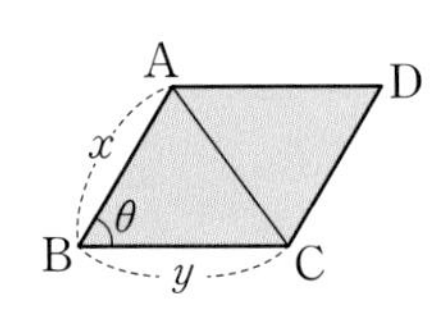

Q&A

Q 사인법칙과 코사인법칙은 모든 삼각형에서 항상 성립하나요?

A 그렇습니다. 예각삼각형이든 직각삼각형이든 둔각삼각형이든 항상 성립합니다. 사인법칙과 코사인법칙을 정확하게 기억하고 적용할 수 있어야 해요.

1 사인법칙과 코사인법칙

1 사인법칙

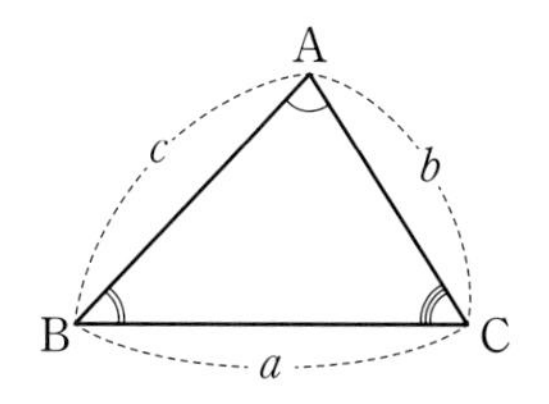

오른쪽 그림과 같이 삼각형 ABC에서 세 각 ∠A, ∠B, ∠C의 크기를 각각 A, B, C로 나타내고, 이들의 대변 BC, CA, AB의 길이를 각각 a, b, c로 나타내기로 합니다.

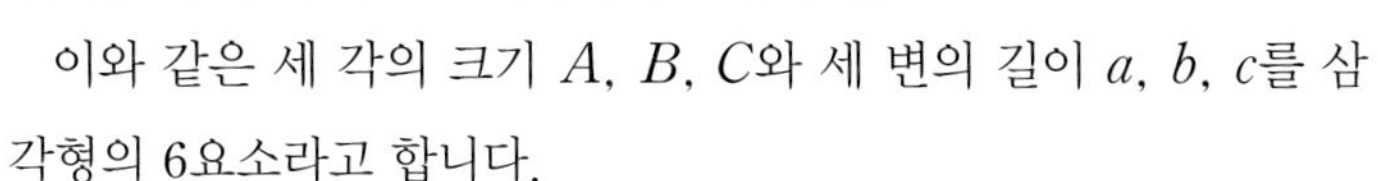

이와 같은 세 각의 크기 A, B, C와 세 변의 길이 a, b, c를 삼각형의 6요소라고 합니다.

이때 내각과 변에 대한 삼각형의 기본적인 성질은 다음과 같습니다.

(i) 삼각형의 세 내각의 크기의 합은 180°이다.
즉, $A+B+C=180°$

(ii) 삼각형의 임의의 두 변의 길이를 더하면 항상 나머지 한 변의 길이보다 크다.
즉, $a+b>c$, $b+c>a$, $c+a>b$

이제 지금까지 배운 여러 가지 삼각함수를 이용하여 삼각형의 6요소 사이의 관계를 알아봅시다.
먼저 삼각형의 세 각의 크기에 대한 사인함수와 세 변의 길이 사이의 관계를 알아봅시다.

삼각형 ABC의 외접원의 중심을 O, 반지름의 길이를 R이라고 할 때, ∠A의 크기에 따라 다음 세 가지 경우로 나누어 생각할 수 있습니다.

(i) $A<90°$일 때

선분 BA′이 원의 지름이 되도록 점 A′을 잡으면 한 호에 대한 원주각의 크기는 일정하므로 $A=A'$이고, 반원에 대한 원주각의 크기는 90°이므로 ∠BCA′=90°입니다.

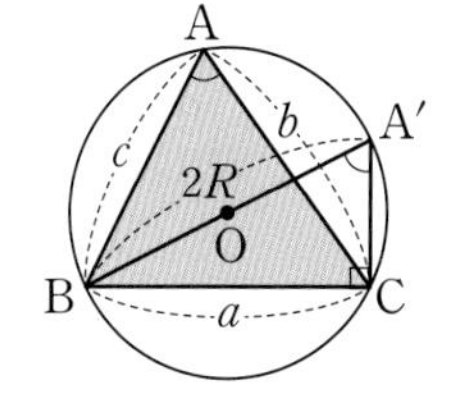

$$\therefore \sin A=\sin A'=\frac{\overline{\mathrm{BC}}}{\overline{\mathrm{BA'}}}=\frac{a}{2R}$$

(ii) $A=90°$일 때

$\sin A=\sin 90°=1$이고 $a=2R$이므로

$$\sin A=1=\frac{a}{2R}$$

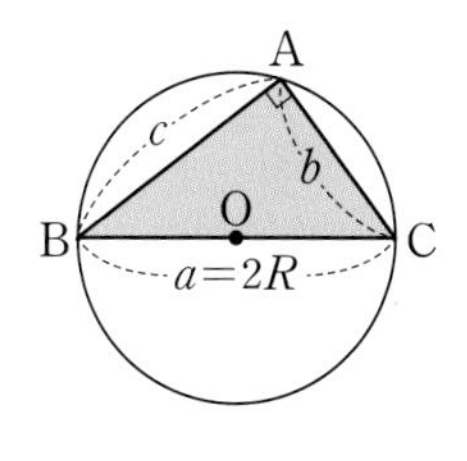

(iii) $A>90°$일 때

선분 BA′이 원의 지름이 되도록 점 A′을 잡으면 원에 내접하는 사각형에서 마주 보는 두 내각의 크기의 합은 180°이므로 $A+A'=180°$이고, 반원에 대한 원주각의 크기는 90°이므로 $\angle \mathrm{BCA'}=90°$입니다.

$$\therefore \sin A=\sin(180°-A')=\sin A'=\frac{\overline{\mathrm{BC}}}{\overline{\mathrm{BA'}}}=\frac{a}{2R}$$

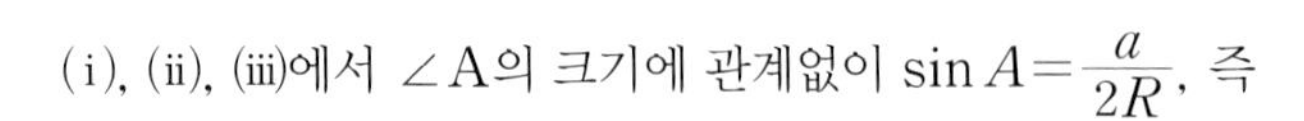

(i), (ii), (iii)에서 ∠A의 크기에 관계없이 $\sin A=\dfrac{a}{2R}$, 즉

$$\frac{a}{\sin A}=2R$$

이 성립합니다.

마찬가지 방법으로

$$\frac{b}{\sin B}=2R,\ \frac{c}{\sin C}=2R$$

이 성립함을 알 수 있습니다.

이때 이것을 **사인법칙**이라고 합니다.

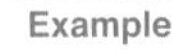

Example 반지름의 길이가 R인 원에 내접하는 삼각형 ABC에서 $A=45°$, $B=60°$, $a=2\sqrt{2}$일 때, R과 b의 값을 구해 보자.

사인법칙에 의하여

$$\frac{a}{\sin A}=\frac{b}{\sin B}=2R\text{에서 }\frac{2\sqrt{2}}{\sin 45°}=\frac{b}{\sin 60°}=2R$$

$$\therefore R=\frac{1}{2}\times 2\sqrt{2}\times\frac{1}{\frac{\sqrt{2}}{2}}=2,\ b=2\times 2\times\frac{\sqrt{3}}{2}=2\sqrt{3}$$

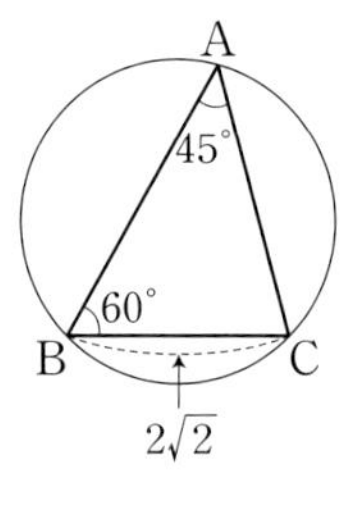

개념 Point 사인법칙

삼각형 ABC의 외접원의 반지름의 길이를 R이라고 하면

$$\frac{a}{\sin A}=\frac{b}{\sin B}=\frac{c}{\sin C}=2R$$

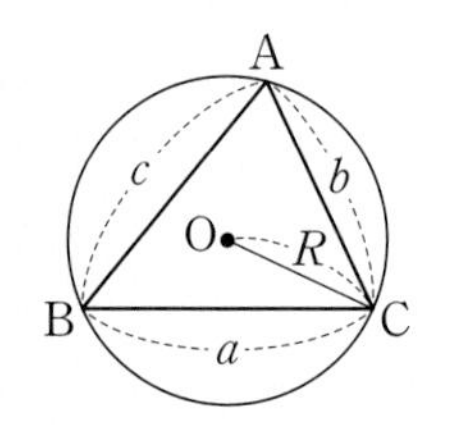

Plus

- 삼각형 ABC에서 사인법칙에 의하여 $a=2R\sin A$, $b=2R\sin B$, $c=2R\sin C$이므로

  $a:b:c=\sin A:\sin B:\sin C$
- 삼각형에서의 사인법칙의 활용

  ① 한 변의 길이와 두 각의 크기를 알 때, 나머지 변의 길이를 구하는 경우

  ② 두 변의 길이와 그 끼인각이 아닌 한 각의 크기를 알 때, 나머지 각의 크기를 구하는 경우

2 코사인법칙

이번에는 삼각형의 세 각의 크기에 대한 코사인함수와 세 변의 길이 사이의 관계에 대하여 알아봅시다.

삼각형 ABC의 꼭짓점 A에서 변 BC 또는 그 연장선에 내린 수선의 발을 H라고 할 때, ∠C의 크기에 따라 다음과 같이 세 가지 경우로 나누어 생각해 봅시다.

(i) $C<90°$일 때

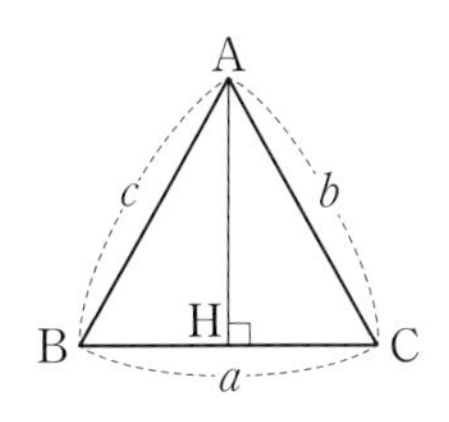

$\overline{\mathrm{AH}}=b\sin C$,

$\overline{\mathrm{BH}}=a-\overline{\mathrm{CH}}=a-b\cos C$

삼각형 ABH는 직각삼각형이므로 피타고라스 정리에 의하여

$$c^2=\overline{\mathrm{BH}}^2+\overline{\mathrm{AH}}^2=(a-b\cos C)^2+(b\sin C)^2$$

$$=a^2+b^2(\sin^2 C+\cos^2 C)-2ab\cos C \quad \leftarrow \sin^2 C+\cos^2 C=1$$

$$=a^2+b^2-2ab\cos C$$

(ii) $C=90°$일 때

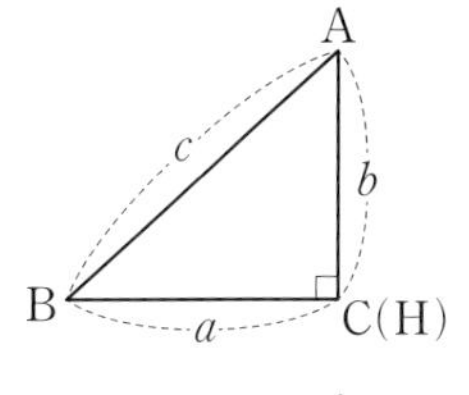

삼각형 ABC는 직각삼각형이므로

$$c^2=a^2+b^2$$

$$=a^2+b^2-2ab\cos C \quad \leftarrow \cos C=\cos 90°=0$$

(iii) $C>90°$일 때

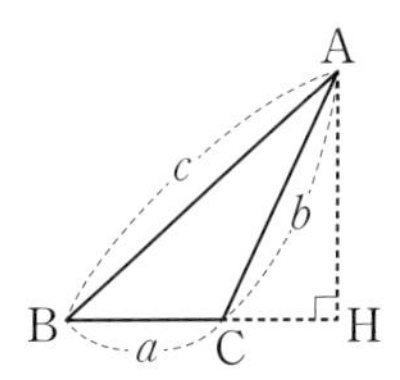

$$\overline{\mathrm{AH}}=b\sin(180°-C)=b\sin C \quad \leftarrow \sin(180°-C)=\sin C$$

$$\overline{\mathrm{BH}}=a+\overline{\mathrm{CH}}$$

$$=a+b\cos(180°-C) \quad \leftarrow \cos(180°-C)=-\cos C$$

$$=a-b\cos C$$

삼각형 ABH는 직각삼각형이므로

$$c^2=\overline{\mathrm{BH}}^2+\overline{\mathrm{AH}}^2=(a-b\cos C)^2+(b\sin C)^2$$

$$=a^2+b^2(\sin^2 C+\cos^2 C)-2ab\cos C$$

$$=a^2+b^2-2ab\cos C$$

(i), (ii), (iii)에서 ∠C의 크기에 관계없이

$$c^2=a^2+b^2-2ab\cos C$$

가 성립합니다.

마찬가지 방법으로

$$a^2=b^2+c^2-2bc\cos A,\ b^2=c^2+a^2-2ca\cos B$$

가 성립함을 알 수 있습니다.

이때 이것을 **코사인법칙**이라고 합니다.

Example 삼각형 ABC에서 $a=4$, $b=3$, $C=60°$일 때, c의 값을 구해 보자.

코사인법칙에 의하여

$$c^2=a^2+b^2-2ab\cos C$$
$$=4^2+3^2-2\times4\times3\times\cos60°$$
$$=16+9-12=13$$
$$\therefore c=\sqrt{13}$$

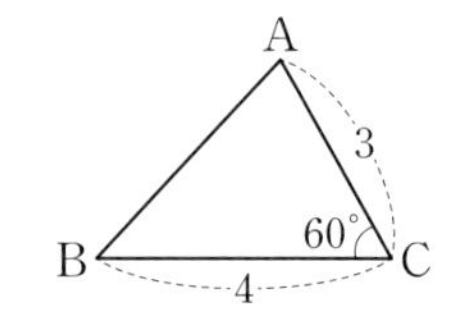

이와 같이 코사인법칙을 이용하면 삼각형의 두 변의 길이와 그 끼인각의 크기를 알 때, 나머지 한 변의 길이를 구할 수 있습니다.

또한 삼각형 ABC의 세 변의 길이가 주어진 경우 다음과 같이 코사인법칙을 변형할 수 있습니다.

$$a^2=b^2+c^2-2bc\cos A$$
$$\therefore \cos A=\frac{b^2+c^2-a^2}{2bc}$$

마찬가지 방법으로

$$\cos B=\frac{c^2+a^2-b^2}{2ca},\ \cos C=\frac{a^2+b^2-c^2}{2ab}$$

임을 알 수 있습니다.

이와 같이 코사인법칙의 변형을 이용하면 삼각형의 세 변의 길이를 알 때, 세 각에 대한 코사인의 값을 구할 수 있습니다.

개념 Point 코사인법칙

삼각형 ABC에서

$$a^2=b^2+c^2-2bc\cos A$$
$$b^2=c^2+a^2-2ca\cos B$$
$$c^2=a^2+b^2-2ab\cos C$$

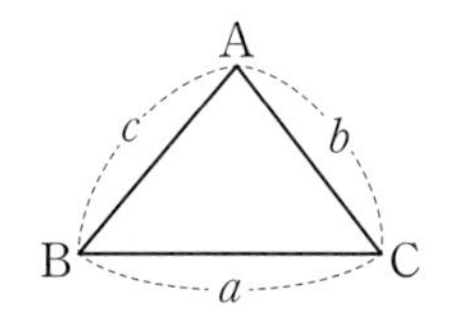

- 코사인법칙의 증명에서 $C<90°$이고, $B>90°$인 경우
  $\overline{BH}=b\cos C-a$이므로 311쪽의 (i)과 같은 결과인 $c^2=a^2+b^2-2ab\cos C$를 얻는다.
- 코사인법칙의 변형
  삼각형 ABC에서
  $$\cos A=\frac{b^2+c^2-a^2}{2bc},\ \cos B=\frac{c^2+a^2-b^2}{2ca},\ \cos C=\frac{a^2+b^2-c^2}{2ab}$$

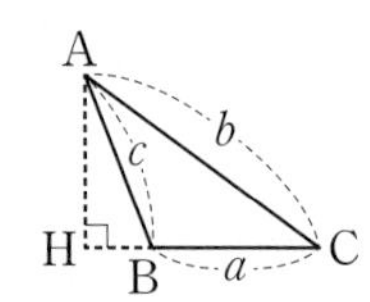

개념 콕콕

1 삼각형 ABC에서 다음을 구하시오.

(1) $a=6$, $A=60°$, $C=45°$일 때, c의 값

(2) $a=8$, $A=120°$, $B=30°$일 때, c의 값

(3) $a=3$, $c=3\sqrt{2}$, $C=135°$일 때, $\sin A$의 값

(4) $a=4\sqrt{3}$, $b=5$, $A=120°$일 때, $\sin B$의 값

2 삼각형 ABC에서 다음 물음에 답하시오.

(1) $(a+b):(b+c):(c+a)=5:7:8$일 때, $\sin A:\sin B:\sin C$를 구하시오.

(2) $A:B:C=1:1:2$일 때, $a:b:c$를 구하시오.

3 다음 조건을 만족시키는 삼각형 ABC의 외접원의 반지름의 길이를 구하시오.

(1) $a=12$, $A=60°$

(2) $a=3$, $B=60°$, $C=90°$

4 삼각형 ABC에서 다음을 구하시오

(1) $a=2\sqrt{3}$, $b=3$, $C=30°$일 때, c의 값

(2) $b=3$, $c=2\sqrt{2}$, $A=45°$일 때, a의 값

(3) $a=5$, $b=7$, $c=8$일 때, $\cos C$의 값

(4) $a=11$, $b=7$, $c=10$일 때, $\cos A$의 값

5 삼각형 ABC에 대하여 $\overline{AC}=2\overline{BC}$, $C=60°$일 때, $\cos A$의 값을 구하시오.

• 풀이 122쪽 ~ 123쪽

정답

1 (1) $2\sqrt{6}$ (2) $\frac{8\sqrt{3}}{3}$ (3) $\frac{1}{2}$ (4) $\frac{5}{8}$
2 (1) $3:2:5$ (2) $1:1:\sqrt{2}$
3 (1) $4\sqrt{3}$ (2) 3
4 (1) $\sqrt{3}$ (2) $\sqrt{5}$ (3) $\frac{1}{7}$ (4) $\frac{1}{5}$
5 $\frac{\sqrt{3}}{2}$

예제 01

사인법칙(1)

삼각형 ABC에서 다음을 구하시오.

(1) $a=6$, $A=60^{\circ}$, $C=75^{\circ}$일 때, b의 값과 외접원의 반지름의 길이 R의 값

(2) $a=3$, $c=6$, $A=30^{\circ}$일 때, b의 값과 외접원의 반지름의 길이 R의 값

접근 방법 주어진 삼각형에서는 한 변의 길이와 마주 보는 각의 사인의 값의 비가 외접원의 지름의 길이로 일정하므로 사인법칙을 이용하여 변의 길이와 외접원의 반지름의 길이를 구할 수 있다.

수매씽 Point 삼각형 ABC의 외접원의 반지름의 길이를 R이라고 하면

$$\frac{a}{\sin A}=\frac{b}{\sin B}=\frac{c}{\sin C}=2R$$

상세 풀이 (1) $A+B+C=180^{\circ}$이므로 $B=180^{\circ}-(60^{\circ}+75^{\circ})=45^{\circ}$

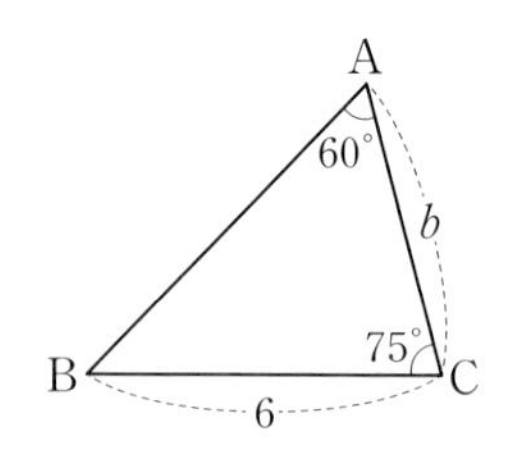

사인법칙에 의하여 $\frac{6}{\sin 60^{\circ}}=\frac{b}{\sin 45^{\circ}}=2R$이므로

$$b=\frac{6\sin 45^{\circ}}{\sin 60^{\circ}}=6\times\frac{\sqrt{2}}{2}\times\frac{2}{\sqrt{3}}=2\sqrt{6}$$

$$2R=\frac{6}{\sin 60^{\circ}}=\frac{6}{\frac{\sqrt{3}}{2}}=4\sqrt{3} \qquad \therefore R=2\sqrt{3}$$

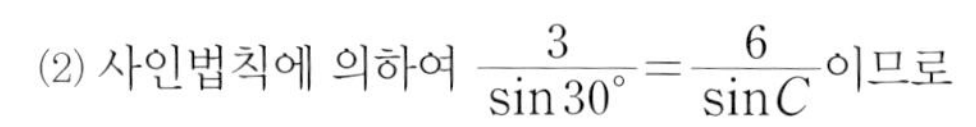

(2) 사인법칙에 의하여 $\frac{3}{\sin 30^{\circ}}=\frac{6}{\sin C}$이므로

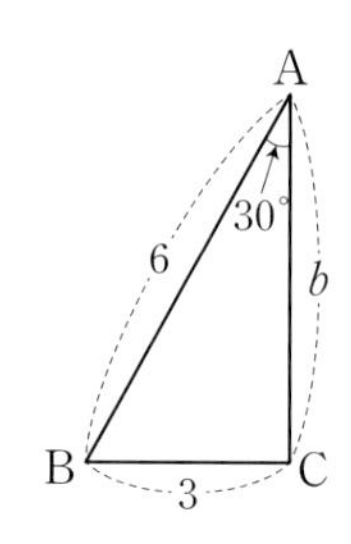

$$3\sin C=6\sin 30^{\circ},\ 3\sin C=6\times\frac{1}{2},\ \sin C=1$$

이때 $0<C<\pi$이므로 $C=90^{\circ}$

$A+B+C=180^{\circ}$이므로 $B=180^{\circ}-(90^{\circ}+30^{\circ})=60^{\circ}$

사인법칙에 의하여 $\frac{3}{\sin 30^{\circ}}=\frac{b}{\sin 60^{\circ}}=2R$이므로

$$b=\frac{3\sin 60^{\circ}}{\sin 30^{\circ}}=3\times\frac{\sqrt{3}}{2}\times 2=3\sqrt{3}$$

$$2R=\frac{3}{\sin 30^{\circ}}=\frac{3}{\frac{1}{2}}=6 \qquad \therefore R=3$$

정답 (1) $b=2\sqrt{6}$, $R=2\sqrt{3}$ (2) $b=3\sqrt{3}$, $R=3$

보충 설명

삼각형 ABC의 외접원의 반지름의 길이를 R이라고 하면 다음과 같이 사인법칙을 변형하여 사용할 수 있다.

$$\frac{a}{\sin A}=\frac{b}{\sin B}=\frac{c}{\sin C}=2R \Longleftrightarrow \begin{cases} a:b:c=\sin A:\sin B:\sin C \\ \sin A=\frac{a}{2R},\ \sin B=\frac{b}{2R},\ \sin C=\frac{c}{2R} \end{cases}$$

숫자 바꾸기

한번 더

01-1

삼각형 ABC에서 다음을 구하시오.

(1) $b=4$, $B=45°$, $C=105°$일 때, a의 값과 외접원의 반지름의 길이 R의 값

(2) $b=1$, $c=\sqrt{3}$, $B=30°$일 때, a의 값과 외접원의 반지름의 길이 R의 값

표현 바꾸기

풀이 124쪽 ⊕ 보충 설명 한번 더

01-2

오른쪽 그림과 같이 $\overline{AB}=4$, $\overline{BC}=6$, $\overline{CA}=5$인 삼각형 ABC에서 $\dfrac{\sin A}{\sin C}$의 값을 구하시오.

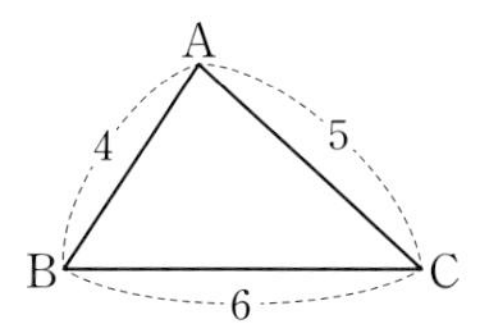

개념 넓히기

한번 더

01-3

오른쪽 그림과 같이 $\overline{AB}=4\sqrt{3}$, $A=75°$, $B=45°$인 삼각형 ABC에서 변 BC 위를 움직이는 점 P에 대하여 $\dfrac{\overline{CP}}{\sin(\angle CAP)}$의 최솟값을 구하시오.

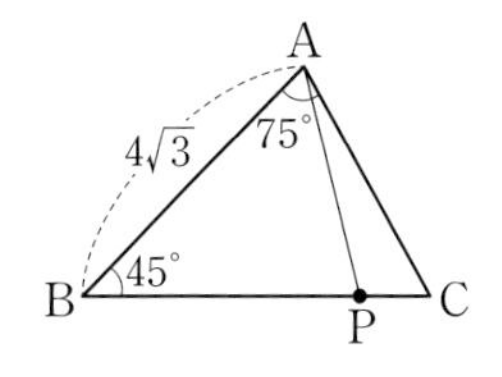

• 풀이 123쪽~124쪽

정답

01-1 (1) $a=2\sqrt{2}$, $R=2\sqrt{2}$ (2) $a=1$ 또는 $a=2$, $R=1$ **01-2** $\frac{3}{2}$ **01-3** $4\sqrt{2}$

예제 02

사인법칙 (2)

오른쪽 그림과 같은 삼각형 ABC에서

$A=105°, B=45°, \overline{AB}=\sqrt{2}$

일 때, 변 BC의 길이를 구하시오.

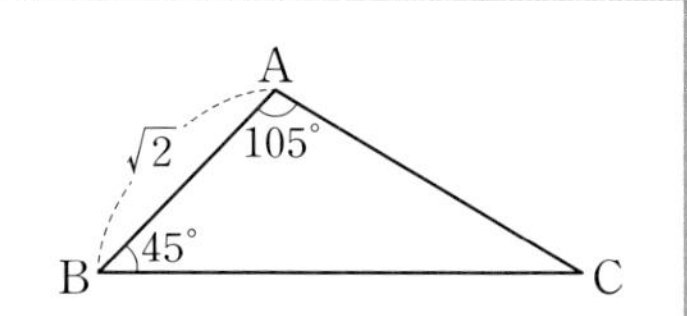

접근 방법 $C=180°-(105°+45°)=30°$이므로 사인법칙에 의하여 $\dfrac{\overline{BC}}{\sin 105°}=\dfrac{\overline{AC}}{\sin 45°}=\dfrac{\sqrt{2}}{\sin 30°}$이고, 이 식에서 $\overline{BC}$의 길이는 $\sin 105°$의 값을 알아야만 구할 수 있지만, $\overline{AC}$의 길이는 주어진 값만으로 구할 수 있으므로 $\overline{AC}$의 길이를 이용하여 $\overline{BC}$의 길이를 구한다.

수매씽 Point 삼각형 ABC의 한 꼭짓점에서 대변에 수선을 내리면 다음이 항상 성립한다.

$$a=b\cos C+c\cos B,\ b=c\cos A+a\cos C,\ c=a\cos B+b\cos A$$

상세 풀이 $\overline{BC}=a$, $\overline{CA}=b$라고 하면

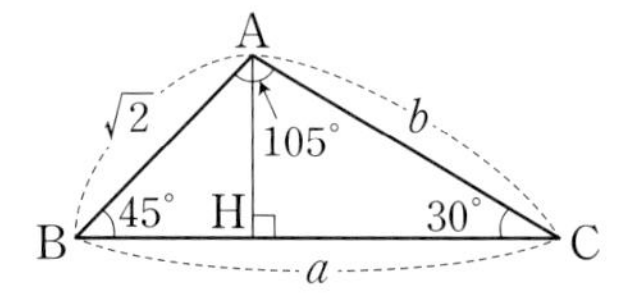

$A+B+C=180°$에서

$$C=180°-(105°+45°)=30°$$

이므로 사인법칙에 의하여

$$\frac{b}{\sin 45°}=\frac{\sqrt{2}}{\sin 30°}$$

$$\therefore b=\frac{\sqrt{2}\sin 45°}{\sin 30°}=\frac{\sqrt{2}\times\frac{\sqrt{2}}{2}}{\frac{1}{2}}=2$$

이때 점 A에서 변 BC에 내린 수선의 발을 H라고 하면

$$a=\overline{BH}+\overline{HC}$$
$$=\sqrt{2}\cos 45°+2\cos 30°$$
$$=\sqrt{2}\times\frac{\sqrt{2}}{2}+2\times\frac{\sqrt{3}}{2}=1+\sqrt{3}$$

정답 $1+\sqrt{3}$

보충 설명

오른쪽 그림과 같이 삼각형 ABC의 한 꼭짓점에서 그 대변에 수선을 그어 변의 길이를 두 부분으로 나누어 생각하면 삼각형 ABC에서 세 각의 크기와 세 변의 길이 사이에 다음이 항상 성립함을 알 수 있다.

$a=b\cos C+c\cos B$

$b=c\cos A+a\cos C$

$c=a\cos B+b\cos A$

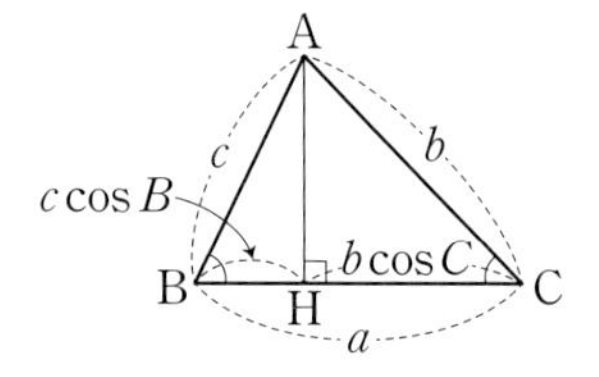

숫자 바꾸기

한번 더 ☑ ☐

02-1

오른쪽 그림과 같은 삼각형 ABC에서

$A=75°, B=45°, \overline{AC}=2\sqrt{3}$

일 때, 변 BC의 길이를 구하시오.

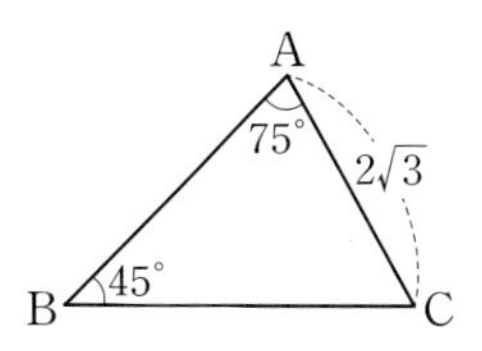

표현 바꾸기

한번 더 ☑ ☐

02-2

삼각형 ABC에서 $\overline{AB}=4$이고, $\cos B=\frac{1}{2}$, $\cos C=\frac{\sqrt{5}}{3}$일 때, 변 BC의 길이는?

① $1+\sqrt{10}$ ② $1+\sqrt{15}$ ③ $2+\sqrt{10}$

④ $2+\sqrt{15}$ ⑤ $1+2\sqrt{10}$

08

개념 넓히기

한번 더 ☑ ☐

02-3

오른쪽 그림과 같이 반지름의 길이가 2인 원에 내접하는 삼각형 ABC에서 $A=60°$, $B=45°$일 때, 변 AB의 길이를 구하시오.

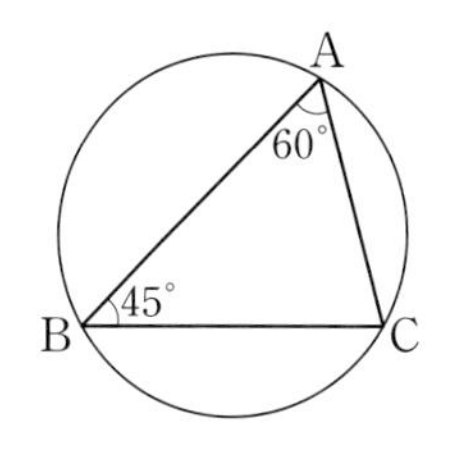

• 풀이 124쪽

정답

02-1 $3+\sqrt{3}$ **02-2** ④ **02-3** $\sqrt{2}+\sqrt{6}$

예제 03 　　　　코사인법칙(1)

삼각형 ABC에서 다음 물음에 답하시오.

(1) $b=2\sqrt{7}$, $c=4$, $B=60°$일 때, a의 값을 구하시오.

(2) $a=\sqrt{6}$, $b=2$, $c=\sqrt{3}+1$일 때, A의 크기를 구하시오.

접근 방법 (1)에서는 두 변의 길이와 한 각의 크기가 주어져 있으므로 나머지 한 변의 길이를 코사인법칙을 이용하여 구할 수 있다. (2)에서는 삼각형의 세 변의 길이가 주어져 있으므로 코사인법칙의 변형을 이용하여 세 각에 대한 코사인의 값을 각각 구할 수 있다.

수매씽 Point
$a^2=b^2+c^2-2bc\cos A$
$b^2=c^2+a^2-2ca\cos B$
$c^2=a^2+b^2-2ab\cos C$

상세 풀이 (1) 삼각형 ABC에서 코사인법칙에 의하여

$$(2\sqrt{7})^2=4^2+a^2-2\times4\times a\times\cos 60°$$

이 식을 정리하면

$$a^2-4a-12=0,\ (a+2)(a-6)=0$$

$$\therefore a=-2 \text{ 또는 } a=6$$

그런데 $a>0$이므로 $a=6$

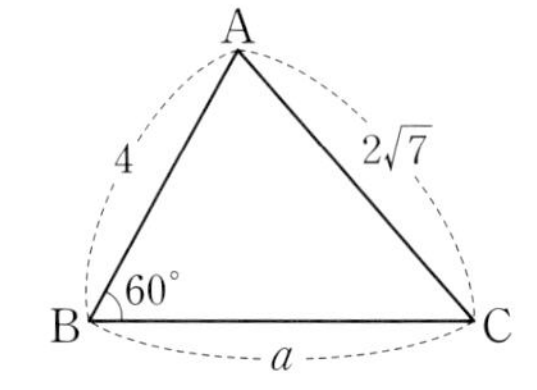

(2) 삼각형 ABC에서 코사인법칙의 변형에 의하여

$$\cos A=\frac{2^2+(\sqrt{3}+1)^2-(\sqrt{6})^2}{2\times2\times(\sqrt{3}+1)}$$

$$=\frac{2+2\sqrt{3}}{4(\sqrt{3}+1)}=\frac{2(1+\sqrt{3})}{4(\sqrt{3}+1)}=\frac{1}{2}$$

따라서 $0°<A<180°$에서 $A=60°$

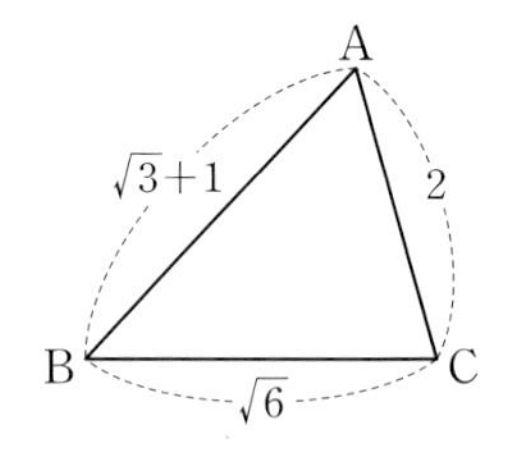

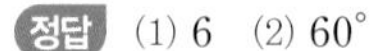

정답 (1) 6 (2) 60°

보충 설명

코사인법칙을 이용하면 삼각형 ABC에서 세 각의 크기와 세 변의 길이 사이에 다음이 성립한다. 삼각형에서 변의 길이와 각의 크기를 구할 때 많이 이용되므로 꼭 기억해 둔다.

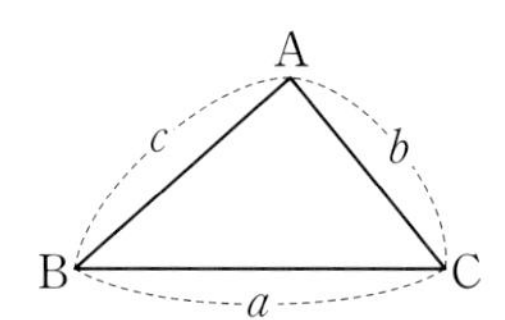

$a^2=b^2+c^2-2bc\cos A$, $\cos A=\dfrac{b^2+c^2-a^2}{2bc}$

$b^2=c^2+a^2-2ca\cos B$, $\cos B=\dfrac{c^2+a^2-b^2}{2ca}$

$c^2=a^2+b^2-2ab\cos C$, $\cos C=\dfrac{a^2+b^2-c^2}{2ab}$

숫자 바꾸기

한번 더

03-1

삼각형 ABC에서 다음 물음에 답하시오.

(1) $a=2$, $c=\sqrt{3}$, $B=45°$일 때, b^2의 값을 구하시오.

(2) $a=4$, $b=5$, $c=6$일 때, $\cos A : \cos B : \cos C$를 구하시오.

표현 바꾸기

한번 더

03-2

세 변의 길이가 각각 3, 5, 7인 삼각형의 가장 큰 내각의 크기를 θ라고 할 때, $\cos\theta$의 값을 구하시오.

개념 넓히기

풀이 125쪽 ⊕ 보충 설명 한번 더

03-3

$\overline{AB}=c$, $\overline{BC}=a$, $\overline{CA}=b$인 삼각형 ABC에서 a, b, c 사이에 $a^2+b^2=3c^2$인 관계가 성립할 때, $\cos C$의 최솟값을 구하시오.

• 풀이 125쪽

정답

03-1 (1) $7-2\sqrt{6}$ (2) $12:9:2$ **03-2** $-\frac{1}{2}$ **03-3** $\frac{2}{3}$

예제 04

코사인법칙 (2)

오른쪽 그림과 같이 정사각형 ABCD의 변 BC, CD의 중점을 각각 M, N이라고 하자. $\angle \mathrm{MAN}=\theta$라고 할 때, $\cos\theta-\sin\theta$의 값을 구하시오.

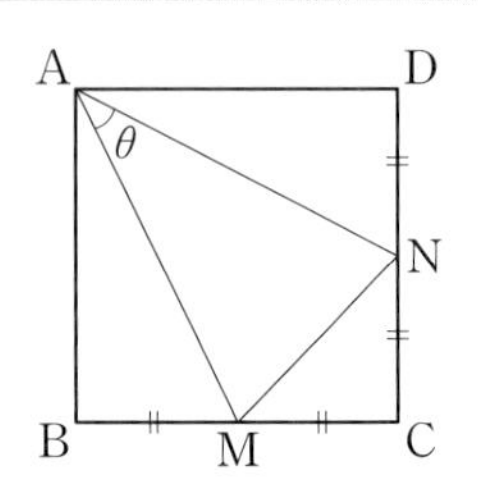

접근 방법 피타고라스 정리를 이용하면 $\triangle \mathrm{AMN}$의 세 변의 길이를 구할 수 있으므로 $\triangle \mathrm{AMN}$에서 코사인법칙의 변형을 적용하면 $\cos\theta$의 값을 구할 수 있다. 또한 $\cos\theta$의 값으로부터 $\sin\theta$의 값을 구할 수 있다.

수매씽 Point $\cos A=\dfrac{b^2+c^2-a^2}{2bc}$, $\cos B=\dfrac{c^2+a^2-b^2}{2ca}$, $\cos C=\dfrac{a^2+b^2-c^2}{2ab}$

상세 풀이 정사각형 ABCD의 한 변의 길이를 $2k\,(k>0)$로 놓으면

$$\overline{\mathrm{AM}}=\overline{\mathrm{AN}}=\sqrt{(2k)^2+k^2}=\sqrt{5}k\ (\because\ k>0)$$

$$\overline{\mathrm{MN}}=\sqrt{k^2+k^2}=\sqrt{2}k\ (\because\ k>0)$$

삼각형 AMN에서 코사인법칙의 변형에 의하여

$$\cos\theta=\frac{(\sqrt{5}k)^2+(\sqrt{5}k)^2-(\sqrt{2}k)^2}{2\times\sqrt{5}k\times\sqrt{5}k}=\frac{4}{5}$$

$0^\circ<\theta<90^\circ$이므로

$$\sin\theta=\sqrt{1-\cos^2\theta}=\sqrt{1-\left(\frac{4}{5}\right)^2}=\frac{3}{5}$$

$$\therefore\ \cos\theta-\sin\theta=\frac{4}{5}-\frac{3}{5}=\frac{1}{5}$$

정답 $\dfrac{1}{5}$

보충 설명

$\triangle \mathrm{AMN}$의 넓이를 이용하여 $\sin\theta$의 값을 구할 수도 있다.

$\triangle \mathrm{AMN}$의 넓이는

$$(2k)^2-2\times\left(\frac{1}{2}\times 2k\times k\right)-\frac{1}{2}\times k\times k=\frac{3}{2}k^2 \quad \cdots\cdots \text{㉠}$$

$\sin\theta$를 활용한 $\triangle \mathrm{AMN}$의 넓이는

$$\frac{1}{2}\times\sqrt{5}k\times\sqrt{5}k\times\sin\theta=\frac{5}{2}k^2\sin\theta \quad \cdots\cdots \text{㉡}$$

㉠, ㉡에서 $\dfrac{5}{2}k^2\sin\theta=\dfrac{3}{2}k^2$ $\quad\therefore\ \sin\theta=\dfrac{3}{5}$

숫자 바꾸기

한번 더

04-1

오른쪽 그림과 같이 한 변의 길이가 3인 정사각형 ABCD의 두 변 BC, CD의 삼등분점 중 B, D에 가까운 점을 각각 E, F라고 하자. $\angle EAF=\theta$라고 할 때, $\cos\theta$의 값을 구하시오.

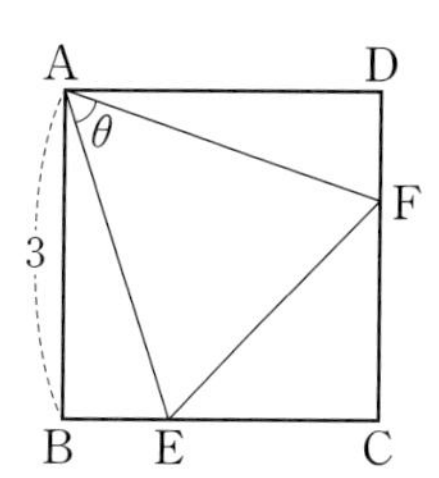

표현 바꾸기

한번 더

04-2

오른쪽 그림과 같이 정사각형 ABCD의 두 변 AB, CD를 1 : 3으로 내분하는 점을 각각 P, Q라 하고, 변 BC의 중점을 R이라고 하자. $\angle PQR=\theta$라고 할 때, $\sin\theta$의 값은?

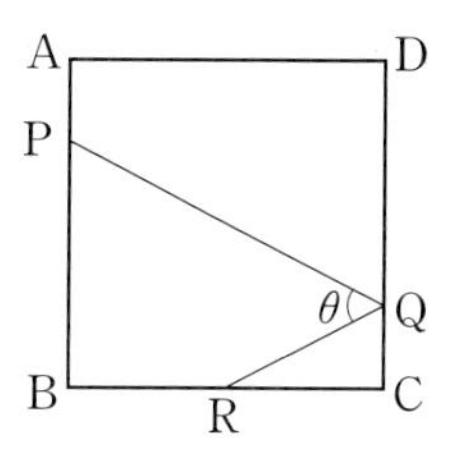

① 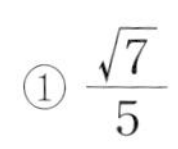 $\frac{\sqrt{7}}{5}$　② $\frac{3}{5}$　③ $\frac{2\sqrt{3}}{5}$

④ 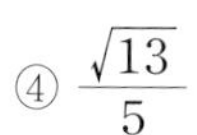 $\frac{\sqrt{13}}{5}$　⑤ $\frac{4}{5}$

개념 넓히기

한번 더

04-3

오른쪽 그림과 같은 삼각형 ABC에서 $\overline{AB}=2\sqrt{2}$, $\overline{AC}=\sqrt{6}$, $\overline{BD}=1$, $\overline{DC}=2$일 때, $\overline{AD}$의 길이를 구하시오.

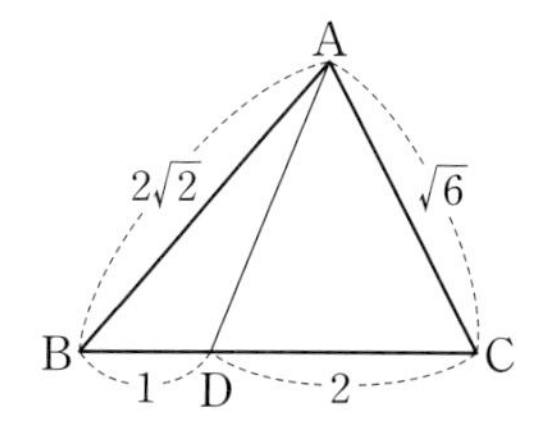

• 풀이 125쪽~126쪽

정답

04-1 $\frac{3}{5}$　04-2 ⑤　04-3 $\frac{4\sqrt{3}}{3}$

08

예제 05 원에서의 사인법칙, 코사인법칙

오른쪽 그림과 같이 원에 내접하는 사각형 ABCD가

$\overline{AB}=3$, $\overline{AD}=8$, $\angle BAD=60°$이고 $\overline{BC}:\overline{CD}=1:2$

를 만족시킬 때, $\overline{BC}$의 길이를 구하시오.

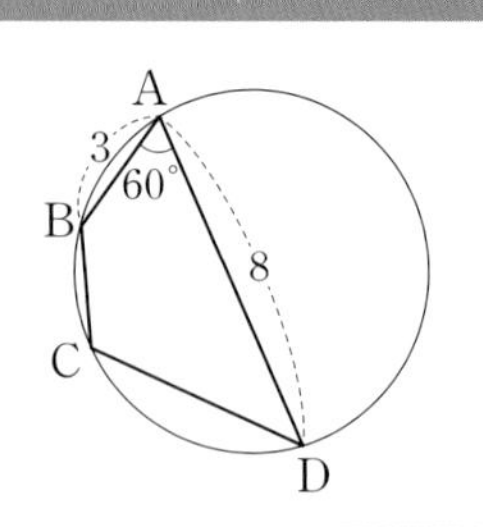

접근 방법 사각형 ABCD가 원에 내접하므로 $\angle BCD=180°-60°=120°$임을 알 수 있다.
$\triangle ABD$와 $\triangle BCD$에서 코사인법칙을 이용하여 먼저 $\overline{BD}$의 길이를 구해 보자.

수매씽 Point $a^2=b^2+c^2-2bc\cos A$, $b^2=c^2+a^2-2ca\cos B$, $c^2=a^2+b^2-2ab\cos C$

상세 풀이 사각형 ABCD가 원에 내접하고, $\angle BAD=60°$이므로

$\angle BCD=180°-60°=120°$

선분 BD를 그으면 삼각형 ABD에서 코사인법칙에 의하여

$\overline{BD}^2=3^2+8^2-2\times3\times8\times\cos60°$

$=9+64-24=49$ ...... ㉠

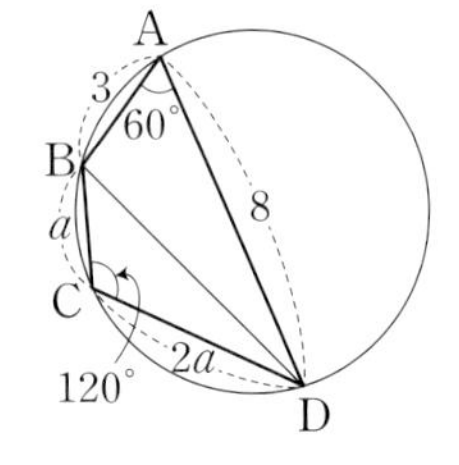

또한 삼각형 BCD에서 $\overline{BC}:\overline{CD}=1:2$이므로

$\overline{BC}=a$, $\overline{CD}=2a$ $(a>0)$라고 하면 코사인법칙에 의하여

$\overline{BD}^2=a^2+(2a)^2-2\times a\times2a\times\cos120°$

$=a^2+4a^2+2a^2$

$=7a^2$ ...... ㉡

㉠, ㉡에서 $7a^2=49$, $a^2=7$

$\therefore a=\sqrt{7}$ $(\because a>0)$

따라서 $\overline{BC}$의 길이는 $\sqrt{7}$이다.

정답 $\sqrt{7}$

보충 설명

원에 내접하는 사각형에서 한 쌍의 대각의 크기의 합은 180°임을 꼭 기억해 두도록 한다. 원에서 중심각의 크기의 합이 360°이므로 두 원주각의 크기의 합은 항상 180°가 된다.

➡ $\angle A+\angle C=180°$

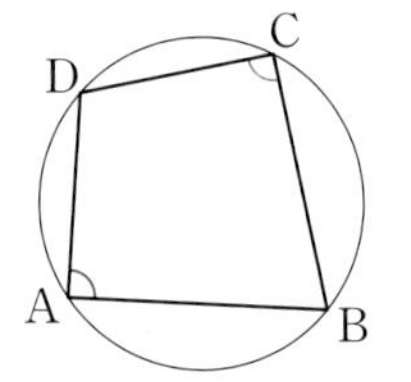

숫자 바꾸기

한번 더 ☑ ☐

05-1

오른쪽 그림과 같이 원에 내접하는 사각형 ABCD가

$\overline{AB}=\overline{AD}=4$, $\overline{CD}=2$, $\angle ABC=60°$

를 만족시킬 때, $\overline{BC}$의 길이를 구하시오.

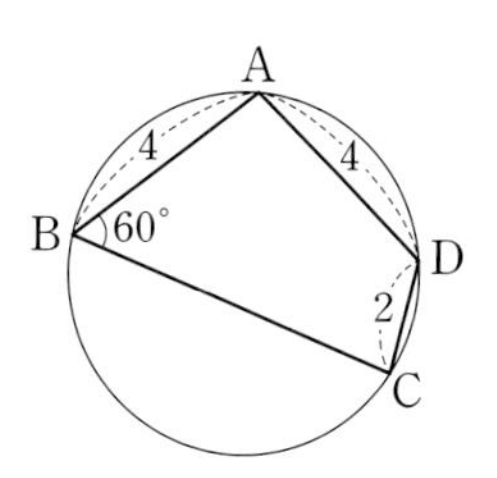

표현 바꾸기

한번 더 ☑ ☐

05-2

오른쪽 그림과 같이 원에 내접하는 사각형 ABCD가

$\overline{AB}=3$, $\overline{AD}=2$, $\angle BAD=120°$이고 $\overline{BC}=\overline{BD}$

를 만족시킬 때, $\overline{CD}$의 길이를 구하시오.

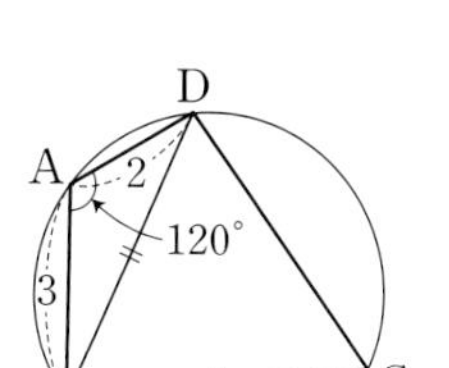

개념 넓히기

한번 더 ☑ ☐

05-3

오른쪽 그림과 같이 반지름의 길이가 $2\sqrt{7}$인 원에 내접하고 $\angle A=\frac{\pi}{3}$인 삼각형 ABC가 있다. 점 A를 포함하지 않는 호 BC 위의 점 D에 대하여 $\sin(\angle BCD)=\frac{2\sqrt{7}}{7}$일 때, $\overline{CD}$의 길이를 구하시오.

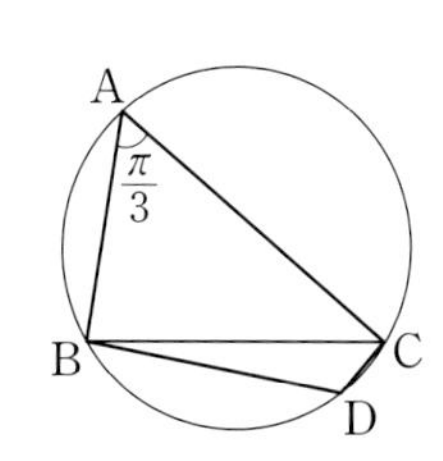

• 풀이 126쪽

정답

05-1 6 **05-2** $\sqrt{19}$ **05-3** 2

예제 06 삼각형의 모양

다음 물음에 답하시오.

(1) $\sin A=2\sin B\cos C$가 성립할 때, 삼각형 ABC는 어떤 삼각형인지 구하시오.

(2) $a\cos A=b\cos B$가 성립할 때, 삼각형 ABC는 어떤 삼각형인지 구하시오.

접근 방법 삼각형의 모양을 판별하기 위해서는 삼각형의 세 변의 길이에 대한 정보가 필요하다. 따라서 사인법칙 또는 코사인법칙을 이용하여 주어진 조건을 세 변 a, b, c에 대한 식으로 나타내어 보자.

수매씽 Point $\cos A=\dfrac{b^2+c^2-a^2}{2bc}$, $\cos B=\dfrac{c^2+a^2-b^2}{2ca}$, $\cos C=\dfrac{a^2+b^2-c^2}{2ab}$

상세 풀이 (1) 삼각형 ABC의 외접원의 반지름의 길이를 R이라고 하면 사인법칙에 의하여

$$\sin A=\frac{a}{2R},\ \sin B=\frac{b}{2R} \quad \cdots\cdots ㉠$$

코사인법칙의 변형에 의하여

$$\cos C=\frac{a^2+b^2-c^2}{2ab} \quad \cdots\cdots ㉡$$

㉠, ㉡을 $\sin A=2\sin B\cos C$에 대입하면

$$\frac{a}{2R}=2\times\frac{b}{2R}\times\frac{a^2+b^2-c^2}{2ab}$$

$$b^2-c^2=0 \qquad \therefore (b+c)(b-c)=0$$

이때 $b>0$, $c>0$이므로 $b-c=0$ $\quad\therefore b=c$

따라서 삼각형 ABC는 $b=c$인 이등변삼각형이다.

(2) 코사인법칙의 변형에 의하여

$$\cos A=\frac{b^2+c^2-a^2}{2bc},\ \cos B=\frac{c^2+a^2-b^2}{2ca}$$

이 식을 $a\cos A=b\cos B$에 대입하면

$$a\times\frac{b^2+c^2-a^2}{2bc}=b\times\frac{c^2+a^2-b^2}{2ca}$$

$$a^2(b^2+c^2-a^2)=b^2(c^2+a^2-b^2),\ a^2c^2-a^4-b^2c^2+b^4=0 \quad \cdots\cdots ★$$

$$\therefore (a+b)(a-b)(c^2-a^2-b^2)=0$$

이때 $a>0$, $b>0$이므로 $a=b$ 또는 $c^2=a^2+b^2$

따라서 삼각형 ABC는 $a=b$인 이등변삼각형 또는 $C=90°$인 직각삼각형이다.

정답 (1) $b=c$인 이등변삼각형 (2) $a=b$인 이등변삼각형 또는 $C=90°$인 직각삼각형

보충 설명

(2)에서 ★의 등식 $a^2c^2-a^4-b^2c^2+b^4=0$과 같이 복잡한 식의 인수분해는 차수가 가장 낮은 문자에 대하여 내림차순으로 정리한다. c의 차수가 이차로 가장 낮으므로 c에 대하여 정리하면

$(a^2-b^2)c^2-(a^4-b^4)=0$이므로 $(a^2-b^2)c^2-(a^2-b^2)(a^2+b^2)=0$

$(a^2-b^2)(c^2-a^2-b^2)=0 \qquad \therefore (a+b)(a-b)(c^2-a^2-b^2)=0$

숫자 바꾸기 　　　　한번 더 ☑ ☐

06-1

다음 물음에 답하시오.

(1) $\sin A+\sin B=2\sin A\cos C+\sin C$가 성립할 때, 삼각형 ABC는 어떤 삼각형인지 구하시오.

(2) $a\tan B=b\tan A$가 성립할 때, 삼각형 ABC는 어떤 삼각형인지 구하시오.

표현 바꾸기 　　　　한번 더 ☑ ☐

06-2

삼각형 ABC가 다음 조건을 만족시킬 때, 이 삼각형은 어떤 삼각형인지 구하시오.

(가) $\sin A+\sin B=2\sin C$	(나) $\cos A+\cos B=2\cos C$

개념 넓히기 　　　　한번 더 ☑ ☐

06-3

삼각형 ABC가 다음 조건을 만족시킨다.

> (가) $\cos^2 A+\cos^2 B=1+\cos^2 C$
>
> (나) $2\tan A+2=\tan B-\tan\left(\frac{\pi}{4}-C\right)$

삼각형 ABC의 넓이가 20일 때, 이 삼각형의 외접원의 반지름의 길이를 구하시오.

• 풀이 126쪽~128쪽

정답 **06-1** (1) $a=c$인 이등변삼각형 (2) $a=b$인 이등변삼각형 **06-2** 정삼각형 **06-3** 5

예제 07 사인법칙의 활용

어느 고분에서 원판 모양인 접시의 깨어진 조각이 출토되었다. 오른쪽 그림과 같이 이 접시의 깨어지지 않은 세 지점으로 삼각형을 만들어 각 변의 길이를 재어 보았더니 길이가 각각 4cm, 6cm, 8cm이었을 때, 이 접시의 반지름의 길이를 구하시오.

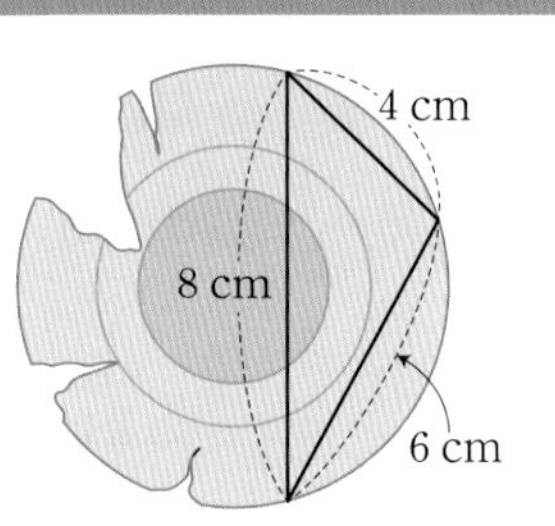

접근 방법 주어진 삼각형의 세 변의 길이에서 한 각의 코사인의 값을 구할 수 있다. 원판 모양의 접시의 반지름의 길이를 구해야 하므로 구한 코사인의 값을 이용하여 사인의 값을 구한 후 사인법칙을 이용하여 외접원의 반지름(접시의 반지름)의 길이를 구하도록 한다.

수매씽 Point 삼각형의 외접원의 반지름(또는 지름)의 길이는 사인법칙을 이용한다.

상세 풀이 오른쪽 그림과 같이 세 지점을 A, B, C라고 하면 삼각형 ABC에서 코사인법칙의 변형에 의하여

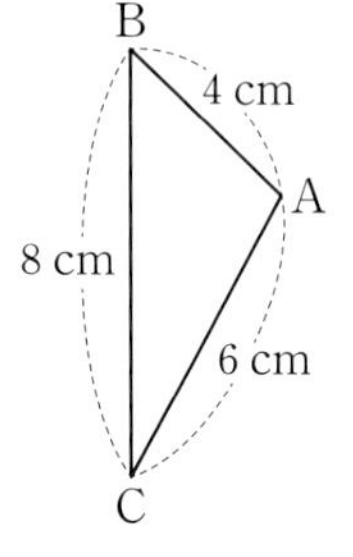

$$\cos A=\frac{6^2+4^2-8^2}{2\times6\times4}=-\frac{1}{4}$$

$0°<A<180°$이므로

$$\sin A=\sqrt{1-\cos^2 A}=\sqrt{1-\left(-\frac{1}{4}\right)^2}=\frac{\sqrt{15}}{4}$$

삼각형 ABC의 외접원의 반지름의 길이를 R cm라고 하면 사인법칙에 의하여

$$2R=\frac{\overline{BC}}{\sin A}$$

$$\therefore R=\frac{\overline{BC}}{2\sin A}=\frac{8}{2\times\frac{\sqrt{15}}{4}}=\frac{16}{\sqrt{15}}=\frac{16\sqrt{15}}{15}$$

따라서 접시의 반지름의 길이는 $\frac{16\sqrt{15}}{15}$ cm이다.

정답 $\frac{16\sqrt{15}}{15}$ cm

보충 설명

주어진 삼각형 ABC에서 $\cos A$가 아닌 $\cos B$나 $\cos C$를 이용하여 외접원의 반지름의 길이를 구하여도 된다.

$\cos B=\frac{11}{16}$, $\sin B=\sqrt{1-\cos^2 B}=\sqrt{1-\left(\frac{11}{16}\right)^2}=\frac{3\sqrt{15}}{16}$이므로

$$2R=\frac{\overline{AC}}{\sin B}=\frac{6}{\frac{3\sqrt{15}}{16}}\qquad \therefore R=\frac{16\sqrt{15}}{15}$$

숫자 바꾸기

한번 더 ☑ ☐

07-1

어느 고고학자가 원 모양으로 추정되는 깨어진 장신구를 발견하였다. 이 장신구의 세 지점 A, B, C를 오른쪽 그림과 같이 정하여 세 변 AB, BC, AC의 길이를 재어 보았더니 각각 7 cm, 5 cm, 3 cm이었다. 이 장신구의 반지름의 길이를 구하시오.

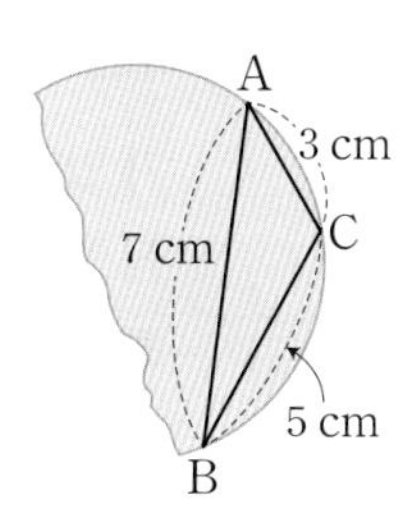

표현 바꾸기

한번 더 ☑ ☐

07-2

원 모양의 호수의 지름의 길이를 구하기 위하여 오른쪽 그림과 같이 호숫가의 세 지점 A, B, C를 잡아 두 지점 A, B 사이의 거리와 ∠CAB, ∠ABC의 크기를 측정하였더니 $\overline{AB}=400\,\text{m}$, $A=30^\circ$, $B=105^\circ$이었다. 이 호수의 지름의 길이를 구하시오.

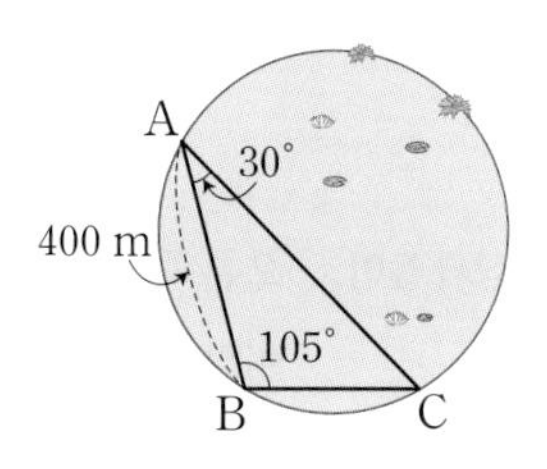

개념 넓히기

한번 더 ☑ ☐

07-3

다음 그림과 같이 지표면과 15°의 경사를 이루는 비탈길 위에 나무가 지표면에 수직으로 서 있다. 이 나무로부터 비탈길을 따라 15 m 올라간 지점에서 지표면에 수직으로 설치된 높이가 1 m인 받침대 위에서 각도 측정기로 나무의 꼭대기를 올려다본 각의 크기를 재었더니 30°이었다. 이 나무의 높이를 구하시오. (단, $\sqrt{6}=2.45$로 계산한다.)

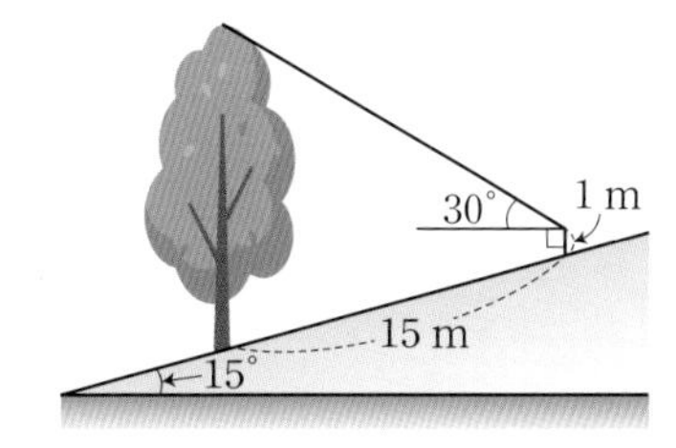

• 풀이 128쪽

정답

07-1 $\frac{7\sqrt{3}}{3}$ cm　　07-2 $400\sqrt{2}$ m　　07-3 13.25 m

예제 08

코사인법칙의 활용 - 최단 거리

오른쪽 그림과 같이 $\overline{OA}=2\sqrt{2}$, $\overline{OB}=4$, $\angle AOB=\frac{\pi}{4}$인 삼각형 OAB가 있다. 움직이는 점 P가 점 A에서 출발하여 두 변 OB, OA 위의 두 점 X, Y를 차례대로 거쳐 점 B까지 도달할 때, 점 P가 이동한 거리의 최솟값을 구하시오.

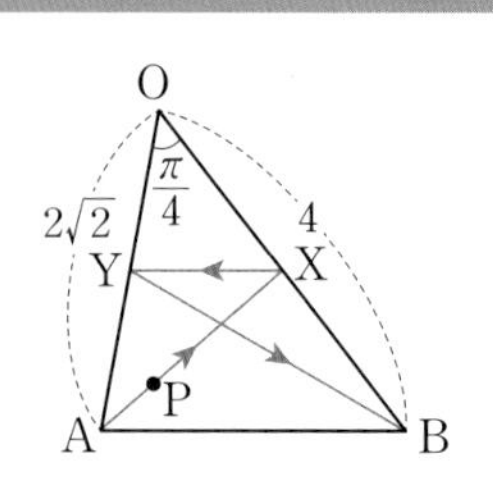

접근 방법 삼각형 OAB의 두 변 OA, OB에 대하여 대칭이동하여 움직이는 거리의 최솟값은 코사인법칙을 이용하여 구할 수 있다.

수매씽 Point 꺾이는 선의 길이의 최솟값은 대칭이동을 이용하여 직선으로 생각한다.

상세 풀이 오른쪽 그림과 같이 선분 OA에 대한 점 B의 대칭점을 B′이라 하고, 선분 OB에 대한 점 A의 대칭점을 A′이라고 하면 두 선분 OB, OA 위의 임의의 두 점 X, Y에 대하여

$\overline{AX}=\overline{A'X}$, $\overline{BY}=\overline{B'Y}$

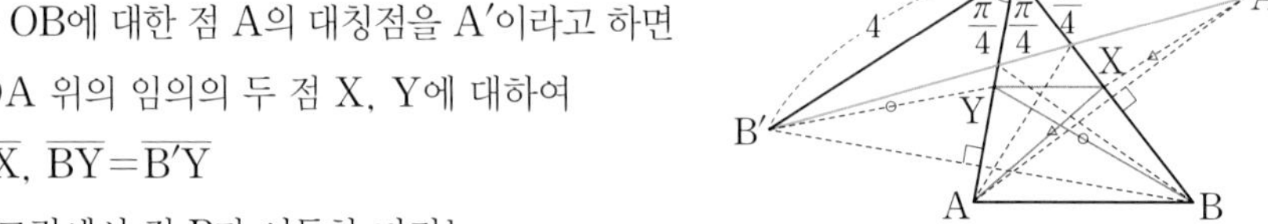

이므로 오른쪽 그림에서 점 P가 이동한 거리는

$\overline{AX}+\overline{XY}+\overline{BY}=\overline{A'X}+\overline{XY}+\overline{B'Y}$

이고, 그 최솟값은 네 점 B′, Y, X, A′이 한 직선 위에 있을 때이므로

$\overline{AX}+\overline{XY}+\overline{BY}\geq\overline{A'B'}$

따라서 삼각형 OB′A′에서 코사인법칙에 의하여

$$\overline{A'B'}^2=4^2+(2\sqrt{2})^2-2\times4\times2\sqrt{2}\times\cos\frac{3}{4}\pi$$
$$=16+8+16=40$$

$\therefore \overline{A'B'}=2\sqrt{10}$

따라서 점 P가 이동한 거리의 최솟값은 $2\sqrt{10}$이다.

정답 $2\sqrt{10}$

보충 설명

입체도형에서의 이동 거리의 최솟값(최단 거리)을 생각할 때에는 전개도에서 직선 거리를 생각하도록 한다.
즉, 오른쪽 그림의 원뿔에서 밑면 위의 한 점 A에서 출발하여 원뿔의 옆면을 돌아 점 B까지 가는 최단 거리는 원뿔의 옆면의 전개도에서 선분 AB의 길이와 같다.

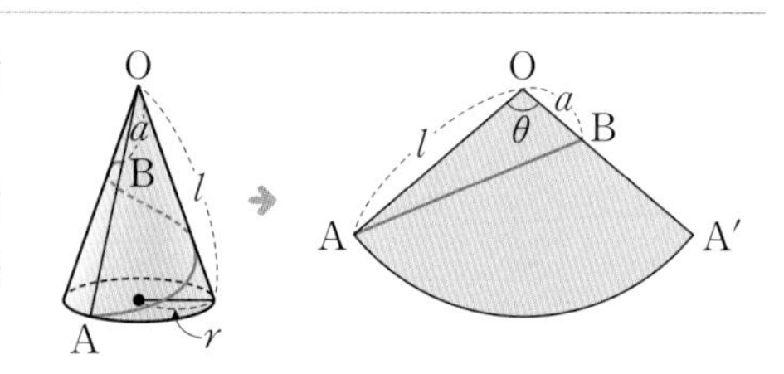

숫자 바꾸기

한번 더 ☑ ☐

08-1

오른쪽 그림과 같이 $\overline{OA}=6$, $\overline{OB}=5$인 삼각형 OAB가 있다. 움직이는 점 P가 점 A에서 출발하여 두 변 OB, OA 위의 두 점 X, Y를 차례대로 거쳐 점 B까지 도달한다. 점 P가 이동한 거리의 최솟값이 $\sqrt{91}$일 때, θ의 크기를 구하시오. $\left(단, 0<\theta<\frac{\pi}{4}\right)$

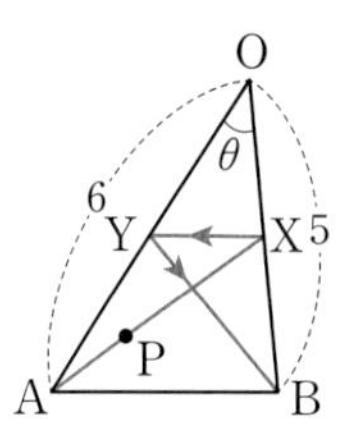

표현 바꾸기

한번 더 ☑ ☐

08-2

오른쪽 그림과 같이 반지름의 길이가 $6\sqrt{3}$이고 중심각의 크기가 $60°$인 부채꼴 OAB에서 호 AB 위에 한 점 P를 잡고, 두 선분 OA, OB 위에 각각 두 점 Q, R을 잡을 때, 삼각형 PQR의 둘레의 길이의 최솟값을 구하시오.

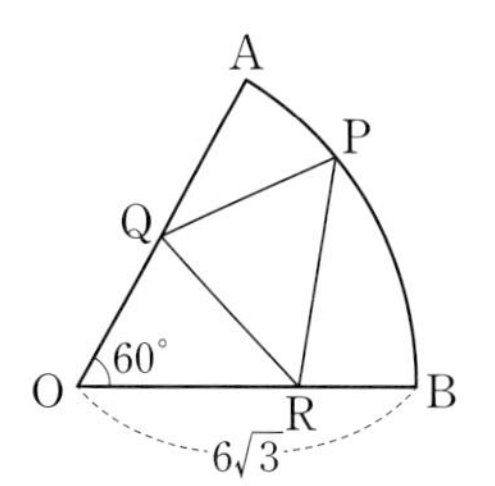

08

개념 넓히기

한번 더 ☑ ☐

08-3

오른쪽 그림과 같이 밑면의 반지름의 길이가 2 cm이고 모선의 길이가 6 cm인 원뿔이 있다. 모선 OA의 중점을 B라 하고 점 A에서 점 B까지 실로 원뿔의 옆면을 감을 때, 실의 길이의 최솟값을 구하시오.

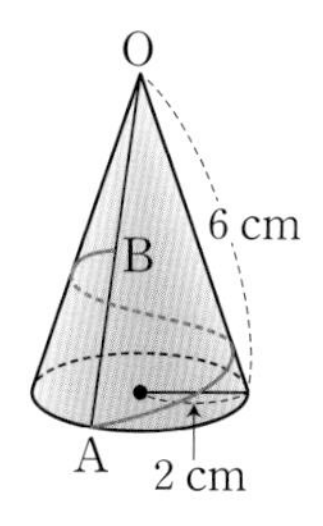

• 풀이 128쪽~129쪽

정답

08-1 $\frac{2}{9}\pi$ **08-2** 18 **08-3** $3\sqrt{7}$ cm

2 삼각형의 넓이

❶ 삼각형의 넓이

삼각함수를 이용하면 삼각형의 두 변의 길이와 그 끼인각의 크기를 알 때, 삼각형의 넓이를 구할 수 있습니다.

삼각형 ABC의 꼭짓점 A에서 변 BC 또는 그 연장선에 내린 수선의 발을 H라 하고, 선분 AH의 길이를 h라고 하면 $\angle$B의 크기에 따라 다음 그림과 같이 세 가지 경우로 나누어 생각할 수 있습니다.

(i) $B<90°$일 때

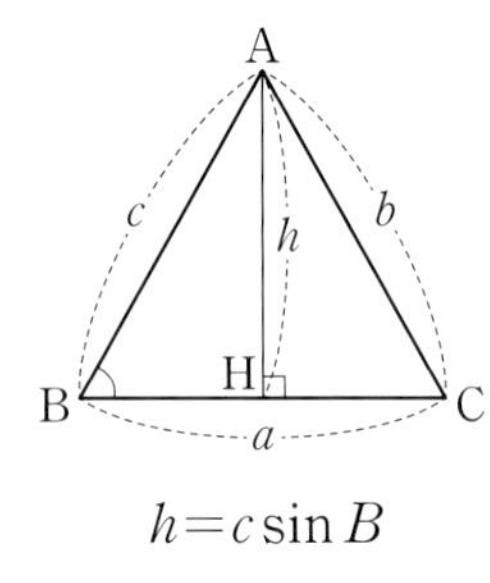

$h=c\sin B$

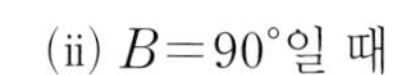

(ii) $B=90°$일 때

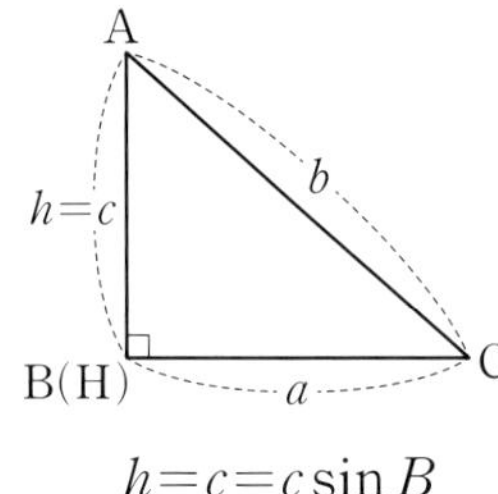

$h=c=c\sin B$ (└ $\sin B=1$)

(iii) $B>90°$일 때

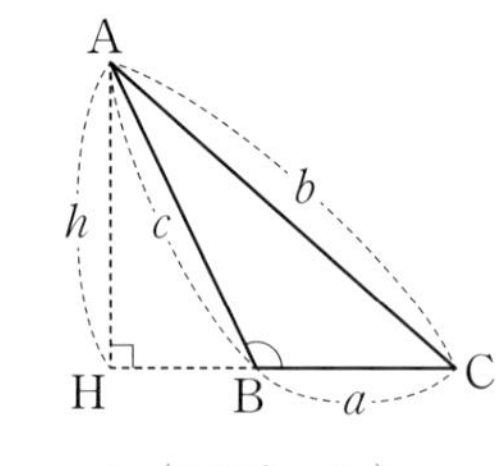

$h=c\sin(180°-B)=c\sin B$

(i), (ii), (iii)에서 $\angle$B의 크기에 관계없이 $h=c\sin B$이므로 삼각형 ABC의 넓이를 S라고 하면

$$S=\frac{1}{2}ah=\frac{1}{2}ac\sin B$$

가 성립합니다.

마찬가지 방법으로

$$S=\frac{1}{2}ab\sin C,\ S=\frac{1}{2}bc\sin A$$

가 성립함을 알 수 있습니다.

Example 삼각형 ABC에서 $a=3$, $b=4$, $C=30°$일 때, 삼각형의 넓이 S는

$$S=\frac{1}{2}ab\sin C=\frac{1}{2}\times3\times4\times\sin30°$$

$$=\frac{1}{2}\times3\times4\times\frac{1}{2}=3$$

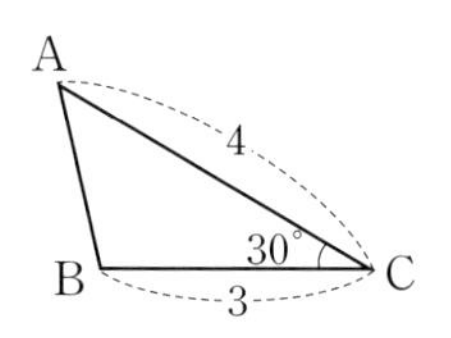

개념 Point 삼각형의 넓이

삼각형 ABC의 넓이를 S라고 하면

$$S=\frac{1}{2}bc\sin A=\frac{1}{2}ca\sin B=\frac{1}{2}ab\sin C$$

2 삼각형의 넓이의 응용

1. 내접원과 외접원에서의 삼각형의 넓이

오른쪽 그림과 같이 세 변의 길이가 주어진 경우 삼각형의 넓이와 내접원의 반지름의 길이 r 사이의 관계는 다음과 같습니다.

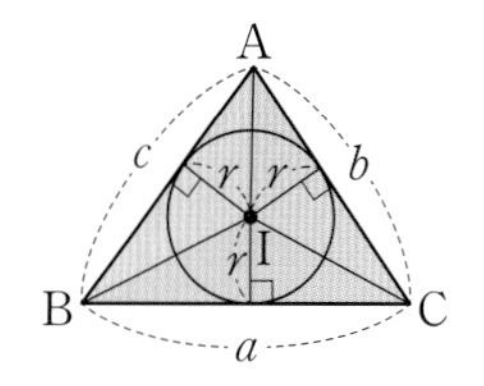

$$\triangle ABC = \triangle IBC + \triangle ICA + \triangle IAB$$
$$= \frac{1}{2}ra + \frac{1}{2}rb + \frac{1}{2}rc$$
$$= \frac{1}{2}r(a+b+c)$$

또한 오른쪽 그림과 같이 세 변의 길이와 외접원의 반지름의 길이 R이 주어진 경우 사인법칙 $\frac{c}{\sin C} = 2R$에서 $\sin C = \frac{c}{2R}$이므로 삼각형 ABC의 넓이 S는

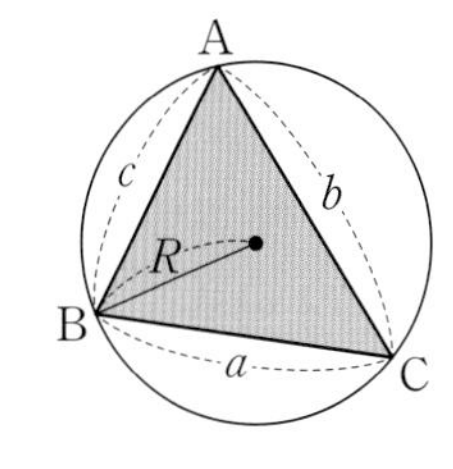

$$S = \frac{1}{2}ab\sin C = \frac{1}{2}ab\frac{c}{2R} = \frac{abc}{4R}$$

입니다.

또한 사인법칙 $\frac{a}{\sin A} = \frac{b}{\sin B} = 2R$에서 $a = 2R\sin A$, $b = 2R\sin B$이므로

$$S = \frac{1}{2}ab\sin C = \frac{1}{2} \times 2R\sin A \times 2R\sin B \times \sin C$$
$$= 2R^2 \sin A \sin B \sin C$$

입니다.

2. 사각형의 넓이 ← 일반적으로 다각형의 넓이는 삼각형으로 나누어 그 넓이의 합으로 구할 수 있다.

사각형의 넓이는 사각형을 두 개의 삼각형으로 나누어 그 넓이의 합으로 구할 수 있으므로 삼각형의 넓이를 이용하여 사각형의 넓이를 구하는 방법을 알아봅시다.

Example 오른쪽 그림과 같이 $\overline{AB} = 6$, $\overline{BC} = 5$, $\overline{AD} = 3$, $A = 60°$, $\angle CBD = 30°$인 사각형 ABCD의 넓이 S를 구해 보자.

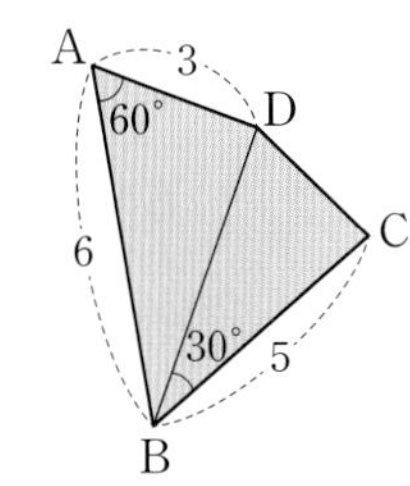

삼각형 ABD에서 코사인법칙에 의하여

$$\overline{BD}^2 = \overline{AD}^2 + \overline{AB}^2 - 2 \times \overline{AD} \times \overline{AB} \times \cos A$$
$$= 3^2 + 6^2 - 2 \times 3 \times 6 \times \cos 60° = 27$$
$$\therefore \overline{BD} = 3\sqrt{3}$$

따라서 사각형 ABCD의 넓이 S는 두 삼각형 ABD, BCD의 넓이의 합과 같으므로

$$S = \triangle ABD + \triangle BCD$$
$$= \frac{1}{2} \times 3 \times 6 \times \sin 60° + \frac{1}{2} \times 3\sqrt{3} \times 5 \times \sin 30°$$
$$= \frac{9\sqrt{3}}{2} + \frac{15\sqrt{3}}{4} = \frac{33\sqrt{3}}{4}$$

또한 평행사변형은 대각선을 기준으로 두 삼각형으로 나누었을 때, 두 삼각형이 서로 합동이므로 평행사변형의 넓이는 다음과 같이 구할 수 있습니다.

Example 오른쪽 그림과 같이 $\overline{AB}=2$, $\overline{AD}=5$이고, $B=60^\circ$인 평행사변형 ABCD의 넓이를 구해 보자.

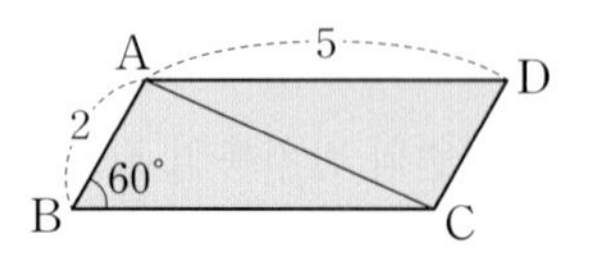

평행사변형의 성질에 의하여

$\overline{BC}=\overline{AD}=5$

따라서 평행사변형 ABCD의 넓이를 S라고 하면

$S=2\times5\times\sin60^\circ=10\times\frac{\sqrt{3}}{2}=5\sqrt{3}$ ← $S=2\triangle ABC$

오른쪽 그림과 같이 두 대각선의 길이가 각각 x, y이고, 두 대각선이 이루는 각의 크기가 θ인 사각형 PQRS의 넓이 S를 구할 수 있습니다.

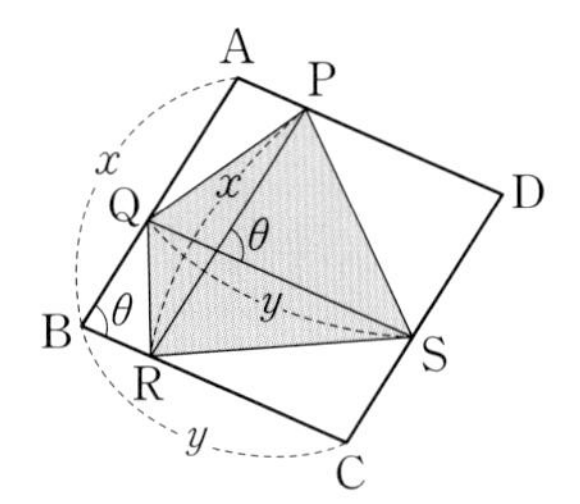

대각선 PR에 평행하고 두 꼭짓점 Q, S를 각각 지나는 직선과 대각선 QS에 평행하고 두 꼭짓점 P, R을 각각 지나는 직선의 교점을 이용하여 평행사변형 ABCD를 만들면

$\overline{AB}=\overline{PR}=x$, $\overline{BC}=\overline{QS}=y$, $\angle ABC=\theta$

입니다. 그런데 사각형 PQRS의 넓이 S는 평행사변형 ABCD의 넓이의 $\frac{1}{2}$배이므로

$$S=\frac{1}{2}\square ABCD=\frac{1}{2}xy\sin\theta$$

가 성립합니다.

개념 Point 삼각형의 넓이의 응용

1 내접원의 반지름의 길이 r이 주어질 때 삼각형의 넓이 S는

$$S=\frac{1}{2}r(a+b+c)$$

2 외접원의 반지름의 길이 R이 주어질 때 삼각형의 넓이 S는

$$S=\frac{abc}{4R}=2R^2\sin A\sin B\sin C$$

3 이웃하는 두 변의 길이가 x, y이고 그 끼인각의 크기가 θ인 평행사변형의 넓이 S는

$$S=xy\sin\theta$$

4 두 대각선의 길이가 x, y이고 두 대각선이 이루는 각의 크기가 θ인 사각형의 넓이 S는

$$S=\frac{1}{2}xy\sin\theta$$

개념 콕콕

1 다음 조건을 만족시키는 삼각형 ABC의 넓이를 구하시오.

(1) $a=2\sqrt{2}$, $c=3$, $B=45°$ (2) $b=4$, $c=3\sqrt{2}$, $A=150°$

2 $\overline{BC}=6$, $\overline{AC}=8$인 삼각형 ABC의 넓이가 $12\sqrt{3}$일 때, $\overline{AB}$의 길이를 구하시오.

(단, $90°<C<180°$)

3 세 변의 길이의 합이 10인 삼각형 ABC의 넓이가 30일 때, 내접원의 반지름의 길이를 구하시오.

4 다음을 구하시오.

(1) $\overline{AB}=2$, $\overline{BC}=3\sqrt{2}$이고 그 끼인각의 크기가 45°인 평행사변형 ABCD의 넓이

(2) 두 대각선의 길이가 6, 10이고 두 대각선이 이루는 각의 크기가 30°인 사각형 ABCD의 넓이

5 오른쪽 그림과 같이 $\overline{AB}=5$, $\overline{BC}=6$인 평행사변형 ABCD의 넓이가 $15\sqrt{3}$일 때, B의 크기를 구하시오. (단, $0°<B<90°$)

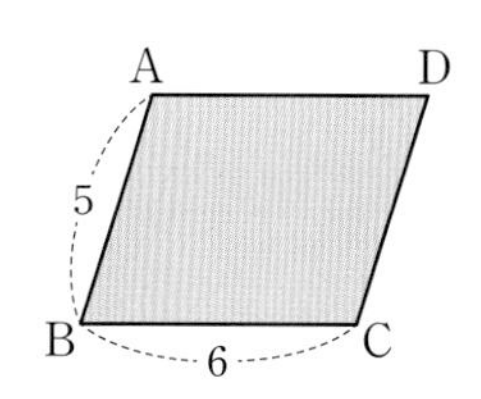

• 풀이 129쪽

정답

1 (1) 3 (2) $3\sqrt{2}$
2 $2\sqrt{37}$
3 6
4 (1) 6 (2) 15
5 60°

예제 09 삼각형의 넓이

삼각형 ABC에서 다음 물음에 답하시오.

(1) $a=8$, $b=6$, $c=4$일 때, 삼각형 ABC의 넓이 S를 구하시오.

(2) $b=2$, $c=2\sqrt{7}$, $C=60°$일 때, 삼각형 ABC의 넓이 S를 구하시오.

접근 방법 (1)에서는 세 변의 길이가 주어져 있으므로 코사인법칙의 변형을 이용하여 한 각의 코사인의 값을 구하고, $\sin\theta=\sqrt{1-\cos^2\theta}$을 이용하여 사인의 값을 구하여 삼각형의 넓이를 구한다. (2)에서는 변 BC의 길이를 코사인법칙을 이용하여 구하고 삼각형의 넓이를 구한다.

수매씽 Point 삼각형 ABC의 넓이 S는 다음과 같다.

$$S=\frac{1}{2}ab\sin C=\frac{1}{2}bc\sin A=\frac{1}{2}ca\sin B$$

상세 풀이 (1) $a=8$, $b=6$, $c=4$이므로 코사인법칙의 변형에 의하여

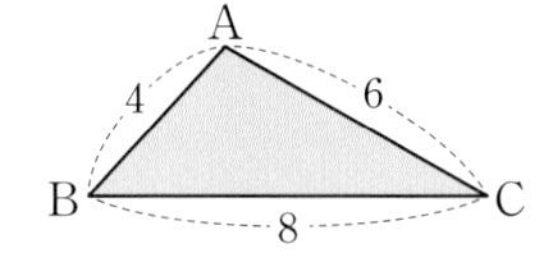

$$\cos A=\frac{6^2+4^2-8^2}{2\times6\times4}=-\frac{1}{4}$$

이때 $0<A<\pi$이므로

$$\sin A=\sqrt{1-\cos^2 A}=\sqrt{1-\left(-\frac{1}{4}\right)^2}=\frac{\sqrt{15}}{4}$$

$$\therefore\ S=\frac{1}{2}bc\sin A=\frac{1}{2}\times6\times4\times\frac{\sqrt{15}}{4}=3\sqrt{15}$$

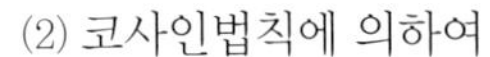

(2) 코사인법칙에 의하여

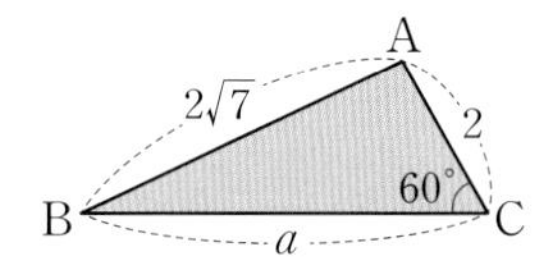

$$(2\sqrt{7})^2=a^2+2^2-2\times a\times2\times\cos60°$$

$$28=a^2+4-2a,\ a^2-2a-24=0$$

$$(a+4)(a-6)=0 \qquad \therefore\ a=6\ (\because\ a>0)$$

$$\therefore\ S=\frac{1}{2}ab\sin C=\frac{1}{2}\times6\times2\times\sin60°=3\sqrt{3}$$

정답 (1) $3\sqrt{15}$ (2) $3\sqrt{3}$

보충 설명

삼각형의 세 변의 길이가 주어질 때 삼각형의 넓이를 구하는 다른 방법으로 다음과 같은 헤론의 공식이 있다.

$$S=\sqrt{s(s-a)(s-b)(s-c)}\ \left(\text{단, } s=\frac{a+b+c}{2}\right)$$

삼각형 ABC에서 세 변의 길이가 (1)과 같이 $a=8$, $b=6$, $c=4$로 주어진 경우 삼각형의 넓이 S를 헤론의 공식을 이용하여 구해 보면 $s=\frac{8+6+4}{2}=9$이므로

$$S=\sqrt{s(s-a)(s-b)(s-c)}=\sqrt{9(9-8)(9-6)(9-4)}=\sqrt{9\times1\times3\times5}=3\sqrt{15}$$

숫자 바꾸기 한번 더

09-1

삼각형 ABC에서 다음 물음에 답하시오.

(1) $a=3$, $b=5$, $c=7$일 때, 삼각형 ABC의 넓이를 구하시오.

(2) $\overline{BC}=2$, $A=30°$, $B=45°$일 때, 삼각형 ABC의 넓이를 구하시오.

표현 바꾸기 한번 더

09-2

다음 물음에 답하시오.

(1) 반지름의 길이가 2인 원에 내접하는 삼각형 ABC에서 $A=60°$, $B=30°$일 때, 삼각형 ABC의 넓이를 구하시오.

(2) 삼각형 ABC에서 $a : b : c=3 : 4 : 5$이고 외접원의 반지름의 길이가 2일 때, 삼각형 ABC의 넓이를 구하시오.

08

개념 넓히기 한번 더

09-3

오른쪽 그림과 같이 $\overline{AB}=5$, $\overline{AC}=6$이고 $A=60°$인 삼각형 ABC에서 두 선분 AB, AC 위에 각각 두 점 P, Q를 잡을 때, 선분 PQ에 의하여 삼각형 ABC의 넓이가 이등분된다고 한다. 선분 PQ의 길이의 최솟값을 구하시오.

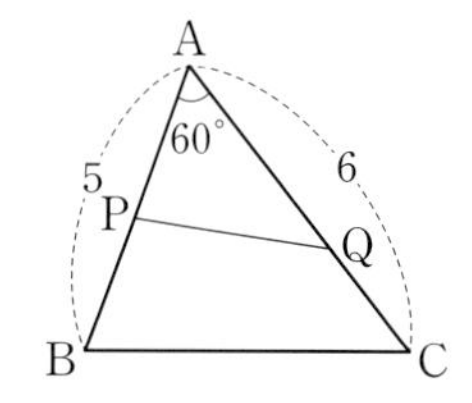

● 풀이 130쪽

정답

09-1 (1) $\frac{15\sqrt{3}}{4}$ (2) $1+\sqrt{3}$　09-2 (1) $2\sqrt{3}$ (2) $\frac{96}{25}$　09-3 $\sqrt{15}$

예제 10 삼각형의 내접원의 반지름의 길이와 넓이

오른쪽 그림과 같이 세 변의 길이가 3, 4, 5이고 $C=90°$인 직각삼각형에 반원이 내접해 있다. 이 반원의 반지름의 길이를 구하시오.

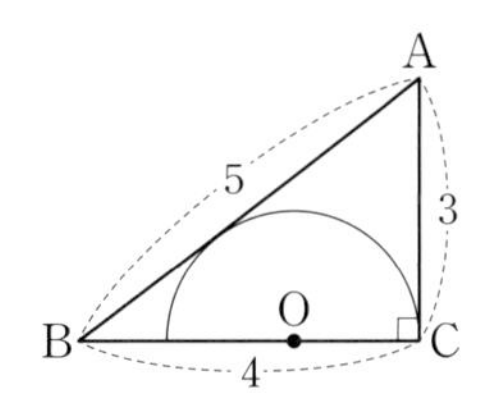

접근 방법 삼각형의 내접원의 반지름의 길이를 구할 때에는 원의 중심에서 내린 수선과 삼각형의 각 변이 수직으로 만나므로 삼각형의 넓이를 이용한다.

수매씽 Point 삼각형의 내접원의 반지름의 길이를 구할 때에는 삼각형의 넓이를 이용한다.

상세 풀이 오른쪽 그림과 같이 두 점 O, A를 잇는 선분을 그으면

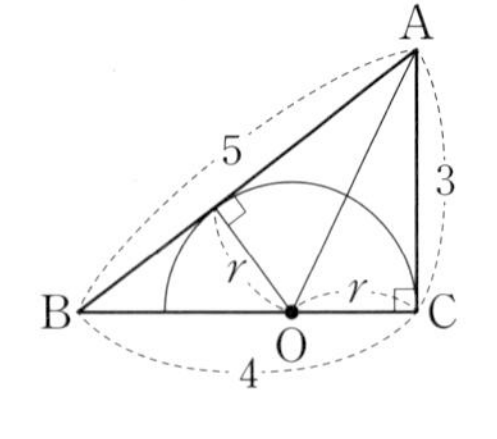

$\triangle ABC=\triangle ABO+\triangle ACO$이므로 반원의 반지름의 길이를 r이라고 하면

$$\triangle ABC=\frac{1}{2}\times4\times3=6$$

$$\triangle ABO=\frac{5}{2}r,\ \triangle ACO=\frac{3}{2}r$$

이므로 $6=\frac{5}{2}r+\frac{3}{2}r\qquad\therefore r=\frac{3}{2}$

따라서 반원의 반지름의 길이는 $\frac{3}{2}$이다.

다른 풀이 삼각형 ABC의 넓이를 헤론의 공식을 이용하여 구하면

$s=\frac{3+4+5}{2}=6$이므로 $\triangle ABC=\sqrt{6\times(6-3)\times(6-4)\times(6-5)}=6$

따라서 $\frac{5}{2}r+\frac{3}{2}r=6$이므로 $r=\frac{3}{2}$

정답 $\frac{3}{2}$

보충 설명

반원의 중심 O에서 변 AB에 내린 수선의 발을 D라고 하면

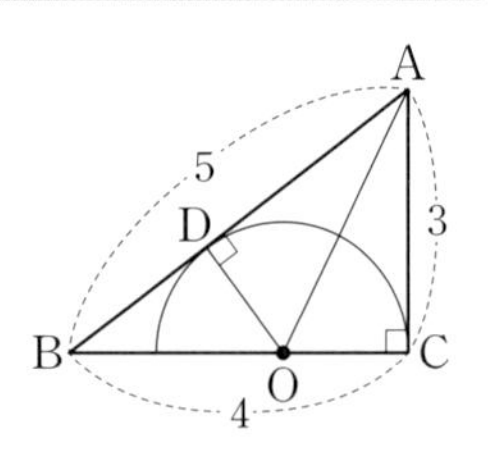

$\overline{AD}=\overline{AC}=3$이므로 $\overline{BD}=\overline{AB}-\overline{AD}=2$이고

$\angle B$는 공통, $\angle BDO=\angle BCA=90°$

에서 $\triangle OBD\backsim\triangle ABC$ (AA 닮음)이므로

$\overline{BD}:\overline{BC}=\overline{OD}:\overline{AC}$, 즉 $2:4=\overline{OD}:3\qquad\therefore \overline{OD}=\frac{3}{2}$

이와 같이 삼각형의 내접원의 반지름의 길이는 직각삼각형의 닮음을 이용하여 구할 수도 있다.

숫자 바꾸기 한번 더 ☑ ☐

10-1

오른쪽 그림과 같이 세 변의 길이가 5, 6, 7인 삼각형에 반원이 내접해 있다. 이 반원의 반지름의 길이를 구하시오.

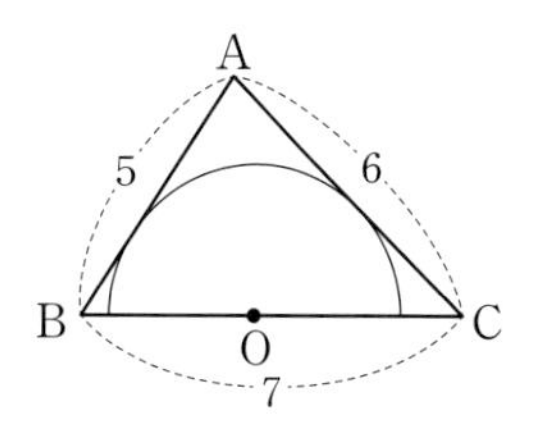

표현 바꾸기 한번 더 ☑ ☐

10-2

오른쪽 그림과 같이 $C=90°$인 직각삼각형 ABC의 외접원과 내접원의 반지름의 길이가 각각 $\frac{5}{2}$, 1일 때, 삼각형 ABC의 넓이를 구하시오.

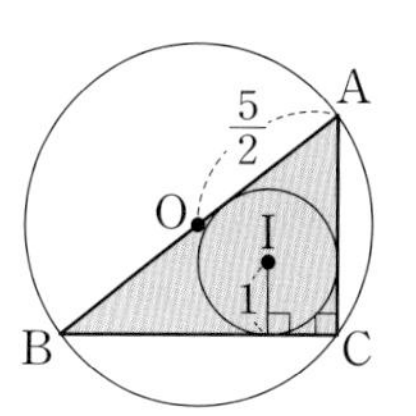

08

개념 넓히기 한번 더 ☑ ☐

10-3

오른쪽 그림과 같이 서로 외접하는 세 원의 반지름의 길이가 각각 6, 8, 7일 때, 세 원의 중심을 꼭짓점으로 하는 삼각형 ABC의 외접원의 반지름의 길이와 내접원의 반지름의 길이의 차를 구하시오.

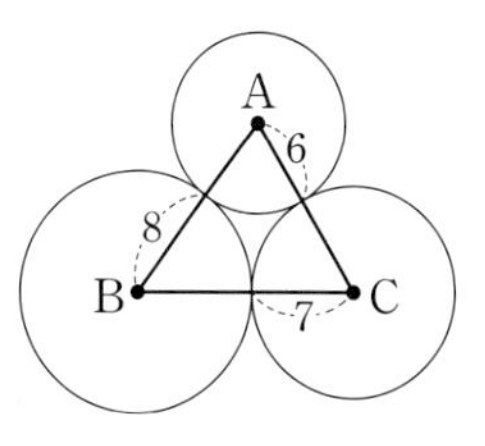

• 풀이 131쪽

정답

10-1 $\frac{12\sqrt{6}}{11}$ 10-2 6 10-3 $\frac{33}{8}$

STEP 1 기본 다지기

1

삼각형 ABC에서 다음 물음에 답하시오.

(1) $\dfrac{\sin A}{2}=\dfrac{\sin B}{3}=\dfrac{\sin C}{4}$일 때, $\cos C$의 값을 구하시오.

(2) $6\sin A=2\sqrt{3}\sin B=3\sin C$가 성립할 때, $\cos A$의 값을 구하시오.

2

오른쪽 그림과 같이 $\overline{AB}=12$, $\overline{AC}=9$인 삼각형 ABC에서 $\overline{BC}$의 중점 M에 대하여 $\angle BAM=\alpha$, $\angle CAM=\beta$라고 할 때, $\dfrac{\sin\beta}{\sin\alpha}$의 값을 구하시오.

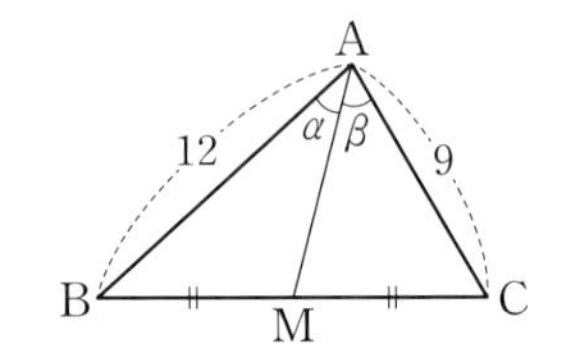

3

오른쪽 그림과 같이 삼각형 ABC에서 변 BC 위에 점 D가 있고

$\overline{BD}=2$, $\overline{CD}=1$, $\overline{AD}=2\sqrt{2}$, $\angle ADC=45°$

일 때, 삼각형 ABC의 외접원의 반지름의 길이를 구하시오.

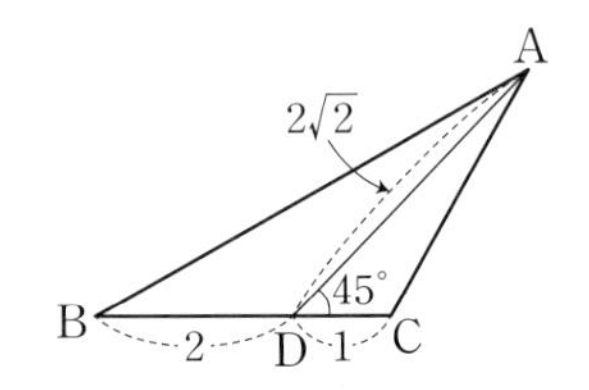

4

오른쪽 그림과 같이 원에 내접하는 사각형 ABCD가 있다.

$\overline{AD}=2\sqrt{2}$, $\overline{CD}=3$, $\cos B=\dfrac{\sqrt{2}}{3}$

일 때, $\overline{AC}$의 길이를 구하시오.

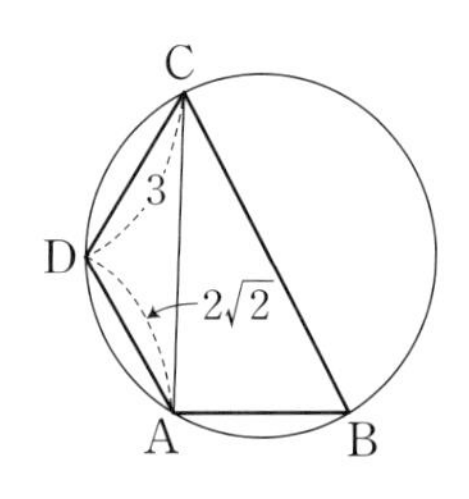

5

오른쪽 그림과 같이 경기장 밖의 중계용 카메라에서 5 m 떨어진 A 지점에서 한 축구 선수가 공을 잡기 위하여 중계용 카메라에서 8 m 떨어진 B 지점까지 일직선으로 달려가고 있다. 축구 선수가 공을 잡을 때까지 중계용 카메라가 회전한 각의 크기가 60°일 때, 이 축구 선수가 달려간 거리를 구하시오.

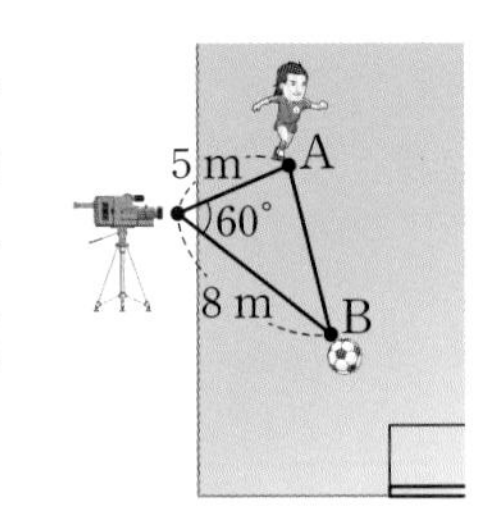

6 오른쪽 그림과 같이 반지름의 길이가 3이고 호 AB의 길이가 π인 부채꼴 AOB에서 선분 OB의 삼등분점 중 점 O에 가까운 점을 C라고 할 때, 삼각형 OAC의 넓이를 구하시오.

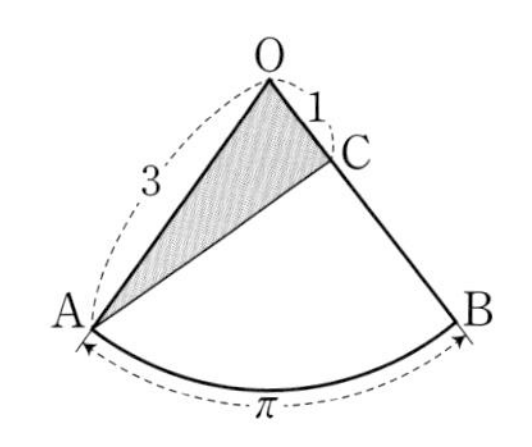

7 오른쪽 그림과 같이 $A=120°$, $\overline{AB}=5$, $\overline{AC}=3$인 삼각형 ABC에서 $\angle A$의 이등분선이 변 BC와 만나는 점을 D라고 할 때, 선분 AD의 길이를 구하시오.

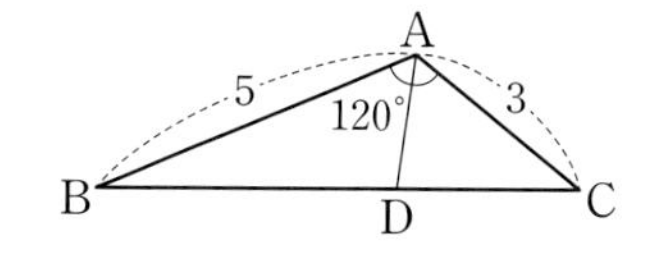

8 삼각형 ABC에서 다음 물음에 답하시오.

(1) $\overline{BC}=4$, $\overline{AC}=3$이고 $3\sin(A+B)\sin C=1$일 때, 삼각형의 넓이를 구하시오.

(2) $A=30°$, $\overline{AB}=4$인 삼각형에서 변 BC의 길이가 최소가 될 때, 삼각형의 넓이를 구하시오.

9 다음 물음에 답하시오.

(1) [그림 1]과 같은 평행사변형 ABCD의 넓이를 구하시오.

(2) [그림 2]와 같은 사각형 ABCD의 넓이를 구하시오.

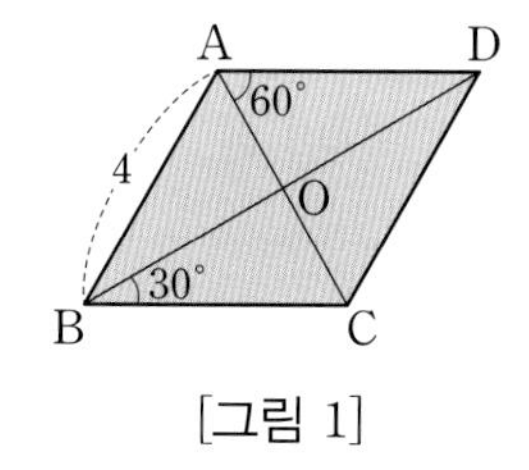

[그림 1]

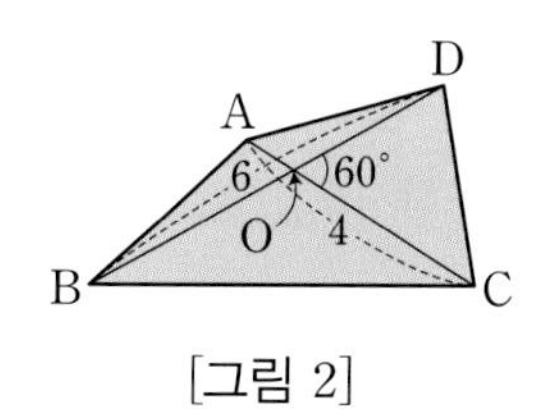

[그림 2]

10 반지름의 길이가 2인 원에 내접하는 삼각형 ABC의 넓이가 3일 때, 삼각형 ABC의 세 변의 길이의 곱을 구하시오.

11 오른쪽 그림과 같이 삼각형 ABC의 두 꼭짓점 A, B에서 각각의 대변에 그은 두 수선의 교점을 D라고 하자.

$\angle BAC = \angle ABD = 45^\circ$, $C = 60^\circ$, $\overline{AB} = 4$

일 때, 선분 AD의 길이를 구하시오.

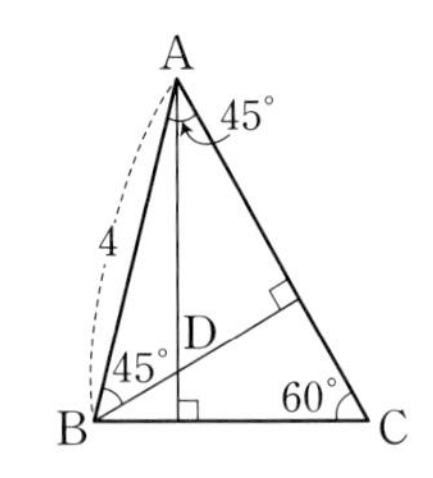

12 오른쪽 그림과 같이 원에 내접하는 사각형 ABCD에 대하여

$\angle ABD = 50^\circ$, $\angle ADB = 40^\circ$, $\angle CBD = 70^\circ$

이고 $\overline{BD} = 8\sqrt{3}$일 때, 선분 AC의 길이를 구하시오.

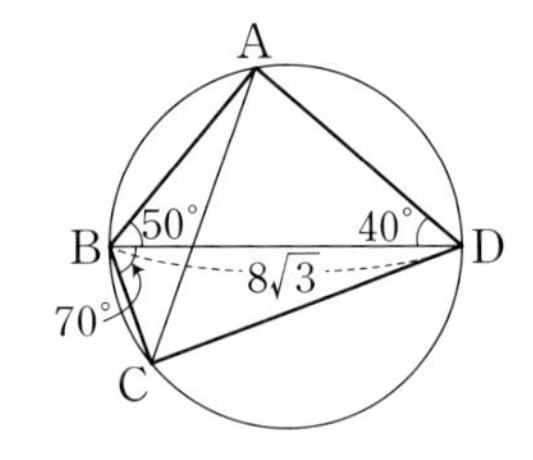

13 오른쪽 그림의 사다리꼴 ABCD에서 $\overline{AD} /\!/ \overline{BC}$이고

$\overline{AB} = 3$, $\overline{BC} = 8$, $\overline{CD} = 4$, $\overline{DA} = 4$

일 때, 대각선 BD의 길이를 구하시오.

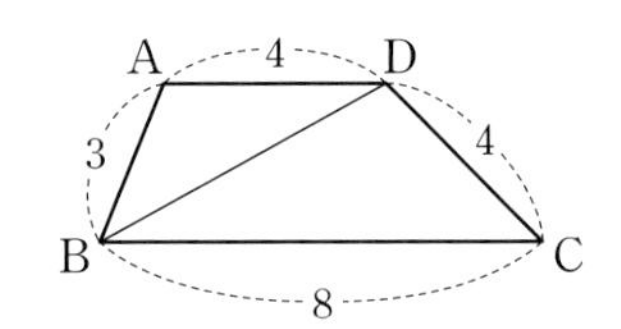

14 오른쪽 그림과 같이 $A = 90^\circ$인 직각삼각형 ABC에서 점 A를 중심으로 하고 변 AB를 반지름으로 하는 원을 그리고, 원과 변 BC가 만나는 점을 D라고 하자. $\overline{BD} = 4$, $\overline{DC} = 6$일 때, 선분 AC의 길이를 구하시오.

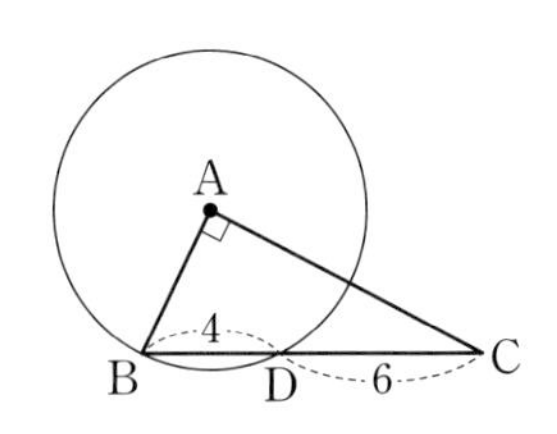

15 오른쪽 그림과 같이 $\overline{AB} = \overline{AC}$인 이등변삼각형 ABC에서 $A = 120^\circ$, $\overline{BC} = 8$이다. 변 AC 위를 움직이는 점을 P라고 할 때, $\overline{BP}^2 + \overline{CP}^2$의 최솟값을 구하시오.

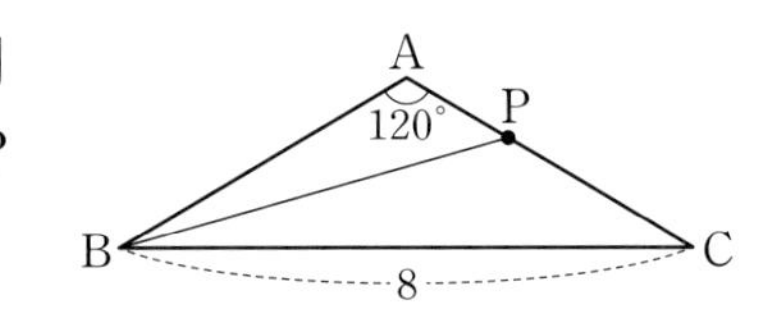

16 오른쪽 그림과 같이 삼각형 ABC에 대하여 변 BC의 점 C 방향으로의 연장선 위에 $\overline{BC}=\overline{CA_1}$이 되도록 점 A_1을 잡고, 마찬가지 방법으로 두 점 B_1, C_1을 잡아 삼각형 $A_1B_1C_1$을 만들었다. 삼각형 ABC의 넓이가 3일 때, 삼각형 $A_1B_1C_1$의 넓이를 구하시오.

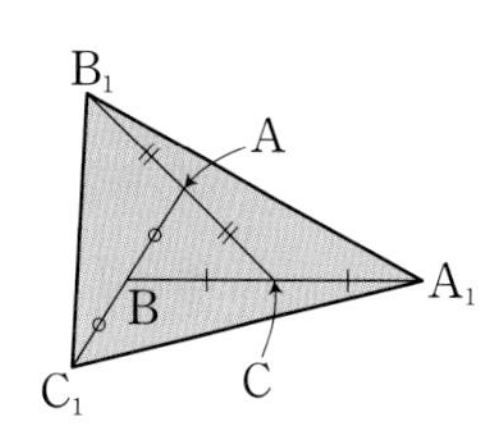

17 $\overline{AB}=3$, $\overline{BC}=4$이고, 넓이가 4인 삼각형 ABC가 있다. 오른쪽 그림과 같이 두 변 AB, BC를 각각 한 변으로 하는 정사각형 DBAF, BEGC를 그리고, 두 점 D, E를 선분으로 이을 때, 선분 DE를 한 변으로 하는 정사각형 HIED의 넓이를 구하시오. $\left(\text{단, } 0<\angle\text{ABC}<\frac{\pi}{2}\right)$

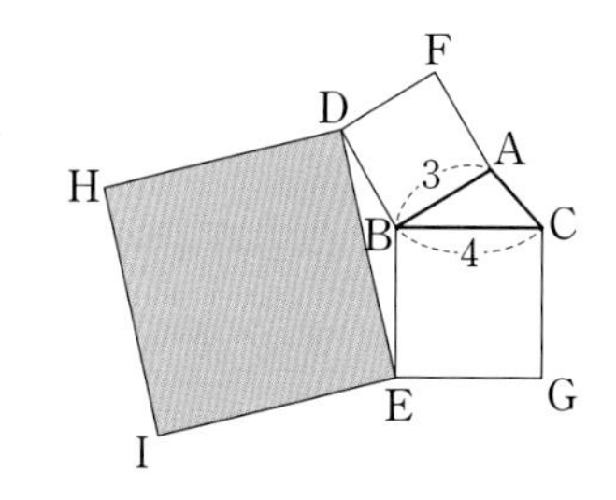

18 오른쪽 그림과 같이 밑면이 정삼각형이고, $\overline{OA}=\overline{OB}=\overline{OC}=8$, $\angle\text{AOB}=\angle\text{BOC}=\angle\text{COA}=40^\circ$인 정삼각뿔이 있다. 점 A를 출발하여 두 모서리 OB, OC 위의 점 P, Q를 지나 모서리 OA의 중점 R에 이르는 최단 거리를 구하시오.

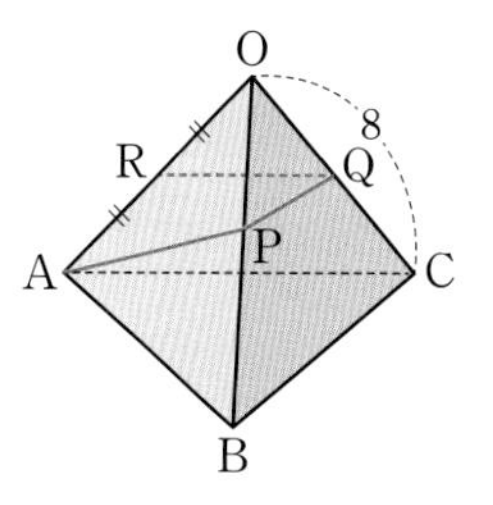

19 오른쪽 그림과 같이 $\overline{BC}=5$, $\overline{CA}=4$, $C=60^\circ$인 삼각형 ABC의 내부의 한 점 P에 대하여 $\overline{AP}+\overline{BP}+\overline{CP}$의 최솟값을 구하시오.

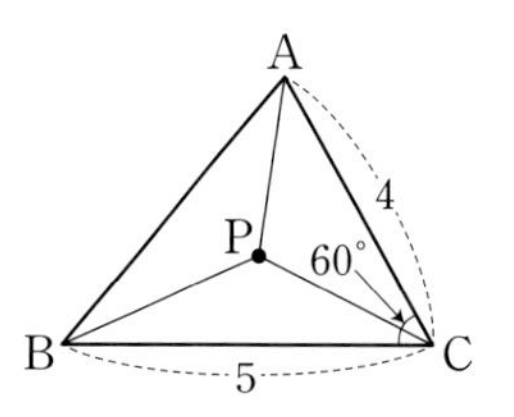

20 삼각형 ABC에서 외접원과 내접원의 반지름의 길이가 각각 3, 1일 때, $\dfrac{\sin A+\sin B+\sin C}{\sin A\sin B\sin C}$의 값을 구하시오.

• 정답 및 풀이 137쪽~139쪽

교육청

21

그림과 같이 $\angle ABC=\frac{\pi}{2}$인 삼각형 ABC에 내접하고 반지름의 길이가 3인 원의 중심을 O라 하자. 직선 AO가 선분 BC와 만나는 점을 D라 할 때, $\overline{DB}=4$이다. 삼각형 ADC의 외접원의 넓이는?

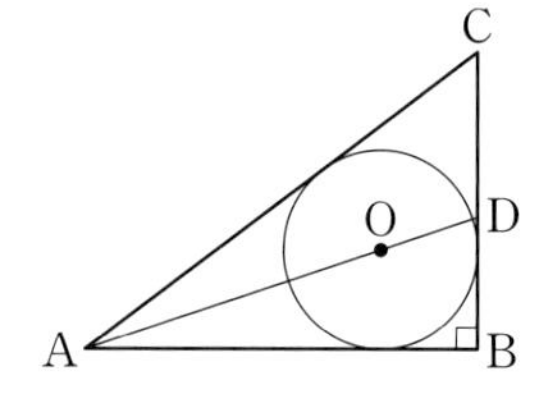

① $\frac{125}{2}\pi$ ② 63π ③ $\frac{127}{2}\pi$ ④ 64π ⑤ $\frac{129}{2}\pi$

평가원

22

그림과 같이 $\overline{AB}=4$, $\overline{AC}=5$이고 $\cos(\angle BAC)=\frac{1}{8}$인 삼각형 ABC가 있다. 선분 AC 위의 점 D와 선분 BC 위의 점 E에 대하여 $\angle BAC=\angle BDA=\angle BED$일 때, 선분 DE의 길이는?

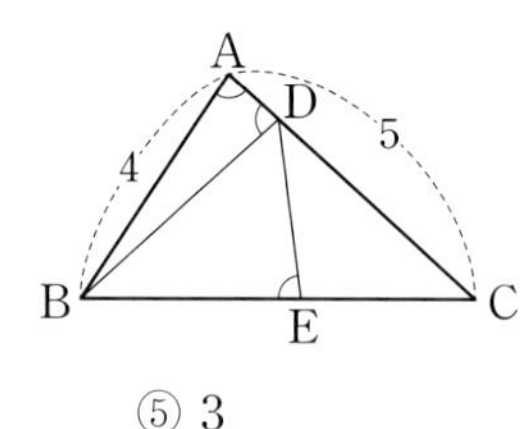

① $\frac{7}{3}$ ② $\frac{5}{2}$ ③ $\frac{8}{3}$ ④ $\frac{17}{6}$ ⑤ 3

수능

23

그림과 같이 사각형 ABCD가 한 원에 내접하고

$$\overline{AB}=5,\ \overline{AC}=3\sqrt{5},\ \overline{AD}=7,\ \angle BAC=\angle CAD$$

일 때, 이 원의 반지름의 길이는?

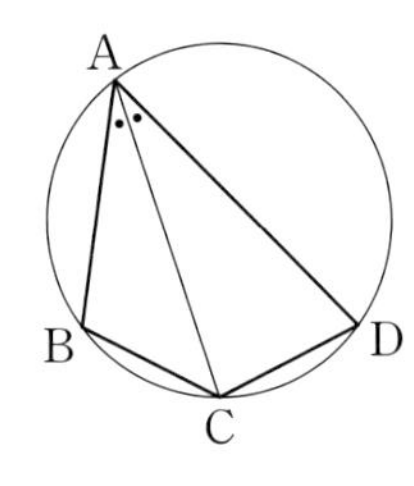

① 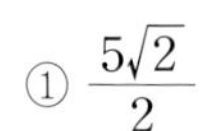 $\frac{5\sqrt{2}}{2}$ ② $\frac{8\sqrt{5}}{5}$ ③ 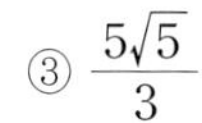 $\frac{5\sqrt{5}}{3}$ ④ $\frac{8\sqrt{2}}{3}$ ⑤ $\frac{9\sqrt{3}}{4}$

수능

24

그림과 같이 $\overline{AB}=3$, $\overline{BC}=\sqrt{13}$, $\overline{AD}\times\overline{CD}=9$, $\angle BAC=\frac{\pi}{3}$인 사각형 ABCD가 있다. 삼각형 ABC의 넓이를 S_1, 삼각형 ACD의 넓이를 S_2라 하고, 삼각형 ACD의 외접원의 반지름의 길이를 R이라 하자. $S_2=\frac{5}{6}S_1$일 때, $\frac{R}{\sin(\angle ADC)}$의 값은?

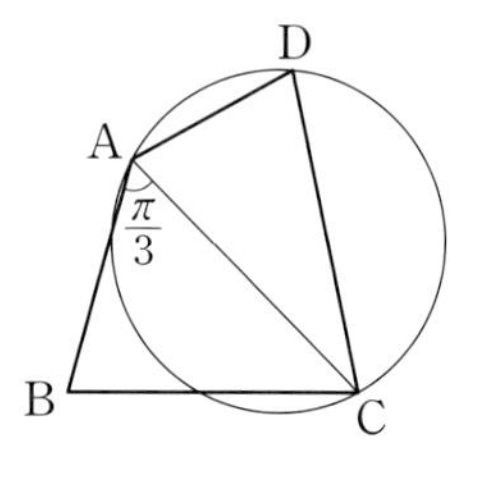

① $\frac{54}{25}$ ② $\frac{117}{50}$ ③ $\frac{63}{25}$ ④ $\frac{27}{10}$ ⑤ $\frac{72}{25}$

09

Ⅲ. 수열

등차수열

1 등차수열

• 수열

(1) 수열 : 차례대로 나열한 수의 열

(2) 항 : 수열을 이루고 있는 각 수

(3) 일반항 : 수열에서 n에 대한 식으로 나타낸 제n항 a_n을 수열의 일반항이라 하고, 일반항이 a_n인 수열을 간단히 $\{a_n\}$과 같이 나타낸다.

• 등차수열

(1) 등차수열 : 첫째항부터 차례대로 일정한 수를 더하여 만들어지는 수열

(2) 공차 : 등차수열에서 더하는 일정한 수

(3) 공차가 d인 등차수열 $\{a_n\}$에서 제n항에 공차 d를 더하면 제$(n+1)$항이 되므로

$$a_{n+1}-a_n=d \ (n=1,\ 2,\ 3,\ \cdots)$$

(4) 첫째항이 a, 공차가 d인 등차수열의 일반항 a_n은

$$a_n=a+(n-1)d \ (n=1,\ 2,\ 3,\ \cdots)$$

• 등차중항

세 수 a, b, c가 이 순서대로 등차수열을 이룰 때, b를 a와 c의 등차중항이라 하고

$$b=\frac{a+c}{2}$$

가 성립한다.

2 등차수열의 합

• 등차수열의 합

등차수열의 첫째항부터 제n항까지의 합을 S_n이라고 하면

(1) 첫째항 a와 제n항 l이 주어질 때, $S_n=\dfrac{n(a+l)}{2}$

(2) 첫째항 a와 공차 d가 주어질 때, $S_n=\dfrac{n\{2a+(n-1)d\}}{2}$

• 수열의 합과 일반항 사이의 관계

수열 $\{a_n\}$의 첫째항부터 제n항까지의 합을 S_n이라고 하면

$$a_1=S_1,\ a_n=S_n-S_{n-1} \ (n\geq 2)$$

Q&A

Q 등차수열에서 등차(等差)는 무슨 뜻일까요?

A 한자어로 '차가 일정하다'는 뜻으로, 등차수열 $\{a_n\}$에서 $a_{n+1}-a_n$의 값은 항상 일정합니다. 이 값을 공차(公差, 공통된 차이라는 뜻)라고 합니다.

1 등차수열

1 수열

1. 수열의 뜻

자연수 중에서 홀수를 순서대로 나열하면 다음과 같습니다.

$1, 3, 5, 7, 9, \cdots$

이와 같이 차례대로 나열한 수의 열을 **수열**이라 하고, 수열을 이루고 있는 각 수를 그 수열의 **항**이라고 합니다. ← 일정한 규칙없이 수를 나열한 것도 수열이지만, 여기서는 규칙성이 있는 수열만 다룬다.

일반적으로 수열을 나타낼 때에는 각 항에 번호를 붙여서

$a_1, a_2, a_3, \cdots, a_n, \cdots$

과 같이 나타내고, 수열의 각 항을 앞에서부터 차례대로 첫째항, 둘째항, 셋째항, $\cdots$, n째항, $\cdots$ 또는 제1항, 제2항, 제3항, $\cdots$, 제n항, $\cdots$이라고 합니다.

Example 수열 $1, 3, 5, 7, 9, \cdots$에서 제3항은 5, 제5항은 9이다.

2. 수열의 일반항

수열에서 n에 대한 식으로 주어진 제n항 a_n의 n 대신 $1, 2, 3, \cdots$을 각각 대입하면 그 수열의 모든 항을 구할 수 있습니다. 이때 수열의 제n항 a_n이 그 수열의 각 항을 일반적으로 나타내고 있으므로 a_n을 그 수열의 **일반항**이라고 합니다. 또한 일반항이 a_n인 수열을 간단히

$\{a_n\}$

과 같이 나타냅니다.

Example (1) 수열 $\frac{1}{2}, \frac{2}{3}, \frac{3}{4}, \frac{4}{5}, \frac{5}{6}, \cdots, \frac{n}{n+1}, \cdots$에서 제$n$항의 분자는 n, 분모는 $n+1$이므로 일반항 a_n은

$$a_n=\frac{n}{n+1}$$

또한 일반항 a_n을 이용하여 이 수열의 제199항을 구해 보면

$$a_{199}=\frac{199}{199+1}=\frac{199}{200}$$

(2) 수열 $\{a_n\}$의 일반항이 $a_n=10^n-1$일 때, n 대신 $1, 2, 3, 4, \cdots$를 차례대로 대입하면

$$a_1=10^1-1=9,\ a_2=10^2-1=99,\ a_3=10^3-1=999,\ a_4=10^4-1=9999,\ \cdots$$

와 같이 수열의 모든 항을 구할 수 있다.

수열 $\{a_n\}$은 자연수 1, 2, 3, …에 이 수열의 각 항 a_1, a_2, a_3, …을 차례대로 대응시킨 것이므로 수열 $\{a_n\}$은 자연수 전체의 집합을 정의역으로 하고 실수 전체의 집합을 공역으로 하는 함수로 생각할 수 있습니다.

즉, 자연수 전체의 집합 N에서 실수 전체의 집합 R로의 함수

$$f : N \longrightarrow R$$

의 함숫값을 차례대로 나열한

$$f(1),\ f(2),\ f(3),\ \cdots,\ f(n),\ \cdots$$

은 수열이 됩니다. 이때

$$f(n)=a_n$$

이라고 하면

$$f(1)=a_1,\ f(2)=a_2,\ f(3)=a_3,\ \cdots,\ f(n)=a_n,\ \cdots$$

입니다.

따라서 수열의 일반항 a_n이 n에 대한 식 $f(n)$으로 주어지면 n 대신 1, 2, 3, …을 차례대로 대입하여 수열 $\{a_n\}$의 모든 항을 구할 수 있습니다.

Example 수열 1, 3, 5, 7, 9, …는 정의역이 자연수 전체의 집합 N이고 공역이 실수 전체의 집합 R인 함수

$$f : N \longrightarrow R,\ f(n)=2n-1 \quad \leftarrow f(1)=2\times1-1,\ f(2)=2\times2-1,\ f(3)=2\times3-1,\ \cdots$$

로 생각할 수 있으므로 주어진 수열의 일반항을 a_n이라고 하면 $a_n=2n-1$이다.

한편, 수열의 일반항 a_n을 n에 대한 식으로 나타낼 수 있으면 수열의 모든 항을 구할 수 있지만 모든 수열의 일반항 a_n을 n에 대한 식으로 나타낼 수 있는 것은 아닙니다.

예를 들어 소수를 작은 것부터 차례대로 나열한 수열

$$2,\ 3,\ 5,\ 7,\ 11,\ 13,\ 17,\ \cdots$$

의 제n항을 n에 대한 식으로 나타내는 방법은 발견되지 않았으므로 n에 대한 식으로 나타낼 수 없습니다.

개념 Point 수열

1 수열 : 차례대로 나열한 수의 열
2 항 : 수열을 이루고 있는 각 수
3 일반항 : 수열에서 n에 대한 식으로 나타낸 제n항 a_n을 수열의 일반항이라 하고, 일반항이 a_n인 수열을 간단히 $\{a_n\}$과 같이 나타낸다.

Plus

수열에서 항의 개수를 항수, 마지막 항을 끝항이라고 한다.

2 등차수열

1. 등차수열의 뜻

다음과 같은 수열의 규칙성에 대하여 살펴봅시다.

$$1,\ 3,\ 5,\ 7,\ 9,\ 11,\ \cdots$$

+2 +2 +2 +2 +2

위의 수열은 첫째항 1부터 차례대로 일정한 수 2를 더하여 얻은 수열이고, 이웃하는 두 항의 차는 항상 2입니다.

이와 같이 첫째항부터 차례대로 일정한 수를 더하여 만들어지는 수열을 **등차수열**이라 하고, 그 일정한 수를 **공차**라고 합니다.

등차수열을 영어로 arithmetic sequence 라고 한다.

따라서 위의 수열은 첫째항이 1, 공차가 2인 등차수열입니다.

Example

(1) 수열 2, 4, 6, 8, 10, …은 첫째항이 2, 공차가 2인 등차수열이다.

(2) 수열 6, 3, 0, −3, −6, …은 첫째항이 6, 공차가 −3인 등차수열이다.

(3) 수열 7, 7, 7, 7, 7, …은 첫째항이 7, 공차가 0인 등차수열이다.

일반적으로 공차가 d인 등차수열 $\{a_n\}$에서 제n항 a_n에 공차 d를 더하면 제$(n+1)$항 a_{n+1}이 되므로 다음과 같은 관계가 성립합니다.

공차는 영어로 common difference이고, 보통 d로 나타낸다.

$$a_{n+1}=a_n+d,\ \text{즉}\ a_{n+1}-a_n=d\ (\text{단},\ n=1,\ 2,\ 3,\ \cdots)$$

또한 역으로 위의 등식이 성립하면 수열 $\{a_n\}$은 등차수열입니다.

2. 등차수열의 일반항

이제 등차수열의 일반항을 구해 봅시다.

첫째항이 a, 공차가 d인 등차수열 $\{a_n\}$의 각 항은 다음과 같습니다.

$$a_1=a$$
$$a_2=a_1+d=a+d$$
$$a_3=a_2+d=(a+d)+d=a+2d$$
$$a_4=a_3+d=(a+2d)+d=a+3d$$
$$\vdots$$
$$a_n=a_{n-1}+d=\{a+(n-2)d\}+d=a+(n-1)d$$

$$a_1=a+0\times d$$
$$a_2=a+1\times d$$
$$a_3=a+2\times d$$
$$a_4=a+3\times d$$
$$\vdots$$
$$a_n=a+(n-1)\times d$$

따라서 첫째항이 a, 공차가 d인 등차수열의 일반항 a_n은

$$a_n=a+(n-1)d\ (n=1,\ 2,\ 3,\ \cdots)$$

입니다.

일반적으로 첫째항이 a이고 공차가 d $(d \neq 0)$인 등차수열 $\{a_n\}$의 일반항 a_n은

$$a_n = a + (n-1)d = dn + (a-d)$$ ← n의 계수 d가 등차수열 $\{a_n\}$의 공차이다.

로 n에 대한 일차식임을 알 수 있습니다.

역으로 수열 $\{a_n\}$의 일반항이 n에 대한 일차식

$$a_n = pn + q \ (p,\ q\text{는 상수},\ n = 1,\ 2,\ 3,\ \cdots)$$

일 때, 첫째항은 $a_1 = p \times 1 + q = p + q$이고

$$a_{n+1} = p(n+1) + q = pn + p + q$$

이므로 이웃하는 두 항의 차를 구해 보면 다음과 같습니다.

$$a_{n+1} - a_n = (pn + p + q) - (pn + q) = p$$ ← 이웃하는 두 항의 차가 p로 일정하다.

즉, 수열 $\{a_n\}$은 첫째항이 $p+q$, 공차가 p인 등차수열임을 알 수 있습니다.

따라서 일반항 a_n이 n에 대한 일차식으로 주어진 수열은 공차가 0이 아닌 등차수열입니다.

└ 등차수열 $\{a_n\}$에서 공차가 0이면 a_n은 상수이다.

Example

(1) 첫째항이 4, 공차가 2인 등차수열 $\{a_n\}$의 일반항 a_n은

$$a_n = 4 + (n-1) \times 2 = 2n + 2$$ ← 수열 $\{a_n\}$의 항을 차례대로 나열하면 4, 6, 8, 10, 12, ⋯

(2) 첫째항이 5, 공차가 -3인 등차수열 $\{a_n\}$의 일반항 a_n은

$$a_n = 5 + (n-1) \times (-3) = -3n + 8$$ ← 수열 $\{a_n\}$의 항을 차례대로 나열하면 5, 2, -1, -4, -7, ⋯

(3) 첫째항이 4, 공차가 0인 등차수열 $\{a_n\}$의 일반항 a_n은

$$a_n = 4 + (n-1) \times 0 = 4$$ ← 수열 $\{a_n\}$의 항을 차례대로 나열하면 4, 4, 4, 4, 4, ⋯

개념 Point 등차수열

1 등차수열 : 첫째항부터 차례대로 일정한 수를 더하여 만들어지는 수열

2 공차 : 등차수열에서 더하는 일정한 수

3 공차가 d인 등차수열 $\{a_n\}$에서 제n항과 제$(n+1)$항 사이에 다음이 성립한다.

$$a_{n+1} - a_n = d \ (n = 1,\ 2,\ 3,\ \cdots)$$

4 첫째항이 a, 공차가 d인 등차수열의 일반항 a_n은

$$a_n = a + (n-1)d \ (n = 1,\ 2,\ 3,\ \cdots)$$

Plus

일반항이 $a_n = -3n + 8$인 등차수열 $\{a_n\}$은 일차함수 $y = -3x + 8$과 관련지어 생각할 수 있다. 즉, 등차수열 a_1, a_2, a_3, ⋯은 일차함수 $y = -3x + 8$에서 x 대신 1, 2, 3, ⋯을 대입했을 때의 함숫값 y와 같으므로 공차가 d인 등차수열 $\{a_n\}$은 기울기가 d인 일차함수의 그래프와 연결지어 문제를 해결할 수 있다.

일반적으로 등차수열의 일반항 $a_n = a + (n-1)d$에 대하여 좌표평면 위에 점 $(n,\ a_n)$을 나타내면 오른쪽 그림과 같다.

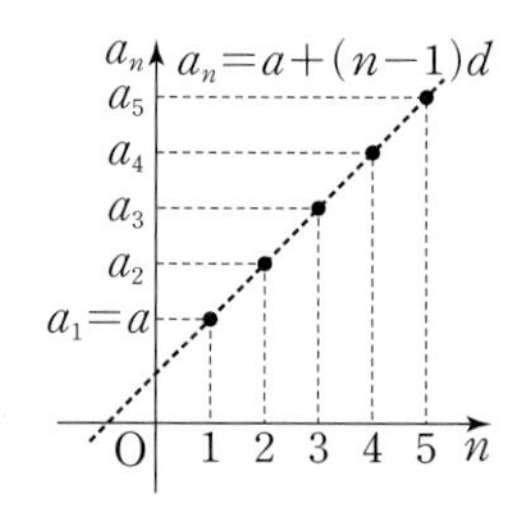

❸ 등차중항

이번에는 등차수열의 항 사이의 관계에 대하여 알아봅시다.

세 수 a, b, c가 이 순서대로 등차수열을 이룰 때, b를 a와 c의 **등차중항**이라고 합니다. 이때 b가 a와 c의 등차중항이면 $b-a=c-b$이므로

$$b=\frac{a+c}{2}$$ ← b는 a와 c의 산술평균이다.

가 성립합니다.

역으로 임의로 주어진 세 수 a, b, c에 대하여 $b=\frac{a+c}{2}$가 성립하면 세 수 a, b, c는 이 순서대로 등차수열을 이룹니다.

Example 세 수 2, x, 6이 이 순서대로 등차수열을 이루면 x는 2와 6의 등차중항이므로

$$x=\frac{2+6}{2}=4$$

한편, 등차중항을 이용하면 등차수열의 관계식을 구할 수 있습니다.

수열 $\{a_n\}$이 등차수열이면 연속하는 세 항 a_n, a_{n+1}, a_{n+2}에 대하여

$$a_{n+1}-a_n=a_{n+2}-a_{n+1}\ (n=1,\ 2,\ 3,\ \cdots)$$ ← $a_2-a_1=a_3-a_2=a_4-a_3=\cdots=d$ (d는 상수)

이므로

$$2a_{n+1}=a_n+a_{n+2}\ (n=1,\ 2,\ 3,\ \cdots)$$

가 성립합니다.

개념 Point 등차중항

세 수 a, b, c가 이 순서대로 등차수열을 이룰 때, b를 a와 c의 등차중항이라 하고

$$b=\frac{a+c}{2}$$

가 성립한다.

Plus

연속한 세 정수를 n, $n+1$, $n+2$ 또는 $n-1$, n, $n+1$이라고 할 수 있듯이 등차수열을 이루는 세 수를 a, $a+d$, $a+2d$ 또는 $a-d$, a, $a+d$라고 할 수 있다.

└ 공차가 1인 등차수열

└ 공차가 d인 등차수열

개념 Plus 수열의 각 항의 역수로 이루어진 수열이 등차수열을 이룰 때 ; 조화수열

교육과정 외

지금까지 공부한 등차수열을 이용하여 다른 규칙성을 가진 수열을 생각할 수 있다. 예를 들어 수열

$1, \frac{1}{3}, \frac{1}{5}, \frac{1}{7}, \frac{1}{9}, \cdots$

은 등차수열이 아니지만 수열의 각 항의 역수로 이루어진 수열

$1, 3, 5, 7, 9, \cdots$

는 첫째항이 1, 공차가 2인 등차수열이다.

이와 같이 수열 $\{a_n\}$에 대하여 각 항의 역수로 만들어진 수열 $\left\{\frac{1}{a_n}\right\}$이 등차수열을 이룰 때, 수열 $\{a_n\}$을 조화수열이라고 한다. 단, 역수가 존재해야 하므로 $a_n \neq 0$이어야 한다.

수열 $\{a_n\}$이 조화수열 $\Longleftrightarrow$ 수열 $\left\{\frac{1}{a_n}\right\}$이 등차수열

따라서 조화수열의 일반항은 각 항의 역수가 이루는 등차수열의 일반항을 구한 후 역수를 취하여 구할 수 있다. 즉, 조화수열 $\{a_n\}$의 역수로 이루어진 수열 $\left\{\frac{1}{a_n}\right\}$이 첫째항이 a, 공차가 d인 등차수열이면 다음이 성립한다.

$$\frac{1}{a_1}=a,\ \frac{1}{a_{n+1}}-\frac{1}{a_n}=d,\ \frac{1}{a_n}=\frac{1}{a_1}+(n-1)d\ (\text{단, } n=1, 2, 3, \cdots)$$

Example 수열 $\frac{1}{2}, \frac{1}{5}, \frac{1}{8}, \frac{1}{11}, \cdots$의 일반항 a_n을 구해 보자.

각 항의 역수로 만들어진 수열 $2, 5, 8, 11, \cdots$이 등차수열을 이루므로

수열 $\frac{1}{2}, \frac{1}{5}, \frac{1}{8}, \frac{1}{11}, \cdots$은 조화수열이다.

이때 등차수열 $\left\{\frac{1}{a_n}\right\}$의 첫째항은 2, 공차는 3이므로 일반항 $\frac{1}{a_n}$은

$\frac{1}{a_n}=2+(n-1)\times 3=3n-1 \qquad \therefore a_n=\frac{1}{3n-1}$

한편, 0이 아닌 세 수 a, b, c가 이 순서대로 조화수열을 이룰 때, b를 a와 c의 조화중항이라고 한다.

이때 $\frac{1}{a}, \frac{1}{b}, \frac{1}{c}$은 이 순서대로 등차수열을 이루므로 $\frac{1}{b}$은 $\frac{1}{a}$과 $\frac{1}{c}$의 등차중항이다.

따라서 $\frac{2}{b}=\frac{1}{a}+\frac{1}{c}=\frac{a+c}{ac}$이므로

$b=\frac{2ac}{a+c}$ ← b는 a와 c의 조화평균이다.

가 성립한다.

Example 세 수 $\frac{1}{2}, x, \frac{1}{3}$이 이 순서대로 조화수열을 이룰 때 x의 값을 구해 보자.

세 수 $\frac{1}{2}, x, \frac{1}{3}$이 이 순서대로 조화수열을 이루므로 각 항의 역수로 이루어진 세 수 $2, \frac{1}{x}, 3$은 이 순서대로 등차수열을 이룬다.

즉, $\frac{1}{x}$은 2와 3의 등차중항이므로 $\qquad \frac{1}{x}=\frac{2+3}{2}=\frac{5}{2} \qquad \therefore x=\frac{2}{5}$

개념 콕콕

1 일반항 a_n이 다음과 같은 수열의 첫째항부터 제4항까지를 차례대로 나열하시오.

(1) $a_n=4n-1$ (2) $a_n=3^n-1$ (3) $a_n=\frac{1}{n^2}$ (4) $a_n=(-1)^n$

2 다음 등차수열의 일반항 a_n을 구하시오.

(1) 1, 4, 7, 10, 13, ⋯ (2) 20, 18, 16, 14, 12, ⋯

3 일반항이 $a_n=4n-2$인 수열은 등차수열임을 보이고, 이 수열의 공차를 구하시오.

09

4 다음 네 수가 이 순서대로 등차수열을 이룰 때, a, b의 값을 각각 구하시오.

(1) 3, a, 15, b (2) 21, a, b, 9

5 세 수 $3x+2$, 4, $6-x^2$이 이 순서대로 등차수열을 이룰 때, 양수 x의 값을 구하시오.

6 수열 $-\frac{1}{5}$, $-\frac{1}{3}$, -1, 1, $\frac{1}{3}$, $\frac{1}{5}$, ⋯의 일반항 a_n을 구하시오.

• 풀이 139쪽~140쪽

정답

1 (1) 3, 7, 11, 15 (2) 2, 8, 26, 80 (3) 1, $\frac{1}{4}$, $\frac{1}{9}$, $\frac{1}{16}$ (4) -1, 1, -1, 1

2 (1) $a_n=3n-2$ (2) $a_n=-2n+22$ **3** 풀이 참조

4 (1) $a=9$, $b=21$ (2) $a=17$, $b=13$ **5** 3 **6** $a_n=\frac{1}{2n-7}$

예제 01 등차수열의 항 구하기

다음 물음에 답하시오.

(1) 첫째항이 5, 제10항이 68인 등차수열의 제15항을 구하시오.

(2) 제7항이 70, 제10항이 61인 등차수열에서 처음으로 음수가 되는 항은 제몇 항인지 구하시오.

접근 방법 첫째항을 a, 공차를 d라 하고 주어진 항을 a, d에 대한 식으로 나타낸 후 주어진 값을 이용하여 a, d의 값을 각각 구한 다음 일반항 a_n을 구한다.

수매씽 Point 첫째항이 a, 공차가 d인 등차수열의 일반항 a_n은

$$a_n=a+(n-1)d$$

상세 풀이 (1) 공차를 d, 일반항을 a_n이라고 하면 $a_n=5+(n-1)d$

$a_{10}=68$에서

$5+9d=68,\ 9d=63 \qquad \therefore\ d=7$

따라서 $a_n=5+(n-1)\times7=7n-2$이므로

$a_{15}=7\times15-2=103$

(2) 첫째항을 a, 공차를 d, 일반항을 a_n이라고 하면 $a_n=a+(n-1)d$

$a_7=70$에서 $a+6d=70$ …… ㉠

$a_{10}=61$에서 $a+9d=61$ …… ㉡

㉠, ㉡을 연립하여 풀면 $a=88$, $d=-3$

$\therefore\ a_n=88+(n-1)\times(-3)=-3n+91$

처음으로 음수가 되는 항은 $a_n<0$을 만족시키는 최초의 항이므로

$-3n+91<0$에서 $-3n<-91 \qquad \therefore\ n>\frac{91}{3}=30.33\cdots$

따라서 $a_n<0$을 만족시키는 자연수 n의 최솟값은 31이므로 처음으로 음수가 되는 항은 제31항이다.

정답 (1) 103 (2) 제31항

보충 설명

첫째항이 a, 공차가 d인 등차수열의 일반항 a_n에 대하여

(i) $a<0$, $d>0$일 때, 처음으로 양수가 되는 항은 $a_n>0$을 만족시키는 자연수 n의 최솟값을 구한다.

(ii) $a>0$, $d<0$일 때, 처음으로 음수가 되는 항은 $a_n<0$을 만족시키는 자연수 n의 최솟값을 구한다.

숫자 바꾸기 한번 더

01-1

다음 물음에 답하시오.

(1) 제2항이 8, 제10항이 24인 등차수열의 제20항을 구하시오.

(2) 첫째항이 -2005, 공차가 4인 등차수열에서 처음으로 양수가 되는 항은 제몇 항인지 구하시오.

표현 바꾸기 한번 더

01-2

등차수열 $\{a_n\}$에 대하여 다음 물음에 답하시오.

(1) $a_2=5$, $a_{10}=-11$일 때, $a_n=-31$을 만족시키는 자연수 n의 값을 구하시오.

(2) $a_3=11$, $a_6 : a_{10}=5 : 8$일 때, a_{20}의 값을 구하시오.

(3) $a_1+a_7+a_{13}=12$, $a_5+a_{10}+a_{15}=21$일 때, a_7+a_{10}의 값을 구하시오.

(4) $a_5+a_7=12$일 때, $a_3+a_6+a_9$의 값을 구하시오.

개념 넓히기 한번 더

01-3

공차가 4인 등차수열 $\{a_n\}$에 대하여 $a_{23}=23$일 때, $|a_n|$의 값이 최소가 되도록 하는 자연수 n의 값을 구하시오.

• 풀이 140쪽~141쪽

정답

01-1 (1) 44 (2) 제503항 **01-2** (1) 20 (2) 62 (3) 11 (4) 18 **01-3** 17

예제 02 두 수 사이에 수를 넣어서 만든 등차수열

다음과 같이 두 수 1과 5 사이에 각각 10개, 20개의 수를 넣어서 만든 두 수열

$1, a_1, a_2, a_3, \cdots, a_{10}, 5$

$1, b_1, b_2, b_3, \cdots, b_{20}, 5$

가 모두 등차수열을 이룰 때, $\dfrac{b_{20}-b_{11}}{a_{10}-a_1}$의 값을 구하시오.

접근 방법 두 수 1, 5 사이에 두 수열 $\{a_n\}$, $\{b_n\}$을 넣어서 등차수열을 만들었으므로 두 수 a_k, b_k는 각각의 등차수열의 $k+1$번째 항임을 이용한다.

수매씽 Point 두 수 a, b 사이에 k개의 수를 넣어서 만든 등차수열
➡ $b=a+\{(k+2)-1\}d$ (단, d는 공차)

상세 풀이 등차수열 $1, a_1, a_2, a_3, \cdots, a_{10}, 5$의 공차를 p라고 하면 첫째항이 1, 제12항이 5이므로

$$1+(12-1)p=5,\ 11p=4 \qquad \therefore p=\frac{4}{11}$$

이때 a_1, a_{10}은 각각 이 등차수열의 제2항, 제11항이므로

$$a_{10}-a_1=(1+10p)-(1+p)=9p=9\times\frac{4}{11}=\frac{36}{11}$$

또한 등차수열 $1, b_1, b_2, b_3, \cdots, b_{20}, 5$의 공차를 q라고 하면 첫째항이 1, 제22항이 5이므로

$$1+(22-1)q=5,\ 21q=4 \qquad \therefore q=\frac{4}{21}$$

이때 b_{11}, b_{20}은 각각 이 등차수열의 제12항, 제21항이므로

$$b_{20}-b_{11}=(1+20q)-(1+11q)=9q=9\times\frac{4}{21}=\frac{12}{7}$$

$$\therefore \frac{b_{20}-b_{11}}{a_{10}-a_1}=\frac{\frac{12}{7}}{\frac{36}{11}}=\frac{11}{21}$$

정답 $\dfrac{11}{21}$

보충 설명

공차가 d인 등차수열 $\{a_n\}$에서 이웃하는 두 항 사이의 차가 d로 항상 일정하므로 다음이 성립한다.

$$a_2-a_1=a_3-a_2=a_4-a_3=\cdots=d$$
$$a_3-a_1=a_4-a_2=a_5-a_3=\cdots=2d$$
$$a_4-a_1=a_5-a_2=a_6-a_3=\cdots=3d$$
$$\vdots$$

숫자 바꾸기 한번 더 ☑ ☐

02-1

다음과 같이 두 수 1과 10 사이에 각각 15개, 30개의 수를 넣어서 만든 두 수열

$1, a_1, a_2, a_3, \cdots, a_{15}, 10$

$1, b_1, b_2, b_3, \cdots, b_{30}, 10$

이 모두 등차수열을 이룰 때, $\frac{b_{30}-b_{16}}{a_{15}-a_1}$의 값을 구하시오.

표현 바꾸기 한번 더 ☑ ☐

02-2

두 수 -5와 20 사이에 n개의 수 $a_1, a_2, a_3, \cdots, a_n$을 넣어서 등차수열

$-5, a_1, a_2, a_3, \cdots, a_n, 20$

을 만들었다. 이 수열의 공차가 $\frac{5}{3}$일 때, n의 값을 구하시오.

개념 넓히기 한번 더 ☑ ☐

02-3

4와 20 사이에 m개, 20과 52 사이에 n개의 수를 넣어서 등차수열

$4, a_1, a_2, \cdots, a_m, 20, b_1, b_2, \cdots, b_n, 52$

를 만들었을 때, m, n 사이의 관계식은?

① $n=2m-1$ ② $n=2m+1$ ③ $n=2m+3$

④ $n=3m$ ⑤ $n=3m+1$

• 풀이 141쪽

정답

02-1 $\frac{16}{31}$ **02-2** 14 **02-3** ②

예제 03

등차수열을 이루는 세 수

등차수열을 이루는 세 수가 있다. 세 수의 합이 12이고 곱이 28일 때, 이 세 수의 제곱의 합을 구하시오.

접근 방법 등차수열을 이루는 세 수를 a, $a+d$, $a+2d$라고 해도 되지만 $a-d$, a, $a+d$라고 하면 세 수의 합이 $3a$가 되어 계산이 편리하다.

수매씽 Point 등차수열을 이루는 세 수
➡ $a-d$, a, $a+d$ 또는 a, $a+d$, $a+2d$

상세 풀이 등차수열을 이루는 세 수를 $a-d$, a, $a+d$라고 하면 세 수의 합이 12이므로

$(a-d)+a+(a+d)=12$

$3a=12 \quad \therefore a=4$

또한 세 수의 곱이 28이므로

$(a-d)\times a\times(a+d)=28 \quad \cdots\cdots$ ㉠

$a=4$를 ㉠에 대입하면 $(4-d)\times 4\times(4+d)=28$

$16-d^2=7$, $d^2=9$

$\therefore d=\pm 3$ ← $d=3$이면 세 수는 1, 4, 7이고, $d=-3$이면 세 수는 7, 4, 1이다.

따라서 세 수는 1, 4, 7이므로 구하는 제곱의 합은

$1^2+4^2+7^2=1+16+49=66$

정답 66

보충 설명

등차수열을 이루는 세 수의 합에 대한 조건이 주어진 문제에서는 세 수를

$a-d$, a, $a+d$

라고 하는 것이 편리한 것처럼 등차수열을 이루는 네 수의 합에 대한 조건이 주어진 문제에서는 네 수를 a, $a+d$, $a+2d$, $a+3d$라고 하는 것보다는

$a-3d$, $a-d$, $a+d$, $a+3d$

라고 하는 것이 계산이 편리하다.

마찬가지로 등차수열을 이루는 다섯 수의 합에 대한 조건이 주어진 문제에서는 다섯 수를 a, $a+d$, $a+2d$, $a+3d$, $a+4d$라고 하는 것보다는

$a-2d$, $a-d$, a, $a+d$, $a+2d$

라고 하는 것이 계산이 편리하다.

숫자 바꾸기

한번 더 ☑ ☐

03-1

등차수열을 이루는 세 수가 있다. 세 수의 합이 15이고 곱이 105일 때, 이 세 수의 제곱의 합을 구하시오.

표현 바꾸기

한번 더 ☑ ☐

03-2

삼차방정식 $x^3-15x^2+kx-75=0$의 세 실근이 등차수열을 이룰 때, 상수 k의 값은?

① 61　② 63　③ 65　④ 67　⑤ 69

개념 넓히기

한번 더 ☑ ☐

03-3

등차수열을 이루는 네 수가 있다. 네 수의 합이 28이고 가장 큰 수와 가장 작은 수의 곱은 나머지 두 수의 곱보다 32만큼 작을 때, 이 네 수 중 가장 큰 수를 구하시오.

• 풀이 141쪽~142쪽

정답　**03-1** 83　**03-2** ③　**03-3** 13

예제 04

조화수열 교육과정 외

두 수 $\frac{1}{15}$과 $\frac{1}{3}$ 사이에 세 개의 수 a, b, c를 넣어서 만든 수열 $\frac{1}{15}$, a, b, c, $\frac{1}{3}$이 이 순서대로 조화수열을 이룰 때, $a+b+c$의 값을 구하시오.

접근 방법 조화수열을 이루는 5개의 수의 역수로 이루어진 수열은 등차수열을 이루므로 등차수열의 첫째항이 15, 제5항이 3임을 이용한다.

수매씽 Point 수열 $\{a_n\}$이 조화수열 $\Longleftrightarrow$ 수열 $\left\{\frac{1}{a_n}\right\}$이 등차수열

상세 풀이 $\frac{1}{15}$, a, b, c, $\frac{1}{3}$이 이 순서대로 조화수열을 이루므로 각 항의 역수로 이루어진 수열

$$15, \frac{1}{a}, \frac{1}{b}, \frac{1}{c}, 3$$

은 이 순서대로 등차수열을 이룬다.

이 등차수열의 공차를 d라고 하면 첫째항이 15, 제5항이 3이므로

$$15+4d=3, \ 4d=-12 \qquad \therefore d=-3$$

즉, 수열 15, $\frac{1}{a}$, $\frac{1}{b}$, $\frac{1}{c}$, 3은 첫째항이 15, 공차가 -3인 등차수열이므로

$$\frac{1}{a}=12, \ \frac{1}{b}=9, \ \frac{1}{c}=6$$

따라서 $a=\frac{1}{12}$, $b=\frac{1}{9}$, $c=\frac{1}{6}$이므로

$$a+b+c=\frac{1}{12}+\frac{1}{9}+\frac{1}{6}=\frac{13}{36}$$

정답 $\frac{13}{36}$

보충 설명

위의 문제를 등차중항을 이용하여 풀 수도 있다.

주어진 수열의 역수로 이루어진 수열이 등차수열이므로 등차수열 15, $\frac{1}{a}$, $\frac{1}{b}$, $\frac{1}{c}$, 3에서

$\frac{1}{b}$은 15와 3의 등차중항이므로 $\frac{1}{b}=\frac{15+3}{2}=9 \qquad \therefore b=\frac{1}{9}$

$\frac{1}{a}$은 15와 $\frac{1}{b}=9$의 등차중항이므로 $\frac{1}{a}=\frac{15+9}{2}=12 \qquad \therefore a=\frac{1}{12}$

$\frac{1}{c}$은 $\frac{1}{b}=9$와 3의 등차중항이므로 $\frac{1}{c}=\frac{9+3}{2}=6 \qquad \therefore c=\frac{1}{6}$

숫자 바꾸기 한번 더

04-1

두 수 $\frac{1}{17}$과 $\frac{1}{5}$ 사이에 세 개의 수 x, y, z를 넣어서 만든 수열 $\frac{1}{17}$, x, y, z, $\frac{1}{5}$이 이 순서대로 조화수열을 이룰 때, x, y, z의 값을 각각 구하시오.

표현 바꾸기 한번 더

04-2

두 수 a, b의 등차중항이 10이고 조화중항이 5일 때, a^2+b^2의 값을 구하시오.

개념 넓히기 풀이 142쪽 + 보충 설명 한번 더

04-3

수열 $\{a_n\}$에서 $a_1=3$, $a_2=2$이고

$$\frac{2}{a_{n+1}}=\frac{1}{a_n}+\frac{1}{a_{n+2}}\ (n=1, 2, 3, \cdots)$$

이 성립할 때, a_{11}의 값은?

① $\frac{1}{6}$ ② $\frac{1}{4}$ ③ $\frac{1}{3}$

④ $\frac{1}{2}$ ⑤ $\frac{3}{4}$

• 풀이 142쪽

정답

04-1 $x=\frac{1}{14}$, $y=\frac{1}{11}$, $z=\frac{1}{8}$ **04-2** 300 **04-3** ④

2 등차수열의 합

1 등차수열의 합

수열 $\{a_n\}$의 첫째항부터 제n항까지의 합을 기호로 S_n과 같이 나타냅니다. 즉,

$$S_n = a_1 + a_2 + a_3 + \cdots + a_n$$ ← S_n은 합(Sum)에서 나온 기호이다.

입니다.

이제 등차수열의 첫째항부터 제n항까지의 합을 구하는 방법에 대하여 알아봅시다.

1. 첫째항과 제n항을 알고 있을 때

1부터 100까지의 자연수를 차례대로 나열하면 공차가 1인 등차수열이 됩니다. 이때 1부터 100까지의 자연수의 합을 구해 봅시다.

1부터 100까지의 자연수의 합을 S_{100}이라고 하면

$$S_{100} = 1 + 2 + 3 + \cdots + 98 + 99 + 100 \quad \cdots\cdots ㉠$$

㉠의 우변에서 더하는 순서를 거꾸로 하면

$$S_{100} = 100 + 99 + 98 + \cdots + 3 + 2 + 1 \quad \cdots\cdots ㉡$$

㉠, ㉡을 같은 변끼리 더하면

$$2S_{100} = \underbrace{101 + 101 + 101 + \cdots + 101 + 101 + 101}_{100\text{개}}$$ ← $1+100=2+99=3+98=\cdots=100+1=101$

$$\therefore S_{100} = \frac{100 \times 101}{2} = 5050$$

이제 위와 같은 과정을 일반적인 경우에 적용해 봅시다.

첫째항이 a, 제n항이 l, 공차가 d인 등차수열 $\{a_n\}$의 첫째항부터 제n항까지의 합을 S_n이라고 하면

$$S_n = a + (a+d) + (a+2d) + \cdots + (l-2d) + (l-d) + l \quad \cdots\cdots ㉢$$

㉢의 우변에서 더하는 순서를 거꾸로 하면

$$S_n = l + (l-d) + (l-2d) + \cdots + (a+2d) + (a+d) + a \quad \cdots\cdots ㉣$$

㉢, ㉣을 같은 변끼리 더하면

$$
\begin{array}{rl}
S_n= & a+(a+d)+(a+2d)+\cdots+(l-2d)+(l-d)+l \\
+)\ S_n= & l+(l-d)+(l-2d)+\cdots+(a+2d)+(a+d)+a \\
\hline
2S_n= & \underbrace{(a+l)+(a+l)+(a+l)+\cdots+(a+l)+(a+l)+(a+l)}_{n\text{개}}
\end{array}
$$

$$\therefore\ 2S_n=n(a+l)$$

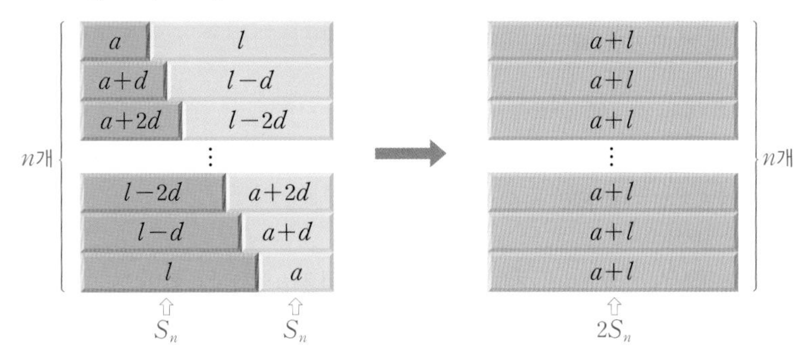

따라서

$$S_n=\frac{n(a+l)}{2} \quad \cdots\cdots ★$$

입니다.

또한 등차수열 $\{a_n\}$에서

$$a_1+a_n=a_2+a_{n-1}=a_3+a_{n-2}=\cdots$$

가 성립하므로 첫째항부터 제n항까지의 합 S_n은 다음과 같이 나타낼 수 있습니다.

$$S_n=\frac{n(a_1+a_n)}{2}=\frac{n(a_2+a_{n-1})}{2}=\frac{n(a_3+a_{n-2})}{2}=\cdots$$

Example 첫째항이 2, 제20항이 59인 등차수열의 첫째항부터 제20항까지의 합 S_{20}은

$$S_{20}=\frac{20\times(2+59)}{2}=610$$

2. 첫째항과 공차를 알고 있을 때

위에서 구한 식 ★에서 l은 첫째항이 a이고 공차가 d인 등차수열의 제n항이므로

$$l=a+(n-1)d$$

입니다. 이것을 ★에 대입하면

$$S_n=\frac{n\{a+a+(n-1)d\}}{2}=\frac{n\{2a+(n-1)d\}}{2}$$

입니다.

Example 첫째항이 5, 공차가 2인 등차수열의 첫째항부터 제20항까지의 합 S_{20}은

$$S_{20}=\frac{20\times\{2\times5+(20-1)\times2\}}{2}=480$$

09

개념 Point 등차수열의 합

등차수열의 첫째항부터 제n항까지의 합을 S_n이라고 하면

1 첫째항 a, 제n항이 l일 때, $S_n=\frac{n(a+l)}{2}$

2 첫째항 a, 공차가 d일 때, $S_n=\frac{n\{2a+(n-1)d\}}{2}$

+ Plus

첫째항이 a, 공차가 0인 등차수열의 첫째항부터 제n항까지의 합 S_n은

$$S_n=a+a+a+\cdots+a=an$$

이므로 n에 대한 일차식이다.

또한 첫째항이 a, 공차가 d $(d\neq 0)$인 등차수열의 첫째항부터 제n항까지의 합 S_n은

$$S_n=\frac{n\{2a+(n-1)d\}}{2}=\frac{d}{2}n^2+\left(a-\frac{d}{2}\right)n$$ ← 상수항이 없는 n에 대한 이차식

이므로 이차항의 계수가 공차의 $\frac{1}{2}$인 n에 대한 이차식이다.

2 수열의 합과 일반항 사이의 관계

이번에는 수열의 합과 일반항 사이의 관계에 대하여 알아봅시다. 수열 $\{a_n\}$의 첫째항부터 제n항까지의 합을 S_n이라고 하면

$$S_1=a_1 \qquad \therefore a_1=S_1$$
$$S_2=a_1+a_2=S_1+a_2 \qquad \therefore a_2=S_2-S_1$$
$$S_3=a_1+a_2+a_3=S_2+a_3 \qquad \therefore a_3=S_3-S_2$$
$$S_4=a_1+a_2+a_3+a_4=S_3+a_4 \qquad \therefore a_4=S_4-S_3$$
$$\vdots \qquad\qquad \vdots$$
$$S_n=a_1+a_2+a_3+\cdots+a_{n-1}+a_n=S_{n-1}+a_n \qquad \therefore a_n=S_n-S_{n-1}\,(n\geq 2)$$

이로부터 수열의 합 S_n을 이용하여 일반항 a_n을 구할 수 있음을 알 수 있습니다.

그런데 위의 식 $a_n=S_n-S_{n-1}$에 $n=1$을 대입하면 $a_1=S_1-S_0$이 됩니다. 이때 S_n은 첫째항부터 제n항까지의 합입니다. S_0은 첫째항부터 제0항까지의 합을 의미하지만 제0항은 정의되지 않으므로 S_0은 존재하지 않습니다. 따라서 $a_n=S_n-S_{n-1}$은 $n=1$일 때 성립하지 않습니다.

즉, 수열의 합 S_n이 주어졌을 때, 그 수열의 일반항 $a_n=S_n-S_{n-1}$을 항상 만족시키는 것은 $n\geq 2$일 때이며, $n=1$일 때의 값은 $a_1=S_1$입니다.

그러므로 수열 $\{a_n\}$의 첫째항부터 제n항까지의 합을 S_n이라고 하면

$a_1=S_1$, ← S_n에 n 대신 1을 대입하면 첫째항 a_1이라는 뜻이다.

$a_n=S_n-S_{n-1}(n\geq2)$

이 성립합니다.

S_n: $a_1+a_2+a_3+\cdots+a_{n-1}+a_n$

S_{n-1}: $a_1+a_2+a_3+\cdots+a_{n-1}$

Example 두 수열 $\{a_n\}$, $\{b_n\}$의 첫째항부터 제n항까지의 합을 각각 A_n, B_n이라고 할 때,

$A_n=n^2$ …… ㉠, $B_n=n^2+1$ …… ㉡

이다. 일반항 a_n, b_n을 각각 구해 보자.

$n\geq2$일 때, A_n-A_{n-1}, B_n-B_{n-1}을 각각 계산해 보면

㉠에서 $A_n-A_{n-1}=n^2-(n-1)^2=2n-1$

㉡에서 $B_n-B_{n-1}=n^2+1-\{(n-1)^2+1\}=2n-1$

즉, 두 수열 모두

$a_n=A_n-A_{n-1}=2n-1\ (n\geq2)$, $b_n=B_n-B_{n-1}=2n-1\ (n\geq2)$

로 일반항이 같다.

그러나 수열 $\{a_n\}$은 수열의 합 $A_n=n^2$에서 구한 $a_1=A_1=1^2=1$과 $a_n=2n-1$에 $n=1$을 대입하여 얻은 값 $2\times1-1=1$이 서로 같지만, 수열 $\{b_n\}$은 수열의 합 $B_n=n^2+1$에서 구한 $b_1=B_1=1^2+1=2$와 $b_n=2n-1$에 $n=1$을 대입하여 얻은 값 $2\times1-1=1$이 서로 다르다.

따라서 수열 $\{a_n\}$의 일반항 a_n은

$a_n=2n-1$

이고, 수열 $\{b_n\}$의 일반항 b_n은

$b_1=2$, $b_n=2n-1\ (n\geq2)$

이다. 참고로 위의 결과를 이용하여 두 수열을 나열해 보면 다음과 같다.

$\{a_n\}$: 1, 3, 5, 7, 9, … ← 첫째항부터 등차수열

$\{b_n\}$: 2, 3, 5, 7, 9, … ← 둘째항부터 등차수열

수열의 합을 이용하여 구한 일반항 a_n에 $n=1$을 대입하여 얻은 값과 실제 수열의 첫째항이 다를 수 있습니다. 그러므로 $a_n=S_n-S_{n-1}\ (n\geq2)$임을 이용하여 구한 일반항 a_n에 $n=1$을 대입하여 얻은 값이 S_1의 값과 같은지 꼭 확인해야 합니다.

개념 Point 수열의 합과 일반항 사이의 관계

수열 $\{a_n\}$의 첫째항부터 제n항까지의 합을 S_n이라고 하면

$a_1=S_1$, $a_n=S_n-S_{n-1}\ (n\geq2)$

+ Plus

수열의 합과 일반항 사이의 관계는 등차수열뿐만 아니라 모든 수열에서 성립한다.

09

개념 Plus 상수항이 없는 n에 대한 이차식 S_n

수열 $\{a_n\}$의 첫째항부터 제n항까지의 합 S_n을

$$S_n=an^2+bn+c \ (a,\ b,\ c\text{는 상수})$$

라고 하면

$$a_n=S_n-S_{n-1}=an^2+bn+c-\{a(n-1)^2+b(n-1)+c\}$$
$$=2an-a+b \ (n\geq 2) \qquad \cdots\cdots \ ㉠$$

└ n의 계수 $2a$가 수열 $\{a_n\}$ $(n\geq 2)$의 공차이다.

이다.

이때 수열의 합 $S_n=an^2+bn+c$에서 구한

$$a_1=S_1=a+b+c$$

와 ㉠에 $n=1$을 대입하여 얻은 값

$$2a\times 1-a+b=a+b$$

가 서로 같기 위한 조건은 $c=0$이다.

즉, S_n이 n에 대한 이차식일 때, S_n의 상수항이 0이면 S_1과 $a_n=S_n-S_{n-1}$에 $n=1$을 대입하여 얻은 값이 같아지므로 수열 $\{a_n\}$은 첫째항부터 등차수열이고, S_n의 상수항이 0이 아니면 수열 $\{a_n\}$은 둘째항부터 등차수열이다.

따라서 수열 $\{a_n\}$의 첫째항부터 제n항까지의 합 S_n이 $S_n=an^2+bn+c$ $(a,\ b,\ c$는 상수$)$일 때, 다음이 성립한다.

(1) $c=0$, 즉 상수항이 0이면 수열 $\{a_n\}$은 첫째항부터 등차수열을 이룬다.

(2) $c\neq 0$, 즉 상수항이 0이 아니면 수열 $\{a_n\}$은 둘째항부터 등차수열을 이룬다.

Example 363쪽의 Example의 $A_n=n^2$, $B_n=n^2+1$에서

수열 $\{a_n\}$의 첫째항부터 제n항까지의 합 A_n의 상수항은 0이므로 수열 $\{a_n\}$은 첫째항부터 등차수열을 이룬다.

수열 $\{b_n\}$의 첫째항부터 제n항까지의 합 B_n의 상수항은 0이 아니므로 수열 $\{b_n\}$은 둘째항부터 등차수열을 이룬다.

한편, 등차수열 $\{a_n\}$의 첫째항부터 제n항까지의 합을 S_n이라고 하면

$$S_n=an^2+bn \ (a,\ b\text{는 상수})$$

이다. 특히, 공차가 0이 아니면 $a\neq 0$이므로 S_n은 상수항이 없는 n에 대한 이차식이다.

따라서 상수항이 없는 n에 대한 이차식이 주어지면 등차수열의 합을 떠올리자!

참고 첫째항이 a, 공차가 $d\,(d\neq 0)$인 등차수열 $\{a_n\}$의 첫째항부터 제n항까지의 합

$$S_n=\frac{d}{2}n^2+\left(a-\frac{d}{2}\right)n \qquad \cdots\cdots \ ㉡$$

㉡을 이차함수 $y=\frac{d}{2}x^2+\left(a-\frac{d}{2}\right)x$의 그래프와 연결지어 문제를 해결할 수 있다.

㉡에 대하여 좌표평면 위에 점 $(n,\ S_n)$을 나타내면 오른쪽 그림과 같다.

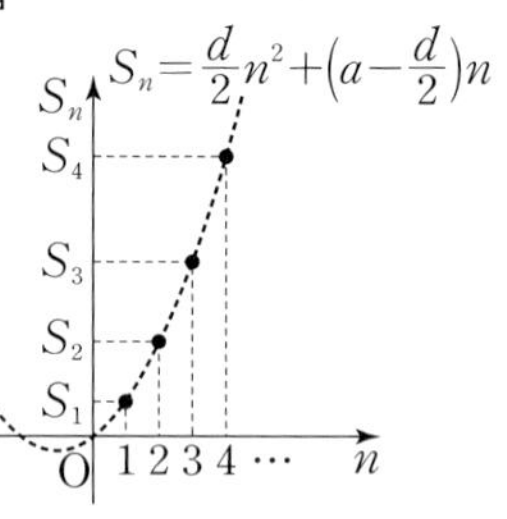

개념 콕콕

1 다음을 구하시오.

(1) 첫째항이 3, 끝항이 25, 항의 개수가 10인 등차수열의 합

(2) 첫째항이 100, 공차가 -5인 등차수열의 첫째항부터 제10항까지의 합

(3) 등차수열 5, 6, 7, 8, 9, …의 첫째항부터 제11항까지의 합

2 다음 수열의 합을 구하시오.

(1) $2+5+8+\cdots+20$

(2) $33+28+23+\cdots+(-12)$

3 다음 수열의 첫째항부터 제15항까지의 합을 구하시오.

(1) 1, 3, 5, 7, 9, …

(2) -2, -4, -6, -8, -10, …

4 수열 $\{a_n\}$의 첫째항부터 제n항까지의 합 S_n이 다음과 같을 때, 일반항 a_n을 구하시오.

(1) $S_n=4n$

(2) $S_n=2n^2$

5 수열 $\{a_n\}$의 첫째항부터 제n항까지의 합 S_n이 $S_n=n^2-n$일 때, a_{20}의 값을 구하시오.

• 풀이 143쪽

정답

1 (1) 140 (2) 775 (3) 110 **2** (1) 77 (2) 105 **3** (1) 225 (2) -240

4 (1) $a_n=4$ (2) $a_n=4n-2$ **5** 38

등차수열의 합

제3항이 7, 제6항이 13인 등차수열 $\{a_n\}$의 첫째항부터 제20항까지의 합을 구하시오.

접근 방법 첫째항이 a, 공차가 d인 등차수열 $\{a_n\}$에 대하여 일반항 $a_n=a+(n-1)d$이므로 $a_3=7$, $a_6=13$임을 이용하여 첫째항과 공차를 구한 후, 등차수열의 합을 구한다.

수매씽 Point 등차수열의 첫째항부터 제n항까지의 합 S_n은

(1) 첫째항 a와 제n항 l이 주어질 때, $S_n=\dfrac{n(a+l)}{2}$

(2) 첫째항 a와 공차 d가 주어질 때, $S_n=\dfrac{n\{2a+(n-1)d\}}{2}$

상세 풀이 등차수열 $\{a_n\}$의 첫째항을 a, 공차를 d라고 하면

$a_3=a+2d=7$ ...... ㉠

$a_6=a+5d=13$ ...... ㉡

㉡−㉠을 하면

$3d=6 \quad \therefore d=2$

$d=2$를 ㉠에 대입하면 $a=3$

따라서 등차수열 $\{a_n\}$은 첫째항이 3, 공차가 2이므로 첫째항부터 제20항까지의 합은

$$\frac{20\times\{2\times3+(20-1)\times2\}}{2}=440$$

정답 440

보충 설명

첫째항이 a, 공차가 d인 등차수열의 첫째항부터 제n항까지의 합 S_n은

$$S_n=\frac{n\{2a+(n-1)d\}}{2}=\frac{d}{2}n^2+\left(a-\frac{d}{2}\right)n$$

이므로 $A=\dfrac{d}{2}$, $B=a-\dfrac{d}{2}$로 놓으면

$$S_n=An^2+Bn$$

꼴로 나타낼 수 있다.

이때 $d\neq0$이면 $A\neq0$이므로 공차가 0이 아닌 등차수열의 첫째항부터 제n항까지의 합 S_n은 상수항이 없는 n에 대한 이차식으로 나타낼 수 있음을 알 수 있다.

숫자 바꾸기 한번 더 ☑ ☐

05-1

제4항이 14, 제7항이 23인 등차수열 $\{a_n\}$의 첫째항부터 제20항까지의 합을 구하시오.

표현 바꾸기 한번 더 ☑ ☐

05-2

첫째항이 50, 제n항이 -10인 등차수열 $\{a_n\}$의 첫째항부터 제n항까지의 합이 420일 때, a_{30}의 값은?

① -31 ② -33 ③ -35

④ -37 ⑤ -39

개념 넓히기 풀이 144쪽 ➕ 보충 설명 한번 더 ☑ ☐

05-3

다음 물음에 답하시오.

(1) 100 이하의 자연수 중에서 3으로 나누었을 때의 나머지가 1인 수의 총합을 구하시오.

(2) 100보다 크고 200보다 작은 자연수 중에서 8로 나누어떨어지는 수의 총합을 구하시오.

• 풀이 143쪽～144쪽

정답 **05-1** 670 **05-2** ④ **05-3** (1) 1717 (2) 1776

출제 가능성

예제 06 등차수열의 합과 일반항 사이의 관계

다음 물음에 답하시오.

(1) 수열 $\{a_n\}$의 첫째항부터 제n항까지의 합 S_n이 $S_n=2n^2-3n$일 때, 일반항 a_n을 구하시오.

(2) 수열 $\{a_n\}$의 첫째항부터 제n항까지의 합 S_n이 $S_n=n^2+n+1$일 때, 일반항 a_n을 구하시오.

접근 방법 수열 $\{a_n\}$의 첫째항부터 제n항까지의 합 S_n이 주어졌을 때 일반항 a_n을 구하는 문제이므로

$$a_1=S_1,\ a_n=S_n-S_{n-1}\ (n\geq 2)$$

임을 이용한다. 이때 $a_1=S_1$이 $a_n=S_n-S_{n-1}\ (n\geq 2)$에 $n=1$을 대입하여 얻은 값과 같으면 $a_n=S_n-S_{n-1}$을 이용하여 구한 일반항 a_n은 $n=1$일 때부터 성립한다.

수매씽 Point 수열 $\{a_n\}$의 첫째항부터 제n항까지의 합을 S_n이라고 하면

$$a_1=S_1,\ a_n=S_n-S_{n-1}\ (n\geq 2)$$

상세 풀이 (1) (i) $n\geq 2$일 때

$$a_n=S_n-S_{n-1}=2n^2-3n-\{2(n-1)^2-3(n-1)\}=4n-5 \quad \cdots\cdots ㉠$$

(ii) $n=1$일 때

$$a_1=S_1=2\times 1^2-3\times 1=-1$$

$a_1=-1$은 ㉠에 $n=1$을 대입하여 얻은 값과 같으므로 ($4\times 1-5=-1$)

$$a_n=4n-5$$

(2) (i) $n\geq 2$일 때

$$a_n=S_n-S_{n-1}=n^2+n+1-\{(n-1)^2+(n-1)+1\}=2n \quad \cdots\cdots ㉠$$

(ii) $n=1$일 때

$$a_1=S_1=1^2+1+1=3$$

$a_1=3$은 ㉠에 $n=1$을 대입하여 얻은 값과 다르므로 ($2\times 1=2$)

$$a_1=3,\ a_n=2n\ (n\geq 2)$$

정답 (1) $a_n=4n-5$ (2) $a_1=3,\ a_n=2n\ (n\geq 2)$

보충 설명

위의 문제를 풀 때에는 S_n-S_{n-1}을 이용하여 찾은 일반항 a_n이 $n=1$인 경우에도 성립하는지를 반드시 확인해야 한다. 다음 단원인 **10. 등비수열**, **11. 합의 기호 $\sum$와 여러 가지 수열**에서도 자주 이용되는 것이므로 확실하게 정리해 두자.

또한 수열 $\{a_n\}$의 첫째항부터 제n항까지의 합 S_n이 $S_n=an^2+bn+c$ (a, b, c는 상수)일 때

(i) $c=0$이면 수열 $\{a_n\}$은 첫째항부터 등차수열을 이룬다.

(ii) $c\neq 0$이면 수열 $\{a_n\}$은 둘째항부터 등차수열을 이룬다.

숫자 바꾸기 한번 더

06-1

다음 물음에 답하시오.

(1) 수열 $\{a_n\}$의 첫째항부터 제n항까지의 합 S_n이 $S_n=3n^2+2n$일 때, 일반항 a_n을 구하시오.

(2) 수열 $\{a_n\}$의 첫째항부터 제n항까지의 합 S_n이 $S_n=2n^2-n-1$일 때, 일반항 a_n을 구하시오.

표현 바꾸기 한번 더

06-2

수열 $\{a_n\}$의 첫째항부터 제n항까지의 합 S_n이 $S_n=n^2+2n$일 때, $a_1+a_3+a_5+\cdots+a_{99}$의 값은?

① 4040 ② 5050 ③ 6060
④ 7070 ⑤ 8080

09

개념 넓히기 한번 더

06-3

첫째항부터 제n항까지의 합이 각각

n^2+kn, $2n^2-3n$

인 두 수열 $\{a_n\}$, $\{b_n\}$의 제10항이 같을 때, 상수 k의 값을 구하시오..

• 풀이 144쪽~145쪽

정답

06-1 (1) $a_n=6n-1$ (2) $a_1=0$, $a_n=4n-3$ $(n\geq 2)$ 06-2 ② 06-3 16

예제 07 등차수열의 합의 최대, 최소

첫째항이 50, 공차가 -4인 등차수열 $\{a_n\}$에서 첫째항부터 제n항까지의 합을 S_n이라고 할 때, S_n의 최댓값을 구하시오.

접근 방법 주어진 등차수열에서 (첫째항)>0, (공차)<0이므로 S_n의 최댓값은 첫째항부터 마지막 양수인 항까지의 합을 이용하여 구한다.

수매씽 Point 등차수열 $\{a_n\}$의 합의 최대, 최소
➡ (1) $a_k>0$, $a_{k+1}<0$이면 $n=k$일 때 S_n의 값이 최대
(2) $a_k<0$, $a_{k+1}>0$이면 $n=k$일 때 S_n의 값이 최소

상세 풀이 첫째항이 50, 공차가 -4이므로 주어진 등차수열의 일반항 a_n은

$$a_n=50+(n-1)\times(-4)=-4n+54$$

처음으로 음수가 되는 항은 $a_n<0$을 만족시키는 최초의 항이므로

$$-4n+54<0,\ -4n<-54 \qquad \therefore\ n>\frac{54}{4}=13.5$$

즉, 등차수열 $\{a_n\}$은 첫째항부터 제13항까지가 양수이고 제14항부터는 음수이므로 첫째항부터 제13항까지의 합이 최대가 된다.
따라서 구하는 최댓값은

$$S_{13}=\frac{13\times\{2\times50+(13-1)\times(-4)\}}{2}=338$$

다른 풀이 첫째항이 50, 공차가 -4이므로

$$S_n=\frac{n\{2\times50+(n-1)\times(-4)\}}{2}$$
$$=-2n^2+52n=-2(n-13)^2+338$$

따라서 $n=13$일 때, S_n은 최댓값 338을 갖는다.

정답 338

보충 설명

등차수열의 합의 최대, 최소는 다음과 같이 구할 수 있다.
(1) 첫째항이 양수, 공차가 음수인 등차수열에서 합의 최댓값은 첫째항부터 마지막 양수인 항까지의 합을 이용하여 구한다.
(2) 첫째항이 음수, 공차가 양수인 등차수열에서 합의 최솟값은 첫째항부터 마지막 음수인 항까지의 합을 이용하여 구한다.
또한 **다른 풀이**에서와 같이 등차수열의 첫째항부터 제n항까지의 합 S_n을 n에 대한 이차식으로 나타낸 후, 완전제곱식 꼴로 고쳐 S_n의 최댓값 또는 최솟값을 구할 수도 있다.

숫자 바꾸기 한번 더

07-1

첫째항이 -11, 공차가 2인 등차수열 $\{a_n\}$에서 첫째항부터 제n항까지의 합을 S_n이라고 할 때, S_n의 최솟값을 구하시오.

표현 바꾸기 한번 더

07-2

제7항이 2, 제10항이 -7인 등차수열 $\{a_n\}$에서 첫째항부터 제n항까지의 합을 S_n이라고 할 때, S_n의 최댓값은?

① 71 ② 73 ③ 75
④ 77 ⑤ 79

개념 넓히기 한번 더

07-3

수열 $\{a_n\}$의 첫째항부터 제n항까지의 합 S_n이

$$S_n=2n^2-39n$$

일 때, $|a_1|+|a_2|+|a_3|+\cdots+|a_{20}|$의 값을 구하시오.

• 풀이 145쪽

정답

07-1 -36 07-2 ④ 07-3 400

예제 08 부분의 합이 주어진 등차수열의 합

등차수열 $\{a_n\}$의 첫째항부터 제n항까지의 합을 S_n이라고 할 때, $S_{10}=10$, $S_{20}=50$이다. S_{30}의 값을 구하시오.

접근 방법 등차수열에서 차례대로 같은 개수만큼 묶어서 합을 구하면 그 합이 이루는 수열도 등차수열임을 이용한다. 예를 들어 공차가 d인 등차수열 $\{a_n\}$에서 다음과 같이 차례대로 2개씩 묶은 수열

$$a_1+a_2,\ a_3+a_4,\ a_5+a_6,\ \cdots$$

$a_1+a_1+d=2a_1+d$, $a_1+2d+a_1+3d=2a_1+5d$, $a_1+4d+a_1+5d=2a_1+9d$

은 공차가 $4d$인 등차수열이 된다.

수매씽 Point 등차수열 $\{a_n\}$에서 차례대로 같은 개수만큼 합하여 만든 수열도 등차수열이다.

상세 풀이 등차수열 $\{a_n\}$에서 차례대로 10개씩 묶어 그 합을 구하면 이 합은 등차수열을 이룬다. 즉,

$$A=a_1+a_2+\cdots+a_{10}$$
$$B=a_{11}+a_{12}+\cdots+a_{20}$$
$$C=a_{21}+a_{22}+\cdots+a_{30}$$

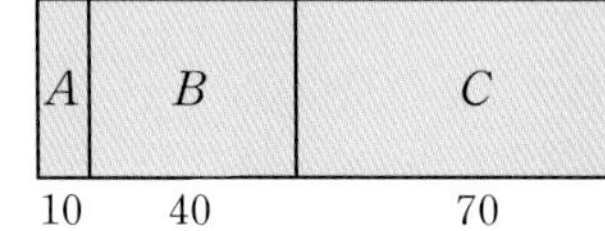

이라고 하면 A, B, C는 이 순서대로 등차수열을 이룬다.

이때 $S_{10}=10$, $S_{20}=50$이므로

$$A=S_{10}=10,\ B=S_{20}-S_{10}=50-10=40$$

따라서 40은 10과 C의 등차중항이므로 $40=\frac{10+C}{2}$ $\therefore C=70$

$$\therefore S_{30}=A+B+C=10+40+70=120$$

다른 풀이 등차수열 $\{a_n\}$의 첫째항을 a, 공차를 d라고 하면

$S_{10}=10$에서 $\frac{10\{2a+(10-1)d\}}{2}=10$ $\therefore 2a+9d=2$ ······ ㉠

$S_{20}=50$에서 $\frac{20\{2a+(20-1)d\}}{2}=50$ $\therefore 2a+19d=5$ ······ ㉡

㉠, ㉡을 연립하여 풀면 $a=-\frac{7}{20}$, $d=\frac{3}{10}$

$$\therefore S_{30}=\frac{30\times\left\{2\times\left(-\frac{7}{20}\right)+(30-1)\times\frac{3}{10}\right\}}{2}=120$$

정답 120

보충 설명

등차수열에서 차례대로 같은 개수만큼 합하여 만든 수열은 등차수열을 이룬다. 표현 바꾸기 **08-2**와 같이 묶은 개수가 다른 경우에는 묶은 개수가 같아지도록 조정하거나, 위의 다른 풀이와 같이 첫째항을 a, 공차를 d로 놓고 주어진 등차수열의 합을 이용하여 a, d의 값을 구하여 문제를 해결할 수도 있다.

숫자 바꾸기

한번 더 ☑ ☐

08-1

등차수열 $\{a_n\}$의 첫째항부터 제n항까지의 합을 S_n이라고 할 때, $S_5=140$, $S_{10}=480$이다. S_{15}의 값을 구하시오.

표현 바꾸기

한번 더 ☑ ☐

08-2

등차수열 $\{a_n\}$에 대하여 첫째항부터 제5항까지의 합이 70, 제6항부터 제15항까지의 합이 290일 때, 제11항부터 제25항까지의 합은?

① 600　② 620　③ 640　④ 660　⑤ 680

09

개념 넓히기

한번 더 ☑ ☐

08-3

첫째항이 0이 아닌 등차수열 $\{a_n\}$의 첫째항부터 제n항까지의 합을 S_n이라고 할 때, 자연수 k에 대하여 $S_{3k}=9S_k$가 성립한다. S_{5k}는 S_k의 몇 배인지 구하시오.

• 풀이 146쪽~147쪽

정답

08-1 1020　**08-2** ④　**08-3** 25배

1

두 등차수열 $\{a_n\}$, $\{b_n\}$이

$\{a_n\}$: 6, 4, 2, 0, $\cdots$ $\{b_n\}$: 8, 7, 6, 5, $\cdots$

일 때, $a_k=3b_k$를 만족시키는 k의 값을 구하시오.

2

자연수 n에 대하여 x에 대한 이차방정식

$$x^2-nx+4(n-4)=0$$

이 서로 다른 두 실근 α, β $(\alpha<\beta)$를 갖고, 세 수 1, α, β가 이 순서대로 등차수열을 이룰 때, n의 값을 구하시오.

3

다음 조건을 만족시키는 직각삼각형의 가장 긴 변의 길이를 구하시오.

(가) 세 변의 길이는 등차수열을 이룬다.
(나) 두 번째로 긴 변의 길이는 4이다.

4

오른쪽과 같이 두 수 4와 109 사이에 k개의 수를 넣어서 항의 개수가 $k+2$인 등차수열을 만들려고 한다. 공차가 1보다 큰 자연수인 등차수열을 만들 때, k의 최댓값을 구하시오.

$$4,\ \underbrace{\square,\ \square,\ \cdots,\ \square}_{k\text{개}},\ 109$$

5

7개의 연속한 자연수의 합 $36+37+38+\cdots+42$를 6개의 연속한 자연수의 합

$$a_1+a_2+a_3+a_4+a_5+a_6\ (a_1<a_2<a_3<a_4<a_5<a_6)$$

으로 나타낼 때, a_1의 값을 구하시오.

6 등차수열 a_1, a_2, a_3, $\cdots$, a_{99}에서 홀수 번째 항들의 합이 100일 때, $a_1+a_2+a_3+\cdots+a_{99}$의 값을 구하시오.

7 등차수열 $\{a_n\}$에 대하여

$$a_2+a_4+a_6+\cdots+a_{2n}=2n^2+n\ (n=1,\ 2,\ 3,\ \cdots)$$

이 성립할 때, $a_1+a_2+a_3+\cdots+a_{20}$의 값을 구하시오.

8 첫째항이 a, 공차가 2인 등차수열 $\{a_n\}$의 첫째항부터 제n항까지의 합 S_n에 대하여

$$S_{50}<10000$$

을 만족시키는 자연수 a의 최댓값을 구하시오.

9 두 수 -2와 25 사이에 n개의 수를 넣어서 공차가 d인 등차수열 -2, a_1, a_2, $\cdots$, a_n, 25를 만들었다. 이 수열의 모든 항의 합이 115일 때, $d+n$의 값을 구하시오.

10 오른쪽 그림과 같이 두 직선

$$y=x,\ y=a(x-1)\ (a>1)$$

의 교점에서 x축의 양의 방향으로 y축에 평행한 14개의 선분을 같은 간격으로 그었다. 이들 중 가장 짧은 선분의 길이는 3이고 가장 긴 선분의 길이는 42일 때, 14개의 선분의 길이의 합을 구하시오.

(단, 각 선분의 양 끝 점은 두 직선 위에 있다.)

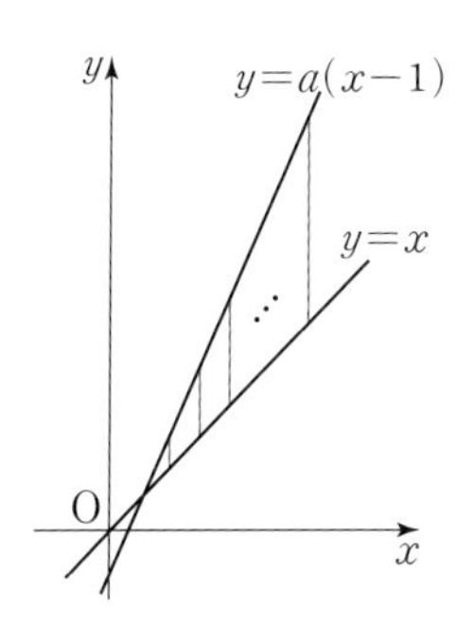

11 공차가 2인 등차수열 $\{a_n\}$에 대하여 $\frac{2^{a_4}+2^{a_6}}{2^{a_1}+2^{a_3}}=N$이라고 할 때, $\log_4 N$의 값은?

① 2　② 3　③ 4　④ 5　⑤ 6

12 2부터 100까지의 짝수 중 서로 다른 10개의 수를 택하여 그들의 합을 S라고 하자. 이러한 S의 값 중 서로 다른 것을 작은 수부터 차례대로 a_1, a_2, a_3, $\cdots$이라고 할 때, a_{50}의 값은?

① 192　② 196　③ 200　④ 204　⑤ 208

13 두 등차수열 $\{a_n\}$, $\{b_n\}$의 첫째항부터 제n항까지의 합을 각각 A_n, B_n이라고 할 때,

$A_n : B_n=(3n+6):(7n+2)$

가 성립한다. $a_7 : b_7$은?

① 9 : 17　② 15 : 31　③ 17 : 9　④ 31 : 15　⑤ 49 : 50

14 서로 다른 세 정수 a, b, c에 대하여 a, b, c와 b^2, c^2, a^2이 각각 이 순서대로 등차수열을 이룰 때, $a+b+c$의 값을 구하시오. (단, $0<a<10$)

15 첫째항이 a이고 공차가 정수 d인 등차수열 $\{a_n\}$이 다음 조건을 만족시킬 때, a_{30}의 값을 구하시오.

(가) $a_2+a_4+a_6=102$

(나) $a_n>100$을 만족시키는 자연수 n의 최솟값은 14이다.

16 두 등차수열 $\{a_n\}$, $\{b_n\}$이

$\{a_n\}$: 1, 5, 9, 13, ⋯, 149　　$\{b_n\}$: 6, 11, 16, 21, ⋯, 151

일 때, 두 수열에 공통으로 들어 있는 수의 총합을 구하시오.

17 공차가 각각 d_1, d_2인 두 등차수열 $\{a_n\}$, $\{b_n\}$의 첫째항부터 제n항까지의 합을 각각 S_n, T_n이라고 하자. $S_nT_n=n^2(n^2-1)$일 때, d_1d_2의 값을 구하시오.

18 $a_1>0$인 등차수열 $\{a_n\}$에서 첫째항부터 제n항까지의 합을 S_n이라고 할 때, $S_{40}=S_{20}$이 성립한다. S_n의 값이 최대가 되도록 하는 n의 값을 구하시오.

19 첫째항이 1, 공차가 자연수 d인 등차수열의 첫째항부터 제n항까지의 합을 S_n이라고 하자. $n\geq 3$일 때, $S_n=94$를 만족시키는 d의 값을 구하시오.

20 등차수열 a_1, a_2, a_3, ⋯, a_n이 다음 조건을 만족시킬 때, 자연수 n의 값을 구하시오.

(가) 처음 4개의 항의 합은 26이다.

(나) 마지막 4개의 항의 합은 134이다.

(다) $a_1+a_2+a_3+\cdots+a_n=260$

• 정답 및 풀이 153쪽~154쪽

평가원

21

공차가 -3인 등차수열 $\{a_n\}$에 대하여 $a_3a_7=64$, $a_8>0$일 때 a_2의 값은?

① 17 ② 18 ③ 19
④ 20 ⑤ 21

교육청

22

양의 실수 x에 대하여 $f(x)$가 $f(x)=\log x$이다. 세 실수 $f(3)$, $f(3^t+3)$, $f(12)$가 이 순서대로 등차수열을 이룰 때, 실수 t의 값은?

① $\frac{1}{4}$ ② $\frac{1}{2}$ ③ $\frac{3}{4}$
④ 1 ⑤ $\frac{5}{4}$

수능

23

공차가 양수인 등차수열 $\{a_n\}$이 다음 조건을 만족시킬 때, a_2의 값은?

(가) $a_6+a_8=0$	(나) $\lvert a_6\rvert=\lvert a_7\rvert+3$

① -15 ② -13 ③ -11
④ -9 ⑤ -7

교육청

24

그림과 같이 $\overline{AC}=15$, $\overline{BC}=20$이고, $\angle C=90°$인 직각삼각형 ABC가 있다. 변 AB를 25등분하는 점 P_1, P_2, $\cdots$, P_{24}를 지나 변 AB에 수직인 직선을 그어 변 AC 또는 변 CB와 만나는 점을 각각 Q_1, Q_2, $\cdots$, Q_{24}라 하자.

$$\overline{P_1Q_1}+\overline{P_2Q_2}+\overline{P_3Q_3}+\cdots+\overline{P_{24}Q_{24}}$$

의 값을 구하시오.

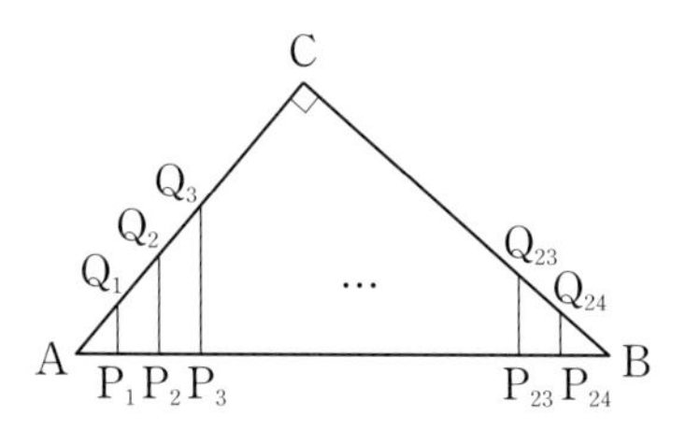

10

Ⅲ. 수열

등비수열

개념 Summary

1 등비수열

• 등비수열

(1) 등비수열 : 첫째항부터 차례대로 일정한 수를 곱하여 만들어지는 수열

(2) 공비 : 등비수열에서 곱해지는 일정한 수

(3) 공비가 r인 등비수열 $\{a_n\}$에서 제n항에 공비 r을 곱하면 제$(n+1)$항이 되므로 다음이 성립한다.

$$a_{n+1}=ra_n,\ \frac{a_{n+1}}{a_n}=r\ (n=1,\ 2,\ 3,\ \cdots)$$

(4) 첫째항이 a, 공비가 r인 등비수열의 일반항 a_n은

$$a_n=ar^{n-1}\ (n=1,\ 2,\ 3,\ \cdots)$$

• 등비중항

0이 아닌 세 수 a, b, c가 이 순서대로 등비수열을 이룰 때, b를 a와 c의 등비중항이라 하고

$$b^2=ac$$

가 성립한다.

2 등비수열의 합

• 등비수열의 합

첫째항이 a, 공비가 r인 등비수열의 첫째항부터 제n항까지의 합 S_n은

① $r\neq1$일 때

$$S_n=\frac{a(1-r^n)}{1-r}=\frac{a(r^n-1)}{r-1}$$

② $r=1$일 때

$$S_n=na$$

Q&A

Q 등비수열에서 원리합계는 어느 정도까지 공부해야 할까요?

A 현재 교육과정에서 원리합계는 간단한 것만 다루게 되어 있으므로, 연금의 일시 지급이나 대출금 상환 등과 같이 지나치게 복잡한 상황을 포함하는 원리합계 문제는 다루지 않습니다.

1 등비수열

1 등비수열

1. 등비수열의 뜻

다음과 같은 수열의 규칙성에 대하여 살펴봅시다.

$$1,\ 2,\ 4,\ 8,\ 16,\ 32,\ \cdots$$

×2 ×2 ×2 ×2 ×2

위의 수열은 첫째항 1부터 차례대로 일정한 수 2를 곱하여 얻은 수열이고, $\frac{2}{1}=\frac{4}{2}=\frac{8}{4}=\cdots$ 과 같이 이웃하는 두 항의 비는 항상 2입니다.

등비(等比)는 비가 일정하다는 뜻으로, 등비수열을 기하수열(geometric sequence)이라고도 한다.

이와 같이 첫째항부터 차례대로 일정한 수를 곱하여 만들어지는 수열을 **등비수열**이라 하고, 그 일정한 수를 **공비**라고 합니다. 따라서 위의 수열은 첫째항이 1, 공비가 2인 등비수열입니다.

일반적으로 공비가 r인 등비수열 $\{a_n\}$에서 제n항 a_n에 공비 r을 곱하면 제$(n+1)$항 a_{n+1}이 되므로 다음과 같은 관계가 성립합니다. ← 공비는 영어로 common ratio이고, 보통 r로 나타낸다.

$$a_{n+1}=ra_n,\ 즉\ \frac{a_{n+1}}{a_n}=r\ (단,\ n=1,\ 2,\ 3,\ \cdots)$$

또한 역으로 위의 등식이 성립하면 수열 $\{a_n\}$은 공비가 r인 등비수열입니다.

2. 등비수열의 일반항

이제 등비수열의 일반항을 구해 봅시다.

첫째항이 a, 공비가 r인 등비수열 $\{a_n\}$의 각 항은 다음과 같습니다.

$$a_1=a$$
$$a_2=a_1r=ar^1$$
$$a_3=a_2r=(ar)r=ar^2$$
$$a_4=a_3r=(ar^2)r=ar^3$$
$$\vdots$$
$$a_n=a_{n-1}r=(ar^{n-2})r=ar^{n-1}$$

$a_1=ar^0$
$a_2=ar^1$
$a_3=ar^2$
$a_4=ar^3$
$\vdots$
$a_n=ar^{n-1}$

따라서 첫째항이 a, 공비가 r인 등비수열의 일반항 a_n은

$$a_n=ar^{n-1}\ (n=1,\ 2,\ 3,\ \cdots)$$

입니다.

Example 수열 12, 6, 3, $\frac{3}{2}$, ⋯은 첫째항이 12, 공비가 $\frac{1}{2}$인 등비수열이므로 일반항 a_n은

$$a_n=12\times\left(\frac{1}{2}\right)^{n-1}$$

개념 Point 등비수열

1 등비수열 : 첫째항에 차례대로 일정한 수를 곱하여 만들어지는 수열
2 공비 : 등비수열에서 곱해지는 일정한 수
3 공비가 r인 등비수열 $\{a_n\}$에서 제n항과 제$(n+1)$항 사이에 다음이 성립한다.

$$a_{n+1}=ra_n,\ \frac{a_{n+1}}{a_n}=r\ (n=1,\ 2,\ 3,\ \cdots)$$

4 첫째항이 a, 공비가 r인 등비수열의 일반항 a_n은 $a_n=ar^{n-1}\ (n=1,\ 2,\ 3,\ \cdots)$

Plus

첫째항이 a, 공비가 1인 등비수열은 $a,\ a,\ a,\ a,\ \cdots$이므로 첫째항이 a, 공차가 0인 등차수열로도 볼 수 있다.

2 등비중항

0이 아닌 세 수 $a,\ b,\ c$가 이 순서대로 등비수열을 이룰 때, b를 a와 c의 등비중항이라고 합니다. 이때 b가 a와 c의 등비중항이면 $\frac{b}{a}=\frac{c}{b}$이므로

$$b^2=ac$$ ← $b^2=ac$에서 a와 c의 등비중항이 $b=\sqrt{ac}$일 때, b는 a와 c의 기하평균이다.

가 성립합니다. 역으로 임의로 주어진 0이 아닌 세 수 $a,\ b,\ c$에 대하여 $b^2=ac$가 성립하면 세 수 $a,\ b,\ c$는 이 순서대로 등비수열을 이룹니다.

Example 세 수 3, x, 12가 이 순서대로 등비수열을 이루면 x가 3과 12의 등비중항이므로

$$x^2=3\times12=36$$

$$\therefore\ x=-6 \text{ 또는 } x=6$$

한편, 등비중항을 이용하면 등비수열의 관계식을 구할 수 있습니다.

수열 $\{a_n\}$이 등비수열이면 연속하는 세 항 $a_n,\ a_{n+1},\ a_{n+2}$에 대하여

$$\frac{a_{n+1}}{a_n}=\frac{a_{n+2}}{a_{n+1}}\ (n=1,\ 2,\ 3,\ \cdots)$$ ← $\frac{a_2}{a_1}=\frac{a_3}{a_2}=\frac{a_4}{a_3}=\cdots=r$ (r은 상수)

이므로

$$a_{n+1}{}^2=a_na_{n+2}\ (n=1,\ 2,\ 3,\ \cdots)$$

가 성립합니다.

개념 Point 등비중항

0이 아닌 세 수 $a,\ b,\ c$가 이 순서대로 등비수열을 이룰 때, b를 a와 c의 등비중항이라 하고 $b^2=ac$가 성립한다.

Plus

등비수열을 이루는 세 수를 보통 $a,\ ar,\ ar^2$으로 놓는다. 만약 세 수의 곱이 주어진 경우에는 세 수를 $\frac{a}{r},\ a,\ ar$로 놓으면 세 수의 곱에서 r이 소거되어 a의 값을 쉽게 구할 수 있다.

개념 Plus 기하평균

수매씽 개념서의 2024년 판매량보다 2025년 판매량이 전년도에 비해 2배 증가하고, 2026년 판매량이 전년도에 비해 8배 증가했을 때, 늘어난 배수의 평균을 구해 보자.

먼저 산술평균을 이용하면 매년 $\frac{2+8}{2}=5$(배)씩 판매량이 증가하는데, 2026년 판매량은 2024년 판매량의 $5\times5=25$(배)가 되므로 성립하지 않는다.

그래서 기하평균을 이용하면 매년 $\sqrt{2\times8}=4$(배)씩 판매량이 증가하므로, 2026년 판매량은 2024년 판매량의 $4\times4=16$(배)가 된다.

이와 같이 기하평균은 연간 경제성장률, 물가 인상률 등의 비율이나 배수의 평균을 구할 때 주로 이용한다.

개념 콕콕

1 다음 등비수열의 일반항 a_n을 구하시오.

(1) 첫째항이 3, 공비가 -2

(2) 첫째항이 5, 공비가 $\frac{1}{2}$

(3) $\frac{1}{4}$, 1, 4, 16, 64, $\cdots$

(4) 27, -9, 3, -1, $\frac{1}{3}$, $\cdots$

2 다음 수열이 등비수열이 되도록 □ 안에 알맞은 수를 써넣으시오.

(1) 1, □, $\frac{1}{100}$, $\frac{1}{1000}$, □, $\cdots$

(2) $\sqrt{3}$, 3, □, 9, □, $\cdots$

(3) 64, □, 16, □, 4, $\cdots$

(4) $\frac{1}{2}$, □, □, 500, $\cdots$

• 풀이 154쪽

정답

1 (1) $a_n=3\times(-2)^{n-1}$ (2) $a_n=5\times\left(\frac{1}{2}\right)^{n-1}$ (3) $a_n=\frac{1}{4}\times4^{n-1}$ (4) $a_n=27\times\left(-\frac{1}{3}\right)^{n-1}$

2 (1) $\frac{1}{10}$, $\frac{1}{10000}$ (2) $3\sqrt{3}$, $9\sqrt{3}$ (3) ±32, ±8 (복부호동순) (4) 5, 50

예제 01 등비수열의 항 구하기

다음 물음에 답하시오.

(1) 각 항이 실수인 등비수열 $\{a_n\}$에서 $a_3=24$, $a_6=-192$일 때, 이 수열의 첫째항과 공비의 합을 구하시오.

(2) 각 항이 실수인 등비수열 $\{a_n\}$에서 $a_1+a_2+a_3=3$, $a_4+a_5+a_6=18$일 때, $\frac{a_4+a_6}{a_1+a_3}$의 값을 구하시오.

접근 방법 첫째항과 공비를 이용하여 주어진 조건을 식으로 나타낸다.

수매씽 Point 첫째항이 a, 공비가 r인 등비수열의 일반항 a_n은

$$a_n=ar^{n-1}$$

상세 풀이 (1) 첫째항을 a, 공비를 r이라고 하면

$a_3=24$에서 $ar^2=24$ …… ㉠

$a_6=-192$에서 $ar^5=-192$ …… ㉡

㉡÷㉠을 하면 $r^3=-8$ $\quad\therefore r=-2$ ($\because$ r은 실수)

$r=-2$를 ㉠에 대입하면 $4a=24$ $\quad\therefore a=6$

$\therefore a+r=6+(-2)=4$

(2) 공비를 r이라고 하면

$a_1+a_2+a_3=3$에서 $a_1+a_1r+a_1r^2=3$ $\quad\therefore a_1(1+r+r^2)=3$ …… ㉠

$a_4+a_5+a_6=18$에서 $a_1r^3+a_1r^4+a_1r^5=18$ $\quad\therefore a_1r^3(1+r+r^2)=18$ …… ㉡

㉡÷㉠을 하면 $r^3=6$

$$\therefore \frac{a_4+a_6}{a_1+a_3}=\frac{a_1r^3+a_1r^5}{a_1+a_1r^2}=\frac{a_1r^3(1+r^2)}{a_1(1+r^2)}=r^3=6$$

정답 (1) 4 (2) 6

보충 설명

등차수열 문제에서 첫째항과 공차를 이용하여 관계식을 세웠던 것처럼 등비수열 문제 역시 첫째항과 공비를 이용하는 것이 가장 기본이다. 특히, 등차수열 문제에서는 주어진 조건을 이용하여 얻은 등식을 변끼리 빼서 접근했다면 등비수열 문제에서는 주어진 조건을 이용하여 얻은 등식을 변끼리 나누어서 접근한다는 점을 꼭 기억해 두자.

숫자 바꾸기 한번 더

01-1

다음 물음에 답하시오.

(1) 각 항이 양수인 등비수열 $\{a_n\}$에서 $a_4=54$, $a_6=486$일 때, 이 수열의 첫째항과 공비의 합을 구하시오.

(2) 각 항이 실수인 등비수열 $\{a_n\}$에서 $a_1+a_2+a_3+a_4=4$, $a_5+a_6+a_7+a_8=32$일 때, $\frac{a_5+a_8}{a_1+a_4}$의 값을 구하시오.

(3) 등비수열 4, -12, 36, -108, $\cdots$에서 -972는 제몇 항인지 구하시오.

(4) 각 항이 실수인 등비수열에서 제2항이 6, 제5항이 48일 때, 1536은 제몇 항인지 구하시오.

표현 바꾸기 한번 더

01-2

첫째항이 $\frac{1}{5}$이고, 공비가 2인 등비수열에서 처음으로 200보다 커지는 항은 제몇 항인가?

① 제9항 ② 제10항 ③ 제11항
④ 제12항 ⑤ 제13항

개념 넓히기 한번 더

01-3

두 등비수열 $\{a_n\}$, $\{b_n\}$에 대하여 $a_9b_{12}=10$, $a_{16}b_{20}=20$이 성립할 때, a_2b_4의 값은?

① 2 ② $2\sqrt{2}$ ③ 4
④ 5 ⑤ $4\sqrt{2}$

• 풀이 155쪽

정답 **01-1** (1) 5 (2) 8 (3) 제6항 (4) 제10항 **01-2** ③ **01-3** ④

예제 02 두 수 사이에 수를 넣어서 만든 등비수열

두 수 4와 324 사이에 세 실수 x_1, x_2, x_3을 넣어서 만든 수열 4, x_1, x_2, x_3, 324가 이 순서대로 등비수열을 이룰 때, x_3의 값을 구하시오.

접근 방법 324가 주어진 등비수열의 제5항임을 이용하여 공비를 구한 후 등비수열의 일반항을 구한다.

수매씽 Point 두 수 a와 b 사이에 n개의 수를 넣어서 만든 등비수열

$a, x_1, x_2, \cdots, x_n, b$

에서 a는 첫째항이고, b는 제$(n+2)$항이므로

$b=ar^{(n+2)-1}=ar^{n+1}$ (단, r은 공비)

상세 풀이 4, x_1, x_2, x_3, 324는 이 순서대로 첫째항이 4, 제5항이 324인 등비수열을 이룬다.

이 등비수열의 공비를 r이라 하면

$324=4r^4$, $r^4=81$

$\therefore r=\pm 3$

첫째항이 4, 공비가 ± 3이므로 수열 4, x_1, x_2, x_3, 324의 일반항 a_n은

$a_n=4\times 3^{n-1}$ 또는 $a_n=4\times(-3)^{n-1}$

주어진 수열에서 x_3은 제4항이므로

(i) $a_n=4\times 3^{n-1}$일 때

$x_3=a_4=4\times 3^{4-1}=4\times 27=108$

(ii) $a_n=4\times(-3)^{n-1}$일 때

$x_3=a_4=4\times(-3)^{4-1}=4\times(-27)=-108$

(i), (ii)에서 x_3의 값은 108 또는 -108

정답 108 또는 -108

보충 설명

등비중항을 이용해서 다음과 같이 풀 수도 있다.

세 실수 4, x_2, 324가 등비수열을 이루므로

$x_2^2=4\times 324 \qquad \therefore x_2=36$ 또는 $x_2=-36 \qquad \cdots\cdots$ ㉠

또, 세 실수 x_2, x_3, 324가 등비수열을 이루므로

$x_3^2=x_2\times 324$

㉠에서 $x_2=36$이고, $x_3^2=36\times 324=6^2\times 18^2=108^2$이므로

$x_3=108$ 또는 $x_3=-108$

숫자 바꾸기 한번 더

02-1

두 수 2와 $\frac{64}{243}$ 사이에 네 수 x_1, x_2, x_3, x_4를 넣어서 만든 수열 2, x_1, x_2, x_3, x_4, $\frac{64}{243}$가 이 순서대로 등비수열을 이룰 때, x_4의 값을 구하시오.

표현 바꾸기 풀이 156쪽 + 보충 설명 한번 더

02-2

다음 물음에 답하시오.

(1) 두 수 1과 4 사이에 네 수 x_1, x_2, x_3, x_4를 넣어서 만든 수열 1, x_1, x_2, x_3, x_4, 4가 이 순서대로 등비수열을 이룰 때, $x_1x_2x_3x_4$의 값을 구하시오.

(2) 3과 48 사이에 세 양수 a, b, c를 넣어서 만든 수열 3, a, b, c, 48이 이 순서대로 등비수열을 이룰 때, $a+b+c$의 값을 구하시오.

개념 넓히기 한번 더

02-3

두 수 $\frac{1}{2}$과 8 사이에 n개의 수를 넣어서 만든 수열 $\frac{1}{2}$, a_1, a_2, a_3, $\cdots$, a_n, 8이 이 순서대로 공비가 r인 등비수열을 이룰 때, rn의 최댓값은? (단, n과 r은 자연수이다.)

① 6 ② 7 ③ 8
④ 9 ⑤ 10

• 풀이 155쪽~156쪽

정답

02-1 $\frac{32}{81}$ **02-2** (1) 16 (2) 42 **02-3** ①

예제 03 등비중항

두 양수 p, q 사이에 두 양수 x, y를 넣었더니 네 양수 p, x, y, q가 이 순서대로 등비수열을 이룬다고 할 때, 다음 물음에 답하시오.

(1) x, y를 p, q로 나타내시오.

(2) $p=8$, $q=27$일 때, 양수 x, y의 값을 각각 구하시오.

접근 방법 0이 아닌 세 수 a, b, c가 이 순서대로 등비수열을 이루면 b가 a와 c의 등비중항임을 이용한다.

수매씽 Point 0이 아닌 세 수 a, b, c가 이 순서대로 등비수열을 이루면
$b^2=ac$

상세 풀이 (1) x가 p, y의 등비중항이므로 $x^2=py$ …… ㉠

y가 x, q의 등비중항이므로 $y^2=xq$ …… ㉡

㉠을 제곱한 다음, ㉡을 대입하면

$x^4=p^2y^2=p^2(xq)$, $x^3=p^2q$ $\quad\therefore x=p^{\frac{2}{3}}q^{\frac{1}{3}}$ …… ㉢

㉠에서 $y=\frac{1}{p}x^2$이므로 ㉢을 이 식에 대입하면

$y=\frac{1}{p}(p^{\frac{2}{3}}q^{\frac{1}{3}})^2=p^{\frac{1}{3}}q^{\frac{2}{3}}$

(2) $p=8$, $q=27$이므로

$x=8^{\frac{2}{3}}\times27^{\frac{1}{3}}=(2^3)^{\frac{2}{3}}\times(3^3)^{\frac{1}{3}}$
$=2^2\times3=12$

$y=8^{\frac{1}{3}}\times27^{\frac{2}{3}}=(2^3)^{\frac{1}{3}}\times(3^3)^{\frac{2}{3}}$
$=2\times3^2=18$

정답 (1) $x=p^{\frac{2}{3}}q^{\frac{1}{3}}$, $y=p^{\frac{1}{3}}q^{\frac{2}{3}}$ (2) $x=12$, $y=18$

보충 설명

(1) 세 수 a, b, c가 이 순서대로
① 등차수열을 이루면 $2b=a+c$ ← b는 a와 c의 등차중항
② 등비수열을 이루면 $b^2=ac$ (단, a, b, c는 0이 아니다.) ← b는 a와 c의 등비중항

(2) 수열 $\{a_n\}$이
① 등차수열이기 위한 필요충분조건은 $2a_{n+1}=a_n+a_{n+2}$ ($n=1, 2, 3, \cdots$)
② 등비수열이기 위한 필요충분조건은 ${a_{n+1}}^2=a_na_{n+2}$ ($n=1, 2, 3, \cdots$)

숫자 바꾸기 한번 더

03-1

두 양수 p, q 사이에 세 양수 x, y, z를 넣었더니 다섯 개의 양수 p, x, y, z, q가 이 순서대로 등비수열을 이룬다고 할 때, 다음 물음에 답하시오.

(1) x, y, z를 p, q로 나타내시오.

(2) $p=16$, $q=81$일 때, 양수 x, y, z의 값을 각각 구하시오.

표현 바꾸기 한번 더

03-2

다음 물음에 답하시오.

(1) 세 수 1, x, 5는 이 순서대로 등차수열을 이루고, 세 수 1, y, 5는 이 순서대로 등비수열을 이룰 때, x^2+y^2의 값을 구하시오.

(2) 다섯 개의 수 10, a, b, c, 90은 이 순서대로 등차수열을 이루고, 다섯 개의 양수 10, d, e, f, 90은 이 순서대로 등비수열을 이룰 때, $b+e$의 값을 구하시오.

10

개념 넓히기 풀이 157쪽 + 보충 설명 한번 더

03-3

서로 다른 세 수 4, p, q에 대하여 4, p, q는 이 순서대로 등차수열을 이루고, p, q, 4는 이 순서대로 등비수열을 이룬다고 할 때, pq의 값을 구하시오.

• 풀이 156쪽~157쪽

정답

03-1 (1) $x=p^{\frac{3}{4}}q^{\frac{1}{4}}$, $y=p^{\frac{1}{2}}q^{\frac{1}{2}}$, $z=p^{\frac{1}{4}}q^{\frac{3}{4}}$ (2) $x=24$, $y=36$, $z=54$ **03-2** (1) 14 (2) 80 **03-3** -2

예제 04 등비수열을 이루는 세 수

삼차방정식 $x^3-px^2+156x-216=0$의 세 실근이 등비수열을 이룰 때, 상수 p의 값을 구하시오.

접근 방법 등비수열을 이루는 삼차방정식의 세 실근을 a, ar, ar^2이라 하고 삼차방정식의 근과 계수의 관계를 이용하여 관계식을 세운다.

수매씽 Point 등비수열을 이루는 세 수 ➡ a, ar, ar^2으로 놓을 수 있다.

상세 풀이 세 실근을 a, ar, ar^2이라고 하면 삼차방정식의 근과 계수의 관계에 의하여

$a+ar+ar^2=p$ …… ㉠

$a\times ar+ar\times ar^2+ar^2\times a=156$ …… ㉡

$a\times ar\times ar^2=216$ …… ㉢

㉢에서 $(ar)^3=216$이므로 $ar=6$ …… ㉣

㉡에서 $ar(a+ar+ar^2)=156$이므로 ㉠과 ㉣에서

$6p=156$ $\quad\therefore p=26$

정답 26

보충 설명

(1) 등차수열을 이루는 세 수를 $a-d$, a, $a+d$라고 하면 그 합이 $3a$가 되어 a의 값을 쉽게 구할 수 있었던 것처럼, 등비수열을 이루는 세 수를 $\frac{a}{r}$, a, ar이라고 하면 그 곱이 a^3이 되어 a의 값을 쉽게 구할 수 있다. 하지만 세 수의 곱이 주어지는 문제가 많지 않으므로 등비수열을 이루는 세 수에 대한 문제는 보통 a, ar, ar^2이라 하고 푼다.

(2) 삼차방정식 $ax^3+bx^2+cx+d=0$의 세 근을 α, β, γ라고 하면 삼차방정식의 근과 계수의 관계에 의하여

$$\alpha+\beta+\gamma=-\frac{b}{a},\ \alpha\beta+\beta\gamma+\gamma\alpha=\frac{c}{a},\ \alpha\beta\gamma=-\frac{d}{a}$$

숫자 바꾸기 　　　　한번 더 ☑ ☐

04-1

삼차방정식 $x^3-px^2+105x-125=0$의 세 실근이 등비수열을 이룰 때, 상수 p의 값을 구하시오.

표현 바꾸기 　　　　한번 더 ☑ ☐

04-2

두 곡선 $y=x^3+8$, $y=kx^2+6x$가 서로 다른 세 점에서 만나고, 세 교점의 x좌표가 등비수열을 이룰 때, 실수 k의 값은?

① -3　　② -1　　③ 0　　④ 1　　⑤ 3

개념 넓히기 　　　　한번 더 ☑ ☐

04-3

등비수열을 이루는 세 실수의 합이 7이고 곱이 8일 때, 이 세 실수의 제곱의 합을 구하시오.

• 풀이 157쪽

정답

04-1 21　　04-2 ⑤　　04-3 21

2 등비수열의 합

1 등비수열의 합

등비수열의 첫째항부터 제n항까지의 합을 구하는 방법에 대하여 알아봅시다.

첫째항이 a, 공비가 r인 등비수열 $\{a_n\}$의 첫째항부터 제n항까지의 합을 S_n이라고 하면

$$S_n=a+ar+ar^2+\cdots+ar^{n-2}+ar^{n-1} \qquad \cdots\cdots ㉠$$

㉠의 양변에 공비 r을 곱하면

$$rS_n=ar+ar^2+ar^3+\cdots+ar^{n-1}+ar^n \qquad \cdots\cdots ㉡$$

㉠에서 ㉡을 같은 변끼리 빼면

$$\begin{array}{rrl} & S_n= & a+ar+ar^2+\cdots+ar^{n-1} \\ -) & rS_n= & \quad\ \ ar+ar^2+\cdots+ar^{n-1}+ar^n \\ \hline & (1-r)S_n= & a \qquad\qquad\qquad\qquad\quad -ar^n \end{array}$$

$$\therefore\ (1-r)S_n=a(1-r^n)$$

따라서 $r\neq1$일 때에는

$$S_n=\frac{a(1-r^n)}{1-r} \qquad \cdots\cdots ㉢$$

이고, $r=1$일 때에는 ㉠에서

$$S_n=\underbrace{a+a+a+\cdots+a}_{n\text{개}}=na$$

입니다.

또한 ㉢의 우변의 분자와 분모에 각각 -1을 곱하면 $S_n=\dfrac{a(r^n-1)}{r-1}$이 되고 이 식도 등비수열의 합을 구하는 공식입니다.

보통 $r<1$이면 $S_n=\dfrac{a(1-r^n)}{1-r}$, $r>1$이면 $S_n=\dfrac{a(r^n-1)}{r-1}$을 이용하면 계산이 편리합니다.

Example (1) 첫째항이 2, 공비가 $\frac{1}{2}$인 등비수열의 첫째항부터 제10항까지의 합 S_{10}은

$$S_{10}=\frac{2\times\left\{1-\left(\frac{1}{2}\right)^{10}\right\}}{1-\frac{1}{2}}=4\times\left\{1-\left(\frac{1}{2}\right)^{10}\right\}=\frac{1023}{256}$$

(2) 첫째항이 4, 공비가 2인 등비수열의 첫째항부터 제5항까지의 합 S_5는

$$S_5=\frac{4\times(2^5-1)}{2-1}=124$$

개념 Point 등비수열의 합

첫째항이 a, 공비가 r인 등비수열 $\{a_n\}$의 첫째항부터 제n항까지의 합 S_n은

1 $r\neq1$일 때, $S_n=\frac{a(1-r^n)}{1-r}=\frac{a(r^n-1)}{r-1}$ ← n은 더하는 항의 개수임을 명심하도록 한다.

2 $r=1$일 때, $S_n=na$

Plus

$S_n=\frac{a(r^n-1)}{r-1}$에서 $S_n=Ar^n-A$ $\left(단,\ A=\frac{a}{r-1}\right)$

따라서 수열 $\{a_n\}$의 첫째항부터 제n항까지의 합 S_n이

$S_n=Ar^n+B$ $(r\neq0,\ r\neq1,\ A+B=0)$ ← $A+B\neq0$이면 수열 $\{a_n\}$은 제2항부터 등비수열을 이룬다.

꼴이면 수열 $\{a_n\}$은 첫째항부터 등비수열을 이룬다.

2 원리합계

← 1000만 원을 1년 동안 은행에 예금했다면 이자를 받을 수 있다.
예를 들어 연이율이 1%일 때 1000만 원을 예금한 경우라면 1년 후에 은행에서
$1000\times(1+0.01)=1010$(만 원)을 받을 수 있다.

등비수열의 합이 실생활에서 활용되고 있는 대표적인 예로 은행에서 이자를 계산할 때를 찾을 수 있습니다.

원리합계는 원금과 이자를 합한 금액을 뜻하는데, 이자를 계산하는 방법에는 단리법과 복리법의 두 가지가 있습니다. 먼저 단리법(單利法)은 원금에 대해서만 이자를 더하여 원리합계를 계산하는 방법으로 이자에 대한 이자는 생각하지 않습니다. 하지만 복리법(複利法)은 일정 기간마다 원금에 이자를 더한 원리합계를 다음 기간의 원금으로 하여 원리합계를 계산하는 방법으로 이자에 대해서도 이자가 붙는 방법입니다.

Example 10000원을 연이율 10%의 단리와 복리로 예금할 때의 원리합계는 다음과 같다.

[단리법]

	이자	원리합계(=원금+이자)
1년 후	10000원의 10%=1000원	10000원+1000원=11000원
2년 후	10000원의 10%=1000원	11000원+1000원=12000원
3년 후	10000원의 10%=1000원	12000원+1000원=13000원
⋮	⋮	⋮

[복리법]

	이자	원리합계(=원금+이자)
1년 후	10000원의 10%=1000원	10000원+1000원=11000원
2년 후	11000원의 10%=1100원	11000원+1100원=12100원
3년 후	12100원의 10%=1210원	12100원+1210원=13310원
⋮	⋮	⋮

앞의 Example에서 연이율이 동일할 때, 단리법과 복리법으로 계산한 1년 후의 원리합계는 서로 같습니다.

그러나 단리법은 원금에 대해서만 이자가 붙고 복리법은 원금 외에 이자에도 이자가 붙으므로 2년 후부터는 원리합계가 차이가 나게 됩니다.

이제부터 위의 내용을 일반화하여 알아봅시다.

1. 단리법을 이용한 원리합계의 계산

먼저 원금 a원을 연이율 r로 n년 동안 단리로 예금할 때의 원리합계를 구해 봅시다.

n년 후의 원리합계를 S_n이라고 할 때, 1년 동안의 이자는 ar원이므로 1년 후의 원리합계는

$$S_1=a+ar=a(1+r)\text{(원)}$$

이 됩니다. 다시 1년이 지나면 1년 동안의 이자 ar원이 더해지므로 2년 후의 원리합계는

$$S_2=a+ar+ar=a+2ar=a(1+2r)\text{(원)}$$

이 됩니다.

이와 같은 방법으로 n년이 지나면 매년 ar원의 이자가 n번 더해져 이자의 총합은 arn원이 되므로 n년 후의 원리합계 S_n은 다음과 같습니다.

$$S_n=a+\underbrace{ar+ar+ar+\cdots+ar}_{n\text{개}}=a+arn=a(1+rn)\text{(원)}$$ ← 수열 $\{S_n\}$은 공차가 ar인 등차수열

즉, 단리법으로 계산한 원리합계는 매 기간마다 일정한 금액이 증가한다는 것을 알 수 있습니다.

Example 100만 원을 연이율 4%의 단리로 10년 동안 예금할 때의 원리합계를 구해 보면

$$100 \xrightarrow{1\text{년 후}} 100(1+0.04) \xrightarrow{2\text{년 후}} 100(1+0.04\times2) \xrightarrow{3\text{년 후}} 100(1+0.04\times3) \rightarrow\cdots\xrightarrow{10\text{년 후}} \underbrace{100(1+0.04\times10)}_{=140}\text{(만 원)}$$

즉, 10년 동안 단리로 예금했을 때의 원리합계는 140만 원이다.

2. 복리법을 이용한 원리합계의 계산

원금 a원을 연이율 r로 n년 동안 복리로 예금할 때의 원리합계를 구해 봅시다. 복리법을 적용하는 경우에는 이자에 대하여 다시 이자를 계산하기 때문에 조금 더 복잡합니다.

n년 후의 원리합계를 S_n이라고 할 때, 1년 동안의 이자는 ar원이므로 1년 후의 원리합계는

$$S_1=a+ar=a(1+r)\text{(원)}$$ ← 단리로 예금할 때의 1년 후의 원리합계와 같다.

이 됩니다. 그러나 그 다음 해에는 원금뿐만 아니라 이자에 대해서도 이자를 계산해야 하므로 이는 1년 후의 원리합계를 다시 원금으로 생각하여 이자를 계산합니다.

따라서 2년 후의 원리합계는 1년 후의 원리합계인 $a(1+r)$원에 두 번째 해의 이자인 $ar(1+r)$원을 더한

$$S_2=a(1+r)+ar(1+r)=a(1+r)(1+r)=a(1+r)^2(\text{원})$$

이 됩니다.

이와 같은 방법으로 계산한 n년 후의 원리합계 S_n은 다음과 같습니다.

$$S_n=a(1+\underbrace{r)(1+r)(1+r)\cdots(1+}_{n\text{개}}r)=a(1+r)^n(\text{원})$$ ← 수열 $\{S_n\}$은 공비가 $1+r$인 등비수열

즉, 복리법으로 계산한 원리합계는 매 기간마다 일정한 비율로 증가한다는 것을 알 수 있습니다.

Example 100만 원을 연이율 4%의 복리로 10년 동안 예금할 때의 원리합계를 구해 보면

1년 후 / 2년 후 / 3년 후 / 10년 후

$100 \to 100(1+0.04) \to 100(1+0.04)^2 \to 100(1+0.04)^3 \to \cdots \to \underbrace{100(1+0.04)^{10}}_{\fallingdotseq 148}(\text{만 원})$

즉, 10년 동안 복리로 예금했을 때의 원리합계는 약 148만 원이다.

3. 적립금의 원리합계

이제 일정한 금액을 일정한 기간마다 적립하는 경우의 적립금의 원리합계에 대하여 알아봅시다.

(i) 먼저 연이율이 r이고, 1년마다 복리로 매년 초에 a원씩 적립할 때, n년 후 연말의 적립금의 원리합계를 구해 봅시다.

1년 초에 적립한 금액 a원이 n년 말이 되었을 때 이자가 붙은 금액을 a_n원이라 하고, 2년 초에 적립한 금액 a원이 n년 말이 되었을 때 이자가 붙은 금액을 a_{n-1}원이라고 합시다. 이와 같은 방법으로 n년 초에 적립한 금액 a원이 n년 말이 되었을 때 이자가 붙은 금액을 a_1원이라고 하면 n년 후 연말의 적립금의 원리합계 S_n은

$$S_n=a_1+a_2+\cdots+a_{n-1}+a_n$$

이 됩니다.

이를 다음과 같이 그림으로 나타내면 이해하기 쉽습니다.

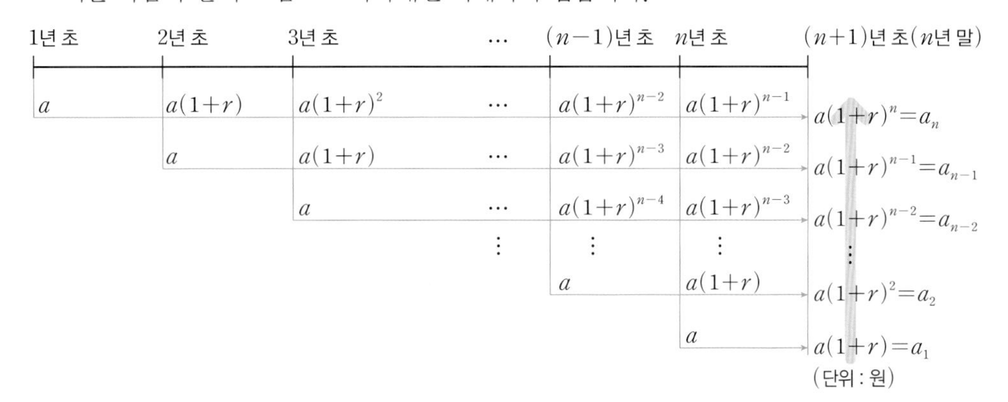

이와 같이 계산하면 연이율 r, 1년마다 복리로 매년 초에 a원씩 적립할 때, n년 후 연말의 적립금의 원리합계 S_n은

$$S_n=a(1+r)+a(1+r)^2+\cdots+a(1+r)^{n-1}+a(1+r)^n\text{(원)}$$

이므로 등비수열의 합의 공식을 이용하여 원리합계 S_n을 구해 보면 다음과 같습니다.

$$S_n=\frac{a(1+r)\{(1+r)^n-1\}}{(1+r)-1}=\frac{a(1+r)\{(1+r)^n-1\}}{r}\text{(원)}$$ ← 첫째항이 $a(1+r)$, 공비가 $1+r$인 등비수열의 합

즉, 1년 후의 총액, 2년 후의 총액 등을 하나하나 계산하려면 굉장히 복잡해지므로 매년 초에 적립하는 금액 a원의 n년 후 연말의 적립금을 따로따로 계산하여 더합니다.

(ii) 같은 방법으로 연이율 r, 1년마다 복리로 매년 말에 a원씩 적립할 때, n년 후 연말의 적립금의 원리합계 S_n은

$$S_n=a+a(1+r)+\cdots+a(1+r)^{n-2}+a(1+r)^{n-1}\text{(원)}$$

이므로 등비수열의 합의 공식을 이용하여 원리합계 S_n을 구해 보면 다음과 같습니다.

$$S_n=\frac{a\{(1+r)^n-1\}}{r}\text{(원)}$$ ← 첫째항이 a, 공비가 $1+r$인 등비수열의 합

원리합계에 대한 문제는 조금씩 변형되어 출제되기 때문에 위에서 보여준 공식을 단순하게 적용하여 풀기보다는 원리를 이해하여 푸는 것이 중요합니다.

특히, 복리법을 이용한 적립금의 원리합계는 위와 같이 원금 a, 이율 r, 기간 n을 파악하여 연도(월)가 표시된 그림을 그린 후 매년(월) 적립한 각각의 금액이 n년(월) 말에 얼마가 되는가를 계산한 다음 등비수열의 합의 공식을 이용하여 그 총합을 구합니다.

개념 Point 원리합계

1 원금 a원을 연(월)이율 r로 n년(월) 동안 예금할 때의 원리합계를 S_n이라고 하면

(1) 단리로 예금할 때, $S_n=a(1+rn)$(원)

(2) 복리로 예금할 때, $S_n=a(1+r)^n$(원)

2 연이율이 r이고 1년마다 복리로 a원씩 적립할 때, n년 후 연말의 적립금의 원리합계 S_n은

(1) 매년 초에 적립할 때, $S_n=\dfrac{a(1+r)\{(1+r)^n-1\}}{r}$(원)

(2) 매년 말에 적립할 때, $S_n=\dfrac{a\{(1+r)^n-1\}}{r}$(원)

개념 콕콕

1 다음 등비수열의 합을 구하시오.

(1) 첫째항이 2, 공비가 3, 항의 개수가 10

(2) 첫째항이 $\frac{2}{3}$, 공비가 $-\frac{1}{2}$, 항의 개수가 8

(3) 첫째항이 -2, 공비가 1, 항의 개수가 100

2 다음 수열의 합을 구하시오.

(1) $64+32+16+\cdots+1$

(2) $1+3+9+\cdots+243$

3 다음 수열의 첫째항부터 제n항까지의 합 S_n을 구하시오.

(1) $1,\ -2,\ 4,\ -8,\ 16,\ \cdots$

(2) $3,\ 1,\ \frac{1}{3},\ \frac{1}{9},\ \frac{1}{27},\ \cdots$

10

4 수열 $\{a_n\}$의 첫째항부터 제n항까지의 합 S_n이 다음과 같을 때, 일반항 a_n을 구하시오.

(1) $S_n=3^n-1$

(2) $S_n=2^{n+1}-1$

5 원금 100만 원을 연이율 10 %로 5년 동안 다음과 같이 예금할 때, 그 원리합계를 구하시오.
(단, $1.1^5=1.6$으로 계산한다.)

(1) 단리로 예금할 경우

(2) 복리로 예금할 경우

• 풀이 157쪽～158쪽

정답

1 (1) $3^{10}-1$ (2) $\frac{85}{192}$ (3) -200

2 (1) 127 (2) 364

3 (1) $S_n=\frac{1-(-2)^n}{3}$ (2) $S_n=\frac{9}{2}\left\{1-\left(\frac{1}{3}\right)^n\right\}$

4 (1) $a_n=2\times3^{n-1}$ (2) $a_1=3,\ a_n=2^n\ (n\geq2)$

5 (1) 150만 원 (2) 160만 원

출제 가능성

예제 05 등비수열의 합

공비가 양수인 등비수열 $\{a_n\}$에 대하여 제2항과 제4항의 합이 10이고, 제4항과 제6항의 합이 40일 때, 첫째항부터 제10항까지의 합을 구하시오.

접근 방법 등비수열의 일반항을 이용하여 첫째항과 공비를 구한 후 등비수열의 합을 구한다.

수매씽 Point 첫째항이 a, 공비가 r인 등비수열의 첫째항부터 제n항까지의 합 S_n은

$$S_n=\frac{a(1-r^n)}{1-r}=\frac{a(r^n-1)}{r-1}\ (\text{단, } r\neq 1)$$

상세 풀이 등비수열 $\{a_n\}$의 첫째항을 a, 공비를 r이라고 하면

$a_2+a_4=10$에서 $ar+ar^3=10$ $\quad\therefore ar(1+r^2)=10$ $\quad\cdots\cdots$ ㉠

$a_4+a_6=40$에서 $ar^3+ar^5=40$ $\quad\therefore ar^3(1+r^2)=40$ $\quad\cdots\cdots$ ㉡

㉡÷㉠을 하면

$r^2=4$ $\quad\therefore r=2\ (\because r>0)$

$r=2$를 ㉠에 대입하면

$10a=10$ $\quad\therefore a=1$

따라서 첫째항이 1, 공비가 2인 등비수열 $\{a_n\}$의 첫째항부터 제10항까지의 합은

$$\frac{1\times(2^{10}-1)}{2-1}=2^{10}-1=1023$$

정답 1023

보충 설명

첫째항, 공차, 항의 개수를 이용하였던 등차수열의 합의 공식과 마찬가지로 등비수열의 합의 공식 역시

첫째항, 공비, 항의 개수

를 이용한다.

특히, 다음 두 등비수열의 합에서 확인할 수 있듯이 등비수열의 합의 공식에서 n은 끝항의 지수를 의미하는 것이 아니라 수열의 항의 개수를 의미한다는 점에 유의한다.

(1) $\frac{1}{2}+\left(\frac{1}{2}\right)^2+\left(\frac{1}{2}\right)^3+\cdots+\left(\frac{1}{2}\right)^{n-1}=\frac{\frac{1}{2}\left\{1-\left(\frac{1}{2}\right)^{n-1}\right\}}{1-\frac{1}{2}}$ ← 항의 개수 : $n-1$

(2) $1+\frac{1}{2}+\left(\frac{1}{2}\right)^2+\cdots+\left(\frac{1}{2}\right)^{n-1}=\frac{1\left\{1-\left(\frac{1}{2}\right)^{n}\right\}}{1-\frac{1}{2}}$ ← 항의 개수 : n

숫자 바꾸기 　　한번 더

05-1

공비가 양수인 등비수열 $\{a_n\}$에 대하여 제2항과 제4항의 합이 30이고, 제4항과 제6항의 합이 270일 때, 첫째항부터 제10항까지의 합을 구하시오.

표현 바꾸기 　　한번 더

05-2

수열 $\{a_n\}$의 첫째항부터 제n항까지의 합이 S_n일 때, 다음 물음에 답하시오.

(1) 첫째항이 3, 공비가 2인 등비수열 $\{a_n\}$에 대하여 $S_n=189$일 때, n의 값을 구하시오.

(2) $a_1=\sqrt{3}-1$, $a_2=3-\sqrt{3}$인 등비수열 $\{a_n\}$에 대하여 S_8의 값을 구하시오.

(3) 각 항이 실수인 등비수열 $\{a_n\}$에 대하여 $a_2=6$, $a_5=162$일 때,
$a_1+a_2+a_3+\cdots+a_n\geq 1000$을 만족시키는 자연수 n의 최솟값을 구하시오.

10

개념 넓히기 　　풀이 159쪽 ➕ 보충 설명 　　한번 더

05-3

공비가 자연수인 등비수열 $\{a_n\}$에 대하여 첫째항과 제4항의 합이 27이고, 첫째항부터 제4항까지의 합이 45일 때, a_1+a_2의 값을 구하시오.

• 풀이 158쪽 ~ 159쪽

정답

05-1 $\frac{1}{2}(3^{10}-1)$　　**05-2** (1) 6　(2) 80　(3) 7　　**05-3** 9

예제 06

부분의 합이 주어진 등비수열의 합

등비수열 $\{a_n\}$의 첫째항부터 제n항까지의 합을 S_n이라고 할 때, $S_{10}=10$, $S_{20}=30$이다. S_{30}의 값을 구하시오.

접근 방법 **09. 등차수열** 단원의 **예제 08**과 마찬가지로 등비수열에서 차례대로 같은 개수만큼 묶어서 합을 구하면 그 합이 이루는 수열도 등비수열임을 이용한다. 예를 들어 공비가 r인 등비수열 $\{a_n\}$에서 다음과 같이 차례대로 2개씩 묶은 수열

$$\underbrace{a_1+a_2}_{a_1+a_1r},\ \underbrace{a_3+a_4}_{a_1r^2+a_1r^3=(a_1+a_1r)r^2},\ \underbrace{a_5+a_6}_{a_1r^4+a_1r^5=(a_1+a_1r)r^4},\ \cdots$$

은 공비가 r^2인 등비수열이 된다.

수매씽 Point 등비수열 $\{a_n\}$에서 차례대로 같은 개수만큼 합하여 만든 수열도 등비수열이다.

상세 풀이 등비수열 $\{a_n\}$에서 차례대로 10개씩 묶어 그 합을 구하면 이 합은 등비수열을 이룬다. 즉,

$A=a_1+a_2+\cdots+a_{10}$,

$B=a_{11}+a_{12}+\cdots+a_{20}$,

$C=a_{21}+a_{22}+\cdots+a_{30}$

이라고 하면 A, B, C는 이 순서대로 등비수열을 이룬다.

A	B	C
10	20	40

(S_{10}: A, S_{20}: $A+B$, S_{30}: $A+B+C$)

이때 $S_{10}=10$, $S_{20}=30$이므로

$A=S_{10}=10$, $B=S_{20}-S_{10}=30-10=20$

따라서 B는 A와 C의 등비중항이므로 $20^2=10C$에서 $C=40$

$\therefore S_{30}=A+B+C=10+20+40=70$

다른 풀이 등비수열 $\{a_n\}$의 첫째항을 a, 공비를 r이라고 하면

$S_{10}=10$에서 $\dfrac{a(1-r^{10})}{1-r}=10$ …… ㉠

$S_{20}=30$에서 $\dfrac{a(1-r^{20})}{1-r}=\dfrac{a(1-r^{10})(1+r^{10})}{1-r}=30$ …… ㉡

㉠을 ㉡에 대입하면 $10(1+r^{10})=30$, $1+r^{10}=3$ $\quad\therefore r^{10}=2$

$\therefore S_{30}=\dfrac{a(1-r^{30})}{1-r}=\dfrac{a(1-r^{10})(1+r^{10}+r^{20})}{1-r}$

$=\dfrac{a(1-r^{10})}{1-r}\times(1+r^{10}+r^{20})=10\times(1+2+4)=70$

정답 70

숫자 바꾸기 한번 더 ☑ ☐

06-1

등비수열 $\{a_n\}$의 첫째항부터 제n항까지의 합을 S_n이라고 할 때, $S_5=5$, $S_{10}=20$이다. S_{20}의 값을 구하시오.

표현 바꾸기 한번 더 ☑ ☐

06-2

등비수열 $\{a_n\}$에 대하여 첫째항부터 제n항까지의 합이 36이고, 제$(n+1)$항부터 제$2n$항까지의 합이 144일 때, 제$(2n+1)$항부터 제$3n$항까지의 합을 구하시오.

10

개념 넓히기 한번 더 ☑ ☐

06-3

첫째항이 a, 공비가 r인 등비수열 $\{a_n\}$의 첫째항부터 제n항까지의 합을 S_n이라고 하자. 자연수 k에 대하여 $S_{2k}=4S_k$가 성립할 때, S_{4k}는 S_k의 몇 배인가? (단, $a\neq0$, $r\neq1$)

① 8배 ② 16배 ③ 24배
④ 32배 ⑤ 40배

• 풀이 159쪽~160쪽

정답 **06-1** 200 **06-2** 576 **06-3** ⑤

출제 가능성

예제 07

등비수열의 합과 일반항 사이의 관계

수열 $\{a_n\}$의 첫째항부터 제n항까지의 합 S_n이

$$S_n = 2\times3^n + k$$

일 때, 수열 $\{a_n\}$이 첫째항부터 등비수열을 이루도록 하는 상수 k의 값을 구하시오.

접근 방법 수열 $\{a_n\}$의 첫째항부터 제n항까지의 합 S_n이 주어졌을 때, 일반항 a_n을 구하는 문제이므로

$$a_1 = S_1,\ a_n = S_n - S_{n-1}\ (n\ge2)$$

임을 이용한다. 이때 $a_1 = S_1$이 $a_n = S_n - S_{n-1}\ (n\ge2)$에 $n=1$을 대입하여 얻은 값과 같으면 $a_n = S_n - S_{n-1}$을 이용하여 구한 일반항 a_n은 $n=1$일 때부터 성립한다.

수매씽 Point 수열 $\{a_n\}$의 첫째항부터 제n항까지의 합을 S_n이라고 하면

$$a_1 = S_1,\ a_n = S_n - S_{n-1}\ (n\ge2)$$

상세 풀이 (i) $n\ge2$일 때

$$a_n = S_n - S_{n-1} = 2\times3^n + k - (2\times3^{n-1}+k)$$
$$= 2\times3^n - 2\times3^{n-1} = 2\times3^{n-1}(3-1) = 4\times3^{n-1} \quad \cdots\cdots ㉠$$

(ii) $n=1$일 때

$$a_1 = S_1 = 2\times3+k = 6+k \quad \cdots\cdots ㉡$$

수열 $\{a_n\}$이 첫째항부터 등비수열을 이루려면

㉠에 $n=1$을 대입하여 얻은 값이 ㉡과 같아야 하므로

$4 = 6+k \qquad \therefore k=-2$ ($4\times3^0 = 4\times1 = 4$)

정답 -2

보충 설명

첫째항이 a, 공비가 $r\ (r\ne1)$인 등비수열의 첫째항부터 제n항까지의 합 S_n은

$$S_n = \frac{a(r^n-1)}{r-1} = \frac{a}{r-1}\times r^n - \frac{a}{r-1}$$

이므로 다음과 같은 꼴로 나타낼 수 있다.

$$S_n = Ar^n - A\ \left(\text{단, } A = \frac{a}{r-1}\right)$$ ← 계수의 합이 0이다.

따라서 수열 $\{a_n\}$의 첫째항부터 제n항까지의 합 S_n이

$$S_n = Ar^n + B\ (r\ne0,\ r\ne1)$$

꼴일 때, $A+B=0$이면 수열 $\{a_n\}$은 첫째항부터 등비수열을 이룬다.

또한 $A+B\ne0$이면 수열 $\{a_n\}$은 제2항부터 등비수열을 이룬다.

숫자 바꾸기

한번 더 ☑ ☐

07-1

수열 $\{a_n\}$의 첫째항부터 제n항까지의 합 S_n이

$$S_n=3^{n+k}-3$$

일 때, 수열 $\{a_n\}$이 첫째항부터 등비수열을 이루도록 하는 상수 k의 값을 구하시오.

표현 바꾸기

한번 더 ☑ ☐

07-2

수열 $\{a_n\}$의 첫째항부터 제n항까지의 합 S_n이

$$\log(S_n+1)=n$$

을 만족시킬 때, 수열 $\{a_n\}$의 일반항은 $a_n=p\times q^{n-1}$이다. 자연수 p, q에 대하여 $p+q$의 값은?

① 11 ② 13 ③ 15

④ 17 ⑤ 19

개념 넓히기

한번 더 ☑ ☐

07-3

등비수열 $\{a_n\}$에 대하여

$$a_1a_2a_3\cdots a_n=2^{n^2+2n}$$

이 성립할 때, 수열 $\{a_n\}$의 첫째항과 공비의 합을 구하시오.

• 풀이 160쪽

정답

07-1 1 **07-2** ⑤ **07-3** 12

출제 가능성

예제 08 등차수열과 등비수열 사이의 관계

다음 물음에 답하시오.

(1) 첫째항이 1, 공차가 2인 등차수열 $\{a_n\}$에 대하여 수열 $\{b_n\}$을 $b_n=2^{a_n}$으로 정의할 때, 수열 $\{b_n\}$은 어떤 수열인지 구하시오.

(2) 첫째항이 1, 공비가 4인 등비수열 $\{a_n\}$에 대하여 수열 $\{b_n\}$을 $b_n=\log_2 a_n$으로 정의할 때, 수열 $\{b_n\}$은 어떤 수열인지 구하시오.

접근 방법 수열 $\{a_n\}$의 일반항을 구한 후, 지수와 로그의 성질에 유의하여 수열 $\{b_n\}$의 일반항을 구한다.

수매씽 Point (1) 수열 $\{a_n\}$이 등차수열이면 $a_n=pn+q$
(2) 수열 $\{b_n\}$이 등비수열이면 $b_n=pq^{n-1}$

상세 풀이 (1) 수열 $\{a_n\}$이 첫째항이 1, 공차가 2인 등차수열이므로

$$a_n=1+(n-1)\times 2=2n-1$$

$$b_n=2^{a_n}=2^{2n-1}$$

$$=2\times 2^{2(n-1)}=2\times 4^{n-1}$$

따라서 수열 $\{b_n\}$은 첫째항이 2, 공비가 4인 등비수열이다.

(2) 수열 $\{a_n\}$이 첫째항이 1, 공비가 4인 등비수열이므로

$$a_n=1\times 4^{n-1}=4^{n-1}$$

$$b_n=\log_2 a_n=\log_2 4^{n-1}$$

$$=(n-1)\log_2 4=(n-1)\times 2$$

$$=2n-2$$

따라서 수열 $\{b_n\}$은 첫째항이 0, 공차가 2인 등차수열이다.

정답 (1) 첫째항이 2, 공비가 4인 등비수열 (2) 첫째항이 0, 공차가 2인 등차수열

보충 설명

등차수열의 일반항은 n에 대한 일차식이고, 등비수열의 일반항은 공비의 지수가 n에 대한 일차식이므로 위와 같은 결과를 얻을 수 있다.

양수 a에 대하여 위의 결과를 이용하여 일반화하면 다음과 같다.

(1) 수열 $\{b_n\}$이 등차수열이면 수열 $\{a^{b_n}\}$은 등비수열이다.

(2) 수열 $\{b_n\}$이 등비수열이면 수열 $\{\log_a b_n\}$은 등차수열이다. (단, $a\neq 1$)

숫자 바꾸기 한번 더

08-1

다음 물음에 답하시오.

(1) 첫째항이 1, 공차가 -2인 등차수열 $\{a_n\}$에 대하여 수열 $\{b_n\}$을 $b_n=3^{a_n}$으로 정의할 때, 수열 $\{b_n\}$은 어떤 수열인지 구하시오.

(2) 첫째항이 1, 공비가 $\frac{1}{2}$인 등비수열 $\{a_n\}$에 대하여 수열 $\{b_n\}$을 $b_n=\log a_n$으로 정의할 때, 수열 $\{b_n\}$은 어떤 수열인지 구하시오.

표현 바꾸기 한번 더

08-2

공비가 1이 아닌 등비수열 $\{a_n\}$의 첫째항부터 제n항까지의 합을 S_n이라고 할 때, **〈보기〉**와 같이 정의된 세 수열 $\{b_n\}$, $\{c_n\}$, $\{d_n\}$에서 등비수열인 것을 모두 고르시오.

〈 보기 〉

ㄱ. $b_n=a_{5n}$ ㄴ. $c_n=a_{n+1}-a_n$ ㄷ. $d_n=S_{5(n+1)}-S_{5n}$

개념 넓히기 한번 더

08-3

첫째항이 1, 공비가 3인 등비수열 $\{a_n\}$의 항 중에서 5로 나누었을 때 나머지가 4가 되는 수들을 차례대로 나열하여 만든 수열을 $\{b_n\}$이라고 할 때, $\log_3 b_1+\log_3 b_2+\cdots+\log_3 b_{20}$의 값을 구하시오.

• 풀이 161쪽

정답

08-1 (1) 첫째항이 3, 공비가 $\frac{1}{9}$인 등비수열 (2) 첫째항이 0, 공차가 $\log\frac{1}{2}$인 등차수열

08-2 ㄱ, ㄴ, ㄷ **08-3** 800

예제 09 원리합계

월이율 1%, 1개월마다 복리로 매월 초에 5만 원씩 적립할 때, 3년 후 월말의 적립금의 원리합계를 구하시오. (단, $1.01^{36}=1.43$으로 계산하고, 만 원 미만은 버린다.)

접근 방법 원금 a, 이율 r, 기간 n을 파악하여 그림으로 나타낸다. 그림을 이용하여 매월 적립한 각각의 금액이 n개월 말에 얼마가 되는지를 계산한 후 등비수열의 합의 공식을 이용하여 그 총합을 구한다.

수매씽 Point 마지막에 적립한 금액에 이자가 붙는지 안 붙는지에 유의한다.

상세 풀이 매월 초에 5만 원씩 적립하여 3년, 즉 36개월 후 월말의 적립금의 원리합계를 그림으로 나타내면 다음과 같다.

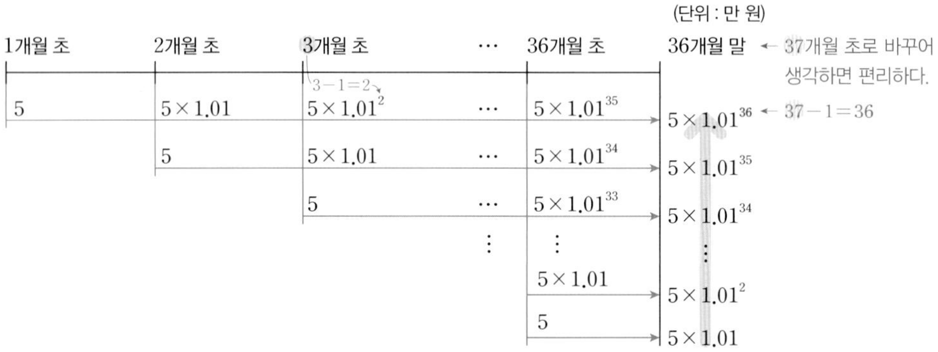

(단위 : 만 원)

1개월 초	2개월 초	3개월 초	…	36개월 초	36개월 말
5	5×1.01	5×1.01^2	…	5×1.01^{35}	5×1.01^{36}
	5	5×1.01	…	5×1.01^{34}	5×1.01^{35}
		5	…	5×1.01^{33}	5×1.01^{34}
			⋮	⋮	⋮
				5×1.01	5×1.01^2
				5	5×1.01

$3-1=2$

36개월 말 ← 37개월 초로 바꾸어 생각하면 편리하다.

← $37-1=36$

따라서 구하는 적립금의 원리합계를 S만 원이라고 하면

$$S=5\times1.01+5\times1.01^2+\cdots+5\times1.01^{35}+5\times1.01^{36}$$

이것은 첫째항이 5×1.01, 공비가 1.01인 등비수열의 첫째항부터 제36항까지의 합이므로

$$S=\frac{5\times1.01\times(1.01^{36}-1)}{1.01-1}=\frac{5\times1.01\times(1.43-1)}{0.01}=217.15(\text{만 원})$$

이때 만 원 미만은 버리므로 3년 후 월말의 적립금의 원리합계는 217만 원이다.

정답 217만 원

보충 설명

복리법에 의한 원리합계는 위와 같이 그림을 그려 생각하는 것이 좋다. 또한 상용로그의 활용에서 배운 일정한 비율로 증가하거나 감소하는 실생활 문제와 마찬가지로 복리로 월이율이 1%라는 것은 매월 원금과 이자의 합계인 원리합계가 $1+0.01=1.01$(배)씩 늘어난다는 것을 의미한다.

숫자 바꾸기 한번 더 ☑ ☐

09-1

2025년부터 매년 10만 원씩 연이율 5%, 1년마다 복리로 다음과 같이 적립할 때, 2036년 말의 적립금의 원리합계를 구하시오. (단, $1.05^{12}=1.8$로 계산한다.)

(1) 매년 초에 적립 (2) 매년 말에 적립

표현 바꾸기 한번 더 ☑ ☐

09-2

매월 초에 a만 원씩 월이율 1%, 1개월마다 복리로 5년 동안 적립하여 5년 후 월말의 원리합계가 404만 원이 되도록 하려고 할 때, a의 값을 구하시오. (단, $1.01^{60}=1.8$로 계산한다.)

10

개념 넓히기 한번 더 ☑ ☐

09-3

준성이는 1010만 원짜리 자동차를 사기 위해 매월 납입금은 10만 원이고, 월이율 1%로 1개월마다 복리로 계산되는 적금에 가입하려고 한다. 적금은 마지막 납입금을 낸 날부터 1개월 후에 지급받을 수 있을 때, 준성이는 처음 납입금을 낸 날부터 몇 개월 후에 자동차를 살 수 있는지 구하시오. (단, $\log 2=0.3010$, $\log 1.01=0.0043$으로 계산하고, 자동차의 가격은 변동이 없는 것으로 생각한다.)

• 풀이 161쪽~162쪽

정답

09-1 (1) 168만 원 (2) 160만 원 **09-2** 5 **09-3** 70개월

1

실수로 이루어진 수열 $\{a_n\}$을

$$a_1=1,\ {a_{n+1}}^3=9{a_n}^3\ (n=1,\ 2,\ 3,\ \cdots)$$

으로 정의할 때, a_{10}의 값은?

① 3^3　　② 3^6　　③ 3^9　　④ 3^{12}　　⑤ 3^{15}

2

등비수열 $\{a_n\}$에 대하여

$$a_3a_4a_5=2,\ a_8a_9a_{10}=4$$

일 때, 첫째항부터 제12항까지의 곱 $a_1a_2a_3\cdots a_{12}$의 값을 구하시오.

3

등차수열 $\{a_n\}$과 첫째항이 -2, 공비가 r인 등비수열 $\{b_n\}$에 대하여

$$a_1=b_3,\ a_2=b_1,\ a_3=b_2$$

가 성립할 때, a_5-b_5의 값을 구하시오. (단, $r\neq1$)

4

첫째항이 1, 공비가 2인 등비수열 $\{a_n\}$에 대하여 수열 $\{b_n\}$을 $b_n={a_{2n}}^2$으로 정의하면 수열 $\{b_n\}$은 첫째항이 b, 공비가 r인 등비수열을 이룰 때, 실수 b, r에 대하여 $b+r$의 값을 구하시오.

5

등비수열 $\{a_n\}$에 대하여 수열 $\{3a_n-a_{n+1}\}$은 첫째항이 10, 공비가 -2인 등비수열을 이룰 때, 수열 $\{a_n\}$의 첫째항을 구하시오.

6 오른쪽 그림과 같이 한 변의 길이가 각각 15, 20인 두 개의 정사각형을 겹쳤더니 겹쳐진 도형도 정사각형이 되었다. 세 도형 A, B, C의 넓이가 이 순서대로 등비수열을 이룰 때, 도형 A의 넓이를 구하시오.

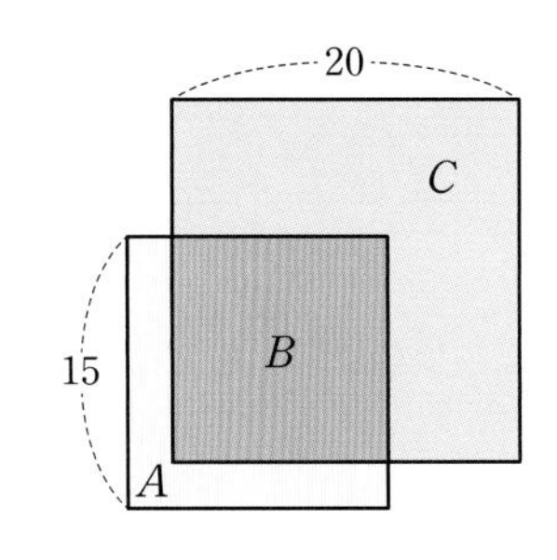

7 첫째항이 1, 공비가 3인 등비수열 $\{a_n\}$의 첫째항부터 제n항까지의 합을 S_n이라고 할 때, 수열 $\{S_n+p\}$가 등비수열이 되도록 하는 상수 p의 값을 구하시오.

8 등비수열 $\sqrt{3}-1$, $3-\sqrt{3}$, $3\sqrt{3}-3$, $\cdots$의 첫째항부터 제4항까지의 합을 근으로 가지는 이차방정식 $x^2-3x-k=0$에서 상수 k의 값을 구하시오.

9 각 항이 실수인 등비수열 $\{a_n\}$에서 첫째항부터 제5항까지의 합이 $\frac{31}{2}$이고 곱이 32일 때, $\frac{1}{a_1}+\frac{1}{a_2}+\frac{1}{a_3}+\frac{1}{a_4}+\frac{1}{a_5}$의 값을 구하시오.

10 다음 물음에 답하시오.

(1) 수열 9, 99, 999, $\cdots$, $\underbrace{999\cdots9}_{n\text{개}}$, $\cdots$의 첫째항부터 제10항까지의 합을 구하시오.

(2) 수열 5, 55, 555, $\cdots$, $\underbrace{555\cdots5}_{n\text{개}}$, $\cdots$의 첫째항부터 제n항까지의 합을 구하시오.

11

첫째항이 1이고 공비가 2인 등비수열 $\{a_n\}$에 대하여 $b_n=a_{n+1}{}^2-a_n{}^2$일 때, $\frac{b_6}{b_3}$의 값은?

① 56 ② 58 ③ 60
④ 62 ⑤ 64

12

공비가 $\sqrt{2}$인 등비수열 $\{a_n\}$의 첫째항부터 제n항까지의 합을 S_n이라고 할 때,
$\frac{a_{10}-a_9}{S_{10}-S_8}+\frac{S_5-S_3}{a_5-a_4}$의 값은? (단, $a_1\neq0$)

① $2\sqrt{2}$ ② 3 ③ 4
④ $4\sqrt{2}$ ⑤ 6

13

$A=2^{10}$, $B=3^{10}$일 때, 6^{10}의 양의 약수의 총합을 A와 B로 나타낸 것은?

① $(2A-1)(3B+1)$ ② $(2A+1)(3B-1)$ ③ $(3A+1)(2B-1)$
④ $\frac{1}{2}(2A-1)(3B-1)$ ⑤ $\frac{1}{2}(3A+1)(2B+1)$

14

점 A(2, 0)을 지나고 x축에 수직인 직선이 세 함수

$y=8^x$, $y=a^x$, $y=\log_2 x$

의 그래프와 만나는 점을 각각 P, Q, R이라고 하자. $\overline{\mathrm{AP}}$, $\overline{\mathrm{AQ}}$, $\overline{\mathrm{AR}}$의 길이가 이 순서대로 등비수열을 이룰 때, a의 값을 구하시오. (단, $2<a<8$)

15

세 실수 a, b, c는 이 순서대로 등비수열을 이루고 다음 조건을 만족시킨다.

(가) $a+b+c=\frac{7}{2}$	(나) $abc=1$

$a^2+b^2+c^2$의 값을 구하시오.

16 등차수열 $\{a_n\}$과 공비가 1보다 작은 등비수열 $\{b_n\}$에 대하여

$$a_1+a_8=8,\ b_2b_7=12,\ a_4=b_4,\ a_5=b_5$$

가 성립할 때, a_1의 값을 구하시오.

17 이차방정식 $x^2-\frac{1}{2}ax+1=0$의 두 근을 α, β $(\alpha<\beta)$, 이차방정식 $x^2-\frac{1}{2}bx+2=0$의 두 근을 p, q $(p<q)$라고 하자. 네 수 α, p, β, q가 이 순서대로 등비수열을 이루도록 양수 a, b의 값을 정할 때, a^2+b^2의 값을 구하시오.

18 첫째항이 3인 등비수열 $\{a_n\}$에 대하여

$$a_1+a_3+a_5+\cdots+a_{2n-1}=2^{40}-1,\ a_3+a_5+a_7+\cdots+a_{2n+1}=2^{42}-4$$

가 성립할 때, 자연수 n의 값을 구하시오.

19 다음 물음에 답하시오.

(1) 다항식 x^3+2x^2+ax+1을 x, $x-1$, $x+2$로 각각 나누었을 때의 나머지가 이 순서대로 등비수열을 이룰 때, 모든 상수 a의 값의 합을 구하시오.

(2) 다항식 $x^{10}+x^9+x^8+\cdots+x+1$을 $x-1$로 나누었을 때의 몫을 $f(x)$라고 할 때, $f(x)$를 $x-2$로 나누었을 때의 나머지를 구하시오.

20 오른쪽 그림과 같이 한 변의 길이가 4인 정삼각형 ABC와 한 변의 길이가 r인 정삼각형 DEF를 겹쳐서 점 E가 선분 BC 위에 오도록 정삼각형 GEC를 만들고, $\overline{EG}=\overline{GH}$가 되도록 점 H를 선분 DG 위에 잡는다. 세 삼각형 GEC, AGH, DEF의 넓이가 이 순서대로 공비가 r인 등비수열을 이룰 때, r의 값을 구하시오.

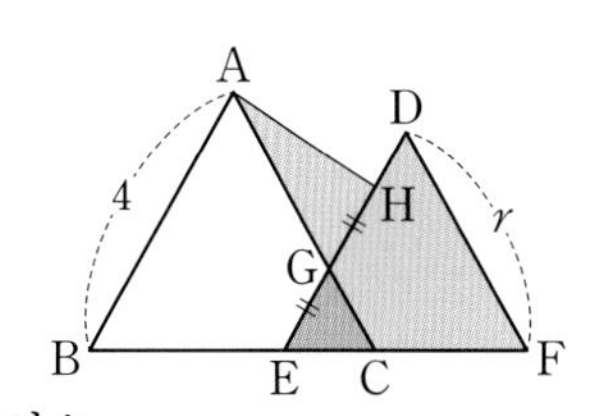

• 정답 및 풀이 168쪽～169쪽

교육청

21

유리함수 $f(x)=\frac{k}{x}$와 $a<b<12$인 두 자연수 a, b에 대하여 $f(a)$, $f(b)$, $f(12)$가 이 순서대로 등비수열을 이룬다. $f(a)=3$일 때, $a+b+k$의 값은? (단, k는 상수이다.)

① 10　　② 12　　③ 14　　④ 16　　⑤ 18

평가원

22

등비수열 $\{a_n\}$의 첫째항부터 제n항까지의 합을 S_n이라 하자. $a_1=1$, $\frac{S_6}{S_3}=2a_4-7$일 때, a_7의 값을 구하시오.

평가원

23

등비수열 $\{a_n\}$의 첫째항부터 제n항까지의 합을 S_n이라 하자. 모든 자연수 n에 대하여

$$S_{n+3}-S_n=13\times 3^{n-1}$$

일 때, a_4의 값을 구하시오.

교육청

24

두 함수 $f(x)=k(x-1)$, $g(x)=2x^2-3x+1$에 대하여 함수

$$h(x)=\begin{cases} f(x) & (f(x)\geq g(x)) \\ g(x) & (f(x)<g(x)) \end{cases}$$

가 다음 조건을 만족시킬 때, 상수 k의 값을 구하시오.

(가) 세 수 $h(2)$, $h(3)$, $h(4)$는 이 순서대로 등차수열을 이룬다.

(나) 세 수 $h(3)$, $h(4)$, $h(5)$는 이 순서대로 등비수열을 이룬다.

11

Ⅲ. 수열

합의 기호 $\sum$와 여러 가지 수열

1 합의 기호 ∑

• **합의 기호 ∑의 뜻**

수열 $\{a_n\}$의 첫째항부터 제n항까지의 합 $a_1+a_2+a_3+\cdots+a_n$은 합의 기호 ∑를 사용하여 다음과 같이 나타낸다.

$$a_1+a_2+a_3+\cdots+a_n=\sum_{k=1}^{n} a_k$$

• **∑의 성질**

두 수열 $\{a_n\}$, $\{b_n\}$과 상수 c에 대하여 다음이 성립한다.

(1) $\sum_{k=1}^{n}(a_k+b_k)=\sum_{k=1}^{n}a_k+\sum_{k=1}^{n}b_k$　(2) $\sum_{k=1}^{n}(a_k-b_k)=\sum_{k=1}^{n}a_k-\sum_{k=1}^{n}b_k$

(3) $\sum_{k=1}^{n}ca_k=c\sum_{k=1}^{n}a_k$　(4) $\sum_{k=1}^{n}c=cn$

• **자연수의 거듭제곱의 합**

(1) $\sum_{k=1}^{n}k=\frac{n(n+1)}{2}$　(2) $\sum_{k=1}^{n}k^2=\frac{n(n+1)(2n+1)}{6}$

(3) $\sum_{k=1}^{n}k^3=\left\{\frac{n(n+1)}{2}\right\}^2$

2 여러 가지 수열

• **분수 꼴로 주어진 수열의 합**

$\frac{1}{AB}=\frac{1}{B-A}\left(\frac{1}{A}-\frac{1}{B}\right)$임을 이용하여 부분분수로 변형한 다음 연쇄적으로 항을 소거하여 합을 구한다. 이때 소거되는 항들은 대칭적으로 소거된다.

(1) $\sum_{k=1}^{n}\frac{1}{k(k+1)}=\sum_{k=1}^{n}\left(\frac{1}{k}-\frac{1}{k+1}\right)$

(2) $\sum_{k=1}^{n}\frac{1}{(k+a)(k+b)}=\frac{1}{b-a}\sum_{k=1}^{n}\left(\frac{1}{k+a}-\frac{1}{k+b}\right)$ (단, $a\neq b$)

• **분모에 근호가 포함된 수열의 합**

분모를 유리화하여 두 무리식의 차의 꼴로 변형한 다음 연쇄적으로 항을 소거하여 합을 구한다. 이때 소거되는 항들은 대칭적으로 소거된다.

(1) $\sum_{k=1}^{n}\frac{1}{\sqrt{k+1}+\sqrt{k}}=\sum_{k=1}^{n}(\sqrt{k+1}-\sqrt{k})$

(2) $\sum_{k=1}^{n}\frac{1}{\sqrt{k+d}+\sqrt{k}}=\frac{1}{d}\sum_{k=1}^{n}(\sqrt{k+d}-\sqrt{k})$ (단, $d\neq 0$)

Q&A

Q 합의 기호 ∑(시그마)와 S_n의 차이는 무엇인가요?

A S_n은 제1항부터 제n항까지의 합을 나타내는 기호이고, ∑는 제1항부터 제n항까지의 합뿐만 아니라 수열 $\{a_n\}$의 제m항부터 제n항까지의 합 $\sum_{k=m}^{n}a_k=a_m+a_{m+1}+\cdots+a_n$ $(m<n)$도 표현할 수 있습니다.

1 합의 기호 $\sum$

우리는 앞에서 등차수열과 등비수열의 합을 계산해 보았습니다. 이제 수열의 합을 간단히 나타내는 방법으로 합의 기호 $\sum$에 대하여 알아봅시다.

1 합의 기호 $\sum$의 뜻

수열 $\{a_n\}$의 첫째항부터 제n항까지의 합 $a_1+a_2+a_3+\cdots+a_n$을 합의 기호 $\sum$를 사용하여 다음과 같이 간단히 나타낼 수 있습니다.

$$a_1+a_2+a_3+\cdots+a_n=\sum_{k=1}^{n}a_k$$

← $\sum$는 합을 뜻하는 영어 sum의 첫 글자 S에 해당하는 그리스 문자로 시그마 (sigma)라고 읽는다.

즉, $\sum_{k=1}^{n}a_k$는 a_k의 k에 1, 2, 3, $\cdots$, n을 차례대로 대입하여 얻은 항 a_1, a_2, a_3, $\cdots$, a_n의 합을 뜻합니다.

이때 합의 기호 $\sum$의 아래에는 첫째항의 k의 값을 쓰고 위에는 끝항의 k의 값을 씁니다.

따라서 합의 기호 $\sum$를 사용하여 수열의 합을 나타낼 때에는 일반항과 첫째항, 끝항을 반드시 나타내어야 합니다.

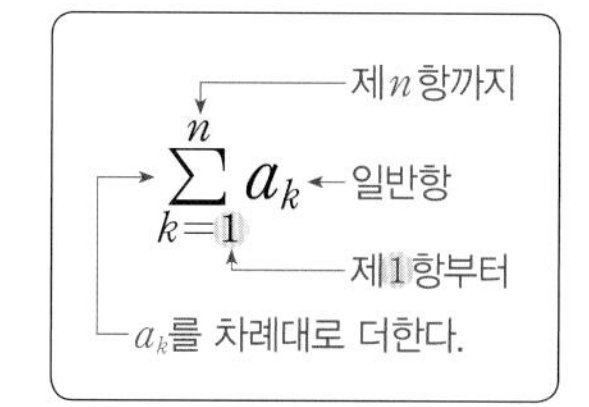

예를 들어 등차수열 1, 3, 5, $\cdots$, 29의 합을 합의 기호 $\sum$를 사용하여 나타내어 봅시다.

주어진 수열을 $\{a_n\}$이라고 하면 첫째항이 1, 공차가 2인 등차수열이므로 일반항은

$$a_n=1+(n-1)\times2=2n-1$$

입니다. 이때 1은 첫째항이고 29는 제15항이므로 주어진 수열의 합을 합의 기호 $\sum$를 사용하여

$$1+3+5+\cdots+29=\sum_{k=1}^{15}(2k-1)$$

과 같이 나타낼 수 있습니다.

이것을 그림으로 간단히 나타내면 다음과 같습니다.

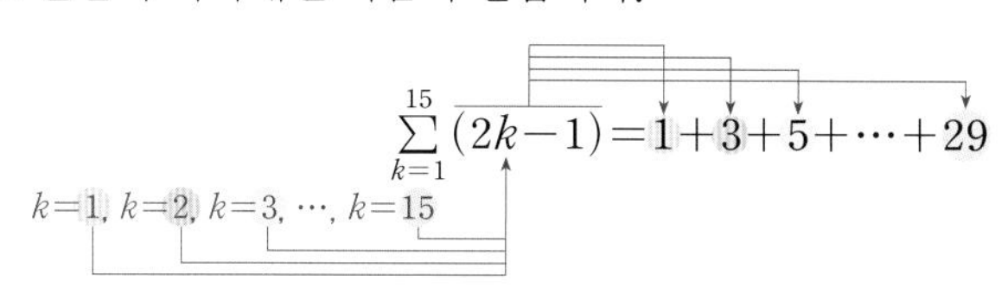

Example

등비수열 2, 4, 8, ⋯, 1024의 합을 합의 기호 $\sum$를 사용하여 나타내어 보자.

주어진 수열을 $\{a_n\}$이라고 하면 첫째항이 2, 공비가 2인 등비수열이므로 일반항은 $a_n=2\times2^{n-1}=2^n$이다. 이때 2는 첫째항이고 1024는 제10항이므로 주어진 수열의 합을 합의 기호 $\sum$를 사용하여 다음과 같이 나타낼 수 있다.

$$2+4+8+\cdots+1024=\sum_{k=1}^{10}2^k$$

Example

기호 $\sum$를 사용하지 않고 합의 꼴로 나타내어 보자.

(1) $\sum_{k=1}^{8}(3k-1)=(3\times1-1)+(3\times2-1)+(3\times3-1)+\cdots+(3\times8-1)$

$=2+5+8+\cdots+23$

(2) $\sum_{k=1}^{5}(-1)^k k=(-1)^1\times1+(-1)^2\times2+(-1)^3\times3+(-1)^4\times4+(-1)^5\times5$

$=-1+2-3+4-5$

$\sum_{k=1}^{n}a_k$에서 k 대신에 i, m 등의 다른 문자를 사용하여 $\sum_{i=1}^{n}a_i$, $\sum_{m=1}^{n}a_m$과 같이 표현해도 같은 수열의 합을 나타냅니다. 즉,

$$\sum_{k=1}^{n}a_k=\sum_{i=1}^{n}a_i=\sum_{m=1}^{n}a_m=a_1+a_2+a_3+\cdots+a_n$$

입니다. 또한 수열 $\{a_n\}$의 제m항부터 제n항까지의 합을 합의 기호 $\sum$를 사용하여

$$a_m+a_{m+1}+a_{m+2}+\cdots+a_n=\sum_{k=m}^{n}a_k\ (m\le n)$$

와 같이 나타낼 수 있습니다. 이때

$$\sum_{k=m}^{n}a_k=a_m+a_{m+1}+a_{m+2}+\cdots+a_n$$

$$=\sum_{k=1}^{n}a_k-\sum_{k=1}^{m-1}a_k$$

가 성립합니다.

$\sum_{k=m}^{n}a_k$ — 제n항까지, 일반항, 제m항부터, a_k를 차례대로 더한다.

Example

(1) $3\times5+5\times7+7\times9+\cdots+21\times23=\sum_{k=1}^{10}(2k+1)(2k+3)$

$=\sum_{i=1}^{10}(2i+1)(2i+3)$

$=\sum_{k=2}^{11}(2k-1)(2k+1)$

$=\sum_{m=2}^{11}(2m-1)(2m+1)$

(2) 수열 $\{3n-1\}$의 제10항부터 제20항까지의 합을 합의 기호 $\sum$를 사용하여

$$\sum_{k=10}^{20}(3k-1)$$

과 같이 나타낼 수 있고 다음이 성립한다.

$$\sum_{k=10}^{20}(3k-1)=\sum_{k=1}^{20}(3k-1)-\sum_{k=1}^{9}(3k-1)$$

한편, 합의 기호 $\sum$ 이외에 수열의 합을 표현하는 방법으로는 **09. 등차수열**과 **10. 등비수열**에서 배웠던 S_n이 있습니다. 즉, 수열 $\{a_n\}$의 첫째항부터 제n항까지의 합을 S_n이라고 하면

$$S_n=a_1+a_2+a_3+\cdots+a_n=\sum_{k=1}^{n} a_k$$

가 성립합니다. 이때 수열의 합이 S_n으로 주어지면

$$a_1=S_1,\ a_n=S_n-S_{n-1}\ (n\geq 2)$$

인 수열의 합과 일반항 사이의 관계를 이용하여 일반항 a_n을 구해야 합니다. 하지만 수열의 합이 $\sum_{k=1}^{n} a_k$로 주어지면 일반항 a_n을 바로 알 수 있으므로 $\sum_{k=1}^{n} a_k$가 어떤 수열의 합인지를 쉽게 알 수 있습니다.

Example $\sum_{k=1}^{15}(2k-1)$은 일반항이 $2n-1$인 수열의 첫째항부터 제15항까지의 합을 나타낸다.

또한 S_n은 수열 $\{a_n\}$의 첫째항부터 제n항까지의 합만을 나타내지만 합의 기호 $\sum$를 이용하면 수열 $\{a_n\}$의 제m항부터 제n항까지의 합을 $\sum_{k=m}^{n} a_k$와 같이 간단하게 나타낼 수 있습니다.

예를 들어

$$a_4+a_5+a_6+\cdots+a_{18}=\sum_{k=4}^{18} a_k=\sum_{k=1}^{18} a_k-\sum_{k=1}^{3} a_k=S_{18}-S_3$$

과 같이 나타낼 수 있습니다. 이와 같이 합의 기호 $\sum$를 사용하여 수열의 합을 나타낼 때에는 합을 처음 시작하는 항이 꼭 제1항일 필요가 없습니다.

11

개념 Point 합의 기호 $\sum$의 뜻

수열 $\{a_n\}$의 첫째항부터 제n항까지의 합 $a_1+a_2+a_3+\cdots+a_n$은 합의 기호 $\sum$를 사용하여 $\sum_{k=1}^{n} a_k$와 같이 나타낸다. 즉,

$$a_1+a_2+a_3+\cdots+a_n=\sum_{k=1}^{n} a_k$$

(제n항까지 / 일반항 / 첫째항부터)

Plus

① 합의 기호 $\sum$를 사용하여 수열의 합을 나타낼 때에는 먼저 수열의 일반항을 구해야 한다.

② 수열의 합을 합의 기호 $\sum$를 사용하여 $\sum_{k=m}^{n} a_k$와 같이 나타낼 때, m, n의 값과 일반항 a_k를 변형하여 다양하게 표현할 수 있다.

예 $\sum_{k=1}^{10}(2k-1)=1+3+5+\cdots+19=\sum_{k=2}^{11}(2k-3)=\sum_{k=4}^{13}(2k-7)$

2 $\sum$의 성질

이제 합의 기호 $\sum$의 성질에 대하여 알아봅시다. 이는 $\sum$의 계산에서 자주 사용되는 성질이므로 잘 익혀두기 바랍니다.

(1) $\sum_{k=1}^{n}(a_k+b_k)=\sum_{k=1}^{n}a_k+\sum_{k=1}^{n}b_k$

Proof

$$\begin{aligned}\sum_{k=1}^{n}(a_k+b_k)&=(a_1+b_1)+(a_2+b_2)+(a_3+b_3)+\cdots+(a_n+b_n)\\&=(a_1+a_2+a_3+\cdots+a_n)+(b_1+b_2+b_3+\cdots+b_n)\\&=\sum_{k=1}^{n}a_k+\sum_{k=1}^{n}b_k\end{aligned}$$

(2) $\sum_{k=1}^{n}(a_k-b_k)=\sum_{k=1}^{n}a_k-\sum_{k=1}^{n}b_k$

Proof

$$\begin{aligned}\sum_{k=1}^{n}(a_k-b_k)&=(a_1-b_1)+(a_2-b_2)+(a_3-b_3)+\cdots+(a_n-b_n)\\&=(a_1+a_2+a_3+\cdots+a_n)-(b_1+b_2+b_3+\cdots+b_n)\\&=\sum_{k=1}^{n}a_k-\sum_{k=1}^{n}b_k\end{aligned}$$

(3) $\sum_{k=1}^{n}ca_k=c\sum_{k=1}^{n}a_k$ (단, c는 상수)

Proof

$$\begin{aligned}\sum_{k=1}^{n}ca_k&=ca_1+ca_2+ca_3+\cdots+ca_n\\&=c(a_1+a_2+a_3+\cdots+a_n)=c\sum_{k=1}^{n}a_k\end{aligned}$$

(4) $\sum_{k=1}^{n}c=cn$ (단, c는 상수)

Proof

$$\sum_{k=1}^{n}c=\underbrace{c+c+c+\cdots+c}_{n\text{개}}=cn$$

Example

(1) $\sum_{k=1}^{n}a_k=5$, $\sum_{k=1}^{n}b_k=2$일 때

$$\begin{aligned}\sum_{k=1}^{n}(3a_k-4b_k)&=\sum_{k=1}^{n}3a_k-\sum_{k=1}^{n}4b_k=3\sum_{k=1}^{n}a_k-4\sum_{k=1}^{n}b_k\\&=3\times5-4\times2=7\end{aligned}$$

← $\sum_{k=1}^{n}(pa_k+qb_k)=p\sum_{k=1}^{n}a_k+q\sum_{k=1}^{n}b_k$ (단, p, q는 상수)

(2) $\sum_{k=1}^{10}2=2\times10=20$

이상을 정리하면 다음과 같습니다.

개념 Point　∑의 성질

두 수열 $\{a_n\}$, $\{b_n\}$과 상수 c에 대하여 다음이 성립한다.

1 $\sum_{k=1}^{n}(a_k+b_k)=\sum_{k=1}^{n}a_k+\sum_{k=1}^{n}b_k$

2 $\sum_{k=1}^{n}(a_k-b_k)=\sum_{k=1}^{n}a_k-\sum_{k=1}^{n}b_k$

3 $\sum_{k=1}^{n}ca_k=c\sum_{k=1}^{n}a_k$

4 $\sum_{k=1}^{n}c=cn$

개념 Plus　혼동하기 쉬운 ∑의 성질

두 수열의 각 항이 서로 곱해지거나 나누어진 수열의 합은 각각의 수열의 합의 곱셈이나 나눗셈으로 나타낼 수 없다. 즉, ∑의 성질을 다음과 같이 혼동하지 않도록 주의한다.

(1) $\sum_{k=1}^{n}a_kb_k\neq\sum_{k=1}^{n}a_k\sum_{k=1}^{n}b_k$, $\sum_{k=1}^{n}{a_k}^2\neq\left(\sum_{k=1}^{n}a_k\right)^2$

Example $a_k=k$, $b_k=k+1$이라고 하면

$$\sum_{k=1}^{2}a_kb_k=\sum_{k=1}^{2}k(k+1)=1\times2+2\times3=8$$

$$\sum_{k=1}^{2}a_k\sum_{k=1}^{2}b_k=\sum_{k=1}^{2}k\sum_{k=1}^{2}(k+1)=(1+2)\times(2+3)=15$$

$$\therefore\ \sum_{k=1}^{2}a_kb_k\neq\sum_{k=1}^{2}a_k\sum_{k=1}^{2}b_k$$

(2) $\sum_{k=1}^{n}\frac{a_k}{b_k}\neq\frac{\sum_{k=1}^{n}a_k}{\sum_{k=1}^{n}b_k}$, $\sum_{k=1}^{n}\frac{1}{a_k}\neq\frac{\sum_{k=1}^{n}1}{\sum_{k=1}^{n}a_k}$

Example $a_k=k$, $b_k=k+1$이라고 하면

$$\sum_{k=1}^{2}\frac{a_k}{b_k}=\sum_{k=1}^{2}\frac{k}{k+1}=\frac{1}{2}+\frac{2}{3}=\frac{7}{6}$$

$$\frac{\sum_{k=1}^{2}a_k}{\sum_{k=1}^{2}b_k}=\frac{\sum_{k=1}^{2}k}{\sum_{k=1}^{2}(k+1)}=\frac{1+2}{2+3}=\frac{3}{5}$$

$$\therefore\ \sum_{k=1}^{2}\frac{a_k}{b_k}\neq\frac{\sum_{k=1}^{2}a_k}{\sum_{k=1}^{2}b_k}$$

3 자연수의 거듭제곱의 합

수열의 일반항 a_n이 n에 대한 삼차 이하의 다항식일 때에는 $\sum$의 성질과 자연수의 거듭제곱의 합에 대한 공식을 이용하여 수열의 합을 계산할 수 있습니다.

예를 들어 수열 $\{a_n\}$의 일반항이 $a_n=n^3+2n^2-n$일 때, 이 수열의 첫째항부터 제n항까지의 합을 $\sum$의 성질을 이용하여 다음과 같이 전개해 봅시다.

$$\sum_{k=1}^{n} a_k=\sum_{k=1}^{n}(k^3+2k^2-k)=\sum_{k=1}^{n}k^3+2\sum_{k=1}^{n}k^2-\sum_{k=1}^{n}k$$

이때 다음 세 가지의 값을 알고 있다면 $\sum_{k=1}^{n} a_k$의 값을 구할 수 있습니다.

$$\sum_{k=1}^{n} k \qquad \sum_{k=1}^{n} k^2 \qquad \sum_{k=1}^{n} k^3$$

이제부터 위의 세 값, 즉 자연수의 거듭제곱의 합에 대한 공식을 알아봅시다.

(1) $\sum_{k=1}^{n} k=1+2+3+\cdots+n=\frac{n(n+1)}{2}$

Proof

$\sum_{k=1}^{n} k=1+2+3+\cdots+n$은 첫째항이 1, 공차가 1인 등차수열의 첫째항부터 제n항까지의 합이므로 등차수열의 합의 공식을 이용하면 다음을 얻을 수 있다.

$$\sum_{k=1}^{n} k=1+2+3+\cdots+n=\frac{n(n+1)}{2}$$ ← 등차수열의 합 $S_n=\frac{n(a+l)}{2}$ (a는 첫째항, l은 제n항)

Example

첫째항이 1, 공차가 2인 등차수열 $\{a_n\}$의 첫째항부터 제n항까지의 합

$$1+3+5+\cdots+(2n-1)$$

은 등차수열의 합의 공식에 의하여

$$\frac{n\{1+(2n-1)\}}{2}=n^2$$

한편, 일반항 a_n이 $a_n=2n-1$이므로 합의 기호 $\sum$의 성질과 자연수의 거듭제곱의 합을 이용하여 계산해 보면

$$\begin{aligned}\sum_{k=1}^{n} a_k&=\sum_{k=1}^{n}(2k-1)\\&=2\sum_{k=1}^{n}k-\sum_{k=1}^{n}1\\&=2\times\frac{n(n+1)}{2}-1\times n\\&=n^2\end{aligned}$$

따라서 등차수열의 합의 공식을 이용하여 계산한 결과와 합의 기호 $\sum$를 이용하여 계산한 결과가 같다.

(2) $\sum_{k=1}^{n} k^2 = 1^2+2^2+3^2+\cdots+n^2 = \frac{n(n+1)(2n+1)}{6}$

Proof

항등식 $(k+1)^3-k^3=3k^2+3k+1$의 양변에 $k=1, 2, 3, \cdots, n$을 차례대로 대입하면

$k=1$일 때, $2^3-1^3=3\times1^2+3\times1+1$

$k=2$일 때, $3^3-2^3=3\times2^2+3\times2+1$

$k=3$일 때, $4^3-3^3=3\times3^2+3\times3+1$

$\vdots$ $\vdots$

$k=n$일 때, $(n+1)^3-n^3=3\times n^2+3\times n+1$

위의 n개의 등식을 같은 변끼리 더하여 정리하면

$$(n+1)^3-1^3=3\sum_{k=1}^{n}k^2+3\sum_{k=1}^{n}k+\sum_{k=1}^{n}1$$

$$=3\sum_{k=1}^{n}k^2+3\times\frac{n(n+1)}{2}+n \quad \leftarrow \sum_{k=1}^{n}k=\frac{n(n+1)}{2},\ \sum_{k=1}^{n}1=n$$

$$3\sum_{k=1}^{n}k^2=(n+1)^3-1^3-\frac{3n(n+1)}{2}-n=\frac{n(n+1)(2n+1)}{2}$$

$$\therefore \sum_{k=1}^{n}k^2=\frac{n(n+1)(2n+1)}{6}$$

Example

$$\sum_{k=1}^{n}k(k+1)=\sum_{k=1}^{n}(k^2+k)=\sum_{k=1}^{n}k^2+\sum_{k=1}^{n}k$$

$$=\frac{n(n+1)(2n+1)}{6}+\frac{n(n+1)}{2}=\frac{n(n+1)\{(2n+1)+3\}}{6}$$

$$=\frac{n(n+1)(2n+4)}{6}=\frac{n(n+1)(n+2)}{3}$$

(3) $\sum_{k=1}^{n} k^3 = 1^3+2^3+3^3+\cdots+n^3 = \left\{\frac{n(n+1)}{2}\right\}^2$

Proof

항등식 $(k+1)^4-k^4=4k^3+6k^2+4k+1$의 양변에 $k=1, 2, 3, \cdots, n$을 차례대로 대입하면

$k=1$일 때, $2^4-1^4=4\times1^3+6\times1^2+4\times1+1$

$k=2$일 때, $3^4-2^4=4\times2^3+6\times2^2+4\times2+1$

$k=3$일 때, $4^4-3^4=4\times3^3+6\times3^2+4\times3+1$

$\vdots$ $\vdots$

$k=n$일 때, $(n+1)^4-n^4=4\times n^3+6\times n^2+4\times n+1$

위의 n개의 등식을 같은 변끼리 더하여 정리하면

$$(n+1)^4-1^4=4\sum_{k=1}^{n}k^3+6\sum_{k=1}^{n}k^2+4\sum_{k=1}^{n}k+\sum_{k=1}^{n}1$$

$$=4\sum_{k=1}^{n}k^3+6\times\frac{n(n+1)(2n+1)}{6}+4\times\frac{n(n+1)}{2}+n$$

$\leftarrow \sum_{k=1}^{n}k^2=\frac{n(n+1)(2n+1)}{6}$, $\sum_{k=1}^{n}k=\frac{n(n+1)}{2}$, $\sum_{k=1}^{n}1=n$

$$4\sum_{k=1}^{n}k^3=(n+1)^4-1^4-n(n+1)(2n+1)-2n(n+1)-n$$

$$=\{n(n+1)\}^2$$

$$\therefore \sum_{k=1}^{n}k^3=\left\{\frac{n(n+1)}{2}\right\}^2$$

Example

(1) $\sum_{k=1}^{10}(k+k^2+k^3)=\sum_{k=1}^{10}k+\sum_{k=1}^{10}k^2+\sum_{k=1}^{10}k^3$

$=\frac{10\times11}{2}+\frac{10\times11\times21}{6}+\left(\frac{10\times11}{2}\right)^2$

$=\frac{10\times11}{2}\times\left(1+\frac{21}{3}+\frac{10\times11}{2}\right)$

$=55\times63=3465$

(2) $1^2+2^2+3^2+\cdots+10^2=\sum_{k=1}^{10}k^2$

$=\frac{10\times11\times21}{6}$

$=385$

한편, 자연수의 거듭제곱의 합을 구하는 공식은 그림으로 간단하게 증명할 수도 있습니다.

먼저 1부터 n까지의 자연수의 제곱의 합의 공식은 다음과 같은 그림을 통하여 증명할 수 있습니다.

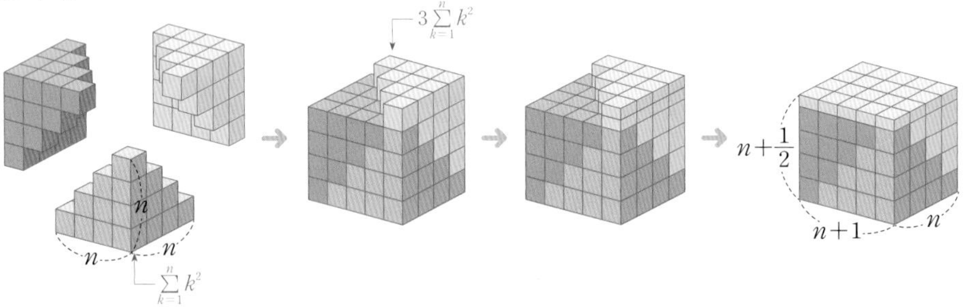

$$\sum_{k=1}^{n}k^2+\sum_{k=1}^{n}k^2+\sum_{k=1}^{n}k^2=n(n+1)\left(n+\frac{1}{2}\right)=\frac{n(n+1)(2n+1)}{2}$$

$$\therefore \sum_{k=1}^{n}k^2=\frac{n(n+1)(2n+1)}{6}$$

또한 1부터 n까지의 자연수의 세제곱의 합의 공식은 다음과 같은 그림을 통하여 증명할 수 있습니다.

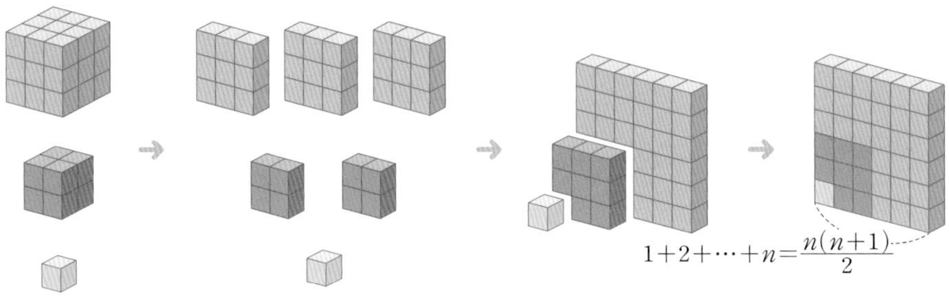

$$\therefore \sum_{k=1}^{n}k^3=\left\{\frac{n(n+1)}{2}\right\}^2$$

개념 Point　자연수의 거듭제곱의 합

1 $\sum_{k=1}^{n} k=1+2+3+\cdots+n=\frac{n(n+1)}{2}$

2 $\sum_{k=1}^{n} k^2=1^2+2^2+3^2+\cdots+n^2=\frac{n(n+1)(2n+1)}{6}$

3 $\sum_{k=1}^{n} k^3=1^3+2^3+3^3+\cdots+n^3=\left\{\frac{n(n+1)}{2}\right\}^2$

Plus

다음은 수열의 합의 계산에서 자주 이용되므로 기억해 두는 것이 편리하다.

① $\sum_{k=1}^{n-1} k=\frac{n(n-1)}{2}$　② $\sum_{k=1}^{n} (2k-1)=n^2$　③ $\sum_{k=1}^{n} k(k+1)=\frac{n(n+1)(n+2)}{3}$

개념 Plus　$\sum$의 변형

$\sum_{k=1}^{n} a_k$에서 중요한 것은 'k의 값의 시작과 끝, 일반항이 무엇인가'이다. 이때 상황에 따라 $\sum$의 첫째항과 끝항, 일반항을 적절하게 변형하는 것이 필요하다.

1 첫째항의 변형

$$\sum_{k=m}^{n} a_k=\sum_{k=1}^{n} a_k-\sum_{k=1}^{m-1} a_k \text{ (단, } m\le n)$$

Example $\sum_{k=2}^{5} k^2=\sum_{k=1}^{5} k^2-1^2$

2 끝항의 변형

$$\sum_{k=1}^{n} a_k=\sum_{k=1}^{m} a_k+\sum_{k=m+1}^{n} a_k$$
$$=\sum_{k=1}^{l} a_k-\sum_{k=n+1}^{l} a_k \text{ (단, } m<n<l)$$

Example $\sum_{k=1}^{10} k^2=\sum_{k=1}^{6} k^2+\sum_{k=7}^{10} k^2=\sum_{k=1}^{12} k^2-\sum_{k=11}^{12} k^2$

3 일반항의 변형

$$\sum_{k=1}^{n} a_{k+1}=\sum_{k=1}^{n+1} a_k-a_1$$

Example $\sum_{k=1}^{7} (k+1)^3=\sum_{k=1}^{8} k^3-1^3$

11

계차수열

교육과정 외

등차수열이나 등비수열이 아닌 수열 중에서 이웃하는 두 항의 차를 구해 보면 수열이 만들어진 규칙을 알 수 있는 경우가 종종 있다. 예를 들어 수열 1, 3, 6, 10, 15, 21, …은 등차수열이나 등비수열은 아니지만 다음과 같이 이웃하는 두 항의 차를 구해 보면 등차수열을 이룬다.

1, 3, 6, 10, 15, 21, …

2, 3, 4, 5, 6, … ← 첫째항이 2, 공차가 1인 등차수열

따라서 주어진 수열에서 21 다음에 오는 수는 21에 7을 더한 28임을 알 수 있다.

일반적으로 수열 $\{a_n\}$이 주어졌을 때, 새로운 수열 $\{b_n\}$을 다음과 같이 정의할 수 있다.

$$b_n=a_{n+1}-a_n\ (n=1,\ 2,\ 3,\ \cdots)$$

이때 수열 $\{b_n\}$을 수열 $\{a_n\}$의 계차수열이라 하고, 각각의 b_n을 a_n과 a_{n+1}의 계차라고 한다.

한편, 주어진 수열의 계차수열의 일반항을 구하면 이를 이용하여 원래 수열의 일반항을 구할 수 있다.

수열 $\{a_n\}$의 계차수열을 $\{b_n\}$이라고 하면 계차수열의 정의에 의하여

$a_2=a_1+b_1$ ← $a_2-a_1=b_1$

$a_3=a_2+b_2=a_1+(b_1+b_2)$ ← $a_3-a_2=b_2$

$a_4=a_3+b_3=a_1+(b_1+b_2+b_3)$ ← $a_4-a_3=b_3$

⋮

$a_n=a_{n-1}+b_{n-1}=a_1+(b_1+b_2+\cdots+b_{n-1})$ ← $a_n-a_{n-1}=b_{n-1}$

인 관계가 성립한다.

따라서 수열 $\{a_n\}$의 일반항은 다음과 같다.

$$a_n=a_1+\sum_{k=1}^{n-1}b_k\ (n=2,\ 3,\ 4,\ \cdots)$$

← $\sum_{k=1}^{n}b_k$가 아니라 $\sum_{k=1}^{n-1}b_k$임을 꼭 기억하자!

Example

(1) 첫째항이 1인 수열 $\{a_n\}$의 계차수열 $\{b_n\}$이 2, 3, 4, 5, …일 때, 수열 $\{a_n\}$의 일반항을 구해 보자.

계차수열 $\{b_n\}$은 첫째항이 2, 공차가 1인 등차수열이므로

$$b_n=2+(n-1)\times1=n+1$$

따라서 수열 $\{a_n\}$의 일반항은

$$a_n=a_1+\sum_{k=1}^{n-1}b_k=1+\sum_{k=1}^{n-1}(k+1)=1+\left\{\frac{(n-1)n}{2}+(n-1)\right\}=\frac{n(n+1)}{2}$$

(2) 첫째항이 1인 수열 $\{a_n\}$의 계차수열 $\{b_n\}$이 1, 2, 4, 8, …일 때, 수열 $\{a_n\}$의 일반항을 구해 보자.

계차수열 $\{b_n\}$은 첫째항이 1, 공비가 2인 등비수열이므로

$$b_n=1\times2^{n-1}=2^{n-1}$$

따라서 수열 $\{a_n\}$의 일반항은

$$a_n=a_1+\sum_{k=1}^{n-1}b_k=1+\sum_{k=1}^{n-1}2^{k-1}=1+\frac{2^{n-1}-1}{2-1}=2^{n-1}$$

개념 콕콕

1 $\sum_{k=1}^{10} a_k=20$, $\sum_{k=1}^{10} b_k=10$일 때, 다음 식의 값을 구하시오.

(1) $\sum_{k=1}^{10}(a_k+2b_k)$

(2) $\sum_{k=1}^{10}(3a_k-b_k+3)$

2 다음 물음에 답하시오.

(1) 수열 $\{a_n\}$에 대하여 $\sum_{k=1}^{9} a_k-\sum_{k=1}^{8} a_k=6$일 때, a_9의 값을 구하시오.

(2) 수열 $\{a_n\}$에 대하여 $\sum_{k=2}^{10} a_k=4$, $\sum_{k=1}^{9} a_k=6$일 때, $a_{10}-a_1$의 값을 구하시오.

3 다음을 계산하시오.

(1) $\sum_{k=1}^{10}(2k+3)$

(2) $\sum_{i=1}^{10}(i^2-1)$

(3) $\sum_{k=1}^{5} k(k^2-1)$

(4) $\sum_{n=1}^{7} 2^n$

4 다음을 계산하시오.

(1) $\sum_{k=1}^{10}(2+k)+\sum_{k=1}^{10}(2-k)$

(2) $\sum_{k=1}^{10}(k^2+1)-\sum_{k=6}^{10} k^2$

5 다음 수열의 합을 구하시오.

(1) $6^2+7^2+8^2+9^2+10^2$

(2) $4^3+5^3+6^3+\cdots+10^3$

(3) $1^2+3^2+5^2+\cdots+29^2$

(4) $2\times4+4\times6+6\times8+\cdots+12\times14$

• 풀이 170쪽 ~ 171쪽

정답

1 (1) 40 (2) 80

2 (1) 6 (2) -2

3 (1) 140 (2) 375 (3) 210 (4) 254

4 (1) 40 (2) 65

5 (1) 330 (2) 2989 (3) 4495 (4) 448

예제 01 Σ의 계산

다음 물음에 답하시오.

(1) $\sum_{k=1}^{10} a_k^{\ 2}=15$, $\sum_{k=1}^{10} a_k=5$일 때, $\sum_{k=1}^{10}(2a_k+1)^2-\sum_{k=1}^{10}(a_k+2)^2$의 값을 구하시오.

(2) $\sum_{k=1}^{10}(k+1)^3-\sum_{k=1}^{10}(k-1)^3$의 값을 구하시오.

접근 방법 Σ의 성질을 이용하여 두 개의 Σ 기호를 하나로 정리한다.

수매씽 Point

$$a_1+a_2+a_3+\cdots+a_n=\sum_{k=1}^{n} a_k$$

(제n항까지, 일반항, 첫째항부터)

상세 풀이 (1) $$\sum_{k=1}^{10}(2a_k+1)^2-\sum_{k=1}^{10}(a_k+2)^2=\sum_{k=1}^{10}(4a_k^{\ 2}+4a_k+1)-\sum_{k=1}^{10}(a_k^{\ 2}+4a_k+4)$$
$$=\sum_{k=1}^{10}\{(4a_k^{\ 2}+4a_k+1)-(a_k^{\ 2}+4a_k+4)\}$$
$$=\sum_{k=1}^{10}(3a_k^{\ 2}-3)=3\sum_{k=1}^{10}a_k^{\ 2}-\sum_{k=1}^{10}3$$
$$=3\times15-3\times10=15$$

(2) $$\sum_{k=1}^{10}(k+1)^3-\sum_{k=1}^{10}(k-1)^3=\sum_{k=1}^{10}(k^3+3k^2+3k+1)-\sum_{k=1}^{10}(k^3-3k^2+3k-1)$$
$$=\sum_{k=1}^{10}\{(k^3+3k^2+3k+1)-(k^3-3k^2+3k-1)\}$$
$$=\sum_{k=1}^{10}(6k^2+2)=6\sum_{k=1}^{10}k^2+\sum_{k=1}^{10}2$$
$$=6\times\frac{10\times11\times21}{6}+2\times10=2330$$

정답 (1) 15 (2) 2330

보충 설명

(1)의 경우 상세 풀이와 같이 두 개의 Σ 기호를 하나로 합쳐서 계산하지 않고 각각의 Σ의 값을 구하여 답을 구할 수도 있다. 그러나 보통은 상세 풀이와 같이 푸는 것이 계산 과정이 줄어 들어 더 수월하다.

예를 들어 (1)에서 상세 풀이와 같이 계산하면 $\sum_{k=1}^{10} a_k^{\ 2}$의 값만 필요하지만 각각의 Σ의 값을 구하는 경우에는

$$(\text{주어진 식})=4\sum_{k=1}^{10}a_k^{\ 2}+4\sum_{k=1}^{10}a_k+\sum_{k=1}^{10}1-\left(\sum_{k=1}^{10}a_k^{\ 2}+4\sum_{k=1}^{10}a_k+\sum_{k=1}^{10}4\right)$$
$$=4\times15+4\times5+1\times10-(15+4\times5+4\times10)=15$$

와 같이 $\sum_{k=1}^{10} a_k$의 값도 이용해야 한다.

한편, 두 개의 Σ 기호를 하나로 합칠 때에는 Σ의 첫째항과 끝항이 같은지 반드시 확인해야 한다.

숫자 바꾸기 한번 더

01-1

다음을 계산하시오.

(1) $\sum_{k=1}^{10}(2k-1)^2+\sum_{k=1}^{10}(2k+1)^2$

(2) $\sum_{k=1}^{10}(k+5)(k-2)-\sum_{k=1}^{10}(k-5)(k+2)$

(3) $\sum_{k=1}^{10}\frac{(k+1)^3}{k}+\sum_{n=1}^{10}\frac{(n-1)^3}{n}$

(4) $\sum_{k=1}^{10}(2^k+1)^2-\sum_{k=1}^{10}(2^k-1)^2$

표현 바꾸기 한번 더

01-2

다음 물음에 답하시오.

(1) $\sum_{k=1}^{10}(a_k-1)^2=20$, $\sum_{k=1}^{10}(a_k-1)(a_k+1)=30$일 때, $\sum_{k=1}^{10}a_k$의 값을 구하시오.

(2) 함수 $f(x)$가 $f(10)=50$, $f(1)=3$을 만족시킬 때, $\sum_{k=1}^{9}f(k+1)-\sum_{k=2}^{10}f(k-1)$의 값을 구하시오.

11

개념 넓히기 풀이 172쪽 + 보충 설명 한번 더

01-3

다음 합을 구하시오.

(1) $\sum_{k=1}^{6}\left(\sum_{l=1}^{4}kl\right)$

(2) $\sum_{l=1}^{10}\left\{\sum_{k=1}^{l}(k+1)\right\}$

(3) $\sum_{j=1}^{n}\left(\sum_{i=1}^{j}ij\right)$

(4) $\sum_{j=1}^{n}\left\{\sum_{i=1}^{j}(i+j)\right\}$

• 풀이 171쪽 ~ 172쪽

정답

01-1 (1) 3100 (2) 330 (3) 830 (4) 8184 **01-2** (1) 15 (2) 47

01-3 (1) 210 (2) 275 (3) $\frac{n(n+1)(n+2)(3n+1)}{24}$ (4) $\frac{n(n+1)^2}{2}$

예제 02 자연수의 거듭제곱의 합을 이용한 수열의 합

다음 수열의 첫째항부터 제n항까지의 합을 구하시오.

(1) $1\times2,\ 3\times4,\ 5\times6,\ 7\times8,\ \cdots$

(2) $1,\ 1+3,\ 1+3+5,\ 1+3+5+7,\ \cdots$

접근 방법 주어진 수열의 일반항을 구하여 합을 $\sum$로 나타낸 후 자연수의 거듭제곱의 합을 이용한다.

수매씽 Point $\sum_{k=1}^{n} k=\frac{n(n+1)}{2},\ \sum_{k=1}^{n} k^2=\frac{n(n+1)(2n+1)}{6},\ \sum_{k=1}^{n} k^3=\left\{\frac{n(n+1)}{2}\right\}^2$

상세 풀이 (1) 주어진 수열의 일반항을 a_n이라고 하면 $a_n=(2n-1)\times2n$

따라서 수열 $\{a_n\}$의 첫째항부터 제n항까지의 합은

$$\sum_{k=1}^{n} a_k=\sum_{k=1}^{n} 2k(2k-1)=\sum_{k=1}^{n}(4k^2-2k)=4\sum_{k=1}^{n}k^2-2\sum_{k=1}^{n}k$$
$$=4\times\frac{n(n+1)(2n+1)}{6}-2\times\frac{n(n+1)}{2}=\frac{n(n+1)(4n-1)}{3}$$

(2) 주어진 수열의 일반항을 a_n이라고 하면

$$a_n=1+3+5+\cdots+(2n-1)=\frac{n\{1+(2n-1)\}}{2}=n^2$$

└ 첫째항이 1, 공차가 2인 등차수열의 합

따라서 수열 $\{a_n\}$의 첫째항부터 제n항까지의 합은

$$\sum_{k=1}^{n} a_k=\sum_{k=1}^{n} k^2=\frac{n(n+1)(2n+1)}{6}$$

정답 (1) $\frac{n(n+1)(4n-1)}{3}$ (2) $\frac{n(n+1)(2n+1)}{6}$

보충 설명

(1)에서 주어진 수열은 두 수의 곱으로 이루어져 있는데 앞의 수로 이루어진 수열은 1부터 차례대로 홀수가 나열되어 있고, 뒤의 수로 이루어진 수열은 2부터 차례대로 짝수가 나열되어 있다. 이때 앞의 수열과 뒤의 수열을 각각 $\{p_n\}$, $\{q_n\}$이라고 하면 $p_n=2n-1$, $q_n=2n$이므로 주어진 수열의 일반항 a_n은 $a_n=(2n-1)\times2n$이다.

(2)에서 주어진 수열을 $\{a_n\}$이라고 하면 자연수 전체의 집합에서

a_1 : 첫 번째 홀수인 1

a_2 : 첫 번째 홀수인 1부터 두 번째 홀수인 3까지의 홀수의 합

a_3 : 첫 번째 홀수인 1부터 세 번째 홀수인 5까지의 홀수의 합

⋮

a_n : 첫 번째 홀수인 1부터 n번째 홀수인 $(2n-1)$까지의 홀수의 합

$$\therefore\ a_n=1+3+5+\cdots+(2n-1)=\frac{n\{1+(2n-1)\}}{2}=n^2$$

참고 $a_n=1+3+5+\cdots+(2n-1)=\sum_{k=1}^{n}(2k-1)=2\sum_{k=1}^{n}k-\sum_{k=1}^{n}1=2\times\frac{n(n+1)}{2}-n=n^2$

숫자 바꾸기 한번 더 ☑ ☐

02-1

다음 수열의 첫째항부터 제n항까지의 합을 구하시오.

(1) 1×3, 2×5, 3×7, 4×9, $\cdots$

(2) 1, $1+2$, $1+2+3$, $1+2+3+4$, $\cdots$

표현 바꾸기 한번 더 ☑ ☐

02-2

다음을 계산하시오.

(1) $\sum_{n=1}^{99}\{(-1)^{n+1}\times n^2\}$

(2) $\sum_{k=1}^{12}k+\sum_{k=2}^{12}k+\cdots+\sum_{k=11}^{12}k+\sum_{k=12}^{12}k$

11

개념 넓히기 한번 더 ☑ ☐

02-3

수열 x_1, x_2, x_3, $\cdots$, x_{10}이 10개의 자연수 1, 2, 3, $\cdots$, 10의 순서를 바꾸어 늘어놓은 것일 때, $\sum_{k=1}^{10}(x_k-k)^2+\sum_{k=1}^{10}(x_k+k-11)^2$의 값은?

① 300 ② 310 ③ 320

④ 330 ⑤ 340

• 풀이 172쪽 ~ 173쪽

정답

02-1 (1) $\frac{n(n+1)(4n+5)}{6}$ (2) $\frac{n(n+1)(n+2)}{6}$ 02-2 (1) 4950 (2) 650 02-3 ④

예제 03

$\sum$를 이용한 수열의 합과 일반항 사이의 관계

수열 $\{a_n\}$에 대하여

$$a_1+2a_2+3a_3+\cdots+na_n=n(n+1)(n+2)\ (n=1, 2, 3, \cdots)$$

가 성립할 때, $\sum_{k=1}^{20} a_k$의 값을 구하시오.

접근 방법 수열 $\{a_n\}$의 첫째항부터 제n항까지의 합 S_n이 주어졌을 때 일반항을 찾는 문제로 생각할 수 있으므로

$$a_1=S_1,\ a_n=S_n-S_{n-1}\ (n\geq 2)$$

임을 이용한다.

수매씽 Point 수열 $\{a_n\}$의 첫째항부터 제n항까지의 합을 S_n이라고 하면

$$a_1=S_1,\ a_n=S_n-S_{n-1}\ (n\geq 2)$$

상세 풀이 주어진 식

$$a_1+2a_2+3a_3+\cdots+na_n=n(n+1)(n+2) \qquad \cdots\cdots ㉠$$

에서 $n=1$일 때, $a_1=1\times2\times3=6$

$n\geq2$일 때, ㉠의 양변에 n 대신 $n-1$을 대입하면

$$a_1+2a_2+3a_3+\cdots+(n-1)a_{n-1}=(n-1)n(n+1) \qquad \cdots\cdots ㉡$$

㉠－㉡을 하면

$$na_n=3n(n+1)$$

$$\therefore\ a_n=3(n+1)\ (n\geq2) \qquad \cdots\cdots ㉢$$

이때 $a_1=6$은 ㉢에 $n=1$을 대입하여 얻은 값과 같으므로 ($3\times(1+1)=6$)

$$a_n=3(n+1)$$

$$\therefore\ \sum_{k=1}^{20} a_k=\sum_{k=1}^{20} 3(k+1)=3\sum_{k=1}^{20} k+\sum_{k=1}^{20} 3=3\times\frac{20\times21}{2}+3\times20=690$$

정답 690

보충 설명

수열의 합에서 일반항을 구하는 문제는 등차수열과 등비수열에서 했던 것처럼 n 대신 $n-1$을 대입하여 변끼리 빼서 a_n에 대한 식을 구한다.

숫자 바꾸기 한번 더

03-1

수열 $\{a_n\}$이 모든 자연수 n에 대하여 다음을 만족시킬 때, $\sum_{k=1}^{20} a_k$의 값을 구하시오.

(1) $\frac{a_1}{1}+\frac{a_1+a_2}{2}+\frac{a_1+a_2+a_3}{3}+\cdots+\frac{a_1+a_2+\cdots+a_n}{n}=n^2$

(2) $na_1+(n-1)a_2+(n-2)a_3+\cdots+2a_{n-1}+a_n=n(n+1)(n+2)$

표현 바꾸기 풀이 174쪽 ⊕ 보충 설명 한번 더

03-2

수열 $\{a_n\}$에 대하여 다음 물음에 답하시오.

(1) $\sum_{k=1}^{n} a_k=2n^2$일 때, $\sum_{k=1}^{10} a_{2k}$의 값을 구하시오.

(2) $\sum_{n=1}^{100} na_n=500$, $\sum_{n=1}^{99} na_{n+1}=200$일 때, $\sum_{n=1}^{100} a_n$의 값을 구하시오.

개념 넓히기 한번 더

03-3

수열 $\{a_n\}$에 대하여

$$P_n=a_1\times a_2\times a_3\times\cdots\times a_n$$

이라고 하자. $P_n=3^{n(n-1)}$일 때, $a_{100}=3^m$을 만족시키는 자연수 m의 값은?

① 192 ② 194 ③ 196

④ 198 ⑤ 200

• 풀이 173쪽～174쪽

정답 **03-1** (1) 780 (2) 1260 **03-2** (1) 420 (2) 300 **03-3** ④

예제 04

계차수열 교육과정 외

다음 수열의 일반항 a_n과 첫째항부터 제n항까지의 합 S_n을 구하시오.

(1) 2, 3, 6, 11, 18, $\cdots$

(2) 1, 3, 7, 15, 31, $\cdots$

접근 방법 주어진 수열이 등차수열이나 등비수열이 아닌 경우에는 각 항 사이의 차를 구해 보자.

수매씽 Point 수열 $\{a_n\}$의 계차수열을 $\{b_n\}$이라고 하면 $a_n=a_1+\sum_{k=1}^{n-1} b_k\ (n\geq 2)$

상세 풀이 (1) 주어진 수열 $\{a_n\}$의 계차수열을 $\{b_n\}$이라고 하면 수열 $\{b_n\}$은 첫째항이 1, 공차가 2인 등차수열이므로

$\{a_n\}$: 2, 3, 6, 11, 18, $\cdots$
$\{b_n\}$: 1, 3, 5, 7, $\cdots$

$$b_n=1+(n-1)\times 2=2n-1$$

$$\therefore\ a_n=a_1+\sum_{k=1}^{n-1} b_k=2+\sum_{k=1}^{n-1}(2k-1)$$

$$=2+2\times\frac{n(n-1)}{2}-(n-1)=n^2-2n+3$$

$$\therefore\ S_n=\sum_{k=1}^{n} a_k=\sum_{k=1}^{n}(k^2-2k+3)$$

$$=\frac{n(n+1)(2n+1)}{6}-2\times\frac{n(n+1)}{2}+3n=\frac{n(2n^2-3n+13)}{6}$$

(2) 주어진 수열 $\{a_n\}$의 계차수열을 $\{b_n\}$이라고 하면 수열 $\{b_n\}$은 첫째항이 2, 공비가 2인 등비수열이므로

$\{a_n\}$: 1, 3, 7, 15, 31, $\cdots$
$\{b_n\}$: 2, 4, 8, 16, $\cdots$

$$b_n=2\times 2^{n-1}=2^n$$

$$\therefore\ a_n=a_1+\sum_{k=1}^{n-1} b_k=1+\sum_{k=1}^{n-1}2^k=1+\frac{2(2^{n-1}-1)}{2-1}=2^n-1$$

$$\therefore\ S_n=\sum_{k=1}^{n} a_k=\sum_{k=1}^{n}(2^k-1)=\frac{2(2^n-1)}{2-1}-n=2^{n+1}-n-2$$

정답 (1) $a_n=n^2-2n+3$, $S_n=\dfrac{n(2n^2-3n+13)}{6}$ (2) $a_n=2^n-1$, $S_n=2^{n+1}-n-2$

보충 설명

계차수열을 이용하여 일반항을 구할 때, a_1에 계차수열의 제n항까지의 합을 더하는 것이 아니라 제$(n-1)$항까지의 합을 더하는 것임에 주의한다. 또한 일반적으로 $a_n=a_1+\sum_{k=1}^{n-1} b_k\ (n\geq 2)$를 이용하여 구한 일반항에 $n=1$을 대입하여 얻은 값은 a_1과 같으므로 $n=1$인 경우를 따로 확인하지 않아도 된다.

a_1 a_2 a_3 $\cdots$ a_{n-1} a_n
b_1 b_2 $\cdots$ b_{n-1}

숫자 바꾸기 한번 더

04-1

다음 수열의 일반항 a_n과 첫째항부터 제n항까지의 합 S_n을 구하시오.

(1) 1, 2, 4, 7, 11, $\cdots$ (2) 2, 3, 5, 9, 17, $\cdots$

표현 바꾸기 한번 더

04-2

수열 $f(1), f(2), f(3), \cdots$이

$$f(1)=1,\ f(n+1)-f(n)=2n\ (n=1,\ 2,\ 3,\ \cdots)$$

과 같이 정의될 때, $f(1)+f(2)+f(3)+\cdots+f(10)$의 값을 구하시오.

개념 넓히기 한번 더

04-3

10개의 바둑판에 다음 그림과 같은 규칙으로 차례대로 흰 돌과 검은 돌을 놓을 때, 10개의 바둑판에 놓인 흰 돌과 검은 돌의 개수의 총합을 구하시오.

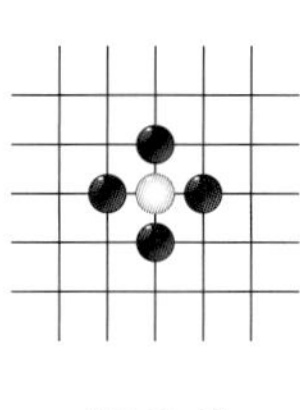
[첫 번째]

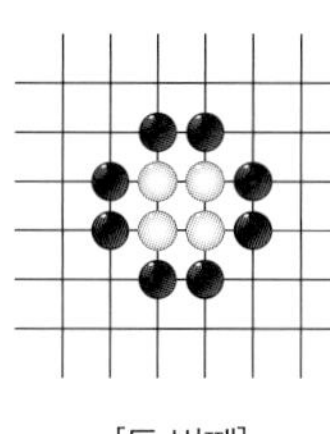
[두 번째]

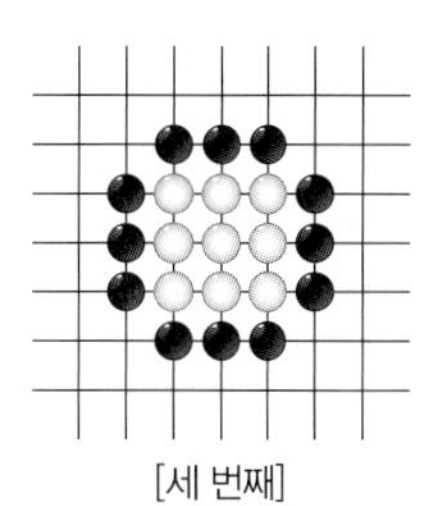
[세 번째]

$\cdots$

• 풀이 174쪽 ~ 175쪽

정답

04-1 (1) $a_n=\dfrac{n^2-n+2}{2}$, $S_n=\dfrac{n(n^2+5)}{6}$ (2) $a_n=2^{n-1}+1$, $S_n=2^n+n-1$

04-2 340 **04-3** 605

2 여러 가지 수열

1 분수 꼴로 주어진 수열의 합

다음과 같이 분수 꼴로 주어진 수열 $\{a_n\}$의 첫째항부터 제n항까지의 합 S_n을 구해 봅시다.

$$\frac{1}{1\times2},\ \frac{1}{2\times3},\ \frac{1}{3\times4},\ \frac{1}{4\times5},\ \cdots$$

위 수열의 일반항은 $a_n=\frac{1}{n(n+1)}$이므로 S_n을 합의 기호 $\sum$를 사용하여 나타내면

$$S_n=\sum_{k=1}^{n}\frac{1}{k(k+1)}$$

입니다. 그런데 수열 $\{a_n\}$은 앞에서 배운 등차수열이나 등비수열이 아니므로 공식을 이용하여 합을 구할 수 없고 자연수의 거듭제곱의 합을 이용하여도 S_n의 값을 구할 수 없습니다.

하지만 수열 $\{a_n\}$의 일반항은 분모가 서로 다른 두 식의 곱으로 나타내어진 분수 꼴이므로 부분분수로의 변형 ← 공통수학2 09. 유리식과 유리함수를 참고한다.

$$\frac{1}{AB}=\frac{1}{B-A}\left(\frac{1}{A}-\frac{1}{B}\right)\ (A\neq B)$$

을 이용하여 주어진 수열의 일반항 $a_n=\frac{1}{n(n+1)}$을 다음과 같이 변형할 수 있습니다.

$$\begin{aligned}a_n&=\frac{1}{n(n+1)}=\frac{1}{(n+1)-n}\left(\frac{1}{n}-\frac{1}{n+1}\right)\\&=\frac{1}{n}-\frac{1}{n+1}\end{aligned}$$

이것을 이용하여 수열의 합 S_n을 계산하면 다음과 같습니다.

$$\begin{aligned}S_n&=\sum_{k=1}^{n}a_k\\&=\sum_{k=1}^{n}\left(\frac{1}{k}-\frac{1}{k+1}\right)\\&=\left(1-\frac{1}{2}\right)+\left(\frac{1}{2}-\frac{1}{3}\right)+\left(\frac{1}{3}-\frac{1}{4}\right)+\cdots+\left(\frac{1}{n}-\frac{1}{n+1}\right)\\&=1-\frac{1}{n+1}=\frac{n}{n+1}\end{aligned}$$

이와 같이 분모가 연속한 두 자연수의 곱인 분수 꼴로 주어진 수열의 합을 구할 때 이웃한 두 항이 연쇄적으로 소거되는 점에 주목해야 합니다. 이때 소거되는 항들은 대칭적으로 소거됩니다.

일반적으로 수열의 일반항의 분모에 따라 항이 소거되는 형태가 달라집니다. ← p.435의 Plus를 통해서 확인할 수 있다.

Example 다음 수열의 첫째항부터 제n항까지의 합을 구해 보자.

$$\frac{1}{1\times3},\ \frac{1}{3\times5},\ \frac{1}{5\times7},\ \frac{1}{7\times9},\ \cdots$$

주어진 수열의 일반항을 a_n이라고 하면

$$a_n=\frac{1}{(2n-1)(2n+1)}=\frac{1}{2}\left(\frac{1}{2n-1}-\frac{1}{2n+1}\right)$$

이므로 주어진 수열의 첫째항부터 제n항까지의 합 S_n은

$$\begin{aligned}S_n&=\sum_{k=1}^{n}a_k\\&=\frac{1}{2}\sum_{k=1}^{n}\left(\frac{1}{2k-1}-\frac{1}{2k+1}\right)\\&=\frac{1}{2}\left\{\left(1-\frac{1}{3}\right)+\left(\frac{1}{3}-\frac{1}{5}\right)+\left(\frac{1}{5}-\frac{1}{7}\right)+\cdots+\left(\frac{1}{2n-1}-\frac{1}{2n+1}\right)\right\}\\&=\frac{1}{2}\left(1-\frac{1}{2n+1}\right)\\&=\frac{n}{2n+1}\end{aligned}$$

앞에서 첫 번째 항이 남으면 뒤에서 첫 번째 항이 남는다.

개념 Point 분수 꼴로 주어진 수열의 합

$\frac{1}{AB}=\frac{1}{B-A}\left(\frac{1}{A}-\frac{1}{B}\right)$을 이용하여 부분분수로 변형한 다음 연쇄적으로 항을 소거하여 합을 구한다. 이때 소거되는 항들은 대칭적으로 소거된다.

1 $\displaystyle\sum_{k=1}^{n}\frac{1}{k(k+1)}=\sum_{k=1}^{n}\left(\frac{1}{k}-\frac{1}{k+1}\right)$

2 $\displaystyle\sum_{k=1}^{n}\frac{1}{k(k+d)}=\frac{1}{d}\sum_{k=1}^{n}\left(\frac{1}{k}-\frac{1}{k+d}\right)$ (단, $d\neq0$)

3 $\displaystyle\sum_{k=1}^{n}\frac{1}{(k+a)(k+b)}=\frac{1}{b-a}\sum_{k=1}^{n}\left(\frac{1}{k+a}-\frac{1}{k+b}\right)$ (단, $a\neq b$)

Plus

분수 꼴로 주어진 수열의 합을 구할 때와 같이 항이 연쇄적으로 소거될 때에는 대표적으로 연달아 소거되는 꼴과 건너뛰며 소거되는 꼴의 두 가지가 있다. 이때 소거되지 않고 남는 항은 앞에서 남는 항과 뒤에서 남는 항이 서로 대칭이 되는 위치에 있다.

① 연달아 소거되는 꼴

$$\begin{aligned}\sum_{k=1}^{n}\{f(k)-f(k+1)\}&=\{f(1)-f(2)\}+\{f(2)-f(3)\}+\{f(3)-f(4)\}+\cdots+\{f(n)-f(n+1)\}\\&=f(1)-f(n+1)\end{aligned}$$

← 앞에서 첫 번째 항이 남으면 뒤에서 첫 번째 항이 남는다.

② 건너뛰며 소거되는 꼴

$$\begin{aligned}&\sum_{k=1}^{n}\{f(k)-f(k+2)\}\\&=\{f(1)-f(3)\}+\{f(2)-f(4)\}+\{f(3)-f(5)\}+\{f(4)-f(6)\}+\cdots\\&\qquad+\{f(n-1)-f(n+1)\}+\{f(n)-f(n+2)\}\\&=f(1)+f(2)-f(n+1)-f(n+2)\end{aligned}$$

← 앞에서 첫 번째, 세 번째 항이 남으면 뒤에서 첫 번째, 세 번째 항이 남는다.

2 분모에 근호가 포함된 수열의 합

다음과 같이 분모에 근호가 포함된 수열 $\{a_n\}$의 첫째항부터 제n항까지의 합 S_n을 구해 봅시다.

$$\frac{1}{\sqrt{2}+1},\ \frac{1}{\sqrt{3}+\sqrt{2}},\ \frac{1}{\sqrt{4}+\sqrt{3}},\ \cdots,\ \frac{1}{\sqrt{n+1}+\sqrt{n}}$$

위 수열의 일반항 a_n의 분모를 유리화하면 다음과 같습니다.

$$a_n=\frac{1}{\sqrt{n+1}+\sqrt{n}}=\frac{\sqrt{n+1}-\sqrt{n}}{(\sqrt{n+1}+\sqrt{n})(\sqrt{n+1}-\sqrt{n})}=\sqrt{n+1}-\sqrt{n}$$

이제 수열 $\{a_n\}$의 일반항을 이용하여 S_n을 합의 기호 $\sum$를 사용하여 나타낸 후 수열의 합을 구하면 앞의 분수 꼴로 주어진 수열의 합과 마찬가지로 연쇄적으로 항이 소거됩니다. 즉,

$$S_n=\sum_{k=1}^{n}a_k=\sum_{k=1}^{n}(\sqrt{k+1}-\sqrt{k})$$
$$=(\sqrt{2}-1)+(\sqrt{3}-\sqrt{2})+(\sqrt{4}-\sqrt{3})+\cdots+(\sqrt{n+1}-\sqrt{n})=\sqrt{n+1}-1$$

위의 예에서는 소거되는 항의 위치가 떨어져 있지만 분수 꼴로 주어진 수열의 합처럼 소거되는 항들은 대칭적으로 소거됩니다.

Example 다음 수열의 첫째항부터 제n항까지의 합을 구해 보자.

$$\frac{1}{\sqrt{5}+\sqrt{2}},\ \frac{1}{\sqrt{8}+\sqrt{5}},\ \frac{1}{\sqrt{11}+\sqrt{8}},\ \cdots$$

주어진 수열의 일반항을 a_n이라고 하면

$$a_n=\frac{1}{\sqrt{3n+2}+\sqrt{3n-1}}=\frac{\sqrt{3n+2}-\sqrt{3n-1}}{(\sqrt{3n+2}+\sqrt{3n-1})(\sqrt{3n+2}-\sqrt{3n-1})}$$
$$=\frac{1}{3}(\sqrt{3n+2}-\sqrt{3n-1})$$

이므로 주어진 수열의 첫째항부터 제n항까지의 합 S_n은

$$S_n=\sum_{k=1}^{n}a_k=\frac{1}{3}\sum_{k=1}^{n}(\sqrt{3k+2}-\sqrt{3k-1})$$
$$=\frac{1}{3}\{(\sqrt{5}-\sqrt{2})+(\sqrt{8}-\sqrt{5})+(\sqrt{11}-\sqrt{8})+\cdots+(\sqrt{3n+2}-\sqrt{3n-1})\}$$
$$=\frac{1}{3}(\sqrt{3n+2}-\sqrt{2})$$

앞에서 두 번째 항이 남으면
뒤에서 두 번째 항이 남는다.

개념 Point 분모에 근호가 포함된 수열의 합

분모를 유리화하여 두 무리식의 차의 꼴로 변형한 다음 연쇄적으로 항을 소거하여 합을 구한다. 이때 소거되는 항들은 대칭적으로 소거된다.

1 $\displaystyle\sum_{k=1}^{n}\frac{1}{\sqrt{k+1}+\sqrt{k}}=\sum_{k=1}^{n}(\sqrt{k+1}-\sqrt{k})$

2 $\displaystyle\sum_{k=1}^{n}\frac{1}{\sqrt{k+d}+\sqrt{k}}=\frac{1}{d}\sum_{k=1}^{n}(\sqrt{k+d}-\sqrt{k})$ (단, $d\neq0$)

3 여러 가지 수열의 합

1. (등차수열)×(등비수열) 꼴의 수열의 합

다음과 같이 등차수열 1, 2, 3, 4, ⋯, n과 등비수열 2, 2^2, 2^3, 2^4, ⋯, 2^n에서 서로 대응하는 항끼리 곱하여 얻어진 수열의 합을 구해 봅시다.

$$1\times2,\ 2\times2^2,\ 3\times2^3,\ 4\times2^4,\ \cdots,\ n\times2^n \quad \cdots\cdots ㉠$$

← 이와 같이 등차수열과 등비수열의 각 항의 곱으로 이루어진 수열의 합을 멱급수라고 한다.

(등차수열)×(등비수열) 꼴의 수열의 합을 구할 때 먼저 수열의 합을 S로 놓고 S에 등비수열의 공비 r을 곱합니다. 그 다음 $S-rS$ 꼴로 만들어 S의 값을 구합니다.

예를 들어 수열 ㉠의 합을 S라 하고 S에 등비수열의 공비 2를 곱하여 각 변끼리 빼면

$$\begin{array}{rl} S= & 1\times2+2\times2^2+3\times2^3+\cdots+n\times2^n \\ -)\ 2S= & \qquad\quad 1\times2^2+2\times2^3+\cdots+(n-1)\times2^n+n\times2^{n+1} \\ \hline -S= & 1\times2+1\times2^2+1\times2^3+\cdots+1\times2^n \qquad -n\times2^{n+1} \end{array}$$

← $2S$를 쓸 때 항을 하나씩 오른쪽으로 옮겨서 쓰면 지수가 같은 항끼리 빼게 되어 계산이 쉬워진다.

입니다. 이때 등차수열 부분은 일정하게 공차만 남는 것을 알 수 있고 이것을 이용하면 주어진 수열의 합을 구하는 계산이 등비수열의 합을 이용하는 꼴로 간단해집니다. 즉,

$$\begin{aligned} -S&=1\times2+1\times2^2+1\times2^3+\cdots+1\times2^n-n\times2^{n+1} \\ &=(2+2^2+2^3+\cdots+2^n)-n\times2^{n+1} \\ &=\frac{2(2^n-1)}{2-1}-n\times2^{n+1} \\ &=(1-n)2^{n+1}-2 \end{aligned}$$

$$\therefore\ S=(n-1)2^{n+1}+2$$

← 첫째항이 a, 공비가 $r\ (r\neq1)$인 등비수열의 첫째항부터 제n항까지의 합은 $\frac{a(r^n-1)}{r-1}$이다.

위의 계산 과정을 살펴보면 (등차수열)×(등비수열) 꼴의 수열의 합을 구할 때에는 등차수열의 공차, 등비수열의 공비, 등비수열의 합을 모두 이용한다는 것을 알 수 있습니다.

2. 나머지로 정의된 수열

수열 $\{a_n\}$의 일반항 a_n을 3^n을 10으로 나누었을 때의 나머지로 정의할 때, 이 수열의 제100항을 생각해 봅시다.

3의 거듭제곱인 3^n을 차례대로 계산한 후 10으로 나누어 수열 $\{a_n\}$의 각 항을 구하는 것은 어렵지 않아 보이지만 3^{100}은 3을 100번이나 곱해야 하기 때문에 시간이 많이 소요됩니다.

그렇지만 직접 계산하는 방법으로만 제100항을 구할 수 있는 것은 아닙니다. 자연수들의 거듭제곱은 일의 자리의 숫자가 반복되는 특징이 있으므로 이를 이용하면 수열의 각 항을 간단하게 구할 수 있습니다. 3^n을 계산해 보면

$$3^1=3,\ 3^2=9,\ 3^3=27,\ 3^4=81,\quad 3^5=243,\ 3^6=729,\ 3^7=2187,\ 3^8=6561,$$
$$3^9=19683,\ \cdots$$

과 같이 3의 거듭제곱의 일의 자리의 숫자는 3, 9, 7, 1이 이 순서대로 반복됨을 알 수 있습니다.

그러면 처음의 문제로 돌아가 볼까요?

$100=25\times4$로 4의 배수이므로 3^{100}의 일의 자리의 숫자는 3^4, 3^8, $\cdots$, 3^{4n}의 일의 자리의 숫자와 같음을 알 수 있습니다. 따라서 수열 $\{a_n\}$의 제100항은 1입니다.

이와 같이 자연수의 거듭제곱의 나머지로 정의된 수열 $\{a_n\}$은 반복되는 항이 나올 때까지 n에 1부터 차례대로 대입하여 반복되는 규칙을 파악하면 간단하게 해결할 수 있습니다.

개념 Point 여러 가지 수열의 합

1 (등차수열)×(등비수열) 꼴의 수열의 합

(등차수열)×(등비수열) 꼴의 수열의 합은 다음과 같은 순서로 계산한다.

❶ 주어진 수열의 합을 S로 놓는다.

❷ 등비수열의 공비를 r이라고 할 때, $S-rS$를 구한다.

❸ $S-rS$에서 등비수열의 합의 공식을 이용하여 S를 구한다.

2 나머지로 정의된 수열

(1) 자연수의 거듭제곱의 일의 자리의 숫자는 반드시 반복된다.

(2) 자연수의 거듭제곱의 나머지로 정의된 수열 $\{a_n\}$은 반복되는 항이 나올 때까지 n에 1부터 차례대로 대입하여 반복되는 규칙을 파악한다.

수매씽 특강 군수열

수열 1, 1, 2, 1, 2, 3, 1, 2, 3, 4, …는 등차수열이나 등비수열과 같이 모든 항에 적용되는 한 가지 규칙이 존재하지 않는다. 그러나 수열의 항들을 다음과 같이 묶어 보면 규칙성을 발견할 수 있다.

(1), (1, 2), (1, 2, 3), (1, 2, 3, 4), …

이와 같이 주어진 수열을 특정한 규칙에 의하여 몇 개의 항들의 묶음으로 나눌 수 있고, 그러한 묶음 안의 수들이 다시 수열을 이루는 것을 군수열이라고 한다. 이때 각각의 묶음들을 군이라 하고, 각 군을 앞에서부터 차례대로 제1군 제2군, 제3군, …이라고 한다. 위의 수열에서 (1)은 제1군, (1, 2)는 제2군, (1, 2, 3)은 제3군이다. 또한 수열을 군으로 나누었기 때문에 각 군에 속해 있는 항을 독립적으로 보았을 때 항의 번호를 다시 매길 수 있다. 위의 수열에서 제5항인 2는 제3군의 2번째 항이기도 하다.

군수열은 일반적으로 다음과 같은 과정을 통하여 일반항을 파악할 수 있다.

❶ 각 군에 속한 항들이 같은 규칙을 가지도록 주어진 수열을 군으로 나눈다.

❷ 각 군에 대하여 다음을 파악한다.

(i) 제m군의 항의 개수

(ii) 제m군의 첫째항 또는 끝항

(iii) 제m군의 k번째 항 ← 군수열의 일반항

개념 콕콕

1 다음 수열의 합을 구하시오.

(1) $\frac{1}{1\times2}+\frac{1}{2\times3}+\frac{1}{3\times4}+\cdots+\frac{1}{9\times10}$ (2) $\frac{1}{1\times3}+\frac{1}{3\times5}+\frac{1}{5\times7}+\cdots+\frac{1}{19\times21}$

2 다음 수열의 합을 구하시오.

(1) $\frac{1}{\sqrt{2}+1}+\frac{1}{\sqrt{3}+\sqrt{2}}+\cdots+\frac{1}{\sqrt{16}+\sqrt{15}}$ (2) $\frac{1}{\sqrt{3}+1}+\frac{1}{\sqrt{5}+\sqrt{3}}+\cdots+\frac{1}{\sqrt{49}+\sqrt{47}}$

3 다음은 수열 $\frac{1}{1\times2\times3}$, $\frac{1}{2\times3\times4}$, $\frac{1}{3\times4\times5}$, …의 첫째항부터 제$10$항까지의 합을 구하는 과정이다. (가), (나), (다)에 알맞은 수를 써넣으시오.

$$\frac{1}{1\times2\times3}+\frac{1}{2\times3\times4}+\frac{1}{3\times4\times5}+\cdots+\frac{1}{10\times11\times12}$$
$$=\sum_{k=1}^{10}\frac{1}{k(k+1)(k+2)}$$
$$=\sum_{k=1}^{10}\frac{1}{\boxed{(가)}}\left\{\frac{1}{k(k+1)}-\frac{1}{(k+1)(k+2)}\right\}$$
$$=\frac{1}{2}\left\{\left(\frac{1}{1\times2}-\frac{1}{2\times3}\right)+\left(\frac{1}{2\times3}-\frac{1}{3\times4}\right)+\cdots+\left(\frac{1}{10\times11}-\frac{1}{11\times12}\right)\right\}$$
$$=\frac{1}{2}\times\left(\frac{1}{2}-\frac{1}{\boxed{(나)}}\right)=\frac{\boxed{(다)}}{264}$$

4 $\sum_{k=1}^{8}k\left(\frac{1}{2}\right)^k=m+n\left(\frac{1}{2}\right)^7$일 때, 정수 m, n에 대하여 $m+n$의 값을 구하시오.

• 풀이 175쪽 ~ 176쪽

정답

1 (1) $\frac{9}{10}$ (2) $\frac{10}{21}$

2 (1) 3 (2) 3

3 (가) 2 (나) 132 (다) 65

4 -3

출제 가능성 

예제 05 분수 꼴로 주어진 수열의 합

다음 수열의 첫째항부터 제n항까지의 합을 구하시오.

(1) $\frac{1}{1\times3}, \frac{1}{2\times4}, \frac{1}{3\times5}, \frac{1}{4\times6}, \cdots$

(2) $\frac{1}{3^2-1}, \frac{1}{5^2-1}, \frac{1}{7^2-1}, \frac{1}{9^2-1}, \cdots$

접근 방법 분모가 두 수의 곱으로 이루어진 분수 꼴의 수열의 합은 일반항을 구하여 부분분수로 변형한 다음 합을 전개한 식에서 소거되는 항을 정리하여 구한다.

수매씽 Point $\frac{1}{AB}=\frac{1}{B-A}\left(\frac{1}{A}-\frac{1}{B}\right)$ (단, $A\neq B$)

상세 풀이 (1) 주어진 수열의 일반항을 a_n이라고 하면

$$a_n=\frac{1}{n(n+2)}=\frac{1}{2}\left(\frac{1}{n}-\frac{1}{n+2}\right)$$

$$\therefore \sum_{k=1}^{n}a_k=\frac{1}{2}\sum_{k=1}^{n}\left(\frac{1}{k}-\frac{1}{k+2}\right)$$

$$=\frac{1}{2}\left\{\left(1-\frac{1}{3}\right)+\left(\frac{1}{2}-\frac{1}{4}\right)+\left(\frac{1}{3}-\frac{1}{5}\right)+\cdots+\left(\frac{1}{n-1}-\frac{1}{n+1}\right)+\left(\frac{1}{n}-\frac{1}{n+2}\right)\right\}$$

$$=\frac{1}{2}\left(1+\frac{1}{2}-\frac{1}{n+1}-\frac{1}{n+2}\right)=\frac{n(3n+5)}{4(n+1)(n+2)}$$

(2) 주어진 수열의 일반항을 a_n이라고 하면

$$a_n=\frac{1}{(2n+1)^2-1}=\frac{1}{2n(2n+2)}=\frac{1}{4n(n+1)}=\frac{1}{4}\left(\frac{1}{n}-\frac{1}{n+1}\right)$$

$$\therefore \sum_{k=1}^{n}a_k=\frac{1}{4}\sum_{k=1}^{n}\left(\frac{1}{k}-\frac{1}{k+1}\right)$$

$$=\frac{1}{4}\left\{\left(1-\frac{1}{2}\right)+\left(\frac{1}{2}-\frac{1}{3}\right)+\left(\frac{1}{3}-\frac{1}{4}\right)+\cdots+\left(\frac{1}{n}-\frac{1}{n+1}\right)\right\}$$

$$=\frac{1}{4}\left(1-\frac{1}{n+1}\right)=\frac{n}{4(n+1)}$$

정답 (1) $\frac{n(3n+5)}{4(n+1)(n+2)}$ (2) $\frac{n}{4(n+1)}$

보충 설명

다음과 같이 분모에 세 수 또는 세 식 이상이 곱해져 있는 분수도 두 부분분수의 차로 나타낼 수 있다.

$$\frac{1}{ABC}=\frac{1}{C-A}\left(\frac{1}{AB}-\frac{1}{BC}\right) \text{ (단, } A\neq C)$$

숫자 바꾸기

한번 더

05-1

다음 수열의 첫째항부터 제n항까지의 합을 구하시오.

(1) $\frac{1}{2\times4}, \frac{1}{4\times6}, \frac{1}{6\times8}, \frac{1}{8\times10}, \cdots$

(2) $\frac{1}{2^2-1}, \frac{1}{4^2-1}, \frac{1}{6^2-1}, \frac{1}{8^2-1}, \cdots$

(3) $\frac{1}{1\times2\times3}, \frac{1}{2\times3\times4}, \frac{1}{3\times4\times5}, \frac{1}{4\times5\times6}, \cdots$

(4) $1, \frac{1}{1+2}, \frac{1}{1+2+3}, \frac{1}{1+2+3+4}, \cdots$

표현 바꾸기

한번 더

05-2

수열 $\{a_n\}$에 대하여 다음 물음에 답하시오.

(1) $\sum_{k=1}^{n} a_k = n^2+2n$일 때, $\sum_{k=1}^{n} \frac{1}{a_k a_{k+1}}$을 n에 대한 식으로 나타내시오.

(2) $\sum_{k=1}^{n} a_k = \frac{n(n+1)(n+2)}{3}$일 때, $\sum_{k=1}^{n} \frac{1}{a_k}$을 n에 대한 식으로 나타내시오.

11

개념 넓히기

한번 더

05-3

x에 대한 이차방정식 $x^2+4x-(2n-1)(2n+1)=0$의 두 근을 α_n, β_n이라고 할 때, $\sum_{n=1}^{10}\left(\frac{1}{\alpha_n}+\frac{1}{\beta_n}\right)$의 값은? (단, n은 자연수이다.)

① $\frac{10}{21}$ ② $\frac{20}{21}$ ③ $\frac{10}{7}$

④ $\frac{40}{21}$ ⑤ $\frac{50}{21}$

• 풀이 176쪽 ~ 178쪽

정답

05-1 (1) $\frac{n}{4(n+1)}$ (2) $\frac{n}{2n+1}$ (3) $\frac{n(n+3)}{4(n+1)(n+2)}$ (4) $\frac{2n}{n+1}$

05-2 (1) $\frac{n}{3(2n+3)}$ (2) $\frac{n}{n+1}$ **05-3** ④

예제 06 분모에 근호가 포함된 수열의 합

다음을 계산하시오.

(1) $\sum_{k=1}^{100}\frac{1}{\sqrt{k}+\sqrt{k-1}}$　　(2) $\sum_{k=1}^{48}\frac{1}{\sqrt{k+2}+\sqrt{k}}$

접근 방법 분모에 근호가 포함된 수열의 합은 일반항의 분모를 유리화한 후 합을 전개한 식에서 소거되는 항을 정리하여 구한다.

수매씽 Point 분모에 근호가 포함된 수열의 합 ➡ 분모를 유리화!

상세 풀이 (1) $\frac{1}{\sqrt{k}+\sqrt{k-1}}=\frac{\sqrt{k}-\sqrt{k-1}}{(\sqrt{k}+\sqrt{k-1})(\sqrt{k}-\sqrt{k-1})}=\sqrt{k}-\sqrt{k-1}$

$$\therefore \sum_{k=1}^{100}\frac{1}{\sqrt{k}+\sqrt{k-1}}=\sum_{k=1}^{100}(\sqrt{k}-\sqrt{k-1})$$
$$=(1-0)+(\sqrt{2}-1)+(\sqrt{3}-\sqrt{2})+\cdots+(\sqrt{100}-\sqrt{99})$$
$$=\sqrt{100}=10$$

(2) $\frac{1}{\sqrt{k+2}+\sqrt{k}}=\frac{\sqrt{k+2}-\sqrt{k}}{(\sqrt{k+2}+\sqrt{k})(\sqrt{k+2}-\sqrt{k})}=\frac{1}{2}(\sqrt{k+2}-\sqrt{k})$

$$\therefore \sum_{k=1}^{48}\frac{1}{\sqrt{k+2}+\sqrt{k}}=\frac{1}{2}\sum_{k=1}^{48}(\sqrt{k+2}-\sqrt{k})$$
$$=\frac{1}{2}\{(\sqrt{3}-1)+(\sqrt{4}-\sqrt{2})+(\sqrt{5}-\sqrt{3})+\cdots+(\sqrt{49}-\sqrt{47})+(\sqrt{50}-\sqrt{48})\}$$
$$=\frac{1}{2}\times(-1-\sqrt{2}+\sqrt{49}+\sqrt{50})=3+2\sqrt{2}$$

정답 (1) 10　(2) $3+2\sqrt{2}$

보충 설명

주어진 식의 모양에 따라 다음과 같이 분모를 유리화할 수 있다.

(1) $\frac{a}{\sqrt{b}}=\frac{a\sqrt{b}}{\sqrt{b}\sqrt{b}}=\frac{a\sqrt{b}}{b}$

(2) $\frac{c}{\sqrt{a}+\sqrt{b}}=\frac{c(\sqrt{a}-\sqrt{b})}{(\sqrt{a}+\sqrt{b})(\sqrt{a}-\sqrt{b})}=\frac{c(\sqrt{a}-\sqrt{b})}{a-b}$ (단, $a\neq b$)

(3) $\frac{c}{\sqrt{a}-\sqrt{b}}=\frac{c(\sqrt{a}+\sqrt{b})}{(\sqrt{a}-\sqrt{b})(\sqrt{a}+\sqrt{b})}=\frac{c(\sqrt{a}+\sqrt{b})}{a-b}$ (단, $a\neq b$)

숫자 바꾸기 한번 더

06-1

다음을 계산하시오.

(1) $\sum_{k=2}^{99} \frac{1}{\sqrt{k+1}+\sqrt{k-1}}$

(2) $\sum_{k=1}^{40} \frac{1}{\sqrt{2k+1}+\sqrt{2k-1}}$

(3) $\sum_{k=1}^{16} \frac{3}{\sqrt{3k-1}+\sqrt{3k+2}}$

(4) $\sum_{k=1}^{99} \frac{1}{k\sqrt{k+1}+(k+1)\sqrt{k}}$

표현 바꾸기 한번 더

06-2

함수 $f(x)=\sqrt{x}+\sqrt{x+1}$에 대하여 $\sum_{k=1}^{n} \frac{1}{f(k)}=6$을 만족시키는 자연수 n의 값을 구하시오.

개념 넓히기 한번 더

06-3

양의 실수로 이루어진 수열 $\{a_n\}$이

$$a_1^2+a_2^2+a_3^2+\cdots+a_n^2=n^2 \ (n=1, 2, 3, \cdots)$$

을 만족시킬 때, $\sum_{k=1}^{60} \frac{1}{a_k+a_{k+1}}$의 값은?

① 2 ② 3 ③ 4 ④ 5 ⑤ 6

• 풀이 178쪽～179쪽

정답

06-1 (1) $\frac{9-\sqrt{2}+3\sqrt{11}}{2}$ (2) 4 (3) $4\sqrt{2}$ (4) $\frac{9}{10}$ **06-2** 48 **06-3** ④

예제 07 로그가 포함된 수열의 합

다음을 계산하시오.

(1) $\sum_{k=1}^{99} \log\left(1+\frac{1}{k}\right)$　　　　(2) $\sum_{k=2}^{50} \log\left(1-\frac{1}{k^2}\right)$

접근 방법 수열의 각 항이 로그 꼴로 주어져 있고, 수열의 첫째항부터 제n항까지의 합에 관한 문제이므로 로그의 성질 $\log_a x+\log_a y=\log_a xy$를 이용한다.

수매씽 Point Σ 기호 안에 log가 있는 경우에는 로그의 성질을 이용하여 진수를 곱셈 꼴로 고친다.

상세 풀이 (1) $\sum_{k=1}^{99} \log\left(1+\frac{1}{k}\right)=\sum_{k=1}^{99} \log \frac{k+1}{k}$

$$=\log \frac{2}{1}+\log \frac{3}{2}+\log \frac{4}{3}+\cdots+\log \frac{100}{99}$$

$$=\log\left(\frac{2}{1}\times\frac{3}{2}\times\frac{4}{3}\times\cdots\times\frac{100}{99}\right)$$

$$=\log \frac{100}{1}=\log 100=2$$

(2) $\sum_{k=2}^{50} \log\left(1-\frac{1}{k^2}\right)=\sum_{k=2}^{50} \log \frac{k^2-1}{k^2}=\sum_{k=2}^{50} \log \frac{(k-1)(k+1)}{k^2}$

$$=\log \frac{1\times3}{2^2}+\log \frac{2\times4}{3^2}+\log \frac{3\times5}{4^2}+\cdots+\log \frac{49\times51}{50^2}$$

$$=\log\left(\frac{1\times3}{2\times2}\times\frac{2\times4}{3\times3}\times\frac{3\times5}{4\times4}\times\cdots\times\frac{49\times51}{50\times50}\right)$$

$$=\log \frac{1\times51}{2\times50}=\log 51-\log 100$$

$$=\log 51-2$$

정답 (1) 2　(2) $\log 51-2$

보충 설명

(1)을 풀 때에 부분분수나 무리식 꼴의 수열의 합의 계산처럼 합을 전개한 식에서 소거되는 항을 정리하여

$$\sum_{k=1}^{99} \log \frac{k+1}{k}=\sum_{k=1}^{99} \{\log(k+1)-\log k\}$$

$$=(\log 2-\log 1)+(\log 3-\log 2)+\cdots+(\log 100-\log 99)$$

$$=\log 100-\log 1=2$$

와 같이 계산해도 같은 결과를 얻을 수 있다.

숫자 바꾸기 한번 더

07-1

다음을 계산하시오.

(1) $\sum_{k=1}^{198}\log\frac{k+2}{k}$

(2) $\sum_{k=1}^{30}\log_2\left(1+\frac{1}{k+1}\right)$

(3) $\sum_{k=2}^{80}\{\log_3 k^2-\log_3(k^2-1)\}$

(4) $\sum_{k=2}^{15}\frac{\log_2\left(1+\frac{1}{k}\right)}{\log_2\sqrt{k}\times\log_2\sqrt{k+1}}$

표현 바꾸기 한번 더

07-2

수열 $\{a_n\}$을

$$a_n=\log_3\left(1+\frac{1}{n}\right)\ (n=1,\ 2,\ 3,\ \cdots)$$

로 정의할 때, $\sum_{k=1}^{n}a_k=3$을 만족시키는 자연수 n의 값은?

① 24 ② 25 ③ 26

④ 27 ⑤ 28

개념 넓히기 한번 더

07-3

수열 $\{a_n\}$에 대하여 첫째항부터 제n항까지의 합 S_n이

$$S_n=2^n-1$$

로 주어질 때, $\sum_{k=2}^{10}\frac{1}{\log_2 a_k\times\log_2 a_{k+1}}$의 값을 구하시오.

• 풀이 179쪽 ~ 180쪽

정답

07-1 (1) $\log 199+2$ (2) 4 (3) $\log_3 160-4$ (4) 3 07-2 ③ 07-3 $\frac{9}{10}$

예제 08 (등차수열)×(등비수열) 꼴의 수열의 합

다음 수열의 합을 구하시오.

$$1+3x+5x^2+\cdots+(2n-1)x^{n-1}$$

접근 방법 주어진 수열은 등차수열 1, 3, 5, ⋯, $2n-1$과 등비수열 1, x, x^2, ⋯, x^{n-1}을 서로 대응하는 항끼리 곱하여 만든 수열의 합이다. 구하는 수열의 합을 S라 하고

$S-$(등비수열의 공비)$\times S$

를 이용하여 수열의 합을 구한다.

수매씽 Point (등차수열)×(등비수열) 꼴의 수열의 합 ➡ $S-rS$를 계산한다.

상세 풀이 주어진 수열의 합을 S라고 하면

$$S=1+3x+5x^2+\cdots+(2n-1)x^{n-1} \quad \cdots\cdots ㉠$$

㉠의 양변에 x를 곱하면

$$xS=x+3x^2+5x^3+\cdots+(2n-1)x^n \quad \cdots\cdots ㉡$$

㉠$-$㉡을 하면

$$\begin{array}{rrl} & S= & 1+3x+5x^2+7x^3+\cdots+(2n-1)x^{n-1} \\ -) & xS= & \quad\ x+3x^2+5x^3+\cdots+(2n-3)x^{n-1}+(2n-1)x^n \\ \hline & (1-x)S= & 1+2x+2x^2+2x^3+\cdots+2x^{n-1} \quad -(2n-1)x^n \end{array}$$

(i) $x\neq1$일 때

$$(1-x)S=1+(2x+2x^2+2x^3+\cdots+2x^{n-1})-(2n-1)x^n$$

$$=1+\frac{2x(1-x^{n-1})}{1-x}-(2n-1)x^n=\frac{1+x-2x^n}{1-x}-(2n-1)x^n$$

$$\therefore S=\frac{1+x-2x^n}{(1-x)^2}-\frac{(2n-1)x^n}{1-x}$$

(ii) $x=1$일 때

㉠에 $x=1$을 대입하면

$$S=1+3+5+\cdots+(2n-1)=\frac{n\{1+(2n-1)\}}{2}=n^2$$

정답 $x\neq1$일 때 $\frac{1+x-2x^n}{(1-x)^2}-\frac{(2n-1)x^n}{1-x}$, $x=1$일 때 n^2

보충 설명

위와 같이 공비가 문자로 주어진 경우에는 공비가 1이 아닌 경우와 1인 경우로 나누어 풀어야 한다.

숫자 바꾸기 한번 더 ☑ ☐

08-1

다음 수열의 합을 구하시오.

(1) $1+2\times2+3\times2^2+4\times2^3+\cdots+n\times2^{n-1}$

(2) $1+2x+3x^2+4x^3+\cdots+nx^{n-1}$ (단, $x\neq1$)

표현 바꾸기 한번 더 ☑ ☐

08-2

등식 $\sum_{k=1}^{n}k\left(\frac{1}{2}\right)^k=a+b\left(\frac{1}{2}\right)^n+cn\left(\frac{1}{2}\right)^{n+1}$을 만족시키는 정수 a, b, c에 대하여 $a+b+c$의 값은?

① -4　② -2　③ 0　④ 2　⑤ 4

11

개념 넓히기 한번 더 ☑ ☐

08-3

오른쪽과 같이 수를 나열할 때, 나열된 모든 수의 합은?

$$
\begin{array}{c}
1\\
3\quad 3\\
3^2\quad 3^2\quad 3^2\\
3^3\quad 3^3\quad 3^3\quad 3^3\\
\vdots\\
3^{10}\quad 3^{10}\quad 3^{10}\quad \cdots\quad 3^{10}\quad 3^{10}\quad 3^{10}
\end{array}
$$

① $\frac{21\times3^{11}-1}{4}$　② $\frac{21\times3^{11}+1}{4}$　③ $\frac{21\times3^{11}+1}{2}$　④ $\frac{23\times3^{11}-1}{4}$　⑤ $\frac{23\times3^{11}+1}{2}$

● 풀이 180쪽～181쪽

정답

08-1 (1) $(n-1)2^n+1$ (2) $\frac{1-(1+n)x^n+nx^{n+1}}{(1-x)^2}$　08-2 ②　08-3 ②

예제 09

나머지로 정의된 수열

다음 물음에 답하시오.

(1) 7^n을 10으로 나누었을 때의 나머지를 a_n이라고 할 때, a_{2000}의 값을 구하시오.

(2) 3^n+4^n의 일의 자리의 숫자를 a_n이라고 할 때, $\sum_{n=1}^{50} a_n$의 값을 구하시오.

접근 방법 지금까지 배웠던 수열의 꼴, 즉 등차수열이나 등비수열, 계차수열, 분수, 무리식 꼴의 수열이 아닌 새로운 형태의 수열이다. 이와 같은 새로운 형태의 수열은 n에 1, 2, 3, …을 차례대로 대입하여 나열한 후, 수열의 규칙성을 찾아 푼다.

수매씽 Point 자연수의 거듭제곱에서 일의 자리의 숫자는 반드시 반복된다.

상세 풀이 (1) 7^n을 10으로 나누었을 때의 나머지는 7^n의 일의 자리의 숫자와 같으므로 n에 1, 2, 3, …을 차례대로 대입하여 a_n을 구해 보면

$$a_1=7,\ a_2=9,\ a_3=3,\ a_4=1,\ a_5=7,\ a_6=9,\ a_7=3,\ a_8=1,\ \cdots$$

따라서 수열 $\{a_n\}$은 7, 9, 3, 1이 이 순서대로 반복되는 수열이므로 $2000=500\times4+0$에서

$$a_{2000}=a_4=1$$

(2) 3^n과 4^n의 일의 자리의 숫자를 각각 b_n, c_n이라고 하면 3^n+4^n의 일의 자리의 숫자 a_n은 다음과 같다.

n	1	2	3	4	5	6	7	8	…
b_n	3	9	7	1	3	9	7	1	…
c_n	4	6	4	6	4	6	4	6	…
a_n	7	5	1	7	7	5	1	7	…

따라서 수열 $\{a_n\}$은 7, 5, 1, 7이 이 순서대로 반복되는 수열이므로 $50=12\times4+2$에서

$$\sum_{n=1}^{50} a_n=(7+5+1+7)\times12+7+5=252$$

정답 (1) 1 (2) 252

보충 설명

(2)와 같이 새로운 형태의 수열이 나오는 문제에서 합을 구하는 경우에는 일정한 주기마다 같은 값이 반복되는 규칙성이 있는 경우가 많으므로 먼저 규칙성을 찾도록 한다.

숫자 바꾸기

한번 더 ☑ ☐

09-1

다음 물음에 답하시오.

(1) 8^n을 10으로 나누었을 때의 나머지를 a_n이라고 할 때, a_{4321}의 값을 구하시오.

(2) 2^n+9^n의 일의 자리의 숫자를 a_n이라고 할 때, $\sum_{n=1}^{100} a_n$의 값을 구하시오.

표현 바꾸기

한번 더 ☑ ☐

09-2

자연수 n에 대하여 두 함수 $f(n)$과 $g(n)$을 각각

$f(n)=$(9^n을 10으로 나누었을 때의 나머지),

$g(n)=$(8^n을 10으로 나누었을 때의 나머지)

로 정의할 때, 수열 $\{a_n\}$을 $a_n=f(n)-g(n)$이라고 하자. $\sum_{n=1}^{2030} a_n$의 값을 구하시오.

개념 넓히기

한번 더 ☑ ☐

09-3

자연수 n에 대하여

$$n!=1\times2\times3\times\cdots\times(n-1)\times n$$

으로 정의할 때, $n!$을 10으로 나누었을 때의 나머지를 a_n이라고 하자. $\sum_{n=1}^{1000} a_n$의 값을 구하시오.

• 풀이 181쪽~182쪽

정답

09-1 (1) 8 (2) 500 **09-2** -2 **09-3** 13

예제 10 정수로 이루어진 군수열

다음 수열의 첫째항부터 제150항까지의 합을 구하시오.

$1,\ 1,\ 2,\ 1,\ 1,\ 2,\ 3,\ 2,\ 1,\ 1,\ 2,\ 3,\ 4,\ 3,\ 2,\ 1,\ \cdots$

접근 방법 주어진 수열은

$1\ /\ 1,\ 2,\ 1\ /\ 1,\ 2,\ 3,\ 2,\ 1\ /\ 1,\ 2,\ 3,\ 4,\ 3,\ 2,\ 1\ /\ \cdots$

과 같이 1과 1 사이에 2, 3, 4, …를 기준으로 좌우 대칭을 이루면서 1씩 작아지는 꼴이다. 이때 각 군의 합을 각각 $A_1,\ A_2,\ A_3,\ A_4,\ \cdots$라고 하면 제1군부터 제$n$군까지의 총합 S_n은 $S_n=\sum_{k=1}^{n} A_k$이다.

수매씽 Point 군수열의 합은 각 군의 합을 수열로 만들어 푼다.

상세 풀이 주어진 수열을 군으로 묶으면

$(1),\ (1,\ 2,\ 1),\ (1,\ 2,\ 3,\ 2,\ 1),\ (1,\ 2,\ 3,\ 4,\ 3,\ 2,\ 1),\ \cdots$

이때 제n군은 $(1,\ 2,\ 3,\ \cdots,\ n-1,\ n,\ n-1,\ \cdots,\ 3,\ 2,\ 1)$이므로 제$n$군의 항의 개수는 $2n-1$이고, 제n군에 속하는 항들의 합을 A_n이라고 하면

$$A_n=1+2+3+\cdots+(n-1)+n+(n-1)+\cdots+2+1=\frac{n(n+1)}{2}+\frac{n(n-1)}{2}=n^2$$

한편, 제n군의 항의 개수는 $2n-1$이므로 제1군부터 제n군까지의 항의 개수는

$$1+3+5+\cdots+(2n-1)=\frac{n\{1+(2n-1)\}}{2}=n^2$$

제150항이 제n군에 속한다고 하면

$$(n-1)^2<150\le n^2 \qquad \therefore\ n=13 \quad \leftarrow 12^2=144,\ 13^2=169$$

즉, 제150항은 제13군에 속하고 제1군부터 제12군까지의 항의 개수는 $12^2=144$이므로 제150항은 제13군의 6번째 항이다.

따라서 구하는 합을 S라고 하면

$$S=\sum_{n=1}^{12} n^2+(1+2+3+4+5+6)=\frac{12\times13\times25}{6}+21=671$$

정답 671

보충 설명

군수열 문제를 해결할 때 가장 중요한 것은 각 군의 항의 개수이다. 몇 번째 항을 구하는 문제이든 어떤 수가 몇 번째 항인지를 구하는 문제이든 항상 각 군의 항의 개수를 이용하여 몇 번째 군에 속하는지를 찾는다. 또한 군수열의 일반항을 파악할 때에는 각 군의 첫 번째 항에 주목해서 규칙성을 찾는 것이 편리하다.

숫자 바꾸기

풀이 182쪽 ➕ 보충 설명 한번 더 ☑ ☐

10-1

다음 수열의 첫째항부터 제150항까지의 합을 구하시오.

$1,\ 3,\ 1,\ 3,\ 3,\ 1,\ 3,\ 3,\ 3,\ 1,\ 3,\ 3,\ 3,\ 3,\ 1,\ \cdots$

표현 바꾸기

한번 더 ☑ ☐

10-2

다음 물음에 답하시오.

(1) 수열 $1,\ 2,\ 2,\ 2,\ 3,\ 3,\ 3,\ 3,\ 3,\ 4,\ 4,\ 4,\ 4,\ 4,\ 4,\ 4,\ \cdots$에서 제500항을 구하시오.

(2) 수열 $1,\ 2,\ 1,\ 2,\ 2,\ 1,\ 2,\ 2,\ 2,\ 1,\ 2,\ 2,\ 2,\ 2,\ 1,\ \cdots$의 첫째항부터 제100항까지의 곱이 2^m일 때, 자연수 m의 값을 구하시오.

11

개념 넓히기

풀이 183쪽 ➕ 보충 설명 한번 더 ☑ ☐

10-3

오른쪽 그림과 같이 원점을 제외하고 x좌표와 y좌표가 모두 음이 아닌 정수인 모든 점 $(x,\ y)$에 자연수를 규칙적으로 대응시킬 때, 160에 대응되는 점의 좌표를 구하시오.

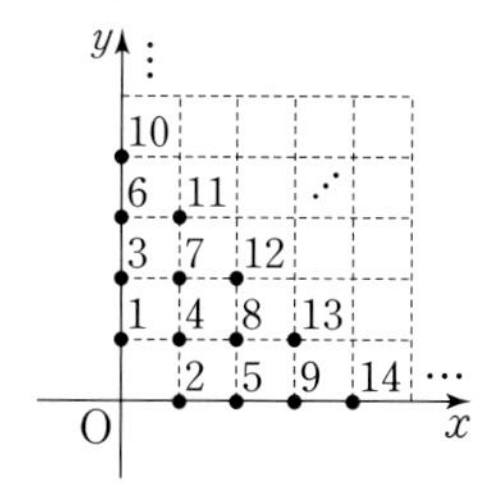

• 풀이 182쪽 ~ 183쪽

정답

10-1 418　　**10-2** (1) 23　(2) 87　　**10-3** $(7,\ 10)$

1 수열 5, 55, 555, 5555, ⋯에서 첫째항부터 제n항까지의 합은?

① $\frac{5}{81}(10^{n+1}-9n-10)$ ② $\frac{5}{81}(10^{n+1}-10n-9)$ ③ $\frac{5}{81}(10^{n+1}-11)$

④ $\frac{5}{81}(10^{n}-9n-10)$ ⑤ $\frac{5}{81}(10^{n}-11)$

2 등식 $\sum_{k=5}^{n+5} 4(k-3)=An^2+Bn+C$를 만족시키는 정수 A, B, C에 대하여 $A-B-C$의 값을 구하시오.

3 자연수 n에 대하여 이차방정식 $x^2+2nx+1=0$의 두 근을 α_n, β_n이라고 할 때, $\sum_{n=1}^{5}({\alpha_n}^2+{\beta_n}^2)$의 값을 구하시오.

4 다음 물음에 답하시오.

(1) $\sum_{k=1}^{n} f(k)=\frac{n}{n+1}$일 때, $\sum_{k=1}^{10}\frac{1}{f(k)}$의 값을 구하시오.

(2) 등차수열 $\{a_n\}$이 $\sum_{k=1}^{n} a_{2k}=3n^2+2n$을 만족시킬 때, $\sum_{k=1}^{10} a_{3k}$의 값을 구하시오.

5 다음 물음에 답하시오.

(1) $\sum_{n=1}^{10}\frac{4n+2}{n^2(n+1)^2}$의 값을 구하시오.

(2) 수열 $\{a_n\}$에 대하여 $a_n=4n^2-1$일 때, $\sum_{k=1}^{10}\frac{1}{a_k}$의 값을 구하시오.

6 수열 $\{a_n\}$의 일반항을 $a_n=3^n-10\left[\frac{3^n}{10}\right]$으로 정의할 때, $\sum_{n=1}^{50} a_n$의 값을 구하시오.

(단, $[x]$는 x보다 크지 않은 최대의 정수이다.)

7 자연수 n에 대하여 $\frac{n(n+1)}{2}$을 n으로 나누었을 때의 나머지를 a_n이라고 할 때, $\sum_{n=1}^{20} a_n$의 값을 구하시오.

8 분수 $\frac{5}{37}$를 소수로 나타내었을 때, 소수점 아래 n번째 자리의 수를 a_n이라고 하자. $\sum_{n=1}^{100} a_n$의 값을 구하시오.

11

9 다음과 같이 2 이상의 자연수 n에 대하여 분모는 2^n 꼴이고 분자는 분모보다 작은 홀수인 모든 분수로 이루어진 수열이 있다. 이 수열에서 첫째항부터 제126항까지의 합을 구하시오.

$$\frac{1}{2^2},\ \frac{3}{2^2},\ \frac{1}{2^3},\ \frac{3}{2^3},\ \frac{5}{2^3},\ \frac{7}{2^3},\ \frac{1}{2^4},\ \frac{3}{2^4},\ \frac{5}{2^4},\ \frac{7}{2^4},\ \frac{9}{2^4},\ \frac{11}{2^4},\cdots$$

10 수열 $\{a_n\}$에서

$$a_1=1,\ a_2=12,\ a_3=123,\ \cdots,\ a_9=123456789$$

일 때, $\sum_{k=1}^{9} a_k$의 값의 십의 자리의 숫자를 구하시오.

11

이차함수 $f(x)=\sum_{k=1}^{n}\left\{x-\frac{1}{k(k+1)}\right\}^2$이 $x=g(n)$에서 최솟값을 가질 때, $g(10)$의 값은?

(단, n은 자연수이다.)

① $\frac{1}{12}$　② $\frac{1}{11}$　③ $\frac{1}{10}$

④ $\frac{10}{11}$　⑤ $\frac{11}{12}$

12

$\sum_{k=1}^{100}\sin\frac{k}{3}\pi\times\sum_{i=1}^{100}\tan\frac{i}{3}\pi$의 값은?

① $-\frac{3}{2}$　② $-\frac{\sqrt{3}}{2}$　③ 0

④ $\frac{\sqrt{3}}{2}$　⑤ $\frac{3}{2}$

13

오른쪽 그림과 같이 한 모서리의 길이가 1인 정육면체를 한 층씩 쌓아 올려 10층 높이의 입체도형을 만든다고 한다. 이때 10층까지 쌓아 올린 입체도형의 겉넓이를 구하시오.

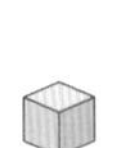 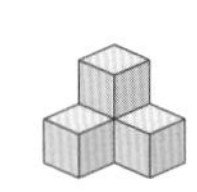 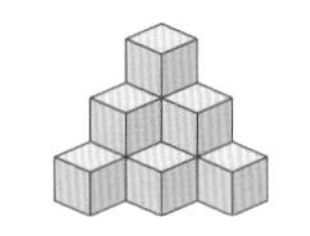 ⋯

14

1부터 100까지의 자연수를 작은 수부터 차례대로 나열한 후 홀수 번째 수를 모두 지우고 다시 남은 수들에서 홀수 번째 수를 모두 지웠을 때, 남아 있는 수들의 합을 S라고 하자. S의 값을 구하시오.

15

수열 $\{a_n\}$의 일반항 a_n을 $\sqrt{k}$를 소수점 아래 첫째 자리에서 반올림하여 n이 되도록 하는 자연수 k의 개수라고 할 때, $\sum_{i=1}^{10}a_i$의 값을 구하시오.

• 정답 및 풀이 186쪽～190쪽

16 다음과 같이 3으로 나누어떨어지지 않는 자연수를 작은 것부터 차례대로 나열한 수열 $\{a_n\}$에서 $\sum_{k=1}^{30} a_k$의 값을 구하시오.

a_n : 1, 2, 4, 5, 7, 8, ⋯

17 수열 $\{a_n\}$이 $\sum_{k=1}^{n}(a_{3k-1}+a_{3k}+a_{3k+1})=(2n+1)^2$을 만족시킬 때, $\sum_{k=2}^{31} a_k$의 값을 구하시오.

18 다음 물음에 답하시오.

(1) 1부터 10까지의 자연수 중에서 서로 다른 두 수의 곱의 합을 구하시오.

(2) 1부터 n까지의 자연수 중에서 연속이 아닌 서로 다른 두 수의 곱의 합을 구하시오.

19 오른쪽과 같이 자연수를 규칙적으로 배열할 때, 3행의 왼쪽에서 101번째에 있는 수를 구하시오.

1행	1			7			13	
2행	2		6	8		12	14	
3행		3 5			9 11			15
4행		4			10			⋱

20 오른쪽 그림과 같이 홀수를 배열하고 색칠한 부분에 있는 수를 작은 것부터 차례대로 나열하여 수열

1, 3, 7, 9, 13, 17, 19, ⋯

를 만들었다. 이 수열의 제66항을 구하시오.

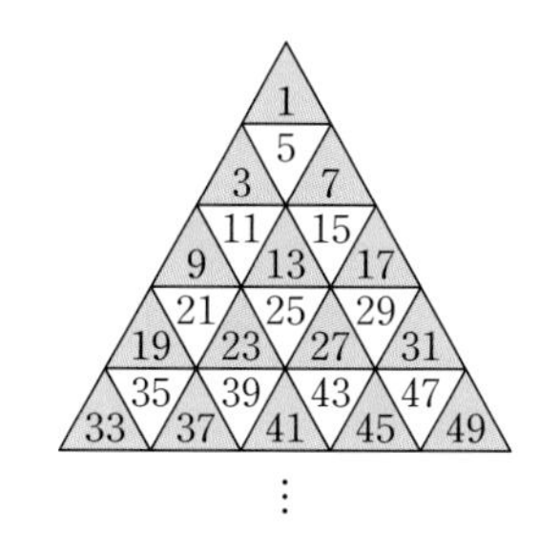

• 정답 및 풀이 190쪽~191쪽

평가원

21

수열 $\{a_n\}$에서 $a_n=3+(-1)^n$일 때, 좌표평면 위의 점 P_n을

$$P_n\left(a_n\cos\frac{2n\pi}{3},\ a_n\sin\frac{2n\pi}{3}\right)$$

라 하자. 점 P_{2009}와 같은 점은?

① P_1　② P_2　③ P_3
④ P_4　⑤ P_5

교육청

22

수열 $\{a_n\}$의 각 항이

$$a_1=1,\ a_2=1+3,\ a_3=1+3+5,\ \cdots,\ a_n=1+3+5+\cdots+(2n-1),\ \cdots$$

일 때, $\log_4(2^{a_1}\times2^{a_2}\times2^{a_3}\times\cdots\times2^{a_{12}})$의 값은?

① 315　② 320　③ 325
④ 330　⑤ 335

평가원

23

수열 $\{a_n\}$이 모든 자연수 n에 대하여 $\sum_{k=1}^{n}\frac{4k-3}{a_k}=2n^2+7n$을 만족시킨다.

$a_5\times a_7\times a_9=\frac{q}{p}$일 때, $p+q$의 값을 구하시오. (단, p와 q는 서로소인 자연수이다.)

평가원

24

수열 $\{a_n\}$의 제n항 a_n을 $\frac{n}{3^k}$이 자연수가 되게 하는 음이 아닌 정수 k의 최댓값이라 하자.
예를 들어 $a_1=0$이고 $a_6=1$이다. $a_m=3$일 때, $a_m+a_{2m}+a_{3m}+\cdots+a_{9m}$의 값을 구하시오.

평가원

25

함수 $y=f(x)$는 $f(3)=f(15)$를 만족시키고, 그 그래프는 그림과 같다. 모든 자연수 n에 대하여 $f(n)=\sum_{k=1}^{n}a_k$인 수열 $\{a_n\}$이 있다.
m이 15보다 작은 자연수일 때,

$$a_m+a_{m+1}+\cdots+a_{15}<0$$

을 만족시키는 m의 최솟값을 구하시오.

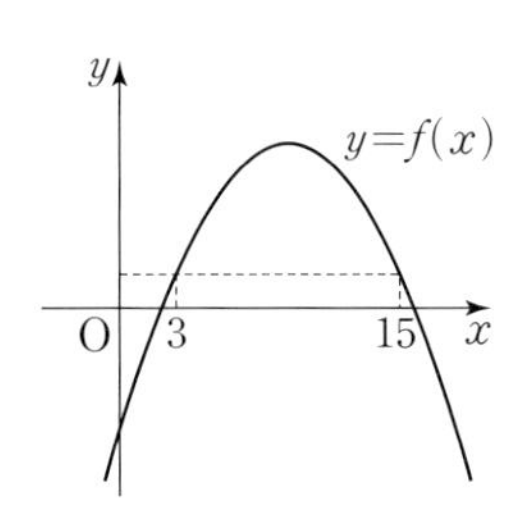

12

Ⅲ. 수열

수학적 귀납법

1 수열의 귀납적 정의

• 수열의 귀납적 정의

수열 $\{a_n\}$을 첫째항 a_1과 이웃하는 두 항 a_n, a_{n+1} $(n=1, 2, 3, \cdots)$ 사이의 관계식으로 정의하는 것을 수열의 귀납적 정의라 하고, 이웃하는 항들 사이의 관계식을 점화식이라고 한다.

• 등차수열과 등비수열의 귀납적 정의

(1) $a_{n+1}-a_n=d \Longleftrightarrow$ 수열 $\{a_n\}$은 공차가 d인 등차수열

(2) $a_{n+1}\div a_n=r \Longleftrightarrow$ 수열 $\{a_n\}$은 공비가 r인 등비수열

• 여러 가지 수열의 귀납적 정의

(1) $a_{n+1}=a_n+f(n)$ 꼴

n에 1, 2, 3, $\cdots$, $n-1$을 차례대로 대입하여 같은 변끼리 더하면

$$a_n=a_1+\sum_{k=1}^{n-1}f(k)$$

(2) $a_{n+1}=f(n)\times a_n$ $(a_n\neq0)$ 꼴

n에 1, 2, 3, $\cdots$, $n-1$을 차례대로 대입하여 같은 변끼리 곱하면

$$a_n=a_1f(1)f(2)f(3)\cdots f(n-1)$$

(3) $a_{n+1}=pa_n+q$ $(p\neq1, q\neq0)$ 꼴

$a_{n+1}-\alpha=p(a_n-\alpha)$ 꼴로 변형하면 수열 $\{a_n-\alpha\}$는 공비가 p인 등비수열이다.

(4) $a_{n+1}=\dfrac{ra_n}{pa_n+q}$ 꼴

양변의 역수를 취한 후 $\dfrac{1}{a_n}=b_n$으로 치환한다.

2 수학적 귀납법

명제 $p(n)$이 모든 자연수 n에 대하여 성립함을 증명하려면 다음 두 가지를 보이면 되는데, 이와 같은 증명법을 수학적 귀납법이라고 한다.

(i) $n=1$일 때, 명제 $p(n)$이 성립한다.

(ii) $n=k$일 때, 명제 $p(n)$이 성립한다고 가정하면 $n=k+1$일 때에도 명제 $p(n)$이 성립한다.

Q&A

Q 수열의 점화식에서 수열의 일반항을 구할 수 있을까요?

A 위의 여러 가지 수열의 귀납적 정의에 있는 점화식에서는 일반항을 구할 수 있지만, 점화식으로부터 일반항을 구하는 것은 경우에 따라서 매우 어렵습니다.

1 수열의 귀납적 정의

1 수열의 귀납적 정의

다음과 같은 등차수열 $\{a_n\}$을 살펴봅시다.

$\{a_n\}$: 1, 4, 7, 10, 13, 16, 19, 22, 25, ⋯

앞에서는 위와 같이 나열된 수열의 규칙성을 파악하여 일반항 a_n을 $a_n=3n-2$와 같이 구체적인 식으로 나타내는 방법을 공부하였습니다.

이제 수열을 첫째항과 이웃하는 항 사이의 관계식을 이용하여 나타내는 방법에 대하여 알아봅시다. 예를 들어 수열 $\{a_n\}$을

$$\begin{cases} a_1=1 \\ a_{n+1}=a_n+3 \ (n=1, 2, 3, \cdots) \end{cases}$$

으로 정의할 때, 수열 $\{a_n\}$의 첫째항 a_1의 값은 1이고, 제$(n+1)$항 a_{n+1}의 값은 바로 이전 항인 a_n에 3을 더한 값임을 알 수 있습니다.

그러므로 수열의 첫째항과 임의의 이웃하는 두 항 사이의 관계식이 주어지면 수열 $\{a_n\}$의 모든 항을 구할 수 있습니다.

실제로 $a_{n+1}=a_n+3$의 n에 1, 2, 3, ⋯을 차례대로 대입하면

$$a_1=1$$
$$a_2=a_1+3=1+3=4$$
$$a_3=a_2+3=4+3=7$$
$$a_4=a_3+3=7+3=10$$
$$\vdots$$

과 같이 수열의 각 항을 차례대로 구할 수 있습니다. 이때 일반항은

$$a_n=1+(n-1)\times 3=3n-2$$

입니다.

일반적으로 수열 $\{a_n\}$에 대하여

① 첫째항 a_1의 값
② 이웃하는 두 항 a_n, a_{n+1} $(n=1, 2, 3, \cdots)$ 사이의 관계식

이 주어질 때, 관계식의 n에 1, 2, 3, ⋯을 차례대로 대입하면 수열 $\{a_n\}$의 모든 항이 구해집니다.

12

이와 같이 첫째항과 이웃하는 항들 사이의 관계식으로 수열을 정의하는 것을 수열의 **귀납적 정의**라 하고, 그 관계식을 점화식이라고 합니다.

Example 첫째항이 2이고 공비가 3인 등비수열 $\{a_n\}$은 다음과 같이 여러 가지 방법으로 나타낼 수 있다.

① 2, 6, 18, 54, 162, ⋯

② $a_n=2\times 3^{n-1}$ ← 일반항

③ $\begin{cases} a_1=2 \\ a_{n+1}=3a_n \ (n=1,\ 2,\ 3,\ \cdots) \end{cases}$ ← 수열의 귀납적 정의

또한 수열의 일반항이 주어지지 않아도 Example과 같이 첫째항과 관계식을 알면 수열의 모든 항을 구할 수 있습니다.

Example (1) $a_1=2$, $a_{n+1}=a_n+5$ $(n=1,\ 2,\ 3,\ \cdots)$로 정의된 수열 $\{a_n\}$의 제6항은

$a_2=a_1+5=2+5=7$

$a_3=a_2+5=7+5=12$

$a_4=a_3+5=12+5=17$

$a_5=a_4+5=17+5=22$

$\therefore\ a_6=a_5+5=22+5=27$

(2) $a_1=2$, $a_{n+1}=2a_n+3$ $(n=1,\ 2,\ 3,\ \cdots)$으로 정의된 수열 $\{a_n\}$의 제5항은

$a_2=2a_1+3=2\times 2+3=7$

$a_3=2a_2+3=2\times 7+3=17$

$a_4=2a_3+3=2\times 17+3=37$

$\therefore\ a_5=2a_4+3=2\times 37+3=77$

개념 Point 수열의 귀납적 정의

수열 $\{a_n\}$을

① 첫째항 a_1의 값

② 이웃하는 두 항 a_n, a_{n+1} $(n=1,\ 2,\ 3,\ \cdots)$ 사이의 관계식

으로 정의하는 것을 수열의 귀납적 정의라고 한다.

이때 ②의 관계식의 n에 1, 2, 3, ⋯을 차례대로 대입하면 수열 $\{a_n\}$의 모든 항을 구할 수 있다.

+ Plus

수열의 귀납적 정의에서 첫째항과 두 항 a_n, a_{n+1} 사이의 관계식 대신 다음과 같이 처음 몇 개의 항과 이웃하는 항들 사이의 관계로도 수열을 정의할 수 있다.

① 수열의 제1항 a_1, 제2항 a_2를 안다.
② 세 항 a_n, a_{n+1}, a_{n+2} 사이의 관계식을 안다.
➡ 일반항 a_n을 알 수 있다.

2 등차수열과 등비수열의 귀납적 정의

앞에서 이웃하는 항들 사이의 관계식으로 수열을 정의하는 수열의 귀납적 정의에 대하여 알아보았습니다.

먼저 몇 가지 Example을 통해 등차수열과 등비수열의 귀납적 정의에 대하여 생각해 보겠습니다.

Example

(1) $a_1=3$, $a_{n+1}=a_n+2$ ($n=1, 2, 3, \cdots$)일 때

수열 $\{a_n\}$은 첫째항이 3, 공차가 $a_{n+1}-a_n=2$인 등차수열이므로

$$a_n=3+(n-1)\times 2=2n+1$$

(2) $a_1=1$, $a_{n+1}=-2a_n$ ($n=1, 2, 3, \cdots$)일 때

수열 $\{a_n\}$은 첫째항이 1, 공비가 $\frac{a_{n+1}}{a_n}=-2$인 등비수열이므로

$$a_n=1\times(-2)^{n-1}=(-2)^{n-1}$$

(3) $a_1=9$, $a_2=7$, $2a_{n+1}=a_n+a_{n+2}$ ($n=1, 2, 3, \cdots$)일 때 ← a_{n+1}은 a_n과 a_{n+2}의 등차중항

수열 $\{a_n\}$은 첫째항이 9, 공차가 $a_2-a_1=7-9=-2$인 등차수열이므로

$$a_n=9+(n-1)\times(-2)=-2n+11$$

(4) $a_1=3$, $a_2=1$, ${a_{n+1}}^2=a_na_{n+2}$ ($n=1, 2, 3, \cdots$)일 때 ← a_{n+1}은 a_n과 a_{n+2}의 등비중항

수열 $\{a_n\}$은 첫째항이 3, 공비가 $\frac{a_2}{a_1}=\frac{1}{3}$인 등비수열이므로

$$a_n=3\times\left(\frac{1}{3}\right)^{n-1}=\left(\frac{1}{3}\right)^{n-2}$$

따라서 등차수열과 등비수열의 귀납적 정의를 정리하면 다음과 같습니다.

12

개념 Point 등차수열과 등비수열의 귀납적 정의

수열 $\{a_n\}$에 대하여 $n=1, 2, 3, \cdots$일 때

1. $a_{n+1}-a_n=d$ (일정) ➡ 수열 $\{a_n\}$은 공차가 d인 등차수열
2. $a_{n+1}\div a_n=r$ (일정) ➡ 수열 $\{a_n\}$은 공비가 r인 등비수열
3. $2a_{n+1}=a_n+a_{n+2}$, 즉 $a_{n+1}-a_n=a_{n+2}-a_{n+1}$ ➡ 수열 $\{a_n\}$은 등차수열
4. ${a_{n+1}}^2=a_na_{n+2}$, 즉 $a_{n+1}\div a_n=a_{n+2}\div a_{n+1}$ ➡ 수열 $\{a_n\}$은 등비수열

Plus

1에서 $a_{n+1}=a_n+d$이고, 첫째항이 a_1, 공차가 d이므로 일반항은 $a_n=a_1+(n-1)d$

2에서 $a_{n+1}=ra_n$이고, 첫째항이 a_1, 공비가 r이므로 일반항은 $a_n=a_1r^{n-1}$

3에서 처음 두 항이 a_1, a_2이므로 일반항은 $a_n=a_1+(n-1)(a_2-a_1)$

4에서 처음 두 항이 a_1, a_2이므로 일반항은 $a_n=a_1\left(\frac{a_2}{a_1}\right)^{n-1}$

참고 조화수열의 관계식은 수열 $\left\{\frac{1}{a_n}\right\}$이 등차수열이므로 $\frac{2}{a_{n+1}}=\frac{1}{a_n}+\frac{1}{a_{n+2}}$, 즉 $\frac{1}{a_{n+1}}-\frac{1}{a_n}=\frac{1}{a_{n+2}}-\frac{1}{a_{n+1}}$

3 여러 가지 수열의 귀납적 정의

지금부터는 등차수열과 등비수열의 귀납적 정의 외의 다양한 형태의 귀납적 정의에서 수열의 일반항을 구하는 방법에 대하여 알아봅시다.

1. $a_{n+1}=a_n+f(n)$ 꼴로 정의된 수열

$a_{n+1}=a_n+f(n)$, 즉 $a_{n+1}-a_n=f(n)$ 꼴로 정의된 수열은 등차수열을 나타내는 관계식 $a_{n+1}-a_n=d$(공차)와 모양이 비슷하지만 공차 d 대신에 n에 대한 식 $f(n)$이 주어진 형태입니다.

다음과 같은 방법으로 수열의 일반항을 구할 수 있습니다.

➡ $a_{n+1}=a_n+f(n)$의 n에 1, 2, 3, $\cdots$, $n-1$을 차례대로 대입하여 같은 변끼리 더합니다.

$$\begin{aligned}
a_2&=a_1+f(1)\\
a_3&=a_2+f(2)\\
a_4&=a_3+f(3)\\
&\vdots\\
+)\ a_n&=a_{n-1}+f(n-1)\\
\hline
a_n&=a_1+\{f(1)+f(2)+f(3)+\cdots+f(n-1)\}\\
&=a_1+\sum_{k=1}^{n-1}f(k)
\end{aligned}$$

← $a_{n+1}-a_n=f(n)$이므로 $f(n)$은 수열 $\{a_n\}$의 계차수열의 일반항이다.

Example $a_1=1$, $a_{n+1}=a_n+4n$ $(n=1, 2, 3, \cdots)$으로 정의된 수열 $\{a_n\}$의 일반항을 구하기 위하여 $a_{n+1}=a_n+4n$의 n에 1, 2, 3, $\cdots$, $n-1$을 차례대로 대입하여 같은 변끼리 더하면

$$\begin{aligned}
a_n&=a_1+4\times1+4\times2+4\times3+\cdots+4\times(n-1)\\
&=1+\sum_{k=1}^{n-1}4k=1+4\times\frac{n(n-1)}{2}\\
&=2n^2-2n+1
\end{aligned}$$

$$\begin{aligned}
a_2&=a_1+4\times1\\
a_3&=a_2+4\times2\\
a_4&=a_3+4\times3\\
&\vdots\\
+)\ a_n&=a_{n-1}+4\times(n-1)\\
\hline
a_n&=a_1+4\times1+4\times2+4\times3+\cdots+4\times(n-1)
\end{aligned}$$

2. $a_{n+1}=f(n)\times a_n$ $(a_n\neq0)$ 꼴로 정의된 수열

$a_{n+1}=f(n)\times a_n$, 즉 $\dfrac{a_{n+1}}{a_n}=f(n)$ 꼴로 정의된 수열은 등비수열을 나타내는 관계식 $\dfrac{a_{n+1}}{a_n}=r$(공비)과 모양이 비슷하지만 공비 r 대신에 n에 대한 식 $f(n)$이 주어진 형태입니다.

다음과 같은 방법으로 수열의 일반항을 구할 수 있습니다.

➡ $a_{n+1}=f(n)\times a_n$의 n에 1, 2, 3, …, $n-1$을 차례대로 대입하여 같은 변끼리 곱합니다.

$$\begin{aligned} a_2&=f(1)\times a_1 \\ a_3&=f(2)\times a_2 \\ a_4&=f(3)\times a_3 \\ &\vdots \\ \times\ )\ a_n&=f(n-1)\times a_{n-1} \\ \hline a_n&=a_1f(1)f(2)f(3)\cdots f(n-1) \end{aligned}$$

Example $a_1=3$, $a_{n+1}=\dfrac{n+1}{n}a_n$ $(n=1, 2, 3, \cdots)$으로 정의된 수열 $\{a_n\}$의 일반항을 구하기 위하여 $a_{n+1}=\dfrac{n+1}{n}a_n$의 n에 1, 2, 3, …, $n-1$을 차례대로 대입하여 같은 변끼리 곱하면

$$\begin{aligned} a_n&=\frac{2}{1}\times\frac{3}{2}\times\frac{4}{3}\times\cdots\times\frac{n}{n-1}\times a_1 \\ &=n\times 3 \\ &=3n \end{aligned}$$

$$\begin{aligned} a_2&=\frac{2}{1}a_1 \\ a_3&=\frac{3}{2}a_2 \\ a_4&=\frac{4}{3}a_3 \\ &\vdots \\ \times\ )\ a_n&=\frac{n}{n-1}a_{n-1} \\ \hline a_n&=\frac{2}{1}\times\frac{3}{2}\times\frac{4}{3}\times\cdots\times\frac{n}{n-1}\times a_1 \end{aligned}$$

3. $a_{n+1}=pa_n+q\,(p\neq 1,\ q\neq 0)$ 꼴로 정의된 수열

$a_{n+1}=pa_n+q$ $(p\neq 1,\ q\neq 0)$ 꼴로 정의된 수열이 주어졌을 때, 다음과 같은 방법으로 수열의 일반항을 구할 수 있습니다.

➡ $a_{n+1}=pa_n+q$ $(p\neq 1,\ q\neq 0)$ 꼴로 정의된 수열은 $a_{n+1}-\alpha=p(a_n-\alpha)$ 꼴로 변형합니다.

즉, 수열 $\{a_n\}$의 각 항에서 상수 α를 빼서 만든 새로운 수열 $\{a_n-\alpha\}$가 등비수열이 되도록 관계식을 변형하면 됩니다.

이때 α의 값을 찾아 수열 $\{a_n\}$의 일반항을 구하는 방법은 다음과 같습니다.

$a_{n+1}=pa_n+q$를 $a_{n+1}-\alpha=p(a_n-\alpha)$ 꼴로 변형해야 하므로

$$a_{n+1}-\alpha=p(a_n-\alpha),\ a_{n+1}-\alpha=pa_n-p\alpha$$

$$a_{n+1}=pa_n-p\alpha+\alpha$$ ← 이 식은 주어진 관계식 $a_{n+1}=pa_n+q$와 같아야 한다.

따라서 $-p\alpha+\alpha=q$에서 $\alpha=\dfrac{q}{1-p}$입니다. …… ㉠

이제 변형된 관계식 $a_{n+1}-\alpha=p(a_n-\alpha)$에서 $a_n-\alpha=b_n$으로 놓으면

$$b_{n+1}=pb_n$$ ← $a_n-\alpha=b_n$이므로 $a_{n+1}-\alpha=b_{n+1}$

(수열의 각 항에서 일정한 값 α를 빼서 등비수열을 만든다고 기억하면 편리하다.)

이므로 수열 $\{b_n\}$은 첫째항이 $b_1=a_1-\alpha$이고 공비가 p인 등비수열입니다. 즉,

$$b_n=(a_1-\alpha)p^{n-1}$$ ← 등비수열 $\{b_n\}$의 일반항은 $b_n=(\text{첫째항})\times(\text{공비})^{n-1}$

이므로 수열 $\{a_n\}$의 일반항은 다음과 같습니다.

$$a_n=(a_1-\alpha)p^{n-1}+\alpha$$ ← $a_n-\alpha=b_n$이므로 $a_n=b_n+\alpha$

참고로 ㉠에서 $\alpha=p\alpha+q$이므로 관계식 $a_{n+1}=pa_n+q$의 a_{n+1}과 a_n 자리에 α를 대입하면 α의 값을 쉽게 구할 수 있습니다. ← **Example** [방법 3] 참고

Example $a_1=3$, $a_{n+1}=2a_n-1$ $(n=1, 2, 3, \cdots)$로 정의된 수열 $\{a_n\}$의 일반항을 구해 보자.

[방법 1] $a_{n+1}=2a_n-1$을

$$a_{n+1}-\alpha=2(a_n-\alpha) \quad \cdots\cdots ㉠$$

꼴로 변형해야 하므로 ㉠을 정리하면

$$a_{n+1}=2a_n-2\alpha+\alpha=2a_n-\alpha$$

$-\alpha=-1$이므로 $\alpha=1$이고, 이를 ㉠에 대입하면

$$a_{n+1}-1=2(a_n-1)$$

$a_n-1=b_n$으로 놓으면 $b_{n+1}=2b_n$

따라서 수열 $\{b_n\}$은 첫째항이 $a_1-1=3-1=2$이고 공비가 2인 등비수열이므로

$$b_n=2\times2^{n-1}=2^n$$

$$\therefore a_n=b_n+1=2^n+1$$

[방법 2] 수열 $\{a_n\}$의 각 항에서 1을 빼서 새로운 수열 $\{a_n-1\}$을 만들면

$\{a_n\}$: 3, 5, 9, 17, 33, 65, $\cdots$

$\{a_n-1\}$: 2, 4, 8, 16, 32, 64, $\cdots$ ← 첫째항이 2이고 공비가 2인 등비수열

따라서 수열 $\{a_n-1\}$의 일반항이 $a_n-1=2\times2^{n-1}=2^n$이므로 수열 $\{a_n\}$의 일반항은

$$a_n=2^n+1$$

[방법 3] $a_{n+1}=2a_n-1$에서 $\alpha=2\alpha-1$

└ a_{n+1}과 a_n 자리에 α를 대입한 꼴이다.

$$\therefore \alpha=1$$

따라서 주어진 관계식은 $a_{n+1}-1=2(a_n-1)$로 변형되므로 그 다음부터는 [방법 1]과 같은 방법으로 수열 $\{a_n\}$의 일반항을 구할 수 있다.

4. $a_{n+1}=\dfrac{ra_n}{pa_n+q}$ 꼴로 정의된 수열

$a_{n+1}=\dfrac{ra_n}{pa_n+q}$ 꼴로 정의된 수열이 주어졌을 때, 다음과 같은 방법으로 수열의 일반항을 구할 수 있습니다.

➡ 양변의 역수를 취한 후 $\dfrac{1}{a_n}$을 b_n으로 치환합니다.

$a_{n+1}=\dfrac{ra_n}{pa_n+q}$에서 양변의 역수를 취하면

$$\frac{1}{a_{n+1}}=\frac{pa_n+q}{ra_n}=\frac{q}{r}\times\frac{1}{a_n}+\frac{p}{r}$$

이때 $\dfrac{1}{a_n}=b_n$으로 놓으면

$$b_{n+1}=\frac{q}{r}b_n+\frac{p}{r}$$

이므로 수열 $\{b_n\}$의 일반항을 구한 후, $a_n=\dfrac{1}{b_n}$임을 이용하여 수열 $\{a_n\}$의 일반항을 구합니다.

Example

$a_1=\dfrac{1}{2}$, $a_{n+1}=\dfrac{a_n}{1+2a_n}$ $(n=1, 2, 3, \cdots)$으로 정의된 수열 $\{a_n\}$의 일반항 a_n을 구하기 위하여 $a_{n+1}=\dfrac{a_n}{1+2a_n}$에서 양변의 역수를 취하면

$$\frac{1}{a_{n+1}}=\frac{1+2a_n}{a_n}=\frac{1}{a_n}+2$$

$\dfrac{1}{a_n}=b_n$으로 놓으면 $b_{n+1}=b_n+2$

따라서 수열 $\{b_n\}$은 첫째항이 $b_1=\dfrac{1}{a_1}=2$이고 공차가 2인 등차수열이므로

$$b_n=2+(n-1)\times 2=2n \qquad \therefore a_n=\frac{1}{b_n}=\frac{1}{2n}$$

개념 Point 여러 가지 수열의 귀납적 정의

1 $a_{n+1}=a_n+f(n)$ 꼴

n에 1, 2, 3, $\cdots$, $n-1$을 차례대로 대입하여 같은 변끼리 더하면

$$a_n=a_1+\sum_{k=1}^{n-1}f(k)$$

2 $a_{n+1}=f(n)\times a_n$ $(a_n\neq 0)$ 꼴

n에 1, 2, 3, $\cdots$, $n-1$을 차례대로 대입하여 같은 변끼리 곱하면

$$a_n=a_1f(1)f(2)f(3)\cdots f(n-1)$$

3 $a_{n+1}=pa_n+q$ $(p\neq 1,\ q\neq 0)$ 꼴

$a_{n+1}-\alpha=p(a_n-\alpha)$ 꼴로 변형한다.

4 $a_{n+1}=\dfrac{ra_n}{pa_n+q}$ 꼴

양변의 역수를 취한 후 $\dfrac{1}{a_n}=b_n$으로 치환한다.

Plus

1에서 $f(n)$이 일정한 상수 d이면 수열 $\{a_n\}$은 공차가 d인 등차수열이다.
2에서 $f(n)$이 일정한 상수 r이면 수열 $\{a_n\}$은 공비가 r인 등비수열이다.
또한 처음 보는 관계식이 나오면 $n=1, 2, 3, \cdots$을 대입하여 규칙성을 찾는다.

12

수매씽 특강 피보나치 수열

교육과정 외

다음 □ 안에 들어갈 수는 무엇일까?

1, 1, 2, 3, 5, 8, 13, 21, 34, □, ⋯

위의 수열의 배열의 규칙성을 찾아보면 2는 앞에 있는 1과 1을 더해서 나온 수이고, 3은 앞에 있는 1과 2를 더해서 나온 수이다. 마찬가지로 5는 앞에 있는 2와 3을 더해서 나온 수이고, 이와 같은 방법으로 앞에 있는 두 개의 수를 더한 결과를 차례대로 배열한 것이다.

수열 $\{a_n\}$이 $a_1=1$, $a_2=1$, $a_{n+1}=a_n+a_{n-1}$ $(n\ge2)$을 만족시킬 때, 즉

1, 1, 2, 3, 5, 8, ⋯

을 피보나치(Fibonacci) 수열이라고 한다.

피보나치 수열의 일반항을 구해 보자.

$a_{n+1}=a_n+a_{n-1}$ $(n\ge2)$에서 $a_{n+1}-\alpha a_n=\beta(a_n-\alpha a_{n-1})$로 놓고 α, β $(\alpha<\beta)$의 값을 구한다.

즉, $a_{n+1}-(\alpha+\beta)a_n+\alpha\beta a_{n-1}=0$과 $a_{n+1}-a_n-a_{n-1}=0$에서 계수를 비교하면

$\alpha+\beta=1$, $\alpha\beta=-1$이므로 α, β는 이차방정식 $x^2-x-1=0$의 두 근이다.

이때 $x=\frac{1\pm\sqrt{5}}{2}$이므로 $\alpha=\frac{1-\sqrt{5}}{2}$, $\beta=\frac{1+\sqrt{5}}{2}$

한편, $a_{n+1}-\alpha a_n=\beta(a_n-\alpha a_{n-1})$에서

$$a_{n+1}-\alpha a_n=\beta^{n-1}(a_2-\alpha a_1) \quad \cdots\cdots ㉠$$

또한 $a_{n+1}-\beta a_n=\alpha(a_n-\beta a_{n-1})$로도 쓸 수 있으므로

$$a_{n+1}-\beta a_n=\alpha^{n-1}(a_2-\beta a_1) \quad \cdots\cdots ㉡$$

㉠－㉡을 계산하면

$$(\beta-\alpha)a_n=\beta^{n-1}(a_2-\alpha a_1)-\alpha^{n-1}(a_2-\beta a_1)$$

그런데 $\beta-\alpha=\sqrt{5}$, $a_2-\alpha a_1=\frac{1+\sqrt{5}}{2}$, $a_2-\beta a_1=\frac{1-\sqrt{5}}{2}$이므로

$$a_n=\frac{1}{\sqrt{5}}\left\{\left(\frac{1+\sqrt{5}}{2}\right)^n-\left(\frac{1-\sqrt{5}}{2}\right)^n\right\}$$

Example $a_n=\alpha\left(\frac{1+\sqrt{5}}{2}\right)^n+\beta\left(\frac{1-\sqrt{5}}{2}\right)^n$일 때, $a_{n+2}=a_{n+1}+a_n$이 성립함을 보이자.

(단, $n=1, 2, 3, \cdots$)

$\frac{1+\sqrt{5}}{2}=p$, $\frac{1-\sqrt{5}}{2}=q$라 하면 p, q는 $x^2-x-1=0$의 두 근이다.

즉, $p^2=p+1$, $q^2=q+1$이다.

그런데 $a_n=\alpha p^n+\beta q^n$이므로

$$\begin{aligned}a_{n+1}+a_n&=(\alpha p^{n+1}+\beta q^{n+1})+(\alpha p^n+\beta q^n)\\&=\alpha p^n(p+1)+\beta q^n(q+1)\\&=\alpha p^{n+2}+\beta q^{n+2}=a_{n+2}\end{aligned}$$

$\therefore$ $a_{n+2}=a_{n+1}+a_n$ $(n=1, 2, 3, \cdots)$

개념 콕콕

1 다음과 같이 귀납적으로 정의된 수열 $\{a_n\}$의 제4항을 구하시오. (단, $n=1, 2, 3, \cdots$)

(1) $a_1=5,\ a_{n+1}=a_n+(-1)^n$

(2) $a_1=1,\ a_{n+1}=a_n+\frac{12}{n}$

(3) $a_1=2,\ a_{n+1}=na_n$

(4) $a_1=-1,\ a_2=2,\ a_{n+2}=a_{n+1}a_n$

2 다음과 같이 귀납적으로 정의된 수열 $\{a_n\}$의 일반항 a_n을 구하시오. (단, $n=1, 2, 3, \cdots$)

(1) $a_1=2,\ a_{n+1}-a_n=2$

(2) $a_1=4,\ a_{n+1}=a_n-2$

(3) $a_1=1,\ a_{n+1}\div a_n=2$

(4) $a_1=8,\ 2a_{n+1}=a_n$

3 다음은 수열 $\{a_n\}$이 $a_1=1,\ a_2=3,\ a_{n+2}-4a_{n+1}+3a_n=0\ (n=1, 2, 3, \cdots)$으로 정의될 때, 일반항 a_n을 구하는 과정이다. (가), (나), (다)에 알맞은 것을 써넣으시오.

> $a_{n+2}-4a_{n+1}+3a_n=0$에서
>
> $a_{n+2}-a_{n+1}=$ [(가)] $(a_{n+1}-a_n)$
>
> 따라서 수열 $\{a_{n+1}-a_n\}$은 첫째항이 $a_2-a_1=3-1=2$, 공비가 [(가)]인 등비수열이므로
>
> $a_{n+1}-a_n=$ [(나)] …… ㉠
>
> ㉠의 n에 $1, 2, 3, \cdots, n-1$을 차례대로 대입하면
>
> $a_2-a_1=2$
>
> $a_3-a_2=$ [ ]
>
> $a_4-a_3=$ [ ]
>
> ⋮
>
> $a_n-a_{n-1}=$ [ ]
>
> 따라서 위의 $(n-1)$개의 등식을 변끼리 더하여 수열 $\{a_n\}$의 일반항을 구하면
>
> $a_n=$ [(다)]

• 풀이 192쪽

정답

1 (1) 4 (2) 23 (3) 12 (4) -4

2 (1) $a_n=2n$ (2) $a_n=-2n+6$ (3) $a_n=2^{n-1}$ (4) $a_n=\left(\frac{1}{2}\right)^{n-4}$

3 (가) 3 (나) $2\times3^{n-1}$ (다) 3^{n-1}

출제 가능성 

예제 01 — 등차수열과 등비수열의 귀납적 정의

수열 $\{a_n\}$을 다음과 같이 정의할 때, a_{10}의 값을 구하시오.

(1) $a_2=3a_1$, $a_5=18$, $a_{n+2}-a_{n+1}=a_{n+1}-a_n$ $(n=1, 2, 3, \cdots)$

(2) $a_2={a_1}^2$, $a_5=32$, $\dfrac{a_{n+2}}{a_{n+1}}=\dfrac{a_{n+1}}{a_n}$ $(n=1, 2, 3, \cdots)$

접근 방법 등차수열은 이웃한 두 항의 차가 일정하고, 등비수열은 이웃한 두 항의 비가 일정한 수열이다.
(1), (2)에서 a_{n+1}을 a_n, a_{n+2}를 이용하여 나타낸다.

수매씽 Point (1) $a_{n+1}-a_n=d$ $(n\ge1)$ $\Longleftrightarrow$ 수열 $\{a_n\}$은 공차가 d인 등차수열
(2) $\dfrac{a_{n+1}}{a_n}=r$ $(n\ge1)$ $\Longleftrightarrow$ 수열 $\{a_n\}$은 공비가 r인 등비수열

상세 풀이 (1) $a_{n+2}-a_{n+1}=a_{n+1}-a_n$ $(n\ge1)$에서
$2a_{n+1}=a_{n+2}+a_n$ $(n\ge1)$이므로 수열 $\{a_n\}$은 등차수열이다.
따라서 수열 $\{a_n\}$의 첫째항을 a, 공차를 d라고 하면
$a_2=3a_1$에서 $a+d=3a$ $\quad\therefore d=2a$ ...... ㉠
또한 $a_5=18$에서 $a+4d=18$ ...... ㉡
㉠, ㉡을 연립하여 풀면 $a=2$, $d=4$
$\therefore a_{10}=a+9d=2+9\times4=38$

(2) $\dfrac{a_{n+2}}{a_{n+1}}=\dfrac{a_{n+1}}{a_n}$ $(n\ge1)$에서
${a_{n+1}}^2=a_na_{n+2}$ $(n\ge1)$이므로 수열 $\{a_n\}$은 등비수열이다.
따라서 첫째항을 a, 공비를 r이라고 하면
$a_2={a_1}^2$에서 $ar=a^2$, $a(r-a)=0$
$\therefore a=r$ $\left(\because n\ge1\text{일 때 } \dfrac{a_{n+2}}{a_{n+1}}=\dfrac{a_{n+1}}{a_n}=r\text{이므로 } a_1=a\ne0\right)$ ...... ㉠
또한 $a_5=ar^4=32$ ...... ㉡
㉠, ㉡에서 $ar^4=a\times a^4=a^5=32$ $\quad\therefore a=2, r=2$
$\therefore a_{10}=ar^9=2\times2^9=2^{10}=1024$

정답 (1) 38 (2) 1024

보충 설명

(1) $a_{n+2}-a_{n+1}=a_{n+1}-a_n=\cdots=a_2-a_1=d$ (일정) ➡ 등차수열

(2) $\dfrac{a_{n+1}}{a_n}=\dfrac{a_n}{a_{n-1}}=\cdots=\dfrac{a_2}{a_1}=r$ (일정) ➡ 등비수열

숫자 바꾸기 　　　　한번 더 ☑ ☐

01-1

수열 $\{a_n\}$을 다음과 같이 정의할 때, a_{10}의 값을 구하시오.

(1) $a_2=4a_1$, $a_5=26$, $a_{n+2}-a_{n+1}=a_{n+1}-a_n$ $(n=1, 2, 3, \cdots)$

(2) $a_2^{\,2}=a_1^{\,3}$, $a_5=8$, $\dfrac{a_{n+2}}{a_{n+1}}=\dfrac{a_{n+1}}{a_n}$ $(n=1, 2, 3, \cdots)$ (단, 모든 항은 양수이다.)

표현 바꾸기 　　　　한번 더 ☑ ☐

01-2

$a_{n+2}-a_{n+1}=a_{n+1}-a_n$ $(n=1, 2, 3, \cdots)$을 만족시키는 수열 $\{a_n\}$에 대하여

$$a_1=1,\ a_{n+9}-a_{n+2}=35$$

가 성립할 때, a_{100}의 값은?

① 480 　② 484 　③ 488 　④ 492 　⑤ 496

개념 넓히기 　　　　한번 더 ☑ ☐

01-3

수열 $\{a_n\}$을

$$a_2=2a_1,\ a_5=16,\ \log a_n-2\log a_{n+1}+\log a_{n+2}=0\ (n=1, 2, 3, \cdots)$$

으로 정의할 때, $\sum_{k=1}^{10} a_k$의 값을 구하시오.

• 풀이 192쪽 ~ 193쪽

정답

01-1 (1) 56 (2) $32\sqrt{2}$ 　**01-2** ⑤ 　**01-3** 1023

예제 02 $a_{n+1}=a_n+f(n)$ 꼴로 정의된 수열

수열 $\{a_n\}$을

$$a_1=1,\ a_{n+1}-a_n=n^2+n+1\ (n=1,\ 2,\ 3,\ \cdots)$$

로 정의할 때, a_8의 값을 구하시오.

접근 방법 $a_{n+1}=a_n+f(n)$, 즉 $a_{n+1}-a_n=f(n)$과 같이 이웃하는 두 항의 차가 $f(n)$인 관계식이 주어지면 관계식의 n에 1, 2, 3, $\cdots$, $n-1$을 차례대로 대입하여 얻은 식을 같은 변끼리 더하여 일반항을 구한다.

수매씽 Point $a_{n+1}=a_n+f(n)$ 꼴로 정의된 수열은 n에 1, 2, 3, $\cdots$, $n-1$을 차례대로 대입한 후 같은 변끼리 더하여 일반항 a_n을 구한다.

상세 풀이 $a_{n+1}-a_n=n^2+n+1$의 n에 1, 2, 3, $\cdots$, 7을 차례대로 대입하여 같은 변끼리 더하면

$$\begin{aligned}
a_2-a_1&=1^2+1+1\\
a_3-a_2&=2^2+2+1\\
a_4-a_3&=3^2+3+1\\
&\ \vdots\\
+)\ a_8-a_7&=7^2+7+1\\
\hline
a_8-a_1&=(1^2+2^2+3^2+\cdots+7^2)+(1+2+3+\cdots+7)+7
\end{aligned}$$

$$\therefore\ a_8=1+\sum_{k=1}^{7}(k^2+k+1)$$

$$=1+\frac{7\times8\times15}{6}+\frac{7\times8}{2}+7$$

$$=176$$

정답 176

보충 설명

$a_{n+1}-a_n=f(n)$에서 $f(n)$은 수열 $\{a_n\}$의 계차수열을 의미하므로

$$a_n=a_1+\sum_{k=1}^{n-1}f(k)$$

임을 이용하여 풀 수도 있다.

또한 $f(n)$이 일정한 상수 d이면 수열 $\{a_n\}$은 공차가 d인 등차수열이 된다.

숫자 바꾸기

한번 더 ☑ ☐

02-1

수열 $\{a_n\}$을 다음과 같이 정의할 때, a_{10}의 값을 구하시오.

(1) $a_1=2$, $a_{n+1}=a_n+2n-1$ $(n=1, 2, 3, \cdots)$

(2) $a_1=0$, $a_n-a_{n-1}=n^2$ $(n=2, 3, 4, \cdots)$

표현 바꾸기

한번 더 ☑ ☐

02-2

수열 $\{a_n\}$을

$$a_{n+1}-a_n=n+1 \ (n=1, 2, 3, \cdots)$$

로 정의할 때, $a_7=32$이면 a_1의 값은?

① 3　② 4　③ 5　④ 6　⑤ 7

12

개념 넓히기

한번 더 ☑ ☐

02-3

어느 수학 동아리 모임에 참석한 n명의 회원이 모두 서로 한 번씩 악수를 하였다. n명의 회원이 악수한 총횟수를 a_n이라고 할 때, a_1의 값과 a_n과 a_{n+1} 사이의 관계식을 구하시오.

• 풀이 193쪽～194쪽

정답 **02-1** (1) 83　(2) 384　**02-2** ③　**02-3** $a_1=0$, $a_{n+1}=a_n+n$ $(n=1, 2, 3, \cdots)$

예제 03

$a_{n+1}=f(n)\times a_n$ 꼴로 정의된 수열

수열 $\{a_n\}$을

$$a_1=2,\ a_{n+1}=\left(1-\frac{1}{n+1}\right)a_n\ (n=1,\ 2,\ 3,\ \cdots)$$

으로 정의할 때, a_{10}의 값을 구하시오.

접근 방법 $a_{n+1}=f(n)\times a_n$, 즉 $\frac{a_{n+1}}{a_n}=f(n)$과 같이 이웃하는 두 항의 비가 n에 대한 식으로 주어지면 양변의 n에 $1,\ 2,\ 3,\ \cdots,\ n-1$을 차례대로 대입하여 얻은 식을 같은 변끼리 곱하여 일반항을 구한다.

수매씽 Point $a_{n+1}=f(n)\times a_n$ 꼴로 정의된 수열은 n에 $1,\ 2,\ 3,\ \cdots,\ n-1$을 대입하여 얻은 식을 같은 변끼리 곱하여 일반항 a_n을 구한다.

상세 풀이 $a_{n+1}=\left(1-\frac{1}{n+1}\right)a_n$, 즉 $a_{n+1}=\frac{n}{n+1}a_n$의 n에 $1,\ 2,\ 3,\ \cdots,\ 9$를 차례대로 대입하여 같은 변끼리 곱하면

$$a_2=\frac{1}{2}a_1$$
$$a_3=\frac{2}{3}a_2$$
$$a_4=\frac{3}{4}a_3$$
$$\vdots$$
$$\times\ \underline{)\ a_{10}=\frac{9}{10}a_9\qquad\qquad}$$
$$a_{10}=\left(\frac{1}{2}\times\frac{2}{3}\times\frac{3}{4}\times\cdots\times\frac{9}{10}\right)\times a_1$$
$$=\frac{1}{10}\times 2=\frac{1}{5}$$

정답 $\frac{1}{5}$

보충 설명

$a_{n+1}=f(n)\times a_n$ 꼴로 정의된 수열에서 $f(n)$은 $(n-1)$개의 등식을 곱했을 때 약분할 수 있도록 곱의 꼴로 고치는 것이 중요하다.
또한 $f(n)$이 일정한 상수 r이면 수열 $\{a_n\}$은 공비가 r인 등비수열이 된다.

숫자 바꾸기 　　　　　　　　　　　　　　　　　　　　　　　　　　　　한번 더 ✓ □

03-1

수열 $\{a_n\}$을 다음과 같이 정의할 때, a_9의 값을 구하시오.

(1) $a_1=2,\ a_{n+1}=\left(1-\dfrac{1}{n+2}\right)a_n\ (n=1,\ 2,\ 3,\ \cdots)$

(2) $a_1=2,\ a_n=\left(1+\dfrac{1}{n}\right)a_{n-1}\ (n=2,\ 3,\ 4,\ \cdots)$

표현 바꾸기 　　　　　　　　　　　　　　　　　　　　　　　　　　　　한번 더 ✓ □

03-2

수열 $\{a_n\}$을

$a_1=1,\ a_{n+1}=3^n a_n\ (n=1,\ 2,\ 3,\ \cdots)$

으로 정의할 때, 3^{55}은 제몇 항인가?

① 제10항 　② 제11항 　③ 제54항

④ 제55항 　⑤ 제81항

12

개념 넓히기 　　　　　　　　　　　　　　　　　　　　　　　　　　　　한번 더 ✓ □

03-3

수열 $\{a_n\}$의 첫째항부터 제n항까지의 합을 S_n이라고 할 때,

$a_1=2,\ 2S_n=na_{n+1}\ (n=1,\ 2,\ 3,\ \cdots)$

이 성립한다. 이때 a_{100}의 값을 구하시오.

• 풀이 194쪽～195쪽

정답

03-1 (1) $\dfrac{2}{5}$ (2) 10 　**03-2** ② 　**03-3** 200

예제 04 $a_{n+1}=pa_n+q$ 꼴로 정의된 수열

수열 $\{a_n\}$을

$$a_1=2,\ a_{n+1}=3a_n+2\ (n=1,\ 2,\ 3,\ \cdots)$$

로 정의할 때, 일반항 a_n을 구하시오.

접근 방법 $a_{n+1}=pa_n+q\ (p\neq1,\ q\neq0)$ 꼴로 정의된 수열

$$a_{n+1}-\alpha=p(a_n-\alpha)$$

꼴로 변형하면 수열 $\{a_n-\alpha\}$는 첫째항이 $a_1-\alpha$이고 공비가 p인 등비수열이 된다.

수매씽 Point $a_{n+1}=pa_n+q$ 꼴의 점화식은 $a_{n+1}-\alpha=p(a_n-\alpha)$ 꼴로 변형하자.

상세 풀이 $a_{n+1}=3a_n+2$를

$$a_{n+1}-\alpha=3(a_n-\alpha) \quad \cdots\cdots \text{㉠}$$

꼴로 변형해야 하므로 ㉠을 정리하면

$$a_{n+1}=3a_n-2\alpha$$

$-2\alpha=2$이므로 $\alpha=-1$이고 이를 ㉠에 대입하면 $a_{n+1}+1=3(a_n+1)$

$a_n+1=b_n$으로 놓으면 $b_{n+1}=3b_n$

따라서 수열 $\{b_n\}$은 첫째항이 $b_1=a_1+1=2+1=3$이고 공비가 3인 등비수열이므로

$$b_n=3\times3^{n-1}=3^n$$

$$\therefore\ a_n=b_n-1=3^n-1$$

정답 $a_n=3^n-1$

보충 설명

$a_{n+1}=pa_n+q\ (p\neq1,\ q\neq0)$를 변형한 $a_{n+1}-\alpha=p(a_n-\alpha)$에서

$$a_{n+1}=pa_n-p\alpha+\alpha$$

즉, $q=-p\alpha+\alpha$에서 $\alpha=p\alpha+q$이므로 다음과 같이 α의 값을 구하면 편리하다.

$$\underset{\uparrow\ \alpha}{a_{n+1}}=p\underset{\uparrow\ \alpha}{a_n}+q \Rightarrow \alpha=p\alpha+q \Rightarrow \alpha=\frac{q}{1-p}$$

숫자 바꾸기

한번 더

04-1

수열 $\{a_n\}$을 다음과 같이 정의할 때, 일반항 a_n을 구하시오.

(1) $a_1=1,\ a_{n+1}=2a_n+3\ (n=1,\ 2,\ 3,\ \cdots)$

(2) $a_1=3,\ a_{n+1}=\frac{1}{2}a_n+2\ (n=1,\ 2,\ 3,\ \cdots)$

표현 바꾸기

한번 더

04-2

$a_1=2,\ a_{n+1}=3a_n-2\ (n=1,\ 2,\ 3,\ \cdots)$로 정의된 수열 $\{a_n\}$에서 $a_{20}=3^p+q$일 때, 자연수 p, q에 대하여 $p+q$의 값은? (단, q는 한 자리 자연수이다.)

① 16 ② 18 ③ 20

④ 22 ⑤ 24

개념 넓히기

한번 더

04-3

넓이가 20π인 원 O_1의 사분원의 넓이보다 12π만큼 더 넓은 원 O_2를 그린다. 또, 원 O_2의 사분원의 넓이보다 12π만큼 더 넓은 원 O_3을 그린다. 이와 같이 원 O_n의 사분원의 넓이보다 12π만큼 더 넓은 원 O_{n+1}을 계속하여 그려 간다. 원 O_n의 넓이를 S_n이라고 할 때, 수열 $\{S_n\}$의 일반항 S_n을 구하시오.

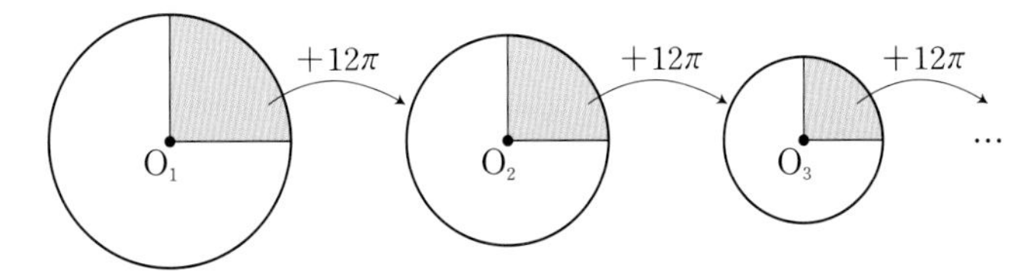

• 풀이 195쪽～196쪽

정답

04-1 (1) $a_n=2^{n+1}-3$ (2) $a_n=-\frac{1}{2^{n-1}}+4$ **04-2** ③ **04-3** $S_n=4\pi\left(\frac{1}{4}\right)^{n-1}+16\pi$

예제 05 $a_{n+1}=\frac{ra_n}{pa_n+q}$ 꼴로 정의된 수열

수열 $\{a_n\}$을

$$a_1=2,\ a_{n+1}=\frac{a_n}{a_n+1}\ (n=1,\ 2,\ 3,\ \cdots)$$

으로 정의할 때, a_{12}의 값을 구하시오.

접근 방법 $a_{n+1}=\frac{ra_n}{pa_n+q}$ 꼴로 정의된 수열은 양변의 역수를 취하여 수열 $\left\{\frac{1}{a_n}\right\}$의 일반항을 구한 후, 다시 역수를 취하여 일반항 a_n을 구한다.

수매씽 Point $a_{n+1}=\frac{ra_n}{pa_n+q}$ 꼴로 정의된 수열은 양변의 역수를 취한다.

상세 풀이 $a_{n+1}=\frac{a_n}{a_n+1}$에서 양변의 역수를 취하면

$$\frac{1}{a_{n+1}}=\frac{a_n+1}{a_n}=\frac{1}{a_n}+1$$

$\frac{1}{a_n}=b_n$으로 놓으면

$$b_{n+1}=b_n+1$$

따라서 수열 $\{b_n\}$은 첫째항이 $b_1=\frac{1}{a_1}=\frac{1}{2}$이고 공차가 1인 등차수열이므로

$$b_n=b_1+(n-1)\times 1=\frac{1}{2}+(n-1)=n-\frac{1}{2}$$

$$\therefore\ a_{12}=\frac{1}{b_{12}}=\frac{1}{12-\frac{1}{2}}=\frac{2}{23}$$

정답 $\frac{2}{23}$

보충 설명

위의 예제에서 주어진 수열 $\{a_n\}$은 각 항의 역수가 등차수열을 이루는 조화수열이다.

그런데 $a_{n+1}=\frac{ra_n}{pa_n+q}$ 꼴로 정의된 수열에서 양변의 역수를 취했을 때, 등차수열이 아닌 **예제 02**의 점화식 꼴을 적용하는 조금 까다로운 문제도 있다.

하지만 기본적으로 분모, 분자에 모두 a_n을 포함하고 있으면 역수를 취하여 문제를 해결할 수 있음을 기억한다.

숫자 바꾸기 　　　　한번 더 ☑ ☐

05-1

수열 $\{a_n\}$을 다음과 같이 정의할 때, a_{20}의 값을 구하시오.

$$a_1=1,\ a_{n+1}=\frac{a_n}{1-2a_n}\ (n=1,\ 2,\ 3,\ \cdots)$$

표현 바꾸기 　　　　한번 더 ☑ ☐

05-2

수열 $\{a_n\}$을

$$a_1=\frac{1}{3},\ a_{n+1}=\frac{a_n}{3a_n+1}\ (n=1,\ 2,\ 3,\ \cdots)$$

으로 정의할 때, $a_k=\frac{1}{30}$을 만족시키는 자연수 k의 값은?

① 9　　② 10　　③ 11
④ 12　　⑤ 13

개념 넓히기 　　　　한번 더 ☑ ☐

05-3

다음은 어느 시력검사표에 표시된 시력과 그에 해당되는 문자의 크기를 나타낸 것의 일부이다.

시력	0.1	0.2	0.3	0.4	$\cdots$	1.0
문자의 크기	a_1	a_2	a_3	a_4	$\cdots$	a_{10}

문자의 크기 a_n은 다음 관계식을 만족시킨다.

$$a_1=10A,\ a_{n+1}=\frac{10A\times a_n}{10A+a_n}\ (A\text{는 상수이고, } n=1,\ 2,\ 3,\ \cdots,\ 9)$$

이때 이 시력검사표에서 시력 0.8에 해당되는 문자의 크기는?

① $2A$　　② $\frac{3}{2}A$　　③ $\frac{4}{3}A$
④ $\frac{5}{4}A$　　⑤ $\frac{6}{5}A$

• 풀이 196쪽～197쪽

정답

05-1 $-\frac{1}{37}$　　05-2 ②　　05-3 ④

예제 06 같은 값이 반복되는 수열

수열 $\{a_n\}$을

$$a_1=1,\ a_2=2,\ a_{n+2}=\frac{1+a_{n+1}}{a_n}\ (n=1,\ 2,\ 3,\ \cdots)$$

로 정의할 때, 다음 물음에 답하시오.

(1) $a_{n+p}=a_n$을 만족시키는 최소의 자연수 p를 구하시오.

(2) $\sum_{k=1}^{100} a_k$의 값을 구하시오.

접근 방법 임의의 자연수 n에 대하여 $a_{n+p}=a_n$을 만족시키는 최소의 자연수 p를 찾는 문제로, 수열 $\{a_n\}$은 일정한 값이 반복된다는 것을 알 수 있다. 따라서 주어진 점화식의 n에 1, 2, 3, …을 차례대로 대입하여 주기 p를 찾고, 반복되는 값들의 합을 구하면 된다.

수매씽 Point 처음 보는 수열은 n에 1, 2, 3, …을 차례대로 대입하여 수열의 규칙성을 찾는다.

상세 풀이 (1) $a_{n+2}=\frac{1+a_{n+1}}{a_n}$의 n에 1, 2, 3, …을 차례대로 대입하면

$$a_1=1,\ a_2=2,\ a_3=\frac{1+a_2}{a_1}=\frac{1+2}{1}=3,$$

$$a_4=\frac{1+a_3}{a_2}=\frac{1+3}{2}=2,\ a_5=\frac{1+a_4}{a_3}=\frac{1+2}{3}=1,$$

$$a_6=\frac{1+a_5}{a_4}=\frac{1+1}{2}=1,\ a_7=\frac{1+a_6}{a_5}=\frac{1+1}{1}=2,\ \cdots$$

따라서 수열 $\{a_n\}$은 1, 2, 3, 2, 1이 이 순서대로 반복되는 수열이므로 임의의 자연수 n에 대하여 $a_{n+p}=a_n$을 만족시키는 최소의 자연수 p는 5이다.

(2) $100=5\times 20$이므로

$$\sum_{k=1}^{100} a_k=(a_1+a_2+a_3+a_4+a_5)+\cdots+(a_{96}+a_{97}+a_{98}+a_{99}+a_{100})$$

$$=(1+2+3+2+1)\times 20=180$$

정답 (1) 5 (2) 180

보충 설명

함수 $f(x)$의 정의역에 속하는 모든 x에 대하여

$$f(x+p)=f(x)$$

가 성립하는 0이 아닌 상수 p가 존재할 때, 함수 $f(x)$를 주기함수라 하고, p의 값 중에서 최소의 양수를 이 함수의 주기라고 한다.

숫자 바꾸기 한번 더 ☑ ☐

06-1

다음과 같이 정의된 수열 $\{a_n\}$에 대하여 $\sum_{k=1}^{300} a_k$의 값을 구하시오.

(1) $a_1=2,\ a_2=3,\ a_{n+2}=a_{n+1}-a_n\ (n=1,\ 2,\ 3,\ \cdots)$

(2) $a_1=1,\ a_2=5,\ a_{n+1}a_{n-1}=a_n\ (n=2,\ 3,\ 4,\ \cdots)$

표현 바꾸기 한번 더 ☑ ☐

06-2

수열 $\{a_n\}$을

$$a_1=1,\ a_2=3,\ a_{n+2}-a_n=2\ (n=1,\ 2,\ 3,\ \cdots)$$

로 정의할 때, a_{100}의 값을 구하시오.

개념 넓히기 한번 더 ☑ ☐

06-3

수열 $\{a_n\}$을

$$a_1=1,\ a_2=2,\ a_{n+2}=\frac{1+a_{n+1}}{a_n}\ (n=1,\ 2,\ 3,\ \cdots)$$

로 정의할 때, $\sum_{k=1}^{102} \cos\frac{\pi}{2}a_k$의 값은?

① -43　　② -41　　③ -40

④ -23　　⑤ -22

12

• 풀이 197쪽～198쪽

정답

06-1 (1) 0　(2) 620　　**06-2** 101　　**06-3** ②

피보나치 수열 교육과정 외

108개의 계단으로 이루어진 탑을 한 걸음에 한 계단 또는 두 계단 오를 수 있다고 한다. n개의 계단을 오르는 방법의 수를 a_n이라고 할 때, 다음 물음에 답하시오.

(1) 다음 표의 빈칸에 알맞은 수를 써넣으시오.

계단의 수	1	2	3	4
계단을 오르는 방법의 수	1	2		
계단을 오르는 방법의 수의 증가량	╳	1		╳

(2) a_{n+2}를 a_n과 a_{n+1}로 나타내시오.

접근 방법 계단의 수가 적을 때의 계단을 오르는 방법의 수를 직접 계산해 보고, 이를 바탕으로 일반항을 구한다.

수매씽 Point 처음 몇 항을 구하여 앞의 두 항을 더해서 다음 항이 나오는 규칙이 있으면 $a_{n+2}=a_n+a_{n+1}$임을 이용할 수 있다.

상세 풀이 (1) 2개의 계단을 오르는 방법은 $1+1$, 2의 2가지

3개의 계단을 오르는 방법은 $1+1+1$, $1+2$, $2+1$의 3가지

4개의 계단을 오르는 방법은 $1+1+1+1$, $1+1+2$, $1+2+1$, $2+1+1$, $2+2$의 5가지

따라서 표의 빈칸을 모두 채우면 다음과 같다.

계단의 수	1	2	3	4
계단을 오르는 방법의 수	1	2	3	5
계단을 오르는 방법의 수의 증가량	╳	1	1	2	╳

(2) $(n+2)$번째 계단까지 오르는 방법은

(i) n번째 계단까지 오른 후, 두 계단을 한 번에 오르는 방법 ← a_n

(ii) $(n+1)$번째 계단까지 오른 후, 한 계단을 오르는 방법 ← a_{n+1}

의 두 가지이다. (n번째 계단까지 오른 후, 한 계단씩 두 번 오르는 방법은 후자에 포함되므로 따로 생각하지 않는다.)

따라서 $(n+2)$번째 계단까지 오르는 방법의 수는 n번째 계단까지 오르는 방법의 수와 $(n+1)$번째 계단까지 오르는 방법의 수를 더한 것과 같다.

$\therefore a_{n+2}=a_n+a_{n+1}$

정답 (1) 풀이 참조 (2) $a_{n+2}=a_n+a_{n+1}$

보충 설명

이 문제처럼 앞의 연속한 두 항의 합을 나열하여 얻어지는 수열

1, 2, 3, 5, 8, 13, 21, 34, 55, 89, ⋯

를 피보나치 수열이라고 한다.

숫자 바꾸기 한번 더

07-1

짱이는 징검다리를 건너는 데 한 번에 징검다리를 이루는 돌을 1개 또는 2개 건널 수 있다. n개의 돌로 이루어진 징검다리를 건너가는 방법의 수를 a_n이라고 할 때, a_8의 값을 구하시오. (단, 마지막 돌은 반드시 딛고 간다.)

표현 바꾸기 한번 더

07-2

일렬로 놓인 크기가 같은 n개의 정사각형 모양의 타일에 빨간색 또는 파란색을 칠하려고 한다. 파란색끼리는 이웃하지 않게 칠하려고 할 때, n개의 타일을 칠하는 방법의 수를 a_n이라고 하자. 다음 물음에 답하시오.

(1) a_1, a_2, a_3, a_4의 값을 차례대로 구하시오.

(2) a_{n+2}를 a_n과 a_{n+1}로 나타내시오.

개념 넓히기 한번 더

07-3

수열 $\{a_n\}$을

$$a_{n+2}=a_{n+1}+a_n \ (n=1, 2, 3, \cdots)$$

으로 정의할 때, 다음 중 그 값이 $\sum_{k=1}^{100} a_k$와 같은 것은? (단, $a_1 \neq 0$, $a_2 \neq 0$)

① $a_{101}-a_1$ ② $a_{101}-a_2$ ③ $a_{101}+a_1$

④ $a_{102}-a_2$ ⑤ $a_{102}+a_2$

• 풀이 198쪽

정답

07-1 34 **07-2** (1) 2, 3, 5, 8 (2) $a_{n+2}=a_{n+1}+a_n$ **07-3** ④

2 수학적 귀납법

귀납적 추론이란 원래 몇 가지 구체적인 사실이나 경험으로부터 일반적인 명제나 법칙을 이끌어 내는 것을 말합니다. 하지만 누군가 동전을 100번 던졌을 때 모두 앞면이 나왔다는 경험을 근거로 동전을 101번째로 던졌을 때에도 앞면이 나올 것이라고 주장하면 우리는 그것을 사실로 받아들이지는 않습니다. 따라서 귀납적 추론으로 내린 결론이 항상 참이라고 할 수는 없습니다.

반면 수학적 귀납법은 자연수에 대한 명제가 모든 자연수에서 성립함을 증명하는 하나의 방법으로, 수학적 귀납법으로 내린 결론은 항상 참이 됩니다.

그럼 이제 수학적 귀납법에 대하여 알아보겠습니다.

먼저 블록이 연속해서 쓰러지도록 블록을 나열하는 도미노 게임을 생각해 봅시다.

1부터 1000까지의 자연수가 적힌 블록을 적힌 수가 작은 블록부터 일렬로 세워서 도미노를 만들 때, 모든 블록이 차례대로 쓰러진다는 것을 알기 위해서는 다음과 같은 두 가지 사실이 주어지면 됩니다.

① 맨 처음 1이 적힌 블록이 쓰러진다.

② k가 적힌 블록이 쓰러지면 $k+1$이 적힌 블록도 반드시 쓰러진다.

이러한 도미노 게임의 원리가 지금부터 배울 수학적 귀납법의 핵심이 됩니다.

수학적 귀납법을 예를 들어서 설명해 보겠습니다.

첫째항이 1, 공차가 1, 항의 개수가 n인 등차수열의 합의 공식을 살펴봅시다.

$$1+2+3+\cdots+n=\frac{n(n+1)}{2} \qquad \cdots\cdots \text{㉠}$$

등식 ㉠의 n에 자연수를 1부터 100까지 차례대로 대입하면 $n=1, 2, 3, \cdots, 100$일 때 등식이 성립함을 확인할 수 있지만 유한 개의 자연수에 대하여 등식이 성립한다고 해서 임의의 자연수에 대하여 ㉠이 성립한다는 결론을 내릴 수는 없습니다. 또한 자연수는 무수히 많으므로 모든 자연수를 일일이 대입하여 등식이 성립함을 증명하는 것은 불가능합니다.

하지만 등식 ㉠의 증명은 다음의 두 명제를 증명하는 것으로 충분합니다.

(i) $n=1$일 때, 등식 ㉠이 성립한다.

(ii) $n=k$일 때, 등식 ㉠이 성립한다고 가정하면 $n=k+1$일 때에도 등식 ㉠이 성립한다.

(ⅰ)에 의하여 $n=1$일 때, 등식 ㉠이 성립합니다.
$n=1$일 때 등식 ㉠이 성립하므로 (ⅱ)에 의하여 $n=2$일 때에도 등식 ㉠이 성립합니다.
$n=2$일 때 등식 ㉠이 성립하므로 (ⅱ)에 의하여 $n=3$일 때에도 등식 ㉠이 성립합니다.
⋮
$n=100$일 때 등식 ㉠이 성립하므로 (ⅱ)에 의하여 $n=101$일 때에도 등식 ㉠이 성립합니다.
⋮
따라서 (ⅰ), (ⅱ)가 성립하면 모든 자연수 n에 대하여 등식 ㉠이 성립함을 알 수 있습니다.

자연수에 대한 명제의 성립 여부를 자연수를 일일이 대입하면서 확인하면 아무리 많은 시간을 투자해도 결국은 유한 개의 자연수에 대해서만 확인해 보는 것일 뿐 모든 자연수에 대한 증명은 불가능합니다. 즉, 자연수 하나하나를 증명의 대상으로 보게 되면 한계에 부딪히게 됩니다.
반면 수학적 귀납법에서 직접적인 증명의 대상이 되는 숫자는 $n=1$뿐입니다. 수학적 귀납법으로 증명할 때 처음 증명하는 명제 (ⅰ)이 여기에 해당합니다.
수학적 귀납법에서 두 번째로 증명하는 명제 (ⅱ)는 자연수 한 개에 대한 증명이 아니라 이웃한 두 자연수 사이의 관계에 대한 것이므로 이것이 수학적 귀납법의 핵심입니다.

이와 같이 (ⅰ), (ⅱ)를 보임으로써 자연수에 대한 명제가 모든 자연수에 대하여 성립함을 증명하는 것을 수학적 귀납법이라고 합니다.

이제 등식 ㉠이 모든 자연수에 대하여 성립함을 수학적 귀납법을 이용하여 증명해 봅시다.

12

Example 모든 자연수 n에 대하여 다음 등식이 성립함을 수학적 귀납법을 이용하여 증명해 보자.

$$1+2+3+\cdots+n=\frac{n(n+1)}{2} \qquad \cdots\cdots ㉠$$

(ⅰ) $n=1$일 때, (좌변)$=1$, (우변)$=\frac{1\times(1+1)}{2}=1$이므로 ㉠이 성립한다.

(ⅱ) $n=k$일 때, ㉠이 성립한다고 가정하면

$$1+2+3+\cdots+k=\frac{k(k+1)}{2} \qquad \cdots\cdots ㉡$$

㉡의 양변에 $k+1$을 더하면

$$\underbrace{1+2+3+\cdots+k}_{\frac{k(k+1)}{2}}+(k+1)=\frac{k(k+1)}{2}+(k+1)$$
$$=\frac{k^2+3k+2}{2}=\frac{(k+1)(k+2)}{2}$$
$$=\frac{(k+1)\{(k+1)+1\}}{2}$$

따라서 $n=k+1$일 때에도 ㉠이 성립한다.

(ⅰ), (ⅱ)에 의하여 모든 자연수 n에 대하여 $1+2+3+\cdots+n=\frac{n(n+1)}{2}$이 성립한다.

수학적 귀납법은 모든 자연수 n에 대한 성질을 증명할 때 뿐만 아니라 $n \geq a$ (a는 2 이상의 자연수)인 모든 자연수 n에 대한 명제 $p(n)$이 성립함을 증명할 때에도 사용할 수 있습니다.

예를 들어 $n \geq 5$인 모든 자연수 n에 대하여 명제 $p(n)$이 성립함을 보여야 하는 경우에는 $n=1, 2, 3, 4$인 경우는 고려할 필요가 없으므로 다음 두 가지 사실을 보이면 됩니다.

(i) $n=5$일 때, 명제 $p(n)$이 성립한다.

(ii) $n=k$ ($k \geq 5$)일 때, 명제 $p(n)$이 성립한다고 가정하면 $n=k+1$일 때에도 명제 $p(n)$이 성립한다.

이 사실을 일반적인 명제로 서술하면 다음과 같습니다.

명제 $p(n)$이 $n \geq a$인 모든 자연수 n에 대하여 성립함을 증명하려면 다음 두 가지 사실을 보이면 됩니다.

(i) $n=a$일 때, 명제 $p(n)$이 성립한다.

(ii) $n=k$ ($k \geq a$)일 때, 명제 $p(n)$이 성립한다고 가정하면 $n=k+1$일 때에도 명제 $p(n)$이 성립한다.

개념 Point 수학적 귀납법

자연수 n에 대한 명제 $p(n)$이 모든 자연수 n에 대하여 성립함을 증명하려면 다음 두 가지 사실을 보이면 된다.

(i) $n=1$일 때, 명제 $p(n)$이 성립한다.

(ii) $n=k$일 때, 명제 $p(n)$이 성립한다고 가정하면 $n=k+1$일 때에도 명제 $p(n)$이 성립한다.

이와 같은 증명법을 수학적 귀납법이라고 한다.

Plus

좀 더 구체적으로 위와 같은 방법으로 자연수 n에 대한 명제 $p(n)$이 성립함을 증명할 때에는 다음과 같은 순서로 진행한다.

❶ 명제 $p(n)$에 n 대신 1을 대입하여 식이 성립하는지 확인한다.

❷ 명제 $p(n)$에 n 대신 k를 대입하여 $p(k)$를 만든다.

❸ 양변에 같은 수나 식을 더하거나 곱하여, 즉 등식의 성질을 이용해서 $p(k)$를 변형하여 $p(k+1)$로 나타내어지는 식을 만든다.

주의 '수학적 귀납법'과 '귀납법'은 서로 다르다.

개념 콕콕

1 다음은 수학적 귀납법을 이용하여 모든 자연수 n에 대하여 n^3+5n이 6의 배수임을 증명하는 과정이다. (가), (나)에 알맞은 것을 써넣으시오.

〈 증명 〉

(i) $n=1$일 때, $1^3+5\times1=6$은 6의 배수이므로 주어진 명제가 성립한다.

(ii) $n=k$일 때, k^3+5k가 6의 배수라고 가정하면

$k^3+5k=6m$ (m은 자연수)

$n=k+1$이면

$(k+1)^3+5(k+1)=k^3+3k^2+3k+1+5k+5=\boxed{\text{(가)}}+6+3k(k+1)$

이때 $k(k+1)$은 연속한 두 자연수의 곱이므로 $\boxed{\text{(나)}}$의 배수이다.

즉, $k(k+1)=\boxed{\text{(나)}}m'$ (m'은 자연수)로 나타낼 수 있으므로

$(k+1)^3+5(k+1)=\boxed{\text{(가)}}+6+3k(k+1)$

$=\boxed{\text{(가)}}+6+3\times\boxed{\text{(나)}}m'=6(m+1+m')$

따라서 $(k+1)^3+5(k+1)$도 6의 배수이므로 $n=k+1$일 때에도 주어진 명제가 성립한다.

(i), (ii)에 의하여 모든 자연수 n에 대하여 n^3+5n은 6의 배수이다.

2 다음은 모든 자연수 n에 대하여 등식 $1^2+2^2+3^2+\cdots+n^2=\frac{1}{6}n(n+1)(2n+1)$이 성립함을 수학적 귀납법으로 증명하는 과정이다. (가), (나)에 알맞은 것을 써넣으시오.

〈 증명 〉

(i) $n=\boxed{\text{(가)}}$일 때, (좌변)$=1$, (우변)$=\frac{1}{6}\times1\times2\times3=1$이므로 주어진 등식이 성립한다.

(ii) $n=k$일 때, 주어진 등식이 성립한다고 가정하면

$1^2+2^2+3^2+\cdots+k^2=\frac{1}{6}k(k+1)(2k+1)$

이 등식의 양변에 $\boxed{\text{(나)}}$을 더하면

$1^2+2^2+3^2+\cdots+k^2+\boxed{\text{(나)}}=\frac{1}{6}k(k+1)(2k+1)+\boxed{\text{(나)}}$

$=\frac{1}{6}(k+1)\{(k+1)+1\}\{2(k+1)+1\}$

따라서 $n=k+1$일 때에도 주어진 등식이 성립한다.

(i), (ii)에서 주어진 등식은 모든 자연수 n에 대하여 성립한다.

• 풀이 199쪽

정답

1 (가) $6m$ (나) 2

2 (가) 1 (나) $(k+1)^2$

출제 가능성

예제 08 수학적 귀납법을 이용한 등식의 증명

모든 자연수 n에 대하여 등식

$$\frac{1}{1\times 3}+\frac{1}{3\times 5}+\cdots+\frac{1}{(2n-1)(2n+1)}=\frac{n}{2n+1}$$

이 성립함을 수학적 귀납법으로 증명하시오.

접근 방법 자연수 n에 대한 명제 $p(n)$이 임의의 자연수 n에 대하여 성립함을 증명하려면 다음 두 가지를 증명하면 된다.

(i) $n=1$일 때, 명제 $p(n)$이 성립한다.

(ii) $n=k$일 때, 명제 $p(n)$이 성립한다고 가정하면 $n=k+1$일 때에도 명제 $p(n)$이 성립한다.

수매씽 Point 자연수에 대한 어떤 명제가 참임을 보일 때에는 수학적 귀납법을 이용한다.

상세 풀이 (i) $n=1$일 때

$$(\text{좌변})=\frac{1}{1\times 3}=\frac{1}{3},\ (\text{우변})=\frac{1}{2\times 1+1}=\frac{1}{3}$$

이므로 주어진 등식이 성립한다.

(ii) $n=k$일 때, 주어진 등식이 성립한다고 가정하면

$$\frac{1}{1\times 3}+\frac{1}{3\times 5}+\cdots+\frac{1}{(2k-1)(2k+1)}=\frac{k}{2k+1} \quad \cdots\cdots \text{㉠}$$

㉠의 양변에 $\frac{1}{(2k+1)(2k+3)}$을 더하면

$$\frac{1}{1\times 3}+\frac{1}{3\times 5}+\cdots+\frac{1}{(2k-1)(2k+1)}+\frac{1}{(2k+1)(2k+3)}$$

$$=\frac{k}{2k+1}+\frac{1}{(2k+1)(2k+3)}$$

$$=\frac{2k^2+3k+1}{(2k+1)(2k+3)}=\frac{(k+1)(2k+1)}{(2k+1)(2k+3)}$$

$$=\frac{k+1}{2k+3}=\frac{k+1}{2(k+1)+1}$$

따라서 $n=k+1$일 때에도 주어진 등식이 성립한다.

(i), (ii)에 의하여 주어진 등식은 모든 자연수 n에 대하여 성립한다.

정답 풀이 참조

보충 설명

수학적 귀납법으로 등식을 증명할 때에는 $n=k+1$일 때의 식을 미리 써 놓은 후 $n=k$일 때의 등식의 양변에 적당한 것을 더하거나 곱하여 $n=k+1$일 때의 식의 꼴을 만든다.

이 문제에서도 ㉠의 양변에 $\frac{1}{(2k+1)(2k+3)}$을 더하면 좌변은 $n=k+1$일 때의 꼴이 바로 되는 것을 알 수 있으므로 우변을 적당히 변형하여 $n=k+1$일 때의 꼴을 만들도록 한다.

숫자 바꾸기

한번 더 ☑ ☐

08-1

모든 자연수 n에 대하여 등식

$$1^2+3^2+5^2+\cdots+(2n-1)^2=\frac{n(4n^2-1)}{3}$$

이 성립함을 수학적 귀납법으로 증명하시오.

표현 바꾸기

한번 더 ☑ ☐

08-2

모든 자연수 n에 대하여 등식

$$1\times n+2\times(n-1)+3\times(n-2)+\cdots+(n-1)\times 2+n\times 1=\frac{n(n+1)(n+2)}{6}$$

가 성립함을 수학적 귀납법으로 증명하시오.

12

개념 넓히기

한번 더 ☑ ☐

08-3

n이 자연수일 때, $3^{n+1}+4^{2n-1}$은 13으로 나누어떨어짐을 수학적 귀납법으로 증명하시오.

• 풀이 199쪽～200쪽

정답

08-1 풀이 참조 **08-2** 풀이 참조 **08-3** 풀이 참조

예제 09 수학적 귀납법을 이용한 부등식의 증명

모든 자연수 n에 대하여 부등식

$$1+\frac{1}{2}+\cdots+\frac{1}{n}\geq 2\left\{\frac{1}{1\times 2}+\frac{1}{2\times 3}+\cdots+\frac{1}{n(n+1)}\right\}$$

이 성립함을 수학적 귀납법으로 증명하시오.

접근 방법 등식의 증명과 마찬가지로 $n=k$일 때 부등식의 양변에 적당한 것을 더하여 $n=k+1$일 때에도 주어진 부등식이 성립함을 보인다.

또한 부등식의 증명은 등식의 증명과 달리 $n=k+1$일 때의 증명이 까다로운 편이므로 다음의 수매씽 Point 내용을 생각하면서 증명한다.

수매씽 Point 수학적 귀납법으로 부등식을 증명할 때에는 ★ > △이고 △ > ☆이면 ★ > ☆임을 이용한다.

상세 풀이 (i) $n=1$일 때

$$(\text{좌변})=1,\ (\text{우변})=2\times\frac{1}{1\times 2}=1$$

이므로 주어진 부등식이 성립한다.

(ii) $n=k\ (k\geq 1)$일 때, 주어진 부등식이 성립한다고 가정하면

$$1+\frac{1}{2}+\cdots+\frac{1}{k}\geq 2\left\{\frac{1}{1\times 2}+\frac{1}{2\times 3}+\cdots+\frac{1}{k(k+1)}\right\} \quad \cdots\cdots ㉠$$

㉠의 양변에 $\frac{1}{k+1}$을 더하면

$$\begin{aligned}1+\frac{1}{2}+\cdots+\frac{1}{k}+\frac{1}{k+1} &\geq 2\left\{\frac{1}{1\times 2}+\frac{1}{2\times 3}+\cdots+\frac{1}{k(k+1)}\right\}+\frac{1}{k+1}\\ &\geq 2\left\{\frac{1}{1\times 2}+\frac{1}{2\times 3}+\cdots+\frac{1}{k(k+1)}\right\}+\frac{1}{k+2}\\ &= 2\left\{\frac{1}{1\times 2}+\frac{1}{2\times 3}+\cdots+\frac{1}{k(k+1)}\right\}+\frac{1}{k+1}\times\frac{k+1}{k+2}\\ &\geq 2\left\{\frac{1}{1\times 2}+\frac{1}{2\times 3}+\cdots+\frac{1}{k(k+1)}\right\}+\frac{2}{(k+1)(k+2)}\\ &= 2\left\{\frac{1}{1\times 2}+\frac{1}{2\times 3}+\cdots+\frac{1}{k(k+1)}+\frac{1}{(k+1)(k+2)}\right\}\end{aligned}$$

$$\therefore\ 1+\frac{1}{2}+\cdots+\frac{1}{k+1}\geq 2\left\{\frac{1}{1\times 2}+\frac{1}{2\times 3}+\cdots+\frac{1}{(k+1)(k+2)}\right\}$$

따라서 $n=k+1$일 때에도 주어진 부등식이 성립한다.

(i), (ii)에 의하여 주어진 부등식은 모든 자연수 n에 대하여 성립한다.

정답 풀이 참조

보충 설명

숫자 바꾸기 **09-1**과 같이 '$n\geq 2$인 모든 자연수 n에 대하여'인 경우에는 $n=1$인 경우가 아니라 $n=2$인 경우가 성립함을 먼저 보여야 함을 잊지 않도록 한다.

숫자 바꾸기 　　　　　　　　　　　　　　　　　　　　　　한번 더 ☑ ☐

09-1

$n\geq 2$인 모든 자연수 n에 대하여 부등식

$$1+\frac{1}{2}+\frac{1}{3}+\cdots+\frac{1}{n}>\frac{2n}{n+1}$$

이 성립함을 수학적 귀납법으로 증명하시오.

표현 바꾸기 　　　　　　　　　　　　　　　　　　　　　　한번 더 ☑ ☐

09-2

다음은 $h>0$일 때, $n\geq 2$인 모든 자연수 n에 대하여 부등식

$(1+h)^n>1+nh$ 　　…… ㉠

가 성립함을 수학적 귀납법으로 증명하는 과정이다. (가), (나), (다)에 알맞은 것을 써넣으시오.

〈 증명 〉

(i) $n=2$일 때

(좌변)$=(1+h)^2=1+2h+h^2$, (우변)$=$ (가)

이때 $h^2>0$이므로 $1+2h+h^2>$ (가)

따라서 ㉠이 성립한다.

(ii) $n=k\ (k\geq 2)$일 때, ㉠이 성립한다고 가정하면

$(1+h)^k>1+kh$ 　　…… ㉡

㉡의 양변에 $1+h$를 곱하면 $1+h>0$이므로

$(1+h)^{k+1}>(1+kh)(1+h)=1+(k+1)h+$ (나)

이때 $kh^2>0$이므로

$1+(k+1)h+kh^2>1+(k+1)h$

$\therefore\ (1+h)^{k+1}>1+$ (다)

따라서 $n=k+1$일 때에도 ㉠이 성립한다.

(i), (ii)에서 ㉠은 $n\geq 2$인 모든 자연수 n에 대하여 성립한다.

개념 넓히기 　　　　　　　　　　　　　　　　　　　　　　한번 더 ☑ ☐

09-3

모든 자연수 n에 대하여 부등식

$$\sum_{k=1}^{2^n}\frac{1}{k}\geq\frac{n}{2}+1$$

이 성립함을 수학적 귀납법으로 증명하시오.

• 풀이 200쪽~201쪽

정답 09-1 풀이 참조 　09-2 (가) $1+2h$ (나) kh^2 (다) $(k+1)h$ 　09-3 풀이 참조

1

$a_1=1$, $a_2=3$인 수열 $\{a_n\}$의 첫째항부터 제n항까지의 합을 S_n이라고 하면

$$3S_{n+1}-S_{n+2}-2S_n=a_n\ (n=1,\ 2,\ 3,\ \cdots)$$

이 성립한다. 이때 S_{20}의 값을 구하시오.

2

수열 $\{a_n\}$을

$$a_1=10,\ a_{n+1}=a_n+2\times3^{n-1}-1\ (n=1,\ 2,\ 3,\ \cdots)$$

로 정의할 때, a_{10}의 값은?

① 3^9　② 3^{10}　③ 3^9-9　④ $3^{10}-10$　⑤ $3^{10}-11$

3

모든 항이 0이 아닌 수열 $\{a_n\}$을

$$a_1=2,\ a_2=1,\ a_{n+1}a_n-2a_{n+2}a_n+a_{n+1}a_{n+2}=0\ (n=1,\ 2,\ 3,\ \cdots)$$

으로 정의할 때, $\sum_{k=1}^{20}\frac{1}{a_k}$의 값을 구하시오.

4

수열 $\{a_n\}$이 $\begin{cases}a_1=2,\ a_2=5\\ a_n=2a_{n-1}+a_{n-2}\ (n\geq3)\end{cases}$을 만족시킬 때, a_5의 값을 구하시오.

5

두 수열 $\{a_n\}$, $\{b_n\}$에 대하여

$$a_1=b_1,\ a_{10}+b_{10}=30,\ a_{n+1}+a_n=b_{n+1}-b_n\ (n=1,\ 2,\ 3,\ \cdots)$$

이 성립할 때, $\sum_{k=1}^{10}a_k$의 값을 구하시오.

6 수열 $\{a_n\}$을

$$a_1=1,\ a_{n+1}+a_n=n\ (n=1,\ 2,\ 3,\ \cdots)$$

으로 정의할 때, $a_{30}+S_{30}$의 값을 구하시오.

7 다음 조건을 만족시키는 수열 $\{a_n\}$에 대하여 $\sum_{k=1}^{1000} a_k$의 값을 구하시오.

> (가) $a_1=1$
>
> (나) $(n+1)a_n$을 7로 나누었을 때의 나머지가 a_{n+1}이다. (단, $n=1,\ 2,\ 3,\ \cdots$)

8 $a_1=2,\ a_2=4$인 수열 $\{a_n\}$에 대하여 이차방정식

$$a_nx^2+2a_{n+1}x+a_{n+2}=0\ (n=1,\ 2,\ 3,\ \cdots)$$

이 중근 b_n을 가질 때, $\sum_{k=1}^{10} b_k$의 값을 구하시오.

9 첫째항이 1이고 공차가 3인 등차수열 $\{a_n\}$과 수열 $\{b_n\}$에 대하여

$$b_1+b_2+b_3+\cdots+b_n=na_n\ (n=1,\ 2,\ 3,\ \cdots)$$

이 성립할 때, $b_{100}-b_{99}$의 값을 구하시오.

10 $n\geq 4$인 모든 자연수 n에 대하여

$$1\times 2\times 3\times \cdots \times n>2^n$$

이 성립함을 수학적 귀납법으로 증명하시오.

STEP2 실력 다지기

11 수열 $\{a_n\}$의 첫째항부터 제n항까지의 합을 S_n이라고 하면 $a_1=2$, $a_{n+1}=S_n+2$ $(n=1, 2, 3, \cdots)$가 성립한다. S_8의 값은?

① 510 ② 512 ③ 514 ④ 516 ⑤ 518

12 수열 $\{a_n\}$을

$$a_1=1,\ a_{n+1}=a_n+(\log_3 n-1)\log_3 n-6\ (n=1, 2, 3, \cdots)$$

으로 정의할 때, 다음 중 최소인 항은?

① a_{20} ② a_{22} ③ a_{25} ④ a_{27} ⑤ a_{30}

13 각 항이 실수인 두 수열 $\{x_n\}$, $\{y_n\}$에 대하여

$$x_n+y_n i=(1+\sqrt{3}i)^n\ (n=1, 2, 3, \cdots)$$

이라 할 때, $\begin{pmatrix} x_{n+1} \\ y_{n+1} \end{pmatrix}=A\begin{pmatrix} x_n \\ y_n \end{pmatrix}$이 성립하도록 하는 이차정사각행렬 A는? (단, $i=\sqrt{-1}$)

① $\begin{pmatrix} 1 & -\sqrt{3} \\ \sqrt{3} & 1 \end{pmatrix}$ ② $\begin{pmatrix} 1 & \sqrt{3} \\ -\sqrt{3} & 1 \end{pmatrix}$ ③ $\begin{pmatrix} 1 & \sqrt{3} \\ \sqrt{3} & 1 \end{pmatrix}$

④ $\begin{pmatrix} \sqrt{3} & -1 \\ 1 & \sqrt{3} \end{pmatrix}$ ⑤ $\begin{pmatrix} \sqrt{3} & 1 \\ -1 & \sqrt{3} \end{pmatrix}$

14 수열 $\{a_n\}$을

$$a_1=\frac{1}{2},\ a_{n+1}=\frac{a_n-1}{a_n+1}\ (n=1, 2, 3, \cdots)$$

로 정의할 때, a_{2000}의 값을 구하시오.

15 수열 $\{a_n\}$을

$$a_1=4,\ \frac{a_{n+1}}{2^{n+1}}=\frac{a_n}{2^n}+2^n\ (n=1, 2, 3, \cdots)$$

으로 정의할 때, a_5-a_4의 값을 구하시오.

16 수열 $\{a_n\}$을

$$a_1=3,\ a_2=5,\ a_{n+2}-a_{n+1}=\frac{1}{a_{n+1}-a_n}\ (n=1,\ 2,\ 3,\ \cdots)$$

로 정의할 때, $\sum_{k=1}^{200}(a_{2k}-a_{2k-1})$의 값을 구하시오.

17 수열 $\{a_n\}$을

$$a_1=1,\ 3(a_1+a_2+a_3+\cdots+a_n)=(n+2)a_n\ (n=1,\ 2,\ 3,\ \cdots)$$

으로 정의할 때, $\frac{1}{a_1}+\frac{1}{a_2}+\frac{1}{a_3}+\cdots+\frac{1}{a_n}=\frac{40}{21}$을 만족시키는 자연수 n의 값을 구하시오.

18 두 수열 $\{a_n\}$, $\{b_n\}$은 $a_1=a_2=1$, $b_1=k$이고, 모든 자연수 n에 대하여

$$a_{n+2}=(a_{n+1})^2-(a_n)^2,\ b_{n+1}=a_n-b_n+n$$

을 만족시킨다. $b_{20}=14$일 때, k의 값을 구하시오.

19 수열 $\{a_n\}$이 $a_{10}=4$, $a_n+a_{n-1}=n^2\ (n=2,\ 3,\ 4,\ \cdots)$을 만족시킬 때, a_{20}을 10으로 나누었을 때의 나머지를 구하시오.

20 그릇 A에는 10 %의 소금물 100 g이 들어 있고 그릇 B에는 5 %의 소금물이 충분히 들어 있다. 그릇 A에서 소금물 20 g을 버리고 그릇 B의 소금물 20 g을 그릇 A에 넣는 시행을 반복한다. 이 과정을 n번 시행하였을 때, 그릇 A의 소금물의 농도를 a_n %라고 하자.
$a_n=p\left(\frac{4}{5}\right)^{n-1}+q$일 때, pq의 값을 구하시오. (단, p, q는 자연수이다.)

• 정답 및 풀이 207쪽~208쪽

교육청

21

첫째항이 $\frac{1}{2}$인 수열 $\{a_n\}$이 모든 자연수 n에 대하여 $a_{n+1}=-\frac{1}{a_n-1}$을 만족시킨다. 수열 $\{a_n\}$의 첫째항부터 제n항까지의 합을 S_n이라 할 때, $S_m=11$을 만족시키는 자연수 m의 값은?

① 20　② 21　③ 22　④ 23　⑤ 24

평가원

22

수열 $\{a_n\}$이 모든 자연수 n에 대하여 $a_{n+1}=\begin{cases} \frac{1}{a_n} & (n\text{이 홀수인 경우}) \\ 8a_n & (n\text{이 짝수인 경우}) \end{cases}$이고 $a_{12}=\frac{1}{2}$일 때, a_1+a_4의 값은?

① $\frac{3}{4}$　② $\frac{9}{4}$　③ $\frac{5}{2}$　④ $\frac{17}{4}$　⑤ $\frac{9}{2}$

수능

23

수열 $\{a_n\}$이 모든 자연수 n에 대하여 다음 조건을 만족시킨다.

> (가) $a_{2n}=a_n-1$
>
> (나) $a_{2n+1}=2a_n+1$

$a_{20}=1$일 때, $\sum_{n=1}^{63} a_n$의 값은?

① 704　② 712　③ 720　④ 728　⑤ 736

평가원

24

공차가 0이 아닌 등차수열 $\{a_n\}$이 있다. 수열 $\{b_n\}$은 $b_1=a_1$이고, 2 이상의 자연수 n에 대하여

$$b_n=\begin{cases} b_{n-1}+a_n & (n\text{이 3의 배수가 아닌 경우}) \\ b_{n-1}-a_n & (n\text{이 3의 배수인 경우}) \end{cases}$$

이다. $b_{10}=a_{10}$일 때, $\frac{b_8}{b_{10}}=\frac{q}{p}$이다. $p+q$의 값을 구하시오.

(단, p와 q는 서로소인 자연수이다.)

상용로그표 ❶

수	0	1	2	3	4	5	6	7	8	9
1.0	.0000	.0043	.0086	.0128	.0170	.0212	.0253	.0294	.0334	.0374
1.1	.0414	.0453	.0492	.0531	.0569	.0607	.0645	.0682	.0719	.0755
1.2	.0792	.0828	.0864	.0899	.0934	.0969	.1004	.1038	.1072	.1106
1.3	.1139	.1173	.1206	.1239	.1271	.1303	.1335	.1367	.1399	.1430
1.4	.1461	.1492	.1523	.1553	.1584	.1614	.1644	.1673	.1703	.1732
1.5	.1761	.1790	.1818	.1847	.1875	.1903	.1931	.1959	.1987	.2014
1.6	.2041	.2068	.2095	.2122	.2148	.2175	.2201	.2227	.2253	.2279
1.7	.2304	.2330	.2355	.2380	.2405	.2430	.2455	.2480	.2504	.2529
1.8	.2553	.2577	.2601	.2625	.2648	.2672	.2695	.2718	.2742	.2765
1.9	.2788	.2810	.2833	.2856	.2878	.2900	.2923	.2945	.2967	.2989
2.0	.3010	.3032	.3054	.3075	.3096	.3118	.3139	.3160	.3181	.3201
2.1	.3222	.3243	.3263	.3284	.3304	.3324	.3345	.3365	.3385	.3404
2.2	.3424	.3444	.3464	.3483	.3502	.3522	.3541	.3560	.3579	.3598
2.3	.3617	.3636	.3655	.3674	.3692	.3711	.3729	.3747	.3766	.3784
2.4	.3802	.3820	.3838	.3856	.3874	.3892	.3909	.3927	.3945	.3962
2.5	.3979	.3997	.4014	.4031	.4048	.4065	.4082	.4099	.4116	.4133
2.6	.4150	.4166	.4183	.4200	.4216	.4232	.4249	.4265	.4281	.4298
2.7	.4314	.4330	.4346	.4362	.4378	.4393	.4409	.4425	.4440	.4456
2.8	.4472	.4487	.4502	.4518	.4533	.4548	.4564	.4579	.4594	.4609
2.9	.4624	.4639	.4654	.4669	.4683	.4698	.4713	.4728	.4742	.4757
3.0	.4771	.4786	.4800	.4814	.4829	.4843	.4857	.4871	.4886	.4900
3.1	.4914	.4928	.4942	.4955	.4969	.4983	.4997	.5011	.5024	.5038
3.2	.5051	.5065	.5079	.5092	.5105	.5119	.5132	.5145	.5159	.5172
3.3	.5185	.5198	.5211	.5224	.5237	.5250	.5263	.5276	.5289	.5302
3.4	.5315	.5328	.5340	.5353	.5366	.5378	.5391	.5403	.5416	.5428
3.5	.5441	.5453	.5465	.5478	.5490	.5502	.5514	.5527	.5539	.5551
3.6	.5563	.5575	.5587	.5599	.5611	.5623	.5635	.5647	.5658	.5670
3.7	.5682	.5694	.5705	.5717	.5729	.5740	.5752	.5763	.5775	.5786
3.8	.5798	.5809	.5821	.5832	.5843	.5855	.5866	.5877	.5888	.5899
3.9	.5911	.5922	.5933	.5944	.5955	.5966	.5977	.5988	.5999	.6010
4.0	.6021	.6031	.6042	.6053	.6064	.6075	.6085	.6096	.6107	.6117
4.1	.6128	.6138	.6149	.6160	.6170	.6180	.6191	.6201	.6212	.6222
4.2	.6232	.6243	.6253	.6263	.6274	.6284	.6294	.6304	.6314	.6325
4.3	.6335	.6345	.6355	.6365	.6375	.6385	.6395	.6405	.6415	.6425
4.4	.6435	.6444	.6454	.6464	.6474	.6484	.6493	.6503	.6513	.6522
4.5	.6532	.6542	.6551	.6561	.6571	.6580	.6590	.6599	.6609	.6618
4.6	.6628	.6637	.6646	.6656	.6665	.6675	.6684	.6693	.6702	.6712
4.7	.6721	.6730	.6739	.6749	.6758	.6767	.6776	.6785	.6794	.6803
4.8	.6812	.6821	.6830	.6839	.6848	.6857	.6866	.6875	.6884	.6893
4.9	.6902	.6911	.6920	.6928	.6937	.6946	.6955	.6964	.6972	.6981
5.0	.6990	.6998	.7007	.7016	.7024	.7033	.7042	.7050	.7059	.7067
5.1	.7076	.7084	.7093	.7101	.7110	.7118	.7126	.7135	.7143	.7152
5.2	.7160	.7168	.7177	.7185	.7193	.7202	.7210	.7218	.7226	.7235
5.3	.7243	.7251	.7259	.7267	.7275	.7284	.7292	.7300	.7308	.7316
5.4	.7324	.7332	.7340	.7348	.7356	.7364	.7372	.7380	.7388	.7396

상용로그표 ❷

수	0	1	2	3	4	5	6	7	8	9
5.5	.7404	.7412	.7419	.7427	.7435	.7443	.7451	.7459	.7466	.7474
5.6	.7482	.7490	.7497	.7505	.7513	.7520	.7528	.7536	.7543	.7551
5.7	.7559	.7566	.7574	.7582	.7589	.7597	.7604	.7612	.7619	.7627
5.8	.7634	.7642	.7649	.7657	.7664	.7672	.7679	.7686	.7694	.7701
5.9	.7709	.7716	.7723	.7731	.7738	.7745	.7752	.7760	.7767	.7774
6.0	.7782	.7789	.7796	.7803	.7810	.7818	.7825	.7832	.7839	.7846
6.1	.7853	.7860	.7868	.7875	.7882	.7889	.7896	.7903	.7910	.7917
6.2	.7924	.7931	.7938	.7945	.7952	.7959	.7966	.7973	.7980	.7987
6.3	.7993	.8000	.8007	.8014	.8021	.8028	.8035	.8041	.8048	.8055
6.4	.8062	.8069	.8075	.8082	.8089	.8096	.8102	.8109	.8116	.8122
6.5	.8129	.8136	.8142	.8149	.8156	.8162	.8169	.8176	.8182	.8189
6.6	.8195	.8202	.8209	.8215	.8222	.8228	.8235	.8241	.8248	.8254
6.7	.8261	.8267	.8274	.8280	.8287	.8293	.8299	.8306	.8312	.8319
6.8	.8325	.8331	.8338	.8344	.8351	.8357	.8363	.8370	.8376	.8382
6.9	.8388	.8395	.8401	.8407	.8414	.8420	.8426	.8432	.8439	.8445
7.0	.8451	.8457	.8463	.8470	.8476	.8482	.8488	.8494	.8500	.8506
7.1	.8513	.8519	.8525	.8531	.8537	.8543	.8549	.8555	.8561	.8567
7.2	.8573	.8579	.8585	.8591	.8597	.8603	.8609	.8615	.8621	.8627
7.3	.8633	.8639	.8645	.8651	.8657	.8663	.8669	.8675	.8681	.8686
7.4	.8692	.8698	.8704	.8710	.8716	.8722	.8727	.8733	.8739	.8745
7.5	.8751	.8756	.8762	.8768	.8774	.8779	.8785	.8791	.8797	.8802
7.6	.8808	.8814	.8820	.8825	.8831	.8837	.8842	.8848	.8854	.8859
7.7	.8865	.8871	.8876	.8882	.8887	.8893	.8899	.8904	.8910	.8915
7.8	.8921	.8927	.8932	.8938	.8943	.8949	.8954	.8960	.8965	.8971
7.9	.8976	.8982	.8987	.8993	.8998	.9004	.9009	.9015	.9020	.9025
8.0	.9031	.9036	.9042	.9047	.9053	.9058	.9063	.9069	.9074	.9079
8.1	.9085	.9090	.9096	.9101	.9106	.9112	.9117	.9122	.9128	.9133
8.2	.9138	.9143	.9149	.9154	.9159	.9165	.9170	.9175	.9180	.9186
8.3	.9191	.9196	.9201	.9206	.9212	.9217	.9222	.9227	.9232	.9238
8.4	.9243	.9248	.9253	.9258	.9263	.9269	.9274	.9279	.9284	.9289
8.5	.9294	.9299	.9304	.9309	.9315	.9320	.9325	.9330	.9335	.9340
8.6	.9345	.9350	.9355	.9360	.9365	.9370	.9375	.9380	.9385	.9390
8.7	.9395	.9400	.9405	.9410	.9415	.9420	.9425	.9430	.9435	.9440
8.8	.9445	.9450	.9455	.9460	.9465	.9469	.9474	.9479	.9484	.9489
8.9	.9494	.9499	.9504	.9509	.9513	.9518	.9523	.9528	.9533	.9538
9.0	.9542	.9547	.9552	.9557	.9562	.9566	.9571	.9576	.9581	.9586
9.1	.9590	.9595	.9600	.9605	.9609	.9614	.9619	.9624	.9628	.9633
9.2	.9638	.9643	.9647	.9652	.9657	.9661	.9666	.9671	.9675	.9680
9.3	.9685	.9689	.9694	.9699	.9703	.9708	.9713	.9717	.9722	.9727
9.4	.9731	.9736	.9741	.9745	.9750	.9754	.9759	.9763	.9768	.9773
9.5	.9777	.9782	.9786	.9791	.9795	.9800	.9805	.9809	.9814	.9818
9.6	.9823	.9827	.9832	.9836	.9841	.9845	.9850	.9854	.9859	.9863
9.7	.9868	.9872	.9877	.9881	.9886	.9890	.9894	.9899	.9903	.9908
9.8	.9912	.9917	.9921	.9926	.9930	.9934	.9939	.9943	.9948	.9952
9.9	.9956	.9961	.9965	.9969	.9974	.9978	.9983	.9987	.9991	.9996

삼각함수표

각	sin	cos	tan
0°	0.0000	1.0000	0.0000
1°	0.0175	0.9998	0.0175
2°	0.0349	0.9994	0.0349
3°	0.0523	0.9986	0.0524
4°	0.0698	0.9976	0.0699
5°	0.0872	0.9962	0.0875
6°	0.1045	0.9945	0.1051
7°	0.1219	0.9925	0.1228
8°	0.1392	0.9903	0.1405
9°	0.1564	0.9877	0.1584
10°	0.1736	0.9848	0.1763
11°	0.1908	0.9816	0.1944
12°	0.2079	0.9781	0.2126
13°	0.2250	0.9744	0.2309
14°	0.2419	0.9703	0.2493
15°	0.2588	0.9659	0.2679
16°	0.2756	0.9613	0.2867
17°	0.2924	0.9563	0.3057
18°	0.3090	0.9511	0.3249
19°	0.3256	0.9455	0.3443
20°	0.3420	0.9397	0.3640
21°	0.3584	0.9336	0.3839
22°	0.3746	0.9272	0.4040
23°	0.3907	0.9205	0.4245
24°	0.4067	0.9135	0.4452
25°	0.4226	0.9063	0.4663
26°	0.4384	0.8988	0.4877
27°	0.4540	0.8910	0.5095
28°	0.4695	0.8829	0.5317
29°	0.4848	0.8746	0.5543
30°	0.5000	0.8660	0.5774
31°	0.5150	0.8572	0.6009
32°	0.5299	0.8480	0.6249
33°	0.5446	0.8387	0.6494
34°	0.5592	0.8290	0.6745
35°	0.5736	0.8192	0.7002
36°	0.5878	0.8090	0.7265
37°	0.6018	0.7986	0.7536
38°	0.6157	0.7880	0.7813
39°	0.6293	0.7771	0.8098
40°	0.6428	0.7660	0.8391
41°	0.6561	0.7547	0.8693
42°	0.6691	0.7431	0.9004
43°	0.6820	0.7314	0.9325
44°	0.6947	0.7193	0.9657
45°	0.7071	0.7071	1.0000

각	sin	cos	tan
45°	0.7071	0.7071	1.0000
46°	0.7193	0.6947	1.0355
47°	0.7314	0.6820	1.0724
48°	0.7431	0.6691	1.1106
49°	0.7547	0.6561	1.1504
50°	0.7660	0.6428	1.1918
51°	0.7771	0.6293	1.2349
52°	0.7880	0.6157	1.2799
53°	0.7986	0.6018	1.3270
54°	0.8090	0.5878	1.3764
55°	0.8192	0.5736	1.4281
56°	0.8290	0.5592	1.4826
57°	0.8387	0.5446	1.5399
58°	0.8480	0.5299	1.6003
59°	0.8572	0.5150	1.6643
60°	0.8660	0.5000	1.7321
61°	0.8746	0.4848	1.8040
62°	0.8829	0.4695	1.8807
63°	0.8910	0.4540	1.9626
64°	0.8988	0.4384	2.0503
65°	0.9063	0.4226	2.1445
66°	0.9135	0.4067	2.2460
67°	0.9205	0.3907	2.3559
68°	0.9272	0.3746	2.4751
69°	0.9336	0.3584	2.6051
70°	0.9397	0.3420	2.7475
71°	0.9455	0.3256	2.9042
72°	0.9511	0.3090	3.0777
73°	0.9563	0.2924	3.2709
74°	0.9613	0.2756	3.4874
75°	0.9659	0.2588	3.7321
76°	0.9703	0.2419	4.0108
77°	0.9744	0.2250	4.3315
78°	0.9781	0.2079	4.7046
79°	0.9816	0.1908	5.1446
80°	0.9848	0.1736	5.6713
81°	0.9877	0.1564	6.3138
82°	0.9903	0.1392	7.1154
83°	0.9925	0.1219	8.1443
84°	0.9945	0.1045	9.5144
85°	0.9962	0.0872	11.4301
86°	0.9976	0.0698	14.3007
87°	0.9986	0.0523	19.0811
88°	0.9994	0.0349	28.6363
89°	0.9998	0.0175	57.2900
90°	1.0000	0.0000	

I. 지수함수와 로그함수

01. 지수

기본 다지기 44쪽~45쪽

1 96　2 (1) 4 (2) 27 (3) 54 (4) 2
3 ①　4 4　5 93
6 (1) 8 (2) 22　7 (1) 10 (2) 9
8 ③　9 (1) 12 (2) 64
10 $A<C<B$

실력 다지기 46쪽~47쪽

11 ④　12 ㄷ, ㄹ, ㅁ　13 $4\sqrt{5}$
14 10　15 648
16 (1) 400 (2) -2　17 6
18 (1) 8 (2) $\sqrt[4]{3^7}$　19 (1) $\frac{10}{3}$ (2) $\frac{9}{8}$
20 75

기출 다지기 48쪽

21 ①　22 ①　23 30　24 24

02. 로그

기본 다지기 88쪽~89쪽

1 ㄱ　2 ②　3 60　4 12
5 56　6 (1) 25 (2) 2　7 ⑤
8 (1) 6 (2) 10　9 1.3111　10 12

실력 다지기 90쪽~91쪽

11 ②　12 ③　13 ③　14 20
15 21　16 93　17 83　18 30
19 87　20 416

기출 다지기 92쪽

21 ①　22 ①　23 13　24 25

03. 지수함수

기본 다지기 142쪽~143쪽

1 60　2 3　3 18　4 9
5 $\frac{81}{26}$　6 16　7 128　8 40
9 13　10 7

실력 다지기 144쪽~145쪽

11 ⑤　12 1　13 $\frac{5}{2}$
14 $0<k<2$　15 36　16 6
17 77　18 20　19 93
20 (1) $B<A<C$ (2) $A<C<B$

기출 다지기 146쪽

21 63　22 ②　23 ⑤　24 15

04. 로그함수

기본 다지기 188쪽~189쪽

1 2　2 ③　3 16　4 27
5 ①　6 1　7 $\frac{1}{2}$　8 3
9 19　10 12

실력 다지기 190쪽~191쪽

11 ⑤ 12 ② 13 ① 14 10
15 $\frac{1}{9}+2\log 3$ 16 11 17 64
18 $2\sqrt{37}$ 19 $12\sqrt{3}$ 20 4

기출 다지기 192쪽

21 ④ 22 ④ 23 ⑤ 24 192

05. 로그방정식과 로그부등식

기본 다지기 222쪽~223쪽

1 (1) $x=\log_{\frac{4}{3}}18$ (2) $x=49$

2 16 3 ④

4 (1) $x=\sqrt{10}$, $y=\sqrt[4]{10}$
(2) $x=8$, $y=16$ 또는 $x=4$, $y=64$
(3) $x=3$, $y=\frac{1}{2}$
(4) $x=4$, $y=27$ 또는 $x=8$, $y=9$

5 (1) $3<x<9$ (2) $x>5$ (3) $1<x<100$
(4) $x>\log\frac{2\sqrt{2}}{5}$

6 (1) 68 (2) 2

7 (1) $-1<x<2$ (2) $5<x<8$
(3) $1<x<3$ 또는 $3<x<12$ (4) $4\le x<84$

8 16 9 $\frac{1}{100}<a<10$ 10 20

실력 다지기 224쪽~225쪽

11 ④ 12 ② 13 10 14 3
15 $3\sqrt{3}$ 16 27 17 $\frac{5}{3}$ 18 17
19 $3<x<4$ 20 7

기출 다지기 226쪽

21 32 22 ① 23 15 24 ③

Ⅱ. 삼각함수

06. 삼각함수

기본 다지기 262쪽~263쪽

1 (1) $\frac{\pi}{3}$ (2) $\frac{3}{4}\pi$ 2 $12\pi-9\sqrt{3}$

3 4 4 (1) 2 (2) $\frac{3\sqrt{6}}{8}$ 5 ⑤

6 $\frac{39}{16}$ 7 -7 8 ㄱ, ㄹ 9 $\frac{9}{10}$

10 (1) $\frac{1}{\sin\theta}$ (2) $2\sin\theta\cos\theta$

실력 다지기 264쪽~265쪽

11 ⑤ 12 ⑤ 13 $180°$ 14 9
15 30π 16 $-\frac{1}{2}$ 17 $\frac{5}{6}$ 18 -1
19 3 20 (1) 3 (2) 8

기출 다지기 266쪽

21 ③ 22 ① 23 ④ 24 80

07. 삼각함수의 그래프

기본 다지기 302쪽～303쪽

1 ④ 2 풀이 참조

3 (1) $\frac{5}{2}$ (2) -1 (3) $a=\frac{1}{4}$, $b=1$ 4 $\frac{5}{2}$

5 6 6 32 7 $\frac{7}{2}$ 8 $\frac{3}{2}$

9 (1) -1 (2) $\frac{1}{2}$

10 (1) $\theta=\frac{2}{3}\pi$ 또는 $\theta=\frac{4}{3}\pi$

(2) $0\leq\theta\leq\frac{2}{3}\pi$ 또는 $\frac{4}{3}\pi\leq\theta\leq2\pi$

실력 다지기 304쪽～305쪽

11 ④ 12 $\frac{2}{3}\pi$ 13 5 14 2

15 1 16 8 17 (1) 5π (2) 50

18 (1) 2π (2) 8π

19 (1) $0\leq\theta\leq\pi$ 또는 $\theta=\frac{3}{2}\pi$ (2) $a<-1$

20 $\frac{5}{6}\pi\leq\theta\leq\pi$

기출 다지기 306쪽

21 ③ 22 ③ 23 ③ 24 ④

08. 삼각함수의 활용

기본 다지기 338쪽～339쪽

1 (1) $-\frac{1}{4}$ (2) $\frac{\sqrt{3}}{2}$ 2 $\frac{4}{3}$ 3 $\frac{5}{2}$

4 5 5 7 m 6 $\frac{3\sqrt{3}}{4}$ 7 $\frac{15}{8}$

8 (1) $2\sqrt{3}$ (2) $2\sqrt{3}$ 9 (1) $8\sqrt{3}$ (2) $6\sqrt{3}$

10 24

실력 다지기 340쪽～341쪽

11 $\frac{4\sqrt{6}}{3}$ 12 12 13 $\sqrt{34}$ 14 $4\sqrt{5}$

15 40 16 21 17 $25+8\sqrt{5}$

18 $4\sqrt{7}$ 19 $\sqrt{61}$ 20 6

기출 다지기 342쪽

21 ① 22 ③ 23 ① 24 ①

Ⅲ. 수열

09. 등차수열

기본 다지기 374쪽～375쪽

1 19 2 11 3 5 4 34

5 43 6 198 7 400 8 150

9 11 10 315

실력 다지기 376쪽～377쪽

11 ② 12 ⑤ 13 ② 14 3

15 216 16 567 17 4 18 30

19 15 20 13

기출 다지기 378쪽

21 ③ 22 ④ 23 ① 24 150

10. 등비수열

기본 다지기 408쪽~409쪽

1 ② 2 64 3 48 4 20

5 2 6 81 7 $\frac{1}{2}$ 8 40

9 $\frac{31}{8}$

10 (1) $\frac{1}{9}(10^{11}-100)$ (2) $\frac{5}{81}(10^{n+1}-9n-10)$

실력 다지기 410쪽~411쪽

11 ⑤ 12 ⑤ 13 ④ 14 $2\sqrt{2}$

15 $\frac{21}{4}$ 16 18 17 54 18 20

19 (1) -10 (2) $2^{11}-12$ 20 3

기출 다지기 412쪽

21 ⑤ 22 64 23 9 24 8

11. 합의 기호 Σ와 여러 가지 수열

기본 다지기 452쪽~453쪽

1 ① 2 -16 3 210

4 (1) 440 (2) 485 5 (1) $\frac{240}{121}$ (2) $\frac{10}{21}$

6 252 7 55 8 298 9 63

10 0

실력 다지기 454쪽~455쪽

11 ② 12 ⑤ 13 330 14 1300

15 110 16 675 17 441

18 (1) 1320 (2) $\frac{n(n-2)(n-1)(n+1)}{8}$

19 303 20 241

기출 다지기 456쪽

21 ⑤ 22 ③ 23 58 24 31

25 5

12. 수학적 귀납법

기본 다지기 490쪽~491쪽

1 400 2 ① 3 105 4 70

5 15 6 239 7 19 8 -20

9 6 10 풀이 참조

실력 다지기 492쪽~493쪽

11 ① 12 ④ 13 ① 14 3

15 768 16 400 17 20 18 -3

19 9 20 20

기출 다지기 494쪽

21 ③ 22 ⑤ 23 ④ 24 13

찾아보기

MEMO

MEMO

수매씽 MATHING 개념 대수

동아출판

Telephone 1644-0600
Homepage www.bookdonga.com
Address 서울시 영등포구 은행로 30 (우 07242)

• 정답 및 풀이는 동아출판 홈페이지 내 학습자료실에서 내려받을 수 있습니다.
• 교재에서 발견된 오류는 동아출판 홈페이지 내 정오표에서 확인 가능하며, 잘못 만들어진 책은 구입처에서 교환해 드립니다.
• 학습 상담, 제안 사항, 오류 신고 등 어떠한 이야기라도 들려주세요.

2022 개정 교육과정

등업을 위한 강력한 한 권!

수매씽 개념

MATHING

정답 및 풀이

대수

모바일 빠른 정답

동아출판

등업을 위한
강력한 한 권!

o 학습자 중심의 친절한 해설

o 빠른 정답 안내

QR 코드를 찍으면 정답 및 풀이를 쉽고 빠르게 확인할 수 있습니다.

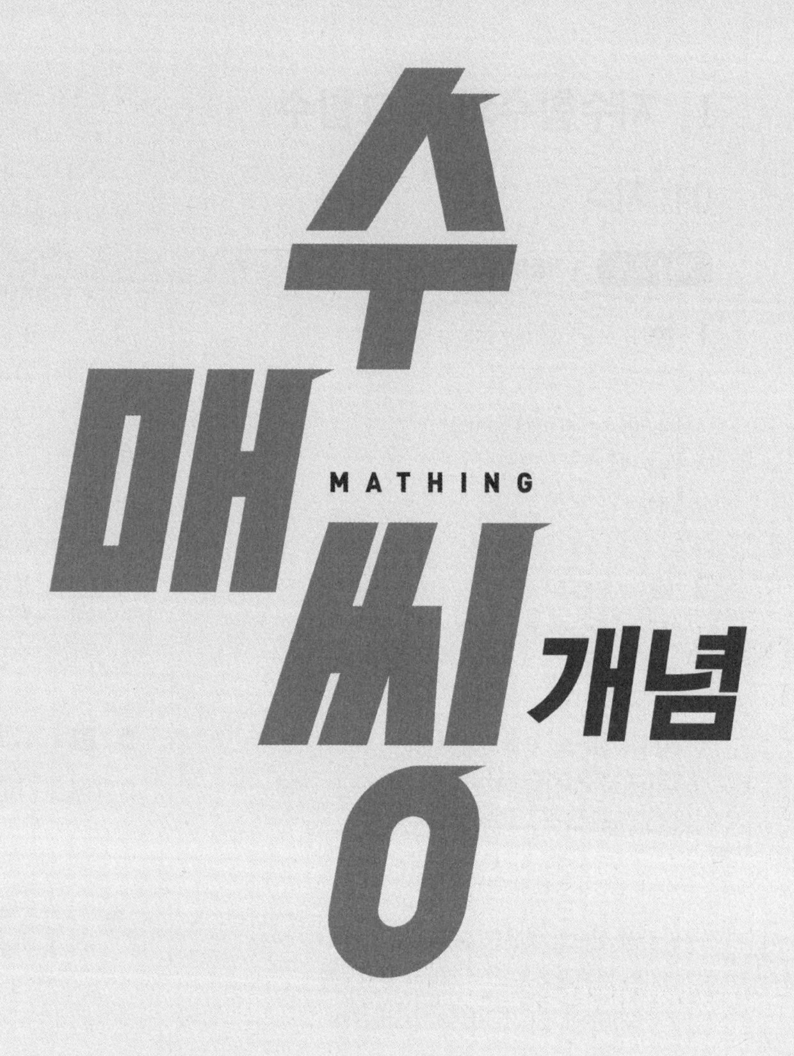

정답 및 풀이

대수

Ⅰ. 지수함수와 로그함수

01. 지수

개념 콕콕 1 거듭제곱근 19쪽

1 답 (1) -5 (2) 0.2 (3) 2 (4) 2

(1) $\sqrt[3]{-125}=\sqrt[3]{(-5)^3}=-5$

(2) $\sqrt[4]{0.0016}=\sqrt[4]{(0.2)^4}=0.2$

(3) $\sqrt[5]{32}=\sqrt[5]{2^5}=2$

(4) $\sqrt[6]{64}=\sqrt[6]{2^6}=2$

2 답 (1) $-5,\ 5$ (2) -5 (3) $-4,\ 4$

(1) 25의 제곱근은 $x^2=25$의 근이므로

$x^2-25=0,\ (x+5)(x-5)=0$

$\therefore\ x=-5$ 또는 $x=5$

따라서 실수인 것은 $-5,\ 5$이다.

(2) -125의 세제곱근은 $x^3=-125$의 근이므로

$x^3+125=0,\ (x+5)(x^2-5x+25)=0$

$\therefore\ x=-5$ 또는 $x=\dfrac{5\pm5\sqrt{3}i}{2}$

따라서 실수인 것은 -5이다.

(3) 256의 네제곱근은 $x^4=256$의 근이므로

$x^4-256=0,\ (x^2+16)(x^2-16)=0$

$(x^2+16)(x+4)(x-4)=0$

$\therefore\ x=\pm4i$ 또는 $x=\pm4$

따라서 실수인 것은 $-4,\ 4$이다.

3 답 (1) 참 (2) 참 (3) 참 (4) 참 (5) 거짓 (6) 거짓

(1) -8의 세제곱근은 $x^3=-8$의 근이므로

$x^3=-8,\ x^3+8=0$

$(x+2)(x^2-2x+4)=0$

$\therefore\ x=-2$ 또는 $x=1\pm\sqrt{3}i$

따라서 -2는 -8의 세제곱근이다. (참)

(2) 625의 네제곱근은 $x^4=625$의 근이므로

$x^4=625,\ x^4-625=0$

$(x+5)(x-5)(x^2+25)=0$

$\therefore\ x=\pm5$ 또는 $x=\pm5i$

따라서 -5는 625의 네제곱근이다. (참)

(3) 세제곱근 8은 $\sqrt[3]{8}$이므로 $\sqrt[3]{8}=\sqrt[3]{2^3}=2$이다. (참)

(4) 네제곱근 16은 $\sqrt[4]{16}$이므로 $\sqrt[4]{16}=\sqrt[4]{2^4}=2$이다. (참)

(5) -4의 제곱근은 $x^2=-4$의 근이므로

$x=\pm2i$

따라서 -4의 제곱근은 2개이다. (거짓)

(6) 81의 네제곱근은 $x^4=81$의 근이므로

$x^4=81,\ x^4-81=0$

$(x+3)(x-3)(x^2+9)=0$

$\therefore\ x=\pm3$ 또는 $x=\pm3i$

따라서 81의 네제곱근은 4개이다. (거짓)

4 답 (1) 3 (2) 9 (3) 2 (4) 2

(1) $\sqrt[3]{3}\times\sqrt[3]{9}=\sqrt[3]{3\times9}=\sqrt[3]{3^3}=3$

(2) $\sqrt[3]{27^2}=\sqrt[3]{(3^3)^2}=\sqrt[3]{(3^2)^3}=3^2=9$

(3) $\dfrac{\sqrt[3]{64}}{\sqrt[3]{8}}=\sqrt[3]{\dfrac{64}{8}}=\sqrt[3]{2^3}=2$

(4) $\sqrt{\sqrt{16}}=\sqrt[2\times2]{16}=\sqrt[4]{2^4}=2$

5 답 (1) $4\sqrt[3]{2}$ (2) 0

(1) $\sqrt[3]{54}+\sqrt[3]{16}-\sqrt[3]{2}=\sqrt[3]{3^3\times2}+\sqrt[3]{2^3\times2}-\sqrt[3]{2}$

$=3\sqrt[3]{2}+2\sqrt[3]{2}-\sqrt[3]{2}$

$=4\sqrt[3]{2}$

(2) n이 짝수일 때 $\sqrt[n]{(-2)^n}=|-2|=2$,

n이 홀수일 때 $\sqrt[n]{(-2)^n}=-2$이므로

$\sqrt{(-2)^2}+\sqrt[3]{(-2)^3}+\sqrt[4]{(-2)^4}+\sqrt[5]{(-2)^5}$

$=2+(-2)+2+(-2)=0$

예제 01 거듭제곱근 21쪽

01-1 답 ㄱ, ㄴ

ㄱ. 세제곱근 -27은 $\sqrt[3]{-27}=\sqrt[3]{(-3)^3}=-3$이다. (참)

ㄴ. 네제곱근 32는 $\sqrt[4]{32}=\sqrt[4]{2^4\times2}=2\sqrt[4]{2}$이다. (참)

ㄷ. $\sqrt{81}=9$이다. 즉, $\sqrt{81}$의 네제곱근은 $x^4=9$의 근이므로

$x^4=9,\ x^4-9=0$

$(x+\sqrt{3})(x-\sqrt{3})(x^2+3)=0$

$\therefore\ x=\pm\sqrt{3}$ 또는 $x=\pm\sqrt{3}i$

따라서 $\sqrt{81}$의 네제곱근은 $\sqrt{3},\ -\sqrt{3},\ \sqrt{3}i,\ -\sqrt{3}i$이다. (거짓)

ㄹ. n이 짝수일 때, 음의 실수 a에 대해서는 a의 n제곱근 중 실수인 것은 없다. (거짓)

따라서 옳은 것은 ㄱ, ㄴ이다.

01-2 답 ㄱ, ㄴ, ㄷ, ㄹ

ㄱ. $a>0$이므로 $\sqrt[n]{a}$는 항상 양수이다. (참)

ㄴ. $\sqrt[n]{a}\sqrt[n]{b}=\sqrt[n]{ab}$는 ab의 양의 n제곱근이다. (참)

ㄷ. $\{(\sqrt[n]{a})^m\}^n=a^m$이므로 $(\sqrt[n]{a})^m$은 n제곱해서 a^m이 되는 수이다. (참)

ㄹ. $\sqrt[2n]{a}$는 a의 양의 제곱근 $\sqrt{a}$의 n제곱근 중 하나이다. (참)

따라서 옳은 것은 ㄱ, ㄴ, ㄷ, ㄹ이다.

01-3 답 3

-5의 제곱근 중 실수인 것은 존재하지 않으므로

$R(-5,\ 2)=0$

-6의 세제곱근 중 실수인 것은 $\sqrt[3]{-6}$뿐이므로

$R(-6,\ 3)=1$

7의 네제곱근 중 실수인 것은 $\sqrt[4]{7}$, $-\sqrt[4]{7}$의 2개이므로

$R(7,\ 4)=2$

$\therefore R(-5,\ 2)+R(-6,\ 3)+R(7,\ 4)=0+1+2=3$

예제 02 거듭제곱근의 성질 23쪽

02-1 답 (1) 1 (2) $\sqrt[64]{a^{21}}$ (3) 2 (4) $\sqrt[3]{3}$ (5) 1 (6) 9

(1) $\sqrt[5]{\dfrac{\sqrt[4]{a}}{\sqrt[3]{a}}}\times\sqrt[3]{\dfrac{\sqrt[5]{a}}{\sqrt{a}}}\times\sqrt{\dfrac{\sqrt[3]{a}}{\sqrt[10]{a}}}$

$=\dfrac{\sqrt[5]{\sqrt[4]{a}}}{\sqrt[5]{\sqrt[3]{a}}}\times\dfrac{\sqrt[3]{\sqrt[5]{a}}}{\sqrt[3]{\sqrt{a}}}\times\dfrac{\sqrt{\sqrt[3]{a}}}{\sqrt{\sqrt[10]{a}}}$

$=\dfrac{\sqrt[20]{a}}{\sqrt[15]{a}}\times\dfrac{\sqrt[15]{a}}{\sqrt[6]{a}}\times\dfrac{\sqrt[6]{a}}{\sqrt[20]{a}}=1$

(2) $\sqrt[4]{a\sqrt[4]{a\sqrt[4]{a}}}=\sqrt[4]{a\sqrt[4]{\sqrt[4]{a^4a}}}=\sqrt[4]{a\sqrt[16]{a^5}}$

$=\sqrt[4]{\sqrt[16]{a^{16}a^5}}=\sqrt[4]{\sqrt[16]{a^{21}}}=\sqrt[64]{a^{21}}$

(3) $\sqrt[6]{\dfrac{8^9+4^9}{8^7+4^6}}=\sqrt[6]{\dfrac{2^{27}+2^{18}}{2^{21}+2^{12}}}=\sqrt[6]{\dfrac{2^{18}\times(2^9+1)}{2^{12}\times(2^9+1)}}$

$=\sqrt[6]{2^6}=2$

(4) $\dfrac{\sqrt{6\sqrt{2}}}{\sqrt[3]{2\sqrt{3}}\times\sqrt[12]{2^5}}=\dfrac{\sqrt[4]{6^2\times2}}{\sqrt[6]{2^2\times3}\times\sqrt[12]{2^5}}$

$=\dfrac{\sqrt[4]{(2\times3)^2\times2}}{\sqrt[6]{2^2\times3}\times\sqrt[12]{2^5}}=\dfrac{\sqrt[4]{2^3\times3^2}}{\sqrt[6]{2^2\times3}\times\sqrt[12]{2^5}}$

$=\dfrac{\sqrt[12]{2^9\times3^6}}{\sqrt[12]{2^4\times3^2}\times\sqrt[12]{2^5}}=\sqrt[12]{\dfrac{2^9\times3^6}{2^4\times3^2\times2^5}}$

$=\sqrt[12]{3^4}=\sqrt[3]{3}$

(5) $\sqrt[5]{\dfrac{\sqrt[3]{3}}{\sqrt{3}}}\times\sqrt[3]{\dfrac{\sqrt{3}}{\sqrt[5]{3}}}\times\sqrt{\dfrac{\sqrt[5]{3}}{\sqrt[3]{3}}}$

$=\dfrac{\sqrt[15]{3}}{\sqrt[10]{3}}\times\dfrac{\sqrt[6]{3}}{\sqrt[15]{3}}\times\dfrac{\sqrt[10]{3}}{\sqrt[6]{3}}=1$

(6) $\sqrt{\sqrt[3]{128}}\times\sqrt[6]{32}+\dfrac{\sqrt[3]{250}}{\sqrt[3]{2}}$

$=\sqrt[6]{128}\times\sqrt[6]{32}+\dfrac{\sqrt[3]{250}}{\sqrt[3]{2}}$

$=\sqrt[6]{2^7\times2^5}+\sqrt[3]{\dfrac{250}{2}}$

$=\sqrt[6]{2^{12}}+\sqrt[3]{125}$

$=\sqrt[6]{(2^2)^6}+\sqrt[3]{5^3}=\sqrt[6]{4^6}+\sqrt[3]{5^3}$

$=4+5=9$

02-2 답 (1) 5 (2) 6

(1) $(\sqrt{\sqrt[6]{4}\sqrt[3]{16}})^3=(\sqrt{\sqrt[3]{2}\sqrt[3]{2^4}})^3$ ← $\sqrt[np]{a^{mp}}=\sqrt[n]{a^m}$

$=(\sqrt{\sqrt[3]{2^5}})^3$ ← $\sqrt[n]{a}\sqrt[n]{b}=\sqrt[n]{ab}$

$=(\sqrt[6]{2^5})^3$ ← $\sqrt[n]{\sqrt[m]{a}}=\sqrt[nm]{a}$

$=\sqrt[2\times3]{2^{5\times3}}$

$=\sqrt{2^5}=\sqrt{32}$

이때 $5=\sqrt{25}<\sqrt{32}<\sqrt{36}=6$이므로 $(\sqrt{\sqrt[6]{4}\sqrt[3]{16}})^3$보다 작은 자연수 중 가장 큰 것은 5이다.

(2) $(\sqrt{2\sqrt[3]{4}})^3=(\sqrt{\sqrt[3]{2^3}\sqrt[3]{4}})^3$

$=(\sqrt{\sqrt[3]{2^3\times4}})^3$ ← $\sqrt[n]{a}\sqrt[n]{b}=\sqrt[n]{ab}$

$=(\sqrt[6]{32})^3$ ← $\sqrt[n]{\sqrt[m]{a}}=\sqrt[nm]{a}$

$=(\sqrt[3]{\sqrt{32}})^3$

$=\sqrt{32}$

이때 $5=\sqrt{25}<\sqrt{32}<\sqrt{36}=6$이므로 $(\sqrt{2\sqrt[3]{4}})^3$보다 큰 자연수 중 가장 작은 것은 6이다.

다른 풀이

(2) 뒤의 **2. 지수의 확장**을 배운 후 다음과 같이 생각할 수도 있다.

$(\sqrt{2\sqrt[3]{4}})^3=(\sqrt{2\sqrt[3]{2^2}})^3=\left(\sqrt{2\times2^{\frac{2}{3}}}\right)^3=\left(\sqrt{2^{\frac{5}{3}}}\right)^3$

$=\left\{\left(2^{\frac{5}{3}}\right)^{\frac{1}{2}}\right\}^3=2^{\frac{5}{2}}$

자연수 n에 대하여 $n>2^{\frac{5}{2}}$이므로 $n^2>2^5=32$

따라서 $n=6,\ 7,\ 8,\ \cdots$이므로 자연수 n의 최솟값은 6이다.

02-3 답 8

20, 12, 15의 최소공배수는 60이므로 60제곱근으로 통일하여 나타낼 수 있다. 즉,

$$\sqrt[20]{2}\times\frac{\sqrt[12]{4}}{\sqrt[15]{4}}=\sqrt[60]{2^3}\times\frac{\sqrt[60]{4^5}}{\sqrt[60]{4^4}}$$
$$=\sqrt[60]{\frac{2^3\times4^5}{4^4}}$$
$$=\sqrt[60]{\frac{2^3\times2^{10}}{2^8}}$$
$$=\sqrt[60]{2^5}=\sqrt[12]{2}$$

이때 $\sqrt[20]{2}\times\frac{\sqrt[12]{4}}{\sqrt[15]{4}}=\sqrt[m]{\sqrt[n]{2}}$ 이므로

$\sqrt[12]{2}=\sqrt[m]{\sqrt[n]{2}}$, $\sqrt[12]{2}=\sqrt[mn]{2}$

$\therefore mn=12$

즉, 이를 만족시키는 2 이상의 두 자연수 m, n은

$m=2$, $n=6$ 또는 $m=3$, $n=4$ 또는 $m=4$, $n=3$ 또는 $m=6$, $n=2$

따라서 $m+n$의 최댓값은 8이다.

개념 콕콕 2 지수의 확장 33쪽

1 답 (1) 1 (2) $\frac{1}{16}$ (3) $\frac{1}{9}$ (4) 125

(2) $4^{-2}=\frac{1}{4^2}=\frac{1}{16}$

(3) $(-3)^{-2}=\frac{1}{(-3)^2}=\frac{1}{9}$

(4) $\left(\frac{1}{5}\right)^{-3}=\frac{1}{\left(\frac{1}{5}\right)^3}=\frac{1}{\frac{1}{125}}=125$

2 답 (1) $\frac{1}{3}$ (2) $\frac{64}{9}$ (3) $\frac{1}{4}$ (4) $\frac{81}{32}$

(1) $3^3\times(3^2)^{-2}=3^3\times3^{-4}=3^{3+(-4)}$
$=3^{-1}=\frac{1}{3}$

(2) $9^{-4}\div(6^{-2})^3=\frac{9^{-4}}{(6^{-2})^3}=\frac{9^{-4}}{6^{-6}}=\frac{6^6}{9^4}$
$=\frac{(2\times3)^6}{(3^2)^4}$
$=\frac{2^6\times3^6}{3^8}$
$=\frac{2^6}{3^2}=\frac{64}{9}$

(3) $(2^{-2})^3\times4^2=2^{-6}\times(2^2)^2$
$=2^{-6}\times2^4$
$=2^{-6+4}=2^{-2}=\frac{1}{4}$

(4) $8^{-3}\div(6^2)^{-2}=\frac{8^{-3}}{(6^2)^{-2}}=\frac{8^{-3}}{6^{-4}}=\frac{6^4}{8^3}=\frac{(2\times3)^4}{(2^3)^3}$
$=\frac{2^4\times3^4}{2^9}=\frac{3^4}{2^5}=\frac{81}{32}$

3 답 (1) $a^{\frac{1}{4}}$ (2) $a^{\frac{5}{3}}$ (3) $a^{-\frac{5}{2}}$ (4) $a^{-\frac{2}{3}}$

(4) $\frac{1}{\sqrt[3]{a^2}}=\frac{1}{a^{\frac{2}{3}}}=a^{-\frac{2}{3}}$

4 답 (1) $\sqrt{3}$ (2) 2 (3) $\frac{3}{2}$ (4) 108

(1) $3^{\frac{1}{3}}\times3^{\frac{1}{6}}=3^{\frac{1}{3}+\frac{1}{6}}=3^{\frac{1}{2}}=\sqrt{3}$

(2) $\sqrt[4]{2}\div2^{-\frac{3}{4}}=2^{\frac{1}{4}}\div2^{-\frac{3}{4}}=2^{\frac{1}{4}-\left(-\frac{3}{4}\right)}=2^1=2$

(3) $\left(\frac{4}{9}\right)^{-\frac{1}{2}}=\left\{\left(\frac{2}{3}\right)^2\right\}^{-\frac{1}{2}}=\left(\frac{2}{3}\right)^{-1}=\frac{3}{2}$

(4) $(2^{\frac{1}{2}}\times\sqrt[4]{3^3})^4=(2^{\frac{1}{2}}\times3^{\frac{3}{4}})^4=2^2\times3^3=4\times27=108$

5 답 (1) $2^{3\sqrt{2}}$ (2) $5^{6\sqrt{3}}$ (3) 64 (4) 27

(1) $2^{\sqrt{2}}\times2^{\sqrt{8}}=2^{\sqrt{2}}\times2^{2\sqrt{2}}=2^{\sqrt{2}+2\sqrt{2}}=2^{3\sqrt{2}}$

(2) $5^{\sqrt{243}}\div5^{\sqrt{27}}=5^{9\sqrt{3}}\div5^{3\sqrt{3}}=5^{9\sqrt{3}-3\sqrt{3}}=5^{6\sqrt{3}}$

(3) $(2^{\sqrt{2}})^{3\sqrt{2}}=2^{\sqrt{2}\times3\sqrt{2}}=2^6=64$

(4) $(3^{\sqrt{8}}\times3^{\sqrt{2}})^{\frac{1}{\sqrt{2}}}=3^{2\sqrt{2}\times\frac{1}{\sqrt{2}}}\times3^{\sqrt{2}\times\frac{1}{\sqrt{2}}}$
$=3^2\times3=3^{2+1}=3^3=27$

다른 풀이

(4) $(3^{\sqrt{8}}\times3^{\sqrt{2}})^{\frac{1}{\sqrt{2}}}=(3^{2\sqrt{2}+\sqrt{2}})^{\frac{1}{\sqrt{2}}}=3^{3\sqrt{2}\times\frac{1}{\sqrt{2}}}=3^3=27$

6 답 (1) $a^{\frac{1}{8}}$ (2) $a^{\frac{3}{2}}$

(1) $\sqrt{\sqrt{\sqrt{a}}}=\{(a^{\frac{1}{2}})^{\frac{1}{2}}\}^{\frac{1}{2}}=a^{\left(\frac{1}{2}\right)^3}=a^{\frac{1}{8}}$

(2) $(a^{\frac{1}{4}}\times a^{\frac{2}{3}})^2\div a^{\frac{1}{3}}=(a^{\frac{1}{4}})^2\times(a^{\frac{2}{3}})^2\div a^{\frac{1}{3}}$
$=a^{\frac{1}{4}\times2}\times a^{\frac{2}{3}\times2}\div a^{\frac{1}{3}}$
$=a^{\frac{1}{2}+\frac{4}{3}-\frac{1}{3}}=a^{\frac{3}{2}}$

예제 03 지수의 확장과 지수법칙 35쪽

03-1 답 (1) $\frac{3}{5}$ (2) $\frac{5}{4}$ (3) 1 (4) 6

(1) $\left\{\left(\frac{25}{9}\right)^{-\frac{3}{4}}\right\}^{\frac{2}{3}}=\left(\frac{25}{9}\right)^{-\frac{3}{4}\times\frac{2}{3}}=\left(\frac{25}{9}\right)^{-\frac{1}{2}}$
$=\left\{\left(\frac{5}{3}\right)^2\right\}^{-\frac{1}{2}}=\left(\frac{5}{3}\right)^{-1}=\frac{3}{5}$

(2) $\left(\frac{125}{64}\right)^{\frac{1}{4}}\times\left(\frac{64}{125}\right)^{-\frac{1}{12}}=\left(\frac{125}{64}\right)^{\frac{1}{4}}\times\left(\frac{125}{64}\right)^{\frac{1}{12}}$

$=\left(\frac{125}{64}\right)^{\frac{1}{4}+\frac{1}{12}}=\left(\frac{125}{64}\right)^{\frac{1}{3}}$

$=\left\{\left(\frac{5}{4}\right)^{3}\right\}^{\frac{1}{3}}=\frac{5}{4}$

(3) $\sqrt{\frac{\sqrt[3]{a}}{\sqrt[4]{a}}}\times\sqrt[3]{\frac{\sqrt[4]{a}}{\sqrt{a}}}\times\sqrt[4]{\frac{\sqrt{a}}{\sqrt[3]{a}}}$

$=(a^{\frac{1}{3}}\div a^{\frac{1}{4}})^{\frac{1}{2}}\times(a^{\frac{1}{4}}\div a^{\frac{1}{2}})^{\frac{1}{3}}\times(a^{\frac{1}{2}}\div a^{\frac{1}{3}})^{\frac{1}{4}}$

$=(a^{\frac{1}{3}-\frac{1}{4}})^{\frac{1}{2}}\times(a^{\frac{1}{4}-\frac{1}{2}})^{\frac{1}{3}}\times(a^{\frac{1}{2}-\frac{1}{3}})^{\frac{1}{4}}$

$=(a^{\frac{1}{12}})^{\frac{1}{2}}\times(a^{-\frac{1}{4}})^{\frac{1}{3}}\times(a^{\frac{1}{6}})^{\frac{1}{4}}$

$=a^{\frac{1}{24}}\times a^{-\frac{1}{12}}\times a^{\frac{1}{24}}=a^{\frac{1}{24}+\left(-\frac{1}{12}\right)+\frac{1}{24}}$

$=a^{0}=1$

(4) $\sqrt[3]{4^2}\div\sqrt[3]{24}\times\sqrt[3]{18^2}=4^{\frac{2}{3}}\div24^{\frac{1}{3}}\times18^{\frac{2}{3}}$

$=(2^2)^{\frac{2}{3}}\div(2^3\times3)^{\frac{1}{3}}\times(2\times3^2)^{\frac{2}{3}}$

$=2^{\frac{4}{3}}\div(2\times3^{\frac{1}{3}})\times(2^{\frac{2}{3}}\times3^{\frac{4}{3}})$

$=2^{\frac{4}{3}-1+\frac{2}{3}}\times3^{-\frac{1}{3}+\frac{4}{3}}$

$=2^1\times3^1=6$

다른 풀이

(3) $\sqrt{\frac{\sqrt[3]{a}}{\sqrt[4]{a}}}\times\sqrt[3]{\frac{\sqrt[4]{a}}{\sqrt{a}}}\times\sqrt[4]{\frac{\sqrt{a}}{\sqrt[3]{a}}}=\frac{\sqrt{\sqrt[3]{a}}}{\sqrt{\sqrt[4]{a}}}\times\frac{\sqrt[3]{\sqrt[4]{a}}}{\sqrt[3]{\sqrt{a}}}\times\frac{\sqrt[4]{\sqrt{a}}}{\sqrt[4]{\sqrt[3]{a}}}$

$=\frac{\sqrt[6]{a}}{\sqrt[8]{a}}\times\frac{\sqrt[12]{a}}{\sqrt[6]{a}}\times\frac{\sqrt[8]{a}}{\sqrt[12]{a}}=1$

(4) $\sqrt[3]{4^2}\div\sqrt[3]{24}\times\sqrt[3]{18^2}=\sqrt[3]{4^2}\times\frac{1}{\sqrt[3]{24}}\times\sqrt[3]{18^2}$

$=\sqrt[3]{\frac{4^2\times18^2}{24}}=\sqrt[3]{\frac{2^6\times3^4}{2^3\times3}}$

$=\sqrt[3]{2^3\times3^3}=\sqrt[3]{(2\times3)^3}=6$

03-2 답 (1) $\frac{23}{24}$ (2) $\frac{5}{64}$

(1) $\sqrt{2\sqrt[3]{4\sqrt[4]{8}}}=\sqrt{2}\times\sqrt[6]{4}\times\sqrt[24]{8}$

$=2^{\frac{1}{2}}\times(2^2)^{\frac{1}{6}}\times(2^3)^{\frac{1}{24}}$

$=2^{\frac{1}{2}+\frac{2}{6}+\frac{3}{24}}=2^{\frac{23}{24}}$

따라서 $2^{\frac{23}{24}}=2^p$이므로 $p=\frac{23}{24}$

(2) $\sqrt{\sqrt{\sqrt{\sqrt{3}}}}\times\sqrt[4]{\sqrt[4]{\sqrt[4]{3}}}=\sqrt[16]{3}\times\sqrt[64]{3}$

$=3^{\frac{1}{16}}\times3^{\frac{1}{64}}$

$=3^{\frac{1}{16}+\frac{1}{64}}=3^{\frac{5}{64}}$

따라서 $3^{\frac{5}{64}}=3^p$이므로 $p=\frac{5}{64}$

03-3 답 ②

ㄱ. $(\sqrt{2})^{2\sqrt{2}}=(2^{\frac{1}{2}})^{2\sqrt{2}}=2^{\sqrt{2}}$

$(2\sqrt{2})^{\sqrt{2}}=(2^{\frac{3}{2}})^{\sqrt{2}}=2^{\frac{3\sqrt{2}}{2}}$

$\therefore (\sqrt{2})^{2\sqrt{2}}\neq(2\sqrt{2})^{\sqrt{2}}$

ㄴ. $(\sqrt{3})^{3\sqrt{3}}=(3^{\frac{1}{2}})^{3\sqrt{3}}=3^{\frac{3\sqrt{3}}{2}}$

$(3\sqrt{3})^{\sqrt{3}}=(3^{\frac{3}{2}})^{\sqrt{3}}=3^{\frac{3\sqrt{3}}{2}}$

$\therefore (\sqrt{3})^{3\sqrt{3}}=(3\sqrt{3})^{\sqrt{3}}$

ㄷ. $(\sqrt{5})^{5\sqrt{5}}=(5^{\frac{1}{2}})^{5\sqrt{5}}=5^{\frac{5\sqrt{5}}{2}}$

$(5\sqrt{5})^{\sqrt{5}}=(5^{\frac{3}{2}})^{\sqrt{5}}=5^{\frac{3\sqrt{5}}{2}}$

$\therefore (\sqrt{5})^{5\sqrt{5}}\neq(5\sqrt{5})^{\sqrt{5}}$

따라서 옳은 것은 ㄴ이다.

⊕보충 설명

지수법칙이 실수 지수에서도 성립하도록 지수를 실수까지 확장하였기 때문에 무리수 지수에서도 지수법칙이 성립한다. 따라서 무리수 지수가 나와도 당황하지 말고 지수법칙을 적용한다.

예제 04 지수가 유리수인 식의 계산 37쪽

04-1 답 (1) $a-b$ (2) $a-b$ (3) $a^{\frac{2}{3}}-a^{\frac{1}{3}}b^{-\frac{1}{3}}+b^{-\frac{2}{3}}$ (4) $a+b$

(1) $a^{\frac{1}{2}}=x$, $b^{\frac{1}{2}}=y$로 놓으면

$(a^{\frac{1}{2}}+b^{\frac{1}{2}})(a^{\frac{1}{2}}-b^{\frac{1}{2}})=(x+y)(x-y)=x^2-y^2$

$=(a^{\frac{1}{2}})^2-(b^{\frac{1}{2}})^2$

$=a-b$

(2) $a^{\frac{1}{3}}=x$, $b^{\frac{1}{3}}=y$로 놓으면

$(a^{\frac{1}{3}}-b^{\frac{1}{3}})(a^{\frac{2}{3}}+a^{\frac{1}{3}}b^{\frac{1}{3}}+b^{\frac{2}{3}})$

$=(x-y)(x^2+xy+y^2)=x^3-y^3$

$=(a^{\frac{1}{3}})^3-(b^{\frac{1}{3}})^3$

$=a-b$

(3) $a^{\frac{1}{3}}=x$, $b^{-\frac{1}{3}}=y$로 놓으면 $a=x^3$, $b^{-1}=y^3$이므로

$(a+b^{-1})\div(a^{\frac{1}{3}}+b^{-\frac{1}{3}})$

$=(x^3+y^3)\div(x+y)$

$=(x+y)(x^2-xy+y^2)\div(x+y)$

$=x^2-xy+y^2$

$=(a^{\frac{1}{3}})^2-a^{\frac{1}{3}}b^{-\frac{1}{3}}+(b^{-\frac{1}{3}})^2$

$=a^{\frac{2}{3}}-a^{\frac{1}{3}}b^{-\frac{1}{3}}+b^{-\frac{2}{3}}$

(4) $a^{\frac{1}{2}}=x$, $b^{\frac{1}{2}}=y$로 놓으면

$a=x^2$, $b=y^2$, $a^{\frac{3}{2}}=x^3$, $b^{\frac{3}{2}}=y^3$이므로

$$\begin{aligned}\frac{a^{\frac{3}{2}}-ab^{\frac{1}{2}}+a^{\frac{1}{2}}b-b^{\frac{3}{2}}}{a^{\frac{1}{2}}-b^{\frac{1}{2}}}&=\frac{x^3-x^2y+xy^2-y^3}{x-y}\\&=\frac{x^2(x-y)+y^2(x-y)}{x-y}\\&=x^2+y^2\\&=a+b\end{aligned}$$

04-2 답 $\frac{32}{1-a^2}$

$$\begin{aligned}&\frac{2}{1-a^{\frac{1}{8}}}+\frac{2}{1+a^{\frac{1}{8}}}+\frac{4}{1+a^{\frac{1}{4}}}+\frac{8}{1+a^{\frac{1}{2}}}+\frac{16}{1+a}\\&=\left(\frac{2}{1-a^{\frac{1}{8}}}+\frac{2}{1+a^{\frac{1}{8}}}\right)+\frac{4}{1+a^{\frac{1}{4}}}+\frac{8}{1+a^{\frac{1}{2}}}+\frac{16}{1+a}\\&=\frac{2(1+a^{\frac{1}{8}})+2(1-a^{\frac{1}{8}})}{(1-a^{\frac{1}{8}})(1+a^{\frac{1}{8}})}+\frac{4}{1+a^{\frac{1}{4}}}+\frac{8}{1+a^{\frac{1}{2}}}\\&\qquad+\frac{16}{1+a}\\&=\frac{4}{1-a^{\frac{1}{4}}}+\frac{4}{1+a^{\frac{1}{4}}}+\frac{8}{1+a^{\frac{1}{2}}}+\frac{16}{1+a}\\&=\left(\frac{4}{1-a^{\frac{1}{4}}}+\frac{4}{1+a^{\frac{1}{4}}}\right)+\frac{8}{1+a^{\frac{1}{2}}}+\frac{16}{1+a}\\&=\frac{4(1+a^{\frac{1}{4}})+4(1-a^{\frac{1}{4}})}{(1-a^{\frac{1}{4}})(1+a^{\frac{1}{4}})}+\frac{8}{1+a^{\frac{1}{2}}}+\frac{16}{1+a}\\&=\frac{8}{1-a^{\frac{1}{2}}}+\frac{8}{1+a^{\frac{1}{2}}}+\frac{16}{1+a}\\&=\left(\frac{8}{1-a^{\frac{1}{2}}}+\frac{8}{1+a^{\frac{1}{2}}}\right)+\frac{16}{1+a}\\&=\frac{8(1+a^{\frac{1}{2}})+8(1-a^{\frac{1}{2}})}{(1-a^{\frac{1}{2}})(1+a^{\frac{1}{2}})}+\frac{16}{1+a}\\&=\frac{16}{1-a}+\frac{16}{1+a}\\&=\frac{16(1+a)+16(1-a)}{(1-a)(1+a)}\\&=\frac{32}{1-a^2}\end{aligned}$$

04-3 답 (1) 52 (2) 3

(1) $x^{\frac{1}{2}}=a$, $x^{-\frac{1}{2}}=b$로 놓으면 $x^{\frac{3}{2}}=a^3$, $x^{-\frac{3}{2}}=b^3$이고,

$a+b=x^{\frac{1}{2}}+x^{-\frac{1}{2}}=4$, $ab=x^{\frac{1}{2}}x^{-\frac{1}{2}}=1$이므로

$$\begin{aligned}x^{\frac{3}{2}}+x^{-\frac{3}{2}}&=a^3+b^3\\&=(a+b)^3-3ab(a+b)\\&=4^3-3\times1\times4=52\end{aligned}$$

(2) $(x^{\frac{1}{2}}+x^{-\frac{1}{2}})^2=x+2+x^{-1}$
$=7+2=9$

$\therefore x^{\frac{1}{2}}+x^{-\frac{1}{2}}=3$ ($\because x^{\frac{1}{2}}+x^{-\frac{1}{2}}>0$)

예제 05 지수법칙을 이용하여 식의 값 구하기 39쪽

05-1 답 (1) $\frac{7}{3}$ (2) $\frac{13}{3}$

(1) 주어진 식의 분모, 분자에 2^x을 각각 곱하면

$$\begin{aligned}\frac{2^{3x}+2^{-3x}}{2^x+2^{-x}}&=\frac{2^x(2^{3x}+2^{-3x})}{2^x(2^x+2^{-x})}\\&=\frac{2^{4x}+2^{-2x}}{2^{2x}+1}\\&=\frac{(2^{2x})^2+(2^{2x})^{-1}}{2^{2x}+1}\\&=\frac{3^2+3^{-1}}{3+1}\\&=\frac{9+\frac{1}{3}}{4}=\frac{7}{3}\end{aligned}$$

(2) 주어진 식의 분모, 분자에 2^x을 각각 곱하면

$$\begin{aligned}\frac{2^{3x}-2^{-3x}}{2^x-2^{-x}}&=\frac{2^x(2^{3x}-2^{-3x})}{2^x(2^x-2^{-x})}\\&=\frac{2^{4x}-2^{-2x}}{2^{2x}-1}\\&=\frac{(2^{2x})^2-(2^{2x})^{-1}}{2^{2x}-1}\\&=\frac{3^2-3^{-1}}{3-1}\\&=\frac{9-\frac{1}{3}}{2}=\frac{13}{3}\end{aligned}$$

05-2 답 ④

$(a^x+a^{-x})^2=a^{2x}+2+a^{-2x}$
$=6+2=8$

이므로

$a^x+a^{-x}=2\sqrt{2}$ ($\because a^x+a^{-x}>0$)

$\therefore a^{3x}+a^{-3x}=(a^x+a^{-x})(a^{2x}-a^xa^{-x}+a^{-2x})$
$=2\sqrt{2}\times(6-1)=10\sqrt{2}$

05-3 답 $4\sqrt{5}$

$f(p)=2$에서 $\frac{1}{2}(a^p-a^{-p})=2$

$\therefore a^p-a^{-p}=4$

$(a^p+a^{-p})^2=(a^p-a^{-p})^2+4=4^2+4=20$

이므로

$a^p+a^{-p}=2\sqrt{5}$ ($\because a^p+a^{-p}>0$)

$\therefore f(2p)=\frac{1}{2}(a^{2p}-a^{-2p})$

$=\frac{1}{2}(a^p+a^{-p})(a^p-a^{-p})$

$=\frac{1}{2}\times 2\sqrt{5}\times 4=4\sqrt{5}$

다른 풀이

$f(p)=2$에서 $\frac{1}{2}(a^p-a^{-p})=2$

$\therefore a^p-a^{-p}=4$ …… ㉠

㉠의 양변을 제곱하면

$a^{2p}+a^{-2p}-2=16$이므로

$a^{2p}+a^{-2p}=18$ …… ㉡

㉡의 양변을 제곱하면

$a^{4p}+a^{-4p}+2=18^2$이므로

$a^{4p}+a^{-4p}-2=18^2-4$에서

$(a^{2p}-a^{-2p})^2=18^2-2^2=(18+2)(18-2)$

$=20\times 16=320$

$\therefore a^{2p}-a^{-2p}=8\sqrt{5}$ ($\because a^p-a^{-p}>0 \Longrightarrow a^p>a^{-p}$)

$\therefore f(2p)=\frac{1}{2}(a^{2p}-a^{-2p})=\frac{1}{2}\times 8\sqrt{5}=4\sqrt{5}$

예제 06 $a^x=b^y$의 조건이 주어진 식의 계산 41쪽

06-1 답 (1) $\frac{1}{2}$ (2) 27

(1) $a^x=b^y=c^z=81$에서

$a=81^{\frac{1}{x}}$, $b=81^{\frac{1}{y}}$, $c=81^{\frac{1}{z}}$

위의 세 식을 변끼리 곱하면

$abc=81^{\frac{1}{x}+\frac{1}{y}+\frac{1}{z}}=3^{4\left(\frac{1}{x}+\frac{1}{y}+\frac{1}{z}\right)}$

따라서 $3^{4\left(\frac{1}{x}+\frac{1}{y}+\frac{1}{z}\right)}=9=3^2$ ($\because abc=9$)이므로

$4\left(\frac{1}{x}+\frac{1}{y}+\frac{1}{z}\right)=2$

$\therefore \frac{1}{x}+\frac{1}{y}+\frac{1}{z}=\frac{1}{2}$

(2) $81^x=9^y=k$에서

$81=k^{\frac{1}{x}}$, $9=k^{\frac{1}{y}}$ ($\because k>0$)

위의 두 식을 변끼리 곱하면

$81\times 9=k^{\frac{1}{x}}\times k^{\frac{1}{y}}$

$3^6=k^{\frac{1}{x}+\frac{1}{y}}=k^2$ $\left(\because \frac{1}{x}+\frac{1}{y}=2\right)$

$\therefore k=3^3=27$

06-2 답 (1) 108 (2) 36

(1) $a=1$이면 $1^x=2^y=3^z=1$이므로 $y=z=0$이다.

이는 $xyz\neq 0$이라는 조건에 모순이므로 $a\neq 1$이다.

$a^x=2^y=3^z=k$ $(k>0)$로 놓으면

$a=k^{\frac{1}{x}}$, $2=k^{\frac{1}{y}}$, $3=k^{\frac{1}{z}}$

또한 $2^2=k^{\frac{2}{y}}$, $3^3=k^{\frac{3}{z}}$이므로

$a=k^{\frac{1}{x}}$, $2^2=k^{\frac{2}{y}}$, $3^3=k^{\frac{3}{z}}$을 변끼리 곱하면

$a\times 2^2\times 3^3=k^{\frac{1}{x}}\times k^{\frac{2}{y}}\times k^{\frac{3}{z}}$

$a\times 2^2\times 3^3=k^{\frac{1}{x}+\frac{2}{y}+\frac{3}{z}}=k^0=1$ $\left(\because \frac{1}{x}+\frac{2}{y}+\frac{3}{z}=0\right)$

$\therefore \frac{1}{a}=2^2\times 3^3=108$

(2) $16^a=27^b=x^c$에서 $2^{4a}=3^{3b}=x^c$이므로

$2=x^{\frac{c}{4a}}$, $3=x^{\frac{c}{3b}}$

위의 두 식을 변끼리 곱하면

$2\times 3=x^{\frac{c}{4a}}\times x^{\frac{c}{3b}}$

$6=x^{\frac{c}{4a}+\frac{c}{3b}}=x^{\left(\frac{1}{4a}+\frac{1}{3b}\right)c}$

$\therefore x^{\frac{1}{4a}+\frac{1}{3b}}=6^{\frac{1}{c}}$ …… ㉠

㉠의 양변을 12제곱하면

$x^{\frac{3}{a}+\frac{4}{b}}=6^{\frac{12}{c}}$

이때 $\frac{3}{a}+\frac{4}{b}=\frac{6}{c}\neq 0$이므로

$x^{\frac{6}{c}}=36^{\frac{6}{c}}$

$\therefore x=36$

06-3 답 (1) 0 (2) 4

(1) $a^x=b^y=k$ $(k>0)$로 놓으면

$a\neq 1$, $b\neq 1$, $x\neq 0$, $y\neq 0$이므로 $k\neq 1$

$a^x=k$에서 $a=k^{\frac{1}{x}}$ …… ㉠

$b^y=k$에서 $b=k^{\frac{1}{y}}$ …… ㉡

㉠, ㉡을 $a^2b=1$에 대입하면

$(k^{\frac{1}{x}})^2 \times k^{\frac{1}{y}}=1$이므로

$k^{\frac{2}{x}+\frac{1}{y}}=1$

$\therefore \dfrac{2}{x}+\dfrac{1}{y}=0 \ (\because k\neq 1)$

(2) $27^a=x^b=6^c=k \ (k>0)$로 놓으면

$27=k^{\frac{1}{a}}$, $x=k^{\frac{1}{b}}$, $6=k^{\frac{1}{c}}$이므로

$27^2=k^{\frac{2}{a}}$ ...... ㉠

$x^3=k^{\frac{3}{b}}$ ...... ㉡

$6^6=k^{\frac{6}{c}}$ ...... ㉢

㉠×㉡을 하면

$27^2\times x^3=k^{\frac{2}{a}}\times k^{\frac{3}{b}}=k^{\frac{2}{a}+\frac{3}{b}}$

이때 $\dfrac{2}{a}+\dfrac{3}{b}=\dfrac{6}{c}$이므로

$27^2\times x^3=k^{\frac{6}{c}}=6^6 \ (\because ㉢)$

따라서 $27^2\times x^3=6^6$이므로

$x^3=\dfrac{6^6}{27^2}=\dfrac{2^6\times 3^6}{3^6}=2^6=4^3$

$\therefore x=4$

예제 07 거듭제곱 또는 거듭제곱근의 대소 비교 43쪽

07-1 답 ⑤

주어진 수를 각각 12제곱하면

① $(\sqrt[4]{4\sqrt[3]{5}})^{12}=(4^{\frac{1}{4}}\times 5^{\frac{1}{12}})^{12}=4^3\times 5=320$

② $(\sqrt[4]{5\sqrt[3]{4}})^{12}=(5^{\frac{1}{4}}\times 4^{\frac{1}{12}})^{12}=5^3\times 4=500$

③ $(\sqrt[4]{\sqrt[3]{4\times 5}})^{12}=\{(4\times 5)^{\frac{1}{12}}\}^{12}=4\times 5=20$

④ $(\sqrt[3]{4\sqrt[4]{5}})^{12}=(4^{\frac{1}{3}}\times 5^{\frac{1}{12}})^{12}=4^4\times 5=1280$

⑤ $(\sqrt[3]{5\sqrt[4]{4}})^{12}=(5^{\frac{1}{3}}\times 4^{\frac{1}{12}})^{12}=5^4\times 4=2500$

따라서 가장 큰 수는 ⑤ $\sqrt[3]{5\sqrt[4]{4}}$이다.

다른 풀이

거듭제곱근의 성질에 의하여

① $\sqrt[4]{4\sqrt[3]{5}}=\sqrt[4]{\sqrt[3]{4^3\times 5}}=\sqrt[12]{4^3\times 5}$

② $\sqrt[4]{5\sqrt[3]{4}}=\sqrt[4]{\sqrt[3]{5^3\times 4}}=\sqrt[12]{5^3\times 4}$

③ $\sqrt[4]{\sqrt[3]{4\times 5}}=\sqrt[12]{4\times 5}$

④ $\sqrt[3]{4\sqrt[4]{5}}=\sqrt[3]{\sqrt[4]{4^4\times 5}}=\sqrt[12]{4^4\times 5}$

⑤ $\sqrt[3]{5\sqrt[4]{4}}=\sqrt[3]{\sqrt[4]{5^4\times 4}}=\sqrt[12]{5^4\times 4}$

07-2 답 ③

주어진 네 수를 각각 12제곱하면

$(\sqrt{2})^{12}=(2^{\frac{1}{2}})^{12}=2^6=64$

$(\sqrt[3]{4})^{12}=(4^{\frac{1}{3}})^{12}=4^4=256$

$(\sqrt[4]{6})^{12}=(6^{\frac{1}{4}})^{12}=6^3=216$

$(\sqrt[6]{12})^{12}=(12^{\frac{1}{6}})^{12}=12^2=144$

$\therefore \sqrt{2}<\sqrt[6]{12}<\sqrt[4]{6}<\sqrt[3]{4}$

따라서 가장 작은 수와 가장 큰 수를 차례대로 나열한 것은 ③ $\sqrt{2}$, $\sqrt[3]{4}$이다.

07-3 답 ⑤

주어진 세 수의 지수들이 모두 11의 배수이므로

$3^{55}=(3^5)^{11}=243^{11}$

$4^{44}=(4^4)^{11}=256^{11}$

$5^{33}=(5^3)^{11}=125^{11}$

따라서 $125<243<256$이므로

$5^{33}<3^{55}<4^{44}$

⊕ 보충 설명

거듭제곱의 크기를 비교하기 위해서는 밑 또는 지수를 같게 만들어야 하는데, 이 문제에서는 밑을 같게 만들 수 없으므로 지수를 같게 만들어서 세 수의 크기를 비교한다.

기본 다지기 44쪽～45쪽

1 96 2 (1) 4 (2) 27 (3) 54 (4) 2 3 ①
4 4 5 93 6 (1) 8 (2) 22
7 (1) 10 (2) 9 8 ③ 9 (1) 12 (2) 64
10 $A<C<B$

1 $x=\sqrt[4]{2}=2^{\frac{1}{4}}$이므로 자연수 n에 대하여 $x^n=2^{\frac{n}{4}}$이 세 자리의 자연수이려면

$2^{\frac{n}{4}}=2^7=128$, $2^{\frac{n}{4}}=2^8=256$, $2^{\frac{n}{4}}=2^9=512$

이어야 한다.

즉, $\dfrac{n}{4}=7$ 또는 $\dfrac{n}{4}=8$ 또는 $\dfrac{n}{4}=9$이므로

$n=28$ 또는 $n=32$ 또는 $n=36$

따라서 구하는 모든 자연수 n의 값의 합은

$28+32+36=96$

⊕ 보충 설명

양수는 양의 실수의 줄임말이므로 2의 네제곱근 중 실수인 것은 $\sqrt[4]{2}$, $-\sqrt[4]{2}$이고, 이 중에서 양수인 것은 $\sqrt[4]{2}$이다.

2 (1) $\left(\frac{2^{\sqrt{3}}}{2}\right)^{\sqrt{3}+1}=(2^{\sqrt{3}-1})^{\sqrt{3}+1}$

$=2^{(\sqrt{3}-1)(\sqrt{3}+1)}=2^{3-1}=2^2=4$

(2) $\frac{4}{3^{-2}+3^{-3}}=\frac{4}{\frac{1}{3^2}+\frac{1}{3^3}}=\frac{4}{\frac{4}{3^3}}=3^3=27$

(3) $(-\sqrt[3]{16}+\sqrt[3]{250})^3=(-\sqrt[3]{2^3\times 2}+\sqrt[3]{5^3\times 2})^3$

$=(-\sqrt[3]{2^3}\times\sqrt[3]{2}+\sqrt[3]{5^3}\times\sqrt[3]{2})^3$

$=(-2\sqrt[3]{2}+5\sqrt[3]{2})^3$

$=\{(-2+5)\sqrt[3]{2}\}^3$

$=(3\sqrt[3]{2})^3$

$=3^3\times(\sqrt[3]{2})^3$

$=27\times 2=54$

(4) $\left\{\frac{(\sqrt{10}+3)^{\frac{1}{2}}+(\sqrt{10}-3)^{\frac{1}{2}}}{(\sqrt{10}+1)^{\frac{1}{2}}}\right\}^2$

$=\frac{(\sqrt{10}+3)+2(\sqrt{10}+3)^{\frac{1}{2}}(\sqrt{10}-3)^{\frac{1}{2}}+(\sqrt{10}-3)}{\sqrt{10}+1}$

$=\frac{2\sqrt{10}+2\times\{(\sqrt{10})^2-3^2\}^{\frac{1}{2}}}{\sqrt{10}+1}$

$=\frac{2\sqrt{10}+2}{\sqrt{10}+1}=\frac{2(\sqrt{10}+1)}{\sqrt{10}+1}$

$=2$

3 $a=\sqrt[3]{2}$에서 $a^3=2$

$b=\sqrt[4]{3}$에서 $b^4=3$

$\therefore 6^{\frac{1}{12}}=(2\times 3)^{\frac{1}{12}}=(a^3\times b^4)^{\frac{1}{12}}=a^{\frac{1}{4}}b^{\frac{1}{3}}$

4 $\frac{1}{a^{-7}+1}+\frac{1}{a^7+1}=\frac{(a^7+1)+(a^{-7}+1)}{(a^{-7}+1)(a^7+1)}$

$=\frac{a^7+1+a^{-7}+1}{1+a^{-7}+a^7+1}=1$

마찬가지 방법으로

$\frac{1}{a^{-5}+1}+\frac{1}{a^5+1}=1$

$\frac{1}{a^{-3}+1}+\frac{1}{a^3+1}=1$

$\frac{1}{a^{-1}+1}+\frac{1}{a+1}=1$

$\therefore$ (주어진 식)$=1+1+1+1=4$

5 $\left(\frac{1}{81}\right)^{\frac{1}{n}}=(3^{-4})^{\frac{1}{n}}=3^{-\frac{4}{n}}$이 자연수이어야 하므로

n은 4의 음의 약수이어야 한다.

즉, $n=-1$, $n=-2$, $n=-4$

따라서 $\left(\frac{1}{81}\right)^{\frac{1}{n}}$이 나타낼 수 있는 자연수는 3^4, 3^2, 3이므로 합은

$81+9+3=93$

6 (1) $n=2$, 4, 6, 12일 때의 $\sqrt[n]{2^{n-1}}$의 값을 각각 구하여 곱하면

$\sqrt{2}\times\sqrt[4]{2^3}\times\sqrt[6]{2^5}\times\sqrt[12]{2^{11}}=2^{\frac{1}{2}}\times 2^{\frac{3}{4}}\times 2^{\frac{5}{6}}\times 2^{\frac{11}{12}}$

$=2^{\frac{1}{2}+\frac{3}{4}+\frac{5}{6}+\frac{11}{12}}$

$=2^{\frac{6+9+10+11}{12}}=2^3=8$

(2) $\sqrt[2n]{\frac{2^{11}(3^4+3^2+1)}{3^6-1}}=\left\{\frac{2^{11}(3^4+3^2+1)}{(3^2-1)(3^4+3^2+1)}\right\}^{\frac{1}{2n}}$

$=\left(\frac{2^{11}}{3^2-1}\right)^{\frac{1}{2n}}=\left(\frac{2^{11}}{8}\right)^{\frac{1}{2n}}$

$=\left(\frac{2^{11}}{2^3}\right)^{\frac{1}{2n}}=(2^8)^{\frac{1}{2n}}=2^{\frac{4}{n}}$

이므로 x가 자연수가 되기 위한 자연수 n의 값은 1, 2, 4이고, 이때 x의 값은 각각 16, 4, 2이다.

따라서 $B=\{2, 4, 16\}$이므로 집합 B의 모든 원소의 합은

$2+4+16=22$

⊕ 보충 설명

(2)에서 $\sqrt[2n]{}$ 안의 분모 3^6-1을 인수분해 공식 $a^3-b^3=(a-b)(a^2+ab+b^2)$을 이용하여 인수분해하여 간단하게 정리한다.

이때 인수분해 공식 $a^2-b^2=(a-b)(a+b)$를 이용하여 $(3^3-1)(3^3+1)$로 인수분해할 수도 있지만, $\sqrt[2n]{}$ 안의 분자에 3^4+3^2+1이 있으므로 분모를 $3^6-1=(3^2-1)(3^4+3^2+1)$로 인수분해해야 근호 안의 분수를 간단하게 정리할 수 있다.

7 (1) $2^n+2^n+2^n+2^n=8^4$에서

$2^n\times 4=8^4$, $2^n\times 2^2=(2^3)^4$

$2^{n+2}=2^{12}$

따라서 $n+2=12$이므로

$n=10$

(2) $\frac{3^{20}}{3^{10}-3^8}=\frac{3^{20}}{3^8(3^2-1)}=\frac{3^{12}}{2^3}=2^{-3}\times 3^{12}$

따라서 $m=-3$, $n=12$이므로

$m+n=-3+12=9$

보충 설명

복잡한 지수 계산을 하다 보면 가장 간단한 덧셈과 곱셈의 관계가 떠오르지 않을 수도 있다.
a를 n번 더한 값은 a에 n을 곱한 값이라는 기본적인 사실을 잊지 않도록 한다.
$\underbrace{a+a+\cdots+a}_{n\text{개}}=n\times a$, $\underbrace{a\times a\times\cdots\times a}_{n\text{개}}=a^n$

8 $\frac{a+b}{4}=\frac{b+c}{7}=\frac{c+a}{9}=k\ (k\neq0)$로 놓으면
$a+b=4k$, $b+c=7k$, $c+a=9k$
위의 세 식을 연립하여 풀면
$a=3k$, $b=k$, $c=6k$
$\therefore (2^a\times2^b)^{\frac{1}{c}}=2^{\frac{a+b}{c}}=2^{\frac{4k}{6k}}=2^{\frac{2}{3}}=\sqrt[3]{4}$

9 (1) $a^x=b^{2y}=c^{3z}=7$에서 $a=7^{\frac{1}{x}}$, $b=7^{\frac{1}{2y}}$, $c=7^{\frac{1}{3z}}$
이므로 위의 세 식의 양변을 각각 6제곱하면
$a^6=7^{\frac{6}{x}}$, $b^6=7^{\frac{3}{y}}$, $c^6=7^{\frac{2}{z}}$
위의 세 식을 변끼리 곱하면
$a^6\times b^6\times c^6=7^{\frac{6}{x}}\times7^{\frac{3}{y}}\times7^{\frac{2}{z}}$
$(abc)^6=7^{\frac{6}{x}+\frac{3}{y}+\frac{2}{z}}$
이때 $abc=7^2$이므로
$(7^2)^6=7^{\frac{6}{x}+\frac{3}{y}+\frac{2}{z}}$
$7^{12}=7^{\frac{6}{x}+\frac{3}{y}+\frac{2}{z}}$
$\therefore \frac{6}{x}+\frac{3}{y}+\frac{2}{z}=12$

(2) $80^x=2$에서 $2^{\frac{1}{x}}=80$ …… ㉠
$\left(\frac{1}{10}\right)^y=4=2^2$에서 $2^{\frac{2}{y}}=\frac{1}{10}$ …… ㉡
$a^z=8=2^3$에서 $2^{\frac{1}{z}}=a^{\frac{1}{3}}$ …… ㉢
㉠×㉡÷㉢을 하면
$\frac{2^{\frac{1}{x}}\times2^{\frac{2}{y}}}{2^{\frac{1}{z}}}=\frac{80\times\frac{1}{10}}{a^{\frac{1}{3}}}$
$2^{\frac{1}{x}+\frac{2}{y}-\frac{1}{z}}=\frac{8}{\sqrt[3]{a}}$
$\frac{8}{\sqrt[3]{a}}=2\ \left(\because \frac{1}{x}+\frac{2}{y}-\frac{1}{z}=1\right)$
$\sqrt[3]{a}=4 \qquad \therefore a=4^3=64$

10 $A=\sqrt[3]{\sqrt{10}}=\sqrt[6]{10}=10^{\frac{1}{6}}$
$B=\sqrt{5}=5^{\frac{1}{2}}=5^{\frac{3}{6}}=(5^3)^{\frac{1}{6}}=125^{\frac{1}{6}}$
$C=\sqrt{\sqrt[3]{28}}=\sqrt[6]{28}=28^{\frac{1}{6}}$
따라서 $10<28<125$이므로
$10^{\frac{1}{6}}<28^{\frac{1}{6}}<125^{\frac{1}{6}}$
$\therefore A<C<B$

다른 풀이 1

$A=\sqrt[3]{\sqrt{10}}=\sqrt[6]{10}$
$B=\sqrt{5}=\sqrt[6]{5^3}=\sqrt[6]{125}$
$C=\sqrt{\sqrt[3]{28}}=\sqrt[6]{28}$
따라서 $10<28<125$이므로
$\sqrt[6]{10}<\sqrt[6]{28}<\sqrt[6]{125}$
$\therefore A<C<B$

다른 풀이 2

$A=\sqrt[3]{\sqrt{10}}=\sqrt[6]{10}=10^{\frac{1}{6}}$
$B=\sqrt{5}=5^{\frac{1}{2}}$
$C=\sqrt{\sqrt[3]{28}}=\sqrt[6]{28}=28^{\frac{1}{6}}$
이 세 수를 각각 6제곱하면
$A^6=10$, $B^6=5^3=125$, $C^6=28$
따라서 $10<28<125$이므로 $A^6<C^6<B^6$
$\therefore A<C<B$

실력 다지기 46쪽~47쪽

11 ④	**12** ㄷ, ㄹ, ㅁ	**13** $4\sqrt{5}$	**14** 10
15 648	**16** (1) 400 (2) -2	**17** 6	
18 (1) 8 (2) $\sqrt[4]{3^7}$	**19** (1) $\frac{10}{3}$ (2) $\frac{9}{8}$	**20** 75	

11 **접근 방법** | 이차부등식 $x^2-(\alpha+\beta)x+\alpha\beta<0$, 즉 $(x-\alpha)(x-\beta)<0$의 해는 $\alpha<x<\beta\ (\alpha<\beta)$임을 이용한다. 이때 $A\cap B$는 두 이차부등식의 해집합의 교집합이므로 $\sqrt{3}$, $\sqrt[3]{4}$, $\sqrt[4]{6}$, $\sqrt[6]{20}$의 대소를 비교하여 구한다.

$(\sqrt{3})^{12}=3^6=729$, $(\sqrt[3]{4})^{12}=4^4=256$,
$(\sqrt[4]{6})^{12}=6^3=216$, $(\sqrt[6]{20})^{12}=20^2=400$이므로
$\sqrt[4]{6}<\sqrt[3]{4}<\sqrt[6]{20}<\sqrt{3}$
$x^2-(\sqrt{3}+\sqrt[3]{4})x+\sqrt{3}\sqrt[3]{4}<0$에서
$(x-\sqrt[3]{4})(x-\sqrt{3})<0$
$\therefore A=\{x\mid\sqrt[3]{4}<x<\sqrt{3}\}$
$x^2-(\sqrt[4]{6}+\sqrt[6]{20})x+\sqrt[4]{6}\sqrt[6]{20}<0$에서
$(x-\sqrt[4]{6})(x-\sqrt[6]{20})<0$
$\therefore B=\{x\mid\sqrt[4]{6}<x<\sqrt[6]{20}\}$
$\therefore A\cap B=\{x\mid\sqrt[3]{4}<x<\sqrt[6]{20}\}$

⊕보충 설명

거듭제곱근 꼴의 수는 밑을 통일하거나 똑같이 거듭제곱하여 대소를 비교할 수 있다.
a, b, n이 양의 실수일 때
$a<b \Longleftrightarrow a^n<b^n$
임을 이용하여 주어진 수의 지수를 유리수에서 정수로 고칠 수 있도록 똑같이 거듭제곱해서 비교한다.

12 **접근 방법** | 근호 안에 음수가 들어갈 때에는 $\sqrt{-a}=\sqrt{a}i$ $(a>0)$로 바꾸어서 제곱근의 성질을 이용하면 된다.
또한 $\sqrt[n]{a^n}=\begin{cases} a & (n\text{은 홀수}) \\ |a| & (n\text{은 짝수}) \end{cases}$이고, 거듭제곱근의 정의에서 $(\sqrt[n]{a})^n=a$임에 주의하여 성립하는 것을 찾는다.

ㄱ. [반례] $\sqrt{-2}\sqrt{-2}\neq\sqrt{(-2)(-2)}$ ← (좌변)$=-2$, (우변)$=2$

ㄴ. [반례] $\sqrt{(-2)^2}\neq-2$ ← $\sqrt{(-2)^2}=\sqrt{4}=2$

ㄷ. $a\geq0$일 때, $(\sqrt{-a})^2=(\sqrt{a}i)^2=-a$
$a<0$일 때, $(\sqrt{-a})^2=-a$
따라서 a의 부호에 관계없이 항상 성립한다.

ㄹ. $\sqrt[3]{a}$는 a의 부호에 관계없이 항상 실수이므로 주어진 식은 성립한다.

ㅁ. $\sqrt[3]{K}$ 꼴의 식은 K의 부호에 관계없이 항상 실수이므로
$\sqrt[3]{(-a)^3}=\sqrt[3]{-a^3}=-\sqrt[3]{a^3}=-a$

따라서 항상 성립하는 것은 ㄷ, ㄹ, ㅁ이다.

⊕보충 설명

중학교 때까지는 근호 안은 항상 0 이상이어야 한다고 배웠지만 복소수를 배운 후에는 허수 단위 i를 이용하여 근호 안에 음수가 들어간 경우도 계산할 수 있다.
즉, 근호 안의 음수는 $i=\sqrt{-1}$의 정의에서
$\sqrt{-a}=\sqrt{a}i$ $(a>0)$
로 나타낼 수 있으므로 이것을 이용하여 중학교 때 배운 제곱근의 성질
$\sqrt{a}\sqrt{b}=\sqrt{ab}$, $\dfrac{\sqrt{a}}{\sqrt{b}}=\sqrt{\dfrac{a}{b}}$ $(a>0,\ b>0)$
를 실수 전체로 확장하여 생각해 보면 다음과 같다.

a의 부호	b의 부호	$\sqrt{a}\sqrt{b}=\sqrt{ab}$	$\dfrac{\sqrt{a}}{\sqrt{b}}=\sqrt{\dfrac{a}{b}}$
+	+	성립한다.	성립한다.
+	−	성립한다.	성립하지 않는다.
−	+	성립한다.	성립한다.
−	−	성립하지 않는다.	성립한다.

즉, $a<0$, $b<0$이면 $\sqrt{a}\sqrt{b}=-\sqrt{ab}$이고,
$a>0$, $b<0$이면 $\dfrac{\sqrt{a}}{\sqrt{b}}=-\sqrt{\dfrac{a}{b}}$이다.

13 **접근 방법** | $3^m-3^{m-1}=30$, $3^{n+2}-3^{n+1}=6\sqrt{5}$는 밑이 3으로 같고 지수도 각각 m과 n에 관한 식이므로 지수법칙을 적절히 활용하여 간단히 정리한다.

$$3^m-3^{m-1}=3^{m-1}(3-1)=2\times3^{m-1}=30$$

이므로

$3^{m-1}=15$ $\quad\therefore 3^m=45$

$$3^{n+2}-3^{n+1}=3^{n+1}(3-1)=2\times3^{n+1}=6\sqrt{5}$$

이므로

$3^{n+1}=3\sqrt{5}$ $\quad\therefore 3^n=\sqrt{5}$

$$\therefore 9^{\frac{m}{4}}+27^{\frac{n}{3}}=(3^2)^{\frac{m}{4}}+(3^3)^{\frac{n}{3}}=(3^m)^{\frac{1}{2}}+3^n=45^{\frac{1}{2}}+\sqrt{5}=\sqrt{45}+\sqrt{5}=3\sqrt{5}+\sqrt{5}=4\sqrt{5}$$

14 **접근 방법** | $\sqrt[3]{\dfrac{p}{3}}$, $\sqrt[4]{\dfrac{p}{4}}$를 유리수 지수로 바꾸어 $2^X\times3^Y$ 꼴로 만들고 자연수가 되는 m, n의 조건을 각각 구한다.

(i) $\sqrt[3]{\dfrac{p}{3}}=\sqrt[3]{\dfrac{2^m3^n}{3}}=\sqrt[3]{2^m3^{n-1}}=2^{\frac{m}{3}}\times3^{\frac{n-1}{3}}$

이므로 $\sqrt[3]{\dfrac{p}{3}}$가 자연수가 되려면 m, $n-1$이 0 또는 3의 배수이어야 한다.

m	0	3	6	9	12	⋯
$n-1$	0	3	6	9	12	⋯
n	1	4	7	10	13	⋯

(ii) $\sqrt[4]{\dfrac{p}{4}}=\sqrt[4]{\dfrac{2^m3^n}{2^2}}=\sqrt[4]{2^{m-2}3^n}=2^{\frac{m-2}{4}}\times3^{\frac{n}{4}}$이므로

$\sqrt[4]{\dfrac{p}{4}}$가 자연수가 되려면 $m-2$, n이 0 또는 4의 배수이어야 한다.

$m-2$	0	4	8	12	16	⋯
m	2	6	10	14	18	⋯
n	0	4	8	12	16	⋯

(i), (ii)를 동시에 만족시키는 두 자연수 m, n의 최솟값은 각각 $m=6$, $n=4$이다.
따라서 $m+n$의 최솟값은 10이다.

⊕ 보충 설명

거듭제곱근의 계산에서 대부분의 문제는 앞의 풀이처럼 유리수 지수로 고쳐서 푸는 것이 간단하지만 다음과 같은 거듭제곱근의 성질을 이용하여 푸는 것이 간단할 때도 있으므로 알아두도록 한다.

$a>0$, m, n은 2 이상의 자연수일 때

$\sqrt[n]{\sqrt[m]{a}}=\sqrt[m]{\sqrt[n]{a}}=\sqrt[mn]{a}$,

$(\sqrt[n]{a})^n=a$,

$\sqrt[n]{a^m}=\sqrt[np]{a^{mp}}$ (단, p는 자연수)

15 **접근 방법** | 오른쪽 그림과 같이 네 개의 직사각형의 이웃한 변들의 길이를 각각 x, y, z, w라 고 하면

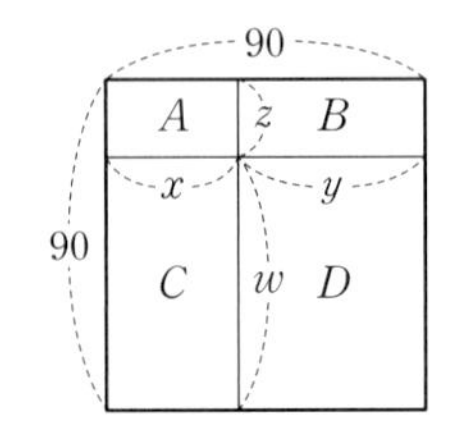

$A:B=xz:yz=x:y$

$C:D=xw:yw=x:y$

따라서 $A:B=C:D$임을 알 수 있다.

$A:B=C:D$에서 $AD=BC$이므로

$2^a3^b\times2^{a+1}3^{b+1}=2^{a-1}3^{b+1}\times2^{2a-1}3^b$

$2^{2a+1}3^{2b+1}=2^{3a-2}3^{2b+1}$

$2^{2a+1}=2^{3a-2}$

이때 $2a+1=3a-2$이므로

$a=3$

즉, 네 직사각형의 넓이 A, B, C, D는

$A=8\times3^b$, $B=12\times3^b$, $C=32\times3^b$, $D=48\times3^b$

이고 전체 넓이는 $90^2=8100$이므로

$$A+B+C+D=(8+12+32+48)\times3^b$$
$$=100\times3^b=8100$$

따라서 $3^b=81=3^4$이므로

$b=4$

$\therefore A=8\times3^4=8\times81=648$

⊕ 보충 설명

비례식 $a:b=c:d$에서

(1) $ad=bc$ ← 외항의 곱과 내항의 곱이 서로 같다.

(2) $\dfrac{a}{c}=\dfrac{b}{d}$

16 **접근 방법** | (1) x가 세제곱근의 꼴로 주어져 있으므로 주어진 조건식의 양변을 세제곱하여 곱셈 공식 $(a+b)^3=a^3+b^3+3ab(a+b)$를 이용한다.

(2) 곱셈 공식 $(a+b)(a-b)=a^2-b^2$을 이용한다.

$0<x<1$이므로 $x<x^{-1}$이다.

(1) $x=\sqrt[3]{16}+\sqrt[3]{4}$의 양변을 세제곱하면

$$x^3=(\sqrt[3]{16})^3+(\sqrt[3]{4})^3+3\sqrt[3]{16}\sqrt[3]{4}(\sqrt[3]{16}+\sqrt[3]{4})$$
$$=16+4+3\sqrt[3]{64}(\sqrt[3]{16}+\sqrt[3]{4})$$
$$=20+3\sqrt[3]{4^3}(\sqrt[3]{16}+\sqrt[3]{4})$$
$$=20+3\times4\times x=20+12x$$

따라서 $x^3-12x=20$이므로

$(x^3-12x)^2=20^2=400$

(2) $(x^{\frac{1}{4}}-x^{-\frac{1}{4}})(x^{\frac{1}{4}}+x^{-\frac{1}{4}})(x^{\frac{1}{2}}+x^{-\frac{1}{2}})$

$$=\{(x^{\frac{1}{4}})^2-(x^{-\frac{1}{4}})^2\}(x^{\frac{1}{2}}+x^{-\frac{1}{2}})$$
$$=(x^{\frac{1}{2}}-x^{-\frac{1}{2}})(x^{\frac{1}{2}}+x^{-\frac{1}{2}})$$
$$=(x^{\frac{1}{2}})^2-(x^{-\frac{1}{2}})^2$$
$$=x-x^{-1}$$

이때 $x+x^{-1}=2\sqrt{2}$이므로

$$(x-x^{-1})^2=(x+x^{-1})^2-4x\times x^{-1}$$
$$=(2\sqrt{2})^2-4=4$$

그런데 $0<x<1$일 때 $x^{-1}>1$, 즉 $x<x^{-1}$이므로

$x-x^{-1}<0$

$\therefore x-x^{-1}=-2$

⊕ 보충 설명

(1) $x=\sqrt[3]{16}+\sqrt[3]{4}$를 $(x^3-12x)^2$에 직접 대입하거나 $(x^3-12x)^2$을 전개하여 식의 값을 구하려면 계산이 상당히 복잡해진다. 계산이 복잡한 문제가 주어졌을 때에는 주어진 식을 조금씩 변형하여 간단하게 풀 수 있는 방법을 먼저 생각해 보는 것이 중요하다.

(2) $0<x<1$인 경우에는 $x>0$이므로 부등식의 각 변을 x로 나누면 $0<1<x^{-1}$임을 알 수 있다.
따라서 $0<x<1<x^{-1}$이 성립한다.
또한 $x>1$인 경우에는 양변을 x로 나누면 $1>x^{-1}$이므로 $0<x^{-1}<1<x$가 성립한다.

17 **접근 방법** | $3^{2x}-3^{x+1}=-1$을 변형하여 3^x만을 포함한 식으로 만들어 본다.

$3^{2x}-3^{x+1}=-1$에서 $3^{2x}-3^{x+1}+1=0$

이 식의 양변을 3^x으로 나누면 $3^x+3^{-x}=3$이므로

$3^{2x}+3^{-2x}=(3^x+3^{-x})^2-2=7$

$3^{4x}+3^{-4x}=(3^{2x}+3^{-2x})^2-2=47$

$$\therefore \frac{3^{4x}+3^{-4x}+1}{3^{2x}+3^{-2x}+1}=\frac{47+1}{7+1}=6$$

18 **접근 방법** | (1) $a=3$, $a=4$일 때로 나누어서 생각해 본다.

(2) 밑을 3으로 변경하여 계산한다.

(1) 집합 X의 원소는 b의 a제곱근 중 실수인 것들이다.

$a=3$일 때, $\sqrt[3]{-9}$, $\sqrt[3]{-3}$, $\sqrt[3]{3}$, $\sqrt[3]{9}$이고

$a=4$일 때, $\pm\sqrt[4]{3}$, $\pm\sqrt[4]{9}$이므로

집합 X를 구하면

$X=\{\sqrt[3]{-9}, \sqrt[3]{-3}, \sqrt[3]{3}, \sqrt[3]{9}, -\sqrt{3}, -\sqrt[4]{3}, \sqrt[4]{3}, \sqrt{3}\}$

즉, 집합 X의 원소의 개수는 8이다.

(2) 집합 X의 원소 중 양수인 것은 $\sqrt[3]{3}$, $\sqrt[3]{9}$, $\sqrt[4]{3}$, $\sqrt{3}$이므로 모든 원소의 곱은

$3^{\frac{1}{3}+\frac{2}{3}+\frac{1}{4}+\frac{1}{2}}=3^{\frac{7}{4}}=\sqrt[4]{3^7}$

19 **접근 방법** | (1) $\frac{2^a+2^{-a}}{2^a-2^{-a}}$의 분모, 분자에 2^a을 각각 곱하면 2^{2a}, 즉 4^a을 포함하는 식으로 바꿀 수 있다.

(2) $f(2a)f(b)$와 $f(a-b)$를 각각 밑이 2인 거듭제곱으로 나타내어 식을 간단히 한다.

(1) $\frac{2^a+2^{-a}}{2^a-2^{-a}}=-2$에서 좌변의 분모, 분자에 2^a을 각각 곱하면

$\frac{4^a+1}{4^a-1}=-2$, $4^a+1=-2(4^a-1)$

$3\times4^a=1$ $\quad\therefore 4^a=\frac{1}{3}$

$\therefore 4^a+4^{-a}=\frac{1}{3}+3=\frac{10}{3}$

(2) $f(2a)f(b)=4$에서

$2^{-2a}\times2^{-b}=2^{-2a-b}=2^2$

$\therefore -2a-b=2$ ...... ㉠

$f(a-b)=2$에서

$2^{-a+b}=2$

$\therefore -a+b=1$ ...... ㉡

㉠, ㉡을 연립하여 풀면 $a=-1$, $b=0$

$\therefore 2^{3a}+2^{3b}=2^{-3}+2^0=\frac{1}{8}+1=\frac{9}{8}$

20 **접근 방법** | 두 식 $(2^x+2^{-x})(2^y+2^{-y})=20$, $(2^x-2^{-x})(2^y-2^{-y})=10$을 각각 전개한 후 연립하여 $(2^{x+y}+2^{-x-y})(2^{x-y}+2^{-x+y})$의 값을 구한다.

$(2^x+2^{-x})(2^y+2^{-y})=20$에서

$2^{x+y}+2^{x-y}+2^{-x+y}+2^{-x-y}=20$ ...... ㉠

$(2^x-2^{-x})(2^y-2^{-y})=10$에서

$2^{x+y}-2^{x-y}-2^{-x+y}+2^{-x-y}=10$ ...... ㉡

㉠+㉡을 하면

$2(2^{x+y}+2^{-x-y})=30$

$\therefore 2^{x+y}+2^{-x-y}=15$

㉠−㉡을 하면

$2(2^{x-y}+2^{-x+y})=10$

$\therefore 2^{x-y}+2^{-x+y}=5$

$\therefore (2^{x+y}+2^{-x-y})(2^{x-y}+2^{-x+y})=15\times5=75$

보충 설명

지수법칙 $a^{x+y}=a^xa^y$을 이용하여 $(2^x+2^{-x})(2^y+2^{-y})$과 $(2^x-2^{-x})(2^y-2^{-y})$을 전개하면 구하고자 하는 2^{x+y}, 2^{-x-y}, 2^{x-y}, 2^{-x+y}의 형태가 나온다는 것을 알고, 이를 이용하여 문제를 해결한다.

기출 다지기

48쪽

21 ① **22** ① **23** 30 **24** 24

21 **접근 방법** | a의 n제곱근 중에 음의 실수가 존재하는 경우는 $x^n=a$에서 $a>0$이고 n이 짝수인 경우와 $a<0$이고 n이 홀수인 경우이다.

$-n^2+9n-18=-(n-3)(n-6)$

$-n^2+9n-18$의 n제곱근 중에서 음의 실수가 존재하기 위해서는

(i) $-n^2+9n-18>0$이고 n이 짝수일 때,

$(n-3)(n-6)<0$에서

$3<n<6$

즉, $3<n<6$이고 n이 짝수이어야 하므로 자연수 n은 4이다.

(ii) $-n^2+9n-18<0$이고 n이 홀수일 때,

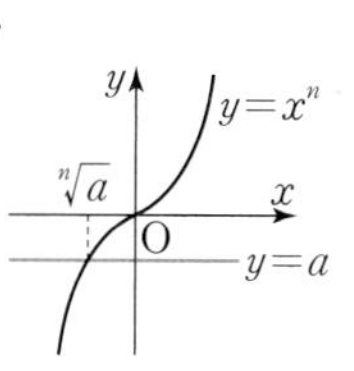

$(n-3)(n-6)>0$에서

$n<3$ 또는 $n>6$

즉, $2\le n<3$ 또는 $6<n\le11$이고 n이 홀수이어야 하므로 자연수 n은 7, 9, 11이다.

(i), (ii)에 의하여 모든 n의 값의 합은

$4+7+9+11=31$

22 **접근 방법** | 거듭제곱근의 정의를 이용하여 주어진 조건 (가), (나), (다)를 각각 등식으로 나타내어 본다.

조건 (가)에서 $\sqrt[3]{a}=\sqrt[m]{b}$이므로

$(\sqrt[3]{a})^m=a^{\frac{m}{3}}=b$ ...... ㉠

조건 (나)에서 $\sqrt{b}=\sqrt[n]{c}$이므로

$(\sqrt{b})^n=b^{\frac{n}{2}}=c$ ...... ㉡

조건 (다)에서 $c=\sqrt[4]{a^{12}}$이므로

$c=a^3$ ($\because a>0, c>0$) ⋯⋯ ㉢

㉠을 ㉡에 대입하면 $c=(a^{\frac{m}{3}})^{\frac{n}{2}}=a^{\frac{mn}{6}}$

이때 ㉢에서 $a^{\frac{mn}{6}}=a^3$이므로 $\frac{mn}{6}=3$ $\therefore mn=18$

따라서 조건을 만족시키는 순서쌍 (m, n)은 $(2, 9)$, $(3, 6)$, $(6, 3)$, $(9, 2)$의 4개이다.

23 **접근 방법** | 세 자연수 x, y, z에 대하여 $(a^{\frac{1}{x}}\times b^{\frac{1}{y}}\times c^{\frac{1}{z}})^n$의 값이 자연수가 되도록 하는 n의 값은 x, y, z의 공배수임을 이용한다.

$a^6=3$, $b^5=7$, $c^2=11$에서 $a=3^{\frac{1}{6}}$, $b=7^{\frac{1}{5}}$, $c=11^{\frac{1}{2}}$

$\therefore (abc)^n=(3^{\frac{1}{6}}\times7^{\frac{1}{5}}\times11^{\frac{1}{2}})^n=3^{\frac{n}{6}}\times7^{\frac{n}{5}}\times11^{\frac{n}{2}}$

이때 $3^{\frac{n}{6}}\times7^{\frac{n}{5}}\times11^{\frac{n}{2}}$이 자연수이려면 $\frac{n}{6}, \frac{n}{5}, \frac{n}{2}$이 모두 자연수이어야 한다.

따라서 구하는 최소의 자연수 n의 값은 6, 5, 2의 최소공배수이므로 $n=30$

24 **접근 방법** | 이차함수 $f(x)$는 최고차항의 계수가 1이고 최솟값이 음수이므로 방정식 $f(x)=0$은 서로 다른 두 실근을 갖는다. 이때 조건 (가)에서 방정식 $(x^n-64)f(x)=0$이 중근인 서로 다른 두 실근을 가지므로 두 방정식 $x^n-64=0$, $f(x)=0$은 각각 서로 다른 두 실근을 갖고, 이 두 실근이 같아야 한다.

(i) n이 홀수일 때,

방정식 $x^n=64$의 실근의 개수는 1이므로 조건 (가)를 만족시킬 수 없다.

(ii) n이 짝수일 때,

방정식 $x^n=64$의 실근은

$x=\sqrt[n]{64}$ 또는 $x=-\sqrt[n]{64}$

즉, $x=2^{\frac{6}{n}}$ 또는 $x=-2^{\frac{6}{n}}$

이때 조건 (가)를 만족시키기 위해서는 방정식 $f(x)=0$도 두 실근 $2^{\frac{6}{n}}$, $-2^{\frac{6}{n}}$을 가져야 하므로

$f(x)=(x-2^{\frac{6}{n}})(x+2^{\frac{6}{n}})$ ⋯⋯ ㉠

한편, 조건 (나)에서 함수 $f(x)$의 최솟값은 음의 정수이다.

㉠에서 함수 $f(x)$는 $x=0$에서 최솟값을 갖고 그 값은 $f(0)=-2^{\frac{6}{n}}\times2^{\frac{6}{n}}=-2^{\frac{12}{n}}$

이 값이 음의 정수이기 위한 자연수 n의 값은

2, 4, 6, 12

(i), (ii)에서 모든 n의 값의 합은 $2+4+6+12=24$

02. 로그

개념 콕콕 1 로그의 뜻과 성질 59쪽

1 답 (1) $0<x<4$ (2) $3<x<4$ 또는 $x>4$
(3) $-4<x<-3$ 또는 $-3<x<2$ 또는 $x>2$
(4) $4<x<5$ 또는 $5<x<8$

(1) 진수의 조건에서

$-x^2+4x>0$이므로

$x^2-4x<0$, $x(x-4)<0$

$\therefore 0<x<4$

(2) 밑의 조건에서

$x-3>0$, $x-3\neq1$이므로

$x>3$, $x\neq4$

$\therefore 3<x<4$ 또는 $x>4$

(3) 밑의 조건에서

$x+4>0$, $x+4\neq1$이므로

$x>-4$, $x\neq-3$

$\therefore -4<x<-3$ 또는 $x>-3$ ⋯⋯ ㉠

진수의 조건에서

$(x-2)^2>0$이므로

$x\neq2$ ⋯⋯ ㉡

따라서 ㉠, ㉡의 공통 범위를 구하면

$-4<x<-3$ 또는 $-3<x<2$ 또는 $x>2$

(4) 밑의 조건에서

$x-4>0$, $x-4\neq1$이므로

$x>4$, $x\neq5$

$\therefore 4<x<5$ 또는 $x>5$ ⋯⋯ ㉠

진수의 조건에서

$-x^2+10x-16>0$이므로

$x^2-10x+16<0$, $(x-2)(x-8)<0$

$\therefore 2<x<8$ ⋯⋯ ㉡

따라서 ㉠, ㉡의 공통 범위를 구하면

$4<x<5$ 또는 $5<x<8$

2 답 (1) $3\sqrt{3}$ (2) 100 (3) 9 (4) $\frac{1}{2}$

(1) $\log_3 x=1.5$에서

$x=3^{1.5}=3^{\frac{3}{2}}=3\sqrt{3}$

(2) $\log_{1000} x=\frac{2}{3}$에서

$x=1000^{\frac{2}{3}}=(10^3)^{\frac{2}{3}}=10^2=100$

(3) $\log_x 27=\frac{3}{2}$에서 $x^{\frac{3}{2}}=27$

$\therefore x=27^{\frac{2}{3}}=(3^3)^{\frac{2}{3}}=3^2=9$

(4) $\log_x 4=-2$에서

$x^{-2}=4,\ \frac{1}{x^2}=4,\ x^2=\frac{1}{4}$

$\therefore x=\frac{1}{2}\ (\because x>0)$

3 답 (1) 2 (2) -1 (3) 0 (4) 1

(1) $\log_5\frac{5}{4}+2\log_5\sqrt{20}=\log_5\frac{5}{4}+\log_5(\sqrt{20})^2$

$=\log_5\left(\frac{5}{4}\times 20\right)=\log_5 25$

$=\log_5 5^2=2$

(2) $\log_3\sqrt{3}-\log_3 3\sqrt{3}=\log_3\frac{\sqrt{3}}{3\sqrt{3}}=\log_3\frac{1}{3}$

$=\log_3 3^{-1}=-1$

(3) $\log_2 1+\log_3 1+\log_4 1=0+0+0=0$

(4) $\log_2\sqrt{2}+\frac{1}{2}\log_2 6-\frac{1}{4}\log_2 9$

$=\log_2\sqrt{2}+\log_2\sqrt{6}-\log_2\sqrt{3}$

$=\log_2\frac{\sqrt{2}\times\sqrt{6}}{\sqrt{3}}=\log_2 2=1$

4 답 (1) 2 (2) 6 (3) 5 (4) 3

(1) $x=\log_3 5\times\log_5 7\times\log_7 9$

$=\log_3 5\times\log_5 7\times 2\log_7 3$

$=\frac{\log_{10}5}{\log_{10}3}\times\frac{\log_{10}7}{\log_{10}5}\times\frac{2\log_{10}3}{\log_{10}7}=2$

(2) $\log_{27}2^x=\log_{3^3}2^x=\frac{x}{3}\log_3 2$이므로

$\frac{x}{3}\log_3 2=2\log_3 2,\ \frac{x}{3}=2\qquad\therefore x=6$

(3) $10^{2\log_{10}x}=10^{\log_{10}x^2}=x^2$이므로

$x^2=25\qquad\therefore x=5\ (\because x>0)$

(4) $3^{\log_{10}2}=2^{\log_{10}3}=2^{\log_{10}x}$이므로 $x=3$

5 답 (1) $a+b+2$ (2) $4a+2b$ (3) $6a-5b$ (4) $b+1-a$

(1) $\log_{10}600=\log_{10}(2\times 3\times 10^2)$

$=\log_{10}2+\log_{10}3+2\log_{10}10$

$=a+b+2$

(2) $\log_{10}144=\log_{10}(2^4\times 3^2)$

$=4\log_{10}2+2\log_{10}3=4a+2b$

(3) $\log_{10}\frac{64}{243}=\log_{10}\frac{2^6}{3^5}=6\log_{10}2-5\log_{10}3$

$=6a-5b$

(4) $\log_{10}15=\log_{10}\frac{30}{2}=\log_{10}30-\log_{10}2$

$=\log_{10}3+\log_{10}10-\log_{10}2$

$=b+1-a$

예제 01 로그의 밑과 진수의 조건 61쪽

01-1 답 $2<x<3$

밑의 조건에서

$x-2>0,\ x-2\neq 1$이므로 $x>2,\ x\neq 3$

$\therefore 2<x<3$ 또는 $x>3$ …… ㉠

진수의 조건에서

$-x^2+4x-3>0$이므로

$x^2-4x+3<0,\ (x-1)(x-3)<0$

$\therefore 1<x<3$ …… ㉡

따라서 ㉠, ㉡의 공통 범위를 구하면

$2<x<3$

01-2 답 (1) 6 (2) 35

(1) 밑의 조건에서

$x^2-x+1>0,\ x^2-x+1\neq 1$

(i) $x^2-x+1>0$에서 $\left(x-\frac{1}{2}\right)^2+\frac{3}{4}>0$

모든 실수 x가 부등식을 만족시킨다. …… ㉠

(ii) $x^2-x+1\neq 1$에서 $x^2-x\neq 0$

$x(x-1)\neq 0\qquad\therefore x\neq 0$이고 $x\neq 1$ …… ㉡

진수의 조건에서

$-x^2+2x+15>0$

$x^2-2x-15<0,\ (x+3)(x-5)<0$

$\therefore -3<x<5$ …… ㉢

㉠, ㉡, ㉢의 공통 범위를 구하면

$-3<x<0$ 또는 $0<x<1$ 또는 $1<x<5$

따라서 정수 x는 $-2,\ -1,\ 2,\ 3,\ 4$이므로 구하는 합은

$(-2)+(-1)+2+3+4=6$

(2) 밑의 조건에서

$10-x>0,\ 10-x\neq 1$이므로 $x<10,\ x\neq 9$

$\therefore x<9$ 또는 $9<x<10$ …… ㉠

진수의 조건에서

$|1-x|>0$

$\therefore x \neq 1$ …… ㉡

㉠, ㉡의 공통 범위를 구하면

$x<1$ 또는 $1<x<9$ 또는 $9<x<10$

따라서 자연수 x는 2, 3, 4, 5, 6, 7, 8이므로 구하는 합은

$2+3+4+5+6+7+8=35$

01-3 답 ③

밑의 조건에서

$a-4>0$, $a-4\neq 1$이므로 $a>4$, $a\neq 5$

$\therefore 4<a<5$ 또는 $a>5$ …… ㉠

진수의 조건에서 모든 실수 x에 대하여

$x^2+ax+3a>0$

이어야 하므로 이차방정식 $x^2+ax+3a=0$의 판별식을 D라 하면

$D=a^2-4\times 3a<0$, $a(a-12)<0$

$\therefore 0<a<12$ …… ㉡

㉠, ㉡의 공통 범위를 구하면

$4<a<5$ 또는 $5<a<12$

따라서 정수 a는 6, 7, 8, 9, 10, 11의 6개이다.

예제 02 로그의 계산 63쪽

02-1 답 (1) $\log_5 3-4$ (2) $9-\log_2 3$ (3) 2 (4) 5

(1) $3\log_5 3-2\log_5 75=\log_5 3^3-\log_5(3\times 5^2)^2$

$=\log_5 \dfrac{3^3}{3^2\times 5^4}=\log_5 \dfrac{3}{5^4}$

$=\log_5 3-\log_5 5^4$

$=\log_5 3-4$

(2) $\log_2 9+\log_2\left(\dfrac{8}{3}\right)^3=\log_2 3^2+\log_2\left(\dfrac{2^3}{3}\right)^3$

$=\log_2\left(3^2\times\dfrac{2^9}{3^3}\right)=\log_2\dfrac{2^9}{3}$

$=\log_2 2^9-\log_2 3$

$=9-\log_2 3$

(3) $\log_3 5\times\log_5 7\times\log_7 9$

$=\dfrac{\log_{10}5}{\log_{10}3}\times\dfrac{\log_{10}7}{\log_{10}5}\times\dfrac{\log_{10}9}{\log_{10}7}$

$=\dfrac{\log_{10}9}{\log_{10}3}=\dfrac{2\log_{10}3}{\log_{10}3}=2$

(4) $(\log_2 3+\log_4 9)(\log_3 4+\log_9 2)$

$=(\log_2 3+\log_{2^2}3^2)(\log_3 2^2+\log_{3^2}2)$

$=(\log_2 3+\log_2 3)\left(2\log_3 2+\dfrac{1}{2}\log_3 2\right)$

$=2\log_2 3\times\dfrac{5}{2}\log_3 2$

$=5\times\log_2 3\times\dfrac{1}{\log_2 3}=5$

02-2 답 (1) 120 (2) 48 (3) 10 (4) 1

(1) $2^{\log_2 1+\log_2 2+\log_2 3+\log_2 4+\log_2 5}$

$=2^{\log_2(1\times 2\times 3\times 4\times 5)}$

$=2^{\log_2 120}=120$

(2) $16^{3\log_2 9}=(16^{\log_2 9})^3=(9^{\log_2 16})^3$

$=(9^4)^3=9^{12}=3^{24}$

$\therefore \log_{\sqrt{3}}16^{3\log_2 9}=\log_{\sqrt{3}}3^{24}=\log_{3^{\frac{1}{2}}}3^{24}$

$=2\times 24\times\log_3 3=48$

(3) $\log_2 3\times\log_3 4\times\log_4 5\times\cdots\times\log_{1023}1024$

$=\dfrac{\log_{10}3}{\log_{10}2}\times\dfrac{\log_{10}4}{\log_{10}3}\times\dfrac{\log_{10}5}{\log_{10}4}\times\cdots\times\dfrac{\log_{10}1024}{\log_{10}1023}$

$=\dfrac{\log_{10}1024}{\log_{10}2}=\dfrac{\log_{10}2^{10}}{\log_{10}2}=\dfrac{10\log_{10}2}{\log_{10}2}=10$

(4) $(\log_{10}2)^3+(\log_{10}5)^3$

$=(\log_{10}2+\log_{10}5)^3$

$-3\times\log_{10}2\times\log_{10}5\times(\log_{10}2+\log_{10}5)$

$=(\log_{10}10)^3-3\log_{10}2\times\log_{10}5\times\log_{10}10$

$=1-3\log_{10}2\times\log_{10}5$

$\therefore (\log_{10}2)^3+(\log_{10}5)^3+\log_{10}2\times\log_{10}125$

$=1-3\log_{10}2\times\log_{10}5+\log_{10}2\times\log_{10}5^3$

$=1-3\log_{10}2\times\log_{10}5+\log_{10}2\times 3\log_{10}5$

$=1$

02-3 답 101

$\log_a f(x)=\log_a\left(1+\dfrac{1}{x}\right)$이므로

$\log_a f(1)+\log_a f(2)+\log_a f(3)+\cdots+\log_a f(100)$

$=\log_a(1+1)+\log_a\left(1+\dfrac{1}{2}\right)+\log_a\left(1+\dfrac{1}{3}\right)$

$+\cdots+\log_a\left(1+\dfrac{1}{100}\right)$

$=\log_a 2+\log_a\dfrac{3}{2}+\log_a\dfrac{4}{3}+\cdots+\log_a\dfrac{101}{100}$

$=\log_a\left(2\times\dfrac{3}{2}\times\dfrac{4}{3}\times\cdots\times\dfrac{101}{100}\right)$

$=\log_a 101$

즉, $\log_a 101=1$이므로 $a=101$

예제 03 로그의 밑의 변환 공식의 활용 65쪽

03-1 답 6

$\frac{1}{\log_3 x}+\frac{1}{\log_9 x}+\frac{1}{\log_{27} x}=\frac{1}{\log_a x}$에서

$x\neq1$, $x>0$이므로

$\log_x 3+\log_x 9+\log_x 27=\log_x a$

$\log_x (3\times9\times27)=\log_x a$

$\log_x 3^6=\log_x a$이므로

$a=3^6$

$\therefore \log_3 a=\log_3 3^6=6$

03-2 답 (1) 6 (2) 90

(1) $\frac{1}{\log_4 x}+\frac{1}{\log_6 x}+\frac{1}{\log_9 x}=\frac{3}{\log_a x}$에서

$x\neq1$, $x>0$이므로

$\log_x 4+\log_x 6+\log_x 9=3\log_x a$

$\log_x (4\times6\times9)=\log_x a^3$이므로

$a^3=2^3\times3^3=(2\times3)^3=6^3$

$\therefore a=6$

(2) $\frac{1}{\log_3 2}+\frac{1}{\log_5 2}+\frac{1}{\log_6 2}=\log_2 3+\log_2 5+\log_2 6$

$=\log_2 (3\times5\times6)$

$=\log_2 90$

$=\frac{1}{\log_{90} 2}=\frac{1}{\log_k 2}$

$\therefore k=90$

03-3 답 (1) $\frac{28}{9}$ (2) $\frac{26}{5}$

(1) $x=\log_2 5\times\log_5 3=\frac{\log_5 3}{\log_5 2}=\log_2 3$

이므로 로그의 정의에 의하여

$2^x=3$

$\therefore 4^{-x}+2^x=(2^2)^{-x}+2^x=(2^x)^{-2}+2^x$

$=3^{-2}+3$

$=\frac{1}{9}+3=\frac{28}{9}$

(2) $a=\frac{\log_3 25}{\log_3 4}=\log_4 25=\log_{2^2} 5^2=\log_2 5$

이므로 로그의 정의에 의하여

$2^a=5$

$\therefore 2^a+2^{-a}=5+\frac{1}{5}=\frac{26}{5}$

예제 04 로그의 성질의 활용 67쪽

04-1 답 (1) $a+b-1$ (2) $\frac{1}{2}(1-a+b)$

(1) $\log_{10} 3.5=\log_{10}\frac{5\times7}{10}$

$=\log_{10} 5+\log_{10} 7-\log_{10} 10$

$=a+b-1$

(2) $\log_{10}\sqrt{14}=\frac{1}{2}\log_{10} 14=\frac{1}{2}\log_{10}(2\times7)$

$=\frac{1}{2}\log_{10}\left(\frac{10}{5}\times7\right)$

$=\frac{1}{2}(\log_{10} 10-\log_{10} 5+\log_{10} 7)$

$=\frac{1}{2}(1-a+b)$

04-2 답 ④

$3^a=2$, $5^b=3$에서 $\log_3 2=a$, $\log_5 3=b$이므로

$\log_{120} 150=\frac{\log_3 150}{\log_3 120}=\frac{\log_3 (2\times3\times5^2)}{\log_3 (2^3\times3\times5)}$

$=\frac{\log_3 2+\log_3 3+2\log_3 5}{3\log_3 2+\log_3 3+\log_3 5}$

$=\frac{a+1+\frac{2}{b}}{3a+1+\frac{1}{b}}$

$=\frac{ab+b+2}{3ab+b+1}$

04-3 답 ③

$\log_2 45=a$에서 $\log_2 (3^2\times5)=a$이므로

$2\log_2 3+\log_2 5=a$ …… ㉠

$\log_2 75=b$에서 $\log_2 (3\times5^2)=b$이므로

$\log_2 3+2\log_2 5=b$ …… ㉡

㉠×2−㉡을 하면

$3\log_2 3=2a-b$ $\therefore \log_2 3=\frac{2a-b}{3}$

$\log_2 3=\frac{2a-b}{3}$를 ㉠에 대입하면

$\frac{4a-2b}{3}+\log_2 5=a$ $\therefore \log_2 5=\frac{2b-a}{3}$

$\therefore \log_2\frac{5}{3}=\log_2 5-\log_2 3$

$=\frac{2b-a}{3}-\frac{2a-b}{3}$

$=\frac{3b-3a}{3}=b-a$

예제 05 이차방정식과 로그의 계산 69쪽

05-1 답 36

이차방정식의 근과 계수의 관계에 의하여

$\alpha+\beta=-a$, $\alpha\beta=6$

$\log_b \alpha^{\frac{1}{3}}+\log_b \beta^{\frac{1}{3}}=\log_b (\alpha\beta)^{\frac{1}{3}}=\frac{1}{3}\log_b \alpha\beta$이므로

$\frac{1}{3}\log_b \alpha\beta=\frac{2}{3}$, $\log_b \alpha\beta=2$ $\quad\therefore \log_b 6=2$

$\therefore b^2=6$ ...... ㉠

또한 $b=\beta-\alpha$이므로

$b^2=(\beta-\alpha)^2=(\beta+\alpha)^2-4\alpha\beta=a^2-24$ ...... ㉡

㉠, ㉡에서 $a^2-24=6$이므로 $a^2=30$

$\therefore a^2+b^2=30+6=36$

05-2 답 (1) 244 (2) 3

이차방정식의 근과 계수의 관계에 의하여

$\alpha+\beta=5$, $\alpha\beta=3$

(1) $3^\alpha\times3^\beta+\log_3\alpha+\log_3\beta=3^{\alpha+\beta}+\log_3\alpha\beta$

$=3^5+\log_3 3$

$=243+1=244$

(2) $\log_3\left(2\alpha+\frac{3}{\beta}\right)+\log_3\left(2\beta+\frac{3}{\alpha}\right)$

$=\log_3\left\{\left(2\alpha+\frac{3}{\beta}\right)\left(2\beta+\frac{3}{\alpha}\right)\right\}$

$=\log_3\left(4\alpha\beta+6+6+\frac{9}{\alpha\beta}\right)$

$=\log_3(12+12+3)=\log_3 27=\log_3 3^3=3$

05-3 답 17

이차방정식의 근과 계수의 관계에 의하여

$\alpha+\beta=\frac{m}{2}$, $\alpha\beta=4$

$\therefore \log_\alpha 2+\log_\beta 2=\frac{1}{\log_2\alpha}+\frac{1}{\log_2\beta}$

$=\frac{\log_2\beta+\log_2\alpha}{\log_2\alpha\times\log_2\beta}$

$=\frac{\log_2\alpha\beta}{\log_2\alpha\times\log_2\beta}$

$=\frac{\log_2 4}{\log_2\alpha\times\log_2\frac{4}{\alpha}}$

따라서 $\frac{2}{\log_2\alpha\times(2-\log_2\alpha)}=-\frac{2}{3}$이므로

$\log_2\alpha\times(2-\log_2\alpha)=-3$

$2\log_2\alpha-(\log_2\alpha)^2=-3$

$(\log_2\alpha)^2-2\log_2\alpha-3=0$

$(\log_2\alpha-3)(\log_2\alpha+1)=0$

$\therefore \log_2\alpha=3$ 또는 $\log_2\alpha=-1$

$\therefore \alpha=8$ 또는 $\alpha=\frac{1}{2}$

그런데 $\alpha\beta=4$이므로

$\alpha=8$, $\beta=\frac{1}{2}$ 또는 $\alpha=\frac{1}{2}$, $\beta=8$ $\quad\therefore \alpha+\beta=\frac{17}{2}$

$\therefore m=2(\alpha+\beta)=2\times\frac{17}{2}=17$

개념 콕콕 2 상용로그 79쪽

1 답 (1) 2 (2) $\frac{2}{3}$ (3) $-\frac{3}{5}$ (4) -3

(1) $\log 100=\log 10^2=2$

(2) $\log \sqrt[3]{100}=\log \sqrt[3]{10^2}=\log 10^{\frac{2}{3}}=\frac{2}{3}$

(3) $\log \frac{1}{\sqrt[5]{1000}}=\log \frac{1}{\sqrt[5]{10^3}}=\log 10^{-\frac{3}{5}}=-\frac{3}{5}$

(4) $\log \frac{1}{50}+\log \frac{1}{20}=\log\left(\frac{1}{50}\times\frac{1}{20}\right)=\log \frac{1}{1000}$

$=\log 10^{-3}=-3$

2 답 (1) 1.4969 (2) 4.4969 (3) −1.5031 (4) −0.5031

(1) $\log 31.4=\log(3.14\times10)$

$=\log 3.14+\log 10$

$=0.4969+1=1.4969$

(2) $\log 31400=\log(3.14\times10^4)$

$=\log 3.14+\log 10^4$

$=0.4969+4=4.4969$

(3) $\log 0.0314=\log(3.14\times10^{-2})$

$=\log 3.14+\log 10^{-2}$

$=0.4969-2=-1.5031$

(4) $\log 0.314=\log(3.14\times10^{-1})$

$=\log 3.14+\log 10^{-1}$

$=0.4969-1=-0.5031$

3 답 (1) 0.6020 (2) 0.6990 (3) 0.7781 (4) 0.9030 (5) 0.9542

(1) $\log 4=\log 2^2=2\log 2=2\times0.3010=0.6020$

(2) $\log 5=\log\frac{10}{2}=\log 10-\log 2$

$=1-0.3010=0.6990$

(3) $\log 6=\log(2\times3)=\log 2+\log 3$

$=0.3010+0.4771=0.7781$

(4) $\log 8=\log 2^3=3\log 2$

$=3\times0.3010=0.9030$

(5) $\log 9=\log 3^2=2\log 3$

$=2\times0.4771=0.9542$

⊕보충 설명

$\log 2$, $\log 3$의 값을 알면 $\log 7$을 제외한 1에서 10까지 모든 자연수의 상용로그의 값을 구할 수 있다.

4 답 (1) 3100 (2) 0.031

(1) $\log x$의 정수 부분이 3이므로 x의 정수 부분은 네 자리 수이고, $\log 31$과 $\log x$의 소수 부분이 같으므로

$x=3100$

(2) $\log x=-1.5086=-2+0.4914$에서 정수 부분이 -2이므로 x는 소수점 아래 둘째 자리에서 처음으로 0이 아닌 숫자가 나타난다.

또한 $\log 31$과 $\log x$의 소수 부분이 같으므로

$x=0.031$

다른 풀이

(1) $\log x=3.4914=2+1.4914$

$=\log 10^2+\log 31$

$=\log(10^2\times31)$

$=\log 3100$

$\therefore x=3100$

(2) $\log x=-1.5086=-3+1.4914$

$=\log 10^{-3}+\log 31$

$=\log(10^{-3}\times31)$

$=\log 0.031$

$\therefore x=0.031$

5 답 (1) 0.9074 (2) 8.27

(1) $\log 8.08$의 값은 상용로그표의 8.0의 가로줄과 8의 세로줄이 만나는 칸에 적힌 값이므로 0.9074이다.

$\therefore x=0.9074$

(2) 소수 부분이 0.9175이므로 상용로그표에서 $\log x=0.9175$인 x의 값을 찾으면

$x=8.27$

예제 06 상용로그의 정수 부분과 소수 부분 81쪽

06-1 답 (1) 225 (2) 0.8

(1) $\log 4x$의 정수 부분이 2이므로

$2\le\log 4x<3$, $10^2\le 4x<10^3$, $100\le 4x<1000$

$\therefore 25\le x<250$

따라서 구하는 자연수 x는 25, ⋯, 249이므로 자연수 x의 개수는

$249-25+1=225$

(2) $\log x$의 소수 부분을 α $(0\le\alpha<1)$라고 하면

$\log x=3+\alpha$

$\therefore \log\sqrt{x}=\frac{1}{2}\log x=\frac{1}{2}\times(3+\alpha)$

$=1.5+\frac{\alpha}{2}=1+0.5+\frac{\alpha}{2}$

이때 $\log\sqrt{x}$의 소수 부분이 0.6이므로

$0.5+\frac{\alpha}{2}=0.6$ $\quad\therefore \alpha=0.2$

$\therefore \log\frac{1}{x}=-\log x=-(3+0.2)=-3-0.2$

$=-4+(1-0.2)=-4+0.8$

따라서 $\log\frac{1}{x}$의 소수 부분은 0.8이다.

06-2 답 990

$[\log N]=2$에서 $2\le\log N<3$이므로

$10^2\le N<10^3$

$\therefore a=999-100+1=900$

$\left[\log\frac{1}{M}\right]=-2$에서 $-2\le\log\frac{1}{M}<-1$이므로

$10^{-2}\le\frac{1}{M}<10^{-1}$ $\quad\therefore 10<M\le100$

$\therefore b=100-10=90$

$\therefore a+b=900+90=990$

06-3 답 16

$\log A=n+\alpha$ (n은 정수, $0\le\alpha<1$)라고 하면

n과 α가 이차방정식 $2x^2-33x+k=0$의 두 근이므로 이차방정식의 근과 계수의 관계에서

$n+\alpha=\frac{33}{2}=16+\frac{1}{2}$ ⋯⋯ ㉠

$n\alpha=\frac{k}{2}$ ⋯⋯ ㉡

이때 ㉠에서 n이 정수, $0\le\alpha<1$이므로 $n=16$, $\alpha=\frac{1}{2}$

$\therefore\ k=2n\alpha=2\times16\times\frac{1}{2}=16$

예제 07 상용로그의 소수 부분 83쪽

07-1 답 $\log 90$

$\log 2^2=\log 4 \quad \therefore\ f(2^2)=\log 4$

$\log 30^2=\log 900=\log(9\times10^2)$

$=\log 10^2+\log 9=2+\log 9$

$\therefore\ f(30^2)=\log 9$

$\log 500^2=\log 250000=\log(2.5\times10^5)$

$=\log 10^5+\log 2.5=5+\log 2.5$

$\therefore\ f(500^2)=\log 2.5$

$\therefore\ f(2^2)+f(30^2)+f(500^2)=\log 4+\log 9+\log 2.5$

$=\log 90$

07-2 답 ㄱ

ㄱ. $f(4)=\log 4$, $f(2)=\log 2$이므로

$f(4)=\log 4=2\log 2=2f(2)$ (참)

ㄴ. $\log\frac{1}{2}=-\log 2=(-1)+(1-\log 2)$

$=(-1)+\log 5$

이므로 $f\left(\frac{1}{2}\right)=\log 5$

$\log\frac{1}{4}=-\log 4=(-1)+(1-\log 4)$

$=(-1)+\log 2.5$

이므로 $f\left(\frac{1}{4}\right)=\log 2.5$

$\therefore\ f\left(\frac{1}{2}\right)\neq 2f\left(\frac{1}{4}\right)$ (거짓)

ㄷ. $\log\frac{1}{3}=-\log 3=(-1)+(1-\log 3)$

$=(-1)+\log\frac{10}{3}$

이므로 $f\left(\frac{1}{3}\right)=\log\frac{10}{3}$

$\log\frac{1}{9}=-\log 9=(-1)+(1-\log 9)$

$=(-1)+\log\frac{10}{9}$

이므로 $f\left(\frac{1}{9}\right)=\log\frac{10}{9}$

$\therefore\ 2f\left(\frac{1}{3}\right)\neq f\left(\frac{1}{9}\right)$ (거짓)

따라서 옳은 것은 ㄱ이다.

07-3 답 ④

임의의 양수 $x=a\times10^n$ ($1\le a<10$, n은 정수)에 대하여

$\log x=\log(a\times10^n)=n+\log a$ ($0\le\log a<1$)

이때 $n\le n+\log a<n+1$이므로

$[\log x]=[n+\log a]=n$

$\therefore\ f(x)=\log x-[\log x]$

$=n+\log a-n=\log a$

즉, $f(x)$는 $\log x$의 소수 부분이다.

① $6230=6.23\times10^3 \quad \therefore\ f(6230)=\log 6.23$

② $476=4.76\times10^2 \quad \therefore\ f(476)=\log 4.76$

③ $0.71=7.1\times10^{-1} \quad \therefore\ f(0.71)=\log 7.1$

④ $0.082=8.2\times10^{-2} \quad \therefore\ f(0.082)=\log 8.2$

⑤ $0.00024=2.4\times10^{-4} \quad \therefore\ f(0.00024)=\log 2.4$

따라서 $f(x)$의 값이 가장 큰 것은 ④ 0.082이다.

예제 08 상용로그의 정수 부분과 소수 부분의 성질 85쪽

08-1 답 41

7^{40}에 상용로그를 취하면

$\log 7^{40}=40\log 7=40\times0.8451=33.804$

이때 $\log 7^{40}$의 정수 부분이 33이므로 7^{40}은 34자리 수이다.

$\therefore\ n=34$

또한 $\log 7^{40}$의 소수 부분 0.804에서

$\log 6=\log 2+\log 3=0.7781$, $\log 7=0.8451$

이므로

$\log 6<0.804<\log 7$

$33+\log 6<33+0.804<33+\log 7$

$\log(6\times10^{33})<\log 7^{40}<\log(7\times10^{33})$

$\therefore\ 6\times10^{33}<7^{40}<7\times10^{33}$

따라서 7^{40}의 최고 자리의 숫자는 6이므로 $a=6$

자연수 k에 대하여 7^k의 일의 자리의 숫자를 차례대로 구하면

	7^1	7^2	7^3	7^4	7^5	7^6	⋯
일의 자리	7	9	3	1	7	9	⋯

즉, 7^k의 일의 자리의 숫자는 7, 9, 3, 1이 순서대로 반복되고 $40=4\times10$이므로 7^{40}의 일의 자리의 숫자는 1이다.

$\therefore\ b=1$

$\therefore\ n+a+b=34+6+1=41$

08-2 답 ②

3^n이 10자리 정수이면 상용로그를 취했을 때 정수 부분이 9이므로

$9\le\log 3^n<10$, $9\le n\log 3<10$

$\therefore \dfrac{9}{\log 3}\le n<\dfrac{10}{\log 3}$

이때 $\log 3=0.4771$이므로

$18.8\times\times\times\le n<20.9\times\times\times$

따라서 정수 n은 19, 20의 2개이므로 정수 n의 값의 합은 $19+20=39$

08-3 답 19

$\left(\dfrac{1}{3}\right)^{30}$에 상용로그를 취하면

$$\begin{aligned}\log\left(\frac{1}{3}\right)^{30}&=30\log\frac{1}{3}=-30\log 3\\&=(-30)\times 0.4771=-14.313\\&=(-15)+0.687\end{aligned}$$

$\log\left(\dfrac{1}{3}\right)^{30}$의 정수 부분이 -15이므로 $\left(\dfrac{1}{3}\right)^{30}$은 소수점 아래 15째 자리에서 처음으로 0이 아닌 숫자가 나타난다.

이때 $\log\left(\dfrac{1}{3}\right)^{30}$의 소수 부분이 0.687이고,

$\log 4=2\log 2=0.6020$

$\log 5=1-\log 2=0.6990$

에서 $\log 4<0.687<\log 5$이므로

$(-15)+\log 4<(-15)+0.687<(-15)+\log 5$

$\log(4\times 10^{-15})<\log\left(\dfrac{1}{3}\right)^{30}<\log(5\times 10^{-15})$

$\therefore 4\times 10^{-15}<\left(\dfrac{1}{3}\right)^{30}<5\times 10^{-15}$

따라서 $\left(\dfrac{1}{3}\right)^{30}$은 소수점 아래 15째 자리에서 처음으로 0이 아닌 숫자 4가 나타나므로 $n=15$, $a=4$

$\therefore n+a=15+4=19$

예제 09 상용로그의 소수 부분의 성질 87쪽

09-1 답 10^7

$\log x^4$과 $\log\dfrac{1}{x}$의 소수 부분이 같으면

$\log x^4-\log\dfrac{1}{x}=$(자연수)

$\left(\because 10\le x<100\text{이므로 } x^4>\dfrac{1}{x}\right)$

$4\log x+\log x=$(자연수)

$\therefore 5\log x=$(자연수) …… ㉠

이때 $10\le x<100$에서 $1\le\log x<2$이므로

$5\le 5\log x<10$ …… ㉡

㉠, ㉡에서 $5\log x=5, 6, 7, 8, 9$이므로

$\log x=1, \dfrac{6}{5}, \dfrac{7}{5}, \dfrac{8}{5}, \dfrac{9}{5}$

$\therefore x=10, 10^{\frac{6}{5}}, 10^{\frac{7}{5}}, 10^{\frac{8}{5}}, 10^{\frac{9}{5}}$

따라서 구하는 모든 실수 x의 값의 곱은

$10\times 10^{\frac{6}{5}}\times 10^{\frac{7}{5}}\times 10^{\frac{8}{5}}\times 10^{\frac{9}{5}}=10^{1+\frac{6}{5}+\frac{7}{5}+\frac{8}{5}+\frac{9}{5}}=10^7$

09-2 답 $10^{\frac{14}{5}}$

$\log x^3$과 $\log\sqrt{x}$의 소수 부분이 같으면

$\log x^3-\log\sqrt{x}=$(자연수)

($\because \log x=1.\times\times\times$에서 $x\ge 10$이므로 $x^3>\sqrt{x}$)

$3\log x-\dfrac{1}{2}\log x=$(자연수)

$\therefore \dfrac{5}{2}\log x=$(자연수) …… ㉠

이때 $\log x$의 정수 부분이 1이므로

$1\le\log x<2$

$\therefore \dfrac{5}{2}\le\dfrac{5}{2}\log x<5$ …… ㉡

㉠, ㉡에서 $\dfrac{5}{2}\log x=3, 4$이므로

$\log x=\dfrac{6}{5}, \dfrac{8}{5}$ $\quad\therefore x=10^{\frac{6}{5}}, 10^{\frac{8}{5}}$

따라서 구하는 모든 실수 x의 값의 곱은

$10^{\frac{6}{5}}\times 10^{\frac{8}{5}}=10^{\frac{6}{5}+\frac{8}{5}}=10^{\frac{14}{5}}$

09-3 답 $\frac{1}{4}$

$\log x$의 소수 부분을 α라고 하면

$\log x=3+\alpha$ $(0<\alpha<1)$ ← $\alpha\ne 0$

$$\begin{aligned}\therefore \log\sqrt[3]{x}&=\frac{1}{3}\log x\\&=\frac{1}{3}(3+\alpha)=1+\frac{\alpha}{3}\end{aligned}$$

이때 $0<\dfrac{\alpha}{3}<\dfrac{1}{3}$이므로 $\dfrac{\alpha}{3}$는 $\log\sqrt[3]{x}$의 소수 부분이다.

즉, $\alpha+\dfrac{\alpha}{3}=1$ $\quad\therefore \alpha=\dfrac{3}{4}$

따라서 $\log\sqrt[3]{x}$의 소수 부분은 $\dfrac{\alpha}{3}=\dfrac{1}{4}$

기본 다지기 88쪽~89쪽

1 ㄱ	2 ②	3 60	4 12	5 56
6 (1) 25 (2) 2		7 ⑤	8 (1) 6 (2) 10	
9 1.3111	10 12			

1 ㄱ. $2^{\log_2 1+\log_2 2+\log_2 3+\cdots+\log_2 10}$

$=2^{\log_2(1\times2\times3\times\cdots\times10)}$

$=2^{\log_2 10!}=10!^{\log_2 2}=10!$ (참)

ㄴ. $\log_2(2\times2^2\times2^3\times\cdots\times2^{10})^2$

$=\log_2(2^{1+2+3+\cdots+10})^2$

$=\log_2 2^{55\times2}=110$ (거짓)

ㄷ. $\log_2 2\times\log_2 2^2\times\log_2 2^3\times\cdots\times\log_2 2^{10}$

$=\log_2 2\times2\log_2 2\times3\log_2 2\times\cdots\times10\log_2 2$

$=1\times2\times3\times\cdots\times10=10!$ (거짓)

따라서 옳은 것은 ㄱ이다.

2 $\log_{\sqrt{x}}3=\log_y 27$을 밑이 3인 로그로 바꾸면

$\dfrac{\log_3 3}{\log_3\sqrt{x}}=\dfrac{\log_3 27}{\log_3 y}$이므로

$\dfrac{1}{\log_3\sqrt{x}}=\dfrac{3}{\log_3 y}$

$\log_3 y=3\log_3\sqrt{x}=\log_3(\sqrt{x})^3=\log_3 x^{\frac{3}{2}}$

$\therefore y=x^{\frac{3}{2}}$

따라서 $\log_x\sqrt{y}=\log_x(x^{\frac{3}{2}})^{\frac{1}{2}}=\dfrac{3}{4}\log_x x=\dfrac{3}{4}$,

$\log_{xy}\sqrt[3]{x^2y^2}=\log_{xy}(xy)^{\frac{2}{3}}=\dfrac{2}{3}\log_{xy}xy=\dfrac{2}{3}$이므로

$\log_x\sqrt{y}+\log_{xy}\sqrt[3]{x^2y^2}=\dfrac{3}{4}+\dfrac{2}{3}=\dfrac{17}{12}$

⊕ 보충 설명

로그의 밑의 변환 공식은 밑을 1이 아닌 어떤 양수로 하더라도 성립하지만 문제에 주어진 진수나 밑과 관련된 숫자를 이용하여 변환할 밑을 결정하면 계산이 쉬워진다.

3 로그의 성질에 의하여

$\log_x w=\dfrac{1}{\log_w x}=24$ $\therefore \log_w x=\dfrac{1}{24}$

$\log_y w=\dfrac{1}{\log_w y}=40$ $\therefore \log_w y=\dfrac{1}{40}$

$\log_{xyz}w=\dfrac{1}{\log_w xyz}=12$ $\therefore \log_w xyz=\dfrac{1}{12}$

이때 $\log_w xyz=\log_w x+\log_w y+\log_w z$이므로

$\dfrac{1}{24}+\dfrac{1}{40}+\log_w z=\dfrac{1}{12}$

$\therefore \log_w z=\dfrac{1}{12}-\dfrac{1}{24}-\dfrac{1}{40}=\dfrac{1}{60}$

따라서 $\log_w z=\dfrac{1}{\log_z w}=\dfrac{1}{60}$이므로

$\log_z w=60$

4 $a^x=7$에서 $x=\log_a 7$이므로 $\dfrac{1}{x}=\log_7 a$

$\therefore \dfrac{6}{x}=6\log_7 a$ …… ㉠

$b^{2y}=7$에서 $2y=\log_b 7$이므로 $\dfrac{1}{2y}=\log_7 b$

$\therefore \dfrac{3}{y}=6\log_7 b$ …… ㉡

$c^{3z}=7$에서 $3z=\log_c 7$이므로 $\dfrac{1}{3z}=\log_7 c$

$\therefore \dfrac{2}{z}=6\log_7 c$ …… ㉢

㉠+㉡+㉢을 하면

$\dfrac{6}{x}+\dfrac{3}{y}+\dfrac{2}{z}=6\log_7 a+6\log_7 b+6\log_7 c$

$=6\log_7 abc$

$=6\log_7 49$ ($\because abc=49$)

$=6\log_7 7^2=12\log_7 7=12$

다른 풀이

지수의 성질을 이용하여 풀 수도 있다.

$a^x=7$에서 $7^{\frac{6}{x}}=(a^x)^{\frac{6}{x}}=a^6$ …… ㉠

$b^{2y}=7$에서 $7^{\frac{3}{y}}=(b^{2y})^{\frac{3}{y}}=b^6$ …… ㉡

$c^{3z}=7$에서 $7^{\frac{2}{z}}=(c^{3z})^{\frac{2}{z}}=c^6$ …… ㉢

㉠×㉡×㉢을 하면

$7^{\frac{6}{x}+\frac{3}{y}+\frac{2}{z}}=a^6\times b^6\times c^6=(abc)^6=49^6=7^{12}$

$\therefore \dfrac{6}{x}+\dfrac{3}{y}+\dfrac{2}{z}=12$

5 $\log_2 a=n-1$, $\log_2 b=n$, $\log_2 c=n+1$ (n은 2 이상의 정수)이라고 하면

$\log_2 a+\log_2 b+\log_2 c=12$에서

$3n=12$

$\therefore n=4$

따라서 $\log_2 a=3$, $\log_2 b=4$, $\log_2 c=5$이므로

$a=2^3=8$, $b=2^4=16$, $c=2^5=32$

$\therefore a+b+c=8+16+32=56$

⊕보충 설명

연속하는 세 정수를 $n-1$, n, $n+1$과 같이 가운데 값을 기준으로 대칭인 형태로 정하면 세 수를 더하는 과정에서 상수항이 사라지므로 계산이 간단해진다.

6 (1) (i) $5^{\log_n 4}$에서 지수인 $\log_n 4$가 자연수가 되려면
$n=2$ 또는 $n=4$
(ii) $5^{\log_n 4}=4^{\log_n 5}=2^{2\log_n 5}=2^{\log_n 25}$에서 지수인
$\log_n 25$가 자연수가 되려면
$n=5$ 또는 $n=25$
(i), (ii)에 의하여 구하는 자연수 n의 최댓값은 25이다.
(2) $x=\log_2\sqrt{1+\sqrt{2}}$에서 $2^x=\sqrt{1+\sqrt{2}}$
양변을 제곱하면
$4^x=1+\sqrt{2}$

$$\therefore (2^x+2^{-x})(2^x-2^{-x})=4^x-4^{-x}=4^x-\frac{1}{4^x}$$
$$=1+\sqrt{2}-\frac{1}{1+\sqrt{2}}$$
$$=1+\sqrt{2}+(1-\sqrt{2})$$
$$=2$$

⊕보충 설명

(1)에서 로그의 성질 $a^{\log_a b}=b$를 이용하면 $5^{\log_n 4}$이 정수가 되도록 하는 자연수 n의 값은 5와 5^2으로 생각할 수 있다. 또한 $5^{\log_n 4}$의 지수 $\log_n 4$가 자연수이면 $5^{\log_n 4}$이 자연수가 됨을 생각할 수 있어야 한다. 이때 로그의 밑의 조건에 의하여 $n\neq 1$임을 잊지 않도록 한다.

7 $(365)^a=(0.365)^b=10$의 각 변에 상용로그를 취하면
$a\log 365=b\log 0.365=1$
따라서 $a=\dfrac{1}{\log 365}$, $b=\dfrac{1}{\log 0.365}$이므로

$$\frac{1}{a}-\frac{1}{b}=\log 365-\log 0.365$$
$$=\log\frac{365}{0.365}=\log 1000=3$$

다른 풀이

지수의 성질을 이용하여 풀 수도 있다.
$(365)^a=10$에서 $365=10^{\frac{1}{a}}$,
$(0.365)^b=10$에서 $0.365=10^{\frac{1}{b}}$
이므로
$10^{\frac{1}{a}-\frac{1}{b}}=10^{\frac{1}{a}}\div 10^{\frac{1}{b}}=365\div 0.365=1000=10^3$

$$\therefore \frac{1}{a}-\frac{1}{b}=3$$

8 (1) $\log A=\log 3\times\log 6$에서 $A=10^{\log 3\times\log 6}$
$\log B=\log 6\times\log 30$에서 $B=10^{\log 6\times\log 30}$

$$\therefore \frac{B}{A}=10^{\log 6\times\log 30}\div 10^{\log 3\times\log 6}$$
$$=10^{\log 6\times\log 30-\log 3\times\log 6}$$
$$=10^{\log 6(\log 30-\log 3)}$$
$$=10^{\log 6\times\log 10}=10^{\log 6}=6$$

(2) $A=4k$, $B=5k$, $C=2k$ $(k>0)$라고 하면

$$2\log_3 A+\log_3 B-3\log_3 C=\log_3\frac{A^2B}{C^3}$$
$$=\log_3\frac{16k^2\times 5k}{8k^3}$$
$$=\log_3 10$$
$$\therefore 3^{2\log_3 A+\log_3 B-3\log_3 C}=3^{\log_3 10}=10$$

⊕보충 설명

(1)에서 $\log 3\times\log 6$을 $\log(3\times 6)$으로 계산하지 않도록 주의한다. $\log(3\times 6)=\log 3+\log 6$이다.

9
$$\log\sqrt{419}=\frac{1}{2}\log 419$$
$$=\frac{1}{2}\log(4.19\times 100)$$
$$=\frac{1}{2}(\log 4.19+\log 100)$$
$$=\frac{1}{2}(\log 4.19+2)$$

상용로그표에서 $\log 4.19=0.6222$이므로
$\log\sqrt{419}=\dfrac{1}{2}\times(0.6222+2)=1.3111$

10 $2=\log_3 9<\log_3 12<\log_3 27=3$이므로
$\log_3 12=2.\times\times\times$
즉, $\log_3 12$의 정수 부분은 2이므로 $a=2$
소수 부분은
$b=\log_3 12-2=\log_3 12-\log_3 9=\log_3\dfrac{4}{3}$

따라서 $3^a=3^2=9$, $3^b=3^{\log_3\frac{4}{3}}=\dfrac{4}{3}$이므로

$$\frac{3^a+3^b}{3^{-a}+3^{-b}}=\frac{9+\frac{4}{3}}{\frac{1}{9}+\frac{3}{4}}=\frac{\frac{31}{3}}{\frac{31}{36}}=\frac{36}{3}=12$$

실력 다지기 90쪽~91쪽

11 ②	12 ③	13 ③	14 20	15 21
16 93	17 83	18 30	19 87	20 416

11 접근 방법 | 로그가 정의되려면 밑은 1이 아닌 양의 실수이고, 진수는 양의 실수이어야 한다.

$\log_{25}(a-b)=\log_9 a=\log_{15} b=k$로 놓으면

$a-b=25^k$, $a=9^k$, $b=15^k$

$\therefore a-b=5^{2k}$, $a=3^{2k}$, $b=(3\times5)^k=3^k\times5^k$

$b=3^k\times5^k$의 양변을 제곱하면

$b^2=3^{2k}\times5^{2k}=a(a-b)$에서

$b^2+ab-a^2=0$

이 식의 양변을 a^2으로 나누면

$\left(\frac{b}{a}\right)^2+\frac{b}{a}-1=0$

이차방정식의 근의 공식에 의하여 $\frac{b}{a}=\frac{-1\pm\sqrt{5}}{2}$

이때 $a>b>0$이므로 $\frac{b}{a}>0$

$\therefore \frac{b}{a}=\frac{\sqrt{5}-1}{2}$

12 접근 방법 | 조건을 만족시키는 10^a의 값을 구하여 a의 값을 로그를 사용하여 나타낸다.

$0<a<1$에서 $1<10^a<10$이므로 3으로 나누었을 때 나머지가 2인 자연수 10^a은

$10^a=2, 5, 8$

$\therefore a=\log 2, \log 5, \log 8$

따라서 구하는 모든 실수 a의 값의 합은

$\log 2+\log 5+\log 8=\log(2\times5)+3\log 2$

$=1+3\log 2$

13 접근 방법 | 로그의 밑을 같게 하여 세 수의 대소를 비교한다.

$A=\log_{\frac{1}{4}} 5=\log_{2^{-2}} 5=-\frac{1}{2}\log_2 5$

$B=2\log_{\frac{1}{2}}\sqrt{5}=\log_{\frac{1}{2}} 5=\log_{2^{-1}} 5=-\log_2 5$

$2^{AC}=5$에서 $AC=\log_2 5$이므로

$-\frac{1}{2}\log_2 5\times C=\log_2 5$ $\quad\therefore C=-2$

그런데 $2<\log_2 5<3$이므로

$-3<-\log_2 5<-2$

$-\frac{3}{2}<-\frac{1}{2}\log_2 5<-1$

$\therefore B<C<A$

14 접근 방법 | $\frac{3a}{\log_a b}=\frac{b}{2\log_b a}=\frac{3a+b}{3}=k\ (k>0)$로 놓으면 $3a$, b를 각각 k에 대한 식으로 나타낼 수 있다.

$\frac{3a}{\log_a b}=\frac{b}{2\log_b a}=\frac{3a+b}{3}=k\ (k>0)$로 놓으면

$3a=k\log_a b$, $b=2k\log_b a$, $3a+b=3k$이므로

$k\log_a b+2k\log_b a=3k$

$\therefore \log_a b+2\log_b a=3\ (\because k\neq0)$ …… ㉠

$\log_a b=t$로 놓으면 $\log_b a=\frac{1}{t}$이므로

㉠에서 $t+\frac{2}{t}=3$

$t^2-3t+2=0$, $(t-1)(t-2)=0$

이때 $a\neq b$이므로 $t\neq1$ $\quad\therefore t=2$

$\therefore 10\log_a b=10\times2=20$

15 접근 방법 | 최대공약수가 3인 세 자연수 a, b, c라는 조건이 주어져 있으므로 약수와 배수의 성질을 이용하려면 로그를 없애야 한다. 즉, 주어진 등식을 로그의 정의를 이용하여 지수에 관한 식으로 정리한다.

로그의 성질과 정의에서

$c=a\log_{400} 2+b\log_{400} 5$

$=\log_{400} 2^a+\log_{400} 5^b$

$=\log_{400}(2^a\times5^b)$

$\therefore 2^a\times5^b=400^c$

이때 $400=2^4\times5^2$이므로

$2^a\times5^b=400^c=(2^4\times5^2)^c=2^{4c}\times5^{2c}$

$\therefore a=4c$, $b=2c$

그런데 a, b, c의 최대공약수가 3이므로 $c=3$

$\therefore a=12$, $b=6$

$\therefore a+b+c=12+6+3=21$

보충 설명

$a=4c$, $b=2c$에서 a, b의 최대공약수는 $2c$이므로 a, b, c의 최대공약수가 3이 되려면 $c=3$이어야 한다.

16 접근 방법 | 로그의 밑의 변환 공식을 이용하여 $\log_n 4\times\log_2 9$의 값을 간단하게 나타낸 후, 그 값이 자연수가 되도록 하는 n의 값을 구한다.

$\log_n 4\times\log_2 9=\frac{\log 2^2}{\log n}\times\frac{\log 3^2}{\log 2}=\frac{4\log 3}{\log n}=4\log_n 3$

$4\log_n 3=m$ (m은 자연수)이라고 하면

$n^m=3^4$이므로 $n=(3^4)^{\frac{1}{m}}$

$m=1$일 때, $n=81$

$m=2$일 때, $n=9$

$m=4$일 때, $n=3$

따라서 구하는 모든 n의 값의 합은

$81+9+3=93$

17 접근 방법 | 로그의 정의

$a^x=b \Longleftrightarrow x=\log_a b$ ($a>0$, $a\neq1$, $b>0$)

를 이용하여 b를 a에 관한 식으로 만들어 해결한다.

$\log_a b$가 유리수이고 a, b는 $1<a<b$인 정수이므로

$\log_a b=\dfrac{n}{m}$ (m, n은 서로소인 자연수)이라고 하면

$b=a^{\frac{n}{m}}$

$1<a<a^{\frac{n}{m}}<a^2<100$에서

$1<a<10$

또한 $b=a^{\frac{n}{m}}$이 정수이므로 $a=p^m$ (p는 정수, $m\neq1$) 꼴이어야 하고, $a<b<a^2$이어야 한다.

(i) $a=2^2$일 때, $b=2^3\,(<2^4)$

(ii) $a=2^3$일 때, $b=2^4$ 또는 $b=2^5\,(<2^6)$

(iii) $a=3^2$일 때, $b=3^3\,(<3^4)$

(i)~(iii)에서 조건을 만족시키는 모든 b의 값의 합은

$2^3+2^4+2^5+3^3=83$

보충 설명

$1<a<10$인 정수 a에서 $b=a^{\frac{n}{m}}$이 정수라는 것은 a가 또 다른 수의 k(k는 1 이상의 자연수) 제곱 꼴이라는 것을 의미한다.

18 접근 방법 | $\log_a N$에서 진수 N의 범위는 $N>0$이고 $\log_a N$의 값이 자연수가 되기 위해서는 N이 a의 거듭제곱 꼴이어야 함을 이용한다.

$f(x)=-x^2+ax+4$라고 하면

로그의 진수 조건에 의하여 $f(x)>0$

$$f(x)=-x^2+ax+4$$
$$=-\left(x^2-ax+\frac{a^2}{4}-\frac{a^2}{4}\right)+4$$
$$=-\left(x-\frac{a}{2}\right)^2+\frac{a^2}{4}+4$$

$\log_2(-x^2+ax+4)$의 값이 자연수가 되도록 하는 실수 x의 개수가 6이므로 $y=f(x)$의 그래프는 다음 그림과 같이 직선 $y=2$, $y=2^2$, $y=2^3$과 각각 2개의 점에서 만나고 $y=2^n$ ($n\geq4$)과는 만나지 않는다. 즉,

$2^3<\dfrac{a^2}{4}+4<2^4$, $8<\dfrac{a^2}{4}+4<16$, $4<\dfrac{a^2}{4}<12$

$\therefore 16<a^2<48$

따라서 자연수 a의 값은 5, 6이다.

$\therefore 5\times6=30$

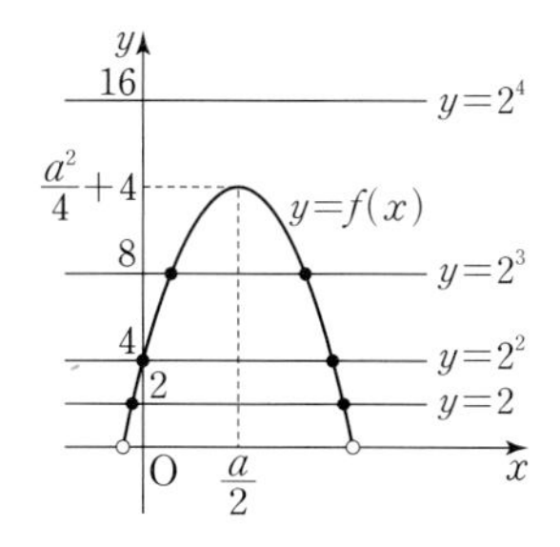

19 접근 방법 | $5^{20}\div2^{40}$에 상용로그를 취하고 $\log5=\log\dfrac{10}{2}=1-\log2$와 주어진 $\log2$의 어림값을 이용하여 $5^{20}\div2^{40}$의 상용로그의 값을 구한 후 상용로그표에서 적절한 x의 값을 찾는다.

$x=5^{20}\div2^{40}$이라 하고 양변에 상용로그를 취하면

$$\log x=\log\frac{5^{20}}{2^{40}}=\log5^{20}-\log2^{40}$$
$$=20\log5-40\log2$$
$$=20(1-\log2)-40\log2$$
$$=20-60\log2$$
$$=20-60\times0.3010=1.94$$
$$=1+0.94$$

따라서 $\log x$의 소수 부분은 0.94, 정수 부분은 1이다.

$\log\dfrac{x}{10}=\log x-1=0.94$이고, 주어진 상용로그표에서

$\log8.7=0.9395$, $\log8.8=0.9445$이므로

$\log8.7<\log\dfrac{x}{10}=0.94<\log8.8$

$8.7<\dfrac{x}{10}<8.8$

$8.7\times10<x<8.8\times10$

$87<5^{20}\div2^{40}<88$

$\therefore [5^{20}\div2^{40}]=87$

보충 설명

$1\leq x<10$일 때, $\log x$의 상용로그표가 주어지면 위의 문제와 같이 매우 큰 수들을 계산기 없이도 계산할 수 있다. 실제로 계산기가 발명되기 전에는 이런 방법으로 큰 수를 계산하였다.

20 접근 방법 | 먼지 제거 장치가 가동되기 시작한 지 n초 후 작업장의 $1\,\text{m}^3$당 먼지의 양이 $50\,\mu\text{g}$이 되었고, 주어진 관계식

$x(t)=20+180\times 3^{-\frac{t}{256}}\ (\mu\text{g/m}^3)$

에 변수가 x와 t뿐이므로 주어진 조건을 대입하여 구한다.

n초 후 $1\,\text{m}^3$당 먼지의 양이 $50\,\mu\text{g}$이므로

$x(t)=20+180\times 3^{-\frac{t}{256}}$에서

$50=20+180\times 3^{-\frac{n}{256}}$

$\therefore 3^{-\frac{n}{256}}=\frac{1}{6}$

이 식의 양변에 상용로그를 취하면

$$-\frac{n}{256}\log 3=\log\frac{1}{6}=-\log 2-\log 3$$

$$\therefore n=\frac{256(\log 2+\log 3)}{\log 3}=\frac{256\times 0.78}{0.48}=416$$

따라서 416초 후에 작업장의 $1\,\text{m}^3$당 먼지의 양이 $50\,\mu\text{g}$이 된다.

보충 설명

문제에 $\log 2$, $\log 3$의 어림값이 주어져 있으므로 주어진 식을 $\log 2$, $\log 3$의 꼴이 나올 수 있도록 정리해야 한다. 또한 $\log 2$, $\log 3$의 어림값은 문제에 주어진 것을 이용해야 한다는 점도 명심해야 한다.

기출 다지기 92쪽

21 ① **22** ① **23** 13 **24** 25

21 접근 방법 | $\log_a b=\frac{\log_b c}{2}=\frac{\log_c a}{4}=t\ (t>0)$로 놓고, $\log_a b\times\log_b c\times\log_c a=1$임을 이용하여 t의 값을 구한다.

$\log_a b>0$, $\log_b c>0$, $\log_c a>0$이므로

$\log_a b=\frac{\log_b c}{2}=\frac{\log_c a}{4}=t\ (t>0)$로 놓으면

$\log_a b=t$, $\log_b c=2t$, $\log_c a=4t$

이때 $\log_a b\times\log_b c\times\log_c a=1$이므로

$t\times 2t\times 4t=1$에서 $8t^3=1$, $t^3=\frac{1}{8}$

$\therefore t=\frac{1}{2}\ (t>0)$

$$\therefore \log_a b+\log_b c+\log_c a=t+2t+4t=7t=7\times\frac{1}{2}=\frac{7}{2}$$

22 접근 방법 | $5\log_n 2$가 자연수이므로 $\log_n 2$는 1 또는 $\frac{1}{5}$임을 이용한다.

$5\log_n 2$의 값이 자연수가 되려면

$\log_n 2=1$ 또는 $\log_n 2=\frac{1}{5}$이어야 한다.

$\log_n 2=1$에서 $n=2$

$\log_n 2=\frac{1}{5}$에서 $n^{\frac{1}{5}}=2$

$\therefore n=2^5=32$

따라서 구하는 모든 n의 값의 합은

$2+32=34$

다른 풀이

$5\log_n 2=k$ (k는 자연수)라고 하면

$\log_n 2=\frac{k}{5}$이므로 $n^{\frac{k}{5}}=2$

이때 $n=2^{\frac{5}{k}}$ (자연수)이므로

(i) $k=1$이면 $n=2^5=32$

(ii) $k=5$이면 $n=2^1=2$

(i), (ii)에서 구하는 모든 n의 값의 합은

$2+32=34$

23 접근 방법 | 주어진 식을 로그의 밑을 통일하여 정리한 후 조건을 만족시키는 n의 값을 구한다.

$$\log_4 2n^2-\frac{1}{2}\log_2\sqrt{n}=\log_4 2n^2-\log_4\sqrt{n}=\log_4\frac{2n^2}{\sqrt{n}}=\log_4 2n^{\frac{3}{2}}$$

주어진 식의 값이 40 이하의 자연수가 되려면

$2n^{\frac{3}{2}}=4^k$ ($k=1, 2, 3, \cdots, 40$)

이어야 하므로

$2n^{\frac{3}{2}}=2^{2k}$에서 $n^{\frac{3}{2}}=2^{2k-1}$

$\therefore n=2^{\frac{4k-2}{3}}$

이때 n이 자연수가 되려면 지수 $\frac{4k-2}{3}$가 0 또는 자연수가 되어야 하므로 자연수 k는 2, 5, 8, $\cdots$, 38의 13개이다.

따라서 각각의 k의 값에 대하여 조건을 만족시키는 자연수 n의 개수는 13이다.

24 **접근 방법** | $\log_2 n-\log_2 k=$(정수)를 만족시키는 식을 간단히 한 후에 n의 범위를 나누어 $f(n)=1$인 경우를 찾는다.

$\log_2 n-\log_2 k=\log_2 \frac{n}{k}=m$ (m은 정수)으로 놓으면

$f(n)=1$이므로 $\frac{n}{k}=2^m$이 되게 하는 자연수 k가 $1\le k\le 100$에서 1개만 존재해야 한다.

(i) $1\le n\le 50$일 때

$k=n$이면 $\frac{n}{k}=1=2^0$이므로 $n\in S$

$k=2n$이면 $\frac{n}{k}=\frac{1}{2}=2^{-1}$이므로 $2n\in S$

즉, 주어진 집합의 원소의 개수는 2 이상이므로 $f(n)\ge 2$이다.

(ii) n이 50보다 큰 짝수일 때

$k=n$이면 $\frac{n}{k}=1=2^0$이므로 $n\in S$

$k=\frac{n}{2}$이면 $\frac{n}{k}=2=2^1$이므로 $\frac{n}{k}\in S$

즉, 주어진 집합의 원소의 개수는 2 이상이므로 $f(n)\ge 2$이다.

(iii) n이 50보다 큰 홀수일 때

$\frac{n}{k}=2^m$, 즉 $k=\frac{n}{2^m}$ (m은 정수)을 만족시키는 정수 m은 0뿐이다.

$\therefore n=k$

즉, 주어진 집합의 원소의 개수는 1이므로 $f(n)=1$

(i)~(iii)에서 구하는 자연수 n은 51, 53, 55, ⋯, 97, 99의 25개이다.

03. 지수함수

개념 콕콕 1 지수함수의 뜻과 그래프 109쪽

1 **답** (1) 그래프는 풀이 참조,
치역 : $\{y\,|\,y>-1$인 실수$\}$
(2) 그래프는 풀이 참조,
치역 : $\{y\,|\,y<2$인 실수$\}$

(1) $y=\left(\frac{1}{2}\right)^{x-2}-1$의 그래프는 $y=\left(\frac{1}{2}\right)^x$의 그래프를 x축의 방향으로 2만큼, y축의 방향으로 -1만큼 평행이동한 것이다. 따라서 그래프는 다음 그림과 같고 치역은 $\{y\,|\,y>-1$인 실수$\}$이다.

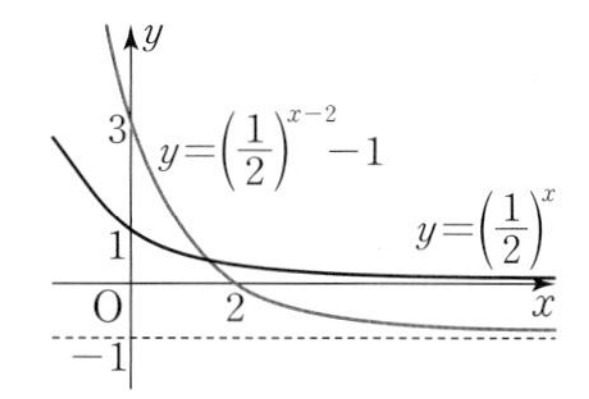

(2) $y=-\left(\frac{1}{2}\right)^{x+1}+2$의 그래프는 $y=\left(\frac{1}{2}\right)^x$의 그래프를 x축에 대하여 대칭이동한 후 x축의 방향으로 -1만큼, y축의 방향으로 2만큼 평행이동한 것이다. 따라서 그래프는 다음 그림과 같고 치역은 $\{y\,|\,y<2$인 실수$\}$이다.

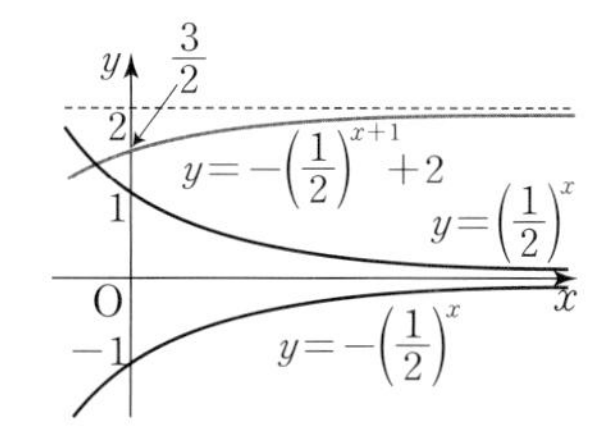

2 **답** ㄱ, ㄴ, ㄷ

ㄱ. $y=2^x+1$의 그래프는 $y=2^x$의 그래프를 y축의 방향으로 1만큼 평행이동한 것이다.

ㄴ. $y=-3\times 2^x=-2^{\log_2 3}\times 2^x=-2^{x+\log_2 3}$이므로 $y=-3\times 2^x$의 그래프는 $y=2^x$의 그래프를 x축에 대하여 대칭이동한 후 x축의 방향으로 $-\log_2 3$만큼 평행이동한 것이다.

ㄷ. $y=\frac{1}{2^x}-3=2^{-x}-3$이므로 $y=\frac{1}{2^x}-3$의 그래프는 $y=2^x$의 그래프를 y축에 대하여 대칭이동한 후 y축의 방향으로 -3만큼 평행이동한 것이다.

ㄹ. $y=2^{2x}=4^x$이므로 $y=2^{2x}$의 그래프는 $y=2^x$의 그래프를 평행이동 또는 대칭이동하여 겹쳐질 수 없다.

따라서 $y=2^x$의 그래프를 평행이동 또는 대칭이동하여 겹쳐질 수 있는 그래프의 식은 ㄱ, ㄴ, ㄷ이다.

3 답 ①, ③

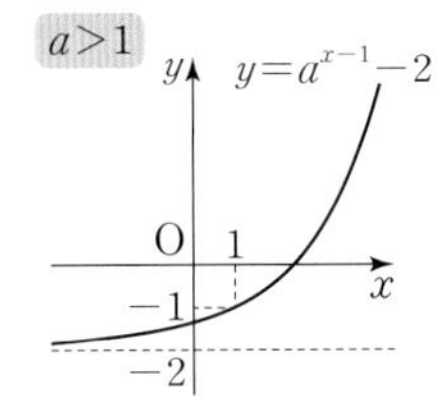

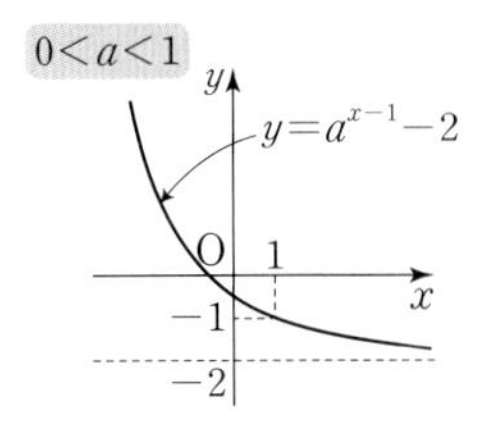

① $x_1 \neq x_2$이면 $f(x_1) \neq f(x_2)$이므로 함수 $f(x)$는 일대일함수이다. (참)

② 함수 $f(x)$는 최솟값이 존재하지 않는다. (거짓)

③ $a^0=1$이므로 함수 $y=f(x)$의 그래프는 a의 값에 관계없이 항상 점 $(1, -1)$을 지난다. (참)

④ $0<a<1$일 때, x의 값이 증가하면 y의 값은 감소한다. (거짓)

⑤ [반례] 함수 $f(x)=\left(\frac{1}{4}\right)^{x-1}-2$의 그래프는 제1, 2, 4사분면을 지난다. (거짓)

따라서 옳은 것을 모두 고르면 ①, ③이다.

4 답 4

$x-2=0$, 즉 $x=2$일 때

$y=a^0+1=1+1=2$

따라서 함수 $y=a^{x-2}+1$의 그래프는 a의 값에 관계없이 항상 점 $(2, 2)$를 지나므로 $\alpha=2$, $\beta=2$

$\therefore \alpha+\beta=2+2=4$

예제 01 지수함수의 그래프의 평행이동과 대칭이동 111쪽

01-1 답
(1) 그래프는 풀이 참조,
치역 : $\{y \mid y>1$인 실수$\}$
(2) 그래프는 풀이 참조,
치역 : $\{y \mid y>-2$인 실수$\}$
(3) 그래프는 풀이 참조,
치역 : $\{y \mid y<-1$인 실수$\}$
(4) 그래프는 풀이 참조,
치역 : $\{y \mid y<2$인 실수$\}$

(1) 함수 $y=2^{x+3}+1$의 그래프는 함수 $y=2^x$의 그래프를 x축의 방향으로 -3만큼, y축의 방향으로 1만큼 평행이동한 것이므로 다음 그림과 같다.

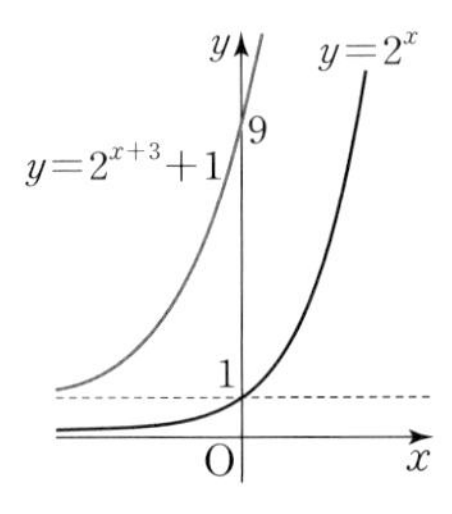

이때 치역은 $\{y \mid y>1$인 실수$\}$이다.

(2) 함수 $y=4^{-x-2}-2=4^{-(x+2)}-2=\left(\frac{1}{4}\right)^{x+2}-2$의 그래프는 함수 $y=\left(\frac{1}{4}\right)^x$의 그래프를 x축의 방향으로 -2만큼, y축의 방향으로 -2만큼 평행이동한 것이므로 다음 그림과 같다.

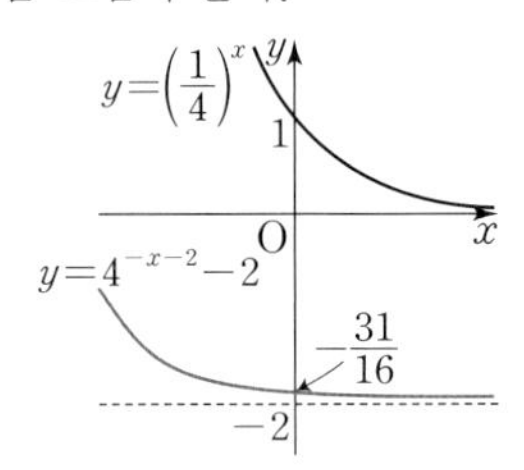

이때 치역은 $\{y \mid y>-2$인 실수$\}$이다.

(3) 함수 $y=-2^{x+2}-1$의 그래프는 함수 $y=2^x$의 그래프를 x축에 대하여 대칭이동한 후 x축의 방향으로 -2만큼, y축의 방향으로 -1만큼 평행이동한 것이므로 다음 그림과 같다.

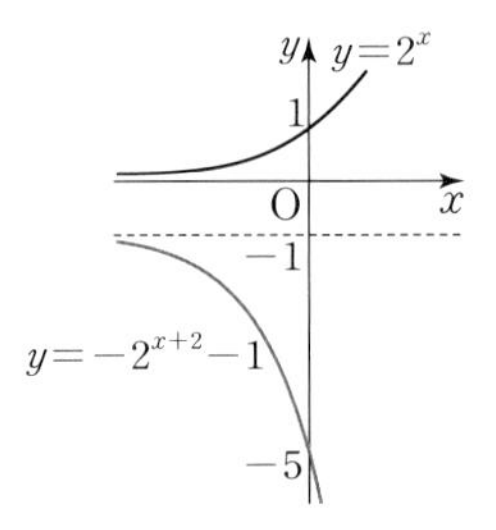

이때 치역은 $\{y \mid y<-1$인 실수$\}$이다.

(4) 함수 $y=-\left(\frac{1}{3}\right)^{x-1}+2$의 그래프는 함수 $y=\left(\frac{1}{3}\right)^x$의 그래프를 x축에 대하여 대칭이동한 후 x축의 방향으로 1만큼, y축의 방향으로 2만큼 평행이동한 것이므로 다음 그림과 같다.

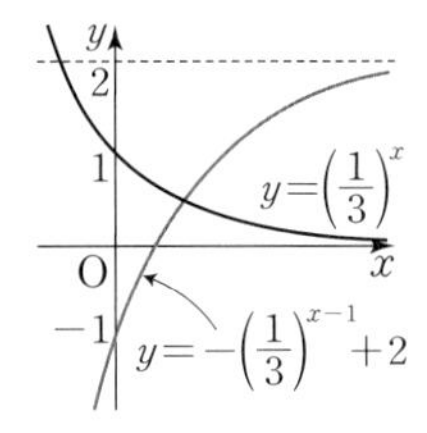

이때 치역은 $\{y \mid y<2$인 실수$\}$이다.

01-2 답 (1) 18 (2) 18

(1) 함수 $y=3^{2x}$의 그래프를 x축의 방향으로 m만큼, y축의 방향으로 n만큼 평행이동한 그래프의 식은

$y-n=3^{2(x-m)}$

$\therefore y=3^{-2m}\times3^{2x}+n$

이 식이 $y=27\times3^{2x}-12$와 일치하므로

$3^{-2m}=27=3^3$, $n=-12$

$\therefore m=-\frac{3}{2}$, $n=-12$

$\therefore mn=\left(-\frac{3}{2}\right)\times(-12)$

$=18$

(2) 함수 $y=2^x$의 그래프를 x축의 방향으로 m만큼, y축의 방향으로 n만큼 평행이동한 그래프의 식은

$y=2^{x-m}+n$

이 함수의 그래프가 두 점 $(-1, 1)$, $(0, 5)$를 지나므로

$2^{-1-m}+n=1$ ······ ㉠

$2^{-m}+n=5$ ······ ㉡

㉡－㉠을 하면

$2^{-m}-2^{-1-m}=4$, $2^{-m}\left(1-\frac{1}{2}\right)=4$

$2^{-m}=8=2^3$

$\therefore m=-3$

$m=-3$을 ㉡에 대입하면

$2^3+n=5$

$\therefore n=-3$

$\therefore m^2+n^2=(-3)^2+(-3)^2$

$=18$

보충 설명

함수 $y=f(x)$의 그래프가 점 (a, b)를 지나면 $b=f(a)$가 성립한다.

01-3 답 6

함수 $y=2^{x-2}$의 그래프는 함수 $y=2^x$의 그래프를 x축의 방향으로 2만큼 평행이동한 것이므로 직선 $y=n$ (n은 양수)과 두 함수 $y=2^x$, $y=2^{x-2}$의 그래프의 교점을 각각 P, Q라고 하면 항상 $\overline{PQ}=2$임을 알 수 있다.

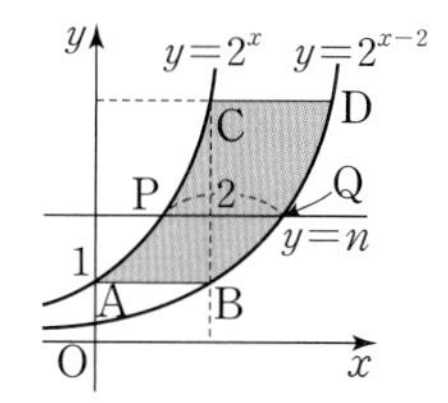

$\therefore \overline{AB}=\overline{CD}=2$

오른쪽 그림에서 두 함수 $y=2^x$, $y=2^{x-2}$의 그래프와 두 선분 AB, CD로 둘러싸인 도형의 넓이는 S_1+S_2이다.

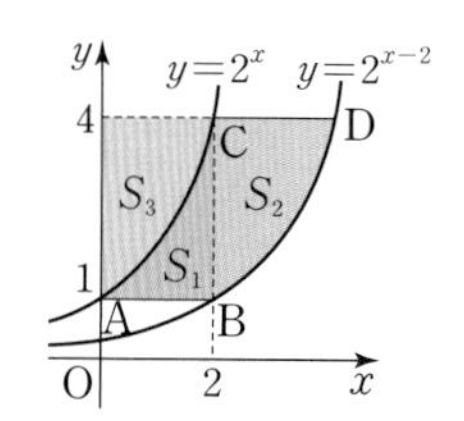

그런데 함수 $y=2^{x-2}$의 그래프는 함수 $y=2^x$의 그래프를 x축의 방향으로 2만큼 평행이동한 것이므로 $S_2=S_3$이다.

$\therefore S_1+S_2=S_1+S_3$

이때 $B(2, 1)$, $C(2, 4)$이므로 구하는 넓이는

$2\times3=6$

예제 02 절댓값 기호를 포함한 지수함수의 그래프 113쪽

02-1 답 풀이 참조

(1) $y=3^{|x|}=\begin{cases}3^x & (x\geq0)\\3^{-x} & (x<0)\end{cases}$

따라서 함수 $y=3^{|x|}$의 그래프는 다음 그림과 같다.

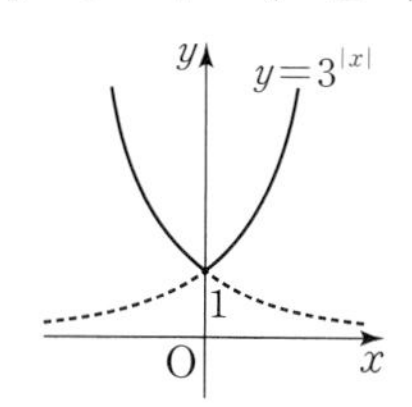

(2) $y=3^{-|x|}=\begin{cases}\left(\frac{1}{3}\right)^x & (x\geq0)\\\left(\frac{1}{3}\right)^{-x} & (x<0)\end{cases}$

따라서 함수 $y=3^{-|x|}$의 그래프는 다음 그림과 같다.

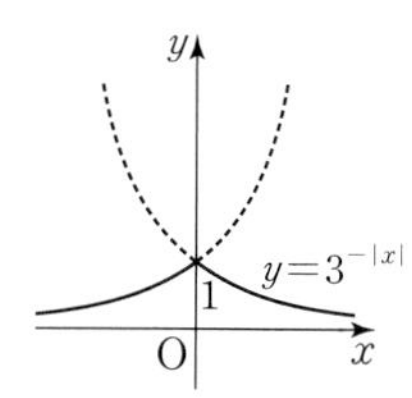

(3) $y=|3^x-1|=\begin{cases}3^x-1 & (x\geq0)\\-3^x+1 & (x<0)\end{cases}$

따라서 함수 $y=|3^x-1|$의 그래프는 다음 그림과 같다.

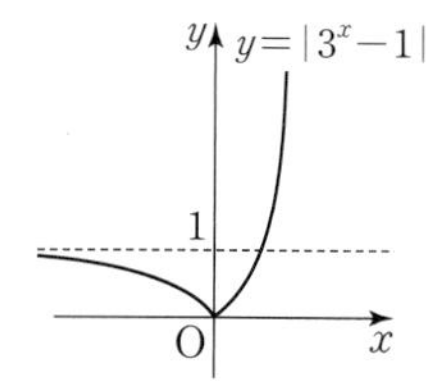

(4) $y=\left|\left(\frac{1}{3}\right)^{x+1}-3\right|=\begin{cases}\left(\frac{1}{3}\right)^{x+1}-3 & (x<-2)\\ -\left(\frac{1}{3}\right)^{x+1}+3 & (x\geq-2)\end{cases}$

따라서 함수 $y=\left|\left(\frac{1}{3}\right)^{x+1}-3\right|$의 그래프는 다음 그림과 같다.

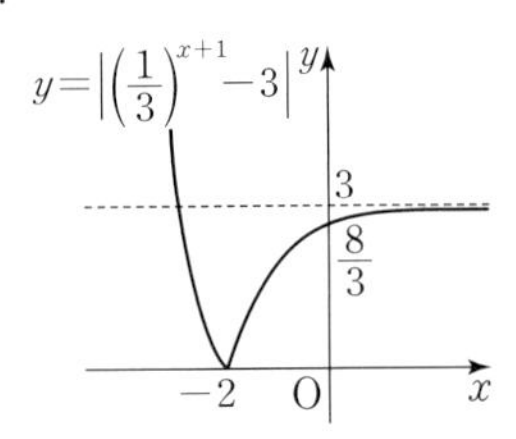

⊕ 보충 설명

위의 문제 (4)에서 함수 $y=\left|\left(\frac{1}{3}\right)^{x+1}-3\right|$의 그래프는 함수 $y=\left(\frac{1}{3}\right)^{x+1}-3$의 그래프에서 x축의 아랫부분 ($y<0$인 부분)을 x축에 대하여 대칭이 되도록 x축 위로 접어 올린 그래프이다.

이때 함수 $y=\left(\frac{1}{3}\right)^{x+1}-3$의 그래프는 함수 $y=\left(\frac{1}{3}\right)^{x}$의 그래프를 x축의 방향으로 -1만큼, y축의 방향으로 -3만큼 평행이동한 것이므로 점근선은 직선 $y=-3$이다.

02-2 답 7

함수 $y=\left|\left(\frac{1}{2}\right)^{x-a}-b\right|$의 그래프는 함수 $y=\left(\frac{1}{2}\right)^{x-a}-b$의 그래프에서 x축의 아랫부분을 x축에 대하여 대칭이 되도록 x축 위로 접어 올린 그래프이다.

즉, 함수 $y=\left(\frac{1}{2}\right)^{x-a}-b$의 그래프의 점근선이 직선 $y=-b=-3$이므로 $b=3$

또한 함수 $y=\left|\left(\frac{1}{2}\right)^{x-a}-3\right|$의 그래프가 점 (3, 1)을 지나므로 점 (3, −1)은 함수 $y=\left(\frac{1}{2}\right)^{x-a}-3$의 그래프 위에 있다. 즉,

$\left(\frac{1}{2}\right)^{3-a}-3=-1$

$\left(\frac{1}{2}\right)^{3-a}=2=\left(\frac{1}{2}\right)^{-1}$

$3-a=-1 \quad \therefore a=4$

$\therefore a+b=4+3=7$

⊕ 보충 설명

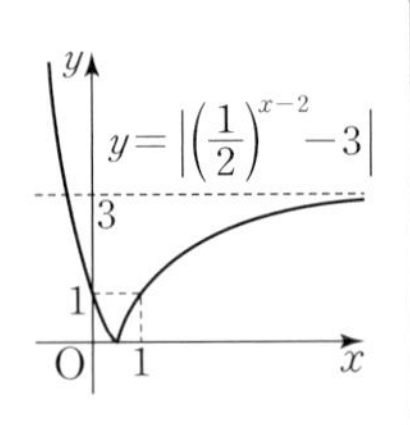

풀이가 잘 떠오르지 않을 때에는 구체적인 함수, 예를 들어 함수 $y=\left(\frac{1}{2}\right)^{x-2}-3$의 그래프를 직접 그려 보는 것도 좋은 방법 중 하나이다. 이때 함수 $y=a^x$의 그래프의 점근선은 직선 $y=0$이므로 x축의 방향으로의 평행이동에는 영향을 받지 않지만 y축의 방향으로의 평행이동에는 영향을 받는다. 즉, 함수 $y=\left(\frac{1}{2}\right)^{x-2}-3$의 그래프의 점근선이 직선 $y=-3$임을 이용하여 $y=\left|\left(\frac{1}{2}\right)^{x-2}-3\right|$의 그래프를 그리면 된다.

02-3 답 31

함수 $y=f(x)$, 즉 $y=\left(\frac{1}{2}\right)^{x-5}-64$의 그래프는 함수 $y=\left(\frac{1}{2}\right)^{x}$의 그래프를 x축의 방향으로 5만큼, y축의 방향으로 -64만큼 평행이동한 것이다.

이 그래프가 y축과 만나는 점의 y좌표는

$f(0)=\left(\frac{1}{2}\right)^{-5}-64=2^5-64=-32$

점근선의 방정식은 $y=-64$이므로

$y=|f(x)|=\begin{cases}\left(\frac{1}{2}\right)^{x-5}-64 & (x<-1)\\ -\left(\frac{1}{2}\right)^{x-5}+64 & (x\geq-1)\end{cases}$

의 그래프는 다음 그림과 같다.

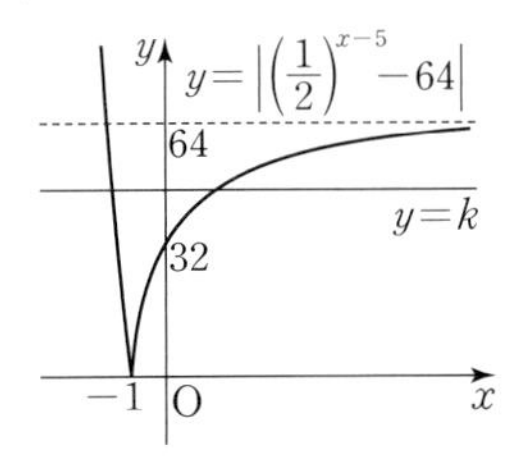

이때 함수 $y=|f(x)|$의 그래프와 직선 $y=k$가 제1사분면에서 만나기 위해서는 $32<k<64$이어야 한다.

따라서 구하는 자연수 k는 33, 34, 35, ⋯, 63이므로 31개이다.

예제 03 지수함수의 그래프와 선분의 길이 115쪽

03-1 답 $\frac{3}{2}\log_3 2$

두 점 P, Q의 x좌표를 각각 α, β ($\alpha<\beta$)라고 하면 y좌표가 모두 8이므로

$9^{\alpha}=8$, $3^{\beta}=8$

로그의 정의에 의하여

$\alpha=\log_9 8=\frac{3}{2}\log_3 2$

$\beta=\log_3 8=3\log_3 2$

따라서 선분 PQ의 길이는

$\beta-\alpha=3\log_3 2-\frac{3}{2}\log_3 2=\frac{3}{2}\log_3 2$

03-2 답 27

점 B의 x좌표를 p라고 하면 선분 AB의 길이가 2이므로 점 A의 x좌표는 $p-2$이다.

이때 두 점 A, B의 y좌표가 같으므로

$2^{-p+2}=4^{p}$에서 $2^{-p+2}=2^{2p}$

$-p+2=2p \qquad \therefore p=\frac{2}{3}$

따라서 $B\left(\frac{2}{3}, 4^{\frac{2}{3}}\right)$, $C\left(\frac{2}{3}, 2^{-\frac{2}{3}}\right)$이므로

$l=4^{\frac{2}{3}}-2^{-\frac{2}{3}}=2^{\frac{4}{3}}-2^{-\frac{2}{3}}$

$=2^{-\frac{2}{3}}(2^2-1)=3\times 2^{-\frac{2}{3}}$

$\therefore 4l^3=4\times(3\times 2^{-\frac{2}{3}})^3$

$=4\times 3^3\times 2^{-2}=27$

03-3 답 ②

함수 $y=a^x$의 그래프가 점 $(f(t), t)$를 지나므로

$a^{f(t)}=t$에서 $f(t)=\log_a t$ …… ㉠

함수 $y=b^x$의 그래프가 점 $(g(t), t)$를 지나므로

$b^{g(t)}=t$에서 $g(t)=\log_b t$ …… ㉡

$2f(a)=3g(a)$이므로

$2\log_a a=3\log_b a$에서

$\log_b a=\frac{2}{3}$, 즉 $\log_a b=\frac{3}{2}$

㉠에서 $f(c)=\log_a c$

㉡에서

$g(27)=\log_b 27=\frac{\log_a 27}{\log_a b}$

$=\frac{2}{3}\log_a 27 \left(\because \log_a b=\frac{3}{2}\right)$

$=\log_a (3^3)^{\frac{2}{3}}=\log_a 9$

따라서 $f(c)=g(27)$이므로 $\log_a c=\log_a 9$

$\therefore c=9$

예제 04 지수함수의 그래프와 도형 117쪽

04-1 답 $\frac{3}{4}$

$\square\text{ACDB}=\frac{1}{2}\times(3^a+3^{a+1})\times 1=\frac{3^a+3^{a+1}}{2}$

$=3^a\times\frac{1+3}{2}=2\times 3^a$

$\square\text{ABFE}=\frac{1}{2}\times\{a+(a+1)\}\times(3^{a+1}-3^a)$

$=\frac{2a+1}{2}\times 2\times 3^a=3^a(2a+1)$

이때 □ACDB : □ABFE=4 : 5이므로

$2\times 3^a : 3^a(2a+1)=4 : 5$

$2 : (2a+1)=4 : 5$, $8a+4=10$

$\therefore a=\frac{3}{4}$

04-2 답 ④

삼각형 ACB와 삼각형 ADC의 넓이의 비가 2 : 1이므로

$\overline{BC} : \overline{CD}=2 : 1$

그러므로 두 점 C, D에서 x축에 내린 수선의 발의 x좌표를 각각 $2p$, $3p$라고 하면

$C(2p, k)$, $D(3p, k)$

이때 두 점 C, D는 각각 함수 $y=2^x$, $y=a^x$의 그래프 위의 점이므로

$k=2^{2p}$, $k=a^{3p}$

따라서 $2^{2p}=a^{3p}$이므로

$2^2=a^3$

$\therefore a=2^{\frac{2}{3}}=\sqrt[3]{4}$

04-3 답 71

삼각형 AOB의 넓이가 16이고 $\overline{OB}=4$이므로 점 A의 y좌표는 8이다.

점 A는 곡선 $y=2^x-1$ 위의 점이므로 점 A의 x좌표를 k라고 하면

$2^k-1=8$, $2^k=9 \qquad \therefore k=\log_2 9$

이때 점 $A(\log_2 9, 8)$은 곡선 $y=2^{-x}+\frac{a}{9}$ 위의 점이므로

$8=2^{-\log_2 9}+\frac{a}{9}=9^{-\log_2 2}+\frac{a}{9}=\frac{1}{9}+\frac{a}{9}$

$\frac{1+a}{9}=8$, $a+1=72$

$\therefore a=71$

예제 05 지수함수의 성질 119쪽

05-1 답 (1) 38 (2) $\frac{10}{9}$

(1) $f(p)=\frac{1}{2}(3^p-3^{-p})=2$이므로 $3^p-3^{-p}=4$

$$\therefore f(3p)=\frac{1}{2}(3^{3p}-3^{-3p})$$
$$=\frac{1}{2}\{(3^p-3^{-p})^3+3\times3^p\times3^{-p}(3^p-3^{-p})\}$$
$$=\frac{1}{2}(4^3+3\times4)=38$$

(2) $g(2a)g(a)g(2b)=3^{-2a}\times3^{-a}\times3^{-2b}$
$=3^{-3a-2b}=27$

이므로

$-3a-2b=3$ …… ㉠

$g(a-b)=3^{-a+b}=3$이므로

$-a+b=1$ …… ㉡

㉠, ㉡을 연립하여 풀면

$a=-1$, $b=0$

$\therefore 3^{2a}+3^{2b}=3^{-2}+3^0=\frac{1}{9}+1=\frac{10}{9}$

05-2 답 ③

ㄱ. $f(-x)=a^{-x}=\frac{1}{a^x}=\frac{1}{f(x)}$ (참)

ㄴ. $f(2x)=a^{2x}=(a^x)^2$이므로

$\sqrt{f(2x)}=\sqrt{(a^x)^2}=a^x=f(x)$ ($\because a^x>0$) (참)

ㄷ. $f(x^3)=a^{x^3}$, $\{f(x)\}^3=(a^x)^3=a^{3x}$

$\therefore f(x^3)\neq\{f(x)\}^3$ (거짓)

따라서 옳은 것은 ㄱ, ㄴ이다.

보충 설명

지수를 포함하고 있는 식에서 지수법칙과 함께 거듭제곱근의 성질 역시 자주 이용되지만 거듭제곱근을 유리수 지수로 바꾸어 계산하는 것이 편리하다.

즉, $a>0$, $b>0$이고, m, n이 2 이상의 정수일 때

① $\sqrt[n]{a}\sqrt[n]{b}=\sqrt[n]{ab}=(ab)^{\frac{1}{n}}$ ② $\frac{\sqrt[n]{a}}{\sqrt[n]{b}}=\sqrt[n]{\frac{a}{b}}=\left(\frac{a}{b}\right)^{\frac{1}{n}}$

③ $(\sqrt[n]{a})^m=\sqrt[n]{a^m}=a^{\frac{m}{n}}$ ④ $\sqrt[m]{\sqrt[n]{a}}=\sqrt[mn]{a}=a^{\frac{1}{mn}}$

05-3 답 8

$f(x)f(y)=6$에서

$(2^x+2^{-x})(2^y+2^{-y})=6$

$2^{x+y}+2^{x-y}+2^{-x+y}+2^{-x-y}=6$ …… ㉠

$g(x)g(y)=10$에서

$(2^x-2^{-x})(2^y-2^{-y})=10$

$2^{x+y}-2^{x-y}-2^{-x+y}+2^{-x-y}=10$ …… ㉡

㉠+㉡을 하면

$2(2^{x+y}+2^{-x-y})=16$, $2^{x+y}+2^{-x-y}=8$

$\therefore f(x+y)=2^{x+y}+2^{-x-y}=8$

예제 06 지수함수를 이용한 대소 관계 121쪽

06-1 답 (1) $\sqrt[5]{4}<2^{0.5}<0.5^{-\frac{3}{4}}$

(2) $\sqrt[4]{0.04}<\sqrt[3]{0.2}<\sqrt[15]{0.008}$

(3) $2^{444}<5^{222}<3^{333}$

(4) $\left(\frac{1}{3}\right)^{\frac{1}{4}}<\left(\frac{1}{5}\right)^{\frac{1}{6}}<\left(\frac{1}{2}\right)^{\frac{1}{3}}$

(1) 밑이 2인 거듭제곱 꼴로 나타내면

$2^{0.5}=2^{\frac{1}{2}}$

$\sqrt[5]{4}=\sqrt[5]{2^2}=2^{\frac{2}{5}}$

$0.5^{-\frac{3}{4}}=(2^{-1})^{-\frac{3}{4}}=2^{\frac{3}{4}}$

이때 함수 $y=2^x$은 x의 값이 증가하면 y의 값도 증가하고 $\frac{2}{5}<\frac{1}{2}<\frac{3}{4}$이므로 $2^{\frac{2}{5}}<2^{\frac{1}{2}}<2^{\frac{3}{4}}$

$\therefore \sqrt[5]{4}<2^{0.5}<0.5^{-\frac{3}{4}}$

(2) 밑이 0.2인 거듭제곱 꼴로 나타내면

$\sqrt[3]{0.2}=0.2^{\frac{1}{3}}$

$\sqrt[4]{0.04}=\sqrt[4]{0.2^2}=0.2^{\frac{1}{2}}$

$\sqrt[15]{0.008}=\sqrt[15]{0.2^3}=0.2^{\frac{1}{5}}$

이때 함수 $y=0.2^x$은 x의 값이 증가하면 y의 값은 감소하고 $\frac{1}{5}<\frac{1}{3}<\frac{1}{2}$이므로 $0.2^{\frac{1}{2}}<0.2^{\frac{1}{3}}<0.2^{\frac{1}{5}}$

$\therefore \sqrt[4]{0.04}<\sqrt[3]{0.2}<\sqrt[15]{0.008}$

(3) 주어진 세 수의 지수를 111로 같게 하면

$2^{444}=(2^4)^{111}=16^{111}$

$3^{333}=(3^3)^{111}=27^{111}$

$5^{222}=(5^2)^{111}=25^{111}$

따라서 $16<25<27$이므로

$2^{444}<5^{222}<3^{333}$

(4) 주어진 세 수의 밑을 같게 할 수 없으므로 세 수를 각각 12제곱하면

$$\left\{\left(\frac{1}{2}\right)^{\frac{1}{3}}\right\}^{12}=\left(\frac{1}{2}\right)^4=\frac{1}{16}$$

$$\left\{\left(\frac{1}{3}\right)^{\frac{1}{4}}\right\}^{12}=\left(\frac{1}{3}\right)^3=\frac{1}{27}$$

$$\left\{\left(\frac{1}{5}\right)^{\frac{1}{6}}\right\}^{12}=\left(\frac{1}{5}\right)^2=\frac{1}{25}$$

따라서 $\frac{1}{27}<\frac{1}{25}<\frac{1}{16}$이므로

$$\left(\frac{1}{3}\right)^{\frac{1}{4}}<\left(\frac{1}{5}\right)^{\frac{1}{6}}<\left(\frac{1}{2}\right)^{\frac{1}{3}}$$

06-2 답 ①

주어진 부등식

$a^m<a^n<b^n<b^m$ …… ㉠

에서

$a\neq1,\ b\neq1$

이고, 자연수 n에 대하여 $a^n<b^n$이므로

$a<b$

그런데 $0<a<b<1$ 또는 $1<a<b$이면

$a^m>a^n,\ b^m>b^n$ 또는 $a^m<a^n,\ b^m<b^n$

이므로 이것은 모두 ㉠에 모순이다.

$\therefore\ 0<a<1<b$

주어진 조건에서 $b^n<b^m$이므로 $n<m$이어야 하고

이때 $a^m<a^n$이 성립한다.

$\therefore\ n<m$

$\therefore\ a<1<b,\ m>n$

⊕보충 설명

자연수 m, n에 대하여 ㉠을 만족시키는 a, b가

(i) $0<a<b<1$이면 $a^m<a^n$일 때 $m>n$이므로 $b^m<b^n$

즉, ㉠에 모순이다.

(ii) $1<a<b$이면 $a^m<a^n$일 때 $m<n$이므로 $b^m<b^n$

즉, ㉠에 모순이다.

06-3 답 (1) $a<b<c$ (2) $3y<2x<5z$

(1) 주어진 등식 $2^{5a}=3^{3b}=5^{2c}$에서

$(2^5)^a=(3^3)^b=(5^2)^c$

$\therefore\ 32^a=27^b=25^c$

이때 $32>27>25$이므로

$a<b<c$

(2) 주어진 등식에서 $2^x=3^y$이므로

$$2^{2x-3y}=\frac{2^{2x}}{2^{3y}}=\frac{(2^x)^2}{2^{3y}}=\frac{(3^y)^2}{2^{3y}}=\frac{(3^2)^y}{(2^3)^y}$$

$$=\left(\frac{9}{8}\right)^y>1\ (\because\ y>0)$$

$2x-3y>0\quad \therefore\ 2x>3y$ …… ㉠

또한 주어진 등식에서 $2^x=5^z$이므로

$$2^{2x-5z}=\frac{2^{2x}}{2^{5z}}=\frac{(2^x)^2}{2^{5z}}=\frac{(5^z)^2}{2^{5z}}=\frac{(5^2)^z}{(2^5)^z}$$

$$=\left(\frac{25}{32}\right)^z<1\ (\because\ z>0)$$

$2x-5z<0\quad \therefore\ 2x<5z$ …… ㉡

㉠, ㉡에서 $3y<2x<5z$

예제 07 지수함수의 최대, 최소 123쪽

07-1 답 (1) 최댓값 : 27, 최솟값 : $\frac{1}{3}$

(2) 최댓값 : 4, 최솟값 : $\frac{1}{4}$

(1) $y=3^{3-2x}=3^{-2\left(x-\frac{3}{2}\right)}=\left(\frac{1}{9}\right)^{x-\frac{3}{2}}$

밑이 $\frac{1}{9}$이고 $0<\frac{1}{9}<1$이므로 감소하는 함수이다.

따라서 $0\le x\le2$에서 주어진 함수는

$x=0$일 때 최대이고, 최댓값은 $\left(\frac{1}{9}\right)^{0-\frac{3}{2}}=3^3=27$

$x=2$일 때 최소이고, 최솟값은 $\left(\frac{1}{9}\right)^{2-\frac{3}{2}}=3^{-1}=\frac{1}{3}$

(2) $y=\left(\frac{1}{2}\right)^{-x^2+2x+1}$에서 밑이 $\frac{1}{2}$이고 $0<\frac{1}{2}<1$이므로

$f(x)=-x^2+2x+1$이라고 하면 $f(x)$가 최대일 때 y는 최소이고, $f(x)$가 최소일 때 y는 최대이다.

$f(x)=-x^2+2x+1=-(x-1)^2+2$

이므로 $x=1$일 때 $f(x)$의 최댓값이 2이다.

또한 x의 값의 범위의 경계에서 함숫값을 구하면

$x=-1$일 때 $-(-2)^2+2=-2$,

$x=2$일 때 $-(2-1)^2+2=1$

이므로 $x=-1$일 때 $f(x)$의 최솟값이 -2이다.

이를 지수함수에 대입하면

$x=-1$일 때 최댓값 $\left(\frac{1}{2}\right)^{-2}=4$,

$x=1$일 때 최솟값 $\left(\frac{1}{2}\right)^2=\frac{1}{4}$

을 갖는다.

⊕보충 설명

지수함수의 지수가 또다른 함수일 때, 즉
$y=a^{f(x)}$ ($a>0$, $a\neq1$) 꼴인 함수의 최대, 최소는 주어진 범위에서 $f(x)$의 최댓값과 최솟값을 먼저 구한 후 밑 a의 값에 따라 다음을 이용한다.
(i) $a>1$이면 $f(x)$가 최대일 때 y도 최대이고, $f(x)$가 최소일 때 y도 최소이다.
(ii) $0<a<1$이면 $f(x)$가 최대일 때 y는 최소이고, $f(x)$가 최소일 때 y는 최대이다.

07-2 답 63

$f(x)=x^2-6x-1=(x-3)^2-10$이므로
$-1\leq x\leq4$에서
$f(-1)=6$, $f(3)=-10$, $f(4)=-9$
$\therefore -10\leq f(x)\leq6$
이때 함수 $g(x)=2^{f(x)}$에서 밑이 2이고 $2>1$이므로
$f(x)$가 최대일 때 $g(x)$도 최대이다.
따라서 $x=-1$일 때 $f(x)$가 최대이므로 $g(x)$는 최댓값 $2^6=64$를 갖는다.
즉, $a=-1$, $b=64$이므로
$a+b=-1+64=63$

⊕보충 설명

$m\leq x\leq n$일 때, 지수함수 $y=a^x$ ($a>0$, $a\neq1$)은
(i) $a>1$이면 $x=m$일 때 최솟값 a^m, $x=n$일 때 최댓값 a^n을 갖는다.
(ii) $0<a<1$이면 $x=m$일 때 최댓값 a^m, $x=n$일 때 최솟값 a^n을 갖는다.

07-3 답 ③

두 함수 $f(x)=a^x$, $g(x)=x^2+2x+3$에 대하여
$y=(f\circ g)(x)=f(g(x))$
$=f(x^2+2x+3)=a^{x^2+2x+3}$
$=a^{(x+1)^2+2}$
이때 $a>1$이므로 $x=-1$일 때 지수가 최소이고 함수 $y=(f\circ g)(x)$는 $x=-1$일 때 최솟값 4를 갖는다.
$(f\circ g)(-1)=4$에서 $f(g(-1))=f(2)=4$이므로
$a^2=4$
$\therefore a=2$ ($\because a>1$)
따라서 $f(x)=2^x$이므로
$(g\circ f)(1)=g(f(1))=g(2)$
$=2^2+2\times2+3=11$

예제 08 치환을 이용한 지수함수의 최대, 최소 125쪽

08-1 답 (1) 최댓값 : 33, 최솟값 : -3
(2) 최댓값 : 24, 최솟값 : 3

(1) $y=4^{x+1}-2^{x+3}+1$
$=4\times4^x-2^3\times2^x+1$
$=4\times(2^x)^2-8\times2^x+1$
$2^x=t$로 놓으면 $-1\leq x\leq2$에서
$2^{-1}\leq2^x\leq2^2$ $\quad\therefore \frac{1}{2}\leq t\leq4$
이때 주어진 함수는
$y=4t^2-8t+1=4(t-1)^2-3$
따라서 $\frac{1}{2}\leq t\leq4$에서 함수 $y=4(t-1)^2-3$은
$t=4$일 때 최대이고, 최댓값은
$4\times(4-1)^2-3=33$
$t=1$일 때 최소이고, 최솟값은
$4\times(1-1)^2-3=-3$

(2) $y=4^{-x}+\left(\frac{1}{2}\right)^{x-1}$
$=(2^{-2})^x+\left(\frac{1}{2}\right)^{-1}\times\left(\frac{1}{2}\right)^x$
$=\left\{\left(\frac{1}{2}\right)^x\right\}^2+2\times\left(\frac{1}{2}\right)^x$
$\left(\frac{1}{2}\right)^x=t$로 놓으면 $-2\leq x\leq0$에서
$\left(\frac{1}{2}\right)^0\leq\left(\frac{1}{2}\right)^x\leq\left(\frac{1}{2}\right)^{-2}$ $\quad\therefore 1\leq t\leq4$
이때 주어진 함수는
$y=t^2+2t=(t+1)^2-1$
따라서 $1\leq t\leq4$에서 함수 $y=(t+1)^2-1$은
$t=4$일 때 최대이고, 최댓값은
$(4+1)^2-1=24$
$t=1$일 때 최소이고, 최솟값은
$(1+1)^2-1=3$

08-2 답 (1) -4 (2) 13

(1) $2^x+2^{-x}=t$로 놓으면 $2^x>0$, $2^{-x}>0$이므로 산술평균과 기하평균의 관계에 의하여
$t=2^x+2^{-x}\geq2\sqrt{2^x\times2^{-x}}=2$
(단, 등호는 $2^x=2^{-x}$, 즉 $x=0$일 때 성립)
한편, $2^x+2^{-x}=t$의 양변을 제곱하면
$(2^x+2^{-x})^2=t^2$, $4^x+2+4^{-x}=t^2$
$\therefore 4^x+4^{-x}=t^2-2$

따라서 주어진 함수는

$y=4^x+4^{-x}-2^{x+2}-2^{-x+2}+2$

$=4^x+4^{-x}-4(2^x+2^{-x})+2$

$=t^2-2-4t+2$

$=t^2-4t$

$=(t-2)^2-4\ (t\geq 2)$

이므로 $t=2$일 때 최솟값 -4를 갖는다.

(2) $3^x+3^{-x}=t$로 놓으면 $3^x>0$, $3^{-x}>0$이므로 산술평균과 기하평균의 관계에 의하여

$t=3^x+3^{-x}\geq 2\sqrt{3^x\times 3^{-x}}=2$

(단, 등호는 $3^x=3^{-x}$, 즉 $x=0$일 때 성립)

한편, $3^x+3^{-x}=t$의 양변을 제곱하면

$(3^x+3^{-x})^2=t^2$, $9^x+2+9^{-x}=t^2$

$\therefore\ 9^x+9^{-x}=t^2-2$

따라서 주어진 함수는

$y=6(3^x+3^{-x})-(9^x+9^{-x})+2$

$=6t-(t^2-2)+2$

$=-t^2+6t+4$

$=-(t-3)^2+13\ (t\geq 2)$

이므로 $t=3$일 때 최댓값 13을 갖는다.

08-3 답 ⑤

모든 실수 x에 대하여 $3^{a+x}>0$, $3^{a-x}>0$이므로 산술평균과 기하평균의 관계에 의하여

$f(x)=3^{a+x}+3^{a-x}+2$

$\geq 2\sqrt{3^{a+x}\times 3^{a-x}}+2$

$=2\sqrt{3^{2a}}+2=2\times 3^a+2$

(단, 등호는 $3^{a+x}=3^{a-x}$, 즉 $x=0$일 때 성립)

따라서 함수 $f(x)$는 $x=0$일 때 최솟값 20을 가지므로

$f(0)=2\times 3^a+2=20$

$3^a=9$

$\therefore\ a=2$

개념 콕콕 2 지수방정식과 지수부등식 131쪽

1 답 (1) $x=\frac{3}{2}$ (2) $x=1$

(1) $3^{2x+1}=81=3^4$이므로

$2x+1=4\quad \therefore\ x=\frac{3}{2}$

(2) $125^x=(5^3)^x=5^{3x}$이므로 주어진 방정식은

$5^{2x+1}=5^{3x}$, $2x+1=3x$

$\therefore\ x=1$

2 답 (1) $x=1$ (2) $x=0$

(1) $2^x=t\ (t>0)$로 놓으면 주어진 방정식은

$t^2-t-2=0$, $(t+1)(t-2)=0$

$\therefore\ t=-1$ 또는 $t=2$

그런데 $t>0$이므로 $t=2$

즉, $2^x=2$이므로 $x=1$

(2) $3^x=t\ (t>0)$로 놓으면 주어진 방정식은

$t+\frac{1}{t}=2$

양변에 t를 곱하여 정리하면

$t^2-2t+1=0$, $(t-1)^2=0$

$\therefore\ t=1$

즉, $3^x=1$이므로 $x=0$

3 답 (1) $x>-3$ (2) $x<\frac{1}{3}$ (3) $x>-\frac{1}{3}$

(1) $5^x>\frac{1}{125}$에서 $5^x>5^{-3}$

밑이 1보다 크므로 $x>-3$

(2) $\left(\frac{3}{4}\right)^{3x}>\frac{3}{4}$에서 밑이 1보다 작으므로

$3x<1$

$\therefore\ x<\frac{1}{3}$

(3) $\left(\frac{1}{3}\right)^{x+1}<9^x$에서 $\left(\frac{1}{3}\right)^{x+1}<\left(\frac{1}{3}\right)^{-2x}$

밑이 1보다 작으므로

$x+1>-2x$

$\therefore\ x>-\frac{1}{3}$

4 답 (가) α (나) β (다) $\alpha+\beta$ (라) 4

방정식 $9^x-10\times 3^{x+1}+81=0$을 변형하면

$(3^x)^2-30\times 3^x+81=0$ …… ㉠

이때 $3^x=t\ (t>0)$로 놓으면

$t^2-30t+81=0$ …… ㉡

방정식 ㉠의 두 실근을 α, β라고 하면 t에 대한 이차방정식 ㉡의 두 실근은

$3^{\boxed{(가)\ \alpha}}$, $3^{\boxed{(나)\ \beta}}$

이 된다는 것을 알 수 있다.

이때 이차방정식 ㉡의 근과 계수의 관계에 의하여 두 근의 곱은 $3^\alpha\times 3^\beta=81$이므로 $3^{\boxed{(다)\ \alpha+\beta}}=81$에서

$\alpha+\beta=\boxed{(라)\ 4}$가 성립한다.

예제 09 지수방정식의 풀이 133쪽

09-1

답 (1) $x=-4$ 또는 $x=1$

(2) $x=-\frac{2}{3}$ 또는 $x=2$

(3) $x=-1$

(4) $x=3$ 또는 $x=4$

(1) $27^x=(3^3)^x=3^{3x}$이므로 주어진 방정식은

$3^{-x^2+4}=3^{3x}$

밑이 같으므로 $-x^2+4=3x$

$x^2+3x-4=0$, $(x+4)(x-1)=0$

$\therefore x=-4$ 또는 $x=1$

(2) $(2\sqrt{2})^{x^2}=(2\times2^{\frac{1}{2}})^{x^2}=(2^{\frac{3}{2}})^{x^2}=2^{\frac{3}{2}x^2}$,

$4^{x+1}=(2^2)^{x+1}=2^{2x+2}$

이므로 주어진 방정식은

$2^{\frac{3}{2}x^2}=2^{2x+2}$

밑이 같으므로 $\frac{3}{2}x^2=2x+2$

$3x^2=4x+4$, $3x^2-4x-4=0$

$(3x+2)(x-2)=0$

$\therefore x=-\frac{2}{3}$ 또는 $x=2$

(3) 밑이 다르므로 지수가 0일 때에만 주어진 등식이 성립한다.

즉, $x^2-1=x+1=0$에서

$x=-1$

(4) (i) 지수가 $x-4$로 서로 같으므로 밑을 같게 하면

$x-1=2$ $\quad\therefore x=3$

(ii) 지수가 0, 즉 $x=4$이면 주어진 방정식은

$3^0=2^0$이므로 등식이 성립한다.

(i), (ii)에서 주어진 방정식의 해는

$x=3$ 또는 $x=4$

09-2

답 (1) $x=1$ 또는 $x=3$

(2) $x=0$ 또는 $x=2$

(1) (i) 밑이 x로 같으므로 지수를 같게 하면

$2x-1=x+2$ $\quad\therefore x=3$

(ii) 밑이 1, 즉 $x=1$이면 주어진 방정식은 $1^1=1^3$

이므로 등식이 성립한다.

(i), (ii)에서 주어진 방정식의 해는

$x=1$ 또는 $x=3$

(2) (i) 밑이 $x+1$로 같으므로 지수를 같게 하면

$x^2=2x$, $x^2-2x=0$, $x(x-2)=0$

$\therefore x=0$ 또는 $x=2$

(ii) 밑이 1, 즉 $x=0$이면 주어진 방정식은

$1^0=1^0$이므로 등식이 성립한다.

(i), (ii)에서 주어진 방정식의 해는

$x=0$ 또는 $x=2$

09-3

답 ③

방정식 $2^{x+3}=49$의 근이 α이므로

$2^{\alpha+3}=49$

이때 $2^5=32$, $2^6=64$이고, $32<49<64$이므로

$2^5<2^{\alpha+3}<2^6$

따라서 $5<\alpha+3<6$이므로

$2<\alpha<3$

⊕ 보충 설명

$2^{x+3}=49$와 같은 지수방정식은 지수의 성질만을 이용하여 해를 정확히 구하기는 매우 어렵다. 그래서 주어진 보기와 같이 지수방정식의 근 α를 대강의 범위로 표현할 수밖에 없다. 앞으로 배우게 될 로그방정식에서 이런 방정식의 해를 구하는 방법을 배우게 된다.

예제 10 치환을 이용한 지수방정식의 풀이 135쪽

10-1

답 (1) $x=3$ (2) $x=1$ 또는 $x=2$

(3) $x=4$ (4) $x=2$ 또는 $x=3$

(1) 주어진 방정식을 변형하면

$(2^2)^x-2^2\times2^x-2^5=0$

$(2^x)^2-4\times2^x-32=0$

이때 $2^x=t$ $(t>0)$로 놓으면

$t^2-4t-32=0$, $(t+4)(t-8)=0$

$\therefore t=-4$ 또는 $t=8$

그런데 $t>0$이므로 $t=8$

따라서 $2^x=8=2^3$이므로 $x=3$

(2) 주어진 방정식을 변형하면

$2^x-6+2^3\times\frac{1}{2^x}=0$

이때 $2^x=t$ $(t>0)$로 놓으면

$t-6+\frac{8}{t}=0$, $t^2-6t+8=0$

$(t-2)(t-4)=0$ $\quad\therefore t=2$ 또는 $t=4$

따라서 $2^x=2$ 또는 $2^x=4=2^2$이므로

$x=1$ 또는 $x=2$

(3) $2^{\frac{x}{2}}=t\ (t>0)$로 놓으면 주어진 방정식은

$t(t-2)=8,\ t^2-2t-8=0$

$(t+2)(t-4)=0$

$\therefore\ t=-2$ 또는 $t=4$

그런데 $t>0$이므로 $t=4$

따라서 $2^{\frac{x}{2}}=4=2^2$이므로 $\frac{x}{2}=2$ $\quad\therefore\ x=4$

(4) 주어진 방정식을 변형하면

$(2^3)^x-3\times4\times2^{2x}+2^5\times2^x=0$

$(2^x)^3-12\times(2^x)^2+32\times2^x=0$

이때 $2^x=t\ (t>0)$로 놓으면

$t^3-12t^2+32t=0,\ t(t-4)(t-8)=0$

$\therefore\ t=0$ 또는 $t=4$ 또는 $t=8$

그런데 $t>0$이므로

$t=4$ 또는 $t=8$

따라서 $2^x=4=2^2$ 또는 $2^x=8=2^3$이므로

$x=2$ 또는 $x=3$

10-2

답 (1) $x=-1$ 또는 $x=1$
(2) $x=-1$ 또는 $x=1$

(1) $2^x+2^{-x}=t$로 놓으면 $2^x>0,\ 2^{-x}>0$이므로 산술평균과 기하평균의 관계에 의하여

$t=2^x+2^{-x}\geq2\sqrt{2^x\times2^{-x}}=2$ …… ㉠

(단, 등호는 $2^x=2^{-x}$, 즉 $x=0$일 때 성립)

한편, $2^x+2^{-x}=t$의 양변을 제곱하면

$(2^x+2^{-x})^2=t^2,\ 4^x+2+4^{-x}=t^2$

$\therefore\ 4^x+4^{-x}=t^2-2$

따라서 주어진 방정식은

$2(t^2-2)-3t-1=0,\ 2t^2-3t-5=0$

$(t+1)(2t-5)=0$ $\quad\therefore\ t=-1$ 또는 $t=\frac{5}{2}$

그런데 $t\geq2$ ($\because$ ㉠)이므로 $t=\frac{5}{2}$

즉, $2^x+2^{-x}=\frac{5}{2}$에서 $2^x=X\ (X>0)$로 놓으면

$X+\frac{1}{X}=\frac{5}{2}$

양변에 $2X$를 곱하여 정리하면

$2X^2-5X+2=0,\ (2X-1)(X-2)=0$

$\therefore\ X=\frac{1}{2}$ 또는 $X=2$

따라서 $2^x=\frac{1}{2}$ 또는 $2^x=2$이므로

$x=-1$ 또는 $x=1$

(2) $(3+2\sqrt{2})(3-2\sqrt{2})=9-8=1$이므로

$3-2\sqrt{2}=\frac{1}{3+2\sqrt{2}}$

주어진 방정식 $(3+2\sqrt{2})^x+(3-2\sqrt{2})^x=6$에서

$(3+2\sqrt{2})^x+\left(\frac{1}{3+2\sqrt{2}}\right)^x=6$

이때 $(3+2\sqrt{2})^x=t\ (t>0)$로 놓으면

$t+\frac{1}{t}=6$

양변에 t를 곱하여 정리하면

$t^2-6t+1=0$ $\quad\therefore\ t=3\pm2\sqrt{2}$

따라서 $(3+2\sqrt{2})^x=3\pm2\sqrt{2}$이므로

$x=-1$ 또는 $x=1$

10-3

답 (1) 25 (2) $3\sqrt{2}$

(1) 주어진 방정식을 변형하면

$(2^x)^2-7\times2^x+12=0$

이때 $2^x=t\ (t>0)$로 놓으면

$t^2-7t+12=0$ …… ㉠

주어진 방정식의 두 근이 $\alpha,\ \beta$이므로 ㉠의 두 근은 $2^\alpha,\ 2^\beta$이다.

따라서 이차방정식의 근과 계수의 관계에 의하여

$2^\alpha+2^\beta=7,\ 2^\alpha\times2^\beta=12$

$\therefore\ 2^{2\alpha}+2^{2\beta}=(2^\alpha+2^\beta)^2-2\times2^\alpha\times2^\beta$

$=7^2-2\times12=25$

(2) 주어진 방정식을 변형하면

$(4^x)^2-12\times4^x+9=0$

이때 $4^x=t\ (t>0)$로 놓으면

$t^2-12t+9=0$ …… ㉠

주어진 방정식의 두 근이 $\alpha,\ \beta$이므로 ㉠의 두 근은 $4^\alpha,\ 4^\beta$이다.

따라서 이차방정식의 근과 계수의 관계에 의하여

$4^\alpha+4^\beta=12,\ 4^\alpha\times4^\beta=9$

$4^\alpha+4^\beta=12$에서 $2^{2\alpha}+2^{2\beta}=12$ …… ㉡

$4^\alpha\times4^\beta=9$에서 $2^{2\alpha}\times2^{2\beta}=2^{2(\alpha+\beta)}=3^2$

$\therefore\ 2^{\alpha+\beta}=3$ ($\because\ 2^{\alpha+\beta}>0$) …… ㉢

따라서

$(2^\alpha+2^\beta)^2=2^{2\alpha}+2\times2^\alpha\times2^\beta+2^{2\beta}$

$=2^{2\alpha}+2^{2\beta}+2\times2^{\alpha+\beta}$

$=12+2\times3$ ($\because$ ㉡, ㉢)

$=18$

이므로

$2^{\alpha}+2^{\beta}=\sqrt{18}=3\sqrt{2}$ ($\because$ $2^{\alpha}+2^{\beta}>0$)

예제 11 지수방정식을 치환하여 만든 이차방정식 137쪽

11-1 답 (1) $0<a<1$ (2) $a\geq3$

(1) 주어진 방정식을 변형하면

$(3^{x})^{2}-2\times3^{x}+a=0$

이때 $3^{x}=t$ $(t>0)$로 놓으면

$t^{2}-2t+a=0$ …… ㉠

주어진 방정식이 서로 다른 두 실근을 가지면 ㉠이 서로 다른 두 양의 실근을 갖는다.

(i) 이차방정식 ㉠의 판별식을 D라고 하면

$\frac{D}{4}=(-1)^{2}-1\times a>0$, $1-a>0$

$\therefore$ $a<1$

(ii) (두 근의 합)$=2>0$

(iii) (두 근의 곱)$=a>0$

(i)~(iii)에서 구하는 a의 값의 범위는

$0<a<1$

(2) 주어진 방정식을 변형하면

$(2^{x})^{2}-2^{a}\times2^{x}+2^{a+1}=0$

이때 $2^{x}=t$ $(t>0)$로 놓으면

$t^{2}-2^{a}t+2^{a+1}=0$ …… ㉠

주어진 방정식이 실근을 가지면 ㉠이 양의 실근을 갖는다.

(i) 이차방정식 ㉠의 판별식을 D라고 하면

$D=(-2^{a})^{2}-4\times1\times2^{a+1}\geq0$

$2^{2a}-8\times2^{a}\geq0$, $2^{a}(2^{a}-8)\geq0$

$\therefore$ $2^{a}\leq0$ 또는 $2^{a}\geq8$

그런데 $2^{a}>0$이므로

$2^{a}\geq8=2^{3}$ $\therefore$ $a\geq3$

(ii) (두 근의 합)$=2^{a}>0$

(iii) (두 근의 곱)$=2^{a+1}>0$

(i)~(iii)에서 구하는 a의 값의 범위는

$a\geq3$

11-2 답 (1) $8\leq a<10$ (2) $4-2\sqrt{3}<a<4+2\sqrt{3}$

(1) 주어진 방정식을 변형하면

$(2^{x})^{2}-2(a-4)2^{x}+2a=0$

이때 $2^{x}=t$ $(t>0)$로 놓으면

$t^{2}-2(a-4)t+2a=0$ …… ㉠

주어진 방정식의 두 근이 모두 1보다 크면 $x>1$이므로 $2^{x}=t$에서 방정식 ㉠은 2보다 큰 두 근을 갖는다.

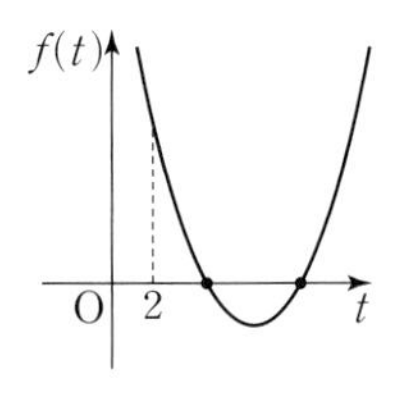

따라서

$f(t)=t^{2}-2(a-4)t+2a$로 놓고

(i) 이차방정식 ㉠의 판별식을 D라고 하면

$\frac{D}{4}=(a-4)^{2}-2a\geq0$

$a^{2}-10a+16\geq0$, $(a-2)(a-8)\geq0$

$\therefore$ $a\leq2$ 또는 $a\geq8$

(ii) (대칭축)$=a-4>2$

$\therefore$ $a>6$

(iii) $f(2)=4-4(a-4)+2a>0$

$-2a+20>0$ $\therefore$ $a<10$

(i)~(iii)에서 구하는 a의 값의 범위는

$8\leq a<10$

(2) 주어진 방정식의 서로 다른 두 실근을 α, β $(\alpha>\beta)$라고 하면

$\beta<1<\alpha$

주어진 방정식을 변형하면

$(2^{x})^{2}-4a\times2^{x}+a^{2}=0$

이때 $2^{x}=t$ $(t>0)$로 놓으면

$t^{2}-4at+a^{2}=0$

$f(t)=t^{2}-4at+a^{2}$이라고 하면 이차방정식 $f(t)=0$의 두 실근은 2^{α}, 2^{β} $(2^{\alpha}>0,\ 2^{\beta}>0)$이고

$\beta<1<\alpha$이므로

$2^{\beta}<2<2^{\alpha}$

즉, 이차방정식 $f(t)=0$의 두 양의 실근 사이에 2가 있으므로

(i) $f(0)=a^{2}>0$ $\therefore$ $a\neq0$

(ii) $f(2)=4-8a+a^{2}<0$

$\therefore$ $4-2\sqrt{3}<a<4+2\sqrt{3}$

(i), (ii)에서 구하는 a의 값의 범위는

$4-2\sqrt{3}<a<4+2\sqrt{3}$

보충 설명

이차방정식 $f(t)=0$의 두 양의 실근 사이에 2가 있으므로 함수 $y=f(t)$의 그래프가 오른쪽 그림과 같아야 한다.

따라서 $f(0)>0$, $f(2)<0$을 만족시켜야 함을 이용하여 a의 값의 범위를 구한다.

11-3 답 $a\le 2$

$4^x+4^{-x}-2(2^x+2^{-x})+a=0$에서

$a=-(4^x+4^{-x})+2(2^x+2^{-x})$ …… ㉠

이때 $2^x+2^{-x}=t$로 놓으면 산술평균과 기하평균의 관계에 의하여

$t=2^x+2^{-x}\ge 2\sqrt{2^x\times 2^{-x}}=2$

(단, 등호는 $2^x=2^{-x}$, 즉 $x=0$일 때 성립)

한편, $2^x+2^{-x}=t$의 양변을 제곱하면

$(2^x+2^{-x})^2=t^2$, $4^x+2+4^{-x}=t^2$

$\therefore 4^x+4^{-x}=t^2-2$

그러므로 ㉠에서

$a=-(t^2-2)+2t$

$=-t^2+2t+2$

$=-(t-1)^2+3\ (t\ge 2)$

주어진 방정식이 적어도 하나의 실근을 가지면 $y=-(t-1)^2+3$의 그래프와 직선 $y=a$는 $t\ge 2$에서 적어도 한 번 만난다.

따라서 오른쪽 그래프에서 $a\le 2$이어야 한다.

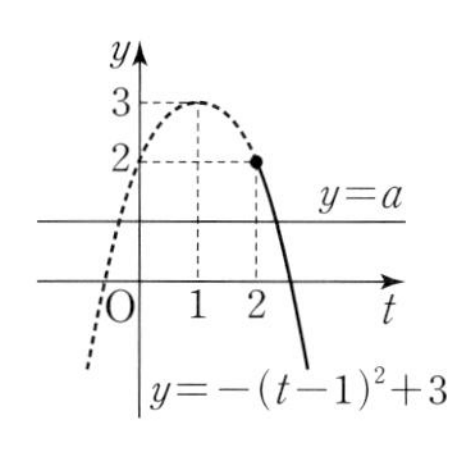

예제 12 밑을 같게 할 수 있는 지수부등식의 풀이 139쪽

12-1 답 (1) $x>-\frac{1}{2}$ (2) $-2<x<3$ (3) $-3\le x\le 1$ (4) $-2<x<0$

(1) $\left(\frac{1}{4}\right)^{x-2}=\left(\frac{1}{2}\right)^{2x-4}$, $32=\left(\frac{1}{2}\right)^{-5}$이므로 주어진 부등식은

$\left(\frac{1}{2}\right)^{2x-4}<\left(\frac{1}{2}\right)^{-5}$

이때 밑이 $\frac{1}{2}$이고 $0<\frac{1}{2}<1$이므로

$2x-4>-5$, $2x>-1$

$\therefore x>-\frac{1}{2}$

(2) $\frac{1}{25}=5^{-2}$, $125=5^3$이므로 주어진 부등식은

$5^{-2}<5^x<5^3$

이때 밑이 5이고 $5>1$이므로

$-2<x<3$

(3) $\left(\frac{2}{3}\right)^{2x-3}=\left(\frac{3}{2}\right)^{-2x+3}$이므로 주어진 부등식은

$\left(\frac{3}{2}\right)^{x^2}\le\left(\frac{3}{2}\right)^{-2x+3}$

이때 밑이 $\frac{3}{2}$이고 $\frac{3}{2}>1$이므로

$x^2\le -2x+3$, $x^2+2x-3\le 0$

$(x+3)(x-1)\le 0$ $\therefore -3\le x\le 1$

(4) $4^{x^2}=2^{2x^2}$, $\left(\frac{1}{\sqrt{2}}\right)^{8x}=2^{-4x}$이므로 주어진 부등식은

$2^{2x^2}<2^{-4x}$

이때 밑이 2이고 $2>1$이므로

$2x^2<-4x$, $2x^2+4x<0$

$x(x+2)<0$ $\therefore -2<x<0$

12-2 답 (1) $0<x<1$ 또는 $x>3$ (2) $x<0$ 또는 $1<x<2$

(1) (i) $x>1$일 때,

$3x-2>x+4$

$2x>6$ $\therefore x>3$

그런데 $x>1$이므로 $x>3$

(ii) $x=1$일 때,

$1^1>1^5$이므로 주어진 부등식이 성립하지 않는다.

(iii) $0<x<1$일 때,

$3x-2<x+4$

$2x<6$ $\therefore x<3$

그런데 $0<x<1$이므로 $0<x<1$

(i)~(iii)에서 주어진 부등식의 해는

$0<x<1$ 또는 $x>3$

(2) $(x^2-2x+1)^{x-1}<1$에서

$(x^2-2x+1)^{x-1}<(x^2-2x+1)^0$

이때 $x\ne 1$이므로

$x^2-2x+1=(x-1)^2>0$

(i) $x^2-2x+1>1$일 때,

$(x-1)^2>1$에서

$x-1<-1$ 또는 $x-1>1$

$\therefore x<0$ 또는 $x>2$ …… ㉠

또한 $(x^2-2x+1)^{x-1}<(x^2-2x+1)^0$에서

밑이 1보다 크므로

$x-1<0$ $\therefore x<1$ …… ㉡

㉠, ㉡에서 $x<0$

(ii) $x^2-2x+1=1$일 때,

$1<1$이므로 주어진 부등식이 성립하지 않는다.

(iii) $0<x^2-2x+1<1$일 때,

$0<(x-1)^2<1$에서

$-1<x-1<0$ 또는 $0<x-1<1$

$\therefore\ 0<x<1$ 또는 $1<x<2$ ······ ㉢

또한 $(x^2-2x+1)^{x-1}<(x^2-2x+1)^0$에서

밑이 1보다 작으므로

$x-1>0 \quad \therefore\ x>1$ ······ ㉣

㉢, ㉣에서 $1<x<2$

(i)~(iii)에서 주어진 부등식의 해는

$x<0$ 또는 $1<x<2$

⊕ 보충 설명

밑에 미지수가 있으므로 밑의 범위에 따라 (밑)>1, (밑)$=1$, $0<$(밑)<1로 나누어 주어진 부등식을 푼다. 이때 주어진 부등식의 해는 세 가지 경우에서 구한 해를 합한 범위이다.

12-3 답 ④

$4^{f(x)}-2^{1+f(x)}<8$에서

$2^{2f(x)}-2\times2^{f(x)}-8<0$

$2^{f(x)}=t\ (t>0)$로 놓으면

$t^2-2t-8<0,\ (t-4)(t+2)<0$

$\therefore\ -2<t<4$

이때 $t>0$이므로 $0<t<4$

$0<2^{f(x)}<2^2$에서 밑이 2로 같으므로 지수의 크기를 비교하면

$f(x)<2$

즉, $x^2-x-4<2$에서 $(x+2)(x-3)<0$

$\therefore\ -2<x<3$

따라서 정수 x는 $-1,\ 0,\ 1,\ 2$이므로 개수는 4이다.

예제 13 지수부등식을 치환하여 만든 이차부등식 141쪽

13-1 답 $k\ge0$

주어진 방정식을 변형하면

$$\left\{\left(\frac{1}{2}\right)^x\right\}^2+4\times\left(\frac{1}{2}\right)^x+k>0$$

이때 $\left(\frac{1}{2}\right)^x=t\ (t>0)$로 놓으면

$t^2+4t+k>0$ ······ ㉠

주어진 부등식이 모든 실수 x에 대하여 성립하면 부등식 ㉠이 $t>0$인 모든 실수 t에 대하여 성립한다.

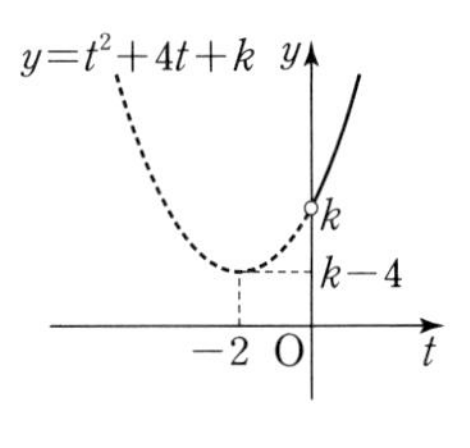

$f(t)=t^2+4t+k$

$\quad=(t+2)^2+k-4$

라고 하면 $t>0$에서 $f(t)>0$이려면 $f(0)=k$가 0보다 크거나 같아야 하므로

$k\ge0$

다른 풀이

$t^2+4t+k\ge0$에서

$t^2+4t\ge-k$

이 부등식을 만족시키는 실수 k의 값의 범위는 $t>0$에서 함수

$y=t^2+4t=(t+2)^2-4$

의 그래프가 직선 $y=-k$보다 위쪽에 있도록 하는 실수 k의 값의 범위이므로 오른쪽 그림에서

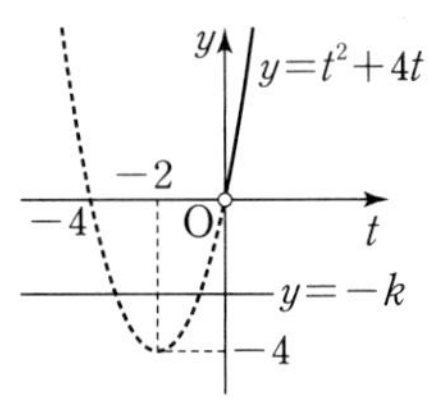

$-k\le0$

$\therefore\ k\ge0$

13-2 답 (1) $a\ge2$ (2) $a\le3$

(1) $2^{\frac{x}{2}}=t\ (t>0)$로 놓으면

$2^{x+1}=2^x\times2$

$\quad=(2^{\frac{x}{2}})^2\times2=2t^2$

$2^{\frac{x+4}{2}}=2^{\frac{x}{2}}\times2^2=4t$

이므로 주어진 부등식은

$2t^2-4t+a\ge0$

$\therefore\ 2(t-1)^2+a-2\ge0$ ······ ㉠

$t>0$인 모든 실수 t에 대하여 ㉠이 성립하려면

$a-2\ge0$

$\therefore\ a\ge2$

(2) $5^x=t\ (t>0)$로 놓으면 주어진 부등식은

$t^2-2at+9\ge0$

$\therefore\ (t-a)^2-a^2+9\ge0$ ······ ㉠

$t>0$인 모든 실수 t에 대하여 ㉠이 성립하려면

(i) $a>0$일 때, $t=a$에서 최솟값을 가지므로

$-a^2+9\ge0,\ a^2-9\le0$

$(a+3)(a-3)\le0$

$\therefore\ -3\le a\le3$

그런데 $a>0$이므로 $0<a\le3$

(ii) $a\le0$일 때, $(t-a)^2\ge a^2$이 항상 성립하므로 ㉠은 항상 성립한다.

$\therefore\ a \leq 0$

(i), (ii)에서 구하는 a의 값의 범위는

$a \leq 3$

⊕보충 설명

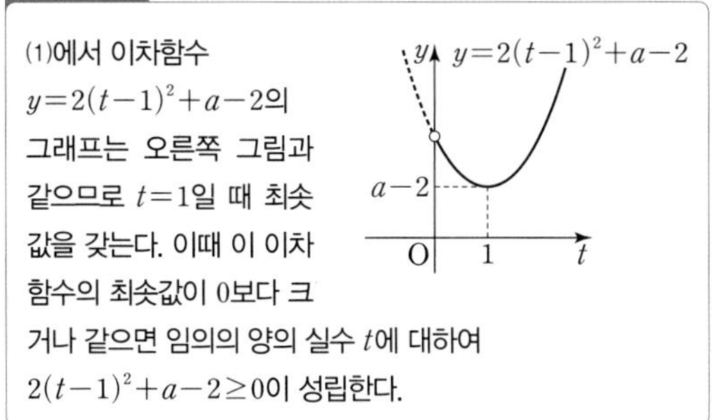

(1)에서 이차함수 $y=2(t-1)^2+a-2$의 그래프는 오른쪽 그림과 같으므로 $t=1$일 때 최솟값을 갖는다. 이때 이 이차함수의 최솟값이 0보다 크거나 같으면 임의의 양의 실수 t에 대하여 $2(t-1)^2+a-2 \geq 0$이 성립한다.

13-3 답 ②

$2^{2x}=t\ (t>0)$로 놓으면 주어진 부등식은

$t^2+\frac{a}{2}t+10>\frac{3}{4}a$

$t>0$인 모든 실수 t에 대하여 $t^2+\frac{a}{2}t+10-\frac{3}{4}a>0$이 성립하려면

$f(t)=t^2+\frac{a}{2}t+10-\frac{3}{4}a$

라고 할 때, 대칭축이

$t=-\frac{a}{4}<0$

($\because$ a는 자연수)이므로

$f(0)=10-\frac{3}{4}a \geq 0$

$\therefore\ a \leq \frac{40}{3}$

따라서 조건을 만족시키는 자연수 a의 최댓값은 13이다.

기본 다지기 142쪽~143쪽

1 60	2 3	3 18	4 9	5 $\frac{81}{26}$
6 16	7 128	8 40	9 13	10 7

1 함수 $f(x)=2^{x+p}+q$의 그래프의 점근선이 직선 $y=q$이므로 $q=-4$

$f(0)=0$이므로 $2^p-4=0$

$\therefore\ p=2$

따라서 $f(x)=2^{x+2}-4$이므로

$f(4)=2^6-4=60$

2 함수 $y=2^{2x+a}+b$의 그래프의 점근선의 방정식이 $y=2$이므로 $b=2$

함수 $y=2^{2x+a}+2$의 그래프를 y축에 대하여 대칭이동한 그래프의 식은

$y=2^{-2x+a}+2$

따라서 함수 $y=2^{-2x+a}+2$의 그래프가 점 $(-1, 10)$을 지나므로

$10=2^{2+a}+2$, $2^{2+a}=8=2^3$

$\therefore\ a=1$

$\therefore\ a+b=1+2=3$

3 함수 $y=\left(\frac{1}{2}\right)^{x-2}+3$의 그래프는 함수 $y=\left(\frac{1}{2}\right)^{x}$의 그래프를 x축의 방향으로 2만큼, y축의 방향으로 3만큼 평행이동한 것이므로 오른쪽 그림과 같다.

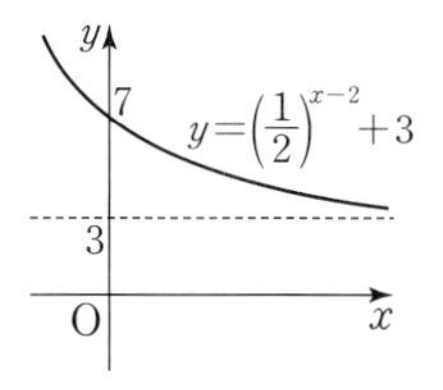

즉, $x>0$일 때, $3<f(x)<7$이므로

$[f(x)]=3, 4, 5, 6$

따라서 집합 $A=\{3, 4, 5, 6\}$의 모든 원소의 합은

$3+4+5+6=18$

4 함수 $y=3^{x-3}$의 그래프는 함수 $y=3^x$의 그래프를 x축의 방향으로 3만큼 평행이동한 것이다.

즉, 점 B, D, F는 점 A, C, E를 각각 x축의 방향으로 3만큼 평행이동한 것이므로 세 선분 AB, CD, EF의 길이는 모두 3이다.

따라서 구하는 선분의 길이의 합은 9이다.

다른 풀이

두 점 A, B의 x좌표를 각각 a, b라고 하면

$3^a=5$, $3^{b-3}=5$

이므로 로그의 정의에 의하여

$a=\log_3 5$

$b-3=\log_3 5$

$\therefore\ b=3+\log_3 5$

이때 선분 AB의 길이는

$\overline{AB}=b-a=(3+\log_3 5)-\log_3 5=3$
이와 같은 방법으로 $\overline{CD}=\overline{EF}=3$임을 알 수 있다.
$\therefore\ \overline{AB}+\overline{CD}+\overline{EF}=9$

5 함수 $y=3^{x+1}$의 그래프를 x축의 방향으로 3만큼 평행이동하면 함수 $y=3^{x-2}$의 그래프이므로
$\overline{AB}=3$이고 $\overline{AB}=\overline{AC}$이므로 $\overline{AC}=3$
이때 점 A의 좌표를 $(a,\ 3^{a+1})$이라고 하면 점 C의 좌표는 $(a,\ 3^{a-2})$이므로
$\overline{AC}=3^{a+1}-3^{a-2}=3$

$$3^{a+1}-3^{a-2}=3\times 3^a-\frac{1}{9}\times 3^a$$
$$=\frac{26}{9}\times 3^a=3$$

$\therefore\ 3^a=\frac{27}{26}$
따라서 점 A의 y좌표는

$$3^{a+1}=3\times 3^a$$
$$=3\times\frac{27}{26}=\frac{81}{26}$$

다른 풀이

점 A의 좌표를 $(a,\ 3^{a+1})$이라고 하면 점 A와 점 C의 x좌표가 같으므로 $C(a,\ 3^{a-2})$으로 나타낼 수 있다.
이때 점 B의 x좌표를 b라고 하면 점 B의 좌표는 $(b,\ 3^{b-2})$이고 점 A와 점 B의 y좌표가 같으므로
$3^{a+1}=3^{b-2}$, 즉 $a+1=b-2$
$\therefore\ b=a+3$
이때 $\overline{AC}=\overline{AB}$이고 $\overline{AB}=b-a=3$,
$\overline{AC}=3^{a+1}-3^{a-2}$이므로

$$3^{a+1}-3^{a-2}=\frac{26}{9}\times 3^a=3$$

$\therefore\ 3^a=\frac{27}{26}$
따라서 점 A의 y좌표는

$$3^{a+1}=3\times 3^a$$
$$=3\times\frac{27}{26}=\frac{81}{26}$$

6 $-6\le x\le 2$일 때, $0\le |x|\le 6$이므로
$-1\le |x|-1\le 5$
따라서 $2^{-1}\le 2^{|x|-1}\le 2^5$이므로
$M=2^5,\ m=2^{-1}$
$\therefore\ Mm=2^5\times 2^{-1}=2^4=16$

다른 풀이

(1) $y=2^{|x|-1}=\begin{cases}2^{x-1} & (x\ge 0)\\ 2^{-x-1} & (x<0)\end{cases}$

이므로 함수 $y=2^{|x|-1}$의 그래프는 오른쪽 그림과 같다.

따라서 $-6\le x\le 2$에서 함수 $y=2^{|x|-1}$은
$x=-6$일 때 최댓값 $M=2^{6-1}=2^5$,
$x=0$일 때 최솟값 $m=2^{0-1}=2^{-1}$을 갖는다.
$\therefore\ Mm=2^5\times 2^{-1}=2^4=16$

7 $0\le x\le 5$에서 함수
$g(x)=(x-1)(x-3)=(x-2)^2-1$은 $x=5$일 때 최댓값 8, $x=2$일 때 최솟값 -1을 갖는다.
함수 $y=\left(\frac{1}{2}\right)^{x-a}$의 그래프는 x의 값이 증가할 때, y의 값은 감소하므로 함수 $h(x)$는 $x=5$일 때 최솟값 $\frac{1}{4}$, $x=2$일 때 최댓값 M을 갖는다.
즉, $h(5)=f(g(5))=f(8)=\left(\frac{1}{2}\right)^{8-a}=\frac{1}{4}$에서
$2^{a-8}=2^{-2}\qquad\therefore\ a=6$
따라서 $h(2)=f(g(2))=f(-1)=\left(\frac{1}{2}\right)^{-1-6}=128$에서
$M=128$

8 $y=4^x-a\times 2^x+12$
$\quad=(2^x)^2-a\times 2^x+12$
이때 $2^x=t\,(t>0)$로 놓으면 주어진 함수는
$y=t^2-at+12$
함수 $y=4^x-a\times 2^x+12$는 $x=2$에서 최솟값을 가지므로 함수 $y=t^2-at+12$는 $t=2^2=4$에서 최솟값을 갖는다. 즉,
$-\frac{-a}{2}=4$
$\therefore\ a=8$
이차방정식 $t^2-8t+12=0$의 두 근이 $2^\alpha,\ 2^\beta$이므로 이차방정식의 근과 계수의 관계에 의하여
$2^\alpha+2^\beta=8,\ 2^\alpha\times 2^\beta=12$

$$\therefore\ 2^{2\alpha}+2^{2\beta}=(2^\alpha)^2+(2^\beta)^2$$
$$=(2^\alpha+2^\beta)^2-2\times 2^\alpha\times 2^\beta$$
$$=8^2-2\times 12=40$$

다른 풀이

$t^2-8t+12=0$에서

$(t-2)(t-6)=0$

$\therefore t=2$ 또는 $t=6$

따라서 $2^\alpha=2$, $2^\beta=6$ 또는 $2^\alpha=6$, $2^\beta=2$이므로

$2^{2\alpha}+2^{2\beta}=(2^\alpha)^2+(2^\beta)^2$

$=2^2+6^2=40$

9 $f(x)=\dfrac{13}{3^x(1+3+3^2)}=\dfrac{1}{3^x}$이므로 이것을 방정식 $6f(x)+f(-x)=5$에 대입하면

$\dfrac{6}{3^x}+3^x=5$

양변에 3^x을 곱하여 정리하면

$(3^x)^2-5\times3^x+6=0$, $(3^x-2)(3^x-3)=0$

$\therefore 3^x=2$ 또는 $3^x=3$

따라서 $3^\alpha=2$, $3^\beta=3$ 또는 $3^\alpha=3$, $3^\beta=2$이므로

$9^\alpha+9^\beta=(3^\alpha)^2+(3^\beta)^2$

$=2^2+3^2=13$

다른 풀이

$(3^x)^2-5\times3^x+6=0$에서 $3^x=t$ $(t>0)$로 놓으면

$t^2-5t+6=0$

이고, 이 이차방정식의 두 근이 3^α, 3^β이므로 이차방정식의 근과 계수의 관계에 의하여

$3^\alpha+3^\beta=5$, $3^\alpha\times3^\beta=6$

$\therefore 9^\alpha+9^\beta=(3^\alpha)^2+(3^\beta)^2$

$=(3^\alpha+3^\beta)^2-2\times3^\alpha\times3^\beta$

$=5^2-2\times6=13$

10 주어진 연립방정식을 변형하면

$$\begin{cases}4\times2^x-\dfrac{1}{3}\times3^y=55\\ \dfrac{1}{2}\times2^x+3\times3^y=89\end{cases}$$

이므로 $2^x=X$ $(X>0)$, $3^y=Y$ $(Y>0)$로 놓으면

$$\begin{cases}4X-\dfrac{1}{3}Y=55 & \cdots\cdots ㉠\\ \dfrac{1}{2}X+3Y=89 & \cdots\cdots ㉡\end{cases}$$

㉠, ㉡을 연립하여 풀면 $X=16$, $Y=27$

즉, $2^x=16=2^4$에서 $x=4$, $3^y=27=3^3$에서 $y=3$

따라서 $\alpha=4$, $\beta=3$이므로

$\alpha+\beta=4+3=7$

실력 다지기 144쪽~145쪽

11 ⑤ **12** 1 **13** $\dfrac{5}{2}$ **14** $0<k<2$

15 36 **16** 6 **17** 77 **18** 20 **19** 93

20 (1) $B<A<C$ (2) $A<C<B$

11 **접근 방법** | $a^n=b^n \Longleftrightarrow a=b$ (a, b는 양의 실수) 임을 이용하여 $f(10)=g(10)=h(10)$에서 r_1, r_2, r_3 사이의 관계식을 구한다. 이때 $A-B>0$이면 $A>B$이므로 r_1-r_2, r_2-r_3의 부호를 조사한다.

$f(10)=(1+r_1)^{10}$,

$g(10)=\left(1+\dfrac{r_2}{2}\right)^{20}$,

$h(10)=\left(1+\dfrac{r_3}{4}\right)^{40}$

이고 $f(10)=g(10)=h(10)$이므로

(i) $f(10)=g(10)$, 즉 $(1+r_1)^{10}=\left(1+\dfrac{r_2}{2}\right)^{20}$에서

$1+r_1=\left(1+\dfrac{r_2}{2}\right)^2$

$1+r_1=1+r_2+\dfrac{r_2^2}{4}$

$r_1-r_2=\dfrac{r_2^2}{4}>0 \qquad \therefore r_1>r_2$

(ii) $g(10)=h(10)$, 즉 $\left(1+\dfrac{r_2}{2}\right)^{20}=\left(1+\dfrac{r_3}{4}\right)^{40}$에서

$1+\dfrac{r_2}{2}=\left(1+\dfrac{r_3}{4}\right)^2$

$1+\dfrac{r_2}{2}=1+\dfrac{r_3}{2}+\dfrac{r_3^2}{16}$

$r_2-r_3=\dfrac{r_3^2}{8}>0 \qquad \therefore r_2>r_3$

(i), (ii)에서 $r_3<r_2<r_1$

보충 설명

문제에서 r_1, r_2, r_3이 양의 실수라고 주어져 있으므로 $r_1-r_2=\dfrac{r_2^2}{4}>0$, $r_2-r_3=\dfrac{r_3^2}{8}>0$에서 등호가 빠진 것이다.

12 **접근 방법** | 조건 (가)에서 두 함수 $y=f(x)$, $y=g(x)$의 그래프가 직선 $x=2$에 대하여 대칭이므로 $f(2)=g(2)$임을 알 수 있다. 이를 이용하여 상수 a, b의 값을 각각 구한다.

조건 (가)에서 함수 $y=f(x)$의 그래프와 함수 $y=g(x)$의 그래프는 직선 $x=2$에 대하여 대칭이므로

$f(2)=g(2)$

즉, $a^{2b-1}=a^{1-2b}$에서

$2b-1=1-2b$, $4b=2$

$\therefore b=\frac{1}{2}$

조건 (나)에서 $f(4)+g(4)=\frac{5}{2}$이고 $f(4)=a^{\frac{1}{2}\times4-1}=a$,

$g(4)=a^{1-\frac{1}{2}\times4}=a^{-1}$이므로

$a+a^{-1}=\frac{5}{2}$

양변에 $2a$를 곱하여 정리하면

$2a^2-5a+2=0$

$(a-2)(2a-1)=0$

$\therefore a=\frac{1}{2}$ 또는 $a=2$

이때 $0<a<1$이므로 $a=\frac{1}{2}$

$\therefore a+b=\frac{1}{2}+\frac{1}{2}=1$

13 **접근 방법** | 두 점 $A(x_1, y_1)$, $B(x_2, y_2)$를 잇는 선분 AB의 중점의 좌표는 $\left(\frac{x_1+x_2}{2}, \frac{y_1+y_2}{2}\right)$이다.

두 교점 A, B의 좌표를 각각 $(\alpha, 2^\alpha)$, $(\beta, 2^\beta)$이라고 하면 선분 AB의 중점의 좌표는 $\left(\frac{\alpha+\beta}{2}, \frac{2^\alpha+2^\beta}{2}\right)$이므로

$\frac{\alpha+\beta}{2}=0$, $\frac{2^\alpha+2^\beta}{2}=\frac{5}{4}$

$\therefore \beta=-\alpha$, $2^\alpha+2^\beta=\frac{5}{2}$

$\beta=-\alpha$를 $2^\alpha+2^\beta=\frac{5}{2}$에 대입하면

$2^\alpha+2^{-\alpha}=\frac{5}{2}$

이때 $2^\alpha=t\ (t>0)$로 놓으면

$t+\frac{1}{t}=\frac{5}{2}$, $2t^2-5t+2=0$

$(2t-1)(t-2)=0 \quad \therefore t=\frac{1}{2}$ 또는 $t=2$

즉, $2^\alpha=\frac{1}{2}$ 또는 $2^\alpha=2$이므로

$\alpha=-1$ 또는 $\alpha=1$

이때 $\beta=-\alpha$이므로

$\alpha=-1$, $\beta=1$ 또는 $\alpha=1$, $\beta=-1$

따라서 두 함수 $y=2^x$, $y=-\left(\frac{1}{2}\right)^x+k$의 그래프의 교점의 좌표는 $\left(-1, \frac{1}{2}\right)$과 $(1, 2)$이므로

$y=-\left(\frac{1}{2}\right)^x+k$에 $x=-1$, $y=\frac{1}{2}$을 대입하면

$\frac{1}{2}=-\left(\frac{1}{2}\right)^{-1}+k \qquad \therefore k=\frac{5}{2}$

다른 풀이

두 함수 $y=2^x$, $y=-\left(\frac{1}{2}\right)^x+k$의 그래프의 교점 A, B의 좌표를 각각 $(\alpha, 2^\alpha)$, $(\beta, 2^\beta)$이라고 하면 α, β는 방정식 $2^x=-\left(\frac{1}{2}\right)^x+k$의 두 근이다.

이때 $2^x=t\ (t>0)$로 놓으면 $t=-\frac{1}{t}+k$에서

$t^2-kt+1=0$

이고, 이 이차방정식의 두 근은 2^α, 2^β이다.

이때 이차방정식의 근과 계수의 관계에 의하여

$2^\alpha+2^\beta=k$

가 성립한다.

한편, 선분 AB의 중점의 좌표가 $\left(0, \frac{5}{4}\right)$이므로

$\frac{2^\alpha+2^\beta}{2}=\frac{5}{4} \qquad \therefore k=2^\alpha+2^\beta=\frac{5}{2}$

보충 설명

오른쪽 그림과 같이 두 함수 $y=2^x$, $y=-\left(\frac{1}{2}\right)^x$의 그래프는 원점에 대하여 대칭이다. 이때 함수 $y=-\left(\frac{1}{2}\right)^x$의 그래프를 x축의 방향으로 2만큼 평행이동한 함수 $y=-\left(\frac{1}{2}\right)^{x-2}$의 그래프와 함수 $y=2^x$의 그래프는 점 $(1, 0)$에 대하여 대칭이다.

또한 함수 $y=-\left(\frac{1}{2}\right)^x$의 그래프를 y축의 방향으로 4만큼 평행이동한 함수 $y=-\left(\frac{1}{2}\right)^x+4$의 그래프와 함수 $y=2^x$의 그래프는 점 $(0, 2)$에 대하여 대칭이다.

따라서 두 함수 $y=2^x$, $y=-\left(\frac{1}{2}\right)^x+k$의 그래프는 점 $\left(0, \frac{k}{2}\right)$에 대하여 대칭이므로 $\frac{k}{2}=\frac{5}{4}$에서 $k=\frac{5}{2}$임을 알 수 있다.

14 **접근 방법** | 절댓값 기호가 있으므로 함수의 그래프를 이용하는 것이 편리하다. 즉, 실근을 구하는 것이 아니라 실근의 개수를 구하는 문제이므로 방정식 $|2^x-2|=k$의 실근의 개수는 함수 $y=|2^x-2|$의 그래프와 직선 $y=k$의 교점의 개수와 같다는 점을 이용하여 실수 k의 값의 범위를 구한다.

방정식 $|2^x-2|=k$의 실근의 개수는 함수 $y=|2^x-2|$의 그래프와 직선 $y=k$의 교점의 개수와 같다.

함수 $y=2^x-2$의 그래프는 함수 $y=2^x$의 그래프를 y축의 방향으로 -2만큼 평행이동한 것이므로 함수 $y=|2^x-2|$의 그래프는 다음 그림과 같다.

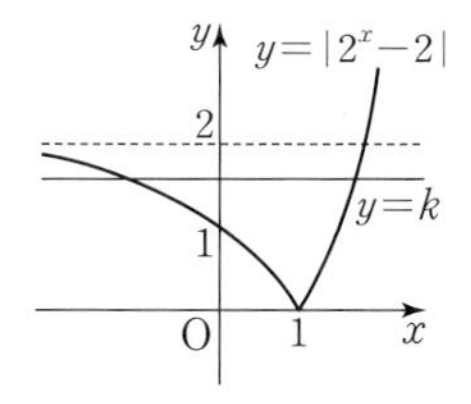

따라서 주어진 방정식이 서로 다른 두 실근을 가지려면 함수 $y=|2^x-2|$의 그래프와 직선 $y=k$가 서로 다른 두 점에서 만나야 하므로 구하는 k의 값의 범위는

$0<k<2$

보충 설명

함수 $y=|f(x)|$의 그래프는 함수 $y=f(x)$의 그래프를 그린 후 $y\geq 0$인 부분은 그대로 두고 $y<0$인 부분을 x축에 대하여 대칭이동하여 그린다. 이를 이용하면 함수 $y=|2^x-2|$의 그래프를 쉽게 그릴 수 있다.

15 **접근 방법** | 치환을 할 때에는 범위에 주의해야 한다. $2^x-2^{-x}=t$로 치환하면 t는 모든 실수값을 가질 수 있으므로 주어진 방정식이 실근을 가지면 t에 대한 이차방정식도 실근을 갖는다.

$2^x-2^{-x}=t$로 놓으면

$4^x+4^{-x}=(2^x-2^{-x})^2+2=t^2+2$

이므로 주어진 방정식은

$t^2+2+at+7=0$

$\therefore t^2+at+9=0$ …… ㉠

2^x-2^{-x}이 모든 실수값을 가질 수 있으므로 t에 대한 이차방정식 ㉠이 실근을 가지면 주어진 지수방정식도 실근을 가진다.

이때 이차방정식 ㉠의 판별식을 D라고 하면

$D=a^2-36\geq 0$, $(a+6)(a-6)\geq 0$

$\therefore a\leq -6$ 또는 $a\geq 6$

따라서 양수 a의 최솟값은 $m=6$

$\therefore m^2=6^2=36$

16 **접근 방법** | 먼저 조건 (가)를 이용하여 $-2\leq x\leq 0$에서 함수 $y=f(x)$의 그래프를 그린다. 이때 함수 $y=f(x)$의 그래프가 조건 (나)에 의하여 원점에 대하여 대칭, 조건 (다)에 의하여 직선 $x=2$에 대하여 대칭임을 이용하여 $-10\leq x\leq 10$에서의 그래프를 그린다.

두 함수 $y=f(x)$, $y=\left(\frac{1}{2}\right)^x$의 그래프는 다음 그림과 같다.

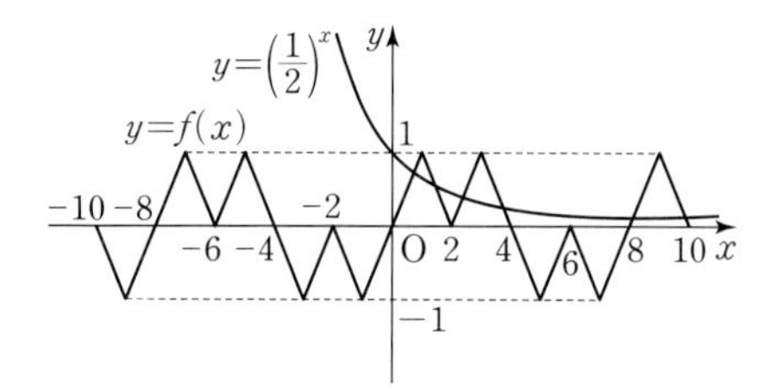

따라서 두 그래프의 교점의 개수는 6이다.

17 **접근 방법** | 지수함수 $y=a^x$의 그래프는 점 $(0, 1)$을 기준으로 오른쪽 그림과 같이 밑의 크기에 따라 지나는 부분이 결정된다. 이것은 평행이동한 후에도 마찬가지이므로 지수함수 $y=a^{x+3}+1$의 그래프가 항상 지나는 점을 기준으로 위의 그림과 같이 영역을 나눈 후 주어진 직사각형이 어떤 영역에 속하는지를 먼저 구해 본다.

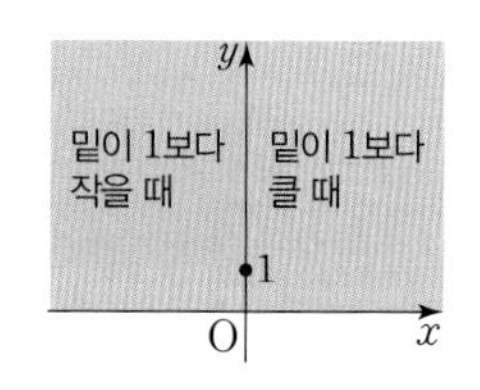

$y=a^{x+3}+1$에서 $x=-3$이면 $y=2$이므로 함수 $y=a^{x+3}+1$의 그래프는 a의 값에 관계없이 점 $(-3, 2)$를 지난다.

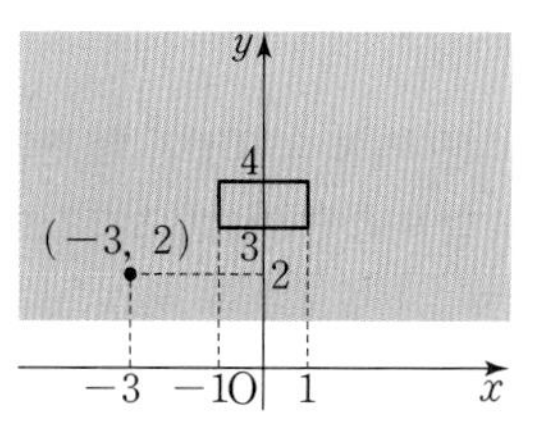

즉, 네 점 $(1, 3)$, $(1, 4)$, $(-1, 4)$, $(-1, 3)$을 꼭짓점으로 하는 직사각형은 밑이 1보다 큰 영역에 속하므로 $a>1$이다.

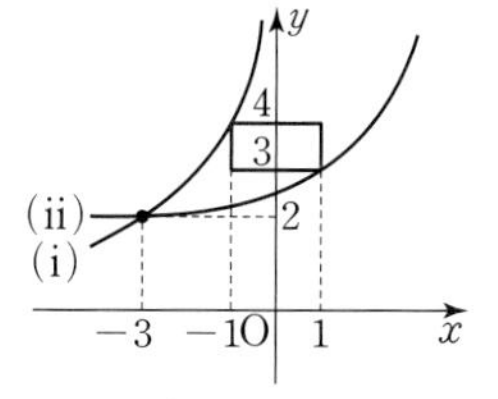

(i) 함수 $y=a^{x+3}+1$의 그래프가 점 $(-1, 4)$를 지날 때, 밑 a는 최대이다. 즉,

$4=a^2+1 \quad \therefore a=\sqrt{3}$

(ii) 함수 $y=a^{x+3}+1$의 그래프가 점 $(1, 3)$을 지날 때, 밑 a는 최소이다. 즉,

$3=a^4+1 \quad \therefore a=\sqrt[4]{2}$

(i), (ii)에서 $\alpha=\sqrt{3}$, $\beta=\sqrt[4]{2}$이므로

$\alpha^8-\beta^8=(\sqrt{3})^8-(\sqrt[4]{2})^8$

$=81-4=77$

보충 설명

지수함수 $y=a^{x-m}+n$의 그래프는 밑 a의 값에 관계없이 점 $(m, n+1)$을 지난다.

18 접근 방법 | 두 점 P와 Q의 x좌표의 비가 $1:2$이므로 두 점 P, Q의 x좌표를 각각 α, 2α로 놓는다.

점 P의 x좌표를 α라고 하면 점 P는 두 함수 $y=k\times3^x$, $y=3^{-x}$의 그래프의 교점이므로

$k\times3^\alpha=3^{-\alpha}$, $k\times3^\alpha=\dfrac{1}{3^\alpha}$

양변에 3^α을 곱하여 정리하면

$3^{2\alpha}=\dfrac{1}{k}$

또한 점 Q의 x좌표는 2α이고, 점 Q는 두 함수 $y=k\times3^x$, $y=-4\times3^x+8$의 그래프의 교점이므로

$k\times3^{2\alpha}=-4\times3^{2\alpha}+8$

이때 $3^{2\alpha}=\dfrac{1}{k}$이므로

$k\times\dfrac{1}{k}=-4\times\dfrac{1}{k}+8$

$1=-\dfrac{4}{k}+8 \quad \therefore k=\dfrac{4}{7}$

$\therefore 35k=35\times\dfrac{4}{7}=20$

19 접근 방법 | 정사각형 ABCD의 한 변의 길이가 6이고 두 점 A, D와 두 점 B, C의 y좌표가 각각 같고, 두 점 A, B의 x좌표는 12, 두 점 C, D의 x좌표는 6임을 이용한다.

네 점의 좌표는 각각 $A(12, a^{12})$, $B(12, b^{12})$, $C(6, c^6)$, $D(6, b^6)$이다.

이때 두 점 A, D와 두 점 B, C의 y좌표가 각각 서로 같으므로

$a^{12}=b^6$, $b^{12}=c^6$ …… ㉠

한편, 정사각형 ABCD의 한 변의 길이가 6이므로

$\overline{CD}=c^6-b^6=6$ …… ㉡

이때 ㉠에서 $c^6=b^{12}$이므로 ㉡에 대입하면

$b^{12}-b^6=6$, $(b^6)^2-b^6-6=0$

$(b^6+2)(b^6-3)=0$

b가 실수이므로 $b^6=3$

$\therefore a^{12}=b^6=3$, $c^6=b^{12}=(b^6)^2=9$

$\therefore a^{12}+b^{12}+c^{12}=3+9+9^2=93$

보충 설명

함수의 그래프에 대한 문제는 함수의 그래프가 지나는 점의 좌표를 중심으로 y좌표가 같다는 등의 함수적인 특징이나 도형의 특징을 이용해서 푸는 것이 일반적이다.

20 접근 방법 | A, B, C의 지수를 함수로 놓고 그래프를 그린 후 밑의 범위에 따라 대소 관계를 파악한다.

$A=x^x$, $B=x^{2x}$, $C=x^{x^2}$에서 밑이 모두 x로 같으므로 지수만을 함수로 나타내면 각각

$y=x$, $y=2x$, $y=x^2$

이고 이 세 함수의 그래프는 $0<x<1$, $1<x<2$에서 다음과 같다.

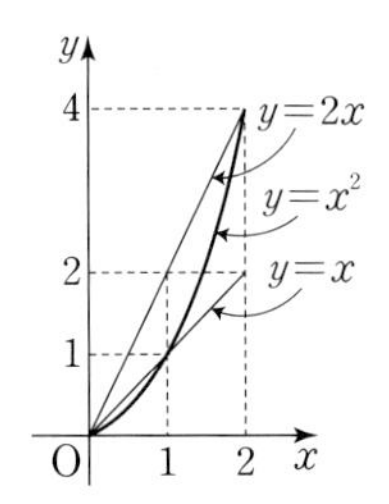

(1) $0<x<1$일 때,

$x^2<x<2x$이므로 $x^{2x}<x^x<x^{x^2}$

$\therefore B<A<C$

(2) $1<x<2$일 때,

$x<x^2<2x$이므로 $x^x<x^{x^2}<x^{2x}$

$\therefore A<C<B$

기출 다지기 146쪽

21 63 **22** ② **23** ⑤ **24** 15

21 접근 방법 | 주어진 부등식의 범위를 구한 후, 2^x의 밑이 1보다 크므로 $2^{x_1}<2^{x_2} \Longleftrightarrow x_1<x_2$임을 이용한다.

$2(2^x)^2-(2n+1)2^x+n\le0$에서

$(2\times2^x-1)(2^x-n)\le0$

$2^{-1}\le2^x\le n$ ($\because$ n은 자연수)

즉, $2^{-1}\le2^x\le2^{\log_2 n}$이고, 밑이 2로 같으므로 지수의 크기를 비교하면

$-1 \le x \le \log_2 n$

부등식을 만족시키는 모든 정수 x의 개수가 7이므로

정수 x가 -1, 0, 1, 2, 3, 4, 5

즉, $5 \le \log_2 n < 6$이므로 $32 \le n < 64$

따라서 구하는 자연수 n의 최댓값은 63이다.

22 **접근 방법** | 초기자산 w_0을 투자하고 15년이 지난 시점에서의 기대자산 W는 초기자산의 3배일 때, $W=3w_0$, $t=15$를 주어진 식에 대입한다.

금융상품에 초기자산 w_0을 투자하고 15년이 지난 시점에서의 기대자산 W는 초기자산의 3배이므로

$W=3w_0$, $t=15$를 대입하면

$$3w_0=\frac{w_0}{2}\times 10^{15a}(1+10^{15a})$$

$$6=10^{15a}(1+10^{15a})$$

$$(10^{15a})^2+10^{15a}-6=0$$

$$(10^{15a}+3)(10^{15a}-2)=0$$

$$\therefore\ 10^{15a}=2\ (\because\ 10^{15a}>0) \quad \cdots\cdots \text{㉠}$$

초기자산 w_0을 투자하고 30년이 지난 시점에서의 기대자산이 초기자산의 k배이므로

$W=kw_0$, $t=30$을 대입하면

$kw_0=\dfrac{w_0}{2}\times 10^{30a}(1+10^{30a})$이므로

$$\begin{aligned}2k&=10^{30a}(1+10^{30a})\\&=(10^{15a})^2\{1+(10^{15a})^2\}\\&=2^2\times(1+2^2)\ (\because\ \text{㉠})\\&=20\end{aligned}$$

$\therefore\ k=10$

23 **접근 방법** | $f(x)=2^x$, $g(x)=-2x^2+2$로 놓고 주어진 두 곡선을 좌표평면 위에 나타내어 $x=\dfrac{1}{2}$일 때 두 함수의 함숫값을 비교한다. 또한 두 점 (x_1, y_1), (x_2, y_2)가 모두 두 곡선 $y=2^x$, $y=-2x^2+2$ 위의 점임을 이용하여 ㄴ, ㄷ의 y_1, y_2에 대한 식을 x_1, x_2에 대한 식으로 변형한다.

ㄱ. $f(x)=2^x$, $g(x)=-2x^2+2$라고 하면

$f\left(\dfrac{1}{2}\right)=2^{\frac{1}{2}}=\sqrt{2}$,

$g\left(\dfrac{1}{2}\right)=-2\times\left(\dfrac{1}{2}\right)^2+2$

$=\dfrac{3}{2}$

이므로

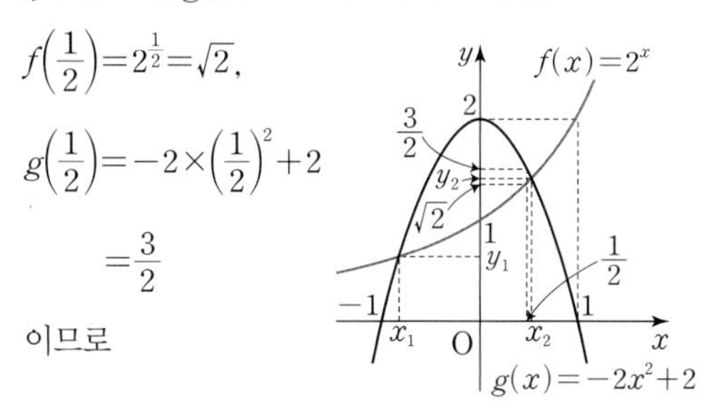

$\dfrac{3}{2}=\sqrt{\dfrac{9}{4}}>\sqrt{2}$

$\therefore\ x_2>\dfrac{1}{2}$ (참)

ㄴ. 오른쪽 그림에서 두 점 (x_1, y_1), (x_2, y_2)를 지나는 직선 l의 기울기가 두 점 $(0, 1)$, $(1, 2)$를 지나는 직선의 기울기

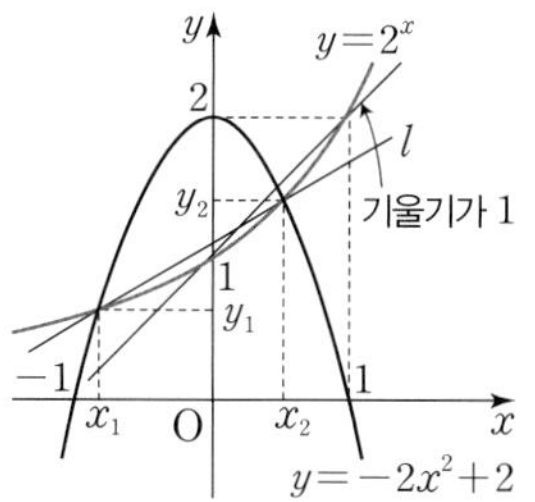

$\dfrac{2-1}{1-0}=1$보다 작으므로

$\dfrac{y_2-y_1}{x_2-x_1}<1$

이때 $x_2>x_1$이므로 $x_2-x_1>0$

$\therefore\ y_2-y_1<x_2-x_1$ (참)

ㄷ. $y_1=2^{x_1}$, $y_2=2^{x_2}$이므로 $y_1y_2=2^{x_1}\times 2^{x_2}=2^{x_1+x_2}$

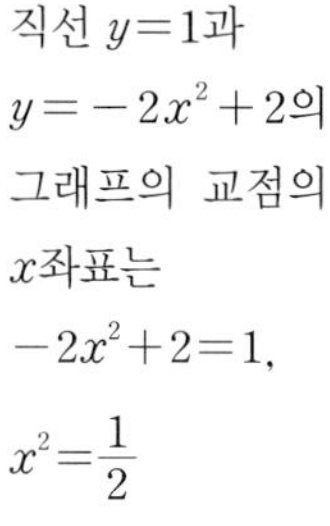

직선 $y=1$과 $y=-2x^2+2$의 그래프의 교점의 x좌표는

$-2x^2+2=1$,

$x^2=\dfrac{1}{2}$

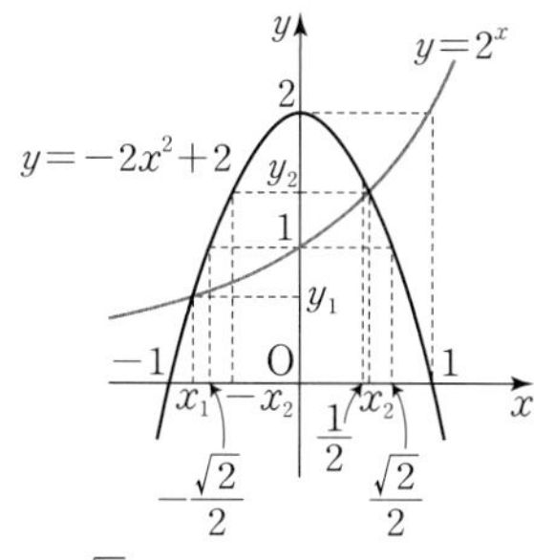

$\therefore\ x=\dfrac{\sqrt{2}}{2}$ 또는 $x=-\dfrac{\sqrt{2}}{2}$

즉, $-1<x_1<-\dfrac{\sqrt{2}}{2}$, $\dfrac{1}{2}<x_2<\dfrac{\sqrt{2}}{2}$이므로

$-\dfrac{1}{2}<x_1+x_2<0$

이때 $2^{-\frac{1}{2}}<2^{x_1+x_2}<2^0$이므로

$2^{-\frac{1}{2}}<y_1y_2<2^0$

$\therefore\ \dfrac{\sqrt{2}}{2}<y_1y_2<1$ (참)

따라서 옳은 것은 ㄱ, ㄴ, ㄷ이다.

24 **접근 방법** | a에 2, 3, 4, …를 차례대로 대입하여 x좌표와 y좌표가 모두 정수인 점을 구해 본다.

두 곡선 $y=4^x$, $y=a^{-x+4}$에서 가능한 x의 값을 구해 보면 곡선 $y=4^x$은 점 $(0, 1)$을 지나는 증가하는 함수의 그래프이고, 곡선 $y=a^{-x+4}$은 점 $(4, 1)$을 지나는 감소하는 함수의 그래프이다.

즉, 구하려는 영역에서 가능한 x좌표는 0, 1, 2, 3, 4뿐이다.

자연수 a가 $a>1$이므로 a 대신에 2, 3, 4, …를 대입하여 x좌표와 y좌표가 모두 정수인 점의 개수를 찾아보자.

(i) $a=2$일 때,
x좌표와 y좌표가 모두 정수인 점은 오른쪽 그림과 같이 12개이다.

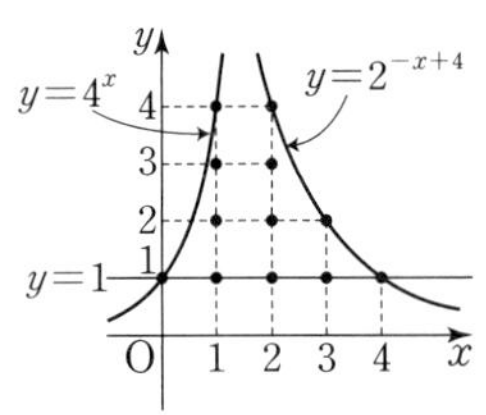

(ii) $a=3$일 때,
x좌표와 y좌표가 모두 정수인 점은 오른쪽 그림과 같이 18개이다.

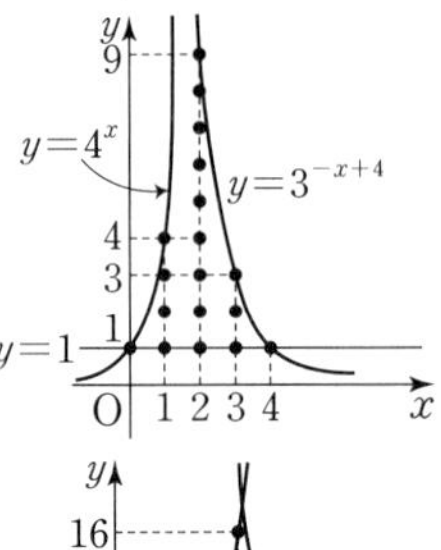

(iii) $a\geq4$일 때,
x좌표와 y좌표가 모두 정수인 점은 오른쪽 그림과 같이
$x=0$일 때, 1개
$x=1$일 때, 4개
$x=2$일 때, 16개
$x=3$일 때, a개
$x=4$일 때, 1개
이므로 $1+4+16+a+1=22+a$(개)
이때 x좌표와 y좌표가 모두 정수인 점의 개수는 20 이상 40 이하가 되어야 한다. 즉,
$20\leq22+a\leq40$이고, $a\geq4$이므로
$4\leq a\leq18$

(i), (ii), (iii)에 의하여 가능한 자연수 a는 4, 5, 6, …, 18의 15개이다.

04. 로그함수

개념 콕콕 1 로그함수의 뜻과 그래프 163쪽

1 답 (1) $\{x|x<3\}$ (2) $\{x|x>0\}$

(1) $3-x>0$에서 $x<3$
따라서 정의역은 $\{x|x<3\}$

(2) $2x>0$에서 $x>0$
따라서 정의역은 $\{x|x>0\}$

2 답 (1) $y=\log x$ (2) $y=\log_2 x+1$
(3) $y=10^x+1$ (4) $y=\left(\frac{1}{2}\right)^{x-2}$

(1) $y=10^x$에서 $x=\log y$
x와 y를 서로 바꾸면 구하는 역함수는
$y=\log x$

(2) $y=2^{x-1}$에서 $x-1=\log_2 y$
$\therefore x=\log_2 y+1$
x와 y를 서로 바꾸면 구하는 역함수는
$y=\log_2 x+1$

(3) $y=\log(x-1)$에서 $x-1=10^y$
$\therefore x=10^y+1$
x와 y를 서로 바꾸면 구하는 역함수는 $y=10^x+1$

(4) $y=\log_{\frac{1}{2}} x+2$에서 $y-2=\log_{\frac{1}{2}} x$
$\therefore x=\left(\frac{1}{2}\right)^{y-2}$
x와 y를 서로 바꾸면 구하는 역함수는
$y=\left(\frac{1}{2}\right)^{x-2}$

3 답 (1) 그래프는 풀이 참조, 점근선의 방정식 : $x=0$
(2) 그래프는 풀이 참조, 점근선의 방정식 : $x=0$

(1) 함수 $y=\log_3(-x)$의 그래프는 함수 $y=\log_3 x$의 그래프를 y축에 대하여 대칭이동한 것이므로 다음 그림과 같고, 점근선의 방정식은 $x=0$이다.

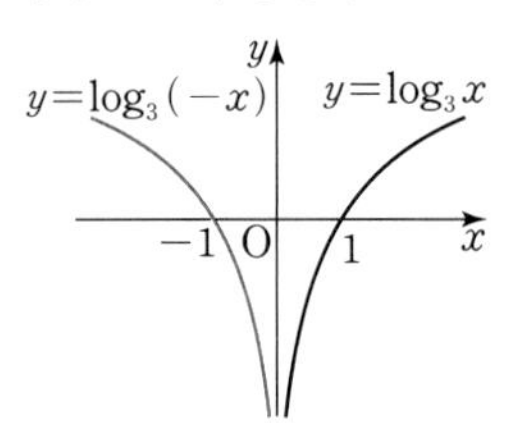

(2) $y=\log_3 9x=\log_3 x+2$이므로 함수 $y=\log_3 9x$의 그래프는 함수 $y=\log_3 x$의 그래프를 y축의 방향으

로 2만큼 평행이동한 것이므로 다음 그림과 같고, 점근선의 방정식은 $x=0$이다.

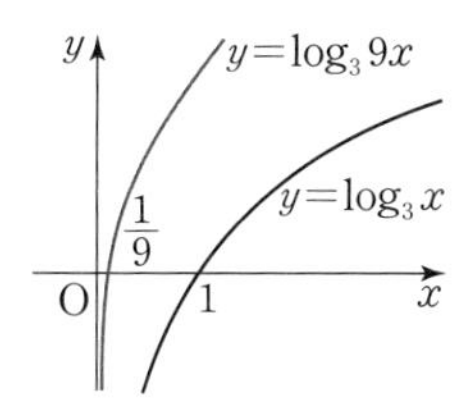

4 답 (1) $\log_2 7<2\log_2 3$ (2) $\log_{\frac{1}{3}} 4<\frac{1}{2}\log_{\frac{1}{3}} 9$

(1) $2\log_2 3=\log_2 3^2=\log_2 9$

함수 $y=\log_2 x$는 x의 값이 증가하면 y의 값도 증가하므로

$\log_2 7<\log_2 9$ $\quad\therefore \log_2 7<2\log_2 3$

(2) $\frac{1}{2}\log_{\frac{1}{3}} 9=\log_{\frac{1}{3}} 9^{\frac{1}{2}}=\log_{\frac{1}{3}} 3$

함수 $y=\log_{\frac{1}{3}} x$는 x의 값이 증가하면 y의 값은 감소하므로

$\log_{\frac{1}{3}} 4<\log_{\frac{1}{3}} 3$ $\quad\therefore \log_{\frac{1}{3}} 4<\frac{1}{2}\log_{\frac{1}{3}} 9$

5 답 (1) 최댓값 : 5, 최솟값 : 0
(2) 최댓값 : 1, 최솟값 : -2

(1) 함수 $y=\log_2 x$에서 밑은 2이고, $2>1$이므로

$x=1$일 때, $y=\log_2 1=0$

$x=32$일 때, $y=\log_2 32=5$

따라서 최댓값은 5, 최솟값은 0이다.

(2) 함수 $y=\log_{\frac{1}{2}}(x+1)$에서 밑은 $\frac{1}{2}$이고, $0<\frac{1}{2}<1$ 이므로

$x=-\frac{1}{2}$일 때, $y=\log_{\frac{1}{2}}\left(-\frac{1}{2}+1\right)=1$

$x=3$일 때, $y=\log_{\frac{1}{2}}(3+1)=-2$

따라서 최댓값은 1, 최솟값은 -2이다.

예제 01 로그함수의 그래프의 평행이동과 대칭이동 165쪽

01-1 답 풀이 참조

(1) 함수 $y=\log_{\frac{1}{2}}(x+2)-1$의 그래프는 함수 $y=\log_{\frac{1}{2}} x$의 그래프를 x축의 방향으로 -2만큼, y축의 방향으로 -1만큼 평행이동한 것이므로 다음 그림과 같다.

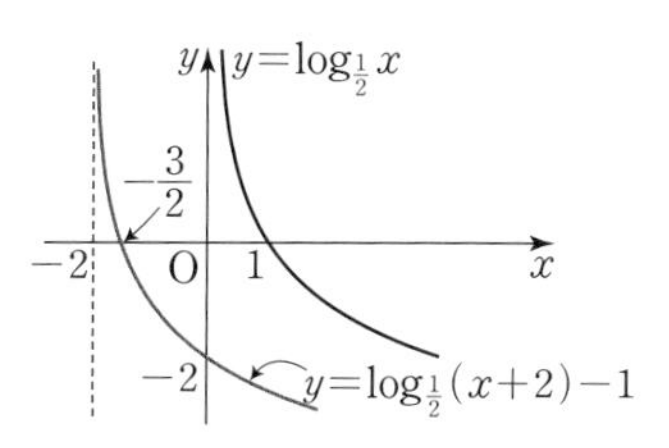

(2) $y=\log_2(4x-12)=\log_2 4(x-3)$

$=\log_2 4+\log_2(x-3)=\log_2(x-3)+2$

따라서 함수 $y=\log_2(4x-12)$의 그래프는 함수 $y=\log_2 x$의 그래프를 x축의 방향으로 3만큼, y축의 방향으로 2만큼 평행이동한 것이므로 다음 그림과 같다.

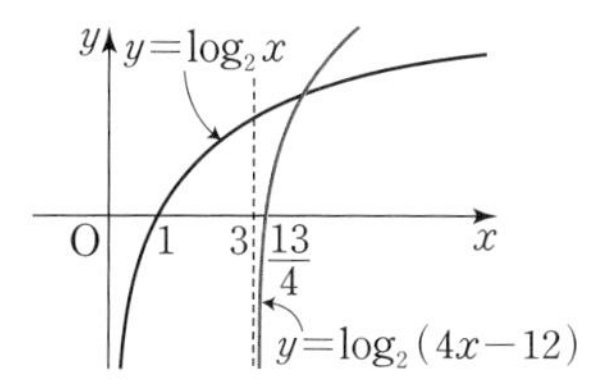

(3) $y=\log_3(1-x)-2=\log_3\{-(x-1)\}-2$

따라서 함수 $y=\log_3(1-x)-2$의 그래프는 함수 $y=\log_3 x$의 그래프를 y축에 대하여 대칭이동한 후 x축의 방향으로 1만큼, y축의 방향으로 -2만큼 평행이동한 것이므로 위의 그림과 같다.

$y=\log_3 x$, O, 1, -2, $y=\log_3(1-x)-2$

(4) $y=\log_{\frac{1}{3}}(-9x+18)+1$

$=\log_{\frac{1}{3}}\{-9(x-2)\}+1$

$=\log_{\frac{1}{3}} 9+\log_{\frac{1}{3}}\{-(x-2)\}+1$

$=-2+\log_{\frac{1}{3}}\{-(x-2)\}+1$

$=\log_{\frac{1}{3}}\{-(x-2)\}-1$

따라서 함수 $y=\log_{\frac{1}{3}}(-9x+18)+1$의 그래프는 함수 $y=\log_{\frac{1}{3}} x$의 그래프를 y축에 대하여 대칭이동한 후 x축의 방향으로 2만큼, y축의 방향으로 -1만큼 평행이동한 것이므로 다음 그림과 같다.

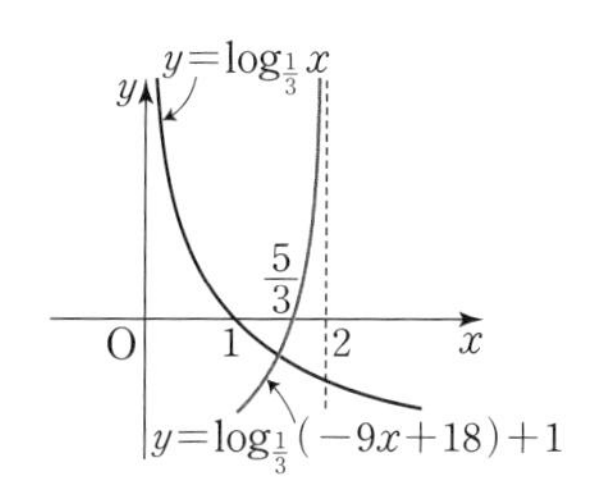

01-2 답 ④

① 함수 $y=-\log_2(3-x)+4$의 정의역은 진수의 조건 $3-x>0$에서 $\{x|x<3\}$이다.

② 함수 $y=-\log_2(3-x)+4$의 점근선의 방정식은 $x=3$이다.

③ $y=-\log_2(3-x)+4$에 $x=2$, $y=4$를 대입하면 $4=-\log_2(3-2)+4$이므로 점 (2, 4)를 지난다.

④, ⑤ $y=-\log_2(3-x)+4=-\log_2\{-(x-3)\}+4$이므로 함수 $y=-\log_2(3-x)+4$의 그래프는 함수 $y=\log_2 x$의 그래프를 원점에 대하여 대칭이동한 후 x축의 방향으로 3만큼, y축의 방향으로 4만큼 평행이동한 것이므로 x의 값이 증가할 때 y의 값도 증가한다.

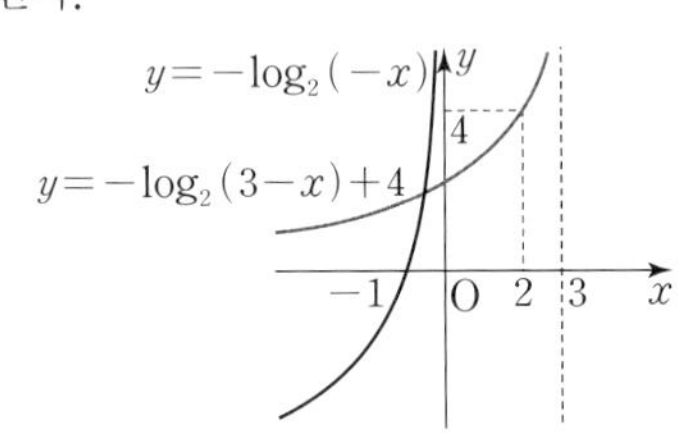

01-3 답 8

$y=k\log_{\frac{1}{2}}(a-x)+b=k\log_{\frac{1}{2}}\{-(x-a)\}+b$

따라서 함수 $y=k\log_{\frac{1}{2}}(a-x)+b$의 그래프는 함수 $y=k\log_{\frac{1}{2}}(-x)$의 그래프를 x축의 방향으로 a만큼, y축의 방향으로 b만큼 평행이동한 것이다. 이때 함수 $y=k\log_{\frac{1}{2}}(-x)$의 그래프의 점근선은 y축, 즉 직선 $x=0$이므로 함수 $y=k\log_{\frac{1}{2}}(a-x)+b$의 그래프의 점근선은 직선 $x=a$이다.

$\therefore a=4$

한편, 함수 $y=k\log_{\frac{1}{2}}(4-x)+b$의 그래프가 두 점 $(2, 0)$, $(0, -2)$를 지나므로

$0=k\log_{\frac{1}{2}}2+b$에서 $-k+b=0$

$-2=k\log_{\frac{1}{2}}4+b$에서 $-2k+b=-2$

두 식을 연립하여 풀면

$b=2$, $k=2$

$\therefore a+b+k=4+2+2=8$

⊕ 보충 설명

함수 $y=\log_a(x-m)+n$의 그래프는 함수 $y=\log_a x$의 그래프를 x축의 방향으로 m만큼, y축의 방향으로 n만큼 평행이동한 것인데, 이때 점근선은 직선 $x=m$이다. 즉, y축의 방향으로 평행이동한 것은 점근선에 영향을 주지 않는다.

예제 02 절댓값 기호를 포함한 로그함수의 그래프 167쪽

02-1 답 풀이 참조

(1) $y=\log_3|x|=\begin{cases}\log_3 x & (x>0)\\ \log_3(-x) & (x<0)\end{cases}$

따라서 함수 $y=\log_3|x|$의 그래프는 오른쪽 그림과 같다.

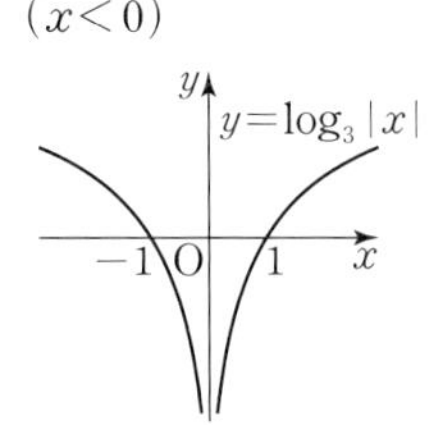

(2) $y=|\log_3 x|=\begin{cases}\log_3 x & (x\geq 1)\\ -\log_3 x & (0<x<1)\end{cases}$

따라서 함수 $y=|\log_3 x|$의 그래프는 오른쪽 그림과 같다.

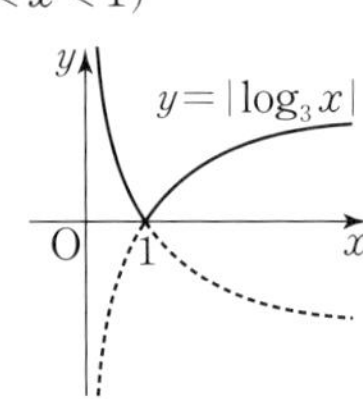

(3) $y=|\log_{\frac{1}{3}}(-x)|=|-\log_3(-x)|$

$=|\log_3(-x)|=\begin{cases}\log_3(-x) & (x\leq -1)\\ -\log_3(-x) & (-1<x<0)\end{cases}$

따라서 함수 $y=|\log_{\frac{1}{3}}(-x)|$의 그래프는 오른쪽 그림과 같다.

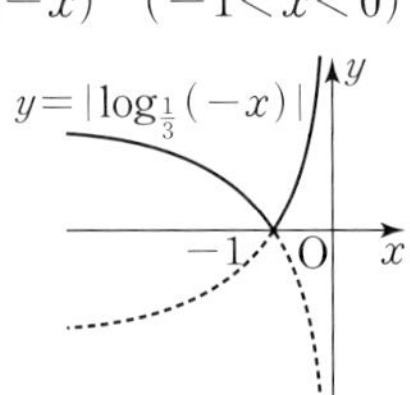

(4) $y=\log_{\frac{1}{3}}|x-1|=-\log_3|x-1|$

따라서 함수 $y=\log_{\frac{1}{3}}|x-1|$의 그래프는 함수 $y=\log_3|x|$의 그래프를 x축에 대하여 대칭이동한 후 x축의 방향으로 1만큼 평행이동한 것이므로 위의 그림과 같다.

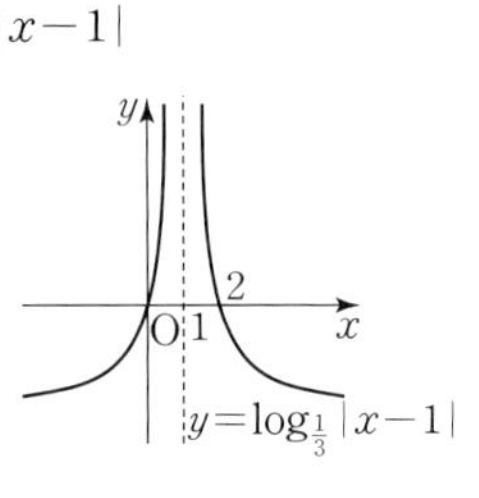

02-2 답 풀이 참조

(1) $|y|=\log_2 x$의 그래프는 함수 $y=\log_2 x$ $(y\geq 0)$의 그래프를 그린 후 이 그래프를 x축에 대하여 대칭이동한 것이므로 오른쪽 그림과 같다.

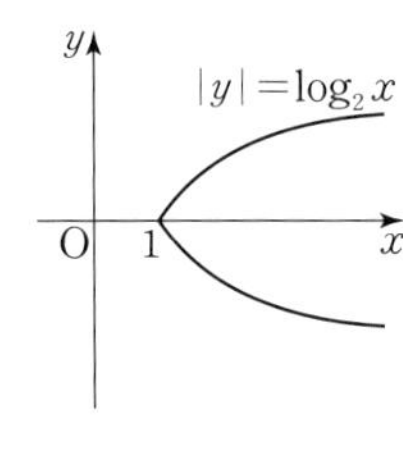

(2) $|y|=\log_{\frac{1}{2}}x$의 그래프는 함수 $y=\log_{\frac{1}{2}}x$ $(y\geq 0)$의 그래프를 그린 후 이 그래프를 x축에 대하여 대칭이동한 것이므로 오른쪽 그림과 같다.

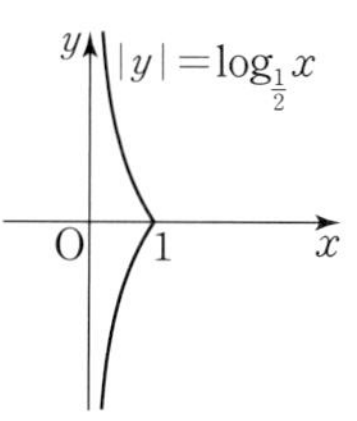

(3) $|y|=\log_2|x|$의 그래프는 함수 $y=\log_2 x$ $(x>0,\ y\geq 0)$의 그래프를 그린 후 이 그래프를 x축, y축, 원점에 대하여 각각 대칭이동한 것이므로 다음 그림과 같다.

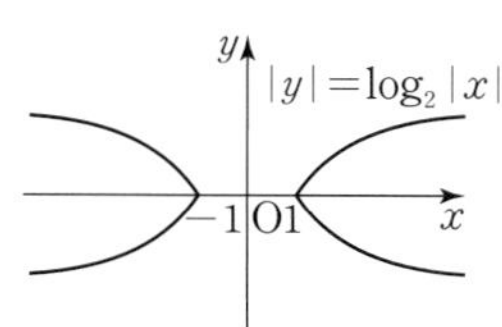

(4) $|y|=|\log_2 x|$의 그래프는 함수 $y=|\log_2 x|$ $(y\geq 0)$의 그래프를 그린 후 이 그래프를 x축에 대하여 대칭이동한 것이므로 오른쪽 그림과 같다.

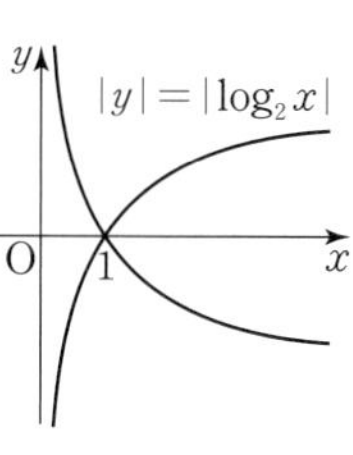

⊕보충 설명

다음과 같이 함수 $y=f(x)$의 그래프를 대칭이동하여 $|y|=f(x)$, $|y|=f(|x|)$의 그래프를 그릴 수 있다.

1 $|y|=f(x)$의 그래프

❶ 함수 $y=f(x)$의 그래프를 $y\geq 0$인 부분만 그린다.

❷ 직선 $y=0$ (x축)을 기준으로 $y\geq 0$인 부분은 그대로 두고 $y<0$인 부분은 $y\geq 0$인 부분을 x축에 대하여 대칭이동하여 그린다.

2 $|y|=f(|x|)$의 그래프

❶ 함수 $y=f(x)$의 그래프를 $x\geq 0$, $y\geq 0$인 부분만 그린다.

❷ 두 직선 $x=0$ (y축), $y=0$ (x축)을 기준으로 $x\geq 0$, $y\geq 0$인 부분은 그대로 두고 나머지 부분은 각각 x축, y축, 원점에 대하여 대칭이동하여 그린다.

02-3 답 ④

함수 $y=|\log_2 x^2|$의 그래프는 함수 $y=\log_2 x^2$의 그래프에서 $y\geq 0$인 부분은 그대로 두고, $y<0$인 부분은 x축에 대하여 대칭이동한 것이므로 오른쪽 그림과 같다.

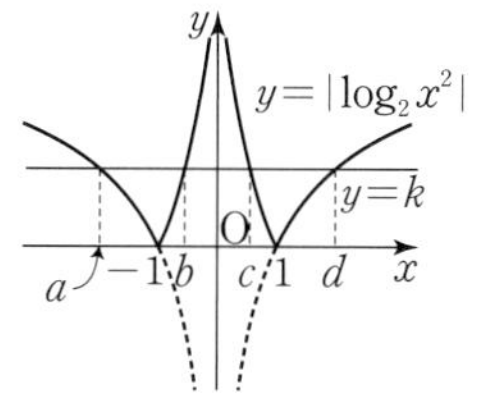

ㄱ. 그래프는 y축에 대하여 대칭이다. (거짓)

ㄴ. $x=\pm 1$일 때, $y=0$이므로 $y=0$인 x의 값은 2개이다. (참)

ㄷ. 그래프가 y축에 대하여 대칭이므로 앞의 그림과 같이 양수 k에 대하여 직선 $y=k$와 함수 $y=|\log_2 x^2|$의 그래프가 만나는 점의 x좌표를 각각 a, b, c, d라고 하면

$a=-d$, $b=-c$

$\therefore a+b+c+d=0$

그러므로 양수 k에 대하여 $k=|\log_2 x^2|$을 만족시키는 모든 x의 값의 합은 0이다. (참)

따라서 옳은 것은 ㄴ, ㄷ이다.

예제 03 지수함수와 로그함수의 역함수 (1) 169쪽

03-1 답

(1) $y=\log(x-2)+1$

(2) $y=\log_{\frac{1}{2}}(x+1)+3$

(3) $y=4^{x+3}-1$

(4) $y=2^{-x}-1$

(1) $y=10^{x-1}+2$에서 $y-2=10^{x-1}$이므로 로그의 정의에 의하여

$x-1=\log(y-2)$

$\therefore x=\log(y-2)+1$

x와 y를 서로 바꾸면 구하는 역함수는

$y=\log(x-2)+1$

(2) $y=2^{-x+3}-1$에서 $y+1=2^{-x+3}$이므로 로그의 정의에 의하여

$-x+3=\log_2(y+1)$

$x=-\log_2(y+1)+3$

$\therefore x=\log_{\frac{1}{2}}(y+1)+3$

x와 y를 서로 바꾸면 구하는 역함수는

$y=\log_{\frac{1}{2}}(x+1)+3$

(3) $y=\log_4(x+1)-3$에서 $y+3=\log_4(x+1)$이므로 로그의 정의에 의하여

$x+1=4^{y+3}$

$\therefore x=4^{y+3}-1$

x와 y를 서로 바꾸면 구하는 역함수는

$y=4^{x+3}-1$

(4) $y=\log_2\dfrac{1}{x+1}$에서 로그의 정의에 의하여

$\dfrac{1}{x+1}=2^y$, $x+1=\dfrac{1}{2^y}=2^{-y}$

$\therefore x=2^{-y}-1$

x와 y를 서로 바꾸면 구하는 역함수는
$y=2^{-x}-1$

⊕ 보충 설명

함수 $y=f(x)$의 그래프와 그 역함수 $y=f^{-1}(x)$의 그래프는 직선 $y=x$에 대하여 대칭이다.
따라서 두 함수 $y=a^{x-m}+n$, $y=\log_a(x-n)+m$ $(a>0,\ a\neq1)$은 서로 역함수 관계이므로 두 함수의 그래프는 직선 $y=x$에 대하여 대칭이다.
즉, (1)에서 함수 $y=10^{x-1}+2$의 그래프는 함수 $y=10^x$의 그래프를 x축의 방향으로 1만큼, y축의 방향으로 2만큼 평행이동한 것이므로 이 함수의 역함수인 함수 $y=\log(x-2)+1$의 그래프는 함수 $y=\log x$의 그래프를 x축의 방향으로 2만큼, y축의 방향으로 1만큼 평행이동한 것이 된다.

03-2 답 (1) 10 (2) 0

(1) $y=10^{ax}$에서 로그의 정의에 의하여

$ax=\log y \qquad \therefore x=\frac{1}{a}\log y$

x와 y를 서로 바꾸면

$y=\frac{1}{a}\log x$

따라서 이 식이 $y=\frac{a}{100}\log x$와 같으므로

$\frac{1}{a}=\frac{a}{100},\ a^2=100 \qquad \therefore a=10\ (\because a>0)$

(2) $y=\left(\frac{1}{2}\right)^{2x-1}$에서 로그의 정의에 의하여

$2x-1=\log_{\frac{1}{2}}y,\ 2x=-\log_2 y+1$

$\therefore x=-\frac{1}{2}\log_2 y+\frac{1}{2}$

x와 y를 서로 바꾸면

$y=-\frac{1}{2}\log_2 x+\frac{1}{2}$

따라서 이 식이 $y=a\log_2 x+b$와 같으므로

$a=-\frac{1}{2},\ b=\frac{1}{2} \qquad \therefore a+b=-\frac{1}{2}+\frac{1}{2}=0$

다른 풀이

(2) 함수 $y=a\log_2 x+b$에서 $x=2$일 때 $y=a+b$이므로 그 역함수 $y=\left(\frac{1}{2}\right)^{2x-1}$에 $x=a+b$, $y=2$를 대입하면

$2=\left(\frac{1}{2}\right)^{2(a+b)-1}$

즉, $2(a+b)-1=-1$이므로

$2(a+b)=0 \qquad \therefore a+b=0$

03-3 답 ②

$f(x)=\log_2 x-3$에서 $y=\log_2 x-3$으로 놓으면
$y+3=\log_2 x \qquad \therefore x=2^{y+3}$
x와 y를 서로 바꾸면
$y=2^{x+3} \qquad \therefore g(x)=2^{x+3}$
한편, $f(x-1)=\log_2(x-1)-3$이므로
$y=\log_2(x-1)-3$으로 놓으면
$y+3=\log_2(x-1),\ x-1=2^{y+3}$
$\therefore x=2^{y+3}+1$
x와 y를 서로 바꾸면
$y=2^{x+3}+1=g(x)+1$
따라서 함수 $f(x-1)$의 역함수는 $g(x)+1$이다.

다른 풀이

두 함수 $y=a^{x-m}+n$, $y=\log_a(x-n)+m$ $(a>0,\ a\neq1)$은 서로 역함수 관계이고, 두 함수의 그래프는 직선 $y=x$에 대하여 대칭이다.
이때 역함수 관계에 있는 두 함수 $y=a^{x-m}+n$, $y=\log_a(x-n)+m$의 그래프의 평행이동은 'x축의 방향으로'와 'y축의 방향으로'가 서로 바뀐다.
따라서 함수 $y=f(x-1)$의 그래프는 함수 $y=f(x)$의 그래프를 x축의 방향으로 1만큼 평행이동한 것이므로 함수 $y=f(x-1)$의 역함수의 그래프는 함수 $y=g(x)$의 그래프를 y축의 방향으로 1만큼 평행이동한 함수 $y=g(x)+1$의 그래프와 일치한다.
따라서 함수 $f(x-1)$의 역함수는 $g(x)+1$이다.

예제 04 지수함수와 로그함수의 역함수 (2) 171쪽

04-1 답 18

$(g\circ g\circ g\circ g\circ g)(a)=-3$에서
$(g^{-1}\circ g^{-1}\circ g^{-1}\circ g^{-1}\circ g^{-1}\circ g\circ g\circ g\circ g\circ g)(a)$
$=(g^{-1}\circ g^{-1}\circ g^{-1}\circ g^{-1}\circ g^{-1})(-3)$
$\therefore a=(g^{-1}\circ g^{-1}\circ g^{-1}\circ g^{-1}\circ g^{-1})(-3)$
$=(f\circ f\circ f\circ f\circ f)(-3)$
$=f(f(f(f(f(-3)))))$
이때 $f(-3)=\frac{71}{5}-\frac{19}{15}\times(-3)=18$,
$f(18)=1-2\log_3(18-9)=1-2\times2=-3$이므로
$a=f(f(f(f(f(-3)))))=f(-3)=18$

04-2 답 (1) 16 (2) $\frac{1}{25}$

(1) $(g\circ f)(x)=x$를 만족시키는 함수 $g(x)$는 함수 $f(x)$의 역함수이다.

$g(13)=a$라고 하면 역함수의 성질에 의하여

$13=g^{-1}(a)=f(a)$, 즉 $1+3\log_2 a=13$

$3\log_2 a=12$, $\log_2 a=4$

$\therefore a=2^4=16$

$\therefore g(13)=16$

(2) $g(3)=p$, $g\left(\frac{1}{3}\right)=q$로 놓으면

$f(p)=3$, $f(q)=\frac{1}{3}$

$f(p)=3$에서

$5\times2^p=3$, $2^p=\frac{3}{5}$ $\quad\therefore p=\log_2\frac{3}{5}$

$f(q)=\frac{1}{3}$에서

$5\times2^q=\frac{1}{3}$, $2^q=\frac{1}{15}$ $\quad\therefore q=\log_2\frac{1}{15}$

$$\begin{aligned}\therefore p+q&=\log_2\frac{3}{5}+\log_2\frac{1}{15}\\&=\log_2\left(\frac{3}{5}\times\frac{1}{15}\right)\\&=\log_2\frac{1}{25}\end{aligned}$$

$\therefore 2^{g(3)+g\left(\frac{1}{3}\right)}=2^{p+q}=2^{\log_2\frac{1}{25}}=\frac{1}{25}$

다른 풀이

(1) $f(x)=1+3\log_2 x$에서 $y=1+3\log_2 x$로 놓으면

$\frac{y-1}{3}=\log_2 x$이므로 로그의 정의에 의하여

$x=2^{\frac{y-1}{3}}$

x와 y를 서로 바꾸면

$y=2^{\frac{x-1}{3}}$

따라서 $g(x)=2^{\frac{x-1}{3}}$이므로

$g(13)=2^{\frac{13-1}{3}}=2^4=16$

04-3 답 3

$(g\circ f)(x)=x$를 만족시키는 함수 $g(x)$는 함수 $f(x)$의 역함수이다.

$g(-12)=a$로 놓으면 역함수의 성질에 의하여

$-12=g^{-1}(a)=f(a)$

그런데 $x<1$일 때 $f(x)=-x+1>0$이고, $x\ge1$일 때 $f(x)=-2^{x+1}+4\le0$이므로 $a\ge1$이어야 한다.

즉, $-2^{a+1}+4=-12$이므로

$2^{a+1}=16=2^4$

$\therefore a=3$

따라서 $g(-12)=3$이므로 $g(k)+g(-12)=1$에서

$g(k)=-2$

$\therefore k=g^{-1}(-2)=f(-2)=-(-2)+1=3$

예제 05 지수함수와 로그함수의 그래프 173쪽

05-1 답 ①

함수 $y=\log_a(x+b)$의 그래프에서 x의 값이 증가할 때 y의 값이 감소하므로

$0<a<1$

또한 그래프가 원점을 지나므로

$0=\log_a b$ $\quad\therefore b=1$

그러므로 함수

$y=\left(\frac{1}{a}\right)^x+1$의 그래프는

함수 $y=\left(\frac{1}{a}\right)^x\left(\frac{1}{a}>1\right)$의 그래프를 y축의 방향으로 1만큼 평행이동한 것이다.

따라서 함수 $y=\left(\frac{1}{a}\right)^x+b$의 그래프의 개형은 ①이다.

05-2 답 $a>b>c$

함수 $y=c^x$의 그래프를 직선 $y=x$에 대하여 대칭이동하여 역함수 $y=\log_c x$의 그래프를 그린 후, 세 함수 $y=\log_a x$, $y=\log_b x$, $y=\log_c x$의 그래프와 직선 $y=1$의 교점의 좌표를 각각 구하면 $(a, 1)$, $(b, 1)$, $(c, 1)$이다.

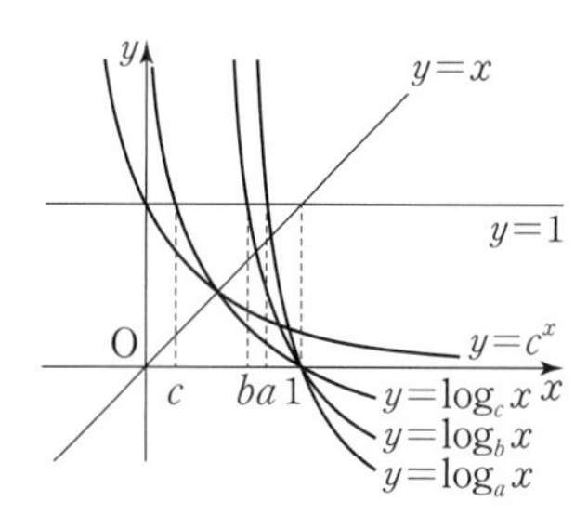

따라서 세 점의 x좌표를 비교하면

$a>b>c$

05-3 답 ②

ㄱ. $y=\frac{3^x}{2}=\frac{1}{2}\times 3^x=3^{\log_3 \frac{1}{2}}\times 3^x$

$=3^{-\log_3 2}\times 3^x=3^{x-\log_3 2}$

따라서 함수 $y=\frac{3^x}{2}$의 그래프는 함수 $y=3^x$의 그래프를 x축의 방향으로 $\log_3 2$만큼 평행이동한 것이다.

ㄴ. $y=9^x+1=3^{2x}+1$

따라서 함수 $y=9^x+1$의 그래프는 평행이동 또는 대칭이동에 의하여 함수 $y=3^x$의 그래프와 일치할 수 없다.

ㄷ. $y=\log_3 x$와 $y=3^x$은 서로 역함수 관계이므로 함수 $y=\log_3 x-1$의 그래프는 함수 $y=3^x$의 그래프를 직선 $y=x$에 대하여 대칭이동한 후, y축의 방향으로 -1만큼 평행이동한 것이다.

ㄹ. $y=\log_9 x^2=\frac{1}{2}\log_3 |x|^2$

$=\log_3 |x|$

$=\begin{cases}\log_3 x & (x>0)\\ \log_3 (-x) & (x<0)\end{cases}$

이므로 이 함수의 그래프는 오른쪽 그림과 같다. 따라서 함수 $y=\log_9 x^2$의 그래프는 평행이동 또는 대칭이동에 의하여 함수 $y=3^x$의 그래프와 일치할 수 없다.

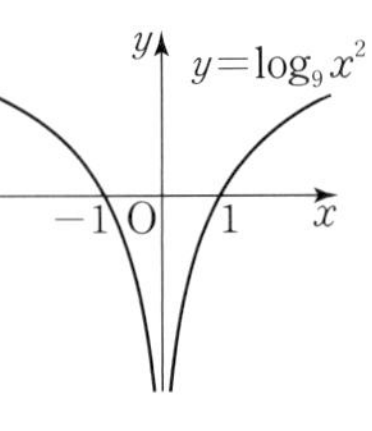

따라서 평행이동 또는 대칭이동에 의하여 함수 $y=3^x$의 그래프와 일치할 수 있는 것은 ㄱ, ㄷ이다.

보충 설명

두 함수 $y=\log_2 x^2$과 $y=2\log_2 x$의 차이점

$x>0$일 때, $y=\log_2 x^2=2\log_2 x$이다. 그러나 두 함수 $y=\log_2 x^2$과 $y=2\log_2 x$의 정의역은 각각 $\{x|x\neq 0\}$, $\{x|x>0\}$이므로 서로 다른 함수이고, 두 함수의 그래프는 다음 그림과 같다.

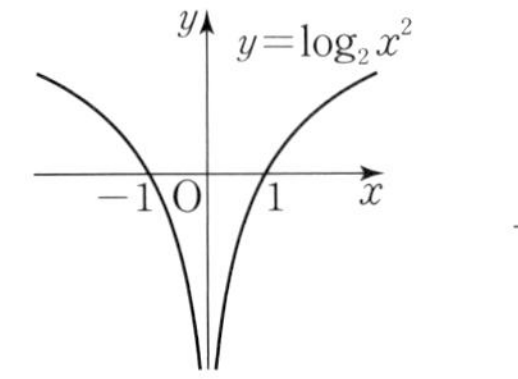

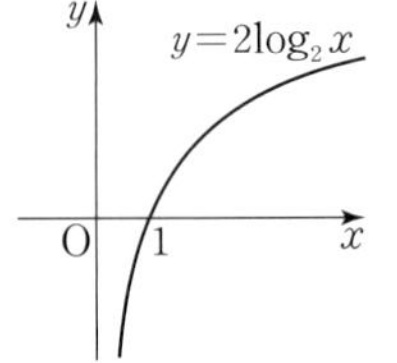

한편, 두 함수 $y=\log_2 x^3$과 $y=3\log_2 x$의 정의역은 모두 $\{x|x>0\}$이므로 두 함수는 서로 같다.

06-1 답 12

$\overline{AB}=6$에서 두 점 B, C의 x좌표는 9이므로

$B(9, \log_b 9)$, $C(9, \log_a 9)$

$\overline{BC}=6$이므로

$\overline{BC}=\log_a 9-\log_b 9=6$ …… ㉠

두 점 A, B의 y좌표가 같으므로

$\log_a 3=\log_b 9$ …… ㉡

㉡을 ㉠에 대입하면

$\log_a 9-\log_a 3=\log_a 3=6$

$\therefore a^6=3$

$\log_a 3=6$이므로 ㉡에서 $\log_b 9=6$

$\therefore b^6=9$

$\therefore a^6+b^6=3+9=12$

06-2 답 ③

$A(k, 2)$라고 하면 $C(k+2, 4)$이고, 두 점 A, C는 함수 $y=\log_a x$의 그래프 위의 점이므로

$\log_a k=2 \quad \therefore k=a^2$

$\log_a (k+2)=4 \quad \therefore k=a^4-2$

$a^2=a^4-2$에서 $a^4-a^2-2=0$

$(a^2+1)(a^2-2)=0$

$\therefore a^2=2$ ($\because a^2>0$)

따라서 $k=2$이고 $B(4, 2)$이다.

이때 점 B는 함수 $y=\log_b x$의 그래프 위의 점이므로

$2=\log_b 4$, $b^2=4$

$\therefore b=2$ ($\because b>0$)

06-3 답 16

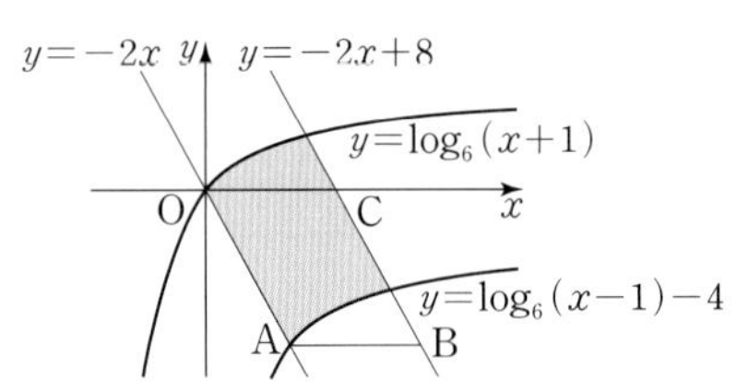

함수 $y=\log_6 (x-1)-4$의 그래프는 함수 $y=\log_6 (x+1)$의 그래프를 x축의 방향으로 2만큼, y축의 방향으로 -4만큼 평행이동한 것이다.

원점을 x축의 방향으로 2만큼, y축의 방향으로 -4만큼 평행이동하면 점 $(2, -4)$이고, 점 $(2, -4)$는 직선 $y=-2x$ 위의 점이다.

즉, 함수 $y=\log_6(x-1)-4$의 그래프와 직선 $y=-2x$가 만나는 점을 A라고 하면 $A(2, -4)$이다.
앞의 그림과 같이 점 A를 지나고 x축에 평행한 직선이 직선 $y=-2x+8$과 만나는 점을 B, 직선 $y=-2x+8$이 x축과 만나는 점을 C라고 하면 주어진 두 곡선과 두 직선으로 둘러싸인 도형의 넓이는 평행사변형 OABC의 넓이와 같다.
이때 점 C의 좌표는 $C(4, 0)$이므로
$\overline{OC}=4$
따라서 구하는 도형의 넓이는
$4\times4=16$

예제 07 역함수 관계에 있는 로그함수와 지수함수의 그래프 177쪽

07-1 답 16

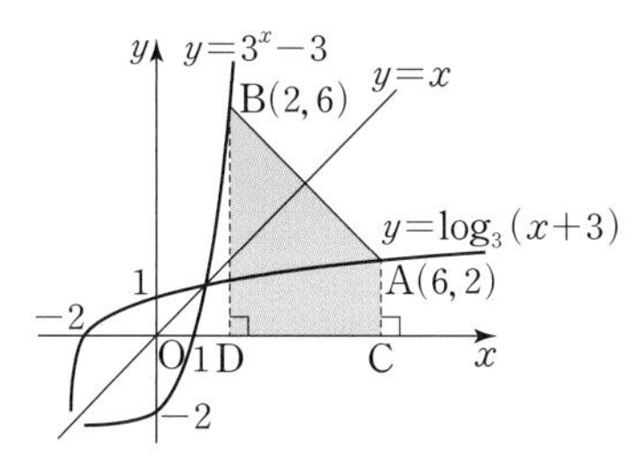

두 함수 $y=3^x-3$과 $y=\log_3(x+3)$은 서로 역함수 관계이므로 두 함수의 그래프는 직선 $y=x$에 대하여 대칭이다.
점 $A(6, 2)$를 지나고 기울기가 -1인 직선이 곡선 $y=3^x-3$과 만나는 점 B는 점 $A(6, 2)$를 직선 $y=x$에 대하여 대칭이동한 점이다.
따라서 $B(2, 6)$이므로 사각형 ABDC의 넓이는
$\frac{1}{2}\times(6+2)\times4=16$

07-2 답 3

$A(0, 1)$, $B(1, 0)$이고 선분 AB가 정사각형의 한 변이므로 $C(1, 2)$, $D(2, 1)$이다.
이때 직선 $y=-x+k$가 점 $C(1, 2)$를 지나므로
$2=-1+k \qquad \therefore k=3$

07-3 답 $\frac{5}{2}$

$A(\alpha, m\alpha)$, $B(\beta, m\beta)$라고 하면 사각형 ABDC는 등변사다리꼴이므로
$\overline{AC}/\!/\overline{BD}$, $\overline{AB}=\overline{CD}$
이때 $\triangle OBD : \triangle OAC=4:1$이므로
$\overline{OB}:\overline{OA}=2:1$
즉, $\beta=2\alpha$이므로 $B(2\alpha, 2m\alpha)$이다.
또한 두 점 A, B는 함수 $y=\log_2 x$의 그래프 위의 점이므로
$m\alpha=\log_2\alpha$, $2m\alpha=\log_2 2\alpha$
$\log_2 2\alpha=1+\log_2\alpha$이므로
$2m\alpha=1+m\alpha \qquad \therefore m\alpha=1$ ...... ㉠
즉, $\log_2\alpha=1$이므로 $\alpha=2$, $\beta=4$
$\alpha=2$를 ㉠에 대입하면 $2m=1$
$\therefore m=\frac{1}{2}$
한편, 두 함수 $y=\log_2 x$, $y=2^x$은 서로 역함수 관계이므로 그 그래프는 직선 $y=x$에 대하여 대칭이다.
즉, 점 C는 점 $A(2, 1)$을 직선 $y=x$에 대하여 대칭이동한 점이므로 점 C의 좌표는 $(1, 2)$이다.
또한 점 $C(1, 2)$는 직선 $y=nx$ 위의 점이므로
$n=2$
$\therefore m+n=\frac{1}{2}+2=\frac{5}{2}$

예제 08 로그함수의 성질을 이용한 대소 관계 179쪽

08-1 답 (1) $-2<\log_{\frac{1}{2}}\sqrt{10}<\log_{\frac{1}{2}}3$

(2) $\log_a\frac{a}{b}<\log_b\frac{b}{a}<\frac{1}{2}<\log_b a<\log_a b$

(1) -2를 밑이 $\frac{1}{2}$인 로그로 나타내면

$-2=-2\log_{\frac{1}{2}}\frac{1}{2}=\log_{\frac{1}{2}}\left(\frac{1}{2}\right)^{-2}=\log_{\frac{1}{2}}4$
이때 함수 $y=\log_{\frac{1}{2}}x$는 x의 값이 증가하면 y의 값은 감소하고, $3<\sqrt{10}<4$이므로
$\log_{\frac{1}{2}}4<\log_{\frac{1}{2}}\sqrt{10}<\log_{\frac{1}{2}}3$
$\therefore -2<\log_{\frac{1}{2}}\sqrt{10}<\log_{\frac{1}{2}}3$

(2) $\log_a b=k$라고 하면

$\log_b a=\frac{1}{\log_a b}=\frac{1}{k}$,

$\log_a\frac{a}{b}=\log_a a-\log_a b=1-k$,

$\log_b\frac{b}{a}=\log_b b-\log_b a=1-\frac{1}{k}$이므로

주어진 수는 순서대로 $\frac{1}{2}$, k, $\frac{1}{k}$, $1-k$, $1-\frac{1}{k}$이다.

이때 $0<a<1$에서 함수 $y=\log_a x$는 x의 값이 증가하면 y의 값은 감소하고, $a^2<b<a$에서
$\log_a a<\log_a b<\log_a a^2$, 즉 $1<k<2$이므로

$1-k<0<1-\frac{1}{k}<\frac{1}{2}<\frac{1}{k}<1<k$

$\therefore \log_a \frac{a}{b}<\log_b \frac{b}{a}<\frac{1}{2}<\log_b a<\log_a b$

08-2 답 ⑤

ㄱ. $0<a<1$, $b>1$이므로 $\log_a b<\log_a 1=0$

$\therefore A=\log_a \sqrt{b}=\frac{1}{2}\log_a b<0$ (참)

ㄴ. $AB=\log_a \sqrt{b}\times\log_{\sqrt{b}} a=1$ (참)

ㄷ. $0<a<1$, $b<\frac{1}{a}$이므로

$\log_a b>\log_a \frac{1}{a}=-1$

$\therefore A=\log_a \sqrt{b}=\frac{1}{2}\log_a b>-\frac{1}{2}$

ㄱ에 의하여 $-\frac{1}{2}<A<0$이므로 $B=\frac{1}{A}<-2$

$\therefore A>B$ (참)

따라서 옳은 것은 ㄱ, ㄴ, ㄷ이다.

08-3 답 ⑤

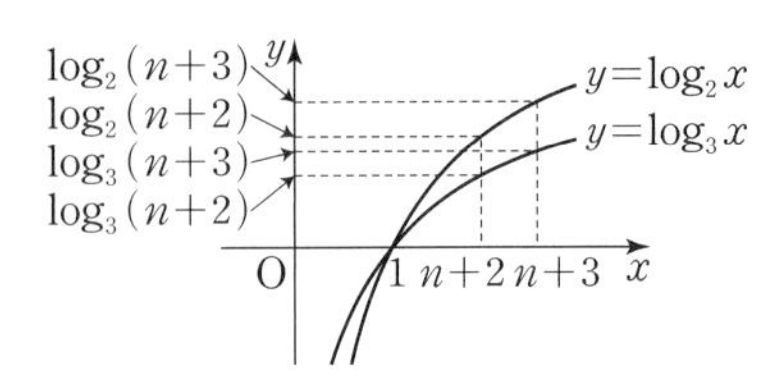

ㄱ. 함수 $y=\log_2 x$는 x의 값이 증가하면 y의 값도 증가하므로

$\log_2(n+3)>\log_2(n+2)$ (참)

ㄴ. $x>1$에서 $\log_2 x>\log_3 x$이므로

$\log_2(n+2)>\log_3(n+2)$ (참)

ㄷ. 두 함수 $y=\log_2(x+2)$, $y=\log_3(x+3)$의 그래프는 다음 그림과 같다.

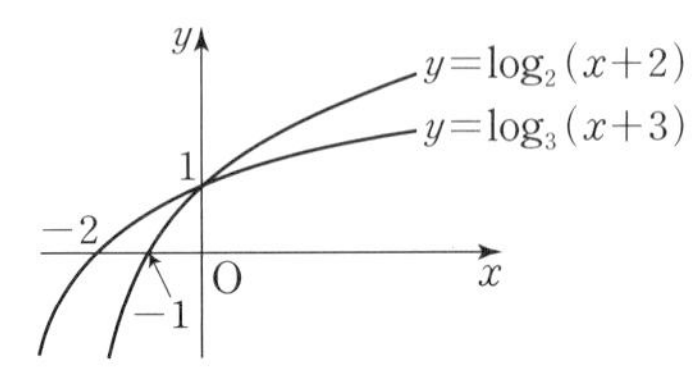

$x>0$일 때, $\log_2(x+2)>\log_3(x+3)$이므로 자연수 n에 대하여

$\log_2(n+2)>\log_3(n+3)$ (참)

따라서 항상 성립하는 것은 ㄱ, ㄴ, ㄷ이다.

예제 09 지수함수, 로그함수의 그래프를 이용한 참, 거짓 판별하기 181쪽

09-1 답 (1) 참 (2) 거짓

(1) 원점 $(0, 0)$과 곡선 $y=2^x$ 위의 임의의 점 $(x, 2^x)$을 지나는 직선의 기울기는

$\frac{2^x-0}{x-0}=\frac{2^x}{x}$

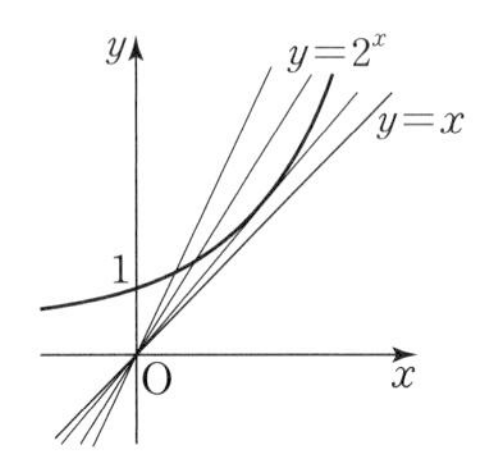

곡선 $y=2^x$ 위의 임의의 점과 원점을 이은 직선의 기울기는 항상 직선 $y=x$의 기울기 1보다 크므로

$\frac{2^x}{x}>1$ (참)

(2) 점 $(0, 1)$과 곡선 $y=2^x$ 위의 임의의 점 $(x, 2^x)$을 지나는 직선의 기울기는 $\frac{2^x-1}{x-0}=\frac{2^x-1}{x}$

이때 직선 $y=x$에 평행한 직선 $y=x+1$을 기준으로 생각해 보면, 두 점 $(0, 1)$, $\mathrm{A}(x_1, y_1)$을 지나는 직선의 기울기는 1보다 작고, 두 점 $(0, 1)$, $\mathrm{B}(x_2, y_2)$를 지나는 직선의 기울기는 1보다 크다는 것을 알 수 있다.

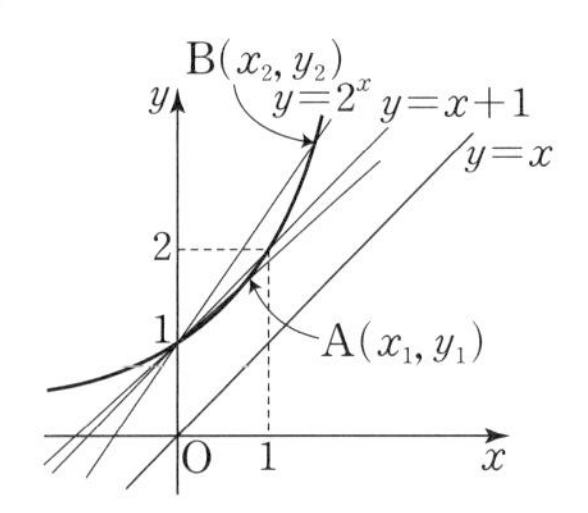

즉, 곡선 $y=2^x$ 위의 임의의 점과 점 $(0, 1)$을 이은 직선의 기울기가 그림과 같이 직선 $y=x$의 기울기 1보다 작을 때도 존재하므로 $\frac{2^x-1}{x}>1$이 항상 성립하는 것은 아니다. (거짓)

09-2 답 $C<B<A$

$A=p^{\frac{1}{p}}$, $B=q^{\frac{1}{q}}$, $C=\left(\frac{q}{p}\right)^{\frac{1}{q-p}}$의 각각의 양변에 밑이

3인 로그를 취하면

$\log_3 A = \log_3 p^{\frac{1}{p}} = \dfrac{\log_3 p}{p}$ ...... ㉠

$\log_3 B = \log_3 q^{\frac{1}{q}} = \dfrac{\log_3 q}{q}$ ...... ㉡

$\log_3 C = \log_3 \left(\dfrac{q}{p}\right)^{\frac{1}{q-p}} = \dfrac{\log_3 q - \log_3 p}{q-p}$ ...... ㉢

$f(x)=\log_3 x$라고 하면 ㉠은 원점과 점 $P(p, f(p))$를 지나는 직선의 기울기이고 ㉡은 원점과 점 $Q(q, f(q))$를 지나는 직선의 기울기이다. 또, ㉢은 두 점 $P(p, f(p))$, $Q(q, f(q))$를 지나는 직선의 기울기이다.
즉, $\log_3 A$, $\log_3 B$, $\log_3 C$는 각각 세 직선 OP, OQ, PQ의 기울기와 같다.

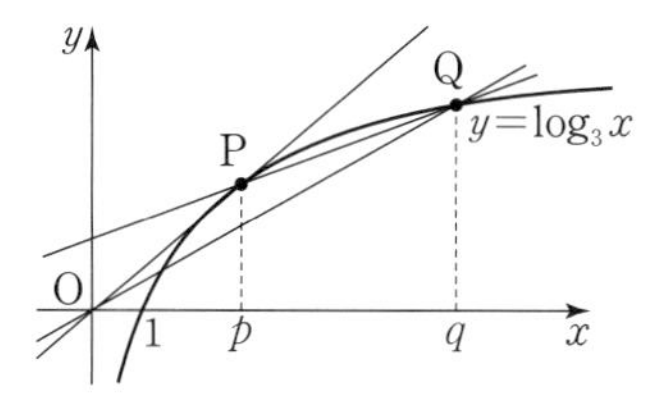

따라서 위의 그림에서 세 직선의 기울기를 비교하면
$\log_3 C < \log_3 B < \log_3 A$
함수 $y=\log_3 x$는 x의 값이 증가하면 y의 값도 증가하므로
$C < B < A$

09-3 답 ②

ㄱ. (반례) $a=2$, $b=4$일 때, $1<2<4$이지만

$\dfrac{\log_2 2}{2} = \dfrac{1}{2}$, $\dfrac{\log_2 4}{4} = \dfrac{2}{4} = \dfrac{1}{2}$이므로

$\dfrac{\log_2 2}{2} = \dfrac{\log_2 4}{4}$ (거짓)

ㄴ. $\dfrac{\log_2 a}{a-1}$는 두 점 $(1, 0)$, $(a, \log_2 a)$를 지나는 직선의 기울기이고 $\dfrac{\log_2 b}{b-1}$는 두 점 $(1, 0)$, $(b, \log_2 b)$를 지나는 직선의 기울기이다.

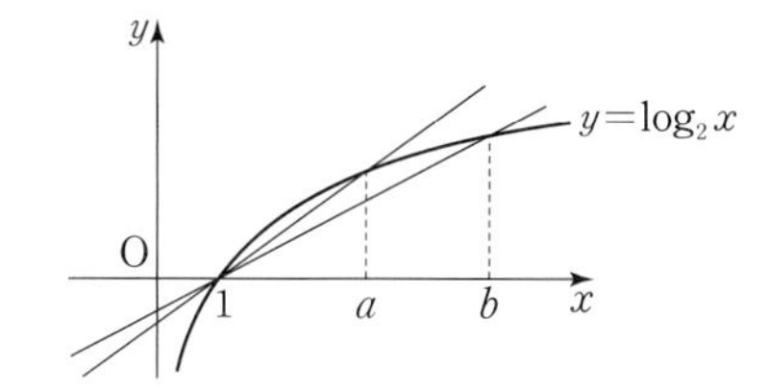

위의 그림에서 두 직선의 기울기를 비교하면

$\dfrac{\log_2 a}{a-1} > \dfrac{\log_2 b}{b-1}$ (참)

ㄷ. 곡선 $y=\log_2 x$ 위의 두 점 $(1, 0)$, $(2, 1)$을 지나는 직선의 기울기가 $\dfrac{1-0}{2-1}=1$이므로

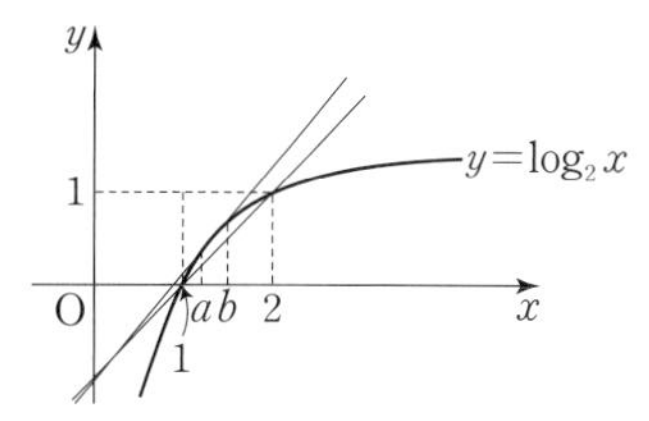

$1<a<b<2$인 두 점 $(a, \log_2 a)$, $(b, \log_2 b)$를 지나는 직선의 기울기가 1보다 큰 경우가 존재한다. (거짓)

따라서 옳은 것은 ㄴ이다.

예제 10 로그함수의 최대, 최소 183쪽

10-1 답

(1) 최댓값 : 0, 최솟값 : -2
(2) 최댓값 : 없다., 최솟값 : 2
(3) 최댓값 : $\log_2 6$, 최솟값 : 1
(4) 최댓값 : 3, 최솟값 : $\log_3 2$

(1) 함수 $y=\log_{\frac{1}{3}}(-2x+5)$의 밑은 $\dfrac{1}{3}$이고,

$0<\dfrac{1}{3}<1$이므로 $-2\le x\le 2$에서
$1\le -2x+5\le 9$이므로
$x=2$일 때 최대이고, 최댓값은 $\log_{\frac{1}{3}} 1 = 0$
$x=-2$일 때 최소이고, 최솟값은
$\log_{\frac{1}{3}} 9 = 2\log_{\frac{1}{3}} 3 = -2$

(2) $y=\log_5 (x^2-6x+34) = \log_5 \{(x-3)^2+25\}$
이 로그함수의 밑은 5이고, $5>1$이므로
$x=3$일 때 최소이고, 최솟값은 $\log_5 25=2$
또한 최댓값은 없다.

(3) $y=\log_2 (x^2-2x+3) = \log_2 \{(x-1)^2+2\}$
이 로그함수의 밑은 2이고, $2>1$이므로
$0\le x\le 3$에서
$x=3$일 때 최대이고, 최댓값은 $\log_2 6$
$x=1$일 때 최소이고, 최솟값은 $\log_2 2=1$

(4) $y=\log_3 (-x^2-4x+23)$
$=\log_3 \{-(x+2)^2+27\}$
이 로그함수의 밑은 3이고, $3>1$이므로
$-3\le x\le 3$에서
$x=-2$일 때 최대이고, 최댓값은 $\log_3 27=3$
$x=3$일 때 최소이고, 최솟값은 $\log_3 2$

보충 설명

$p \le x \le q$에서 $y=\log_a f(x)$일 때

(1) $f(x)$가 일차함수이면

범위의 양 끝, 즉 $x=p$와 $x=q$에서 최댓값과 최솟값을 갖는다. p와 q를 x에 대입하여 큰 값을 최댓값, 작은 값을 최솟값이라고 해도 된다.

(2) $f(x)$가 이차함수이면

범위의 양 끝에서의 함숫값과 함께 꼭짓점의 y좌표도 확인해야 한다. 꼭짓점의 x좌표가 x의 값의 범위에 포함될 때에는 꼭짓점의 y좌표와 $x=p$, $x=q$에서의 함숫값을 구해서 가장 큰 값이 최댓값, 가장 작은 값이 최솟값이다.

10-2 답 5

$\log_4 2x+\log_4 2y=\log_4 4xy$

밑이 4이고, $4>1$이므로 xy가 최대일 때

$\log_4 2x+\log_4 2y$도 최댓값을 갖는다.

$x>0$, $y>0$이므로 산술평균과 기하평균의 관계를 이용하면

$x+y \ge 2\sqrt{xy}$

$32 \ge 2\sqrt{xy}$, $16 \ge \sqrt{xy}$

$\therefore xy \le 16^2$ (단, 등호는 $x=y=16$일 때 성립)

따라서 xy의 최댓값은 16^2이므로

$\log_4 2x+\log_4 2y$의 최댓값은

$\log_4 (4\times 16^2)=\log_4 4^5=5\log_4 4=5$

10-3 답 (1) 4 (2) $\frac{1}{2}$

(1) 함수 $y=\log_{\frac{1}{2}}(x-a)$의 밑은 $\frac{1}{2}$이고, $0<\frac{1}{2}<1$이므로 $x-a$가 최대일 때 y가 최소이다.

따라서 $5\le x\le 8$에서 함수 $y=\log_{\frac{1}{2}}(x-a)$는

$x=8$일 때 최솟값 -2를 가지므로

$\log_{\frac{1}{2}}(8-a)=-2$, $8-a=\left(\frac{1}{2}\right)^{-2}=4$

$\therefore a=4$

(2) 함수 $y=\log_a(x^2-2x+5)$에서

$x^2-2x+5=(x-1)^2+4\ge 4$ …… ㉠

그런데 함수 $y=\log_a(x^2-2x+5)$가 최댓값을 가지므로

$0<a<1$

즉, x^2-2x+5가 최소일 때 y가 최대이다.

따라서 ㉠에서 $x=1$일 때 x^2-2x+5의 최솟값은 4이고 함수 $y=\log_a(x^2-2x+5)$의 최댓값은 -2이므로

$\log_a 4=-2$, $a^{-2}=4$, $a^2=\frac{1}{4}$

$\therefore a=\frac{1}{2}$ ($\because 0<a<1$)

예제 11 치환을 이용한 로그함수의 최대, 최소 185쪽

11-1 답 (1) 최댓값 : 없다., 최솟값 : 1

(2) 최댓값 : 5, 최솟값 : 없다.

(3) 최댓값 : 11, 최솟값 : 2

(4) 최댓값 : 4, 최솟값 : -5

(1) $y=(\log_2 2x)^2-\log_2 x^2$

$=(1+\log_2 x)^2-2\log_2 x$

$\log_2 x=t$로 놓으면

$y=(1+t)^2-2t=t^2+1$

따라서 함수 $y=t^2+1$은 $t=0$일 때 최소이고, 최솟값은

$0^2+1=1$

또한 최댓값은 없다.

(2) $y=\log_3 x^4-(\log_3 x)^2+1$

$=4\log_3 x-(\log_3 x)^2+1$

$\log_3 x=t$로 놓으면

$y=4t-t^2+1$

$=-(t-2)^2+5$

따라서 함수 $y=-(t-2)^2+5$는

$t=2$일 때 최대이고, 최댓값은 $-(2-2)^2+5=5$

또한 최솟값은 없다.

(3) $y=(\log_3 x)^2+\log_3 \frac{27}{x^2}$

$=(\log_3 x)^2+\log_3 27-\log_3 x^2$

$=(\log_3 x)^2+3-2\log_3 x$

$\log_3 x=t$로 놓으면 $1\le x\le 81$에서

$\log_3 1\le \log_3 x\le \log_3 81$ $\therefore 0\le t\le 4$

이때 주어진 함수는

$y=t^2-2t+3=(t-1)^2+2$

따라서 $0\le t\le 4$에서 함수 $y=(t-1)^2+2$는

$t=4$일 때 최대이고, 최댓값은 $(4-1)^2+2=11$

$t=1$일 때 최소이고, 최솟값은 $(1-1)^2+2=2$

(4) $y=(\log_2 2x)\left(\log_2 \frac{8}{x}\right)$

$=(\log_2 2+\log_2 x)(\log_2 8-\log_2 x)$

$=(1+\log_2 x)(3-\log_2 x)$

$\log_2 x=t$로 놓으면 $1\le x\le 16$에서

$\log_2 1 \le \log_2 x \le \log_2 16 \qquad \therefore\ 0 \le t \le 4$

이때 주어진 함수는

$y=(1+t)(3-t)$

$=-t^2+2t+3$

$=-(t-1)^2+4$

따라서 $0 \le t \le 4$에서 함수 $y=-(t-1)^2+4$는

$t=1$일 때 최대이고, 최댓값은 $-(1-1)^2+4=4$

$t=4$일 때 최소이고, 최솟값은 $-(4-1)^2+4=-5$

11-2 답 ⑤

$y=-(\log_3 x)^2-a\log_3 \frac{1}{x^2}+b$

$=-(\log_3 x)^2-a\log_3 x^{-2}+b$

$=-(\log_3 x)^2+2a\log_3 x+b \qquad \cdots\cdots$ ㉠

$\log_3 x=t$로 놓으면

$y=-t^2+2at+b$

$=-(t-a)^2+a^2+b \qquad \cdots\cdots$ ㉡

이때 함수 ㉡은 $t=a$일 때 최댓값 a^2+b를 가지고, 함수 ㉠은 $x=9$일 때 최댓값 6을 가지므로

$a=\log_3 9=2$

$6=a^2+b=4+b \qquad \therefore\ b=2$

$\therefore\ a+b=2+2=4$

11-3 답 (1) 최댓값 : 10^7, 최솟값 : 없다. (2) 최댓값 : 2^{16}, 최솟값 : 2^{12}

(1) 양변에 상용로그를 취하면

$\log f(x)=\log(1000x^4 \div x^{\log x})$

$=\log 1000x^4-\log x^{\log x}$

$=\log 1000+\log x^4-\log x \times \log x$

$=3+4\log x-(\log x)^2$

$=-(\log x-2)^2+7$

따라서 함수 $\log f(x)$는 $\log x=2$일 때 최댓값 7을 가지므로 함수 $f(x)$는 $x=10^2$일 때 최댓값 10^7을 갖는다.

또한 최솟값은 없다.

(2) 양변에 밑이 2인 로그를 취하면

$\log_2 g(x)=\log_2 (8x)^{5-\log_2 x}$

$=(5-\log_2 x)(\log_2 8x)$

$=(5-\log_2 x)(\log_2 8+\log_2 x)$

$=(5-\log_2 x)(3+\log_2 x)$

$=-(\log_2 x)^2+2\log_2 x+15$

$=-(\log_2 x-1)^2+16$

이때 $\frac{1}{2} \le x \le 4$에서

$\log_2 \frac{1}{2} \le \log_2 x \le \log_2 4$

$\therefore\ -1 \le \log_2 x \le 2$

즉, 함수 $\log_2 g(x)$는 $\log_2 x=1$일 때 최댓값 16, $\log_2 x=-1$일 때 최솟값 12를 갖는다.

따라서 함수 $g(x)$는 $\log_2 x=1$, 즉 $x=2$일 때 최댓값 2^{16}, $\log_2 x=-1$, 즉 $x=\frac{1}{2}$일 때 최솟값 2^{12}을 갖는다.

예제 12 지수함수, 로그함수의 그래프와 격자점의 개수 187쪽

12-1 답 24

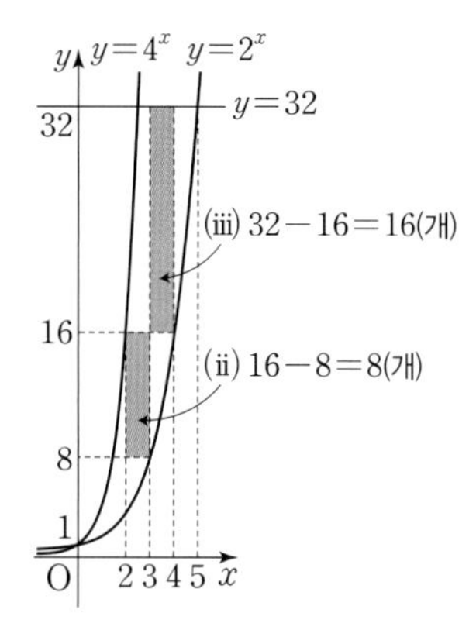

(i) $1 \le x \le 2$일 때,
그림에서 구하는 정사각형은 존재하지 않는다.

(ii) $2 \le x \le 3$일 때,
그림에서 구하는 정사각형의 개수는
$2^4-2^3=8$

(iii) $3 \le x \le 4$일 때,
그림에서 구하는 정사각형의 개수는
$2^5-2^4=16$

(iv) $4 \le x \le 5$일 때,
$y=2^x$에서 $2^4 \le y \le 2^5$이므로 그림에서 구하는 정사각형은 존재하지 않는다.

(i)~(iv)에서 구하는 정사각형의 개수는

$8+16=24$

12-2 답 90

$\log_2 2=1$, $\log_2 4=2$, $\log_2 8=3$, $\log_2 16=4$, $\log_2 32=5$이므로

(i) $1 \le x \le 2$일 때, 정사각형의 개수는 0
(ii) $2 \le x \le 4$일 때, 정사각형의 개수는 $2 \times 1 = 2$
(iii) $4 \le x \le 8$일 때, 정사각형의 개수는 $4 \times 2 = 8$
(iv) $8 \le x \le 16$일 때, 정사각형의 개수는 $8 \times 3 = 24$
(v) $16 \le x \le 30$일 때, 정사각형의 개수는 $14 \times 4 = 56$
(i)~(v)에서 그릴 수 있는 정사각형의 최대 개수는
$2+8+24+56=90$

기본 다지기 188쪽~189쪽

1 2	2 ③	3 16	4 27	5 ①
6 1	7 $\frac{1}{2}$	8 3	9 19	10 12

1 $y=\log(10-x^2)$에서 진수의 조건에 의하여
$10-x^2>0 \quad \therefore -\sqrt{10}<x<\sqrt{10}$
$\therefore A=\{x \mid -\sqrt{10}<x<\sqrt{10}\}$
$y=\log(\log x)$에서 진수의 조건에 의하여
$\log x>0 \quad \therefore x>1$
$\therefore B=\{x \mid x>1\}$
따라서 $A \cap B=\{x \mid 1<x<\sqrt{10}\}$이므로 집합 $A \cap B$의 원소 중 정수는 2, 3의 2개이다.

보충 설명

로그함수 $y=\log(\log x)$에서 $\log x$의 진수 조건 $x>0$은 $x>1$을 포함하므로 굳이 구할 필요가 없다.

2 $f(x)=\dfrac{2001+x}{1-x}$로 놓으면

$$f(x)=\frac{-x-2001}{x-1}=\frac{-(x-1)-2002}{x-1}=-\frac{2002}{x-1}-1$$

즉, 함수 $y=f(x)$의 그래프는 함수 $y=-\dfrac{2002}{x}$의 그래프를 x축의 방향으로 1만큼, y축의 방향으로 -1만큼 평행이동한 것이다.

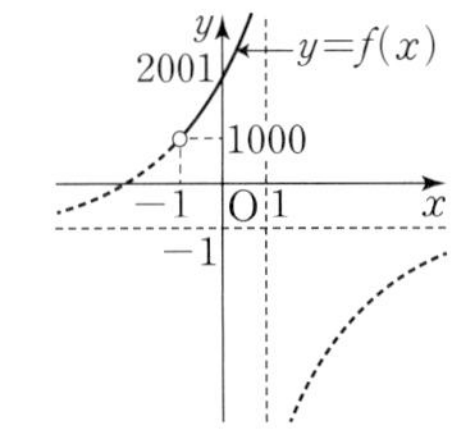

오른쪽 그림에서
$-1<x<1$일 때
$f(x)>1000$이므로 함수
$y=\log f(x)$에서
$\log f(x)>\log 1000=3$

따라서 함수 $y=\log\dfrac{2001+x}{1-x}$의 치역은
$\{y \mid y>3\}$

보충 설명

유리함수 $y=\dfrac{k}{x-p}+q$의 그래프

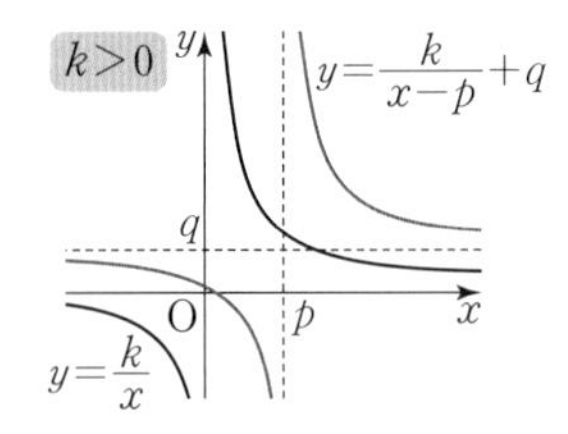

① 함수 $y=\dfrac{k}{x}$의 그래프를 x축의 방향으로 p만큼, y축의 방향으로 q만큼 평행이동한 것이다.
② 점 (p, q)에 대하여 대칭이다.
③ 정의역 : $\{x \mid x \ne p$인 실수$\}$, 치역 : $\{y \mid y \ne q$인 실수$\}$
④ 점근선의 방정식 : $x=p$, $y=q$
⑤ 일대일대응이므로 역함수를 갖는다.

3 함수 $y=1+\log_2 x$의 그래프를 x축의 방향으로 1만큼 평행이동하면
$y=1+\log_2(x-1)$
이 그래프를 직선 $y=x$에 대하여 대칭이동하면
$x=1+\log_2(y-1)$, $y-1=2^{x-1}$
$\therefore y=2^{x-1}+1$
또한 이 그래프를 다시 y축의 방향으로 -1만큼 평행이동하면 $y=2^{x-1}$이므로
$g(x)=2^{x-1}$
$\therefore g(5)=2^4=16$

보충 설명

도형 $f(x, y)=0$을 x축의 방향으로 1만큼 평행이동하면 $f(x-1, y)=0$이다. 이것을 직선 $y=x$에 대하여 대칭이동하면 $f(y-1, x)=0$이고, 다시 y축의 방향으로 -1만큼 평행이동하면 $f(y, x)=0$이 된다.
즉, 도형 $f(x, y)=0$을 직선 $y=x$에 대하여 대칭이동한 결과와 같다.
따라서 위의 문제에서 함수 $y=g(x)$의 그래프는 함수 $y=1+\log_2 x$의 그래프와 직선 $y=x$에 대하여 대칭이므로 서로 역함수 관계에 있음을 알 수 있다.

4 점 $(\log_4 q, p)$가 함수 $y=2^x$의 그래프 위의 점이므로

$p=2^{\log_4 q}=q^{\log_4 2}=q^{\frac{1}{2}}=\sqrt{q}$

$\therefore\ p+q=\sqrt{q}+q=12$

즉, $(\sqrt{q})^2+\sqrt{q}-12=0$에서

$(\sqrt{q}+4)(\sqrt{q}-3)=0$

이때 $\sqrt{q}>0$이므로

$\sqrt{q}=3 \qquad \therefore\ q=9$

따라서 $p=12-q=3$이므로

$pq=3\times 9=27$

보충 설명

당연한 사실이지만 직선 $y=x$ 위의 점들은 x좌표와 y좌표가 같다. 따라서 직선 $y=x$가 주어져 있다면 이를 이용하여 x좌표나 y좌표만 주어진 특정 점의 다른 좌표를 알 수 있다.

5 주어진 그래프로부터 함수 $y=\log_b ax$가 감소하는 함수이므로 밑이 $0<b<1$이고, $x=1$일 때의 함숫값 $y=\log_b a<0$이므로 $a>1$이다.

따라서 함수 $y=\log_a bx$는 밑이 $a>1$이므로 증가하는 함수이고, $x=1$일 때의 함숫값 $y=\log_a b<0$이므로 함수 $y=\log_a bx$의 그래프의 개형은 ①이다.

다른 풀이

$y=\log_b ax=\log_b x+\log_b a$에서 함수 $y=\log_b ax$의 그래프는 함수 $y=\log_b x$의 그래프를 y축의 방향으로 $\log_b a$만큼 평행이동한 것이다. 즉, 주어진 그래프는 밑이 0보다 크고 1보다 작은 로그함수의 그래프를 평행이동한 것이므로

$0<b<1$

또한 함수 $y=\log_b x$의 그래프를 y축의 음의 방향으로 평행이동한 것이므로

$\log_b a<0 \qquad \therefore\ a>1$

따라서 $y=\log_a bx=\log_a x+\log_a b$에서 함수 $y=\log_a bx$의 그래프는 밑이 $a>1$인 함수 $y=\log_a x$의 그래프를 y축의 방향으로 $\log_a b$만큼 평행이동한 것이다.

이때 $\log_a b<0$이므로 함수 $y=\log_a bx$의 그래프의 개형은 ①이다.

6 함수 $f(x)=\log_2 x$의 그래프 위의 두 점 $\mathrm{A}(a, \log_2 a)$, $\mathrm{B}(b, \log_2 b)$를 이은 선분 AB를 $1:2$로 내분하는 점의 좌표는

$\left(\frac{2a+b}{3}, \frac{2\log_2 a+\log_2 b}{3}\right)$

이 점이 x축 위에 있으므로

$\frac{2\log_2 a+\log_2 b}{3}=0$

$\frac{\log_2 a^2 b}{3}=0$

$\log_2 a^2 b=0$

$\therefore\ a^2 b=1$

보충 설명

좌표평면 위의 선분의 내분점

좌표평면 위의 두 점 $\mathrm{A}(x_1, y_1)$, $\mathrm{B}(x_2, y_2)$를 이은 선분 AB를 $m:n\ (m>0, n>0)$으로 내분하는 점 P의 좌표는

$\mathrm{P}\left(\frac{mx_2+nx_1}{m+n}, \frac{my_2+ny_1}{m+n}\right)$

7 함수 $y=\log_3 x$의 그래프와 직선 $y=x+k$가 만나므로

$\log_3 x=x+k$

교점의 x좌표가 α, β이므로

$\log_3\alpha=\alpha+k$, $\log_3\beta=\beta+k$

두 식을 변끼리 빼면

$\log_3\alpha-\log_3\beta=\alpha-\beta$

$\therefore\ \log_3\frac{\alpha}{\beta}=\alpha-\beta$

따라서 로그의 정의에 의하여

$\frac{\alpha}{\beta}=3^{\alpha-\beta}=\frac{1}{2}$

다른 풀이

두 점 $(\alpha, \log_3\alpha)$, $(\beta, \log_3\beta)$는 직선 $y=x+k$ 위에 있고, 직선의 기울기는 1이므로

$\frac{\log_3\alpha-\log_3\beta}{\alpha-\beta}=1$

$\log_3\alpha-\log_3\beta=\alpha-\beta$, $\log_3\frac{\alpha}{\beta}=\alpha-\beta$

$\therefore\ \frac{\alpha}{\beta}=3^{\alpha-\beta}=\frac{1}{2}$

8 점 $\mathrm{A}(1, 0)$을 지나고 y축에 평행한 직선이 곡선 $y=2^x$과 만나는 점 B의 x좌표는 1이므로 점 B의 y좌표는 $2^1=2$이다.

즉, $\mathrm{B}(1, 2)$이므로 $\overline{\mathrm{AB}}=2$

또한 점 $\mathrm{B}(1, 2)$를 지나고 x축에 평행한 직선이 곡선 $y=\log_2 x$와 만나는 점 C의 y좌표는 2이므로 점 C의 x좌표는 $\log_2 x=2$에서 $x=2^2=4$이다.

즉, C(4, 2)이므로 $\overline{BC}=4-1=3$

따라서 삼각형 ABC의 넓이는

$\frac{1}{2}\times\overline{AB}\times\overline{BC}=\frac{1}{2}\times2\times3=3$

9 $y=(\log_{\frac{1}{2}}x)(\log_2 x)+2\log_2 x+a$

$=(-\log_2 x)(\log_2 x)+2\log_2 x+a$

$=-(\log_2 x)^2+2\log_2 x+a$

$\log_2 x=t$로 놓으면 $1\le x\le16$에서

$\log_2 1\le\log_2 x\le\log_2 16$

$\therefore\ 0\le t\le4$

이때 주어진 함수는

$y=-t^2+2t+a=-(t-1)^2+a+1$ …… ㉠

이고, 함수 ㉠의 그래프의 대칭축이 $t=1$이므로 $0\le t\le4$에서 함수 ㉠은 $t=4$일 때 최솟값 1을 갖는다.

$1=-(4-1)^2+a+1$ $\quad\therefore\ a=9$

따라서 함수 ㉠은 $t=1$일 때 최댓값 b를 가지므로

$b=-(1-1)^2+9+1=10$

$\therefore\ a+b=9+10=19$

보충 설명

정해진 범위에서 이차함수의 최댓값, 최솟값을 구할 때, 정해진 범위 내에 대칭축이 포함되면 이때의 함숫값이 최댓값 또는 최솟값이 되고, 범위 내에 대칭축이 포함되지 않으면 범위의 양 끝에서의 함숫값 중 큰 값이 최댓값, 작은 값이 최솟값이 된다.

10 $f(x)=\log_3(x^2-6x+k)$

$=\log_3\{(x-3)^2+k-9\}$

이 로그함수의 밑은 3이고, $3>1$이므로 $0\le x\le5$에서 $x=0$일 때 최댓값 $\log_3 k$를 갖고, $x=3$일 때 최솟값 $\log_3(k-9)$를 갖는다.

따라서 $\log_3 k+\log_3(k-9)=2+\log_3 4$이므로

$\log_3 k(k-9)=\log_3 36$

$k^2-9k-36=0$, $(k-12)(k+3)=0$

이때 $k>9$이므로 $k=12$

실력 다지기 190쪽~191쪽

11 ⑤	12 ②	13 ①	14 10
15 $\frac{1}{9}+2\log3$	16 11	17 64	18 $2\sqrt{37}$
19 $12\sqrt{3}$	20 4		

11 **접근 방법** | 함수 $f(\log_2 x-1)$의 역함수를 구하려면 $\log_2 x-1=h(x)$로 놓고 합성함수 $f(h(x))=(f\circ h)(x)$의 역함수를 구한다.

함수 $f(x)$의 역함수가 $g(x)$이므로

$f^{-1}(x)=g(x)$

$h(x)=\log_2 x-1$이라고 하면

$f(\log_2 x-1)=f(h(x))$

$=(f\circ h)(x)$

이때 그 역함수는

$(f\circ h)^{-1}(x)=(h^{-1}\circ f^{-1})(x)$

$=h^{-1}(f^{-1}(x))$

$=h^{-1}(g(x))$

$h(x)$의 역함수를 구하기 위하여 $y=\log_2 x-1$로 놓으면

$y+1=\log_2 x$

$\therefore\ x=2^{y+1}$

x와 y를 서로 바꾸면

$y=2^{x+1}$

$\therefore\ h^{-1}(x)=2^{x+1}$

따라서 구하는 역함수는

$(f\circ h)^{-1}(x)=h^{-1}(g(x))$

$=2^{g(x)+1}$

12 **접근 방법** | 두 수의 차를 조사하여 대소 관계를 알아본다.

$A=\log_{0.2}0.3=\frac{\log0.3}{\log0.2}=\frac{\log3-1}{\log2-1}$

$B=\log_2 3=\frac{\log3}{\log2}$

$C=\log_{20}30=\frac{\log30}{\log20}=\frac{\log3+1}{\log2+1}$

$A-B=\frac{\log3-1}{\log2-1}-\frac{\log3}{\log2}$

$=\frac{\log2(\log3-1)-\log3(\log2-1)}{\log2(\log2-1)}$

$=\frac{\log3-\log2}{\log2(\log2-1)}<0$

$\therefore\ A<B$

$B-C=\frac{\log3}{\log2}-\frac{\log3+1}{\log2+1}$

$=\frac{\log3(\log2+1)-\log2(\log3+1)}{\log2(\log2+1)}$

$=\frac{\log3-\log2}{\log2(\log2+1)}>0$

$\therefore\ B>C$

$$A-C=\frac{\log 3-1}{\log 2-1}-\frac{\log 3+1}{\log 2+1}$$
$$=\frac{(\log 3-1)(\log 2+1)-(\log 2-1)(\log 3+1)}{(\log 2-1)(\log 2+1)}$$
$$=\frac{2(\log 3-\log 2)}{(\log 2-1)(\log 2+1)}<0$$
$\therefore A<C$

$\therefore A<C<B$

13 **접근 방법** | $\log_a \frac{x}{y}=\log_a x-\log_a y$ ($a>0$, $a\neq 1$, $x>0$, $y>0$)임을 이용하여 $f(x)$를 이차함수 꼴로 변형한다.

주어진 함수 $f(x)$를 변형하면

$$f(x)=\left(\log \frac{x}{3}\right)\left(\log \frac{x}{2}\right)$$
$$=(\log x-\log 3)(\log x-\log 2)$$
$$=(\log x)^2-(\log 3+\log 2)\log x+\log 3\times\log 2$$
$$=\left(\log x-\frac{\log 3+\log 2}{2}\right)^2-\frac{(\log 3)^2-2\log 3\times\log 2+(\log 2)^2}{4}$$
$$=(\log x-\log\sqrt{6})^2-\frac{1}{4}(\log 3-\log 2)^2$$
$$=(\log x-\log\sqrt{6})^2-\frac{1}{4}\left(\log \frac{3}{2}\right)^2$$

따라서 함수 $f(x)$의 최솟값은 $x=\sqrt{6}$일 때, $-\frac{1}{4}\left(\log \frac{3}{2}\right)^2$이다.

보충 설명

이차함수의 최댓값 또는 최솟값은 함수의 관계식을 완전제곱식 꼴로 고치면 쉽게 구할 수 있다. 즉, 이차함수 $y=a(x-p)^2+q$에서

(i) $a>0$일 때, 최댓값은 없다. $x=p$일 때 최솟값 q를 갖는다.

(ii) $a<0$일 때, $x=p$일 때 최댓값 q를 갖는다. 최솟값은 없다.

14 **접근 방법** | 점 (1, 4)가 두 함수 $y=f(x)$, $y=g(x)$의 그래프 위의 점이므로 점 (4, 1)은 그 역함수 $y=f^{-1}(x)$, $y=g^{-1}(x)$의 그래프 위의 점이다. 따라서 두 함수 $y=f(x)$, $y=g(x)$와 각각 역함수 관계에 있는 함수 $y=\log_4(x+p)+q$, $y=\log_{\frac{1}{2}}(x+p)+q$에 $x=4$, $y=1$을 대입하면 미지수가 2개, 식이 2개이므로 p, q의 값을 각각 구할 수 있다.

두 함수 $y=\log_4(x+p)+q$, $y=\log_{\frac{1}{2}}(x+p)+q$의 그래프는 모두 점 (4, 1)을 지나므로

$1=\log_4(4+p)+q$에서

$1-q=\log_4(4+p)$

$1=\log_{\frac{1}{2}}(4+p)+q$에서

$1-q=\log_{\frac{1}{2}}(4+p)$

$\therefore \log_4(4+p)=\log_{\frac{1}{2}}(4+p)$

이때 진수가 $4+p$로 같고 밑이 4와 $\frac{1}{2}$로 다르므로 등식이 성립하려면 $4+p=1$이어야 한다.

따라서 $p=-3$이고, 이것을 $1=\log_4(4+p)+q$에 대입하면 $q=1$이므로

$p^2+q^2=(-3)^2+1^2=10$

보충 설명

함수 $y=f(x)$의 그래프 위의 임의의 점 $\mathrm{P}(a, b)$에 대하여

$b=f(a) \Longleftrightarrow a=f^{-1}(b)$

따라서 다음 그림과 같이 점 $\mathrm{Q}(b, a)$는 역함수 $y=f^{-1}(x)$의 그래프 위의 점이다.

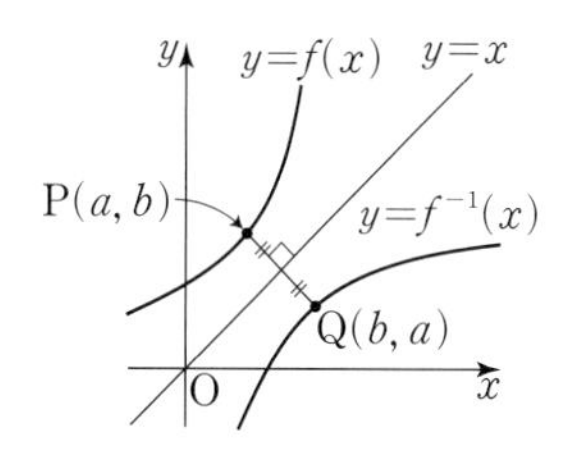

15 **접근 방법** | 두 함수 $y=10^x$, $y=\log x$는 서로 역함수 관계에 있다. 이때 함수 $y=10^x$의 그래프를 x축의 방향으로 k만큼 평행이동하고, 함수 $y=\log x$의 그래프를 y축의 방향으로 k만큼 평행이동하면 평행이동한 두 함수 역시 서로 역함수 관계에 있고, 그래프는 직선 $y=x$에 대하여 대칭이다.

함수 $y=10^x$의 그래프를 x축의 방향으로 k만큼 평행이동하면

$y=10^{x-k}$

함수 $y=\log x$의 그래프를 y축의 방향으로 k만큼 평행이동하면

$y=\log x+k$

두 함수 $y=10^{x-k}$, $y=\log x+k$는 서로 역함수 관계에 있으므로 두 함수의 그래프의 교점은 직선 $y=x$와 함수 $y=\log x+k$의 그래프의 교점과 같다.

이때 두 교점을 $\mathrm{P}(\alpha, \alpha)$, $\mathrm{Q}(\beta, \beta)$ $(\alpha<\beta)$라고 하면 $\overline{\mathrm{PQ}}=\sqrt{2}$이므로

$\sqrt{(\beta-\alpha)^2+(\beta-\alpha)^2}=\sqrt{2}(\beta-\alpha)=\sqrt{2}$

$\therefore\ \beta-\alpha=1$ ...... ㉠

한편, 두 점 $\mathrm{P}(\alpha,\ \alpha)$, $\mathrm{Q}(\beta,\ \beta)$는 함수 $y=\log x+k$의 그래프 위의 점이므로

$\begin{cases} \alpha=\log\alpha+k & \cdots\cdots ㉡ \\ \beta=\log\beta+k & \cdots\cdots ㉢ \end{cases}$

㉢$-$㉡을 하면 $\beta-\alpha=\log\beta-\log\alpha$

$1=\log\dfrac{\beta}{\alpha}$, $\dfrac{\beta}{\alpha}=10$ ...... ㉣

㉠, ㉣을 연립하여 풀면 $\alpha=\dfrac{1}{9}$, $\beta=\dfrac{10}{9}$이므로 ㉡에서

$\dfrac{1}{9}=\log\dfrac{1}{9}+k$

$\therefore\ k=\dfrac{1}{9}-\log\dfrac{1}{9}=\dfrac{1}{9}+2\log 3$

⊕ 보충 설명

함수 $y=a^x$과 그 역함수 $y=\log_a x$의 그래프는 직선 $y=x$에 대하여 대칭이다. 이때 두 함수
$y=a^{x-p}+q$, ← x축의 방향으로 p, y축의 방향으로 q만큼
$y=\log_a(x-q)+p$ ← x축의 방향으로 q, y축의 방향으로 p만큼
도 서로 역함수 관계이므로 이 두 함수의 그래프도 직선 $y=x$에 대하여 대칭이다.

16 **접근 방법** | 선분 OA를 x축의 방향으로 3만큼, y축의 방향으로 2만큼 평행이동한 선분을 $\overline{\mathrm{O'A'}}$이라고 하면 선분 O′A′의 양 끝 점 사이를 함수 $y=\log_3(x+a)$의 그래프가 지나갈 때 서로 만나게 된다.

함수 $y=\log_3 x$의 그래프는 점 $(1,\ 0)$을 지나므로 점 A의 좌표는 $(1,\ 0)$이다. 따라서 선분 OA는
$y=0\ (0\le x\le 1)$으로 나타낼 수 있다.
이를 x축의 방향으로 3만큼, y축의 방향으로 2만큼 평행이동한 선분을 $\overline{\mathrm{O'A'}}$이라고 하면 선분 O′A′은
$y=2\ (3\le x\le 4)$

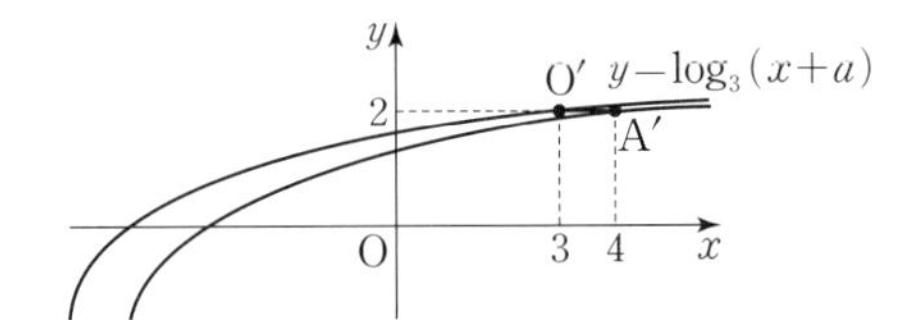

함수 $y=\log_3(x+a)$의 그래프는 함수 $y=\log_3 x$의 그래프를 x축의 방향으로 $-a$만큼 평행이동한 것이므로 그래프가 점 O′을 지날 때 a의 값이 최대이고 점 A′을 지날 때 a의 값이 최소이다.
함수 $y=\log_3(x+a)$의 그래프가 점 $\mathrm{O'}(3,\ 2)$를 지날 때,
$2=\log_3(3+a)$, $3+a=9$ $\quad\therefore\ a=6$
함수 $y=\log_3(x+a)$의 그래프가 점 $\mathrm{A'}(4,\ 2)$를 지날 때,
$2=\log_3(4+a)$, $4+a=9$ $\quad\therefore\ a=5$
따라서 a의 최댓값과 최솟값의 합은 $6+5=11$

17 **접근 방법** | 먼저 함수 $y=\log_a(x-1)-4$가 증가하는 함수인지 감소하는 함수인지 알아보고, 좌표평면에서 직사각형 ABCD와 만나도록 함수 $y=\log_a(x-1)-4$의 그래프를 움직여 본다.

함수 $y=\log_a(x-1)-4$의 그래프가 항상 점 $(2,\ -4)$를 지나므로 직사각형 ABCD와 만나려면 $a>1$이어야 한다.
즉, 함수 $y=\log_a(x-1)-4$는 증가하는 함수이므로 그 그래프가 직사각형 ABCD와 만나려면 오른쪽 그림과 같아야 한다.
그래프가 점 $\mathrm{B}(5,\ -1)$을 지날 때,
$-1=\log_a 4-4$에서
$\log_a 4=3$, $a^3=4$ $\quad\therefore\ a=4^{\frac{1}{3}}=2^{\frac{2}{3}}$
그래프가 점 $\mathrm{D}(3,\ 2)$를 지날 때,
$2=\log_a 2-4$에서
$\log_a 2=6$, $a^6=2$ $\quad\therefore\ a=2^{\frac{1}{6}}$
따라서 $2^{\frac{1}{6}}\le a\le 2^{\frac{2}{3}}$일 때 함수 $y=\log_a(x-1)-4$의 그래프가 직사각형 ABCD와 만나므로
$M=2^{\frac{2}{3}}$, $N=2^{\frac{1}{6}}$
$\therefore\ \left(\dfrac{M}{N}\right)^{12}=\left(\dfrac{2^{\frac{2}{3}}}{2^{\frac{1}{6}}}\right)^{12}=(2^{\frac{1}{2}})^{12}=2^6=64$

18 **접근 방법** | 세 점 $(x_1,\ y_1)$, $(x_2,\ y_2)$, $(x_3,\ y_3)$을 꼭짓점으로 하는 삼각형의 무게중심의 좌표는 $\left(\dfrac{x_1+x_2+x_3}{3},\ \dfrac{y_1+y_2+y_3}{3}\right)$임을 이용하여 두 점 B, C의 좌표를 구한다.

점 A는 함수 $y=\log_2 x$의 그래프와 x축의 교점이므로 $\mathrm{A}(1,\ 0)$이다.
이때 두 점 B, C의 x좌표를 각각 b, c $(b<c)$라고 하면 $\mathrm{B}(b,\ \log_2 b)$, $\mathrm{C}(c,\ \log_2 c)$이고 삼각형 ABC의 무게중심이 $\mathrm{G}(7,\ 2)$이므로
$\dfrac{1+b+c}{3}=7$ ...... ㉠

$\dfrac{0+\log_2 b+\log_2 c}{3}=2$ ...... ㉡

㉠에서 $b+c=20$ ...... ㉢

㉡에서 $\log_2 b+\log_2 c=6$

$\log_2 bc=6$ $\therefore bc=2^6=64$ ...... ㉣

㉢, ㉣을 연립하여 풀면

$b=4,\ c=16\ (\because b<c)$

따라서 B(4, 2), C(16, 4)이므로

$\overline{\mathrm{BC}}=\sqrt{(16-4)^2+(4-2)^2}=\sqrt{148}=2\sqrt{37}$

19 **접근 방법** | 선분 AC가 y축에 평행하므로 두 점 A, C의 y좌표의 차가 정삼각형 ABC의 한 변의 길이이다.

선분 AC가 y축에 평행하므로 두 점 A, C를 각각 $\mathrm{A}(t,\ \log_2 4t)$, $\mathrm{C}(t,\ \log_2 t)\ (t>1)$라고 하면

$\overline{\mathrm{AC}}=\log_2 4t-\log_2 t=\log_2 \dfrac{4t}{t}=\log_2 4=2$

선분 AC의 중점을 M이라고 하면 삼각형 ABC가 정삼각형이므로

$\overline{\mathrm{BM}}=\dfrac{\sqrt{3}}{2}\times 2=\sqrt{3}$

즉, 점 B의 좌표는 $(t-\sqrt{3},\ \log_2 4(t-\sqrt{3}))$이고

$\overline{\mathrm{AB}}=\sqrt{(t-\sqrt{3}-t)^2+\{\log_2 4(t-\sqrt{3})-\log_2 4t\}^2}$

$=\sqrt{3+\left(\log_2 \dfrac{t-\sqrt{3}}{t}\right)^2}=2$

$3+\left(\log_2 \dfrac{t-\sqrt{3}}{t}\right)^2=4$이므로

$\log_2 \dfrac{t-\sqrt{3}}{t}=\pm 1$

그런데 $t>1$이므로 $\dfrac{t-\sqrt{3}}{t}<1$

따라서 $\log_2 \dfrac{t-\sqrt{3}}{t}<0$이므로 $\log_2 \dfrac{t-\sqrt{3}}{t}=-1$

$\dfrac{t-\sqrt{3}}{t}=\dfrac{1}{2}$, $2(t-\sqrt{3})=t$ $\therefore t=2\sqrt{3}$

따라서 점 B의 좌표는 $(\sqrt{3},\ \log_2 4\sqrt{3})$이므로

$p=\sqrt{3},\ q=\log_2 4\sqrt{3}$

$\therefore p^2\times 2^q=(\sqrt{3})^2\times 2^{\log_2 4\sqrt{3}}$

$=3\times 4\sqrt{3}=12\sqrt{3}$

20 **접근 방법** | 절댓값 기호를 포함한 로그함수의 그래프를 활용하여 문제를 해결한다.

점 P는 두 곡선 $y=\log_2(-x+k)$, $y=-\log_2 x$의 교점이므로

$\log_2(-x_1+k)=-\log_2 x_1$

$\log_2 x_1+\log_2(-x_1+k)=0$

$\log_2 x_1(-x_1+k)=0$

$x_1(-x_1+k)=1$ $\therefore x_1^2-kx_1+1=0$ ...... ㉠

점 R은 두 곡선 $y=-\log_2(-x+k)$, $y=\log_2 x$의 교점이므로

$-\log_2(-x_3+k)=\log_2 x_3$

$\log_2 x_3+\log_2(-x_3+k)=0$

$\log_2 x_3(-x_3+k)=0$

$x_3(-x_3+k)=1$ $\therefore x_3^2-kx_3+1=0$ ...... ㉡

㉠, ㉡에서 x_1, x_3은 이차방정식 $x^2-kx+1=0$의 서로 다른 두 실근이므로 이차방정식의 근과 계수의 관계에 의하여

$x_1x_3=1$

이때 $x_3-x_1=2\sqrt{3}$이므로

$(x_1+x_3)^2=(x_3-x_1)^2+4x_1x_3$

$=(2\sqrt{3})^2+4\times 1=16$

$\therefore x_1+x_3=4\ (\because x_1+x_3>0)$

기출 다지기 192쪽

21 ④ **22** ④ **23** ⑤ **24** 192

21 **접근 방법** | 로그함수 $f(x)$는 밑이 $\frac{1}{2}$이므로 감소함수이다. 즉, $0\le x\le 12$에서 $f(x)$는 $x=0$일 때 최댓값을 갖고, $x=12$일 때 최솟값을 갖는다.

함수 $f(x)=2\log_{\frac{1}{2}}(x+k)$의 밑이 1보다 작으므로 함수 $f(x)$는 $x=0$일 때 최댓값 -4를 갖는다.

즉, $f(0)=2\log_{\frac{1}{2}}k=-4$이므로

$-2\log_2 k=-4$, $\log_2 k=2$

$\therefore k=2^2=4$

또한 함수 $f(x)$는 $x=12$일 때 최솟값 m을 가지므로

$m=f(12)=2\log_{\frac{1}{2}}(12+4)$

$=-2\log_2 2^4=-8$

$\therefore k+m=4+(-8)=-4$

22 **접근 방법** | 두 점 A, B의 x좌표를 각각 a, b라 하고 $\overline{\mathrm{AB}}=2$, $\overline{\mathrm{BD}}=2$를 이용하여 네 점 A, B, C, D의 좌표를 각각 구한다.

두 점 A, B의 x좌표를 각각 a, b라 하면

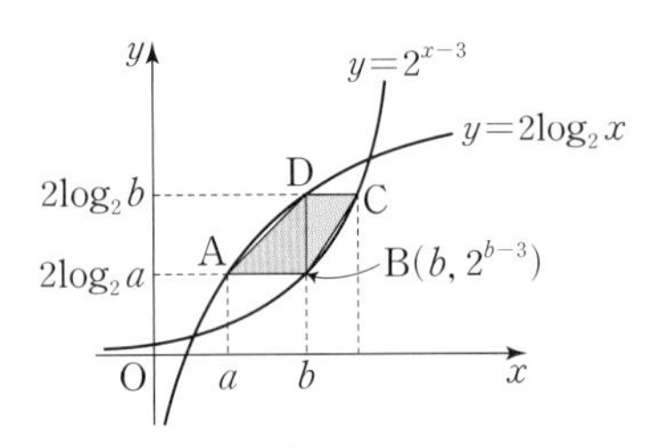

$A(a,\ 2\log_2 a)$, $B(b,\ 2^{b-3})$, $D(b,\ 2\log_2 b)$

$\overline{AB}=2$에서 $b-a=2$ ⋯⋯ ㉠

$\overline{BD}=2$에서 점 A와 점 B의 y좌표가 같으므로

$2\log_2 b-2\log_2 a=2$

$\log_2 \frac{b}{a}=1,\ \frac{b}{a}=2$

$\therefore\ b=2a$ ⋯⋯ ㉡

㉡을 ㉠에 대입하면 $2a-a=2$ $\quad\therefore\ a=2$

$a=2$를 ㉡에 대입하면 $b=4$

$\therefore\ A(2,\ 2),\ B(4,\ 2),\ D(4,\ 4)$

두 점 C, D의 y좌표가 같으므로 $2^{x-3}=4=2^2$에서

$x=5$

$\therefore\ C(5,\ 4)$

$\overline{CD}=5-4=1$

삼각형 ABD의 넓이는

$\frac{1}{2}\times\overline{AB}\times\overline{BD}=\frac{1}{2}\times2\times2=2$

또, 삼각형 BCD의 넓이는

$\frac{1}{2}\times\overline{CD}\times\overline{BD}=\frac{1}{2}\times1\times2=1$

따라서 사각형 ABCD의 넓이는

(삼각형 ABD의 넓이)+(삼각형 BCD의 넓이)

$=2+1=3$

다른 풀이

$A(t,\ 2\log_2 t)$라 하면 $\overline{AB}=2$이므로

$B(t+2,\ 2^{t-1})$

이때 두 점 A, B의 y좌표가 같아야 하므로

$2\log_2 t=2^{t-1}$

$\therefore\ \log_2 t=2^{t-2}$ ⋯⋯ ㉠

또, $D(t+2,\ 2\log_2(t+2))$이고 $\overline{BD}=2$이므로

$2\log_2(t+2)-2^{t-1}=2$

$\therefore\ \log_2(t+2)=2^{t-2}+1$ ⋯⋯ ㉡

㉠, ㉡에서 $\log_2(t+2)=\log_2 t+1$

$\log_2(t+2)=\log_2 2t,\ t+2=2t$

$\therefore\ t=2$

$\therefore\ A(2,\ 2),\ B(4,\ 2),\ D(4,\ 4)$

한편, 두 점 C, D의 y좌표가 같으므로 $2^{x-3}=2^2$에서

$x=5$

$\therefore\ C(5,\ 4)$

따라서 사각형 ABCD의 넓이를 S라 하면

$S=\frac{1}{2}\times(\overline{AB}+\overline{DC})\times\overline{BD}$

$\ =\frac{1}{2}\times(2+1)\times2=3$

23 **접근 방법** | 먼저 두 함수 $y=\log_2 x$, $y=\log_3 x$의 그래프와 직선 $y=2-x$를 그려서 두 점 $(x_1,\ y_1)$, $(x_2,\ y_2)$의 위치를 알아본다. 이때 두 점 $(x_1,\ y_1)$, $(x_2,\ y_2)$가 직선 $y=2-x$ 위의 점이므로 $y_1=2-x_1$, $y_2=2-x_2$이고, 두 점을 지나는 직선의 기울기가 -1임을 이용한다.

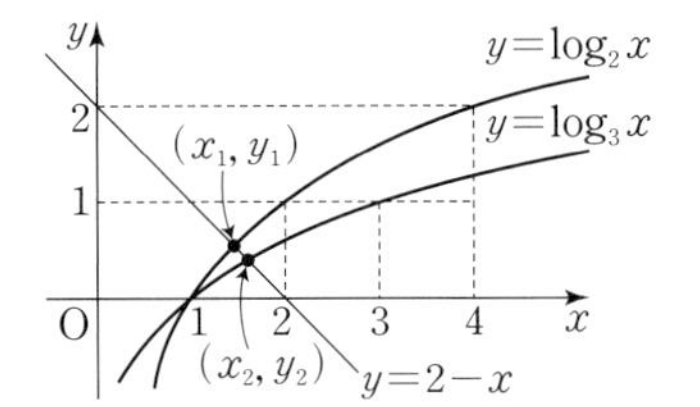

ㄱ. 위의 그림에서 $x_1>1$, $y_2<1$이므로

$x_1>y_2$ (참)

ㄴ. 두 점 $(x_1,\ y_1)$, $(x_2,\ y_2)$는 직선 $y=2-x$ 위의 점이고 직선의 기울기가 $\frac{y_2-y_1}{x_2-x_1}=-1$이므로

$x_2-x_1=-(y_2-y_1)=y_1-y_2$ (참)

ㄷ. $y_1=2-x_1$, $y_2=2-x_2$이므로

$x_1y_1-x_2y_2=x_1(2-x_1)-x_2(2-x_2)$

$\qquad=(x_2^2-x_1^2)-2(x_2-x_1)$

$\qquad=(x_2-x_1)(x_2+x_1-2)$

이때 $x_2-x_1>0$이고, $x_1>1$, $x_2>1$에서

$x_1+x_2>2$이므로

$x_1y_1-x_2y_2>0$

$\therefore\ x_1y_1>x_2y_2$ (참)

따라서 옳은 것은 ㄱ, ㄴ, ㄷ이다.

24 **접근 방법** | 직선 $y=x$에 대하여 서로 대칭인 두 곡선 $y=a^x$, $y=\log_a x$를 각각 x축의 방향으로 1만큼 평행이동한 두 곡선 $y=a^{x-1}$, $y=\log_a(x-1)$은 직선 $y=x-1$에 대하여 대칭임을 이용한다.

두 곡선 $y=a^x$, $y=\log_a x$는 역함수 관계이므로 직선 $y=x$에 대하여 대칭이다.

곡선 $y=a^{x-1}$은 곡선 $y=a^x$을 x축의 방향으로 1만큼 평행이동한 것이고, 곡선 $y=\log_a(x-1)$은 곡선

$y=\log_a x$를 x축의 방향으로 1만큼 평행이동한 것이므로 두 곡선 $y=a^{x-1}$, $y=\log_a(x-1)$은 직선 $y=x$를 x축의 방향으로 1만큼 평행이동한 직선인 $y=x-1$에 대하여 대칭이다.

두 직선 $y=-x+4$, $y=x-1$의 교점을 M이라고 하면

$\mathrm{M}\left(\frac{5}{2}, \frac{3}{2}\right)$

이때 점 M은 선분 AB의 중점이므로

$\overline{\mathrm{AM}}=\frac{1}{2}\overline{\mathrm{AB}}=\frac{1}{2}\times 2\sqrt{2}=\sqrt{2}$

점 A는 직선 $y=-x+4$ 위의 점이므로

$\mathrm{A}(k, -k+4)$ $\left(k<\frac{5}{2}\right)$라고 하면 $\overline{\mathrm{AM}}^2=2$에서

$\left(k-\frac{5}{2}\right)^2+\left(-k+\frac{5}{2}\right)^2=2$, $2\left(k-\frac{5}{2}\right)^2=2$

$\left(k-\frac{5}{2}\right)^2=1$ $\quad\therefore k-\frac{5}{2}=\pm 1$

그런데 $k<\frac{5}{2}$이므로

$k-\frac{5}{2}=-1$ $\quad\therefore k=\frac{3}{2}$

즉, 점 $\mathrm{A}\left(\frac{3}{2}, \frac{5}{2}\right)$가 곡선 $y=a^{x-1}$ 위의 점이므로

$\frac{5}{2}=a^{\frac{3}{2}-1}$, $a^{\frac{1}{2}}=\frac{5}{2}$ $\quad\therefore a=\frac{25}{4}$

이때 점 C의 좌표는 $\left(0, \frac{1}{a}\right)$, 즉 $\left(0, \frac{4}{25}\right)$이고, 점 C에서 직선 $y=-x+4$에 내린 수선의 발을 H라고 하면 선분 CH의 길이는 점 C와 직선 $y=-x+4$, 즉 $x+y-4=0$ 사이의 거리와 같으므로

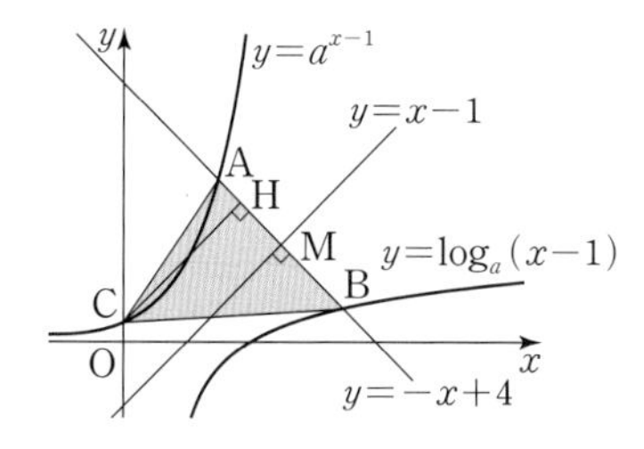

$\overline{\mathrm{CH}}=\frac{\left|0+\frac{4}{25}-4\right|}{\sqrt{1^2+1^2}}=\frac{48\sqrt{2}}{25}$

따라서 삼각형 ABC의 넓이 S는

$S=\frac{1}{2}\times\overline{\mathrm{AB}}\times\overline{\mathrm{CH}}$

$=\frac{1}{2}\times 2\sqrt{2}\times\frac{48\sqrt{2}}{25}=\frac{96}{25}$

$\therefore 50\times S=50\times\frac{96}{25}=192$

05. 로그방정식과 로그부등식

개념 콕콕 1 로그방정식 199쪽

1 답 (1) $x=\sqrt{3}$ (2) $x=5$ (3) $x=\frac{1}{16}$ (4) $x=7$ (5) $x=0$ (6) $x=\frac{4}{3}$

(1) 진수의 조건에서 $x>0$ ⋯⋯ ㉠

$\log_3 x=\frac{1}{2}$에서 $x=3^{\frac{1}{2}}$ $\quad\therefore x=\sqrt{3}$

$x=\sqrt{3}$은 ㉠을 만족시키므로 구하는 해이다.

(2) 진수의 조건에서 $x-1>0$ $\quad\therefore x>1$ ⋯⋯ ㉠

$\log_{\frac{1}{2}}(x-1)=-2$에서

$x-1=\left(\frac{1}{2}\right)^{-2}$, $x-1=(2^{-1})^{-2}=2^2=4$

$\therefore x=5$

$x=5$는 ㉠을 만족시키므로 구하는 해이다.

(3) 밑의 조건에서 $x>0$, $x\neq 1$ ⋯⋯ ㉠

$\log_x 4=-\frac{1}{2}$에서

$4=x^{-\frac{1}{2}}$, $x^{\frac{1}{2}}=\frac{1}{4}$

$\therefore x=\frac{1}{16}$

$x=\frac{1}{16}$은 ㉠을 만족시키므로 구하는 해이다.

(4) 밑의 조건에서 $x-2>0$, $x-2\neq 1$

$\therefore 2<x<3$ 또는 $x>3$ ⋯⋯ ㉠

$\log_{x-2}25=2$에서 $25=(x-2)^2$

$x-2=-5$ 또는 $x-2=5$

$\therefore x=-3$ 또는 $x=7$

이때 ㉠에 의하여 구하는 해는 $x=7$이다.

(5) 진수의 조건에서 $1+x>0$, $1-2x>0$

$\therefore -1<x<\frac{1}{2}$ ⋯⋯ ㉠

$2\log(1+x)=\log(1-2x)$에서

$\log(1+x)^2=\log(1-2x)$

따라서 $(1+x)^2=1-2x$이므로

$x^2+2x+1=1-2x$

$x^2+4x=0$, $x(x+4)=0$

$\therefore x=0$ 또는 $x=-4$

이때 ㉠에 의하여 구하는 해는 $x=0$이다.

(6) 진수의 조건에서

$5x-1>0$, $2x+3>0$

$\therefore x>\frac{1}{5}$ ...... ㉠

$\log_3(5x-1)=\log_3(2x+3)$에서

$5x-1=2x+3$, $3x=4$ $\therefore x=\frac{4}{3}$

$x=\frac{4}{3}$는 ㉠을 만족시키므로 구하는 해이다.

2 답 (1) $x=\frac{1}{3}$ 또는 $x=9$ (2) $x=2$ 또는 $x=\frac{1}{8}$

(1) 진수의 조건에서 $x>0$ ...... ㉠

$\log_3 x=t$로 놓으면

$t^2-t-2=0$, $(t+1)(t-2)=0$

$\therefore t=-1$ 또는 $t=2$

따라서 $\log_3 x=-1$ 또는 $\log_3 x=2$이므로

$x=3^{-1}=\frac{1}{3}$ 또는 $x=3^2=9$

$x=\frac{1}{3}$과 $x=9$는 ㉠을 만족시키므로 구하는 해이다.

(2) 진수의 조건에서 $x>0$ ...... ㉠

$\log_{\frac{1}{2}} x=t$로 놓으면

$t^2-2t-3=0$, $(t+1)(t-3)=0$

$\therefore t=-1$ 또는 $t=3$

따라서 $\log_{\frac{1}{2}} x=-1$ 또는 $\log_{\frac{1}{2}} x=3$이므로

$x=\left(\frac{1}{2}\right)^{-1}=2$ 또는 $x=\left(\frac{1}{2}\right)^3=\frac{1}{8}$

$x=2$와 $x=\frac{1}{8}$은 ㉠을 만족시키므로 구하는 해이다.

3 답 (가) α (나) β (다) 64

방정식 $(\log_2 x)^2-\log_2 x^6+8=0$을 변형하면

$(\log_2 x)^2-6\log_2 x+8=0$ ...... ㉠

이때 $\log_2 x=t$로 놓으면

$t^2-6t+8=0$ ...... ㉡

방정식 ㉠의 두 실근을 α, β라고 하면 t에 대한 이차방정식 ㉡의 두 실근은

$\log_2$ (가) α , $\log_2$ (나) β

가 된다는 것을 알 수 있다.

이때 이차방정식 ㉡의 근과 계수의 관계에 의하여 두 근의 합은

$\log_2$ (가) α $+\log_2$ (나) β $=6$

이므로 $\log_2 \alpha\beta=6$에서

$\alpha\beta=2^6=$ (다) 64

가 성립한다.

예제 01 밑을 같게 할 수 있는 로그방정식의 풀이 201쪽

01-1 답 (1) $x=6$ (2) $x=4$ (3) $x=1$ (4) $x=3$

(1) 진수의 조건에서 $x+2>0$, $x-4>0$

$\therefore x>4$ ...... ㉠

주어진 방정식을 변형하면

$\log_2(x+2)(x-4)=4$

이때 $4=\log_2 2^4=\log_2 16$이므로

$\log_2(x+2)(x-4)=\log_2 16$

로그의 밑이 같으므로

$(x+2)(x-4)=16$, $x^2-2x-24=0$

$(x+4)(x-6)=0$

$\therefore x=-4$ 또는 $x=6$

㉠에 의하여 구하는 해는 $x=6$이다.

(2) 밑과 진수의 조건에서

$x>0$, $x\neq1$, $3x+4>0$

$\therefore x>0$, $x\neq1$ ...... ㉠

주어진 방정식을 변형하면

$\log_x(3x+4)=\log_x x^2$

로그의 밑이 같으므로

$3x+4=x^2$, $x^2-3x-4=0$

$(x+1)(x-4)=0$

$\therefore x=-1$ 또는 $x=4$

㉠에 의하여 구하는 해는 $x=4$이다.

(3) 진수의 조건에서

$x^2+6x+5>0$, $x+3>0$

$(x+1)(x+5)>0$, $x+3>0$

$\therefore x>-1$ ...... ㉠

주어진 방정식을 변형하면

$\log_3(x^2+6x+5)=\log_3(x+3)+1$

$\log_3(x^2+6x+5)=\log_3(x+3)+\log_3 3$

$\log_3(x^2+6x+5)=\log_3 3(x+3)$

로그의 밑이 같으므로

$x^2+6x+5=3(x+3)$, $x^2+3x-4=0$

$(x+4)(x-1)=0$

$\therefore x=-4$ 또는 $x=1$

㉠에 의하여 구하는 해는 $x=1$이다.

(4) 진수의 조건에서

$\sqrt{5x+5}>0$, $2x-1>0$

$5x+5>0$, $2x-1>0$

$\therefore x>\frac{1}{2}$ ...... ㉠

주어진 방정식을 변형하면

$\frac{1}{2}\log(5x+5)+\frac{1}{2}\log(2x-1)=1$

$\log(5x+5)+\log(2x-1)=2$

$\log(5x+5)(2x-1)=\log 100$

로그의 밑이 같으므로

$(5x+5)(2x-1)=100$

$10x^2+5x-105=0$, $2x^2+x-21=0$

$(2x+7)(x-3)=0$

$\therefore x=-\frac{7}{2}$ 또는 $x=3$

㉠에 의하여 구하는 해는 $x=3$이다.

⊕ 보충 설명

(2)에서 $a>0$, $a\neq1$, $b>0$일 때, 로그의 정의

$a^x=b \Longleftrightarrow x=\log_a b$

임을 이용하여 풀 수도 있다.

즉, $\log_x(3x+4)=2$에서 $3x+4=x^2$이므로 이 방정식을 풀어서 밑과 진수의 조건을 만족시키는 x의 값을 찾는다.

01-2 답 (1) $x=1$ (2) $x=9$

(1) 진수의 조건에서 $x+3>0$

$\therefore x>-3$ ...... ㉠

주어진 방정식에서 각 항의 밑을 4로 통일하면

$\log_4(x+3)^2=\log_4(x+3)+\log_4 4$

$\log_4(x+3)^2=\log_4 4(x+3)$

로그의 밑이 같으므로

$(x+3)^2=4(x+3)$

$(x+3)^2-4(x+3)=0$

$(x+3)(x-1)=0$

$\therefore x=-3$ 또는 $x=1$

㉠에 의하여 구하는 해는 $x=1$이다.

(2) 진수의 조건에서 $x+3>0$, $x+7>0$

$\therefore x>-3$ ...... ㉠

주어진 방정식에서 각 항의 밑을 9로 통일하면

$\log_9(x+3)^2-\log_9(x+7)=\log_9 9$

$\log_9(x+3)^2=\log_9(x+7)+\log_9 9$

$\log_9(x+3)^2=\log_9 9(x+7)$

로그의 밑이 같으므로

$(x+3)^2=9(x+7)$, $x^2+6x+9=9x+63$

$x^2-3x-54=0$, $(x+6)(x-9)=0$

$\therefore x=-6$ 또는 $x=9$

㉠에 의하여 구하는 해는 $x=9$이다.

다른 풀이

(1) 진수의 조건에서 $x+3>0$

$\therefore x>-3$ ...... ㉠

밑을 2로 통일하여 풀 수도 있다.

즉, 주어진 방정식에서

$\log_2(x+3)=\log_{2^2}(x+3)+1$

$\log_2(x+3)=\frac{1}{2}\log_2(x+3)+1$

$\frac{1}{2}\log_2(x+3)=1$ $\quad\therefore \log_2(x+3)=2$

따라서 로그의 정의에 의하여 $x+3=2^2=4$이므로

$x=1$

이 값은 ㉠을 만족시키므로 방정식의 해이다.

01-3 답 ②

진수의 조건에서 $x-3>0$, $2y+5>0$

$\therefore x>3$, $y>-\frac{5}{2}$ ...... ㉠

방정식 $x-y+12=0$에서 $y=x+12$이므로

$\log_2(x-3)=\log_4(2y+5)$에 대입하여 정리하면

$\log_2(x-3)=\log_4(2x+29)$

밑을 4로 통일하면

$\log_4(x-3)^2=\log_4(2x+29)$

로그의 밑이 같으므로

$(x-3)^2=2x+29$, $x^2-8x-20=0$

$(x+2)(x-10)=0$

$\therefore x=-2$ 또는 $x=10$

㉠에 의하여 $x=10$

이때 $y=x+12$에서 $y=22$이고, 이것은 ㉠을 만족시키므로 $\alpha=10$, $\beta=22$

$\therefore \alpha+\beta=10+22=32$

예제 02 치환을 이용한 로그방정식의 풀이 203쪽

02-1 답 (1) $x=\frac{1}{5}$ 또는 $x=25$

(2) $x=\sqrt[4]{2}$ 또는 $x=2$ (3) $x=32$

(4) $x=1$ 또는 $x=2$ 또는 $x=8$

(1) 밑과 진수의 조건에서 $x>0$, $x\neq1$ ...... ㉠

주어진 방정식을 변형하면

$\log_5 x-2\log_x 5=1$

$\log_5 x-\frac{2}{\log_5 x}=1$

이때 $\log_5 x=t$로 놓으면 $t-\frac{2}{t}=1$

양변에 t를 곱하여 정리하면

$t^2-t-2=0$, $(t+1)(t-2)=0$

$\therefore t=-1$ 또는 $t=2$

따라서 $\log_5 x=-1$ 또는 $\log_5 x=2$이므로

$x=5^{-1}=\frac{1}{5}$ 또는 $x=5^2=25$

이 값들은 ㉠을 만족시키므로 방정식의 해이다.

(2) 밑과 진수의 조건에서 $x^4>0$, $x>0$, $x\neq1$

$\therefore x>0$, $x\neq1$ …… ㉠

주어진 방정식을 변형하면

$4\log_2 x+\frac{1}{\log_2 x}-5=0$

이때 $\log_2 x=t$로 놓으면 $4t+\frac{1}{t}-5=0$

양변에 t를 곱하여 정리하면

$4t^2-5t+1=0$, $(4t-1)(t-1)=0$

$\therefore t=\frac{1}{4}$ 또는 $t=1$

따라서 $\log_2 x=\frac{1}{4}$ 또는 $\log_2 x=1$이므로

$x=2^{\frac{1}{4}}=\sqrt[4]{2}$ 또는 $x=2$

이 값들은 ㉠을 만족시키므로 방정식의 해이다.

(3) 진수의 조건에서 $x>0$, $x^2>0$

$\therefore x>0$ …… ㉠

주어진 방정식을 변형하면

$(\log_2 x-6)^2+2\log_2 x-11=0$

이때 $\log_2 x-6=t$로 놓으면 $\log_2 x=t+6$이므로 주어진 방정식은

$t^2+2(t+6)-11=0$

$t^2+2t+1=0$, $(t+1)^2=0$

$\therefore t=-1$

따라서 $\log_2 x-6=-1$, 즉 $\log_2 x=5$이므로

$x=2^5=32$

이 값은 ㉠을 만족시키므로 방정식의 해이다.

(4) 진수의 조건에서 $x>0$, $x^4>0$

$\therefore x>0$ …… ㉠

주어진 방정식을 변형하면

$(\log_2 x)^3+4\log_2 x=4(\log_2 x)^2+\log_2 x$

이때 $\log_2 x=t$로 놓으면

$t^3+4t=4t^2+t$, $t^3-4t^2+3t=0$

$t(t^2-4t+3)=0$, $t(t-1)(t-3)=0$

$\therefore t=0$ 또는 $t=1$ 또는 $t=3$

따라서 $\log_2 x=0$ 또는 $\log_2 x=1$ 또는 $\log_2 x=3$ 이므로

$x=1$ 또는 $x=2$ 또는 $x=8$

이 값들은 ㉠을 만족시키므로 방정식의 해이다.

다른 풀이

(3) 진수의 조건에서 $x>0$, $x^2>0$

$\therefore x>0$ …… ㉠

$(\log_2 x-6)^2+\log_2 x^2-11=0$에서

$(\log_2 x)^2-12\log_2 x+36+2\log_2 x-11=0$

$\therefore (\log_2 x)^2-10\log_2 x+25=0$

이때 $\log_2 x=t$로 놓으면

$t^2-10t+25=0$, $(t-5)^2=0$

$\therefore t=5$

따라서 $\log_2 x=5$이므로 $x=2^5=32$

이 값은 ㉠을 만족시키므로 방정식의 해이다.

⊕ 보충 설명

공통수학1에서 배웠듯이 삼차 또는 사차방정식을 푸는 가장 기본적인 방법은 인수분해이다. 즉, 삼차(사차)방정식을 인수분해한 후

$ABC=0 \Longleftrightarrow A=0$ 또는 $B=0$ 또는 $C=0$

임을 이용하여 해를 구한다.

이때 인수분해하는 방법으로는 삼·사차식의 인수분해 공식이나 인수정리와 조립제법을 이용하는데, **공통수학1**의 **03. 인수분해**를 참고하기 바란다.

02-2

답 (1) $x=1$ 또는 $x=10$
(2) $x=1$ 또는 $x=100$

(1) 진수의 조건에서 $x>0$ …… ㉠

로그의 성질에 의하여 $x^{\log 5}=5^{\log x}$이므로 주어진 방정식을 변형하면

$5^{\log x}\times5^{\log x}-3(5^{\log x}+5^{\log x})+5=0$

$\therefore (5^{\log x})^2-6\times5^{\log x}+5=0$

이때 $5^{\log x}=t\,(t>0)$로 놓으면

$t^2-6t+5=0$, $(t-1)(t-5)=0$

$\therefore t=1$ 또는 $t=5$

따라서 $5^{\log x}=1$ 또는 $5^{\log x}=5$이므로

(i) $5^{\log x}=1$에서 $\log x=0$ $\quad\therefore x=10^0=1$

(ii) $5^{\log x}=5$에서 $\log x=1$ $\quad\therefore x=10^1=10$

(i), (ii)에서 구하는 해는

$x=1$ 또는 $x=10$

이 값들은 ㉠을 만족시키므로 방정식의 해이다.

(2) 진수의 조건에서 $x>0$ …… ㉠

로그의 성질에 의하여 $x^{\log 2}=2^{\log x}$이므로 주어진 방정식을 변형하면

$2^{\log x}\times 2^{\log x}-3\times 2^{\log x}-2\times 2^{\log x}+4=0$

$\therefore (2^{\log x})^2-5\times 2^{\log x}+4=0$

이때 $2^{\log x}=t\ (t>0)$로 놓으면

$t^2-5t+4=0,\ (t-1)(t-4)=0$

$\therefore t=1$ 또는 $t=4$

따라서 $2^{\log x}=1$ 또는 $2^{\log x}=4$이므로

(i) $2^{\log x}=1$에서 $\log x=0$ $\quad\therefore x=10^0=1$

(ii) $2^{\log x}=4$에서 $\log x=2$ $\quad\therefore x=10^2=100$

(i), (ii)에서 구하는 해는

$x=1$ 또는 $x=100$

이 값들은 ㉠을 만족시키므로 방정식의 해이다.

02-3 답 64

$\log_2 x=t$로 놓으면

$\log_2\frac{16}{x}=\log_2 16-\log_2 x=4-t$

이므로 주어진 방정식은

$t(4-t)=\frac{m}{16}$ $\quad\therefore 16t^2-64t+m=0$

이때 주어진 방정식의 해가 존재하려면 위의 이차방정식이 실근을 가져야 하므로 이 이차방정식의 판별식을 D라고 하면

$\frac{D}{4}=(-32)^2-16m\geq 0$

$\therefore m\leq 64$

따라서 구하는 실수 m의 최댓값은 64이다.

예제 03 지수에 로그가 있는 방정식의 풀이 205쪽

03-1 답 (1) $x=\frac{1}{10}$ 또는 $x=10000$ (2) $x=3$ 또는 $x=9$

(1) 진수의 조건에서 $x>0$ …… ㉠

주어진 방정식의 양변에 상용로그를 취하면

$\log x^{\log x}=\log 10000x^3$

$\log x\times\log x=\log 10000+\log x^3$

$\therefore (\log x)^2-3\log x-4=0$

이때 $\log x=t$로 놓으면

$t^2-3t-4=0,\ (t+1)(t-4)=0$

$\therefore t=-1$ 또는 $t=4$

따라서 $\log x=-1$ 또는 $\log x=4$이므로

$x=\frac{1}{10}$ 또는 $x=10000$

이 값들은 ㉠을 만족시키므로 방정식의 해이다.

(2) 진수의 조건에서 $x>0$ …… ㉠

주어진 방정식의 양변에 밑이 3인 로그를 취하면

$\log_3 x^{\log_3 x}=\log_3\frac{x^3}{9}$

$\log_3 x\times\log_3 x=\log_3 x^3-\log_3 9$

$\therefore (\log_3 x)^2-3\log_3 x+2=0$

이때 $\log_3 x=t$로 놓으면

$t^2-3t+2=0,\ (t-1)(t-2)=0$

$\therefore t=1$ 또는 $t=2$

따라서 $\log_3 x=1$ 또는 $\log_3 x=2$이므로

$x=3$ 또는 $x=9$

이 값들은 ㉠을 만족시키므로 방정식의 해이다.

03-2 답 (1) $x=\frac{1}{6}$ (2) $x=6$

(1) 진수의 조건에서 $2x>0,\ 3x>0$

$\therefore x>0$ …… ㉠

주어진 방정식의 양변에 상용로그를 취하면

$\log 2^{\log 2x}=\log 3^{\log 3x}$

$\log 2x\times\log 2=\log 3x\times\log 3$

$(\log 2+\log x)\log 2=(\log 3+\log x)\log 3$

$(\log 2)^2+\log 2\times\log x=(\log 3)^2+\log 3\times\log x$

$(\log 2-\log 3)\log x=(\log 3)^2-(\log 2)^2$

$(\log 2-\log 3)\log x$

$=(\log 3+\log 2)(\log 3-\log 2)$

$\therefore \log x=-(\log 3+\log 2)$

$=-\log 6=\log 6^{-1}$

$=\log\frac{1}{6}$

즉, $\log x=\log\frac{1}{6}$이므로 $x=\frac{1}{6}$

이 값은 ㉠을 만족시키므로 방정식의 해이다.

(2) 주어진 방정식의 양변에 상용로그를 취하면

$\log\left(\frac{2}{x}\right)^{\log 2}=\log\left(\frac{3}{x}\right)^{\log 3}$

$\log 2\times\log\frac{2}{x}=\log 3\times\log\frac{3}{x}$

$\log 2(\log 2-\log x)=\log 3(\log 3-\log x)$

$(\log 2)^2-\log 2\times\log x=(\log 3)^2-\log 3\times\log x$

$(\log 3-\log 2)\log x=(\log 3)^2-(\log 2)^2$

$(\log 3-\log 2)\log x$

$=(\log 3+\log 2)(\log 3-\log 2)$

$\therefore \log x=\log 3+\log 2$

$=\log 6$

즉, $\log x=\log 6$이므로 $x=6$

03-3 답 ①

주어진 방정식의 양변에 상용로그를 취하면

$\log 2^{x-1}=\log 5^{x+1}$

$(x-1)\log 2=(x+1)\log 5$

$x\log 2-\log 2=x\log 5+\log 5$

$x(\log 2-\log 5)=\log 2+\log 5$

$x\log\frac{2}{5}=\log 10=1$

$\therefore x=\frac{1}{\log\frac{2}{5}}$

따라서 $\frac{1}{\alpha}=\log\frac{2}{5}$이므로

$10^{\frac{1}{\alpha}}=10^{\log\frac{2}{5}}=\frac{2}{5}$

예제 04 로그방정식과 이차방정식 사이의 관계 207쪽

04-1 답 (1) 27 (2) -11

$\log_3 x=t$로 놓으면 주어진 방정식은 $t^2-3t-1=0$이고, 이 방정식의 두 근은 $\log_3\alpha$, $\log_3\beta$이다.

이때 이차방정식의 근과 계수의 관계에 의하여

$\log_3\alpha+\log_3\beta=3$, $\log_3\alpha\times\log_3\beta=-1$

(1) $\log_3\alpha+\log_3\beta=3$에서

$\log_3\alpha\beta=\log_3 3^3 \quad \therefore \alpha\beta=27$

(2) $\log_\alpha\beta+\log_\beta\alpha$

$=\frac{\log_3\beta}{\log_3\alpha}+\frac{\log_3\alpha}{\log_3\beta}=\frac{(\log_3\alpha)^2+(\log_3\beta)^2}{\log_3\alpha\times\log_3\beta}$

$=\frac{(\log_3\alpha+\log_3\beta)^2-2\log_3\alpha\times\log_3\beta}{\log_3\alpha\times\log_3\beta}$

$=\frac{3^2-2\times(-1)}{-1}=-11$

04-2 답 (1) $\frac{1}{6}$ (2) $\frac{1}{12}$

(1) 주어진 방정식을 변형하면

$(\log 2+\log x)(\log 3+\log x)=1$

$(\log x)^2+(\log 2+\log 3)\log x$

$+\log 2\times\log 3-1=0$

$\therefore (\log x)^2+\log 6\times\log x+\log 2\times\log 3-1=0$ ⋯⋯ ㉠

$\log x=t$로 놓으면

$t^2+t\log 6+\log 2\times\log 3-1=0$ ⋯⋯ ㉡

이때 방정식 ㉠의 두 근이 α, β이므로 방정식 ㉡의 두 근은 $\log\alpha$, $\log\beta$이다.

따라서 이차방정식의 근과 계수의 관계에 의하여

$\log\alpha+\log\beta=-\log 6$

$\log\alpha\beta=\log\frac{1}{6}$

$\therefore \alpha\beta=\frac{1}{6}$

(2) 주어진 방정식을 변형하면

$(\log_2 4+\log_2 x)\log_2 x+\log_2 3\times\log_2 x-6=0$

$(\log_2 x)^2+(\log_2 4+\log_2 3)\log_2 x-6=0$

$\therefore (\log_2 x)^2+\log_2 12\times\log_2 x-6=0$ ⋯⋯ ㉠

$\log_2 x=t$로 놓으면

$t^2+t\log_2 12-6=0$ ⋯⋯ ㉡

이때 방정식 ㉠의 두 근이 α, β이므로 방정식 ㉡의 두 근은 $\log_2\alpha$, $\log_2\beta$이다.

따라서 이차방정식의 근과 계수의 관계에 의하여

$\log_2\alpha+\log_2\beta=-\log_2 12$

$\log_2\alpha\beta=\log_2\frac{1}{12}$

$\therefore \alpha\beta=\frac{1}{12}$

04-3 답 ③

주어진 지수방정식과 로그방정식의 두 근을 α, β라고 하자.

$2^{2x}-a\times 2^x+8=0$에서 $2^x=t\,(t>0)$로 놓으면 이차방정식 $t^2-at+8=0$의 두 근은 2^α, 2^β이므로 이차방정식의 근과 계수의 관계에 의하여

$2^\alpha+2^\beta=a$, $2^\alpha\times 2^\beta=8$ ⋯⋯ ㉠

또한 $(\log_2 x)^2-\log_2 x+b=0$에서 $\log_2 x=s$로 놓으면 이차방정식 $s^2-s+b=0$의 두 근은 $\log_2\alpha$, $\log_2\beta$이므로 이차방정식의 근과 계수의 관계에 의하여

$\log_2\alpha+\log_2\beta=1$, $\log_2\alpha\times\log_2\beta=b$ ⋯⋯ ㉡

㉠, ㉡에서 $2^{\alpha+\beta}=2^3$, $\log_2\alpha\beta=1$이므로

$\alpha+\beta=3$, $\alpha\beta=2$

두 식을 연립하여 풀면 $\begin{cases}\alpha=1\\ \beta=2\end{cases}$ 또는 $\begin{cases}\alpha=2\\ \beta=1\end{cases}$이므로

$a=2^\alpha+2^\beta=6$, $b=\log_2\alpha\times\log_2\beta=0$

$\therefore a+b=6+0=6$

개념 콕콕 **2 로그부등식** 211쪽

1 답 (1) $x>\sqrt{3}$ (2) $x>5$
(3) $\frac{2}{3}<x\le 3$ (4) $0.01\le x\le 0.1$

(1) 진수의 조건에서 $x>0$ ······ ㉠
이때 밑이 3이고 $3>1$이므로
$x>3^{\frac{1}{2}}$ $\therefore x>\sqrt{3}$ ······ ㉡
㉠, ㉡의 공통 범위를 구하면 $x>\sqrt{3}$
(2) 진수의 조건에서 $x-1>0$
$\therefore x>1$ ······ ㉠
이때 밑이 $\frac{1}{2}$이고 $0<\frac{1}{2}<1$이므로
$x-1>\left(\frac{1}{2}\right)^{-2}$, $x-1>(2^{-1})^{-2}=2^2=4$
$\therefore x>5$ ······ ㉡
㉠, ㉡의 공통 범위를 구하면 $x>5$
(3) 진수의 조건에서 $2x+1>0$, $3x-2>0$
$\therefore x>\frac{2}{3}$ ······ ㉠
이때 밑이 $\frac{1}{3}$이고 $0<\frac{1}{3}<1$이므로
$2x+1\ge 3x-2$ $\therefore x\le 3$ ······ ㉡
㉠, ㉡의 공통 범위를 구하면 $\frac{2}{3}<x\le 3$
(4) 진수의 조건에서 $x>0$ ······ ㉠
이때 밑이 0.1이고 $0<0.1<1$이므로
$0.1^2\le x\le 0.1$ $\therefore 0.01\le x\le 0.1$ ······ ㉡
㉠, ㉡의 공통 범위를 구하면 $0.01\le x\le 0.1$

2 답 (1) $0<x<2$ 또는 $x>8$
(2) $0<x\le\frac{1}{3}$ 또는 $x\ge 27$

(1) 진수의 조건에서 $x>0$ ······ ㉠
$\log_2 x=t$로 놓으면
$t^2-4t+3>0$, $(t-1)(t-3)>0$
$\therefore t<1$ 또는 $t>3$
따라서 $\log_2 x<1$ 또는 $\log_2 x>3$이므로
$\log_2 x<\log_2 2$ 또는 $\log_2 x>\log_2 8$
이때 밑이 2이고 $2>1$이므로
$x<2$ 또는 $x>8$ ······ ㉡
㉠, ㉡의 공통 범위를 구하면
$0<x<2$ 또는 $x>8$
(2) 진수의 조건에서 $x>0$ ······ ㉠
$\log_{\frac{1}{3}}x=t$로 놓으면
$t^2+2t-3\ge 0$, $(t+3)(t-1)\ge 0$
$\therefore t\le -3$ 또는 $t\ge 1$
따라서 $\log_{\frac{1}{3}}x\le -3$ 또는 $\log_{\frac{1}{3}}\ge 1$이므로
$\log_{\frac{1}{3}}x\le\log_{\frac{1}{3}}27$ 또는 $\log_{\frac{1}{3}}x\ge\log_{\frac{1}{3}}\frac{1}{3}$
이때 밑이 $\frac{1}{3}$이고 $0<\frac{1}{3}<1$이므로
$x\ge 27$ 또는 $x\le\frac{1}{3}$ ······ ㉡
㉠, ㉡의 공통 범위를 구하면
$0<x\le\frac{1}{3}$ 또는 $x\ge 27$

예제 05 **밑을 같게 할 수 있는 로그부등식의 풀이** 213쪽

05-1 답 (1) $\frac{1}{2}<x<\frac{5}{2}$ (2) $3\le x<9$
(3) $x>6$ (4) $3<x<4$

(1) 진수의 조건에서 $2x-1>0$
$\therefore x>\frac{1}{2}$ ······ ㉠
주어진 부등식을 변형하면
$\log_{0.5}(2x-1)>\log_{0.5}0.5^{-2}$
$\log_{0.5}(2x-1)>\log_{0.5}4$
이때 밑이 0.5이고 $0<0.5<1$이므로
$2x-1<4$ $\therefore x<\frac{5}{2}$ ······ ㉡
㉠, ㉡의 공통 범위를 구하면
$\frac{1}{2}<x<\frac{5}{2}$
(2) 진수의 조건에서 $\log_3 x>0$, $x>0$이므로
$x>1$, $x>0$ $\therefore x>1$ ······ ㉠
주어진 부등식을 변형하면
$\log_2 1\le\log_2(\log_3 x)<\log_2 2$
이때 밑이 2이고 $2>1$이므로
$1\le\log_3 x<2$
마찬가지 방법으로 이 부등식을 풀면
$\log_3 3\le\log_3 x<\log_3 3^2$
$\therefore 3\le x<9$ ······ ㉡
㉠, ㉡의 공통 범위를 구하면
$3\le x<9$
(3) 진수의 조건에서 $x-4>0$, $x-1>0$
$\therefore x>4$ ······ ㉠

주어진 부등식을 변형하면

$\log_5 10 < \log_5 (x-1) + \log_5 (x-4)$

$\log_5 10 < \log_5 (x-1)(x-4)$

이때 밑이 5이고 $5>1$이므로

$10 < (x-1)(x-4)$

$x^2-5x-6>0$, $(x+1)(x-6)>0$

$\therefore x<-1$ 또는 $x>6$ …… ㉡

㉠, ㉡의 공통 범위를 구하면

$x>6$

(4) 진수의 조건에서 $x-3>0$, $5-x>0$

$\therefore 3<x<5$ …… ㉠

주어진 부등식을 변형하면

$\log_{\frac{1}{2}} (x-3)^2 > \log_{\frac{1}{2}} (5-x)$

이때 밑이 $\frac{1}{2}$이고 $0<\frac{1}{2}<1$이므로

$(x-3)^2 < 5-x$

$x^2-5x+4<0$, $(x-1)(x-4)<0$

$\therefore 1<x<4$ …… ㉡

㉠, ㉡의 공통 범위를 구하면

$3<x<4$

05-2 답 (1) $4<x<6$ (2) $5<x<10$

(1) 진수의 조건에서 $x-4>0$, $x-2>0$

$\therefore x>4$ …… ㉠

주어진 부등식에서 각 항의 밑을 4로 통일하면

$\log_4 (x-4)^2 < \log_4 (x-2)$

이때 밑이 4이고 $4>1$이므로

$(x-4)^2 < x-2$, $x^2-9x+18<0$

$(x-3)(x-6)<0$

$\therefore 3<x<6$ …… ㉡

㉠, ㉡의 공통 범위를 구하면

$4<x<6$

(2) 진수의 조건에서 $x-5>0$, $2x+5>0$

$\therefore x>5$ …… ㉠

주어진 부등식에서 각 항의 밑을 $\frac{1}{9}$로 통일하면

$\log_{\frac{1}{9}} (x-5)^2 > \log_{\frac{1}{9}} (2x+5)$

이때 밑이 $\frac{1}{9}$이고 $0<\frac{1}{9}<1$이므로

$(x-5)^2 < 2x+5$

$x^2-12x+20<0$, $(x-2)(x-10)<0$

$\therefore 2<x<10$ …… ㉡

㉠, ㉡의 공통 범위를 구하면

$5<x<10$

05-3 답 (1) $4 \le x < 84$ (2) $-1<x<2$

(1) (i) 진수의 조건에서 $|x-3|>0$ $\therefore x \ne 3$

$\log_3 |x-3| < 4$에서 $4=\log_3 81$이므로 주어진 부등식은

$\log_3 |x-3| < \log_3 81$

이때 밑이 3이고 $3>1$이므로

$|x-3|<81$, $-81<x-3<81$

$\therefore -78<x<84$

따라서 부등식 $\log_3 |x-3| < 4$의 해는

$-78<x<3$ 또는 $3<x<84$ …… ㉠

(ii) 진수의 조건에서 $x>0$, $x-2>0$

$\therefore x>2$

$\log_2 x + \log_2 (x-2) \ge 3$에서

$\log_2 x(x-2) \ge \log_2 8$

이때 밑이 2이고 $2>1$이므로

$x(x-2) \ge 8$

$x^2-2x-8 \ge 0$, $(x+2)(x-4) \ge 0$

$\therefore x \le -2$ 또는 $x \ge 4$

따라서 부등식 $\log_2 x + \log_2 (x-2) \ge 3$의 해는

$x \ge 4$ …… ㉡

주어진 연립부등식의 해는 ㉠, ㉡의 공통 범위이므로

$4 \le x < 84$

(2) (i) $2^{x+3}>4$에서 $2^{x+3}>2^2$

이때 밑이 2이고 $2>1$이므로

$x+3>2$

$\therefore x>-1$ …… ㉠

(ii) 진수의 조건에서 $x+3>0$, $5x+15>0$

$\therefore x>-3$

$2\log(x+3) < \log(5x+15)$에서

$\log(x+3)^2 < \log(5x+15)$

이때 밑이 10이고 $10>1$이므로

$(x+3)^2 < 5x+15$

$x^2+x-6<0$, $(x+3)(x-2)<0$

$\therefore -3<x<2$

따라서 부등식 $2\log(x+3) < \log(5x+15)$의 해는

$-3<x<2$ …… ㉡

주어진 연립부등식의 해는 ㉠, ㉡의 공통 범위이므로

$-1<x<2$

예제 06 치환을 이용한 로그부등식의 풀이 215쪽

06-1 답 (1) $4<x<8$ (2) $1<x<1000$
(3) $\frac{1}{27} \leq x \leq 9$ (4) $\frac{1}{2}<x<16$

(1) 진수의 조건에서 $x>0$, $x^5>0$
$\therefore x>0$ …… ㉠
주어진 부등식을 변형하면
$(\log_2 x)^2 - 5\log_2 x + 6 < 0$
$\log_2 x = t$로 놓으면
$t^2 - 5t + 6 < 0$, $(t-2)(t-3) < 0$
$\therefore 2<t<3$
따라서 $2<\log_2 x<3$이므로
$\log_2 2^2 < \log_2 x < \log_2 2^3$
이때 밑이 2이고 $2>1$이므로 $2^2<x<2^3$
$\therefore 4<x<8$ …… ㉡
㉠, ㉡의 공통 범위를 구하면
$4<x<8$

(2) 진수의 조건에서 $x>0$, $x^3>0$
$\therefore x>0$ …… ㉠
주어진 부등식을 변형하면
$(\log x)^2 - 3\log x < 0$
$\log x = t$로 놓으면
$t^2 - 3t < 0$, $t(t-3) < 0$
$\therefore 0<t<3$
따라서 $0<\log x<3$이므로
$\log 10^0 < \log x < \log 10^3$
이때 밑이 10이고 $10>1$이므로 $10^0<x<10^3$
$\therefore 1<x<1000$ …… ㉡
㉠, ㉡의 공통 범위를 구하면
$1<x<1000$

(3) 진수의 조건에서 $\frac{x}{3}>0$, $9x>0$
$\therefore x>0$ …… ㉠
주어진 부등식을 변형하면
$(\log_3 x - \log_3 3)(\log_3 9 + \log_3 x) \leq 4$
$(\log_3 x - 1)(2 + \log_3 x) \leq 4$
$\log_3 x = t$로 놓으면
$(t-1)(2+t) \leq 4$, $t^2 + t - 6 \leq 0$
$(t+3)(t-2) \leq 0$ $\therefore -3 \leq t \leq 2$
따라서 $-3 \leq \log_3 x \leq 2$이므로
$\log_3 3^{-3} \leq \log_3 x \leq \log_3 3^2$
이때 밑이 3이고 $3>1$이므로 $3^{-3} \leq x \leq 3^2$
$\therefore \frac{1}{27} \leq x \leq 9$ …… ㉡
㉠, ㉡의 공통 범위를 구하면
$\frac{1}{27} \leq x \leq 9$

(4) 진수의 조건에서 $x>0$ …… ㉠
주어진 부등식을 변형하면
$(\log_2 x)(3 - \log_2 x) > -4$
$\log_2 x = t$로 놓으면
$t(3-t) > -4$, $t^2 - 3t - 4 < 0$
$(t+1)(t-4) < 0$
$\therefore -1<t<4$
따라서 $-1<\log_2 x<4$이므로
$\log_2 2^{-1} < \log_2 x < \log_2 2^4$
이때 밑이 2이고 $2>1$이므로 $2^{-1}<x<2^4$
$\therefore \frac{1}{2}<x<16$ …… ㉡
㉠, ㉡의 공통 범위를 구하면
$\frac{1}{2}<x<16$

06-2 답 (1) $0<x<1$ 또는 $2<x<64$
(2) $1<x<10$ 또는 $x>1000$

(1) 밑과 진수의 조건에서 $x>0$, $x \neq 1$
주어진 부등식을 변형하면
$\log_2 x + \frac{6}{\log_2 x} - 7 < 0$ …… ㉠
(i) $\log_2 x > 0$일 때, 즉 $x>1$일 때,
㉠의 양변에 $\log_2 x$를 곱하여 정리하면
$(\log_2 x)^2 - 7\log_2 x + 6 < 0$
$(\log_2 x - 1)(\log_2 x - 6) < 0$
$\therefore 1 < \log_2 x < 6$
따라서 $\log_2 2 < \log_2 x < \log_2 2^6$이므로
$2<x<64$
(ii) $\log_2 x < 0$일 때, 즉 $0<x<1$일 때,
㉠의 양변에 $\log_2 x$를 곱하여 정리하면
$(\log_2 x)^2 - 7\log_2 x + 6 > 0$
$(\log_2 x - 1)(\log_2 x - 6) > 0$
$\therefore \log_2 x < 1$ 또는 $\log_2 x > 6$
그런데 $\log_2 x < 0$이므로
$\log_2 x < 0$
$\therefore 0<x<1$
(i), (ii)에서 구하는 해는
$0<x<1$ 또는 $2<x<64$

(2) 밑과 진수의 조건에서 $x>0$, $x\neq1$

주어진 부등식을 변형하면

$\frac{3}{\log x}+\log x>4$ …… ㉠

(i) $\log x>0$일 때, 즉 $x>1$일 때,

㉠의 양변에 $\log x$를 곱하여 정리하면

$(\log x)^2-4\log x+3>0$

$(\log x-1)(\log x-3)>0$

$\therefore \log x<1$ 또는 $\log x>3$

그런데 $\log x>0$이므로

$0<\log x<1$ 또는 $\log x>3$

$\therefore 1<x<10$ 또는 $x>1000$

(ii) $\log x<0$일 때, 즉 $0<x<1$일 때,

㉠의 양변에 $\log x$를 곱하여 정리하면

$(\log x)^2-4\log x+3<0$

$(\log x-1)(\log x-3)<0$

$\therefore 1<\log x<3$

그런데 $\log x<0$이므로 조건을 만족시키는 x의 값은 없다.

(i), (ii)에서 구하는 해는

$1<x<10$ 또는 $x>1000$

06-3 답 41

부등식 $2^{2x}-2^{x+1}-8<0$에서

$(2^x)^2-2\times2^x-8<0$

$(2^x+2)(2^x-4)<0$

이때 $2^x+2>0$이므로

$2^x-4<0$, $2^x<4=2^2$

$\therefore x<2$

$\therefore A=\{x|x<2\}$

따라서 $A\cap B=\varnothing$, $A\cup B=\{x|x\leq16\}$이 성립하려면 $B=\{x|2\leq x\leq16\}$이어야 한다.

부등식 $(\log_2 x)^2-a\log_2 x+b\leq0$에서

$\log_2 x=t$로 놓으면

$t^2-at+b\leq0$ …… ㉠

한편, $2\leq x\leq16$에서 $\log_2 2\leq\log_2 x\leq\log_2 16$이므로

$1\leq t\leq4$

$(t-1)(t-4)\leq0$

$\therefore t^2-5t+4\leq0$ …… ㉡

㉠, ㉡이 같아야 하므로

$a=5$, $b=4$

$\therefore a^2+b^2=25+16=41$

07-1 답 (1) $\frac{1}{2}<x<4$ (2) $\frac{1}{3}<x<27$

(1) 진수의 조건에서 $x>0$ …… ㉠

주어진 부등식의 양변에 밑이 2인 로그를 취하면

$\log_2 x^{\log_2 x}<\log_2 4x$

$\log_2 x\times\log_2 x<\log_2 4+\log_2 x$

$\therefore (\log_2 x)^2-\log_2 x-2<0$

$\log_2 x=t$로 놓으면

$t^2-t-2<0$, $(t+1)(t-2)<0$

$\therefore -1<t<2$

따라서 $-1<\log_2 x<2$이므로

$\log_2 2^{-1}<\log_2 x<\log_2 2^2$

$\therefore \frac{1}{2}<x<4$ …… ㉡

㉠, ㉡의 공통 범위를 구하면

$\frac{1}{2}<x<4$

(2) 진수의 조건에서 $x>0$ …… ㉠

주어진 부등식의 양변에 밑이 3인 로그를 취하면

$\log_3 x^{\log_3 x}<\log_3 27x^2$

$\log_3 x\times\log_3 x<\log_3 27+\log_3 x^2$

$\therefore (\log_3 x)^2-2\log_3 x-3<0$

$\log_3 x=t$로 놓으면

$t^2-2t-3<0$, $(t+1)(t-3)<0$

$\therefore -1<t<3$

따라서 $-1<\log_3 x<3$이므로

$\log_3 3^{-1}<\log_3 x<\log_3 3^3$

$\therefore \frac{1}{3}<x<27$ …… ㉡

㉠, ㉡의 공통 범위를 구하면

$\frac{1}{3}<x<27$

07-2 답 (1) $x\leq\log_{25}10$ (2) $x<\log_6 3$

(1) 부등식 $2^{2x}\geq10^{2x-1}$에서 지수의 밑을 서로 같게 할 수 없으므로 양변에 상용로그를 취하면

$\log 2^{2x}\geq\log 10^{2x-1}$

$2x\log2\geq2x-1$, $(2\log2-2)x\geq-1$

이때

$2\log2-2=\log4-\log100$

$=-\log25$

이므로 $-x\log 25 \ge -1$

$x \le \dfrac{1}{\log 25}$

$\therefore x \le \log_{25} 10$

(2) 부등식 $2^x < 3^{-x+1}$에서 지수의 밑을 서로 같게 할 수 없으므로 양변에 상용로그를 취하면

$\log 2^x < \log 3^{-x+1}$

$x\log 2 < (-x+1)\log 3$

$(\log 2 + \log 3)x < \log 3$

$x\log 6 < \log 3$

$\therefore x < \dfrac{\log 3}{\log 6} = \log_6 3$

07-3 답 (1) 81 (2) 256

(1) 주어진 부등식의 양변에 밑이 3인 로그를 취하면

$\log_3 x^{\log_3 x} \ge \log_3 \dfrac{x^4}{a}$

$\log_3 x \times \log_3 x \ge \log_3 x^4 - \log_3 a$

$\therefore (\log_3 x)^2 - 4\log_3 x + \log_3 a \ge 0$

$\log_3 x = t$로 놓으면

$t^2 - 4t + \log_3 a \ge 0$

모든 실수 t에 대하여 위의 부등식이 성립해야 하므로 이차방정식 $t^2-4t+\log_3 a=0$의 판별식을 D라고 하면

$\dfrac{D}{4} = 4 - \log_3 a \le 0$

$\log_3 a \ge 4$, $\log_3 a \ge \log_3 3^4$

$\therefore a \ge 81$

따라서 양수 a의 최솟값은 81이다.

(2) 주어진 부등식의 양변에 밑이 4인 로그를 취하면

$\log_4 ax^{\log_4 x} \ge \log_4 x^4$

$\log_4 a + \log_4 x^{\log_4 x} \ge 4\log_4 x$

$\therefore (\log_4 x)^2 - 4\log_4 x + \log_4 a \ge 0$

$\log_4 x = t$로 놓으면

$t^2 - 4t + \log_4 a \ge 0$

모든 실수 t에 대하여 위의 부등식이 성립해야 하므로 이차방정식 $t^2-4t+\log_4 a=0$의 판별식을 D라고 하면

$\dfrac{D}{4} = 4 - \log_4 a \le 0$

$\log_4 a \ge 4$, $\log_4 a \ge \log_4 4^4$

$\therefore a \ge 256$

따라서 양수 a의 최솟값은 256이다.

예제 08 로그방정식의 실생활 활용 219쪽

08-1 답 ②

$-7 = 10\log \dfrac{B}{A}$에서

$\log \dfrac{B}{A} = -\dfrac{7}{10}$

$\therefore \dfrac{B}{A} = 10^{-\frac{7}{10}} = 10^{-1+\frac{3}{10}}$

$= 10^{-1} \times 10^{\frac{3}{10}} = \dfrac{1}{10} \times 2 = \dfrac{1}{5}$

따라서 $B = \dfrac{1}{5}A$이므로 벽을 투과한 전파의 세기는 벽을 투과하기 전 전파의 세기의 $\dfrac{1}{5}$배이다.

08-2 답 14

처음 음향의 주파수를 f_1, 벽의 단위면적당 질량을 m_1, 벽면의 음향투과손실을 L_1이라고 하면

$L_1 = 20\log m_1 f_1 - 48$ …… ㉠

음향의 주파수가 일정하고, 벽의 단위면적당 질량이 5배 증가했을 때의 음향투과손실 L_2는

$L_2 = 20\log 5m_1 f_1 - 48$

$= 20(\log 5 + \log m_1 f_1) - 48$

$= 20(\log 10 - \log 2) + 20\log m_1 f_1 - 48$

$= 20 \times (1 - 0.3) + L_1$ ($\because$ ㉠)

$= 14 + L_1$

따라서 벽의 단위면적당 질량이 5배가 되면 벽면의 음향투과손실은 14 dB만큼 증가한다.

$\therefore a = 14$

08-3 답 80

$K = \dfrac{2.3Q}{2\pi LH} \times \log \dfrac{L}{r}$ …… ㉠

주입하는 물의 양 Q가 2배, 시험 공 반경 r이 4배가 되면 투수계수 K가 $\dfrac{1}{2}$배가 되므로

$\dfrac{1}{2}K = \dfrac{2.3 \times 2Q}{2\pi LH} \times \log \dfrac{L}{4r}$ …… ㉡

㉠÷㉡을 하면 $2 = \dfrac{1}{2} \times \dfrac{\log \frac{L}{r}}{\log \frac{L}{4r}}$에서

$4\log \dfrac{L}{4r} = \log \dfrac{L}{r}$

$4\left(\log\frac{1}{4}+\log\frac{L}{r}\right)=\log\frac{L}{r}$

$4\left(-0.6+\log\frac{L}{r}\right)=\log\frac{L}{r}$

$\left(\because \log\frac{1}{4}=-2\log 2=-0.6\right)$

$3\log\frac{L}{r}=2.4,\ \log\frac{L}{r}=0.8$

$\therefore \frac{L}{r}=10^{0.8}$

따라서 $n=0.8$이므로

$100n=100\times0.8=80$

예제 09 로그부등식의 실생활 활용 221쪽

09-1 답 7년

매년 이산화탄소 연간 총배출량의 10%가 줄어들면 이산화탄소 연간 총배출량은 전년도의 90%이므로 n년 후의 이산화탄소 연간 총배출량은 150000000×0.9^n(TC)이 된다.

n년 후 이산화탄소 연간 총배출량이 현재의 절반 이하가 된다고 하면

$150000000\times0.9^n\le\frac{1}{2}\times150000000$

$\therefore 0.9^n\le\frac{1}{2}$

양변에 상용로그를 취하면

$n\log 0.9\le\log\frac{1}{2}$

$n\log(9\times10^{-1})\le\log 2^{-1}$

$n(2\log 3-1)\le-\log 2,\ n(0.954-1)\le-0.301$

$-0.046n\le-0.301$

$\therefore n\ge\frac{0.301}{0.046}=6.5\times\times\times$

따라서 7년 후에 처음으로 이산화탄소 연간 총배출량이 현재의 절반 이하가 된다.

09-2 답 ②

이 기업의 2020년 매출액을 a, 2021년 매출액을 x라 하고 주어진 매출 증가율의 식에 대입하면

$\frac{x-a}{a}\times100=50 \qquad \therefore x=\frac{3}{2}a$

즉, 전년도에 비하여 매출이 $\frac{3}{2}$배 증가하고, 매출 증가율은 매년 50%로 같으므로 매해 전년도에 비하여 매출이 $\frac{3}{2}$배씩 늘어난다. 따라서 2020년으로부터 n년 후의 매출액은 $\left(\frac{3}{2}\right)^n a$이다.

이 값이 2020년 매출액의 10배, 즉 $10a$보다 크려면

$\left(\frac{3}{2}\right)^n a>10a$

$\therefore \left(\frac{3}{2}\right)^n>10$

양변에 상용로그를 취하면

$n\log\frac{3}{2}>1,\ n(\log 3-\log 2)>1$

$n(0.477-0.301)>1,\ 0.176n>1$

$\therefore n>\frac{1}{0.176}=5.6\times\times\times$

따라서 6년 후인 2026년부터 2020년 매출액의 10배가 넘게 된다.

⊕ 보충 설명

활용 문제에서는 식을 세우는 것이 가장 중요하다. 매출 증가율 공식으로부터 2021년 매출액을 구하면 그 다음부터는 같은 비율로 증가하므로 n년 후의 매출액을 구할 수 있다. 그리고 구하는 미지수 n이 지수일 때에는 양변에 로그를 취하여 n을 로그의 계수로 만든 다음, n에 대하여 푼다. 소수로 나누는 계산이 많으므로 계산에도 주의한다.

09-3 답 8년

현재 이 도시의 가구 수를 H라고 하면 디지털 TV의 보급대수는 $0.02H$이다.

이때 n년 후 이 도시의 가구 수는 $H(1-0.2)^n$이고, 디지털 TV의 보급대수는 $0.02H(1+0.2)^n$이다.

따라서 디지털 TV의 보급대수가 1가구당 0.5대 이상이 되려면

$\frac{0.02H\times1.2^n}{H\times0.8^n}\ge0.5,\ \frac{1.2^n}{0.8^n}\ge\frac{0.5}{0.02}$

$\therefore \left(\frac{3}{2}\right)^n\ge25$

양변에 상용로그를 취하면 $n\log\frac{3}{2}\ge\log 25$

$n(\log 3-\log 2)\ge2(\log 10-\log 2)$

$\therefore n\ge\frac{2(\log 10-\log 2)}{\log 3-\log 2}=\frac{1.4}{0.18}=7.7\times\times\times$

따라서 8년 후에 처음으로 이 도시의 디지털 TV의 보급대수는 1가구당 0.5대 이상이 된다.

기본 다지기 222쪽~223쪽

1 (1) $x=\log_{\frac{4}{3}}18$ (2) $x=49$ **2** 16 **3** ④

4 (1) $x=\sqrt{10}$, $y=\sqrt[4]{10}$

(2) $x=8$, $y=16$ 또는 $x=4$, $y=64$

(3) $x=3$, $y=\frac{1}{2}$

(4) $x=4$, $y=27$ 또는 $x=8$, $y=9$

5 (1) $3<x<9$ (2) $x>5$ (3) $1<x<100$

(4) $x>\log\frac{2\sqrt{2}}{5}$

6 (1) 68 (2) 2

7 (1) $-1<x<2$ (2) $5<x<8$

(3) $1<x<3$ 또는 $3<x<12$ (4) $4\le x<84$

8 16 **9** $\frac{1}{100}<a<10$ **10** 20

1 (1) $2^{2x-1}=3^{x+2}$의 양변에 상용로그를 취하면

$\log 2^{2x-1}=\log 3^{x+2}$

$(2x-1)\log 2=(x+2)\log 3$

$2x\log 2-\log 2=x\log 3+2\log 3$

$x(2\log 2-\log 3)=2\log 3+\log 2$

$x\log\frac{4}{3}=\log 18$

$\therefore\ x=\dfrac{\log 18}{\log\frac{4}{3}}=\log_{\frac{4}{3}}18$

(2) 주어진 방정식의 밑을 2로 통일하면

$\log_2(\log_3 x)+\dfrac{3\log_2(\log_7 9)}{\log_2 8}=2$

$\log_2(\log_3 x)+\log_2(\log_7 9)=2$

$\log_2(\log_3 x\times 2\log_7 3)=2$

$\therefore\ \log_3 x\times 2\log_7 3=4$

따라서

$\log_3 x=\dfrac{2}{\log_7 3}=2\log_3 7=\log_3 49$

이므로

$x=49$

⊕ 보충 설명

(2)에서 $3\log_8(\log_7 9)$를 $\log_{a^x}b^y=\frac{y}{x}\log_a b$를 이용하여 바꿀 수 있다.

$\therefore\ 3\times\frac{1}{3}\log_2(\log_7 9)=\log_2(\log_7 9)$

또한 로그의 밑을 2가 아니라 8로 통일해도 문제를 풀 수 있다.

2 진수의 조건에서 $x>0$, $x^3>0$

$\therefore\ x>0$ …… ㉠

방정식 $(\log_2 x)^3+\log_2 x^3=4(\log_2 x)^2+\log_2 x$에서

$\log_2 x=t$로 놓으면

$t^3+3t=4t^2+t$

$t^3-4t^2+2t=0$

$t(t^2-4t+2)=0$

$\therefore\ t=0$ 또는 $t^2-4t+2=0$

(i) $t=0$일 때,

$\log_2 x=0$

$\therefore\ x=1$

이 값은 ㉠을 만족시키므로 방정식의 해이다.

(ii) $t^2-4t+2=0$일 때,

$(\log_2 x)^2-4\log_2 x+2=0$이므로 이 방정식의 두 근을 α, β라고 하면 이차방정식의 근과 계수의 관계에 의하여

$\log_2\alpha+\log_2\beta=4$

즉, $\log_2\alpha\beta=4$

$\therefore\ \alpha\beta=2^4=16$

(i), (ii)에서 모든 해의 곱은

$1\times 16=16$

⊕ 보충 설명

이차방정식 $t^2-4t+2=0$의 두 근은 실수이므로 $x=2^t>0$이다.

즉, α, β는 ㉠을 만족시키므로 방정식의 해이다.

또한 다음과 같이 (ii)에서 직접 해를 구할 수도 있다.

(ii) $t^2-4t+2=0$에서

$t=2\pm\sqrt{2}$

즉, $\log_2 x=2+\sqrt{2}$ 또는 $\log_2 x=2-\sqrt{2}$

$\therefore\ x=2^{2+\sqrt{2}}$ 또는 $x=2^{2-\sqrt{2}}$

(i), (ii)에서 모든 해의 곱은

$1\times 2^{2+\sqrt{2}}\times 2^{2-\sqrt{2}}=2^4=16$

3 $\left(\frac{1}{2}\log_2 x\right)^2-\log_2 x^k+2=0$에서

$\frac{1}{4}(\log_2 x)^2-k\log_2 x+2=0$

$\log_2 x=t$로 놓으면

$\frac{1}{4}t^2-kt+2=0$

$\therefore\ t^2-4kt+8=0$ …… ㉠

주어진 방정식의 두 근이 α, β이므로 이차방정식 ㉠의 두 근은 $\log_2\alpha$, $\log_2\beta$이다.

따라서 이차방정식의 근과 계수의 관계에 의하여

$\log_2 \alpha + \log_2 \beta = 4k$

$\log_2 \alpha\beta = 4k$

$\therefore \alpha\beta = 2^{4k}$

이때 $\alpha\beta = 256 = 2^8$이므로

$4k = 8$

$\therefore k = 2$

⊕보충 설명

지수방정식이나 로그방정식에서 근과 계수의 관계를 이용하여 두 근의 합 또는 곱을 구할 수 있다.
지수방정식의 유형에서는 $a^\alpha \times a^\beta = a^{\alpha+\beta}$을 이용하여 $\alpha+\beta$의 값을 구했고, 로그방정식의 유형에서는
$\log_a \alpha + \log_a \beta = \log_a \alpha\beta$를 이용하여 $\alpha\beta$의 값을 구했다.
따라서 지수방정식에서 두 근의 합을, 로그방정식에서 두 근의 곱을 구할 수 있음을 기억해 두면 편리하다.

4 (1) $x^3y = \sqrt[4]{10^7}$의 양변에 상용로그를 취하면

$\log x^3y = \log 10^{\frac{7}{4}}$

$\therefore 3\log x + \log y = \frac{7}{4}$

$\log x = X$, $\log y = Y$로 놓으면

$\begin{cases} X+2Y=1 \\ 3X+Y=\frac{7}{4} \end{cases}$

위의 두 식을 연립하여 풀면

$X = \frac{1}{2}$, $Y = \frac{1}{4}$

즉, $\log x = \frac{1}{2}$, $\log y = \frac{1}{4}$이므로

$x = 10^{\frac{1}{2}} = \sqrt{10}$, $y = 10^{\frac{1}{4}} = \sqrt[4]{10}$

(2) $x^2y = 2^{10}$의 양변에 밑이 2인 로그를 취하면

$2\log_2 x + \log_2 y = 10$

$x^{\log_2 y} = 2^{12}$의 양변에 밑이 2인 로그를 취하면

$\log_2 x \times \log_2 y = 12$

$\log_2 x = X$, $\log_2 y = Y$로 놓으면

$\begin{cases} 2X+Y=10 \\ XY=12 \end{cases}$

위의 두 식을 연립하여 풀면

$X=3$, $Y=4$ 또는 $X=2$, $Y=6$

즉, $\log_2 x = 3$, $\log_2 y = 4$ 또는

$\log_2 x = 2$, $\log_2 y = 6$이므로

$x=8$, $y=16$ 또는 $x=4$, $y=64$

(3) $\log_2(x-2) - \log_2 y = 1$에서

$\log_2 \frac{x-2}{y} = 1$, $\frac{x-2}{y} = 2$

$\therefore 2y = x-2$ ...... ㉠

$2^x - 2\times 4^{-y} = 7$에서

$2^x - 2\times 2^{-2y} = 7$ ...... ㉡

㉠, ㉡에서 $(2^x)^2 - 7\times 2^x - 8 = 0$

$2^x = t\ (t>0)$로 놓으면

$t^2 - 7t - 8 = 0$

$(t+1)(t-8) = 0$

$\therefore t = 8\ (\because t>0)$

$2^x = 8$이므로 $x = 3$

$x=3$을 ㉠에 대입하면 $y = \frac{1}{2}$

$\therefore x=3$, $y=\frac{1}{2}$

(4) $\log_3 x \times \log_2 y = \frac{\log_2 x}{\log_2 3} \times \frac{\log_3 y}{\log_3 2}$

$= \frac{\log_2 x}{\log_2 3} \times \log_3 y \times \log_2 3$

$= \log_2 x \times \log_3 y$

$= 6$

에서 주어진 연립방정식은

$\begin{cases} \log_2 x + \log_3 y = 5 \\ \log_2 x \times \log_3 y = 6 \end{cases}$

이때 $\log_2 x$와 $\log_3 y$를 두 근으로 하는 t에 대한 이차방정식은

$t^2 - 5t + 6 = 0$

$(t-2)(t-3) = 0$

$\therefore t=2$ 또는 $t=3$

즉, $\begin{cases} \log_2 x = 2 \\ \log_3 y = 3 \end{cases}$ 또는 $\begin{cases} \log_2 x = 3 \\ \log_3 y = 2 \end{cases}$이므로

$x=4$, $y=27$ 또는 $x=8$, $y=9$

5 (1) 진수의 조건에서

$\log_2(\log_3 x) > 0$

$\log_2(\log_3 x) > \log_2 1$

$\log_3 x > 1$

$\log_3 x > \log_3 3$

$\therefore x > 3$ ...... ㉠

$\log_{\frac{1}{3}}(\log_2(\log_3 x)) > 0$에서

$\log_{\frac{1}{3}}(\log_2(\log_3 x)) > \log_{\frac{1}{3}} 1$

$\log_2(\log_3 x) < 1$

$\log_2(\log_3 x)<\log_2 2$

$\log_3 x<2$

$\log_3 x<2\log_3 3=\log_3 9$

$\therefore x<9$ …… ㉡

㉠, ㉡의 공통 범위를 구하면

$3<x<9$

(2) 밑의 조건에서 $x-2>0$, $x-2\neq 1$

$\therefore x>2, x\neq 3$ …… ㉠

또한 진수의 조건에서

$2x^2-11x+14>0$

$(x-2)(2x-7)>0$

$\therefore x<2$ 또는 $x>\frac{7}{2}$ …… ㉡

㉠, ㉡에서 $x>\frac{7}{2}$ …… ㉢

따라서 주어진 로그부등식의 밑 $x-2$는 1보다 크다.

$\log_{x-2}(2x^2-11x+14)>2$에서

$\log_{x-2}(2x^2-11x+14)>\log_{x-2}(x-2)^2$

$2x^2-11x+14>(x-2)^2$

$x^2-7x+10>0$

$(x-2)(x-5)>0$

$\therefore x<2$ 또는 $x>5$ …… ㉣

㉢, ㉣의 공통 범위를 구하면

$x>5$

(3) 진수의 조건에서 $x>0$, $x^2>0$

$\therefore x>0$ …… ㉠

$(\log x)^2<\log x^2$에서

$(\log x)^2<2\log x$

$(\log x)^2-2\log x<0$

$\log x=t$로 놓으면

$t^2-2t<0$

$t(t-2)<0$

$\therefore 0<t<2$

따라서 $0<\log x<2$이므로

$\log 10^0<\log x<\log 10^2$

$\therefore 1<x<100$ …… ㉡

㉠, ㉡의 공통 범위를 구하면

$1<x<100$

(4) $4\times 5^{2x+3}>5\times 2^{5-2x}$의 양변에 상용로그를 취하면

$\log(4\times 5^{2x+3})>\log(5\times 2^{5-2x})$

$\log 4+\log 5^{2x+3}>\log 5+\log 2^{5-2x}$

$2\log 2+(2x+3)\log 5>\log 5+(5-2x)\log 2$

$(2\log 5+2\log 2)x$

$>\log 5+5\log 2-2\log 2-3\log 5$

$(2\log 10)x>3\log 2-2\log 5$

$x>\frac{1}{2}\log\frac{8}{25}$

$\therefore x>\log\frac{2\sqrt{2}}{5}$

⊕보충 설명

(1)에서 진수의 조건을 따질 때
$\log_2(\log_3 x)>0$, $\log_3 x>0$, $x>0$
을 모두 따져주어도 같은 결과가 나온다.

6 (1) 진수의 조건에서 $-2+\log_2 x>0$

$\log_2 x>2$

$\therefore x>4$ …… ㉠

$\log_{16}(-2+\log_2 x)<\frac{1}{2}$에서

$\frac{1}{4}\log_2(-2+\log_2 x)<\log_2\sqrt{2}$

$\log_2(-2+\log_2 x)<\log_2(\sqrt{2})^4$

$\log_2(-2+\log_2 x)<\log_2 4$

$-2+\log_2 x<4$

$\log_2 x<6$

$\therefore x<64$ …… ㉡

㉠, ㉡의 공통 범위를 구하면

$4<x<64$

따라서 $\alpha=4$, $\beta=64$이므로

$\alpha+\beta=4+64=68$

(2) $\frac{1}{3}<x<9$에서

$\log_3\frac{1}{3}<\log_3 x<\log_3 9$

$\therefore -1<\log_3 x<2$ …… ㉠

$(1+\log_3 x)(a-\log_3 x)>0$에서

$(\log_3 x+1)(\log_3 x-a)<0$

이 부등식의 해가 ㉠이므로 $a=2$

7 (1) (i) $2^{x+3}>4$에서 $2^{x+3}>2^2$

$x+3>2$ $\quad\therefore x>-1$

(ii) 진수의 조건에서 $x+3>0$, $5x+15>0$

$\therefore x>-3$ …… ㉠

$2\log(x+3)<\log(5x+15)$에서

$\log(x+3)^2<\log(5x+15)$

$(x+3)^2<5x+15$

$x^2+x-6<0$

$(x+3)(x-2)<0$

$\therefore\ -3<x<2$ …… ㉡

부등식 $2\log(x+3)<\log(5x+15)$의 해는 ㉠, ㉡의 공통 범위이므로

$-3<x<2$

(i), (ii)에서 주어진 연립부등식의 해는

$-1<x<2$

(2) (i) 진수의 조건에서 $x-5>0$, $x+7>0$

$\therefore\ x>5$ …… ㉠

$2\log_{\frac{1}{2}}(x-5)>\log_{\frac{1}{2}}(x+7)$에서

$\log_{\frac{1}{2}}(x-5)^2>\log_{\frac{1}{2}}(x+7)$

$(x-5)^2<x+7$

$x^2-11x+18<0$

$(x-2)(x-9)<0$

$\therefore\ 2<x<9$ …… ㉡

부등식 $2\log_{\frac{1}{2}}(x-5)>\log_{\frac{1}{2}}(x+7)$의 해는 ㉠, ㉡의 공통 범위이므로

$5<x<9$

(ii) 진수의 조건에서 $x>0$ …… ㉢

$\left(\log_2\frac{x}{2}\right)^2-\log_2 x^2+2<0$에서

$(\log_2 x-1)^2-2\log_2 x+2<0$

$(\log_2 x)^2-4\log_2 x+3<0$

$(\log_2 x-1)(\log_2 x-3)<0$

$1<\log_2 x<3$

$\therefore\ 2<x<8$ …… ㉣

부등식 $\left(\log_2\frac{x}{2}\right)^2-\log_2 x^2+2<0$의 해는 ㉢, ㉣의 공통 범위이므로

$2<x<8$

(i), (ii)에서 주어진 연립부등식의 해는

$5<x<8$

(3) (i) 진수의 조건에서 $|x-3|>0$

$\therefore\ x\neq3$ …… ㉠

$\log_{\frac{1}{3}}|x-3|>-2$에서

$\log_{\frac{1}{3}}|x-3|>\log_{\frac{1}{3}}\left(\frac{1}{3}\right)^{-2}$

$|x-3|<\left(\frac{1}{3}\right)^{-2}$

$|x-3|<9$

$\therefore\ -6<x<12$ …… ㉡

부등식 $\log_{\frac{1}{3}}|x-3|>-2$의 해는 ㉠, ㉡의 공통 범위이므로

$-6<x<3$ 또는 $3<x<12$

(ii) $\left(\frac{1}{2}\right)^{2x+1}<\left(\frac{1}{2}\right)^{x+2}$에서

$2x+1>x+2$

$\therefore\ x>1$

(i), (ii)에서 주어진 연립부등식의 해는

$1<x<3$ 또는 $3<x<12$

(4) (i) 진수의 조건에서 $|x-3|>0$

$\therefore\ x\neq3$ …… ㉠

$\log_3|x-3|<4$에서

$\log_3|x-3|<\log_3 3^4$

$|x-3|<81$

$-81<x-3<81$

$\therefore\ -78<x<84$ …… ㉡

부등식 $\log_3|x-3|<4$의 해는 ㉠, ㉡의 공통 범위이므로

$-78<x<3$ 또는 $3<x<84$

(ii) 진수의 조건에서 $x>0$, $x-2>0$

$\therefore\ x>2$ …… ㉢

$\log_2 x+\log_2(x-2)\geq3$에서

$\log_2 x(x-2)\geq\log_2 2^3$

$x(x-2)\geq8$

$x^2-2x-8\geq0$

$(x+2)(x-4)\geq0$

$\therefore\ x\leq-2$ 또는 $x\geq4$ …… ㉣

부등식 $\log_2 x+\log_2(x-2)\geq3$의 해는 ㉢, ㉣의 공통 범위이므로

$x\geq4$

(i), (ii)에서 주어진 연립부등식의 해는

$4\leq x<84$

8 $|a-\log_2 x|\leq1$에서

$-1\leq a-\log_2 x\leq1$

$-a-1\leq-\log_2 x\leq-a+1$

$a-1\leq\log_2 x\leq a+1$

$\log_2 2^{a-1}\leq\log_2 x\leq\log_2 2^{a+1}$

$\therefore\ 2^{a-1}\leq x\leq2^{a+1}$

따라서 부등식을 만족시키는 x의 최댓값은 2^{a+1}, 최솟값은 2^{a-1}이므로

$2^{a+1}-2^{a-1}=24$

$2\times2^a-\frac{1}{2}\times2^a=24$

$\frac{3}{2}\times2^a=24$

$\therefore 2^a=\frac{2}{3}\times24=16$

9 진수의 조건에서 $a>0$ …… ㉠
이차방정식 $(3+\log a)x^2+2(1+\log a)x+1=0$이 허근을 가지려면 이 방정식의 판별식을 D라고 할 때
$\frac{D}{4}<0$을 만족시켜야 하므로
$\frac{D}{4}=(1+\log a)^2-(3+\log a)<0$
이때 $\log a=t$로 놓으면
$(1+t)^2-(3+t)<0$, $t^2+t-2<0$
$(t+2)(t-1)<0$
$\therefore -2<t<1$
따라서 $-2<\log a<1$이므로
$\log 10^{-2}<\log a<\log 10$
$\therefore \frac{1}{100}<a<10$ …… ㉡
한편, 주어진 식이 이차방정식이므로 x^2의 계수인 $3+\log a\neq0$이어야 한다. 즉,
$a\neq\frac{1}{1000}$ …… ㉢
㉠~㉢에서 구하는 실수 a의 값의 범위는
$\frac{1}{100}<a<10$

보충 설명

이차방정식 $ax^2+bx+c=0$에서는 $a\neq0$이라는 조건이 꼭 필요하지만 방정식 $ax^2+bx+c=0$에서는 $a\neq0$이라는 조건이 필요하지 않다.

10 부등식 $x+1<3\log_2 x$를 만족시키는 x의 값의 범위는 주어진 그래프에서
$2<x<8$
이때 $x+1<3\log_2 x \iff 2^{x+1}<x^3$이고,
두 함수 $y=2^{x+2}$, $y=(x+1)^3$의 그래프는 $y=2^{x+1}$, $y=x^3$의 그래프를 각각 x축의 방향으로 -1만큼 평행이동한 결과이므로 부등식 $2^{x+2}<(x+1)^3$을 만족시키는 x의 값의 범위는 $1<x<7$이다.
따라서 모든 정수 x의 값의 합은
$2+3+4+5+6=20$

실력 다지기 224쪽~225쪽

11 ④	12 ②	13 10	14 3	15 $3\sqrt{3}$
16 27	17 $\frac{5}{3}$	18 17	19 $3<x<4$	
20 7				

11 **접근 방법** | 해를 구하는 것이 아니라 해의 개수를 구하는 것이므로 각각의 그래프를 그려서 교점의 개수를 구한다.

연립방정식 $\begin{cases} x^2+y^2=25 & \cdots\cdots ㉠ \\ \log_2 x+\log_2 y=(\log_2 xy)^2 & \cdots\cdots ㉡ \end{cases}$
에서 ㉠은 중심의 좌표가 $(0,\ 0)$이고, 반지름의 길이가 5인 원이다.
한편, ㉡을 로그의 성질을 이용하여 정리하면
$\log_2 xy=(\log_2 xy)^2$
$(\log_2 xy)(\log_2 xy-1)=0$
$\therefore \log_2 xy=0$ 또는 $\log_2 xy=1$
$\therefore xy=1$ 또는 $xy=2$
이때 진수의 조건에서 $x>0$, $y>0$이므로
$y=\frac{1}{x}$ 또는 $y=\frac{2}{x}$ $(x>0,\ y>0)$ …… ㉢
따라서 ㉠, ㉢을 좌표평면 위에 나타내면 오른쪽 그림과 같고, 서로 다른 4개의 교점이 존재하므로 주어진 연립방정식의 해의 개수도 4이다.

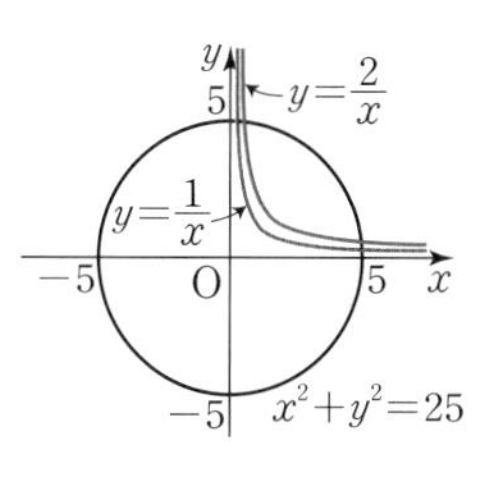

보충 설명

주어진 식이 2개, 미지수가 x, y의 2개이므로 ㉢의 $y=\frac{1}{x}$, $y=\frac{2}{x}$를 ㉠에 대입하여 해를 직접 구할 수도 있다. 하지만 문제에서 구하는 것이 해의 개수이므로 그래프를 그려서 교점의 개수를 확인하는 것이 더 쉽다.

12 **접근 방법** | 주어진 방정식에서 로그 값들의 밑이 x로 같기 때문에 로그의 성질을 이용하여 정리한 후 $x=\square$로 정리하여 x가 어떤 경우에 정수 값을 갖는지 살펴보자.

주어진 방정식을 정리하면
$\log_x 2^2+\log_x 2^4+\log_x 2^6+\log_x 2^8+\log_x 2^{10}=n$
$\log_x 2^{2+4+6+8+10}=n$
$\log_x 2^{30}=n$, $x^n=2^{30}$
$\therefore x=2^{\frac{30}{n}}$ …… ㉠

㉠에서 x가 정수이려면 n은 30의 양의 약수이어야 한다.
$30=2\times3\times5$로 소인수분해 되므로 구하는 자연수 n의 개수는
$(1+1)\times(1+1)\times(1+1)=8$

13 **접근 방법** | $\log_3 a=X$, $\log_3 b=Y$로 치환한 후 주어진 등식을 만족시키는 점 (X, Y)가 어떤 도형 위의 점인지 확인한다.

$(\log_3 a)^2+(\log_3 b)^2=\log_9 a^2+\log_9 b^2$에서
$(\log_3 a)^2+(\log_3 b)^2=2\log_9 a+2\log_9 b$
$=\log_3 a+\log_3 b$
이때 $\log_3 a=X$, $\log_3 b=Y$로 치환하면
$X^2+Y^2=X+Y$
$X^2-X+\frac{1}{4}+Y^2-Y+\frac{1}{4}=\frac{1}{2}$
$\therefore \left(X-\frac{1}{2}\right)^2+\left(Y-\frac{1}{2}\right)^2=\frac{1}{2}$
즉, 점 (X, Y)는 원 $\left(x-\frac{1}{2}\right)^2+\left(y-\frac{1}{2}\right)^2=\frac{1}{2}$ 위의 점이다.
또한 $\log_3 ab=k$ (k는 상수)라 하면
$\log_3 ab=\log_3 a+\log_3 b=X+Y=k$
$\therefore Y=-X+k$
즉, 점 (X, Y)는 직선 $y=-x+k$ 위의 점이다.
따라서 오른쪽 그림과 같이 원 $\left(x-\frac{1}{2}\right)^2+\left(y-\frac{1}{2}\right)^2=\frac{1}{2}$과 직선 $y=-x+k$가 만나야 한다.

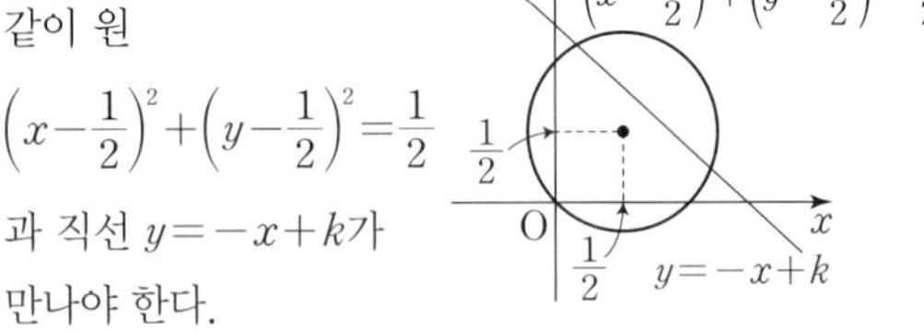

점과 직선 사이의 거리 공식에 의하여
$\frac{\left|\frac{1}{2}+\frac{1}{2}-k\right|}{\sqrt{1^2+1^2}}\le\frac{1}{\sqrt{2}}$, $|1-k|\le1$
$\therefore 0\le k\le2$
즉, $0\le\log_3 ab\le2$이므로 $1\le ab\le9$
따라서 ab의 최댓값과 최솟값의 합은
$M+m=9+1=10$

14 **접근 방법** | $\log_2(x^2+2)=t$로 치환하여 만든 t에 대한 이차방정식이 근을 갖는 경우를 생각하여 원래의 방정식이 서로 다른 세 실근을 갖는 경우를 찾으면 된다.

$\{\log_2(x^2+2)\}^2-4\log_2(x^2+2)+a=0$에서
$\log_2(x^2+2)=t$ $(t\ge1)$로 놓으면
$2^t=x^2+2$, $x^2=2^t-2$
$t=1$일 때, $x=0$의 하나의 실근은 갖는다.
$t>1$일 때, $x=\pm\sqrt{2^t-2}$의 서로 다른 두 실근을 갖는다.
이때 이차방정식 $t^2-4t+a=0$ $(t\ge1)$의 두 근은 $t=2$에 대하여 대칭이고, 한 근이 $t=1$이므로 다른 한 근은 $t=3$이다.
따라서 이차방정식의 근과 계수의 관계에 의하여
$a=1\times3$ $\quad\therefore a=3$

참고 원래의 방정식은
$t=1$일 때, $x=0$
$t=3$일 때, $x=-\sqrt{6}$ 또는 $x=\sqrt{6}$
의 서로 다른 세 실근을 갖는다.

⊕ 보충 설명

이차함수 $f(t)=t^2-4t+a$의 그래프를 생각해 보면
$f(t)=(t-2)^2-4+a$이므로 대칭축이 $t=2$이다.
이 이차함수의 그래프가 $y=0$, 즉 t축과 만나는 두 점의 t좌표는 직선 $t=2$에 대하여 대칭이므로
$t=2-k$, $t=2+k$ (k는 상수)이다. 따라서 방정식
$t^2-4t+a=0$의 두 근은 $t=2-k$, $t=2+k$이다.

15 **접근 방법** | 방정식 $f(x)=g(x)$의 실근은 두 함수 $y=f(x)$, $y=g(x)$의 그래프의 교점으로 구한다.

방정식 $|\log x|=ax+b$의 세 실근의 비가 $1:2:3$이 되도록 함수 $y=|\log x|$의 그래프와 직선 $y=ax+b$를 그려 보면 다음 그림과 같다.

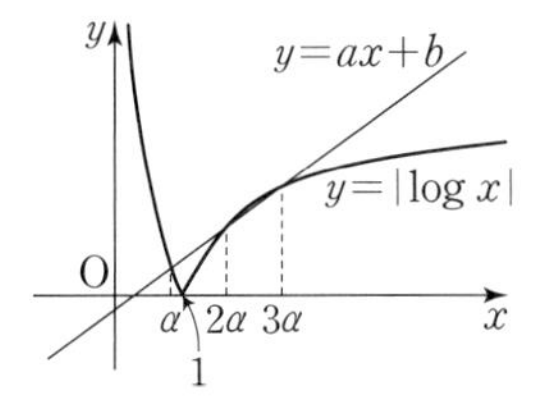

세 실근의 비가 $1:2:3$이므로 세 실근을 α, 2α, 3α $(\alpha>0)$라고 하면 α는 함수 $y=-\log x$의 그래프와 직선 $y=ax+b$의 교점의 x좌표이고 2α와 3α는 함수 $y=\log x$의 그래프와 직선 $y=ax+b$의 교점의 x좌표이다. 즉,
$-\log\alpha=a\alpha+b$ …… ㉠
$\log2\alpha=2a\alpha+b$ …… ㉡
$\log3\alpha=3a\alpha+b$ …… ㉢
㉡$-$㉠에서 $\log2\alpha^2=a\alpha$ …… ㉣
㉢$-$㉠에서 $\log3\alpha^2=2a\alpha$ …… ㉤

㉣과 ㉤에서 $2\log 2\alpha^2=\log 3\alpha^2$이므로

$4\alpha^4=3\alpha^2$

$\therefore\ \alpha=\frac{\sqrt{3}}{2}\ (\because\ \alpha>0)$

따라서 세 실근은 $\frac{\sqrt{3}}{2}$, $\sqrt{3}$, $\frac{3\sqrt{3}}{2}$이므로 그 합은 $3\sqrt{3}$이다.

16 **접근 방법** 로그방정식에서 좌변의 밑은 2, 우변의 밑은 $\sqrt{2}$이므로 밑을 2로 통일한 다음 $a>0$, $a\neq1$, $M>0$, $N>0$일 때 $\log_a M=\log_a N \iff M=N$임을 이용하여 푼다. 이때 x, y가 양의 정수라는 조건을 눈여겨 봐두어야 한다.

$\log_2 x^2+\log_2 y^2=\log_{\sqrt{2}}(x+y+3)$에서

$\log_2 x^2y^2=\log_{2^{\frac{1}{2}}}(x+y+3)$

$\log_2 (xy)^2=\log_2 (x+y+3)^2$이므로

$(xy)^2=(x+y+3)^2$

$\therefore\ xy=x+y+3\ (\because\ x,\ y$는 양의 정수)

이 식을 (다항식)×(다항식)=(정수) 꼴로 인수분해하면

$(x-1)(y-1)=4$

(i) $1\times4=4$일 때, $x=2$, $y=5$

$\therefore\ x^2+2y^2=54$

(ii) $2\times2=4$일 때, $x=3$, $y=3$

$\therefore\ x^2+2y^2=27$

(iii) $4\times1=4$일 때, $x=5$, $y=2$

$\therefore\ x^2+2y^2=33$

(i)~(iii)에서 x^2+2y^2의 최솟값은 $x=3$, $y=3$일 때 27이다.

⊕보충 설명

방정식의 개수가 미지수의 개수보다 적은 방정식을 부정방정식이라고 부른다. 보통 부정방정식 문제에서는 제한 조건이 주어지는데, 해가 정수일 때에는 좌변을 일차식의 곱의 형태로 바꾸어 놓고, 해가 정수라는 조건을 사용하여 우변에 있는 상수의 약수를 찾아서 두 개의 연립방정식을 만들어서 풀면 된다.

17 **접근 방법** 두 집합 A, B의 각 부등식의 해를 구한 다음 $A\subset B$를 만족시키는 a의 값의 범위를 찾는다.

부등식 $1+\frac{1}{\log_3 x}-\frac{1}{\log_5 x}<0$에서

$1+\log_x 3-\log_x 5<0$

$1<\log_x 5-\log_x 3$

$\therefore\ \log_x x<\log_x \frac{5}{3}$

(i) $0<x<1$이면 $x>\frac{5}{3}$이므로 조건을 만족시키는 x는 없다.

(ii) $x>1$이면 $x<\frac{5}{3}$이므로 $1<x<\frac{5}{3}$

(i), (ii)에서 $A=\left\{x\,\middle|\,1<x<\frac{5}{3}\right\}$

한편, 부등식 $2^a>2^{x(x-a+1)}$을 풀면

$a>x(x-a+1)$, $x^2-(a-1)x-a<0$

$\therefore\ (x-a)(x+1)<0$

$a<-1$이면 $B=\{x|a<x<-1\}$이므로 $A\cap B=\varnothing$

$\therefore\ A\not\subset B$

$a=-1$이면 $B=\varnothing$ $\quad\therefore\ A\not\subset B$

$a>-1$이면 $B=\{x|-1<x<a\}$이므로 $A\subset B$이기 위한 a의 값의 범위는

$a\geq\frac{5}{3}$

따라서 a의 최솟값은 $\frac{5}{3}$이다.

⊕보충 설명

부등식 $1+\frac{1}{\log_3 x}-\frac{1}{\log_5 x}<0$을 푸는 방법은 여러 가지가 있을 수 있다.

예를 들어 주어진 부등식을

$1+\log_x 3-\log_x 5<0$

$\log_x x+\log_x 3-\log_x 5<\log_x 1$

$\log_x\left(\frac{3}{5}x\right)<\log_x 1$

과 같이 정리해도 같은 결과를 얻을 수 있다.

18 **접근 방법** $\log_2 x=t$로 놓으면 $x>0$일 때, t는 모든 실수이다. 따라서 주어진 부등식이 모든 양의 실수 x에 대하여 성립하려면 주어진 부등식이 모든 실수 t에 대하여 성립해야 함을 알고 판별식을 사용한다.

$\left(\log_2\frac{x}{a}\right)\left(\log_2\frac{x^2}{a}\right)+2\geq0$에서

$(\log_2 x-\log_2 a)(2\log_2 x-\log_2 a)+2\geq0$

$2(\log_2 x)^2-3(\log_2 a)(\log_2 x)+(\log_2 a)^2+2\geq0$

$\log_2 x=t$로 놓으면

$2t^2-3(\log_2 a)t+(\log_2 a)^2+2\geq0 \quad\cdots\cdots$ ㉠

주어진 부등식이 모든 양의 실수에 대하여 성립하려면 부등식 ㉠이 모든 실수 t에 대하여 성립해야 하므로 이차방정식 $2t^2-3(\log_2 a)t+(\log_2 a)^2+2=0$의 판별식을 D라고 하면

$D=9(\log_2 a)^2-8\{(\log_2 a)^2+2\}\leq0$

$(\log_2 a)^2-16\le 0$, $(\log_2 a-4)(\log_2 a+4)\le 0$

$\therefore -4\le \log_2 a\le 4$

즉, $\frac{1}{16}\le a\le 16$이므로 $M=16$, $m=\frac{1}{16}$

$\therefore M+16m=16+16\times\frac{1}{16}=17$

19 **접근 방법** | 해가 주어진 지수부등식을 이용하여 로그부등식의 밑 a의 값의 범위가 $a>1$인지 $0<a<1$인지 알아본다.

부등식 $a^{x-1}<a^{2x+1}$에서

(i) $0<a<1$일 때, $x-1>2x+1$

$\therefore x<-2$

(ii) $a>1$일 때, $x-1<2x+1$

$\therefore x>-2$

이때 $a^{x-1}<a^{2x+1}$의 해가 $x<-2$이므로

$0<a<1$

진수의 조건에서 $x-2>0$, $4-x>0$

$\therefore 2<x<4$ …… ㉠

한편, $0<a<1$이므로 $\log_a(x-2)<\log_a(4-x)$에서

$x-2>4-x$ $\quad\therefore x>3$ …… ㉡

㉠, ㉡의 공통 범위를 구하면

$3<x<4$

20 **접근 방법** | 과자 한 봉지의 무게가 500 g이고, 가격이 1000원일 때, 단위 무게당 가격은 $\frac{1000}{500}=2$(원)이 된다.

처음 과자 한 봉지의 무게와 가격을 각각 A g, B원이라고 하면 1번 시행 후 과자 한 봉지의 무게는 $0.9A$ g이므로 n번 시행 후 과자 한 봉지의 무게는 0.9^nA g이고, 처음 과자 한 봉지의 1 g당 가격은 $\frac{B}{A}$원이므로 n번 시행한 후에 1 g당 가격은 $\frac{B}{0.9^nA}$원이다.

n번 시행하면 과자 한 봉지의 단위 무게당 가격이 처음의 2배 이상이 되므로

$\frac{B}{0.9^nA}\ge 2\times\frac{B}{A}$ $\quad\therefore 0.9^{-n}\ge 2$

양변에 상용로그를 취하면

$-n\log\frac{9}{10}\ge\log 2$

$n(1-2\log 3)\ge\log 2$, $0.0458n\ge 0.3010$

$\therefore n\ge\frac{0.3010}{0.0458}=6.5\times\times\times$

따라서 구하는 자연수 n의 최솟값은 7이다.

기출 다지기 226쪽

21 32 **22** ① **23** 15 **24** ③

21 **접근 방법** | $\log_2 x=t$로 치환하여 만든 이차방정식의 두 근은 $\log_2\alpha$, $\log_2\beta$임을 이용한다.

진수의 조건에서 $x>0$ …… ㉠

$\left(\log_2\frac{x}{2}\right)(\log_2 4x)=4$에서

$(\log_2 x-1)(\log_2 x+2)=4$

$\log_2 x=t$로 놓으면 $(t-1)(t+2)=4$

$t^2+t-6=0$, $(t-2)(t+3)=0$

$\therefore t=2$ 또는 $t=-3$

즉, $\log_2 x=2$ 또는 $\log_2 x=-3$이므로

$x=2^2$ 또는 $x=2^{-3}$

이 값들은 모두 ㉠을 만족시키므로

$\alpha=2^2$, $\beta=2^{-3}$ 또는 $\alpha=2^{-3}$, $\beta=2^2$

$\therefore 64\alpha\beta=64\times 2^2\times 2^{-3}=32$

22 **접근 방법** | 로그부등식의 풀이를 이용하여 집합 A, B를 각각 구한다. 이때 각 집합의 부등식에 해당하는 진수의 조건을 잊지 않도록 한다.

$\log_2(x+1)\le k$의 진수의 조건에서 $x+1>0$

$x>-1$ …… ㉠

$\log_2(x+1)\le k$에서 $\log_2(x+1)\le\log_2 2^k$

밑이 1보다 크므로 $x+1\le 2^k$

$x\le 2^k-1$ …… ㉡

㉠, ㉡의 공통 범위를 구하면

$-1<x\le 2^k-1$

$\therefore A=\{x\mid -1<x\le 2^k-1\}$

$\log_2(x-2)-\log_{\frac{1}{2}}(x+1)\ge 2$의 진수의 조건에서

$x-2>0$, $x+1>0$

$\therefore x>2$ …… ㉢

$\log_2(x-2)-\log_{\frac{1}{2}}(x+1)\ge 2$에서

$\log_2(x-2)+\log_2(x+1)\ge 2$

$\log_2(x-2)(x+1)\ge\log_2 2^2$

밑이 1보다 크므로 $(x-2)(x+1)\ge 4$

$x^2-x-6\ge 0$, $(x+2)(x-3)\ge 0$

$\therefore x\le -2$ 또는 $x\ge 3$ …… ㉣

㉢, ㉣의 공통 범위를 구하면

$x\ge 3$

$\therefore B=\{x\mid x\ge 3\}$

$n(A\cap B)=5$에서 $A\cap B=\{3, 4, 5, 6, 7\}$이어야 한다.
따라서 $2^k-1=7$이므로 $2^k=8$
$\therefore k=3$

23 **접근 방법** | 로그의 진수 조건에서 $f(x)>0$, $x-1>0$인 x의 값의 범위를 구한다. 이때 $f(x)>0$인 x의 값의 범위는 $y=f(x)$의 그래프가 x축보다 위쪽에 있는 x의 값의 범위임을 이용한다.

진수의 조건에서
$f(x)>0$에서 $0<x<7$
$x-1>0$에서 $x>1$
$\therefore 1<x<7$ …… ㉠
$\log_3 f(x)+\log_{\frac{1}{3}}(x-1)\le 0$에서
$\log_3 f(x)-\log_3(x-1)\le 0$
$\log_3 f(x)\le \log_3(x-1)$
밑이 1보다 크므로
$f(x)\le x-1$ …… ㉡
주어진 그래프에서 ㉠, ㉡의 공통 범위를 구하면
$4\le x<7$
따라서 모든 자연수 x는 4, 5, 6이므로 그 합은
$4+5+6=15$

24 **접근 방법** | 합성함수 $(g\circ f)(n)$을 구해서 주어진 부등식에 대입한 후, $k=0$, $k=3$인 경우에 부등식을 만족시키는 자연수 n의 개수를 각각 구해 본다.

$f(x)=x^2-6x+11$, $g(x)=\log_3 x$이므로
$(g\circ f)(n)=g(f(n))=\log_3 f(n)$
주어진 부등식에 대입하면
$k<\log_3 f(n)<k+2$
$\log_3 3^k<\log_3 f(n)<\log_3 3^{k+2}$
밑이 1보다 크므로 $3^k<f(n)<3^{k+2}$
즉, $3^k<n^2-6n+11<3^{k+2}$이므로
$3^k<(n-3)^2+2<3^{k+2}$
(i) $k=0$일 때,
$1<(n-3)^2+2<9$
$-1<(n-3)^2<7$
따라서 $n=1, 2, 3, 4, 5$이므로 $h(0)=5$
(ii) $k=3$일 때,
$27<(n-3)^2+2<243$
$25<(n-3)^2<241$
따라서 $n=9, 10, \cdots, 18$이므로 $h(3)=10$
(i), (ii)에서 $h(0)+h(3)=5+10=15$

Ⅱ. 삼각함수

06. 삼각함수

개념 콕콕 1 일반각과 호도법 235쪽

1 답 풀이 참조

(1) $420^\circ=360^\circ\times1+60^\circ$이므로
일반각은 $360^\circ\times n+60^\circ$
(단, n은 정수)

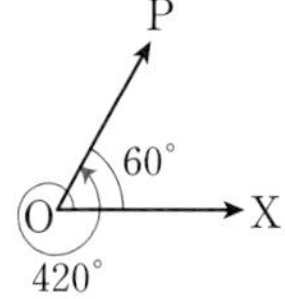

(2) $-330^\circ=360^\circ\times(-1)+30^\circ$
이므로 일반각은
$360^\circ\times n+30^\circ$ (단, n은 정수)

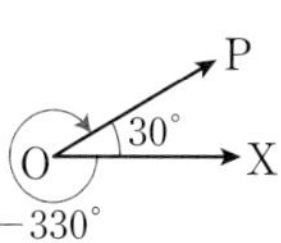

2 답 (1) 제2사분면
(2) 제4사분면
(3) 제3사분면
(4) 제1사분면

(1) $500^\circ=360^\circ\times1+140^\circ$
따라서 500°는 제2사분면의 각이다.
(2) $-440^\circ=360^\circ\times(-2)+280^\circ$
따라서 -440°는 제4사분면의 각이다.
(3) $1300^\circ=360^\circ\times3+220^\circ$
따라서 1300°는 제3사분면의 각이다.
(4) $-690^\circ=360^\circ\times(-2)+30^\circ$
따라서 -690°는 제1사분면의 각이다.

3 답 (1) $\frac{3}{4}\pi$ (2) $-\frac{5}{6}\pi$ (3) 240° (4) -225°

(1) $135^\circ=135\times\frac{\pi}{180}=\frac{3}{4}\pi$

(2) $-150^\circ=-150\times\frac{\pi}{180}=-\frac{5}{6}\pi$

(3) $\frac{4}{3}\pi=\frac{4}{3}\pi\times\frac{180^\circ}{\pi}=240^\circ$

(4) $-\frac{5}{4}\pi=-\frac{5}{4}\pi\times\frac{180^\circ}{\pi}=-225^\circ$

4 답 풀이 참조

(1) $\frac{13}{3}\pi=2\pi\times2+\frac{\pi}{3}$이므로 일반각은

$2n\pi+\frac{\pi}{3}$ (단, n은 정수)

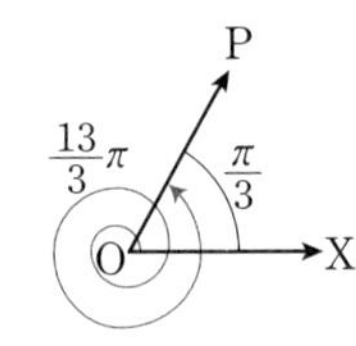

(2) $-\frac{7}{6}\pi=2\pi\times(-1)+\frac{5}{6}\pi$

이므로 일반각은

$2n\pi+\frac{5}{6}\pi$ (단, n은 정수)

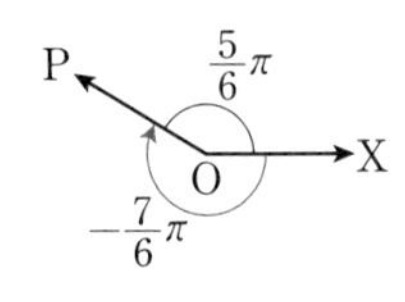

5 답 호의 길이 : $\frac{3}{4}\pi$, 넓이 : $\frac{9}{8}\pi$

부채꼴의 호의 길이는 $3\times\frac{\pi}{4}=\frac{3}{4}\pi$

부채꼴의 넓이는 $\frac{1}{2}\times3^2\times\frac{\pi}{4}=\frac{9}{8}\pi$

예제 01 사분면의 일반각 237쪽

01-1 답 (1) 제1사분면 또는 제3사분면
(2) 제1사분면 또는 제2사분면 또는 제4사분면

(1) θ가 제2사분면의 각이므로 정수 n에 대하여

$\theta=360°\times n+\alpha°$ $(90°<\alpha°<180°)$

$\therefore \frac{\theta}{2}=180°\times n+\frac{\alpha°}{2}$ $\left(45°<\frac{\alpha°}{2}<90°\right)$

(i) $n=2k$ (k는 정수)일 때,

$\frac{\theta}{2}=180°\times 2k+\frac{\alpha°}{2}=360°\times k+\frac{\alpha°}{2}$

따라서 $\frac{\theta}{2}$는 제1사분면의 각이다.

(ii) $n=2k+1$ (k는 정수)일 때,

$\frac{\theta}{2}=180°\times(2k+1)+\frac{\alpha°}{2}$

$=360°\times k+\left(180°+\frac{\alpha°}{2}\right)$

따라서 $\frac{\theta}{2}$는 제3사분면의 각이다.

(i), (ii)에서 $\frac{\theta}{2}$는 제1사분면 또는 제3사분면의 각이다.

(2) θ가 제2사분면의 각이므로 정수 n에 대하여

$\theta=360°\times n+\alpha°$ $(90°<\alpha°<180°)$

$\therefore \frac{\theta}{3}=120°\times n+\frac{\alpha°}{3}$ $\left(30°<\frac{\alpha°}{3}<60°\right)$

(i) $n=3k$ (k는 정수)일 때,

$\frac{\theta}{3}=120°\times 3k+\frac{\alpha°}{3}=360°\times k+\frac{\alpha°}{3}$

따라서 $\frac{\theta}{3}$는 제1사분면의 각이다.

(ii) $n=3k+1$ (k는 정수)일 때,

$\frac{\theta}{3}=120°\times(3k+1)+\frac{\alpha°}{3}$

$=360°\times k+\left(120°+\frac{\alpha°}{3}\right)$

따라서 $\frac{\theta}{3}$는 제2사분면의 각이다.

(iii) $n=3k+2$ (k는 정수)일 때,

$\frac{\theta}{3}=120°\times(3k+2)+\frac{\alpha°}{3}$

$=360°\times k+\left(240°+\frac{\alpha°}{3}\right)$

따라서 $\frac{\theta}{3}$는 제4사분면의 각이다.

(i), (ii), (iii)에서 $\frac{\theta}{3}$는 제1사분면 또는 제2사분면 또는 제4사분면의 각이다.

01-2 답 (1) 120° (2) 144°

(1) 두 각 θ, 4θ를 나타내는 동경이 일치하므로

$4\theta-\theta=360°\times n$

$\therefore \theta=120°\times n$ (n은 정수)

이때 $90°<\theta<180°$이므로

$\theta=120°$

(2) 두 각 θ, 4θ를 나타내는 동경이 x축에 대하여 대칭이므로

$\theta+4\theta=360°\times n$

$\therefore \theta=72°\times n$ (n은 정수)

이때 $90°<\theta<180°$이므로

$\theta=144°$

보충 설명

$\theta=360°\times n_1+\alpha$ (n_1은 정수, $0°\le\alpha<360°$),
$4\theta=360°\times n_2+\beta$ (n_2는 정수, $0°\le\beta<360°$)
일 때, (1), (2)에서 두 각 θ, 4θ를 나타내는 동경의 위치 관계는 각각 다음과 같다.

(1) (2)

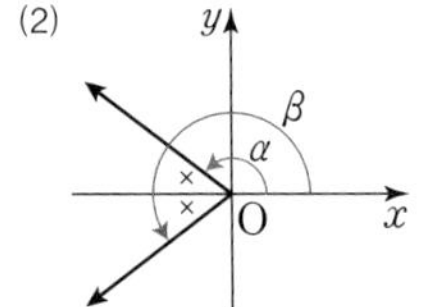

01-3 답 ㄱ, ㄷ

$\alpha=2l\pi+\theta_1$ (l은 정수, $0\le\theta_1<2\pi$),

$\beta=2m\pi+\theta_2$ (m은 정수, $0\le\theta_2<2\pi$)라고 하자.

ㄱ. 두 각 α, β를 나타내는 동경이 x축에 대하여 대칭이므로 다음 그림에서 $\theta_1+\theta_2=2\pi$

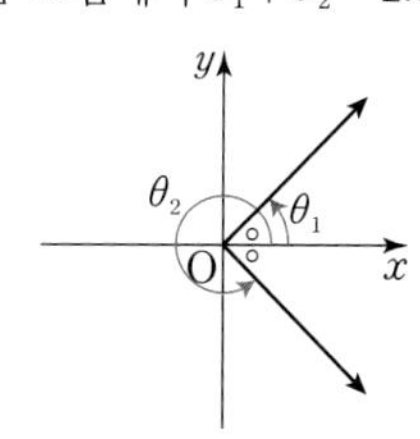

$\therefore\ \alpha+\beta=2(l+m)\pi+(\theta_1+\theta_2)$
$=2n'\pi+2\pi$ (n'은 정수)
$=2(n'+1)\pi$
$=2n\pi$ (n은 정수) (참)

ㄴ. 두 각 α, β를 나타내는 동경이 y축에 대하여 대칭이므로 다음 그림에서

$\theta_1+\theta_2=\pi$ 또는 $\theta_1+\theta_2=3\pi$

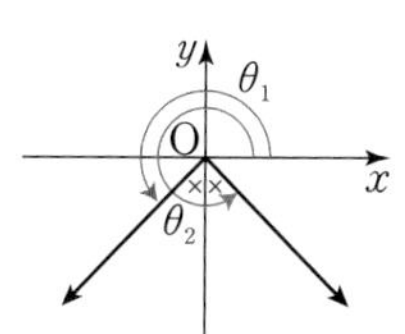

$\alpha+\beta=2(l+m)\pi+(\theta_1+\theta_2)$ ...... ㉠

㉠에서 $\theta_1+\theta_2=\pi$이면

$\alpha+\beta=2(l+m)\pi+\pi$
$=2n\pi+\pi$ (n은 정수)
$=(2n+1)\pi$

㉠에서 $\theta_1+\theta_2=3\pi$이면

$\alpha+\beta=2(l+m)\pi+3\pi$
$=2n'\pi+3\pi$ (n'은 정수)
$=(2n'+3)\pi$
$=(2n+1)\pi$ (n은 정수) (거짓)

ㄷ. 두 각 α, β를 나타내는 동경이 일직선 위에 있고 방향이 반대이므로 다음 그림에서

$\theta_1-\theta_2=\pi$ 또는 $\theta_1-\theta_2=-\pi$

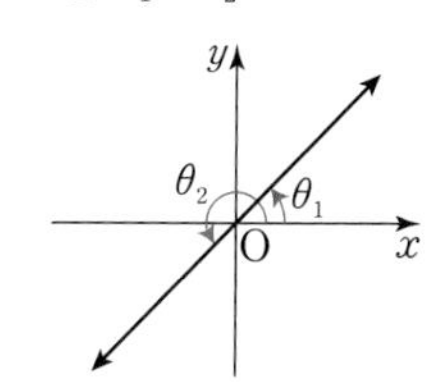

$\alpha-\beta=(2l\pi+\theta_1)-(2m\pi+\theta_2)$
$=2(l-m)\pi+(\theta_1-\theta_2)$ ...... ㉡

㉡에서 $\theta_1-\theta_2=\pi$이면

$\alpha-\beta=2(l-m)\pi+\pi=2n\pi+\pi$ (n은 정수)
$=(2n+1)\pi$

㉡에서 $\theta_1-\theta_2=-\pi$이면

$\alpha-\beta=2(l-m)\pi-\pi=2n'\pi-\pi$ (n'은 정수)
$=(2n'-1)\pi$
$=(2n+1)\pi$ (n은 정수) (참)

따라서 옳은 것은 ㄱ, ㄷ이다.

예제 02 부채꼴의 호의 길이와 넓이 239쪽

02-1 답 (1) 반지름의 길이 : $\frac{3}{2}$ cm, 넓이 : $\frac{3}{4}\pi$ cm²

(2) 반지름의 길이 : 2 cm,
중심각의 크기 : $\frac{3}{2}\pi$

(1) 부채꼴의 반지름의 길이를 $r$cm라고 하면 호의 길이가 π cm이므로

$\pi=r\times\frac{2}{3}\pi \qquad \therefore\ r=\frac{3}{2}$

따라서 부채꼴의 넓이는

$\frac{1}{2}\times\frac{3}{2}\times\pi=\frac{3}{4}\pi\,(\text{cm}^2)$

(2) 부채꼴의 반지름의 길이를 r cm, 중심각의 크기를 θ라고 하면

부채꼴의 호의 길이가 3π cm이므로

$3\pi=r\theta$ ...... ㉠

또한 부채꼴의 넓이가 3π cm²이므로

$3\pi=\frac{1}{2}r\times3\pi=\frac{3}{2}r\pi \qquad \therefore\ r=2$

$r=2$를 ㉠에 대입하면 $3\pi=2\theta \qquad \therefore\ \theta=\frac{3}{2}\pi$

02-2 답 둘레의 길이 : $\frac{10}{3}\pi+4$, 넓이 : $\frac{10}{3}\pi$

부채꼴의 반지름의 길이는 2, 중심각의 크기는

$360°-60°=2\pi-\frac{\pi}{3}=\frac{5}{3}\pi$

이므로 부채꼴의 호의 길이는

$2\times\frac{5}{3}\pi=\frac{10}{3}\pi$

따라서 부채꼴의 둘레의 길이는

$\frac{10}{3}\pi+2+2=\frac{10}{3}\pi+4$

부채꼴의 넓이는

$\frac{1}{2}\times2\times\frac{10}{3}\pi=\frac{10}{3}\pi$

02-3 답 둘레의 길이의 최솟값 : $4\sqrt{S}$,
중심각의 크기 : 2

부채꼴의 반지름의 길이를 r, 중심각의 크기를 θ, 호의 길이를 l이라고 하면 $S=\frac{1}{2}rl$에서

$l=\frac{2S}{r}$

이때 부채꼴의 둘레의 길이는 $2r+l$이므로

$2r+l=2r+\frac{2S}{r}\ge2\sqrt{2r\times\frac{2S}{r}}=4\sqrt{S}$

$\left(\text{단, 등호는 } 2r=\frac{2S}{r}\text{, 즉 } r^2=S\text{일 때 성립}\right)$

따라서 부채꼴의 둘레의 길이의 최솟값은 $4\sqrt{S}$이고, 등호는 $r^2=S$일 때 성립하므로 $S=\frac{1}{2}r^2\theta=\frac{1}{2}S\theta$에서 중심각의 크기는 2이다.

개념 콕콕 **2 삼각함수** 245쪽

1 답 (1) $\frac{12}{13}$ (2) $-\frac{5}{13}$ (3) $-\frac{12}{5}$

$\overline{OP}=\sqrt{(-5)^2+12^2}=13$이므로

(1) $\sin\theta=\frac{12}{13}$

(2) $\cos\theta=\frac{-5}{13}=-\frac{5}{13}$

(3) $\tan\theta=\frac{12}{-5}=-\frac{12}{5}$

2 답 (1) $\sin(-230°)>0$, $\cos(-230°)<0$, $\tan(-230°)<0$
(2) $\sin\frac{7}{5}\pi<0$, $\cos\frac{7}{5}\pi<0$, $\tan\frac{7}{5}\pi>0$
(3) $\sin\left(-\frac{2}{9}\pi\right)<0$, $\cos\left(-\frac{2}{9}\pi\right)>0$, $\tan\left(-\frac{2}{9}\pi\right)<0$

(1) $-230°$는 제2사분면의 각이므로
$\sin(-230°)>0$,
$\cos(-230°)<0$,
$\tan(-230°)<0$

(2) $\frac{7}{5}\pi$는 제3사분면의 각이므로
$\sin\frac{7}{5}\pi<0$, $\cos\frac{7}{5}\pi<0$, $\tan\frac{7}{5}\pi>0$

(3) $-\frac{2}{9}\pi$는 제4사분면의 각이므로
$\sin\left(-\frac{2}{9}\pi\right)<0$,
$\cos\left(-\frac{2}{9}\pi\right)>0$,
$\tan\left(-\frac{2}{9}\pi\right)<0$

3 답 풀이 참조

주어진 각을 나타내는 동경과 단위원의 교점을 각각 찾아 삼각함수의 값을 구한다.

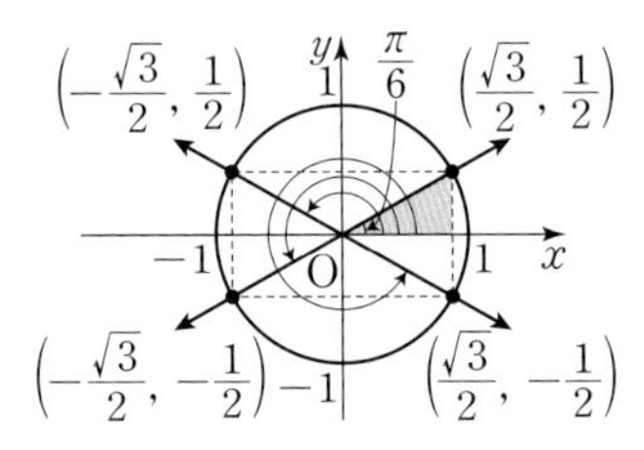

(1) $\sin\frac{\pi}{6}=\frac{1}{2}$, $\cos\frac{\pi}{6}=\frac{\sqrt{3}}{2}$, $\tan\frac{\pi}{6}=\frac{\sqrt{3}}{3}$

(2) $\sin\frac{5}{6}\pi=\frac{1}{2}$, $\cos\frac{5}{6}\pi=-\frac{\sqrt{3}}{2}$, $\tan\frac{5}{6}\pi=-\frac{\sqrt{3}}{3}$

(3) $\sin\frac{7}{6}\pi=-\frac{1}{2}$, $\cos\frac{7}{6}\pi=-\frac{\sqrt{3}}{2}$, $\tan\frac{7}{6}\pi=\frac{\sqrt{3}}{3}$

(4) $\sin\frac{11}{6}\pi=-\frac{1}{2}$, $\cos\frac{11}{6}\pi=\frac{\sqrt{3}}{2}$,
$\tan\frac{11}{6}\pi=-\frac{\sqrt{3}}{3}$

4 답 $\cos\theta=-\frac{4}{5}$, $\tan\theta=\frac{3}{4}$

$\sin^2\theta+\cos^2\theta=1$이므로

$\cos^2\theta=1-\sin^2\theta=1-\left(-\frac{3}{5}\right)^2=\frac{16}{25}$

θ가 제3사분면의 각이므로 $\cos\theta<0$

$\therefore \cos\theta=-\frac{4}{5}$

$\therefore \tan\theta=\frac{\sin\theta}{\cos\theta}=\frac{3}{4}$

예제 03 삼각함수의 값 247쪽

03-1 답 (1) $\frac{12}{13}$ (2) $\frac{181}{169}$ (3) $\frac{25}{156}$

원점과 점 P(12, −5)를 지나는 동경을 좌표평면 위에 나타내면 다음 그림과 같다.

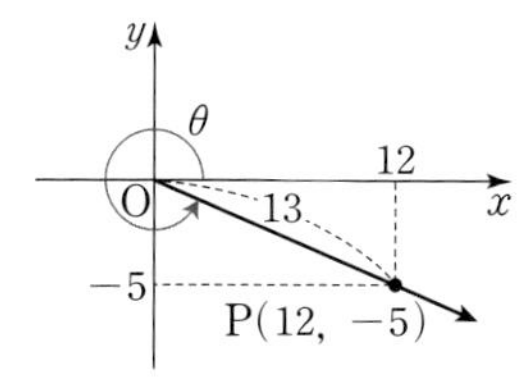

$\overline{OP}=\sqrt{12^2+(-5)^2}=13$이므로

(1) $\cos\theta=\frac{12}{13}$

(2) (1)에서 $\cos\theta=\frac{12}{13}$이고,

$\sin\theta=-\frac{5}{13}$이므로

$\cos\theta+\sin^2\theta=\frac{12}{13}+\left(-\frac{5}{13}\right)^2=\frac{181}{169}$

(3) $\sin\theta=-\frac{5}{13}$, $\tan\theta=-\frac{5}{12}$이므로

$\sin\theta\tan\theta=\left(-\frac{5}{13}\right)\times\left(-\frac{5}{12}\right)=\frac{25}{156}$

03-2 답 $\frac{11}{12}$

점 P는 직선 $y=-\frac{4}{3}x$ 위의 점이고 x좌표가 양수이므로 P$(3a,\ -4a)$ $(a>0)$라고 하자.

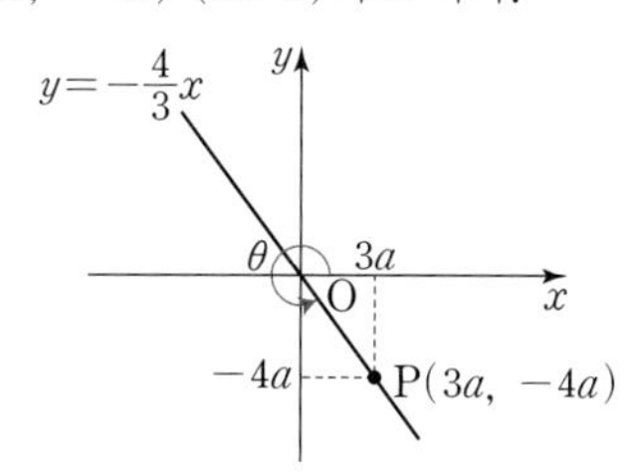

$\overline{OP}=\sqrt{(3a)^2+(-4a)^2}=5a$이므로

$\sin\theta=\frac{-4a}{5a}=-\frac{4}{5}$, $\cos\theta=\frac{3a}{5a}=\frac{3}{5}$,

$\tan\theta=\frac{-4a}{3a}=-\frac{4}{3}$

$\therefore \frac{\cos\theta+\tan\theta}{\sin\theta}=\frac{\frac{3}{5}+\left(-\frac{4}{3}\right)}{-\frac{4}{5}}=\frac{-\frac{11}{15}}{-\frac{4}{5}}=\frac{11}{12}$

03-3 답 2

직선 $y=\frac{\sqrt{3}}{3}x$에 수직이고 원점을 지나는 직선의 방정식은 $y=-\sqrt{3}x$ ······ ㉠

㉠을 $x^2+y^2=1$에 대입하면

$x^2+(-\sqrt{3}x)^2=1$

$4x^2=1$, $x^2=\frac{1}{4}$

$\therefore x=-\frac{1}{2}$ 또는 $x=\frac{1}{2}$ ······ ㉡

㉡을 $y=-\sqrt{3}x$에 대입하면

(i) $x=-\frac{1}{2}$일 때, $y=\frac{\sqrt{3}}{2}$

(ii) $x=\frac{1}{2}$일 때, $y=-\frac{\sqrt{3}}{2}$

(i), (ii)에서 점 P의 좌표는 $\left(-\frac{1}{2},\ \frac{\sqrt{3}}{2}\right)$,

점 Q의 좌표는 $\left(\frac{1}{2},\ -\frac{\sqrt{3}}{2}\right)$이므로

$\sin\alpha=\frac{\sqrt{3}}{2}$, $\tan\alpha=-\sqrt{3}$,

$\sin\beta=-\frac{\sqrt{3}}{2}$, $\cos\beta=\frac{1}{2}$

$\therefore \frac{\sin\alpha+\tan\alpha}{\sin\beta\times\cos\beta}=\frac{\frac{\sqrt{3}}{2}+(-\sqrt{3})}{-\frac{\sqrt{3}}{2}\times\frac{1}{2}}=\frac{-\frac{\sqrt{3}}{2}}{-\frac{\sqrt{3}}{4}}=2$

예제 04 삼각함수의 값의 부호 249쪽

04-1 답 (1) 제2사분면 (2) 제3사분면

(1) $\sin\theta>0$이므로 θ는 제1사분면 또는 제2사분면의 각이다.

$\tan\theta<0$이므로 θ는 제2사분면 또는 제4사분면의 각이다.

따라서 θ는 제2사분면의 각이다.

(2) $\sin\theta\cos\theta>0$에서

$\begin{cases}\sin\theta>0\\ \cos\theta>0\end{cases}$ 또는 $\begin{cases}\sin\theta<0\\ \cos\theta<0\end{cases}$이므로

θ는 제1사분면 또는 제3사분면의 각이다.

또한 $\cos\theta\tan\theta<0$에서

$\begin{cases}\cos\theta<0\\ \tan\theta>0\end{cases}$ 또는 $\begin{cases}\cos\theta>0\\ \tan\theta<0\end{cases}$이므로

θ는 제3사분면 또는 제4사분면의 각이다.

따라서 θ는 제3사분면의 각이다.

04-2 답 ㄱ, ㄴ

θ가 제2사분면의 각이므로

$\sin\theta>0$, $\cos\theta<0$, $\tan\theta<0$이다.

ㄱ. $\sin\theta>0$, $\cos\theta<0$이므로 $\sin\theta\cos\theta<0$ (참)

ㄴ. $\tan\theta<0$, $\cos\theta<0$이므로 $\frac{\tan\theta}{\cos\theta}>0$ (참)

ㄷ. $\sin\theta>0$, $\tan\theta<0$이므로 $\frac{\sin\theta}{\tan\theta}<0$ (거짓)

따라서 옳은 것은 ㄱ, ㄴ이다.

04-3 답 ㄱ, ㄴ, ㄷ

$\sqrt{\sin\theta}\sqrt{\cos\theta}=-\sqrt{\sin\theta\cos\theta}$에서

$\sin\theta<0$, $\cos\theta<0$이므로 θ는 제3사분면의 각이다.

ㄱ. $\sin\theta+\cos\theta<0$ (참)

ㄴ. $\frac{\cos\theta}{\sin\theta}>0$ (참)

ㄷ. θ는 제3사분면의 각이므로 $\tan\theta>0$

$\therefore \tan\theta\sin\theta<0$ (참)

따라서 옳은 것은 ㄱ, ㄴ, ㄷ이다.

예제 05 삼각함수 사이의 관계 (1) 251쪽

05-1 답 (1) $\frac{1}{4}$ (2) $\frac{\sqrt{6}}{2}$ 또는 $-\frac{\sqrt{6}}{2}$ (3) $\frac{5\sqrt{2}}{8}$

(1) $\sin\theta-\cos\theta=\frac{\sqrt{2}}{2}$의 양변을 제곱하면

$\sin^2\theta-2\sin\theta\cos\theta+\cos^2\theta=\frac{1}{2}$

$1-2\sin\theta\cos\theta=\frac{1}{2}$

$\therefore \sin\theta\cos\theta=\frac{1}{4}$

(2) $(\sin\theta+\cos\theta)^2=\sin^2\theta+2\sin\theta\cos\theta+\cos^2\theta$

$=1+2\sin\theta\cos\theta$

$=1+2\times\frac{1}{4}=\frac{3}{2}$

$\therefore \sin\theta+\cos\theta=\sqrt{\frac{3}{2}}=\frac{\sqrt{6}}{2}$ 또는

$\sin\theta+\cos\theta=-\sqrt{\frac{3}{2}}=-\frac{\sqrt{6}}{2}$

(3) $\sin^3\theta-\cos^3\theta$

$=(\sin\theta-\cos\theta)^3+3\sin\theta\cos\theta(\sin\theta-\cos\theta)$

$=\left(\frac{\sqrt{2}}{2}\right)^3+3\times\frac{1}{4}\times\frac{\sqrt{2}}{2}=\frac{5\sqrt{2}}{8}$

05-2 답 (1) $\frac{\sqrt{6}}{2}$ (2) $\frac{\sqrt{2}}{2}$ 또는 $-\frac{\sqrt{2}}{2}$ (3) 4

(1) $(\sin\theta+\cos\theta)^2$

$=\sin^2\theta+2\sin\theta\cos\theta+\cos^2\theta$

$=1+2\sin\theta\cos\theta$

$=1+2\times\frac{1}{4}=\frac{3}{2}$

θ는 제1사분면의 각이므로

$\sin\theta>0$, $\cos\theta>0$, 즉 $\sin\theta+\cos\theta>0$

$\therefore \sin\theta+\cos\theta=\sqrt{\frac{3}{2}}=\frac{\sqrt{6}}{2}$

(2) $(\sin\theta-\cos\theta)^2$

$=\sin^2\theta-2\sin\theta\cos\theta+\cos^2\theta$

$=1-2\sin\theta\cos\theta$

$=1-2\times\frac{1}{4}=\frac{1}{2}$

$\therefore \sin\theta-\cos\theta=\sqrt{\frac{1}{2}}=\frac{\sqrt{2}}{2}$ 또는

$\sin\theta-\cos\theta=-\sqrt{\frac{1}{2}}=-\frac{\sqrt{2}}{2}$

(3) $\tan\theta+\frac{1}{\tan\theta}$

$=\frac{\sin\theta}{\cos\theta}+\frac{\cos\theta}{\sin\theta}=\frac{\sin^2\theta+\cos^2\theta}{\sin\theta\cos\theta}$

$=\frac{1}{\sin\theta\cos\theta}=\frac{1}{\frac{1}{4}}=4$

⊕보충 설명

(2)에서 제1사분면의 각 θ에 대하여
$\sin\theta-\cos\theta>0$일 수도 있고 $\sin\theta-\cos\theta<0$일 수도 있음에 유의한다.

05-3 답 $-\frac{\sqrt{2}}{2}$

$\frac{1}{\sin\theta}-\frac{1}{\cos\theta}=\sqrt{2}$에서

$\frac{\cos\theta-\sin\theta}{\sin\theta\cos\theta}=\sqrt{2}$

$\therefore \sin\theta-\cos\theta=-\sqrt{2}\sin\theta\cos\theta$ ⋯⋯ ㉠

㉠의 양변을 제곱하면

$\sin^2\theta-2\sin\theta\cos\theta+\cos^2\theta=2\sin^2\theta\cos^2\theta$

$1-2\sin\theta\cos\theta=2\sin^2\theta\cos^2\theta$

$\therefore \sin\theta\cos\theta(1+\sin\theta\cos\theta)=\frac{1}{2}$ ⋯⋯ ㉡

따라서 구하는 식의 값은

$\sin^3\theta-\cos^3\theta$
$=(\sin\theta-\cos\theta)(\sin^2\theta+\sin\theta\cos\theta+\cos^2\theta)$
$=(\sin\theta-\cos\theta)(1+\sin\theta\cos\theta)$
$=-\sqrt{2}\sin\theta\cos\theta(1+\sin\theta\cos\theta)$ (∵ ㉠)
$=-\sqrt{2}\times\frac{1}{2}$ (∵ ㉡)
$=-\frac{\sqrt{2}}{2}$

예제 06 삼각함수 사이의 관계 (2) 253쪽

06-1 답 풀이 참조

(1) $\tan^2\theta-\sin^2\theta=\frac{\sin^2\theta}{\cos^2\theta}-\sin^2\theta$
$=\sin^2\theta\left(\frac{1}{\cos^2\theta}-1\right)$
$=\sin^2\theta\times\frac{1-\cos^2\theta}{\cos^2\theta}$
$=\sin^2\theta\times\frac{\sin^2\theta}{\cos^2\theta}$
$=\sin^2\theta\tan^2\theta$

(2) $\frac{1-\cos\theta}{\sin\theta}+\frac{\sin\theta}{1-\cos\theta}$
$=\frac{(1-\cos\theta)^2+\sin^2\theta}{\sin\theta(1-\cos\theta)}$
$=\frac{1-2\cos\theta+\cos^2\theta+\sin^2\theta}{\sin\theta(1-\cos\theta)}$
$=\frac{2(1-\cos\theta)}{\sin\theta(1-\cos\theta)}=\frac{2}{\sin\theta}$

06-2 답 ④

$\frac{1-\tan\theta}{1+\tan\theta}=2-\sqrt{3}$에서
$1-\tan\theta=(2-\sqrt{3})(1+\tan\theta)$
$1-\tan\theta=(2-\sqrt{3})+(2-\sqrt{3})\tan\theta$
$(3-\sqrt{3})\tan\theta=\sqrt{3}-1$
$\therefore \tan\theta=\frac{\sqrt{3}-1}{3-\sqrt{3}}=\frac{\sqrt{3}-1}{\sqrt{3}(\sqrt{3}-1)}=\frac{1}{\sqrt{3}}$
$\therefore \frac{\tan\theta\sin\theta}{\tan\theta-\sin\theta}-\frac{1}{\sin\theta}$
$=\frac{\frac{\sin^2\theta}{\cos\theta}}{\frac{\sin\theta-\cos\theta\sin\theta}{\cos\theta}}-\frac{1}{\sin\theta}$
$=\frac{\sin^2\theta}{\sin\theta(1-\cos\theta)}-\frac{1}{\sin\theta}$
$=\frac{1-\cos^2\theta}{\sin\theta(1-\cos\theta)}-\frac{1}{\sin\theta}$
$=\frac{(1+\cos\theta)(1-\cos\theta)}{\sin\theta(1-\cos\theta)}-\frac{1}{\sin\theta}$
$=\frac{1+\cos\theta}{\sin\theta}-\frac{1}{\sin\theta}$
$=\frac{\cos\theta}{\sin\theta}=\frac{1}{\tan\theta}=\sqrt{3}$

06-3 답 ㄴ, ㄷ

ㄱ. $\frac{\sin\theta}{1+\cos\theta}+\frac{1}{\tan\theta}$
$=\frac{\sin\theta}{1+\cos\theta}+\frac{\cos\theta}{\sin\theta}$
$=\frac{\sin^2\theta+\cos\theta(1+\cos\theta)}{(1+\cos\theta)\sin\theta}$
$=\frac{\sin^2\theta+\cos\theta+\cos^2\theta}{(1+\cos\theta)\sin\theta}$
$=\frac{1+\cos\theta}{(1+\cos\theta)\sin\theta}=\frac{1}{\sin\theta}$
즉, $\frac{\sin\theta}{1+\cos\theta}+\frac{1}{\tan\theta}\neq\frac{1}{\cos\theta}$이다. (거짓)

ㄴ. $\frac{1}{1+\sin\theta}+\frac{1}{1-\sin\theta}$
$=\frac{1-\sin\theta+1+\sin\theta}{(1+\sin\theta)(1-\sin\theta)}$
$=\frac{2}{1-\sin^2\theta}=\frac{2}{\cos^2\theta}$
$=\frac{2(\sin^2\theta+\cos^2\theta)}{\cos^2\theta}$
$=2\left(\frac{\sin^2\theta}{\cos^2\theta}+1\right)$
$=2(1+\tan^2\theta)$ (참)

ㄷ. $\tan^2\theta+\cos^2\theta(1-\tan^4\theta)$
$=\frac{\sin^2\theta}{\cos^2\theta}+\cos^2\theta-\frac{\sin^4\theta}{\cos^2\theta}$
$=\frac{\sin^2\theta(1-\sin^2\theta)}{\cos^2\theta}+\cos^2\theta$
$=\frac{\sin^2\theta\cos^2\theta}{\cos^2\theta}+\cos^2\theta$
$=\sin^2\theta+\cos^2\theta=1$ (참)

따라서 옳은 것은 ㄴ, ㄷ이다.

개념 콕콕 3 삼각함수의 성질 257쪽

1 답 (1) $\frac{\sqrt{3}}{2}$ (2) $\frac{\sqrt{3}}{2}$ (3) 1

(1) $\sin\frac{7}{3}\pi=\sin\left(2\pi+\frac{\pi}{3}\right)=\sin\frac{\pi}{3}=\frac{\sqrt{3}}{2}$

(2) $\cos\frac{13}{6}\pi=\cos\left(2\pi+\frac{\pi}{6}\right)=\cos\frac{\pi}{6}=\frac{\sqrt{3}}{2}$

(3) $\tan\left(-\frac{7}{4}\pi\right)=\tan\left(-2\pi+\frac{\pi}{4}\right)=\tan\frac{\pi}{4}=1$

2 답 (1) $-\cos\theta$ (2) $-\sin\theta$ (3) $\cos\theta$

(1) $\cos(\pi+\theta)=-\cos\theta$

(2) $\sin(-\pi+\theta)=-\sin(\pi-\theta)=-\sin\theta$

(3) $\sin\left(\frac{\pi}{2}-\theta\right)=\cos\theta$

3 답 (1) $-\frac{\sqrt{3}}{2}$ (2) $-\frac{\sqrt{2}}{2}$ (3) $\frac{\sqrt{3}}{3}$

(1) $\sin\frac{4}{3}\pi=\sin\left(\pi+\frac{\pi}{3}\right)=-\sin\frac{\pi}{3}=-\frac{\sqrt{3}}{2}$

(2) $\cos\frac{5}{4}\pi=\cos\left(\pi+\frac{\pi}{4}\right)=-\cos\frac{\pi}{4}=-\frac{\sqrt{2}}{2}$

(3) $\tan\left(-\frac{5}{6}\pi\right)=-\tan\frac{5}{6}\pi=-\tan\left(\pi-\frac{\pi}{6}\right)$

$=\tan\frac{\pi}{6}=\frac{\sqrt{3}}{3}$

예제 07 각 $n\pi\pm\theta$의 삼각함수 259쪽

07-1 답 (1) $\frac{3\sqrt{5}}{5}$ (2) $\frac{3}{2}$

θ가 제3사분면의 각이고 $\tan\theta=\frac{1}{2}$이므로 점 P의 좌표를 $(-2, -1)$이라 하고 동경 OP를 좌표평면 위에 나타내면 오른쪽 그림과 같다.

$\therefore \sin\theta=-\frac{1}{\sqrt{5}}=-\frac{\sqrt{5}}{5}$, $\cos\theta=-\frac{2}{\sqrt{5}}=-\frac{2\sqrt{5}}{5}$

(1) $\cos(\pi+\theta)=-\cos\theta$,

$\sin(2\pi-\theta)=\sin(-\theta)=-\sin\theta$

$\therefore \cos(\pi+\theta)+\sin(2\pi-\theta)$

$=-\cos\theta+(-\sin\theta)$

$=\frac{2\sqrt{5}}{5}+\frac{\sqrt{5}}{5}=\frac{3\sqrt{5}}{5}$

(2) $\tan(\pi-\theta)=-\tan\theta$, $\tan(3\pi+\theta)=\tan\theta$

$\therefore \tan(\pi-\theta)+\frac{1}{\tan(3\pi+\theta)}$

$=-\tan\theta+\frac{1}{\tan\theta}$

$=-\frac{1}{2}+2=\frac{3}{2}$

07-2 답 (1) 0 (2) -1

(1) $\cos(\pi-\theta)=-\cos\theta$, $\sin(-\theta)=-\sin\theta$,

$\cos(-\theta)=\cos\theta$, $\sin(\pi+\theta)=-\sin\theta$

$\therefore \cos(\pi-\theta)\sin(-\theta)+\cos(-\theta)\sin(\pi+\theta)$

$=(-\cos\theta)\times(-\sin\theta)+\cos\theta\times(-\sin\theta)$

$=\cos\theta\sin\theta-\cos\theta\sin\theta=0$

(2) $\sin(3\pi-\theta)=\sin(\pi-\theta)=\sin\theta$,

$\sin(-\theta)=-\sin\theta$,

$\cos(2\pi-\theta)=\cos(-\theta)=\cos\theta$,

$\cos(\pi+\theta)=-\cos\theta$

$\therefore \sin(3\pi-\theta)\sin(-\theta)$

$+\cos(2\pi-\theta)\cos(\pi+\theta)$

$=\sin\theta\times(-\sin\theta)+\cos\theta\times(-\cos\theta)$

$=-\sin^2\theta-\cos^2\theta=-(\sin^2\theta+\cos^2\theta)$

$=-1$

07-3 답 (1) 0 (2) 0

(1) $\cos\frac{11}{12}\pi=\cos\left(\pi-\frac{\pi}{12}\right)=-\cos\frac{\pi}{12}$

$\cos\frac{10}{12}\pi=\cos\left(\pi-\frac{2}{12}\pi\right)=-\cos\frac{2}{12}\pi$

$\vdots$

$\cos\frac{7}{12}\pi=\cos\left(\pi-\frac{5}{12}\pi\right)=-\cos\frac{5}{12}\pi$

$\cos\frac{6}{12}\pi=\cos\frac{\pi}{2}=0$

$\therefore \cos\frac{\pi}{12}+\cos\frac{2}{12}\pi+\cos\frac{3}{12}\pi+\cdots+\cos\frac{11}{12}\pi$

$=\left(\cos\frac{\pi}{12}+\cos\frac{2}{12}\pi+\cdots+\cos\frac{5}{12}\pi\right)$

$+\cos\frac{6}{12}\pi$

$+\left(\cos\frac{7}{12}\pi+\cdots+\cos\frac{10}{12}\pi+\cos\frac{11}{12}\pi\right)$

$=\left(\cos\frac{\pi}{12}+\cos\frac{2}{12}\pi+\cdots+\cos\frac{5}{12}\pi\right)+0$

$+\left(-\cos\frac{5}{12}\pi-\cdots-\cos\frac{2}{12}-\cos\frac{\pi}{12}\right)$

$=0$

(2) $\sin 0=0$

$\sin\frac{23}{12}\pi=\sin\left(\pi+\frac{11}{12}\pi\right)=-\sin\frac{11}{12}\pi$

$\sin\frac{22}{12}\pi=\sin\left(\pi+\frac{10}{12}\pi\right)=-\sin\frac{10}{12}\pi$

$\vdots$

$\sin\frac{13}{12}\pi=\sin\left(\pi+\frac{\pi}{12}\right)=-\sin\frac{\pi}{12}$

$\sin\frac{12}{12}\pi=\sin\pi=0$

$\therefore \sin 0+\sin\frac{\pi}{12}+\sin\frac{2}{12}\pi+\cdots+\sin\frac{23}{12}\pi$

$=\sin 0+\left(\sin\frac{\pi}{12}+\sin\frac{2}{12}\pi+\cdots+\sin\frac{11}{12}\pi\right)$

$+\sin\frac{12}{12}\pi$

$+\left(\sin\frac{13}{12}\pi+\sin\frac{14}{12}\pi+\cdots+\sin\frac{23}{12}\pi\right)$

$=0+\left(\sin\frac{\pi}{12}+\sin\frac{2}{12}\pi+\cdots+\sin\frac{11}{12}\pi\right)+0$

$+\left(-\sin\frac{\pi}{12}-\sin\frac{2}{12}\pi-\cdots-\sin\frac{11}{12}\pi\right)$

$=0$

예제 08 각 $\frac{\pi}{2}\pm\theta$, $\frac{3}{2}\pi\pm\theta$의 삼각함수 261쪽

08-1 답 (1) $\frac{-\sqrt{3}-\sqrt{6}}{3}$ (2) $\frac{\sqrt{2}}{2}$

θ가 제3사분면의 각이고 $\tan\theta=\frac{1}{\sqrt{2}}$이므로 점 P의 좌표를 $(-\sqrt{2}, -1)$이라 하고 동경 OP를 좌표평면 위에 나타내면 오른쪽 그림과 같다.

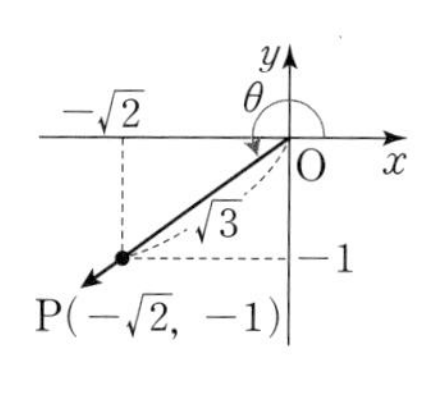

$\therefore \sin\theta=-\frac{1}{\sqrt{3}}=-\frac{\sqrt{3}}{3}$, $\cos\theta=-\frac{\sqrt{2}}{\sqrt{3}}=-\frac{\sqrt{6}}{3}$

(1) $\cos\left(\frac{3}{2}\pi+\theta\right)=\sin\theta$, $\sin\left(\frac{\pi}{2}-\theta\right)=\cos\theta$

$\therefore \cos\left(\frac{3}{2}\pi+\theta\right)+\sin\left(\frac{\pi}{2}-\theta\right)$

$=\sin\theta+\cos\theta$

$=-\frac{\sqrt{3}}{3}+\left(-\frac{\sqrt{6}}{3}\right)=\frac{-\sqrt{3}-\sqrt{6}}{3}$

(2) $\tan\left(\frac{\pi}{2}-\theta\right)=\frac{1}{\tan\theta}$, $\tan\left(\frac{\pi}{2}+\theta\right)=-\frac{1}{\tan\theta}$

$\therefore \tan\left(\frac{\pi}{2}-\theta\right)+\frac{1}{\tan\left(\frac{\pi}{2}+\theta\right)}$

$=\frac{1}{\tan\theta}-\tan\theta$

$=\sqrt{2}-\frac{\sqrt{2}}{2}=\frac{\sqrt{2}}{2}$

08-2 답 (1) $\frac{1}{\cos\theta}$ (2) $-\frac{2}{\cos\theta}$

(1) $\sin\left(\frac{\pi}{2}+\theta\right)=\cos\theta$, $\cos\left(\frac{\pi}{2}-\theta\right)=\sin\theta$,

$\tan\left(\frac{\pi}{2}-\theta\right)=\frac{1}{\tan\theta}$

$\therefore \frac{\sin\left(\frac{\pi}{2}+\theta\right)}{1+\cos\left(\frac{\pi}{2}-\theta\right)}+\frac{1}{\tan\left(\frac{\pi}{2}-\theta\right)}$

$=\frac{\cos\theta}{1+\sin\theta}+\tan\theta$

$=\frac{\cos\theta}{1+\sin\theta}+\frac{\sin\theta}{\cos\theta}$

$=\frac{\cos^2\theta+\sin\theta+\sin^2\theta}{(1+\sin\theta)\cos\theta}$

$=\frac{1+\sin\theta}{(1+\sin\theta)\cos\theta}$

$=\frac{1}{\cos\theta}$

(2) $\sin\left(\frac{3}{2}\pi-\theta\right)=-\cos\theta$, $\cos\left(\frac{\pi}{2}+\theta\right)=-\sin\theta$,

$\sin\left(\frac{3}{2}\pi+\theta\right)=-\cos\theta$, $\cos\left(\frac{\pi}{2}-\theta\right)=\sin\theta$

$\therefore \frac{\sin\left(\frac{3}{2}\pi-\theta\right)}{1+\cos\left(\frac{\pi}{2}+\theta\right)}+\frac{\sin\left(\frac{3}{2}\pi+\theta\right)}{1+\cos\left(\frac{\pi}{2}-\theta\right)}$

$=\frac{-\cos\theta}{1-\sin\theta}+\frac{-\cos\theta}{1+\sin\theta}$

$=\frac{-\cos\theta(1+\sin\theta)-\cos\theta(1-\sin\theta)}{(1-\sin\theta)(1+\sin\theta)}$

$=\frac{-\cos\theta(1+\sin\theta+1-\sin\theta)}{1-\sin^2\theta}$

$=\frac{-2\cos\theta}{\cos^2\theta}=-\frac{2}{\cos\theta}$

08-3 답 4

직선 $x+2y=5$, 즉 $y=-\frac{1}{2}x+\frac{5}{2}$에서

기울기는 $-\frac{1}{2}$이므로 $\tan\theta=-\frac{1}{2}$이다.

$\frac{\pi}{2}<\theta<\pi$에서 θ는 제2사분면의 각이므로 점 P의 좌표를 $(-2, 1)$이라 하고 동경 OP를 좌표평면 위에 나타내면 오른쪽 그림과 같다.

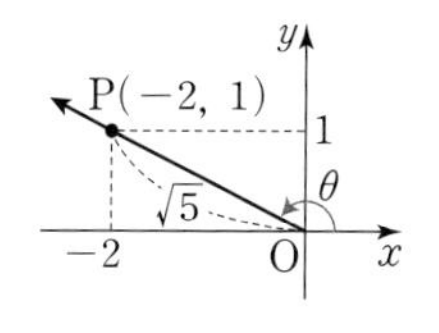

$\therefore \sin\theta=\frac{1}{\sqrt{5}}=\frac{\sqrt{5}}{5}$, $\cos\theta=-\frac{2}{\sqrt{5}}=-\frac{2\sqrt{5}}{5}$

$\cos\left(\frac{3}{2}\pi+\theta\right)=\sin\theta$, $\cos\left(\frac{\pi}{2}+\theta\right)=\cos\theta$,

$\cos\left(\frac{\pi}{2}+\theta\right)=-\sin\theta$, $\cos(\pi+\theta)=-\cos\theta$이므로

$$\frac{\cos\left(\frac{3}{2}\pi+\theta\right)}{1+\sin\left(\frac{\pi}{2}+\theta\right)}+\frac{\cos\left(\frac{\pi}{2}+\theta\right)}{1+\cos(\pi+\theta)}$$
$$=\frac{\sin\theta}{1+\cos\theta}+\frac{-\sin\theta}{1-\cos\theta}$$
$$=\frac{\sin\theta(1-\cos\theta)-\sin\theta(1+\cos\theta)}{(1+\cos\theta)(1-\cos\theta)}$$
$$=\frac{-2\sin\theta\cos\theta}{1-\cos^2\theta}$$
$$=\frac{-2\sin\theta\cos\theta}{\sin^2\theta}$$
$$=\frac{-2\cos\theta}{\sin\theta}=\frac{-2}{\tan\theta}=\frac{-2}{-\frac{1}{2}}=4$$

기본 다지기 262쪽~263쪽

1 (1) $\frac{\pi}{3}$ (2) $\frac{3}{4}\pi$ 2 $12\pi-9\sqrt{3}$ 3 4
4 (1) 2 (2) $\frac{3\sqrt{6}}{8}$ 5 ⑤ 6 $\frac{39}{16}$ 7 -7
8 ㄱ, ㄹ 9 $\frac{9}{10}$ 10 (1) $\frac{1}{\sin\theta}$ (2) $2\sin\theta\cos\theta$

1 (1) 두 각 θ와 7θ를 나타내는 동경이 일치하므로

$7\theta-\theta=2n\pi$, $6\theta=2n\pi$

$\therefore \theta=\frac{n}{3}\pi$ (n은 정수)

그런데 $0<\theta<\frac{\pi}{2}$이므로 $\theta=\frac{\pi}{3}$

(2) 두 각 θ와 5θ를 나타내는 동경이 일직선 위에 있고 방향이 반대이므로

$5\theta-\theta=2n\pi+\pi$, $4\theta=(2n+1)\pi$

$\therefore \theta=\frac{2n+1}{4}\pi$ (n은 정수)

그런데 $\frac{\pi}{2}<\theta<\pi$이므로 $\theta=\frac{3}{4}\pi$

보충 설명

문제의 조건을 만족시키는 각 θ는 θ의 값의 범위에 따라 여러 개가 나올 수도 있음에 주의한다.

2 부채꼴 AOB의 넓이는

$\frac{1}{2}\times6^2\times\frac{2}{3}\pi=12\pi$

삼각형 OAB의 넓이는

$\frac{1}{2}\times6^2\times\sin\left(\pi-\frac{2}{3}\pi\right)$

$=\frac{1}{2}\times36\times\sin\frac{\pi}{3}$

$=18\times\frac{\sqrt{3}}{2}$

$=9\sqrt{3}$

따라서 구하는 활꼴의 넓이는

$12\pi-9\sqrt{3}$

보충 설명

두 변의 길이가 a, b이고 그 끼인각의 크기가 θ인 삼각형의 넓이는

(i) $0<\theta\le\frac{\pi}{2}$일 때,

$\frac{1}{2}ab\sin\theta$

(ii) $\frac{\pi}{2}\le\theta<\pi$일 때,

$\frac{1}{2}ab\sin(\pi-\theta)=\frac{1}{2}ab\sin\theta$

(i), (ii)에서 삼각형의 넓이는 $\frac{1}{2}ab\sin\theta$

3 삼각형 OAB는 이등변삼각형이므로 점 O에서 현 AB에 내린 수선의 발을 M이라고 하면 선분 OM은 선분 AB를 수직이등분하므로

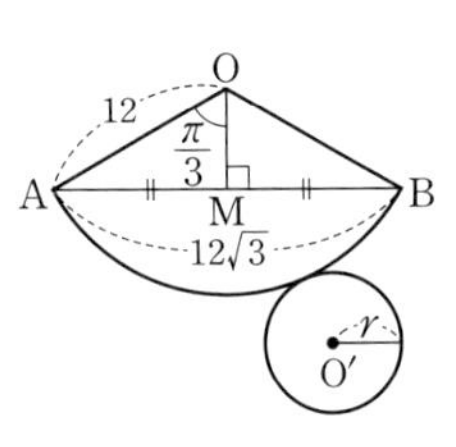

$\overline{AM}=6\sqrt{3}$

직각삼각형 OAM에서 삼각비에 의하여

$\angle AOM=\frac{\pi}{3}$

$\therefore \angle AOB=\frac{2}{3}\pi$

따라서 부채꼴 OAB의 호 AB의 길이는

$12\times\frac{2}{3}\pi=8\pi$

이때 부채꼴의 호의 길이는 원뿔의 밑면인 원 O′의 둘레의 길이와 같으므로 원 O′의 반지름의 길이를 r이라고 하면

$2\pi r=8\pi$

$\therefore r=4$

4 (1) $\sin\theta=-\frac{3}{5}$일 때,

$\cos^2\theta=1-\sin^2\theta$

$=1-\left(-\frac{3}{5}\right)^2=\frac{16}{25}$

이때 θ가 제3사분면의 각이므로

$\cos\theta=-\sqrt{\frac{16}{25}}=-\frac{4}{5}$

$\therefore\ \tan\theta=\frac{\sin\theta}{\cos\theta}=\frac{-\frac{3}{5}}{-\frac{4}{5}}=\frac{3}{4}$

$\therefore\ 5\cos\theta+8\tan\theta$

$=5\times\left(-\frac{4}{5}\right)+8\times\frac{3}{4}$

$=-4+6$

$=2$

(2) $\sin\theta\cos\theta=-\frac{1}{4}$이므로

$(\sin\theta-\cos\theta)^2$

$=\sin^2\theta-2\sin\theta\cos\theta+\cos^2\theta$

$=1-2\sin\theta\cos\theta$

$=1-2\times\left(-\frac{1}{4}\right)=\frac{3}{2}$

이때 θ가 제2사분면의 각이므로

$\sin\theta>0$, $\cos\theta<0$, 즉 $\sin\theta-\cos\theta>0$

$\therefore\ \sin\theta-\cos\theta=\sqrt{\frac{3}{2}}=\frac{\sqrt{6}}{2}$

$\therefore\ \sin^3\theta-\cos^3\theta$

$=(\sin\theta-\cos\theta)(\sin^2\theta+\sin\theta\cos\theta+\cos^2\theta)$

$=\frac{\sqrt{6}}{2}\times\left(1-\frac{1}{4}\right)$

$=\frac{3\sqrt{6}}{8}$

⊕ 보충 설명

$x^3-y^3=(x-y)(x^2+xy+y^2)$임을 이용하여
$\sin^3\theta-\cos^3\theta$
$=(\sin\theta-\cos\theta)(\sin^2\theta+\sin\theta\cos\theta+\cos^2\theta)$
$=(\sin\theta-\cos\theta)(1+\sin\theta\cos\theta)$
를 얻을 수 있다.

5 $\sin\theta+\cos\theta=a$의 양변을 제곱하면

$\sin^2\theta+2\sin\theta\cos\theta+\cos^2\theta=a^2$

$1+2\sin\theta\cos\theta=a^2$

$\therefore\ 2\sin\theta\cos\theta=a^2-1$

$\therefore\ (\sin\theta-\cos\theta)^2$

$=\sin^2\theta-2\sin\theta\cos\theta+\cos^2\theta$

$=1-2\sin\theta\cos\theta$

$=1-(a^2-1)$

$=2-a^2$

이때 θ가 제2사분면의 각이므로

$\sin\theta>0$, $\cos\theta<0$, 즉 $\sin\theta-\cos\theta>0$

$\therefore\ \sin\theta-\cos\theta=\sqrt{2-a^2}$

6 $\sin\theta+\cos\theta=\frac{1}{3}$의 양변을 제곱하면

$\sin^2\theta+2\sin\theta\cos\theta+\cos^2\theta=\frac{1}{9}$

$1+2\sin\theta\cos\theta=\frac{1}{9}$

$\therefore\ \sin\theta\cos\theta=-\frac{4}{9}$

$\therefore\ \frac{1}{\cos\theta}\left(\tan\theta+\frac{1}{\tan^2\theta}\right)$

$=\frac{1}{\cos\theta}\left(\frac{\sin\theta}{\cos\theta}+\frac{\cos^2\theta}{\sin^2\theta}\right)$

$=\frac{\sin^3\theta+\cos^3\theta}{\sin^2\theta\cos^2\theta}$

$=\frac{(\sin\theta+\cos\theta)(\sin^2\theta-\sin\theta\cos\theta+\cos^2\theta)}{\sin^2\theta\cos^2\theta}$

$=\frac{\frac{1}{3}\times\left\{1-\left(-\frac{4}{9}\right)\right\}}{\left(-\frac{4}{9}\right)^2}$

$=\frac{\frac{13}{27}}{\frac{16}{81}}=\frac{39}{16}$

7 $\sin\theta+\cos\theta=\frac{1}{2}$의 양변을 제곱하면

$\sin^2\theta+2\sin\theta\cos\theta+\cos^2\theta=\frac{1}{4}$

$1+2\sin\theta\cos\theta=\frac{1}{4}$

$\therefore\ \sin\theta\cos\theta=-\frac{3}{8}$

이차방정식 $x^2+ax+b=0$의 두 근이 $\sin\theta$, $\cos\theta$이므로 이차방정식의 근과 계수의 관계에 의하여

$\sin\theta+\cos\theta=-a=\frac{1}{2}$ $\quad\therefore\ a=-\frac{1}{2}$

$\sin\theta\cos\theta=b=-\frac{3}{8}$

$\therefore\ 8(a+b)=8\times\left(-\frac{1}{2}-\frac{3}{8}\right)=-7$

⊕보충 설명

$\sin\theta\pm\cos\theta=a$의 형태로 식이 주어졌을 때, 양변을 제곱한 후 $\sin^2\theta+\cos^2\theta=1$임을 이용하면 $\sin\theta\cos\theta$의 값을 구할 수 있다.

8 삼각함수의 성질에서

$\cos(\pi-\theta)=-\cos\theta$

ㄱ. $\sin\left(\frac{3}{2}\pi-\theta\right)=-\cos\theta$

ㄴ. $\cos(2\pi-\theta)=\cos(-\theta)=\cos\theta$

ㄷ. $\cos\left(\frac{3}{2}\pi+\theta\right)=\sin\theta$

ㄹ. $\cos(\pi+\theta)=-\cos\theta$

따라서 $\cos(\pi-\theta)$의 값과 항상 같은 것은 ㄱ, ㄹ이다.

9 $\sin(\pi-\theta)=\sin\theta=\frac{3}{5}$이므로

$\cos^2\theta=1-\sin^2\theta$

$=1-\left(\frac{3}{5}\right)^2=\frac{16}{25}$

이때 $\sin\theta>0$, $\tan\theta<0$에서 θ는 제2사분면의 각이므로

$\cos\theta=-\sqrt{\frac{16}{25}}=-\frac{4}{5}$

$\tan\theta=\frac{\sin\theta}{\cos\theta}=\frac{\frac{3}{5}}{-\frac{4}{5}}=-\frac{3}{4}$

$\sin(\pi+\theta)=-\sin\theta$, $\cos\left(\frac{\pi}{2}+\theta\right)=-\sin\theta$,

$\tan(\pi+\theta)=\tan\theta$이므로

$\left\{\sin(\pi+\theta)+\cos\left(\frac{\pi}{2}+\theta\right)\right\}\times\tan(\pi+\theta)$

$=(-\sin\theta-\sin\theta)\times\tan\theta$

$=-2\sin\theta\tan\theta$

$=-2\times\frac{3}{5}\times\left(-\frac{3}{4}\right)=\frac{9}{10}$

10 (1) $\cos\left(\frac{3}{2}\pi+\theta\right)=\sin\theta$,

$\sin\left(\frac{\pi}{2}-\theta\right)=\cos\theta$,

$\tan\left(\frac{3}{2}\pi-\theta\right)=\frac{1}{\tan\theta}$

$\therefore\ \frac{\cos\left(\frac{3}{2}\pi+\theta\right)}{1+\sin\left(\frac{\pi}{2}-\theta\right)}+\tan\left(\frac{3}{2}\pi-\theta\right)$

$=\frac{\sin\theta}{1+\cos\theta}+\frac{1}{\tan\theta}$

$=\frac{\sin\theta\tan\theta+(1+\cos\theta)}{(1+\cos\theta)\tan\theta}$

$=\frac{\sin\theta\times\frac{\sin\theta}{\cos\theta}+1+\cos\theta}{(1+\cos\theta)\times\frac{\sin\theta}{\cos\theta}}$

$=\frac{\sin^2\theta+\cos\theta+\cos^2\theta}{(1+\cos\theta)\sin\theta}$

$=\frac{1+\cos\theta}{(1+\cos\theta)\sin\theta}=\frac{1}{\sin\theta}$

(2) $\cos\left(\frac{\pi}{2}+\theta\right)=-\sin\theta$, $\tan\left(\frac{\pi}{2}-\theta\right)=\frac{1}{\tan\theta}$,

$\sin\left(\frac{3}{2}\pi+\theta\right)=-\cos\theta$, $\tan\left(\frac{3}{2}\pi-\theta\right)=\frac{1}{\tan\theta}$

$\therefore\ \cos^2\left(\frac{\pi}{2}+\theta\right)\tan\left(\frac{\pi}{2}-\theta\right)+\frac{\sin^2\left(\frac{3}{2}\pi+\theta\right)}{\tan\left(\frac{3}{2}\pi-\theta\right)}$

$=(-\sin\theta)^2\times\frac{1}{\tan\theta}+(-\cos\theta)^2\times\tan\theta$

$=\sin^2\theta\times\frac{\cos\theta}{\sin\theta}+\cos^2\theta\times\frac{\sin\theta}{\cos\theta}$

$=\sin\theta\cos\theta+\sin\theta\cos\theta$

$=2\sin\theta\cos\theta$

실력 다지기 264쪽～265쪽

11 ⑤ **12** ⑤ **13** 180° **14** 9 **15** 30π
16 $-\frac{1}{2}$ **17** $\frac{5}{6}$ **18** -1 **19** 3
20 (1) 3 (2) 8

11 **접근 방법** | 삼각형 ABC의 넓이와 부채꼴 BOC의 넓이가 같게 될 때의 θ에 대한 식을 구하는 것이므로

(삼각형 ABC의 넓이)=(부채꼴 BOC의 넓이)

라고 식을 세워서 정리한다.

주어진 반원의 반지름의 길이를 r이라고 하면

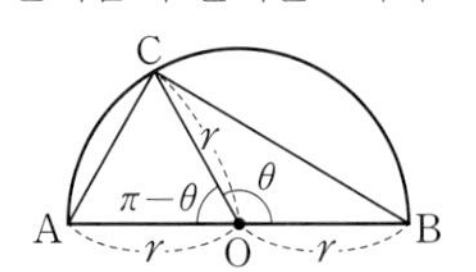

삼각형 ABC의 넓이는

$\triangle ABC = \triangle OBC + \triangle OAC$

$= \frac{1}{2}r^2 \sin\theta + \frac{1}{2}r^2 \sin(\pi-\theta)$

$= \frac{1}{2}r^2 \sin\theta + \frac{1}{2}r^2 \sin\theta$

$= r^2 \sin\theta$ ······ ㉠

부채꼴 BOC의 넓이는

$\frac{1}{2}r^2\theta$ ······ ㉡

㉠, ㉡이 같으므로

$r^2 \sin\theta = \frac{1}{2}r^2\theta \qquad \therefore \theta = 2\sin\theta$

➕보충 설명

$\triangle ABC = \triangle OBC + \triangle OAC$에서 두 삼각형 OBC, OAC의 두 변의 길이와 그 끼인각의 크기가 각각 주어져 있으므로 넓이를 구할 수 있다.

12 **접근 방법** | 도형 CAB의 넓이는 부채꼴 OBC의 넓이와 두 삼각형 OAB, OCA의 넓이의 합과 같다.

중심각의 크기는 원주각의 크기의 2배이므로

$\angle BOC = 2\angle CAB = 2\theta$

$\therefore \angle AOB = \angle AOC$

$= \frac{1}{2}(2\pi - 2\theta)$

$= \pi - \theta$

부채꼴 OBC의 넓이는

$\frac{1}{2} \times 1^2 \times 2\theta = \theta$

삼각형 OAB의 넓이는

$\frac{1}{2} \times 1^2 \times \sin(\pi-\theta) = \frac{1}{2}\sin\theta$

$\therefore$ (색칠한 도형의 넓이)

=(부채꼴 OBC의 넓이)$+\triangle OAB + \triangle OCA$

=(부채꼴 OBC의 넓이)$+2\triangle OAB$

$= \theta + 2 \times \frac{1}{2}\sin\theta$

$= \theta + \sin\theta$

원 O의 넓이는 $\pi \times 1^2 = \pi$

이때 색칠한 도형의 넓이가 원 O의 넓이의 $\frac{1}{2}$과 같으므로

$\theta + \sin\theta = \frac{\pi}{2} \qquad \therefore \sin\theta = \frac{\pi}{2} - \theta$

13 **접근 방법** | 두 각을 나타내는 동경이 x축에 대하여 대칭일 때, 두 각의 크기의 합은 $360° \times n$ (n은 정수)이 됨을 이용하여 각 θ의 크기를 구한다.

각 θ를 나타내는 동경과 각 11θ를 나타내는 동경이 x축에 대하여 대칭이므로

$\theta + 11\theta = 360° \times n$, $12\theta = 360° \times n$

$\therefore \theta = 30° \times n$ (단, n은 정수)

$0° < \theta < 180°$이므로

$\theta = 30°, 60°, 90°, 120°, 150°$

따라서 각 θ 중에서 크기가 최소인 것은 $30°$, 최대인 것은 $150°$이므로

$\alpha = 30°$, $\beta = 150°$

$\therefore \alpha + \beta = 30° + 150° = 180°$

➕보충 설명

두 각을 나타내는 동경이 y축에 대하여 대칭이면 두 각의 크기의 합은

$360° \times n + 180°$ (n은 정수)

가 됨을 기억해 둔다.

14 **접근 방법** | 부채꼴의 둘레의 길이는 반지름의 길이의 2배와 호의 길이의 합으로 구하고, 부채꼴에서 호의 길이와 넓이 사이의 관계식을 이용한다.

주어진 부채꼴의 호의 길이를 l이라고 하면 부채꼴의 둘레의 길이는 $2r+l$이므로

$2r + l = 8r$

$\therefore l = 6r$

이때 $l = r\theta$이므로 $r\theta = 6r$에서 $\theta = 6$

부채꼴의 넓이는

$\frac{1}{2}rl = \frac{1}{2}r \times 6r = 3r^2$

이므로

$3r^2 = 27$

$\therefore r^2 = 9$

그런데 $r > 0$이므로 $r = 3$

$\therefore r + \theta = 3 + 6 = 9$

15 **접근 방법** | 실의 한 끝을 고정하고 실을 팽팽하게 유지하면서 구의 표면을 따라 실의 나머지 한 끝을 돌리면 실 끝이 그리는 도형은 원이 된다. 구의 단면을 통하여 이 원의 반지름의 길이를 구해 본다.

오른쪽 그림과 같이 구의 표면 위에서 실의 나머지 한 끝이 놓인 지점을 M이라고 하면 구의 중심 O에 대하여

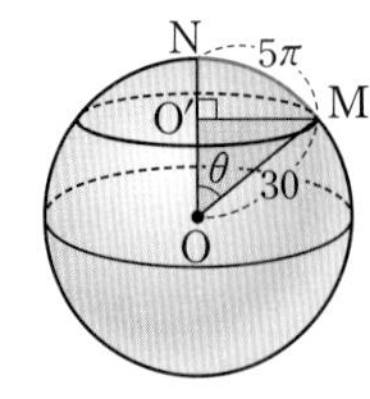

$\overline{ON}=\overline{OM}=30$

이고, 움직이는 점 M이 그리는 도형은 원이다.

$\angle NOM=\theta$라고 하면 부채꼴 NOM의 호 NM의 길이는 실의 길이 5π와 같으므로

$30\theta=5\pi$

$\therefore\ \theta=\dfrac{\pi}{6}$

이때 점 M이 그리는 원의 중심을 O'이라고 하면 $\overline{O'M}$의 길이는 직각삼각형 OO'M에서

$\overline{O'M}=\overline{OM}\times\sin\dfrac{\pi}{6}=30\times\dfrac{1}{2}=15$

따라서 점 M이 그리는 도형, 즉 반지름의 길이가 15인 원의 둘레의 길이는

$2\pi\times15=30\pi$

보충 설명

원의 반지름을 한 변으로 하는 직각삼각형을 찾아야 점 M이 그리는 원의 둘레의 길이를 구할 수 있다.

16

접근 방법 | 이차방정식의 근과 계수의 관계를 이용하여 삼각함수와 k에 대한 식을 세운다.

이차방정식 $x^2+x+k=0$의 두 근이 $\sin\theta+\cos\theta$, $\sin\theta-\cos\theta$이므로 이차방정식의 근과 계수의 관계에 의하여

$$\begin{aligned}(\sin\theta+\cos\theta)+(\sin\theta-\cos\theta)&=2\sin\theta\\&=-1\end{aligned}$$

$\therefore\ \sin\theta=-\dfrac{1}{2}$

$$\begin{aligned}\therefore\ k&=(\sin\theta+\cos\theta)(\sin\theta-\cos\theta)\\&=\sin^2\theta-\cos^2\theta\\&=\sin^2\theta-(1-\sin^2\theta)\\&=2\sin^2\theta-1\\&=2\times\left(-\frac{1}{2}\right)^2-1=-\frac{1}{2}\end{aligned}$$

17

접근 방법 | 이차방정식 $x^2-3x+1=0$의 양변을 x로 나누어 정리한 식 $x+\dfrac{1}{x}=3$에 주어진 근을 대입해 본다.

$x^2-3x+1=0$에서 $x+\dfrac{1}{x}=3$이므로

$$\frac{\cos\theta}{1+\sin\theta}+\frac{1+\sin\theta}{\cos\theta}=3$$

이때

$$\begin{aligned}\frac{\cos\theta}{1+\sin\theta}&=\frac{\cos\theta(1-\sin\theta)}{(1+\sin\theta)(1-\sin\theta)}\\&=\frac{\cos\theta(1-\sin\theta)}{1-\sin^2\theta}\\&=\frac{\cos\theta(1-\sin\theta)}{\cos^2\theta}\\&=\frac{1-\sin\theta}{\cos\theta}\end{aligned}$$

이므로

$\dfrac{1-\sin\theta}{\cos\theta}+\dfrac{1+\sin\theta}{\cos\theta}=3$, $\dfrac{2}{\cos\theta}=3$

$\therefore\ \cos\theta=\dfrac{2}{3}$

$$\begin{aligned}\therefore\ \sin\theta\times\tan\theta&=\sin\theta\times\frac{\sin\theta}{\cos\theta}\\&=\frac{\sin^2\theta}{\cos\theta}\\&=\frac{1-\cos^2\theta}{\cos\theta}\\&=\frac{1-\frac{4}{9}}{\frac{2}{3}}=\frac{5}{6}\end{aligned}$$

다른 풀이

이차방정식 $x^2-3x+1=0$의 한 근이 $\dfrac{\cos\theta}{1+\sin\theta}$이므로

$\left(\dfrac{\cos\theta}{1+\sin\theta}\right)^2-3\times\dfrac{\cos\theta}{1+\sin\theta}+1=0$

$\cos^2\theta-3\cos\theta(1+\sin\theta)+(1+\sin\theta)^2=0$

$3\sin\theta\cos\theta+3\cos\theta-2\sin\theta-2=0$

$3\cos\theta(\sin\theta+1)-2(\sin\theta+1)=0$

$(3\cos\theta-2)(\sin\theta+1)=0$

$\sin\theta+1\neq0$이므로 $3\cos\theta-2=0$

$\therefore\ \cos\theta=\dfrac{2}{3}$

18

접근 방법 | 점 P_0과 점 P_5, 점 P_1과 점 P_4, 점 P_2와 점 P_3, 점 P_6과 점 P_9, 점 P_7과 점 P_8이 각각 y축에 대하여 대칭임을 이용한다.

주어진 그림에서 점 P_0과 점 P_5, 점 P_1과 점 P_4, 점 P_2와 점 P_3, 점 P_6과 점 P_9, 점 P_7과 점 P_8이 각각 y축에 대하여 대칭이므로 이 점들의 x좌표는 절댓값이 같고 부호가 서로 반대이다.

이때 삼각함수의 정의에 의하여 점 P_1의 x좌표는 $\cos\theta$, 점 P_4의 x좌표는 $\cos 4\theta$이므로

$\cos\theta+\cos 4\theta=0$

마찬가지 방법으로

$\cos 2\theta+\cos 3\theta=0$, $\cos 6\theta+\cos 9\theta=0$,

$\cos 7\theta+\cos 8\theta=0$이므로

$\cos\theta+\cos 2\theta+\cos 3\theta+\cdots+\cos 9\theta=\cos 5\theta$

$10\theta=2\pi$에서 $5\theta=\pi$이므로

$\cos 5\theta=\cos\pi=-1$

다른 풀이

$10\theta=2\pi$이므로

$\cos 6\theta=\cos(2\pi-4\theta)=\cos 4\theta$,

$\cos 7\theta=\cos(2\pi-3\theta)=\cos 3\theta$,

$\cos 8\theta=\cos(2\pi-2\theta)=\cos 2\theta$,

$\cos 9\theta=\cos(2\pi-\theta)=\cos\theta$

한편, $10\theta=2\pi$에서 $5\theta=\pi$이므로

$3\theta=\pi-2\theta$, $4\theta=\pi-\theta$

$\therefore \cos\theta+\cos 2\theta+\cos 3\theta+\cdots+\cos 9\theta$

$=2(\cos\theta+\cos 2\theta+\cos 3\theta+\cos 4\theta)+\cos 5\theta$

$=2\{\cos\theta+\cos 2\theta+\cos(\pi-2\theta)+\cos(\pi-\theta)\}+\cos 5\theta$

$=2(\cos\theta+\cos 2\theta-\cos 2\theta-\cos\theta)+\cos 5\theta$

$=\cos 5\theta=\cos\pi$

$=-1$

⊕보충 설명

$10\theta=2\pi$이므로 $\theta=\frac{\pi}{5}$는 특수각이 아니다. 따라서 각각의 삼각함수의 값을 직접 구할 수 없으므로 삼각함수의 정의와 점의 대칭성을 이용하여 풀어야 한다.

19 **접근 방법** | 조건을 만족시키는 각 θ의 값을 정하고, 삼각함수의 성질에 따라 구하고자 하는 값을 간단히 하여 구한다.

(가)에서 $7\theta-\theta=2n\pi$, $6\theta=2n\pi$

$\therefore \theta=\frac{n}{3}\pi$ (n은 정수)

이때 $0<\theta<2\pi$이므로

$\theta=\frac{\pi}{3}, \frac{2}{3}\pi, \pi, \frac{4}{3}\pi, \frac{5}{3}\pi$

(나)에서 $\sin\theta<0$, $\cos\theta>0$이므로 θ는 제4사분면의 각이다.

$\therefore \frac{3}{2}\pi<\theta<2\pi$

즉, 조건을 만족시키는 각 θ의 값은 $\theta=\frac{5}{3}\pi$

$\sin(\theta-\pi)=-\sin(\pi-\theta)=-\sin\theta$,

$\cos\left(\frac{3}{2}\pi-\theta\right)=-\sin\theta$,

$\tan\left(\frac{\pi}{2}+\theta\right)=-\frac{1}{\tan\theta}$이므로

$$\frac{\sin(\theta-\pi)+\cos\left(\frac{3}{2}\pi-\theta\right)}{\tan\left(\frac{\pi}{2}+\theta\right)}$$

$=(-\sin\theta-\sin\theta)\times(-\tan\theta)=2\sin\theta\tan\theta$

$\sin\frac{5}{3}\pi=\sin\left(2\pi-\frac{\pi}{3}\right)=-\sin\frac{\pi}{3}=-\frac{\sqrt{3}}{2}$,

$\tan\frac{5}{3}\pi=\tan\left(2\pi-\frac{\pi}{3}\right)=-\tan\frac{\pi}{3}=-\sqrt{3}$

$$\therefore \frac{\sin(\theta-\pi)+\cos\left(\frac{3}{2}\pi-\theta\right)}{\tan\left(\frac{\pi}{2}+\theta\right)}$$

$=2\sin\theta\tan\theta=2\sin\frac{5}{3}\pi\tan\frac{5}{3}\pi$

$=2\times\left(-\frac{\sqrt{3}}{2}\right)\times(-\sqrt{3})=3$

다른 풀이

$\theta=\frac{5}{3}\pi$이므로

$$\frac{\sin(\theta-\pi)+\cos\left(\frac{3}{2}\pi-\theta\right)}{\tan\left(\frac{\pi}{2}+\theta\right)}$$

$$=\frac{\sin\frac{2}{3}\pi+\cos\left(-\frac{\pi}{6}\right)}{\tan\frac{13}{6}\pi}=\frac{\sin\left(\pi-\frac{\pi}{3}\right)+\cos\frac{\pi}{6}}{\tan\left(2\pi+\frac{\pi}{6}\right)}$$

$$=\frac{\sin\frac{\pi}{3}+\cos\frac{\pi}{6}}{\tan\frac{\pi}{6}}=\frac{\frac{\sqrt{3}}{2}+\frac{\sqrt{3}}{2}}{\frac{\sqrt{3}}{3}}=\frac{\sqrt{3}}{\frac{\sqrt{3}}{3}}=3$$

20 **접근 방법** | 주어진 식이 각각 $\sin^2\theta$, $\cos^2\theta$의 합의 꼴로 이루어져 있으므로

$\sin\left(\frac{\pi}{2}+\theta\right)=\cos\theta$, $\cos\left(\frac{\pi}{2}+\theta\right)=-\sin\theta$

임을 이용하여 $\sin^2\theta+\cos^2\theta$의 꼴을 만든다.

(1) $\cos\frac{7}{8}\pi=\cos\left(\frac{\pi}{2}+\frac{3}{8}\pi\right)=-\sin\frac{3}{8}\pi$

$\cos\frac{6}{8}\pi=\cos\left(\frac{\pi}{2}+\frac{2}{8}\pi\right)=-\sin\frac{2}{8}\pi$

$\cos\frac{5}{8}\pi=\cos\left(\frac{\pi}{2}+\frac{\pi}{8}\right)=-\sin\frac{\pi}{8}$

$\cos\frac{4}{8}\pi=\cos\frac{\pi}{2}=0$

$\therefore \cos^2\frac{\pi}{8}+\cos^2\frac{2}{8}\pi+\cos^2\frac{3}{8}\pi+\cdots+\cos^2\frac{7}{8}\pi$

$=\left(\cos^2\frac{\pi}{8}+\cos^2\frac{2}{8}\pi+\cos^2\frac{3}{8}\pi\right)+\cos^2\frac{4}{8}\pi$

$+\left(\cos^2\frac{5}{8}\pi+\cos^2\frac{6}{8}\pi+\cos^2\frac{7}{8}\pi\right)$

$=\left(\cos^2\frac{\pi}{8}+\cos^2\frac{2}{8}\pi+\cos^2\frac{3}{8}\pi\right)+0$

$+\left(\sin^2\frac{\pi}{8}+\sin^2\frac{2}{8}\pi+\sin^2\frac{3}{8}\pi\right)$

$=\left(\cos^2\frac{\pi}{8}+\sin^2\frac{\pi}{8}\right)+\left(\cos^2\frac{2}{8}\pi+\sin^2\frac{2}{8}\pi\right)$

$+\left(\cos^2\frac{3}{8}\pi+\sin^2\frac{3}{8}\pi\right)$

$=1+1+1=3$

(2) $\sin\frac{15}{16}\pi=\sin\left(\frac{\pi}{2}+\frac{7}{16}\pi\right)=\cos\frac{7}{16}\pi$

$\sin\frac{14}{16}\pi=\sin\left(\frac{\pi}{2}+\frac{6}{16}\pi\right)=\cos\frac{6}{16}\pi$

$\vdots$

$\sin\frac{9}{16}\pi=\sin\left(\frac{\pi}{2}+\frac{\pi}{16}\right)=\cos\frac{\pi}{16}$

$\sin\frac{8}{16}\pi=\sin\frac{\pi}{2}=1$

$\therefore \sin^2\frac{\pi}{16}+\sin^2\frac{2}{16}\pi+\sin^2\frac{3}{16}\pi+\cdots$

$+\sin^2\frac{15}{16}\pi$

$=\left(\sin^2\frac{\pi}{16}+\sin^2\frac{2}{16}\pi+\cdots+\sin^2\frac{7}{16}\pi\right)$

$+\sin^2\frac{8}{16}\pi$

$+\left(\sin^2\frac{9}{16}\pi+\sin^2\frac{10}{16}\pi+\cdots+\sin^2\frac{15}{16}\pi\right)$

$=\left(\sin^2\frac{\pi}{16}+\sin^2\frac{2}{16}\pi+\cdots+\sin^2\frac{7}{16}\pi\right)+1$

$+\left(\cos^2\frac{\pi}{16}+\cos^2\frac{2}{16}\pi+\cdots+\cos^2\frac{7}{16}\pi\right)$

$=\left(\sin^2\frac{\pi}{16}+\cos^2\frac{\pi}{16}\right)$

$+\left(\sin^2\frac{2}{16}\pi+\cos^2\frac{2}{16}\pi\right)+\cdots$

$+\left(\sin^2\frac{7}{16}\pi+\cos^2\frac{7}{16}\pi\right)+1$

$=\underbrace{1+1+\cdots+1}_{7개}+1=8$

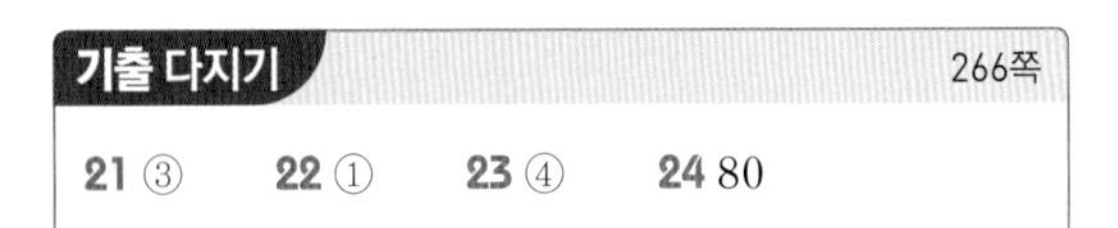

21 **접근 방법** | 삼각함수의 정의를 이용하여 $\cos\theta$의 값을 정하고, $\sin\left(\frac{3}{2}\pi+\theta\right)=-\cos\theta$임을 이용한다.

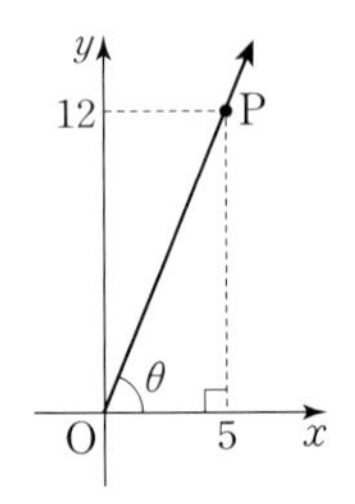

오른쪽 그림과 같이 원점 O와 점 P(5, 12)를 지나는 동경 OP가 나타내는 각 θ에 대하여

$\overline{OP}=\sqrt{5^2+12^2}=13$

이므로 $\cos\theta=\frac{5}{13}$

$\therefore \sin\left(\frac{3}{2}\pi+\theta\right)=-\cos\theta=-\frac{5}{13}$

22 **접근 방법** | 삼각함수의 정의와 삼각함수 사이의 관계를 이용하여 주어진 삼각함수의 값을 구하도록 한다.

$\tan\theta-\frac{6}{\tan\theta}=1$의 양변에 $\tan\theta$를 곱하면

$\tan^2\theta-6=\tan\theta$, $\tan^2\theta-\tan\theta-6=0$

$(\tan\theta+2)(\tan\theta-3)=0$

$\therefore \tan\theta=-2$ 또는 $\tan\theta=3$

이때 $\pi<\theta<\frac{3}{2}\pi$에서 $\tan\theta>0$이므로

$\tan\theta=3$

이때 $\frac{\sin\theta}{\cos\theta}=3$에서 $\sin\theta=3\cos\theta$이므로

$\sin^2\theta+\cos^2\theta=1$에 대입하면

$9\cos^2\theta+\cos^2\theta=1$, $10\cos^2\theta=1$

$\therefore \cos\theta=\frac{1}{\sqrt{10}}$ 또는 $\cos\theta=-\frac{1}{\sqrt{10}}$

이때 $\pi<\theta<\frac{3}{2}\pi$에서 $\cos\theta<0$이므로

$\cos\theta=-\frac{1}{\sqrt{10}}$

이 값을 $\sin\theta=3\cos\theta$에 대입하면

$\sin\theta=-\frac{3}{\sqrt{10}}$

$\therefore \sin\theta+\cos\theta=-\frac{3}{\sqrt{10}}+\left(-\frac{1}{\sqrt{10}}\right)$

$=-\frac{4}{\sqrt{10}}=-\frac{2\sqrt{10}}{5}$

23 **접근 방법** | 주어진 도형에서 두 부채꼴의 넓이의 차를 이용하여 구하고자 하는 도형의 넓이를 구하도록 한다.

원 O'에서 중심각의 크기가 $2\pi-\frac{5}{6}\pi=\frac{7}{6}\pi$인 부채꼴 $AO'B$의 넓이를 T_1, 원 O에서 중심각의 크기가 $\frac{5}{6}\pi$인 부채꼴 AOB의 넓이를 T_2라고 하면

$$S_1=T_1+S_2-T_2$$
$$=\left(\frac{1}{2}\times3^2\times\frac{7}{6}\pi\right)+S_2-\left(\frac{1}{2}\times3^2\times\frac{5}{6}\pi\right)$$
$$=\frac{3}{2}\pi+S_2$$

$\therefore S_1-S_2=\frac{3}{2}\pi$

24 **접근 방법** | 좌표평면 위에 세 동경 OP, OQ, OR을 각각 나타내고, 삼각함수의 정의를 이용하여 삼각함수의 값을 정하도록 한다.

원점 O를 중심으로 하고 반지름의 길이가 3인 원이 세 동경 OP, OQ, OR과 만나는 점을 각각 A, B, C라고 하자.

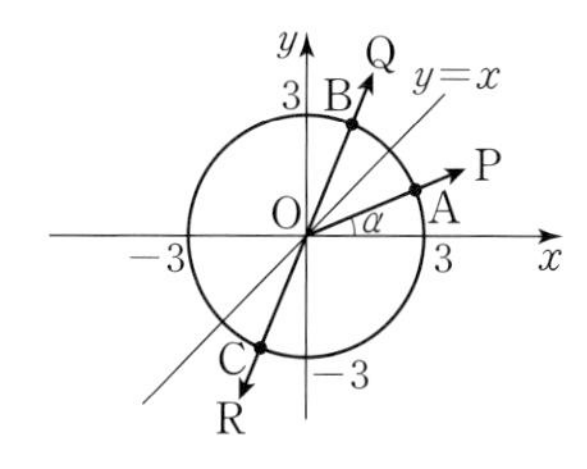

점 P가 제1사분면 위에 있고, $\sin\alpha=\frac{1}{3}$이므로

$A(2\sqrt{2},\ 1)$

점 Q가 점 P와 직선 $y=x$에 대하여 대칭이므로 동경 OQ도 동경 OP와 직선 $y=x$에 대하여 대칭이다.

$\therefore B(1,\ 2\sqrt{2})$

점 R이 점 Q와 원점에 대하여 대칭이므로 동경 OR도 동경 OQ와 원점에 대하여 대칭이다.

$\therefore C(-1,\ -2\sqrt{2})$

삼각함수의 정의에 의하여

$\sin\beta=\frac{2\sqrt{2}}{3}$, $\tan\gamma=\frac{-2\sqrt{2}}{-1}=2\sqrt{2}$

$\therefore 9(\sin^2\beta+\tan^2\gamma)=9\times\left(\frac{8}{9}+8\right)=80$

07. 삼각함수의 그래프

개념 콕콕 1 삼각함수의 그래프 279쪽

1 답 그래프는 풀이 참조

(1) 치역 : $\{y|-3\le y\le3\}$, 주기 : 2π

(2) 치역 : $\{y|-1\le y\le3\}$, 주기 : 2π

(3) 치역 : $\{y|-2\le y\le2\}$, 주기 : 4π

(4) 치역 : $\{y|-1\le y\le1\}$, 주기 : π

(1) $-1\le\sin x\le1$에서 $-3\le3\sin x\le3$이므로 함수 $y=3\sin x$의 치역은 $\{y|-3\le y\le3\}$, 주기는 2π이고, 그래프는 다음 그림과 같다.

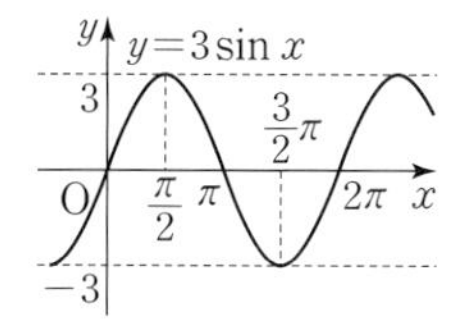

(2) $-1\le\cos x\le1$에서 $-1\le-2\cos x+1\le3$이므로 함수 $y=-2\cos x+1$의 치역은 $\{y|-1\le y\le3\}$, 주기는 2π이고, 그래프는 다음 그림과 같다.

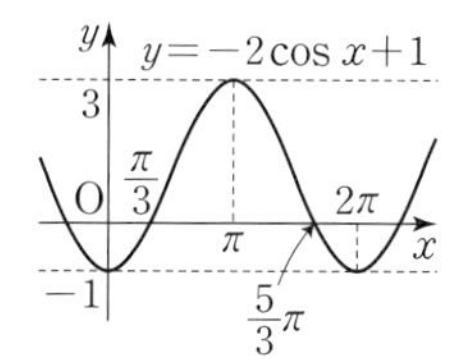

(3) $-1\le\sin\frac{x}{2}\le1$에서 $-2\le2\sin\frac{x}{2}\le2$이므로 함수 $y=2\sin\frac{x}{2}$의 치역은 $\{y|-2\le y\le2\}$, 주기는 $\frac{2\pi}{\left|\frac{1}{2}\right|}=4\pi$이고, 그래프는 다음 그림과 같다.

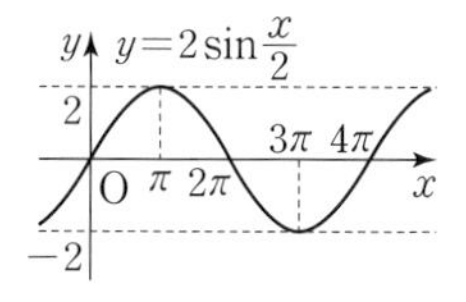

(4) 함수 $y=\cos\left(2x+\frac{\pi}{2}\right)=\cos2\left(x+\frac{\pi}{4}\right)$에서 치역은 $\{y|-1\le y\le1\}$, 주기는 $\frac{2\pi}{|2|}=\pi$이고, 그 그래프는 함수 $y=\cos2x$의 그래프를 x축의 방향으로 $-\frac{\pi}{4}$만큼 평행이동한 것이므로 다음 그림과 같다.

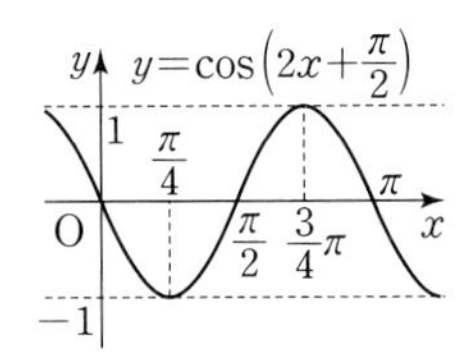

2 답 (가) $\frac{\pi}{2}$ (나) $y=-\cos x$

함수 $y=\sin\left(x-\frac{\pi}{2}\right)$의 그래프는 함수 $y=\sin x$의 그래프를 x축의 방향으로 (가) $\frac{\pi}{2}$ 만큼 평행이동한 것이다.

또한 $\sin\left(x-\frac{\pi}{2}\right)=-\cos x$이므로 함수

$y=\sin\left(x-\frac{\pi}{2}\right)$의 그래프는 함수 (나) $y=-\cos x$ 의 그래프와 일치한다.

3 답 $b<a<c$

함수 $y=3\sin 2x$의 주기는 $\frac{2\pi}{|2|}=\pi$이므로

$a=\pi$

함수 $y=\frac{1}{2}\cos 3x$의 주기는 $\frac{2\pi}{|3|}=\frac{2}{3}\pi$이므로

$b=\frac{2}{3}\pi$

함수 $y=2\tan\frac{1}{2}x$의 주기는 $\frac{\pi}{\left|\frac{1}{2}\right|}=2\pi$이므로

$c=2\pi$

$\therefore b<a<c$

4 답 (1) 최댓값 : 1, 최솟값 : −1, 주기 : π

(2) 최댓값 : 3, 최솟값 : −1, 주기 : $\frac{\pi}{2}$

(3) 최댓값 : 없다., 최솟값 : 없다., 주기 : $\frac{\pi}{3}$

(1) $y=\sin\left(2x+\frac{\pi}{3}\right)$에서

최댓값은 1, 최솟값은 −1, 주기는 $\frac{2\pi}{2}=\pi$

(2) $y=2\cos\left(4x+\frac{\pi}{3}\right)+1$에서

최댓값은 $2+1=3$, 최솟값은 $-2+1=-1$,

주기는 $\frac{2\pi}{4}=\frac{\pi}{2}$

(3) $y=\tan 3x-1$에서

최댓값과 최솟값은 없고, 주기는 $\frac{\pi}{3}$

예제 01 삼각함수의 그래프 281쪽

01-1 답 풀이 참조

(1) 함수 $y=\frac{1}{2}\sin x$의 그래프는 함수 $y=\sin x$의 그래프를 x축을 기준으로 y축의 방향으로 $\frac{1}{2}$배 한 것이다.

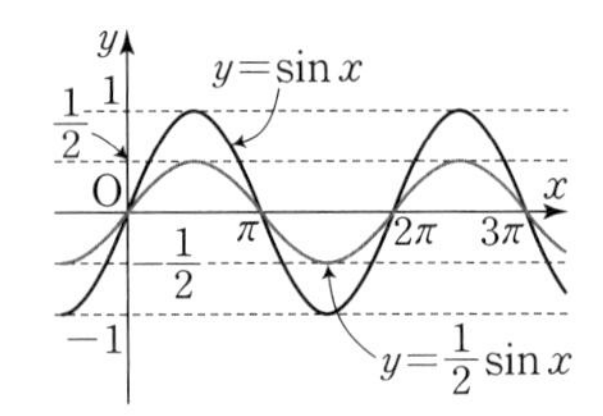

따라서 그래프는 위의 그림과 같고, 최댓값은 $\frac{1}{2}$, 최솟값은 $-\frac{1}{2}$, 주기는 2π이다.

(2) 함수 $y=\cos\frac{1}{3}x$의 그래프는 함수 $y=\cos x$의 그래프를 y축을 기준으로 x축의 방향으로 3배 한 것이다.

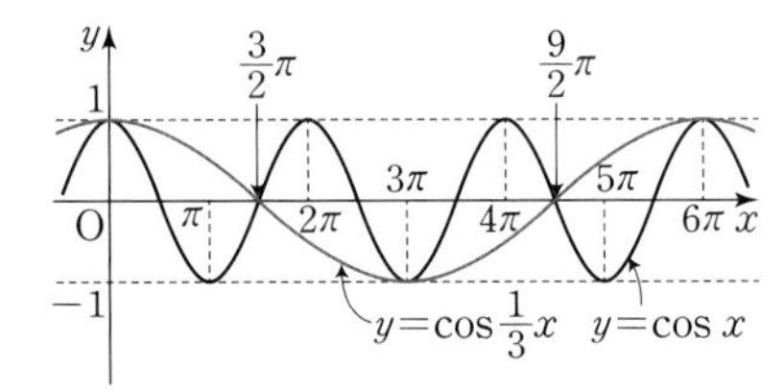

따라서 그래프는 위의 그림과 같고, 최댓값은 1, 최솟값은 −1, 주기는 6π이다.

(3) 함수 $y=\frac{1}{3}\tan 4x$의 그래프는 함수 $y=\tan x$의 그래프를 y축을 기준으로 x축의 방향으로 $\frac{1}{4}$배, x축을 기준으로 y축의 방향으로 $\frac{1}{3}$배 한 것이다.

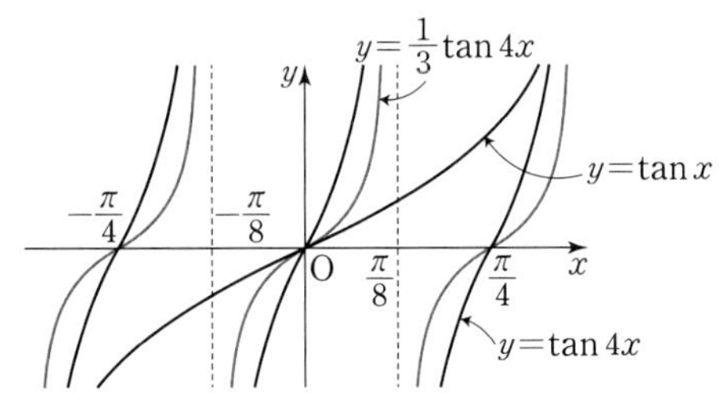

따라서 그래프는 위의 그림과 같고, 최댓값과 최솟값은 없고, 주기는 $\frac{\pi}{4}$이다.

01-2 답 (1) $a=3$, $b=2$ (2) $a=-5$, $b=4$

(3) $\frac{5}{4}$

(1) 함수 $y=a\cos bx$의 최댓값이 3이고 $a>0$이므로

$a=3$

주기가 π이고 $b>0$이므로

$\frac{2\pi}{b}=\pi$에서 $b=2$

(2) 함수 $y=a\sin bx$의 최솟값이 -5이고 $a<0$이므로

$a=-5$

주기가 $\frac{\pi}{2}$이고 $b>0$이므로

$\frac{2\pi}{b}=\frac{\pi}{2}$에서 $b=4$

(3) 함수 $y=2\tan\left(\pi x+\frac{\pi}{4}\right)$의 주기는 $\frac{\pi}{\pi}=1$이므로

$a=1$

점근선의 방정식은 $\pi x+\frac{\pi}{4}=n\pi+\frac{\pi}{2}$ (n은 정수)

에서 $x=n+\frac{1}{4}$이므로

$b=\frac{1}{4}$

$\therefore\ a+b=1+\frac{1}{4}=\frac{5}{4}$

01-3 답 풀이 참조

(1) $y=|\sin x|$에서

$\sin x\geq 0$일 때, $y=\sin x$

$\sin x<0$일 때, $y=-\sin x$

즉, 함수 $y=|\sin x|$의 그래프는 함수 $y=\sin x$의 그래프에서 x축의 아래에 있는 부분을 x축에 대하여 대칭이동한 그래프이다.

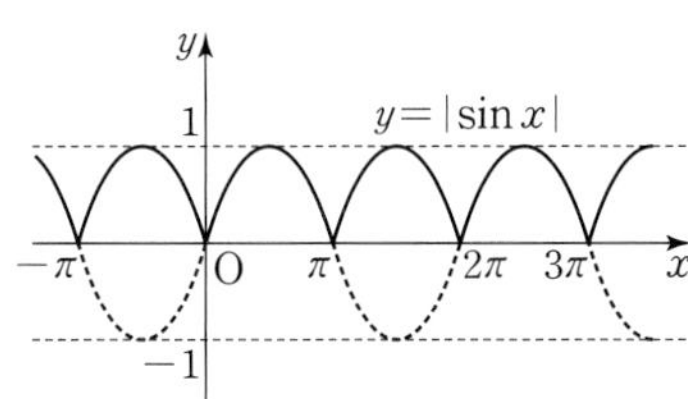

따라서 그래프는 위의 그림과 같고, 최댓값은 1, 최솟값은 0, 주기는 π이다.

(2) $y=\cos|x|$

$=\begin{cases}\cos x & (x\geq 0)\\ \cos(-x) & (x<0)\end{cases}$

$=\cos x$ ($\because \cos(-x)=\cos x$)

즉, 함수 $y=\cos|x|$의 그래프는 함수 $y=\cos x$의 그래프와 일치한다.

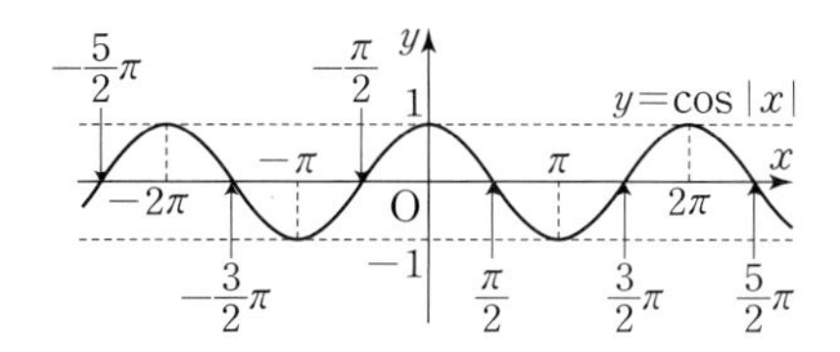

따라서 그래프는 위의 그림과 같고, 최댓값은 1, 최솟값은 -1, 주기는 2π이다.

(3) $y=|\tan 2x|$에서

$\tan 2x\geq 0$일 때, $y=\tan 2x$

$\tan 2x<0$일 때, $y=-\tan 2x$

즉, 함수 $y=|\tan 2x|$의 그래프는 함수 $y=\tan 2x$의 그래프에서 x축의 아래에 있는 부분을 x축에 대하여 대칭이동한 그래프이다.

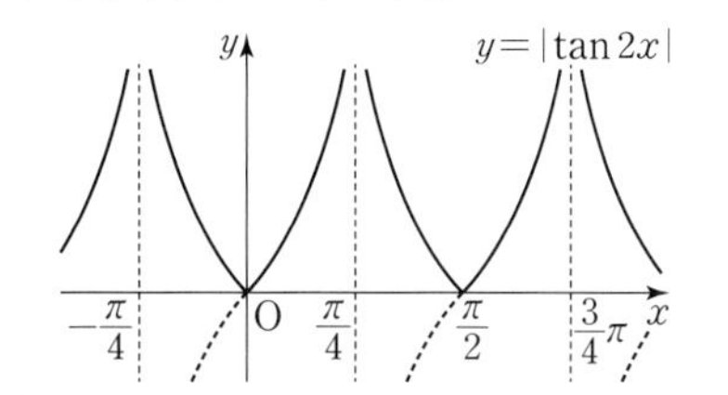

따라서 그래프는 위의 그림과 같고, 최댓값은 없고, 최솟값은 0, 주기는 $\frac{\pi}{2}$이다.

예제 02 삼각함수의 그래프의 평행이동 283쪽

02-1 답 풀이 참조

(1) $y=2\cos\left(\frac{1}{2}x-\frac{\pi}{2}\right)-1=2\cos\frac{1}{2}(x-\pi)-1$이므로 함수 $y=2\cos\left(\frac{1}{2}x-\frac{\pi}{2}\right)-1$의 그래프는 함수 $y=2\cos\frac{1}{2}x$의 그래프를 x축의 방향으로 π만큼, y축의 방향으로 -1만큼 평행이동한 것이다.

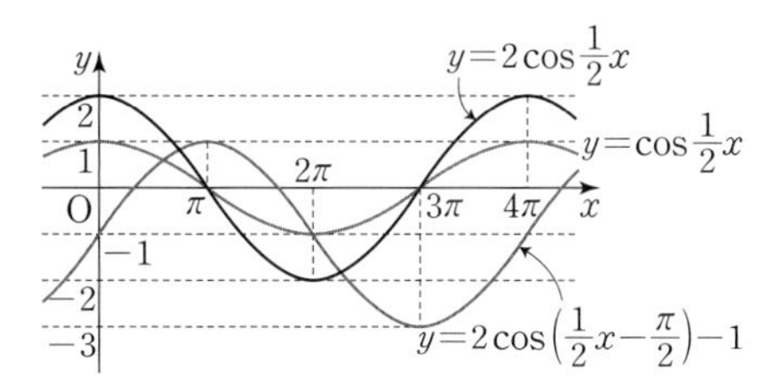

따라서 그래프는 위의 그림과 같고, 최댓값은 1, 최솟값은 -3, 주기는 4π이다.

(2) $y=\tan\left(2x+\frac{\pi}{2}\right)=\tan 2\left(x+\frac{\pi}{4}\right)$이므로 함수 $y=\tan\left(2x+\frac{\pi}{2}\right)$의 그래프는 함수 $y=\tan 2x$의

그래프를 x축의 방향으로 $-\frac{\pi}{4}$만큼 평행이동한 것이다.

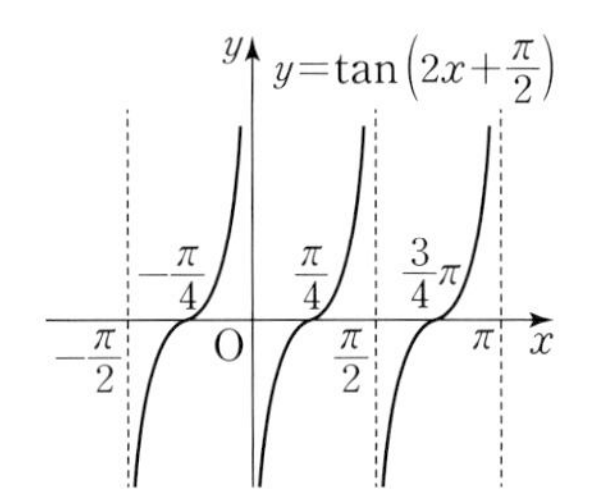

따라서 그래프는 위의 그림과 같고, 최댓값과 최솟값은 없고, 주기는 $\frac{\pi}{2}$이다.

02-2 답 (1) $\frac{\pi}{2}$, π (2) $\frac{\pi}{2}$, 1, 4π

(1) $y=3\sin(2x-\pi)=3\sin 2\left(x-\frac{\pi}{2}\right)$이므로 함수 $y=3\sin(2x-\pi)$의 그래프는 함수 $y=3\sin 2x$의 그래프를 x축의 방향으로 $\boxed{\frac{\pi}{2}}$만큼 평행이동한 것이고, 주기는 $\frac{2\pi}{2}=\boxed{\pi}$이다.

(2) $y=2\cos\left(\frac{x}{2}-\frac{\pi}{4}\right)+1=2\cos\frac{1}{2}\left(x-\frac{\pi}{2}\right)+1$이므로 함수 $y=2\cos\left(\frac{x}{2}-\frac{\pi}{4}\right)+1$의 그래프는 함수 $y=2\cos\frac{x}{2}$의 그래프를 x축의 방향으로 $\boxed{\frac{\pi}{2}}$만큼, y축의 방향으로 $\boxed{1}$만큼 평행이동한 것이고, 주기는 $\frac{2\pi}{\left|\frac{1}{2}\right|}=\boxed{4\pi}$이다.

02-3 답 ㄱ, ㄴ, ㄷ

ㄱ. 함수 $f(x)=3\cos\left(2x-\frac{\pi}{3}\right)+1$의 주기는 $\frac{2\pi}{|2|}=\pi$이므로 임의의 실수 x에 대하여 $f(x+\pi)=f(x)$가 성립한다. (참)

ㄴ. 함수 $f(x)=3\cos\left(2x-\frac{\pi}{3}\right)+1$의 최댓값은 $3+1=4$, 최솟값은 $-3+1=-2$이다. (참)

ㄷ. $f\left(\frac{\pi}{6}-x\right)=3\cos\left\{2\left(\frac{\pi}{6}-x\right)-\frac{\pi}{3}\right\}+1$
$=3\cos\left(\frac{\pi}{3}-2x-\frac{\pi}{3}\right)+1$
$=3\cos(-2x)+1$
$=3\cos 2x+1$

$f\left(\frac{\pi}{6}+x\right)=3\cos\left\{2\left(\frac{\pi}{6}+x\right)-\frac{\pi}{3}\right\}+1$
$=3\cos\left(\frac{\pi}{3}+2x-\frac{\pi}{3}\right)+1$
$=3\cos 2x+1$

즉, $f\left(\frac{\pi}{6}-x\right)=f\left(\frac{\pi}{6}+x\right)$이므로 함수 $y=f(x)$의 그래프는 직선 $x=\frac{\pi}{6}$에 대하여 대칭이다. (참)

따라서 옳은 것은 ㄱ, ㄴ, ㄷ이다.

⊕ 보충 설명

함수 $f(x)$가 모든 실수 x에 대하여 $f(a-x)=f(a+x)$를 만족시키면 함수 $y=f(x)$의 그래프는 직선 $x=a$에 대하여 대칭이다.

예제 03 미정계수의 결정 285쪽

03-1 답 $a=4$, $b=2$, $c=-\frac{\pi}{3}$

주어진 그래프에서 함수 $y=a\cos(bx+c)$의 최댓값이 4, 최솟값이 -4이므로

$|a|=4$ $\quad\therefore a=4\ (\because a>0)$

주기가 π이므로 ← 그래프에서 $\frac{2}{3}\pi-\left(-\frac{\pi}{3}\right)=\pi$가 주기이다.

$\frac{2\pi}{|b|}=\pi$ $\quad\therefore b=2\ (\because b>0)$

따라서 주어진 함수의 식은 $y=4\cos(2x+c)$이고, 이 그래프는 점 $\left(\frac{\pi}{6}, 4\right)$를 지나므로

$4=4\cos\left(\frac{\pi}{3}+c\right)$, 즉 $\cos\left(\frac{\pi}{3}+c\right)=1$

$\therefore c=-\frac{\pi}{3}\ (\because -\pi<c\le\pi)$

03-2 답 (1) 6 (2) 7

(1) 함수 $f(x)=a\sin bx+c$의 최댓값이 4, 최솟값이 -2이므로

$|a|+c=4$, $-|a|+c=-2$

$\therefore a+c=4$, $-a+c=-2\ (\because a>0)$

위의 식을 연립하여 풀면

$a=3$, $c=1$

또한 $f(x)$의 주기가 π이므로

$\frac{2\pi}{|b|}=\pi$ $\quad\therefore b=2\ (\because b>0)$

$\therefore abc=3\times2\times1=6$

(2) 함수 $f(x)=a\cos bx+c$의 최댓값이 3, 최솟값이 -1이므로

$|a|+c=3$, $-|a|+c=-1$

$\therefore a+c=3$, $-a+c=-1$ ($\because a>0$)

위의 식을 연립하여 풀면

$a=2$, $c=1$

또한 $f(x)$의 주기가 $\frac{\pi}{2}$이므로

$\frac{2\pi}{|b|}=\frac{\pi}{2}$ $\therefore b=4$ ($\because b>0$)

$\therefore a+b+c=2+4+1=7$

03-3 답 -4π

주어진 그래프에서 함수 $y=a\cos(bx-c)+d$의 최댓값이 1, 최솟값이 -3이므로

$|a|+d=1$, $-|a|+d=-3$

$\therefore a+d=1$, $-a+d=-3$ ($\because a>0$)

위의 식을 연립하여 풀면

$a=2$, $d=-1$

주기가 π이므로 ← 그래프에서 $\frac{\pi}{2}-0=\frac{\pi}{2}$가 주기의 절반이다.

$\frac{2\pi}{|b|}=\pi$ $\therefore b=2$ ($\because b>0$)

따라서 주어진 함수의 식은 $y=2\cos(2x-c)-1$이고, 이 그래프는 점 $\left(\frac{\pi}{2}, 1\right)$을 지나므로

$1=2\cos(\pi-c)-1$, 즉 $\cos(\pi-c)=1$

$\therefore c=\pi$ ($\because 0<c\le\pi$)

$\therefore abcd=2\times2\times\pi\times(-1)=-4\pi$

예제 04 두 삼각함수의 그래프의 교점 287쪽

04-1 답 (1) 5 (2) 6

(1) 두 함수 $y=\sin 2x$, $y=\sin 3x$의 최댓값은 모두 1, 최솟값은 모두 -1이고, 주기는 각각 π, $\frac{2}{3}\pi$이므로 $0<x<2\pi$에서 두 함수 $y=\sin 2x$, $y=\sin 3x$의 그래프는 다음 그림과 같다.

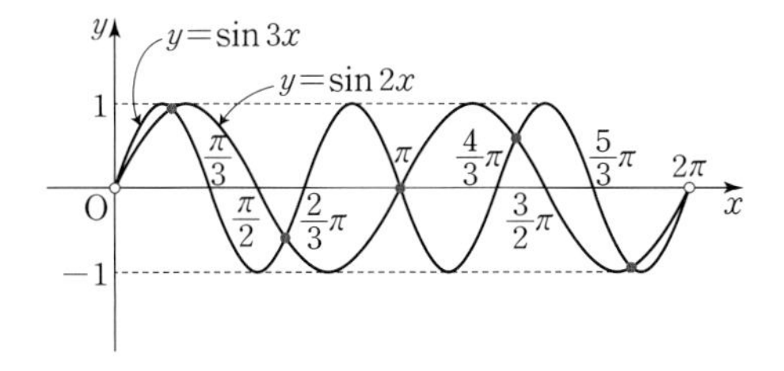

따라서 두 함수의 그래프의 교점의 개수는 5이다.

(2) 두 함수 $y=\cos x$, $y=\cos 4x$의 최댓값은 모두 1, 최솟값은 모두 -1이고, 주기는 각각 2π, $\frac{\pi}{2}$이므로 $0<x<2\pi$에서 두 함수 $y=\cos x$, $y=\cos 4x$의 그래프는 다음 그림과 같다.

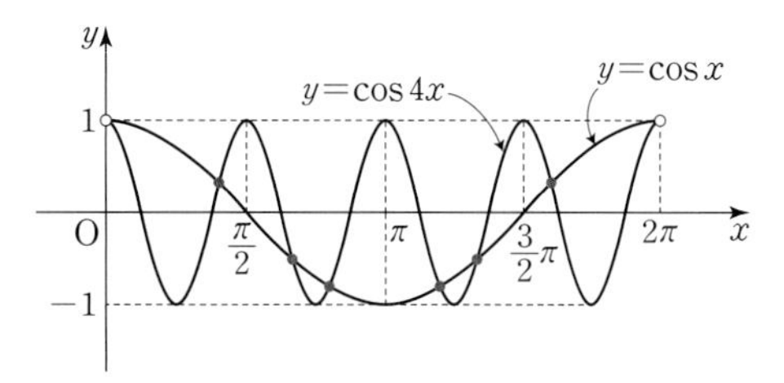

따라서 두 함수의 그래프의 교점의 개수는 6이다.

04-2 답 3

함수 $y=\sin\frac{x}{3}$의 주기는 $\frac{2\pi}{\frac{1}{3}}=6\pi$이고 최댓값은 1, 최솟값은 -1이다.

함수 $y=\cos\frac{x}{2}$의 주기는 $\frac{2\pi}{\frac{1}{2}}=4\pi$이고 최댓값은 1, 최솟값은 -1이다.

$0<x<6\pi$에서 두 함수 $y=\sin\frac{x}{3}$, $y=\cos\frac{x}{2}$의 그래프는 다음 그림과 같다.

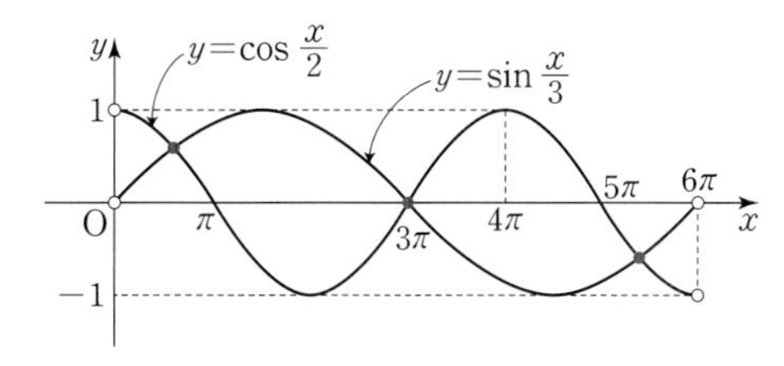

따라서 두 함수의 그래프의 교점의 개수는 3이다.

04-3 답 35

함수 $y=2\sin\pi x$의 주기는 $\frac{2\pi}{\pi}=2$이고 최댓값은 2, 최솟값은 -2이다.

함수 $y=\sin\frac{\pi}{2}x$의 주기는 $\frac{2\pi}{\frac{\pi}{2}}=4$이고 최댓값은 1, 최솟값은 -1이다.

$0<x<8$에서 두 함수 $y=2\sin\pi x$, $y=\sin\frac{\pi}{2}x$의 그래프는 다음 그림과 같다.

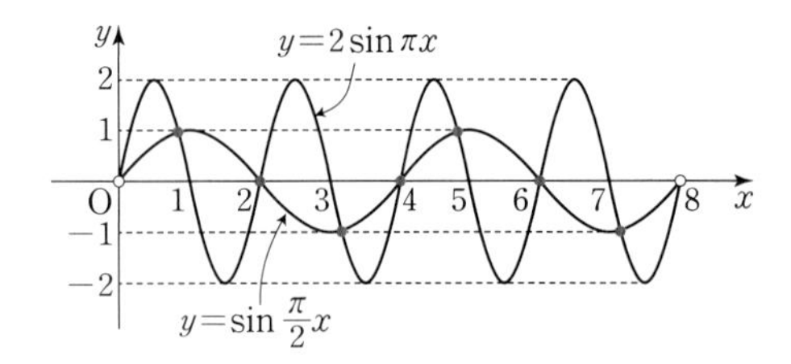

즉, 두 함수의 그래프의 교점의 개수는 7이다.

$\therefore m=7$

이때 $0<x\le4$에서 교점의 x좌표 중 가장 작은 값을 α라 하고 두 함수의 그래프의 대칭성을 이용하면 교점의 x좌표는 α, 2, $4-\alpha$, 4이다.

마찬가지로 두 함수의 그래프의 주기를 이용하면 $4<x<8$에서 교점의 x좌표는 $4+\alpha$, $4+2$, $4+(4-\alpha)$이다.

따라서 모든 교점의 x좌표의 합은 $10+18=28$이므로 $n=28$

$\therefore m+n=7+28=35$

예제 05 삼각함수의 최대, 최소 289쪽

05-1 답 (1) 최댓값 : 1, 최솟값 : -3
(2) 최댓값 : 3, 최솟값 : $-\frac{3}{2}$

(1) $y=\sin^2x+2\cos x-1$

$=(1-\cos^2x)+2\cos x-1$

$=-\cos^2x+2\cos x$

$\cos x=t$로 놓으면 $-1\le t\le1$이고, 주어진 함수는

$y=-t^2+2t$

$=-(t-1)^2+1$ …… ㉠

이때 ㉠의 그래프는 오른쪽 그림과 같다.

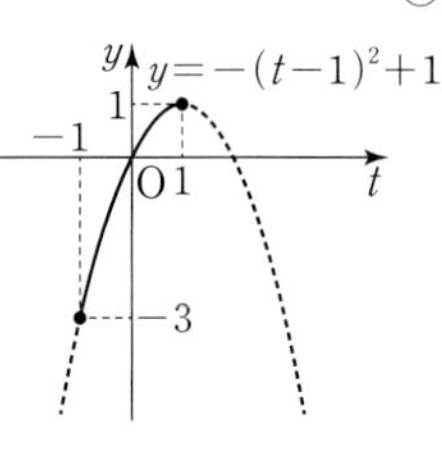

따라서 이 함수는 $t=1$일 때 최댓값 1, $t=-1$일 때 최솟값 -3을 갖는다.

(2) $y=\sin^2x-\cos^2x+2\sin x$

$=\sin^2x-(1-\sin^2x)+2\sin x$

$=2\sin^2x+2\sin x-1$

$\sin x=t$로 놓으면 $-1\le t\le1$이고, 주어진 함수는

$y=2t^2+2t-1$

$=2\left(t+\frac{1}{2}\right)^2-\frac{3}{2}$ …… ㉠

이때 ㉠의 그래프는 다음 그림과 같다.

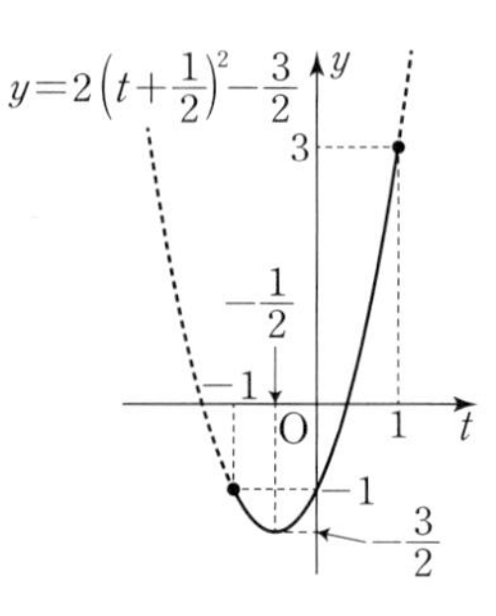

따라서 이 함수는 $t=1$일 때 최댓값 3, $t=-\frac{1}{2}$일 때 최솟값 $-\frac{3}{2}$을 갖는다.

05-2 답 5

$y=a\sin^2x-a\cos x+b$

$=a(1-\cos^2x)-a\cos x+b$

$=-a\cos^2x-a\cos x+a+b$

$\cos x=t$로 놓으면 $-1\le t\le1$이고, 주어진 함수는

$y=-at^2-at+a+b$ …… ㉠

이때 $a>0$이고 ㉠의 그래프의 축의 방정식이

$t=-\frac{-a}{2\times(-a)}=-\frac{1}{2}$

이므로 ㉠의 그래프는 다음 그림과 같다.

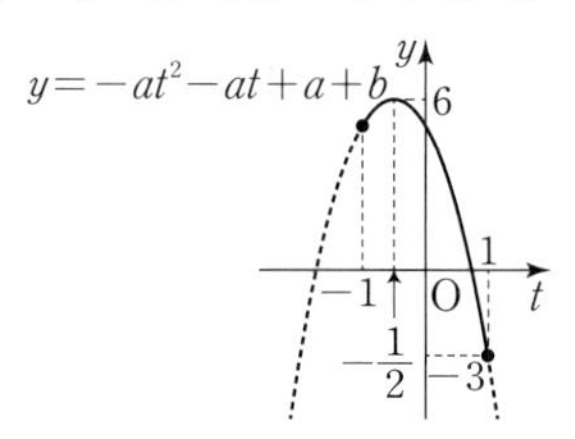

따라서 $t=-\frac{1}{2}$일 때 최댓값은

$\frac{5}{4}a+b=6$ …… ㉡

$t=1$일 때 최솟값은

$-a+b=-3$ …… ㉢

㉡, ㉢을 연립하여 풀면

$a=4$, $b=1$

$\therefore a+b=4+1=5$

05-3 답 $\frac{8}{3}$

$y=-\cos^2x-2a\sin x+a+4$

$=-(1-\sin^2x)-2a\sin x+a+4$

$=\sin^2x-2a\sin x+a+3$

$\sin x=t$로 놓으면 $-1\le t\le1$이고, 주어진 함수는

$y=t^2-2at+a+3$

$=(t-a)^2-a^2+a+3$

$f(t)=(t-a)^2-a^2+a+3$이라고 하면

(i) $a\le-1$일 때,

$f(t)$는 $t=-1$일 때 최소이므로 최솟값은

$f(-1)=3a+4=0 \qquad \therefore a=-\frac{4}{3}$

(ii) $-1<a<1$일 때,

$f(t)$는 $t=a$일 때 최소이므로 최솟값은

$f(a)=-a^2+a+3=0$

그런데 이것을 만족시키는 실수 a는 존재하지 않는다.

(iii) $a\geq 1$일 때,

$f(t)$는 $t=1$일 때 최소이므로 최솟값은

$f(1)=-a+4=0 \qquad \therefore a=4$

(i), (ii), (iii)에서 모든 실수 a의 값의 합은

$-\frac{4}{3}+4=\frac{8}{3}$

개념 콕콕 **2 삼각함수를 포함한 방정식과 부등식** 295쪽

1 답 (1) $x=\frac{\pi}{3}$ 또는 $x=\frac{2}{3}\pi$

(2) $x=\frac{\pi}{6}$ 또는 $x=\frac{11}{6}\pi$

(3) $x=\frac{\pi}{4}$ 또는 $x=\frac{5}{4}\pi$

(1) 다음 그림과 같이 $0\leq x<2\pi$에서 함수 $y=\sin x$의 그래프와 직선 $y=\frac{\sqrt{3}}{2}$의 교점의 x좌표가 $\frac{\pi}{3}$, $\frac{2}{3}\pi$이다.

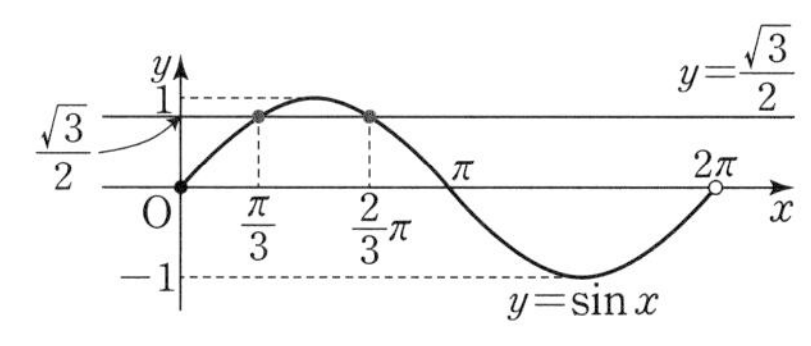

$\therefore x=\frac{\pi}{3}$ 또는 $x=\frac{2}{3}\pi$

(2) 다음 그림과 같이 $0\leq x<2\pi$에서 함수 $y=\cos x$의 그래프와 직선 $y=\frac{\sqrt{3}}{2}$의 교점의 x좌표가 $\frac{\pi}{6}$, $\frac{11}{6}\pi$이다.

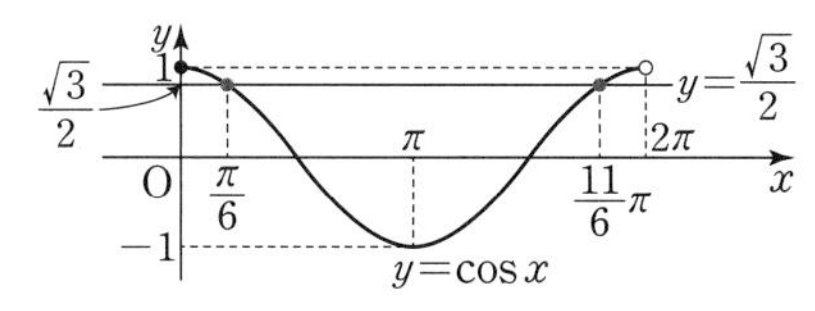

$\therefore x=\frac{\pi}{6}$ 또는 $x=\frac{11}{6}\pi$

(3) 다음 그림과 같이 $0\leq x<2\pi$에서 함수 $y=\tan x$의 그래프와 직선 $y=1$의 교점의 x좌표가 $\frac{\pi}{4}$, $\frac{5}{4}\pi$이다.

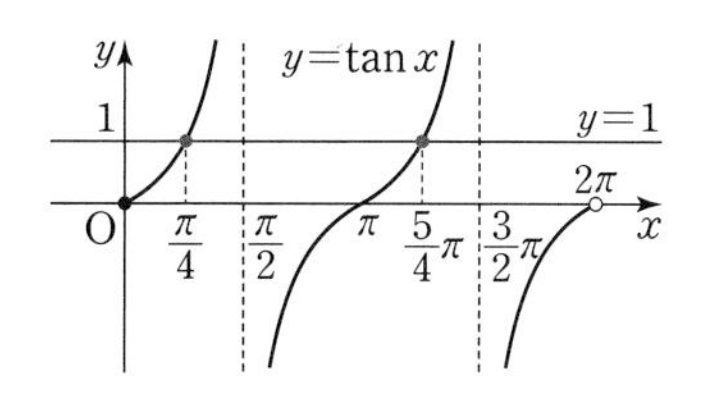

$\therefore x=\frac{\pi}{4}$ 또는 $x=\frac{5}{4}\pi$

2 답 (1) $x=\frac{\pi}{12}$ 또는 $x=\frac{5}{12}\pi$

(2) $x=\frac{\pi}{2}$

(3) $x=\frac{2}{9}\pi$ 또는 $x=\frac{8}{9}\pi$

(1) $2x=t$로 놓으면 $0\leq t<2\pi$

다음 그림과 같이 $0\leq t<2\pi$에서 함수 $y=\sin t$의 그래프와 직선 $y=\frac{1}{2}$의 교점의 t좌표는 $\frac{\pi}{6}$, $\frac{5}{6}\pi$이다.

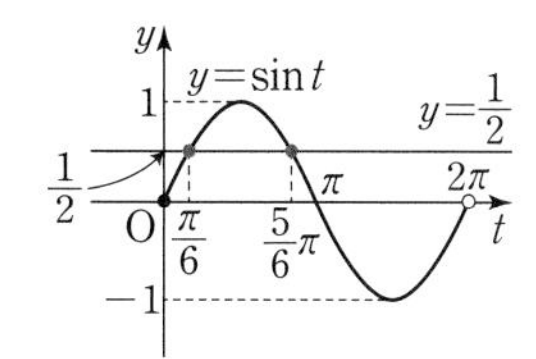

따라서 $2x=\frac{\pi}{6}$ 또는 $2x=\frac{5}{6}\pi$이므로

$x=\frac{\pi}{12}$ 또는 $x=\frac{5}{12}\pi$

(2) $\frac{x}{2}=t$로 놓으면 $0\leq t<\frac{\pi}{2}$

오른쪽 그림과 같이 $0\leq t<\frac{\pi}{2}$에서 함수 $y=\cos t$의 그래프와 직선 $y=\frac{\sqrt{2}}{2}$의 교점의 t좌표는 $\frac{\pi}{4}$이다.

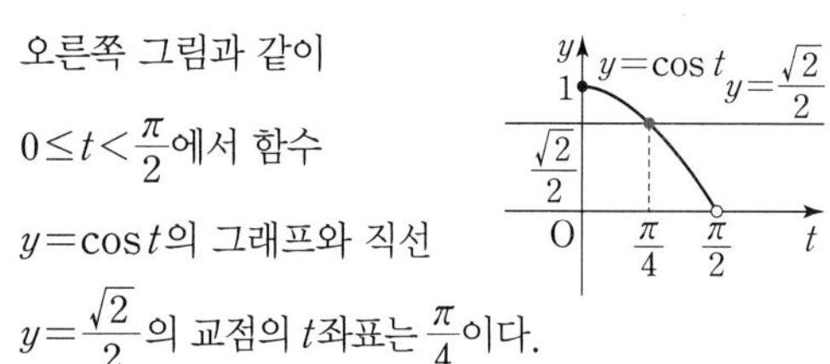

따라서 $\frac{x}{2}=\frac{\pi}{4}$이므로

$x=\frac{\pi}{2}$

(3) $\frac{3}{2}x=t$로 놓으면 $0\leq t<\frac{3}{2}\pi$

오른쪽 그림과 같이 $0\leq t<\frac{3}{2}\pi$에서 함수 $y=\tan t$의 그래프와 직선 $y=\sqrt{3}$의 교점의

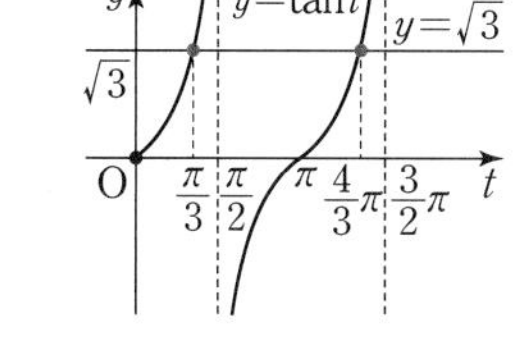

t좌표는 $\frac{\pi}{3}$, $\frac{4}{3}\pi$이다.

따라서 $\frac{3}{2}x=\frac{\pi}{3}$ 또는 $\frac{3}{2}x=\frac{4}{3}\pi$이므로

$x=\frac{2}{9}\pi$ 또는 $x=\frac{8}{9}\pi$

3 답 (1) $x=\frac{\pi}{12}$ 또는 $x=\frac{17}{12}\pi$

(2) $x=\frac{3}{2}\pi$ 또는 $x=\frac{11}{6}\pi$

(3) $x=\frac{\pi}{12}$ 또는 $x=\frac{13}{12}\pi$

(1) $x-\frac{\pi}{4}=t$로 놓으면 $-\frac{\pi}{4}\leq t<\frac{7}{4}\pi$

다음 그림과 같이 $-\frac{\pi}{4}\leq t<\frac{7}{4}\pi$에서 함수 $y=\sin t$의 그래프와 직선 $y=-\frac{1}{2}$의 교점의 t좌표는 $-\frac{\pi}{6}$, $\frac{7}{6}\pi$이다.

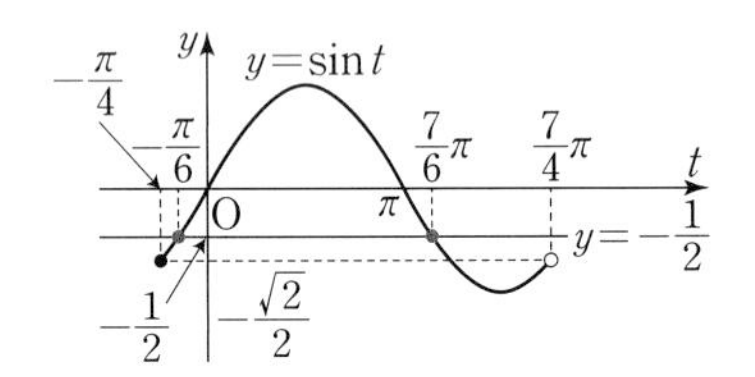

따라서 $x-\frac{\pi}{4}=-\frac{\pi}{6}$ 또는 $x-\frac{\pi}{4}=\frac{7}{6}\pi$이므로

$x=\frac{\pi}{12}$ 또는 $x=\frac{17}{12}\pi$

(2) $x+\frac{\pi}{3}=t$로 놓으면 $\frac{\pi}{3}\leq t<\frac{7}{3}\pi$

다음 그림과 같이 $\frac{\pi}{3}\leq t<\frac{7}{3}\pi$에서 함수 $y=\cos t$의 그래프와 직선 $y=\frac{\sqrt{3}}{2}$의 교점의 t좌표는 $\frac{11}{6}\pi$, $\frac{13}{6}\pi$이다.

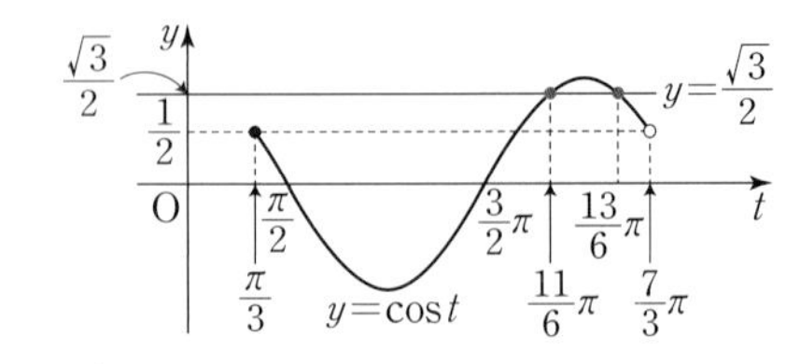

따라서 $x+\frac{\pi}{3}=\frac{11}{6}\pi$ 또는 $x+\frac{\pi}{3}=\frac{13}{6}\pi$이므로

$x=\frac{3}{2}\pi$ 또는 $x=\frac{11}{6}\pi$

(3) $x+\frac{\pi}{6}=t$로 놓으면 $\frac{\pi}{6}\leq t<\frac{13}{6}\pi$

다음 그림과 같이 $\frac{\pi}{6}\leq t<\frac{13}{6}\pi$에서 함수 $y=\tan t$의 그래프와 직선 $y=1$의 교점의 t좌표는 $\frac{\pi}{4}$, $\frac{5}{4}\pi$이다.

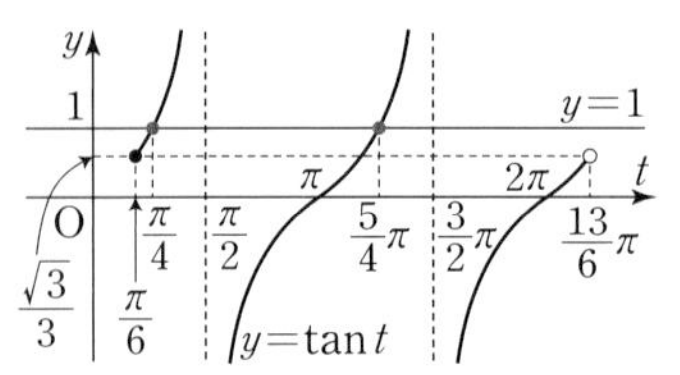

따라서 $x+\frac{\pi}{6}=\frac{\pi}{4}$ 또는 $x+\frac{\pi}{6}=\frac{5}{4}\pi$이므로

$x=\frac{\pi}{12}$ 또는 $x=\frac{13}{12}\pi$

4 답 (1) $\frac{5}{4}\pi<x<\frac{7}{4}\pi$

(2) $0\leq x\leq\frac{\pi}{3}$ 또는 $\frac{5}{3}\pi\leq x<2\pi$

(3) $\frac{\pi}{4}<x<\frac{\pi}{2}$ 또는 $\frac{5}{4}\pi<x<\frac{3}{2}\pi$

(1) 주어진 부등식의 해는 함수 $y=\sin x$의 그래프가 직선 $y=-\frac{\sqrt{2}}{2}$보다 아래쪽에 있는 부분의 x의 값의 범위이다.

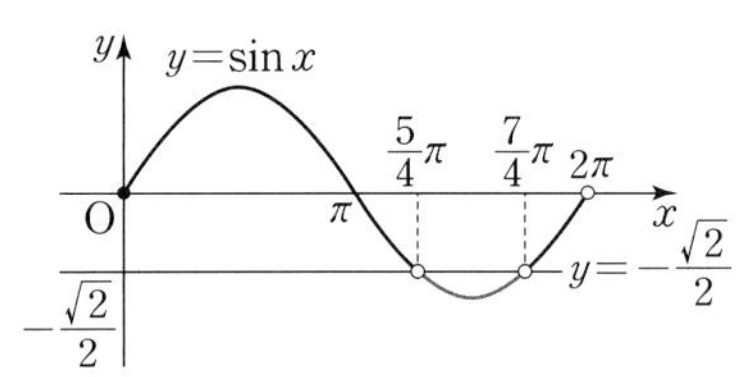

$\therefore\ \frac{5}{4}\pi<x<\frac{7}{4}\pi$

(2) $2\cos x\geq 1$에서 $\cos x\geq\frac{1}{2}$

주어진 부등식의 해는 함수 $y=\cos x$의 그래프가 직선 $y=\frac{1}{2}$과 만나는 부분 또는 직선보다 위쪽에 있는 부분의 x의 값의 범위이다.

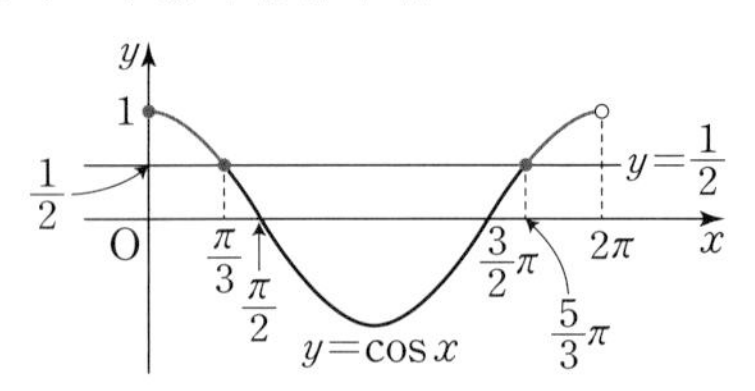

$\therefore\ 0\leq x\leq\frac{\pi}{3}$ 또는 $\frac{5}{3}\pi\leq x<2\pi$

(3) 주어진 부등식의 해는 함수 $y=\tan x$의 그래프가 직선 $y=1$보다 위쪽에 있는 부분의 x의 값의 범위이다.

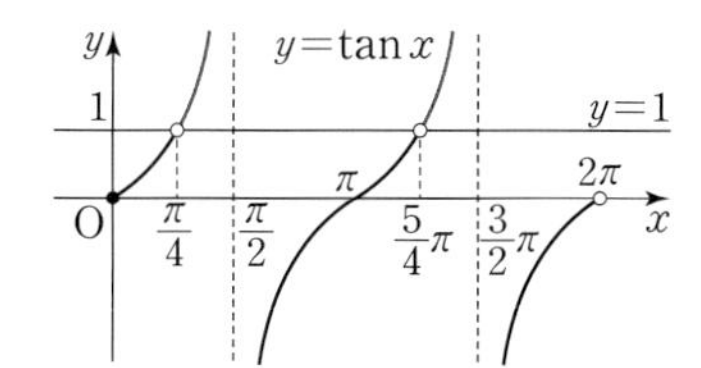

$\therefore \frac{\pi}{4}<x<\frac{\pi}{2}$ 또는 $\frac{5}{4}\pi<x<\frac{3}{2}\pi$

예제 06 삼각방정식의 풀이 297쪽

06-1

답 (1) $x=\frac{\pi}{6}$ 또는 $x=\frac{\pi}{2}$ 또는 $x=\frac{5}{6}\pi$

(2) $x=\frac{\pi}{3}$ 또는 $x=\pi$ 또는 $x=\frac{5}{3}\pi$

(1) $2\cos^2 x+3\sin x-3=0$에서

$2(1-\sin^2 x)+3\sin x-3=0$

$2\sin^2 x-3\sin x+1=0$

$(2\sin x-1)(\sin x-1)=0$

$\therefore \sin x=\frac{1}{2}$ 또는 $\sin x=1$

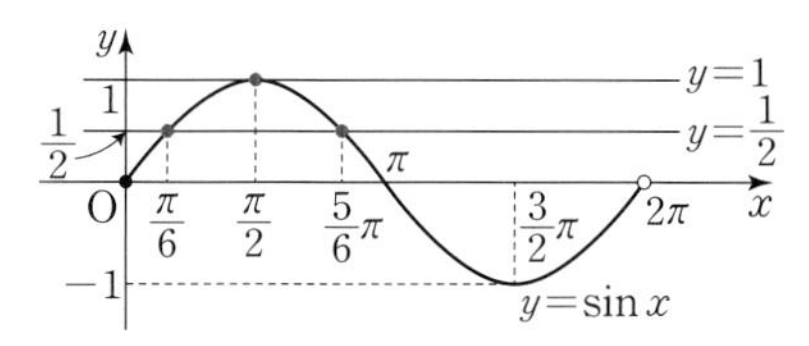

따라서 위의 그림에서 구하는 방정식의 해는

$x=\frac{\pi}{6}$ 또는 $x=\frac{\pi}{2}$ 또는 $x=\frac{5}{6}\pi$

(2) $2\sin^2 x=\cos x+1$에서

$2(1-\cos^2 x)=\cos x+1$

$2\cos^2 x+\cos x-1=0$

$(\cos x+1)(2\cos x-1)=0$

$\therefore \cos x=-1$ 또는 $\cos x=\frac{1}{2}$

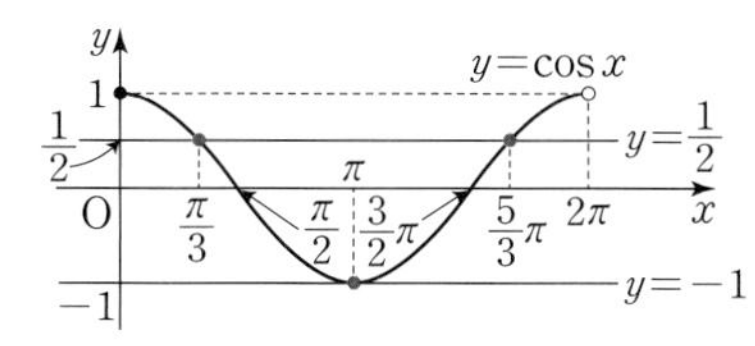

따라서 위의 그림에서 구하는 방정식의 해는

$x=\frac{\pi}{3}$ 또는 $x=\pi$ 또는 $x=\frac{5}{3}\pi$

06-2

답 (1) $x=0$ 또는 $x=\pi$

(2) $x=\frac{\pi}{6}$ 또는 $x=\frac{\pi}{3}$ 또는 $x=\frac{7}{6}\pi$ 또는 $x=\frac{4}{3}\pi$

(1) $\sin x=\tan x$에서

$\sin x-\tan x=0$

$\sin x-\frac{\sin x}{\cos x}=0$

$\sin x\left(1-\frac{1}{\cos x}\right)=0$

$\therefore \sin x=0$ 또는 $\cos x=1$

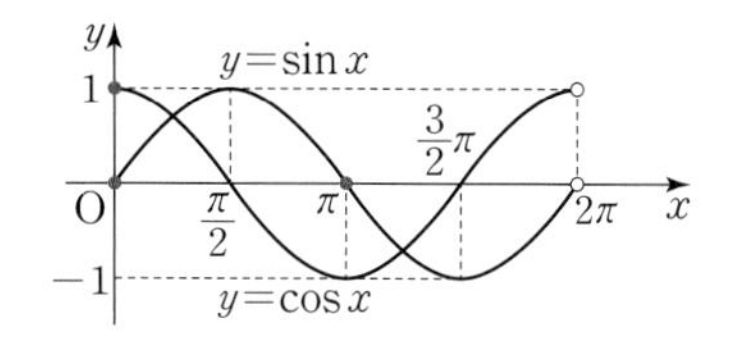

따라서 위의 그림에서 구하는 방정식의 해는

$x=0$ 또는 $x=\pi$

(2) $\tan x+\frac{1}{\tan x}=\frac{4}{\sqrt{3}}$에서

$\sqrt{3}\tan^2 x-4\tan x+\sqrt{3}=0$

$(\tan x-\sqrt{3})(\sqrt{3}\tan x-1)=0$

$\therefore \tan x=\sqrt{3}$ 또는 $\tan x=\frac{1}{\sqrt{3}}$

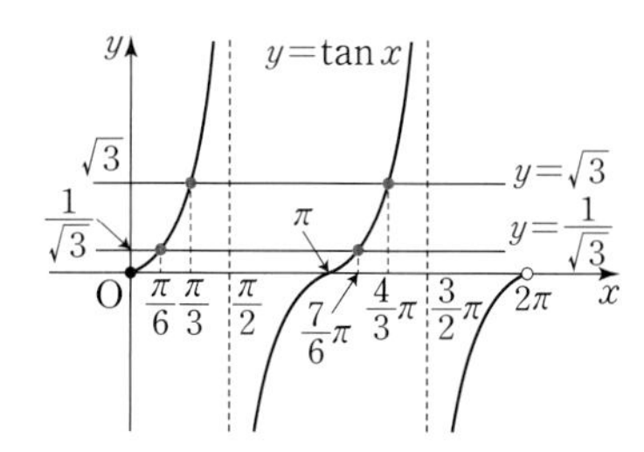

따라서 위의 그림에서 구하는 방정식의 해는

$x=\frac{\pi}{6}$ 또는 $x=\frac{\pi}{3}$ 또는 $x=\frac{7}{6}\pi$ 또는 $x=\frac{4}{3}\pi$

06-3

답 $-\frac{3}{5}$

$\alpha+\beta=\pi$, $\gamma=2\pi+\alpha$이므로

$\alpha+\beta+\gamma=\pi+(2\pi+\alpha)$

$=3\pi+\alpha$

$\therefore \sin(\alpha+\beta+\gamma)=\sin(3\pi+\alpha)$

$=\sin(\pi+\alpha)$

$=-\sin\alpha=-\frac{3}{5}$

예제 07 삼각방정식의 실근의 개수 299쪽

07-1 답 13

함수 $y=\cos 2x$의 주기는 $\frac{2\pi}{|2|}=\pi$이고, 최댓값은 1, 최솟값은 -1이다.

이때 함수 $y=\cos 2x$의 그래프와 직선 $y=\frac{1}{3\pi}x$는 다음 그림과 같다.

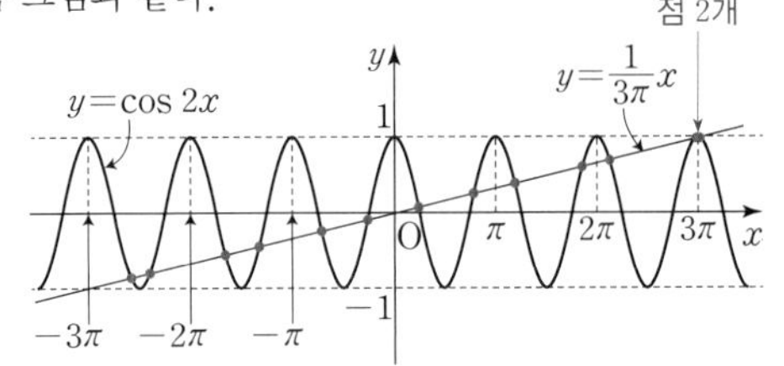

따라서 함수의 그래프와 직선의 교점이 13개이므로 구하는 실근의 개수는 13이다.

+보충 설명

$|\cos 2x|\le 1$이므로 $|y|>1$인 범위에서는 함수 $y=\cos 2x$의 그래프와 직선 $y=\frac{1}{3\pi}x$의 교점이 존재하지 않는다.

07-2 답 (1) 7 (2) 12

(1) 함수 $y=3\cos \pi x$의 주기는 $\frac{2\pi}{|\pi|}=2$이고, 최댓값은 3, 최솟값은 -3이다.

함수 $y=\sin \frac{\pi}{3}x$의 주기는 $\frac{2\pi}{\left|\frac{\pi}{3}\right|}=6$이고, 최댓값은 1, 최솟값은 -1이다.

$0\le x\le 7$에서 두 함수 $y=3\cos \pi x$, $y=\sin \frac{\pi}{3}x$의 그래프는 다음 그림과 같다.

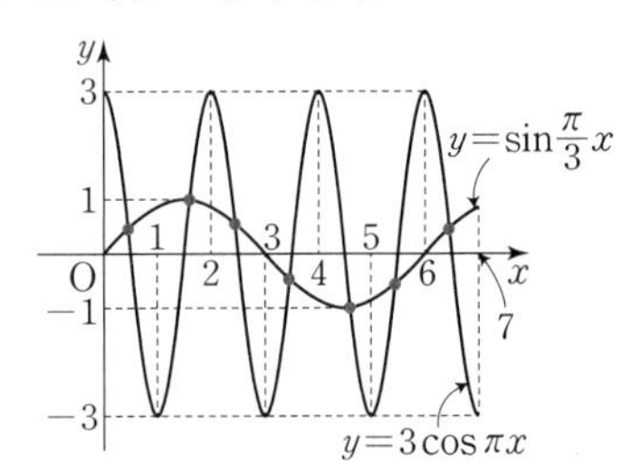

따라서 $0\le x\le 7$에서 두 함수의 그래프의 교점이 7개이므로 구하는 실근의 개수는 7이다.

(2) $x\sin x=1$에서

$\sin x=\frac{1}{x}$ (단, $x\ne 0$) ← $x=0$일 때, $0\times\sin 0=1$에서 $0\ne 1$이므로 등식이 성립하지 않는다.

$-5\pi\le x\le 5\pi$에서 두 함수 $y=\sin x$, $y=\frac{1}{x}$의 그래프는 다음 그림과 같다.

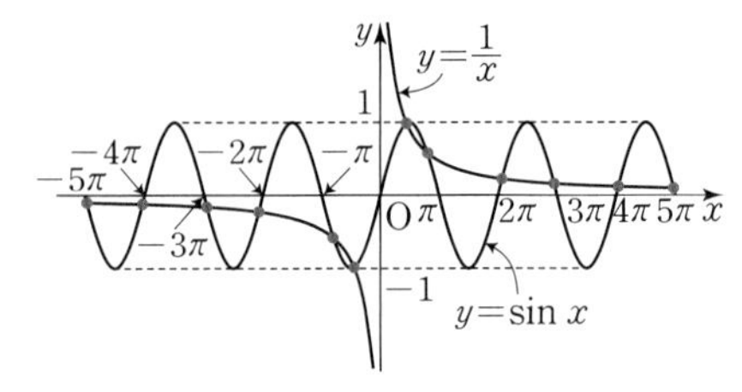

따라서 $-5\pi\le x\le 5\pi$에서 두 함수의 그래프의 교점이 12개이므로 구하는 실근의 개수는 12이다.

07-3 답 11

(i) 함수 $y=\sin \frac{\pi}{2}x$의 주기는 $\frac{2\pi}{\left|\frac{\pi}{2}\right|}=4$이고, 최댓값은 1, 최솟값은 -1이다.

이때 함수 $y=\sin \frac{\pi}{2}x$의 그래프와 직선 $y=\frac{1}{10}x$는 다음 그림과 같다.

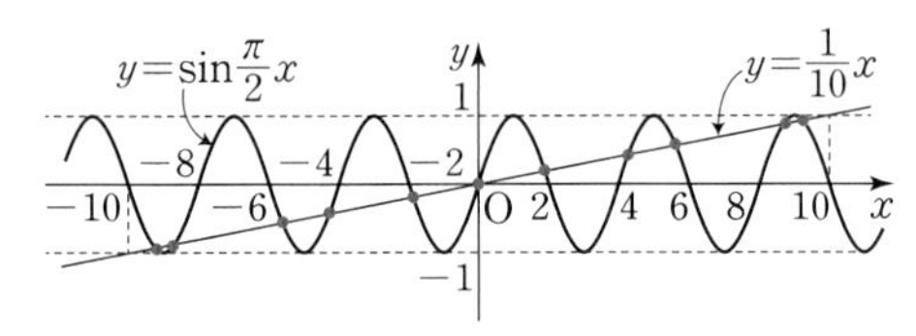

따라서 교점이 11개이므로 구하는 실근의 개수는 11이다.

$\therefore a=11$

(ii) 방정식 $\sin \frac{\pi}{2}x=\frac{1}{10}x$의 한 근을 $x=\alpha$라고 하면

$\sin \frac{\pi}{2}\alpha=\frac{1}{10}\alpha$이므로

$\sin \frac{\pi}{2}\alpha-\frac{1}{10}\alpha=0$

$x=-\alpha$일 때,

$\sin\left\{\frac{\pi}{2}\times(-\alpha)\right\}-\frac{1}{10}\times(-\alpha)$

$=-\sin\frac{\pi}{2}\alpha+\frac{1}{10}\alpha$

$=-\left(\sin\frac{\pi}{2}\alpha-\frac{1}{10}\alpha\right)=0$

이므로 $x=-\alpha$도 주어진 방정식의 근이 된다.

또한 $x=0$일 때, $\sin\left(\frac{\pi}{2}\times 0\right)-\frac{1}{10}\times 0=0$이므로

$x=0$은 방정식 $\sin\frac{\pi}{2}x=\frac{1}{10}x$의 근이다.

따라서 주어진 방정식의 모든 실근의 합과 곱은 모두 0이다.

$\therefore b=0,\ c=0$

(i), (ii)에서

$a+b+c=11+0+0=11$

예제 08 삼각부등식의 풀이 301쪽

08-1 답 (1) $\frac{\pi}{6}<x<\frac{5}{6}\pi$

(2) $0\le x\le\frac{\pi}{2}$ 또는 $\frac{3}{2}\pi\le x<2\pi$

(1) $2\cos^2 x+5\sin x-4>0$에서

$2(1-\sin^2 x)+5\sin x-4>0$

$-2\sin^2 x+5\sin x-2>0$

$2\sin^2 x-5\sin x+2<0$

$(2\sin x-1)(\sin x-2)<0$

$\therefore \frac{1}{2}<\sin x<2$

그런데 $-1\le\sin x\le1$이므로

$\frac{1}{2}<\sin x\le1$

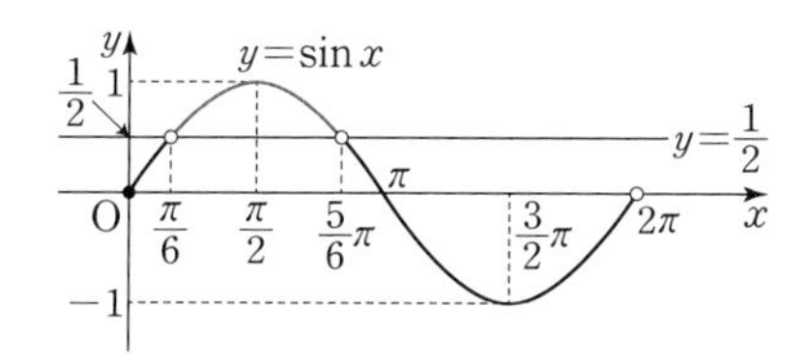

따라서 위의 그림에서 주어진 부등식의 해는

$\frac{\pi}{6}<x<\frac{5}{6}\pi$

(2) $\sin^2 x+\cos x-1\ge0$에서

$(1-\cos^2 x)+\cos x-1\ge0$

$-\cos^2 x+\cos x\ge0$

$\cos^2 x-\cos x\le0$

$\cos x(\cos x-1)\le0$

$\therefore 0\le\cos x\le1$

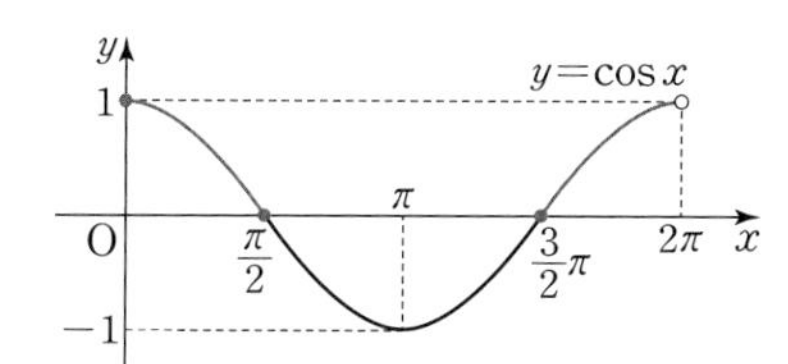

따라서 위의 그림에서 주어진 부등식의 해는

$0\le x\le\frac{\pi}{2}$ 또는 $\frac{3}{2}\pi\le x<2\pi$

08-2 답 $-\frac{\sqrt{2}}{2}$

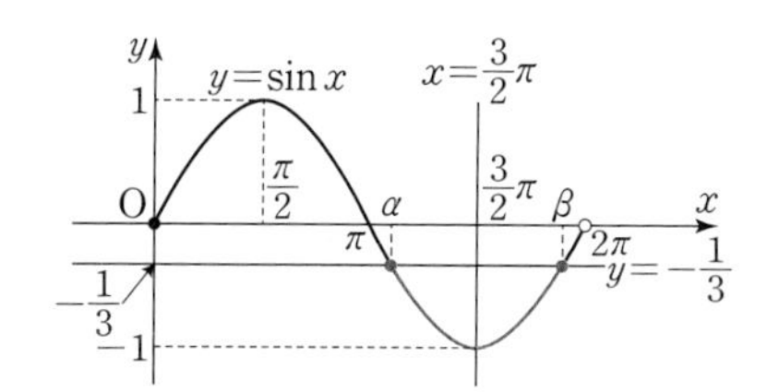

위의 그림에서 부등식 $\sin x\le-\frac{1}{3}$ $(0\le x<2\pi)$의 해 $\alpha\le x\le\beta$에서 α, β는 직선 $x=\frac{3}{2}\pi$에 대하여 대칭인 점의 x좌표이므로

$\frac{\alpha+\beta}{2}=\frac{3}{2}\pi$

$\therefore \alpha+\beta=3\pi$

$\therefore \cos\frac{\alpha+\beta}{4}=\cos\frac{3}{4}\pi$

$=\cos\left(\pi-\frac{\pi}{4}\right)$

$=-\cos\frac{\pi}{4}$

$=-\frac{\sqrt{2}}{2}$

08-3 답 $0\le\theta<\frac{\pi}{2}$ 또는 $\frac{3}{2}\pi<\theta<2\pi$

$x^2-2x\cos\theta+2\cos\theta>0$이 모든 실수 x에 대하여 성립해야 하므로 이차방정식 $x^2-2x\cos\theta+2\cos\theta=0$의 판별식을 D라고 하면

$\frac{D}{4}=\cos^2\theta-2\cos\theta<0$

$\cos\theta(\cos\theta-2)<0$

$\therefore 0<\cos\theta<2$

그런데 $-1\le\cos\theta\le1$이므로

$0<\cos\theta\le1$

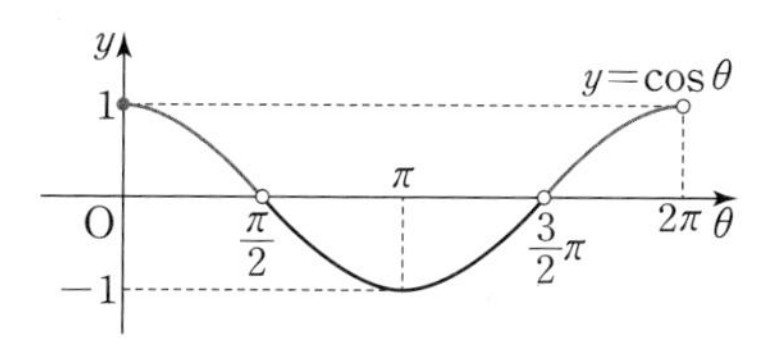

따라서 위의 그림에서 구하는 θ의 값의 범위는

$0\le\theta<\frac{\pi}{2}$ 또는 $\frac{3}{2}\pi<\theta<2\pi$

기본 다지기 302쪽~303쪽

1 ④ 2 풀이 참조

3 (1) $\frac{5}{2}$ (2) -1 (3) $a=\frac{1}{4}$, $b=1$ 4 $\frac{5}{2}$

5 6 6 32 7 $\frac{7}{2}$ 8 $\frac{3}{2}$

9 (1) -1 (2) $\frac{1}{2}$

10 (1) $\theta=\frac{2}{3}\pi$ 또는 $\theta=\frac{4}{3}\pi$

(2) $0\le\theta\le\frac{2}{3}\pi$ 또는 $\frac{4}{3}\pi\le\theta\le2\pi$

1 다음 그림에서 점 A의 x좌표는

$\frac{\pi}{6}+\frac{\pi}{3}=\frac{\pi}{2}$

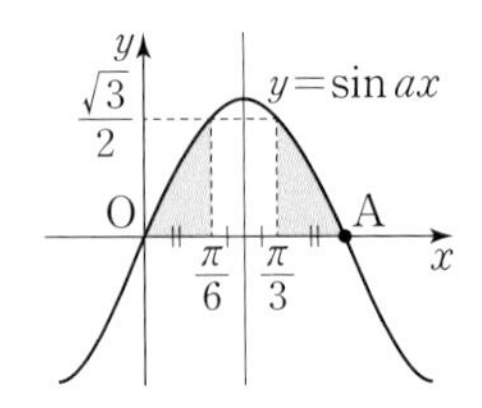

따라서 함수 $y=\sin ax$의 주기는

$\frac{\pi}{2}\times2=\pi$

이므로

$\frac{2\pi}{|a|}=\pi$ $\therefore |a|=2$

그런데 주어진 그래프에서 $a>0$이므로

$a=2$

보충 설명

$y=\sin(-2x)$
$=-\sin2x$
의 그래프, 즉 $a<0$일 때의 그래프는 오른쪽 그림과 같다.

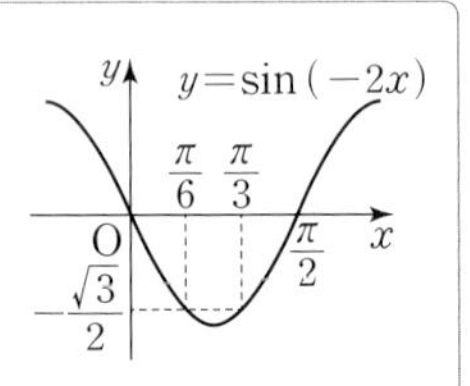

2 (1) $y=\sin x+|\sin x|$에서

(i) $\sin x\ge0$일 때,

$y=\sin x+\sin x$
$=2\sin x$

(ii) $\sin x<0$일 때,

$y=\sin x-\sin x=0$

(i), (ii)에서 함수 $y=\sin x+|\sin x|$의 그래프는 다음 그림과 같다.

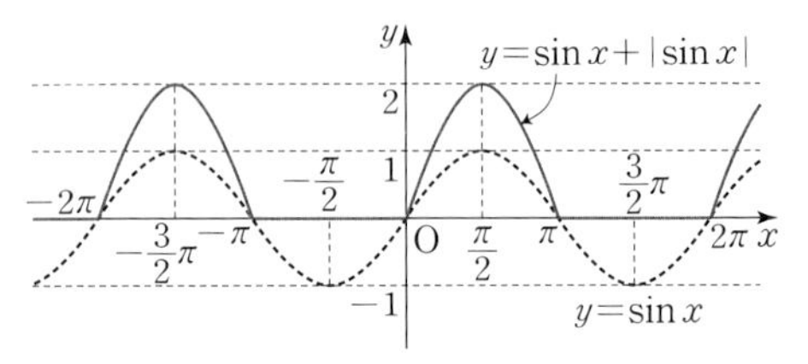

따라서 최댓값은 2, 최솟값은 0, 주기는 2π이다.

(2) $y=\cos x-|\cos x|$에서

(i) $\cos x\ge0$일 때,

$y=\cos x-\cos x=0$

(ii) $\cos x<0$일 때,

$y=\cos x-(-\cos x)$
$=2\cos x$

(i), (ii)에서 함수 $y=\cos x-|\cos x|$의 그래프는 다음 그림과 같다.

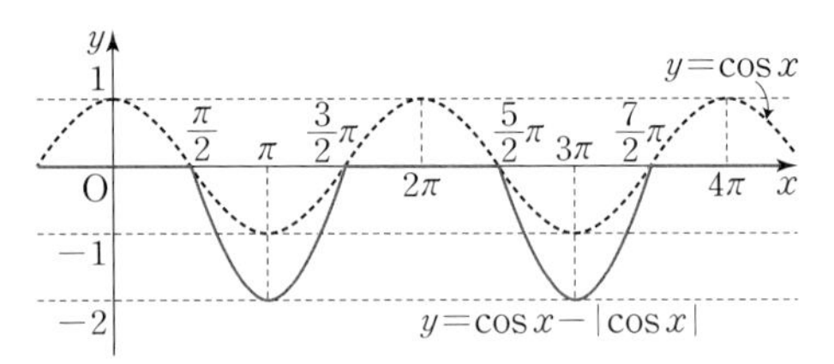

따라서 최댓값은 0, 최솟값은 -2, 주기는 2π이다.

보충 설명

함수 $f(x)$에 대하여

$y=f(x)+|f(x)|=\begin{cases}2f(x) & (f(x)\ge0)\\ 0 & (f(x)<0)\end{cases}$

$y=f(x)-|f(x)|=\begin{cases}0 & (f(x)\ge0)\\ 2f(x) & (f(x)<0)\end{cases}$

3 (1) $a>0$이고 함수 $y=2\sin ax+a$의 주기가 4π이므로 $\frac{2\pi}{a}=4\pi$ $\therefore a=\frac{1}{2}$

이때 주어진 함수는 $y=2\sin\frac{1}{2}x+\frac{1}{2}$이므로

최댓값은 $x=\pi$일 때 $2+\frac{1}{2}=\frac{5}{2}$

(2) $a>0$이고 함수 $y=3\cos ax+a$의 주기가 π이므로

$\frac{2\pi}{a}=\pi$ $\therefore a=2$

이때 주어진 함수는 $y=3\cos2x+2$이므로

최솟값은 $x=\frac{\pi}{2}$일 때 $-3+2=-1$

(3) $a>0$이고 주기가 4π이므로 $\frac{\pi}{a}=4\pi$ $\therefore a=\frac{1}{4}$

이때 주어진 함수는 $y=\tan\frac{x}{4}+b$이고 이 함수의 그래프가 점 $(\pi, 2)$를 지나므로

$2=\tan\frac{\pi}{4}+b$, $2=1+b$

$\therefore b=1$

4 함수 $y=\tan x$의 그래프의 점근선의 방정식은 $x=n\pi+\frac{\pi}{2}$ (n은 정수)이므로 함수 $y=\tan\left(x-\frac{\pi}{6}\right)$의 그래프의 점근선의 방정식은

$x-\frac{\pi}{6}=n\pi+\frac{\pi}{2}$에서

$x=n\pi+\frac{2}{3}\pi$ (n은 정수)

함수 $y=\cos 2x+3$의 그래프와 직선 $x=n\pi+\frac{2}{3}\pi$ (n은 정수)가 만나는 점의 y좌표는

$$y=\cos 2\left(n\pi+\frac{2}{3}\pi\right)+3$$
$$=\cos\left(2n\pi+\frac{4}{3}\pi\right)+3$$
$$=\cos\frac{4}{3}\pi+3$$
$$=-\frac{1}{2}+3$$
$$=\frac{5}{2}$$

5 함수 $f(x)=a\sin\frac{x}{2}+b$의 최댓값이 5이므로

$|a|+b=5$

$\therefore a+b=5$ ($\because a>0$) ...... ㉠

$f\left(\frac{\pi}{3}\right)=a\sin\frac{\pi}{6}+b=\frac{1}{2}a+b=\frac{7}{2}$ ...... ㉡

㉠, ㉡을 연립하여 풀면

$a=3$, $b=2$

$\therefore ab=3\times2=6$

보충 설명

함수 $y=a\sin(bx+c)+d$의 최댓값은 $|a|+d$, 최솟값은 $-|a|+d$이다.

6 함수 $y=8\sin\frac{\pi}{12}x$의 주기는 $\frac{2\pi}{\left|\frac{\pi}{12}\right|}=24$이므로 두 점 B, C는 직선 $x=6$에 대하여 대칭이다.

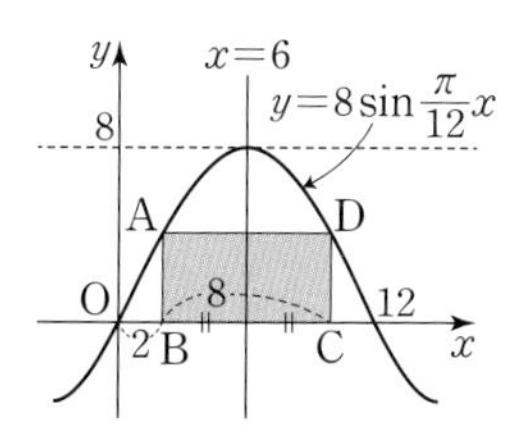

이때 $\overline{BC}=8$이므로 두 점 A, B의 x좌표는 2이고, 선분 AB의 길이는 점 A의 y좌표와 같으므로

$$\overline{AB}=8\sin\left(\frac{\pi}{12}\times2\right)$$
$$=8\sin\frac{\pi}{6}$$
$$=8\times\frac{1}{2}=4$$

따라서 직사각형 ABCD의 넓이는

$\overline{AB}\times\overline{BC}=4\times8=32$

7 주어진 그래프에서 함수 $y=a\sin bx+c$의 최댓값이 3, 최솟값이 -1이므로

$|a|+c=3$, $-|a|+c=-1$

$a+c=3$, $-a+c=-1$ ($\because a>0$)

위의 식을 연립하여 풀면

$a=2$, $c=1$

또한 주기가 4π이므로 ← 그래프에서 $3\pi-(-\pi)=4\pi$가 주기이다.

$\frac{2\pi}{|b|}=4\pi$

$\therefore b=\frac{1}{2}$ ($\because b>0$)

$\therefore a+b+c=2+\frac{1}{2}+1=\frac{7}{2}$

보충 설명

사인함수, 코사인함수의 그래프에서 주기를 찾을 때에는 최댓값을 갖는 이웃한 두 점 사이의 거리나 최솟값을 갖는 이웃한 두 점 사이의 거리를 구하면 된다.

8 $f(x)=\cos^2 x-(1-\cos^2 x)-2\cos x$
$=2\cos^2 x-2\cos x-1$

$\cos x=t$ $(-1\le t\le1)$로 놓고 $y=f(x)$라고 하면

$$y=2t^2-2t-1$$
$$=2\left(t-\frac{1}{2}\right)^2-\frac{3}{2}$$

이므로 최댓값은 $t=-1$일 때 3이고, 최솟값은 $t=\frac{1}{2}$일 때 $-\frac{3}{2}$이다.

따라서 최댓값과 최솟값의 합은

$3+\left(-\frac{3}{2}\right)=\frac{3}{2}$

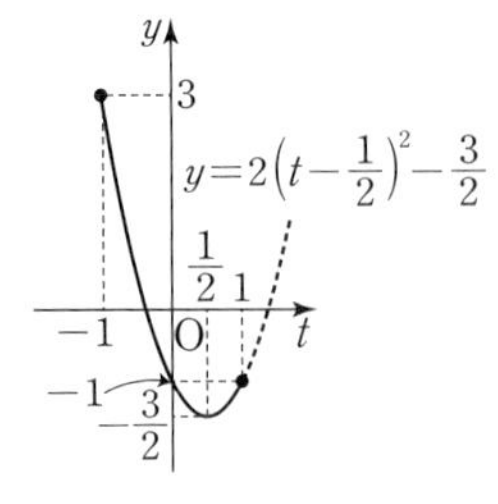

9 (1) $0\le x<2\pi$에서 함수 $y=\sin x$의 그래프와 직선 $y=\frac{\sqrt{3}}{3}$을 그리면 다음 그림과 같다.

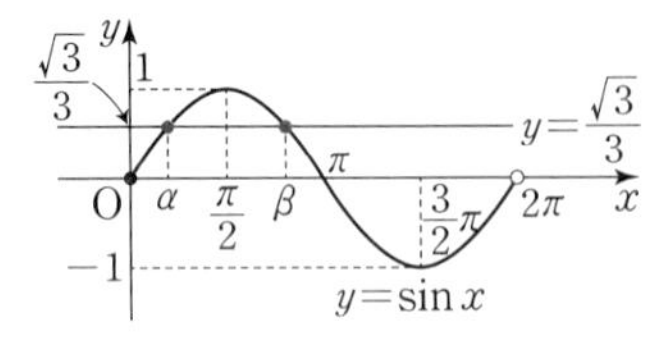

$\sin x=\frac{\sqrt{3}}{3}$ $(0\le x<2\pi)$의 두 근이 α, β이므로

α, β는 직선 $x=\frac{\pi}{2}$에 대하여 대칭이다.

$\frac{\alpha+\beta}{2}=\frac{\pi}{2}$ $\qquad\therefore \alpha+\beta=\pi$

$\therefore \cos(\alpha+\beta)=\cos\pi=-1$

(2) $0\le x<2\pi$에서 함수 $y=\cos x$의 그래프와 직선 $y=\frac{1}{4}$을 그리면 다음 그림과 같다.

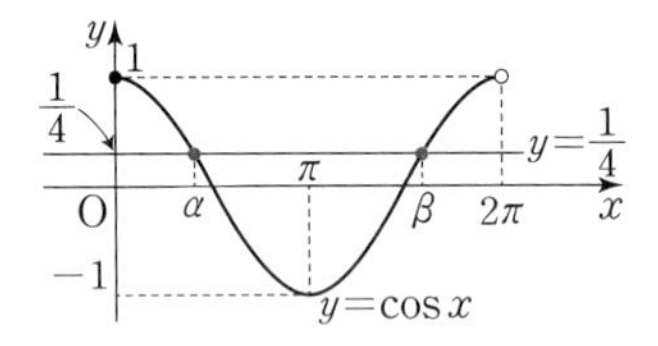

$\cos x=\frac{1}{4}$ $(0\le x<2\pi)$의 두 근을 각각 α, β라고 하면 $\theta=\alpha+\beta$이고 α, β는 직선 $x=\pi$에 대하여 대칭이므로

$\frac{\alpha+\beta}{2}=\pi$ $\qquad\therefore \theta=\alpha+\beta=2\pi$

$\therefore \cos\frac{\theta}{6}=\cos\frac{\pi}{3}=\frac{1}{2}$

⊕ 보충 설명

삼각방정식의 근을 좌표평면 위의 두 그래프의 교점으로 나타내면 근이 어떤 직선에 대하여 대칭인지 비교적 쉽게 알 수 있고, 이러한 대칭성을 이용하면 삼각방정식의 여러 근의 합도 쉽게 구할 수 있다.
한편, (1)에서 $\pi-\beta=\alpha$임을 이용하여 $\alpha+\beta=\pi$임을 구할 수도 있다.

10 (1) 이차방정식 $x^2-2\sqrt{2}x\sin\theta-3\cos\theta=0$이 중근을 가지므로 이 이차방정식의 판별식을 D라고 하면

$\frac{D}{4}=(-\sqrt{2}\sin\theta)^2-(-3\cos\theta)=0$

$2\sin^2\theta+3\cos\theta=0$

$2(1-\cos^2\theta)+3\cos\theta=0$

$2\cos^2\theta-3\cos\theta-2=0$

$(2\cos\theta+1)(\cos\theta-2)=0$

$\therefore \cos\theta=-\frac{1}{2}$ 또는 $\cos\theta=2$

그런데 $-1\le\cos\theta\le1$이므로

$\cos\theta=-\frac{1}{2}$

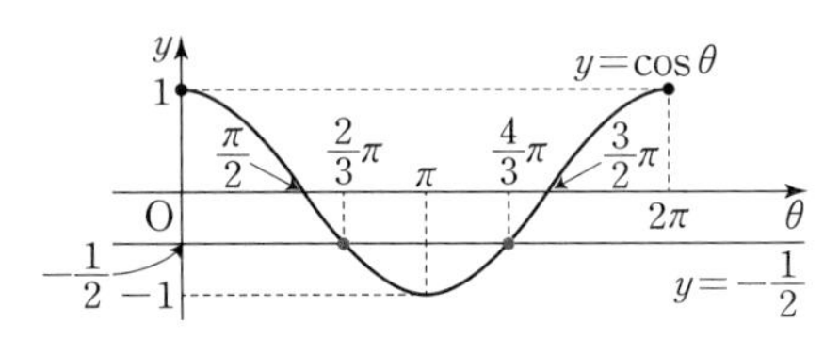

따라서 위의 그림에서 구하는 θ의 값은

$\theta=\frac{2}{3}\pi$ 또는 $\theta=\frac{4}{3}\pi$

(2) 이차방정식 $x^2-2x\sin\theta-\frac{3}{2}\cos\theta=0$이 실근을 가지려면 이 이차방정식의 판별식을 D라고 할 때

$\frac{D}{4}=(-\sin\theta)^2-\left(-\frac{3}{2}\cos\theta\right)\ge0$

$\sin^2\theta+\frac{3}{2}\cos\theta\ge0$

$(1-\cos^2\theta)+\frac{3}{2}\cos\theta\ge0$

$2\cos^2\theta-3\cos\theta-2\le0$

$(2\cos\theta+1)(\cos\theta-2)\le0$

$\therefore -\frac{1}{2}\le\cos\theta\le2$

그런데 $-1\le\cos\theta\le1$이므로

$-\frac{1}{2}\le\cos\theta\le1$

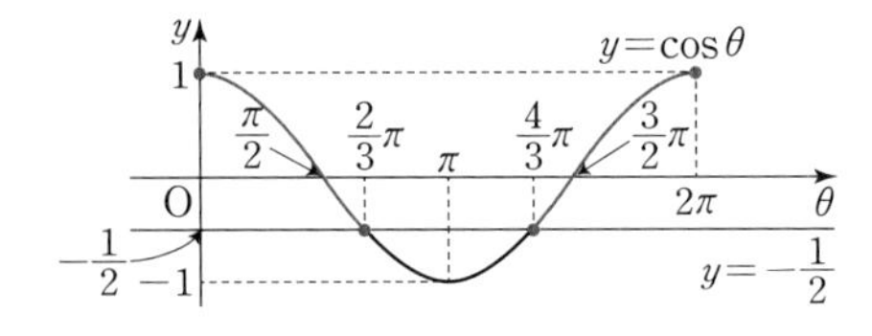

따라서 위의 그림에서 구하는 θ의 값의 범위는

$0\le\theta\le\frac{2}{3}\pi$ 또는 $\frac{4}{3}\pi\le\theta\le2\pi$

⊕보충 설명

이차방정식의 근의 판별
계수가 실수인 이차방정식 $ax^2+bx+c=0$의 판별식 $D=b^2-4ac$에 대하여
(i) $D>0$이면 이차방정식은 서로 다른 두 실근을 갖는다.
(ii) $D=0$이면 이차방정식은 중근을 갖는다.
(iii) $D<0$이면 이차방정식은 서로 다른 두 허근을 갖는다.

실력 다지기 304쪽~305쪽

11 ④ **12** $\frac{2}{3}\pi$ **13** 5 **14** 2 **15** 1
16 8 **17** (1) 5π (2) 50 **18** (1) 2π (2) 8π
19 (1) $0\le\theta\le\pi$ 또는 $\theta=\frac{3}{2}\pi$ (2) $a<-1$
20 $\frac{5}{6}\pi\le\theta\le\pi$

11 **접근 방법** | 함수 $y=a\sin x$의 그래프는 함수 $y=\sin x$의 그래프를 x축을 기준으로 y축의 방향으로 a배 한 그래프이고, 함수 $y=\frac{1}{3}\cos bx$는 함수 $y=\cos x$의 그래프를 x축을 기준으로 y축의 방향으로 $\frac{1}{3}$배, y축을 기준으로 x축의 방향으로 $\frac{1}{b}$배 한 것임을 이용한다.

주어진 그래프에서 함수 $y=a\sin x$의 최댓값은 함수 $y=\frac{1}{3}\cos bx$의 최댓값인 $\frac{1}{3}$의 3배이므로

$a=\frac{1}{3}\times3=1$

함수 $y=a\sin x$의 주기는 2π이고, 주어진 그래프에서 함수 $y=\frac{1}{3}\cos bx$의 주기는 2π의 절반인 π이므로

$\frac{2\pi}{|b|}=\pi \qquad \therefore b=2\ (\because b>0)$

$\therefore ab=1\times2=2$

12 **접근 방법** | 함수 $y=\cos x$의 주기는 2π이고, 그래프는 직선 $x=n\pi$ (n은 정수)에 대하여 대칭이다. 이를 이용하여 a, b에 대한 연립일차방정식을 세운다.

a와 $4b$는 직선 $x=\pi$에 대하여 대칭이므로

$\frac{a+4b}{2}=\pi \qquad \therefore a+4b=2\pi \qquad \cdots\cdots$ ㉠

$4b$와 $5b$는 직선 $x=2\pi$에 대하여 대칭이므로

$\frac{4b+5b}{2}=2\pi$, $4b+5b=4\pi$

$\therefore b=\frac{4}{9}\pi$

$b=\frac{4}{9}\pi$를 ㉠에 대입하면

$a+4\times\frac{4}{9}\pi=2\pi \qquad \therefore a=\frac{2}{9}\pi$

$\therefore a+b=\frac{2}{9}\pi+\frac{4}{9}\pi=\frac{2}{3}\pi$

⊕보충 설명

두 점 $A(x_1, 0)$, $B(x_2, 0)$이 직선 $x=a$에 대하여 대칭이면 $\frac{x_1+x_2}{2}=a$가 성립한다.

13 **접근 방법** | 주어진 원이 단위원이므로 $\cos\theta=\frac{x}{1}=x$, $\sin\theta=\frac{y}{1}=y$임을 알 수 있다. 이를 이용하여 $f(\theta)$를 θ에 대한 함수로 나타내어 본다.

주어진 원이 단위원이므로
$x=\cos\theta$, $y=\sin\theta$

$$\begin{aligned}\therefore f(\theta)&=4x^2+4y\\&=4\cos^2\theta+4\sin\theta\\&=4(1-\sin^2\theta)+4\sin\theta\\&=-4\sin^2\theta+4\sin\theta+4\end{aligned}$$

이때 $\sin\theta=t$로 놓으면 $-1\le t\le1$이고,

$$\begin{aligned}f(\theta)&=-4t^2+4t+4\\&=-4\left(t-\frac{1}{2}\right)^2+5\end{aligned}$$

따라서 $f(\theta)$는 $t=\frac{1}{2}$일 때 최댓값 5를 갖는다.

⊕보충 설명

$f(\theta)$를 $\sin\theta$에 대한 이차함수로 보고 최댓값을 구할 때 $-1\le\sin\theta\le1$임을 항상 고려해야 한다.
이 문제에서는 $t=\sin\theta=\frac{1}{2}$이 $-1\le t\le1$에 포함되므로 $f(\theta)$는 $t=\sin\theta=\frac{1}{2}$일 때 최댓값을 갖는다.

14 **접근 방법** | 이차방정식의 근과 계수의 관계를 이용하여 α, β 사이의 관계식을 구하고, $\sin^2\theta+\cos^2\theta=1$임을 이용하여 $\alpha^2+\beta^2$을 $\cos\theta$에 대한 이차함수로 나타낸다.

이차방정식 $x^2-x\sin\theta+\cos\theta-2=0$의 두 근이 α, β이므로 이차방정식의 근과 계수의 관계에 의하여

$\alpha+\beta=\sin\theta$, $\alpha\beta=\cos\theta-2$

$\therefore\ \alpha^2+\beta^2=(\alpha+\beta)^2-2\alpha\beta$

$=\sin^2\theta-2(\cos\theta-2)$

$=(1-\cos^2\theta)-2\cos\theta+4$

$=-\cos^2\theta-2\cos\theta+5$

$\cos\theta=t$로 놓으면 $-1\le t\le 1$이고,

$\alpha^2+\beta^2=-t^2-2t+5$

$=-(t+1)^2+6$

따라서 $\alpha^2+\beta^2$은 $t=1$일 때 최솟값 2를 갖는다.

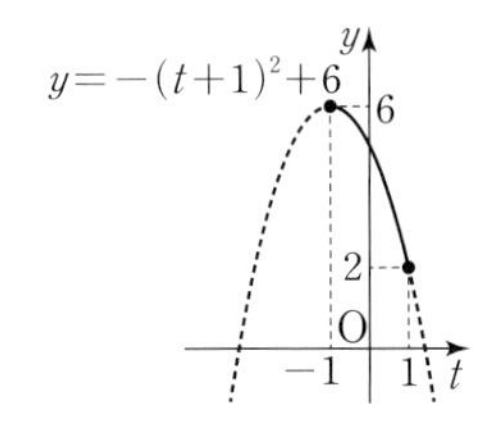

15 **접근 방법** | 삼각함수의 여러 가지 공식을 이용하여 함수 $f(\theta)$를 $\sin\theta$에 대한 이차함수로 나타낸다. 그런 다음 치환을 통하여 최댓값과 최솟값을 구한다.

삼각함수의 성질에 의하여

$\cos\left(\theta+\frac{\pi}{2}\right)=-\sin\theta$, $\sin(\theta+\pi)=-\sin\theta$이므로

$f(\theta)=\cos^2\left(\theta+\frac{\pi}{2}\right)-3\cos^2\theta+4\sin(\theta+\pi)$

$=(-\sin\theta)^2-3\cos^2\theta-4\sin\theta$

$=\sin^2\theta-3(1-\sin^2\theta)-4\sin\theta$

$=4\sin^2\theta-4\sin\theta-3$

이때 $\sin\theta=t$로 놓으면 $-1\le t\le 1$이고,

$f(\theta)=4t^2-4t-3$

$=4\left(t-\frac{1}{2}\right)^2-4$

따라서 $f(\theta)$는 $t=-1$일 때 최댓값 5, $t=\frac{1}{2}$일 때 최솟값 -4를 가지므로 최댓값과 최솟값의 합은

$5+(-4)=1$

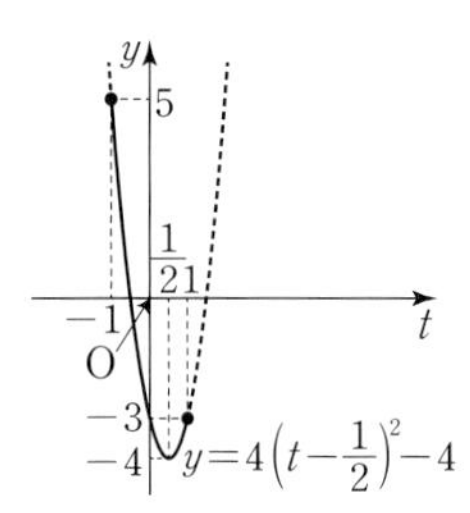

16 **접근 방법** | 주어진 그래프에서 함수 $f(x)$의 최댓값이 3, 최솟값이 -1임을 알고, 이를 이용하여 a, c의 값을 구한다.

함수 $f(x)=a\cos bx+c$의 그래프에서 함수 $f(x)$의 최댓값이 3, 최솟값이 -1이고, $a>0$이므로

$a+c=3$, $-a+c=-1$

$\therefore\ a=2$, $c=1$

함수 $y=2\cos bx+1$의 그래프가 x축과 만나는 점의 x좌표는 방정식 $2\cos bx+1=0$의 해와 같다.

$2\cos bx+1=0$에서 $\cos bx=-\frac{1}{2}$

이때 $b>0$이므로 $0<x<\frac{2\pi}{b}$에서

$0<bx<2\pi$

$bx=\frac{2}{3}\pi$ 또는 $bx=\frac{4}{3}\pi$

$\therefore\ x=\frac{2}{3b}\pi$ 또는 $x=\frac{4}{3b}\pi$

즉, $\mathrm{A}\left(\frac{2}{3b}\pi,\ 0\right)$, $\mathrm{B}\left(\frac{4}{3b}\pi,\ 0\right)$이므로

$\overline{\mathrm{AB}}=\frac{4}{3b}\pi-\frac{2}{3b}\pi=\frac{2}{3b}\pi$

삼각형 ABC의 넓이가 $\frac{\pi}{12}$이므로

$\frac{1}{2}\times\frac{2}{3b}\pi\times1=\frac{\pi}{12}$에서 $\frac{\pi}{3b}=\frac{\pi}{12}$

$\therefore\ b=4$

$\therefore\ abc=2\times4\times1=8$

17 **접근 방법** | 방정식의 실근을 두 그래프의 교점으로 나타내고 그래프의 대칭성을 이용한다.

(1) 함수 $y=\sin 2x$의 주기는 $\frac{2\pi}{|2|}=\pi$

$0\le x<2\pi$에서 함수 $y=\sin 2x$의 그래프는 다음 그림과 같다.

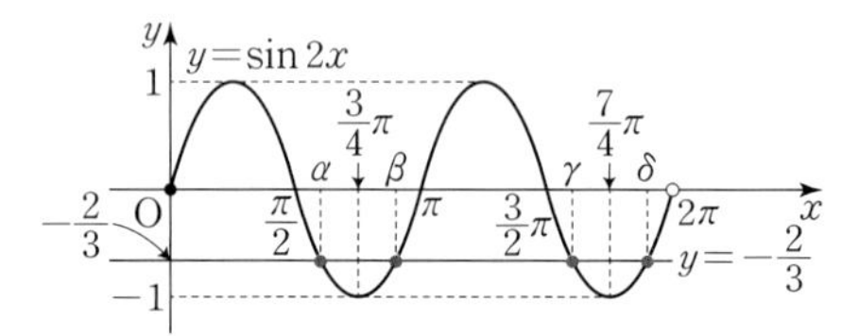

방정식 $\sin 2x=-\frac{2}{3}$ $(0\le x<2\pi)$의 네 실근을 α, β, γ, δ $(\alpha<\beta<\gamma<\delta)$라고 하면 α, β는 직선 $x=\frac{3}{4}\pi$에 대하여 대칭이므로

$\frac{\alpha+\beta}{2}=\frac{3}{4}\pi$ $\quad\therefore\ \alpha+\beta=\frac{3}{2}\pi$

γ, δ는 직선 $x=\frac{7}{4}\pi$에 대하여 대칭이므로

$\frac{\gamma+\delta}{2}=\frac{7}{4}\pi$ $\quad\therefore\ \gamma+\delta=\frac{7}{2}\pi$

$\therefore\ \alpha+\beta+\gamma+\delta=\frac{3}{2}\pi+\frac{7}{2}\pi=5\pi$

(2) $0<a<1$이므로 $0<a\pi<\pi$

$\therefore -1<\cos a\pi<1$

또한 함수 $y=\cos\pi x$의 주기는 $\frac{2\pi}{|\pi|}=2$이므로 함수 $y=\cos\pi x$의 그래프와 직선 $y=\cos a\pi$는 다음 그림과 같다.

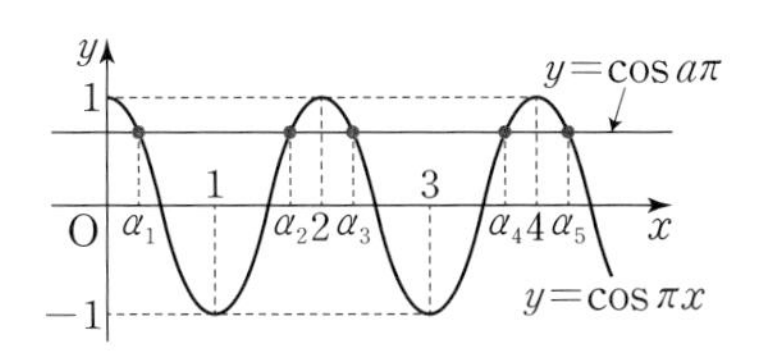

이때 $0\le x\le 2$에서 함수 $y=\cos\pi x$의 그래프와 직선 $y=\cos a\pi$의 교점의 개수, 즉 방정식 $\cos\pi x=\cos a\pi$ $(0\le x\le 2)$의 실근은 2개이므로 방정식 $\cos\pi x=\cos a\pi$ $(0\le x\le 10)$의 실근은 10개이다.

이것을 크기 순서대로 $\alpha_1, \alpha_2, \alpha_3, \cdots, \alpha_{10}$이라고 하면

α_1, α_2는 직선 $x=1$에 대하여 대칭이므로

$\frac{\alpha_1+\alpha_2}{2}=1 \qquad \therefore \alpha_1+\alpha_2=2$

α_3, α_4는 직선 $x=3$에 대하여 대칭이므로

$\frac{\alpha_3+\alpha_4}{2}=3 \qquad \therefore \alpha_3+\alpha_4=6$

α_5, α_6은 직선 $x=5$에 대하여 대칭이므로

$\frac{\alpha_5+\alpha_6}{2}=5 \qquad \therefore \alpha_5+\alpha_6=10$

α_7, α_8은 직선 $x=7$에 대하여 대칭이므로

$\frac{\alpha_7+\alpha_8}{2}=7 \qquad \therefore \alpha_7+\alpha_8=14$

α_9, α_{10}은 직선 $x=9$에 대하여 대칭이므로

$\frac{\alpha_9+\alpha_{10}}{2}=9 \qquad \therefore \alpha_9+\alpha_{10}=18$

$\therefore \alpha_1+\alpha_2+\alpha_3+\cdots+\alpha_{10}$

$=2+6+10+14+18=50$

보충 설명

(2)에서 직선 $y=\cos a\pi$ $(0<a<1)$는 a의 값에 관계없이 직선 $y=-1$과 $y=1$ 사이에 위치하므로 이 직선과 함수 $y=\cos\pi x$ $(0\le x\le 10)$의 그래프의 교점은 항상 10개이다.

18 **접근 방법** | $(f\circ g)(x)=f(g(x))=k$에서 $g(x)=t$로 놓고 $f(t)=k$를 만족시키는 t의 값을 구한 후 다시 $g(x)=t$를 푼다. 이때 t의 값의 범위에 유의한다.

(1) $\pi\cos x=t$로 놓으면 $0\le x<2\pi$에서

$-1\le\cos x\le 1$이므로 $-\pi\le t\le\pi$

이때 $\sin t=1$이므로 $t=\frac{\pi}{2}$ $(\because -\pi\le t\le\pi)$

$\therefore \cos x=\frac{1}{2}$ (단, $0\le x<2\pi$)

따라서 방정식 $\sin(\pi\cos x)=1$의 근은

$x=\frac{\pi}{3}$ 또는 $x=\frac{5}{3}\pi$이므로 모든 x의 값의 합은

$\frac{\pi}{3}+\frac{5}{3}\pi=2\pi$

(2) $2\pi\sin x=t$로 놓으면 $0\le x<2\pi$에서

$-1\le\sin x\le 1$이므로 $-2\pi\le t\le 2\pi$

이때 $\cos t=0$이므로

$t=-\frac{3}{2}\pi, -\frac{\pi}{2}, \frac{\pi}{2}, \frac{3}{2}\pi$ $(\because -2\pi\le t\le 2\pi)$

$\therefore \sin x=-\frac{3}{4}, -\frac{1}{4}, \frac{1}{4}, \frac{3}{4}$

이때 주어진 방정식의 근은 함수 $y=\sin x$의 그래프와 네 직선 $y=\pm\frac{3}{4}$, $y=\pm\frac{1}{4}$의 교점의 x좌표와 같다.

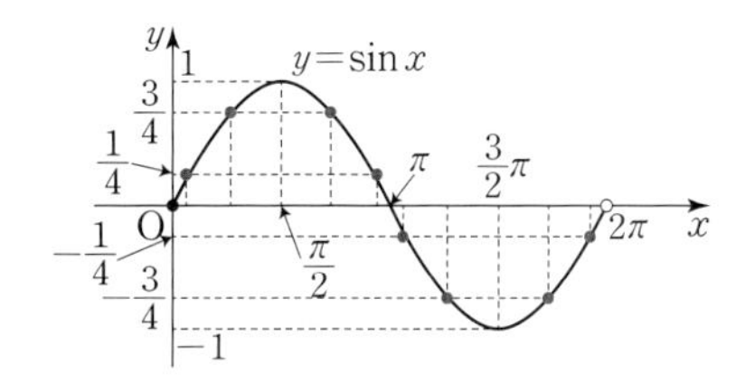

(i) $\sin x=\frac{1}{4}$인 x의 값은 직선 $x=\frac{\pi}{2}$에 대하여 대칭이므로 x의 값의 합은 π

(ii) $\sin x=\frac{3}{4}$인 x의 값은 직선 $x=\frac{\pi}{2}$에 대하여 대칭이므로 x의 값의 합은 π

(iii) $\sin x=-\frac{1}{4}$인 x의 값은 직선 $x=\frac{3}{2}\pi$에 대하여 대칭이므로 x의 값의 합은 3π

(iv) $\sin x=-\frac{3}{4}$인 x의 값은 직선 $x=\frac{3}{2}\pi$에 대하여 대칭이므로 x의 값의 합은 3π

(i)~(iv)에서 모든 x의 값의 합은

$\pi+\pi+3\pi+3\pi=8\pi$

보충 설명

$f(g(x))=A$ 꼴의 방정식을 풀 때에는 먼저 $f(B)=A$를 만족시키는 B의 값을 찾는다. 이때 B의 값은 주어진 x의 값의 범위에서 $g(x)$의 치역에 포함되어야 한다. 그 다음에 방정식 $g(x)=B$를 푼다.

19 **접근 방법** | (1) 주어진 이차부등식이 항상 성립하기 위해서는 이차함수의 그래프가 x축과 접하거나 x축보다 위에 있는 영역에 그려져야 하므로 이차방정식의 판별식 D에 대하여 $D\le 0$이어야 한다.

(2) 주어진 부등식을 정리하여 얻은 $\sin x$에 대한 이차부등식이 모든 실수 x에 대하여 성립하기 위해서는 $\sin x$의 최솟값을 따져 보아야 한다.

(1) 임의의 실수 x에 대하여 이차부등식

$x^2-2x\cos\theta+\sin\theta+1\ge 0$이 성립해야 하므로 이차방정식 $x^2-2x\cos\theta+\sin\theta+1=0$의 판별식을 D라고 하면

$\frac{D}{4}=\cos^2\theta-(\sin\theta+1)\le 0$

$(1-\sin^2\theta)-\sin\theta-1\le 0$

$\sin^2\theta+\sin\theta\ge 0$

$\sin\theta(\sin\theta+1)\ge 0$

$\therefore \sin\theta\le -1$ 또는 $\sin\theta\ge 0$

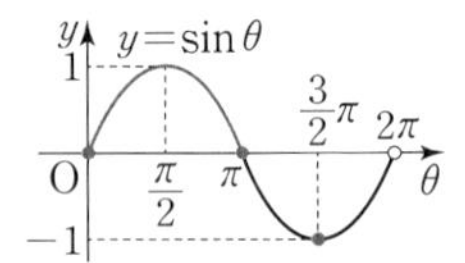

따라서 위의 그림에서 구하는 θ의 값의 범위는

$0\le\theta\le\pi$ 또는 $\theta=\frac{3}{2}\pi$

(2) $\cos^2 x+(a+2)\sin x-(2a+1)>0$에서

$(1-\sin^2 x)+(a+2)\sin x-(2a+1)>0$

$\sin^2 x-(a+2)\sin x+2a<0$

$(\sin x-2)(\sin x-a)<0$

$\sin x-a>0$ ($\because \sin x-2<0$)

$\therefore \sin x>a$

따라서 이 부등식이 모든 실수 x에 대하여 성립하려면 $a<-1$이어야 한다.

보충 설명

(2)에서 $-1\le\sin x\le 1$이므로 모든 실수 x에 대하여 $\sin x>a$가 성립하기 위한 a의 값의 범위는 $\sin x$의 최솟값인 -1보다 작은 범위, 즉 $a<-1$이다.

만일 $a=-1$이면 $\sin\frac{3}{2}\pi=-1$이므로 $\sin x>a$를 만족시키지 않는 x가 존재하게 된다. 따라서 $a\ne -1$임에 주의한다.

20 **접근 방법** | 주어진 이차방정식이 두 개의 실근을 가지려면 판별식 D가 0보다 크거나 같아야 한다. 이때 두 실근이 모두 양수이려면 두 근의 합과 곱이 모두 0보다 크면 된다.

x에 대한 이차방정식

$x^2+2x\cos\theta+\sin^2\theta-\sin\theta+1=0$ …… ㉠

이 두 개의 양의 실근을 가지므로 이 이차방정식의 판별식을 D라고 하면

$\frac{D}{4}=\cos^2\theta-(\sin^2\theta-\sin\theta+1)\ge 0$

$(1-\sin^2\theta)-\sin^2\theta+\sin\theta-1\ge 0$

$2\sin^2\theta-\sin\theta\le 0$

$\sin\theta(2\sin\theta-1)\le 0$

$\therefore 0\le\sin\theta\le\frac{1}{2}$

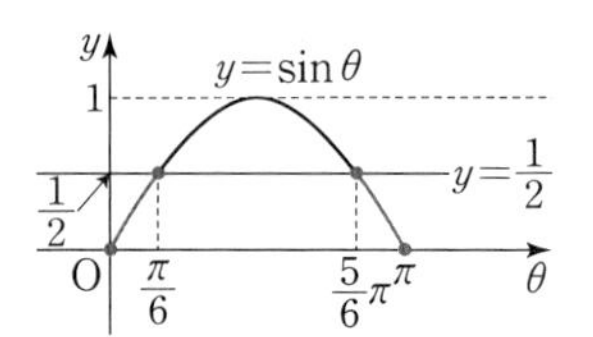

즉, 위의 그림에서

$0\le\theta\le\pi$에서 부등식 $0\le\sin\theta\le\frac{1}{2}$을 만족시키는 θ의 값의 범위는

$0\le\theta\le\frac{\pi}{6}$ 또는 $\frac{5}{6}\pi\le\theta\le\pi$ …… ㉡

또한 ㉠이 두 개의 양의 실근을 가지므로

(두 근의 합)>0, (두 근의 곱)>0

이어야 한다.

즉, 이차방정식의 근과 계수의 관계에 의하여

$-2\cos\theta>0$ …… ㉢

$\sin^2\theta-\sin\theta+1>0$ …… ㉣

㉢에서 $\cos\theta<0$

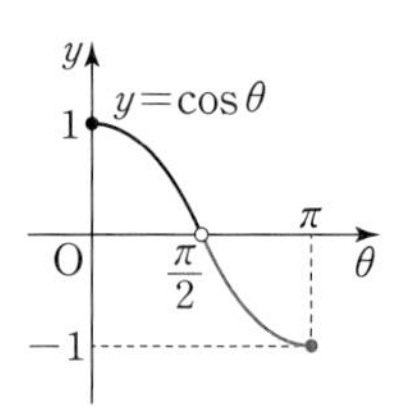

즉, 위의 그림에서

$0\le\theta\le\pi$에서 부등식 $\cos\theta<0$을 만족시키는 θ의 값의 범위는

$\frac{\pi}{2}<\theta\le\pi$ …… ㉤

㉣에서 $\left(\sin\theta-\frac{1}{2}\right)^2+\frac{3}{4}>0$이므로 임의의 θ에 대하여 항상 성립한다. …… ㉥

따라서 ㉡, ㉤, ㉥을 동시에 만족시키는 θ의 값의 범위는

$\frac{5}{6}\pi\le\theta\le\pi$

⊕ 보충 설명

이차방정식의 근의 존재 범위

이차방정식 $ax^2+bx+c=0$의 판별식을 D, 두 근을 α, β라고 하면

(1) 두 근이 모두 양수일 조건
➡ $D\geq 0$, $\alpha+\beta>0$, $\alpha\beta>0$

(2) 두 근이 모두 음수일 조건
➡ $D\geq 0$, $\alpha+\beta<0$, $\alpha\beta>0$

(3) 두 근의 부호가 서로 다를 조건
➡ $\alpha\beta<0$

기출 다지기 306쪽

21 ③ **22** ③ **23** ③ **24** ④

21 접근 방법 | 닫힌구간에서 주어진 탄젠트함수의 최댓값과 최솟값을 이용하여 두 상수의 곱을 구하도록 한다.

함수 $f(x)=a-\sqrt{3}\tan 2x$의 그래프의 주기는 $\frac{\pi}{2}$이다.

함수 $f(x)$가 닫힌구간 $\left[-\frac{\pi}{6}, b\right]$에서 최댓값과 최솟값을 가지므로 $y=f(x)$의 그래프는 오른쪽 그림과 같고,

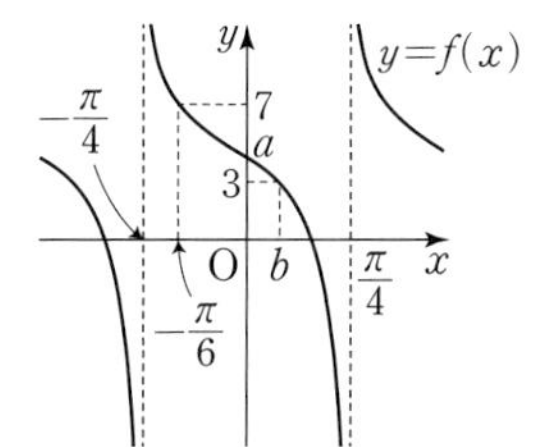

$-\frac{\pi}{6}<b<\frac{\pi}{4}$

함수 $f(x)$는 $x=-\frac{\pi}{6}$에서 최댓값 7을 가지므로

$f\left(-\frac{\pi}{6}\right)=a-\sqrt{3}\tan\left(-\frac{\pi}{3}\right)=7$에서

$a+\sqrt{3}\tan\frac{\pi}{3}=7$, $a+3=7$

$\therefore a=4$

함수 $f(x)$는 $x=b$에서 최솟값 3을 가지므로

$f(b)=4-\sqrt{3}\tan 2b=3$에서

$\tan 2b=\frac{\sqrt{3}}{3}$

이때 $-\frac{\pi}{3}<2b<\frac{\pi}{2}$이므로

$2b=\frac{\pi}{6}$ $\quad\therefore b=\frac{\pi}{12}$

$\therefore a\times b=4\times\frac{\pi}{12}=\frac{\pi}{3}$

22 접근 방법 | $\cos^2\left(x-\frac{3}{4}\pi\right)=\sin^2\left(x-\frac{\pi}{4}\right)$이므로 $\cos\left(x-\frac{\pi}{4}\right)=t$로 치환하여 이차함수에서 최댓값과 최솟값을 정하도록 한다.

$$\begin{aligned}f(x)&=\cos^2\left(x-\frac{3}{4}\pi\right)-\cos\left(x-\frac{\pi}{4}\right)+k\\&=\cos^2\left(x-\frac{\pi}{4}-\frac{\pi}{2}\right)-\cos\left(x-\frac{\pi}{4}\right)+k\\&=\cos^2\left\{\frac{\pi}{2}-\left(x-\frac{\pi}{4}\right)\right\}-\cos\left(x-\frac{\pi}{4}\right)+k\\&=\sin^2\left(x-\frac{\pi}{4}\right)-\cos\left(x-\frac{\pi}{4}\right)+k\\&=1-\cos^2\left(x-\frac{\pi}{4}\right)-\cos\left(x-\frac{\pi}{4}\right)+k\\&=-\cos^2\left(x-\frac{\pi}{4}\right)-\cos\left(x-\frac{\pi}{4}\right)+k+1\end{aligned}$$

$\cos\left(x-\frac{\pi}{4}\right)=t$로 놓으면 $-1\leq t\leq 1$이고

$$\begin{aligned}f(x)&=-t^2-t+k+1\\&=-\left(t+\frac{1}{2}\right)^2+k+\frac{5}{4}\end{aligned}$$

에서 $t=-\frac{1}{2}$일 때 최댓값 $k+\frac{5}{4}$, $t=1$일 때 최솟값 $k-1$을 갖는다.

즉, 최댓값 $k+\frac{5}{4}=3$에서 $k=\frac{7}{4}$이므로

$m=k-1=\frac{7}{4}-1=\frac{3}{4}$

$\therefore k+m=\frac{7}{4}+\frac{3}{4}=\frac{5}{2}$

23 접근 방법 | 삼각함수의 그래프의 성질을 이용하여 조건을 만족시키는 정삼각형의 넓이를 구하도록 한다.

$\frac{\pi}{\frac{\pi}{a}}=a$이므로 함수 $f(x)$의 주기는 a이다.

직선 AB는 원점을 지나고 △ABC가 정삼각형이므로 직선 AB의 기울기는 $\tan 60°=\sqrt{3}$이다.

양수 t에 대하여 $\mathrm{B}(t, \sqrt{3}t)$로 놓으면

$\mathrm{A}(-t, -\sqrt{3}t)$이고 $\overline{\mathrm{AB}}=\sqrt{(2t)^2+(2\sqrt{3}t)^2}=4t$

이때 함수 $f(x)$의 주기가 a이므로

$\overline{\mathrm{AC}}=4t=a$이고

$\mathrm{C}(-t+a, -\sqrt{3}t)$, 즉 $\mathrm{C}(3t, -\sqrt{3}t)$

점 C가 곡선 $y=\tan\frac{\pi x}{a}=\tan\frac{\pi x}{4t}$ 위의 점이므로

$-\sqrt{3}t=\tan\frac{\pi\times 3t}{4t}$에서

$-\sqrt{3}t=\tan\frac{3}{4}\pi$, $-\sqrt{3}t=-1$

$\therefore\ t=\frac{1}{\sqrt{3}}$

따라서 삼각형 ABC의 넓이는

$\frac{\sqrt{3}}{4}\times(4t)^2=\frac{\sqrt{3}}{4}\times\left(\frac{4}{\sqrt{3}}\right)^2=\frac{4\sqrt{3}}{3}$

24 **접근 방법** | $ax-\frac{\pi}{3}=t$로 치환하여 삼각방정식을 풀고, 그 실근의 개수와 실근의 합을 이용하여 상수를 정하도록 한다.

함수 $y=f(x)$의 그래프가 직선 $y=2$와 만나는 점의 x좌표는 $0\le x<\frac{4}{a}\pi$일 때 방정식

$\left|4\sin\left(ax-\frac{\pi}{3}\right)+2\right|=2$ ...... ㉠

의 실근과 같다.

$ax-\frac{\pi}{3}=t$로 놓으면

$|4\sin t+2|=2$에서 $4\sin t+2=\pm2$

$4\sin t=0$ 또는 $4\sin t=-4$

$\therefore\ \sin t=0$ 또는 $\sin t=-1$

이때 $0\le x<\frac{4}{a}\pi$에서 $-\frac{\pi}{3}\le t<\frac{11}{3}\pi$이므로

$t=0,\ \pi,\ \frac{3}{2}\pi,\ 2\pi,\ 3\pi,\ \frac{7}{2}\pi$

따라서 $n=6$이고 6개의 실근의 합은 11π이다.

이때 방정식 ㉠의 해를 각각 $x_1,\ x_2,\ \cdots,\ x_6$이라고 하면 그 합이 39이므로

$\left(ax_1-\frac{\pi}{3}\right)+\left(ax_2-\frac{\pi}{3}\right)+\cdots+\left(ax_6-\frac{\pi}{3}\right)=11\pi$

$a(x_1+x_2+\cdots+x_6)-\frac{\pi}{3}\times6=11\pi$

$39a-2\pi=11\pi$ $\qquad\therefore\ a=\frac{\pi}{3}$

$\therefore\ n\times a=6\times\frac{\pi}{3}=2\pi$

08. 삼각함수의 활용

개념 콕콕 1 사인법칙과 코사인법칙 313쪽

1 답 (1) $2\sqrt{6}$ (2) $\frac{8\sqrt{3}}{3}$ (3) $\frac{1}{2}$ (4) $\frac{5}{8}$

(1) $\frac{c}{\sin45^\circ}=\frac{6}{\sin60^\circ}$이므로 $c\sin60^\circ=6\sin45^\circ$

$\frac{\sqrt{3}}{2}c=6\times\frac{\sqrt{2}}{2}$ $\qquad\therefore\ c=2\sqrt{6}$

(2) $C=180^\circ-(120^\circ+30^\circ)=30^\circ$

$\frac{c}{\sin30^\circ}=\frac{8}{\sin120^\circ}$이므로 $c\sin120^\circ=8\sin30^\circ$

$\frac{\sqrt{3}}{2}c=8\times\frac{1}{2}$ $\qquad\therefore\ c=\frac{8\sqrt{3}}{3}$

(3) $\frac{3}{\sin A}=\frac{3\sqrt{2}}{\sin135^\circ}$이므로 $3\sqrt{2}\sin A=3\sin135^\circ$

$\therefore\ \sin A=3\times\frac{\sqrt{2}}{2}\times\frac{1}{3\sqrt{2}}=\frac{1}{2}$

(4) $\frac{4\sqrt{3}}{\sin120^\circ}=\frac{5}{\sin B}$이므로 $4\sqrt{3}\sin B=5\sin120^\circ$

$\therefore\ \sin B=5\times\frac{\sqrt{3}}{2}\times\frac{1}{4\sqrt{3}}=\frac{5}{8}$

2 답 (1) 3 : 2 : 5 (2) $1:1:\sqrt{2}$

(1) $(a+b):(b+c):(c+a)=5:7:8$이므로

$a+b=5k,\ b+c=7k,\ c+a=8k\ (k>0)$라 하고,

위의 세 식을 변끼리 더하면

$2(a+b+c)=20k$

$\therefore\ a+b+c=10k$

$\therefore\ a=3k,\ b=2k,\ c=5k$

삼각형 ABC에서 외접원의 반지름의 길이를 R이라고 하면 사인법칙에 의하여

$\sin A:\sin B:\sin C=\frac{a}{2R}:\frac{b}{2R}:\frac{c}{2R}$

$=a:b:c$

$=3k:2k:5k$

$=3:2:5$

(2) $A+B+C=180^\circ$이므로

$A=180^\circ\times\frac{1}{4}=45^\circ$, $B=180^\circ\times\frac{1}{4}=45^\circ$,

$C=180^\circ\times\frac{2}{4}=90^\circ$

삼각형 ABC에서 외접원의 반지름의 길이를 R이라고 하면 사인법칙에 의하여

$$a : b : c = 2R\sin A : 2R\sin B : 2R\sin C$$
$$= \sin A : \sin B : \sin C$$
$$= \sin 45° : \sin 45° : \sin 90°$$
$$= \frac{\sqrt{2}}{2} : \frac{\sqrt{2}}{2} : 1 = 1 : 1 : \sqrt{2}$$

3 답 (1) $4\sqrt{3}$ (2) 3

삼각형 ABC의 외접원의 반지름의 길이를 R이라고 하자.

(1) 사인법칙에 의하여 $\frac{12}{\sin 60°} = 2R$이므로

$$R = \frac{12}{\frac{\sqrt{3}}{2}} \times \frac{1}{2} = 4\sqrt{3}$$

(2) $A+B+C=180°$이므로

$A = 180° - (60° + 90°) = 30°$

사인법칙에 의하여 $\frac{3}{\sin 30°} = 2R$이므로

$$R = \frac{3}{\frac{1}{2}} \times \frac{1}{2} = 3$$

4 답 (1) $\sqrt{3}$ (2) $\sqrt{5}$ (3) $\frac{1}{7}$ (4) $\frac{1}{5}$

(1) $c^2 = (2\sqrt{3})^2 + 3^2 - 2 \times 2\sqrt{3} \times 3 \times \cos 30°$

$= 12 + 9 - 12\sqrt{3} \times \frac{\sqrt{3}}{2} = 3$

$\therefore c = \sqrt{3}$

(2) $a^2 = 3^2 + (2\sqrt{2})^2 - 2 \times 3 \times 2\sqrt{2} \times \cos 45°$

$= 9 + 8 - 12\sqrt{2} \times \frac{\sqrt{2}}{2} = 5$

$\therefore a = \sqrt{5}$

(3) $\cos C = \frac{5^2 + 7^2 - 8^2}{2 \times 5 \times 7} = \frac{1}{7}$

(4) $\cos A = \frac{7^2 + 10^2 - 11^2}{2 \times 7 \times 10} = \frac{1}{5}$

5 답 $\frac{\sqrt{3}}{2}$

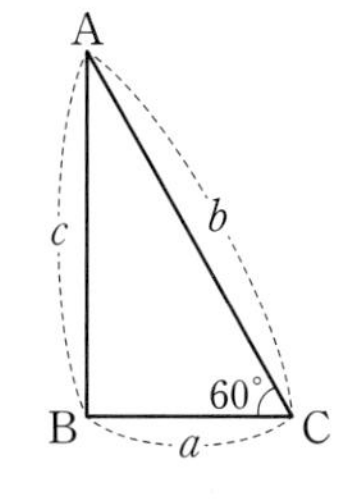

$\overline{AC} = 2\overline{BC}$이므로 $b = 2a$

삼각형 ABC에서 코사인법칙에 의하여

$c^2 = a^2 + b^2 - 2ab\cos 60°$

$= a^2 + (2a)^2 - 2 \times a \times 2a \times \frac{1}{2}$

$= 3a^2$

$a > 0$, $c > 0$이므로 $c = \sqrt{3}a$

삼각형 ABC에서 코사인법칙의 변형에 의하여

$$\cos A = \frac{(2a)^2 + (\sqrt{3}a)^2 - a^2}{2 \times 2a \times \sqrt{3}a}$$
$$= \frac{4a^2 + 3a^2 - a^2}{4\sqrt{3}a^2} = \frac{\sqrt{3}}{2}$$

예제 01 사인법칙 (1) 315쪽

01-1 답 (1) $a = 2\sqrt{2}$, $R = 2\sqrt{2}$
(2) $a = 1$ 또는 $a = 2$, $R = 1$

(1) $A + B + C = 180°$이므로

$A = 180° - (45° + 105°) = 30°$

사인법칙에 의하여 $\frac{a}{\sin 30°} = \frac{4}{\sin 45°} = 2R$이므로

$$a = \frac{4\sin 30°}{\sin 45°} = \frac{4 \times \frac{1}{2}}{\frac{\sqrt{2}}{2}} = 2\sqrt{2}$$

$$2R = \frac{4}{\sin 45°} = \frac{4}{\frac{\sqrt{2}}{2}} = 4\sqrt{2}$$

$\therefore R = 2\sqrt{2}$

(2) 사인법칙에 의하여 $\frac{1}{\sin 30°} = \frac{\sqrt{3}}{\sin C} = 2R$이므로

$$2R = \frac{1}{\sin 30°} = \frac{1}{\frac{1}{2}} = 2 \qquad \therefore R = 1$$

$$\sin C = \sqrt{3}\sin 30° = \sqrt{3} \times \frac{1}{2} = \frac{\sqrt{3}}{2}$$

$0° < C < 180°$이므로 $C = 60°$ 또는 $C = 120°$

(i) $C = 60°$일 때,

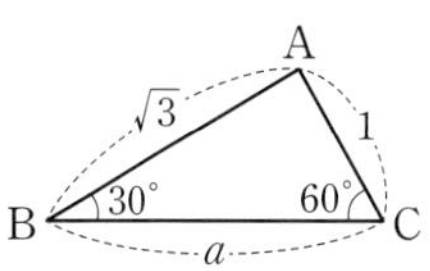

$A = 180° - (30° + 60°)$

$= 90°$

$\frac{a}{\sin 90°} = 2R$에서 $a = 2R\sin 90° = 2$

(ii) $C = 120°$일 때,

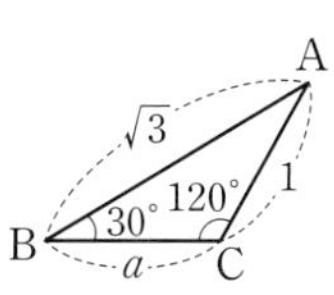

$A = 180° - (30° + 120°)$

$= 30°$

즉, 삼각형 ABC는

$A = B = 30°$인 이등변삼각형이므로 $a = 1$

(i), (ii)에서 $a = 1$ 또는 $a = 2$

01-2 답 $\frac{3}{2}$

사인법칙에 의하여

$\frac{6}{\sin A}=\frac{4}{\sin C}$이므로

$\frac{\sin A}{\sin C}=\frac{6}{4}=\frac{3}{2}$

⊕ 보충 설명

사인법칙에 의하여 다음의 등식이 성립한다.

$\frac{\sin A}{\sin B}=\frac{a}{b}$, $\frac{\sin B}{\sin C}=\frac{b}{c}$, $\frac{\sin C}{\sin A}=\frac{c}{a}$

이 등식으로부터 두 각에 대한 사인값의 비는 두 각의 대변의 길이의 비와 같음을 알 수 있다.

01-3 답 $4\sqrt{2}$

삼각형 ABC에서

$C=180°-(75°+45°)=60°$

이때 삼각형 APC에서 사인법칙에 의하여

$\frac{\overline{CP}}{\sin(\angle CAP)}=\frac{\overline{AP}}{\sin C}$ ...... ㉠

이고, $\sin C=\sin 60°=\frac{\sqrt{3}}{2}$으로 일정하므로 ㉠이 최소가 되는 것은 선분 AP의 길이가 최소일 때, 즉 선분 AP가 점 A에서 변 BC에 내린 수선일 때이다.

이때 점 A에서 변 BC에 내린 수선의 발을 H라고 하면 구하는 최솟값은

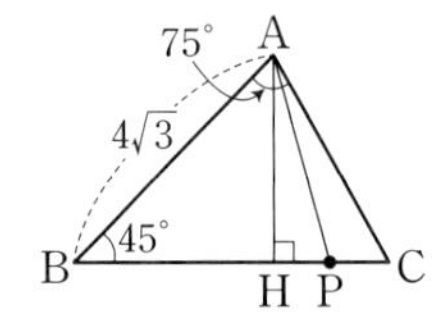

$\frac{\overline{AH}}{\sin C}=\frac{\overline{AB}\sin 45°}{\sin 60°}$

$=\frac{4\sqrt{3}\times\frac{\sqrt{2}}{2}}{\frac{\sqrt{3}}{2}}=4\sqrt{2}$

예제 02 사인법칙 (2) 317쪽

02-1 답 $3+\sqrt{3}$

$\overline{AB}=c$라고 하면

$A+B+C=180°$에서

$C=180°-(75°+45°)=60°$

이므로 사인법칙에 의하여

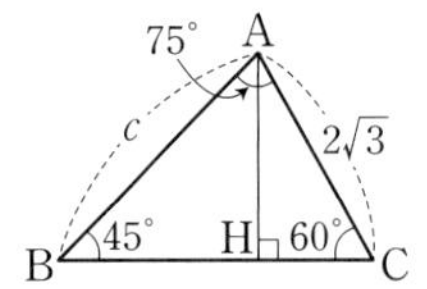

$\frac{2\sqrt{3}}{\sin 45°}=\frac{c}{\sin 60°}$

$\therefore c=\frac{2\sqrt{3}\sin 60°}{\sin 45°}=\frac{2\sqrt{3}\times\frac{\sqrt{3}}{2}}{\frac{\sqrt{2}}{2}}=3\sqrt{2}$

이때 점 A에서 변 BC에 내린 수선의 발을 H라고 하면

$\overline{BC}=\overline{BH}+\overline{HC}$

$=3\sqrt{2}\cos 45°+2\sqrt{3}\cos 60°$

$=3\sqrt{2}\times\frac{\sqrt{2}}{2}+2\sqrt{3}\times\frac{1}{2}=3+\sqrt{3}$

02-2 답 ④

$\cos B=\frac{1}{2}$, $\cos C=\frac{\sqrt{5}}{3}$에서

$\sin B=\sqrt{1-\cos^2 B}=\frac{\sqrt{3}}{2}$

$\sin C=\sqrt{1-\cos^2 C}=\frac{2}{3}$

삼각형 ABC에서 사인법칙에 의하여

$\frac{\overline{AC}}{\sin B}=\frac{\overline{AB}}{\sin C}$

$\therefore \overline{AC}=\frac{\overline{AB}\sin B}{\sin C}=\frac{4\times\frac{\sqrt{3}}{2}}{\frac{2}{3}}=3\sqrt{3}$

또한 $\overline{BC}=\overline{AB}\cos B+\overline{AC}\cos C$이므로

$\overline{BC}=4\times\frac{1}{2}+3\sqrt{3}\times\frac{\sqrt{5}}{3}$

$=2+\sqrt{15}$

02-3 답 $\sqrt{2}+\sqrt{6}$

삼각형 ABC의 외접원의 반지름의 길이가 2이므로 사인법칙에 의하여

$\frac{\overline{BC}}{\sin 60°}=\frac{\overline{AC}}{\sin 45°}=4$

$\therefore \overline{AC}=4\sin 45°=2\sqrt{2}$, $\overline{BC}=4\sin 60°=2\sqrt{3}$

이때 삼각형 ABC에서

$\overline{AB}=\overline{AC}\cos 60°+\overline{BC}\cos 45°$이므로

$\overline{AB}=2\sqrt{2}\times\frac{1}{2}+2\sqrt{3}\times\frac{\sqrt{2}}{2}$

$=\sqrt{2}+\sqrt{6}$

다른 풀이

삼각형 ABC에서 $A=60°$이고, 사인법칙에 의하여

$\overline{AC}=2\sqrt{2}$, $\overline{BC}=2\sqrt{3}$이므로

$\overline{AB}=x$라고 하면 코사인법칙에 의하여

$(2\sqrt{3})^2=(2\sqrt{2})^2+x^2-2\times 2\sqrt{2}\times x\times\cos 60°$

$x^2-2\sqrt{2}x-4=0$

$\therefore x=\sqrt{2}+\sqrt{(\sqrt{2})^2-(-4)}$

$=\sqrt{2}+\sqrt{6}$ ($\because x>0$)

예제 03 코사인법칙 (1) 319쪽

03-1 답 (1) $7-2\sqrt{6}$ (2) $12:9:2$

(1) 삼각형 ABC에서 코사인법칙에 의하여

$$b^2=(\sqrt{3})^2+2^2-2\times\sqrt{3}\times2\times\cos45^\circ$$
$$=7-2\sqrt{6}$$

(2) 삼각형 ABC에서 코사인법칙의 변형에 의하여

$$\cos A:\cos B:\cos C$$
$$=\frac{b^2+c^2-a^2}{2bc}:\frac{c^2+a^2-b^2}{2ca}:\frac{a^2+b^2-c^2}{2ab}$$
$$=\frac{5^2+6^2-4^2}{2\times5\times6}:\frac{6^2+4^2-5^2}{2\times6\times4}:\frac{4^2+5^2-6^2}{2\times4\times5}$$
$$=12:9:2$$

03-2 답 $-\frac{1}{2}$

길이가 가장 긴 변에 대한 대각의 크기가 가장 크므로 세 변의 길이를 $a=3$, $b=5$, $c=7$이라고 하면 $\angle$C의 크기가 가장 크다.
즉, $\theta=C$이므로 코사인법칙의 변형에 의하여

$$\cos\theta=\frac{3^2+5^2-7^2}{2\times3\times5}=-\frac{1}{2}$$

03-3 답 $\frac{2}{3}$

코사인법칙의 변형에 의하여

$$\cos C=\frac{a^2+b^2-c^2}{2ab}$$

$a^2+b^2=3c^2$에서 $c^2=\frac{a^2+b^2}{3}$이므로

$$\frac{a^2+b^2-\frac{a^2+b^2}{3}}{2ab}=\frac{a^2+b^2}{3ab}=\frac{1}{3}\left(\frac{a}{b}+\frac{b}{a}\right)$$

이때 $\frac{a}{b}>0$, $\frac{b}{a}>0$이므로 산술평균과 기하평균의 관계에 의하여

$$\cos C=\frac{1}{3}\left(\frac{a}{b}+\frac{b}{a}\right)\geq\frac{1}{3}\times2\sqrt{\frac{a}{b}\times\frac{b}{a}}=\frac{2}{3}$$

(단, 등호는 $a=b$일 때 성립)

따라서 구하는 $\cos C$의 최솟값은 $\frac{2}{3}$이다.

보충 설명

산술평균, 기하평균의 관계는 다음과 같다.
$a>0$, $b>0$일 때,
$\frac{a+b}{2}\geq\sqrt{ab}$ (단, 등호는 $a=b$일 때 성립)

예제 04 코사인법칙 (2) 321쪽

04-1 답 $\frac{3}{5}$

정사각형의 한 변의 길이가 3이므로
$\overline{BE}=\overline{FD}=1$, $\overline{EC}=\overline{CF}=2$
$\therefore$ $\overline{AE}=\overline{AF}=\sqrt{3^2+1^2}=\sqrt{10}$
$\overline{EF}=\sqrt{2^2+2^2}=2\sqrt{2}$
따라서 삼각형 AEF에서 코사인법칙의 변형에 의하여

$$\cos\theta=\frac{(\sqrt{10})^2+(\sqrt{10})^2-(2\sqrt{2})^2}{2\times\sqrt{10}\times\sqrt{10}}=\frac{3}{5}$$

04-2 답 ⑤

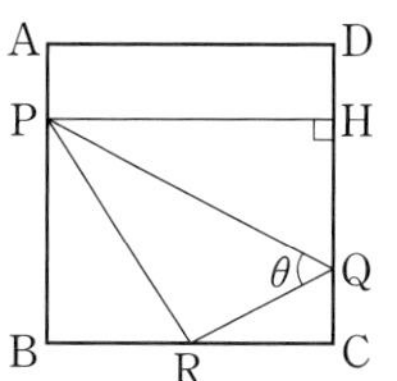

정사각형 ABCD의 한 변의 길이를 $4k$ $(k>0)$라 하고, 점 P에서 변 CD에 내린 수선의 발을 H라고 하자.
직각삼각형 PQH에서
$\overline{QH}=2k$, $\overline{PH}=4k$이므로
$\overline{PQ}=\sqrt{4k^2+16k^2}=2\sqrt{5}k$ ($\because$ $k>0$)
직각삼각형 QRC에서 $\overline{CQ}=k$, $\overline{RC}=2k$이므로
$\overline{QR}=\sqrt{k^2+4k^2}=\sqrt{5}k$ ($\because$ $k>0$)
직각삼각형 PBR에서 $\overline{BR}=2k$, $\overline{PB}=3k$이므로
$\overline{RP}=\sqrt{4k^2+9k^2}=\sqrt{13}k$ ($\because$ $k>0$)
삼각형 PQR에서 코사인법칙의 변형에 의하여

$$\cos\theta=\frac{(2\sqrt{5}k)^2+(\sqrt{5}k)^2-(\sqrt{13}k)^2}{2\times2\sqrt{5}k\times\sqrt{5}k}=\frac{12k^2}{20k^2}=\frac{3}{5}$$

$0^\circ<\theta<180^\circ$이므로

$$\sin\theta=\sqrt{1-\cos^2\theta}=\sqrt{1-\left(\frac{3}{5}\right)^2}=\frac{4}{5}$$

04-3 답 $\frac{4\sqrt{3}}{3}$

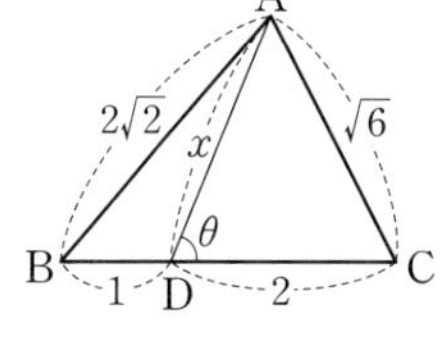

$\angle$ADC$=\theta$라고 하면
$\angle$ADB$=180^\circ-\theta$
$\overline{AD}=x$라고 하면 삼각형 ADC에서 코사인법칙의 변형에 의하여

$$\cos\theta=\frac{2^2+x^2-(\sqrt{6})^2}{2\times2\times x}=\frac{x^2-2}{4x} \quad \cdots\cdots ㉠$$

삼각형 ABD에서 코사인법칙의 변형에 의하여

$$\cos(180^\circ-\theta)=\frac{1^2+x^2-(2\sqrt{2})^2}{2\times1\times x}=\frac{x^2-7}{2x} \quad \cdots\cdots ㉡$$

$\cos(180^\circ-\theta)=-\cos\theta$이므로

㉠, ㉡에서 $\frac{x^2-2}{4x}=-\frac{x^2-7}{2x}$

$x\neq0$이므로 $x^2-2=-2(x^2-7)$, $3x^2=16$

$x^2=\frac{16}{3}$ $\therefore x=\frac{4\sqrt{3}}{3}$ ($\because x>0$)

따라서 $\overline{AD}$의 길이는 $\frac{4\sqrt{3}}{3}$이다.

예제 05 원에서의 사인법칙, 코사인법칙 323쪽

05-1 답 6

$\angle ABC=60°$이고

$\angle ABC+\angle CDA=180°$이므로

$\angle CDA=120°$

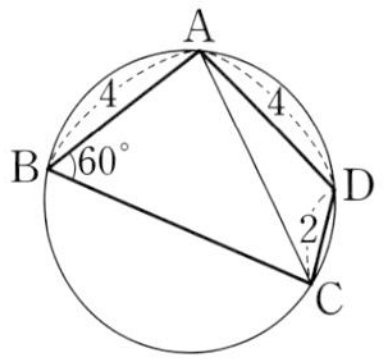

오른쪽 그림과 같이 선분 AC를 그으면 삼각형 ACD에서 코사인법칙에 의하여

$\overline{AC}^2=4^2+2^2-2\times4\times2\times\cos120°$

$=16+4+8=28$ ...... ㉠

또한 삼각형 ABC에서 $\overline{BC}=x$ $(x>0)$라고 하면 코사인법칙에 의하여

$\overline{AC}^2=4^2+x^2-2\times4\times x\times\cos60°$

$=x^2-4x+16$ ...... ㉡

㉠, ㉡에서

$28=x^2-4x+16$, $x^2-4x-12=0$

$(x+2)(x-6)=0$ $\therefore x=6$ ($\because x>0$)

따라서 $\overline{BC}$의 길이는 6이다.

05-2 답 $\sqrt{19}$

삼각형 ABD에서 코사인법칙에 의하여

$\overline{BD}^2=3^2+2^2-2\times3\times2\times\cos120°$

$=9+4+6=19$

$\therefore \overline{BD}=\sqrt{19}$

$\angle BAD=120°$이므로 $\angle BCD=180°-120°=60°$

$\overline{BC}=\overline{BD}$이므로

$\angle BDC=\angle BCD=60°$ $\therefore \angle DBC=60°$

즉, 삼각형 BCD는 한 변의 길이가 $\sqrt{19}$인 정삼각형이므로

$\overline{CD}=\overline{BD}=\sqrt{19}$

05-3 답 2

삼각형 ABC의 외접원의 반지름의 길이가 $2\sqrt{7}$이므로 사인법칙에 의하여

$\frac{\overline{BC}}{\sin(\angle BAC)}=4\sqrt{7}$

$\therefore \overline{BC}=4\sqrt{7}\sin\frac{\pi}{3}=4\sqrt{7}\times\frac{\sqrt{3}}{2}=2\sqrt{21}$

또한 삼각형 BCD의 외접원의 반지름의 길이도 $2\sqrt{7}$이므로 삼각형 BCD에서 사인법칙에 의하여

$\frac{\overline{BD}}{\sin(\angle BCD)}=4\sqrt{7}$

$\therefore \overline{BD}=4\sqrt{7}\sin(\angle BCD)=4\sqrt{7}\times\frac{2\sqrt{7}}{7}=8$

한편, $\angle BDC=\pi-\angle BAC=\frac{2}{3}\pi$이므로

$\overline{CD}=x$ $(x>0)$라고 하면 삼각형 BCD에서 코사인법칙에 의하여

$(2\sqrt{21})^2=x^2+8^2-2\times x\times8\times\cos\frac{2}{3}\pi$

$x^2+8x-20=0$, $(x-2)(x+10)=0$

$\therefore x=2$ ($\because x>0$)

따라서 $\overline{CD}$의 길이는 2이다.

예제 06 삼각형의 모양 325쪽

06-1 답 (1) $a=c$인 이등변삼각형 (2) $a=b$인 이등변삼각형

(1) 삼각형 ABC의 외접원의 반지름의 길이를 R이라고 하면 사인법칙에 의하여

$\sin A=\frac{a}{2R}$, $\sin B=\frac{b}{2R}$, $\sin C=\frac{c}{2R}$ ...... ㉠

코사인법칙의 변형에 의하여

$\cos C=\frac{a^2+b^2-c^2}{2ab}$ ...... ㉡

㉠, ㉡을 $\sin A+\sin B=2\sin A\cos C+\sin C$에 대입하면

$\frac{a}{2R}+\frac{b}{2R}=2\times\frac{a}{2R}\times\frac{a^2+b^2-c^2}{2ab}+\frac{c}{2R}$

$ab+b^2=a^2+b^2-c^2+bc$

$a^2-c^2-ab+bc=0$

$(a+c)(a-c)-b(a-c)=0$

$\therefore (a-c)(a+c-b)=0$

이때 $a+c-b\neq0$이므로 $a=c$

따라서 삼각형 ABC는 $a=c$인 이등변삼각형이다.

(2) $a\tan B=b\tan A$에서

$a\times\frac{\sin B}{\cos B}=b\times\frac{\sin A}{\cos A}$

$a\sin B\cos A=b\sin A\cos B$

삼각형 ABC의 외접원의 반지름의 길이를 R이라고 하면 사인법칙에 의하여

$a\times\frac{b}{2R}\times\cos A=b\times\frac{a}{2R}\times\cos B$

$\therefore \cos A=\cos B$

이때 $0<A<\pi$, $0<B<\pi$이므로 $A=B$

따라서 삼각형 ABC는 $A=B$, 즉 $a=b$인 이등변삼각형이다.

다른 풀이

(2) $a\tan B=b\tan A$에서 $a\times\frac{\sin B}{\cos B}=b\times\frac{\sin A}{\cos A}$

$a\sin B\cos A=b\sin A\cos B$

삼각형 ABC의 외접원의 반지름의 길이를 R이라고 하면 사인법칙과 코사인법칙의 변형에 의하여

$a\times\frac{b}{2R}\times\frac{b^2+c^2-a^2}{2bc}=b\times\frac{a}{2R}\times\frac{c^2+a^2-b^2}{2ca}$

$a(b^2+c^2-a^2)=b(c^2+a^2-b^2)$

$ab^2+ac^2-a^3-bc^2-a^2b+b^3=0$

$(a^3-b^3)+(a^2b-ab^2)-(c^2a-bc^2)=0$

$(a-b)(a^2+ab+b^2)+ab(a-b)-c^2(a-b)=0$

$(a-b)\{(a+b)^2-c^2\}=0$

$\therefore (a-b)(a+b+c)(a+b-c)=0$

이때 $a+b+c\neq0$, $a+b-c\neq0$이므로 $a=b$

따라서 삼각형 ABC는 $a=b$인 이등변삼각형이다.

06-2 답 정삼각형

삼각형 ABC의 외접원의 반지름의 길이를 R이라고 하면 사인법칙에 의하여

$\sin A=\frac{a}{2R}$, $\sin B=\frac{b}{2R}$, $\sin C=\frac{c}{2R}$

이므로 (가)의 식에 대입하면

$\frac{a}{2R}+\frac{b}{2R}=2\times\frac{c}{2R}$

$\therefore a+b=2c$ ······ ㉠

또한 삼각형 ABC에서 코사인법칙의 변형에 의하여

$\cos A=\frac{b^2+c^2-a^2}{2bc}$, $\cos B=\frac{c^2+a^2-b^2}{2ca}$,

$\cos C=\frac{a^2+b^2-c^2}{2ab}$

이므로 (나)의 식에 대입하면

$\frac{b^2+c^2-a^2}{2bc}+\frac{c^2+a^2-b^2}{2ca}=2\times\frac{a^2+b^2-c^2}{2ab}$

$a(b^2+c^2-a^2)+b(c^2+a^2-b^2)=2c(a^2+b^2-c^2)$

$ab^2+c^2a-a^3+bc^2+a^2b-b^3-2ca^2-2b^2c+2c^3=0$

$a^2(-a+b-2c)+b^2(a-b-2c)+c^2(a+b+2c)=0$

이 식에 ㉠을 대입하면

$-2a^3-2b^3+\frac{(a+b)^2}{4}\times2(a+b)=0$

$4a^3+4b^3-(a+b)^3=0$

$4(a+b)(a^2-ab+b^2)-(a+b)(a^2+2ab+b^2)=0$

$(a+b)(3a^2-6ab+3b^2)=0$

$\therefore 3(a+b)(a-b)^2=0$

이때 $a+b\neq0$이므로 $a=b$

㉠에서 $2c=a+b=2a$이므로 $c=a$

따라서 $a=b=c$이므로 삼각형 ABC는 정삼각형이다.

06-3 답 5

삼각형 ABC의 외접원의 반지름의 길이를 R이라고 하면 사인법칙에 의하여

$\sin A=\frac{a}{2R}$, $\sin B=\frac{b}{2R}$, $\sin C=\frac{c}{2R}$ ······ ㉠

(가)에서

$(1-\sin^2 A)+(1-\sin^2 B)=1+(1-\sin^2 C)$

$\sin^2 A+\sin^2 B=\sin^2 C$

이 식에 ㉠을 대입하면

$\left(\frac{a}{2R}\right)^2+\left(\frac{b}{2R}\right)^2=\left(\frac{c}{2R}\right)^2$

즉, $a^2+b^2=c^2$이므로 삼각형 ABC는 $C=90°$인 직각삼각형이다.

이때 $\tan A=\frac{a}{b}$, $\tan B=\frac{b}{a}$이고, $C=\frac{\pi}{2}$이므로

$\tan\left(\frac{\pi}{4}-C\right)=\tan\left(\frac{\pi}{4}-\frac{\pi}{2}\right)=\tan\left(-\frac{\pi}{4}\right)=-\tan\frac{\pi}{4}$
$=-1$

(나)에서

$2\tan A+2=\tan B-\tan\left(\frac{\pi}{4}-C\right)$

$2\times\frac{a}{b}+2=\frac{b}{a}-(-1)$, $\frac{2a}{b}-\frac{b}{a}+1=0$

$2a^2+ab-b^2=0$ $\quad\therefore (2a-b)(a+b)=0$

이때 $a+b\neq0$이므로 $b=2a$

직각삼각형 ABC의 넓이는

$\frac{1}{2}ab=\frac{1}{2}\times a\times2a=a^2=20$이므로

$c^2=a^2+b^2=a^2+4a^2=5a^2=5\times20=100$

$\therefore c=10$

따라서 직각삼각형 ABC의 외접원의 반지름의 길이는 빗변의 길이의 $\frac{1}{2}$이므로

$\frac{1}{2}c=\frac{1}{2}\times 10=5$

예제 07 사인법칙의 활용 327쪽

07-1 답 $\frac{7\sqrt{3}}{3}$ cm

코사인법칙의 변형에 의하여

$\cos C=\frac{3^2+5^2-7^2}{2\times 3\times 5}=-\frac{1}{2}$

$0^\circ<C<180^\circ$이므로

$\sin C=\sqrt{1-\cos^2 C}=\sqrt{1-\left(-\frac{1}{2}\right)^2}=\frac{\sqrt{3}}{2}$

삼각형 ABC의 외접원의 반지름의 길이를 R cm라고 하면 사인법칙에 의하여

$2R=\frac{c}{\sin C}$

$\therefore\ R=\frac{c}{2\sin C}=\frac{7}{2\times\frac{\sqrt{3}}{2}}=\frac{7\sqrt{3}}{3}$

따라서 장신구의 반지름의 길이는 $\frac{7\sqrt{3}}{3}$ cm이다.

07-2 답 $400\sqrt{2}$ m

삼각형 ABC에서

$C=180^\circ-(30^\circ+105^\circ)=45^\circ$

이때 삼각형 ABC의 외접원의 반지름의 길이를 R m라고 하면 사인법칙에 의하여

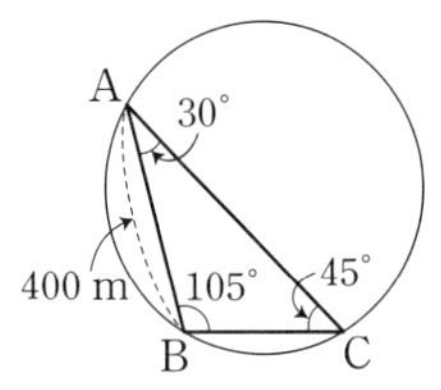

$\frac{400}{\sin C}=\frac{400}{\sin 45^\circ}=2R$

$\therefore\ R=\frac{200}{\sin 45^\circ}=\frac{200}{\frac{\sqrt{2}}{2}}=200\sqrt{2}$

따라서 호수의 지름의 길이는

$2\times 200\sqrt{2}=400\sqrt{2}$(m)

07-3 답 13.25 m

다음 그림과 같이 나무의 바닥 지점을 O, 바닥에서 1 m 위의 지점을 A, 각도 측정기의 위치를 B, 나무의 꼭대기를 C라고 하자.

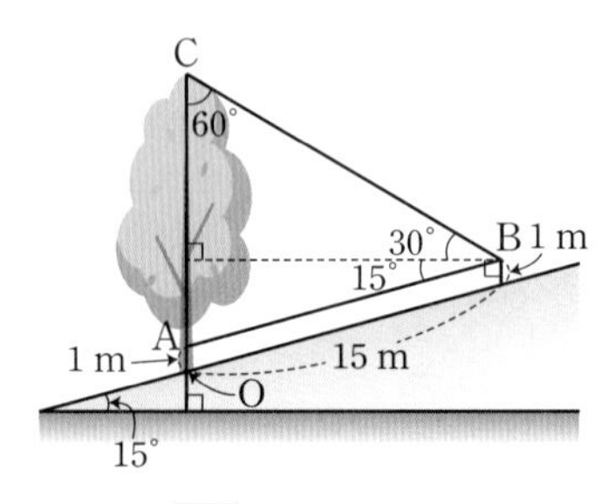

삼각형 ABC에서 $\overline{AB}=15$ m, $\angle ACB=60^\circ$, $\angle ABC=45^\circ$이므로 사인법칙에 의하여

$\frac{\overline{AC}}{\sin 45^\circ}=\frac{15}{\sin 60^\circ}$, $\frac{\overline{AC}}{\frac{\sqrt{2}}{2}}=\frac{15}{\frac{\sqrt{3}}{2}}$

$\therefore\ \overline{AC}=5\sqrt{6}=5\times 2.45=12.25$(m)

따라서 나무의 높이는 $\overline{OC}$의 길이와 같으므로

$\overline{OC}=\overline{OA}+\overline{AC}=1+12.25=13.25$(m)

예제 08 코사인법칙의 활용 – 최단 거리 329쪽

08-1 답 $\frac{2}{9}\pi$

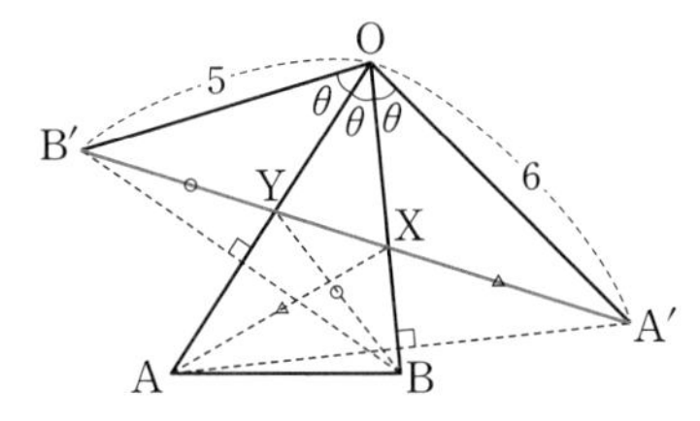

선분 OA에 대한 점 B의 대칭점을 B′, 선분 OB에 대한 점 A의 대칭점을 A′이라고 하면 두 선분 OB, OA 위의 임의의 두 점 X, Y에 대하여

$\overline{AX}=\overline{A'X}$, $\overline{BY}=\overline{B'Y}$

이므로 위의 그림에서 점 P가 이동한 거리는

$\overline{AX}+\overline{XY}+\overline{BY}=\overline{A'X}+\overline{XY}+\overline{B'Y}$

이고, 그 최솟값은 네 점 B′, Y, X, A′이 한 직선 위에 있을 때이므로

$\overline{AX}+\overline{XY}+\overline{BY}\geq\overline{A'B'}$

이때 $\overline{A'B'}=\sqrt{91}$이므로 삼각형 OB′A′에서 코사인법칙의 변형에 의하여

$\cos 3\theta=\frac{5^2+6^2-(\sqrt{91})^2}{2\times 5\times 6}=-\frac{1}{2}$

$\therefore\ 3\theta=\frac{2}{3}\pi\ \left(\because\ 0<\theta<\frac{\pi}{4}\right)$

$\therefore\ \theta=\frac{2}{9}\pi$

08-2 답 18

다음 그림과 같이 $\angle AOP=\angle AOS$, $\angle BOP=\angle BOT$가 되도록 부채꼴 AOS, BOT를 붙여 생각해 보면

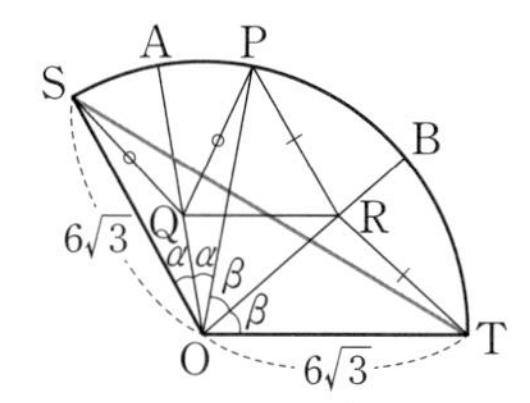

$\triangle QOP\equiv\triangle QOS$, $\triangle ROP\equiv\triangle ROT$이므로

$\overline{PQ}=\overline{SQ}$, $\overline{PR}=\overline{TR}$

즉, 삼각형 PQR의 둘레의 길이는

$\overline{PQ}+\overline{QR}+\overline{RP}=\overline{SQ}+\overline{QR}+\overline{RT}$

이고, 그 최솟값은 네 점 S, Q, R, T가 한 직선 위에 있을 때이므로

$\overline{PQ}+\overline{QR}+\overline{RP}\geq\overline{ST}$

또한 $\angle AOB=60^\circ$이므로

$\angle SOT=120^\circ$

이때 삼각형 SOT에서 코사인법칙에 의하여

$\overline{ST}^2=(6\sqrt{3})^2+(6\sqrt{3})^2-2\times(6\sqrt{3})^2\times\cos 120^\circ$

$=(6\sqrt{3})^2\times 3=6^2\times 3^2$

$\therefore \overline{ST}=6\times 3=18$

따라서 삼각형 PQR의 둘레의 길이의 최솟값은 18이다.

08-3 답 $3\sqrt{7}$ cm

주어진 원뿔의 옆면의 전개도를 그려 보면 다음 그림과 같다.

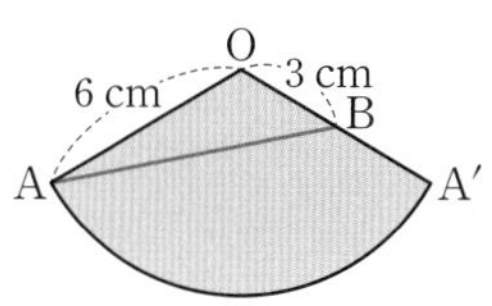

밑면의 반지름의 길이가 2 cm이므로 호 AA′의 길이는 $2\pi\times 2=4\pi$(cm)

이때 부채꼴 OAA′에서

$2\pi\times 6\times\dfrac{\angle AOA'}{360^\circ}=4\pi$이므로

$\angle AOA'=120^\circ$

따라서 실의 길이의 최솟값은 선분 AB의 길이와 같으므로 코사인법칙에 의하여

$\overline{AB}^2=6^2+3^2-2\times 6\times 3\times\cos 120^\circ$

$=36+9+18=63$

$\therefore \overline{AB}=3\sqrt{7}$(cm)

따라서 실의 길이의 최솟값은 $3\sqrt{7}$ cm이다.

1 답 (1) 3 (2) $3\sqrt{2}$

(1) $\triangle ABC=\dfrac{1}{2}\times 2\sqrt{2}\times 3\times\sin 45^\circ$

$=\dfrac{1}{2}\times 2\sqrt{2}\times 3\times\dfrac{\sqrt{2}}{2}=3$

(2) $\triangle ABC=\dfrac{1}{2}\times 4\times 3\sqrt{2}\times\sin 150^\circ$

$=\dfrac{1}{2}\times 4\times 3\sqrt{2}\times\dfrac{1}{2}=3\sqrt{2}$

2 답 $2\sqrt{37}$

삼각형 ABC의 넓이가 $12\sqrt{3}$이므로

$\dfrac{1}{2}\times 6\times 8\times\sin C=12\sqrt{3}$ $\quad\therefore \sin C=\dfrac{\sqrt{3}}{2}$

이때 $90^\circ<C<180^\circ$이므로 $C=120^\circ$

따라서 삼각형 ABC에서 코사인법칙에 의하여

$\overline{AB}^2=6^2+8^2-2\times 6\times 8\times\cos 120^\circ=148$

$\therefore \overline{AB}=2\sqrt{37}$

3 답 6

$\triangle ABC$의 내접원의 반지름의 길이를 r이라고 하면

$\triangle ABC=\dfrac{1}{2}r(a+b+c)$에서 $a+b+c=10$이므로

$\dfrac{1}{2}r\times 10=30$, $5r=30$ $\quad\therefore r=6$

따라서 구하는 반지름의 길이는 6이다.

4 답 (1) 6 (2) 15

(1) $\square ABCD=2\times 3\sqrt{2}\times\sin 45^\circ$

$=2\times 3\sqrt{2}\times\dfrac{\sqrt{2}}{2}=6$

(2) $\square ABCD=\dfrac{1}{2}\times 6\times 10\times\sin 30^\circ$

$=\dfrac{1}{2}\times 6\times 10\times\dfrac{1}{2}=15$

5 답 60°

평행사변형 ABCD의 넓이가 $15\sqrt{3}$이므로

$5\times 6\times\sin B=15\sqrt{3}$ $\quad\therefore \sin B=\dfrac{\sqrt{3}}{2}$

이때 $0^\circ<B<90^\circ$이므로 $B=60^\circ$

예제 09 삼각형의 넓이 335쪽

09-1 답 (1) $\frac{15\sqrt{3}}{4}$ (2) $1+\sqrt{3}$

(1) $a=3$, $b=5$, $c=7$이므로 코사인법칙의 변형에 의하여

$\cos C=\frac{3^2+5^2-7^2}{2\times3\times5}=-\frac{1}{2}$

이때 $0<C<\pi$이므로

$\sin C=\sqrt{1-\cos^2 C}=\sqrt{1-\left(-\frac{1}{2}\right)^2}=\frac{\sqrt{3}}{2}$

$\therefore \triangle ABC=\frac{1}{2}ab\sin C$

$=\frac{1}{2}\times3\times5\times\frac{\sqrt{3}}{2}=\frac{15\sqrt{3}}{4}$

(2) 사인법칙에 의하여

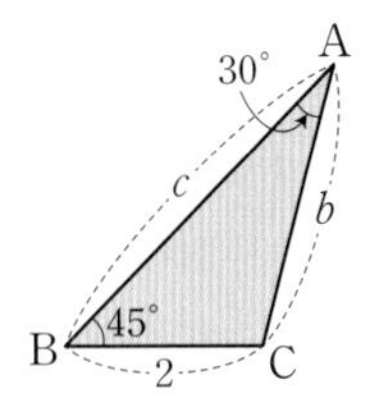

$\frac{2}{\sin 30^\circ}=\frac{b}{\sin 45^\circ}$

$\frac{2}{\frac{1}{2}}=\frac{b}{\frac{1}{\sqrt{2}}}$ $\therefore b=2\sqrt{2}$

또한 $\overline{AB}=\overline{BC}\cos 45^\circ+\overline{AC}\cos 30^\circ$이므로

$c=2\cos 45^\circ+2\sqrt{2}\cos 30^\circ=\sqrt{2}+\sqrt{6}$

$\therefore \triangle ABC=\frac{1}{2}\times(\sqrt{2}+\sqrt{6})\times2\times\sin 45^\circ$

$=1+\sqrt{3}$

다른 풀이

(1) 헤론의 공식을 이용하면

$a=3$, $b=5$, $c=7$에서

$s=\frac{3+5+7}{2}=\frac{15}{2}$이므로

$s-a=\frac{9}{2}$, $s-b=\frac{5}{2}$, $s-c=\frac{1}{2}$

$\therefore \triangle ABC=\sqrt{s(s-a)(s-b)(s-c)}$

$=\sqrt{\frac{15}{2}\times\frac{9}{2}\times\frac{5}{2}\times\frac{1}{2}}$

$=\frac{15\sqrt{3}}{4}$

09-2 답 (1) $2\sqrt{3}$ (2) $\frac{96}{25}$

(1) $A=60^\circ$, $B=30^\circ$이므로 $C=90^\circ$

사인법칙에 의하여

$a=2R\sin A$

$=2\times2\times\sin 60^\circ=2\sqrt{3}$

$b=2R\sin B$

$=2\times2\times\sin 30^\circ=2$

$\therefore \triangle ABC=\frac{1}{2}ab\sin C$

$=\frac{1}{2}\times2\sqrt{3}\times2\times1=2\sqrt{3}$

(2) $a:b:c=3:4:5$에서

$a=3k$, $b=4k$, $c=5k\,(k>0)$라고 하면 삼각형 ABC에서 코사인법칙의 변형에 의하여

$\cos C=\frac{(3k)^2+(4k)^2-(5k)^2}{2\times3k\times4k}=0$

이때 $0<C<\pi$이므로 $C=90^\circ$

사인법칙에 의하여

$c=2R\sin C$

$=2\times2\times\sin 90^\circ=4$

이므로

$5k=4$에서 $k=\frac{4}{5}$

$\therefore a=\frac{12}{5}$, $b=\frac{16}{5}$

$\therefore \triangle ABC=\frac{1}{2}ab\sin C$

$=\frac{1}{2}\times\frac{12}{5}\times\frac{16}{5}\times\sin 90^\circ$

$=\frac{96}{25}$

09-3 답 $\sqrt{15}$

$\overline{AP}=x$, $\overline{AQ}=y$라고 하자.

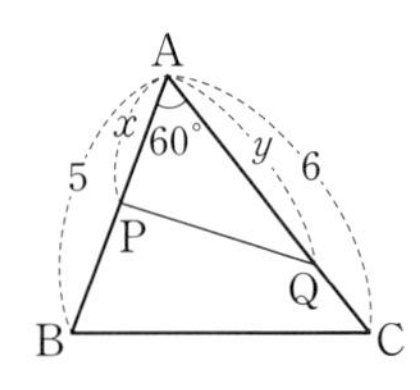

삼각형 APQ의 넓이는 삼각형 ABC의 넓이의 $\frac{1}{2}$이므로

$\triangle APQ=\frac{1}{2}\triangle ABC$

$\frac{1}{2}xy\sin 60^\circ=\frac{1}{2}\times\left(\frac{1}{2}\times5\times6\times\sin 60^\circ\right)$

$\therefore xy=15$

$x>0$, $y>0$이므로 삼각형 APQ에서 코사인법칙과 산술평균과 기하평균의 관계에 의하여

$\overline{PQ}^2=x^2+y^2-2xy\cos 60^\circ$

$=x^2+y^2-15$

$\geq 2\sqrt{x^2\times y^2}-15$

$=2xy-15$

$=30-15=15$ (단, 등호는 $x=y$일 때 성립)

따라서 선분 PQ의 길이의 최솟값은 $\sqrt{15}$이다.

예제 10 삼각형의 내접원의 반지름의 길이와 넓이 337쪽

10-1 답 $\frac{12\sqrt{6}}{11}$

오른쪽 그림과 같이 $\overline{OA}$를 그으면

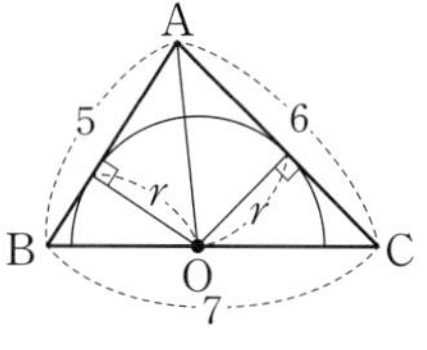

$\triangle ABC = \triangle ABO + \triangle ACO$

$\triangle ABC$에서 코사인법칙의 변형에 의하여

$\cos A = \frac{6^2+5^2-7^2}{2\times6\times5} = \frac{1}{5}$

이때 $0 < A < \pi$이므로 $\sin A = \sqrt{1-\left(\frac{1}{5}\right)^2} = \frac{2\sqrt{6}}{5}$

$\therefore \triangle ABC = \frac{1}{2}\times6\times5\times\frac{2\sqrt{6}}{5} = 6\sqrt{6}$

반원의 반지름의 길이를 r이라고 하면

$\triangle ABO = \frac{5}{2}r$, $\triangle ACO = 3r$이므로

$\frac{5}{2}r + 3r = 6\sqrt{6}$ $\quad \therefore r = \frac{12\sqrt{6}}{11}$

따라서 구하는 반지름의 길이는 $\frac{12\sqrt{6}}{11}$이다.

10-2 답 6

직각삼각형 ABC의 빗변의 길이는 외접원의 지름의 길이와 같으므로

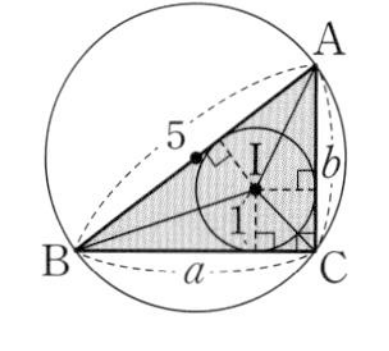

$\overline{AB} = 2\times\frac{5}{2} = 5$

$\overline{BC} = a$, $\overline{CA} = b$라고 하면 피타고라스 정리에 의하여

$a^2+b^2=5^2=25$ $\quad\cdots\cdots$ ㉠

한편, 내접원의 반지름의 길이가 1이므로

$\triangle ABC = \triangle IBC + \triangle ICA + \triangle IAB$에서

$\frac{1}{2}ab = \frac{1}{2}\times1\times(a+b+5)$

$\therefore a+b = ab-5$ $\quad\cdots\cdots$ ㉡

㉡의 양변을 제곱하면

$a^2+2ab+b^2 = (ab)^2-10ab+25$ $\quad\cdots\cdots$ ㉢

㉢에 ㉠을 대입하면

$25+2ab = (ab)^2-10ab+25$

$(ab)^2-12ab=0$, $ab(ab-12)=0$

$\therefore ab=12$ ($\because ab\neq0$)

따라서 삼각형 ABC의 넓이는

$\frac{1}{2}ab = \frac{1}{2}\times12 = 6$

10-3 답 $\frac{33}{8}$

두 원이 외접할 때 두 원의 중심 사이의 거리는 반지름의 길이의 합과 같으므로 세 변 AB, BC, CA의 길이는 각각 14, 15, 13이다.

삼각형 ABC에서 코사인법칙의 변형에 의하여

$\cos B = \frac{14^2+15^2-13^2}{2\times14\times15} = \frac{3}{5}$

이때 $0 < B < \pi$이므로

$\sin B = \sqrt{1-\left(\frac{3}{5}\right)^2} = \frac{4}{5}$

이때 삼각형 ABC의 외접원의 반지름의 길이를 R이라고 하면 사인법칙에 의하여

$\frac{\overline{AC}}{\sin B} = 2R$, $13\times\frac{5}{4} = 2R$ $\quad \therefore R = \frac{65}{8}$

또한 삼각형 ABC의 내접원의 반지름의 길이를 r, 삼각형 ABC의 넓이를 S라고 하면

$S = \frac{1}{2}\times\overline{AB}\times\overline{BC}\times\sin B$

$= \frac{1}{2}\times14\times15\times\frac{4}{5} = 84$

또한 $S = \frac{r}{2}(13+14+15) = 21r$이므로

$21r = 84$ $\quad \therefore r = 4$

따라서 삼각형 ABC의 외접원의 반지름의 길이와 내접원의 반지름의 길이의 차는

$R - r = \frac{65}{8} - 4 = \frac{33}{8}$

기본 다지기 338쪽~339쪽

1 (1) $-\frac{1}{4}$ (2) $\frac{\sqrt{3}}{2}$ **2** $\frac{4}{3}$ **3** $\frac{5}{2}$ **4** 5

5 7 m **6** $\frac{3\sqrt{3}}{4}$ **7** $\frac{15}{8}$ **8** (1) $2\sqrt{3}$ (2) $2\sqrt{3}$

9 (1) $8\sqrt{3}$ (2) $6\sqrt{3}$ **10** 24

1 (1) $\frac{\sin A}{2} = \frac{\sin B}{3} = \frac{\sin C}{4} = k\,(k>0)$라고 하면

$\sin A = 2k$, $\sin B = 3k$, $\sin C = 4k$

이때 삼각형 ABC에서 사인법칙에 의하여

$a : b : c = \sin A : \sin B : \sin C$

$= 2k : 3k : 4k = 2 : 3 : 4$

따라서 $a=2t$, $b=3t$, $c=4t\,(t>0)$라고 하면 코사인법칙의 변형에 의하여

$$\cos C=\frac{(2t)^2+(3t)^2-(4t)^2}{2\times 2t\times 3t}=\frac{-3t^2}{12t^2}=-\frac{1}{4}$$

(2) $6\sin A=2\sqrt{3}\sin B=3\sin C=k\,(k>0)$라고 하면

$$\sin A=\frac{k}{6},\ \sin B=\frac{k}{2\sqrt{3}},\ \sin C=\frac{k}{3}$$

이때 삼각형 ABC에서 사인법칙에 의하여

$$a:b:c=\sin A:\sin B:\sin C$$
$$=\frac{k}{6}:\frac{k}{2\sqrt{3}}:\frac{k}{3}=1:\sqrt{3}:2$$

따라서 $a=t,\ b=\sqrt{3}t,\ c=2t\,(t>0)$라고 하면 코사인법칙의 변형에 의하여

$$\cos A=\frac{(\sqrt{3}t)^2+(2t)^2-t^2}{2\times\sqrt{3}t\times 2t}=\frac{6t^2}{4\sqrt{3}t^2}=\frac{\sqrt{3}}{2}$$

⊕ 보충 설명

△ABC에서 코사인법칙을 변형하면 다음과 같은 식을 얻을 수 있다.

$$\cos A=\frac{b^2+c^2-a^2}{2bc}$$
$$\cos B=\frac{c^2+a^2-b^2}{2ca}$$
$$\cos C=\frac{a^2+b^2-c^2}{2ab}$$

2 $\angle BMA=\theta$라고 하면

$\angle AMC=180°-\theta$

삼각형 ABM에서 사인법칙에 의하여

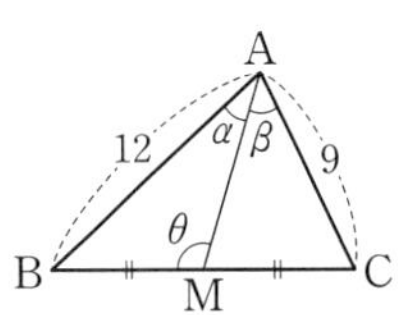

$$\frac{\overline{BM}}{\sin\alpha}=\frac{12}{\sin\theta}\qquad \therefore\ \overline{BM}=\frac{12}{\sin\theta}\times\sin\alpha$$

삼각형 AMC에서 사인법칙에 의하여

$$\frac{\overline{CM}}{\sin\beta}=\frac{9}{\sin(180°-\theta)}=\frac{9}{\sin\theta}$$

$$\therefore\ \overline{CM}=\frac{9}{\sin\theta}\times\sin\beta$$

$\overline{BM}=\overline{CM}$이므로

$$\frac{12}{\sin\theta}\times\sin\alpha=\frac{9}{\sin\theta}\times\sin\beta\qquad \therefore\ \frac{\sin\beta}{\sin\alpha}=\frac{4}{3}$$

3 삼각형 ABD에서 코사인법칙에 의하여

$$\overline{AB}^2=2^2+(2\sqrt{2})^2-2\times 2\times 2\sqrt{2}\times\cos 135°=20$$

$\therefore\ \overline{AB}=2\sqrt{5}$

삼각형 ADC에서 코사인법칙에 의하여

$$\overline{AC}^2=1^2+(2\sqrt{2})^2-2\times 1\times 2\sqrt{2}\times\cos 45°=5$$

$\therefore\ \overline{AC}=\sqrt{5}$

또한 삼각형 ADC에서 사인법칙에 의하여

$$\frac{\overline{AD}}{\sin C}=\frac{\overline{AC}}{\sin 45°}$$

$$\therefore\ \sin C=\frac{\overline{AD}}{\overline{AC}}\times\sin 45°=\frac{2\sqrt{2}}{\sqrt{5}}\times\frac{\sqrt{2}}{2}=\frac{2\sqrt{5}}{5}$$

따라서 삼각형 ABC의 외접원의 반지름의 길이를 R이라고 하면 사인법칙에 의하여

$$2R=\frac{\overline{AB}}{\sin C}=\frac{2\sqrt{5}}{\frac{2\sqrt{5}}{5}}=5\qquad \therefore\ R=\frac{5}{2}$$

즉, 구하는 반지름의 길이는 $\frac{5}{2}$이다.

⊕ 보충 설명

코사인법칙은 다음과 같이 피타고라스 정리를 이용하여 확인할 수 있다.

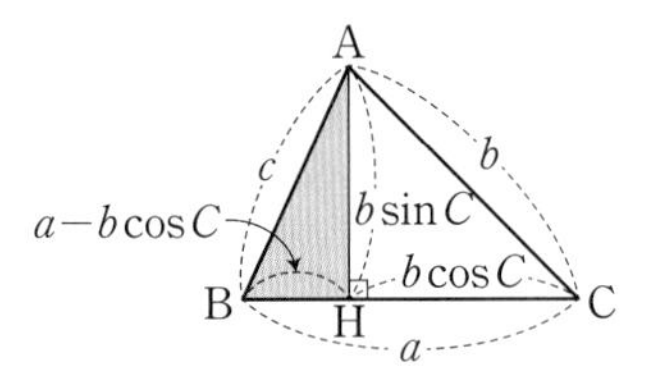

직각삼각형 ABH에서 피타고라스 정리에 의하여

$$c^2=(a-b\cos C)^2+(b\sin C)^2$$
$$=a^2+b^2-2ab\cos C$$

4 사각형 ABCD가 원에 내접하므로 $B+D=180°$

즉, $D=180°-B$이므로

$$\cos D=\cos(180°-B)=-\cos B=-\frac{\sqrt{2}}{3}$$

따라서 삼각형 DAC에서 코사인법칙에 의하여

$$\overline{AC}^2=(2\sqrt{2})^2+3^2-2\times 2\sqrt{2}\times 3\times\cos D$$
$$=8+9-2\times 2\sqrt{2}\times 3\times\left(-\frac{\sqrt{2}}{3}\right)=25$$

$\therefore\ \overline{AC}=5$

5 오른쪽 그림과 같이 중계용 카메라의 위치를 O라고 하면

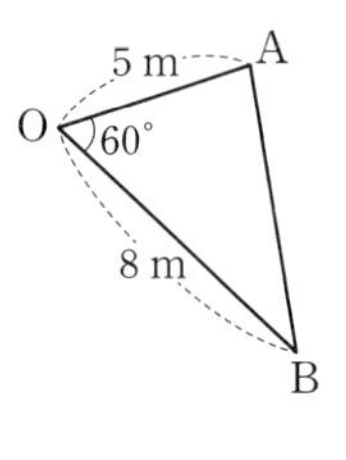

$\overline{OA}=5$ m, $\overline{OB}=8$ m,

$\angle AOB=60°$

삼각형 OBA에서 코사인법칙에 의하여

$$\overline{AB}^2=\overline{OA}^2+\overline{OB}^2-2\times\overline{OA}\times\overline{OB}\times\cos 60°$$
$$=5^2+8^2-2\times 5\times 8\times\frac{1}{2}=49$$

$\therefore\ \overline{AB}=7$ m

따라서 축구 선수가 달려간 거리는 7 m이다.

6 부채꼴 OAB에서 $\angle AOB=\theta$라고 하면

$\pi=3\theta$ $\quad\therefore\ \theta=\frac{\pi}{3}$

$\therefore\ \triangle OAC=\frac{1}{2}\times\overline{OA}\times\overline{OC}\times\sin\theta$

$=\frac{1}{2}\times3\times1\times\sin\frac{\pi}{3}=\frac{3\sqrt{3}}{4}$

⊕ 보충 설명

반지름의 길이가 r, 호의 길이가 l인 부채꼴 AOB의 중심각의 크기를 θ(라디안)라고 하면
$l=r\theta$

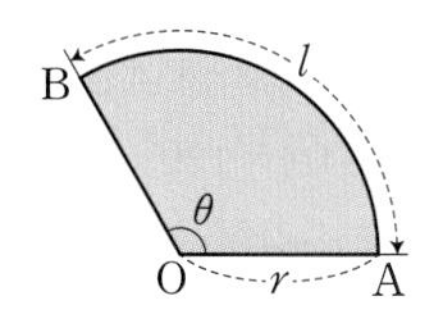

7 $\overline{AD}=x$라고 하면

$\triangle ABC=\frac{1}{2}\times5\times3\times\sin120^\circ$

$\triangle ABD=\frac{1}{2}\times5\times x\times\sin60^\circ$

$\triangle ADC=\frac{1}{2}\times x\times3\times\sin60^\circ$

이고, 삼각형 ABC의 넓이는 두 삼각형 ABD, ADC의 넓이의 합과 같으므로

$\frac{1}{2}\times5\times3\times\sin120^\circ$

$=\frac{1}{2}\times5\times x\times\sin60^\circ+\frac{1}{2}\times x\times3\times\sin60^\circ$

$\frac{15\sqrt{3}}{4}=\frac{5\sqrt{3}}{4}x+\frac{3\sqrt{3}}{4}x$

$2\sqrt{3}x=\frac{15\sqrt{3}}{4}$ $\quad\therefore\ x=\frac{15}{8}$

따라서 $\overline{AD}$의 길이는 $\frac{15}{8}$이다.

⊕ 보충 설명

삼각형 ABC에서 코사인법칙을 이용하여 변 BC의 길이를 구한 다음 각의 이등분선의 성질을 이용하면 선분 BD의 길이를 구할 수 있다. 이 선분 BD의 길이를 삼각형 ABD에서 코사인법칙에 대입하여 선분 AD의 길이를 구할 수도 있다.

8 (1) 삼각형 ABC에서 $A+B+C=180^\circ$이므로

$A+B=180^\circ-C$

$\therefore\ \sin(A+B)=\sin(180^\circ-C)=\sin C$

따라서 $3\sin(A+B)\sin C=3\sin^2 C=1$이므로

$\sin^2 C=\frac{1}{3}$

$\therefore\ \sin C=\frac{\sqrt{3}}{3}$ $(\because\ 0<C<\pi)$

그런데 삼각형 ABC에서 두 변 BC, AC의 끼인각이 $\angle C$이므로

$\triangle ABC=\frac{1}{2}\times\overline{BC}\times\overline{AC}\times\sin C$

$=\frac{1}{2}\times4\times3\times\frac{\sqrt{3}}{3}=2\sqrt{3}$

(2) 삼각형 ABC에서 사인법칙에 의하여

$\frac{\overline{BC}}{\sin30^\circ}=\frac{4}{\sin C}$

$\therefore\ \overline{BC}=\frac{4\sin30^\circ}{\sin C}=\frac{2}{\sin C}$

그런데 $0<C<\pi$에서 $0<\sin C\le1$이므로 변 BC의 길이는

$\sin C=1$일 때 최소가 된다.

즉, $C=90^\circ$, $\overline{BC}=2$일 때,

$B=180^\circ-(30^\circ+90^\circ)=60^\circ$이므로

$\triangle ABC=\frac{1}{2}\times\overline{AB}\times\overline{BC}\times\sin B$

$=\frac{1}{2}\times4\times2\times\frac{\sqrt{3}}{2}=2\sqrt{3}$

⊕ 보충 설명

(2)에서 코사인법칙을 이용하면 변 BC의 길이의 최솟값을 구할 수 있다.

$\overline{BC}^2=\overline{AC}^2+4^2-2\times\overline{AC}\times4\times\cos30^\circ$

$=\overline{AC}^2-4\sqrt{3}\,\overline{AC}+16$

$=(\overline{AC}-2\sqrt{3})^2+4$

이므로 $\overline{AC}=2\sqrt{3}$일 때 $\overline{BC}=2$로 최소가 된다.

9 (1) $\overline{AD}\,/\!/\,\overline{BC}$이므로

$\angle OCB=\angle OAD=60^\circ$
(엇각)

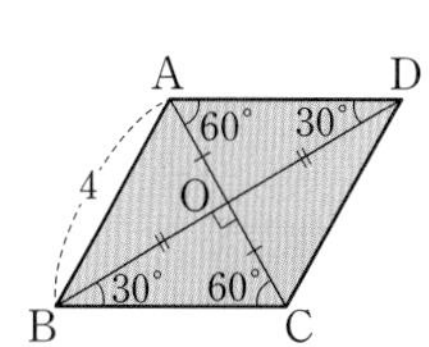

즉, $\angle BOC=90^\circ$이고,

평행사변형의 성질에 의하여 네 삼각형 OAB, OAD, OCB, OCD는 모두 합동인 직각삼각형이다.

즉, $\triangle OAB=\triangle OAD=\triangle OCB=\triangle OCD$

삼각형 OBC에서 $\overline{BC}=\overline{AB}=4$이므로

$\overline{OB}=4\cos30^\circ=2\sqrt{3}$, $\overline{OC}=4\sin30^\circ=2$

$\therefore\ \triangle OBC=\frac{1}{2}\times\overline{OB}\times\overline{OC}=\frac{1}{2}\times2\sqrt{3}\times2=2\sqrt{3}$

$\therefore\ \square ABCD=4\triangle OBC=4\times2\sqrt{3}=8\sqrt{3}$

(2) 다음 그림과 같이 사각형 ABCD의 네 꼭짓점 A, B, C, D를 지나고, 대각선에 평행한 선분을 그어

그 선분들의 교점을 각각 P, Q, R, S라고 하자.

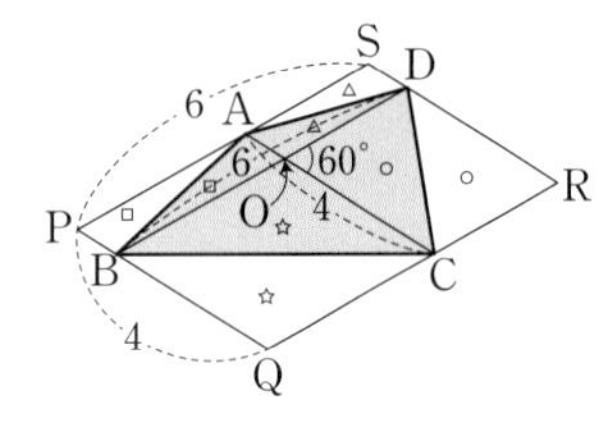

이때 $\triangle AOB \equiv \triangle APB$, $\triangle AOD \equiv \triangle ASD$, $\triangle DOC \equiv \triangle DRC$, $\triangle BOC \equiv \triangle BQC$이므로

$$\square ABCD = \frac{1}{2}\square PQRS$$
$$= \frac{1}{2} \times \overline{PQ} \times \overline{PS} \times \sin 60^\circ$$
$$= \frac{1}{2} \times 4 \times 6 \times \frac{\sqrt{3}}{2} = 6\sqrt{3}$$

보충 설명

이웃한 두 변의 길이가 a, b이고 그 끼인각의 크기가 θ인 평행사변형의 밑변의 길이를 a, 높이를 h라고 하면 평행사변형의 넓이 S는 $S=ah$이다.
그런데 $h=b\sin\theta$이므로 $S=ab\sin\theta$

10 삼각형 ABC의 외접원의 반지름의 길이가 2이므로 사인법칙에 의하여

$$\frac{a}{\sin A} = \frac{b}{\sin B} = \frac{c}{\sin C} = 4$$

삼각형 ABC의 넓이가 3이므로

$$\frac{1}{2}ab\sin C = 3 \qquad \therefore\ ab\sin C = 6$$

이때 $\sin C = \frac{c}{4}$이므로

$$ab\sin C = ab \times \frac{c}{4} = \frac{abc}{4} = 6 \qquad \therefore\ abc = 24$$

따라서 $\triangle ABC$의 세 변의 길이의 곱은 24이다.

보충 설명

삼각형 ABC의 외접원의 반지름의 길이를 R이라고 하면 사인법칙에 의하여 다음이 성립한다.

$$\triangle ABC = \frac{1}{2}ab\sin C = \frac{1}{2}ab\frac{c}{2R} = \frac{abc}{4R}$$

실력 다지기 340쪽 ~ 341쪽

11 $\frac{4\sqrt{6}}{3}$ **12** 12 **13** $\sqrt{34}$ **14** $4\sqrt{5}$ **15** 40
16 21 **17** $25+8\sqrt{5}$ **18** $4\sqrt{7}$ **19** $\sqrt{61}$
20 6

11 **접근 방법** | 삼각형 ABD에서 $\angle ABD=45^\circ$, $\overline{AB}=4$이므로 $\angle ADB$의 크기를 알 수 있으면 사인법칙을 이용하여 선분 AD의 길이를 구할 수 있다.

삼각형 ABC의 두 꼭짓점 A, B에서 각각의 대변에 내린 두 수선의 발을 각각 H_1, H_2라고 하면 사각형 DH_1CH_2에서

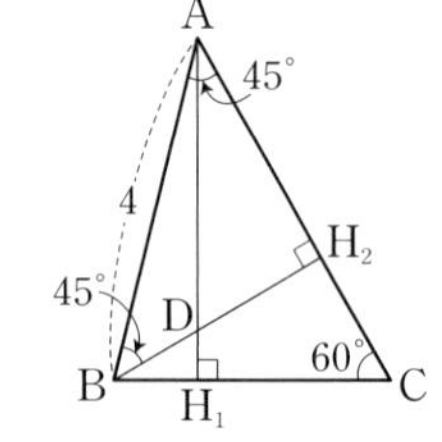

$\angle H_1DH_2 = 120^\circ$

이므로 삼각형 ABD에서

$\angle BDA = 120^\circ$

이때 삼각형 ABD에서 사인법칙에 의하여

$$\frac{4}{\sin 120^\circ} = \frac{\overline{AD}}{\sin 45^\circ}$$

$$\therefore\ \overline{AD} = \frac{4}{\sin 120^\circ} \times \sin 45^\circ$$
$$= \frac{4}{\frac{\sqrt{3}}{2}} \times \frac{\sqrt{2}}{2} = \frac{4\sqrt{6}}{3}$$

12 **접근 방법** | 삼각형 ABC는 주어진 원에 내접한다. $\angle ABC$의 크기가 주어졌으므로 외접원의 지름의 길이를 구하면 사인법칙에 의하여 $\angle ABC$의 대변인 선분 AC의 길이도 구할 수 있다.

삼각형 ABD에서

$\angle BAD = 180^\circ - (50^\circ + 40^\circ) = 90^\circ$

따라서 $\overline{BD}$는 주어진 원의 지름이므로 삼각형 ABC에서 사인법칙에 의하여

$$\frac{\overline{AC}}{\sin(\angle ABC)} = \overline{BD}$$

$$\therefore\ \overline{AC} = 8\sqrt{3} \times \sin 120^\circ$$
$$= 8\sqrt{3} \times \frac{\sqrt{3}}{2} = 12$$

보충 설명

반원 또는 지름에 대한 원주각의 크기는 90°이므로 선분 BD가 삼각형 ABC의 외접원의 지름임을 알 수 있다.

13 **접근 방법** | 선분 BD의 길이를 구하기 위해서는 $\angle DAB$의 크기를 알아야 하는데, 이는 $\triangle DEC$, $\triangle ABD$에 각각 코사인법칙을 적용하여 구할 수 있다.

오른쪽 그림과 같이 점 D를 지나고 선분 AB와 평행한 직선이 선분 BC와 만나는 점을 E라고 하면

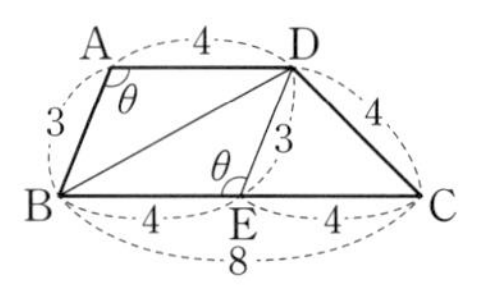

$\overline{DE}=\overline{AB}=3$, $\overline{BE}=\overline{AD}=4$
$\overline{EC}=\overline{BC}-\overline{BE}=4$
또한 $\angle DAB=\angle BED=\theta$라고 하면 $\angle DEC=\pi-\theta$ 이므로 삼각형 DEC에서 코사인법칙의 변형에 의하여

$\cos(\pi-\theta)=\dfrac{3^2+4^2-4^2}{2\times3\times4}=\dfrac{3}{8}$

$-\cos\theta=\dfrac{3}{8}$

$\therefore \cos\theta=-\dfrac{3}{8}$

따라서 삼각형 ABD에서 코사인법칙에 의하여
$\overline{BD}^2=4^2+3^2-2\times4\times3\times\cos\theta$
$=16+9+9=34$
$\therefore \overline{BD}=\sqrt{34}$

⊕보충 설명

임의의 실수 a에 대하여 다음이 성립한다.
$\cos(\pi-a)=-\cos a$

14 **접근 방법** | 두 점 A, D를 잇는 선분을 긋고 삼각형 ADC에서 코사인법칙을 이용하고, 삼각형 ABC에서 피타고라스 정리를 이용하면 두 선분 AD, AC에 대한 연립방정식을 얻을 수 있다.

두 점 A, D를 잇는 선분을 긋고, $\angle ADB=\theta$라고 하면 삼각형 ABD는 $\overline{AB}=\overline{AD}$인 이등변삼각형이므로
$\angle ABD=\angle ADB=\theta$

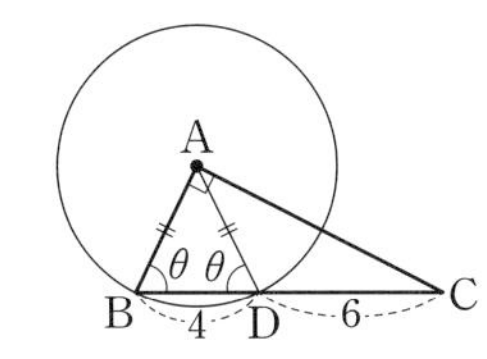

$\therefore \cos\theta=\dfrac{\overline{AB}}{\overline{BC}}=\dfrac{\overline{AD}}{\overline{BC}}=\dfrac{\overline{AD}}{10}$ …… ㉠

삼각형 ADC에서 코사인법칙에 의하여
$\overline{AC}^2=\overline{AD}^2+6^2-2\times\overline{AD}\times6\times\cos(180°-\theta)$
$=\overline{AD}^2+36-12\times\overline{AD}\times(-\cos\theta)$
$=\overline{AD}^2+36+12\times\overline{AD}\times\dfrac{\overline{AD}}{10}$ ($\because$ ㉠)
$=36+\dfrac{11}{5}\overline{AD}^2$

$\therefore \overline{AC}^2-\dfrac{11}{5}\overline{AD}^2=36$ …… ㉡

또한 삼각형 ABC는 직각삼각형이고,
$\overline{AD}=\overline{AB}$이므로
$\overline{AB}^2+\overline{AC}^2=10^2$에서
$\overline{AD}^2+\overline{AC}^2=100$ …… ㉢
㉡, ㉢을 연립하여 풀면
$\overline{AD}^2=20$, $\overline{AC}^2=80$
$\therefore \overline{AC}=4\sqrt{5}$

15 **접근 방법** | 삼각형 ABC가 이등변삼각형이므로 $\angle C$의 크기를 쉽게 구할 수 있다. $\overline{CP}=x$라 하고 코사인법칙을 이용하면 $\overline{BP}^2+\overline{CP}^2$을 x에 대한 이차식으로 나타낼 수 있다.

이등변삼각형 ABC에서 $A=120°$이므로
$C=30°$
삼각형 BCP에서 $\overline{CP}=x$라고 하면 코사인법칙에 의하여
$\overline{BP}^2=x^2+8^2-2\times x\times8\times\cos30°$
$=x^2-8\sqrt{3}x+64$
$\therefore \overline{BP}^2+\overline{CP}^2=(x^2-8\sqrt{3}x+64)+x^2$
$=2x^2-8\sqrt{3}x+64$
$=2(x-2\sqrt{3})^2+40$
따라서 $x=2\sqrt{3}$일 때 구하는 최솟값은 40이다.

⊕보충 설명

꼭짓점 A에서 변 BC에 내린 수선의 발을 D라고 하면 삼각형 ADC에서

$\overline{AC}=\dfrac{4}{\cos30°}=\dfrac{4}{\frac{\sqrt{3}}{2}}=\dfrac{8\sqrt{3}}{3}$

따라서 x의 값의 범위는 $0\le x\le\dfrac{8\sqrt{3}}{3}$이고, $x=2\sqrt{3}$은 범위 안에 포함되므로 $x=2\sqrt{3}$에서 최솟값을 가짐을 알 수 있다.

16 **접근 방법** | 삼각형 ABC에서 두 변의 길이와 그 끼인각의 크기를 알 때의 삼각형의 넓이를 구하는 공식을 이용하여 세 삼각형 AB_1C_1, BC_1A_1, CA_1B_1의 넓이를 구해 본다. 이때 $\sin(\pi-x)=\sin x$임을 이용한다.

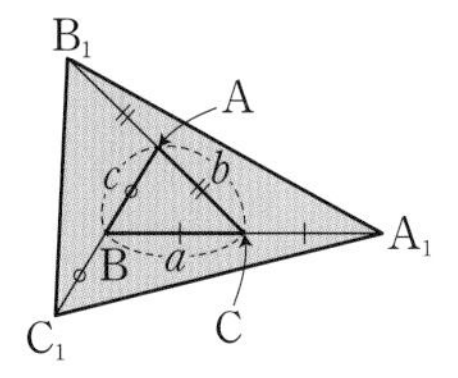

$\triangle ABC=\dfrac{1}{2}ab\sin(\angle BCA)$
$=\dfrac{1}{2}ac\sin(\angle ABC)$
$=\dfrac{1}{2}bc\sin(\angle CAB)$

세 삼각형 AB_1C_1, BC_1A_1, CA_1B_1에서

$\angle C_1AB_1=180°-\angle CAB$

$\angle A_1BC_1=180°-\angle ABC$

$\angle B_1CA_1=180°-\angle BCA$

이므로 세 삼각형 AB_1C_1, BC_1A_1, CA_1B_1의 넓이는 각각

$\triangle AB_1C_1=\frac{1}{2}\times b\times 2c\times \sin(180°-\angle CAB)$

$=bc\sin(\angle CAB)$

$=2\triangle ABC$

$\triangle BC_1A_1=\frac{1}{2}\times 2a\times c\times \sin(180°-\angle ABC)$

$=ac\sin(\angle ABC)$

$=2\triangle ABC$

$\triangle CA_1B_1=\frac{1}{2}\times 2b\times a\times \sin(180°-\angle BCA)$

$=ab\sin(\angle BCA)$

$=2\triangle ABC$

$\therefore \triangle A_1B_1C_1$

$=\triangle AB_1C_1+\triangle BC_1A_1+\triangle CA_1B_1+\triangle ABC$

$=7\triangle ABC$

이때 삼각형 ABC의 넓이가 3이므로

$\triangle A_1B_1C_1=7\times 3=21$

다른 풀이

삼각형은 한 꼭짓점에서 그은 중선에 의하여 넓이가 이등분된다. 따라서 오른쪽 그림과 같이 보조선을 그으면 7개의 삼각형의 넓이가 모두 같음을 알 수 있다.

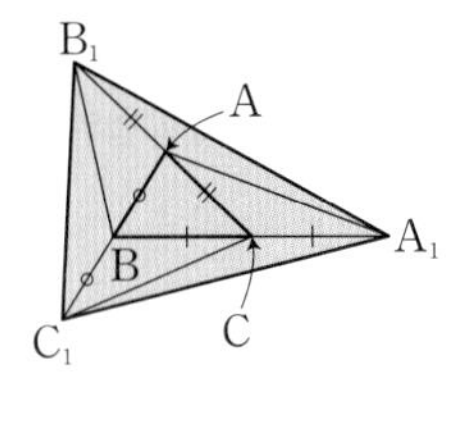

$\therefore \triangle A_1B_1C_1=7\triangle ABC=7\times 3=21$

17 **접근 방법** | 정사각형 HIED의 넓이는 $\overline{DE}^2$과 같으므로 삼각형 BDE에서 코사인법칙을 이용하여 선분 DE의 길이를 구한다.

$\angle ABC=\theta$라고 하면

$\triangle ABC=\frac{1}{2}\times 3\times 4\times \sin\theta=6\sin\theta$

이때 $\triangle ABC=4$이므로 $6\sin\theta=4$에서

$\sin\theta=\frac{2}{3}$ …… ㉠

또한 $\angle ABD=\angle CBE=\frac{\pi}{2}$이므로

$\angle DBE=\pi-\theta$

이고, $\overline{BD}=3$, $\overline{BE}=4$이므로 삼각형 BDE에서 코사인법칙에 의하여

$\overline{DE}^2=3^2+4^2-2\times 3\times 4\times \cos(\pi-\theta)$

$=9+16-24\times(-\cos\theta)$

$=25+24\cos\theta$

㉠에서 $\sin\theta=\frac{2}{3}$이고 θ는 예각이므로

$\cos\theta=\sqrt{1-\sin^2\theta}=\sqrt{1-\left(\frac{2}{3}\right)^2}=\frac{\sqrt{5}}{3}$

$\therefore \overline{DE}^2=25+24\times\frac{\sqrt{5}}{3}=25+8\sqrt{5}$

따라서 정사각형 HIED의 넓이는 $25+8\sqrt{5}$이다.

⊕ 보충 설명

오른쪽 그림과 같은 삼각형 ABC의 넓이를 S라고 하면

$S=\frac{1}{2}ab\sin\theta$

$\therefore \sin\theta=\frac{2S}{ab}$

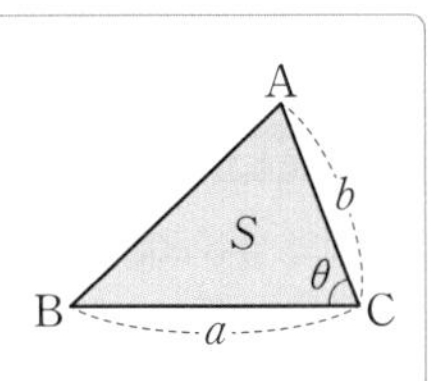

18 **접근 방법** | 입체도형에서의 최단 거리는 그 입체도형의 전개도에서 직선 거리와 같다.

주어진 정삼각뿔의 옆면의 전개도는 다음 그림과 같다.

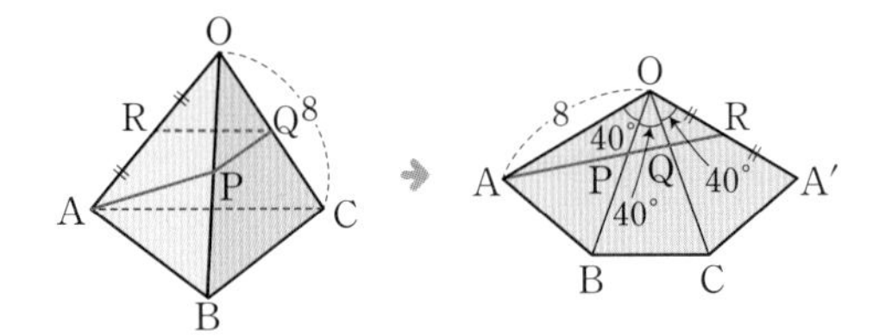

점 A를 출발하여 두 점 P, Q를 지나 모서리 OA의 중점 R에 이르는 거리가 최소일 때는 네 점 A, P, Q, R이 한 직선 위에 있을 때이므로 최단 거리는 삼각형 OAR에서 선분 AR의 길이와 같다.

따라서 삼각형 OAR에서 코사인법칙에 의하여

$\overline{AR}^2=8^2+4^2-2\times 8\times 4\times \cos 120°$

$=80-64\times\left(-\frac{1}{2}\right)=112$

$\therefore \overline{AR}=4\sqrt{7}$

따라서 구하는 최단 거리는 $4\sqrt{7}$이다.

⊕ 보충 설명

입체도형에서 두 점을 잇는 최단 거리는 전개도에서 두 점을 잇는 직선 거리와 같으므로 적절한 삼각형을 찾아 각의 크기와 변의 길이를 코사인법칙에 적용하여 최단 거리를 구한다.

19 **접근 방법** | 주어진 그림에서 삼각형 ABC를 점 C를 중심으로 시계 방향으로 $60°$만큼 회전시켜 만든 삼각형 $A'B'C$와 그 내부의 점 P'에 대하여 $\overline{AP}+\overline{BP}+\overline{CP}$가 최소가 될 때의 두 점 P, P'의 위치를 찾아본다.

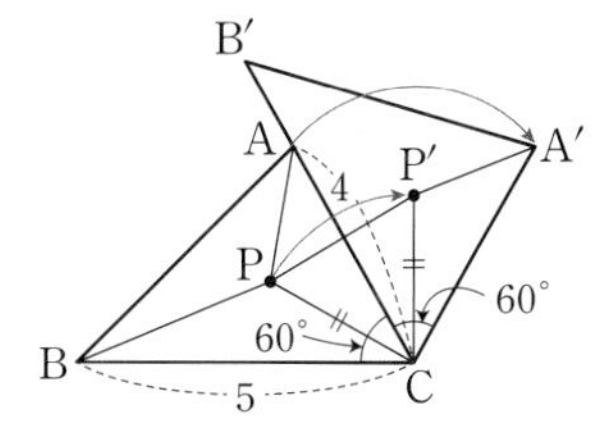

위의 그림과 같이 삼각형 ABC와 그 내부의 점 P를 점 C를 중심으로 시계 방향으로 $60°$만큼 회전시켜 삼각형 $A'B'C$와 점 P'을 만들면 삼각형 APC와 삼각형 $A'P'C$는 서로 합동이다.

즉, $\overline{AP}=\overline{A'P'}$, $\overline{CP}=\overline{CP'}$이고 $\angle PCP'=60°$이므로 삼각형 PCP'은 정삼각형이다.

즉, $\overline{CP}=\overline{CP'}=\overline{PP'}$이므로

$\overline{AP}+\overline{BP}+\overline{CP}=\overline{A'P'}+\overline{BP}+\overline{PP'}$

이고, 그 최솟값은 네 점 B, P, P', A'이 한 직선 위에 있을 때이므로

$\overline{AP}+\overline{BP}+\overline{CP}\ge\overline{BA'}$

즉, $\overline{AP}+\overline{BP}+\overline{CP}$의 최솟값은 삼각형 $A'BC$에서 선분 BA'의 길이와 같다.

이때 $\overline{BC}=5$, $\overline{CA'}=\overline{CA}=4$이고

$\angle A'CB=\angle ACB+\angle A'CA=120°$

이므로 코사인법칙에 의하여

$$\begin{aligned}\overline{BA'}^2&=\overline{BC}^2+\overline{CA'}^2-2\times\overline{BC}\times\overline{CA'}\times\cos 120°\\&=25+16-2\times5\times4\times\left(-\frac{1}{2}\right)\\&=61\end{aligned}$$

$\therefore\ \overline{BA'}=\sqrt{61}$

따라서 구하는 최솟값은 $\sqrt{61}$이다.

20 **접근 방법** | 삼각형 ABC의 넓이는 $\frac{1}{2}ab\sin C$로 구한 것과 삼각형의 내접원의 반지름의 길이를 이용하여 구한 것이 같으므로 이를 이용하여 주어진 식의 값을 구한다.

삼각형 ABC의 외접원의 반지름의 길이가 3이므로 사인법칙에 의하여

$$\frac{a}{\sin A}=\frac{b}{\sin B}=\frac{c}{\sin C}=2\times3=6$$

$\therefore\ a=6\sin A,\ b=6\sin B,\ c=6\sin C$

삼각형 ABC의 넓이를 구하면

$$\begin{aligned}\triangle ABC&=\frac{1}{2}ab\sin C\\&=\frac{1}{2}\times6\sin A\times6\sin B\times\sin C\\&=18\sin A\sin B\sin C \quad\cdots\cdots ㉠\end{aligned}$$

내접원의 반지름의 길이가 1이므로

$$\begin{aligned}\triangle ABC&=\frac{1}{2}\times1\times(a+b+c)\\&=\frac{1}{2}(6\sin A+6\sin B+6\sin C)\\&=3(\sin A+\sin B+\sin C) \quad\cdots\cdots ㉡\end{aligned}$$

㉠=㉡이므로

$18\sin A\sin B\sin C=3(\sin A+\sin B+\sin C)$

$$\therefore\ \frac{\sin A+\sin B+\sin C}{\sin A\sin B\sin C}=\frac{18}{3}=6$$

⊕ 보충 설명

삼각형 ABC의 세 변의 길이와 내접원의 반지름의 길이가 오른쪽 그림과 같을 때, 외접원의 반지름의 길이를 R이라고 하면

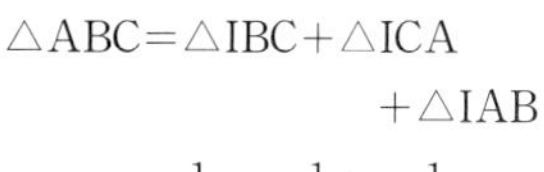

$$\begin{aligned}\triangle ABC&=\triangle IBC+\triangle ICA+\triangle IAB\\&=\frac{1}{2}ar+\frac{1}{2}br+\frac{1}{2}cr\\&=\frac{1}{2}r(a+b+c)\\&=\frac{1}{2}r(2R\sin A+2R\sin B+2R\sin C)\\&=rR(\sin A+\sin B+\sin C)\end{aligned}$$

기출 다지기 342쪽

21 ① **22** ③ **23** ① **24** ①

21 **접근 방법** | 내접원의 중심에서 삼각형 ABC에 세 변의 수선을 긋고 삼각형의 닮음과 사인법칙을 이용하여 삼각형 ADC의 외접원의 넓이를 구하도록 한다.

삼각형 ABC에 내접하는 원이 세 변 CA, AB, BC와 만나는 점을 각각 P, Q, R이라 하자.

$\overline{OQ}=\overline{OR}=\overline{RB}=3$이므로

$\overline{DR}=\overline{DB}-\overline{RB}=4-3=1$

삼각형 DOR에서 피타고라스 정리에 의하여

$\overline{DO}=\sqrt{3^2+1^2}=\sqrt{10}$이므로

$\sin(\angle DOR)=\frac{1}{\sqrt{10}}=\frac{\sqrt{10}}{10}$

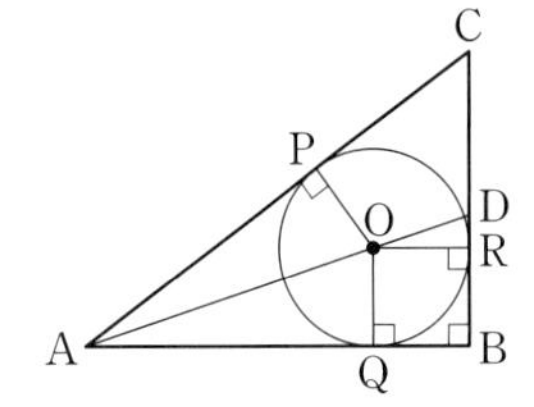

$\triangle DOR \backsim \triangle OAQ$이고 닮음비는 1 : 3이므로

$\overline{AQ}=3\times\overline{OR}=3\times3=9$

이때 $\overline{PA}=\overline{AQ}=9$이고 점 O가 삼각형 ABC의 내심이므로 $\angle CAD=\angle DAB$

$\therefore \overline{AB} : \overline{AC}=\overline{BD} : \overline{DC}$

$12 : (9+\overline{CP})=4 : (\overline{CR}-1)$

$9+\overline{CP}=3(\overline{CR}-1)$, $\overline{CP}=3\overline{CR}-12$

이때 $\overline{CP}=\overline{CR}$이므로

$\overline{CR}=3\overline{CR}-12$ $\quad\therefore \overline{CR}=6$, $\overline{CD}=6-1=5$

$\angle DAB=\angle DOR$, 즉 $\angle CAD=\angle DOR$이므로

삼각형 ADC의 외접원의 반지름의 길이를 R이라고 하면 사인법칙에 의하여

$$2R=\frac{\overline{CD}}{\sin(\angle CAD)}=\frac{\overline{CD}}{\sin(\angle DOR)}=\frac{5}{\frac{\sqrt{10}}{10}}=5\sqrt{10}$$

$\therefore R=\frac{5\sqrt{10}}{2}$

따라서 삼각형 ADC의 외접원의 넓이는

$\pi R^2=\pi\times\left(\frac{5\sqrt{10}}{2}\right)^2=\frac{125}{2}\pi$

22 **접근 방법** | 이등변삼각형의 꼭지각에서 밑변에 수선의 발을 내리고, 삼각비를 이용하여 변의 길이를 정한 후 구하고자 하는 $\overline{DE}$의 길이를 코사인법칙을 이용하여 구하도록 한다.

삼각형 ABD에서 $\overline{BD}=\overline{AB}=4$이므로

점 B에서 선분 AD에 내린 수선의 발을 H라고 하면

$\overline{AH}=\overline{AB}\cos(\angle BAC)=4\times\frac{1}{8}=\frac{1}{2}$

$\therefore \overline{AD}=2\overline{AH}=1$

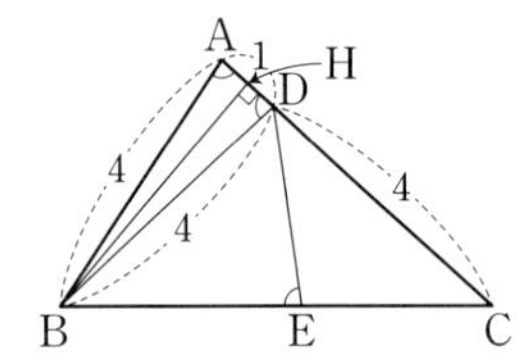

따라서 삼각형 BCD는 $\overline{DB}=\overline{DC}=4$인 이등변삼각형이다.

한편, 삼각형 ABC에서 코사인법칙에 의하여

$\overline{BC}^2=\overline{AB}^2+\overline{AC}^2-2\times\overline{AB}\times\overline{AC}\times\cos(\angle BAC)$

$\quad=4^2+5^2-2\times4\times5\times\frac{1}{8}=36$

$\therefore \overline{BC}=6$

점 D에서 변 BC에 내린 수선의 발을 H′라 하고, $\overline{DE}=x$라고 하면

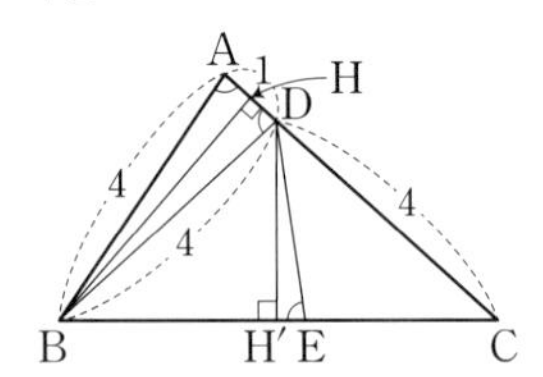

$\overline{BH'}=\frac{1}{2}\overline{BC}=\frac{1}{2}\times6=3$

직각삼각형 DBH′에서 피타고라스 정리에 의하여

$\overline{DH'}=\sqrt{4^2-3^2}=\sqrt{7}$이고,

$\overline{DH'}=x\sin(\angle H'ED)=x\sin(\angle BAC)$

$\quad=x\sqrt{1-\cos^2(\angle BAC)}$

$\quad=x\times\sqrt{1-\left(\frac{1}{8}\right)^2}=\frac{3\sqrt{7}}{8}x$

$\frac{3\sqrt{7}}{8}x=\sqrt{7}$ $\quad\therefore x=\frac{8}{3}$

$\therefore \overline{DE}=\frac{8}{3}$

23 **접근 방법** | 삼각형 ABC와 삼각형 ACD에서 각각 코사인법칙을 이용하여 코사인의 값을 정하고, 사인법칙을 이용하여 원의 반지름의 길이를 구하도록 한다.

$\angle BAC=\angle CAD=\theta$라고 하면

삼각형 ABC에서 코사인법칙에 의하여

$\overline{BC}^2=\overline{AB}^2+\overline{AC}^2-2\times\overline{AB}\times\overline{AC}\times\cos\theta$

$\quad=5^2+(3\sqrt{5})^2-2\times5\times3\sqrt{5}\times\cos\theta$

$\quad=70-30\sqrt{5}\cos\theta$

또한 삼각형 ACD에서 코사인법칙에 의하여

$\overline{CD}^2=\overline{AC}^2+\overline{AD}^2-2\times\overline{AC}\times\overline{AD}\times\cos\theta$

$\quad=(3\sqrt{5})^2+7^2-2\times3\sqrt{5}\times7\times\cos\theta$

$\quad=94-42\sqrt{5}\cos\theta$

이때 $\angle BAC=\angle CAD$에서 $\overline{BC}^2=\overline{CD}^2$이므로

$70-30\sqrt{5}\cos\theta=94-42\sqrt{5}\cos\theta$

$12\sqrt{5}\cos\theta=24$ $\quad\therefore \cos\theta=\frac{2\sqrt{5}}{5}$

$\overline{BC}^2=70-30\sqrt{5}\cos\theta=70-30\sqrt{5}\times\frac{2\sqrt{5}}{5}=10$

$\therefore \overline{BC}=\sqrt{10}$

$0<\theta<\pi$이므로

$\sin\theta=\sqrt{1-\cos^2\theta}=\sqrt{1-\left(\frac{2\sqrt{5}}{5}\right)^2}=\frac{\sqrt{5}}{5}$

원의 반지름의 길이를 R이라고 하면 삼각형 ABC에서 사인법칙에 의하여

$\frac{\overline{BC}}{\sin\theta}=2R$, $\frac{\sqrt{10}}{\frac{\sqrt{5}}{5}}=2R$ $\quad\therefore R=\frac{5\sqrt{2}}{2}$

따라서 구하는 반지름의 길이는 $\frac{5\sqrt{2}}{2}$이다.

24 **접근 방법** | 삼각형 ABC에서 코사인법칙을 이용하여 $\overline{AC}$의 길이를 구하고, 삼각형의 넓이를 활용하여 사인의 값을 정한 후 사인법칙을 이용하여 외접원의 반지름의 길이를 구하도록 한다.

삼각형 ABC에서 $\overline{AC}=a\,(a>0)$라고 하면 코사인법칙에 의하여

$\overline{BC}^2=\overline{AB}^2+\overline{AC}^2-2\times\overline{AB}\times\overline{AC}\times\cos(\angle BAC)$

$(\sqrt{13})^2=3^2+a^2-2\times3\times a\times\cos\frac{\pi}{3}$

$a^2-3a-4=0$, $(a+1)(a-4)=0$

$\therefore a=4\ (\because a>0)$

$\therefore S_1=\frac{1}{2}\times\overline{AB}\times\overline{AC}\times\sin(\angle BAC)$

$=\frac{1}{2}\times3\times4\times\sin\frac{\pi}{3}$

$=\frac{1}{2}\times3\times4\times\frac{\sqrt{3}}{2}=3\sqrt{3}$

$\overline{AD}\times\overline{CD}=9$이므로

$S_2=\frac{1}{2}\times\overline{AD}\times\overline{CD}\times\sin(\angle ADC)$

$=\frac{9}{2}\sin(\angle ADC)$

이때 $S_2=\frac{5}{6}S_1$이므로

$\frac{9}{2}\sin(\angle ADC)=\frac{5}{6}\times3\sqrt{3}$

$\therefore \sin(\angle ADC)=\frac{5\sqrt{3}}{9}$

삼각형 ACD에서 사인법칙에 의하여

$\frac{\overline{AC}}{\sin(\angle ADC)}=2R$이므로

$\frac{4}{\frac{5\sqrt{3}}{9}}=2R$ $\quad\therefore R=\frac{6\sqrt{3}}{5}$

$\therefore \frac{R}{\sin(\angle ADC)}=\frac{\frac{6\sqrt{3}}{5}}{\frac{5\sqrt{3}}{9}}=\frac{54}{25}$

Ⅲ. 수열

09. 등차수열

개념 콕콕 1 등차수열 351쪽

1 **답** (1) 3, 7, 11, 15 (2) 2, 8, 26, 80 (3) 1, $\frac{1}{4}$, $\frac{1}{9}$, $\frac{1}{16}$ (4) -1, 1, -1, 1

(1) $a_1=4\times1-1=3$, $a_2=4\times2-1=7$,
$a_3=4\times3-1=11$, $a_4=4\times4-1=15$

(2) $a_1=3^1-1=2$, $a_2=3^2-1=8$,
$a_3=3^3-1=26$, $a_4=3^4-1=80$

(3) $a_1=\frac{1}{1^2}=1$, $a_2=\frac{1}{2^2}=\frac{1}{4}$,
$a_3=\frac{1}{3^2}=\frac{1}{9}$, $a_4=\frac{1}{4^2}=\frac{1}{16}$

(4) $a_1=(-1)^1=-1$, $a_2=(-1)^2=1$,
$a_3=(-1)^3=-1$, $a_4=(-1)^4=1$

2 **답** (1) $a_n=3n-2$ (2) $a_n=-2n+22$

(1) 첫째항이 1, 공차가 3이므로
$a_n=1+(n-1)\times3=3n-2$

(2) 첫째항이 20, 공차가 -2이므로
$a_n=20+(n-1)\times(-2)=-2n+22$

3 **답** 풀이 참조

임의의 자연수 n에 대하여
$a_{n+1}-a_n=\{4(n+1)-2\}-(4n-2)=4$ (일정)
이므로 이 수열은 등차수열이며 공차는 4이다.

4 **답** (1) $a=9$, $b=21$ (2) $a=17$, $b=13$

(1) a는 3과 15의 등차중항이므로
$a=\frac{3+15}{2}=9$
15는 a와 b의 등차중항이므로
$15=\frac{a+b}{2}=\frac{9+b}{2}$
$\therefore b=21$

(2) 공차를 d라고 하면 9는 이 등차수열의 제4항이므로
$9=21+(4-1)d=21+3d$
$3d=-12$ $\quad\therefore d=-4$
$\therefore a=21+(-4)=17$, $b=a+(-4)=17-4=13$

5 답 3

4는 $3x+2$와 $6-x^2$의 등차중항이므로

$4=\frac{(3x+2)+(6-x^2)}{2}$에서 $-x^2+3x+8=8$,

$x^2-3x=0$, $x(x-3)=0$

$\therefore x=3$ ($\because x>0$)

6 답 $a_n=\frac{1}{2n-7}$

각 항의 역수로 이루어진 수열 -5, -3, -1, 1, 3, 5, $\cdots$는 첫째항이 -5, 공차가 2인 등차수열이므로

$\frac{1}{a_n}=-5+(n-1)\times 2=2n-7$

$\therefore a_n=\frac{1}{2n-7}$

예제 01 등차수열의 항 구하기 353쪽

01-1 답 (1) 44 (2) 제503항

(1) 첫째항을 a, 공차를 d, 일반항을 a_n이라고 하면

$a_n=a+(n-1)d$

$a_2=8$에서 $a+d=8$ …… ㉠

$a_{10}=24$에서 $a+9d=24$ …… ㉡

㉠, ㉡을 연립하여 풀면 $a=6$, $d=2$

따라서 $a_n=6+(n-1)\times 2=2n+4$이므로

$a_{20}=2\times 20+4=44$

(2) 일반항을 a_n이라고 하면

$a_n=-2005+(n-1)\times 4=4n-2009$

처음으로 양수가 되는 항은 $a_n>0$을 만족시키는 최초의 항이므로

$4n-2009>0$에서 $4n>2009$

$\therefore n>\frac{2009}{4}=502.25$

따라서 $a_n>0$을 만족시키는 자연수 n의 최솟값은 503이므로 처음으로 양수가 되는 항은 제503항이다.

01-2 답 (1) 20 (2) 62 (3) 11 (4) 18

(1) 첫째항을 a, 공차를 d라고 하면

$a_2=a+d=5$ …… ㉠

$a_{10}=a+9d=-11$ …… ㉡

㉠, ㉡을 연립하여 풀면 $a=7$, $d=-2$

따라서 $a_n=7+(n-1)\times(-2)=-2n+9$이므로

$-2n+9=-31$ $\therefore n=20$

(2) 첫째항을 a, 공차를 d라고 하면

$a_3=a+2d=11$ …… ㉠

또한 $a_6 : a_{10}=5 : 8$에서 $5a_{10}=8a_6$이므로

$5(a+9d)=8(a+5d)$

$5a+45d=8a+40d$

$3a-5d=0$ …… ㉡

㉠, ㉡을 연립하여 풀면 $a=5$, $d=3$

따라서 $a_n=5+(n-1)\times 3=3n+2$이므로

$a_{20}=3\times 20+2=62$

(3) 첫째항을 a, 공차를 d라고 하면

$a_1+a_7+a_{13}=a+(a+6d)+(a+12d)$
$=3a+18d=12$

$\therefore a+6d=4$ …… ㉠

$a_5+a_{10}+a_{15}=(a+4d)+(a+9d)+(a+14d)$
$=3a+27d=21$

$\therefore a+9d=7$ …… ㉡

㉠, ㉡을 연립하여 풀면 $a=-2$, $d=1$

따라서 $a_n=-2+(n-1)\times 1=n-3$이므로

$a_7+a_{10}=(7-3)+(10-3)=11$

(4) 첫째항을 a, 공차를 d라고 하면

$a_5+a_7=(a+4d)+(a+6d)$
$=2a+10d=12$

$\therefore a+5d=6$

$\therefore a_3+a_6+a_9=(a+2d)+(a+5d)+(a+8d)$
$=3a+15d=3(a+5d)$
$=3\times 6=18$

다른 풀이

(3) 등차중항을 이용하여 풀 수도 있다. 즉,

$a_1+a_{13}=2a_7$이므로

$a_1+a_7+a_{13}=3a_7=12$ $\therefore a_7=4$

$a_5+a_{15}=2a_{10}$이므로

$a_5+a_{10}+a_{15}=3a_{10}=21$ $\therefore a_{10}=7$

$\therefore a_7+a_{10}=4+7=11$

01-3 답 17

첫째항을 a라고 하면 공차가 4이므로

$a_{23}=a+22\times 4=23$ $\therefore a=-65$

$\therefore a_n=-65+(n-1)\times 4=4n-69$

처음으로 양수가 되는 항은 $a_n>0$을 만족시키는 최초의 항이므로

$4n-69>0$에서 $4n>69$

$\therefore n > \frac{69}{4} = 17.25$

이때 $a_n > 0$을 만족시키는 자연수 n의 최솟값은 18이므로 제18항부터 양수이다.

$|a_1| > |a_2| > \cdots > |a_{17}|$, $|a_{18}| < |a_{19}| < \cdots$

그런데 $a_{17} = 4 \times 17 - 69 = -1$, $a_{18} = 4 \times 18 - 69 = 3$이므로

$|a_{17}| < |a_{18}|$

따라서 $|a_n|$의 값이 최소가 되도록 하는 자연수 n의 값은 17이다.

예제 02 두 수 사이에 수를 넣어서 만든 등차수열 355쪽

02-1 답 $\frac{16}{31}$

등차수열 $1, a_1, a_2, a_3, \cdots, a_{15}, 10$의 공차를 p라고 하면 첫째항이 1, 제17항이 10이므로

$1 + (17-1)p = 10$, $16p = 9$

$\therefore p = \frac{9}{16}$

이때 a_1, a_{15}는 각각 이 등차수열의 제2항, 제16항이므로

$$a_{15} - a_1 = (1+15p) - (1+p) = 14p = 14 \times \frac{9}{16} = \frac{63}{8}$$

또한 등차수열 $1, b_1, b_2, b_3, \cdots, b_{30}, 10$의 공차를 q라고 하면 첫째항이 1, 제32항이 10이므로

$1 + (32-1)q = 10$, $31q = 9$

$\therefore q = \frac{9}{31}$

이때 b_{16}, b_{30}은 각각 이 등차수열의 제17항, 제31항이므로

$$b_{30} - b_{16} = (1+30q) - (1+16q) = 14q = 14 \times \frac{9}{31} = \frac{126}{31}$$

$$\therefore \frac{b_{30} - b_{16}}{a_{15} - a_1} = \frac{\frac{126}{31}}{\frac{63}{8}} = \frac{16}{31}$$

02-2 답 14

수열 $-5, a_1, a_2, a_3, \cdots, a_n, 20$은 첫째항이 -5, 공차가 $\frac{5}{3}$인 등차수열이고, 제$(n+2)$항이 20이므로

$-5 + (n+1) \times \frac{5}{3} = 20$, $n+1 = 15$

$\therefore n = 14$

02-3 답 ②

주어진 등차수열의 공차를 d라고 하면

수열 $4, a_1, a_2, \cdots, a_m, 20$에서 20은 제$(m+2)$항이므로

$4 + (m+1)d = 20$

$\therefore d = \frac{16}{m+1}$ …… ㉠

또한 수열 $20, b_1, b_2, \cdots, b_n, 52$에서 52는 제$(n+2)$항이므로

$20 + (n+1)d = 52$

$\therefore d = \frac{32}{n+1}$ …… ㉡

㉠, ㉡에서 $\frac{16}{m+1} = \frac{32}{n+1}$이므로

$16(n+1) = 32(m+1)$

$n+1 = 2(m+1)$

$\therefore n = 2m+1$

예제 03 등차수열을 이루는 세 수 357쪽

03-1 답 83

등차수열을 이루는 세 수를 $a-d$, a, $a+d$라고 하면 세 수의 합이 15이므로

$(a-d) + a + (a+d) = 15$

$3a = 15$

$\therefore a = 5$

또한 세 수의 곱이 105이므로

$(a-d) \times a \times (a+d) = 105$ …… ㉠

$a=5$를 ㉠에 대입하면

$(5-d) \times 5 \times (5+d) = 105$

$25 - d^2 = 21$, $d^2 = 4$

$\therefore d = \pm 2$

따라서 세 수는 3, 5, 7이므로 구하는 제곱의 합은

$$3^2 + 5^2 + 7^2 = 9 + 25 + 49 = 83$$

03-2 답 ③

삼차방정식 $x^3-15x^2+kx-75=0$의 세 실근이 등차수열을 이루므로 세 실근을 $a-d$, a, $a+d$라고 하면 삼차방정식의 근과 계수의 관계에 의하여

$(a-d)+a+(a+d)=15$

$3a=15 \quad \therefore a=5$

따라서 주어진 삼차방정식의 한 실근이 5이므로 방정식에 $x=5$를 대입하면

$5^3-15\times5^2+k\times5-75=0$, $5k=325$

$\therefore k=65$

03-3 답 13

등차수열을 이루는 네 수를 $a-3d$, $a-d$, $a+d$, $a+3d$라고 하면 네 수의 합이 28이므로

$(a-3d)+(a-d)+(a+d)+(a+3d)=28$

$4a=28 \quad \therefore a=7$

이때 가장 큰 수와 가장 작은 수의 곱은 나머지 두 수의 곱보다 32만큼 작으므로

$(a-3d)(a+3d)=(a-d)(a+d)-32$ …… ㉠

$a=7$을 ㉠에 대입하면

$(7-3d)(7+3d)=(7-d)(7+d)-32$

$49-9d^2=49-d^2-32$

$8d^2=32$, $d^2=4$

$\therefore d=\pm2$

따라서 네 수는 1, 5, 9, 13이므로 구하는 가장 큰 수는 13이다.

예제 04 조화수열 359쪽

04-1 답 $x=\frac{1}{14}$, $y=\frac{1}{11}$, $z=\frac{1}{8}$

$\frac{1}{17}$, x, y, z, $\frac{1}{5}$이 이 순서대로 조화수열을 이루므로 각 항의 역수로 이루어진 수열 17, $\frac{1}{x}$, $\frac{1}{y}$, $\frac{1}{z}$, 5는 이 순서대로 등차수열을 이룬다.

이 등차수열의 공차를 d라고 하면 첫째항은 17, 제5항은 5이므로

$17+4d=5$, $4d=-12 \quad \therefore d=-3$

따라서 수열 17, $\frac{1}{x}$, $\frac{1}{y}$, $\frac{1}{z}$, 5는 첫째항이 17, 공차가 -3인 등차수열이므로

$\frac{1}{x}=14$, $\frac{1}{y}=11$, $\frac{1}{z}=8$

$\therefore x=\frac{1}{14}$, $y=\frac{1}{11}$, $z=\frac{1}{8}$

04-2 답 300

a와 b의 등차중항이 10이므로

$10=\frac{a+b}{2}$

$\therefore a+b=20$ …… ㉠

a와 b의 조화중항이 5이므로 a와 b의 역수 $\frac{1}{a}$과 $\frac{1}{b}$의 등차중항이 $\frac{1}{5}$이다. 즉,

$\frac{1}{5}=\frac{1}{2}\left(\frac{1}{a}+\frac{1}{b}\right)$, $\frac{1}{5}=\frac{a+b}{2ab}$

$\frac{1}{5}=\frac{20}{2ab}$ ($\because$ ㉠)

$\therefore ab=50$ …… ㉡

㉠, ㉡에서

$a^2+b^2=(a+b)^2-2ab$

$=20^2-2\times50=300$

04-3 답 ④

$\frac{2}{a_{n+1}}=\frac{1}{a_n}+\frac{1}{a_{n+2}}$에서

$\frac{1}{a_{n+1}}-\frac{1}{a_n}=\frac{1}{a_{n+2}}-\frac{1}{a_{n+1}}$이므로 수열 $\left\{\frac{1}{a_n}\right\}$은 등차수열이다.

이때 등차수열 $\left\{\frac{1}{a_n}\right\}$의 공차를 d라고 하면

$\frac{1}{a_n}=\frac{1}{a_1}+(n-1)d$

이고, $d=\frac{1}{a_2}-\frac{1}{a_1}=\frac{1}{2}-\frac{1}{3}=\frac{1}{6}$이므로

$\frac{1}{a_n}=\frac{1}{3}+(n-1)\times\frac{1}{6}=\frac{n+1}{6}$

따라서 $a_n=\frac{6}{n+1}$이므로

$a_{11}=\frac{6}{12}=\frac{1}{2}$

⊕보충 설명

수열 $\{a_n\}$이 조화수열이면 연속하는 세 항 a_n, a_{n+1}, a_{n+2} 사이에 다음 관계가 성립한다.

$\frac{2}{a_{n+1}}=\frac{1}{a_n}+\frac{1}{a_{n+2}}$ (단, $n=1, 2, 3, \cdots$)

개념 콕콕 **2 등차수열의 합** 365쪽

1 답 (1) 140 (2) 775 (3) 110

(1) $\frac{10\times(3+25)}{2}=140$

(2) $\frac{10\times\{2\times100+(10-1)\times(-5)\}}{2}=775$

(3) 첫째항이 5, 공차가 1인 등차수열의 첫째항부터 제 11항까지의 합은

$\frac{11\times\{2\times5+(11-1)\times1\}}{2}=110$

2 답 (1) 77 (2) 105

주어진 수열의 일반항을 a_n, 첫째항부터 제n항까지의 합을 S_n이라고 하자.

(1) 수열 $\{a_n\}$은 첫째항이 2, 공차가 3인 등차수열이므로

$a_n=2+(n-1)\times3=3n-1$

이 수열의 제n항이 20이라고 하면

$3n-1=20$, $3n=21$ $\quad\therefore n=7$

따라서 주어진 수열의 합은 첫째항부터 제7항까지의 합이므로

$S_7=\frac{7\times(2+20)}{2}=\frac{7\times22}{2}=77$

(2) 수열 $\{a_n\}$은 첫째항이 33, 공차가 -5인 등차수열이므로

$a_n=33+(n-1)\times(-5)=-5n+38$

이 수열의 제n항이 -12라고 하면

$-5n+38=-12$, $-5n=-50$ $\quad\therefore n=10$

따라서 주어진 수열의 합은 첫째항부터 제10항까지의 합이므로

$S_{10}=\frac{10\times\{33+(-12)\}}{2}$

$=\frac{10\times21}{2}=105$

3 답 (1) 225 (2) -240

주어진 수열의 첫째항부터 제n항까지의 합을 S_n이라고 하자.

(1) 첫째항이 1, 공차가 2인 등차수열이므로

$S_{15}=\frac{15\times\{2\times1+(15-1)\times2\}}{2}$

$=\frac{15\times30}{2}=225$

(2) 첫째항이 -2, 공차가 -2인 등차수열이므로

$S_{15}=\frac{15\times\{2\times(-2)+(15-1)\times(-2)\}}{2}$

$=\frac{15\times(-32)}{2}=-240$

4 답 (1) $a_n=4$ (2) $a_n=4n-2$

(1) (i) $n\geq2$일 때,

$a_n=S_n-S_{n-1}$

$=4n-4(n-1)=4$ ...... ㉠

(ii) $n=1$일 때,

$a_1=S_1=4\times1=4$

$a_1=4$는 ㉠에 $n=1$을 대입하여 얻은 값과 같으므로

$a_n=4$

(2) (i) $n\geq2$일 때,

$a_n=S_n-S_{n-1}$

$=2n^2-2(n-1)^2$

$=4n-2$ ...... ㉠

(ii) $n=1$일 때,

$a_1=S_1=2\times1^2=2$

$a_1=2$는 ㉠에 $n=1$을 대입하여 얻은 값과 같으므로

$a_n=4n-2$

5 답 38

(i) $n\geq2$일 때,

$a_n=S_n-S_{n-1}$

$=n^2-n-\{(n-1)^2-(n-1)\}$

$=2n-2$ ...... ㉠

(ii) $n=1$일 때,

$a_1=S_1=1^2-1=0$

$a_1=0$은 ㉠에 $n=1$을 대입하여 얻은 값과 같으므로

$a_n=2n-2$

$\therefore a_{20}=2\times20-2=38$

다른 풀이

$a_{20}=S_{20}-S_{19}=20^2-20-(19^2-19)$

$=(20-19)\times(20+19)-1=38$

예제 05 **등차수열의 합** 367쪽

05-1 답 670

등차수열 $\{a_n\}$의 첫째항을 a, 공차를 d라고 하면

$a_4=a+3d=14$ …… ㉠

$a_7=a+6d=23$ …… ㉡

㉡－㉠을 하면

$3d=9 \quad \therefore d=3$

$d=3$을 ㉠에 대입하면 $a=5$

따라서 등차수열 $\{a_n\}$은 첫째항이 5, 공차가 3이므로 첫째항부터 제20항까지의 합은

$\frac{20\times\{2\times5+(20-1)\times3\}}{2}=670$

05-2 답 ④

첫째항이 50, 제n항이 -10인 등차수열 $\{a_n\}$의 첫째항부터 제n항까지의 합이 420이므로

$\frac{n\{50+(-10)\}}{2}=420$, $20n=420$

$\therefore n=21$

즉, $a_{21}=-10$이므로 공차를 d라고 하면

$a_{21}=50+20d=-10$, $20d=-60$

$\therefore d=-3$

따라서 등차수열 $\{a_n\}$은 첫째항이 50, 공차가 -3이므로

$a_{30}=50+29\times(-3)=-37$

05-3 답 (1) 1717 (2) 1776

(1) 100 이하의 자연수 중에서 3으로 나누었을 때의 나머지가 1인 수를 작은 것부터 차례대로 나열하면

1, 4, 7, 10, …, 97, 100

이때 $100=1+33\times3$에서 구하는 값은 첫째항이 1, 끝항이 100, 항의 개수가 34인 등차수열의 합과 같으므로

$\frac{34\times(1+100)}{2}=1717$

(2) 100보다 크고 200보다 작은 자연수 중에서 8로 나누어떨어지는 수를 작은 것부터 차례대로 나열하면

104, 112, 120, …, 192

이때 $192=104+11\times8$에서 구하는 값은 첫째항이 104, 끝항이 192, 항의 개수가 12인 등차수열의 합과 같으므로

$\frac{12\times(104+192)}{2}=1776$

⊕ 보충 설명

3의 배수를 작은 것부터 차례대로 나열하면 공차가 3인 등차수열인 것처럼 3으로 나누었을 때의 나머지가 1이거나 2인 수들도 각각 작은 것부터 차례대로 나열하면 공차가 3인 등차수열이다.

일반적으로 n의 배수를 작은 것부터 차례대로 나열하면 공차가 n인 등차수열인 것처럼 n으로 나누었을 때의 나머지가 1인 수들, 나머지가 2인 수들, …, 나머지가 $n-1$인 수들도 각각 작은 것부터 차례대로 나열하면 공차가 n인 등차수열이다.

예제 06 등차수열의 합과 일반항 사이의 관계 369쪽

06-1 답 (1) $a_n=6n-1$ (2) $a_1=0$, $a_n=4n-3\ (n\geq2)$

(1) (i) $n\geq2$일 때,

$a_n=S_n-S_{n-1}$

$=3n^2+2n-\{3(n-1)^2+2(n-1)\}$

$=6n-1$ …… ㉠

(ii) $n=1$일 때, $a_1=S_1=3\times1^2+2\times1=5$

$a_1=5$는 ㉠에 $n=1$을 대입하여 얻은 값과 같으므로 ($6\times1-1=5$)

$a_n=6n-1$

(2) (i) $n\geq2$일 때,

$a_n=S_n-S_{n-1}$

$=2n^2-n-1-\{2(n-1)^2-(n-1)-1\}$

$=4n-3$ …… ㉠

(ii) $n=1$일 때, $a_1=S_1=2\times1^2-1-1=0$

$a_1=0$은 ㉠에 $n=1$을 대입하여 얻은 값과 다르므로 ($4\times1-3=1$)

$a_1=0$, $a_n=4n-3\ (n\geq2)$

06-2 답 ②

(i) $n\geq2$일 때,

$a_n=S_n-S_{n-1}$

$=n^2+2n-\{(n-1)^2+2(n-1)\}$

$=2n+1$ …… ㉠

(ii) $n=1$일 때,

$a_1=S_1=1^2+2\times1=3$

$a_1=3$은 ㉠에 $n=1$을 대입하여 얻은 값과 같으므로 ($2\times1+1=3$)

$a_n=2n+1$

따라서 $a_1=3$, $a_3=7$, $a_5=11$, …, $a_{99}=199$이므로 $a_1+a_3+a_5+\cdots+a_{99}$의 값은 첫째항이 3, 끝항이 199, 항의 개수가 50인 등차수열의 합과 같다.

$\therefore\ a_1+a_3+a_5+\cdots+a_{99}=\frac{50\times(3+199)}{2}=5050$

06-3 답 16

두 수열 $\{a_n\}$, $\{b_n\}$의 첫째항부터 제n항까지의 합을 각각 S_n, T_n이라고 하면

$S_n=n^2+kn$, $T_n=2n^2-3n$

$a_{10}=S_{10}-S_9$
$=(10^2+10k)-(9^2+9k)$
$=19+k$

$b_{10}=T_{10}-T_9$
$=(2\times10^2-3\times10)-(2\times9^2-3\times9)=35$

이때 $a_{10}=b_{10}$이므로

$19+k=35$

$\therefore\ k=16$

예제 07 등차수열의 합의 최대, 최소 371쪽

07-1 답 -36

첫째항이 -11, 공차가 2이므로 주어진 등차수열의 일반항 a_n은

$a_n=-11+(n-1)\times2=2n-13$

처음으로 양수가 되는 항은 $a_n>0$을 만족시키는 최초의 항이므로

$2n-13>0$, $2n>13$

$\therefore\ n>\frac{13}{2}=6.5$

즉, 등차수열 $\{a_n\}$은 첫째항부터 제6항까지가 음수이고 제7항부터는 양수이므로 첫째항부터 제6항까지의 합이 최소가 된다.

따라서 구하는 최솟값은

$S_6=\frac{6\times\{2\times(-11)+(6-1)\times2\}}{2}=-36$

다른 풀이

첫째항이 -11, 공차가 2이므로

$S_n=\frac{n\{2\times(-11)+(n-1)\times2\}}{2}$
$=n^2-12n$
$=(n-6)^2-36$

따라서 $n=6$일 때, S_n은 최솟값 -36을 갖는다.

07-2 답 ④

첫째항을 a, 공차를 d, 일반항을 a_n이라고 하면

$a_7=a+6d=2$ …… ㉠

$a_{10}=a+9d=-7$ …… ㉡

㉠, ㉡을 연립하여 풀면

$a=20$, $d=-3$

$\therefore\ a_n=20+(n-1)\times(-3)=-3n+23$

처음으로 음수가 되는 항은 $a_n<0$을 만족시키는 최초의 항이므로

$-3n+23<0$, $-3n<-23$

$\therefore\ n>\frac{23}{3}=7.66\cdots$

즉, 등차수열 $\{a_n\}$은 첫째항부터 제7항까지가 양수이고 제8항부터는 음수이므로 첫째항부터 제7항까지의 합이 최대가 된다.

따라서 S_n의 최댓값은

$S_7=\frac{7\times\{2\times20+(7-1)\times(-3)\}}{2}=77$

07-3 답 400

(i) $n\geq2$일 때,

$a_n=S_n-S_{n-1}$
$=2n^2-39n-\{2(n-1)^2-39(n-1)\}$
$=4n-41$ …… ㉠

(ii) $n=1$일 때,

$a_1=S_1=2\times1^2-39\times1=-37$

$a_1=-37$은 ㉠에 $n=1$을 대입하여 얻은 값과 같으므로 ($4\times1-41=-37$)

$a_n=4n-41$

처음으로 양수가 되는 항은 $a_n>0$을 만족시키는 최초의 항이므로

$4n-41>0$, $4n>41$

$\therefore\ n>\frac{41}{4}=10.25$

즉, 수열 $\{a_n\}$은 첫째항부터 제10항까지가 음수이고 제11항부터는 양수이다.

이때 $a_1=-37$, $a_{10}=4\times10-41=-1$,

$a_{11}=4\times11-41=3$, $a_{20}=4\times20-41=39$이므로

$|a_1|+|a_2|+|a_3|+\cdots+|a_{20}|$
$=-(a_1+a_2+\cdots+a_{10})+(a_{11}+a_{12}+\cdots+a_{20})$
$=-\frac{10\times\{-37+(-1)\}}{2}+\frac{10\times(3+39)}{2}$
$=190+210=400$

예제 08 부분의 합이 주어진 등차수열의 합 373쪽

08-1 답 1020

등차수열 $\{a_n\}$에서 차례대로 5개씩 묶어 그 합을 구하면 이 합은 등차수열을 이룬다. 즉,

$A=a_1+a_2+\cdots+a_5$

$B=a_6+a_7+\cdots+a_{10}$

$C=a_{11}+a_{12}+\cdots+a_{15}$

라고 하면 A, B, C는 이 순서대로 등차수열을 이룬다.

이때 $S_5=140$, $S_{10}=480$이므로

$A=S_5=140$

$B=S_{10}-S_5=480-140=340$

따라서 340은 140과 C의 등차중항이므로

$340=\dfrac{140+C}{2}$ $\qquad\therefore C=540$

$\therefore S_{15}=A+B+C$

$=140+340+540=1020$

다른 풀이

등차수열 $\{a_n\}$의 첫째항을 a, 공차를 d라고 하면

$S_5=\dfrac{5\{2a+(5-1)d\}}{2}=140$

$\therefore a+2d=28$ …… ㉠

$S_{10}=\dfrac{10\{2a+(10-1)d\}}{2}=480$

$\therefore 2a+9d=96$ …… ㉡

㉠, ㉡을 연립하여 풀면

$a=12$, $d=8$

$\therefore S_{15}=\dfrac{15\times\{2\times12+(15-1)\times8\}}{2}=1020$

08-2 답 ④

등차수열 $\{a_n\}$의 첫째항을 a, 공차를 d, 첫째항부터 제n항까지의 합을 S_n이라고 하면

$S_5=\dfrac{5\{2a+(5-1)d\}}{2}=70$

$\therefore a+2d=14$ …… ㉠

또한 제6항부터 제15항까지의 합이 290이므로 첫째항부터 제15항까지의 합은 $70+290=360$이다. 즉,

$S_{15}=\dfrac{15\{2a+(15-1)d\}}{2}=360$

$\therefore a+7d=24$ …… ㉡

㉠, ㉡을 연립하여 풀면

$a=10$, $d=2$

따라서 제11항부터 제25항까지의 합은

$S_{25}-S_{10}=\dfrac{25\times\{2\times10+(25-1)\times2\}}{2}-\dfrac{10\times\{2\times10+(10-1)\times2\}}{2}$

$=850-190=660$

다른 풀이

등차수열 $\{a_n\}$에서 차례대로 5개씩 묶어 그 합을 구하면 이 합은 등차수열을 이룬다. 이 수열의 공차를 k라고 하면

$S_5=a_1+a_2+\cdots+a_5=70$

$S_{10}-S_5=a_6+a_7+\cdots+a_{10}=70+k$

$S_{15}-S_{10}=a_{11}+a_{12}+\cdots+a_{15}=70+2k$

$S_{20}-S_{15}=a_{16}+a_{17}+\cdots+a_{20}=70+3k$

$S_{25}-S_{20}=a_{21}+a_{22}+\cdots+a_{25}=70+4k$

이때 제6항부터 제15항까지의 합이 290이므로

$S_{15}-S_5=(S_{10}-S_5)+(S_{15}-S_{10})$

$=(70+k)+(70+2k)$

$=140+3k=290$

$\therefore k=50$

따라서 제11항부터 제25항까지의 합은

$S_{25}-S_{10}=(S_{15}-S_{10})+(S_{20}-S_{15})+(S_{25}-S_{20})$

$=(70+2k)+(70+3k)+(70+4k)$

$=210+9k$

$=210+9\times50=660$

08-3 답 25배

첫째항을 a, 공차를 d라고 하면

$S_k=\dfrac{k\{2a+(k-1)d\}}{2}$

$S_{3k}=\dfrac{3k\{2a+(3k-1)d\}}{2}$

이때 $S_{3k}=9S_k$이므로

$\dfrac{3k\{2a+(3k-1)d\}}{2}=9\times\dfrac{k\{2a+(k-1)d\}}{2}$

양변에 $\dfrac{2}{3k}$를 곱하면

$2a+(3k-1)d=3\{2a+(k-1)d\}$

$2a+(3k-1)d=6a+3(k-1)d$

$2d=4a$

$\therefore d=2a$ …… ㉠

S_{5k}가 S_k의 몇 배인지 구하기 위하여 $\dfrac{S_{5k}}{S_k}$의 값을 구해

보면

$$\frac{S_{5k}}{S_k}=\frac{\frac{5k\{2a+(5k-1)d\}}{2}}{\frac{k\{2a+(k-1)d\}}{2}}$$

$$=\frac{5\{2a+(5k-1)d\}}{2a+(k-1)d}$$

$$=\frac{5\{2a+(5k-1)\times 2a\}}{2a+(k-1)\times 2a}\ (\because ㉠)$$

$$=\frac{50ak}{2ak}=25$$

따라서 S_{5k}는 S_k의 25배이다.

기본 다지기 374쪽~375쪽

1 19	2 11	3 5	4 34	5 43
6 198	7 400	8 150	9 11	10 315

1 두 등차수열 $\{a_n\}$, $\{b_n\}$의 일반항을 각각 구해 보면

$a_n=6+(n-1)\times(-2)=-2n+8$

$b_n=8+(n-1)\times(-1)=-n+9$

이때 $a_k=3b_k$이므로

$-2k+8=3(-k+9)\qquad \therefore k=19$

2 $x^2-nx+4(n-4)=0$에서

$(x-4)(x-n+4)=0$

$\therefore x=4$ 또는 $x=n-4$

한편, 세 수 1, α, β가 이 순서대로 등차수열을 이루므로

$2\alpha=\beta+1$ …… ㉠

(i) $\alpha=4$, $\beta=n-4$인 경우

$\alpha<\beta$이므로 $4<n-4$에서 $n>8$

㉠에서 $2\times4=(n-4)+1$

$\therefore n=11$

(ii) $\alpha=n-4$, $\beta=4$인 경우

$\alpha<\beta$이므로 $n-4<4$에서 $n<8$

㉠에서 $2(n-4)=4+1$

$\therefore n=\frac{13}{2}$

(i), (ii)에서 n은 자연수이므로 $n=11$

다른 풀이

이차방정식 $x^2-nx+4(n-4)=0$의 두 근이 α, β이므로 이차방정식의 근과 계수 사이의 관계에 의하여

$\alpha+\beta=n$, $\alpha\beta=4(n-4)$

세 수 1, α, β가 등차수열이므로 공차를 d라고 하면

$\alpha=1+d$, $\beta=1+2d$

$\therefore \alpha+\beta=3d+2=n$ …… ㉠

$\alpha\beta=(1+d)(1+2d)=2d^2+3d+1$ …… ㉡

이때 ㉠의 $n=3d+2$를 $\alpha\beta=4(n-4)$에 대입하면

$\alpha\beta=4(3d+2-4)=4(3d-2)$ …… ㉢

㉡, ㉢에서

$2d^2+3d+1=4(3d-2)$

$2d^2-9d+9=0$

$(2d-3)(d-3)=0$

$\therefore d=\frac{3}{2}$ 또는 $d=3$

이것을 ㉠에 대입하면

$d=\frac{3}{2}$일 때 $n=\frac{13}{2}$, $d=3$일 때 $n=11$

이때 n은 자연수이므로 11이다.

3 직각삼각형의 세 변의 길이가 공차가 $d\ (d>0)$인 등차수열을 이룬다고 하면 두 번째로 긴 변의 길이는 4이므로 세 변의 길이를 각각

$4-d$, 4, $4+d\ (0<d<2)$

라고 할 수 있다.

이때 직각삼각형이므로 피타고라스 정리에 의하여

$(4-d)^2+4^2=(4+d)^2$

$16d=16$

$\therefore d=1$

따라서 가장 긴 변의 길이는

$4+1=5$

보충 설명

미지수를 정할 때에는 항상 미지수의 범위에 주의해야 한다.
즉, 공차 d가 $d>0$일 때,

(i) 삼각형의 세 변의 길이는 양수이므로

$4-d>0$, $4>0$, $4+d>0$

$\therefore 0<d<4\ (\because d>0)$

(ii) 삼각형에서 가장 긴 변의 길이는 나머지 두 변의 길이의 합보다 커야 하므로

$(4-d)+4>4+d$

$\therefore 0<d<2\ (\because d>0)$

(i), (ii)에서 $d>0$일 때, d의 값의 범위가 $0<d<2$임을 알 수 있다.

또한 $d<0$일 때는 세 변의 길이를 짧은 것부터 차례대로 나열하면 $4+d$, 4, $4-d$라고 할 수 있으므로 $d>0$일 때와 마찬가지 방법으로 $d<0$일 때, d의 값의 범위는 $-2<d<0$임을 알 수 있다.

4 주어진 등차수열의 공차를 d라고 하면 109는 제$(k+2)$항이므로

$4+(k+1)d=109$

$\therefore (k+1)d=105=3\times5\times7$

이때 k의 값이 최대가 되려면 d의 값은 최소가 되어야 하므로 $d=3$

따라서 $k+1=5\times7=35$이므로 $k=34$

5 주어진 7개의 연속한 자연수의 합은

$36+37+38+\cdots+42=\dfrac{7\times(36+42)}{2}=273$

$\therefore a_1+a_2+a_3+\cdots+a_6=273$

이때 연속한 6개의 자연수 a_1, a_2, $\cdots$, a_6은 공차가 1인 등차수열이므로

$\dfrac{6\{a_1+(a_1+5)\}}{2}=273$

$2a_1+5=91$

$\therefore a_1=43$

6 주어진 등차수열의 공차를 d라고 하면 주어진 등차수열을

$a-49d, \cdots, a-d, a, a+d, \cdots, a+49d$

라고 할 수 있다.

이때 홀수 번째 항들의 합이 100이므로

$(a-49d)+(a-47d)+\cdots+(a-d)$
$+(a+d)+\cdots+(a+47d)+(a+49d)$

$=50a=100$

$\therefore a=2$

$\therefore a_1+a_2+a_3+\cdots+a_{99}$

$=(a-49d)+(a-48d)+\cdots+(a+49d)$

$=99a=198$

다른 풀이

등차수열 a_1, a_2, a_3, $\cdots$, a_{99}의 첫째항을 a, 공차를 d라고 하면 홀수 번째 항들로 이루어진 수열 a_1, a_3, a_5, $\cdots$, a_{99}는 첫째항이 a, 공차가 $2d$인 등차수열이다.

이때 홀수 번째 항들의 합이 100이므로

$\dfrac{50\{2a+(50-1)\times2d\}}{2}=100$

$\therefore a+49d=2$ ······ ㉠

$\therefore a_1+a_2+a_3+\cdots+a_{99}$

$=\dfrac{99\{2a+(99-1)\times d\}}{2}$

$=99(a+49d)$

$=99\times2$ ($\because$ ㉠)

$=198$

⊕보충 설명

이 문제에서는 홀수 번째 항들의 합이 주어져 있으므로 공차와 관계없이 전체 수열의 합 $a_1+a_2+a_3+\cdots+a_{99}$는 일정하다.

즉, 주어진 조건만으로는 등차수열의 공차를 구할 수 없다.

이것은 첫째항 a와 제n항 l이 주어졌을 때의 등차수열의 첫째항부터 제n항까지의 합 S_n이

$S_n=\dfrac{n(a+l)}{2}$

임을 생각하면 쉽게 이해할 수 있다.

7 등차수열 $\{a_n\}$의 첫째항을 a, 공차를 d라고 하면 수열 a_2, a_4, a_6, $\cdots$, a_{2n}은 첫째항이 $a+d$, 공차가 $2d$, 항의 개수가 n인 등차수열이므로

$a_2+a_4+a_6+\cdots+a_{2n}$

$=\dfrac{n\{2(a+d)+(n-1)\times2d\}}{2}$

$=dn^2+an$

이때 $a_2+a_4+a_6+\cdots+a_{2n}=2n^2+n$이므로

$dn^2+an=2n^2+n$

$\therefore a=1, d=2$

따라서 등차수열 $\{a_n\}$의 첫째항이 1, 공차가 2이므로

$a_1+a_2+a_3+\cdots+a_{20}$

$=\dfrac{20\times\{2\times1+(20-1)\times2\}}{2}$

$=400$

다른 풀이

$a_2+a_4+a_6+\cdots+a_{2n}=2n^2+n$에서

$n=1$일 때, $a_2=3$

$n=2$일 때, $a_2+a_4=10$

$\therefore a_4=7$

이때 등차수열 $\{a_n\}$의 공차를 d라고 하면

$2d=a_4-a_2=7-3=4$

$\therefore d=2$

$a_2=3$, $d=2$에서

$a_1=a_2-d=3-2=1$

$\therefore a_1+a_2+a_3+\cdots+a_{20}$

$=\dfrac{20\times\{2\times1+(20-1)\times2\}}{2}$

$=400$

8 등차수열 $\{a_n\}$의 첫째항이 a, 공차가 2이므로

$a_{50}=a+(50-1)\times2=a+98$

$$\therefore S_{50}=\frac{50(a+a_{50})}{2}=\frac{50\{a+(a+98)\}}{2}=50(a+49)$$

이때 $S_{50}<10000$이므로

$50(a+49)<10000$, $a+49<200$

$\therefore a<151$

따라서 주어진 부등식을 만족시키는 자연수 a의 최댓값은 150이다.

9 등차수열 -2, a_1, a_2, $\cdots$, a_n, 25에서

첫째항이 -2, 끝항이 25, 항의 개수가 $(n+2)$이고 모든 항의 합이 115이므로

$$\frac{(n+2)\times(-2+25)}{2}=115$$

$(n+2)\times23=230$

$n+2=10$

$\therefore n=8$

따라서 25는 주어진 수열의 제$(n+2)$항, 즉 제10항이므로

$-2+9d=25$

$\therefore d=3$

$\therefore d+n=3+8=11$

⊕보충 설명

수열 -2, a_1, a_2, $\cdots$, a_n, 25에서 25를 주어진 모습만 보고 제$(n+1)$항이라고 판단하지 않도록 주의한다.

10 x좌표가 t $(t>1)$인 점에서의 선분의 길이를 $f(t)$라고 하면

$$f(t)=a(t-1)-t=at-a-t=(a-1)t-a$$

즉, 주어진 14개의 선분의 길이는 등차수열을 이룬다.

따라서 구하는 선분의 길이의 합은 첫째항이 3이고 제14항이 42인 등차수열의 첫째항부터 제14항까지의 합이므로

$$\frac{14\times(3+42)}{2}=315$$

⊕보충 설명

등차수열의 일반항은 n에 대한 일차식이므로 등차수열의 일반항을 자연수 전체의 집합에서 실수 전체의 집합으로의 일차함수와 연결지어 생각할 수 있다. 즉, 도형 문제에서 일차함수의 그래프(직선)를 따라 일정하게 커지거나 작아지는 것은 등차수열에 대한 문제로 바꾸어 생각할 수 있다.

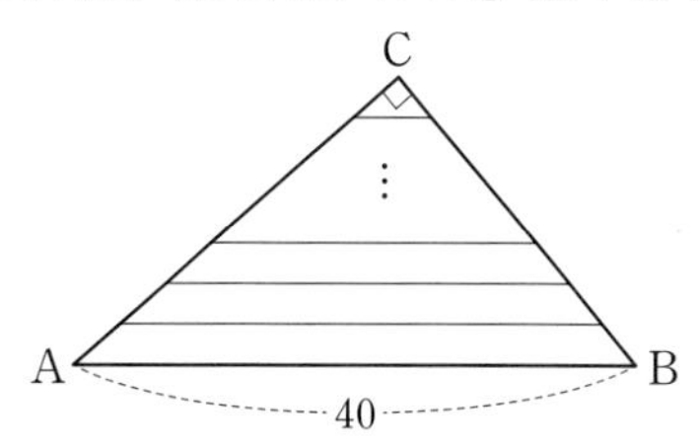

예를 들어 위의 그림과 같이 밑변 AB의 길이가 40인 직각삼각형 ABC에서 변 AC를 11등분 한 점에서 변 AB와 평행한 10개의 선분을 그려 그 길이를 각각 a_1, a_2, a_3, $\cdots$, a_{10}이라고 하면

$a_1+a_{10}=40$, $a_2+a_9=40$, $\cdots$, $a_5+a_6=40$이므로

$a_1+a_2+a_3+\cdots+a_{10}=40\times5=200$

실력 다지기 376쪽~377쪽

11 ②	12 ⑤	13 ②	14 3	15 216
16 567	17 4	18 30	19 15	20 13

11 **접근 방법** | 등차수열 $\{a_n\}$의 일반항을 구하여 주어진 식에 대입한다.

등차수열 $\{a_n\}$의 공차가 2이므로

$a_n=a_1+(n-1)\times2$

$$\therefore N=\frac{2^{a_4}+2^{a_6}}{2^{a_1}+2^{a_3}}=\frac{2^{a_1+6}+2^{a_1+10}}{2^{a_1}+2^{a_1+4}}=\frac{2^{a_1}\times2^6+2^{a_1}\times2^{10}}{2^{a_1}+2^{a_1}\times2^4}=\frac{2^{a_1}\times2^6(1+2^4)}{2^{a_1}(1+2^4)}=2^6$$

$\therefore \log_4 N=\log_4 2^6=\log_4 4^3=3$

12 **접근 방법** | S의 값 중 가장 작은 값과 가장 큰 값을 구하고 서로 다른 10개의 짝수의 합은 다시 짝수임을 이용한다.

S의 값 중 가장 작은 값은 2부터 100까지의 짝수 중에서 가장 작은 것부터 순서대로 10개를 더한 것이므로

$$2+4+\cdots+18+20=\frac{10\times(2+20)}{2}=110$$

한편, S의 값 중 가장 큰 값은 2부터 100까지의 짝수 중에서 가장 큰 것부터 순서대로 10개를 더한 것이므로

$$100+98+\cdots+84+82=\frac{10\times(100+82)}{2}=910$$

이때 서로 다른 10개의 짝수의 합은 110 이상 910 이하의 모두 짝수인 값을 가지므로 수열 $\{a_n\}$은 첫째항이 110, 공차가 2인 등차수열이다.

$\therefore a_{50}=110+(50-1)\times 2=208$

보충 설명

S의 값 중 가장 작은 값은

$a_1=2+4+\cdots+16+18+20=110$

S의 값 중 두 번째로 작은 값은

$a_2=2+4+\cdots+16+18+22$

$\quad=a_1+2=112$

S의 값 중 세 번째로 작은 값은

$a_3=2+4+\cdots+16+18+24$

$\quad=2+4+\cdots+16+20+22$

$\quad=a_2+2=114$

따라서 수열 $\{a_n\}$은 공차가 2인 등차수열임을 확인할 수 있다.

13 **접근 방법** | $a_7=A_7-A_6$, $b_7=B_7-B_6$임을 이용한다.

등차수열의 합은 상수항이 없는 n에 대한 이차식이므로 주어진 비례식

$A_n:B_n=(3n+6):(7n+2)$

에서 0이 아닌 상수 k에 대하여

$A_n=kn(3n+6)=k(3n^2+6n)$

$B_n=kn(7n+2)=k(7n^2+2n)$

이다. 이때 $a_7=A_7-A_6$, $b_7=B_7-B_6$이므로

$a_7=189k-144k=45k$

$b_7=357k-264k=93k$

$\therefore a_7:b_7=45k:93k=15:31$

다른 풀이

첫째항부터 제13항까지 나열할 때, 가운데 항이 제7항이므로

$$A_{13}=\frac{13(a_1+a_{13})}{2}=\frac{13(a_2+a_{12})}{2}$$
$$=\cdots=\frac{13(a_7+a_7)}{2}=13a_7$$
$$B_{13}=\frac{13(b_1+b_{13})}{2}=\frac{13(b_2+b_{12})}{2}$$
$$=\cdots=\frac{13(b_7+b_7)}{2}=13b_7$$

$A_{13}:B_{13}=13a_7:13b_7=a_7:b_7$

즉, $a_7:b_7=A_{13}:B_{13}=45:93=15:31$이다.

보충 설명

첫째항이 a, 공차가 d인 등차수열의 첫째항부터 제n항까지의 합 $S_n=\dfrac{n\{2a+(n-1)d\}}{2}$는 상수항이 없는 n에 대한 이차식이지만 문제에서 주어진

$A_n:B_n=(3n+6):(7n+2)$

의 비에서는 n에 대한 일차식으로 나타났다.

즉, 두 식 A_n, B_n이 공통으로 kn (k는 상수)을 인수로 가짐을 알 수있다.

14 **접근 방법** | 등차중항을 이용하여 a, b, c 사이의 관계식을 구한다.

b가 a와 c의 등차중항이므로

$$b=\frac{a+c}{2} \quad \cdots\cdots ㉠$$

c^2이 b^2과 a^2의 등차중항이므로

$$c^2=\frac{b^2+a^2}{2}$$

$$\therefore 2c^2=b^2+a^2 \quad \cdots\cdots ㉡$$

㉠을 ㉡에 대입하면

$$2c^2=\left(\frac{a+c}{2}\right)^2+a^2,\ 7c^2-2ac-5a^2=0$$

$(7c+5a)(c-a)=0$

$\therefore c=-\dfrac{5}{7}a$ ($\because c\neq a$)

이때 c가 정수이므로 a는 7의 배수이고 $0<a<10$이므로

$a=7$, $c=-5$

이것을 ㉠에 대입하면 $b=\dfrac{7+(-5)}{2}=1$

$\therefore a+b+c=7+1+(-5)=3$

15 **접근 방법** | 등차수열의 첫째항 a와 공차 d를 이용하여 조건 (가)를 a와 d에 대한 식으로 나타낸다. 이때 조건 (나)에서 $a_n>100$을 만족시키는 자연수 n의 최솟값이 14라는 것은 $a_{13}\le 100$, $a_{14}>100$임을 의미하므로 이를 이용하여 공차 d의 값의 범위를 구한다.

등차수열 $\{a_n\}$의 첫째항이 a, 공차가 d이므로

$a_n=a+(n-1)d$

조건 (가)에서

$$a_2+a_4+a_6=(a+d)+(a+3d)+(a+5d)$$
$$=3(a+3d)=102$$

$$\therefore a+3d=34 \quad \cdots\cdots ㉠$$

조건 (나)에서 $a_{13} \le 100$, $a_{14} > 100$이므로

$a_{13} = a + 12d \le 100$ ...... ㉡

$a_{14} = a + 13d > 100$ ...... ㉢

㉠, ㉡에서

$a_{13} = a + 12d$

$= (a + 3d) + 9d$

$= 34 + 9d \le 100$

$9d \le 66$

$\therefore d \le 7.33\cdots$ ...... ㉣

㉠, ㉢에서

$a_{14} = a + 13d$

$= (a + 3d) + 10d$

$= 34 + 10d > 100$

$10d > 66$

$\therefore d > 6.6$ ...... ㉤

㉣, ㉤에서 $6.6 < d \le 7.33\cdots$

이때 d가 정수이므로 $d = 7$

이것을 ㉠에 대입하면 $a = 13$

$\therefore a_{30} = 13 + (30-1) \times 7 = 216$

⊕ 보충 설명

위의 문제에서 $a = 13$, $d = 7$이므로

$a_{13} = 13 + 12 \times 7 = 97$

$a_{14} = 13 + 13 \times 7 = 104$

따라서 조건 (나)를 만족시킴을 확인할 수 있다.

16 **접근 방법** | 두 수열에 공통으로 들어 있는 수의 일반항은 두 수열의 적당한 두 자연수를 가정하여 구한 그 일반항으로부터 구한다.

두 등차수열 $\{a_n\}$, $\{b_n\}$의 일반항은 각각

$a_n = 1 + (n-1) \times 4 = 4n - 3$

$b_n = 6 + (n-1) \times 5 = 5n + 1$

이므로 두 수열에 공통으로 들어 있는 수는 적당한 자연수 l, m에 대하여

$a_l = 4l - 3 = 5m + 1 = b_m$

$4l - 4 = 5m$

$\therefore 4(l-1) = 5m$

이때 $l-1$이 5로 나누어떨어져야 하므로

$l - 1 = 5k$ (k는 자연수)라고 할 수 있다.

$\therefore l = 5k + 1$

$\therefore a_l = 4l - 3$

$= 4(5k+1) - 3$

$= 20k + 1$

따라서 두 수열에 공통으로 들어 있는 수는 첫째항이 21, 공차가 20인 등차수열을 이룬다.

이때 $21 + 6 \times 20 = 141$, $21 + 7 \times 20 = 161$이므로 구하는 수들의 총합은 첫째항이 21, 공차가 20인 등차수열의 첫째항부터 제7항까지의 합이다. 즉, 첫째항이 21, 끝항이 141, 항의 개수가 7이므로

$\frac{7 \times (21 + 141)}{2} = 567$

⊕ 보충 설명

두 자연수 x, y에 대하여 등식

$px = qy$ (p와 q는 서로소인 자연수)가 주어졌을 때, y는 p로 나누어떨어져야 하므로 y는 p의 배수가 된다.

마찬가지로 x는 q의 배수가 된다.

일반적으로 두 등차수열 $\{a_n\}$, $\{b_n\}$의 공차를 각각 d_1, d_2라 하고, $d_1 \ne d_2$인 자연수라고 하면 두 수열에 공통으로 들어 있는 수는 등차수열을 이루며 이 수열의 공차는 d_1, d_2의 최소공배수와 같다.

이 문제에서 두 등차수열에 공통으로 들어 있는 수로 이루어진 수열의 일반항을 구할 때에는 다음과 같이 두 등차수열을 나열한 후에 공통인 수를 찾아서 구할 수도 있다.

$\{a_n\}$: 1, 5, 9, 13, 17, 21, 25, 29, 33, 37, 41, 45, ⋯, 149

$\{b_n\}$: 6, 11, 16, 21, 26, 31, 36, 41, 46, 51, ⋯, 151

즉, 두 수열에 공통으로 들어 있는 수는 21, 41, 61, ⋯, 141

17 **접근 방법** | 등차수열의 합의 공식을 이용하여 S_n, T_n을 각각 n에 대한 이차식으로 나타낸 후 양변에서 사차항의 계수를 비교하여 d_1d_2의 값을 구한다.

두 등차수열 $\{a_n\}$, $\{b_n\}$의 첫째항을 각각 a, b라고 하면

$S_n = \frac{n\{2a + (n-1)d_1\}}{2}$

$T_n = \frac{n\{2b + (n-1)d_2\}}{2}$

이고

$S_nT_n = n^2(n^2 - 1)$

이므로

$\frac{n\{2a + (n-1)d_1\}}{2} \times \frac{n\{2b + (n-1)d_2\}}{2}$

$= n^2(n^2 - 1)$

이 등식은 모든 자연수 n에 대하여 성립하고 좌변에서 n^4의 계수는 $\frac{d_1}{2} \times \frac{d_2}{2}$이고, 우변에서 n^4의 계수는 1이므로 양변에서 n^4의 계수를 비교하면

$\frac{d_1}{2} \times \frac{d_2}{2} = 1$

$\therefore d_1d_2 = 4$

18 **접근 방법** 첫째항이 양수, 공차가 음수인 등차수열에서 합이 최대이려면 첫째항부터 양수인 항까지의 합을 구해야 한다. 따라서 등차수열 $\{a_n\}$에서 처음으로 음수가 되는 항을 찾아야 한다.

$S_{40}=S_{20}$이므로

$a_1+a_2+\cdots+a_{20}+a_{21}+\cdots+a_{40}$

$=a_1+a_2+\cdots+a_{20}$

$\therefore a_{21}+a_{22}+a_{23}+\cdots+a_{40}=0$

이때 등차수열의 합의 공식을 이용하면

$a_{21}+a_{22}+a_{23}+\cdots+a_{40}$

$=\dfrac{20(a_{21}+a_{40})}{2}=\dfrac{20(a_{22}+a_{39})}{2}$

$=\cdots=\dfrac{20(a_{30}+a_{31})}{2}=0$

이므로 $a_{30}+a_{31}=0$

한편, $a_1>0$이므로 등차수열 $\{a_n\}$의 공차 d는

$d<0$

따라서 $a_{30}+a_{31}=0$에서

$a_1>a_2>\cdots>a_{30}>0>a_{31}>a_{32}>\cdots$

가 성립하므로 $n=30$일 때 S_n은 최댓값을 갖는다.

⊕보충 설명

만약 $d\geq0$이라면 첫째항이 양수이므로 등차수열 $\{a_n\}$의 모든 항은 양수가 된다. 즉, $a_{21}+a_{22}+a_{23}+\cdots+a_{40}=0$이 성립할 수 없다.

19 **접근 방법** 등차수열의 합의 공식을 이용하여 n과 d 사이의 관계식을 찾아낸 후 n이 3 이상의 자연수임을 이용하여 자연수 d의 값을 구한다.

$S_n=94$이므로 $\dfrac{n\{2\times1+(n-1)d\}}{2}=94$에서

$n\{2+(n-1)d\}=188$ …… ㉠

이때 n의 값이 될 수 있는 것은 188의 약수 중 $n\geq3$인 자연수이므로

4, 47, 94, 188

$n=4$를 ㉠에 대입하면

$2+(4-1)d=47$, $3d=45$

$\therefore d=15$

$n=47$을 ㉠에 대입하면

$2+(47-1)d=4$, $46d=2$

$\therefore d=\dfrac{1}{23}$

$n=94$를 ㉠에 대입하면

$2+(94-1)d=2$, $93d=0$

$\therefore d=0$

$n=188$을 ㉠에 대입하면

$2+(188-1)d=1$, $187d=-1$

$\therefore d=-\dfrac{1}{187}$

따라서 $n=4$인 경우에만 d가 자연수이므로 구하는 d의 값은 15이다.

20 **접근 방법** 등차수열에서 $a_1+a_n=a_2+a_{n-1}=\cdots$임을 이용하여 (가), (나)의 조건을 식으로 나타낸다.

수열 $\{a_n\}$이 등차수열이므로

$a_1+a_n=a_2+a_{n-1}=a_3+a_{n-2}=a_4+a_{n-3}$

이 성립한다.

조건 (가)와 (나)에서

$a_1+a_2+a_3+a_4=26$,

$a_{n-3}+a_{n-2}+a_{n-1}+a_n=134$

이므로

$a_1+a_2+a_3+a_4+a_{n-3}+a_{n-2}+a_{n-1}+a_n$

$=(a_1+a_n)+(a_2+a_{n-1})+(a_3+a_{n-2})+(a_4+a_{n-3})$

$=4(a_1+a_n)$

즉, $4(a_1+a_n)=26+134=160$이므로

$a_1+a_n=40$

조건 (다)에서

$a_1+a_2+a_3+\cdots+a_n=\dfrac{n(a_1+a_n)}{2}=\dfrac{40n}{2}=20n$

즉, $20n=260$이므로

$n=13$

다른 풀이

등차수열 $\{a_n\}$의 첫째항을 a, 공차를 d라고 하면

$a_n=a+(n-1)d$

조건 (가)에서

$a_1+a_2+a_3+a_4$

$=a+(a+d)+(a+2d)+(a+3d)$

$=4a+6d=26$ …… ㉠

조건 (나)에서

$a_n+a_{n-1}+a_{n-2}+a_{n-3}$

$=\{a+(n-1)d\}+\{a+(n-2)d\}+\{a+(n-3)d\}$
$+\{a+(n-4)d\}$

$=4a+(4n-10)d=134$ …… ㉡

조건 (다)에서

$a_1+a_2+a_3+\cdots+a_n=\frac{n\{2a+(n-1)d\}}{2}=260$

$\therefore n\{2a+(n-1)d\}=520$ …… ㉢

㉠+㉡을 하면

$8a+(4n-4)d=160$

$\therefore 2a+(n-1)d=40$ …… ㉣

㉣을 ㉢에 대입하면 $40n=520$

$\therefore n=13$

기출 다지기 378쪽

21 ③ **22** ④ **23** ① **24** 150

21 접근 방법 | 첫째항을 a라고 할 때, $a_3=a-6$, $a_7=a-18$임을 이용하여 $a_3a_7=64$를 a에 대한 방정식으로 나타낸다.

등차수열 $\{a_n\}$의 첫째항을 a라고 하면 공차가 -3이므로

$a_3=a-6$, $a_7=a-18$

$a_3a_7=64$에서

$(a-6)(a-18)=64$

$a^2-24a+44=0$, $(a-2)(a-22)=0$

$\therefore a=2$ 또는 $a=22$

(i) $a=2$일 때,
$a_8=a-21=2-21=-19<0$
이므로 $a_8>0$이라는 조건에 모순이다.

(ii) $a=22$일 때,
$a_8=a-21=22-21=1>0$
이므로 조건을 만족시킨다.

(i), (ii)에서 $a=22$이므로

$a_2=a-3=22-3=19$

다른 풀이

등차수열 $\{a_n\}$의 공차가 $d=-3$이므로

$a_7=a_3+4d=a_3-12$

$a_3a_7=a_3(a_3-12)=64$에서

$a_3^2-12a_3-64=0$, $(a_3+4)(a_3-16)=0$

$\therefore a_3=-4$ 또는 $a_3=16$

(i) $a_3=-4$일 때, $a_8=a_3+5d=-4-15=-19<0$
이므로 $a_8>0$이라는 조건에 모순이다.

(ii) $a_3=16$일 때, $a_8=a_3+5d=16-15=1>0$
이므로 조건을 만족시킨다.

(i), (ii)에서 $a_3=16$

$\therefore a_2=a_3-d=16-(-3)=19$

22 접근 방법 | 등차중항을 이용한다.

$f(x)=\log x$이고, 세 실수 $f(3)$, $f(3^t+3)$, $f(12)$가 이 순서대로 등차수열을 이루므로

$\log 3$, $\log(3^t+3)$, $\log 12$

가 이 순서대로 등차수열을 이룬다.

$\log(3^t+3)=\frac{\log 3+\log 12}{2}=\frac{\log 36}{2}=\log 6$

$3^t+3=6$이므로 $3^t=3$

$\therefore t=1$

23 접근 방법 | a_7이 a_6과 a_8의 등차중항임을 이용한다.

등차수열에서 a_7은 a_6과 a_8의 등차중항이므로

$a_7=\frac{a_6+a_8}{2}$

조건 (가)에서 $a_6+a_8=0$이므로 $a_7=0$

이때 공차가 양수이므로

$a_6<a_7=0$

조건 (나)에서 $|a_6|=|a_7|+3$이므로

$-a_6=0+3$ $\therefore a_6=-3$

첫째항을 a, 공차를 d라고 하면 $a_6=-3$, $a_7=0$이므로

$a+5d=-3$, $a+6d=0$

두 식을 연립하여 풀면

$a=-18$, $d=3$

$\therefore a_2=-18+(2-1)\times 3=-15$

다른 풀이

첫째항을 a, 공차를 d라 하면

조건 (가)에서 $a_6+a_8=0$이므로

$(a+5d)+(a+7d)=0$

$\therefore a=-6d$ …… ㉠

조건 (나)에서 $|a_6|=|a_7|+3$이므로

$|a+5d|=|a+6d|+3$, $|-d|=3$

$\therefore d=3$ ($\because d>0$)

이것을 ㉠에 대입하면 $a=-6\times 3=-18$이므로

$a_2=-18+(2-1)\times 3=-15$

24 접근 방법 | 주어진 삼각형에서 변 AB에 수직인 선분들의 길이는 등차수열을 이룬다.

$\overline{AB}=\sqrt{20^2+15^2}=\sqrt{625}=25$

꼭짓점 C에서 변 AB에 내린 수선의 발을 H라고 하면 삼각형 ABC의 넓이는

$\frac{1}{2}\times\overline{AC}\times\overline{BC}=\frac{1}{2}\times\overline{AB}\times\overline{CH}$에서

$\frac{1}{2}\times15\times20=\frac{1}{2}\times25\times\overline{CH}$

$\therefore\ \overline{CH}=12$

이때 $\overline{AH}=\sqrt{15^2-12^2}=9$이고,

$\overline{AP_1}=\overline{P_1P_2}=\cdots=\overline{P_{24}B}=1$이므로 두 점 P_9, Q_9가 각각 두 점 H, C와 일치한다.

$\therefore\ \overline{P_9Q_9}=\overline{CH}=12$

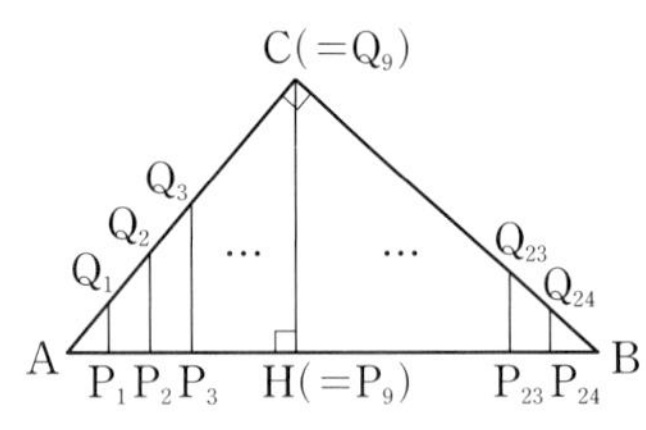

삼각형 AHC에서 $\tan A=\frac{12}{9}=\frac{4}{3}$이므로

$\overline{P_1Q_1}+\overline{P_2Q_2}+\overline{P_3Q_3}+\cdots+\overline{P_9Q_9}$

$=\overline{AP_1}\tan A+\overline{AP_2}\tan A+\overline{AP_3}\tan A+\cdots+\overline{AP_9}\tan A$

$=(1+2+3+\cdots+9)\tan A$

$=\frac{9\times(1+9)}{2}\times\frac{4}{3}=60$

또, 삼각형 BHC에서 $\tan B=\frac{12}{16}=\frac{3}{4}$이므로

$\overline{P_{10}Q_{10}}+\overline{P_{11}Q_{11}}+\overline{P_{12}Q_{12}}+\cdots+\overline{P_{24}Q_{24}}$

$=\overline{P_{10}B}\tan B+\overline{P_{11}B}\tan B+\overline{P_{12}B}\tan B+\cdots+\overline{P_{24}B}\tan B$

$=(15+14+13+\cdots+1)\tan B$

$=\frac{15\times(15+1)}{2}\times\frac{3}{4}=90$

$\therefore\ \overline{P_1Q_1}+\overline{P_2Q_2}+\overline{P_3Q_3}+\cdots+\overline{P_{24}Q_{24}}$

$=60+90=150$

10. 등비수열

개념 콕콕 1 등비수열 383쪽

1 답 (1) $a_n=3\times(-2)^{n-1}$ (2) $a_n=5\times\left(\frac{1}{2}\right)^{n-1}$

(3) $a_n=\frac{1}{4}\times4^{n-1}$ (4) $a_n=27\times\left(-\frac{1}{3}\right)^{n-1}$

(3) 첫째항이 $\frac{1}{4}$, 공비가 4이므로

$a_n=\frac{1}{4}\times4^{n-1}$

(4) 첫째항이 27, 공비가 $-\frac{1}{3}$이므로

$a_n=27\times\left(-\frac{1}{3}\right)^{n-1}$

2 답 (1) $\frac{1}{10}$, $\frac{1}{10000}$ (2) $3\sqrt{3}$, $9\sqrt{3}$

(3) ±32, ±8 (복부호동순) (4) 5, 50

(1) 주어진 수열의 공비는 $\frac{1}{1000}\div\frac{1}{100}=\frac{1}{10}$이므로 주어진 수열은

$1,\ \boxed{\frac{1}{10}},\ \frac{1}{100},\ \frac{1}{1000},\ \boxed{\frac{1}{10000}},\ \cdots$

(2) 주어진 수열의 공비는 $\frac{3}{\sqrt{3}}=\sqrt{3}$이므로 주어진 수열은

$\sqrt{3},\ 3,\ \boxed{3\sqrt{3}},\ 9,\ \boxed{9\sqrt{3}},\ \cdots$

(3) 세 수 64, $\square$, 16이 등비수열을 이루므로

$\square^2=64\times16$

$\therefore\ \square=\pm32$

(i) 64, $\boxed{32}$, 16, $\square$, 4, $\cdots$일 때,

공비는 $\frac{32}{64}=\frac{1}{2}$이므로 주어진 수열은

64, $\boxed{32}$, 16, $\boxed{8}$, 4, $\cdots$

(ii) 64, $\boxed{-32}$, 16, $\square$, 4, $\cdots$일 때,

공비는 $\frac{-32}{64}=-\frac{1}{2}$이므로 주어진 수열은

64, $\boxed{-32}$, 16, $\boxed{-8}$, 4, $\cdots$

(4) 주어진 수열의 공비를 r이라고 하면 500은 4번째 항이므로

$500=\frac{1}{2}r^3$, $r^3=1000$ $\therefore\ r=10$

따라서 주어진 수열은 $\frac{1}{2}$, $\boxed{5}$, $\boxed{50}$, 500, $\cdots$

예제 01 등비수열의 항 구하기 385쪽

01-1 답 (1) 5 (2) 8 (3) 제6항 (4) 제10항

(1) 첫째항을 a, 공비를 r이라고 하면

$a_4=54$에서 $ar^3=54$ …… ㉠

$a_6=486$에서 $ar^5=486$ …… ㉡

㉡÷㉠을 하면

$r^2=9 \quad \therefore r=3\ (\because r>0)$

$r=3$을 ㉠에 대입하면

$27a=54 \quad \therefore a=2$

$\therefore a+r=2+3=5$

(2) 공비를 r이라고 하면

$a_1+a_2+a_3+a_4=4$에서

$a_1+a_1r+a_1r^2+a_1r^3=4$

$\therefore a_1(1+r+r^2+r^3)=4$ …… ㉠

$a_5+a_6+a_7+a_8=32$에서

$a_1r^4+a_1r^5+a_1r^6+a_1r^7=32$

$\therefore a_1r^4(1+r+r^2+r^3)=32$ …… ㉡

㉡÷㉠을 하면 $r^4=8$

$\therefore \frac{a_5+a_8}{a_1+a_4}=\frac{a_1r^4+a_1r^7}{a_1+a_1r^3}=\frac{a_1r^4(1+r^3)}{a_1(1+r^3)}=r^4=8$

(3) 주어진 등비수열을 $\{a_n\}$이라고 하면 첫째항은 4, 공비는 -3이므로

$a_n=4\times(-3)^{n-1}$

-972를 제n항이라고 하면

$4\times(-3)^{n-1}=-972$

$(-3)^{n-1}=-243=(-3)^5$

즉, $n-1=5$이므로 $n=6$

따라서 -972는 제6항이다.

(4) 주어진 등비수열을 $\{a_n\}$이라 하고, 첫째항을 a, 공비를 r이라고 하면

$a_2=6$에서 $ar=6$ …… ㉠

$a_5=48$에서 $ar^4=48$ …… ㉡

㉡÷㉠을 하면

$r^3=8 \quad \therefore r=2\ (\because r$은 실수$)$

$r=2$를 ㉠에 대입하면

$2a=6 \quad \therefore a=3$

따라서 $a_n=3\times2^{n-1}$이므로 1536을 제n항이라고 하면

$3\times2^{n-1}=1536$

$2^{n-1}=512=2^9$

즉, $n-1=9$이므로 $n=10$

따라서 1536은 제10항이다.

01-2 답 ③

첫째항이 $\frac{1}{5}$, 공비가 2이므로

$a_n=\frac{1}{5}\times2^{n-1}$

$\frac{1}{5}\times2^{n-1}>200$에서 $2^{n-1}>1000$

이때 $2^9=512$, $2^{10}=1024$이므로

$n-1\geq10 \quad \therefore n\geq11$

따라서 처음으로 200보다 커지는 항은 제11항이다.

01-3 답 ④

두 등비수열 $\{a_n\}$, $\{b_n\}$의 첫째항을 각각 a, b, 공비를 각각 r_1, r_2라고 하면

$a_9b_{12}=10$에서

$(ar_1^{\ 8})(br_2^{\ 11})=abr_1^{\ 8}r_2^{\ 11}=10$ …… ㉠

$a_{16}b_{20}=20$에서

$(ar_1^{\ 15})(br_2^{\ 19})=abr_1^{\ 15}r_2^{\ 19}=20$ …… ㉡

㉡÷㉠을 하면 $r_1^{\ 7}r_2^{\ 8}=2$ …… ㉢

㉠÷㉢을 하면 $abr_1r_2^{\ 3}=5$

$\therefore a_2b_4=(ar_1)(br_2^{\ 3})=abr_1r_2^{\ 3}=5$

다른 풀이

등비수열 $\{a_n\}$의 공비를 r_1이라고 하면

$a_2=a_1r_1$, $a_9=a_1r_1^{\ 8}$, $a_{16}=a_1r_1^{\ 15}$이므로

$\frac{a_9}{a_2}=r_1^{\ 7}=\frac{a_{16}}{a_9} \quad \therefore a_2=\frac{a_9^{\ 2}}{a_{16}}$ …… ㉠

또한 등비수열 $\{b_n\}$의 공비를 r_2라고 하면

$b_4=b_1r_2^{\ 3}$, $b_{12}=b_1r_2^{\ 11}$, $b_{20}=b_1r_2^{\ 19}$이므로

$\frac{b_{12}}{b_4}=r_2^{\ 8}=\frac{b_{20}}{b_{12}} \quad \therefore b_4=\frac{b_{12}^{\ 2}}{b_{20}}$ …… ㉡

㉠, ㉡에서

$a_2b_4=\frac{(a_9b_{12})^2}{a_{16}b_{20}}=\frac{10^2}{20}=5$

예제 02 두 수 사이에 수를 넣어서 만든 등비수열 387쪽

02-1 답 $\frac{32}{81}$

2, x_1, x_2, x_3, x_4, $\frac{64}{243}$는 이 순서대로 첫째항이 2, 제6항이 $\frac{64}{243}$인 등비수열을 이룬다.

이 등비수열의 공비를 r이라 하면

$\frac{64}{243}=2r^5$, $r^5=\frac{32}{243}$ $\therefore r=\frac{2}{3}$

첫째항이 2, 공비가 $\frac{2}{3}$이므로 수열

$2, x_1, x_2, x_3, x_4, \frac{64}{243}$의 일반항 a_n은

$a_n=2\times\left(\frac{2}{3}\right)^{n-1}$

따라서 주어진 수열에서 x_4는 제5항이므로

$x_4=a_5=2\times\left(\frac{2}{3}\right)^{5-1}=\frac{32}{81}$

02-2 답 (1) 16 (2) 42

(1) 등비수열 $1, x_1, x_2, x_3, x_4, 4$의 공비를 r이라고 하면

$x_1=r$, $x_2=r^2$, $x_3=r^3$, $x_4=r^4$, $4=r^5$

$\therefore x_1x_2x_3x_4=r\times r^2\times r^3\times r^4=r^{10}$

$=(r^5)^2=4^2=16$

(2) 공비를 r $(r>0)$이라고 하면 첫째항이 3, 제5항이 48이므로

$48=3r^4$, $r^4=16$ $\therefore r=2$ $(\because r>0)$

따라서 $a=6$, $b=12$, $c=24$이므로

$a+b+c=6+12+24=42$

다른 풀이

(1) 수열 $1, x_1, x_2, x_3, x_4, 4$가 등비수열을 이루므로

$1\times4=x_1x_4=x_2x_3$

$\therefore x_1x_2x_3x_4=4\times4=16$

보충 설명

공차가 d인 등차수열 $\{a_n\}$에서는

$a_1+a_n=a_2+a_{n-1}=a_3+a_{n-2}=\cdots$ ← 합이 $2a_1+(n-1)d$로 일정

가 성립하고, 공비가 r인 등비수열 $\{b_n\}$에서는

$b_1\times b_n=b_2\times b_{n-1}=b_3\times b_{n-2}=\cdots$ ← 곱이 $b_1^2r^{n-1}$으로 일정

가 성립한다.

02-3 답 ①

수열 $\frac{1}{2}, a_1, a_2, a_3, \cdots, a_n, 8$은 공비가 r이고 첫째항이 $\frac{1}{2}$, 제$(n+2)$항이 8이므로

$8=\frac{1}{2}r^{n+1}$에서

$r^{n+1}=16$

이때 $r^{n+1}=16=4^2=2^4$이므로 이를 만족시키는 두 자연수 r과 n의 순서쌍 (r, n)은 $(4, 1)$, $(2, 3)$이다.

따라서 rn의 최댓값은 $2\times3=6$이다.

예제 03 등비중항 389쪽

03-1 답 (1) $x=p^{\frac{3}{4}}q^{\frac{1}{4}}$, $y=p^{\frac{1}{2}}q^{\frac{1}{2}}$, $z=p^{\frac{1}{4}}q^{\frac{3}{4}}$ (2) $x=24$, $y=36$, $z=54$

(1) x가 p, y의 등비중항이므로

$x^2=py$ …… ㉠

또한 y가 x, z의 등비중항이므로

$y^2=xz$ …… ㉡

또한 z가 y, q의 등비중항이므로

$z^2=yq$ …… ㉢

㉡을 제곱한 다음 ㉠, ㉢을 대입하면

$y^4=x^2z^2=py\times yq=pqy^2$, $y^2=pq$

$\therefore y=p^{\frac{1}{2}}q^{\frac{1}{2}}$

이것을 ㉠, ㉢에 대입하면

$x^2=p(p^{\frac{1}{2}}q^{\frac{1}{2}})=p^{\frac{3}{2}}q^{\frac{1}{2}}$ $\therefore x=p^{\frac{3}{4}}q^{\frac{1}{4}}$

$z^2=(p^{\frac{1}{2}}q^{\frac{1}{2}})q=p^{\frac{1}{2}}q^{\frac{3}{2}}$ $\therefore z=p^{\frac{1}{4}}q^{\frac{3}{4}}$

(2) $p=16$, $q=81$이므로

$x=16^{\frac{3}{4}}\times81^{\frac{1}{4}}=(2^4)^{\frac{3}{4}}\times(3^4)^{\frac{1}{4}}$

$=2^3\times3=24$

$y=16^{\frac{1}{2}}\times81^{\frac{1}{2}}=(2^4)^{\frac{1}{2}}\times(3^4)^{\frac{1}{2}}$

$=2^2\times3^2=36$

$z=16^{\frac{1}{4}}\times81^{\frac{3}{4}}=(2^4)^{\frac{1}{4}}\times(3^4)^{\frac{3}{4}}$

$=2\times3^3=54$

03-2 답 (1) 14 (2) 80

(1) x는 1과 5의 등차중항이므로

$x=\frac{1+5}{2}=3$

또한 y는 1과 5의 등비중항이므로

$y^2=1\times5=5$

$\therefore x^2+y^2=9+5=14$

(2) b는 10과 90의 등차중항이므로

$b=\frac{10+90}{2}=50$

e는 10과 90의 등비중항이고 양수이므로

$e=\sqrt{10\times90}=30$

$\therefore b+e=50+30=80$

03-3 답 -2

세 수 4, p, q는 등차수열을 이루므로

$p=\frac{4+q}{2}$ ...... ㉠

또한 세 수 p, q, 4는 등비수열을 이루므로

$q^2=4p$ ...... ㉡

㉠을 ㉡에 대입하면

$q^2=4\times\frac{4+q}{2}$, $q^2-2q-8=0$

$(q+2)(q-4)=0$

$\therefore q=-2$ 또는 $q=4$

㉡에서 $q=-2$일 때 $p=1$이고, $q=4$일 때 $p=4$

이때 $p\neq q$이므로

$p=1$, $q=-2$ $\quad\therefore pq=1\times(-2)=-2$

⊕보충 설명

두 양수 a, b에 대하여 $\frac{a+b}{2}$, $\sqrt{ab}$, $\frac{2ab}{a+b}$는 각각 a, b의 등차중항, 등비중항, 조화중항이고, 이는 두 양수 a, b의 산술평균, 기하평균, 조화평균이므로 다음이 성립한다.

$\frac{a+b}{2}\geq\sqrt{ab}\geq\frac{2ab}{a+b}$ (단, 등호는 $a=b$일 때 성립한다.)

이때 세 수 $\frac{a+b}{2}$, $\sqrt{ab}$, $\frac{2ab}{a+b}$에 대하여

$\frac{a+b}{2}\times\frac{2ab}{a+b}=(\sqrt{ab})^2$ ← $\sqrt{ab}$는 $\frac{a+b}{2}$와 $\frac{2ab}{a+b}$의 등비중항

이므로 세 수 $\frac{a+b}{2}$, $\sqrt{ab}$, $\frac{2ab}{a+b}$는 이 순서대로 등비수열을 이룬다.

예제 04 등비수열을 이루는 세 수 391쪽

04-1 답 21

세 실근을 a, ar, ar^2이라고 하면 삼차방정식의 근과 계수의 관계에 의하여

$a+ar+ar^2=p$ ...... ㉠

$a\times ar+ar\times ar^2+ar^2\times a=105$ ...... ㉡

$a\times ar\times ar^2=125$ ...... ㉢

㉢에서 $(ar)^3=125$이므로

$ar=5$ ...... ㉣

㉡에서 $ar(a+ar+ar^2)=105$이므로 ㉠과 ㉣에서

$5p=105$ $\quad\therefore p=21$

04-2 답 ⑤

두 곡선 $y=x^3+8$, $y=kx^2+6x$의 서로 다른 세 교점의 x좌표는 삼차방정식 $x^3+8=kx^2+6x$의 서로 다른 세 실근이다.

즉, 방정식 $x^3-kx^2-6x+8=0$의 서로 다른 세 실근이 등비수열을 이루므로 세 실근을 a, ar, ar^2이라고 하면 삼차방정식의 근과 계수의 관계에 의하여

$a+ar+ar^2=k$ ...... ㉠

$a\times ar+ar\times ar^2+ar^2\times a=-6$ ...... ㉡

$a\times ar\times ar^2=-8$ ...... ㉢

㉢에서 $(ar)^3=-8$이므로 $ar=-2$ ...... ㉣

㉡에서 $ar(a+ar+ar^2)=-6$이므로 ㉠과 ㉣에서

$-2k=-6$ $\quad\therefore k=3$

04-3 답 21

등비수열을 이루는 세 실수를 a, ar, ar^2이라고 하면 세 실수의 합이 7, 곱이 8이므로

$a+ar+ar^2=7$, $a(1+r+r^2)=7$ ...... ㉠

$a^3r^3=8$ ...... ㉡

㉡에서 $ar=2$이므로 $a=\frac{2}{r}$ ...... ㉢

㉢을 ㉠에 대입하여 풀면

$\frac{2}{r}(1+r+r^2)=7$

$2r^2-5r+2=0$, $(2r-1)(r-2)=0$

$\therefore r=\frac{1}{2}$ 또는 $r=2$

㉢에서 $r=\frac{1}{2}$일 때 $a=4$이고, $r=2$일 때 $a=1$이므로

세 실수는 1, 2, 4

따라서 구하는 세 실수의 제곱의 합은

$1^2+2^2+4^2=1+4+16=21$

개념 콕콕 2 등비수열의 합 397쪽

1 답 (1) $3^{10}-1$ (2) $\frac{85}{192}$ (3) -200

주어진 등비수열의 첫째항부터 제n항까지의 합을 S_n이라고 하자.

(1) $S_{10}=\frac{2\times(3^{10}-1)}{3-1}=3^{10}-1$

(2) $S_8=\frac{\frac{2}{3}\times\left\{1-\left(-\frac{1}{2}\right)^8\right\}}{1-\left(-\frac{1}{2}\right)}=\frac{4}{9}\times\left(1-\frac{1}{256}\right)=\frac{85}{192}$

(3) $S_{100}=(-2)\times100=-200$

2 답 (1) 127 (2) 364

주어진 수열의 일반항을 a_n이라고 하자.

(1) 첫째항이 64, 공비가 $\frac{1}{2}$인 등비수열이므로

$a_n=64\times\left(\frac{1}{2}\right)^{n-1}$

이때 1을 제n항이라고 하면

$64\times\left(\frac{1}{2}\right)^{n-1}=1$

$\left(\frac{1}{2}\right)^{n-1}=\frac{1}{64}=\left(\frac{1}{2}\right)^6$

즉, $n-1=6$이므로 $n=7$

$\therefore\ 64+32+16+\cdots+1=\dfrac{64\times\left\{1-\left(\frac{1}{2}\right)^7\right\}}{1-\frac{1}{2}}$

$=127$

(2) 첫째항이 1, 공비가 3인 등비수열이므로

$a_n=1\times3^{n-1}=3^{n-1}$

이때 243을 제n항이라고 하면

$3^{n-1}=243=3^5$

즉, $n-1=5$이므로 $n=6$

$\therefore\ 1+3+9+\cdots+243=\dfrac{1\times(3^6-1)}{3-1}$

$=364$

3 답 (1) $S_n=\dfrac{1-(-2)^n}{3}$ (2) $S_n=\dfrac{9}{2}\left\{1-\left(\frac{1}{3}\right)^n\right\}$

(1) 첫째항이 1, 공비가 -2인 등비수열이므로

$S_n=\dfrac{1\times\{1-(-2)^n\}}{1-(-2)}=\dfrac{1-(-2)^n}{3}$

(2) 첫째항이 3, 공비가 $\frac{1}{3}$인 등비수열이므로

$S_n=\dfrac{3\left\{1-\left(\frac{1}{3}\right)^n\right\}}{1-\frac{1}{3}}=\dfrac{9}{2}\left\{1-\left(\frac{1}{3}\right)^n\right\}$

4 답 (1) $a_n=2\times3^{n-1}$ (2) $a_1=3,\ a_n=2^n\ (n\ge2)$

(1) (i) $n\ge2$일 때,

$a_n=S_n-S_{n-1}=(3^n-1)-(3^{n-1}-1)$

$=3^{n-1}(3-1)=2\times3^{n-1}$ …… ㉠

(ii) $n=1$일 때, $a_1=S_1=3-1=2$

$a_1=2$는 ㉠에 $n=1$을 대입한 값과 같으므로

$a_n=2\times3^{n-1}$

(2) (i) $n\ge2$일 때,

$a_n=S_n-S_{n-1}=(2^{n+1}-1)-(2^n-1)$

$=2^n(2-1)=2^n$ …… ㉠

(ii) $n=1$일 때, $a_1=S_1=2^2-1=3$

$a_1=3$은 ㉠에 $n=1$을 대입한 값과 다르므로 ($2^1=2$)

$a_1=3,\ a_n=2^n\ (n\ge2)$

5 답 (1) 150만 원 (2) 160만 원

(1) $100\times(1+0.1\times5)=100\times1.5=150$(만 원)

(2) $100\times(1+0.1)^5=100\times1.1^5=100\times1.6$

$=160$(만 원)

예제 05 등비수열의 합 399쪽

05-1 답 $\frac{1}{2}(3^{10}-1)$

등비수열 $\{a_n\}$의 첫째항을 a, 공비를 r이라고 하면

$a_2+a_4=30$에서 $ar+ar^3=30$

$\therefore\ ar(1+r^2)=30$ …… ㉠

$a_4+a_6=270$에서 $ar^3+ar^5=270$

$\therefore\ ar^3(1+r^2)=270$ …… ㉡

㉡÷㉠을 하면 $r^2=9$ $\therefore\ r=3\ (\because\ r>0)$

$r=3$을 ㉠에 대입하면

$30a=30$ $\therefore\ a=1$

따라서 첫째항이 1, 공비가 3인 등비수열 $\{a_n\}$의 첫째항부터 제10항까지의 합은

$\dfrac{1\times(3^{10}-1)}{3-1}=\dfrac{1}{2}(3^{10}-1)$

05-2 답 (1) 6 (2) 80 (3) 7

(1) 등비수열 $\{a_n\}$의 첫째항이 3, 공비가 2이므로

$S_n=\dfrac{3(2^n-1)}{2-1}=3(2^n-1)$

이때 $S_n=189$이므로

$3(2^n-1)=189,\ 2^n-1=63$

$2^n=64=2^6$ $\therefore\ n=6$

(2) 등비수열 $\{a_n\}$의 공비를 r이라고 하면

$r=\dfrac{a_2}{a_1}=\dfrac{3-\sqrt{3}}{\sqrt{3}-1}=\dfrac{\sqrt{3}\times(\sqrt{3}-1)}{\sqrt{3}-1}=\sqrt{3}$

따라서 수열 $\{a_n\}$은 첫째항이 $\sqrt{3}-1$, 공비가 $\sqrt{3}$인 등비수열이므로

$S_8=\dfrac{(\sqrt{3}-1)\times\{(\sqrt{3})^8-1\}}{\sqrt{3}-1}=3^4-1=80$

(3) 등비수열 $\{a_n\}$의 첫째항을 a, 공비를 r이라고 하면

$a_2=ar=6$ ...... ㉠

$a_5=ar^4=162$ ...... ㉡

㉡÷㉠을 하면 $r^3=27$ $\therefore r=3$ ($\because r$은 실수)

$r=3$을 ㉠에 대입하면 $3a=6$ $\therefore a=2$

$\therefore a_n=2\times 3^{n-1}$

$a_1+a_2+a_3+\cdots+a_n$은 첫째항이 2, 공비가 3인 등비수열의 첫째항부터 제n항까지의 합이므로

$\frac{2(3^n-1)}{3-1}\geq 1000$에서 $3^n-1\geq 1000$

$\therefore 3^n\geq 1001$

한편, $3^6=729$, $3^7=2187$이므로 $n\geq 7$

따라서 자연수 n의 최솟값은 7이다.

05-3 답 9

등비수열 $\{a_n\}$의 첫째항을 a, 공비를 r이라 하고, 첫째항부터 제n항까지의 합을 S_n이라고 하면

$a_1+a_4=27$에서 $a+ar^3=27$

$\therefore a(1+r^3)=27$ ...... ㉠

$S_4=45$에서 $\frac{a(r^4-1)}{r-1}=45$ ...... ㉡

㉠의 좌변을 인수분해하면

$a(1+r)(1-r+r^2)=27$ ...... ㉢

㉡의 좌변을 인수분해하면

$\frac{a(r^4-1)}{r-1}=\frac{a(r-1)(r+1)(r^2+1)}{r-1}=45$

$\therefore a(r+1)(r^2+1)=45$ ...... ㉣

㉢÷㉣을 하면

$\frac{1-r+r^2}{r^2+1}=\frac{3}{5}$, $5-5r+5r^2=3r^2+3$

$2r^2-5r+2=0$, $(2r-1)(r-2)=0$

$\therefore r=\frac{1}{2}$ 또는 $r=2$

이때 r은 자연수이므로 $r=2$

$r=2$를 ㉠에 대입하면 $9a=27$ $\therefore a=3$

$\therefore a_1+a_2=3+3\times 2=9$

⊕ 보충 설명

$r=1$이면 $a_1+a_4=27$에서 $2a=27$ $\therefore a=\frac{27}{2}$

$S_4=45$에서 $4a=45$ $\therefore a=\frac{45}{4}$

따라서 모순이다. 즉, $r\neq 1$이므로 ㉡과 같이 $r\neq 1$일 때의 등비수열의 합의 공식을 이용한다.

예제 06 부분의 합이 주어진 등비수열의 합 401쪽

06-1 답 200

등비수열 $\{a_n\}$에서 차례대로 5개씩 묶어 그 합을 구하면 이 합은 등비수열을 이룬다. 즉,

$A=a_1+a_2+\cdots+a_5$,

$B=a_6+a_7+\cdots+a_{10}$,

$C=a_{11}+a_{12}+\cdots+a_{15}$,

$D=a_{16}+a_{17}+\cdots+a_{20}$

이라고 하면 A, B, C, D는 이 순서대로 등비수열을 이룬다.

이때 $S_5=5$, $S_{10}=20$이므로

$A=S_5=5$

$B=S_{10}-S_5=20-5=15$

따라서 B는 A와 C의 등비중항이므로

$15^2=5C$ $\therefore C=45$

또한 C는 B와 D의 등비중항이므로

$45^2=15D$ $\therefore D=135$

$\therefore S_{20}=A+B+C+D$
$=5+15+45+135=200$

다른 풀이

등비수열 $\{a_n\}$의 첫째항을 a, 공비를 r이라고 하면

$S_5=\frac{a(1-r^5)}{1-r}=5$ ...... ㉠

$S_{10}=\frac{a(1-r^{10})}{1-r}$

$=\frac{a(1-r^5)(1+r^5)}{1-r}=20$ ...... ㉡

㉠을 ㉡에 대입하면

$5(1+r^5)=20$, $1+r^5=4$

$\therefore r^5=3$

$\therefore S_{20}=\frac{a(1-r^{20})}{1-r}$

$=\frac{a(1-r^{10})}{1-r}\times(1+r^{10})$

$=20\times(1+9)=200$

06-2 답 576

등비수열 $\{a_n\}$의 첫째항을 a, 공비를 r이라 하고

첫째항부터 제n항까지의 합을 T_1,

제$(n+1)$항부터 제$2n$항까지의 합을 T_2,

제$(2n+1)$항부터 제$3n$항까지의 합을 T_3이라고 하면

$T_1=a+ar+ar^2+\cdots+ar^{n-1}$
$\quad=a(1+r+r^2+\cdots+r^{n-1})$
$T_2=ar^n+ar^{n+1}+ar^{n+2}+\cdots+ar^{2n-1}$
$\quad=ar^n(1+r+r^2+\cdots+r^{n-1})$
$T_3=ar^{2n}+ar^{2n+1}+ar^{2n+2}+\cdots+ar^{3n-1}$
$\quad=ar^{2n}(1+r+r^2+\cdots+r^{n-1})$
따라서 T_1, T_2, T_3은 이 순서대로 공비가 r^n인 등비수열을 이루므로 $T_2{}^2=T_1T_3$에서
$T_3=\frac{T_2{}^2}{T_1}=\frac{144^2}{36}=576$ ($\because$ $T_1=36$, $T_2=144$)

06-3 답 ⑤

$S_{2k}=4S_k$에서
$\frac{a(1-r^{2k})}{1-r}=4\times\frac{a(1-r^k)}{1-r}$
$1-r^{2k}=4(1-r^k)$
$(1+r^k)(1-r^k)=4(1-r^k)$
$1+r^k=4$ ($\because$ $r\neq1$) $\quad\therefore r^k=3$ ...... ㉠
$S_{4k}=\frac{a(1-r^{4k})}{1-r}$
$\quad=\frac{a(1-r^k)(1+r^k)(1+r^{2k})}{1-r}$
$\quad=\frac{a(1-r^k)}{1-r}\times(1+r^k)(1+r^{2k})$
$\quad=S_k\times(1+r^k)(1+r^{2k})$ ...... ㉡
이므로 ㉠을 ㉡에 대입하면
$S_{4k}=S_k(1+3)\times(1+9)=40S_k$
따라서 S_{4k}는 S_k의 40배이다.

다른 풀이

수열 S_k, $S_{2k}-S_k$, $S_{3k}-S_{2k}$, $S_{4k}-S_{3k}$는 공비가 r^k인 등비수열을 이루므로 $S_k=p$ (p는 상수)라고 하면
$S_{2k}=4S_k=4p$에서
$S_{2k}-S_k=4p-p=3p$
이때 ㉠에서 $r^k=3$이므로
$S_{3k}-S_{2k}=3p\times3=9p$
$S_{4k}-S_{3k}=9p\times3=27p$
$\therefore S_{4k}=27p+S_{3k}=27p+(9p+S_{2k})$
$\quad=36p+4p=40p=40S_k$

예제 07 등비수열의 합과 일반항 사이의 관계 403쪽

07-1 답 1

(i) $n\geq2$일 때,
$a_n=S_n-S_{n-1}$
$\quad=3^{n+k}-3-(3^{n-1+k}-3)$
$\quad=3^{n+k}-3^{n-1+k}$
$\quad=3^{n-1+k}(3-1)$
$\quad=2\times3^{n-1+k}$ ...... ㉠
(ii) $n=1$일 때,
$a_1=S_1=3^{1+k}-3$ ...... ㉡
수열 $\{a_n\}$이 첫째항부터 등비수열을 이루려면 ㉠에 $n=1$을 대입하여 얻은 값이 ㉡과 같아야 하므로
$2\times3^k=3^{1+k}-3$, $3^k=3$
$\therefore k=1$

07-2 답 ⑤

$\log(S_n+1)=n$에서
$S_n+1=10^n \quad \therefore S_n=10^n-1$
(i) $n\geq2$일 때,
$a_n=S_n-S_{n-1}$
$\quad=10^n-1-(10^{n-1}-1)$
$\quad=10^n-10^{n-1}$
$\quad=10^{n-1}(10-1)$
$\quad=9\times10^{n-1}$ ...... ㉠
(ii) $n=1$일 때,
$a_1=S_1=10-1=9$
$a_1=9$는 ㉠에 $n=1$을 대입하여 얻은 값과 같으므로 ($9\times10^0=9\times1=9$)
$a_n=9\times10^{n-1}$
따라서 $p=9$, $q=10$이므로
$p+q=9+10=19$

07-3 답 12

$a_1a_2a_3\cdots a_n=2^{n^2+2n}$ ...... ㉠
$n\geq2$일 때, n 대신 $n-1$을 ㉠에 대입하면
$a_1a_2a_3\cdots a_{n-1}=2^{(n-1)^2+2(n-1)}=2^{n^2-1}$ ...... ㉡
㉠÷㉡을 하면
$a_n=2^{2n+1}=2^{2(n-1)+3}=8\times4^{n-1}$ $(n\geq2)$ ...... ㉢
이때 $n=1$을 ㉠의 양변에 대입하면
$a_1=2^{1+2}=8$
$a_1=8$은 ㉢에 $n=1$을 대입하여 얻은 값과 같으므로 ($8\times4^0=8\times1=8$)
$a_n=8\times4^{n-1}$
따라서 등비수열 $\{a_n\}$의 첫째항은 8, 공비는 4이므로 구하는 첫째항과 공비의 합은
$8+4=12$

예제 08 등차수열과 등비수열 사이의 관계 405쪽

08-1

답 (1) 첫째항이 3, 공비가 $\frac{1}{9}$인 등비수열

(2) 첫째항이 0, 공차가 $\log\frac{1}{2}$인 등차수열

(1) 수열 $\{a_n\}$이 첫째항이 1, 공차가 -2인 등차수열이므로

$a_n=1+(n-1)\times(-2)=-2n+3$

$b_n=3^{a_n}=3^{-2n+3}=3\times3^{-2(n-1)}=3\times\left(\frac{1}{9}\right)^{n-1}$

따라서 수열 $\{b_n\}$은 첫째항이 3, 공비가 $\frac{1}{9}$인 등비수열이다.

(2) 수열 $\{a_n\}$이 첫째항이 1, 공비가 $\frac{1}{2}$인 등비수열이므로

$a_n=\left(\frac{1}{2}\right)^{n-1}$

$b_n=\log a_n=\log\left(\frac{1}{2}\right)^{n-1}=(n-1)\log\frac{1}{2}$

따라서 수열 $\{b_n\}$은 첫째항이 0, 공차가 $\log\frac{1}{2}$인 등차수열이다.

08-2

답 ㄱ, ㄴ, ㄷ

등비수열 $\{a_n\}$의 첫째항을 a, 공비를 r이라고 하면

$a_n=ar^{n-1}$, $S_n=\frac{a(1-r^n)}{1-r}$

ㄱ. $b_n=a_{5n}=ar^{5n-1}$
$=ar^{5(n-1)+4}$
$=ar^4(r^5)^{n-1}$

이므로 수열 $\{b_n\}$은 첫째항이 ar^4, 공비가 r^5인 등비수열이다.

ㄴ. $c_n=a_{n+1}-a_n=ar^n-ar^{n-1}=a(r-1)r^{n-1}$

이므로 수열 $\{c_n\}$은 첫째항이 $a(r-1)$, 공비가 r인 등비수열이다.

ㄷ. 주어진 식의 양변에 n 대신 1부터 차례대로 대입하면

$d_1=S_{10}-S_5$
$=\frac{a(1-r^{10})}{1-r}-\frac{a(1-r^5)}{1-r}$
$=\frac{a}{1-r}(1-r^{10}-1+r^5)$
$=\frac{ar^5(1-r^5)}{1-r}$

같은 방법으로

$d_2=S_{15}-S_{10}=\frac{ar^{10}(1-r^5)}{1-r}$

$d_3=S_{20}-S_{15}=\frac{ar^{15}(1-r^5)}{1-r}$

이므로 수열 $\{d_n\}$은 첫째항이 $\frac{ar^5(1-r^5)}{1-r}$, 공비가 r^5인 등비수열이다.

따라서 등비수열인 것은 ㄱ, ㄴ, ㄷ이다.

08-3

답 800

등비수열 $\{a_n\}$의 일반항이 $a_n=3^{n-1}$이므로 수열 $\{a_n\}$은

$1, 3, 3^2, 3^3, 3^4, 3^5, 3^6, 3^7, 3^8, 3^9, 3^{10}, \cdots$

이때 이 수열의 각 항을 5로 나누었을 때의 나머지를 차례대로 쓰면

$1, 3, 4, 2, 1, 3, 4, 2, 1, 3, \cdots$

과 같이 1, 3, 4, 2가 이 순서대로 반복되어 나타나므로 수열 $\{b_n\}$의 항을 차례대로 나열하면

$3^2, 3^6, 3^{10}, \cdots$

즉, 수열 $\{b_n\}$은 첫째항이 3^2이고 공비가 3^4인 등비수열이므로

$b_n=3^2\times(3^4)^{n-1}=3^{4n-2}$

$\therefore \log_3 b_n=4n-2$

따라서 구하는 식의 값은 첫째항이 2이고, 공차가 4인 등차수열의 첫째항부터 제20항까지의 합과 같으므로

$\log_3 b_1+\log_3 b_2+\cdots+\log_3 b_{20}$

$=\frac{20\times\{2\times2+(20-1)\times4\}}{2}$

$=800$

예제 09 원리합계 407쪽

09-1

답 (1) 168만 원 (2) 160만 원

(1) 매년 초에 10만 원씩 적립한 적립금의 원리합계를 그림으로 나타내면 다음과 같다.

(단위 : 만 원)
2025년 초 2026년 초 2027년 초 … 2036년 초 2036년 말
10 — 12년 → 10×1.05^{12}
10 — 11년 → 10×1.05^{11}
10 — 10년 → 10×1.05^{10}
⋮
10 — 1년 → 10×1.05

따라서 구하는 적립금의 원리합계를 S만 원이라고 하면

$S=10\times1.05+10\times1.05^2+\cdots+10\times1.05^{12}$

이것은 첫째항이 10×1.05, 공비가 1.05인 등비수열의 첫째항부터 제12항까지의 합이므로

$$S=\frac{10\times1.05\times(1.05^{12}-1)}{1.05-1}$$
$$=\frac{10\times1.05\times(1.8-1)}{0.05}$$
$$=168(\text{만 원})$$

(2) 매년 말에 10만 원씩 적립한 적립금의 원리합계를 그림으로 나타내면 다음과 같다.

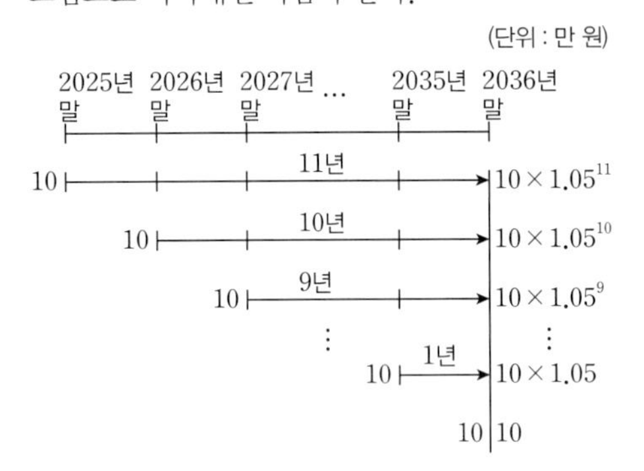

따라서 구하는 적립금의 원리합계를 S만 원이라고 하면

$S=10+10\times1.05+\cdots+10\times1.05^{11}$

이것은 첫째항이 10, 공비가 1.05인 등비수열의 첫째항부터 제12항까지의 합이므로

$$S=\frac{10\times(1.05^{12}-1)}{1.05-1}$$
$$=\frac{10\times(1.8-1)}{0.05}$$
$$=160(\text{만 원})$$

09-2 답 5

매월 초에 a만 원씩 적립하여 5년, 즉 60개월 후 월말의 적립금의 원리합계를 그림으로 나타내면 다음과 같다.

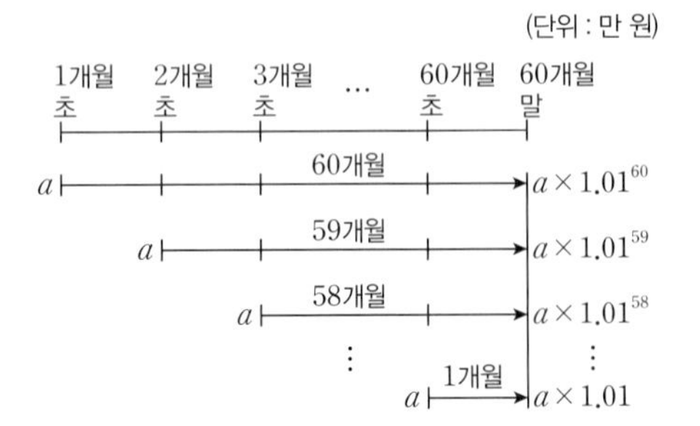

즉, 구하는 적립금의 원리합계는

$a\times1.01+a\times1.01^2+\cdots+a\times1.01^{60}$

$$=\frac{a\times1.01\times(1.01^{60}-1)}{1.01-1}$$
$$=\frac{a\times1.01\times(1.8-1)}{0.01}$$
$$=80.8a(\text{만 원})$$

따라서 $80.8a=404$이어야 하므로

$a=5$

09-3 답 70개월

매달 10만 원씩 적립한 적립금의 원리합계를 그림으로 나타내면 다음과 같다.

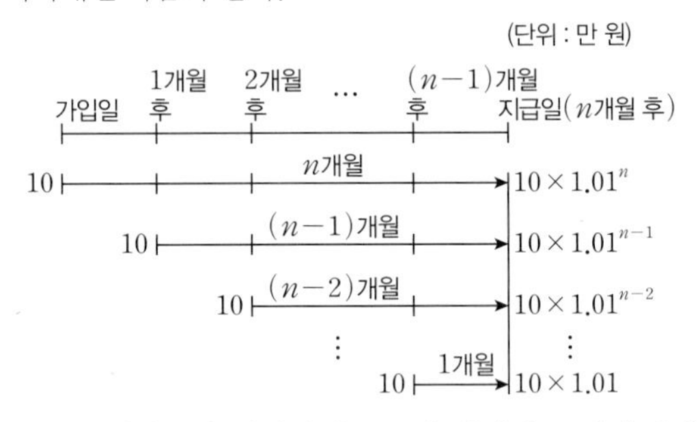

구하는 적립금의 원리합계를 S만 원이라고 하면 S만 원이 1010만 원 이상이어야 하므로

$S=10\times1.01+10\times1.01^2+\cdots+10\times1.01^n$

$$=\frac{10\times1.01(1.01^n-1)}{1.01-1}$$
$$=\frac{10.1(1.01^n-1)}{0.01}\geq1010$$

$1.01^n-1\geq1$

$\therefore\ 1.01^n\geq2$

양변에 상용로그를 취하면

$\log1.01^n\geq\log2,\ n\log1.01\geq\log2$

$$\therefore\ n\geq\frac{\log2}{\log1.01}=\frac{0.3010}{0.0043}=70$$

따라서 준성이는 납입금을 내기 시작한 날로부터 70개월 후에 적금을 지급받을 수 있으므로 70개월 후에 자동차를 살 수 있다.

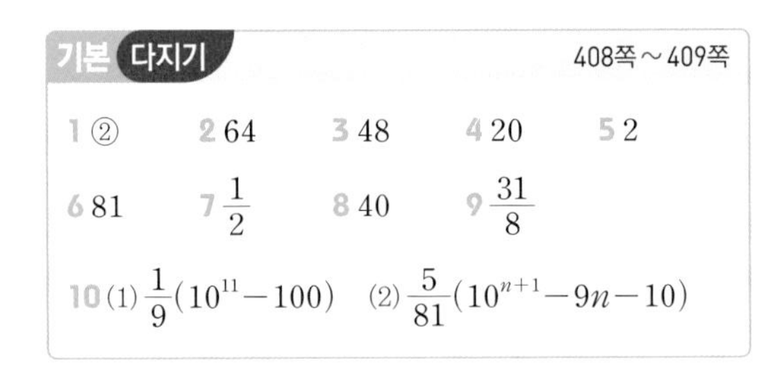

기본 다지기 408쪽 ~ 409쪽

1 ② 2 64 3 48 4 20 5 2

6 81 7 $\frac{1}{2}$ 8 40 9 $\frac{31}{8}$

10 (1) $\frac{1}{9}(10^{11}-100)$ (2) $\frac{5}{81}(10^{n+1}-9n-10)$

1 $a_{n+1}{}^3=9a_n{}^3$에서 $a_{n+1}=\sqrt[3]{9}a_n$
따라서 수열 $\{a_n\}$은 첫째항이 1, 공비가 $\sqrt[3]{9}$인 등비수열이므로
$a_{10}=1\times(\sqrt[3]{9})^{10-1}=9^{\frac{9}{3}}=9^3=3^6$

보충 설명

모든 실수 b에 대하여 b의 세제곱근 중에서 실수인 것은 $\sqrt[3]{b}$ 하나뿐이므로 주어진 조건 $a_{n+1}{}^3=9a_n{}^3$에서 $a_{n+1}=\sqrt[3]{9}a_n$이 성립함을 알 수 있다.

2 등비수열 $\{a_n\}$의 공비를 r이라고 하면 첫째항이 a_1이므로
$a_3a_4a_5=a_1r^2\times a_1r^3\times a_1r^4$
$=a_1{}^3r^9=2$ ······ ㉠
$a_8a_9a_{10}=a_1r^7\times a_1r^8\times a_1r^9$
$=a_1{}^3r^{24}=4$ ······ ㉡
$\therefore a_1a_2a_3\cdots a_{12}$
$=a_1a_2\times(a_3a_4a_5)\times a_6a_7\times(a_8a_9a_{10})\times a_{11}a_{12}$
$=(a_1\times a_1r)\times2\times(a_1r^5\times a_1r^6)\times4\times(a_1r^{10}\times a_1r^{11})$
$=8\times a_1{}^6r^{33}$
$=8\times a_1{}^3r^9\times a_1{}^3r^{24}$
$=8\times2\times4$ ($\because$ ㉠, ㉡)
$=64$

다른 풀이

$a_1=a$, $a_{12}=l$이라고 하면
$a_1a_{12}=a_2a_{11}=\cdots=a_6a_7=al$
이때 수열 $\{a_n\}$의 첫째항부터 제12항까지의 곱을 T라고 하면
$T=a_1a_2a_3\cdots a_{12}$
$=a_1a_{12}\times a_2a_{11}\times a_3a_{10}\times\cdots\times a_6a_7$
$=(al)^6$
그런데 $a_3a_4a_5=2$, $a_8a_9a_{10}=4$에서
$a_3a_4a_5\times a_8a_9a_{10}=(a_3a_{10}\times a_4a_9\times a_5a_8)$
$=(al)^3=8$
이므로
$T=(al)^6=8^2=64$
$\therefore a_1a_2a_3\cdots a_{12}=64$

3 등차수열 $\{a_n\}$의 첫째항을 a, 공차를 d라고 하면
$a_n=a+(n-1)d$
등비수열 $\{b_n\}$의 첫째항이 -2, 공비가 r이므로
$b_n=-2\times r^{n-1}$
$a_1=b_3$에서 $a=-2r^2$ ······ ㉠
$a_2=b_1$에서 $a+d=-2$ ······ ㉡
$a_3=b_2$에서 $a+2d=-2r$ ······ ㉢
㉡−㉠을 하면
$d=-2+2r^2$
㉢−㉡을 하면
$d=-2r+2$
즉, $-2+2r^2=-2r+2$에서
$r^2+r-2=0$, $(r+2)(r-1)=0$
$\therefore r=-2$ 또는 $r=1$
그런데 $r\neq1$이므로 $r=-2$
$r=-2$를 ㉠에 대입하여 풀면 $a=-8$
$a=-8$을 ㉡에 대입하여 풀면 $d=6$
따라서 $a_5=-8+(5-1)\times6=16$,
$b_5=-2\times(-2)^4=-32$이므로
$a_5-b_5=16-(-32)=48$

보충 설명

등차수열과 등비수열에 대한 문제는 일반적으로 첫째항, 공차, 공비를 미지수로 놓고 문제에서 주어진 조건을 이용하여 식을 구한다. 이렇게 구한 식의 개수가 미지수의 개수와 같으면 연립방정식의 풀이를 이용하여 문제를 해결한다.

4 수열 $\{a_n\}$은 첫째항이 1, 공비가 2인 등비수열이므로
$a_n=1\times2^{n-1}=2^{n-1}$
이때 $a_{2n}=2^{2n-1}$이므로
$b_n=a_{2n}{}^2=(2^{2n-1})^2$
$=2^{4n-2}=2^{2+4(n-1)}$
$=4\times2^{4(n-1)}$
$=4\times16^{n-1}$
따라서 수열 $\{b_n\}$은 첫째항이 4, 공비가 16인 등비수열이므로
$b=4$, $r=16$
$\therefore b+r=20$

다른 풀이

$b_n=a_{2n}{}^2=(2^{2n-1})^2=2^{4n-2}$에서
$b_1=2^{4\times1-2}=2^2=4$
$b_2=2^{4\times2-2}=2^6=64$ ($\times16$)
이므로 등비수열 $\{b_n\}$의 첫째항은 4, 공비는 16이다.

5 등비수열 $\{a_n\}$의 첫째항을 a, 공비를 r이라고 하면
$a_n=ar^{n-1}$

$\therefore 3a_n-a_{n+1}=3ar^{n-1}-ar^n$

$=a(3-r)r^{n-1}$

즉, 수열 $\{3a_n-a_{n+1}\}$은 첫째항이 $a(3-r)$, 공비가 r인 등비수열이므로

$a(3-r)=10$, $r=-2$

$\therefore a=2$

따라서 수열 $\{a_n\}$의 첫째항은 2이다.

보충 설명

이 문제에서 등비수열 $\{a_n\}$의 공비와 문제에서 주어진 등비수열 $\{3a_n-a_{n+1}\}$과 같이 등비수열 $\{a_n\}$의 합, 차로 이루어진 등비수열의 공비는 같음을 알 수 있다.

6 겹쳐진 정사각형 B의 한 변의 길이를 x라고 하면 세 도형 A, B, C의 넓이는

$A=15^2-x^2$

$B=x^2$

$C=20^2-x^2$

이때 세 도형 A, B, C의 넓이가 이 순서대로 등비수열을 이루므로

$(x^2)^2=(15^2-x^2)(20^2-x^2)$

$(15^2+20^2)x^2=15^2\times20^2$

$\therefore x^2=\frac{15^2\times20^2}{15^2+20^2}=\frac{15^2\times20^2}{625}$

$=\frac{(15\times20)^2}{25^2}$

$=12^2=144$

따라서 도형 A의 넓이는

$15^2-x^2=225-144=81$

7 첫째항이 1, 공비가 3인 등비수열 $\{a_n\}$의 첫째항부터 제n항까지의 합 S_n은

$S_n=\frac{1\times(3^n-1)}{3-1}=\frac{3^n-1}{2}$

$\therefore S_n+p=\frac{3^n-1}{2}+p$

$=\frac{3^n}{2}+p-\frac{1}{2}$

$=\frac{3}{2}\times3^{n-1}+\frac{2p-1}{2}$

따라서 수열 $\{S_n+p\}$가 등비수열이 되려면

$\frac{2p-1}{2}=0 \qquad \therefore p=\frac{1}{2}$

보충 설명

수열 $\{S_n+p\}$가 등비수열이 되기 위해서는 일반항이 $A\times B^{n-1}$ (A, B는 상수) 꼴이어야 한다.

즉, $S_n+p=\frac{3}{2}\times3^{n-1}+\frac{2p-1}{2}$에서 $\frac{3}{2}=A$, $3=B$에 해당하므로 $\frac{2p-1}{2}=0$이어야 한다.

8 주어진 등비수열의 공비를 r이라고 하면

$r=\frac{3-\sqrt{3}}{\sqrt{3}-1}=\sqrt{3}$

즉, 주어진 등비수열의 첫째항은 $\sqrt{3}-1$, 공비는 $\sqrt{3}$이므로 첫째항부터 제n항까지의 합을 S_n이라고 하면

$S_4=\frac{(\sqrt{3}-1)\times\{(\sqrt{3})^4-1\}}{\sqrt{3}-1}=8$

따라서 이차방정식 $x^2-3x-k=0$이 $x=8$을 근으로 가지므로

$8^2-3\times8-k=0$

$\therefore k=40$

9 등비수열 $\{a_n\}$의 첫째항을 a, 공비를 r이라고 하면 첫째항부터 제5항까지의 합이 $\frac{31}{2}$이므로

$a+ar+ar^2+ar^3+ar^4=\frac{31}{2}$

$\therefore a(1+r+r^2+r^3+r^4)=\frac{31}{2}$ …… ㉠

또한 첫째항부터 제5항까지의 곱이 32이므로

$a\times ar\times ar^2\times ar^3\times ar^4=32$

$a^5r^{10}=32$, $(ar^2)^5=2^5$

$\therefore ar^2=2$ …… ㉡

$\therefore \frac{1}{a_1}+\frac{1}{a_2}+\frac{1}{a_3}+\frac{1}{a_4}+\frac{1}{a_5}$

$=\frac{1}{a}+\frac{1}{ar}+\frac{1}{ar^2}+\frac{1}{ar^3}+\frac{1}{ar^4}$

$=\frac{1}{ar^4}(1+r+r^2+r^3+r^4)$

$=\frac{1}{(ar^2)^2}\times a(1+r+r^2+r^3+r^4)$

$=\frac{1}{2^2}\times\frac{31}{2}$ ($\because$ ㉠, ㉡)

$=\frac{31}{8}$

10 (1) 첫째항부터 제10항까지의 합은

$9+99+999+\cdots+9999999999$
$=(10-1)+(10^2-1)+(10^3-1)+\cdots+(10^{10}-1)$
$=(10+10^2+10^3+\cdots+10^{10})-10$
$=\dfrac{10\times(10^{10}-1)}{10-1}-10$
$=\dfrac{10^{11}-10-90}{9}$
$=\dfrac{1}{9}(10^{11}-100)$

(2) 첫째항부터 제n항까지의 합은

$5+55+555+\cdots+\underbrace{555\cdots5}_{n\text{개}}$
$=\dfrac{5}{9}(9+99+999+\cdots+\underbrace{999\cdots9}_{n\text{개}})$
$=\dfrac{5}{9}\{(10-1)+(10^2-1)+(10^3-1)+\cdots+(10^n-1)\}$
$=\dfrac{5}{9}\{(10+10^2+10^3+\cdots+10^n)-n\}$
$=\dfrac{5}{9}\left\{\dfrac{10(10^n-1)}{10-1}-n\right\}$
$=\dfrac{5}{81}(10^{n+1}-9n-10)$

⊕보충 설명

(1)에서 주어진 수열의 일반항은

$\underbrace{999\cdots9}_{n\text{개}}=9+9\times10+9\times10^2+\cdots+9\times10^{n-1}$
$=\dfrac{9(10^n-1)}{10-1}=10^n-1$

이고, (2)의 각 항은 (1)의 각 항에 $\dfrac{5}{9}$를 곱한 꼴이므로 (2)에서 주어진 수열의 일반항은 $\dfrac{5}{9}(10^n-1)$이다.

실력 다지기 410쪽~411쪽

11 ⑤	**12** ⑤	**13** ④	**14** $2\sqrt{2}$	**15** $\dfrac{21}{4}$
16 18	**17** 54	**18** 20		
19 (1) -10 (2) $2^{11}-12$		**20** 3		

11 접근 방법 | 등비수열 $\{a_n\}$의 일반항을 이용하여 b_n을 구한다.

등비수열 $\{a_n\}$의 첫째항이 1이고 공비가 2이므로

$a_n=1\times2^{n-1}=2^{n-1}$
$b_n={a_{n+1}}^2-{a_n}^2$
$=(2^n)^2-(2^{n-1})^2$
$=(2^2)^n-(2^2)^{n-1}$
$=4^n-4^{n-1}=4^{n-1}(4-1)$
$=3\times4^{n-1}$

$\therefore \dfrac{b_6}{b_3}=\dfrac{3\times4^5}{3\times4^2}=4^3=64$

다른 풀이

$b_n=(2^n)^2-(2^{n-1})^2=2^{2n}-2^{2n-2}$이므로

$\dfrac{b_6}{b_3}=\dfrac{2^{12}-2^{10}}{2^6-2^4}=\dfrac{2^6(2^6-2^4)}{2^6-2^4}=2^6=64$

12 접근 방법 | $m>n$인 두 자연수 m, n에 대하여

S_m-S_n
$=(a_1+a_2+\cdots+a_n+a_{n+1}+\cdots+a_m)-(a_1+a_2+\cdots+a_n)$
$=a_{n+1}+a_{n+2}+\cdots+a_m$

임을 이용하여 주어진 식을 정리한다.

$S_{10}-S_8=a_{10}+a_9$, $S_5-S_3=a_5+a_4$이므로

$\dfrac{a_{10}-a_9}{S_{10}-S_8}+\dfrac{S_5-S_3}{a_5-a_4}=\dfrac{a_{10}-a_9}{a_{10}+a_9}+\dfrac{a_5+a_4}{a_5-a_4}$

이때 $\dfrac{a_{10}}{a_9}=\dfrac{a_5}{a_4}=\sqrt{2}$이므로

$\dfrac{a_{10}-a_9}{a_{10}+a_9}+\dfrac{a_5+a_4}{a_5-a_4}=\dfrac{\dfrac{a_{10}}{a_9}-1}{\dfrac{a_{10}}{a_9}+1}+\dfrac{\dfrac{a_5}{a_4}+1}{\dfrac{a_5}{a_4}-1}$
$=\dfrac{\sqrt{2}-1}{\sqrt{2}+1}+\dfrac{\sqrt{2}+1}{\sqrt{2}-1}$
$=(\sqrt{2}-1)^2+(\sqrt{2}+1)^2$
$=6$

13 접근 방법 | 양의 약수의 총합에 대한 문제는 하나의 구체적인 예를 기억해 두는 것도 좋은 방법이다. 예를 들어 $72=2^3\times3^2$의 양의 약수는 다음 표와 같고 그 개수는 $(3+1)\times(2+1)=12$이다.

$\times$	1	3	3^2	각 줄의 합
1	1×1	1×3	1×3^2	$\leftarrow 1\times(1+3+3^2)$
2	2×1	2×3	2×3^2	$\leftarrow 2\times(1+3+3^2)$
2^2	$2^2\times1$	$2^2\times3$	$2^2\times3^2$	$\leftarrow 2^2\times(1+3+3^2)$
2^3	$2^3\times1$	$2^3\times3$	$2^3\times3^2$	$\leftarrow 2^3\times(1+3+3^2)$

이때 72의 양의 약수의 총합은 표 안에 들어 있는 12개의 수의 합과 같으므로

$1\times(1+3+3^2)+2\times(1+3+3^2)+2^2\times(1+3+3^2)+2^3\times(1+3+3^2)$
$=(1+2+2^2+2^3)\times(1+3+3^2)$

이 성립하고, 등비수열의 합의 공식을 이용하면 양의 약수의 총합을 구할 수 있다.

$6^{10}=(2\times3)^{10}=2^{10}\times3^{10}$

이므로 6^{10}의 양의 약수의 총합은

$(1+2+2^2+\cdots+2^{10})\times(1+3+3^2+\cdots+3^{10})$

$=\dfrac{1\times(2^{11}-1)}{2-1}\times\dfrac{1\times(3^{11}-1)}{3-1}$

$=\dfrac{1}{2}\times(2^{11}-1)\times(3^{11}-1)$

$=\dfrac{1}{2}\times(2\times2^{10}-1)\times(3\times3^{10}-1)$

$=\dfrac{1}{2}(2A-1)(3B-1)$

보충 설명

자연수 N을 소인수분해 하여

$N=p^aq^br^c$ (p, q, r은 서로 다른 소수, a, b, c는 자연수)

으로 나타내어질 때

(1) N의 양의 약수의 개수는

$(a+1)(b+1)(c+1)$

(2) N의 양의 약수의 총합은

$(1+p+p^2+\cdots+p^a)\times(1+q+q^2+\cdots+q^b)\times(1+r+r^2+\cdots+r^c)$

14 **접근 방법** | $\overline{AP}$, $\overline{AQ}$, $\overline{AR}$의 길이가 이 순서대로 등비수열을 이루므로 등비중항을 이용한다.

점 A(2, 0)을 지나고 x축에 수직인 직선과 주어진 세 함수의 그래프가 만나는 점의 x좌표는 2이므로 $x=2$를 함수의 식에 대입하여 세 점의 좌표를 각각 구하면

$P(2,\ 8^2)$, $Q(2,\ a^2)$, $R(2,\ 1)$

$\therefore\ \overline{AP}=8^2=64$, $\overline{AQ}=a^2$, $\overline{AR}=1$

$\overline{AP}$, $\overline{AQ}$, $\overline{AR}$의 길이가 이 순서대로 등비수열을 이루므로

$(a^2)^2=64\times1$

즉, $a^4=64=2^6$이므로

$a=2^{\frac{3}{2}}=2\sqrt{2}$ ($\because\ 2<a<8$)

15 **접근 방법** | 세 수 a, b, c가 이 순서대로 등비수열을 이루므로 $b^2=ac$가 성립함을 이용한다.

세 실수 a, b, c가 이 순서대로 등비수열을 이루므로

$b^2=ac$

이때 조건 (나)에서 $abc=1$이므로

$b^3=1\qquad\therefore\ b=1$ ($\because\ b$는 실수)

$b=1$이므로 $ac=1$ $\cdots\cdots$ ㉠

또한 조건 (가)에서 $a+c=\dfrac{5}{2}$이므로

$ab+bc=\dfrac{5}{2}$

$\therefore\ ab+bc+ca=\dfrac{5}{2}+1=\dfrac{7}{2}$ ($\because$ ㉠)

$\therefore\ a^2+b^2+c^2$

$=(a+b+c)^2-2(ab+bc+ca)$

$=\left(\dfrac{7}{2}\right)^2-2\times\dfrac{7}{2}=\dfrac{21}{4}$

다른 풀이

세 실수 a, b, c가 이 순서대로 등비수열을 이루므로 공비를 r이라고 하면 조건 (가)에서

$a+b+c=a+ar+ar^2=\dfrac{7}{2}$

$\therefore\ a(1+r+r^2)=\dfrac{7}{2}$ $\cdots\cdots$ ㉠

또한 조건 (나)에서 $abc=a\times ar\times ar^2=1$

$a^3r^3=(ar)^3=1$

이때 a, r은 실수이므로 $ar=1$ $\cdots\cdots$ ㉡

㉠÷㉡을 하면

$\dfrac{1+r+r^2}{r}=\dfrac{7}{2}$

$2r^2+2r+2=7r$, $2r^2-5r+2=0$

$(2r-1)(r-2)=0$

$\therefore\ r=\dfrac{1}{2}$ 또는 $r=2$

㉡에서 $r=\dfrac{1}{2}$일 때 $a=2$, $r=2$일 때 $a=\dfrac{1}{2}$

따라서 세 실수 a, b, c는 2, 1, $\dfrac{1}{2}$ 또는 $\dfrac{1}{2}$, 1, 2이므로

$a^2+b^2+c^2=2^2+1^2+\left(\dfrac{1}{2}\right)^2=\dfrac{21}{4}$

16 **접근 방법** | $a_4=b_4$, $a_5=b_5$이므로 주어진 식 $a_1+a_8=8$, $b_2b_7=12$를 각각 a_4, a_5에 대한 식과 b_4, b_5에 대한 식으로 나타내 본다.

수열 $\{a_n\}$은 등차수열이므로

$a_1+a_8=a_4+a_5=8$ $\cdots\cdots$ ㉠

수열 $\{b_n\}$은 등비수열이므로

$b_2b_7=b_4b_5=12$

또한 $a_4=b_4$, $a_5=b_5$이므로 ㉠에서

$a_4+a_5=b_4+b_5=8$

$\therefore\ b_4+b_5=8$, $b_4b_5=12$

따라서 두 수 b_4, b_5를 근으로 가지고 x^2의 계수가 1인 이차방정식은 $x^2-8x+12=0$이므로

$(x-2)(x-6)=0$

$\therefore x=2$ 또는 $x=6$

이때 등비수열 $\{b_n\}$의 공비가 1보다 작으므로

$b_4=6$, $b_5=2$

$\therefore a_4=6$, $a_5=2$ ($\because a_4=b_4$, $a_5=b_5$)

따라서 수열 $\{a_n\}$은 공차가 $a_5-a_4=2-6=-4$인 등차수열이므로

$a_4=a_1+(4-1)\times(-4)=6$

$\therefore a_1=18$

보충 설명

두 수 α, β를 근으로 가지고 x^2의 계수가 1인 이차방정식은

$(x-\alpha)(x-\beta)=0$

$\therefore x^2-(\alpha+\beta)x+\alpha\beta=0$

17 **접근 방법** | 이차방정식의 근과 계수의 관계를 이용하여 α, β, p, q에 대한 식을 세운다.

주어진 두 이차방정식에서 이차방정식의 근과 계수의 관계에 의하여

$\alpha+\beta=\frac{1}{2}a$, $\alpha\beta=1$

$p+q=\frac{1}{2}b$, $pq=2$

이때 a, b가 양수이므로 네 수 α, β, p, q도 모두 양수이다.

한편, 네 수 α, p, β, q가 이 순서대로 등비수열을 이루므로 공비를 r $(r>0)$이라고 하면

$p=\alpha r$, $\beta=\alpha r^2$, $q=\alpha r^3$

즉,

$\alpha\beta=\alpha^2r^2=1$ …… ㉠

$pq=\alpha^2r^4=(\alpha^2r^2)r^2=r^2=2$ ($\because$ ㉠)

$\therefore r=\sqrt{2}$ ($\because r>0$)

$r=\sqrt{2}$를 ㉠에 대입하면 $\alpha=\frac{1}{\sqrt{2}}$ ($\because \alpha>0$)이므로

$p=\frac{1}{\sqrt{2}}\times\sqrt{2}=1$, $\beta=\frac{1}{\sqrt{2}}\times(\sqrt{2})^2=\sqrt{2}$,

$q=\frac{1}{\sqrt{2}}\times(\sqrt{2})^3=2$

따라서

$a=2(\alpha+\beta)=2\times\left(\frac{1}{\sqrt{2}}+\sqrt{2}\right)=3\sqrt{2}$,

$b=2(p+q)=2\times(1+2)=6$

이므로

$a^2+b^2=18+36=54$

보충 설명

$a>0$이므로 $\alpha+\beta=\frac{1}{2}a$에서 $\alpha+\beta>0$이고, $\alpha\beta=1$이므로 α, β의 부호는 서로 같다. 즉, α, β는 모두 양수이다. 같은 방법으로 p, q도 모두 양수임을 알 수 있다.

18 **접근 방법** | 등비수열 $\{a_n\}$의 공비를 r이라고 하면 수열 a_1, a_3, a_5, $\cdots$는 a_1, a_1r^2, ar^4, $\cdots$이 되어 공비가 r^2인 등비수열을 이룬다.

등비수열 $\{a_n\}$의 공비를 r이라고 하면

$a_1=3$이므로

$a_1+a_3+a_5+\cdots+a_{2n-1}$

$=3+3r^2+3r^4+\cdots+3r^{2(n-1)}$

$=\frac{3\{(r^2)^n-1\}}{r^2-1}$

$=\frac{3(r^{2n}-1)}{r^2-1}=2^{40}-1$ …… ㉠

$a_3+a_5+a_7+\cdots+a_{2n+1}$

$=3r^2+3r^4+3r^6+\cdots+3r^{2n}$

$=\frac{3r^2\{(r^2)^n-1\}}{r^2-1}$

$=r^2\times\frac{3(r^{2n}-1)}{r^2-1}$

$=r^2(2^{40}-1)$ ($\because$ ㉠)

즉, $r^2(2^{40}-1)=2^{42}-4=4\times(2^{40}-1)$이므로

$r^2=4$

$r^2=4$를 ㉠에 대입하면

$\frac{3(4^n-1)}{4-1}=2^{40}-1$에서

$4^n-1=2^{2n}-1=2^{40}-1$

$2n=40$ $\therefore n=20$

보충 설명

$a_1+a_3+a_5+\cdots+a_{2n-1}$에서 항의 개수를 셀 때 실수하는 경우가 많다.

$a_1+a_3+a_5+\cdots+a_{2n-1}$에서의 항의 개수는 1, 3, 5, $\cdots$, $2n-1$의 개수와 같고, 이를 $2\times1-1$, $2\times2-1$, $2\times3-1$, $\cdots$, $2\times n-1$과 같이 변형하여 생각하면 항의 개수가 n임을 실수하지 않고 구할 수 있다.

19 **접근 방법** | 나머지정리에 의하여 다항식 $f(x)$를 일차식 $x-\alpha$로 나누었을 때의 나머지는 $f(\alpha)$임을 이용한다.

(1) $f(x)=x^3+2x^2+ax+1$이라고 하면 다항식 $f(x)$를 x, $x-1$, $x+2$로 나누었을 때의 나머지는 나머지정리에 의하여 각각

$f(0)=0+0+0+1=1$

$f(1)=1+2+a+1=a+4$

$f(-2)=-8+8-2a+1=-2a+1$

이때 세 수 1, $a+4$, $-2a+1$은 이 순서대로 등비수열을 이루므로

$(a+4)^2=1\times(-2a+1)$

$a^2+8a+16=-2a+1$

$\therefore a^2+10a+15=0$

따라서 이차방정식의 근과 계수의 관계에 의하여 모든 상수 a의 값의 합은 -10이다.

(2) 다항식 $x^{10}+x^9+\cdots+x+1$을 $x-1$로 나누었을 때의 나머지를 R_1이라고 하면

$x^{10}+x^9+\cdots+x+1=(x-1)f(x)+R_1$

이 식의 양변에 $x=1$을 대입하면

$R_1=11$

$\therefore x^{10}+x^9+\cdots+x+1=(x-1)f(x)+11$ …… ㉠

이때 다항식 $f(x)$를 $x-2$로 나누었을 때의 나머지는 나머지정리에 의하여 $f(2)$이다.

따라서 ㉠의 양변에 $x=2$를 대입하면

$2^{10}+2^9+\cdots+2+1=f(2)+11$

$\therefore f(2)=\dfrac{2^{11}-1}{2-1}-11=2^{11}-12$

20 접근 방법 | 정삼각형 GEC의 한 변의 길이를 a라 하고 각각의 삼각형의 넓이를 구한다. 이때 세 삼각형 GEC, AGH, DEF의 넓이가 이 순서대로 공비가 r인 등비수열을 이루므로 $\triangle AGH=\triangle GEC\times r$, $\triangle DEF=\triangle GEC\times r^2$ 이 성립함을 이용한다.

$\overline{EC}=a$라고 하면

$\triangle GEC=\dfrac{\sqrt{3}}{4}a^2$

$\triangle AGH=\dfrac{1}{2}\times\overline{GH}\times\overline{AG}\times\sin 60^\circ$

$=\dfrac{1}{2}a(4-a)\times\dfrac{\sqrt{3}}{2}$

$=\dfrac{\sqrt{3}}{4}a(4-a)$

$\triangle DEF=\dfrac{\sqrt{3}}{4}r^2$

이때 세 삼각형 GEC, AGH, DEF의 넓이가 이 순서대로 공비가 r인 등비수열을 이루므로

$\triangle AGH=\triangle GEC\times r$에서

$\dfrac{\sqrt{3}}{4}a(4-a)=\dfrac{\sqrt{3}}{4}a^2\times r$ …… ㉠

$\triangle DEF=\triangle GEC\times r^2$에서

$\dfrac{\sqrt{3}}{4}r^2=\dfrac{\sqrt{3}}{4}a^2\times r^2$

$a^2=1$ $\quad\therefore a=1$ ($\because a>0$)

$a=1$을 ㉠에 대입하면

$\dfrac{\sqrt{3}}{4}\times1\times3=\dfrac{\sqrt{3}}{4}r$

$\therefore r=3$

보충 설명

삼각형 AGH의 넓이를 구할 때, 이 삼각형이 직각삼각형이 아님에 주의해야 한다.

한편, 오른쪽 그림과 같이 이웃하는 두 변의 길이가 a, b이고 그 끼인각의 크기가 θ인 삼각형의 넓이 S는

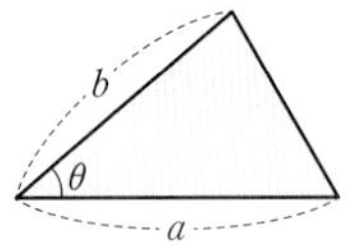

$S=\dfrac{1}{2}ab\sin\theta$

이므로 한 변의 길이가 a인 정삼각형의 넓이는

$\dfrac{1}{2}\times a\times a\times\sin 60^\circ=\dfrac{\sqrt{3}}{4}a^2$

이다.

기출 다지기 412쪽

21 ⑤ **22** 64 **23** 9 **24** 8

21 접근 방법 | 등비중항을 이용하여 식의 값을 구한다.

$f(a)=\dfrac{k}{a}$, $f(b)=\dfrac{k}{b}$, $f(12)=\dfrac{k}{12}$가 이 순서대로 등비수열을 이루므로

$\left(\dfrac{k}{b}\right)^2=\dfrac{k}{a}\times\dfrac{k}{12}$ $\quad\therefore b^2=12a$

이때 두 자연수 a, b는 $a<b<12$이므로

$a=3$, $b=6$

또, $f(a)=3$에서 $\dfrac{k}{3}=3$ $\quad\therefore k=9$

$\therefore a+b+k=3+6+9=18$

22 접근 방법 | 등비수열 $\{a_n\}$의 공비를 r이라 하고 주어진 조건을 r에 대한 식으로 나타내 본다.

$a_1=1$인 등비수열 $\{a_n\}$의 공비를 r이라고 하면

(i) $r=1$일 때,

$a_n=1$이므로

$\frac{S_6}{S_3}=\frac{6}{3}=2$, $2a_4-7=2\times1-7=-5$

즉, $\frac{S_6}{S_3}\neq 2a_4-7$이므로 주어진 조건을 만족시키지 않는다.

(ii) $r\neq1$일 때,

$a_n=1\times r^{n-1}=r^{n-1}$이므로

$$\frac{S_6}{S_3}=\frac{\frac{r^6-1}{r-1}}{\frac{r^3-1}{r-1}}=\frac{r^6-1}{r^3-1}=\frac{(r^3+1)(r^3-1)}{r^3-1}$$

$=r^3+1$ …… ㉠

$2a_4-7=2r^3-7$ …… ㉡

㉠과 ㉡이 같아야 하므로

$r^3+1=2r^3-7$ $\quad\therefore r^3=8$

$\therefore a_7=r^6=(r^3)^2=8^2=64$

23 **접근 방법** | $S_{n+3}-S_n=a_{n+1}+a_{n+2}+a_{n+3}$임을 이용하여 주어진 등식을 변형하고, $n=1$, $n=2$를 대입한 식을 연립해 본다.

$S_{n+3}-S_n=a_{n+1}+a_{n+2}+a_{n+3}$이므로 모든 자연수 n에 대하여

$a_{n+1}+a_{n+2}+a_{n+3}=13\times3^{n-1}$ …… ㉠

이 성립한다.

등비수열 $\{a_n\}$의 첫째항이 a, 공비를 r이라고 하면 일반항은

$a_n=ar^{n-1}$

㉠에 $n=1$을 대입하면 $a_2+a_3+a_4=13$

$ar+ar^2+ar^3=13$

$\therefore ar(1+r+r^2)=13$ …… ㉡

또, ㉠에 $n=2$를 대입하면 $a_3+a_4+a_5=13\times3=39$

$ar^2+ar^3+ar^4=39$

$\therefore ar^2(1+r+r^2)=39$ …… ㉢

㉢÷㉡을 하면

$\frac{ar^2(1+r+r^2)}{ar(1+r+r^2)}=\frac{39}{13}=3$ $\quad\therefore r=3$

$r=3$을 ㉡에 대입하면

$a\times3\times(1+3+9)=13$ $\quad\therefore a=\frac{1}{3}$

따라서 $a_n=\frac{1}{3}\times3^{n-1}=3^{n-2}$이므로

$a_4=3^{4-2}=3^2=9$

24 **접근 방법** | 등차수열과 등비수열을 이용하여 함수의 식을 구한다.

함수 $f(x)=k(x-1)$의 그래프는 기울기가 k이고, 점 $(1, 0)$을 지나는 직선이고, 함수

$g(x)=2x^2-3x+1=(x-1)(2x-1)$이므로 두 함수 $y=f(x)$, $y=g(x)$의 그래프의 교점의 좌표는 $(1, 0)$이다.

조건 (가)에서 $h(2)$, $h(3)$, $h(4)$가 이 순서대로 등차수열을 이루려면 좌표평면 위의 세 점

$(2, h(2))$, $(3, h(3))$, $(4, h(4))$

는 함수 $y=f(x)$의 그래프 위의 점이다.

$\therefore h(2)=f(2)=k$, $h(3)=f(3)=2k$,

$h(4)=f(4)=3k$

조건 (나)에서 $h(3)$, $h(4)$, $h(5)$가 이 순서대로 등비수열을 이루므로 이 등비수열의 공비는

$\frac{h(4)}{h(3)}=\frac{3k}{2k}=\frac{3}{2}$

$\therefore h(5)=\frac{3}{2}\times h(4)=\frac{3}{2}\times3k=\frac{9}{2}k$

이때 $f(5)=4k$이고, $k\neq0$이므로 $f(5)$는 $h(5)$의 값이 될 수 없다.

따라서 $h(5)=g(5)$이므로

$\frac{9}{2}k=36$ $\quad\therefore k=8$

참고 $k=0$이면 $f(x)=0$이 되어 조건을 만족시키지 않는다.

⊕ 보충 설명

조건 (가)에서 $h(2)$, $h(3)$, $h(4)$가 이 순서대로 등차수열을 이루므로

$h(3)-h(2)=h(4)-h(3)$

즉, $\frac{h(3)-h(2)}{3-2}=\frac{h(4)-h(3)}{4-3}$이므로 두 점 $(2, h(2))$, $(3, h(3))$을 이은 직선의 기울기와 두 점 $(3, h(3))$, $(4, h(4))$를 이은 직선의 기울기가 같다.

따라서 세 점 $(2, h(2))$, $(3, h(3))$, $(4, h(4))$는 함수 $y=f(x)$의 그래프 위의 점이다.

11. 합의 기호 $\sum$와 여러 가지 수열

개념 콕콕 1 합의 기호 $\sum$ 425쪽

1 답 (1) 40 (2) 80

(1) $\sum_{k=1}^{10}(a_k+2b_k)=\sum_{k=1}^{10}a_k+2\sum_{k=1}^{10}b_k$

$=20+2\times10=40$

(2) $\sum_{k=1}^{10}(3a_k-b_k+3)=3\sum_{k=1}^{10}a_k-\sum_{k=1}^{10}b_k+\sum_{k=1}^{10}3$

$=3\times20-10+3\times10=80$

2 답 (1) 6 (2) -2

(1) $\sum_{k=1}^{9}a_k=a_1+a_2+a_3+\cdots+a_8+a_9$ ...... ㉠

$\sum_{k=1}^{8}a_k=a_1+a_2+a_3+\cdots+a_8$ ...... ㉡

㉠－㉡을 하면

$a_9=\sum_{k=1}^{9}a_k-\sum_{k=1}^{8}a_k=6$

(2) $\sum_{k=2}^{10}a_k=a_2+a_3+a_4+\cdots+a_9+a_{10}$ ...... ㉠

$\sum_{k=1}^{9}a_k=a_1+a_2+a_3+\cdots+a_9$ ...... ㉡

㉠－㉡을 하면

$a_{10}-a_1=\sum_{k=2}^{10}a_k-\sum_{k=1}^{9}a_k=4-6=-2$

3 답 (1) 140 (2) 375 (3) 210 (4) 254

(1) $\sum_{k=1}^{10}(2k+3)=2\sum_{k=1}^{10}k+\sum_{k=1}^{10}3$

$=2\times\frac{10\times11}{2}+3\times10$

$=110+30=140$

(2) $\sum_{i=1}^{10}(i^2-1)=\sum_{i=1}^{10}i^2-\sum_{i=1}^{10}1$

$=\frac{10\times11\times21}{6}-1\times10$

$=385-10=375$

(3) $\sum_{k=1}^{5}k(k^2-1)=\sum_{k=1}^{5}(k^3-k)=\left(\frac{5\times6}{2}\right)^2-\frac{5\times6}{2}$

$=225-15=210$

(4) $\sum_{n=1}^{7}2^n=2^1+2^2+2^3+\cdots+2^7$

$=\frac{2(2^7-1)}{2-1}=2^8-2=256-2=254$

4 답 (1) 40 (2) 65

(1) $\sum_{k=1}^{10}(2+k)+\sum_{k=1}^{10}(2-k)=\sum_{k=1}^{10}(2+k+2-k)$

$=\sum_{k=1}^{10}4=4\times10=40$

(2) $\sum_{k=1}^{10}(k^2+1)-\sum_{k=6}^{10}k^2$

$=\sum_{k=1}^{10}(k^2+1)-\left(\sum_{k=1}^{10}k^2-\sum_{k=1}^{5}k^2\right)$

$=\sum_{k=1}^{10}k^2+\sum_{k=1}^{10}1-\sum_{k=1}^{10}k^2+\sum_{k=1}^{5}k^2$

$=\sum_{k=1}^{10}1+\sum_{k=1}^{5}k^2$

$=1\times10+\frac{5\times6\times11}{6}=10+55=65$

5 답 (1) 330 (2) 2989 (3) 4495 (4) 448

(1) $6^2+7^2+8^2+9^2+10^2$

$=\sum_{k=6}^{10}k^2=\sum_{k=1}^{10}k^2-\sum_{k=1}^{5}k^2$

$=\frac{10\times11\times21}{6}-\frac{5\times6\times11}{6}$

$=385-55=330$

(2) $4^3+5^3+6^3+\cdots+10^3$

$=\sum_{k=4}^{10}k^3=\sum_{k=1}^{10}k^3-\sum_{k=1}^{3}k^3$

$=\left(\frac{10\times11}{2}\right)^2-\left(\frac{3\times4}{2}\right)^2$

$=3025-36=2989$

(3) 주어진 수열의 일반항을 a_n이라고 하면

$a_n=(2n-1)^2$

이때 주어진 수열의 합은 수열 $\{a_n\}$의 첫째항부터 제15항까지의 합이므로

$1^2+3^2+5^2+\cdots+29^2$

$=\sum_{k=1}^{15}(2k-1)^2=\sum_{k=1}^{15}(4k^2-4k+1)$

$=4\sum_{k=1}^{15}k^2-4\sum_{k=1}^{15}k+\sum_{k=1}^{15}1$

$=4\times\frac{15\times16\times31}{6}-4\times\frac{15\times16}{2}+1\times15$

$=4960-480+15=4495$

(4) 주어진 수열의 일반항을 a_n이라고 하면

$a_n=2n(2n+2)$

이때 주어진 수열의 합은 수열 $\{a_n\}$의 첫째항부터 제6항까지의 합이므로

$2\times4+4\times6+6\times8+\cdots+12\times14$

$=\sum_{k=1}^{6}2k(2k+2)=\sum_{k=1}^{6}(4k^2+4k)$

$=4\sum_{k=1}^{6}k^2+4\sum_{k=1}^{6}k$

$=4\times\frac{6\times7\times13}{6}+4\times\frac{6\times7}{2}$

$=448$

예제 01 Σ의 계산 427쪽

01-1 답 (1) 3100 (2) 330 (3) 830 (4) 8184

(1) $\sum_{k=1}^{10}(2k-1)^2+\sum_{k=1}^{10}(2k+1)^2$

$=\sum_{k=1}^{10}(4k^2-4k+1)+\sum_{k=1}^{10}(4k^2+4k+1)$

$=\sum_{k=1}^{10}\{(4k^2-4k+1)+(4k^2+4k+1)\}$

$=\sum_{k=1}^{10}(8k^2+2)$

$=8\sum_{k=1}^{10}k^2+\sum_{k=1}^{10}2$

$=8\times\frac{10\times11\times21}{6}+2\times10$

$=3100$

(2) $\sum_{k=1}^{10}(k+5)(k-2)-\sum_{k=1}^{10}(k-5)(k+2)$

$=\sum_{k=1}^{10}(k^2+3k-10)-\sum_{k=1}^{10}(k^2-3k-10)$

$=\sum_{k=1}^{10}\{(k^2+3k-10)-(k^2-3k-10)\}$

$=\sum_{k=1}^{10}6k=6\sum_{k=1}^{10}k$

$=6\times\frac{10\times11}{2}$

$=330$

(3) $\sum_{k=1}^{10}\frac{(k+1)^3}{k}+\sum_{n=1}^{10}\frac{(n-1)^3}{n}$

$=\sum_{k=1}^{10}\frac{(k+1)^3}{k}+\sum_{k=1}^{10}\frac{(k-1)^3}{k}$

$=\sum_{k=1}^{10}\frac{k^3+3k^2+3k+1}{k}+\sum_{k=1}^{10}\frac{k^3-3k^2+3k-1}{k}$

$=\sum_{k=1}^{10}\frac{(k^3+3k^2+3k+1)+(k^3-3k^2+3k-1)}{k}$

$=\sum_{k=1}^{10}\frac{2k^3+6k}{k}$

$=\sum_{k=1}^{10}(2k^2+6)$

$=2\sum_{k=1}^{10}k^2+\sum_{k=1}^{10}6$

$=2\times\frac{10\times11\times21}{6}+6\times10=830$

(4) $\sum_{k=1}^{10}(2^k+1)^2-\sum_{k=1}^{10}(2^k-1)^2$

$=\sum_{k=1}^{10}(2^{2k}+2\times2^k+1)-\sum_{k=1}^{10}(2^{2k}-2\times2^k+1)$

$=\sum_{k=1}^{10}\{(2^{2k}+2\times2^k+1)-(2^{2k}-2\times2^k+1)\}$

$=\sum_{k=1}^{10}(4\times2^k)=4\sum_{k=1}^{10}2^k$

$=4\times\frac{2\times(2^{10}-1)}{2-1}=8\times(1024-1)$

$=8\times1023=8184$

01-2 답 (1) 15 (2) 47

(1) $\sum_{k=1}^{10}(a_k-1)^2=20$에서

$\sum_{k=1}^{10}({a_k}^2-2a_k+1)=20$ …… ㉠

$\sum_{k=1}^{10}(a_k-1)(a_k+1)=30$에서

$\sum_{k=1}^{10}({a_k}^2-1)=30$ …… ㉡

㉡－㉠을 하면

$\sum_{k=1}^{10}(2a_k-2)=10$, $2\sum_{k=1}^{10}a_k-20=10$, $2\sum_{k=1}^{10}a_k=30$

$\therefore \sum_{k=1}^{10}a_k=15$

(2) $\sum_{k=1}^{9}f(k+1)-\sum_{k=2}^{10}f(k-1)$

$=\{f(2)+f(3)+\cdots+f(10)\}$
$\quad-\{f(1)+f(2)+\cdots+f(9)\}$

$=f(10)-f(1)$

$=50-3=47$

01-3 답 (1) 210 (2) 275 (3) $\frac{n(n+1)(n+2)(3n+1)}{24}$ (4) $\frac{n(n+1)^2}{2}$

(1) 괄호 안을 계산하면

$\sum_{l=1}^{4}kl=k\sum_{l=1}^{4}l=k\times\frac{4\times5}{2}=10k$

$$\therefore \sum_{k=1}^{6}\left(\sum_{l=1}^{4}kl\right)=10\sum_{k=1}^{6}k$$
$$=10\times\frac{6\times7}{2}=210$$

(2) 괄호 안을 계산하면

$$\sum_{k=1}^{l}(k+1)=\sum_{k=1}^{l}k+\sum_{k=1}^{l}1$$
$$=\frac{l(l+1)}{2}+l$$
$$=\frac{1}{2}l^2+\frac{3}{2}l$$
$$\therefore \sum_{l=1}^{10}\left\{\sum_{k=1}^{l}(k+1)\right\}$$
$$=\sum_{l=1}^{10}\left(\frac{1}{2}l^2+\frac{3}{2}l\right)$$
$$=\frac{1}{2}\sum_{l=1}^{10}l^2+\frac{3}{2}\sum_{l=1}^{10}l$$
$$=\frac{1}{2}\times\frac{10\times11\times21}{6}+\frac{3}{2}\times\frac{10\times11}{2}$$
$$=\frac{385}{2}+\frac{165}{2}$$
$$=275$$

(3) 괄호 안을 계산하면

$$\sum_{i=1}^{j}ij=j\sum_{i=1}^{j}i$$
$$=j\times\frac{j(j+1)}{2}$$
$$=\frac{j^3+j^2}{2}$$
$$\therefore \sum_{j=1}^{n}\left(\sum_{i=1}^{j}ij\right)$$
$$=\frac{1}{2}\sum_{j=1}^{n}(j^3+j^2)$$
$$=\frac{1}{2}\left\{\frac{n^2(n+1)^2}{4}+\frac{n(n+1)(2n+1)}{6}\right\}$$
$$=\frac{n(n+1)(n+2)(3n+1)}{24}$$

(4) 괄호 안을 계산하면

$$\sum_{i=1}^{j}(i+j)=\sum_{i=1}^{j}i+\sum_{i=1}^{j}j$$
$$=\frac{j(j+1)}{2}+j^2$$
$$=\frac{3}{2}j^2+\frac{1}{2}j$$
$$\therefore \sum_{j=1}^{n}\left\{\sum_{i=1}^{j}(i+j)\right\}$$
$$=\sum_{j=1}^{n}\left(\frac{3}{2}j^2+\frac{1}{2}j\right)$$
$$=\frac{3}{2}\sum_{j=1}^{n}j^2+\frac{1}{2}\sum_{j=1}^{n}j$$
$$=\frac{3}{2}\times\frac{n(n+1)(2n+1)}{6}+\frac{1}{2}\times\frac{n(n+1)}{2}$$
$$=\frac{n(n+1)^2}{2}$$

⊕ 보충 설명

$\sum$의 성질에 의하여

$$\sum_{i=1}^{j}a_ib_j=a_1b_j+a_2b_j+a_3b_j+\cdots+a_jb_j$$
$$=b_j(a_1+a_2+a_3+\cdots+a_j)$$
$$=b_j\sum_{i=1}^{j}a_i$$

예제 02 자연수의 거듭제곱의 합을 이용한 수열의 합 429쪽

02-1

답 (1) $\dfrac{n(n+1)(4n+5)}{6}$

(2) $\dfrac{n(n+1)(n+2)}{6}$

(1) 주어진 수열의 일반항을 a_n이라고 하면

$a_n=n(2n+1)$

따라서 수열 $\{a_n\}$의 첫째항부터 제n항까지의 합은

$$\sum_{k=1}^{n}a_k=\sum_{k=1}^{n}k(2k+1)$$
$$=2\sum_{k=1}^{n}k^2+\sum_{k=1}^{n}k$$
$$=2\times\frac{n(n+1)(2n+1)}{6}+\frac{n(n+1)}{2}$$
$$=\frac{n(n+1)(4n+5)}{6}$$

(2) 주어진 수열의 일반항을 a_n이라고 하면

$$a_n=1+2+3+\cdots+n$$
$$=\frac{n(n+1)}{2}$$

따라서 수열 $\{a_n\}$의 첫째항부터 제n항까지의 합은

$$\sum_{k=1}^{n}a_k=\sum_{k=1}^{n}\frac{k(k+1)}{2}$$
$$=\frac{1}{2}\left(\sum_{k=1}^{n}k^2+\sum_{k=1}^{n}k\right)$$
$$=\frac{1}{2}\left\{\frac{n(n+1)(2n+1)}{6}+\frac{n(n+1)}{2}\right\}$$
$$=\frac{n(n+1)(n+2)}{6}$$

02-2 답 (1) 4950 (2) 650

(1) $\sum_{n=1}^{99}\{(-1)^{n+1}\times n^2\}$

$=1^2-2^2+3^2-4^2+5^2-6^2+\cdots-98^2+99^2$

$=1^2+(3^2-2^2)+(5^2-4^2)+\cdots+(99^2-98^2)$

$=1^2+(3-2)(3+2)+(5-4)(5+4)+\cdots+(99-98)(99+98)$

$=1+(2+3)+(4+5)+\cdots+(98+99)$

$=\sum_{k=1}^{99}k=\frac{99\times100}{2}=4950$

(2) $\sum_{k=1}^{12}k=1+2+3+\cdots+11+12$

$\sum_{k=2}^{12}k=\quad 2+3+\cdots+11+12$

$\sum_{k=3}^{12}k=\quad\quad 3+\cdots+11+12$

$\vdots$

$\sum_{k=11}^{12}k=\quad\quad\quad 11+12$

$\sum_{k=12}^{12}k=\quad\quad\quad\quad 12$

이므로 구하는 값은

$1+2\times2+3\times3+\cdots+12\times12$

$=\sum_{k=1}^{12}k^2=\frac{12\times13\times25}{6}$

$=650$

02-3 답 ④

1부터 10까지의 자연수가 나열된 순서는 다르지만 주어진 조건에서 $\sum_{k=1}^{10}x_k$와 $\sum_{k=1}^{10}{x_k}^2$의 값은 항상 일정하므로

$\sum_{k=1}^{10}x_k=\sum_{k=1}^{10}k,\ \sum_{k=1}^{10}{x_k}^2=\sum_{k=1}^{10}k^2$

$\therefore \sum_{k=1}^{10}(x_k-k)^2+\sum_{k=1}^{10}(x_k+k-11)^2$

$=\sum_{k=1}^{10}(2{x_k}^2+2k^2-22x_k-22k+121)$

$=2\sum_{k=1}^{10}{x_k}^2+2\sum_{k=1}^{10}k^2-22\sum_{k=1}^{10}x_k-22\sum_{k=1}^{10}k+\sum_{k=1}^{10}121$

$=2\sum_{k=1}^{10}k^2+2\sum_{k=1}^{10}k^2-22\sum_{k=1}^{10}k-22\sum_{k=1}^{10}k+\sum_{k=1}^{10}121$

$=4\sum_{k=1}^{10}k^2-44\sum_{k=1}^{10}k+\sum_{k=1}^{10}121$

$=4\times\frac{10\times11\times21}{6}-44\times\frac{10\times11}{2}+121\times10$

$=330$

예제 03 Σ를 이용한 수열의 합과 일반항 사이의 관계 431쪽

03-1 답 (1) 780 (2) 1260

(1) 주어진 식

$\frac{a_1}{1}+\frac{a_1+a_2}{2}+\cdots+\frac{a_1+a_2+\cdots+a_n}{n}=n^2$ …… ㉠

에서 $n=1$일 때,

$\frac{a_1}{1}=1^2 \quad \therefore a_1=1$

$n\geq2$일 때, ㉠의 양변에 n 대신 $n-1$을 대입하면

$\frac{a_1}{1}+\frac{a_1+a_2}{2}+\cdots+\frac{a_1+a_2+\cdots+a_{n-1}}{n-1}$

$=(n-1)^2$ …… ㉡

㉠－㉡을 하면

$\frac{a_1+a_2+\cdots+a_n}{n}=2n-1$

$\therefore a_1+a_2+\cdots+a_n=n(2n-1)\ (n\geq2)$ …… ㉢

이때 $a_1=1$은 ㉢에 $n=1$을 대입하여 얻은 값과 같으므로

$a_1+a_2+\cdots+a_n=n(2n-1)$

즉, $\sum_{k=1}^{n}a_k=n(2n-1)$이므로

$\sum_{k=1}^{20}a_k=20\times(2\times20-1)=780$

(2) 주어진 식

$na_1+(n-1)a_2+(n-2)a_3+\cdots+2a_{n-1}+a_n$

$=n(n+1)(n+2)$ …… ㉠

에서 $n=1$일 때,

$1\times a_1=1\times2\times3 \quad \therefore a_1=6$

$n\geq2$일 때, ㉠의 양변에 n 대신 $n-1$을 대입하면

$(n-1)a_1+(n-2)a_2+(n-3)a_3+\cdots+2a_{n-2}+a_{n-1}$

$=(n-1)n(n+1)$ …… ㉡

㉠－㉡을 하면

$a_1+a_2+a_3+\cdots+a_{n-1}+a_n=3n(n+1)\ (n\geq2)$ …… ㉢

이때 $a_1=6$은 ㉢에 $n=1$을 대입하여 얻은 값과 같으므로

$a_1+a_2+a_n+\cdots+a_{n-1}+a_n=3n(n+1)$

즉, $\sum_{k=1}^{n}a_k=3n(n+1)$이므로

$\sum_{k=1}^{20}a_k=3\times20\times21=1260$

03-2 답 (1) 420 (2) 300

(1) 수열 $\{a_n\}$의 첫째항부터 제n항까지의 합을 S_n이라고 하면

$S_n=\sum_{k=1}^{n}a_k=2n^2$

$n=1$일 때,

$a_1=S_1=2\times1^2=2$

$n\geq2$일 때,

$$\begin{aligned}a_n&=S_n-S_{n-1}\\&=2n^2-2(n-1)^2\\&=4n-2\quad\cdots\cdots㉠\end{aligned}$$

이때 $a_1=2$는 ㉠에 $n=1$을 대입하여 얻은 값과 같으므로

$a_n=4n-2$

$$\begin{aligned}\therefore\ \sum_{k=1}^{10}a_{2k}&=\sum_{k=1}^{10}(8k-2)\\&=8\sum_{k=1}^{10}k-\sum_{k=1}^{10}2\\&=8\times\frac{10\times11}{2}-2\times10\\&=420\end{aligned}$$

(2) $\sum_{n=1}^{100}na_n=500$에서

$a_1+2a_2+3a_3+\cdots+100a_{100}=500$ ⋯⋯ ㉠

$\sum_{n=1}^{99}na_{n+1}=200$에서

$a_2+2a_3+3a_4+\cdots+99a_{100}=200$ ⋯⋯ ㉡

㉠−㉡을 하면

$a_1+a_2+a_3+\cdots+a_{100}=300$

$\therefore\ \sum_{n=1}^{100}a_n=300$

⊕ 보충 설명

(1)에서 $\sum_{k=1}^{n}a_{2k}\neq\sum_{k=1}^{2n}a_k$임에 주의한다.

$$\begin{aligned}\sum_{k=1}^{n}a_{2k}&=a_2+a_4+a_6+\cdots+a_{2n}\\&\neq a_1+a_2+a_3+\cdots+a_{2n}=\sum_{k=1}^{2n}a_k\end{aligned}$$

03-3 답 ④

주어진 식

$P_n=a_1\times a_2\times a_3\times\cdots\times a_n=3^{n(n-1)}$ ⋯⋯ ㉠

에서 $n\geq2$일 때, ㉠의 양변에 n 대신 $n-1$을 대입하면

$P_{n-1}=a_1\times a_2\times a_3\times\cdots\times a_{n-1}=3^{(n-1)(n-2)}$ ⋯⋯ ㉡

㉠÷㉡을 하면

$\frac{P_n}{P_{n-1}}=a_n=3^{2n-2}\ (n\geq2)$

따라서 $a_{100}=3^{2\times100-2}=3^{198}$이므로

$m=198$

예제 04 계차수열 433쪽

04-1 답 (1) $a_n=\frac{n^2-n+2}{2}$, $S_n=\frac{n(n^2+5)}{6}$

(2) $a_n=2^{n-1}+1$, $S_n=2^n+n-1$

(1) 주어진 수열 $\{a_n\}$의 계차수열을 $\{b_n\}$이라고 하면

$\{a_n\}$: 1, 2, 4, 7, 11, ⋯

$\{b_n\}$: 1, 2, 3, 4, ⋯

수열 $\{b_n\}$은 첫째항이 1, 공차가 1인 등차수열이므로

$b_n=1+(n-1)\times1=n$

$$\begin{aligned}\therefore\ a_n&=a_1+\sum_{k=1}^{n-1}b_k=1+\sum_{k=1}^{n-1}k\\&=1+\frac{n(n-1)}{2}=\frac{n^2-n+2}{2}\end{aligned}$$

$$\begin{aligned}\therefore\ S_n&=\sum_{k=1}^{n}a_k=\sum_{k=1}^{n}\frac{k^2-k+2}{2}\\&=\frac{1}{2}\times\frac{n(n+1)(2n+1)}{6}\\&\qquad-\frac{1}{2}\times\frac{n(n+1)}{2}+n\\&=\frac{n(n^2+5)}{6}\end{aligned}$$

(2) 주어진 수열 $\{a_n\}$의 계차수열을 $\{b_n\}$이라고 하면

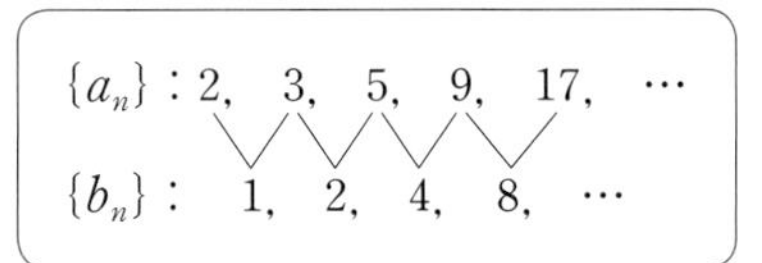

수열 $\{b_n\}$은 첫째항이 1, 공비가 2인 등비수열이므로

$b_n=1\times2^{n-1}=2^{n-1}$

$$\begin{aligned}\therefore\ a_n&=a_1+\sum_{k=1}^{n-1}b_k=2+\sum_{k=1}^{n-1}2^{k-1}\\&=2+\frac{2^{n-1}-1}{2-1}=2^{n-1}+1\end{aligned}$$

$$\begin{aligned}\therefore\ S_n&=\sum_{k=1}^{n}a_k=\sum_{k=1}^{n}(2^{k-1}+1)\\&=\frac{2^n-1}{2-1}+n=2^n+n-1\end{aligned}$$

04-2 답 340

$f(n+1)-f(n)=2n$ $(n=1,\ 2,\ 3,\ \cdots)$에서 주어진 수열 $\{f(n)\}$의 계차수열을 $\{b_n\}$이라고 하면 $b_n=2n$이므로

$$\begin{aligned} f(n)&=1+\sum_{k=1}^{n-1}2k \\ &=1+2\times\frac{n(n-1)}{2} \\ &=n^2-n+1 \end{aligned}$$

$\therefore f(1)+f(2)+f(3)+\cdots+f(10)$

$$\begin{aligned} &=\sum_{k=1}^{10}f(k) \\ &=\sum_{k=1}^{10}(k^2-k+1) \\ &=\frac{10\times11\times21}{6}-\frac{10\times11}{2}+10 \\ &=340 \end{aligned}$$

04-3 답 605

n번째 바둑판에 놓인 흰 돌과 검은 돌의 개수의 합을 a_n이라고 하면

$a_1=5,\ a_2=12,\ a_3=21,\ a_4=32,\ \cdots$

수열 $\{a_n\}$의 계차수열을 $\{b_n\}$이라고 하면

$\{a_n\}$: 5, 12, 21, 32, ⋯

$\{b_n\}$: 7, 9, 11, ⋯

수열 $\{b_n\}$은 첫째항이 7, 공차가 2인 등차수열이므로

$b_n=7+(n-1)\times2=2n+5$

$$\begin{aligned} \therefore a_n&=a_1+\sum_{k=1}^{n-1}b_k=5+\sum_{k=1}^{n-1}(2k+5) \\ &=5+2\times\frac{n(n-1)}{2}+5(n-1) \\ &=n^2+4n \end{aligned}$$

이때 수열 $\{a_n\}$의 첫째항부터 제n항까지의 합 S_n은

$$\begin{aligned} S_n&=\sum_{k=1}^{n}a_k=\sum_{k=1}^{n}(k^2+4k) \\ &=\frac{n(n+1)(2n+1)}{6}+4\times\frac{n(n+1)}{2} \\ &=\frac{n(n+1)(2n+13)}{6} \end{aligned}$$

따라서 10개의 바둑판에 놓인 흰 돌과 검은 돌의 개수의 총합은

$$S_{10}=\frac{10\times11\times33}{6}=605$$

다른 풀이

주어진 그림에서 흰 돌과 검은 돌이 구별되어 있으므로 흰 돌의 개수와 검은 돌의 개수를 구분하여 생각하면 좀더 쉽게 문제를 풀 수 있다. 즉, n번째 바둑판에 놓인 흰 돌이 n^2개, 검은 돌이 $4n$개이므로 n번째 바둑판의 바둑돌의 총 개수를 a_n이라고 하면

$a_n=n^2+4n$

$$\begin{aligned} \therefore \sum_{k=1}^{10}a_k&=\sum_{k=1}^{10}(k^2+4k) \\ &=\frac{10\times11\times21}{6}+4\times\frac{10\times11}{2} \\ &=605 \end{aligned}$$

개념 콕콕 2 여러 가지 수열 439쪽

1 답 (1) $\frac{9}{10}$ (2) $\frac{10}{21}$

(1) 주어진 수열의 일반항을 a_n이라고 하면

$a_n=\dfrac{1}{n(n+1)}=\dfrac{1}{n}-\dfrac{1}{n+1}$이므로

$$\begin{aligned} \sum_{k=1}^{9}a_k&=\sum_{k=1}^{9}\left(\frac{1}{k}-\frac{1}{k+1}\right) \\ &=\left(1-\frac{1}{2}\right)+\left(\frac{1}{2}-\frac{1}{3}\right)+\left(\frac{1}{3}-\frac{1}{4}\right)+\cdots \\ &\quad+\left(\frac{1}{9}-\frac{1}{10}\right) \\ &=1-\frac{1}{10}=\frac{9}{10} \end{aligned}$$

(2) 주어진 수열의 일반항을 a_n이라고 하면

$a_n=\dfrac{1}{(2n-1)(2n+1)}=\dfrac{1}{2}\left(\dfrac{1}{2n-1}-\dfrac{1}{2n+1}\right)$

이므로

$$\begin{aligned} \sum_{k=1}^{10}a_k&=\frac{1}{2}\sum_{k=1}^{10}\left(\frac{1}{2k-1}-\frac{1}{2k+1}\right) \\ &=\frac{1}{2}\left\{\left(1-\frac{1}{3}\right)+\left(\frac{1}{3}-\frac{1}{5}\right)+\left(\frac{1}{5}-\frac{1}{7}\right)+\cdots\right. \\ &\quad\left.+\left(\frac{1}{19}-\frac{1}{21}\right)\right\} \\ &=\frac{1}{2}\times\left(1-\frac{1}{21}\right)=\frac{10}{21} \end{aligned}$$

2 답 (1) 3 (2) 3

(1) 주어진 수열의 일반항을 a_n이라고 하면

$a_n=\dfrac{1}{\sqrt{n+1}+\sqrt{n}}=\sqrt{n+1}-\sqrt{n}$이므로

$$\sum_{k=1}^{15} a_k = \sum_{k=1}^{15} (\sqrt{k+1}-\sqrt{k})$$
$$=(\sqrt{2}-1)+(\sqrt{3}-\sqrt{2})+(\sqrt{4}-\sqrt{3})+\cdots+(\sqrt{16}-\sqrt{15})$$
$$=\sqrt{16}-1=3$$

(2) 주어진 수열의 일반항을 a_n이라고 하면

$$a_n=\frac{1}{\sqrt{2n+1}+\sqrt{2n-1}}=\frac{1}{2}(\sqrt{2n+1}-\sqrt{2n-1})$$

이므로

$$\sum_{k=1}^{24} a_k=\frac{1}{2}\sum_{k=1}^{24}(\sqrt{2k+1}-\sqrt{2k-1})$$
$$=\frac{1}{2}\{(\sqrt{3}-1)+(\sqrt{5}-\sqrt{3})+(\sqrt{7}-\sqrt{5})+\cdots+(\sqrt{49}-\sqrt{47})\}$$
$$=\frac{1}{2}\times(\sqrt{49}-1)=3$$

3 답 (가) 2 (나) 132 (다) 65

$$\frac{1}{1\times2\times3}+\frac{1}{2\times3\times4}+\frac{1}{3\times4\times5}+\cdots+\frac{1}{10\times11\times12}$$
$$=\sum_{k=1}^{10}\frac{1}{k(k+1)(k+2)}$$
$$=\sum_{k=1}^{10}\frac{1}{\boxed{(가)\ 2}}\left\{\frac{1}{k(k+1)}-\frac{1}{(k+1)(k+2)}\right\}$$
$$=\frac{1}{2}\left\{\left(\frac{1}{1\times2}-\frac{1}{2\times3}\right)+\left(\frac{1}{2\times3}-\frac{1}{3\times4}\right)+\cdots+\left(\frac{1}{10\times11}-\frac{1}{11\times12}\right)\right\}$$
$$=\frac{1}{2}\times\left(\frac{1}{2}-\frac{1}{\boxed{(나)\ 132}}\right)$$
$$=\frac{\boxed{(다)\ 65}}{264}$$

보충 설명

$\frac{1}{k(k+1)(k+2)}=\frac{A}{k(k+1)}-\frac{B}{(k+1)(k+2)}$로 놓고 우변을 정리한 후 항등식의 성질을 이용하면 $\boxed{(가)}$의 값을 알 수 있다.

4 답 -3

$S=\sum_{k=1}^{8} k\left(\frac{1}{2}\right)^k$이라고 하면

$$S=1\times\frac{1}{2}+2\times\left(\frac{1}{2}\right)^2+3\times\left(\frac{1}{2}\right)^3+\cdots+8\times\left(\frac{1}{2}\right)^8 \quad \cdots\cdots \text{㉠}$$

$$\frac{1}{2}S=1\times\left(\frac{1}{2}\right)^2+2\times\left(\frac{1}{2}\right)^3+3\times\left(\frac{1}{2}\right)^4+\cdots+8\times\left(\frac{1}{2}\right)^9 \quad \cdots\cdots \text{㉡}$$

㉠$-$㉡을 하면

$$\frac{1}{2}S=\frac{1}{2}+\left(\frac{1}{2}\right)^2+\left(\frac{1}{2}\right)^3+\cdots+\left(\frac{1}{2}\right)^8-8\times\left(\frac{1}{2}\right)^9$$
$$=\frac{\frac{1}{2}\times\left\{1-\left(\frac{1}{2}\right)^8\right\}}{1-\frac{1}{2}}-8\times\left(\frac{1}{2}\right)^9$$
$$=1-\left(\frac{1}{2}\right)^8-8\times\left(\frac{1}{2}\right)^9$$
$$=1-5\times\left(\frac{1}{2}\right)^8$$
$$\therefore S=2-5\times\left(\frac{1}{2}\right)^7$$

따라서 $m=2$, $n=-5$이므로

$m+n=2+(-5)=-3$

예제 05 분수 꼴로 주어진 수열의 합 441쪽

05-1 답 (1) $\frac{n}{4(n+1)}$ (2) $\frac{n}{2n+1}$ (3) $\frac{n(n+3)}{4(n+1)(n+2)}$ (4) $\frac{2n}{n+1}$

(1) 주어진 수열의 일반항을 a_n이라고 하면

$$a_n=\frac{1}{2n(2n+2)}=\frac{1}{4n(n+1)}$$
$$=\frac{1}{4}\left(\frac{1}{n}-\frac{1}{n+1}\right)$$
$$\therefore \sum_{k=1}^{n} a_k$$
$$=\frac{1}{4}\sum_{k=1}^{n}\left(\frac{1}{k}-\frac{1}{k+1}\right)$$
$$=\frac{1}{4}\left\{\left(1-\frac{1}{2}\right)+\left(\frac{1}{2}-\frac{1}{3}\right)+\left(\frac{1}{3}-\frac{1}{4}\right)+\cdots+\left(\frac{1}{n}-\frac{1}{n+1}\right)\right\}$$
$$=\frac{1}{4}\left(1-\frac{1}{n+1}\right)$$
$$=\frac{n}{4(n+1)}$$

(2) 주어진 수열의 일반항을 a_n이라고 하면

$$a_n=\frac{1}{(2n)^2-1}=\frac{1}{(2n-1)(2n+1)}$$
$$=\frac{1}{2}\left(\frac{1}{2n-1}-\frac{1}{2n+1}\right)$$

$\therefore \sum_{k=1}^{n} a_k$

$=\frac{1}{2}\sum_{k=1}^{n}\left(\frac{1}{2k-1}-\frac{1}{2k+1}\right)$

$=\frac{1}{2}\left\{\left(1-\frac{1}{3}\right)+\left(\frac{1}{3}-\frac{1}{5}\right)+\left(\frac{1}{5}-\frac{1}{7}\right)+\cdots+\left(\frac{1}{2n-1}-\frac{1}{2n+1}\right)\right\}$

$=\frac{1}{2}\left(1-\frac{1}{2n+1}\right)$

$=\frac{n}{2n+1}$

(3) 주어진 수열의 일반항을 a_n이라고 하면

$a_n=\frac{1}{n(n+1)(n+2)}$

$=\frac{1}{2}\left\{\frac{1}{n(n+1)}-\frac{1}{(n+1)(n+2)}\right\}$

$\therefore \sum_{k=1}^{n} a_k$

$=\frac{1}{2}\sum_{k=1}^{n}\left\{\frac{1}{k(k+1)}-\frac{1}{(k+1)(k+2)}\right\}$

$=\frac{1}{2}\left[\left(\frac{1}{1\times2}-\frac{1}{2\times3}\right)+\left(\frac{1}{2\times3}-\frac{1}{3\times4}\right)+\left(\frac{1}{3\times4}-\frac{1}{4\times5}\right)+\cdots+\left\{\frac{1}{n(n+1)}-\frac{1}{(n+1)(n+2)}\right\}\right]$

$=\frac{1}{2}\left\{\frac{1}{1\times2}-\frac{1}{(n+1)(n+2)}\right\}$

$=\frac{n(n+3)}{4(n+1)(n+2)}$

(4) 주어진 수열의 일반항을 a_n이라고 하면

$a_n=\frac{1}{1+2+3+\cdots+n}$

$=\frac{2}{n(n+1)}$

$=2\left(\frac{1}{n}-\frac{1}{n+1}\right)$

$\therefore \sum_{k=1}^{n} a_k$

$=2\sum_{k=1}^{n}\left(\frac{1}{k}-\frac{1}{k+1}\right)$

$=2\left\{\left(1-\frac{1}{2}\right)+\left(\frac{1}{2}-\frac{1}{3}\right)+\left(\frac{1}{3}-\frac{1}{4}\right)+\cdots+\left(\frac{1}{n}-\frac{1}{n+1}\right)\right\}$

$=2\left(1-\frac{1}{n+1}\right)=\frac{2n}{n+1}$

05-2 답 (1) $\frac{n}{3(2n+3)}$ (2) $\frac{n}{n+1}$

(1) 수열 $\{a_n\}$의 첫째항부터 제n항까지의 합을 S_n이라고 하면

$S_n=\sum_{k=1}^{n} a_k=n^2+2n$

(i) $n\geq2$일 때,

$a_n=S_n-S_{n-1}$

$=n^2+2n-\{(n-1)^2+2(n-1)\}$

$=n^2+2n-(n^2-1)$

$=2n+1$ ...... ㉠

(ii) $n=1$일 때,

$a_1=S_1$

$=1^2+2\times1=3$

$a_1=3$은 ㉠에 $n=1$을 대입하여 얻은 값과 같으므로

$a_n=2n+1$

$\therefore \sum_{k=1}^{n}\frac{1}{a_k a_{k+1}}$

$=\sum_{k=1}^{n}\frac{1}{(2k+1)(2k+3)}$

$=\frac{1}{2}\sum_{k=1}^{n}\left(\frac{1}{2k+1}-\frac{1}{2k+3}\right)$

$=\frac{1}{2}\left\{\left(\frac{1}{3}-\frac{1}{5}\right)+\left(\frac{1}{5}-\frac{1}{7}\right)+\left(\frac{1}{7}-\frac{1}{9}\right)+\cdots+\left(\frac{1}{2n+1}-\frac{1}{2n+3}\right)\right\}$

$=\frac{1}{2}\left(\frac{1}{3}-\frac{1}{2n+3}\right)$

$=\frac{n}{3(2n+3)}$

(2) 수열 $\{a_n\}$의 첫째항부터 제n항까지의 합을 S_n이라고 하면

$S_n=\sum_{k=1}^{n} a_k=\frac{n(n+1)(n+2)}{3}$

(i) $n\geq2$일 때,

$a_n=S_n-S_{n-1}$

$=\frac{n(n+1)(n+2)}{3}-\frac{(n-1)n(n+1)}{3}$

$=n(n+1)$ ...... ㉠

(ii) $n=1$일 때,

$a_1=S_1$

$=\frac{1\times2\times3}{3}=2$

$a_1=2$는 ㉠에 $n=1$을 대입하여 얻은 값과 같으므로

$a_n=n(n+1)$

$\therefore \sum_{k=1}^{n}\frac{1}{a_k}$

$=\sum_{k=1}^{n}\frac{1}{k(k+1)}$

$=\sum_{k=1}^{n}\left(\frac{1}{k}-\frac{1}{k+1}\right)$

$=\left(1-\frac{1}{2}\right)+\left(\frac{1}{2}-\frac{1}{3}\right)+\left(\frac{1}{3}-\frac{1}{4}\right)+\cdots$
$+\left(\frac{1}{n}-\frac{1}{n+1}\right)$

$=1-\frac{1}{n+1}=\frac{n}{n+1}$

05-3 답 ④

이차방정식의 근과 계수의 관계에 의하여

$\alpha_n+\beta_n=-4$

$\alpha_n\beta_n=-(2n-1)(2n+1)$

이므로

$\frac{1}{\alpha_n}+\frac{1}{\beta_n}=\frac{\alpha_n+\beta_n}{\alpha_n\beta_n}$

$=\frac{4}{(2n-1)(2n+1)}$

$=2\left(\frac{1}{2n-1}-\frac{1}{2n+1}\right)$

$\therefore \sum_{n=1}^{10}\left(\frac{1}{\alpha_n}+\frac{1}{\beta_n}\right)$

$=2\sum_{n=1}^{10}\left(\frac{1}{2n-1}-\frac{1}{2n+1}\right)$

$=2\left\{\left(1-\frac{1}{3}\right)+\left(\frac{1}{3}-\frac{1}{5}\right)+\left(\frac{1}{5}-\frac{1}{7}\right)+\cdots\right.$
$\left.+\left(\frac{1}{19}-\frac{1}{21}\right)\right\}$

$=2\times\left(1-\frac{1}{21}\right)=\frac{40}{21}$

예제 06 분모에 근호가 포함된 수열의 합 443쪽

06-1 답 (1) $\frac{9-\sqrt{2}+3\sqrt{11}}{2}$ (2) 4 (3) $4\sqrt{2}$ (4) $\frac{9}{10}$

(1) $\frac{1}{\sqrt{k+1}+\sqrt{k-1}}$

$=\frac{\sqrt{k+1}-\sqrt{k-1}}{(\sqrt{k+1}+\sqrt{k-1})(\sqrt{k+1}-\sqrt{k-1})}$

$=\frac{1}{2}(\sqrt{k+1}-\sqrt{k-1})$

$\therefore \sum_{k=2}^{99}\frac{1}{\sqrt{k+1}+\sqrt{k-1}}$

$=\frac{1}{2}\sum_{k=2}^{99}(\sqrt{k+1}-\sqrt{k-1})$

$=\frac{1}{2}\{(\sqrt{3}-1)+(\sqrt{4}-\sqrt{2})+(\sqrt{5}-\sqrt{3})+\cdots$
$+(\sqrt{99}-\sqrt{97})+(\sqrt{100}-\sqrt{98})\}$

$=\frac{1}{2}\times(-1-\sqrt{2}+\sqrt{99}+\sqrt{100})$

$=\frac{9-\sqrt{2}+3\sqrt{11}}{2}$

(2) $\frac{1}{\sqrt{2k+1}+\sqrt{2k-1}}$

$=\frac{\sqrt{2k+1}-\sqrt{2k-1}}{(\sqrt{2k+1}+\sqrt{2k-1})(\sqrt{2k+1}-\sqrt{2k-1})}$

$=\frac{1}{2}(\sqrt{2k+1}-\sqrt{2k-1})$

$\therefore \sum_{k=1}^{40}\frac{1}{\sqrt{2k+1}+\sqrt{2k-1}}$

$=\frac{1}{2}\sum_{k=1}^{40}(\sqrt{2k+1}-\sqrt{2k-1})$

$=\frac{1}{2}\{(\sqrt{3}-1)+(\sqrt{5}-\sqrt{3})+(\sqrt{7}-\sqrt{5})+\cdots$
$+(\sqrt{81}-\sqrt{79})\}$

$=\frac{1}{2}\times(-1+\sqrt{81})=4$

(3) $\frac{3}{\sqrt{3k-1}+\sqrt{3k+2}}$

$=\frac{3(\sqrt{3k-1}-\sqrt{3k+2})}{(\sqrt{3k-1}+\sqrt{3k+2})(\sqrt{3k-1}-\sqrt{3k+2})}$

$=\sqrt{3k+2}-\sqrt{3k-1}$

$\therefore \sum_{k=1}^{16}\frac{3}{\sqrt{3k-1}+\sqrt{3k+2}}$

$=\sum_{k=1}^{16}(\sqrt{3k+2}-\sqrt{3k-1})$

$=(\sqrt{5}-\sqrt{2})+(\sqrt{8}-\sqrt{5})+(\sqrt{11}-\sqrt{8})+\cdots$
$+(\sqrt{50}-\sqrt{47})$

$=-\sqrt{2}+\sqrt{50}=4\sqrt{2}$

(4) $\frac{1}{k\sqrt{k+1}+(k+1)\sqrt{k}}$

$=\frac{1}{\sqrt{k}\sqrt{k+1}(\sqrt{k}+\sqrt{k+1})}$

$=\frac{\sqrt{k}-\sqrt{k+1}}{\sqrt{k}\sqrt{k+1}(\sqrt{k}+\sqrt{k+1})(\sqrt{k}-\sqrt{k+1})}$

$=\frac{\sqrt{k+1}-\sqrt{k}}{\sqrt{k}\sqrt{k+1}}=\frac{1}{\sqrt{k}}-\frac{1}{\sqrt{k+1}}$

$\therefore \sum_{k=1}^{99} \frac{1}{k\sqrt{k+1}+(k+1)\sqrt{k}}$

$=\sum_{k=1}^{99}\left(\frac{1}{\sqrt{k}}-\frac{1}{\sqrt{k+1}}\right)$

$=\left(1-\frac{1}{\sqrt{2}}\right)+\left(\frac{1}{\sqrt{2}}-\frac{1}{\sqrt{3}}\right)+\left(\frac{1}{\sqrt{3}}-\frac{1}{\sqrt{4}}\right)+\cdots$

$+\left(\frac{1}{\sqrt{99}}-\frac{1}{\sqrt{100}}\right)$

$=1-\frac{1}{\sqrt{100}}=\frac{9}{10}$

06-2 답 48

$f(k)=\sqrt{k}+\sqrt{k+1}$이므로

$\frac{1}{f(k)}=\frac{1}{\sqrt{k}+\sqrt{k+1}}$

$=\frac{\sqrt{k}-\sqrt{k+1}}{(\sqrt{k}+\sqrt{k+1})(\sqrt{k}-\sqrt{k+1})}$

$=\sqrt{k+1}-\sqrt{k}$

$\therefore \sum_{k=1}^{n}\frac{1}{f(k)}$

$=\sum_{k=1}^{n}(\sqrt{k+1}-\sqrt{k})$

$=(\sqrt{2}-1)+(\sqrt{3}-\sqrt{2})+(\sqrt{4}-\sqrt{3})+\cdots$

$+(\sqrt{n+1}-\sqrt{n})$

$=\sqrt{n+1}-1$

따라서 $\sqrt{n+1}-1=6$이므로

$\sqrt{n+1}=7,\ n+1=49 \qquad \therefore n=48$

06-3 답 ④

$a_1^2+a_2^2+a_3^2+\cdots+a_n^2=n^2$ …… ㉠

(i) $n\geq 2$일 때, ㉠의 양변에 n 대신 $n-1$을 대입하면

$a_1^2+a_2^2+a_3^2+\cdots+a_{n-1}^2=(n-1)^2$ …… ㉡

㉠－㉡을 하면

$a_n^2=2n-1\ (n\geq 2)$

그런데 $a_n>0$이므로

$a_n=\sqrt{2n-1}$ …… ㉢

(ii) $n=1$일 때,

$a_1^2=1^2 \qquad \therefore a_1=1\ (\because a_1>0)$

$a_1=1$은 ㉢에 $n=1$을 대입하여 얻은 값과 같으므로

$a_n=\sqrt{2n-1}$

$\therefore \frac{1}{a_n+a_{n+1}}$

$=\frac{1}{\sqrt{2n-1}+\sqrt{2n+1}}$

$=\frac{\sqrt{2n-1}-\sqrt{2n+1}}{(\sqrt{2n-1}+\sqrt{2n+1})(\sqrt{2n-1}-\sqrt{2n+1})}$

$=\frac{1}{2}(\sqrt{2n+1}-\sqrt{2n-1})$

$\therefore \sum_{k=1}^{60}\frac{1}{a_k+a_{k+1}}$

$=\frac{1}{2}\sum_{k=1}^{60}(\sqrt{2k+1}-\sqrt{2k-1})$

$=\frac{1}{2}\{(\sqrt{3}-1)+(\sqrt{5}-\sqrt{3})+(\sqrt{7}-\sqrt{5})+\cdots$

$+(\sqrt{121}-\sqrt{119})\}$

$=\frac{1}{2}\times(-1+\sqrt{121})=5$

예제 07 로그가 포함된 수열의 합 445쪽

07-1 답 (1) $\log 199+2$ (2) 4 (3) $\log_3 160-4$ (4) 3

(1) $\sum_{k=1}^{198}\log\frac{k+2}{k}=\log\frac{3}{1}+\log\frac{4}{2}+\log\frac{5}{3}+\cdots$

$+\log\frac{199}{197}+\log\frac{200}{198}$

$=\log\left(\frac{3}{1}\times\frac{4}{2}\times\frac{5}{3}\times\cdots\times\frac{199}{197}\times\frac{200}{198}\right)$

$=\log\frac{199\times 200}{1\times 2}=\log(199\times 100)$

$=\log 199+2$

(2) $\sum_{k=1}^{30}\log_2\left(1+\frac{1}{k+1}\right)$

$=\sum_{k=1}^{30}\log_2\frac{k+2}{k+1}$

$=\log_2\frac{3}{2}+\log_2\frac{4}{3}+\log_2\frac{5}{4}+\cdots+\log_2\frac{32}{31}$

$=\log_2\left(\frac{3}{2}\times\frac{4}{3}\times\frac{5}{4}\times\cdots\times\frac{32}{31}\right)$

$=\log_2\frac{32}{2}=\log_2 16=4$

(3) $\sum_{k=2}^{80}\{\log_3 k^2-\log_3(k^2-1)\}$

$=\sum_{k=2}^{80}\log_3\frac{k^2}{k^2-1}=\sum_{k=2}^{80}\log_3\frac{k^2}{(k-1)(k+1)}$

$=\log_3\frac{2^2}{1\times 3}+\log_3\frac{3^2}{2\times 4}+\log_3\frac{4^2}{3\times 5}+\cdots$

$+\log_3\frac{80^2}{79\times 81}$

$=\log_3\left(\frac{2\times 2}{1\times 3}\times\frac{3\times 3}{2\times 4}\times\frac{4\times 4}{3\times 5}\times\cdots\times\frac{80\times 80}{79\times 81}\right)$

$=\log_3 \frac{2\times 80}{1\times 81}=\log_3 160-\log_3 81$

$=\log_3 160-4$

(4) $\dfrac{\log_2\left(1+\frac{1}{k}\right)}{\log_2\sqrt{k}\times\log_2\sqrt{k+1}}$

$=\dfrac{\log_2(k+1)-\log_2 k}{\frac{1}{2}\log_2 k\times\frac{1}{2}\log_2(k+1)}$

$=4\left\{\dfrac{1}{\log_2 k}-\dfrac{1}{\log_2(k+1)}\right\}$

∴ (주어진 식)

$=\sum_{k=2}^{15}4\left\{\dfrac{1}{\log_2 k}-\dfrac{1}{\log_2(k+1)}\right\}$

$=4\left\{\left(\dfrac{1}{\log_2 2}-\dfrac{1}{\log_2 3}\right)+\left(\dfrac{1}{\log_2 3}-\dfrac{1}{\log_2 4}\right)+\cdots+\left(\dfrac{1}{\log_2 15}-\dfrac{1}{\log_2 16}\right)\right\}$

$=4\times\left(1-\dfrac{1}{\log_2 16}\right)$

$=4\times\left(1-\dfrac{1}{4}\right)$

$=3$

07-2 답 ③

$a_n=\log_3\left(1+\frac{1}{n}\right)=\log_3\frac{n+1}{n}$이므로

$\sum_{k=1}^{n}a_k=\sum_{k=1}^{n}\log_3\frac{k+1}{k}$

$=\log_3\frac{2}{1}+\log_3\frac{3}{2}+\log_3\frac{4}{3}+\cdots+\log_3\frac{n+1}{n}$

$=\log_3\left(\frac{2}{1}\times\frac{3}{2}\times\frac{4}{3}\times\cdots\times\frac{n+1}{n}\right)$

$=\log_3(n+1)$

따라서 $\sum_{k=1}^{n}a_k=3$이므로 $\log_3(n+1)=3$에서

$n+1=27$

$\therefore n=26$

07-3 답 $\frac{9}{10}$

(i) $n\geq 2$일 때,

$a_n=S_n-S_{n-1}=(2^n-1)-(2^{n-1}-1)$

$=2^n-2^{n-1}=2^{n-1}$ …… ㉠

(ii) $n=1$일 때,

$a_1=S_1=1$

$a_1=1$은 ㉠에 $n=1$을 대입하여 얻은 값과 같으므로

$a_n=2^{n-1}$

따라서 $\log_2 a_n=\log_2 2^{n-1}=n-1$,

$\log_2 a_{n+1}=\log_2 2^n=n$이므로

$\sum_{k=2}^{10}\dfrac{1}{\log_2 a_k\times\log_2 a_{k+1}}$

$=\sum_{k=2}^{10}\dfrac{1}{(k-1)k}$

$=\sum_{k=2}^{10}\left(\dfrac{1}{k-1}-\dfrac{1}{k}\right)$

$=\left(1-\frac{1}{2}\right)+\left(\frac{1}{2}-\frac{1}{3}\right)+\left(\frac{1}{3}-\frac{1}{4}\right)+\cdots+\left(\frac{1}{9}-\frac{1}{10}\right)$

$=1-\frac{1}{10}=\frac{9}{10}$

예제 08 (등차수열)×(등비수열) 꼴의 수열의 합 447쪽

08-1 답 (1) $(n-1)2^n+1$ (2) $\dfrac{1-(1+n)x^n+nx^{n+1}}{(1-x)^2}$

(1) 주어진 수열의 합을 S라고 하면

$S=1+2\times 2+3\times 2^2+4\times 2^3+\cdots+n\times 2^{n-1}$ …… ㉠

㉠의 양변에 2를 곱하면

$2S=1\times 2+2\times 2^2+3\times 2^3+4\times 2^4+\cdots+n\times 2^n$ …… ㉡

㉠−㉡을 하면

$-S=1+2+2^2+2^3+\cdots+2^{n-1}-n\times 2^n$

$=\dfrac{2^n-1}{2-1}-n\times 2^n$

$=(1-n)2^n-1$

$\therefore S=(n-1)2^n+1$

(2) 주어진 수열의 합을 S라고 하면

$S=1+2x+3x^2+4x^3+\cdots+nx^{n-1}$ …… ㉠

㉠의 양변에 x를 곱하면

$xS=x+2x^2+3x^3+4x^4+\cdots+nx^n$ …… ㉡

㉠−㉡을 하면

$(1-x)S=1+x+x^2+x^3+\cdots+x^{n-1}-nx^n$

$=\dfrac{1-x^n}{1-x}-nx^n$ ($\because x\neq 1$)

$=\dfrac{1-(1+n)x^n+nx^{n+1}}{1-x}$

$\therefore S=\frac{1-(1+n)x^n+nx^{n+1}}{(1-x)^2}$

08-2 답 ②

$\sum_{k=1}^{n} k\left(\frac{1}{2}\right)^k=S$라고 하면

$S=1\times\frac{1}{2}+2\times\left(\frac{1}{2}\right)^2+3\times\left(\frac{1}{2}\right)^3+\cdots+n\times\left(\frac{1}{2}\right)^n$ …… ㉠

㉠의 양변에 $\frac{1}{2}$을 곱하면

$\frac{1}{2}S=1\times\left(\frac{1}{2}\right)^2+2\times\left(\frac{1}{2}\right)^3+3\times\left(\frac{1}{2}\right)^4+\cdots+n\times\left(\frac{1}{2}\right)^{n+1}$ …… ㉡

㉠－㉡을 하면

$\frac{1}{2}S=\frac{1}{2}+\left(\frac{1}{2}\right)^2+\left(\frac{1}{2}\right)^3+\cdots+\left(\frac{1}{2}\right)^n-n\left(\frac{1}{2}\right)^{n+1}$

$=\frac{\frac{1}{2}\left\{1-\left(\frac{1}{2}\right)^n\right\}}{1-\frac{1}{2}}-n\left(\frac{1}{2}\right)^{n+1}$

$=1-\left(\frac{1}{2}\right)^n-n\left(\frac{1}{2}\right)^{n+1}$

$\therefore S=2-2\left(\frac{1}{2}\right)^n-2n\left(\frac{1}{2}\right)^{n+1}$

따라서 $a=2$, $b=-2$, $c=-2$이므로

$a+b+c=2+(-2)+(-2)=-2$

08-3 답 ②

3^{n-1}이 위에서부터 n번째 줄에 n개씩 나열되어 있으므로 구하는 합을 S라고 하면

$S=1+2\times3+3\times3^2+4\times3^3+\cdots+11\times3^{10}$ …… ㉠

㉠의 양변에 3을 곱하면

$3S=1\times3+2\times3^2+3\times3^3+4\times3^4+\cdots+11\times3^{11}$ …… ㉡

㉠－㉡을 하면

$-2S=1+3+3^2+3^3+\cdots+3^{10}-11\times3^{11}$

$=\frac{3^{11}-1}{3-1}-11\times3^{11}$

$=\frac{1}{2}\times(3^{11}-1)-11\times3^{11}$

$=-\frac{1}{2}\times(21\times3^{11}+1)$

$\therefore S=\frac{21\times3^{11}+1}{4}$

예제 09 나머지로 정의된 수열 449쪽

09-1 답 (1) 8 (2) 500

(1) 8^n을 10으로 나누었을 때의 나머지는 8^n의 일의 자리의 숫자와 같으므로 n에 1, 2, 3, …을 차례대로 대입하여 a_n을 구해 보면

$a_1=8$, $a_2=4$, $a_3=2$, $a_4=6$, $a_5=8$, $a_6=4$, $a_7=2$, $a_8=6$, …

따라서 수열 $\{a_n\}$은 8, 4, 2, 6이 이 순서대로 반복되는 수열이므로 $4321=1080\times4+1$에서

$a_{4321}=a_1=8$

(2) 2^n과 9^n의 일의 자리의 숫자를 각각 b_n, c_n이라고 하면 2^n+9^n의 일의 자리의 숫자 a_n은 다음과 같다.

n	1	2	3	4	5	6	7	8	…
b_n	2	4	8	6	2	4	8	6	…
c_n	9	1	9	1	9	1	9	1	…
a_n	1	5	7	7	1	5	7	7	…

따라서 수열 $\{a_n\}$은 1, 5, 7, 7이 이 순서대로 반복되는 수열이므로 $100=25\times4+0$에서

$\sum_{n=1}^{100} a_n=(1+5+7+7)\times25=500$

09-2 답 －2

자연수 n에 대하여 9^n과 8^n을 각각 10으로 나누었을 때의 나머지 $f(n)$, $g(n)$과 a_n의 각 항의 값을 차례대로 구해 보면 다음과 같다.

n	1	2	3	4	5	6	7	8	…
$f(n)$	9	1	9	1	9	1	9	1	…
$g(n)$	8	4	2	6	8	4	2	6	…
a_n	1	−3	7	−5	1	−3	7	−5	…

따라서 수열 $\{a_n\}$은 1, −3, 7, −5가 이 순서대로 반복되는 수열이므로 $2030=507\times4+2$에서

$\sum_{n=1}^{2030} a_n=(1-3+7-5)\times507+1-3$

$=-2$

09-3 답 13

$n\geq5$일 때, $n!=1\times2\times3\times4\times5\times\cdots\times n$의 값은 10

으로 나누어떨어지므로

$a_n=0\ (n\geq5)$

$\therefore \sum_{n=1}^{1000} a_n = a_1+a_2+a_3+a_4$

$=1+2+6+4$

$=13$

예제 10 정수로 이루어진 군수열 451쪽

10-1 답 418

주어진 수열을 군으로 묶으면

$(1), (3, 1), (3, 3, 1), (3, 3, 3, 1), \cdots$

이때 제n군은 $(\overbrace{3, 3, 3, \cdots, 3}^{(n-1)\text{개}}, 1)$이므로 제$n$군에 속하는 항들의 합을 A_n이라고 하면

$A_n=\overbrace{3+3+3+\cdots+3}^{(n-1)\text{개}}+1$

$=3(n-1)+1$

$=3n-2$

한편, 제n군의 항의 개수는 n이므로 제1군부터 제n군까지의 항의 개수는

$1+2+3+\cdots+n=\frac{n(n+1)}{2}$

제150항이 제n군에 속한다고 하면

{제$(n-1)$군까지의 항의 개수}

$<150\leq$(제n군까지의 항의 개수)

$\frac{n(n-1)}{2}<150\leq\frac{n(n+1)}{2}$

$\therefore n=17$ ← $\frac{16\times17}{2}=136,\ \frac{17\times18}{2}=153$

즉, 제150항은 제17군에 속하고 제1군부터 제16군까지의 항의 개수는 $\frac{16\times17}{2}=136$이므로 제150항은 제17군의 14번째 항이다.

따라서 구하는 합을 S라고 하면

$S=\sum_{n=1}^{16}(3n-2)+3\times14$

$=3\times\frac{16\times17}{2}-2\times16+42$

$=418$

⊕보충 설명

부등식 $\frac{n(n-1)}{2}<150\leq\frac{n(n+1)}{2}$을 풀 때에는 n에 대한 연립부등식을 푸는 것보다 적당한 값을 대입하여 n의 값을 찾는 것이 간단하다.

10-2 답 (1) 23 (2) 87

(1) 주어진 수열을 군으로 묶으면

$(1), (2, 2, 2), (3, 3, 3, 3, 3), \cdots$

제n군의 항의 개수는 $2n-1$이므로 제1군부터 제n군까지의 항의 개수는

$1+3+5+\cdots+(2n-1)=n^2$

이때 제500항이 제n군에 속한다고 하면

$(n-1)^2<500\leq n^2\quad \therefore n=23$ ← $22^2=484,\ 23^2=529$

즉, 제500항은 제23군에 속하므로 제500항은 23이다.

(2) 주어진 수열을 군으로 묶으면

$(1), (2, 1), (2, 2, 1), (2, 2, 2, 1), \cdots$

제n군의 항의 개수는 n이므로 제1군부터 제n군까지의 항의 개수는

$1+2+3+\cdots+n=\frac{n(n+1)}{2}$

이때 제100항이 제n군에 속한다고 하면

$\frac{n(n-1)}{2}<100\leq\frac{n(n+1)}{2}$

$\therefore n=14$ ← $\frac{13\times14}{2}=91,\ \frac{14\times15}{2}=105$

즉, 제100항은 제14군에 속하고 제1군부터 제13군까지의 항의 개수는 $\frac{13\times14}{2}=91$이므로 제100항은 제14군의 9번째 항이다.

따라서 제n군의 모든 항의 곱은

$\overbrace{2\times2\times2\times\cdots\times2}^{(n-1)\text{개}}\times1=2^{n-1}$

이므로 첫째항부터 제100항까지의 곱은

$1\times2\times2^2\times\cdots\times2^{12}\times2^9=2^{(1+2+3+\cdots+12)+9}$

$=2^{\frac{12\times13}{2}+9}=2^{87}$

$\therefore m=87$

10-3 답 (7, 10)

자연수를 1부터 차례대로 나열한 수열을 좌표평면 위에 기울기가 -1인 직선을 그었을 때, 같은 직선 위에 있는 점을 기준으로 군으로 묶으면

$(1, 2), (3, 4, 5), (6, 7, 8, 9),$

$(10, 11, 12, 13, 14), \cdots$

제n군의 항의 개수는 $n+1$이므로 제1군부터 제n군까지의 항의 개수는

$2+3+4+\cdots+(n+1)=\frac{n\{2+(n+1)\}}{2}$

$=\frac{n(n+3)}{2}$

이때 160이 제n군에 속한다고 하면

$$\frac{(n-1)(n+2)}{2}<160\le\frac{n(n+3)}{2}$$

$\therefore n=17$ ← $\frac{16\times19}{2}=152$, $\frac{17\times20}{2}=170$

즉, 160은 제17군에 속하고 제1군부터 제16군까지의 항의 개수는 $\frac{16\times19}{2}=152$이므로 160은 제17군의 8번째 항이다.

이때 제n군에 속해 있는 수에 대응되는 점은 직선 $y=-x+n$ 위에 있으므로 160에 대응되는 점은 직선 $y=-x+17$ 위에 있다.

따라서 구하는 점의 좌표는 $(7, 10)$이다.

보충 설명

그림과 같이 기울기가 -1인 직선을 이용하여 주어진 점의 좌표를 군으로 나눈다.

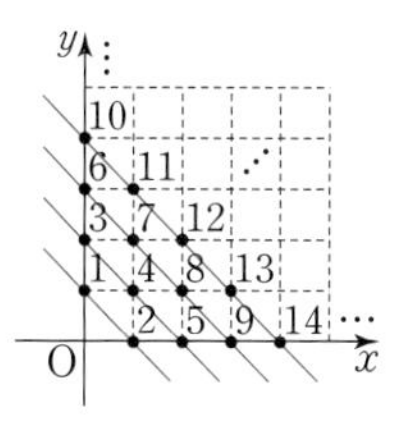

제1군 ➡ 직선 $y=-x+1$ 위의 점 : $(0, 1)$, $(1, 0)$

제2군 ➡ 직선 $y=-x+2$ 위의 점 : $(0, 2)$, $(1, 1)$, $(2, 0)$

제3군 ➡ 직선 $y=-x+3$ 위의 점 :
$(0, 3)$, $(1, 2)$, $(2, 1)$, $(3, 0)$

⋮

제n군 ➡ 직선 $y=-x+n$ 위의 점 :
$(0, n)$, $(1, n-1)$, $(2, n-2)$, $\cdots$, $(n, 0)$

기본 다지기

452쪽~453쪽

1 ① 2 -16 3 210 4 (1) 440 (2) 485

5 (1) $\frac{240}{121}$ (2) $\frac{10}{21}$ 6 252 7 55 8 298

9 63 10 0

1 주어진 수열을 $\{a_n\}$이라고 하면

$$a_1=5=\frac{5}{9}\times9=\frac{5}{9}\times(10-1)$$

$$a_2=55=\frac{5}{9}\times99=\frac{5}{9}\times(10^2-1)$$

$$a_3=555=\frac{5}{9}\times999=\frac{5}{9}\times(10^3-1)$$

⋮

$$a_n=\frac{5}{9}(10^n-1)$$

따라서 주어진 수열의 첫째항부터 제n항까지의 합은

$$\begin{aligned}\sum_{k=1}^{n}a_k&=\sum_{k=1}^{n}\frac{5}{9}(10^k-1)\\&=\frac{5}{9}\left\{\frac{10(10^n-1)}{10-1}-n\right\}\\&=\frac{5}{9}\left(\frac{10^{n+1}-10}{9}-n\right)\\&=\frac{5}{81}(10^{n+1}-9n-10)\end{aligned}$$

보충 설명

$$\underbrace{999\cdots9}_{n\text{개}}=9+9\times10+9\times10^2+\cdots+9\times10^{n-1}=\frac{9(10^n-1)}{10-1}=10^n-1$$

이므로 마찬가지 방법으로

$$\underbrace{111\cdots1}_{n\text{개}}=1+1\times10+1\times10^2+\cdots+1\times10^{n-1}=\frac{1}{9}(10^n-1)$$

$$\underbrace{222\cdots2}_{n\text{개}}=2+2\times10+2\times10^2+\cdots+2\times10^{n-1}=\frac{2}{9}(10^n-1)$$

과 같이 수열의 일반항을 구할 수 있다.

즉, 한 자리 자연수 a에 대하여

$$\underbrace{aaa\cdots a}_{n\text{개}}=a+a\times10+a\times10^2+\cdots+a\times10^{n-1}=\frac{a}{9}(10^n-1)$$

2 $\displaystyle\sum_{k=5}^{n+5}4(k-3)$

$$\begin{aligned}&=\sum_{k=1}^{n+5}4(k-3)-\sum_{k=1}^{4}4(k-3)\\&=\sum_{k=1}^{n+5}(4k-12)-\sum_{k=1}^{4}(4k-12)\\&=4\times\frac{(n+5)(n+6)}{2}-12(n+5)-\left(4\times\frac{4\times5}{2}-12\times4\right)\\&=2(n+5)(n+6)-12(n+5)-(40-48)\\&=2n^2+10n+8\end{aligned}$$

따라서 $A=2$, $B=10$, $C=8$이므로

$A-B-C=2-10-8=-16$

보충 설명

일반항이 $4(n-3)$인 수열은 공차가 4인 등차수열이다. 따라서 제5항부터 제$(n+5)$항까지의 수열의 합은 위에서와 같이 n에 대한 이차식으로 나타난다.

3 이차방정식 $x^2+2nx+1=0$의 두 근이 α_n, β_n이므로 이차방정식의 근과 계수의 관계에 의하여

$\alpha_n+\beta_n=-2n$, $\alpha_n\beta_n=1$

$\therefore\ {\alpha_n}^2+{\beta_n}^2=(\alpha_n+\beta_n)^2-2\alpha_n\beta_n=4n^2-2$

$$\therefore\ \sum_{n=1}^{5}({\alpha_n}^2+{\beta_n}^2)=\sum_{n=1}^{5}(4n^2-2)$$
$$=4\times\frac{5\times6\times11}{6}-2\times5$$
$$=210$$

4 (1) $\sum_{k=1}^{n}f(k)=\frac{n}{n+1}$에서

(i) $n\geq2$일 때,

$$f(n)=\sum_{k=1}^{n}f(k)-\sum_{k=1}^{n-1}f(k)$$
$$=\frac{n}{n+1}-\frac{n-1}{n}$$
$$=\frac{n^2-(n^2-1)}{n(n+1)}$$
$$=\frac{1}{n(n+1)} \quad \cdots\cdots\ ㉠$$

(ii) $n=1$일 때, $f(1)=\frac{1}{1+1}=\frac{1}{2}$

$f(1)=\frac{1}{2}$은 ㉠에 $n=1$을 대입하여 얻은 값과 같으므로

$$f(n)=\frac{1}{n(n+1)}=\frac{1}{n^2+n}$$
$$\therefore\ \sum_{k=1}^{10}\frac{1}{f(k)}=\sum_{k=1}^{10}(k^2+k)$$
$$=\frac{10\times11\times21}{6}+\frac{10\times11}{2}$$
$$=440$$

(2) $\sum_{k=1}^{n}a_{2k}=3n^2+2n$에서

(i) $n\geq2$일 때,

$$a_{2n}=\sum_{k=1}^{n}a_{2k}-\sum_{k=1}^{n-1}a_{2k}$$
$$=3n^2+2n-\{3(n-1)^2+2(n-1)\}$$
$$=6n-1 \quad \cdots\cdots\ ㉠$$

(ii) $n=1$일 때, $a_2=3\times1^2+2\times1=5$

$a_2=5$는 ㉠에 $n=1$을 대입하여 얻은 값과 같으므로

$a_{2n}=6n-1$

이때 수열 $\{a_{2n}\}$의 첫째항은 $a_2=5$이고 공차가 6인 등차수열이므로 수열 $\{a_n\}$은 공차가 3인 등차수열이다.

따라서 수열 $\{a_{3n}\}$의 첫째항은 $a_3=8$이고 공차가 9인 등차수열이므로

$a_{3n}=8+(n-1)\times9=9n-1$

$$\therefore\ \sum_{k=1}^{10}a_{3k}=\sum_{k=1}^{10}(9k-1)$$
$$=9\times\frac{10\times11}{2}-10$$
$$=485$$

다른 풀이

(2) $\sum_{k=1}^{n}a_{2k}=3n^2+2n$에서

$n=1$일 때, $a_2=3\times1^2+2\times1=5$

$n=2$일 때, $a_2+a_4=3\times2^2+2\times2=16$

등차수열 $\{a_n\}$의 첫째항을 a, 공차를 d라고 하면

$a_2=a+d=5$, $a_2+a_4=2a+4d=16$

위의 식을 연립하여 풀면

$a=2$, $d=3$

$$\therefore\ a_n=2+(n-1)\times3$$
$$=3n-1$$
$$\therefore\ \sum_{k=1}^{10}a_{3k}=\sum_{k=1}^{10}(9k-1)$$
$$=9\times\frac{10\times11}{2}-10$$
$$=485$$

보충 설명

(1) 등식이 $f(k)$로 표현되어 어렵게 느껴질 수도 있지만 문제에서 k가 자연수이므로 $f(k)$는 자연수를 정의역으로 하는 함수로 생각할 수 있다. 이는 곧 수열이므로 $f(k)=a_k$라 하고 문제를 풀어도 된다.

(2) $\sum_{k=1}^{10}a_{3k}$의 값을 구할 때,

$a_{2n}=6n-1=3\times(2n)-1$에서

$a_{3n}=3\times(3n)-1=9n-1$임을 이용하여

구할 수도 있다.

5 (1) $$\frac{4n+2}{n^2(n+1)^2}=\frac{4n+2}{(n+1)^2-n^2}\left\{\frac{1}{n^2}-\frac{1}{(n+1)^2}\right\}$$
$$=2\left\{\frac{1}{n^2}-\frac{1}{(n+1)^2}\right\}$$
$$\therefore\ \sum_{n=1}^{10}\frac{4n+2}{n^2(n+1)^2}$$
$$=2\sum_{n=1}^{10}\left\{\frac{1}{n^2}-\frac{1}{(n+1)^2}\right\}$$

$$=2\left\{\left(\frac{1}{1^2}-\frac{1}{2^2}\right)+\left(\frac{1}{2^2}-\frac{1}{3^2}\right)+\left(\frac{1}{3^2}-\frac{1}{4^2}\right)+\cdots+\left(\frac{1}{10^2}-\frac{1}{11^2}\right)\right\}$$

$$=2\times\left(1-\frac{1}{11^2}\right)$$

$$=\frac{240}{121}$$

(2) $\sum_{k=1}^{10}\frac{1}{a_k}=\sum_{k=1}^{10}\frac{1}{4k^2-1}$

$$=\sum_{k=1}^{10}\frac{1}{(2k-1)(2k+1)}$$

$$=\frac{1}{2}\sum_{k=1}^{10}\left(\frac{1}{2k-1}-\frac{1}{2k+1}\right)$$

$$=\frac{1}{2}\left\{\left(1-\frac{1}{3}\right)+\left(\frac{1}{3}-\frac{1}{5}\right)+\cdots+\left(\frac{1}{19}-\frac{1}{21}\right)\right\}$$

$$=\frac{1}{2}\times\left(1-\frac{1}{21}\right)$$

$$=\frac{10}{21}$$

⊕보충 설명

(1)에서 $\frac{4n+2}{n^2(n+1)^2}$는 분자가 1이 아니므로 부분분수의 공식을 적용할 수 없다고 생각할 수도 있지만 이런 경우에는 $(4n+2)\times\frac{1}{n^2(n+1)^2}$과 같이 분자를 앞으로 빼고 $\frac{1}{n^2(n+1)^2}$을 부분분수의 공식을 이용하여 분리한다.

6 수열 $\{a_n\}$의 각 항을 구해 보면

$a_1=3-10\times\left[\frac{3}{10}\right]=3-10\times0=3$

$a_2=9-10\times\left[\frac{9}{10}\right]=9-10\times0=9$

$a_3=27-10\times\left[\frac{27}{10}\right]=27-10\times2=7$

$a_4=81-10\times\left[\frac{81}{10}\right]=81-10\times8=1$

$a_5=243-10\times\left[\frac{243}{10}\right]=243-10\times24=3$

⋮

즉, a_n은 3^n의 일의 자리의 숫자이고 수열 $\{a_n\}$은 3, 9, 7, 1이 이 순서대로 반복되는 수열이므로

$50=4\times12+2$에서

$\sum_{n=1}^{50}a_n=(3+9+7+1)\times12+3+9=252$

⊕보충 설명

자연수 X에 대하여

$X=b_1+b_2\times10+b_3\times10^2+\cdots+b_n\times10^{n-1}$

(b_n은 0 또는 한 자리 자연수, $b_n\neq0$)

이라고 하면

$\left[\frac{X}{10}\right]=b_2+b_3\times10+\cdots+b_n\times10^{n-2}$

이때 $X-10\left[\frac{X}{10}\right]=b_1$이므로

$Y=X-10\left[\frac{X}{10}\right]$

로 주어진 Y는 X의 일의 자리의 숫자를 의미한다.

7 (i) n이 홀수일 때,

$n=2m-1$ (m은 자연수)이라고 하면

$\frac{n(n+1)}{2}=\frac{(2m-1)\times2m}{2}=m(2m-1)=mn$

즉, $\frac{n(n+1)}{2}$은 n으로 나누어떨어진다.

$\therefore a_{2m-1}=0$

(ii) n이 짝수일 때,

$n=2m$ (m은 자연수)이라고 하면

$\frac{n(n+1)}{2}=\frac{2m(2m+1)}{2}=m(2m+1)$

$=m(n+1)=mn+m$

즉, $\frac{n(n+1)}{2}$을 n으로 나누었을 때의 나머지는 m이다.

$\therefore a_{2m}=m$

(i), (ii)에서

$\sum_{n=1}^{20}a_n=\sum_{m=1}^{10}a_{2m-1}+\sum_{m=1}^{10}a_{2m}$

$=\sum_{m=1}^{10}0+\sum_{m=1}^{10}m$

$=\frac{10\times11}{2}=55$

8 분수 $\frac{5}{37}$를 소수로 나타내면

$\frac{5}{37}=0.135135135\cdots$

이므로

$$a_n=\begin{cases}1 & (n=3k+1)\\ 3 & (n=3k+2)\\ 5 & (n=3k+3)\end{cases}\ (\text{단, } k=0,\ 1,\ 2,\ \cdots)$$

이때 $100=33\times3+1$이므로

$\sum_{n=1}^{100} a_n=(1+3+5)\times 33+1=298$

9 주어진 수열을 분모가 같은 수끼리 군으로 묶으면

$\left(\frac{1}{2^2}, \frac{3}{2^2}\right), \left(\frac{1}{2^3}, \frac{3}{2^3}, \frac{5}{2^3}, \frac{7}{2^3}\right),$

$\left(\frac{1}{2^4}, \frac{3}{2^4}, \frac{5}{2^4}, \frac{7}{2^4}, \cdots, \frac{15}{2^4}\right), \cdots$

제n군의 항의 개수는 2^n이므로 제1군부터 제n군까지의 항의 개수는

$\sum_{k=1}^{n} 2^k=\frac{2(2^n-1)}{2-1}=2^{n+1}-2$

이때 제1군부터 제6군까지의 항의 개수는

$2^7-2=126$

이므로 첫째항부터 제126항까지의 합은 제1군부터 제6군까지의 모든 항의 합과 같다.

한편 제n군의 항의 분모는 2^{n+1}이고 제n군의 모든 항의 분자의 합은

$$\begin{aligned}\sum_{k=1}^{2^n}(2k-1)&=2\sum_{k=1}^{2^n}k-\sum_{k=1}^{2^n}1\\&=2\times\frac{2^n(2^n+1)}{2}-2^n\\&=2^{2n}\end{aligned}$$

이므로 구하는 합은

$$\begin{aligned}\sum_{n=1}^{6}\frac{2^{2n}}{2^{n+1}}&=\sum_{n=1}^{6}2^{n-1}\\&=\frac{2^6-1}{2-1}=63\end{aligned}$$

⊕보충 설명

일반적으로 군수열의 첫째항부터 제k항까지의 합을 구할 때에는 제k항이 몇 번째 군의 몇 번째 항인지 파악한 다음 각 군의 합을 구하여 계산한다.

10 a_1, a_2, a_3, $\cdots$, a_9의 일의 자리의 숫자를 모두 더하면

$1+2+3+\cdots+9=\frac{9\times 10}{2}=45$ …… ㉠

a_1, a_2, a_3, $\cdots$, a_9의 십의 자리의 숫자가 나타내는 값을 모두 더하면

$10+20+30+\cdots+80=\frac{8\times(10+80)}{2}=360$ …… ㉡

㉠, ㉡에서 $45+360=405$이므로 $\sum_{k=1}^{9}a_k$의 값의 십의 자리의 숫자는 0이다.

⊕보충 설명

문제에서 요구한 것은 십의 자리의 숫자이므로 백의 자리 이상의 합은 십의 자리에 영향을 미치지 못하므로 고려하지 않는다.

실력 다지기 454쪽～455쪽

11 ② **12** ⑤ **13** 330 **14** 1300 **15** 110
16 675 **17** 441
18 (1) 1320 (2) $\frac{n(n-2)(n-1)(n+1)}{8}$
19 303 **20** 241

11 접근 방법 | 주어진 이차함수 $f(x)$의 우변을 정리하면 x^2의 계수가 양수이므로 함수 $y=f(x)$의 그래프의 꼭짓점에서 최솟값을 갖는다. 따라서 $g(n)$은 함수 $y=f(x)$의 그래프의 꼭짓점의 x좌표를 의미한다.

$$\begin{aligned}f(x)&=\sum_{k=1}^{n}\left\{x-\frac{1}{k(k+1)}\right\}^2\\&=\sum_{k=1}^{n}\left\{x^2-\frac{2}{k(k+1)}x+\frac{1}{k^2(k+1)^2}\right\}\\&=nx^2-2x\sum_{k=1}^{n}\frac{1}{k(k+1)}+\sum_{k=1}^{n}\frac{1}{k^2(k+1)^2}\end{aligned}$$

이때 이차함수 $f(x)$에서 x^2의 계수 n이 자연수, 즉 양수이므로 $x=\frac{1}{n}\sum_{k=1}^{n}\frac{1}{k(k+1)}$일 때 $f(x)$는 최솟값을 갖는다.

따라서 $x=g(n)$에서

$$\begin{aligned}g(n)&=\frac{1}{n}\sum_{k=1}^{n}\frac{1}{k(k+1)}\\&=\frac{1}{n}\sum_{k=1}^{n}\left(\frac{1}{k}-\frac{1}{k+1}\right)\\&=\frac{1}{n}\left\{\left(1-\frac{1}{2}\right)+\left(\frac{1}{2}-\frac{1}{3}\right)+\left(\frac{1}{3}-\frac{1}{4}\right)+\cdots+\left(\frac{1}{n}-\frac{1}{n+1}\right)\right\}\\&=\frac{1}{n}\left(1-\frac{1}{n+1}\right)\\&=\frac{1}{n+1}\end{aligned}$$

$$\begin{aligned}\therefore\ g(10)&=\frac{1}{10+1}\\&=\frac{1}{11}\end{aligned}$$

⊕ 보충 설명

이차함수 $h(x)=ax^2+bx+c$에 대하여 함수 $y=h(x)$의 그래프의 꼭짓점의 x좌표는 $-\frac{b}{2a}$이다.
따라서 함수

$f(x)=nx^2-2x\sum_{k=1}^{n}\frac{1}{k(k+1)}+\sum_{k=1}^{n}\frac{1}{k^2(k+1)^2}$

의 그래프의 꼭짓점의 x좌표는

$-\frac{-2\sum_{k=1}^{n}\frac{1}{k(k+1)}}{2n}=\frac{1}{n}\sum_{k=1}^{n}\frac{1}{k(k+1)}$

12 **접근 방법** | 두 수열 $\left\{\sin\frac{k}{3}\pi\right\}$, $\left\{\tan\frac{i}{3}\pi\right\}$는 삼각함수로 이루어진 수열이므로 일정한 주기로 항이 반복된다. k와 i에 자연수를 차례대로 직접 대입하여 수열을 나열하고, 주기를 찾는다.

수열 $\left\{\sin\frac{k}{3}\pi\right\}$의 k에 1, 2, 3, …을 차례대로 대입하여 나열하면

$\frac{\sqrt{3}}{2}$, $\frac{\sqrt{3}}{2}$, 0, $-\frac{\sqrt{3}}{2}$, $-\frac{\sqrt{3}}{2}$, 0, $\frac{\sqrt{3}}{2}$, $\frac{\sqrt{3}}{2}$, 0, $-\frac{\sqrt{3}}{2}$, $-\frac{\sqrt{3}}{2}$, 0, …

즉, 수열 $\left\{\sin\frac{k}{3}\pi\right\}$는 $\frac{\sqrt{3}}{2}$, $\frac{\sqrt{3}}{2}$, 0, $-\frac{\sqrt{3}}{2}$, $-\frac{\sqrt{3}}{2}$, 0이 이 순서대로 반복되는 수열이므로

$100=6\times16+4$에서

$$\sum_{k=1}^{100}\sin\frac{k}{3}\pi$$
$$=\left(\frac{\sqrt{3}}{2}+\frac{\sqrt{3}}{2}+0-\frac{\sqrt{3}}{2}-\frac{\sqrt{3}}{2}+0\right)\times16+\left(\frac{\sqrt{3}}{2}+\frac{\sqrt{3}}{2}+0-\frac{\sqrt{3}}{2}\right)$$
$$=\frac{\sqrt{3}}{2}$$

수열 $\left\{\tan\frac{i}{3}\pi\right\}$의 i에 1, 2, 3, …을 차례대로 대입하여 나열하면

$\sqrt{3}$, $-\sqrt{3}$, 0, $\sqrt{3}$, $-\sqrt{3}$, 0, …

즉, 수열 $\left\{\tan\frac{i}{3}\pi\right\}$는 $\sqrt{3}$, $-\sqrt{3}$, 0이 이 순서대로 반복되는 수열이므로 $100=3\times33+1$에서

$$\sum_{i=1}^{100}\tan\frac{i}{3}\pi=(\sqrt{3}-\sqrt{3}+0)\times33+\sqrt{3}=\sqrt{3}$$

$$\therefore \sum_{k=1}^{100}\sin\frac{k}{3}\pi\times\sum_{i=1}^{100}\tan\frac{i}{3}\pi=\frac{\sqrt{3}}{2}\times\sqrt{3}=\frac{3}{2}$$

⊕ 보충 설명

사인함수의 주기가 2π이므로 $\frac{k}{3}\pi=2\pi$에서 $k=6$, 즉 수열 $\left\{\sin\frac{k}{3}\pi\right\}$는 6개의 항이 반복되는 수열이다. 또한 탄젠트함수의 주기는 π이므로 $\frac{i}{3}\pi=\pi$에서 $i=3$, 즉 수열 $\left\{\tan\frac{i}{3}\pi\right\}$는 3개의 항이 반복되는 수열이다.

13 **접근 방법** | 입체도형의 겉넓이를 구할 때, 층별로 나누어 구하거나 정육면체의 개수로부터 계산하여 구할 수도 있겠지만 그렇게 되면 계산이 복잡하다. 정육면체는 위, 아래, 앞, 뒤, 왼쪽, 오른쪽의 여섯 방향이 있으므로 주어진 입체도형에서 각각의 여섯 방향에서 바라보는 면들을 따로 나누어 생각한다.

3층까지 쌓아 올린 입체도형의 경우 이 도형에서 각각의 여섯 방향에서 바라보는 면은 다음 [그림 1] 또는 [그림 2]와 같다.

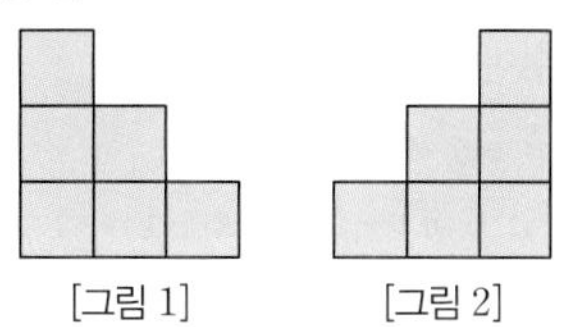

[그림 1] [그림 2]

즉, 3층까지 쌓아 올린 입체도형의 겉넓이는
$(1+2+3)\times6=36$이다.
마찬가지 방법으로 4층까지 쌓아 올린 입체도형의 겉넓이는 $(1+2+3+4)\times6=60$이다.
따라서 10층까지 쌓아 올린 입체도형의 겉넓이는

$$(1+2+3+\cdots+10)\times6=\frac{10\times11}{2}\times6$$
$$=55\times6$$
$$=330$$

14 **접근 방법** | 1부터 100까지의 자연수를 나열한 후 홀수 번째 수를 모두 지우면 1부터 100까지의 자연수 중에서 짝수만 남는다. 여기서 다시 홀수 번째 수를 모두 지운 후 남아 있는 수들의 규칙을 찾는다.

1부터 100까지의 자연수를 작은 수부터 차례대로 나열한 후 홀수 번째 수를 모두 지우면
2, 4, 6, 8, 10, 12, 14, …, 98, 100
여기서 다시 홀수 번째 수를 모두 지우면
4, 8, 12, 16, …, 96, 100
즉, 1부터 100까지의 자연수 중에서 4의 배수만 남고, 이때의 항의 개수는 25이므로

$$S=\sum_{k=1}^{25}4k=4\times\frac{25\times26}{2}=1300$$

보충 설명

4, 8, 12, 16, ⋯, 96, 100에서 다시 홀수 번째 수를 모두 지우면 8, 16, 24, ⋯, 96과 같이 8의 배수만 남는다.

15 **접근 방법** 소수점 아래 첫째 자리에서 반올림하여 자연수 n이 되도록 하는 x의 값의 범위는 $(n-1)+\frac{1}{2}\le x<n+\frac{1}{2}$임을 이용한다.

자연수 n에 대하여 $\sqrt{k}$를 소수점 아래 첫째 자리에서 반올림하여 n이 되도록 하는 자연수 k는

$$(n-1)+\frac{1}{2}\le\sqrt{k}<n+\frac{1}{2}$$

$$n-\frac{1}{2}\le\sqrt{k}<n+\frac{1}{2}$$

각 변을 제곱하면

$$n^2-n+\frac{1}{4}\le k<n^2+n+\frac{1}{4}$$

n, k는 자연수이므로

$n^2-n+1\le k\le n^2+n$

따라서 $a_n=(n^2+n)-(n^2-n+1)+1=2n$이므로

$$\sum_{i=1}^{10}a_i=\sum_{i=1}^{10}2i=2\times\frac{10\times11}{2}=110$$

다른 풀이

$\sqrt{k}$를 소수점 아래 첫째 자리에서 반올림하여 10이 되도록 하는 k의 값의 범위는

$9.5\le\sqrt{k}<10.5$

$90.25\le k<110.25$

이때 1부터 110까지 자연수들은 하나도 빠짐없이 a_1, a_2, ⋯, a_{10}에서 소수점 아래 첫째 자리에서 반올림하여 1이 되도록 하는 k의 개수, 2가 되도록 하는 k의 개수, ⋯, 10이 되도록 하는 k의 개수로 각각 한 번씩 세어지므로

$$\sum_{i=1}^{10}a_i=110$$

16 **접근 방법** 3으로 나누었을 때 나누어떨어지는 수, 즉 3의 배수들은 공차가 3인 등차수열을 이룬다. 따라서 주어진 수열에 3의 배수를 추가해서 나열한 후에 수열의 합을 구하여 3의 배수의 합을 뺀다.

주어진 수열 1, 2, 4, 5, 7, 8, ⋯을

(1, 2), (4, 5), (7, 8), ⋯, $(3l+1,\ 3l+2)$ (l은 음이 아닌 정수)로 생각하면 수열 $\{a_n\}$의 제30항은 $l=14$일 때, 즉 $a_{30}=3\times14+2=44$이다.

수열 $\{a_n\}$을 제30항까지 나열한 수열에 3의 배수 3, 6, 9, ⋯를 추가하여 나열하면

1, 2, 3, 4, 5, 6, ⋯, 42, 43, 44

따라서 구하는 수열의 합은 위의 수열의 첫째항부터 제44항까지의 합에서 44 이하의 3의 배수들의 합을 빼면 되므로

$$\sum_{k=1}^{30}a_k=\sum_{k=1}^{44}k-\sum_{k=1}^{14}3k=\frac{44\times45}{2}-3\times\frac{14\times15}{2}=675$$

다른 풀이

주어진 수열을 3으로 나누었을 때의 나머지로 경우를 나누어 생각해 보자.

3으로 나누었을 때의 나머지가 1인 수, 즉

1, 4, 7, 10, ⋯

은 첫째항이 1, 공차가 3인 등차수열을 이루므로 첫째항부터 제15항까지의 합은

$$\frac{15\times\{2\times1+(15-1)\times3\}}{2}=330$$

또한 3으로 나누었을 때의 나머지가 2인 수, 즉

2, 5, 8, 11, ⋯

은 첫째항이 2, 공차가 3인 등차수열을 이루므로 첫째항부터 제15항까지의 합은

$$\frac{15\times\{2\times2+(15-1)\times3\}}{2}=345$$

$$\therefore \sum_{k=1}^{30}a_k=330+345=675$$

17 **접근 방법** $\sum_{k=1}^{n}(a_{3k-1}+a_{3k}+a_{3k+1})$을 합의 기호 Σ의 정의에 맞게 $k=1, 2, 3, \cdots, n$을 대입하여 전개한다.

$$\sum_{k=1}^{n}(a_{3k-1}+a_{3k}+a_{3k+1})$$
$$=(a_2+a_3+a_4)+(a_5+a_6+a_7)+\cdots+(a_{3n-1}+a_{3n}+a_{3n+1})$$
$$=\sum_{k=2}^{3n+1}a_k$$

$$\therefore \sum_{k=2}^{3n+1}a_k=(2n+1)^2$$

따라서 위의 식의 양변에 $n=10$을 대입하면

$$\sum_{k=2}^{31} a_k = 21^2 = 441$$

+ 보충 설명

$\sum_{k=1}^{n}(a_{3k-1}+a_{3k}+a_{3k+1})$의 형태처럼 Σ 기호 안의 식만으로 규칙을 찾기 힘들 때에는 위의 풀이에서와 같이 합의 형태로 전개해 보면 문제 해결의 실마리가 보인다. 그리고 이 문제에서는 수열 $\{a_n\}$의 일반항을 구하는 것이 쉽지 않으므로 $\sum_{k=2}^{31} a_k$의 31이 $\sum_{k=2}^{3n+1} a_k$의 $3n+1$에 $n=10$을 대입한 것이라는 점에 착안하여 문제를 풀었다.

18 **접근 방법** | (1)에서는 $(1+2+3+\cdots+10)^2$의 전개식을 이용하여 10 이하의 자연수 중 서로 다른 두 수의 곱의 합을 구한다.

(2)에서는 (1)에서 찾은 규칙을 이용하여 서로 다른 두 수의 곱의 합을 구한 다음 연속인 두 수의 곱의 합을 뺀다.

(1) $(1+2+3+\cdots+10)^2$을 전개하면

$$\begin{aligned}&(1+2+3+\cdots+10)^2\\&=1\times1+1\times2+1\times3+\cdots+1\times9+1\times10\\&\quad+2\times1+2\times2+2\times3+\cdots+2\times9+2\times10\\&\quad+3\times1+3\times2+3\times3+\cdots+3\times9+3\times10\\&\quad+\cdots+9\times1+9\times2+9\times3+\cdots+9\times9+9\times10\\&\quad+10\times1+10\times2+10\times3+\cdots+10\times9+10\times10\end{aligned}$$

$$\begin{aligned}\therefore\ &(1+2+3+\cdots+10)^2\\&=1^2+2^2+3^2+\cdots+10^2\\&\quad+2\times(1\times2+1\times3+\cdots+1\times9+1\times10\\&\qquad+2\times3+2\times4+\cdots+2\times9+2\times10\\&\qquad+3\times4+\cdots+3\times9+3\times10+\cdots\\&\qquad+8\times9+8\times10+9\times10)\end{aligned}$$

즉, 1부터 10까지의 자연수 중에서 서로 다른 두 수의 곱의 합을 S라고 하면

$$\left(\sum_{k=1}^{10} k\right)^2 = \sum_{k=1}^{10} k^2 + 2S$$

$$\begin{aligned}\therefore\ 2S&=\left(\sum_{k=1}^{10} k\right)^2 - \sum_{k=1}^{10} k^2\\&=\left(\frac{10\times11}{2}\right)^2-\frac{10\times11\times21}{6}\\&=3025-385\\&=2640\end{aligned}$$

$\therefore\ S=1320$

(2) 1부터 n까지의 자연수 중에서 서로 다른 두 수의 곱의 합을 S라고 하면

$$\left(\sum_{k=1}^{n} k\right)^2 = \sum_{k=1}^{n} k^2 + 2S$$

$$\begin{aligned}\therefore\ S&=\frac{1}{2}\left\{\left(\sum_{k=1}^{n} k\right)^2-\sum_{k=1}^{n} k^2\right\}\\&=\frac{1}{2}\left\{\frac{n^2(n+1)^2}{4}-\frac{n(n+1)(2n+1)}{6}\right\}\\&=\frac{n(n-1)(n+1)(3n+2)}{24}\end{aligned}$$

또한 1부터 n까지의 자연수 중에서 연속인 두 수의 곱의 합을 S'이라고 하면

$$\begin{aligned}S'&=1\times2+2\times3+\cdots+(n-1)n\\&=\sum_{k=1}^{n-1} k(k+1)\\&=\sum_{k=1}^{n-1} k^2+\sum_{k=1}^{n-1} k\\&=\frac{n(n-1)(2n-1)}{6}+\frac{n(n-1)}{2}\\&=\frac{n(n-1)(n+1)}{3}\end{aligned}$$

따라서 1부터 n까지의 자연수 중에서 연속이 아닌 서로 다른 두 수의 곱의 합은

$$\begin{aligned}S-S'&=\frac{n(n-1)(n+1)(3n+2)}{24}\\&\qquad-\frac{n(n-1)(n+1)}{3}\\&=\frac{n(n-2)(n-1)(n+1)}{8}\end{aligned}$$

+ 보충 설명

$(a_1+a_2+a_3+\cdots+a_n)^2$을 전개하면 각 항의 제곱
$a_1^2+a_2^2+a_3^2+\cdots+a_n^2$
과 서로 다른 두 항을 곱한
$2(a_1a_2+a_1a_3+a_1a_4+\cdots+a_{n-1}a_n)$
의 합으로 이루어져 있다.

19 **접근 방법** | 3행에 있는 수를 차례대로 나열한 후 규칙을 찾을 수 있도록 묶어 군으로 나눈다.

3행에 있는 수를 차례대로 나열하여 2개씩 군으로 묶으면

(3, 5), (9, 11), (15, 17), (21, 23), $\cdots$

이때 각 군의 첫째항은 3, 9, 15, 21, $\cdots$이므로 첫째항이 3, 공차가 6인 등차수열을 이룬다.

따라서 3행의 왼쪽에서 101번째에 있는 수는 각 군의 첫째항으로 이루어진 수열의 제51항이므로

$3+(51-1)\times6=303$

⊕ 보충 설명

나열된 수의 전체적인 규칙을 파악하려고 하면 어려울 수 있지만 3행의 수만을 나열하여 규칙을 파악하면 어렵지 않은 문제이다.

20 **접근 방법** | 각 가로줄을 하나의 군으로 묶어 제66항이 몇 번째 군의 몇 번째 항인지 파악한다.

주어진 수열을 같은 가로줄에 있는 수끼리 군으로 묶으면

$(1), (3, 7), (9, 13, 17), (19, 23, 27, 31), \cdots$

제n군의 항의 개수는 n이므로 제1군부터 제n군까지의 항의 개수는

$1+2+3+\cdots+n=\dfrac{n(n+1)}{2}$

$n=11$일 때, $\dfrac{11\times12}{2}=66$이므로 제66항은 제11군의 끝항, 즉 11번째 항이다.

각 군의 첫째항으로 이루어진 수열을 $\{a_n\}$, 그 계차수열을 $\{b_n\}$이라고 하면

$\{a_n\}$: 1, 3, 9, 19, ⋯

$\{b_n\}$: 2, 6, 10, ⋯

수열 $\{b_n\}$은 첫째항이 2, 공차가 4인 등차수열이므로

$b_n=2+(n-1)\times4$

$=4n-2$

$\therefore a_n=a_1+\sum_{k=1}^{n-1}b_k$

$=1+\sum_{k=1}^{n-1}(4k-2)$

$=1+4\times\dfrac{n(n-1)}{2}-2(n-1)$

$=2n^2-4n+3$

따라서 제11군의 첫째항은

$a_{11}=2\times11^2-4\times11+3=201$

이고 각 군에 속하는 항들은 공차가 4인 등차수열이므로 제66항, 즉 제11군의 11번째 항은

$201+10\times4=241$

⊕ 보충 설명

제11군에 속하는 항들은 공차가 4인 등차수열이고 제11군의 항의 개수가 11이므로 제11군의 첫째항에 공차를 10번 더하면 제11군의 11번째 항이 된다.

기출 다지기 456쪽

21 ⑤ **22** ③ **23** 58 **24** 31 **25** 5

21 **접근 방법** | 점 P_n의 좌표가 a_n과 n에 대한 식으로 주어졌으므로 n에 1, 2, 3, ⋯을 차례대로 대입하여 점의 좌표를 구하고, 좌표의 규칙을 찾는다.

$a_n=3+(-1)^n$에서

$a_1=2,\ a_2=4,\ a_3=2,\ a_4=4,\ \cdots$이므로

$P_1\left(2\cos\dfrac{2\pi}{3},\ 2\sin\dfrac{2\pi}{3}\right)$, 즉 $P_1(-1,\ \sqrt{3})$

$P_2\left(4\cos\dfrac{4\pi}{3},\ 4\sin\dfrac{4\pi}{3}\right)$, 즉 $P_2(-2,\ -2\sqrt{3})$

$P_3\left(2\cos\dfrac{6\pi}{3},\ 2\sin\dfrac{6\pi}{3}\right)$, 즉 $P_3(2,\ 0)$

$P_4\left(4\cos\dfrac{8\pi}{3},\ 4\sin\dfrac{8\pi}{3}\right)$, 즉 $P_4(-2,\ 2\sqrt{3})$

$P_5\left(2\cos\dfrac{10\pi}{3},\ 2\sin\dfrac{10\pi}{3}\right)$, 즉 $P_5(-1,\ -\sqrt{3})$

$P_6\left(4\cos\dfrac{12\pi}{3},\ 4\sin\dfrac{12\pi}{3}\right)$, 즉 $P_6(4,\ 0)$

$P_7\left(2\cos\dfrac{14\pi}{3},\ 2\sin\dfrac{14\pi}{3}\right)$, 즉 $P_7(-1,\ \sqrt{3})$

⋮

따라서 점 P_n의 좌표는 점 P_1, P_2, P_3, P_4, P_5, P_6의 좌표가 이 순서대로 반복된다.

이때 $2009=6\times334+5$이므로 점 P_{2009}와 같은 점은 P_5이다.

22 **접근 방법** | a_n을 n에 대한 식으로 간단히 정리하고 로그의 성질을 이용하여 주어진 식의 값을 구한다.

$a_n=1+3+5+\cdots+(2n-1)$

$=\dfrac{n\{1+(2n-1)\}}{2}$

$=n^2$

$\therefore \log_4(2^{a_1}\times2^{a_2}\times2^{a_3}\times\cdots\times2^{a_{12}})$

$=\log_{2^2}2^{a_1+a_2+a_3+\cdots+a_{12}}$

$=\dfrac{1}{2}(a_1+a_2+a_3+\cdots+a_{12})$

$=\dfrac{1}{2}\sum_{k=1}^{12}a_k$

$=\dfrac{1}{2}\sum_{k=1}^{12}k^2$

$=\dfrac{1}{2}\times\dfrac{12\times13\times25}{6}$

$=325$

23 접근 방법 | 수열의 합과 일반항 사이의 관계를 이용하여 a_n을 구할 수 있다.

수열 $\left\{\frac{4n-3}{a_n}\right\}$의 첫째항부터 제$n$항까지의 합을 S_n이라고 하면

$$S_n=\sum_{k=1}^{n}\frac{4k-3}{a_k}$$
$$=2n^2+7n$$

(i) $n\geq2$일 때,

$$\frac{4n-3}{a_n}=S_n-S_{n-1}$$
$$=2n^2+7n-\{2(n-1)^2+7(n-1)\}$$
$$=4n+5$$

$\therefore a_n=\frac{4n-3}{4n+5}\ (n\geq2)$ …… ㉠

(ii) $n=1$일 때,

$$\frac{1}{a_1}=S_1=9$$

$\therefore a_1=\frac{1}{9}$

$a_1=\frac{1}{9}$은 ㉠에 $n=1$을 대입하여 얻은 값과 같으므로

$$a_n=\frac{4n-3}{4n+5}$$

$$\therefore a_5\times a_7\times a_9=\frac{17}{25}\times\frac{25}{33}\times\frac{33}{41}$$
$$=\frac{17}{41}$$

따라서 $p=41$, $q=17$이므로

$p+q=41+17=58$

24 접근 방법 | a_1, a_2, a_3, …을 차례대로 구하여 수열 $\{a_n\}$의 규칙성을 찾는다.

$\frac{1}{3^k}$이 자연수가 되게 하는 음이 아닌 정수 k는 0이므로

$a_1=0$

$\frac{2}{3^k}$가 자연수가 되게 하는 음이 아닌 정수 k는 0이므로

$a_2=0$

$\frac{3}{3^k}$이 자연수가 되게 하는 음이 아닌 정수 k는 0, 1이므로 $a_3=1$

$\frac{4}{3^k}$가 자연수가 되게 하는 음이 아닌 정수 k는 0이므로

$a_4=0$

$\frac{5}{3^k}$가 자연수가 되게 하는 음이 아닌 정수 k는 0이므로

$a_5=0$

$\frac{6}{3^k}$이 자연수가 되게 하는 음이 아닌 정수 k는 0, 1이므로 $a_6=1$

⋮

즉, n이 3의 배수가 아니면 $a_n=0$이고, n이 3의 배수이면 a_n은 n을 소인수분해 하였을 때 소인수 3의 지수와 같다.

이때 $a_m=3$이므로 $\frac{m}{3^3}=a$로 놓으면

$m=3^3\times a$ (단, a는 3의 배수가 아닌 자연수)

따라서 $a_m=a_{2m}=a_{4m}=a_{5m}=a_{7m}=a_{8m}=3$,

$a_{3m}=a_{6m}=4$, $a_{9m}=5$이므로

$a_m+a_{2m}+a_{3m}+\cdots+a_{9m}=3\times6+4\times2+5=31$

25 접근 방법 | 부등식 $a_m+a_{m+1}+\cdots+a_{15}<0$을 함수 $f(x)$로 나타낸 후에 $y=f(x)$의 그래프를 이용하여 부등식을 만족시키는 m의 값의 범위를 구한다.

부등식 $a_m+a_{m+1}+\cdots+a_{15}<0$에서

$m=1$일 때,

$a_1+a_2+a_3+\cdots+a_{15}=\sum_{k=1}^{15}a_k=f(15)>0$이므로 조건을 만족시키지 않는다.

따라서 $m\geq2$이고,

$$a_m+a_{m+1}+\cdots+a_{15}=\sum_{k=1}^{15}a_k-\sum_{k=1}^{m-1}a_k$$
$$=f(15)-f(m-1)<0$$

즉, $f(15)<f(m-1)$

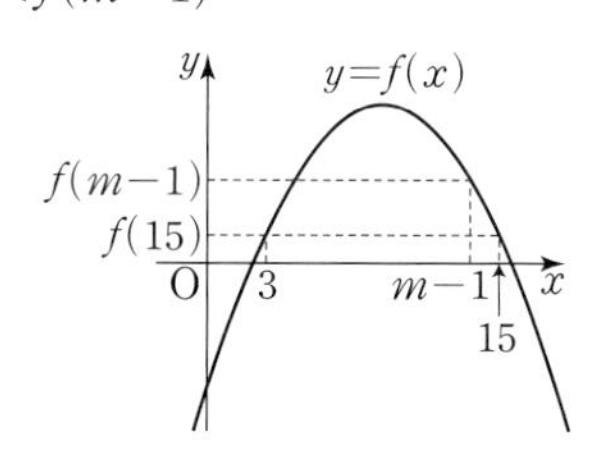

위의 그림에서 부등식 $f(15)<f(m-1)$을 만족시키려면 $3<m-1<15$

$\therefore 4<m<16$

따라서 자연수 m의 최솟값은 5이다.

12. 수학적 귀납법

개념 콕콕 1 수열의 귀납적 정의 467쪽

1 답 (1) 4 (2) 23 (3) 12 (4) -4

(1) $a_{n+1}=a_n+(-1)^n$에서

$a_2=a_1+(-1)=5-1=4$

$a_3=a_2+(-1)^2=4+1=5$

$\therefore a_4=a_3+(-1)^3=5-1=4$

(2) $a_{n+1}=a_n+\dfrac{12}{n}$에서

$a_2=a_1+12=1+12=13$

$a_3=a_2+\dfrac{12}{2}=13+6=19$

$\therefore a_4=a_3+\dfrac{12}{3}=19+4=23$

(3) $a_{n+1}=na_n$에서

$a_2=1\times a_1=1\times 2=2$

$a_3=2\times a_2=2\times 2=4$

$\therefore a_4=3\times a_3=3\times 4=12$

(4) $a_{n+2}=a_{n+1}a_n$에서

$a_3=a_2a_1=2\times(-1)=-2$

$\therefore a_4=a_3a_2=(-2)\times 2=-4$

2 답 (1) $a_n=2n$ (2) $a_n=-2n+6$ (3) $a_n=2^{n-1}$ (4) $a_n=\left(\dfrac{1}{2}\right)^{n-4}$

(1) 주어진 수열은 첫째항이 2, 공차가 2인 등차수열이므로

$a_n=2+(n-1)\times 2=2n$

(2) 주어진 수열은 첫째항이 4, 공차가 -2인 등차수열이므로

$a_n=4+(n-1)\times(-2)=-2n+6$

(3) 주어진 수열은 첫째항이 1, 공비가 2인 등비수열이므로

$a_n=1\times 2^{n-1}=2^{n-1}$

(4) $2a_{n+1}=a_n$에서

$a_{n+1}=\dfrac{1}{2}a_n$

주어진 수열은 첫째항이 8, 공비가 $\dfrac{1}{2}$인 등비수열이므로

$a_n=8\times\left(\dfrac{1}{2}\right)^{n-1}=\left(\dfrac{1}{2}\right)^{n-4}$

3 답 (가) 3 (나) $2\times 3^{n-1}$ (다) 3^{n-1}

$a_{n+2}-4a_{n+1}+3a_n=0$에서

$(a_{n+2}-a_{n+1})=\boxed{(가)\ 3}(a_{n+1}-a_n)$

따라서 수열 $\{a_{n+1}-a_n\}$은 첫째항이

$a_2-a_1=3-1=2$, 공비가 $\boxed{(가)\ 3}$인 등비수열이므로

$a_{n+1}-a_n=\boxed{(나)\ 2\times 3^{n-1}}$ ...... ㉠

㉠의 n에 1, 2, 3, ⋯, $n-1$을 차례대로 대입하면

$a_2-a_1=2$

$a_3-a_2=\boxed{2\times 3}$

$a_4-a_3=\boxed{2\times 3^2}$

⋮

$a_n-a_{n-1}=\boxed{2\times 3^{n-2}}$

따라서 위의 $(n-1)$개의 등식을 변끼리 더하여 수열 $\{a_n\}$의 일반항을 구하면

$a_n=a_1+(2+\boxed{2\times 3}+\boxed{2\times 3^2}+\cdots+\boxed{2\times 3^{n-2}})$

$=1+\sum_{k=1}^{n-1}2\times 3^{k-1}=1+2\sum_{k=1}^{n-1}3^{k-1}$

$=1+2\times\dfrac{1\times(3^{n-1}-1)}{3-1}=\boxed{(다)\ 3^{n-1}}$

예제 01 등차수열과 등비수열의 귀납적 정의 469쪽

01-1 답 (1) 56 (2) $32\sqrt{2}$

(1) $a_{n+2}-a_{n+1}=a_{n+1}-a_n$ $(n\ge 1)$에서

$2a_{n+1}=a_{n+2}+a_n$ $(n\ge 1)$이므로 수열 $\{a_n\}$은 등차수열이다.

따라서 첫째항을 a, 공차를 d라고 하면

$a_2=4a_1$에서 $a+d=4a$

$\therefore d=3a$ ...... ㉠

또한 $a_5=a+4d=26$ ...... ㉡

㉠, ㉡을 연립하여 풀면

$a=2$, $d=6$

$\therefore a_{10}=2+9\times 6=56$

(2) $\dfrac{a_{n+2}}{a_{n+1}}=\dfrac{a_{n+1}}{a_n}$ $(n\ge 1)$에서

${a_{n+1}}^2=a_na_{n+2}$ $(n\ge 1)$이므로 수열 $\{a_n\}$은 등비수열이다.

따라서 첫째항을 a, 공비를 r이라고 하면

${a_2}^2={a_1}^3$에서 $(ar)^2=a^3$

$a^2r^2=a^3$, $a^2(r^2-a)=0$

$\therefore r^2=a$ ($\because a>0$) ...... ㉠

또한 $a_5=ar^4=8$ ...... ㉡

㉠, ㉡에서

$ar^4=a(r^2)^2=a\times a^2=a^3=8$

$\therefore\ a=2,\ r=\sqrt{2}\ (\because\ r>0)$

$\therefore\ a_{10}=2\times(\sqrt{2})^9=32\sqrt{2}$

01-2 답 ⑤

$a_{n+2}-a_{n+1}=a_{n+1}-a_n\ (n\geq1)$에서

$2a_{n+1}=a_{n+2}+a_n\ (n\geq1)$이므로 수열 $\{a_n\}$은 등차수열이다.

이때 공차를 d라고 하면

$a_{n+9}-a_{n+2}=7d=35$

$\therefore\ d=5$

따라서 수열 $\{a_n\}$은 첫째항이 1, 공차가 5인 등차수열이므로

$a_{100}=1+99\times5=496$

01-3 답 1023

$\log a_n-2\log a_{n+1}+\log a_{n+2}=0$에서

$2\log a_{n+1}=\log a_n+\log a_{n+2}$

$\log a_{n+1}{}^2=\log a_na_{n+2}$

$\therefore\ a_{n+1}{}^2=a_na_{n+2}\ (n\geq1)$

즉, 수열 $\{a_n\}$은 등비수열이고, $a_2=2a_1$이므로 공비가 2이다.

또한 $a_5=a_1\times2^4=16$에서 $a_1=1$이므로 수열 $\{a_n\}$의 일반항은

$a_n=1\times2^{n-1}=2^{n-1}$

$\therefore\ \sum_{k=1}^{10}a_k=\sum_{k=1}^{10}2^{k-1}$

$=\dfrac{2^{10}-1}{2-1}=2^{10}-1=1023$

예제 02 $a_{n+1}=a_n+f(n)$ 꼴로 정의된 수열 471쪽

02-1 답 (1) 83 (2) 384

(1) $a_{n+1}=a_n+2n-1$의 n에 1, 2, 3, …, 9를 차례대로 대입하여 같은 변끼리 더하면

$a_2=a_1+2\times1-1$

$a_3=a_2+2\times2-1$

$a_4=a_3+2\times3-1$

⋮

$+\underline{)\ a_{10}=a_9+2\times9-1}$

$a_{10}=a_1+2\times(1+2+3+\cdots+9)-9$

$=2+2\times\dfrac{9\times10}{2}-9=83$

(2) $a_n-a_{n-1}=n^2$의 n에 2, 3, 4, …, 10을 차례대로 대입하여 같은 변끼리 더하면

$a_2-a_1=2^2$

$a_3-a_2=3^2$

$a_4-a_3=4^2$

⋮

$+\underline{)\ a_{10}-a_9=10^2}$

$a_{10}-a_1=2^2+3^2+4^2+\cdots+10^2$

$\therefore\ a_{10}=0+\sum_{k=1}^{9}(k+1)^2$

$=\sum_{k=1}^{9}(k^2+2k+1)$

$=\dfrac{9\times10\times19}{6}+2\times\dfrac{9\times10}{2}+9$

$=384$

다른 풀이

(1) $a_{n+1}-a_n=2n-1\ (n\geq1)$에서

$a_{n+1}-a_n=b_n$으로 놓으면 수열 $\{b_n\}$은 수열 $\{a_n\}$의 계차수열이므로

$a_n=a_1+\sum_{k=1}^{n-1}b_k$

$=2+\sum_{k=1}^{n-1}(2k-1)$

$=2+2\times\dfrac{n(n-1)}{2}-(n-1)$

$=n^2-2n+3$

$\therefore\ a_{10}=10^2-2\times10+3=83$

(2) $a_n-a_{n-1}=n^2\ (n\geq2)$에서

$a_{n+1}-a_n=(n+1)^2\ (n\geq1)$

$a_{n+1}-a_n=b_n$으로 놓으면 수열 $\{b_n\}$은 수열 $\{a_n\}$의 계차수열이므로

$a_n=a_1+\sum_{k=1}^{n-1}b_k$

$=0+\sum_{k=1}^{n-1}(k+1)^2$

$=\sum_{k=1}^{n-1}(k^2+2k+1)$

$\therefore\ a_{10}=\sum_{k=1}^{9}(k^2+2k+1)$

$=\dfrac{9\times10\times19}{6}+2\times\dfrac{9\times10}{2}+9$

$=384$

02-2 답 ③

$a_{n+1}-a_n=n+1$에서 $a_{n+1}=a_n+n+1$이므로
n에 1, 2, 3, 4, 5, 6을 차례대로 대입한다.

$a_2=a_1+2$
$a_3=a_2+3=a_1+(2+3)$
$a_4=a_3+4=a_1+(2+3+4)$
$a_5=a_4+5=a_1+(2+3+4+5)$
$a_6=a_5+6=a_1+(2+3+4+5+6)$
$a_7=a_6+7=a_1+(2+3+4+5+6+7)$

따라서 $32=a_1+27$에서 $a_1=5$

02-3 답 $a_1=0$, $a_{n+1}=a_n+n$ $(n=1, 2, 3, \cdots)$

한 명의 회원이 참석하면 악수를 할 수 없으므로
$a_1=0$
n명의 회원이 악수한 총횟수는 a_n이고, n명의 회원이 모두 악수를 한 후 $(n+1)$번째 회원이 참석하면 $(n+1)$번째 회원은 먼저 와 있던 n명의 회원과 한 번씩 악수를 하게 되므로
$a_{n+1}=a_n+n$ $(n=1, 2, 3, \cdots)$

예제 03 $a_{n+1}=f(n)\times a_n$ 꼴로 정의된 수열 473쪽

03-1 답 (1) $\frac{2}{5}$ (2) 10

(1) $a_{n+1}=\left(1-\frac{1}{n+2}\right)a_n$, 즉 $a_{n+1}=\frac{n+1}{n+2}a_n$의 n에 1, 2, 3, ⋯, 8을 차례대로 대입하여 같은 변끼리 곱하면

$$a_2=\frac{2}{3}a_1$$
$$a_3=\frac{3}{4}a_2$$
$$a_4=\frac{4}{5}a_3$$
$$\vdots$$
$$\times)\ a_9=\frac{9}{10}a_8$$
$$a_9=\frac{2}{3}\times\frac{3}{4}\times\frac{4}{5}\times\cdots\times\frac{9}{10}\times a_1$$
$$=\frac{2}{10}\times 2=\frac{2}{5}$$

(2) $a_n=\left(1+\frac{1}{n}\right)a_{n-1}$, 즉 $a_n=\frac{n+1}{n}a_{n-1}$의 n에 2, 3, 4, ⋯, 9를 차례대로 대입하여 같은 변끼리 곱하면

$$a_2=\frac{3}{2}a_1$$
$$a_3=\frac{4}{3}a_2$$
$$a_4=\frac{5}{4}a_3$$
$$\vdots$$
$$\times)\ a_9=\frac{10}{9}a_8$$
$$a_9=\frac{3}{2}\times\frac{4}{3}\times\frac{5}{4}\times\cdots\times\frac{10}{9}\times a_1$$
$$=\frac{10}{2}\times 2=10$$

03-2 답 ②

$a_{n+1}=3^n a_n$의 n에 1, 2, 3, ⋯, $n-1$을 차례대로 대입하여 같은 변끼리 곱하면

$$a_2=3\times a_1$$
$$a_3=3^2\times a_2$$
$$a_4=3^3\times a_3$$
$$\vdots$$
$$\times)\ a_n=3^{n-1}\times a_{n-1}$$
$$a_n=3\times 3^2\times 3^3\times\cdots\times 3^{n-1}\times a_1$$

$\therefore a_n=3^{1+2+3+\cdots+(n-1)}=3^{\frac{n(n-1)}{2}}$

즉, $3^{\frac{n(n-1)}{2}}=3^{55}$에서 $\frac{n(n-1)}{2}=55$이므로
$n(n-1)=110$, $n^2-n-110=0$
$(n+10)(n-11)=0$
$\therefore n=11$ ($\because$ n은 자연수)
따라서 3^{55}은 수열 $\{a_n\}$의 제11항이다.

03-3 답 200

(i) $n\geq 2$일 때,

$2S_n=na_{n+1}$ ⋯⋯ ㉠

n에 $n-1$을 대입하면

$2S_{n-1}=(n-1)a_n$ ⋯⋯ ㉡

㉠−㉡을 하면

$2(S_n-S_{n-1})=na_{n+1}-(n-1)a_n$
$2a_n=na_{n+1}-(n-1)a_n$

$\therefore a_{n+1}=\frac{n+1}{n}a_n$ $(n\geq 2)$ ⋯⋯ ㉢

(ii) $n=1$일 때,

$a_1=S_1=2$이고 $2S_n=na_{n+1}$에서
$a_2=2S_1=2\times 2=4$ $\therefore a_2=2a_1$

이때 $a_2=2a_1$은 ㉢에 $n=1$을 대입하여 얻은 값과 같으므로

$$a_{n+1}=\frac{n+1}{n}a_n\ (n\geq 1)$$

이 등식의 n에 1, 2, 3, …, 99를 차례대로 대입하여 같은 변끼리 곱하면

$$a_2=\frac{2}{1}a_1$$
$$a_3=\frac{3}{2}a_2$$
$$a_4=\frac{4}{3}a_3$$
$$\vdots$$
$$\times\ \Big)\ a_{100}=\frac{100}{99}a_{99}$$

$$a_{100}=\frac{2}{1}\times\frac{3}{2}\times\frac{4}{3}\times\cdots\times\frac{100}{99}\times a_1$$
$$=100a_1=100\times 2=200$$

다른 풀이

$a_1=2$, $2S_n=na_{n+1}\ (n\geq 1)$에서

$n=1$일 때, $2a_1=1\times a_2$ $\quad\therefore a_2=2a_1$

$n=2$일 때, $2(a_1+a_2)=2\times a_3$

$2(a_1+2a_1)=2a_3$ $\quad\therefore a_3=3a_1$

$n=3$일 때, $2(a_1+a_2+a_3)=3a_4$

$2(a_1+2a_1+3a_1)=3a_4$ $\quad\therefore a_4=4a_1$

$\vdots$

같은 방법으로

$n=99$일 때, $a_{100}=100a_1=100\times 2=200$

예제 04 $a_{n+1}=pa_n+q$ 꼴로 정의된 수열 475쪽

04-1

답 (1) $a_n=2^{n+1}-3$ (2) $a_n=-\frac{1}{2^{n-1}}+4$

(1) $a_{n+1}=2a_n+3$을

$a_{n+1}-\alpha=2(a_n-\alpha)$ …… ㉠

꼴로 변형해야 하므로 ㉠을 정리하면

$a_{n+1}=2a_n-\alpha$

$-\alpha=3$이므로 $\alpha=-3$이고, 이를 ㉠에 대입하면

$a_{n+1}+3=2(a_n+3)$

$a_n+3=b_n$으로 놓으면

$b_{n+1}=2b_n$

따라서 수열 $\{b_n\}$은 첫째항이

$b_1=a_1+3=1+3=4$이고 공비가 2인 등비수열이므로

$b_n=4\times 2^{n-1}=2^{n+1}$

$\therefore a_n=b_n-3=2^{n+1}-3$

(2) $a_{n+1}=\frac{1}{2}a_n+2$를

$a_{n+1}-\alpha=\frac{1}{2}(a_n-\alpha)$ …… ㉠

꼴로 변형해야 하므로 ㉠을 정리하면

$a_{n+1}=\frac{1}{2}a_n+\frac{1}{2}\alpha$

$\frac{1}{2}\alpha=2$이므로 $\alpha=4$이고, 이를 ㉠에 대입하면

$a_{n+1}-4=\frac{1}{2}(a_n-4)$

$a_n-4=b_n$으로 놓으면

$b_{n+1}=\frac{1}{2}b_n$

따라서 수열 $\{b_n\}$은 첫째항이

$b_1=a_1-4=3-4=-1$이고 공비가 $\frac{1}{2}$인 등비수열이므로

$b_n=-1\times\left(\frac{1}{2}\right)^{n-1}=-\frac{1}{2^{n-1}}$

$\therefore a_n=b_n+4$

$=-\frac{1}{2^{n-1}}+4$

다른 풀이

(1) $a_{n+1}=2a_n+3$의 n에 $n+1$을 대입하면

$a_{n+2}=2a_{n+1}+3$

이므로

$$\begin{array}{rl} a_{n+2} & =2a_{n+1}+3 \\ -\ \Big)\ a_{n+1} & =2a_n\ \ +3 \\ \hline a_{n+2}-a_{n+1} & =2(a_{n+1}-a_n) \end{array}$$

$a_{n+1}-a_n=b_n$으로 놓으면

$b_{n+1}=2b_n$

이때 $a_2=2a_1+3=2+3=5$이므로

수열 $\{b_n\}$은 첫째항이

$b_1=a_2-a_1=5-1=4$

이고 공비가 2인 등비수열이다.

$\therefore b_n=4\times 2^{n-1}=2^{n+1}$

$\therefore a_n=a_1+\sum_{k=1}^{n-1}2^{k+1}$

$=1+\frac{4(2^{n-1}-1)}{2-1}$

$=2^{n+1}-3$

04-2 답 ③

$a_{n+1}=3a_n-2$를

$a_{n+1}-\alpha=3(a_n-\alpha)$ …… ㉠

꼴로 변형해야 하므로 ㉠을 정리하면

$a_{n+1}=3a_n-2\alpha$

$-2\alpha=-2$이므로 $\alpha=1$이고, 이를 ㉠에 대입하면

$a_{n+1}-1=3(a_n-1)$

$a_n-1=b_n$으로 놓으면

$b_{n+1}=3b_n$

즉, 수열 $\{b_n\}$은 첫째항이 $b_1=a_1-1=2-1=1$이고 공비가 3인 등비수열이므로

$b_n=1\times3^{n-1}=3^{n-1}$

$\therefore a_n=b_n+1=3^{n-1}+1$

따라서 $a_{20}=3^{19}+1$이므로 $p=19,\ q=1$

$\therefore p+q=19+1=20$

다른 풀이

$a_1=a,\ a_{n+1}=pa_n+q\ (p\neq1)$일 때, a_n은 다음과 같은 방법으로 구할 수도 있다.

$a_2=pa+q$

$a_3=p(pa+q)+q=p^2a+(p+1)q$

$a_4=p(p^2a+pq+q)+q=p^3a+(p^2+p+1)q$

이와 같이 생각하면

$$a_n=p^{n-1}a+(p^{n-2}+\cdots+p+1)q$$
$$=p^{n-1}a+\frac{(p^{n-1}-1)q}{p-1}$$

$a_1=2,\ a_{n+1}=3a_n-2\ (n=1,\ 2,\ 3,\ \cdots)$를 이 방법으로 풀면

$a_2=3a_1-2=3\times2+(-2)$

$$a_3=3a_2-2=3\times\{3\times2+(-2)\}+(-2)$$
$$=3^2\times2+(3+1)\times(-2)$$

$$a_4=3a_3-2$$
$$=3\times\{3^2\times2+(3+1)\times(-2)\}+(-2)$$
$$=3^3\times2+(3^2+3+1)\times(-2)$$

⋮

$$a_n=3^{n-1}\times2+(3^{n-2}+3^{n-3}+\cdots+3+1)\times(-2)$$
$$=3^{n-1}\times2+\frac{(3^{n-1}-1)}{3-1}\times(-2)$$
$$=3^{n-1}\times2-(3^{n-1}-1)$$
$$=3^{n-1}+1$$

따라서 $a_{20}=3^{19}+1$이므로 $p=19,\ q=1$

$\therefore p+q=19+1=20$

04-3 답 $S_n=4\pi\left(\frac{1}{4}\right)^{n-1}+16\pi$

$S_1=20\pi$이고, 원 O_{n+1}의 넓이는 원 O_n의 넓이의 $\frac{1}{4}$보다 12π만큼 더 넓으므로

$S_{n+1}=\frac{1}{4}S_n+12\pi\ \ (n=1,\ 2,\ 3,\ \cdots)$

이때 이 점화식을

$S_{n+1}-\alpha=\frac{1}{4}(S_n-\alpha)$ …… ㉠

꼴로 변형해야 하므로 ㉠을 정리하면

$S_{n+1}=\frac{1}{4}S_n+\frac{3}{4}\alpha$

$\frac{3}{4}\alpha=12\pi$이므로 $\alpha=16\pi$이고, 이를 ㉠에 대입하면

$S_{n+1}-16\pi=\frac{1}{4}(S_n-16\pi)$

$S_n-16\pi=b_n$으로 놓으면

$b_{n+1}=\frac{1}{4}b_n$

따라서 수열 $\{b_n\}$은 첫째항이

$b_1=S_1-16\pi=20\pi-16\pi=4\pi$이고 공비가 $\frac{1}{4}$인 등비수열이므로

$b_n=4\pi\left(\frac{1}{4}\right)^{n-1}$

$\therefore S_n=b_n+16\pi=4\pi\left(\frac{1}{4}\right)^{n-1}+16\pi$

예제 05 $a_{n+1}=\frac{ra_n}{pa_n+q}$ 꼴로 정의된 수열 477쪽

05-1 답 $-\frac{1}{37}$

$a_{n+1}=\frac{a_n}{1-2a_n}$에서 양변의 역수를 취하면

$\frac{1}{a_{n+1}}=\frac{1-2a_n}{a_n}=\frac{1}{a_n}-2$

$\frac{1}{a_n}=b_n$으로 놓으면

$b_{n+1}=b_n-2$

따라서 수열 $\{b_n\}$은 첫째항이 $b_1=\frac{1}{a_1}=1$이고 공차가 -2인 등차수열이므로

$b_n=b_1+(n-1)\times(-2)=1-2(n-1)=-2n+3$

$\therefore a_n=\frac{1}{b_n}=\frac{1}{-2n+3}$ $\qquad\therefore a_{20}=-\frac{1}{37}$

05-2 답 ②

$a_{n+1}=\frac{a_n}{3a_n+1}$에서 양변의 역수를 취하면

$\frac{1}{a_{n+1}}=\frac{1}{a_n}+3$

즉, 수열 $\left\{\frac{1}{a_n}\right\}$은 첫째항이 $\frac{1}{a_1}=3$이고 공차가 3인 등차수열이므로

$\frac{1}{a_n}=3+(n-1)\times3=3n$

따라서 $a_n=\frac{1}{3n}$이므로 $a_{10}=\frac{1}{30}$

$\therefore k=10$

05-3 답 ④

$a_{n+1}=\frac{10A\times a_n}{10A+a_n}$에서 양변의 역수를 취하면

$\frac{1}{a_{n+1}}=\frac{10A+a_n}{10A\times a_n}=\frac{1}{a_n}+\frac{1}{10A}$

$\frac{1}{a_n}=b_n$으로 놓으면

$b_{n+1}=b_n+\frac{1}{10A}$

따라서 수열 $\{b_n\}$은 첫째항이 $b_1=\frac{1}{a_1}=\frac{1}{10A}$이고

공차가 $\frac{1}{10A}$인 등차수열이므로

$\therefore b_n=b_1+(n-1)\times\frac{1}{10A}$

$=\frac{1}{10A}+\frac{1}{10A}(n-1)=\frac{n}{10A}$

$\therefore a_n=\frac{1}{b_n}=\frac{10A}{n}$

따라서 시력 0.8에 해당되는 문자의 크기는

$a_8=\frac{5}{4}A$

예제 06 같은 값이 반복되는 수열 479쪽

06-1 답 (1) 0 (2) 620

(1) $a_{n+2}=a_{n+1}-a_n$의 n에 1, 2, 3, …을 차례대로 대입하면

$a_1=2$, $a_2=3$, $a_3=a_2-a_1=1$, $a_4=a_3-a_2=-2$,

$a_5=a_4-a_3=-3$, $a_6=a_5-a_4=-1$,

$a_7=a_6-a_5=2$, $a_8=a_7-a_6=3$, …

따라서 수열 $\{a_n\}$은 2, 3, 1, -2, -3, -1이 이 순서대로 반복되는 수열이고, $300=6\times50$이므로

$$\begin{aligned}\sum_{k=1}^{300}a_k&=(a_1+a_2+a_3+a_4+a_5+a_6)+\cdots\\&\quad+(a_{295}+a_{296}+a_{297}+a_{298}+a_{299}+a_{300})\\&=50(a_1+a_2+a_3+a_4+a_5+a_6)\\&=50\times\{2+3+1+(-2)+(-3)+(-1)\}\\&=0\end{aligned}$$

(2) $a_{n+1}a_{n-1}=a_n$에서 $a_{n+1}=\frac{a_n}{a_{n-1}}$이므로 n에 2, 3, 4, …를 차례대로 대입하면

$a_1=1$, $a_2=5$, $a_3=\frac{a_2}{a_1}=5$, $a_4=\frac{a_3}{a_2}=1$,

$a_5=\frac{a_4}{a_3}=\frac{1}{5}$, $a_6=\frac{a_5}{a_4}=\frac{1}{5}$, $a_7=\frac{a_6}{a_5}=1$,

$a_8=\frac{a_7}{a_6}=5$, …

따라서 수열 $\{a_n\}$은 1, 5, 5, 1, $\frac{1}{5}$, $\frac{1}{5}$이 이 순서대로 반복되는 수열이고, $300=6\times50$이므로

$$\begin{aligned}\sum_{k=1}^{300}a_k&=(a_1+a_2+a_3+a_4+a_5+a_6)+\cdots\\&\quad+(a_{295}+a_{296}+a_{297}+a_{298}+a_{299}+a_{300})\\&=50(a_1+a_2+a_3+a_4+a_5+a_6)\\&=50\times\left(1+5+5+1+\frac{1}{5}+\frac{1}{5}\right)\\&=50\times\frac{62}{5}=620\end{aligned}$$

06-2 답 101

$a_{n+2}-a_n=2$에서 $a_{n+2}=a_n+2$이므로 n에 1, 2, 3, …을 차례대로 대입하면

$a_1=1$, $a_2=3$

$a_3=a_1+2=1+2=3$

$a_4=a_2+2=3+2=5$

$a_5=a_3+2=3+2=5$

$a_6=a_4+2=5+2=7$

$a_7=a_5+2=5+2=7$

$a_8=a_6+2=7+2=9$

$a_9=a_7+2=7+2=9$

⋮

따라서 $a_n=\begin{cases}n & (n\text{이 홀수})\\ n+1 & (n\text{이 짝수})\end{cases}$이므로

$a_{100}=101$

06-3 답 ②

$a_{n+2}=\dfrac{1+a_{n+1}}{a_n}$의 n에 1, 2, 3, …을 차례대로 대입하면

$a_1=1,\ a_2=2$

$a_3=\dfrac{1+a_2}{a_1}=\dfrac{1+2}{1}=3$

$a_4=\dfrac{1+a_3}{a_2}=\dfrac{1+3}{2}=2$

$a_5=\dfrac{1+a_4}{a_3}=\dfrac{1+2}{3}=1$

$a_6=\dfrac{1+a_5}{a_4}=\dfrac{1+1}{2}=1$

$a_7=\dfrac{1+a_6}{a_5}=\dfrac{1+1}{1}=2$

⋮

따라서 수열 $\{a_n\}$은 1, 2, 3, 2, 1이 이 순서대로 반복되는 수열이고, $102=5\times20+2$이므로

$$\sum_{k=1}^{102}\cos\frac{\pi}{2}a_k$$
$$=20\times\left\{\cos\left(\frac{\pi}{2}\times1\right)+\cos\left(\frac{\pi}{2}\times2\right)+\cos\left(\frac{\pi}{2}\times3\right)+\cos\left(\frac{\pi}{2}\times2\right)+\cos\left(\frac{\pi}{2}\times1\right)\right\}+\cos\left(\frac{\pi}{2}\times1\right)+\cos\left(\frac{\pi}{2}\times2\right)$$
$$=20\times\{0+(-1)+0+(-1)+0\}+0+(-1)$$
$$=-41$$

예제 07 피보나치 수열 481쪽

07-1 답 34

1개, 2개, 3개, …의 돌로 이루어진 징검다리를 건너는 방법의 수 $a_1,\ a_2,\ a_3,\ \cdots$을 차례대로 구해 보면

(i) 1개의 돌로 이루어진 경우
1의 1가지이므로 $a_1=1$

(ii) 2개의 돌로 이루어진 경우
1+1, 2의 2가지이므로 $a_2=2$

(iii) 3개의 돌로 이루어진 경우
1+1+1, 1+2, 2+1의 3가지이므로 $a_3=3$

(iv) 4개의 돌로 이루어진 경우
1+1+1+1, 1+1+2, 1+2+1, 2+1+1, 2+2의 5가지이므로 $a_4=5$

⋮

각각의 경우를 이용하여 점화식을 만들면

$a_1=1,\ a_2=2,\ a_3=a_1+a_2,\ a_4=a_2+a_3,\ \cdots$이므로

$a_{n+2}=a_n+a_{n+1}\ (n=1,\ 2,\ 3,\ \cdots)$

이 성립한다.

$\therefore\ \{a_n\}$: 1, 2, 3, 5, 8, 13, 21, 34, 55, …

따라서 구하는 방법의 수는 a_8이므로 $a_8=34$

07-2 답 (1) 2, 3, 5, 8 (2) $a_{n+2}=a_{n+1}+a_n$

(1) 빨간색을 칠하는 경우를 ○, 파란색을 칠하는 경우를 ×로 표시하면

1개의 타일을 칠하는 경우는
(○), (×) $\therefore\ a_1=2$

2개의 타일을 칠하는 경우는
(○○), (○×), (×○) $\therefore\ a_2=3$

3개의 타일을 칠하는 경우는
(○○○), (○○×), (○×○), (×○○), (×○×)
$\therefore\ a_3=5$

4개의 타일을 칠하는 경우는
(○○○○), (○○○×), (○○×○), (○×○○), (×○○○), (○×○×), (×○×○), (×○○×)
$\therefore\ a_4=8$

(2) 다음의 2가지 경우로 나누어 생각해 볼 수 있다.

(i) $(n+2)$번째 타일에 빨간색을 칠하는 경우 :
$(n+1)$번째 타일의 색에 관계없이 그냥 빨간색을 칠해도 되므로 a_{n+1}과 같다.

(ii) $(n+2)$번째 타일에 파란색을 칠하는 경우 :
$(n+1)$번째 타일은 무조건 빨간색이어야 한다. 이때 n번째 타일의 색과 관계없이 $(n+1)$번째 타일에 빨간색을 칠할 수 있으므로 이 경우의 수는 a_n과 같다.

(i), (ii)에 의하여 $a_{n+2}=a_{n+1}+a_n$

07-3 답 ④

$a_{n+2}=a_{n+1}+a_n$의 n에 1, 2, 3, …, 100을 차례대로 대입하여 같은 변끼리 더하면

$$\begin{aligned}
a_3&=a_2+a_1\\
a_4&=a_3+a_2\\
a_5&=a_4+a_3\\
&\ \vdots\\
a_{101}&=a_{100}+a_{99}\\
+\ )\ a_{102}&=a_{101}+a_{100}\\
\hline
a_{102}&=a_2+(a_1+a_2+a_3+\cdots+a_{100})=a_2+\sum_{k=1}^{100}a_k
\end{aligned}$$

$\therefore\ \sum_{k=1}^{100}a_k=a_{102}-a_2$

1 답 (가) $6m$ (나) 2

(i) $n=1$일 때, $1^3+5\times1=6$은 6의 배수이므로 주어진 명제가 성립한다.

(ii) $n=k$일 때, k^3+5k가 6의 배수라고 가정하면

$k^3+5k=6m$ (m은 자연수)

$n=k+1$이면

$$\begin{aligned}(k+1)^3+5(k+1)&=k^3+3k^2+3k+1+5k+5\\&=k^3+5k+6+3k^2+3k\\&=\boxed{(가)\ 6m}+6+3k(k+1)\end{aligned}$$

이때 $k(k+1)$은 연속한 두 자연수의 곱이므로 $\boxed{(나)\ 2}$의 배수이다.

즉, $k(k+1)=\boxed{(나)\ 2}m'$ (m'은 자연수)로 나타낼 수 있으므로

$$\begin{aligned}(k+1)^3+5(k+1)&=\boxed{(가)\ 6m}+6+3k(k+1)\\&=\boxed{(가)\ 6m}+6+3\times\boxed{(나)\ 2}m'\\&=6(m+1+m')\end{aligned}$$

따라서 $(k+1)^3+5(k+1)$도 6의 배수이므로 $n=k+1$일 때에도 주어진 명제가 성립한다.

(i), (ii)에 의하여 모든 자연수 n에 대하여 n^3+5n은 6의 배수이다.

2 답 (가) 1 (나) $(k+1)^2$

(i) $n=\boxed{(가)\ 1}$일 때,

(좌변)$=1$, (우변)$=\frac{1}{6}\times1\times2\times3=1$

이므로 주어진 등식이 성립한다.

(ii) $n=k$일 때, 주어진 등식이 성립한다고 가정하면

$$1^2+2^2+3^2+\cdots+k^2=\frac{1}{6}k(k+1)(2k+1)$$

이 등식의 양변에 $\boxed{(나)\ (k+1)^2}$을 더하면

$$\begin{aligned}&1^2+2^2+3^2+\cdots+k^2+\boxed{(나)\ (k+1)^2}\\&=\frac{1}{6}k(k+1)(2k+1)+\boxed{(나)\ (k+1)^2}\\&=\frac{1}{6}(k+1)(2k^2+k+6k+6)\\&=\frac{1}{6}(k+1)(k+2)(2k+3)\\&=\frac{1}{6}(k+1)\{(k+1)+1\}\{2(k+1)+1\}\end{aligned}$$

따라서 $n=k+1$일 때에도 주어진 등식이 성립한다.

(i), (ii)에서 주어진 등식은 모든 자연수 n에 대하여 성립한다.

예제 08 수학적 귀납법을 이용한 등식의 증명 487쪽

08-1 답 풀이 참조

$$1^2+3^2+5^2+\cdots+(2n-1)^2=\frac{n(4n^2-1)}{3} \quad \cdots\cdots \text{㉠}$$

(i) $n=1$일 때,

(좌변)$=1^2=1$, (우변)$=\frac{1\times(4\times1^2-1)}{3}=1$

이므로 ㉠이 성립한다.

(ii) $n=k$일 때, ㉠이 성립한다고 가정하면

$$1^2+3^2+5^2+\cdots+(2k-1)^2=\frac{k(4k^2-1)}{3} \quad \cdots\cdots \text{㉡}$$

㉡의 양변에 $(2k+1)^2$을 더하면

$$\begin{aligned}&1^2+3^2+5^2+\cdots+(2k-1)^2+(2k+1)^2\\&=\frac{k(4k^2-1)}{3}+(2k+1)^2\\&=\frac{k(2k+1)(2k-1)}{3}+(2k+1)^2\\&=\frac{(2k+1)(2k^2+5k+3)}{3}\\&=\frac{(2k+1)(2k+3)(k+1)}{3}\\&=\frac{(k+1)(4k^2+8k+3)}{3}\\&=\frac{(k+1)\{4(k+1)^2-1\}}{3}\end{aligned}$$

따라서 $n=k+1$일 때에도 ㉠이 성립한다.

(i), (ii)에 의하여 ㉠은 모든 자연수 n에 대하여 성립한다.

08-2 답 풀이 참조

$$\begin{aligned}&1\times n+2\times(n-1)+3\times(n-2)+\cdots+(n-1)\times2+n\times1\\&=\frac{n(n+1)(n+2)}{6} \quad \cdots\cdots \text{㉠}\end{aligned}$$

(i) $n=1$일 때,

(좌변)$=1\times1=1$,

(우변)$=\frac{1\times2\times3}{6}=1$

이므로 ㉠이 성립한다.

(ii) $n=k$일 때, ㉠이 성립한다고 가정하면

$$\begin{aligned}&1\times k+2\times(k-1)+3\times(k-2)+\cdots+k\times1\\&=\frac{k(k+1)(k+2)}{6} \quad \cdots\cdots \text{㉡}\end{aligned}$$

$n=k+1$이면

$1\times(k+1)+2\times k+3\times(k-1)+\cdots+(k+1)\times 1$

$=\{1\times k+2\times(k-1)+3\times(k-2)+\cdots+k\times 1\}$

$+\{1+2+3+\cdots+k+(k+1)\}$

$=\dfrac{k(k+1)(k+2)}{6}+\dfrac{(k+1)(k+2)}{2}$ ($\because$ ㉡)

$=\dfrac{(k+1)(k+2)(k+3)}{6}$

$=\dfrac{(k+1)\{(k+1)+1\}\{(k+1)+2\}}{6}$

따라서 $n=k+1$일 때에도 ㉠이 성립한다.

(i), (ii)에 의하여 ㉠은 모든 자연수 n에 대하여 성립한다.

08-3 답 풀이 참조

$f(n)=3^{n+1}+4^{2n-1}$으로 놓으면

(i) $n=1$일 때,

$f(1)=3^2+4=13$이므로 $f(1)$은 13으로 나누어떨어진다.

(ii) $n=k$ $(k\geq 1)$일 때, $f(k)$가 13으로 나누어떨어진다고 가정하면

$f(k)=13\times q(k)$ ($q(k)$는 자연수)

$n=k+1$이면

$f(k+1)=3^{k+2}+4^{2k+1}$

$=3^{(k+1)+1}+4^{(2k-1)+2}$

$=3\times 3^{k+1}+16\times 4^{2k-1}$

$=3(3^{k+1}+4^{2k-1})+13\times 4^{2k-1}$

$=3f(k)+13\times 4^{2k-1}$

$=3\times 13\times q(k)+13\times 4^{2k-1}$

$=13\{3q(k)+4^{2k-1}\}$

따라서 $f(k+1)$도 13으로 나누어떨어진다.

(i), (ii)에 의하여 n이 자연수일 때, $3^{n+1}+4^{2n-1}$은 13으로 나누어떨어진다.

예제 09 수학적 귀납법을 이용한 부등식의 증명 489쪽

09-1 답 풀이 참조

$1+\dfrac{1}{2}+\dfrac{1}{3}+\cdots+\dfrac{1}{n}>\dfrac{2n}{n+1}$ …… ㉠

(i) $n=2$일 때,

(좌변)$=1+\dfrac{1}{2}=\dfrac{3}{2}$, (우변)$=\dfrac{2\times 2}{2+1}=\dfrac{4}{3}$

이므로 $n=2$일 때 ㉠이 성립한다.

(ii) $n=k$ $(k\geq 2)$일 때, ㉠이 성립한다고 가정하면

$1+\dfrac{1}{2}+\dfrac{1}{3}+\cdots+\dfrac{1}{k}>\dfrac{2k}{k+1}$ …… ㉡

㉡의 양변에 $\dfrac{1}{k+1}$을 더하면

$1+\dfrac{1}{2}+\dfrac{1}{3}+\cdots+\dfrac{1}{k}+\dfrac{1}{k+1}$

$>\dfrac{2k}{k+1}+\dfrac{1}{k+1}=\dfrac{2k+1}{k+1}$

그런데

$\dfrac{2k+1}{k+1}-\dfrac{2(k+1)}{k+2}=\dfrac{k}{(k+1)(k+2)}>0$

이므로

$1+\dfrac{1}{2}+\dfrac{1}{3}+\cdots+\dfrac{1}{k}+\dfrac{1}{k+1}>\dfrac{2k+1}{k+1}>\dfrac{2(k+1)}{k+2}$

따라서 $n=k+1$일 때에도 ㉠이 성립한다.

(i), (ii)에 의하여 ㉠은 $n\geq 2$인 모든 자연수 n에 대하여 성립한다.

09-2 답 (가) $1+2h$ (나) kh^2 (다) $(k+1)h$

(i) $n=2$일 때,

(좌변)$=(1+h)^2=1+2h+h^2$,

(우변)$=$ (가) $1+2h$

이때 $h^2>0$이므로 $1+2h+h^2>$ (가) $1+2h$

따라서 ㉠이 성립한다.

(ii) $n=k$ $(k\geq 2)$일 때, ㉠이 성립한다고 가정하면

$(1+h)^k>1+kh$ …… ㉡

㉡의 양변에 $1+h$를 곱하면 $1+h>0$이므로

$(1+h)^{k+1}>(1+kh)(1+h)$

$=1+(k+1)h+$ (나) kh^2

이때 $kh^2>0$이므로

$1+(k+1)h+kh^2>1+(k+1)h$

$\therefore (1+h)^{k+1}>1+$ (다) $(k+1)h$

따라서 $n=k+1$일 때에도 ㉠이 성립한다.

(i), (ii)에 의하여 ㉠은 $n\geq 2$인 모든 자연수 n에 대하여 성립한다.

09-3 답 풀이 참조

$\displaystyle\sum_{k=1}^{2^n}\frac{1}{k}\geq\frac{n}{2}+1$ …… ㉠

(i) $n=1$일 때,

(좌변)$=\displaystyle\sum_{k=1}^{2}\frac{1}{k}=1+\frac{1}{2}=\frac{3}{2}$,

$(\text{우변})=\frac{1}{2}+1=\frac{3}{2}$

이므로 ㉠이 성립한다.

(ii) $n=m\ (m\geq 1)$일 때, ㉠이 성립한다고 가정하면

$$\sum_{k=1}^{2^m}\frac{1}{k}\geq\frac{m}{2}+1 \quad \cdots\cdots \text{㉡}$$

$n=m+1$이면

$$\sum_{k=1}^{2^{m+1}}\frac{1}{k}=\sum_{k=1}^{2^m}\frac{1}{k}+\left(\frac{1}{2^m+1}+\frac{1}{2^m+2}+\cdots+\frac{1}{2^m+2^m}\right)$$
$$=\sum_{k=1}^{2^m}\frac{1}{k}+\sum_{k=1}^{2^m}\frac{1}{2^m+k}$$

$1\leq k\leq 2^m$인 자연수 k에 대하여

$2^m+k\leq 2^m+2^m=2^{m+1}$이므로 $\frac{1}{2^m+k}\geq\frac{1}{2^{m+1}}$이

성립한다.

$$\therefore \sum_{k=1}^{2^m}\frac{1}{2^m+k}\geq\sum_{k=1}^{2^m}\frac{1}{2^{m+1}} \quad \cdots\cdots \text{㉢}$$

㉡, ㉢에 의하여

$$\sum_{k=1}^{2^{m+1}}\frac{1}{k}=\sum_{k=1}^{2^m}\frac{1}{k}+\sum_{k=1}^{2^m}\frac{1}{2^m+k}$$
$$\geq\frac{m}{2}+1+\sum_{k=1}^{2^m}\frac{1}{2^{m+1}}$$
$$=\frac{m}{2}+1+2^m\times\frac{1}{2^{m+1}}$$
$$=\frac{m}{2}+1+\frac{1}{2}$$
$$=\frac{m+1}{2}+1$$

$$\therefore \sum_{k=1}^{2^{m+1}}\frac{1}{k}\geq\frac{m+1}{2}+1$$

따라서 $n=m+1$일 때에도 ㉠이 성립한다.

(i), (ii)에 의하여 ㉠은 모든 자연수 n에 대하여 성립한다.

기본 다지기 490쪽~491쪽

1 400	2 ①	3 105	4 70	5 15
6 239	7 19	8 −20	9 6	
10 풀이 참조				

1 $S_n-S_{n-1}=a_n\ (n\geq 2)$이므로

$3S_{n+1}-S_{n+2}-2S_n=a_n\ (n\geq 1)$에서

$2(S_{n+1}-S_n)-(S_{n+2}-S_{n+1})=a_n$

$2a_{n+1}-a_{n+2}=a_n$

$\therefore\ 2a_{n+1}=a_{n+2}+a_n\ (n\geq 1)$

따라서 수열 $\{a_n\}$은 첫째항이 1,

공차가 $a_2-a_1=3-1=2$인 등차수열이므로

$a_n=1+(n-1)\times 2=2n-1$

$$\therefore\ S_{20}=\sum_{k=1}^{20}(2k-1)$$
$$=2\times\frac{20\times 21}{2}-20=400$$

보충 설명

$2a_{n+1}=a_{n+2}+a_n\ (n\geq 1)$이 성립하면 a_{n+1}은 a_{n+2}와 a_n의 등차중항이다. 따라서 수열 $\{a_n\}$은 등차수열이다.

2 $a_{n+1}=a_n+2\times 3^{n-1}-1\ (n=1,\ 2,\ 3,\ \cdots)$에서

$a_{n+1}-a_n=2\times 3^{n-1}-1 \quad \cdots\cdots$ ㉠

㉠의 n에 1, 2, 3, …, 9를 차례대로 대입하여 같은 변끼리 더하면

$$\begin{aligned}&a_2-a_1=2\times 1-1\\&a_3-a_2=2\times 3-1\\&a_4-a_3=2\times 3^2-1\\&\quad\vdots\\+)\ &a_{10}-a_9=2\times 3^8-1\\\hline&a_{10}-a_1=2(1+3+3^2+\cdots+3^8)-9\end{aligned}$$

$$\therefore\ a_{10}=a_1+2\sum_{k=1}^{9}3^{k-1}-9$$
$$=10+2\times\frac{3^9-1}{3-1}-9$$
$$=3^9$$

다른 풀이

$a_{n+1}-a_n=b_n$으로 놓으면 수열 $\{b_n\}$은 수열 $\{a_n\}$의 계차수열이므로

$$a_{10}=a_1+\sum_{k=1}^{9}b_k$$
$$=a_1+\sum_{k=1}^{9}(2\times 3^{k-1}-1)$$
$$=10+\frac{2\times(3^9-1)}{3-1}-9=3^9$$

3 $a_{n+1}a_n-2a_{n+2}a_n+a_{n+1}a_{n+2}=0$의 양변을 $a_na_{n+1}a_{n+2}$로 나누면

$$\frac{1}{a_{n+2}}-\frac{2}{a_{n+1}}+\frac{1}{a_n}=0$$

$\therefore \frac{2}{a_{n+1}}=\frac{1}{a_{n+2}}+\frac{1}{a_n}$

따라서 수열 $\left\{\frac{1}{a_n}\right\}$은 첫째항이 $\frac{1}{a_1}=\frac{1}{2}$, 공차가

$\frac{1}{a_2}-\frac{1}{a_1}=\frac{1}{1}-\frac{1}{2}=\frac{1}{2}$인 등차수열이므로

$\frac{1}{a_n}=\frac{1}{2}+(n-1)\times\frac{1}{2}$

$=\frac{1}{2}n$

$\therefore \sum_{k=1}^{20}\frac{1}{a_k}=\sum_{k=1}^{20}\frac{1}{2}k$

$=\frac{1}{2}\times\frac{20\times21}{2}$

$=105$

4 $a_1=2$, $a_2=5$, $a_n=2a_{n-1}+a_{n-2}$ $(n\geq3)$에서

$a_3=2a_2+a_1=2\times5+2=12$

$a_4=2a_3+a_2=2\times12+5=29$

따라서 $a_5=2a_4+a_3=2\times29+12=70$

5 $a_{n+1}+a_n=b_{n+1}-b_n$의 n에 1, 2, 3, …, 9를 차례대로 대입하여 같은 변끼리 더하면

$$\begin{array}{rl} & a_2+a_1=b_2-b_1 \\ & a_3+a_2=b_3-b_2 \\ & a_4+a_3=b_4-b_3 \\ & \vdots \\ +\big) & a_{10}+a_9=b_{10}-b_9 \\ \hline & 2(a_2+a_3+\cdots+a_9)+a_1+a_{10}=b_{10}-b_1 \end{array}$$

$2(a_1+a_2+\cdots+a_{10})-a_1-a_{10}=b_{10}-b_1$

$\therefore a_1+a_2+\cdots+a_{10}=\frac{1}{2}(a_1-b_1+a_{10}+b_{10})$

$=\frac{1}{2}\times(0+30)$

$(\because a_1=b_1,\ a_{10}+b_{10}=30)$

$=15$

6 $a_{n+1}+a_n=n$의 n에 1, 3, 5, …, 29를 차례대로 대입하면 (1, 3, 5, …, 29: 등차수열)

$a_2+a_1=1$, $a_4+a_3=3$, …, $a_{30}+a_{29}=29$

$\therefore S_{30}=\sum_{k=1}^{30}a_k$

$=1+3+5+\cdots+29$

$=\frac{15\times(1+29)}{2}=225$

$a_{n+1}+a_n=n$의 n에 2, 4, 6, …, 28을 차례대로 대입하면

$a_3+a_2=2$, $a_5+a_4=4$, …, $a_{29}+a_{28}=28$

$\therefore S_{29}=\sum_{k=1}^{29}a_k$

$=1+(2+4+6+\cdots+28)$

$=1+\frac{14\times(2+28)}{2}=211$

따라서 $a_{30}=S_{30}-S_{29}=225-211=14$이므로

$a_{30}+S_{30}=14+225=239$

보충 설명

실제로 수열 $\{a_n\}$의 항을 나열해 보면

1, 0, 2, 1, 3, 2, 4, 3, 5, 4, …

이므로 짝수 번째 항들은 첫째항이 0, 공차가 1인 등차수열을 이룬다. 즉, $a_{2n}=n-1$이다.

7 조건 (나)에서 7로 나누었을 때의 나머지를 구하면

$2a_1=2$이므로 $a_2=2$

$3a_2=6$이므로 $a_3=6$

$4a_3=24$이므로 $a_4=3$

$5a_4=15$이므로 $a_5=1$

$6a_5=6$이므로 $a_6=6$

$7a_6=42$이므로 $a_7=0$

따라서 $a_7=a_8=\cdots=a_{1000}=0$이므로

$\sum_{k=1}^{1000}a_k=a_1+a_2+a_3+a_4+a_5+a_6$

$=1+2+6+3+1+6=19$

보충 설명

위의 문제와 같이 a_1, a_2, a_3, …의 값을 직접 구하여 규칙을 찾는 경우에는 a_n의 값이 순환하는 경우가 일반적인데, 여기서 주어진 수열 $\{a_n\}$은 a_7 이후로는 값이 모두 0이 되는 조금 특이한 경우이다.

8 이차방정식 $a_nx^2+2a_{n+1}x+a_{n+2}=0$ $(n=1,\ 2,\ 3,\ \cdots)$의 판별식을 D라고 하면 이 방정식이 중근을 가지므로

$\frac{D}{4}=a_{n+1}{}^2-a_na_{n+2}=0$

$\therefore a_{n+1}{}^2=a_na_{n+2}$ $(n=1,\ 2,\ 3,\ \cdots)$

즉, 수열 $\{a_n\}$은 등비수열이고 첫째항이 $a_1=2$, 공비가 $\frac{a_2}{a_1}=\frac{4}{2}=2$이다.

$\therefore a_n=2\times2^{n-1}=2^n$

따라서 주어진 이차방정식은

$2^nx^2+2\times2^{n+1}x+2^{n+2}=0$

$x^2+4x+4=0$, $(x+2)^2=0$

$\therefore x=-2$

즉, 중근 $b_n=-2$ $(n=1, 2, 3, \cdots)$이므로

$\sum_{k=1}^{10}b_k=\sum_{k=1}^{10}(-2)$

$=(-2)\times10=-20$

9 첫째항이 1, 공차가 3인 등차수열 $\{a_n\}$의 일반항은

$a_n=1+(n-1)\times3=3n-2$

$b_1+b_2+b_3+\cdots+b_n=na_n$ $(n=1, 2, 3, \cdots)$ …… ㉠

㉠의 n에 $n-1$을 대입하면

$b_1+b_2+b_3+\cdots+b_{n-1}$

$=(n-1)a_{n-1}$ $(n=2, 3, 4, \cdots)$ …… ㉡

㉠－㉡을 하면

$b_n=na_n-(n-1)a_{n-1}$

$=n(3n-2)-(n-1)\{3(n-1)-2\}$

$=n(3n-2)-(n-1)(3n-5)$

$=6n-5$ $(n=2, 3, 4, \cdots)$

$\therefore b_{100}-b_{99}=(6\times100-5)-(6\times99-5)=6$

보충 설명

수열 $\{a_n\}$의 일반항이 $a_n=pn+q$ (p, q는 상수)이면

$a_n-a_{n-1}=(pn+q)-\{p(n-1)+q\}=p$

즉, 수열 $\{a_n\}$은 공차가 p인 등차수열이다.

10 $1\times2\times3\times\cdots\times n>2^n$ …… ㉠

(i) $n=4$일 때,

(좌변)$=1\times2\times3\times4=24>2^4=16=$(우변)

이므로 $n=4$일 때 ㉠이 성립한다.

(ii) $n=k$ $(k\geq4)$일 때, ㉠이 성립한다고 가정하면

$1\times2\times3\times\cdots\times k>2^k$ …… ㉡

㉡의 양변에 $k+1$을 곱하면

$1\times2\times3\times\cdots\times k\times(k+1)>2^k(k+1)$

이때 $2^k(k+1)-2^{k+1}=2^k(k-1)>0$ $(\because k\geq4)$

이므로

$2^k(k+1)>2^{k+1}$

$\therefore 1\times2\times3\times\cdots\times k\times(k+1)>2^{k+1}$

따라서 $n=k+1$일 때에도 ㉠이 성립한다.

(i), (ii)에 의하여 ㉠은 $n\geq4$인 모든 자연수 n에 대하여 성립한다.

실력 다지기 492쪽 ~ 493쪽

11 ①	**12** ④	**13** ①	**14** 3	**15** 768
16 400	**17** 20	**18** −3	**19** 9	**20** 20

11 **접근 방법** | $a_{n+1}=S_{n+1}-S_n$임을 이용하여 $a_{n+1}=S_n+2$를 수열 $\{S_n+2\}$에 대한 식으로 나타내어야 한다.

$a_{n+1}=S_n+2$ $(n=1, 2, 3, \cdots)$이고,

$S_{n+1}-S_n=a_{n+1}$이므로

$S_{n+1}-S_n=S_n+2$, $S_{n+1}=2S_n+2$

$\therefore S_{n+1}+2=2(S_n+2)$

즉, 수열 $\{S_n+2\}$는 첫째항이 $S_1+2=a_1+2=4$, 공비가 2인 등비수열이므로

$S_n+2=4\times2^{n-1}$

따라서 $S_n=2^{n+1}-2$이므로

$S_8=2^9-2=510$

12 **접근 방법** | 두 수 사이의 대소를 확인하는 가장 기본적인 방법은 두 수의 차를 조사하는 것이므로 주어진 관계식에서 인접한 두 항 a_n, a_{n+1}의 차를 조사하여 n이 커짐에 따라 수열 $\{a_n\}$의 각 항의 값이 감소하다가 증가하기 시작하는 때를 찾으면 된다.

즉, $a_{n+1}=a_n+f(n)$에서 $f(n)>0$이라면 수열 $\{a_n\}$은 증가하는 수열이 되고, $f(n)<0$이라면 수열 $\{a_n\}$은 감소하는 수열이 된다. $f(n)$에 해당하는 $(\log_3n-1)\log_3n-6$의 값의 부호가 n에 따라 어떻게 변하는지 조사해 본다.

$a_{n+1}-a_n=(\log_3n-1)\log_3n-6<0$에서

$(\log_3n)^2-\log_3n-6<0$

$(\log_3n-3)(\log_3n+2)<0$

$-2<\log_3n<3$

$\therefore \frac{1}{9}<n<27$

즉, $n=1, 2, 3, \cdots, 26$일 때,

$a_1>a_2>a_3>\cdots>a_{27}$ …… ㉠

또한 $a_{n+1}-a_n=(\log_3n-1)\log_3n-6>0$에서

$n>27$

$\therefore a_{28}<a_{29}<a_{30}<\cdots$ …… ㉡

한편, $n=27$일 때,

$a_{28}-a_{27}=(\log_327-1)\times\log_327-6$

$=(3-1)\times3-6=0$

$\therefore a_{27}=a_{28}$ …… ㉢

따라서 ㉠, ㉡, ㉢에서 최소인 항은 a_{27} 또는 a_{28}이다.

보충 설명

$a_{n+1}=a_n+f(n)$ 꼴로 정의된 수열이지만 $f(n)$이 $\log_3 n$에 대한 이차식이므로 일반적인 $a_{n+1}=a_n+f(n)$ 꼴로 정의된 수열의 풀이를 할 수 없다.

13 **접근 방법** | 복소수가 서로 같을 조건을 이용하여 x_{n+1}, y_{n+1}을 x_n, y_n에 대한 식으로 나타낼 수 있다. 즉, x_{n+1}, y_{n+1}을 나타낸 식을 행렬의 곱셈을 이용하여 나타내어 본다.

$x_n+y_ni=(1+\sqrt{3}i)^n$의 n에 $n+1$을 대입하면

$$\begin{aligned}x_{n+1}+y_{n+1}i&=(1+\sqrt{3}i)^{n+1}\\&=(1+\sqrt{3}i)^n(1+\sqrt{3}i)\\&=(x_n+y_ni)(1+\sqrt{3}i)\\&=(x_n-\sqrt{3}y_n)+(\sqrt{3}x_n+y_n)i\end{aligned}$$

이때 x_n, y_n은 실수이므로

$x_{n+1}=x_n-\sqrt{3}y_n$, $y_{n+1}=\sqrt{3}x_n+y_n$ ...... ㉠

$A=\begin{pmatrix}a & b\\ c & d\end{pmatrix}$라고 하면

$$\begin{aligned}\begin{pmatrix}x_{n+1}\\ y_{n+1}\end{pmatrix}&=A\begin{pmatrix}x_n\\ y_n\end{pmatrix}\\&=\begin{pmatrix}a & b\\ c & d\end{pmatrix}\begin{pmatrix}x_n\\ y_n\end{pmatrix}\\&=\begin{pmatrix}ax_n+by_n\\ cx_n+dy_n\end{pmatrix}\end{aligned}$$

즉, $x_{n+1}=ax_n+by_n$, $y_{n+1}=cx_n+dy_n$ ...... ㉡

㉠, ㉡에 의하여

$a=1$, $b=-\sqrt{3}$, $c=\sqrt{3}$, $d=1$

$\therefore A=\begin{pmatrix}1 & -\sqrt{3}\\ \sqrt{3} & 1\end{pmatrix}$

14 **접근 방법** | 주어진 관계식은 등차수열, 등비수열을 나타내는 것도 아니고, 수열의 귀납적 정의에서 배운 유형도 아니다. 따라서 n에 1, 2, 3, ⋯을 차례대로 대입하여 수열의 규칙성을 찾는다.

$a_{n+1}=\dfrac{a_n-1}{a_n+1}$의 n에 1, 2, 3, ⋯을 차례대로 대입하면

$a_1=\dfrac{1}{2}$이므로

$a_2=\dfrac{a_1-1}{a_1+1}=-\dfrac{1}{3}$, $a_3=\dfrac{a_2-1}{a_2+1}=-2$,

$a_4=\dfrac{a_3-1}{a_3+1}=3$, $a_5=\dfrac{a_4-1}{a_4+1}=\dfrac{1}{2}$,

$a_6=\dfrac{a_5-1}{a_5+1}=-\dfrac{1}{3}$, ⋯

따라서 수열 $\{a_n\}$은 $\dfrac{1}{2}$, $-\dfrac{1}{3}$, -2, 3이 이 순서대로 반복되는 수열이고, $2000=4\times500$이므로

$a_{2000}=a_4=3$

15 **접근 방법** | $\dfrac{a_{n+1}}{2^{n+1}}=\dfrac{a_n}{2^n}+2^n$으로부터 일반항 a_n을 한번에 구하기는 어렵다. $\dfrac{a_n}{2^n}=b_n$으로 놓고 수열 $\{b_n\}$의 일반항을 구한 후, 이로부터 수열 $\{a_n\}$의 일반항을 구한다.

$\dfrac{a_{n+1}}{2^{n+1}}=\dfrac{a_n}{2^n}+2^n$에서 $\dfrac{a_n}{2^n}=b_n$으로 놓으면

$b_{n+1}=b_n+2^n$

$b_1=\dfrac{a_1}{2}=\dfrac{4}{2}=2$

$b_{n+1}-b_n=2^n$의 n에 1, 2, 3, ⋯, $n-1$을 차례대로 대입하여 같은 변끼리 더하면

$$\begin{aligned}b_2-b_1&=2\\ b_3-b_2&=2^2\\ b_4-b_3&=2^3\\ &\vdots\\ +)\ b_n-b_{n-1}&=2^{n-1}\\ \hline b_n-b_1&=2+2^2+2^3+\cdots+2^{n-1}\end{aligned}$$

$\therefore b_n=b_1+\sum_{k=1}^{n-1}2^k=2+\dfrac{2(2^{n-1}-1)}{2-1}=2^n$

따라서 $\dfrac{a_n}{2^n}=b_n$에서

$a_n=2^nb_n=2^n\times2^n=2^{2n}$이므로

$$\begin{aligned}a_5-a_4&=2^{10}-2^8=2^8\times(2^2-1)\\&=256\times3=768\end{aligned}$$

다른 풀이

$\dfrac{a_{n+1}}{2^{n+1}}=\dfrac{a_n}{2^n}+2^n$에서 $\dfrac{a_n}{2^n}=b_n$으로 놓으면

$b_{n+1}=b_n+2^n$

$b_1=\dfrac{a_1}{2}=\dfrac{4}{2}=2$

$b_{n+1}-b_n=c_n$으로 놓으면

$c_n=b_{n+1}-b_n=2^n$이고, 수열 $\{c_n\}$은 수열 $\{b_n\}$의 계차수열이므로

$$\begin{aligned}b_n&=b_1+\sum_{k=1}^{n-1}c_k=2+\sum_{k=1}^{n-1}2^k\\&=2+\dfrac{2(2^{n-1}-1)}{2-1}\\&=2^n\end{aligned}$$

따라서 $\frac{a_n}{2^n}=b_n$에서

$a_n=2^n b_n=2^n\times 2^n=2^{2n}$이므로

$a_5-a_4=2^{10}-2^8=2^8\times(2^2-1)$

$=256\times 3=768$

보충 설명

$\frac{a_{n+1}}{2^{n+1}}=\frac{a_n}{2^n}+2^n$과 같이 a_n에 $f(n)$의 형태가 곱해져 있거나 a_n을 $f(n)$의 형태로 나누고 있으면 $a_n f(n)$ 또는 $\frac{a_n}{f(n)}$을 b_n으로 놓고 수열 $\{b_n\}$을 이용하여 수열 $\{a_n\}$의 일반항을 구한다.

16 **접근 방법** | $\sum_{k=1}^{200}(a_{2k}-a_{2k-1})$의 값을 구하는 것이므로 수열 $\{a_{2n}-a_{2n-1}\}$의 일반항을 구하면 된다. 즉, 수열 $\{a_n\}$의 일반항을 구할 필요가 없다.

$n\geq 2$일 때,

$$a_{n+2}-a_{n+1}=\frac{1}{a_{n+1}-a_n}=\frac{1}{\frac{1}{a_n-a_{n-1}}}$$
$$=a_n-a_{n-1}$$

$$\therefore a_{2n}-a_{2n-1}=a_{2n-2}-a_{2n-3}$$
$$=a_{2n-4}-a_{2n-5}$$
$$\vdots$$
$$=a_2-a_1$$

또한 $a_2-a_1=5-3=2$이므로 모든 자연수 n에 대하여

$a_{2n}-a_{2n-1}=2$

$$\therefore \sum_{k=1}^{200}(a_{2k}-a_{2k-1})=200\times 2=400$$

보충 설명

위 풀이에서 수열 $\{a_{2n}-a_{2n-1}\}$의 일반항을 구하는 것이 어렵게 느껴진다면 n에 1, 2, 3, …을 직접 대입해서 일반항을 찾을 수도 있다.

$a_3-a_2=\frac{1}{a_2-a_1}=\frac{1}{2}$, $a_4-a_3=\frac{1}{a_3-a_2}=\frac{1}{\frac{1}{2}}=2$,

$a_5-a_4=\frac{1}{a_4-a_3}=\frac{1}{2}$, $a_6-a_5=\frac{1}{a_5-a_4}=\frac{1}{\frac{1}{2}}=2$, …

따라서 모든 자연수 n에 대하여 $a_{2n}-a_{2n-1}$의 값은 항상 2임을 알 수 있다.

17 **접근 방법** | $3(a_1+a_2+a_3+\cdots+a_n)=(n+2)a_n$의 좌변은 수열의 합의 꼴이다. 따라서 $S_{n+1}-S_n=a_{n+1}$ $(n=1, 2, 3, \cdots)$임을 이용하여 a_{n+1}과 a_n 사이의 관계식을 구한다.

$3(a_1+a_2+a_3+\cdots+a_n)=(n+2)a_n$의 n에 $n+1$을 대입하면

$3(a_1+a_2+a_3+\cdots+a_{n+1})=(n+3)a_{n+1}$이므로

$$3(a_1+a_2+a_3+\cdots+a_{n+1})=(n+3)a_{n+1}$$
$$-\underline{)\ 3(a_1+a_2+a_3+\cdots+a_n)=(n+2)a_n}$$
$$3a_{n+1}=(n+3)a_{n+1}-(n+2)a_n$$

$$\therefore a_{n+1}=\frac{n+2}{n}a_n\ (n=1, 2, 3, \cdots) \qquad \cdots\cdots ㉠$$

㉠의 n에 1, 2, 3, …, $n-1$을 차례대로 대입하여 같은 변끼리 곱하면

$$a_2=\frac{3}{1}a_1$$
$$a_3=\frac{4}{2}a_2$$
$$a_4=\frac{5}{3}a_3$$
$$a_5=\frac{6}{4}a_4$$
$$\vdots$$
$$\times\underline{)\ a_n=\frac{n+1}{n-1}a_{n-1}}$$
$$\therefore a_n=\frac{3}{1}\times\frac{4}{2}\times\frac{5}{3}\times\frac{6}{4}\times\cdots\times\frac{n}{n-2}\times\frac{n+1}{n-1}\times a_1$$

이때 $a_1=1$이므로

$$a_n=\frac{n(n+1)}{2}$$

$$\therefore \sum_{k=1}^{n}\frac{1}{a_k}=\sum_{k=1}^{n}\frac{2}{k(k+1)}$$
$$=2\sum_{k=1}^{n}\left(\frac{1}{k}-\frac{1}{k+1}\right)$$
$$=2\left(1-\frac{1}{n+1}\right)=\frac{2n}{n+1}$$

따라서 $\frac{1}{a_1}+\frac{1}{a_2}+\frac{1}{a_3}+\cdots+\frac{1}{a_n}=\frac{2n}{n+1}=\frac{40}{21}$에서

$42n=40(n+1)$

$2n=40$

$\therefore n=20$

보충 설명

$a_{n+1}=f(n)a_n$의 n에 1, 2, 3, …, $n-1$을 차례대로 대입하여 얻은 식을 같은 변끼리 곱하여 수열 $\{a_n\}$의 일반항을 찾는다.

18 **접근 방법** | 주어진 관계식에서 수열 $\{a_n\}$의 규칙성을 찾고, 이를 이용하여 수열 $\{b_n\}$을 $b_1=k$를 이용하여 나타내 본다.

$a_1=a_2=1$이고 모든 자연수 n에 대하여

$a_{n+2}=(a_{n+1})^2-(a_n)^2$이므로

$a_3=1^2-1^2=0$,

$a_4=0^2-1^2=-1$,

$a_5=(-1)^2-0^2=1$,

$a_6=1^2-(-1)^2=0$,

$a_7=0^2-1^2=-1$, $\cdots$

수열 $\{a_n\}$은 $a_1=1$이고 둘째항부터 1, 0, -1이 이 순서대로 반복되므로 $a_{n+3}=a_n$ $(n=2, 3, 4, \cdots)$

한편, $b_1=k$이고 $b_{n+1}=a_n-b_n+n$이므로

$b_2=a_1-b_1+1=2-k$

$b_3=a_2-b_2+2=1+k$

$b_4=a_3-b_3+3=2-k$

$b_5=a_4-b_4+4=1+k$

$b_6=a_5-b_5+5=5-k$

$b_7=a_6-b_6+6=1+k$

$b_8=a_7-b_7+7=5-k$

$b_9=a_8-b_8+8=4+k$

$b_{10}=a_9-b_9+9=5-k$

$b_{11}=a_{10}-b_{10}+10=4+k$

$b_{12}=a_{11}-b_{11}+11=8-k$

$b_{13}=a_{12}-b_{12}+12=4+k$

$b_{14}=a_{13}-b_{13}+13=8-k$

$b_{15}=a_{14}-b_{14}+14=7+k$

$b_{16}=a_{15}-b_{15}+15=8-k$

$b_{17}=a_{16}-b_{16}+16=7+k$

$b_{18}=a_{17}-b_{17}+17=11-k$

$b_{19}=a_{18}-b_{18}+18=7+k$

$b_{20}=a_{19}-b_{19}+19=11-k$

이때 $b_{20}=14$이므로 $11-k=14$

$\therefore k=-3$

19 **접근 방법** | 주어진 관계식을 이용하여 a_{20}을 항의 번호가 더 작은 항으로 나타낸다.

$a_n+a_{n-1}=n^2$에서 $a_n=n^2-a_{n-1}$이므로

$$\begin{aligned}a_{20}&=20^2-a_{19}\\&=20^2-(19^2-a_{18})\\&=20^2-19^2+a_{18}\\&=20^2-19^2+(18^2-a_{17})\\&=20^2-19^2+18^2-a_{17}\\&=20^2-19^2+18^2-(17^2-a_{16})\\&=20^2-19^2+18^2-17^2+a_{16}\\&\ \vdots\\&=20^2-19^2+18^2-17^2+\cdots+12^2-11^2+a_{10}\\&=(20+19)(20-19)+(18+17)(18-17)+\cdots\\&\qquad+(12+11)(12-11)+4\\&=20+19+18+17+\cdots+12+11+4\\&=\frac{10\times(20+11)}{2}+4=159\end{aligned}$$

따라서 a_{20}을 10으로 나누었을 때의 나머지는 9이다.

다른 풀이

$a_n+a_{n-1}=n^2$의 n에 12, 14, 16, 18, 20을 차례대로 대입하면

$a_{12}+a_{11}=12^2$, $a_{14}+a_{13}=14^2$, $\cdots$, $a_{20}+a_{19}=20^2$에서

$a_{11}+a_{12}+\cdots+a_{20}=12^2+14^2+\cdots+20^2$ …… ㉠

$a_n+a_{n-1}=n^2$의 n에 11, 13, 15, 17, 19를 차례대로 대입하면

$a_{11}+a_{10}=11^2$, $a_{13}+a_{12}=13^2$, $\cdots$, $a_{19}+a_{18}=19^2$에서

$a_{10}+a_{11}+\cdots+a_{19}=11^2+13^2+\cdots+19^2$ …… ㉡

이때 $a_{10}=4$이므로 ㉠$-$㉡을 하면 a_{20}을 구할 수 있다.

⊕보충 설명

$20^2-19^2+18^2-17^2+\cdots+12^2-11^2$과 같은 계산을 할 때에는 인수분해 공식 $a^2-b^2=(a+b)(a-b)$를 이용한다.

20 **접근 방법** | (소금의 양)

$$=(\text{소금물의 양})\times\frac{(\text{소금물의 농도}(\%))}{100}$$

임을 이용하여 식을 세운다.

한 번 시행할 때, 그릇 A에 들어 있는 소금물 100 g 중 20 g을 버려서 80 g만 남긴다. 이때 농도는 변하지 않는다. 그 다음에 5 %의 소금물이 들어 있는 그릇 B에서 소금물 20 g을 가져다가 그릇 A에 부으면 그릇 A에 담긴 소금의 양은 $\left(20\times\frac{5}{100}\right)$ g만큼 늘어나고, 소금물의 총량은 시행 전과 같이 100 g이 된다.

따라서 n번째 시행 후 그릇 A의 소금물의 농도를 a_n %라고 하면 $(n+1)$번째 시행 후 그릇 A에 담긴 소금의 양에 대하여 다음과 같이 식을 세울 수 있다.

$$100\times\frac{a_{n+1}}{100}=80\times\frac{a_n}{100}+20\times\frac{5}{100}$$

$$a_{n+1}=\frac{4}{5}a_n+1$$

$$a_{n+1}-5=\frac{4}{5}(a_n-5)$$

$a_n-5=b_n$으로 놓으면

$b_{n+1}=\frac{4}{5}b_n$이므로 수열 $\{b_n\}$은 첫째항이

$b_1=a_1-5=80\times\frac{10}{100}+20\times\frac{5}{100}-5=4$이고

공비가 $\frac{4}{5}$인 등비수열이다.

즉, $b_n=4\times\left(\frac{4}{5}\right)^{n-1}$이므로

$a_n=b_n+5=4\times\left(\frac{4}{5}\right)^{n-1}+5$

따라서 $p=4$, $q=5$이므로

$pq=4\times5=20$

기출 다지기 494쪽

21 ③ **22** ⑤ **23** ④ **24** 13

21 접근 방법 | 수열 $\{a_n\}$의 규칙성을 찾아서 S_n을 n에 대한 식으로 나타내어 본다.

$a_1=\frac{1}{2}$, $a_2=-\frac{1}{a_1-1}=2$, $a_3=-\frac{1}{a_2-1}=-1$,

$a_4=-\frac{1}{a_3-1}=\frac{1}{2}=a_1$, $a_5=-\frac{1}{a_4-1}=2=a_2$, $\cdots$

따라서 수열 $\{a_n\}$은 $\frac{1}{2}$, 2, -1이 이 순서대로 반복된다.

즉, 수열 $\{a_n\}$은 모든 자연수 n에 대하여

$a_{n+3}=a_n$, $a_{3n-2}+a_{3n-1}+a_{3n}=\frac{3}{2}$이므로

$S_{3n}=\frac{3}{2}n$,

$S_{3n+1}=S_{3n}+\frac{1}{2}=\frac{3}{2}n+\frac{1}{2}$,

$S_{3n+2}=S_{3n}+\frac{1}{2}+2=\frac{3}{2}n+\frac{5}{2}$

이때 $11=\frac{3}{2}\times7+\frac{1}{2}=S_{3\times7}+\frac{1}{2}=S_{3\times7+1}=S_{22}$이므로

$m=22$

22 접근 방법 | 주어진 관계식을 이용하여 수열의 항을 찾아 a_1, a_4의 값을 구한다. 이때 n이 홀수인 경우와 짝수인 경우에 주의한다.

$a_{12}=\frac{1}{2}$이고 $a_{12}=\frac{1}{a_{11}}$이므로 $a_{11}=2$

$a_{11}=8a_{10}$이므로 $a_{10}=\frac{1}{4}$

$a_{10}=\frac{1}{a_9}$이므로 $a_9=4$

또, $a_9=8a_8$이므로 $a_8=\frac{1}{2}$에서 $a_8=a_{12}$

$a_8=\frac{1}{a_7}$이므로 $a_7=2$에서 $a_7=a_{11}$

$a_7=8a_6$이므로 $a_6=\frac{1}{4}$에서 $a_6=a_{10}$

$a_6=\frac{1}{a_5}$이므로 $a_5=4$에서 $a_5=a_9$

$\vdots$

따라서 $a_4=a_8=a_{12}=\frac{1}{2}$, $a_1=a_5=a_9=4$이므로

$a_1+a_4=4+\frac{1}{2}=\frac{9}{2}$

23 접근 방법 | 조건 (가)의 $a_{2n}=a_n-1$에서 a_{2n}의 값을 알면 a_n의 값을 구할 수 있고, 조건 (나)의 $a_{2n+1}=2a_n+1$에서 a_{2n+1}의 값을 알면 a_n의 값을 구할 수 있다. 따라서 $a_{20}=1$이므로 조건 (가), (나)의 n에 10, 5, 2, 1을 차례대로 대입하면 a_1의 값을 구할 수 있다.

조건 (가)에 $n=10$을 대입하면 $a_{20}=a_{10}-1$에서

$1=a_{10}-1$ ($\because$ $a_{20}=1$) $\quad\therefore a_{10}=2$

조건 (가)에 $n=5$를 대입하면 $a_{10}=a_5-1$에서

$2=a_5-1$ ($\because$ $a_{10}=2$) $\quad\therefore a_5=3$

조건 (나)에 $n=2$를 대입하면 $a_5=2a_2+1$에서

$3=2a_2+1$ ($\because$ $a_5=3$) $\quad\therefore a_2=1$

조건 (가)에 $n=1$을 대입하면 $a_2=a_1-1$에서

$1=a_1-1$ ($\because$ $a_2=1$) $\quad\therefore a_1=2$

한편, 조건 (가), (나)의 식의 양변을 각각 더하면

$a_{2n}+a_{2n+1}=(a_n-1)+(2a_n+1)$

$a_{2n}+a_{2n+1}=3a_n$ $\quad\cdots\cdots$ ㉠

㉠에 $n=1$을 대입하면 $a_2+a_3=3a_1$

㉠에 $n=2$, 3을 각각 대입하여 더하면

$(a_4+a_5)+(a_6+a_7)=3a_2+3a_3=3(a_2+a_3)$

$=3\times3a_1=3^2a_1$

㉠에 $n=4$, 5, 6, 7을 각각 대입하여 더하면

$(a_8+a_9)+\cdots+(a_{14}+a_{15})=3a_4+3a_5+3a_6+3a_7$

$=3\{(a_4+a_5)+(a_6+a_7)\}$

$=3\times3^2a_1=3^3a_1$

㉠에 $n=8$, 9, $\cdots$, 15를 각각 대입하여 더하면

$(a_{16}+a_{17})+\cdots+(a_{30}+a_{31})$

$=3a_8+3a_9+\cdots+3a_{15}$

$=3\{(a_8+a_9)+\cdots+(a_{14}+a_{15})\}$

$=3\times3^3a_1=3^4a_1$

㉠에 $n=16$, 17, $\cdots$, 31을 각각 대입하여 더하면

$(a_{32}+a_{33})+\cdots+(a_{62}+a_{63})$
$=3a_{16}+3a_{17}+\cdots+3a_{31}$
$=3\{(a_{16}+a_{17})+\cdots+(a_{30}+a_{31})\}$
$=3\times3^4a_1=3^5a_1$
따라서

$$\sum_{n=1}^{63}a_n=a_1+(a_2+a_3)+(a_4+\cdots+a_7)+(a_8+\cdots+a_{15})+(a_{16}+\cdots+a_{31})+(a_{32}+\cdots+a_{63})$$
$$=a_1(1+3+3^2+3^3+3^4+3^5)$$
$$=2\times\frac{3^6-1}{3-1}$$
$$=728$$

24 **접근 방법** | 수열 $\{a_n\}$의 공차를 d $(d\neq0)$로 놓고 주어진 관계식의 n에 1, 2, 3, $\cdots$을 대입하여 b_n을 a_1과 d에 대한 식으로 나타내어 본다.

등차수열 $\{a_n\}$의 공차를 d $(d\neq0)$라고 하면
$b_2=b_1+a_2=a_1+(a_1+d)=2a_1+d$
$b_3=b_2-a_3=(2a_1+d)-(a_1+2d)=a_1-d$
$b_4=b_3+a_4=(a_1-d)+(a_1+3d)=2a_1+2d$
$b_5=b_4+a_5=(2a_1+2d)+(a_1+4d)=3a_1+6d$
$b_6=b_5-a_6=(3a_1+6d)-(a_1+5d)=2a_1+d$
$b_7=b_6+a_7=(2a_1+d)+(a_1+6d)=3a_1+7d$
$b_8=b_7+a_8=(3a_1+7d)+(a_1+7d)=4a_1+14d$
$b_9=b_8-a_9=(4a_1+14d)-(a_1+8d)=3a_1+6d$
$b_{10}=b_9+a_{10}=(3a_1+6d)+(a_1+9d)=4a_1+15d$
이때 $b_{10}=a_{10}$이므로
$4a_1+15d=a_1+9d$에서 $a_1=-2d$
따라서 $\dfrac{b_8}{b_{10}}=\dfrac{4a_1+14d}{4a_1+15d}=\dfrac{4\times(-2d)+14d}{4\times(-2d)+15d}=\dfrac{6}{7}$
이므로 $p=7$, $q=6$
$\therefore$ $p+q=13$